Jürgen Tietze

Einführung in die angewandte Wirtschaftsmathematik

Jürgen Tietze

Einführung in die angewandte Wirtschaftsmathematik

10., verbesserte und aktualisierte Auflage

Mit 500 Abbildungen und 1300 Übungsaufgaben

vieweg

Die Deutsche Bibliothek – CIP-Einheitsaufnahme
Ein Titeldatensatz für diese Publikation ist bei
Der Deutschen Bibliothek erhältlich.

Prof. Dr. Jürgen Tietze
Fachbereich Wirtschaft der
Fachhochschule Aachen
Eupener Straße 70
52066 Aachen
tietze@fh-aachen.de

1. Auflage 1988
2., verbesserte Auflage 1990
3., verbesserte Auflage 1991
4., verbesserte Auflage 1992
5., neubearbeitete und erweiterte Auflage 1995
6., verbesserte Auflage 1996
7., durchgesehene Auflage 1998
8., durchgesehene Auflage 1999
9., durchgesehene Auflage November 2000
10., verbesserte und aktualisierte Auflage Mai 2002

Der Verlag Vieweg ist ein Unternehmen der Fachverlagsgruppe BertelsmannSpringer.
www.vieweg.de

Konzeption und Layout des Umschlags: Ulrike Weigel, www.CorporateDesignGroup.de
Druck und buchbinderische Verarbeitung: Hubert & Co., Göttingen
Gedruckt auf säurefreiem und chlorfrei gebleichtem Papier
Printed in Germany

ISBN 3-528-94164-2

„Mathematik = Höhere Faulheit: ständig harte Arbeit auf der Suche nach dem leichteren Weg“

(Graffito auf einer Hörsaalbank)

Vorwort zur 10. Auflage

Ein wirtschaftswissenschaftliches Studium ist heutzutage ohne Mathematik *(als Hilfswissenschaft)* undenkbar, mathematische Beschreibungs-, Erklärungs- und Optimierungs-Modelle beherrschen große Teile der ökonomischen Theorie und in zunehmendem Maße auch der ökonomischen Praxis.

Mathematik in diesem Zusammenhang bedeutet einerseits das Problem, mathematische Ideen zu verstehen, um die dazugehörigen Techniken zu beherrschen und andererseits, diese zunächst abstrakten Techniken zielgerichtet und sinnvoll für ökonomische Anwendungen nutzbar zu machen.

Das nun in 10. Auflage vorliegende Buch – als Lehr-, Arbeits- und Übungsbuch vorrangig zum Selbststudium konzipiert – versucht, beide Aspekte zu berücksichtigen durch

- ausführliche Darstellung, plausible Begründung und Einübung mathematischer Grundelemente und ökonomisch relevanter mathematischer Techniken aus der Analysis *(d.h. der Differential- und Integralrechnung)*, der linearen Algebra und der linearen Optimierung sowie
- ausführliche Demonstration der Anwendbarkeit mathematischer Instrumente auf Beschreibung, Erklärung, Analyse und Optimierung ökonomischer Vorgänge, Situationen und Probleme.

Dieses Buch wendet sich daher sowohl an Studierende der ersten Semester, die das notwendige mathematische Elementarrüstzeug von Grund auf verstehen, wiederholen, einüben und ökonomisch anwenden möchten als auch an fortgeschrittene Studierende oder quantitativ orientierte Wirtschaftspraktiker, die sich über die Fülle der Anwendungsmöglichkeiten mathematischen Instrumentariums auf ökonomische Sachverhalte informieren möchten.

Jahrelange Erfahrungen mit Teilnehmer(inne)n meiner Vorlesungen in Finanz- und Wirtschaftsmathematik bzw. Operations Research haben mich darin bestärkt, ein Buch für den *(zunächst)* nicht so bewanderten Leser zu schreiben *(und nicht für den mathematischen Experten)*. Wenn daher auch in manchen Fällen die mathematischen Beweise nicht streng sind oder fehlen, so habe ich mich doch bemüht, jeden mathematischen Sachverhalt in einer das Verstehen erleichternden Weise zu begründen und plausibel herzuleiten. Die daraus resultierende relativ breite *(weil auf Verständnis abzielende)* Darstellung dürfte allen den Leserinnen und Lesern entgegenkommen, die sich im Selbststudium die Elemente der Wirtschaftsmathematik aneignen wollen.

Weiterhin habe ich bewusst auf das eine oder andere Detail traditioneller Mathematikdarstellungen verzichtet, so auf die Theorie der Folgen und Reihen, auf die sog. Epsilontik oder auf die Theorie der Determinanten, auf Stoffinhalte also, die zwar von prinzipiellem mathematischen Interesse sind, nicht aber im Vordergrund ökonomischer Anwendungen stehen und daher dem Studienanfänger *(und erst recht dem Praktiker)* als unnötiger theoretischer Ballast erscheinen müssen.

Während die 5. Auflage vollständig neugesetzt und in vielen Teilen neubearbeitet, erweitert und umstrukturiert wurde, habe ich mich bei den Folge-Auflagen im wesentlichen auf umfangreiche Textkorrekturen und kleinere Ergänzungen beschränkt. Für die vorliegende 10. Auflage wurde der Text erneut kritisch durchgesehen, überprüft und in vielen Details verbessert. Berücksichtigt wurden weiterhin die inzwischen erfolgte Währungsumstellung sowie in weiten Teilen die aktuelle Rechtschreibreform. Das bis zur 4. Auflage noch enthaltene Kapitel über die Finanzmathematik wurde ersetzt *(und wesentlich erweitert)* durch das im gleichen Verlag erschienenen separate Lehrbuch „Einführung in die Finanzmathematik“, siehe [66] im Literaturverzeichnis.

Der Text enthält eine Vielzahl ergänzender Beispiele und Übungsaufgaben, die das Gefühl für die Beherrschung und die Anwendbarkeit des mathematischen Kernstoffes stärken sollen. Für den umfangreichen Aufgabenteil *(mit mehr als 1300 Aufgaben in über 300 Übungsteilen)* ist im gleichen Verlag ein separates Übungsbuch erschienen, das neben sämtlichen Aufgaben dieses Lehrbuchs auch die Lösungen – mit z.T. ausführlichen Lösungswegen – sowie zehn Original-Klausuren enthält:

Tietze, J.: Übungsbuch zur angewandten Wirtschaftsmathematik
– Aufgaben, Testklausuren und Lösungen – 2. Auflage
Vieweg Braunschweig, Wiesbaden 2001, ISBN 3-528-13146-2

Zum *Gebrauch* des Buches: Um die Lesbarkeit des Textes zu verbessern, wurde die äußere Form strukturiert:

Definitionen, mathematische Sätze und	wichtige Ergebnisse	sind jeweils eingerahmt.

***Bemerkungen** sind in kursiver Schrifttype gehalten.*

| **Beispiele** sind mit einem senkrechten Strichbalken am linken Rand gekennzeichnet.

Definitionen *(Def.)* , Sätze, Bemerkungen *(Bem.)*, Formeln, Beispiele *(Bsp.)*, Aufgaben *(Aufg.)* und Abbildungen *(Abb.)* sind in jedem erststelligen Unterkapitel ohne Rücksicht auf den Typ fortlaufend durchnumeriert. So folgen etwa in Kap. 6.2 nacheinander Bsp. 6.2.15, Abb. 6.2.16, Bem. 6.2.17, Def. 6.2.18 usw. Ein * an einer Aufgabe weist auf einen etwas erhöhten Schwierigkeitsgrad hin. Zahlen in eckigen Klammern, z.B. [67], beziehen sich auf das Literaturverzeichnis am Schluss des Buches.

Die reproduktionsfähige Druckvorlage hat in monatelanger unermüdlicher und sachkundiger Weise Herr cand. rer. pol. Norbert Breker *(mit Hilfe des wissenschaftlichen Textverarbeitungssystems WiTEX 4.01)* gestaltet. Hilfreiche Unterstützung erhielt ich von Herrn cand. rer. pol. Manfred Havenith *(digitale Bearbeitung der Graphiken)* sowie von Herrn cand. rer. pol. Roland Hansen *(Korrektur)*. Ihnen allen danke ich herzlich.

Die 2-D-Graphiken wurden zu einem kleinen Teil mit TurboPlot 7.5 neu erstellt, zum größten Teil aus den vorhandenen Tusche-Originalen per Scanner digitalisiert und nach teilweise mehrfacher Konvertierung und Bearbeitung schließlich in WiTEX 4.01 übernommen und dort neu beschriftet. Die 3-D-Darstellungen in Kapitel 3 wurden mit der Graphiksoftware GRAPHDAT, einer Entwicklung des Instituts für Geometrie und Praktische Mathematik der RWTH Aachen erstellt. Für seine diesbezügliche Unterstützung danke ich Herrn Prof. Dr. Reinhard Wodicka vielmals.

Dieses Buch hätte nicht entstehen können ohne Herma, die mir in vielen kritischen Situationen ihre Kraft zum Weitermachen lieh.

Zum Schluss gebührt mein Dank dem Vieweg Verlag Wiesbaden und hier besonders Frau Ulrike Schmickler-Hirzebruch für die gute und verständnisvolle Zusammenarbeit.

Die Hinweise vieler Leserinnen und Leser auf Fehler und Verbesserungsmöglichkeiten in den vorangehenden Auflagen waren für mich sehr wertvoll. Da ich allerdings damit rechnen muss, dass trotz aller Sorgfalt der Fehlerteufel *(bzw. die Fehlerteufelin)* nicht untätig geblieben sind, danke ich schon jetzt allen Leserinnen und Lesern für entsprechende Korrekturhinweise oder Verbesserungsvorschläge, z.B. per Telefon *(0241-165615)*, Fax *(0241-165606)* oder E-Mail *(tietze@fh-aachen.de)*. Ich werde jede Ihrer Rückmeldungen beantworten und in allen Fällen auch um eine schnelle Antwort bemüht sein.

Aachen, im April 2002 *Jürgen Tietze*

Inhaltsverzeichnis

Symbolverzeichnis

(auf den angegebenen Seiten finden sich nähere Erläuterungen zu den jeweiligen Symbolen)

$\in$ ($\notin$)	ist (kein) Element von, 1-1
$\{x \in M \mid \ldots\}$	Mengenklammer, 1-2f
$\mathbb{N}, \mathbb{Z}, \mathbb{Q}, \mathbb{R}$	spezielle Zahlenmengen,1-3
$\{\ \}, \emptyset$	leere Menge, 1-3
$[a,b]$; $]a,b[$ $[a,b[$; $]a,b]$	Intervalle, 1-4
$<$; $\leq$	kleiner; kleiner oder gleich
$>$; $\geq$	größer; größer oder gleich
w , f	wahr, falsch, 1-5
$A(x)$, $A(x,y,\ldots)$	Aussageformen, 1-5
$T(x)$, $T(x,y,\ldots)$	Terme, 1-6
D_A, D_G	Definitionsmenge, 1-7,1-51
L, L_A, L_G	Lösungsmenge, 1-6,1-52f
$:=$; $=:$	ist definitionsgem. gleich, 1-3
$\equiv$	ist identisch gleich
$\approx$	ist ungefähr gleich
$\triangleq$	entspricht
$\wedge$, $\vee$, $\neg$	und, oder, nicht, 1-9ff
$\Rightarrow$, $\Leftarrow$	Folgerung, 1-14f
$\Leftrightarrow$	Äquivalenz, 1-16
$\subset$	ist Teilmenge von, 1-17
$\cap$, $\cup$	Durchschnitt, Vereinigung, 1-18
$\setminus$	Mengendifferenz, 1-19
$A \times B \times \ldots$	Produktmenge, 1-21
$\mathbb{R}^n$	n-dimensionaler Raum, 1-22
$\lvert a \rvert$	absoluter Betrag, 1-31f
Σ, Π	Summe, Produkt, 1-32ff
$n!$	Fakultät, 1-35
$\binom{n}{k}$	Binomialkoeffizient, 1-35f
a^n, e^x	Potenz, 1-37ff
$\sqrt[n]{a}$, $a^{\frac{1}{n}}$	Wurzel, 1-42
$\log_a x$, $\ln x$, $\lg x$	Logarithmus, 1-46ff
∞	unendlich, 1-4,1-47,4-1ff
f, $f(x)$, $f(x,y,..)$	Funktionen, 2-1ff,3-1ff
D_f, W_f	Definitions-, Wertebereich, 2-2
$x \mapsto f(x)$	Zuordnungsvorschrift, 2-2
f^{-1}	Umkehrfunktion, 2-14f
$f(g(x))$	verkettete Funktion, 2-20
$f \uparrow$, $f \downarrow$	f steigt bzw. fällt, 2-23,6-18f
sin, cos tan, cot	trigonometrische Funktionen, 2-49f
$\vec{x}$	Vektor, 3-2, 9-4f
„$\frac{1}{\infty}$“ „$\frac{1}{0^+}$“	uneigentliche Terme, 4-15,5-31ff

$\lim\limits_{x \to \infty} f(x)$ $x \to x_0$ $x \to x_0^+$ $x \to x_0^-$	Grenzwert von f, 4-1ff für: x gegen unendlich für: x gegen x_0 rechtsseitiger Grenzwert linksseitiger Grenzwert
$\frac{\Delta f}{\Delta x}$	Differenzenquotient (Sekantensteigung), 5-3
$f'(x)$, $\frac{df}{dx}$	Differentialquotient 1. Ableitung, 5-3f
$\frac{d}{dx}$	Differentialoperator, 5-4
$f''(x)$, $\frac{d^2f}{dx^2}$	2. Ableitung, 5-28f
$f^{(n)}(x)$, $\frac{d^nf}{dx^n}$	n-te Ableitung, 5-28f
df	Differential, 6-1f
$\varepsilon_{f,x}$	Elastizität von f bzgl. x, 6-69ff
$\lvert \overrightarrow{AB} \rvert$	Länge der *(gerichteten)* Strecke von A nach B, 6-82
$\frac{\partial f}{\partial x}$, f_x	1. partielle Ableitung, 7-3
$\frac{\partial}{\partial x}$	partieller Differentialoperator, 7-3
$\frac{\partial^2 f}{\partial x^2}$	2. partielle Ableitung, 7-9
df_x	partielles Differential, 7-13
df	totales Differential, 7-14
$\int f(x)\,dx$	unbestimmtes Integral, 8-3
$\int_a^b f(x)\,dx$	bestimmtes Integral, 8-9
$F(x)\Big\vert_a^b$	F(b) - F(a), 8-16
$\dot{y}$	$y'(t)$, $\frac{dy}{dt}$, 8-38
$A, B, \ldots$ $A_{m,n}$ $(a_{i,k})$	Matrizen, 9-1ff
$a_{i,k}$, $b_{i,k}$, ...	Matrix-Elemente, 9-2
A^T	transponierte Matrix, 9-3
$\vec{a}, \vec{b}, \ldots$	Spaltenvektoren, 9-4
$\vec{a}^T, \vec{b}^T, \ldots$	Zeilenvektoren, 9-4
$\mathbf{O}$, $\vec{0}$	Nullmatrix, Nullvektor, 9-6
E, $\vec{e}_i$	Einheitsmatrix, Einheitsvektor, 9-6
A^{-1}	inverse Matrix, 9-19
rg A	Rang der Matrix A, 9-40

Abkürzungen

BL	Basislösung
BV	Basisvariable
CD	Cobb-Douglas
c.p.	ceteris paribus
DB	Deckungsbeitrag
€	Euro
f	falsch
FE	Faktoreinkommen
GE	Geldeinheit
LE	Leistungseinheit
LGS	Lineares Gleichungssystem
LO	Lineare Optimierung
ME	Mengeneinheit
NB	Nebenbedingung
NBV	Nichtbasisvariable
NNB	Nichtnegativitätsbedingung
p.a.	pro Jahr
T€	tausend Euro
w	wahr
WE	Währungseinheit
w.z.b.w.	was zu beweisen war
ZE	Zeiteinheit

Abkürzungen für Rechengesetze:

A1 - A5	Axiome für „+"
D	Distributivgesetz
M1 - M5	Axiome für „·"
L1 - L3	Logarithmengesetze
P1 - P7	Potenzgesetze
R1 - R13	Rechenregeln in $\mathbb{R}$
W1 - W5	Wurzelgesetze

Häufig verwendete Variablennamen

a_t, a(t)	Auszahlung d. Periode t
A, A(t)	Annuität; Arbeitsinput *(in t)*
B	Bestand; *(zulässiger)* Bereich
C	Konsum, Konsumsumme
C_o	Kapitalwert
e	Eulersche Zahl
e_t, e(t)	Einzahlung d. Periode t
E	Erlös, Umsatz, Ausgaben; Einheitsmatrix
ε	Elastizität
g	Stückgewinn
g_D	Stückdeckungsbeitrag
G	Gewinn
G_D	Deckungsbeitrag
h	Stunde*(n)*
i	Zinssatz *(= p/100)*
I, I(t)	Investition *(im Zeitpunkt t)*
k	Stückkosten
K	Kosten; Kapital
k_f	stückfixe Kosten
K_f	Fixkosten
K_n	Endwert *(eines Kapitals)*
K_o	Barwert *(eines Kapitals)*
K_t	Zeitwert *(eines Kapitals im Zeitpunkt t)*
k_v	stückvariable Kosten
K_v	variable Kosten
L	Lösungsmenge; Lagrange-Funktion; Liquidationserlös
λ	Lagrange-Multiplikator
p	Preis; Zinsfuß
q	Zinsfaktor *(= 1+i)*
r	Input; Homogenitätsgrad; *(stetiger)* Zinssatz; Rang einer Matrix
R	Rate; Zahlungsstrom
R_n	Renten-Endwert
S	Sparen, Sparsumme
t	Zeit
T	Laufzeit
U	Nutzen*(index)*; Umsatz
x	Nachfrage; Angebot; Output; Menge
Y	Einkommen; Sozialprodukt
Z	Zielfunktion

Griechisches Alphabet

α, A	Alpha
β, B	Beta
γ, Γ	Gamma
δ, Δ	Delta
ε, E	Epsilon
ζ, Z	Zeta
η, H	Eta
ϑ, Θ	Theta
ι, I	Jota
κ, K	Kappa
λ, Λ	Lambda
μ, M	My
ν, N	Ny
ξ, Ξ	Xi
o, O	Omikron
π, Π	Pi
ρ, P	Rho
σ, Σ	Sigma
τ, T	Tau
υ, Y	Ypsilon
φ, Φ	Phi
χ, X	Chi
ψ, Ψ	Psi
ω, Ω	Omega

1 Grundlagen und Hilfsmittel

1.1 Mengen und Aussagen

Begriffsbildungen, Vorgehensweisen und Erkenntnisse in einer Wissenschaftsdisziplin lassen sich immer dann präzise und zweifelsfrei darstellen, wenn eine geeignete **Fachsprache** zur Verfügung steht, die zwar auf der Umgangssprache basiert, deren **Vokabeln** und deren **Grammatik** aber vollständig und eindeutig definiert sind und bei korrekter Anwendung keiner Interpretationswillkür unterliegen. Zu den wichtigsten klassischen Grundbausteinen der mathematischen Fachsprache gehören Elemente der **Mengenlehre** und der **Aussagenlogik**. Wir wollen diese Elemente im folgenden so weit darstellen, wie wir sie zur bequemen Anwendung der Mathematik auf ökonomische Probleme benötigen. Ziel dabei ist nicht, Mengenlehre und Aussagenlogik als selbständige mathematische Disziplinen zu bestreiten, sondern ihre sprachlichen und logischen Begriffsbildungen für eine möglichst einfache, dabei aber gleichzeitig möglichst präzise Beschreibung und Handhabung mathematischer Methoden bereitzustellen.

1.1.1 Mengenbegriff

Von Georg **Cantor** (1845 - 1918), dem Begründer der klassischen Mengenlehre, stammt die folgende *(für unsere Zwecke geeignete)* **Definition einer Menge**:

Def. 1.1.1: Eine **Menge** ist eine **Zusammenfassung** bestimmter, wohlunterschiedener **Objekte** unserer Anschauung oder unseres Denkens - welche die **Elemente** der Menge genannt werden - zu einem **Ganzen**.

Beispiel 1.1.2: Die natürlichen Zahlen von 3 bis einschließlich 7 bilden eine Menge. Bezeichnen wir diese Menge mit A[1], so sagen wir, die Zahl 4 sei ein Element von A, die Zahl 9 sei kein Element von A usw.

Folgende **Symbole** für die Elementbeziehung haben sich eingebürgert:

$4 \in A$ bedeutet: 4 ist ein Element der Menge A (oder: 4 gehört zu A) .

$9 \notin A$ bedeutet: 9 ist kein Element der Menge A (oder: 9 gehört nicht zu A) .

Man kann Mengen beschreiben

i) durch **Aufzählen**

ii) durch Angabe der sie charakterisierenden **Eigenschaft**

iii) durch **graphische** Darstellung.

Dabei dürfen Mengen nur derart gebildet werden, dass für irgendein Objekt **eindeutig** feststeht, ob es zur Menge gehört oder nicht. So kann man etwa die „Menge aller sehr hohen Berge“ nicht bilden, da nicht eindeutig feststeht, bei welcher Höhe ein Berg sehr hoch ist oder nicht.

---

[1] Mengen werden gewöhnlich mit großen lateinischen Buchstaben bezeichnet.

Bemerkung 1.1.3: *Die sog.* ***Fuzzy Logic*** *(Logik unscharfer Mengen) ist in der Lage, auch derartige unscharfe mengenbildende Eigenschaften sinnvoll zu verarbeiten, indem sie nämlich nicht nur - wie bei der traditionellen zweiwertigen Logik - strikt entweder nur „wahr" oder „falsch", entweder nur* $\in$ *oder* $\notin$ *zulässt, sondern auch* ***Zwischenstufen der Zugehörigkeit****. So könnte man etwa - um beim obigen Beispiel zu bleiben - jeden in Frage kommenden (mehr oder weniger hohen) Berg mit seinem Namen und zusätzlich mit einem (zwischen 0 und 1 gelegenen) Zugehörigkeitsgrad zur „Menge der sehr hohen Berge" anführen, also etwa: {(Mount Everest/ 1,00); (Mont Blanc/ 0,99); (Zugspitze/ 0,85); (Lousberg/ 0,01) usw.}. Fuzzy Logic kann bemerkenswerte Erfolge bei der Steuerung komplexer Systeme für sich verbuchen, vgl. etwa [8a] oder [43].*

i) Werden die Elemente einer Menge **aufgezählt**, so setzt man alle vorkommenden Elemente in geschweifte Klammern (**Mengenklammern**): $A = \{3, 4, 5, 6, 7\}$.
Dabei ist die **Reihenfolge** innerhalb der Mengenklammern **unerheblich**. Man hätte auch schreiben können: $A = \{3, 7, 5, 6, 4\}$ usw.
Hat eine Menge (wie A in Beispiel 1.1.2) nur endlich viele Elemente, so heißt sie **endliche Menge**, andernfalls **unendliche Menge**.

Beispiel 1.1.4: Die Menge $\mathbb{N} = \{1, 2, 3, ...\}$ aller natürlichen Zahlen ist eine unendliche Menge. Da nicht alle Elemente aufgezählt werden können, führt man die ersten Elemente auf und deutet durch Punkte an, dass „es so weiter gehen soll".

ii) Häufig werden Mengen dadurch gebildet, dass man die **Eigenschaften** oder **Merkmale** der Elemente dieser Menge explizit angibt. Um etwa die Menge A (vgl. Beispiel 1.1.2) mit $A = \{3, 4, 5, 6, 7\}$ zu charakterisieren, sagt man:
„A ist die Menge aller derjenigen natürlichen Zahlen x, für die gilt: x ist größer als 2 und gleichzeitig kleiner als 8." Für diese Sprechweise gibt es folgende symbolische Schreibweise:

$$A = \{x \in \mathbb{N} \mid 2 < x < 8\} .$$

Beispiel 1.1.5: a) Gegeben sei die Menge P mit: $P = \{x \in \mathbb{N} \mid x \text{ ist eine ungerade Primzahl}\}$. P ist also die Menge aller Primzahlen außer der (einzigen) geraden Primzahl 2: $P = \{3, 5, 7, 11, 13, ...\}$.
b) Gegeben sei die Menge L mit $L = \{x \in \mathbb{N} \mid x^2 = 4\}$ (Gelesen: L ist die Menge aller natürlichen Zahlen x, für die $x^2 = 4$ wahr ist). Da von den beiden Lösungen 2, -2 der Gleichung $x^2 = 4$ nur die Zahl 2 aus $\mathbb{N}$ ist, gilt:

$$L = \{2\} .$$

iii) Zur **graphischen** Veranschaulichung von Mengen benutzt man häufig sogenannte **Venn-Diagramme**, d.h. berandete Punktmengen in der Zeichenebene:

Die Menge A wird veranschaulicht durch die Menge aller im berandeten Bereich liegenden Punkte.
Will man die Elemente einer Menge explizit aufführen, kann man sie in den berandeten Bereich eintragen:
$B = \{1, 7, 5, 13\}$.

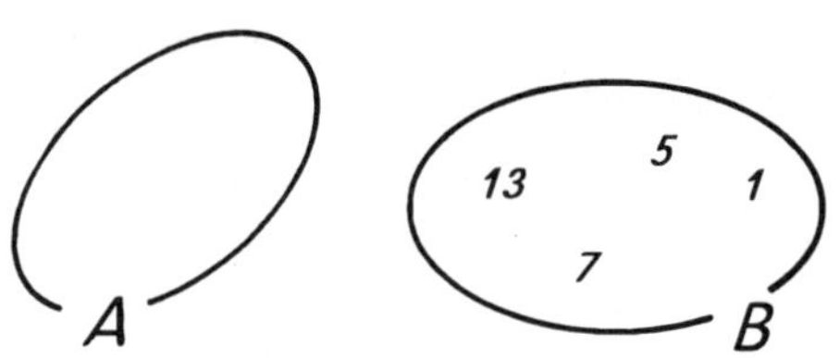

Bemerkung 1.1.6: *i) Nach Def. 1.1.1 müssen die Elemente einer Menge* ***unterscheidbar*** *sein. Daher werden mehrfach auftretende identische Elemente (wie z.B. 2, 6/3, $\sqrt{4}$) als* ***ein*** *Element betrachtet. So ist etwa die Menge B der Buchstaben des Wortes „MISSISIPPI" gegeben durch $B = \{M, I, S, P\}$.*

ii) Es ist möglich (und sinnvoll), eine Menge zu definieren, die ***kein Element*** *besitzt.*
*(**Beispiele:** Die Menge aller natürlichen Zahlen, die zugleich größer als 100 und kleiner als 90 sind, hat kein Element. Die Menge aller reellen Zahlen x, für die gilt: $x^2 + 4 = 0$, hat kein Element.*
Eine Menge, die kein Element besitzt, heißt ***leere Menge,*** *symbolisch: $\{\}$ oder $\emptyset$. Man unterscheide davon sorgfältig die Menge $\{0\}$, deren (einziges) Element die Zahl 0 ist, während $\{\}$* ***kein*** *Element besitzt.*

1.1.2 Spezielle Zahlenmengen

Bestimmte Zahlenmengen, die häufig in der Mathematik verwendet werden, haben genormte Symbole:

1) $\mathbb{N} :=$[2] $\{1, 2, 3, ...\}$ (Menge der **natürlichen** Zahlen) ;

2) $\mathbb{Z} := \{... -2, -1, 0, 1, 2, ...\}$ (Menge der **ganzen** Zahlen) ;

3) $\mathbb{Q} := \{x \mid x = \frac{p}{q}$ mit $p, q \in \mathbb{Z}$ und $q \neq 0\}$ (Menge der **rationalen** Zahlen) .

Fügt man die sogenannten **„irrationalen** Zahlen" (wie z.B. $\sqrt{2}$, $\sqrt[5]{10}$, π, e, ...) zur Menge $\mathbb{Q}$ der rationalen Zahlen hinzu, so ergibt sich

4) $\mathbb{R}$:= Menge der **reellen** Zahlen .

Jeder reellen Zahl entspricht ein Punkt auf dem **Zahlenstrahl** und umgekehrt.

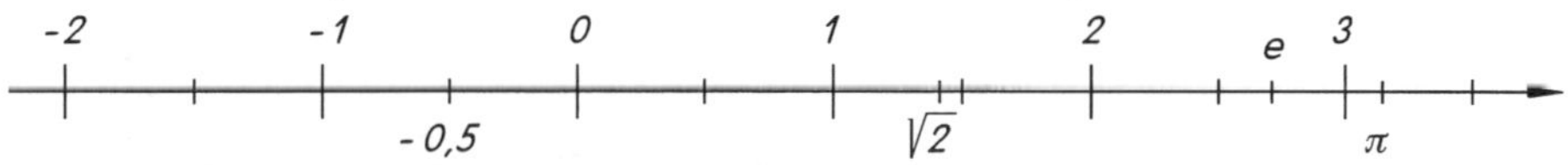

Abb. 1.1.7

Die reellen Zahlen bedecken den **Zahlenstrahl** lückenlos.

Bemerkung 1.1.8: *Mit $\mathbb{Z}^+$, $\mathbb{Q}^+$, $\mathbb{R}^+$ wollen wir die jeweils* ***positiven*** *und mit $\mathbb{Z}_o^+$, $\mathbb{Q}_o^+$, $\mathbb{R}_o^+$ die jeweils* ***nichtnegativen*** *ganzen, rationalen bzw. reellen Zahlen bezeichnen. Analog bedeutet $\mathbb{N}_o = \{0, 1, 2, ...\}$ die Menge der um die Zahl 0 erweiterten natürlichen Zahlen.*

Bemerkung 1.1.9: *Obwohl zwischen je zwei Brüchen (rationalen Zahlen) beliebig viele weitere Brüche liegen, die rationalen Zahlen ($\mathbb{Q}$) also gewissermaßen beliebig „dicht" auf dem Zahlenstrahl (vgl. Abb. 1.1.7) liegen, stellte man bereits vor mehr als 2000 Jahren mit Erstaunen fest, dass es daneben beliebig viele weitere Zahlen gibt, die nicht als Bruch darstellbar, also „irrational" sind.*
Als Kostprobe sei der Beweis für die „Irrationalität" von $\sqrt{2}$ skizziert:

Angenommen, $\sqrt{2}$ sei als (vollständig gekürzter) Bruch $\frac{p}{q}$ darstellbar (p, q seien somit teilerfremde natürliche Zahlen, z.B. $\frac{p}{q} = \frac{249\,669\,803}{176\,543\,210}$).

Weiterhin sei der Nenner q als verschieden von Eins vorausgesetzt, denn andernfalls wäre $\sqrt{2}$ eine natürliche Zahl (= p), was offensichtlich nicht zutrifft.

---

[2] Das Symbol „:=" bedeutet: „ist definitionsgemäß gleich".

Aus der Annahme, $\sqrt{2} = \frac{p}{q}$ *sei wahr, folgt durch Quadrieren:*

$$(*) \quad 2 = \left(\frac{p}{q}\right)^2 = \frac{p \cdot p}{q \cdot q} \quad .$$

Nun kann aber dieser Bruch unmöglich eine natürliche Zahl (= 2) darstellen, denn einerseits ist er - da p, q teilerfremd - nicht weiter kürzbar und andererseits kann er sich - wegen $q \neq 1$ *- nicht auf eine natürliche Zahl reduzieren. Es ist also unmöglich, dass die Gleichung (∗) wahr ist.*

Aus diesem Widerspruch folgt zwangsläufig, dass die Annahme - nämlich $\sqrt{2} = \frac{p}{q}$ *- falsch sein muss.*

Wenn nicht eindeutig anders vermerkt, werden wir im folgenden die **Menge** $\mathbb{R}$ der reellen Zahlen für **sämtliche** Rechnungen zugrundelegen ***(Grundmenge** ist* $\mathbb{R}$*).*
(Dabei ist zu beachten, dass bei allen praktischen Rechnungen, z.B. auf elektronischen Rechenanlagen, jede reelle Zahl durch eine rationale Zahl angenähert wird.)

Spezielle Mengen reeller Zahlen sind die **Intervalle**, die sich als lückenlose Teilstrecke des Zahlenstrahls (mit oder ohne Endpunkte) darstellen lassen.

Def. 1.1.10: (Eigentliche Intervalle)

Seien $a, b \in \mathbb{R}$ mit $a < b$. Dann heißen

$[a, b] := \{x \in \mathbb{R} \mid a \leq x \leq b\}$ **abgeschlossenes** Intervall *(inclusive der Endpunkte)* ;

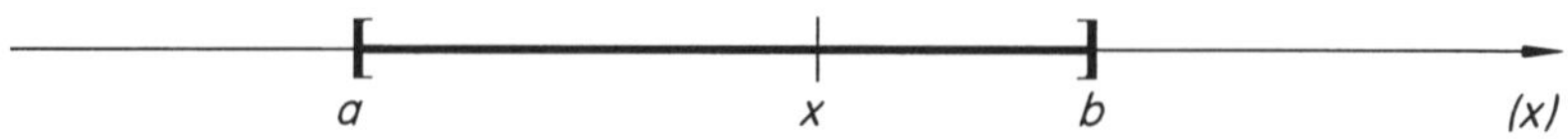

$]a, b[:= \{x \in \mathbb{R} \mid a < x < b\}$ **offenes** Intervall *(ohne die Endpunkte)* .

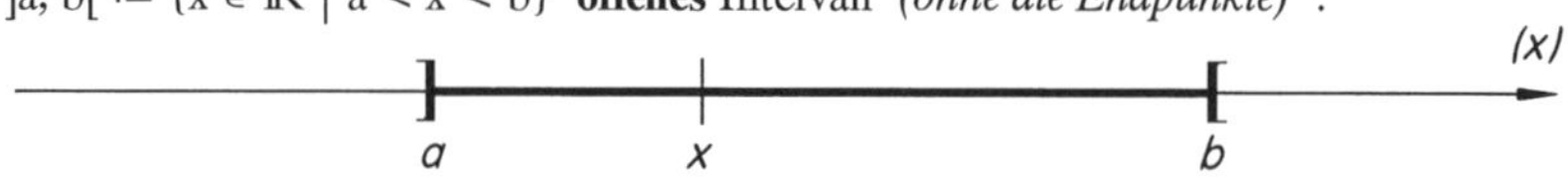

Die Mengen $[a, b[:= \{x \in \mathbb{R} \mid a \leq x < b\}$ und $]a, b] := \{x \in \mathbb{R} \mid a < x \leq b\}$ heißen **halboffene** Intervalle (nur jeweils ein Endpunkt gehört zum Intervall). Mit naheliegender Symbolik gilt für sog. „uneigentliche" Intervalle:

$[a, \infty[\; := \{x \in \mathbb{R} \mid x \geq a\}$; $\quad]a, \infty[\; := \{x \in \mathbb{R} \mid x > a\}$;

$]-\infty, a] := \{x \in \mathbb{R} \mid x \leq a\}$; $\quad]-\infty, a[\; := \{x \in \mathbb{R} \mid x < a\}$;

$]-\infty, \infty[\; := \mathbb{R}$.

Aufgabe 1.1.11: Geben Sie die Elemente der folgenden Mengen in aufzählender Form an:

i) A = Die Menge der Buchstaben des Namens „ OTTO " ; **ii)** $B = \{x \in \mathbb{Z} \mid x < 3\}$;
iii) $C = \{x \in \mathbb{N} \mid 2 < x < 3\}$; **iv)** $D = \{x \in \mathbb{R} \mid x^2 = 2\}$; **v)** $E = \{x \in \mathbb{N} \mid x + 4 = 3\}$;
vi) $F = \{x \in \mathbb{R} \mid x^2 + 36 = 25\}$.

Aufgabe 1.1.12: Zu welcher der Mengen $\mathbb{N}, \mathbb{Z}, \mathbb{Q}, \mathbb{R}$ gehören die folgenden Zahlen:

i) $\sqrt{4}$; **ii)** 0,333... ; **iii)** $\frac{12}{6}$; **iv)** $\sqrt{-4}$; **v)** 0 ; **vi)** 0,125 ; **vii)** $\sqrt{\pi + e}$.

1.1.3 Aussagen und Aussageformen

Wir wollen im folgenden einige Grundbegriffe der *(zweiwertigen)* Aussagenlogik kennenlernen. Aussagen und ihre logischen Verknüpfungen mit Hilfe einer formalisierten Sprache dienen dazu, exakte und von umgangssprachlichen Interpretationsschwierigkeiten freie Formulierungen mathematischer Sachverhalte zu ermöglichen.

Def. 1.1.13: Unter einer **Aussage A** versteht man ein sprachliches Gebilde (Satz), das **entweder wahr (w) oder falsch (f)** ist.

Beispiel 1.1.14: A: 2 ist eine Primzahl (w) ; B: $\sqrt{4} = \pm 2$ (f); C: $(-4)^2 = 16$ (w) ; D: $-2 > 2$ (f).

Bemerkung 1.1.15: Der Wahrheitsgehalt der Aussage „Jede gerade Zahl, die größer als 2 ist, lässt sich als Summe zweier Primzahlen schreiben" ist (noch) unbekannt („Goldbach'sche Vermutung"). Wir zweifeln jedoch nicht daran, dass sie entweder wahr oder falsch sein ***muss****. Daher werden auch derartige Sätze als Aussagen betrachtet.*

Keine Aussagen dagegen sind: „Guten Abend !"; „Nachts ist es kälter als draußen." ; „Wie spät ist es ?"; 55.

Der Satz „Die Zahl x ist größer als die Zahl y" ist zunächst keine Aussage, weil über den Zahlenwert der beiden vorkommenden Variablen x und y nichts bekannt ist. Setzen wir z.B. die Zahl 4 für x und die Zahl 7 für y, so geht der Satz in die (falsche) Aussage „4 ist größer als 7" über, bei den Einsetzungen 9 und 5 für x und y ergibt sich die wahre Aussage „9 ist größer als 5".

Def. 1.1.16: Sätze mit einer oder mehreren Variablen heißen **Aussageformen**, wenn sie bei spezieller Wahl der Variablen in eine Aussage übergehen.

Beispiel 1.1.17: Folgende Sätze sind Aussageformen:

i) G(x): $x + 4 = 7$ mit $x \in \mathbb{N}$;

ii) U(a, b, c): $a + b + c \geq 3$ mit $a, b, c \in \mathbb{R}$;

iii) A(x, y): x ist ein Teiler von y mit $x, y \in \mathbb{N}$ [3] .

Folgende Sätze sind **keine** Aussageformen, da sie beim Einsetzen der Variablen nicht in Aussagen übergehen:

Beispiel 1.1.18: **i)** $x^2 + y^2 =$; **ii)** x ist größer .

Ausdrücke wie x, $x^2 + y^2$ (vgl. Beispiel 1.1.18) nennt man **Terme**:

[3] Aussageformen werden meist mit einem Buchstaben A,G,U und nachfolgender geklammerter Aufzählung der Variablennamen gekennzeichnet (vgl. Bsp. 1.1.17): G(x); U(a,b,c); A(x,y) (gelesen: G von x; U von a,b,c usw.)

Def. 1.1.19: Als **Term T** bezeichnet man jeden **mathematischen Ausdruck**, der

- eine definierte **Zahl** darstellt, z.B. $\sqrt{3} \cdot 4 + 7$ oder
- nach Ersetzen der vorkommenden Variablen durch Zahlen in eine definierte **Zahl übergeht**, z.B. $x^2 + y^2$.

Keine Terme sind sinnlose oder nicht definierte Ausdrücke wie z.B. $\frac{0}{0}$, $\frac{1}{0}$, 0^0 [4]. Terme werden oft mit dem Buchstaben **T** bezeichnet, gefolgt von den geklammerten Variablennamen, z.B.

$$T(x) = \frac{\sqrt[3]{x}}{e^x + 1}$$ (gelesen: „Term T von x gleich ...“)

$$T(x, y) = x^2 + y^2$$ (gelesen: „Term T von x und y gleich ...“)

Jede mathematische Gleichung $\mathbf{T_1 = T_2}$ (**Ungleichung** $\mathbf{T_1 \leq T_2}$), deren Terme eine oder mehrere Variable enthalten, ist eine **Aussageform**. Ersetzt man die Variablen der Gleichung durch Elemente der zugehörigen Grundmenge (i.a. $\mathbb{R}$), so geht die Gleichung (Ungleichung) i.a. in eine (wahre oder falsche) Aussage über.

Beispiel 1.1.20: Die Gleichung G(x): $x^2 - 4 = 0$ ist eine Aussageform. Die Grundmenge (aus der die Variablenwerte stammen) sei $\mathbb{R}$. Ersetzt man z.B. x durch 7, so lautet die Gleichung: G(7): $7^2 - 4 = 0$ und stellt eine (falsche) Aussage dar. Ersetzt man x durch 2 oder -2, so erhält man die jeweils wahren Aussagen

$$2^2 - 4 = 0 \text{ (w)} \quad \text{und} \quad (-2)^2 - 4 = 0 \text{ (w)} .$$

Die Zahlen 2 und -2 heißen **Lösungen** der Gleichung G(x).

Def. 1.1.21: Diejenigen Elemente der Grundmenge, die eine Aussageform (Gleichung, Ungleichung) zu einer **wahren** Aussage machen, heißen **Lösungen** der Aussageform (Gleichung, Ungleichung). Sie werden zusammengefasst in der **Lösungsmenge L** der Aussageform (Gleichung, Ungleichung).

(Wie schon zuvor bemerkt, wollen wir $\mathbb{R}$ als Grundmenge der Gleichungen/ Ungleichungen voraussetzen.)

Beispiel 1.1.22: i) Die Lösungsmenge L der Gleichung G(x): $x \cdot (x - 2) = 0$ $(x \in \mathbb{R})$ lautet: $L = \{0; 2\}$, denn $0 \cdot (0 - 2) = 0$ (w) und $2 \cdot (2 - 2) = 0$ (w).

ii) Die Lösungsmenge L der Ungleichung $x - 1 < 0$, $x \in \mathbb{R}$ lautet $L = \{x \in \mathbb{R} \mid x < 1\}$.

Es gibt unendlich viele Lösungen der Ungleichung, vgl. Abb.

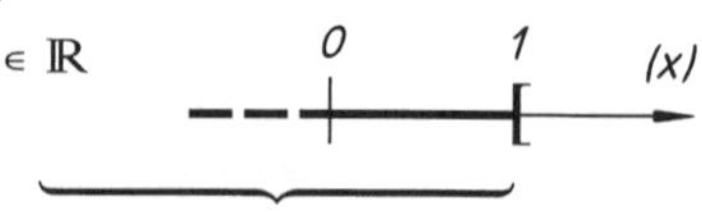

Gelegentlich kann es vorkommen, dass ein Element aus der Grundmenge beim Einsetzen einen nicht definierten Ausdruck erzeugt. Setzt man etwa in

$$A(x): \frac{4}{x - 1} = 2 \; ; \; x \in \mathbb{R}$$

[4] Derartige „unbestimmte Ausdrücke“ spielen im Zusammenhang mit Grenzwertbetrachtungen eine wichtige Rolle, vgl. Kap. 4.3 bzw. Kap. 5.3.

für x die Zahl 1 ein, so entsteht der nicht definierte Ausdruck $\frac{4}{0} = 2$. Daher ist es erforderlich, die Grundmenge (hier $\mathbb{R}$) zu reduzieren auf die sogenannte **Definitionsmenge**:

Def. 1.1.23: Die **Definitionsmenge D_A** der Aussageform A(x) enthält nur diejenigen Elemente der Grundmenge, bei deren Einsetzen A(x) in eine sinnvolle, definierte Aussage übergeht.

Im letzten Beispiel gilt: $D_A = \{x \in \mathbb{R} \mid x \neq 1\}$ sowie $L = \{3\}$.

Beispiel 1.1.24: Die Lösungsmenge L der Gleichung

$(x + 1)^2 = x^2 + 2x + 1$, $x \in \mathbb{R}$ ist $L = \mathbb{R}$,

denn für **jede** Einsetzung aus der Grundmenge geht die Gleichung in eine **wahre** Aussage über. Derartige Aussageformen (Gleichungen, Ungleichungen) heißen **allgemeingültig**.

Def. 1.1.25: (allgemeingültige Aussageform)

Eine Aussageform A (Gleichung, Ungleichung) heißt **allgemeingültig**, wenn **jede** Einsetzung (aus der Definitionsmenge D_A) zu einer **wahren** Aussage führt (*oder:* wenn die Lösungsmenge von A mit der Definitionsmenge von A übereinstimmt).

Beispiel 1.1.26: Jede der folgenden Gleichungen/ Ungleichungen ist allgemeingültig in $\mathbb{R}$:

i) $(x - 2)(x + 2) = x^2 - 4$; **ii)** $0 < 2$; **iii)** $\frac{3}{z^2 + 5} > 0$; **iv)** $2^x > 0$; **v)** $e^{-y} > 0$.

Ist – wie im vorliegenden Beispiel – eine Gleichung $\mathbf{T_1 = T_2}$ **allgemeingültig**, so muss für jede Einsetzung der links vom Gleichheitszeichen stehende Term $\mathbf{T_1}$ denselben Zahlenwert annehmen wie der rechts stehende Term $\mathbf{T_2}$ (denn $\mathbf{T_1 = T_2}$ ist für **jede** Einsetzung **wahr**!). Man nennt daher $\mathbf{T_1}$ und $\mathbf{T_2}$ **äquivalent** (gleichwertig).

Def. 1.1.27: (Äquivalenz von Termen)

Zwei Terme T_1 und T_2 heißen **äquivalent** (gleichwertig), wenn bei jeder Einsetzung von Variablen die beiden Terme T_1 und T_2 dieselben Zahlenwerte liefern.

Beispiel 1.1.28: Folgende Terme T_1, T_2 sind jeweils äquivalent:

i) $T_1(x) = (x + 7)(x - 2)$

$T_2(x) = x^2 + 5x - 14$.

ii) $T_1(x, y) = x^4 - y^4$

$T_2(x, y) = (x^2 + y^2)(x^2 - y^2)$.

iii) $T_1(a, b, x) = \frac{a - b}{b - a} \cdot x$

$T_2(a, b, x) = -x \quad ; \quad (a \neq b)$.

iv) $T_1(u, v, x) = \frac{ux - vx}{x^2 + 7x}$

$T_2(u, v, x) = \frac{u - v}{x + 7} \quad ; \quad (x \neq 0,\ x \neq 7)$.

Beispiel 1.1.29: Die Lösungsmenge L der Gleichung

$$2x + 4 = 2x - 6 \ , \quad x \in \mathbb{R} \quad \text{lautet} \quad L = \{ \ \} \ ,$$

denn für **jede** Einsetzung geht die Gleichung in eine **falsche** Aussage über. Derartige Aussageformen *(Gleichungen, Ungleichungen)* heißen **unerfüllbar**.

Def. 1.1.30: (unerfüllbare Aussageform)

Eine Aussageform A *(Gleichung, Ungleichung)* heißt **unerfüllbar** (*oder:* widersprüchlich), wenn **keine Zahl** *(aus der Definitionsmenge)* **Lösung** von A ist.

Die **Lösungsmenge** unerfüllbarer Aussageformen ist **leer**.

Beispiel 1.1.31: Folgende Gleichungen bzw. Ungleichungen sind unerfüllbar in $\mathbb{R}$:

i) $2001 + x = x + 2$

ii) $1 = 2$

iii) $x^4 < 0$

iv) $x^2 + 25 = 0$

In Kap. 1.2.4 folgen ausführliche Erläuterungen zur Technik von Gleichungslösungen. Aus dem Vorangegangenen bleibt als erstes festzuhalten:

Satz 1.1.32: (Lösungen von Aussageformen (Gleichungen, Ungleichungen))

Es gibt Aussageformen (Gleichungen, Ungleichungen), die in $\mathbb{R}$

i) **lösbar** sind, und zwar

a) mit **genau einer** Lösung; (Bsp.: $x - 1 = 0$; $L = \{1\}$)

b) mit **mehreren** Lösungen; (Bsp.: $x^2 = 4$; $L = \{-2; 2\}$)

c) mit **unendlich vielen** Lösungen; (Bsp.: $x^2 < 49$; $L = \{x \in \mathbb{R} \mid -7 < x < 7\}$)

ii) **allgemeingültig** sind;

(Bsp.: $x^2 - 1 = (x - 1)(x + 1)$; $L = \mathbb{R}$)

iii) **unerfüllbar** sind;

(Bsp.: $x^2 + 1 = 0$; $L = \{ \ \}$).

Aufgabe 1.1.33: i) In welchen Fällen handelt es sich um **Aussagen**, in welchen Fällen um **Aussageformen**?

a) $x^2 + 1 = 1 + x^2$ b) $A + B = 1$ c) $4 + 1 = 0$ d) $0 \leq 0^2 + \sqrt{4} - 1$

e) $x + y = 4$ f) $y = x^2 + 1$ g) $\frac{1}{0} = 0$ h) 2 ist Lösung von $x > 4$

i) $a^2 + b^2$.

ii) Man gebe die **Lösungsmengen** folgender Aussageformen an. Welche Aussageformen sind **allgemeingültig**, welche **unerfüllbar** ? *(Grundmenge: $\mathbb{R}$)*

a) $x^2 = 49$ b) $p^2 \geq 0$ c) $0x = 5x$ d) $(y + 1)(y + 2) = 0$

e) $0 + x = 5 + x$ f) $2z + 1 = 1 + 2z$ g) p ist eine gerade Primzahl; $p \in \mathbb{N}$

h) $x^2 > 36$ i) $u^2 < 81$.

1.1.4 Verknüpfungen von Aussagen und Aussageformen

Verknüpft man zwei Aussagen (Aussageformen) durch **UND** bzw. **ODER** miteinander, so entsteht eine neue Aussage (Aussageform). Ebenso entsteht durch die **VERNEINUNG** einer Aussage eine neue Aussage. Als Beispiel betrachten wir die folgenden beiden Aussagen:

A: Egon geht heute mit Anna ins Theater.

B: Egon geht heute mit Berta ins Theater.

1.1.4.1 Konjunktion

Die konjunktive Aussage **$A \wedge B$** (gelesen **A und B**) bedeutet: Egon geht heute mit Anna ins Theater **und** er geht heute mit Berta ins Theater.
Der Wahrheitsgehalt dieser zusammengesetzten Aussage $A \wedge B$ hängt von den Wahrheitswerten der beteiligten Aussagen A, B ab und ist nach unserem logischen Alltagsverständnis definiert: $A \wedge B$ ist nur dann wahr, wenn Egon tatsächlich mit **beiden** Damen ins Theater geht (d.h. wenn **sowohl A, als auch B** wahr sind), dagegen ist $A \wedge B$ falsch, wenn er auch nur eine von beiden zu Hause lässt.
Wir erhalten somit für die **„UND"**-Verknüpfung (**„Konjunktion"**) die **Wahrheitstafel**

(1.1.34)

A	B	$A \wedge B$
w	w	w
w	f	f
f	w	f
f	f	f

(**„UND"-Verknüpfung**)

(Bei zwei beteiligten Teilaussagen hat die Wahrheitstafel $2^2 = 4$ Zeilen, um sämtliche Wahrheitswerte-Kombinationen, nämlich ww, wf, fw, ff, von A und B aufführen zu können.)

Beispiel 1.1.35: $3 + 7 = 10 \wedge 8 - 4 = 4$ (w)

$\sqrt{4} = 2 \wedge \sqrt{4} = -2$ (f), da $\sqrt{4} = -2$ falsch ist .

Beispiel 1.1.36: A(x): $x > 3 \wedge x < 7$ ($x \in \mathbb{R}$) ist eine konjunktive Aussageform, von der zunächst nicht entschieden werden kann, ob sie wahr oder falsch ist. Wir nehmen einige Einsetzungen vor:

i) 0 für x: Es entsteht die Aussage A(0): $\underset{f}{0 > 3} \wedge \underset{w}{0 < 7}$ (f)

ii) 5 für x: Es entsteht die Aussage A(5): $\underset{w}{5 > 3} \wedge \underset{w}{5 < 7}$ (w)

iii) 9 für x: Es entsteht die Aussage A(9): $\underset{w}{9 > 3} \wedge \underset{f}{9 < 7}$ (f)

Daher ist die Lösungsmenge L von A(x):
$L = \{x \in \mathbb{R} \mid 3 < x < 7\} =]3; 7[$.

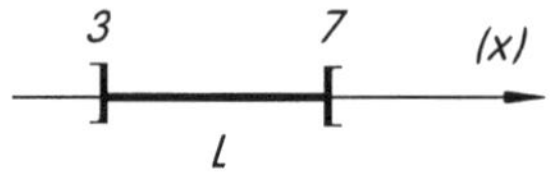

1.1.4.2 Disjunktion

A ∨ B (gelesen **A oder B**) bedeutet: Egon geht heute mit Anna ins Theater **oder** er geht heute mit Berta ins Theater.

Nach unserem logischen Alltagsverständnis ist diese Aussage sicher **richtig**, wenn er sich für eine von beiden entscheidet und **falsch**, wenn er alleine ins Theater geht. Für den Fall, dass er mit beiden ins Theater geht, bedarf es einer Vereinbarung, da in unserem Sprachgebrauch das Wort „oder" in zweierlei Bedeutung gebraucht wird:

i) als **ausschließendes** „oder" („entweder - oder")

ii) als **einschließendes** „oder" („und/oder").

Beispiel zu **i)**: 5 ist eine Primzahl **oder** 5 ist keine Primzahl. (Der Fall, dass 5 sowohl Primzahl als auch keine Primzahl ist, ist **ausgeschlossen**.)

Beispiel zu **ii)**: (aus einer Stellenanzeige) „Der Stellenbewerber muss Diplom-Betriebwirt **oder** Diplom-Kaufmann sein." (Ein Bewerber besitzt sicher diese Voraussetzung, wenn er **beide** Qualifikationen besitzt.)

In der Aussagenlogik wird das „oder" (∨) im **einschließenden** Sinne (vgl. **ii)**) definiert, d.h. A ∨ B ist auch dann wahr, wenn **beide** Teilaussagen wahr sind. Wir erhalten somit für die „**ODER**"-Verknüpfung („**Disjunktion**") die **Wahrheitstafel**

(1.1.37)

A	B	A ∨ B
w	w	w
w	f	w
f	w	w
f	f	f

(„**ODER**"-**Verknüpfung**)

Beispiel 1.1.38: i) A: $3 = 3 \vee 3 = -3$ ist **wahr**, da die Teilaussage $(3 = 3)$ wahr ist.

ii) A(x): $x = 8 \vee x = -8$ ist eine disjunktive Aussageform, von der zunächst nicht entschieden werden kann, ob sie wahr oder falsch ist. Daher wollen wir für x verschiedene Einsetzungen vornehmen:

a) 8 für x: Es entsteht die Aussage A(8) : $\underset{w}{8 = 8} \vee \underset{f}{8 = -8}$ (w)

b) 0 für x: Es entsteht die Aussage: A(0) : $\underset{f}{0 = 8} \vee \underset{f}{0 = -8}$ (f)

c) −8 für x: Es entsteht die Aussage: A(−8): $\underset{f}{-8 = 8} \vee \underset{w}{-8 = -8}$ (w)

Daher ist die Lösungsmenge L der Aussageform A(x) gegeben durch: $L = \{8; -8\}$.

Folgende Merkregeln sind zweckmäßig:

i) $\mathbf{A \wedge B}$ ist **genau dann richtig**, wenn **beide** Teilaussagen **richtig** sind.

ii) $\mathbf{A \vee B}$ ist **genau dann falsch**, wenn **beide** Teilaussagen **falsch** sind.

iii) $\mathbf{A \wedge B}$ bedeutet logisch dasselbe wie $\mathbf{B \wedge A}$, ebenso $\mathbf{A \vee B}$ und $\mathbf{B \vee A}$ (**Kommutativgesetz** der Aussagenlogik).

(Umgangssprachlich nicht immer! Beispiel: Die Aussage: „Hubers Krankheit wurde immer schlimmer und er ging zum Arzt." bedeutet umgangssprachlich etwas anderes als „Huber ging zum Arzt und seine Krankheit wurde immer schlimmer." (Gebrauch von „und" im Sinne von „und daher"!))

1.1.4.3 Negation

Unter der **Negation** $\boxed{\neg A}$ (gelesen: **nicht A**) der Aussage A versteht man eine Aussage mit der **Wahrheitstafel**

(1.1.39) **(Negation)**

A	$\neg A$
w	f
f	w

D.h. wenn A wahr ist, dann ist $\neg A$ falsch und umgekehrt (stimmt mit der „normalen" Logik überein).

(Statt $\neg A$ schreibt man gelegentlich auch $\overline{A}$.)

Beispiel 1.1.40:

i) A: Das Auto ist weiß. $\neg$A: Das Auto ist nicht weiß.
(Vorsicht! Die Aussage: „Das Auto ist schwarz." ist keineswegs die Negation von A, denn ein nicht-weißes Auto kann ebensogut rot oder grün sein.);

ii) A: $9^2 = 82$ $\neg$A: $9^2 \neq 82$ (**nicht** etwa: $9^2 = 81$!) ;

iii) A(x): $x < 10$ $(x \in \mathbb{R})$ $\neg$A(x): $x > 10 \vee x = 10$ d.h. $x \geq 10$.

1.1.4.4 Zusammengesetzte Aussagen

Mit Hilfe von Konjunktion, Disjunktion und Negation lassen sich alle Ergebnisse der **klassischen Aussagenlogik** darstellen. Insbesondere lassen sich die Wahrheitswerte beliebiger **Aussageverknüpfungen** mit Hilfe von Wahrheitstafeln ermitteln.

Beispiel 1.1.41: Es sollen die Wahrheitswerte der Aussagenverknüpfungen

i) $\neg(A \vee B)$ und **ii)** $\neg A \wedge \neg B$

für alle Wahrheitswertekombinationen der Teilaussagen A, B erstellt werden:

i)

A	B	$A \vee B$	$\neg(A \vee B)$
w	w	w	f
w	f	w	f
f	w	w	f
f	f	f	w

ii)

A	B	$\neg A$	$\neg B$	$\neg A \wedge \neg B$
w	w	f	f	f
w	f	f	w	f
f	w	w	f	f
f	f	w	w	w

Beispiel 1.1.41 zeigt, dass für jede Wahrheitswertkombination der Teilaussagen A, B die Aussagen $\neg(A \vee B)$ und $\neg A \wedge \neg B$ **dieselben** Wahrheitswerte besitzen (erkennbar aus der identischen Wahrheitswertspalte). Derartige Aussagen nennt man **äquivalent**. Symbolische Schreibweise: $\neg(A \vee B) \Leftrightarrow \neg A \wedge \neg B$ (vgl. zum Äquivalenzpfeil $\Leftrightarrow$ auch Abschnitt 1.1.5.2).
Auch umgangssprachlich ist die Äquivalenz von $\neg(A \vee B)$ und $\neg A \wedge \neg B$ zu erkennen (vgl. das Theater-Eingangsbeispiel): Wenn es nicht so ist, dass Egon mit Anna oder Berta (oder beiden) ins Theater geht [$\neg(A \vee B)$], so bedeutet dies dasselbe, als wenn er weder mit Anna ($\neg A$) noch mit Berta ($\neg B$) ins Theater geht [$\neg A \wedge \neg B$].

Es können auch mehr als zwei Aussagen durch $\wedge$, $\vee$, $\neg$ miteinander verbunden werden. Durch geeignete Klammerbildung ist die Reihenfolge der Verknüpfungen zu verdeutlichen.

Beispiel 1.1.42: Wahrheitstafel von $A \vee (B \wedge C)$

Um alle Kombinationsmöglichkeiten zu erfassen, sind $2^3 = 8$ Zeilen erforderlich:

A	B	C	$B \wedge C$	$A \vee (B \wedge C)$
w	w	w	w	w
w	w	f	f	w
w	f	w	f	w
w	f	f	f	w
f	w	w	w	w
f	w	f	f	f
f	f	w	f	f
f	f	f	f	f

Klammert man anders: $(A \vee B) \wedge C$, so lautet die Wahrheitstabelle:

A	B	C	$A \vee B$	$(A \vee B) \wedge C$
w	w	w	w	w
w	w	f	w	f
w	f	w	w	w
w	f	f	w	f
f	w	w	w	w
f	w	f	w	f
f	f	w	f	f
f	f	f	f	f

Daher gilt: $A \vee (B \wedge C) \not\Leftrightarrow (A \vee B) \wedge C$, d.h. es kommt auf die Klammerung an.

Aufgabe 1.1.43: Man überprüfe durch Aufstellen von Wahrheitstabellen die folgenden **Gesetze der (zweiwertigen) Aussagenlogik** („Aussagenalgebra"). Dabei behauptet der Äquivalenzpfeil $\Leftrightarrow$, dass die Wahrheitstabellen übereinstimmen:

1a) $(A \vee B) \vee C \Leftrightarrow A \vee (B \vee C)$ *Assoziativgesetze für* $\vee, \wedge$

1b) $(A \wedge B) \wedge C \Leftrightarrow A \wedge (B \wedge C)$

(Bei gleichartigen Operatoren kommt es auf die Klammerung *nicht* an)

2a) $A \vee (B \wedge C) \Leftrightarrow (A \vee B) \wedge (A \vee C)$ *Distributivgesetze für* $\vee, \wedge$

2b) $A \wedge (B \vee C) \Leftrightarrow (A \wedge B) \vee (A \wedge C)$

(Bei ungleichartigen Operatoren ist die Klammerung wesentlich !)

3a) $A \vee A \Leftrightarrow A$ *Idempotenzgesetze für* $\vee, \wedge$

3b) $A \wedge A \Leftrightarrow A$

4a) $A \vee (A \wedge B) \Leftrightarrow A$ *Absorptionsgesetze für* $\vee, \wedge$

4b) $A \wedge (A \vee B) \Leftrightarrow A$

5) $A \vee \neg A$ immer wahr *Satz vom ausgeschlossenen Dritten*

(Eine Aussage muss entweder wahr oder nicht wahr sein, ein Drittes gibt es nicht.)

6) $A \wedge \neg A$ immer falsch *Satz vom Widerspruch*

(Es ist unmöglich, dass eine Aussage wahr und falsch zugleich ist.)

7) $\neg(\neg A) \Leftrightarrow A$ *Gesetz von der doppelten Negation*

8a) $\neg(A \vee B) \Leftrightarrow \neg A \wedge \neg B$ *Gesetze von de Morgan*

8b) $\neg(A \wedge B) \Leftrightarrow \neg A \vee \neg B$

Bemerkung: *Unmittelbar einsichtig ist die Gültigkeit der **Kommutativgesetze** für* $\vee, \wedge$:

$A \vee B \Leftrightarrow B \vee A$; $A \wedge B \Leftrightarrow B \wedge A$.

Aufgabe 1.1.44: i) Alois ist schüchtern. Trotz seiner Zurückhaltung haben ihn Ulla und Petra innigst in ihr Herz geschlossen. Ihr einziger Kummer ist, dass Alois sich nicht ausdrücklich für eine von ihnen entscheiden will – er hat Sorge, er könne eine der beiden Verehrerinnen verletzen. Schließlich wird Ulla ungeduldig und stellt Alois – in taktvoller Weise – zur Rede: „Alois, liebst du Petra, oder ist es nicht so, dass du Petra oder mich liebst?" Alois überlegt einen Moment, dann sagt er „Nein". Was hat Alois damit zum Ausdruck gebracht?

ii) Student Alois berichtet in seiner bekannten zurückhaltenden Art von den Ergebnissen seiner Diplomprüfung:

- „Ich habe in Mathematik und in Betriebswirtschaftslehre bestanden, oder es trifft nicht zu, dass ich in Mathematik oder Volkswirtschaftslehre bestanden habe.
- Es ist unzutreffend, dass ich in Mathematik bestanden habe oder in Betriebswirtschaftslehre durchgefallen bin."

Wie sieht das Ergebnis von Alois Prüfung aus?

1.1.5 Folgerung (Implikation) und Äquivalenz

1.1.5.1 Folgerung (Implikation) (⇒)

Def. 1.1.45: A(x) ⇒ B(x) bedeutet: Immer, wenn A(x) wahr ist, ist auch B(x) wahr.[5]

Man sagt:
- Wenn A(x) gilt, so auch B(x)
- Aus A(x) folgt B(x)
- A(x) impliziert B(x)
- A(x) ist hinreichend für B(x)
- B(x) ist notwendig für A(x)

Beispiel 1.1.46: Vorgegeben seien die beiden Aussageformen (Gleichungen) A(x): $x - 3 = 0$ B(x): $x^2 - 3x = 0$.

A(x) ist nur wahr, wenn man 3 für x setzt: A(3): $3 - 3 = 0$ (w). B(x) ist ebenfalls wahr, wenn A(x) wahr ist, d.h. wenn man 3 für x setzt: B(3): $3^2 - 3 \cdot 3 = 0$ (w). Also gilt: $x - 3 = 0 \Rightarrow x^2 - 3x = 0$. Man beachte, dass bei Vorliegen der Folgerung A(x) ⇒ B(x) die zweite Aussageform B(x) durchaus wahr sein kann, **ohne** dass A(x) wahr ist: Setzt man im letzten Beispiel 0 für x, so ist:

A(0): $0 - 3 = 0$ falsch, aber B(0): $0^2 - 3 \cdot 0 = 0$ wahr.

Man hüte sich also, aus der Folgerung A(x) ⇒ B(x) den **Umkehrschluss** B(x) ⇒ A(x) zu ziehen, wie es umgangssprachlich nicht selten zu hören ist nach dem Motto:

Tünnes: Alle juten Kölner trinken Kölsch.
Scheel: Dann ist mein Schwager aus München auch 'ne jute Kölner, der trinkt auch immer Kölsch.

Beispiel 1.1.47: Der Fußballstar Franz Huberbauer wird vom Schiedsrichter verwarnt:

„Wenn Sie nochmal den Ball (erkennbar u. absichtlich) mit der Hand spielen (*Aussage A*), so fliegen Sie vom Platz" („rote Karte" - *Aussage B*). Der Schiedsrichter behauptet also: A ⇒ B. Folgende Fälle stehen nun im Einklang mit dieser Aussage:

a) H. spielt (erkennbar und absichtlich) erneut Hand *(A ist wahr)*. Dann erhält er die rote Karte *(B ist wahr)*. Dies ist der **Hauptfall**.

b) H. spielt **nicht** erneut Hand *(A ist falsch)*. Dann könnte eintreten:
   b1) Er erhält nicht die rote Karte *(B ist falsch)*.
   b2) Er erhält trotzdem die rote Karte *(B ist wahr)*, etwa deshalb, weil er ein böses Foul begeht.

Nicht eintreten darf lediglich der Fall, dass er im Spiel bleibt (B ist falsch), obwohl er (erkennbar und absichtlich) den Ball mit der Hand spielt (A wahr). Denn A ⇒ B fordert ja gerade, dass aus A wahr (→ „Hand") zwingend folgt: B wahr (→ „rote Karte").

[5] Wenn A(x) dagegen falsch ist, so kann B(x) wahr oder falsch sein.

Aus $A(x) \Rightarrow B(x)$ lässt sich - wie die voranstehenden Beispiele belegen - durch **Kontraposition** der Schluss ziehen: Immer, wenn $B(x)$ falsch ist, dann ist auch $A(x)$ falsch (denn andernfalls - d.h. wenn $A(x)$ wahr wäre - müsste wegen $A(x) \Rightarrow B(x)$ auch $B(x)$ wahr sein). Symbolisch:

$A(x) \Rightarrow B(x)$ bedeutet dasselbe wie $\neg B(x) \Rightarrow \neg A(x)$

Beispiel 1.1.48: A: Es regnet jetzt. B: Die Straße wird nass.

$\neg$A: Es regnet jetzt nicht. $\neg$B: Die Straße wird nicht nass.

Es gilt: $A \Rightarrow B$ *(Wenn es wahr ist, dass es jetzt regnet, so ist es auch wahr, dass die Straße nass wird - vorausgesetzt, die Straße ist nicht überdacht.)*
und gleichbedeutend: $\neg B \Rightarrow \neg A$ *(Wenn es wahr ist, dass die Straße nicht nass wird, ist es auch wahr, dass es (gerade) jetzt nicht regnet.)*

Man beachte: $B \Rightarrow A$ gilt **nicht**, da die Straße auch nass werden kann, ohne dass es regnet, z.B. wenn Huber die Straße mit dem Wasserschlauch abspritzt.

Nach dem eben Gesagten wird die Folgerung $A(x) \Rightarrow B(x)$ zwischen zwei Aussageformen (z.B. Gleichungen, Ungleichungen) stets dann angewendet, wenn diejenigen x, die $A(x)$ zu einer wahren Aussage machen (= Lösungsmenge L_A von $A(x)$), auch $B(x)$ zu einer wahren Aussage machen, d.h.:

Satz 1.1.49: Es gilt die Folgerung $A(x) \Rightarrow B(x)$, wenn alle Lösungen von $A(x)$ auch Lösungen von $B(x)$ sind.

Wir untersuchen, ob in den folgenden Fällen der Folgerungspfeil „⇒" richtig verwendet wurde:

Beispiel 1.1.50: $x^2 = 9 \Rightarrow x = 3 \lor x = -3$

Richtige Verwendung, denn $x^2 = 9$ wird wahr für $x \in \{3; -3\}$. Für diese Elemente wird auch die Aussageform $x = 3 \lor x = -3$ wahr (vgl. die Wahrheitstafel der „ODER"-Verknüpfung).

Beispiel 1.1.51: $(x - 1)(x - 2) = 0 \Rightarrow x - 1 = 0$

Falsche Verwendung, denn $(x - 1)(x - 2) = 0$ wird u.a. wahr für $x = 2$, nicht dagegen die rechte Aussage, denn $2 - 1 = 0$ ist falsch. Also würde aus Wahrem etwas Falsches folgen - Widerspruch!

Aufgabe 1.1.52: Man untersuche, ob der Folgerungspfeil korrekt verwendet wurde:

i) $x = 3 \Rightarrow x^2 = 9$ **ii)** $x^2 - 16 = 0 \Rightarrow x = 4$ **iii)** $z = \sqrt{4} \Rightarrow z^2 = 4$

iv) $x(x + 1) = 0 \Rightarrow x + 1 = 0$ **v)** $(z - 4)(z + 5) = 0 \Rightarrow z = 4 \lor z = -5$

vi) $\frac{1}{p} = 0 \Rightarrow p = 1$ **vii)** $x^2 < 16 \Rightarrow x < 4$ **viii)** $x^2 < 16 \Rightarrow x < 4 \land x > -4$

ix) $k^2 > 4 \Rightarrow k > 2$ **x)** $k^2 > 4 \Rightarrow k > 2 \lor k < -2$ **xi)** $x < 3 \Rightarrow x^2 < 9$.

1.1.5.2 Äquivalenz ($\Leftrightarrow$)

Def. 1.1.52: $A(x) \Leftrightarrow B(x)$ bedeutet: Immer, wenn $A(x)$ wahr ist, ist auch $B(x)$ wahr, und immer, wenn $B(x)$ wahr ist, dann ist auch $A(x)$ wahr.

Man sagt:
- Genau dann, wenn $A(x)$ gilt, gilt auch $B(x)$.
- Wenn $A(x)$, so $B(x)$ und umgekehrt.
- $A(x)$ ist notwendig und hinreichend für $B(x)$ bzw.
- $B(x)$ ist notwendig und hinreichend für $A(x)$.
- $A(x)$ ist äquivalent zu $B(x)$.

Aus Def. 1.1.52 folgt: Ist **eine** der äquivalenten Aussageformen $A(x)$, $B(x)$ falsch, so auch die andere. Da $A(x)$, $B(x)$ genau dann wahr werden, wenn x aus der Lösungsmenge von $A(x)$ bzw. $B(x)$ stammt (vgl. Def. 1.1.21: Lösungsmenge einer Aussageform), folgt aus der Äquivalenz in Def. 1.1.52 unmittelbar:

Satz 1.1.53: Die Aussageformen $A(x)$ und $B(x)$ sind **äquivalent**, $A(x) \Leftrightarrow B(x)$, genau dann, wenn die **Lösungsmengen** beider Aussageformen **übereinstimmen**.

Bei der Umformung von Gleichungen zur Lösungsfindung darf man daher nur **Äquivalenzumformungen** vornehmen, d.h. Gleichungsumformungen, die die Lösungsmenge der Ausgangsgleichung nicht verändern, vgl. auch Kap. 1.2.4.2.

Beispiel 1.1.54: $A(x)$: $x^2 - 25 = 0$ $B(x)$: $x = 5 \vee x = -5$

Die Lösungsmengen sind:

$L_A = \{5; -5\}$, denn $5^2 - 25 = 0$ (w) und $(-5)^2 - 25 = 0$ (w)

$L_B = \{5; -5\}$, denn $5 = 5 \vee 5 = -5$ (w) und $-5 = 5 \vee -5 = -5$ (w)

(Vgl. Wahrheitstafel der „ODER"-Verknüpfung)

Also ist $L_A = L_B$ und somit gilt: $x^2 = 25 \Leftrightarrow x = 5 \vee x = -5$.

Aufgabe 1.1.55: Man untersuche durch Vergleich der Lösungsmengen, ob die folgenden Aussageformen äquivalent sind (d.h. ob der Äquivalenzpfeil zutreffend angewendet wurde).

i) $x = 7 \Leftrightarrow x^2 = 49$; **ii)** $x = 1 \vee x = 4 \Leftrightarrow (x-1)(x-4) = 0$;

iii) $\frac{x-1}{x-2} = 0 \wedge x \neq 2 \Leftrightarrow x = 1$; **iv)** $x = \sqrt{4} \Leftrightarrow x = 2 \vee x = -2$;

v) $x^2 = 4 \Leftrightarrow x = 2 \vee x = -2$; **vi)** $x(x-5) = 0 \Leftrightarrow x = 5$;

vii) $x^2 > 0 \Leftrightarrow x > 0$; **viii)** $x^2 > 9 \Leftrightarrow x > 3 \vee x < -3$;

ix) $x^2 < 36 \Leftrightarrow x < 6 \wedge x > -6$; **x)** $\sqrt{x} = -4 \Leftrightarrow x = 16$.

In den Fällen falscher Anwendung ermittele man die korrekte Folgerungsbeziehung ($\Rightarrow$ oder $\Leftarrow$).

1.1.6 Relationen zwischen Mengen

Wir wollen **Gleichheit** und **Teilmengeneigenschaft** zweier Mengen klären.

1.1.6.1 Gleichheit zweier Mengen

Def. 1.1.56: Zwei Mengen A, B heißen **gleich**, geschrieben A = B, wenn sie dieselben Elemente enthalten.

$A = B :\Leftrightarrow$ [6] (Für alle x gilt: $x \in A \Leftrightarrow x \in B$).

Beispiel 1.1.57: $A = \{49, \sqrt{4}, 5^0\}$, $B = \{1, 2, 7^2\}$, also $A = B$.

1.1.6.2 Teilmengen

Def. 1.1.58: Die Menge A heißt **Teilmenge** der Menge B, geschrieben $A \subset B$, wenn jedes Element von A gleichzeitig auch Element von B ist. D.h.:

$A \subset B :\Leftrightarrow$ (Für alle x gilt: $x \in A \Rightarrow x \in B$).

Beispiel 1.1.59: $A = \{2, 3, 4\}$, $B = \{1, 2, 3, 4, 5\}$:

Jedes Element von A ist Element von B, also ist A eine Teilmenge von B:

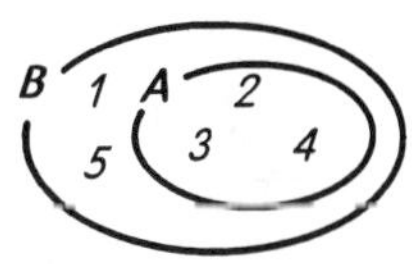

$A \subset B$

Nach Def. 1.1.58 gilt im Falle der Gleichheit von A und B: $A \subset B$ **und** $B \subset A$. Das Teilmengensymbol „$\subset$" schließt die Gleichheit der Mengen nicht aus, mit anderen Worten: jede Menge enthält sich selbst als Teilmenge: $A \subset A$. Es wird vereinbart, dass die **leere** Menge **Teilmenge jeder** Menge ist: Für alle Mengen A gilt: $\{\ \} \subset A$.

Def. 1.1.60: Die Menge **P(A) aller Teilmengen M** einer gegebenen Menge A heißt **Potenzmenge** der Menge A: $P(A) := \{M \mid M \subset A\}$.

Beispiel 1.1.61: $A = \{2, 3, 4\} \Leftrightarrow$

$P(A) = \{\{\ \}, \{2\}, \{3\}, \{4\}, \{2, 3\}, \{2, 4\}, \{3, 4\}, \{2, 3, 4\}\}$.

Aufgabe 1.1.62: **i)** Man ermittle die zutreffenden Relationen (= oder $\subset$) zwischen folgenden Mengen:

a) $\mathbb{N}$; $\mathbb{Q}$; $\mathbb{R}$; $\mathbb{Z}$.

b) $A = \{\sqrt[3]{-8}, 0, \sqrt{25}, 2^0\}$; $B = \{0, 1, -2, 5, -5\}$.

ii) Man ermittle sämtliche Teilmengen folgender Mengen:

a) $A = \{x, y, z\}$; **b)** $B = \{0, \{\ \}\}$; **c)** $C = \{1, \{2, 3\}\}$.

[6] Das Symbol $:\Leftrightarrow$ bedeutet: „ist definitionsgemäß äquivalent zu".

1.1.7 Verknüpfungen (Operationen) mit Mengen

Ähnlich wie Aussagen lassen sich zwei gegebene Mengen A, B durch eine **Operation** zu einer neuen Menge verknüpfen.

1.1.7.1 Durchschnittsmenge

Def. 1.1.63: Unter dem **Durchschnitt** (der **Schnittmenge**) $A \cap B$ (gelesen: A geschnitten B) der Mengen A und B versteht man die **Menge aller** Elemente, die **sowohl** zu A **als auch** (gleichzeitig) zu B gehören: $A \cap B := \{x \mid x \in A \wedge x \in B\}$.

Beispiel 1.1.64: $A = \{1, 2, 3, 4\}$

$B = \{3, 4, 5, 6, 7\}$

$\Rightarrow A \cap B = \{3, 4\}$.

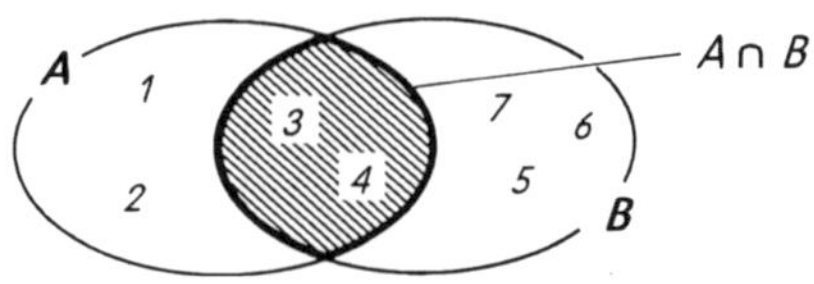

Bemerkung 1.1.65: Es gilt: $A \cap B = B \cap A$

Beispiel 1.1.66: In den folgenden Venn-Diagrammen ist die Durchschnittsmenge $A \cap B$ schraffiert:

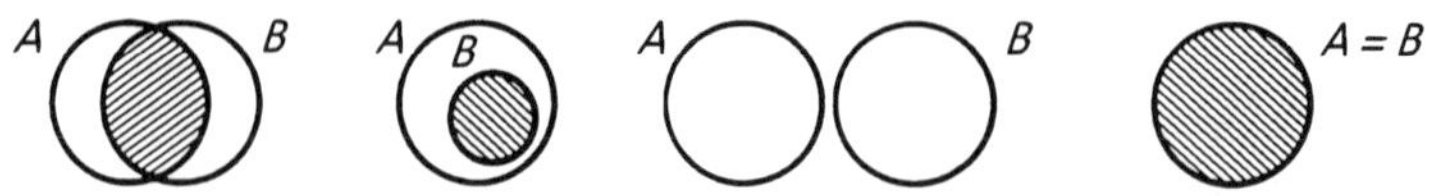

Beispiel 1.1.67: (Durchschnitt von Intervallen)

$A = [2, 4]$, $B = [0, 3]$

$\Rightarrow A \cap B = [2, 4] \cap [0, 3] = [2, 3]$

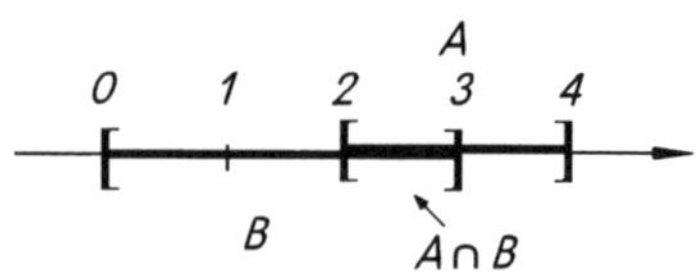

1.1.7.2 Vereinigungsmenge

Def. 1.1.68: Unter der **Vereinigungsmenge** $A \cup B$ (gelesen: A vereinigt B) der Mengen A, B versteht man die **Menge aller** Elemente, die zu A **oder** zu B (oder zu beiden) gehören: $A \cup B := \{x \mid x \in A \vee x \in B\}$.

Beispiel 1.1.69: (vgl. Beispiel 1.1.64)

$A = \{1, 2, 3, 4\}$

$B = \{3, 4, 5, 6, 7\}$

$\Rightarrow A \cup B = \{1, 2, 3, 4, 5, 6, 7\}$

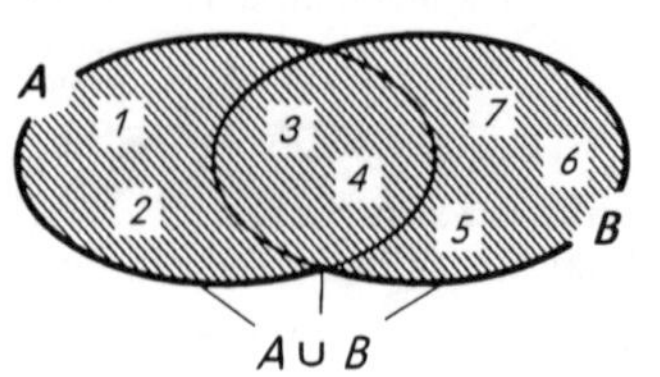

Bemerkung 1.1.70: Es gilt: $A \cup B = B \cup A$

Beispiel 1.1.71: (vgl. Beispiel 1.1.66) In den folgenden Venn-Diagrammen ist die Vereinigungsmenge schraffiert:

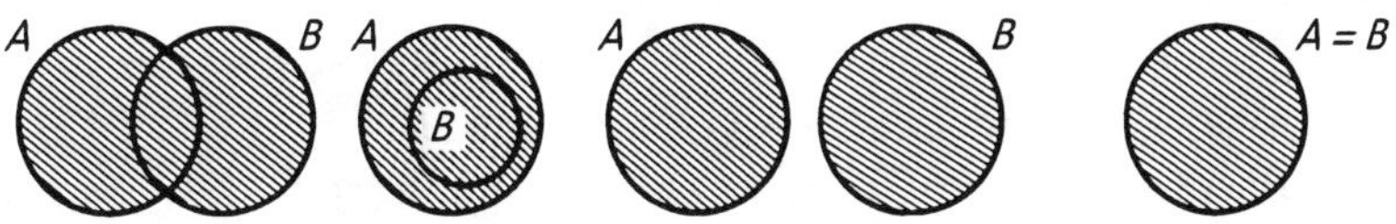

Beispiel 1.1.72: (Vereinigung von Intervallen)

i) A = [2, 4] ; B = [0, 3]

⇒ A ∪ B = [0, 4]

ii) A = [0, 1] , B = [3, 4]

⇒ A ∪ B = [0, 1] ∪ [3, 4]

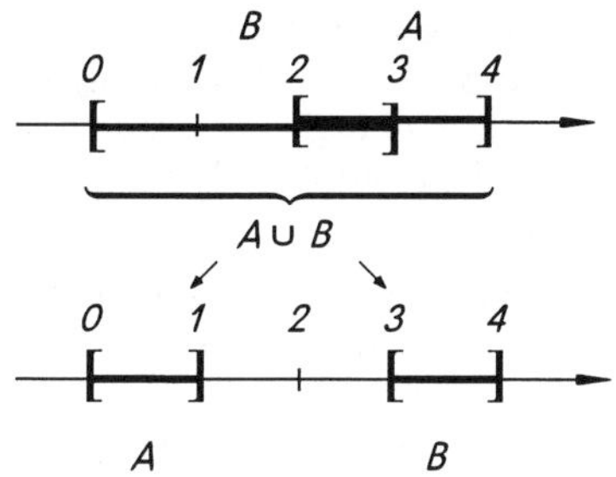

1.1.7.3 Restmenge (Differenzmenge)

Def. 1.1.73: Unter der **Restmenge (Differenzmenge)** A \ B (gelesen: A ohne B) versteht man die **Menge aller** Elemente, die zu A, **nicht** aber zu B gehören:

$A \setminus B := \{x \mid x \in A \wedge x \notin B\}$

Beispiel 1.1.74: (vgl. Beispiel 1.1.64)

A = {1, 2, 3, 4}

B = {3, 4, 5, 6, 7}

⇒ A \ B = {1, 2}

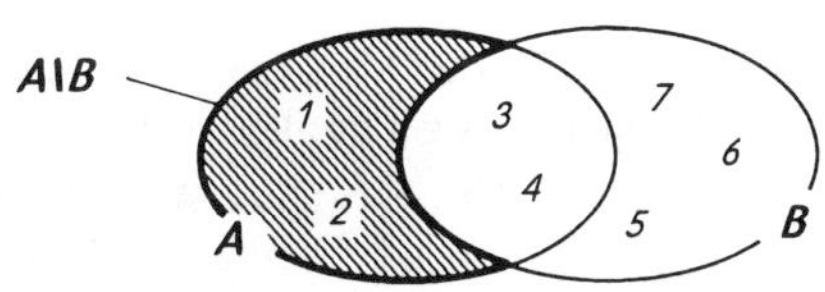

Beispiel 1.1.75: In den folgenden Venn-Diagrammen ist die Restmenge A \ B schraffiert:

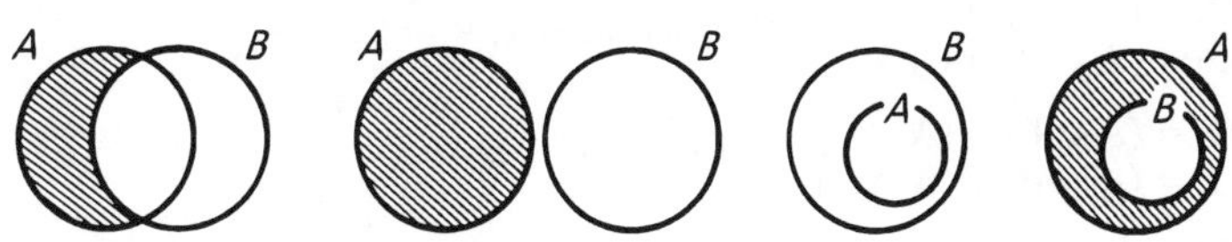

Beispiel 1.1.76: (Differenzmenge von Intervallen)

A = [2, 4] B = [0, 3]

⇒ A \ B =]3, 4]

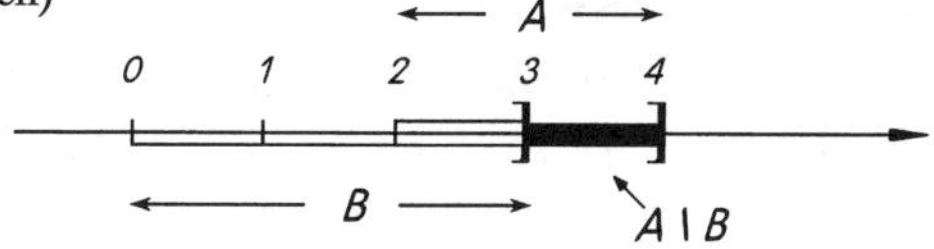

Beispiel 1.1.77: Die Gleichung G(x): $\frac{5x+1}{(x-1)(x+4)} = 1$ liefert für $x \in \mathbb{R}$ nur dann sinnvolle (wahre oder falsche) Aussagen, wenn der Nenner des Bruches nicht Null wird. Daher lautet die **Definitionsmenge** D_G (vgl. Def. 1.1.23) der Gleichung G(x): $D_G = \mathbb{R} \setminus \{1, -4\}$.

Beachten Sie bitte, dass $A \setminus B$ i.a. etwas anderes bedeutet als $B \setminus A$:

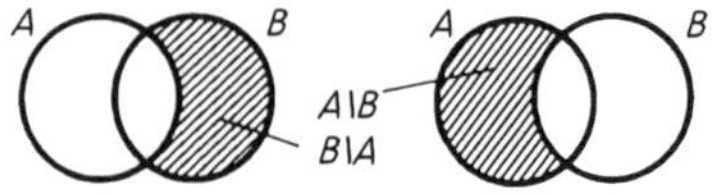

Ist A eine Teilmenge von B, so bezeichnet man die Differenzmenge $B \setminus A$ auch als **Komplementärmenge** C_BA von A bzgl. B. C_BA enthält alle Elemente von B, die **nicht** zu A gehören.

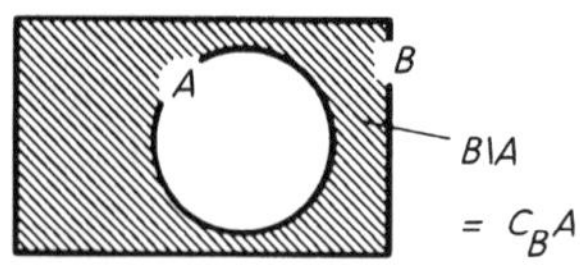

Es können auch mehr als zwei Mengen durch ∩, ∪, \ miteinander verknüpft werden. Durch geeignete Klammersetzung ist die Reihenfolge der Verknüpfungen zu verdeutlichen.

Beispiel 1.1.78: **i)** $M_1 = A \cup (B \cap C)$

1. Schritt: Bilde $B \cap C$

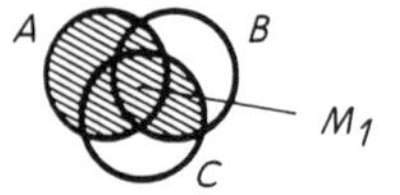

2. Schritt: Vereinige A mit $B \cap C$

ii) $M_2 = (A \cup B) \cap C$

1. Schritt: Bilde $A \cup B$

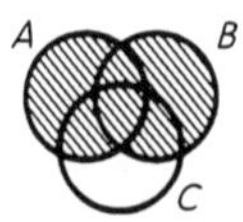

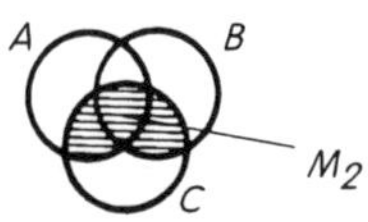

2. Schritt: Schneide $A \cup B$ mit C

An den unterschiedlich schraffierten Mengenbildern des letzten Beispiels erkennt man, dass es auf die Klammersetzung ankommt, d.h. es gilt im allgemeinen:

$$A \cup (B \cap C) \neq (A \cup B) \cap C \ .$$

Aufgabe 1.1.79: Mit Hife von Mengenbildern (Venn-Diagrammen) überprüfe man, ob die folgenden **Gesetze der Mengenalgebra** gültig sind:

1) $A \cup (B \cup C) = (A \cup B) \cup C$
2) $A \cap (B \cap C) = (A \cap B) \cap C$
} *Assoziativgesetze für ∪, ∩*

3) $A \cup (B \cap C) = (A \cup B) \cap (A \cup C)$
4) $A \cap (B \cup C) = (A \cap B) \cup (A \cap C)$
} *Distributivgesetze für ∪, ∩*

5) $A \cup (A \cap B) = A$
6) $A \cap (A \cup B) = A$
} *Absorptionsgesetze für ∪, ∩*

7) $(A \setminus B) \cap B = \emptyset$ — *Satz vom Widerspruch*

8) $(A \setminus B) \cup B = A \cup B$ — *Satz vom ausgeschlossenen Dritten*

9) $A \setminus (B \cap C) = (A \setminus B) \cup (A \setminus C)$
10) $A \setminus (B \cup C) = (A \setminus B) \cap (A \setminus C)$
} *Gesetze von de Morgan*

(Man vergleiche hierzu die entsprechenden Gesetze der Aussagenlogik, Aufg. 1.1.43 !)

Aufgabe 1.1.80: Gegeben seien die Mengen

$A = \{1, 2, 3, 4, 5, 6, 7, 8, 9, 10\}$; $B = \{2, 3, 4, 5, 6\}$;

$C = \{6, 7, 8, 9, 10, 11, 12, 13\}$.

Man gebe damit die in Aufgabe 1.1.79 jeweils links stehenden Mengen an.

Aufgabe 1.1.81: Man gebe die Definitionsmengen (vgl. Def. 1.7) folgender Aussageformen (Gleichungen) an:

i) $G(x)$: $1 + x^2 = \frac{1}{x^2}$; **ii)** $G(p)$: $\frac{p^2 - 1}{p^2 + 1} = 0$; **iii)** $G(y)$: $\sqrt{y} = 7$;

iv) $G(z)$: $\sqrt{z + 1} + \frac{2}{z^2 - 49} = 0$.

1.1.8 Paarmengen, Produktmengen

Bisher haben wir Elemente von Mengen nur als „vereinzelte" Objekte, wie z.B. Zahlen oder Variable, kennengelernt:

Beispiel 1.1.82: $A = \{2, 3, 5\}$; $B = \{1, 2, 3\}$.

Bildet man aus den Elementen von A und B **neue** Elemente derart, dass man jeweils ein Element x aus A mit einem Element y aus B zu einem **geordneten Paar** (x; y) zusammenfasst, so entsteht eine **Paarmenge** (oder **Produktmenge**):

$A \times B$ („A kreuz B") $:= \{ (2; 1), (2; 2), (2; 3), (3; 1), (3; 2), (3; 3), (5; 1), (5; 2), (5; 3) \}$

Elemente von $A \times B$ sind jetzt nicht mehr einzelne Zahlen, sondern **geordnete** Zahlen**paare** (geordnet deshalb, weil z.B. das Paar (2; 3) vom Paar (3; 2) verschieden sein soll). Allgemein definiert man:

Def. 1.1.83: Unter der **Produktmenge (Paarmenge)** $A \times B$ (gelesen: „A kreuz B") versteht man die **Menge aller geordneten Paare** (x; y) mit der Eigenschaft $x \in A$ und $y \in B$:

$$A \times B := \{ (x; y) \mid x \in A \wedge y \in B\}$$

Paarmengen $A \times B$ lassen sich in einem kartesischen **Koordinatensystem** veranschaulichen. Trägt man die Elemente $x \in A$ auf der horizontalen Achse (Abszissenachse) und die Elemente $y \in B$ auf der vertikalen Achse (Ordinatenachse) auf, so lässt sich jedes Paar (x; y) als Schnittpunkt der entsprechenden Achsenparallelen durch x bzw. y darstellen (und umgekehrt) (vgl. Abb. 1.1.84). Für $A \times B$ aus Beispiel 1.1.82 ergibt sich die graphische Darstellung (Abb. 1.1.85):

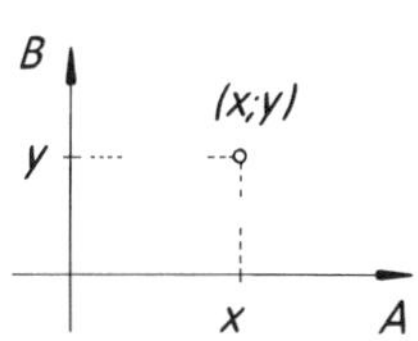

Abb. 1.1.84

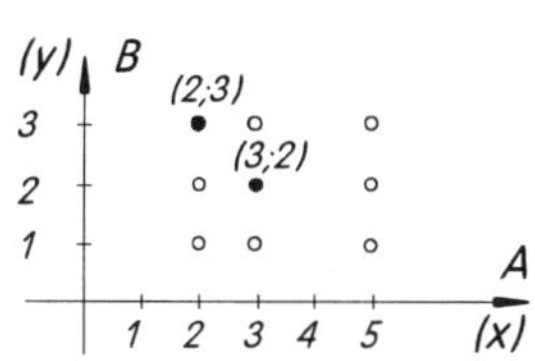

Abb. 1.1.85

Aus Abb. 1.1.85 wird deutlich, dass sich die Paare (2; 3) und (3; 2) **unterscheiden**. (Man beachte also: $\{2, 3\} = \{3, 2\}$ aber $(2; 3) \neq (3; 2)$!)

Die Mengen A und B in $A \times B$ können auch **übereinstimmen**. Besonders wichtig ist der Fall $A = B = \mathbb{R}$. Statt $\mathbb{R} \times \mathbb{R}$ schreibt man auch $\mathbb{R}^2$ (gelesen: $\mathbb{R}$ zwei). Graphisch stellt $\mathbb{R} \times \mathbb{R}$ sämtliche Punkte der Koordinatenebene dar (Abb. 1.1.86) .

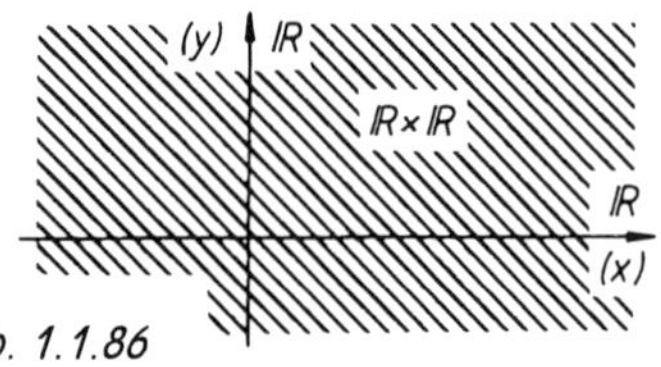

Abb. 1.1.86

Bemerkung: *Die in Kapitel 2 behandelten reellen* ***Funktionen*** *sind* ***Teilmengen*** *von* $\mathbb{R}^2$.

Man kann auch **mehr** als zwei Zahlen zu neuen Elementen zusammenfassen, z.B.

Tripel:	$(x; y; z)$	mit $x \in A, y \in B, z \in C$;
Quadrupel:	$(x_1; x_2; x_3; x_4)$	mit $x_i \in A_i \quad (i = 1, ..., 4)$;
⋮	...	
n - Tupel:	$(x_1; x_2; ...; x_n)$	mit $x_i \in A_i \quad (i = 1, 2, ..., n)$

Analog zu Def. 1.1.83 setzt man fest:

Def. 1.1.87: $A \times B \times C := \{(x; y; z) \mid x \in A \wedge y \in B \wedge z \in C\}$.

Der Sonderfall $A = B = C = \mathbb{R}$ liefert:

$$\mathbb{R} \times \mathbb{R} \times \mathbb{R} = \mathbb{R}^3 \quad (\text{„}\mathbb{R}\text{ drei“}).$$

Graphisch stellt $\mathbb{R}^3$ sämtliche Punkte des dreidimensionalen Koordinatenraums dar. (Abb. 1.1.88)

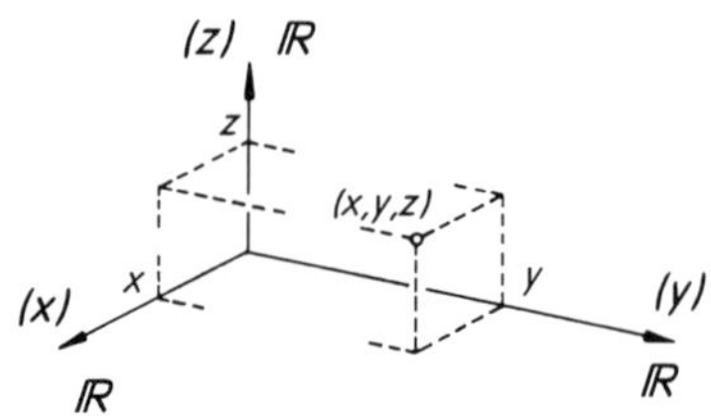

Abb. 1.1.88

Allgemein definiert man:

Def. 1.1.89: $A_1 \times A_2 \times ... \times A_n := \{ (x_1; x_2; ...; x_n) \mid x_i \in A_i \text{ für } i = 1, 2, ..., n\}$.

Der Sonderfall $A_1 = ... = A_n = \mathbb{R}$ führt zu

$$\underbrace{\mathbb{R} \times \mathbb{R} \times ... \times \mathbb{R}}_{n\text{ - mal}} =: \mathbb{R}^n \qquad (\text{gelesen: „}\mathbb{R}\text{ n“}).$$

$\mathbb{R}^n$ liefert sämtliche „Punkte“ $(x_1; ...; x_n)$ des „n - dimensionalen Raumes“. (Graphisch nicht mehr zu veranschaulichen.)

Aufgabe 1.1.90: Man bestimme für die Mengen A, B mit $A = \{a, e, i\}$; $B = \{n, m\}$ die Produktmengen:

i) $A \times B$; **ii)** $B \times A$; **iii)** A^2 ; **iv)** B^2 ;
v) $B \times A \times B$; **vi)** $A \times B \times A$; **vii)** $A \times B \times B \times A$

Aufgabe 1.1.91:

i) Man zeige *(etwa an einem selbstgewählten Beispiel)*, dass für zwei Mengen A, B i.a. gilt:

$$A \times B \neq B \times A \quad .$$

ii) Mit Hilfe von Def. 1.1.83 zeige man die Gültigkeit folgender „Distributivgesetze":

Es seien A, B, C drei Mengen. Dann gilt:

a) $A \times (B \cap C) = (A \times B) \cap (A \times C)$

b) $A \times (B \cup C) = (A \times B) \cup (A \times C)$

c) $A \times (B \setminus C) = (A \times B) \setminus (A \times C)$.

1.2 Arithmetik im Bereich der reellen Zahlen $\mathbb{R}$

Der folgende Abschnitt stellt die Grundregeln und Rechengesetze für reelle Zahlen zusammen, ohne deren Kenntnis keine mathematische Anwendung möglich ist. Es handelt sich dabei um elementares mathematisches Grundwissen, das in der Mittelstufe einer jeden allgemeinbildenden Schulform behandelt wird. Erfahrungen aus den wirtschaftsmathematischen Einführungsvorlesungen zeigen jedoch, dass nicht selten große Teile dieser mathematischen Grundkenntnisse nicht oder nicht mehr in ausreichender Weise beherrscht werden. Dieser Abschnitt über elementare Rechengesetze dient daher in erster Linie zur Auffrischung dieser möglicherweise verschütteten Grundkenntnisse.

1.2.1 Grundregeln (Axiome) und elementare Rechenregeln in $\mathbb{R}$

1.2.1.1 Axiome

Das Rechnen im Bereich der reellen Zahlen $\mathbb{R}$ stützt sich auf ein vollständiges und in sich widerspruchsfreies System elementarster **Grundregeln (Axiome** genannt), deren Gültigkeit nicht bewiesen wird, sondern als **unmittelbar einleuchtend** unterstellt wird.

Bemerkung 1.2.1: *Um Axiome „beweisen" zu können, müsste man noch einfachere Grundgesetze kennen, deren „Beweis" noch einfachere Grundregeln erfordert usw.. Die im folgenden vorgestellten Axiome gehören bereits der elementarsten Kategorie an.*

Satz 1.2.2: In der Menge $\mathbb{R}$ der reellen Zahlen sind zwei Operationen (nämlich „+" (**Addition**) und „·" (**Multiplikation**)) erklärt, die den folgenden **Axiomen** genügen:

AXIOME der ADDITION

A1 (Existenz der Summe)
Zu je zwei Zahlen $a, b \in \mathbb{R}$ gibt es **genau** eine Zahl $s \in \mathbb{R}$ mit der Eigenschaft:

$$s = a + b$$ (s heißt **Summe**).

A2 (Assoziativgesetz bzgl. +)
Für alle $a, b, c \in \mathbb{R}$ gilt:

$$(a + b) + c = a + (b + c) =: a + b + c$$

A3 (neutrales Element bzgl. + ; Nullelement)
Es gibt **genau** ein Element aus $\mathbb{R}$ (nämlich die Zahl $0 \in \mathbb{R}$), so dass für alle $a \in \mathbb{R}$ gilt:

$$a + 0 = 0 + a = a$$

A4 (inverses Element bzgl. +)
Zu jeder Zahl $a \in \mathbb{R}$ gibt es **genau** eine **Gegenzahl** (inverses Element bzgl. +) nämlich $-a \in \mathbb{R}$, so dass gilt:

$$a + (-a) = (-a) + a = 0$$.

A5 (Kommutativgesetz bzgl. +)
Für alle $a, b \in \mathbb{R}$ gilt:

$$a + b = b + a$$

AXIOME der MULTIPLIKATION

M1 (Existenz des Produktes)
Zu je zwei Zahlen $a, b \in \mathbb{R}$ gibt es **genau** eine Zahl $p \in \mathbb{R}$ mit der Eigenschaft:

$$p = a \cdot b =: ab$$ (p heißt **Produkt**).

M2 (Assoziativgesetz bzgl. ·)
Für alle $a, b, c \in \mathbb{R}$ gilt:

$$(a \cdot b) \cdot c = a \cdot (b \cdot c) =: abc$$

M3 (neutrales Element bzgl. · ; Einselement)
Es gibt **genau** ein Element aus $\mathbb{R}$ (nämlich die Zahl $1 \in \mathbb{R}$), so dass für alle $a \in \mathbb{R}$ gilt:

$$a \cdot 1 = 1 \cdot a = a$$

M4 (inverses Element bzgl. ·)
Zu jeder Zahl $a \in \mathbb{R} \setminus \{0\}$ gibt es **genau** eine **reziproke Zahl** (inverses Element bzgl. ·) nämlich $\frac{1}{a} \in \mathbb{R}$, so dass gilt:

$$a \cdot \frac{1}{a} = \frac{1}{a} \cdot a = 1 \qquad (a \neq 0)$$

M5 (Kommutativgesetz bzgl. ·)
Für alle $a, b \in \mathbb{R}$ gilt:

$$a \cdot b = b \cdot a$$

D (Distributivgesetz)
Für alle $a, b, c \in \mathbb{R}$ gilt:

$$a \cdot (b + c) = a \cdot b + a \cdot c$$

Bemerkung:* *1.2.3: *Eine Menge, die den Axiomen **A1 - A5**, **M1 - M5** und **D** genügt, heißt **Körper**. Sowohl die reellen Zahlen ($\mathbb{R}$) als auch die rationalen Zahlen ($\mathbb{Q}$) bilden bzgl. „+" und „·" einen Körper.*

Subtraktion und **Division** werden wie folgt erklärt:

i) Die **Subtraktion** ist die **Addition der Gegenzahl:**

(1.2.4) $$\boxed{a - b := a + (-b)} \quad .$$

ii) Die **Division** ist die **Multiplikation mit der reziproken Zahl:**

(1.2.5) $$\boxed{a : b := a \cdot \frac{1}{b} =: \frac{a}{b}} \qquad (b \neq 0) \ .$$

Im **Bruch** $\frac{a}{b}$ heißen a der **Zähler** und b der **Nenner**..

Aus (1.2.4), (1.2.5) erkennt man, dass für Subtraktion/Division **nicht** die Kommutativgesetze **A5/ M5** gelten:

$$a - b \neq b - a \quad \text{vielmehr:} \quad a - b \underset{(1.2.4)}{=} a + (-b) \underset{A5}{=} (-b) + a = -b + a \ ;$$

$$a : b \neq b : a \quad \text{vielmehr:} \quad a : b \underset{(1.2.5)}{=} a \cdot \frac{1}{b} \underset{M5}{=} \frac{1}{b} \cdot a \ .$$

Bemerkung 1.2.6: *Es sei noch einmal ausdrücklich darauf hingewiesen, dass zur Zahl Null* ***kein*** *inverses Element bzgl. der Multiplikation existiert (vgl.* ***M4****), anders gesprochen, dass eine* ***Division durch Null nicht definiert*** *(und daher „verboten“) ist. Jeder Versuch, die Division durch Null zu erklären, führt zu einem Widerspruch innerhalb des Axiomensystems.*

Beispiel: *Gäbe es in $\mathbb{R}$ ein bzgl. der Multiplikation inverses Element zu 0, etwa 0^* genannt, so müsste nach (1.2.5) und Axiom* ***M4*** gelten:

$$\frac{0}{0} := 0 \cdot 0^* = 1 \ .$$

Andererseits ist (vgl. Regel 13a) jedes Produkt Null, in dem ein Faktor Null ist. Also müsste $0 \cdot 0^*$ einerseits gleich Eins, andererseits gleich Null sein: Widerspruch .

Bemerkung 1.2.7: *Bei Anfängern werden gelegentlich die Gesetze* ***M2*** *bzw.* ***D*** *falsch angewendet: Auf ein mehrfaches Produkt, etwa $2 \cdot (a \cdot b)$, wird fälschlicherweise das „Distributivgesetz“ angewendet, und das „Ergebnis“ lautet:*

$$2 \cdot (a \cdot b) = 2 \cdot a \cdot 2 \cdot b = 4ab \qquad (\lightning) \ .$$

Daher unterscheide man genau:

$$2 \cdot (a \cdot b) \underset{M2}{=} (2 \cdot a) \cdot b = 2ab$$

und

$$2 \cdot (a + b) \underset{D}{=} 2a + 2b \ .$$

Um eine übersichtliche Schreibweise zu gewährleisten, verwendet man einige **Konventionen** hinsichtlich der Reihenfolge der Rechenoperationen:

Vereinbarung 1.2.8: *(Reihenfolge der Rechenoperationen in* $\mathbb{R}$*)*

i) **Klammern** haben absoluten Vorrang *(werden also stets **zuerst** berechnet)* ;

ii) Danach werden alle **Potenzen** berechnet, und zwar - bei fehlenden Klammern - von *„oben nach unten"* ;

iii) Danach werden alle **Punktoperationen** *(Multiplikation „ · " ; Division „ : ")* durchgeführt, und zwar *von links nach rechts*, falls keine Klammern stehen ;

iv) Danach werden alle **Strichoperationen** *(Addition „ + " ; Subtraktion „-")* durchgeführt (bei fehlenden Klammern ebenfalls *von links nach rechts*) .

*Merkregel: Klammern vor Potenz **vor** Punkt **vor** Strich*

Beispiel 1.2.9:

i) $5 + 3\cdot((9-6)\cdot 4)^2 - 7 \underset{i)}{=} 5 + 3\cdot(3\cdot 4)^2 - 7 \underset{i)}{=} 5 + 3\cdot 12^2 - 7 \underset{ii)}{=} 5 + 3\cdot 144 - 7$

$\underset{iii)}{=} 5 + 432 - 7 \underset{iv)}{=} 430$.

ii) $-2^4 := -(2^4)$ *(„Potenz vor Strich"!)* $= -16$ ***aber:*** $(-2)^4 = (-2)\cdot(-2)\cdot(-2)\cdot(-2) = +16$.

iii) $4^{3^2} := 4^{(3^2)}$ *(„von oben nach unten" !)* $= 4^9 = 262.144$ ***aber:*** $(4^3)^2 = 64^2$ *(„Klammer zuerst" !)* $= 4.096$.

iv) $48 : 3 : 4\cdot 2 = 16 : 4\cdot 2 := 4\cdot 2 = 8$ *(„von links nach rechts."!)*
aber: $48 : 3 : (4\cdot 2) = 48 : 3 : 8$ *(„Klammer zuerst")* $= 16 : 8 = 2$

v) $x - y - z := (x - y) - z$ *(„von links nach rechts"!)*
aber: $x - (y - z) = x - y + z$ *(„Klammer zuerst" !)*

Bemerkung 1.2.10: *Werden geklammerte Terme dividiert, z.B. $(a + b) : (c + d)$, so kann man bei Verwendung eines Bruchstriches diese Klammern weglassen:*

$$\frac{a+b}{c+d} := (a+b) : (c+d)$$

Beispiel:

i) $\frac{7+8}{2+3} = (7+8) : (2+3) = 15 : 5 = 3$ **nicht** *etwa:* $\frac{7+8}{2+3} = 7 + 8 : 2 + 3 \quad (= 14 \;ϟ)$

ii) $\frac{10x-8}{2} = \frac{1}{2}\cdot(10x-8)$ *(die Klammer **muss** wieder geschrieben werden, wenn der Bruchstrich entfällt!)*

1.2.1.2 Elementare Rechenregeln für reelle Zahlen

Aus den **Körperaxiomen A1 - A5, M1 - M5, D** sowie den definitorischen Formeln (1.2.4), (1.2.5) folgen sämtliche bekannten Rechenregeln. Diese Rechenregeln sind ihrer Natur nach **allgemeingültige Aussageformen** *(z.B. Gleichungen, vgl. Def. 1.1.25)*, die für **jede beliebige Einsetzung wahr** sind *(wobei - vgl. Bemerkung 1.2.6 - sämtliche vorkommenden Nenner oder Divisoren als von Null verschieden vorausgesetzt werden)*.

ELEMENTARE RECHENREGELN in $\mathbb{R}$ *(zum Beweis siehe etwa [70a], Band 1, 6f)*

R1 $-(-a) = a$

R2 $-a = (-1) \cdot a$

R3a $-ab = -(a \cdot b) = (-a) \cdot b = a \cdot (-b)$

R3b $(-a) \cdot (-b) = ab$

Bemerkung 1.2.11: *Aus* ***R3a*** *folgt: Ein* ***Minuszeichen*** *vor einem* ***Produkt*** *ändert bei* ***einem*** *der Faktoren das Vorzeichen (vgl. dagegen Bemerkung 1.2.15).*

Beispiel: $-abcd = -(abcd) = (-a) \cdot b \cdot c \cdot d = a \cdot (-b) \cdot c \cdot d = a \cdot b \cdot (-c) \cdot d = a \cdot b \cdot c \cdot (-d)$.

Ein ***Pluszeichen*** *vor einem* ***Produkt*** *kann weggelassen werden:*

$+(a \cdot b \cdot c) = +abc = abc$.

R4a $-\frac{a}{b} = -(a : b) = \frac{-a}{b} = \frac{a}{-b}$

R4b $\frac{-a}{-b} = \frac{a}{b}$

Beispiel: $-\frac{a \cdot -(bc)}{(-d) \cdot e} = -\frac{-abc}{-de} = -\frac{abc}{de} = \frac{-abc}{de} = \frac{abc}{-de}$

R5 Anwendung der Regeln **3a / 3b** auf das Distributivgesetz:

$a\ (b + c) = ab + ac,$	$a\ (-b + c) = -ab + ac,$
$(-a)(b + c) = -ab - ac,$	$(-a)(-b + c) = ab - ac,$
$a\ (b - c) = ab - ac,$	$a\ (-b - c) = -ab - ac,$
$(-a)(b - c) = -ab + ac,$	$(-a)(-b - c) = ab + ac$.

Durch mehrfache schrittweise Anwendung des Distributivgesetzes lassen sich auch umfangreiche Summen untereinander multiplizieren:

R6a $a(x_1 + x_2 + ... + x_n) = ax_1 + ax_2 + ... + ax_n$

Bemerkung 1.2.12: *Liest man die Regel* ***6a*** *von rechts nach links, so erkennt man, dass die Summe* $ax_1 + ax_2 + ... + ax_n$ *durch* ***Ausklammern*** *des in allen Summanden enthaltenen Faktors* a *in ein Produkt* $a(x_1 + x_2 + ... + x_n)$ *verwandelt wird* ***(Faktorisieren)****.*

Beispiel: $6xy + 2ax - x = x(6y + 2a - 1)$.

R6b

$$(a_1 + a_2 + \dots + a_m) \cdot (b_1 + b_2 + \dots + b_n) =$$
$$\begin{aligned} &a_1b_1 + a_1b_2 + \dots + a_1b_n \\ &+ a_2b_1 + a_2b_2 + \dots + a_2b_n \\ &\vdots \\ &+ a_mb_1 + a_mb_2 + \dots + a_mb_n \ . \end{aligned}$$

(insgesamt $m \cdot n$ Summanden)

(Zwei Summen werden miteinander multipliziert, indem man **jeden** Summanden des **ersten** Faktors mit **jedem** Summanden des **zweiten** Faktors multipliziert und alle entstehenden Produkte addiert.)

Beispiel 1.2.13:

i) $(x + a)(y - b + c) = xy - bx + cx + ay - ab + ac$

ii) Die folgenden, allgemeingültigen Gleichungen werden als **Binomische Formeln** bezeichnet

R6c

$$(a + b)^2 = a^2 + 2ab + b^2$$
$$(a - b)^2 = a^2 - 2ab + b^2$$
$$a^2 - b^2 = (a + b)(a - b)$$

iii) Werden mehr als 2 Summen miteinander multipliziert, so geht man schrittweise vor:

$$\begin{aligned} (a - b)^3 &= (a - b)^2 (a - b) = (a^2 - 2ab + b^2)(a - b) \\ &= a^3 - 2a^2b + b^2a - a^2b + 2ab^2 - b^3 \\ &= a^3 - 3a^2b + 3ab^2 - b^3 \ . \end{aligned}$$

R7

$$-(a + b) = -a - b \ ; \qquad -(-a + b) = a - b \ ;$$
$$-(a - b) = -a + b \ ; \qquad -(-a - b) = a + b \ .$$

Bemerkung 1.2.14: *Diese Vorzeichenregeln ergeben sich formal durch die Anwendung der Regeln **R2** und **R5**.*

Beispiel:
$$\begin{aligned} &u - (v - (w + (x - y))) = \\ &u - (v - (w + x - y)) = \\ &u - (v - w - x + y) = \\ &u - v + w + x - y \end{aligned}$$

(Klammern von innen nach außen auflösen !)

Bemerkung 1.2.15: *Aus **R7** folgt: Ein **Minuszeichen** vor einer (geklammerten) **Summe** ändert bei **jedem** Summanden das Vorzeichen bzw. das Rechenzeichen:*

Beispiel: $-(a - b + c + d) = -a + b - c - d$ *(vgl. dagegen Bem. 1.2.11).*

*Ein **Pluszeichen** vor einer (geklammerten) **Summe** kann einschließlich der Klammern fortgelassen werden:*

Beispiel: $+(a - b + c + d) = a - b + c + d$.

Bemerkung 1.2.16: *Ein* ***Bruchstrich*** *wirkt auf Zähler und Nenner wie eine* ***Klammer****:*

Beispiel: $\frac{a+b}{c+d} = \frac{(a+b)}{(c+d)}$ *(die Klammern sind entbehrlich)*

Beispiel: *Die Klammer* ***muss*** *geschrieben werden, wenn der Bruchstrich ersetzt wird:*

a) $\frac{a+b}{c+d} = (a+b):(c+d)$ *(Falsch:* $\frac{a+b}{c+d} = a+b:c+d$ ↯ *);*

b) $-\frac{4x-6y}{2} = -\frac{1}{2}(4x-6y) = -2x+3y$.

R8 (Multiplikation von Brüchen)

R8a $\frac{a}{b}\cdot\frac{c}{d} = \frac{ac}{bd}$

R8b $a\cdot\frac{b}{c} = \frac{a\cdot b}{c} = \frac{a}{c}\cdot b$

(Folgt aus **R8a** mit $a = \frac{a}{1}$ bzw. $b = \frac{b}{1}$)

R9 (Division von Brüchen, Doppelbrüche)

R9a $\frac{\frac{a}{b}}{\frac{c}{d}} = \frac{a}{b}:\frac{c}{d} = \frac{a}{b}\cdot\frac{d}{c} = \frac{ad}{bc}$

(Ein Bruch wird durch einen zweiten Bruch **dividiert**, indem man den Zählerbruch mit dem **Kehrwert** des Nennerbruchs **multipliziert**.)

R9b $\frac{\frac{a}{b}}{c} = \frac{a}{b}:c = \frac{a}{bc}$ (Folgt aus **R9a** mit $c = \frac{c}{1}$)

R9c $\frac{a}{\frac{b}{c}} = a:\frac{b}{c} = \frac{ac}{b}$ (Folgt aus **R9a** mit $a = \frac{a}{1}$)

R10 (Kürzungsregel, Erweiterungsregel)

$\frac{a\cdot c}{b\cdot c} = \frac{a}{b} = \frac{a\cdot x}{b\cdot x}$

„kürzen" durch $c \neq 0$ „erweitern" mit $x \neq 0$

Bemerkung:

Zwei Brüche $\frac{a}{b}$ *und* $\frac{c}{d}$ *sind genau dann gleich, wenn sie durch Erweitern oder Kürzen (z.B. mit* $\lambda \neq 0$*) auseinander hervorgegangen sind, m.a.W.*

Aus $\frac{a}{b} = \frac{c}{d}$ *folgt:* $a = \lambda c \wedge b = \lambda d$ $(\lambda \neq 0)$

(Vorsicht: $\frac{a+3x}{b+2x}$ ist **nicht** durch x „kürzbar"!)

R11 (Addition gleichnamiger Brüche)

$$\frac{a}{c} \pm \frac{b}{c} = \frac{a \pm b}{c}$$

(Gleichnamige Brüche werden addiert, indem man die Zähler addiert und den Nenner unverändert lässt.)

Bemerkung 1.2.17: *Liest man **R11** von rechts nach links, so erkennt man, dass eine Summe durch eine Zahl c dividiert wird, indem jeder Summand durch c dividiert wird:*

$$\frac{a \pm b}{c} = \frac{1}{c}(a \pm b) = \frac{a}{c} \pm \frac{b}{c} \qquad (\triangleq \text{Distributivgesetz !}) .$$

Beispiel: $\frac{6x^2 - 28x}{2x^2} = \frac{6x^2}{2x^2} - \frac{28x}{2x^2} = 3 - \frac{14}{x}$.

R12 (Addition beliebiger Brüche)

$$\frac{a}{b} \pm \frac{c}{d} = \frac{a}{b} \cdot \frac{\mathbf{d}}{\mathbf{d}} \pm \frac{c}{d} \cdot \frac{\mathbf{b}}{\mathbf{b}} = \frac{ad \pm bc}{bd}$$

Bemerkung 1.2.18: *Ungleichnamige Brüche werden also zunächst durch geeignete Erweiterung **gleichnamig** gemacht und dann nach Regel **11** addiert.*

Beispiel: $\frac{3}{7} + \frac{1}{9} = \frac{27}{63} + \frac{7}{63} = \frac{34}{63}$.

Beispiel: $\frac{1}{x} - \frac{1-y}{y} = \frac{y}{xy} - \frac{(1-y)x}{xy} = \frac{y - x(1-y)}{xy} = \frac{y - x + xy}{xy}$.

R13a $a \cdot 0 = 0 \cdot a = 0$

R13b $\frac{0}{b} = 0$

R13c $a \cdot b = 0 \Leftrightarrow a = 0 \vee b = 0$

(Das **Produkt** zweier reeller Zahlen (oder Terme) ist genau dann **Null**, wenn **einer** der beiden (oder beide) Faktoren Null sind.)

Regel **13c** liefert den Schlüssel für die **Lösung quadratischer Gleichungen**:

Beispiel 1.2.19: (Lösungsmenge L quadratischer Gleichungen)

i) $x^2 = 4 \Leftrightarrow x^2 - 4 = 0 \underset{R6c}{\Leftrightarrow} (x-2)(x+2) = 0 \underset{R13c}{\Leftrightarrow} x - 2 = 0 \vee x + 2 = 0$

$\Leftrightarrow x = 2 \vee x = -2 \Leftrightarrow L = \{-2; 2\}$.

ii) $x^2 + 4x - 5 = 0 \quad \Leftrightarrow \quad x^2 + 4x + \mathbf{4} - \mathbf{4} - 5 = 0$ *(= „quadratische Ergänzung")*

$\underset{R6c}{\Leftrightarrow} \quad (x+2)^2 - 9 = 0 \quad \underset{R6c}{\Leftrightarrow} \quad (x+2-3)(x+2+3) = 0 \quad \Leftrightarrow \quad (x-1)(x+5) = 0$

$\underset{R13c}{\Leftrightarrow} \quad x - 1 = 0 \vee x + 5 = 0 \quad \Leftrightarrow \quad x = 1 \vee x = -5 \quad \Leftrightarrow \quad L = \{-5; 1\}$.

Näheres zur Lösung quadratischer Gleichungen findet sich in Kap. 1.2.4.5 .

R13d $\boxed{\frac{a}{b} = 0 \Leftrightarrow a = 0 \wedge b \neq 0}$

(Ein **Bruch** ist genau dann **Null**, wenn der **Zähler** Null **und** gleichzeitig der **Nenner** ungleich Null ist.)

Beispiel: $\frac{x-1}{x-2} = 0 \Leftrightarrow x - 1 = 0 \wedge x - 2 \neq 0 \Leftrightarrow x = 1 \wedge x \neq 2 \quad \Rightarrow \quad L = \{1\}$.

Beispiel: $\frac{x^2}{x} = 0 \Leftrightarrow x^2 = 0 \wedge x \neq 0 \quad \Rightarrow \quad L = \{\ \}$ (unerfüllbare Aussage) .

Aufgabe 1.2.20: Man vereinfache so weit wie möglich *(Brüche so weit wie möglich kürzen !)*:

i) $2ab \cdot 10ab \cdot 4bx \cdot 3abx =$ **ii)** $ab \cdot (bc) =$ **iii)** $(-3x) \cdot (ay) \cdot (-2xy) =$

iv) $(x + 2y)^2 - (2x - y)^2 =$ **v)** $(ax + bx - cx) : x =$ **vi)** $(ax \cdot bx \cdot cx) : x =$

vii) $(4a + 3b - 5c) \cdot 7x - (5a - 4b + 6c) \cdot 3x =$ **viii)** $-(a - x)(b - y)(c - z) =$

ix) $\frac{-abc}{a-b} \cdot \frac{b-a}{(-b) \cdot c} \cdot \frac{1}{a} =$ **x)** $\frac{2x+1}{x} + \frac{1}{2x} - \frac{x+5}{x^2} =$ **xi)** $\frac{am + an}{m} : \frac{ax + ay}{x} =$

xii) $\frac{\frac{u}{v} - 1}{\frac{2u}{v} - 2} =$ **xiii)** $\frac{\frac{a}{b} - \frac{x}{y}}{\frac{a}{b} + \frac{x}{y}} =$ **xiv)** $-x + \frac{x}{1 - \frac{2}{x-1}} =$

xv) $\frac{(a-b)^2 - c^2}{a - b - c} =$ **xvi)** $\frac{-x^2 + 4x - 4}{x - 2} =$ **xvii)** $\frac{4x^2 - 9y^2}{16x^2 + 81y^2} =$

xviii) $\frac{5a - b}{b - 5a} - \frac{4a - c}{c} =$

Im folgenden werden einige häufig benutzte mathematische Begriffe und Symbole aufgeführt:

1.2.1.3 Betrag einer Zahl

Unter dem (absoluten) **Betrag** $|a|$ einer Zahl $a \ (\in \mathbb{R})$ versteht man:

Def. 1.2.21: $|a| := \begin{cases} a & \text{wenn } a > 0 \\ 0 & \text{wenn } a = 0 \\ -a & \text{wenn } a < 0 \end{cases}$.

Beispiel 1.2.22: $|17| = 17$; $|-2| = 2$; $|0| = 0$; $|x-3| = \begin{cases} x-3 & \text{für } x \geq 3 \\ 3-x & \text{für } x < 3 \end{cases}$.

Es gilt also stets:

Satz 1.2.23: **i)** $|a| \geq 0$; **ii)** $|a| = |-a|$.

Unter dem (absoluten) **Abstand** zweier Zahlen a, b versteht man den Betrag ihrer Differenz $|a-b|$ bzw. $|b-a|$.

Beispiel 1.2.24: Der Abstand zwischen

4 und 7 ist $|4-7| = |7-4| = 3$

-2 und 5 ist $|-2-5| = |5-(-2)| = 7$

-10 und -2 ist $|-10-(-2)| = |-2-(-10)| = 8$

a und 0 ist $|a-0| = |a|$

$|a|$ ist also der Abstand von a bzw. -a zum Nullpunkt.

(**Geometrisch**: $|a-b|$ ist die positiv gerechnete Länge L der Verbindung zwischen a und b auf dem Zahlenstrahl (oder die absolute Abweichung voneinander).

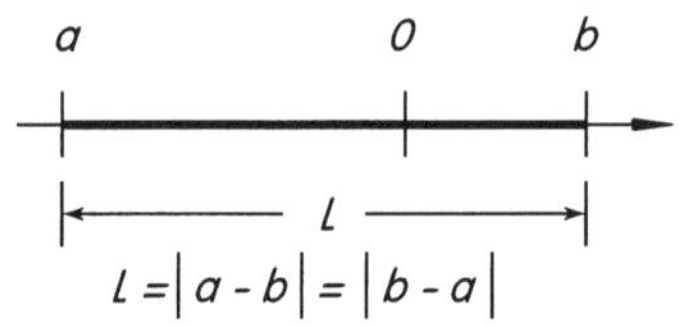

Es gilt die berühmte **Dreiecksungleichung**:

Satz 1.2.25: $|a \pm b| \leq |a| + |b|$

1.2.1.4 Das Summenzeichen

Eine Summe mit mehreren Summanden lässt sich mit Hilfe des Summationsoperators „ Σ " häufig kurz und übersichtlich schreiben:

Def. 1.2.26: $\sum_{i=m}^{n} a_i := a_m + a_{m+1} + a_{m+2} \ldots + a_n$, $n \geq m$, $n, m \in \mathbb{Z}$

(gelesen: Summe aller a_i von $i = m$ bis $i = n$)

i: Summationsindex; erhöht sich um jeweils 1 beim folgenden Summanden, beginnend bei der Summationsuntergrenze m (steht unter dem Summationsbefehl Σ) und endend mit der oberen Summationsgrenze n (steht über Σ); Σ (griech.): Sigma.

Beispiel: $\sum_{i=4}^{6} a_i = a_4 + a_5 + a_6$.

Der Summationsindex kann beliebig benannt werden: $\sum_{i=4}^{6} a_i = \sum_{k=4}^{6} a_k = \sum_{j=4}^{6} a_j$ usw..

(Er sollte aber von den Summationsgrenzen unterscheidbar sein.)

Häufig ist die untere Summationsgrenze die Zahl 0 oder 1:

$\sum_{i=0}^{n} a_i = a_o + a_1 + a_2 + ... + a_n$	$\sum_{i=1}^{n} a_i = a_1 + a_2 + ... + a_n$

Beispiel: $\sum_{i=1}^{3} (i+1) \cdot i = 2 \cdot 1 + 3 \cdot 2 + 4 \cdot 3 = 20$.

Beispiel: $\sum_{k=0}^{p} (k^2 - 1) = -1 + 0 + 3 + 8 + 15 + ... + (p^2 - 1)$.

Beispiel: Das arithmetische Mittel $\bar{x}$ der n Zahlen $x_1, x_2, ..., x_n$ lässt sich mit dem Summenzeichen einfach beschreiben: $\bar{x} = \frac{1}{n} \sum_{i=1}^{n} x_i$.

Satz 1.2.27: Es gelten folgende **Rechenregeln**:

1) $\sum_{i=1}^{n} (a_i \pm b_i) = \sum_{i=1}^{n} a_i \pm \sum_{i=1}^{n} b_i$ *(≙ Assoziativgesetz, vgl. Kap. 1.2.1.1)*

(d.h. $a_1 + b_1 + a_2 + b_2 + ... + a_n + b_n = a_1 + a_2 + ... + a_n + b_1 + b_2 + ... + b_n$).

2) $\sum_{i=1}^{n} c \cdot a_i = c \cdot \sum_{i=1}^{n} a_i$ („Ausklammern") *(≙ Distributivgesetz, vgl. Kap. 1.2.1.1)*

(d.h. $ca_1 + ca_2 + ... + ca_n = c \cdot (a_1 + a_2 + ... + a_n)$) .

3) $\sum_{i=1}^{n} c = \underbrace{c + c + ... + c}_{\text{n Summanden}} = n \cdot c$.

Bemerkung 1.2.28: *Es gilt i.a.:* $\sum_{i=1}^{n} a_i b_i \neq \sum_{i=1}^{n} a_i \cdot \sum_{i=1}^{n} b_i$ *(vgl. Regel R 6b in Kap. 1.2.1.2)*

Beispiel: *(n = 2):* $a_1 b_1 + a_2 b_2 \neq (a_1 + a_2)(b_1 + b_2)$.

Unter einer **Doppelsumme** versteht man:

Def. 1.2.29:
$$\sum_{i=1}^{n}\sum_{k=1}^{m} a_{ik} := \sum_{i=1}^{n} \underbrace{(a_{i1} + a_{i2} + \ldots + a_{im})}_{\text{über } k \text{ summiert}} = \begin{array}{l} a_{11} + a_{12} + \ldots + a_{1m} \\ + a_{21} + a_{22} + \ldots + a_{2m} \\ + \ldots \\ \vdots \\ + a_{n1} + a_{n2} + \ldots + a_{nm} \end{array} .$$

Es wird zunächst über k summiert und die entstandene Summe dann über i summiert (oder umgekehrt). Die Summationsreihenfolge (erst über i, dann über k oder umgekehrt) ist belanglos:

$$\sum_{i=1}^{n}\sum_{k=1}^{m} a_{ik} = \sum_{k=1}^{m}\sum_{i=1}^{n} a_{ik} .$$

Aufgabe 1.2.30: Man schreibe mit Hilfe des Summenzeichens:

i) $2x_1y_1 + 2x_2y_2 + \ldots + 2x_{20}y_{20}$; **ii)** $1 + \frac{1}{2} + \frac{1}{3} + \ldots + \frac{1}{100}$; **iii)** $4^2 + 6^2 + 8^2 + \ldots + 18^2$.

Aufgabe 1.2.31: Man ermittele den Wert der folgenden Summen:

i) $\sum_{i=1}^{3} \frac{i}{i+2}$; **ii)** $\sum_{k=2}^{4} (2k^2 - k + 1)$; **iii)** $\sum_{i=1}^{2}\sum_{k=1}^{3} (i+1)(k+2)$;

iv) $\sum_{j=1}^{4} \left(\frac{\sum_{k=2}^{5} k^2}{\sum_{i=1}^{3} i} \right) \cdot j$; **v)** $\sum_{i=1}^{n} i$; **vi)** $\sum_{i=1}^{n} i^2$; **vii)** $\sum_{i=0}^{n-1} x^i$.

Aufgabe 1.2.32: Es sei $\bar{x}$ das arithmetische Mittel der n Einzelwerte $x_1, x_2, \ldots, x_n$ ($\in \mathbb{R}$), d.h. es gelte:

$$\bar{x} := \frac{1}{n}(x_1 + x_2 + \ldots + x_n) = \frac{1}{n}\sum_{i=1}^{n} x_i .$$

Man zeige, dass dann für die Summe der quadrierten Abweichungen der Einzelwerte x_i vom Mittelwert $\bar{x}$ gilt:

$$\sum_{i=1}^{n} (x_i - \bar{x})^2 = \sum_{i=1}^{n} x_i^2 - n \cdot \bar{x}^2 .$$

1.2.1.5 Das Produktzeichen

Analog zur Summenschreibweise lassen sich lange Produkte in abgekürzter Schreibweise darstellen:

Def. 1.2.33: $\prod_{i=1}^{n} a_i := a_m \cdot a_{m+1} \cdot \ldots \cdot a_n$; $m, n \in \mathbb{Z}$; $n \geq m$.

(gelesen: Produkt aller a_i von $i = m$ (untere Multiplikationsgrenze) bis n (obere Multiplikationsgrenze); π: (griech.) Pi) .

Beispiel: $\prod_{i=1}^{4} (i + 1) = 2 \cdot 3 \cdot 4 \cdot 5 = 120$

Satz 1.2.34: Es gelten folgende **Rechenregeln**:

1) $\prod_{i=1}^{n} c = \underbrace{c \cdot c \cdot c \cdot \ldots \cdot c}_{\text{n Faktoren}} =: c^n$ (Potenz) .

2) $\prod_{i=1}^{n} c \cdot a_i = ca_1 \cdot ca_2 \cdot \ldots \cdot ca_n = c^n \cdot \prod_{i=1}^{n} a_i$.

3) $\prod_{i=1}^{n} a_i b_i = a_1 b_1 \cdot a_2 b_2 \cdot \ldots \cdot a_n b_n = \prod_{i=1}^{n} a_i \cdot \prod_{i=1}^{n} b_i$.

Aufgabe 1.2.35: Man ermittle:

i) $\prod_{i=1}^{10} i$; **ii)** $\prod_{k=1}^{5} x_k y_k z_k$; **iii)** $\prod_{i=1}^{20} (i - 2)$.

1.2.1.6 Fakultät und Binomialkoeffizient

Für das Produkt der ersten n natürlichen Zahlen schreibt man abkürzend n! (gelesen: **n Fakultät**).

Def. 1.2.36: $n! := 1 \cdot 2 \cdot 3 \cdot \ldots \cdot (n-1) \cdot n$, $n \in \mathbb{N}$, und $0! := 1$.

Beispiel: $3! = 1 \cdot 2 \cdot 3 = 6$;

$20! = 1 \cdot 2 \cdot 3 \cdot \ldots \cdot 19 \cdot 20 = 2.432.902.008.176.640.000$.

Im Zusammenhang mit statistischen oder kombinatorischen Fragestellungen hat der **Binomialkoeffizient** $\binom{n}{k}$ (gelesen: n über k) eine große Bedeutung. Er ist wie folgt definiert:

Def. 1.2.37: $\binom{n}{k} := \frac{n!}{(n-k)!\,k!}$, $n \geq k$; $n, k \in \mathbb{N}_0$

Beispiel: $\binom{5}{3} = \frac{5!}{2!\,3!} = \frac{1\cdot 2\cdot 3\cdot 4\cdot 5}{1\cdot 2\cdot 1\cdot 2\cdot 3} = 10$

Durch Kürzen erhält man:

$$\binom{n}{k} = \frac{1\cdot 2\cdot \,\ldots\, \cdot(n-k)\cdot(n-k+1)\cdot \,\ldots\, \cdot(n-1)\cdot n}{\underbrace{1\cdot 2\cdot \,\ldots\, \cdot (n-k)}_{(n-k)!}\cdot \underbrace{1\cdot 2\cdot 3\cdot \,\ldots\, \cdot(k-1)\cdot k}_{k!}},$$

d.h. statt Def. 1.2.37 lässt sich zur Definition des Binomialkoeffizienten auch verwenden:

Satz 1.2.38: $\binom{n}{k} = \frac{n\cdot(n-1)\cdot \,\ldots\, \cdot(n-k+1)}{1\cdot 2\cdot \,\ldots\, \cdot k}, \quad n \geq k; \quad n, k \in \mathbb{N}_0 .$

Beispiel: $\binom{49}{6} = \frac{49\cdot 48\cdot 47\cdot 46\cdot 45\cdot 44}{1\cdot 2\cdot 3\cdot 4\cdot 5\cdot 6} = 13.983.816$ ($\triangleq$ *Anzahl möglicher Tipreihen im Lotto*)

Satz 1.2.39: Es gelten folgende Regeln (ohne Beweis):

1) $\binom{n}{n} = \binom{n}{0} = 1$ (wegen $0! = 1$) ;

2) $\binom{n}{n-1} = \binom{n}{1} = n$;

3) $\binom{n}{k} = \binom{n}{n-k}$;

4) $\binom{n}{k} + \binom{n}{k+1} = \binom{n+1}{k+1}$.

Beispiel: $\binom{5}{3} = \binom{5}{2}$; $\binom{49}{6} = \binom{49}{43}$.

Bemerkung 1.2.40: *$\binom{n}{k}$ gibt die mögliche Anzahl verschiedener k-elementiger Teilmengen an, die man aus einer n-elementigen Menge ($n \geq k$) bilden kann. So gibt etwa ($\binom{49}{6}$ an, wieviele verschiedene 6-elementige Teilmengen (z.B. Lotto-Tippreihen) aus einer 49-elementigen Menge (z.B. der Menge aller Lottozahlen) gebildet werden können.*

Ergebnis: $\binom{49}{6}$ = 13.983.816 (= Anzahl der verschiedenen Lotto-Tipreihen 6 aus 49)

Bemerkung 1.2.41: *Mit Hilfe der Binomialkoeffizienten lässt sich der **Binomische Satz** allgemein formulieren. Für $n \in \mathbb{N}_0$, $a, b \in \mathbb{R}$ gilt:*

Satz 1.2.42: $$(a+b)^n = \sum_{k=0}^{n} \binom{n}{k} a^{n-k} \cdot b^k .$$

Beispiel: $(a+b)^2 = \sum_{k=0}^{2} \binom{2}{k} a^{2-k} \cdot b^k = \binom{2}{0} a^2 + \binom{2}{1} ab + \binom{2}{2} b^2 = a^2 + 2ab + b^2$

Beispiel: $(a - b)^4 = (a + (-b))^4 = \binom{4}{0}a^4 + \binom{4}{1}a^3(-b) + \binom{4}{2}a^2(-b)^2 + \binom{4}{3}a(-b)^3 + \binom{4}{4}(-b)^4$

$= a^4 - 4a^3b + 6a^2b^2 - 4ab^3 + b^4$.

Die in $(a + b)^n$ auftretenden Binomialkoeffizienten lassen sich besonders einfach am sogenannten **Pascalschen Dreieck** ablesen:

$$
\begin{array}{lccccccccccccc}
n = 0: & & & & & & & 1 & & & & & & \\
n = 1: & & & & & & 1 & & 1 & & & & & \\
n = 2: & & & & & 1 & & 2 & & 1 & & & & \\
n = 3: & & & & 1 & & 3 & & 3 & & 1 & & & \\
n = 4: & & & 1 & & 4 & & 6 & & 4 & & 1 & & \\
n = 5: & & 1 & & 5 & & 10 & & 10 & & 5 & & 1 & \\
n = 6: & 1 & & 6 & & 15 & & 20 & & 15 & & 6 & & 1 \\
\vdots & & & \cdots & & & & & & & & \ddots & & \\
 & \binom{n}{0} & \binom{n}{1} & \binom{n}{2} & \ldots & \binom{n}{n-2} & \binom{n}{n-1} & \binom{n}{n} & & & & & & \\
 & \ldots & \ldots & & & \binom{n+1}{n-1} & \binom{n+1}{n} & \binom{n+1}{n+1} & & & & & &
\end{array}
$$

Jede innere Dreieckszahl ergibt sich als Summe der beiden unmittelbar darüber liegenden Dreieckszahlen (wegen: $\binom{n+1}{k+1} = \binom{n}{k} + \binom{n}{k+1}$)

Aufgabe 1.2.43: Man berechne

i) $\frac{5!}{3!}$; $\frac{8!\,4!\,3!}{2!\,7!}$; $\frac{10!}{3!\,3!\,4!}$;

ii) $\binom{100}{99}$; $\binom{100}{2}$; $\binom{8}{6}$; $\binom{0}{0}$; $\binom{10}{5}$; $\binom{9}{5} + \binom{9}{4}$;

Man multipliziere die Klammern aus:

iii) $(a + b)^6 =$ **iv)** $(2x - y)^{10} =$.

1.2.2 Potenzen

1.2.2.1 Potenzen mit natürlichen Exponenten

Wird eine reelle Zahl a n-mal mit sich selbst multipliziert, so führt man für das entstehende Produkt $a \cdot a \cdot a \cdot \ldots \cdot a$ eine neue Schreibweise ein:

Def. 1.2.44: $a^n := \underbrace{a \cdot a \cdot a \cdot \ldots \cdot a}_{n \text{ Faktoren}}$, $a^1 := a$ $(a \in \mathbb{R}, n \in \mathbb{N})$.

Bemerkung 1.2.45:

i) a^n *wird gelesen „a hoch n"*

ii) Im Term a^n *heißen:* *a:* ***Basis, Grundzahl***
n: ***Exponent, Hochzahl***
a^n: ***Potenz, Potenzwert***

Beispiel 1.2.46: **i)** $\underbrace{(-1)\cdot(-1)\cdot \ \dots \ \cdot(-1)}_{20\text{ - mal}} = (-1)^{20} = 1$;

ii) $(\frac{1}{2})^3 = \frac{1}{2}\cdot\frac{1}{2}\cdot\frac{1}{2} = \frac{1}{8}$;

iii) $(-2)^4 = (-2)\cdot(-2)\cdot(-2)\cdot(-2) = 16$ **aber:** $-2^4 = -(2^4) = -16$;
(im Term $-a^n$ gehört das Minuszeichen **nicht** zur Basis, vgl. Vereinbarung 1.2.8 („Potenz vor Strich"!))

iv) $5\cdot 7^2 = 5\cdot 49 = 245$ **aber:** $(5\cdot 7)^2 = 35^2 = 1.225$;
(in ab^n gehört der Faktor a **nicht** zur Basis („Potenz vor Punkt"!))

Man unterscheide:
$ab^n = a\cdot b\cdot b\cdot b\cdot \ \dots \ \cdot b$ und $(ab)^n = ab\cdot ab\cdot ab\cdot \ \dots \ \cdot ab$, *(siehe Vereinbarung 1.2.8)*

v)

$$\begin{array}{rlr} 10^1 = & 10 \\ 10^2 = & 100 \\ 10^3 = & 1.000 \\ \vdots & \\ 10^6 = & 1.000.000 \\ \vdots & \\ 10^9 = & 1.000.000.000 \\ \vdots & \end{array} \qquad \begin{array}{rlr} 2^1 = & 2 \\ 2^2 = & 4 \\ 2^3 = & 8 \\ \vdots & \\ 2^6 = & 64 \\ \vdots & \\ 2^{10} = & 1.024 \\ \vdots & \end{array}$$

Zehnerpotenzen: $10^n = 1\underbrace{000\dots0}_{n \text{ Nullen}}$

Zehnerpotenzen werden benutzt, um sehr große Zahlen kurz und übersichtlich schreiben zu können:

$$432.100.000.000 = 4{,}321\cdot 100.000.000.000 = 4{,}321\cdot 10^{11}$$

$$-2.170.000.000 = -2{,}17\cdot 1.000.000 = -2{,}17\cdot 10^6$$

vi) $(a+b)^3 = (a+b)(a+b)(a+b) = a^3 + 3a^2b + 3ab^2 + b^3$.

vii) $(a-b)^{10} = (a-b)(a-b)\dots(a-b) =$ *(vgl. Satz 1.2.42)*
$= a^{10}-10a^9b+45a^8b^2-120a^7b^3+210a^6b^4-252a^5b^5+210a^4b^6-120a^3b^7+45a^2b^8-10ab^9+b^{10}$

Für die nach Def. 1.2.44 erklärten Potenzen *(mit m, n ∈ $\mathbb{N}$)* gelten die folgenden **Rechenregeln:**

Satz 1.2.47:

	Satz	*Beispiel:*
P1:	$a^m \cdot a^n = a^{m+n}$	$a^2 \cdot a^3 = (a\cdot a)\cdot(a\cdot a\cdot a) = a^{2+3} = a^5$
P2:	$\frac{a^m}{a^n} = \begin{cases} a^{m-n} & \text{für } m>n \\ 1 & \text{für } m=n \\ \frac{1}{a^{n-m}} & \text{für } m<n \end{cases}$ $(a \neq 0)$	$\frac{a^5}{a^3} = \frac{a\cdot a\cdot a\cdot a\cdot a}{a\cdot a\cdot a} = a^2 = a^{5-3}$; $\frac{a^3}{a^3} = \frac{a\cdot a\cdot a}{a\cdot a\cdot a} = 1$; $\frac{a^3}{a^5} = \frac{a\cdot a\cdot a}{a\cdot a\cdot a\cdot a\cdot a} = \frac{1}{a^2} = \frac{1}{a^{5-3}}$
P3:	$(a^m)^n = a^{m\cdot n} = (a^n)^m$	$(a^2)^3 = a^2\cdot a^2\cdot a^2 = a^{2+2+2} = a^6 = a^{3\cdot 2} = (a^3)^2$
P4:	$(a\cdot b)^n = a^n \cdot b^n$	$(a\cdot b)^3 = (a\cdot b)(a\cdot b)(a\cdot b) = a\cdot a\cdot a\cdot b\cdot b\cdot b = a^3\cdot b^3$
P5:	$(\frac{a}{b})^n = \frac{a^n}{b^n}$ $(b \neq 0)$	$(\frac{a}{b})^3 = \frac{a}{b}\cdot\frac{a}{b}\cdot\frac{a}{b} = \frac{a\cdot a\cdot a}{b\cdot b\cdot b} = \frac{a^3}{b^3}$

Beispiel 1.2.48:

i) $\frac{(a\cdot b^2)^3}{(a^2\cdot b)^4} \underset{P4, P3}{=} \frac{a^3\cdot b^6}{a^8\cdot b^4} \underset{P2}{=} \frac{b^{6-4}}{a^{8-3}} = \frac{b^2}{a^5}$;

ii) $\frac{x^3\cdot(-xy^3)^2\cdot y}{-(x^2y)^4} \underset{P3/P4}{=} \frac{x^3(-x)^2\cdot y^6\cdot y}{-(x^8y^4)} \underset{P1}{=} \frac{x^5y^7}{-x^8y^4} \underset{P2}{=} -\frac{y^{7-4}}{x^{8-5}} = -\frac{y^3}{x^3} \underset{P5}{=} -(\frac{y}{x})^3$;

iii) $2.200.000 \cdot 30.000 = 2{,}2\cdot 10^6\cdot 3\cdot 10^4 = 6{,}6\cdot 10^{6+4} = 6{,}6\cdot 10^{10} = 66.000.000.000$;

iv) $4.000.000^3 = (4\cdot 10^6)^3 = 4^3\cdot 10^{6\cdot 3} = 64\cdot 10^{18} = 6{,}4\cdot 10^{19} = 64.000.000.000.000.000.000$;

v) $3^{(3^3)} = 3^{27} \approx 7{,}6\cdot 10^{12}$ **aber:** $(3^3)^3 = 3^9 = 19.683$.

Definitionsgemäß gilt: $a^{b^c} := a^{(b^c)}$, siehe Vereinbarung 1.2.8 .

Bemerkung 1.2.49:

*i) Für die **Addition** zweier Potenzen gibt es kein einheitliches „Potenzgesetz". Es besteht höchstens die Möglichkeit, einen gemeinsamen Faktor auszuklammern.*

Beispiel: $3x^4 + 2x^2 = x^2(3x^2 + 2)$

$x^3 - 5x^3 = x^3(1 - 5) = -4x^3$

Die Terme $x^3 + y^2$ *oder* $x^4 + y^4$ *usw. lassen sich in* $\mathbb{R}$ *nicht weiter „vereinfachen".*

*ii) Für die Multiplikation (Division) zweier Potenzen, die **sowohl** verschiedene Basen **als auch** verschiedene Exponenten haben (z.B.* $x^m \cdot y^n$*), gibt es ebenfalls kein eigenes Potenzgesetz. Hier kann man eventuell eine geeignete Teilpotenz abspalten und mit **P1 - P5** umformen.*

Beispiele: i) $3x^3 \cdot y^4 \underset{P1}{=} 3x^3 \cdot y^3 \cdot y \underset{P4}{=} 3y \cdot (xy)^3$; ***ii)*** $\frac{x^7}{y^3} = \frac{x^3 \cdot x^4}{y^3} = (\frac{x}{y})^3 \cdot x^4$.

1.2.2.2 Potenzen mit ganzzahligen Exponenten

Die umständliche Fallunterscheidung bei der Division zweier Potenzen mit gleicher Basis (Regel **P2**) gibt Anlass zur **Erweiterung** des Potenzbegriffs auf nichtpositive **ganzzahlige Exponenten n** ($n \in \mathbb{Z}$). Nach **P2** erhalten wir z.B.:

(*) $\frac{a^3}{a^5} = \frac{1}{a^{5-3}} = \frac{1}{a^2}$ bzw. $\frac{a^3}{a^3} = 1$

Fordert man ein **einheitliches** Potenzgesetz in der Form $\frac{a^m}{a^n} = a^{m-n}$, so liefert das Beispiel:

(**) $\frac{a^3}{a^5} = a^{3-5} = a^{-2}$ bzw. $\frac{a^3}{a^3} = a^{3-3} = a^0$, $(a \neq 0\,!)$.

Damit die Ergebnisse von (*) und (**) übereinstimmen, muss man als Definition fordern: $a^{-2} := \frac{1}{a^2}$ sowie $a^0 := 1$. Allgemein definiert man daher:

Def. 1.2.50:

i) $a^{-n} := \frac{1}{a^n}$;

ii) $a^0 := 1$.

$(a \in \mathbb{R} \setminus \{0\}$; $n \in \mathbb{Z})$

Mit dieser Definition lautet das 2. Potenzgesetz einheitlich für alle Exponenten:

P2: $\frac{a^m}{a^n} = a^{m-n}$ $(a \in \mathbb{R} \setminus \{0\}$; $n, m \in \mathbb{Z})$.

Ohne Beweis sei vermerkt, dass auch für diese „neuen" Potenzen **sämtliche** Potenzgesetze **P1 - P5** gültig bleiben (**Permanenzprinzip**: Die Erweiterung von Begriffen erfolgt derart, dass die bisherigen Gesetze erhalten bleiben).

Beispiel 1.2.51:

Zehnerpotenzen
$\vdots$
$10^3 = 1.000$
$10^2 = 100$
$10^1 = 10$
$10^0 = 1$
$10^{-1} = 0{,}1$
$10^{-2} = 0{,}01$
$10^{-3} = 0{,}001$
$\vdots$

i) $\frac{1}{a^{-n}} = \frac{1}{\frac{1}{a^n}} = a^n$;

ii) $10^{-4} = \frac{1}{10^4} = \frac{1}{10.000} = 0{,}0001$;

allgemein: Zehnerpotenzen mit negativem Exponenten:

$$10^{-n} = \frac{1}{10^n} = \frac{1}{\underbrace{100 \ldots 00}_{n \text{ Nullen}}} = \underbrace{0{,}000 \ldots 01}_{n \text{ Nullen}} \; ; \quad n \in \mathbb{N} \; ;$$

$2{,}9 \cdot 10^{-3} = 2{,}9 \cdot 0{,}001 = 0{,}0029$;

iii) $(-2)^{-4} = \frac{1}{(-2)^4} = \frac{1}{16}$ **aber:** $-2^{-4} = -\frac{1}{2^4} = -\frac{1}{16}$;

iv) $ab^{-4} = \frac{a}{b^4}$ **aber:** $(ab)^{-4} = \frac{1}{a^4b^4}$;

v) $\frac{a^{-x}(a^2-1)^{-x}}{a^3-a} = \frac{[a(a^2-1)]^{-x}}{a^3-a} = \frac{(a^3-a)^{-x}}{a^3-a} = (a^3-a)^{-x-1} = \frac{1}{(a^3-a)^{x+1}}$;

vi) $\left(\frac{u^{-4} \cdot v^5}{p^3 \cdot u^{-3} \cdot w^0}\right)^{-3} \underset{P2/P5}{=} \frac{(u^{-1} \cdot v^5)^{-3}}{(p^3)^{-3}} \underset{P3/P4}{=} \frac{u^3 \cdot v^{-15}}{p^{-9}} = \frac{u^3 \cdot p^9}{v^{15}}$.

1.2.2.3 Potenzen mit rationalen (gebrochenen) Exponenten; Wurzeln

Der Potenzbegriff kann nochmals erweitert werden: Die Forderung, dass die **Potenzgleichung**

(*) $\boxed{x^n = a}$ $\quad (n \in \mathbb{N}; \quad a, x \geq 0)$, z.B.: $x^5 = 32$,

eine Lösung $x \in \mathbb{R}_0^+$ in Form einer **Potenz** haben soll, gibt Anlass zur **Erweiterung** des Potenzbegriffs auf beliebige **rationale Exponenten n** ($n \in \mathbb{Q}$).

Potenziert man beide Seiten von (*) : $x^n = a$ formal mit $\frac{1}{n}$, so folgt

(**) $(x^n)^{\frac{1}{n}} = a^{\frac{1}{n}}$.

Unterstellen wir die Gültigkeit von **P3**, so folgt aus (**) wegen $(x^n)^{\frac{1}{n}} = x^{\frac{n}{n}} = x$ das Resultat

$x = a^{\frac{1}{n}}$. Daher definiert man:

Def.1.2.52: Die Potenz $a^{\frac{1}{n}}$, $a \in \mathbb{R}_0^+$, $n \in \mathbb{N}$, ist die **nichtnegative** Lösung der Gleichung $x^n = a$, d.h. es gilt: $(a^{\frac{1}{n}})^n = a$.

Beispiel 1.2.53: $32^{\frac{1}{5}}$ ist diejenige nichtnegative Zahl x, für die gilt: $x^5 = (32^{\frac{1}{5}})^5 = 32$.

Wegen $2^5 = 32$ gilt: $32^{\frac{1}{5}} = 2$.

Nach Def. 1.2.52 ist $a^{\frac{1}{n}}$ diejenige (nichtnegative) Zahl, die - mit n potenziert - wiederum a ergibt. Dafür kennt man auch die Schreibweise $\sqrt[n]{a}$ (gelesen: „**n-te Wurzel aus a**“; a heißt „Radikand“, n heißt „Wurzelexponent“ ($n \in \mathbb{N}$).) Daher definiert man:

Def. 1.2.54: $a^{\frac{1}{n}} := \sqrt[n]{a}$; $(a \geq 0;\ n \in \mathbb{N})$.

Beispiel 1.2.55: $8^{\frac{1}{3}} = \sqrt[3]{8}\ (= 2)$; $4^{\frac{1}{2}} = \sqrt[2]{4} = \sqrt{4} = 2$; $-49^{\frac{1}{2}} = -\sqrt{49} = -7$;

$(-49)^{\frac{1}{2}} = \sqrt{-49}$ ist nicht definiert, denn die Gleichung $x^2 = -49$ hat keine Lösung in $\mathbb{R}$.

Völlig analoge Überlegungen über die nichtnegative Lösung der Gleichung $x^n = a^m$ $(n \in \mathbb{N}, m \in \mathbb{Z}, a > 0)$ führen zur Definition von Potenzen mit **beliebigen Brüchen** als Exponenten:

Def. 1.2.56:

i) Die Potenz $a^{\frac{m}{n}}$ $(a \in \mathbb{R}^+, n \in \mathbb{N}, m \in \mathbb{Z})$ ist die nichtnegative Lösung der Gleichung $x^n = a^m$,

d.h.: $(a^{\frac{m}{n}})^n = a^m$.

ii) $a^{\frac{m}{n}} := \sqrt[n]{a^m}$.

Beispiel 1.2.57:

i) $8^{\frac{2}{3}} = \sqrt[3]{8^2} = \sqrt[3]{64} = 4$; **ii)** $-8^{-\frac{2}{3}} = -\frac{1}{8^{2/3}} = -\frac{1}{\sqrt[3]{8^2}} = -\frac{1}{\sqrt[3]{64}} = -\frac{1}{4}$;

iii) $2^{\frac{7}{12}} = \sqrt[12]{2^7}$ ist die Lösung der Gleichung $x^{12} = 2^7 = 128$. Positive Lösung (mit Hilfe eines elektronischen Taschenrechners ermittelt): $x \approx 1,4983$.

Man kann (mit etwas Aufwand) zeigen: Auch jetzt behält das **Permanenzprinzip** seine Gültigkeit:

Sämtliche Potenzgesetze **P1 - P5** bleiben auch für Potenzen $a^{m/n}$ erhalten.

Bemerkung 1.2.58: *Ohne Beweis sei angemerkt, dass die als Exponenten auftretenden Brüche mit Hilfe der Rechenregeln für Brüche umgeformt (z.B. erweitert und/oder gekürzt) werden dürfen, sofern die* ***Basis*** *stets* ***positiv*** *ist! Andernfalls können Widersprüche auftreten:*

Beispiel: $-8 = (-2)^3 = (-2)^{6/2} = \left((-2)^6\right)^{\frac{1}{2}} = 64^{\frac{1}{2}} = +8$ (↯)

Beispiel 1.2.59: *(alle Basen a, x, y, u positiv)*

i) $\sqrt[n]{a^m} = a^{\frac{m}{n}} = (a^{\frac{1}{n}})^m = (\sqrt[n]{a})^m$

ii) $\sqrt[4]{x^2} = x^{\frac{2}{4}} = x^{\frac{1}{2}} = \sqrt{x}$

iii) $\sqrt[5]{y \cdot \sqrt{y^3}} = (y \cdot y^{\frac{3}{2}})^{\frac{1}{5}} = (y^{\frac{5}{2}})^{\frac{1}{5}} = y^{\frac{1}{2}} = \sqrt{y}$

iv) $\dfrac{\sqrt[4]{u^3}}{\sqrt[6]{u^5}} = \dfrac{u^{3/4}}{u^{5/6}} = u^{\frac{3}{4}-\frac{5}{6}} = u^{\frac{9-10}{12}} = u^{-\frac{1}{12}} = \dfrac{1}{\sqrt[12]{u}}$

Wie schon in Beispiel 1.2.59 ansatzweise gezeigt, **erübrigen sich** wegen $\sqrt[n]{a^m} = a^{\frac{m}{n}}$ eigene **Gesetze für das Rechnen mit Wurzeltermen**. Vielmehr lassen sich alle Umformungen für Wurzelterme auf die fünf Potenzgeseze **P1 - P5** zurückführen. In Wurzelschreibweise lauten sie:

Satz 1.2.60: (Wurzelgesetze) Für $a, b > 0$; $n, m \in \mathbb{N}$; $r, s \in \mathbb{Q}$ gilt:

W1: $\sqrt[n]{a^r} \cdot \sqrt[m]{a^s} = a^{\frac{r}{n}} \cdot a^{\frac{s}{m}} = a^{\frac{r}{n}+\frac{s}{m}} = a^{\frac{rm+sn}{mn}} = \sqrt[nm]{a^{rm+sn}}$;

W2: $\sqrt[n]{a^r} : \sqrt[m]{a^s} = \sqrt[nm]{a^{rm-sn}}$;

W3: $\sqrt[m]{(\sqrt[n]{a^r})^s} = (a^{\frac{r}{n}})^{\frac{s}{m}} = a^{\frac{rs}{nm}} = \sqrt[nm]{a^{rs}}$;

W4: $\sqrt[n]{a^r} \cdot \sqrt[n]{b^r} = a^{\frac{r}{n}} \cdot b^{\frac{r}{n}} = (ab)^{\frac{r}{n}} = \sqrt[n]{(ab)^r}$;

W5: $\dfrac{\sqrt[n]{a^r}}{\sqrt[n]{b^r}} = \dfrac{a^{\frac{r}{n}}}{b^{\frac{r}{n}}} = (\frac{a}{b})^{\frac{r}{n}} = \sqrt[n]{(\frac{a}{b})^r}$.

Bemerkung 1.2.61: *Ist in* a^x *der Exponent* x *eine beliebige rationale Zahl* ($x \in \mathbb{Q}$), *so muss die Basis* a ***positiv*** *sein, damit keine undefinierten Ausdrücke, wie z.B.* 0^0, 0^{-1}, $(-1)^{1/2} = \sqrt{-1}$, *entstehen können.*

Ausnahmen:

- *Ist der Exponent stets* ***positiv****, so darf die Basis* ***Null*** *sein (z.B.* $0^{1/2} = 0$*).*
- *Ist der Exponent eine* ***ganze*** *Zahl, darf die Basis* ***negativ*** *sein (z.B.* $(-2)^3 = -8$*; vgl. aber Bemerkung 1.2.58!).*

Bemerkung 1.2.62:

i) Man beachte: für ***gerades*** n *und* $a \in \mathbb{R}$ *gilt:* $\sqrt[n]{a^n} = (a^n)^{\frac{1}{n}} = |a|$ *(i.a.* $\neq a$*)*

Beispiel: $\sqrt{(-2)^2} = |-2| = 2$;

$$\sqrt{(x-3)^2} = |x-3| = \begin{cases} x-3 & \text{für } x \geq 3 \\ 3-x & \text{für } x < 3 \end{cases} .$$

ii) Für ***ungerades*** n *definiert man gelegentlich* $a^{1/n}$, $\sqrt[n]{a}$ *auch für eine negative Basis* a*:*

Beispiel: $(-8)^{\frac{1}{3}} := \sqrt[3]{-8} := -\sqrt[3]{8} = -2$, *denn* $(-2)^3 = -8$.

Man beachte aber die aus Bemerkung 1.2.58 folgenden Einschränkungen !

iii) Man unterscheide:

a) Der ***Term*** $4^{1/2} = \sqrt{4} = 2$ *ist* ***eindeutig*** *und stets* ***positiv****.* ***(Falsch*** *ist also die weitverbreitete „Gleichung“:* $\sqrt{4} = \pm 2$ *!)*

b) Dagegen besitzt die ***Gleichung*** $\mathbf{x^2 = 4}$ *die Lösungsmenge* $L = \{-\sqrt{4}, \sqrt{4}\} = \{-2, 2\}$*, hat also* ***zwei*** *Lösungen !*

iv) Allgemein gilt: Die Gleichung $x^n = a$; $n \in \mathbb{N}$; $a, x \in \mathbb{R}$ *hat folgende Lösungen:*

a) n ***gerade****: falls* $a \geq 0$: $L = \{ a^{\frac{1}{n}}, -a^{\frac{1}{n}} \}$; *falls* $a < 0$: $L = \{ \}$.

Beispiel: $x^4 = 16 \Rightarrow L = \{ \sqrt[4]{16}, -\sqrt[4]{16} \} = \{2, -2\}$; $x^4 = -16 \Rightarrow L = \{ \}$.

b) n ***ungerade****: falls* $a \geq 0$: $L = \{ a^{\frac{1}{n}} \}$; *falls* $a < 0$: $L = \{ -|a|^{\frac{1}{n}} \}$.

Beispiel: $x^3 = -125 \Rightarrow L = \{ -\sqrt[3]{125} \} = \{-5\}$.

1.2.2.4 Potenzen mit reellen Exponenten

Eine nochmalige Erweiterung des Potenzbegriffes für beliebige **reelle Exponenten** ist (mit Hilfe von sogenannten „Intervallschachtelungen“) möglich. Danach liegt etwa der Wert der Potenz $3^{\sqrt{2}}$ zwischen $3^{1,41}$ und $3^{1,42}$ bzw. zwischen $3^{1,414}$ und $3^{1,415}$ bzw. zwischen $3^{1,4142}$ und $3^{1,4143}$ usw. und lässt sich beliebig genau durch Potenzen mit rationalen Hochzahlen „einschachteln“. Auch für den damit erreichten allgemeinsten Potenzbegriff gelten sämtliche Potenzgesetze **P1** - **P5** analog weiter (Permanenz). Zusammenfassend werden die Potenzgesetze noch einmal aufgeführt:

Satz 1.2.63: Unter Beachtung der Definitionen

Def. 1.2.44: $a^n := \underbrace{a \cdot a \cdot a \cdot \ldots \cdot a}_{\text{n Faktoren}}$; $a^1 := a$ $(n \in \mathbb{N})$

Def. 1.2.50: $a^{-n} := \frac{1}{a^n}$; $a^0 := 1$ $(n \in \mathbb{N},\ a \neq 0)$

Def. 1.2.54: $a^{\frac{1}{n}} := \sqrt[n]{a}$:= positive Lösung der Gleichung $x^n = a$ $(n \in \mathbb{N},\ a > 0)$

Def. 1.2.56: $a^{\frac{m}{n}} := \sqrt[n]{a^m}$ $(n \in \mathbb{N},\ m \in \mathbb{Z},\ a > 0)$

gilt für Potenzen mit **positiver Basis** $(a, b > 0)$ und beliebigen **reellen Hochzahlen** $(x, y, \in \mathbb{R})$:

P1: $a^x \cdot a^y = a^{x+y}$

P2: $\frac{a^x}{a^y} = a^{x-y}$

P3: $(a^x)^y = a^{xy} = (a^y)^x$

P4: $(ab)^x = a^x b^x$

P5: $\left(\frac{a}{b}\right)^x = \frac{a^x}{b^x}$

Vereinbarungen:

$ab^n := a(b^n)$

$-a^n := -(a^n)$

$a^{b^c} := a^{(b^c)}$ *(i.a.* $\neq (a^b)^c$ *!)*

aber: $(a+b)^x \neq a^x + b^x$ *(! ↯)*

Außerdem gelten für **positive** Basen folgende für die Gleichungslösung wichtigen Äquivalenzbeziehungen:

P6: $a^x = a^y \quad \Leftrightarrow \quad (x = y \lor a = 1)$ $(a > 0)$

(„Sind zwei Potenzen mit gleichen Basen gleich, so auch ihre Hochzahlen, oder die Basis ist Eins – und umgekehrt“);

P7: $a^x = b^x \quad \Leftrightarrow \quad (a = b \lor x = 0)$ $(a, b > 0)$

(„Sind zwei Potenzen mit gleichen Hochzahlen gleich, so auch ihre Basen, oder die Hochzahl ist Null – und umgekehrt.“)

Außerdem: Eine Potenz mit positiver Basis ist **stets** positiv: $a^x > 0$ $(a \in \mathbb{R}^+)$.

Aufgabe 1.2.64: Man forme mit Hilfe der Potenzgesetze so weit wie möglich um:

i) $\sqrt[4]{e^{-3} \cdot \sqrt[3]{e^{-3}}}$; **ii)** $\sqrt[ab]{x^2} \cdot \sqrt[a]{\sqrt[b]{x}}$; **iii)** $\left(\frac{a^2 \cdot \sqrt[3]{b}}{\sqrt[4]{a}}\right)^{\frac{1}{2}}$;

iv) $\sqrt[60]{\frac{\sqrt[4]{a^3} \cdot \sqrt[3]{a^2}}{\sqrt[5]{a^4}}}$; **v)** $\left(\sqrt[3]{(a^{\sqrt{3}}) \cdot \sqrt{a}}\right)^{\sqrt{3}}$.

Aufgabe 1.2.65: Man ermittle die Lösungen folgender Gleichungen (Näherungswerte: elektronischer Taschenrechner):

i) $x^5 = 1.024$; **ii)** $x^4 = 11$; **iii)** $16x^4 = -1$;

iv) $243x^5 = 1.024$; **v)** $4x^{20} - 10.000 = 0$; **vi)** $4.300 = 8500q^{17} - 10.000\,(q^{17} - 1)$.

1.2.3 Logarithmen

1.2.3.1 Begriff des Logarithmus

Es kommt häufig vor, dass in einer Gleichung $a^u = x$ der Exponent zu bestimmen ist. (Derartige Gleichungen nennt man „**Exponentialgleichungen**" – im Unterschied zu „**Potenzgleichungen**" wie z.B. $x^4 = 17$.)

Beispiel 1.2.66:

i) $2^u = 32$; $u = ?$ Da $2^5 = 32$ gilt, folgt $u = 5$;

ii) $10^u = 0{,}001 \Leftrightarrow u = -3$, denn $10^{-3} = \frac{1}{10^3} = \frac{1}{1000} = 0{,}001$;

iii) $125^u = 5 \Leftrightarrow u = \frac{1}{3}$, denn $125^{\frac{1}{3}} = \sqrt[3]{125} = 5$;

iv) $2001^u = 1 \Leftrightarrow u = 0$, denn $2001^0 = 1$.

Jede Exponentialgleichung der Form $a^u = x$ (mit $a \in \mathbb{R}^+ \setminus \{1\}, x \in \mathbb{R}^+$) hat eine **eindeutig** bestimmte Lösung u ($u \in \mathbb{R}$). Dieser **eindeutig** bestimmte **Exponent** u heißt **Logarithmus von x zur Basis a**, symbolisch: $u = \log_a x$. Es gilt also die definitorisch begründete Äquivalenzbeziehung:

Def. 1.2.67: $a^u = x \Leftrightarrow u = \log_a x$, $a \in \mathbb{R}^+ \setminus \{1\}$; $x \in \mathbb{R}^+$; $u \in \mathbb{R}$.

Beispiel 1.2.66 lässt sich mit Def. 1.2.67 formal wie folgt lösen:

i) $2^u = 32 \Leftrightarrow u = \log_2 32 = 5$, denn $2^5 = 32$;

ii) $10^u = 0{,}001 \Leftrightarrow u = \log_{10} 0{,}001 = -3$, denn $10^{-3} = 0{,}001$;

iii) $125^u = 5 \Leftrightarrow u = \log_{125} 5 = \frac{1}{3}$, denn $125^{\frac{1}{3}} = 5$.

Bemerkung 1.2.68:

*i) Das Wort **Logarithmus** bedeutet dasselbe wie **Exponent** oder **Hochzahl**.*

*ii) Der Potenzwert x in $a^u = x$ bzw. $u = \log_a x$ heißt auch **Numerus**.*

*iii) Der Numerus muss **stets positiv** sein, denn es gibt zu einer positiven Basis a keine Hochzahl, so dass die entstehende Potenz x (der Numerus) Null oder negativ wird.*

iv) Statt der Def. 1.2.67 definiert man häufig:

Def. 1.2.69: Der **Logarithmus** von x zur Basis a ist diejenige *(eindeutig bestimmte)* **Hochzahl** u, mit der man a potenzieren muss, um x zu erhalten.

v) Die Bildung des Logarithmus $\log_a x$ *zu einem gegebenen Numerus x heißt* ***logarithmieren.***

Bei Exponentialgleichungen wie z.B. $3^u = 25$ nützt die formale „Lösung" nach Def. 1.2.67 allerdings wenig: $3^u = 25 \Leftrightarrow u = \log_3 25 = ??$

Es fehlt offenbar eine Methode, mit der Logarithmen, d.h. Hochzahlen bestimmt werden können, deren Wert sich **nicht** durch „scharfes Hinsehen" offenbart (wie etwa die Logarithmen in Beispiel 1.2.66).

Grundbausteine dieser im folgenden dargestellten Berechnungsmethode bilden

- die Logarithmen zu den Basen $a := 10$ bzw. $a := e$ (da nur diese tabelliert oder auf elektronischen Taschenrechnern programmiert sind).
- die Rechenregeln für Logarithmen.

1.2.3.2 Logarithmenbasen

Logarithmen zur **Basis 10** heißen **dekadische Logarithmen** (**Zehnerlogarithmen** oder **Brigg'sche**[7] **Logarithmen**). Man kürzt ab:

(1.2.70) $$\boxed{\log_{10} x =: \lg x}\ .$$

Beispiel: $\lg 10.000 = \log_{10} 10.000 = 4$ (denn $10^4 = 10.000$).

Logarithmen zur **Basis e** heißen **natürliche Logarithmen** (e = Eulersche Zahl[8]). Man kürzt ab:

(1.2.71) $$\boxed{\log_e x =: \ln x}\ .$$

Beispiel: $e^u = 3 \Leftrightarrow u = \log_e 3 = \ln 3 \approx 1{,}0986$.

Beispiel 1.2.72: Mit Hilfe eines elektronischen Taschenrechners erhält man (auf 4 Nachkommastellen gerundet):

$\lg 17 \approx 1{,}2304$ (d.h. $10^{1{,}2304} \approx 17$) ; $\ln 17 \approx 2{,}8332$ (d.h. $e^{2{,}8332} \approx 17$) ;

$\lg 1 = 0$ (d.h. $10^0 = 1$) ; $\ln 1 = 0$ (d.h. $e^0 = 1$) ;

$\lg 3{,}1632 \approx 0{,}5000$ (d.h. $10^{0{,}5} = \sqrt{10} \approx 3{,}1632$) ;

$\ln 0{,}0017 \approx -6{,}3771$ (d.h. $e^{-6{,}3771} \approx 0{,}0017$) .

---

7 Nach Henry Briggs, der 1624 die ersten umfassenden dekadischen Logarithmentafeln (14 stellig) veröffentlichte. Der Terminus *Logarithmus* stammt vom Edinburgher Mathematiker John Napier (1614).

8 $$e = 2{,}71828\ 18284\ 59045\ 23536\ 02874 \ldots = \sum_{n=0}^{\infty} \frac{1}{n!} = \lim_{n \to \infty} \left(1 + \frac{1}{n}\right)^n,$$ vgl. (4.2.10).

Bemerkung 1.2.73: *Gelegentlich verwendet man die Logarithmen zur Basis 2, auch* ***duale*** *oder* ***binäre*** *Logarithmen genannt. Abkürzung:* $log_2\, x =: ld\, x =: lb\, x$. *Die Berechnung von Logarithmen zu beliebigen Basen erfolgt in Kapitel 1.2.3.4.*

1.2.3.3 Rechenregeln für Logarithmen

Die Rechenregeln für Logarithmen lassen sich unmittelbar aus Def. 1.2.67 und den Potenzgesetzen ableiten. Dabei werden stets **positive Numeri** x, y vorausgesetzt:

Satz 1.2.74: **(L1)** $\boxed{\log_a (x \cdot y) = \log_a x + \log_a y}$. $(x, y > 0)$

(„Der Logarithmus eines Produktes ist gleich der Summe der Logarithmen der Faktoren.")

Beweis: Setzen wir $\log_a x = u$ und $\log_a y = v$, so folgt nach Def. 1.2.67: $a^u = x$ und $a^v = y$.
Also gilt: $x \cdot y = a^u \cdot a^v = a^{u+v}$.
Nach Def. 1.2.67 folgt daraus: $\log_a (x \cdot y) = u + v = \log_a x + \log_a y$.

Beispiel 1.2.75: Es ist: $\log_2 8 = 3$ und $\log_2 4 = 2$. Also muss nach **L1** gelten:
$\log_2 (8 \cdot 4) = \log_2 8 + \log_2 4 = 3 + 2 = 5$ *(Probe:* $2^5 = 32 = 8 \cdot 4$) .

Satz 1.2.76: **(L2)** $\boxed{\log_a \left(\frac{x}{y}\right) = \log_a x - \log_a y}$. $(x, y > 0)$

(„Der Logarithmus eines Quotienten ist gleich der Differenz aus dem Logarithmus des Zählers und des Logarithmus des Nenners.")

Beweis: (Analog zum Beweis von **L1**.) Sei $\log_a x = u$ und $\log_a y = v$

$$\underset{\text{Def. 1.2.67}}{\Leftrightarrow} \quad a^u = x \text{ und } a^v = y \quad \Rightarrow \quad \frac{x}{y} = \frac{a^u}{a^v} = a^{u-v}$$

$$\underset{\text{Def. 1.2.67}}{\Leftrightarrow} \quad \log_a \left(\frac{x}{y}\right) = u - v = \log_a x - \log_a y \ .$$

Beispiel 1.2.77: (Vgl. Beispiel 1.2.75) $\log_2 8 = 3$ und $\log_2 4 = 2$

$\Rightarrow \log_2 \left(\frac{8}{4}\right) = \log_2 8 - \log_2 4 = 3 - 2 = 1$ *(Probe:* $2^1 = \frac{8}{4} = 2$)

Satz 1.2.78: **(L3)** $\boxed{\log_a (x^r) = r \cdot \log_a x}$ $(r \in \mathbb{R})$. $(x > 0)$

(„Der Logarithmus einer Potenz ist gleich Hochzahl mal Logarithmus der Basis.")

Vereinbarung: $log_a x^r := log_a(x^r)$ $\quad (\neq (log_a x)^r\,!\,)$

Beweis: Sei $\log_a x = u \underset{\text{Def. 1.2.67}}{\Leftrightarrow} a^u = x \Rightarrow x^r = (a^u)^r = a^{ur}$

$\underset{\text{Def. 1.2.67}}{\Leftrightarrow} \log_a (x^r) = r \cdot u = r \cdot \log_a x$.

Beispiel 1.2.79: (Vgl. Beispiel 1.2.75) $\log_2 8 = 3 \Rightarrow \log_2 8^2 \underset{\mathbf{L3}}{=} 2 \cdot \log_2 8 = 2 \cdot 3 = 6$
(*Probe:* $2^6 = 64 = 8^2$) .

Aus **L3** ergeben sich zwei **Sonderfälle**:

(1.2.80) $\boxed{\log_a \left(\frac{1}{x}\right) = -\log_a x}$, denn $\log_a \frac{1}{x} = \log_a x^{-1} \underset{\mathbf{L3}}{=} -\log_a x$.

(1.2.81) $\boxed{\log_a \sqrt[n]{x} = \frac{1}{n} \log_a x}$, denn $\log_a \sqrt[n]{x} = \log_a x^{\frac{1}{n}} \underset{\mathbf{L3}}{=} \frac{1}{n} \log_a x$.

Aus der Definitionsgleichung 1.2.67 $a^u = x \Leftrightarrow u = \log_a x$ $(a > 0 ;\ a \neq 1 ;\ x > 0)$ ergeben sich zwei wichtige Schlussfolgerungen:

Setzt man die linke Gleichung in die rechte Gleichung ein, so folgt:

(1.2.82) $\boxed{\log_a a^u = u}$.

Setzt man die rechte Gleichung in die linke Gleichung ein, so folgt:

(1.2.83) $\boxed{a^{\log_a x} = x}$.

Daraus wird deutlich, dass **Potenzieren** und **Logarithmieren Umkehroperationen** sind. Für die Basen 10 und e folgt speziell aus (1.2.82) und (1.2.83):

(1.2.84) $\boxed{\lg 10^u = u}$ bzw. $\boxed{\ln e^u = u}$;

(1.2.85) $\boxed{10^{\lg x} = x}$ bzw. $\boxed{e^{\ln x} = x}$.

Beispiel 1.2.86: $\boxed{\ln e = 1}$; $\boxed{\lg 10 = 1}$; $\boxed{\log_a a = 1}$; $\lg 1000 = \lg 10^3 = 3$;

$\ln \frac{1}{e^y} = \ln e^{-y} = -y$; $\boxed{\ln 1 = 0}$; $\boxed{\lg 1 = 0}$; $\boxed{\log_a 1 = 0}$ (denn $a^0 = 1$) ;

$5 = e^{\ln 5}$: Jede positive Zahl ist als Potenz zur Basis e darstellbar.

Die dekadischen (bzw. natürlichen) Logarithmen sowie die Rechenregeln für Logarithmen gestatten die Berechnung der Lösungen von Exponential- und Logarithmusgleichungen (vgl. Kapitel 1.2.4.8, 1.2.4.9) sowie der

1.2.3.4 Logarithmen zu beliebiger Basis

Gesucht sei der Zahlenwert von $\log_a x$ für eine beliebige positive Basis a (mit $a \neq 1$), z.B. $\log_5 14$. Setzen wir: $\log_a x = y$, so folgt nach Def. 1.2.67: $a^y = x$. Wenn man jetzt auf beiden Seiten den Logarithmus zu einer anderen positiven Basis b (mit $b \neq 1$) bildet, so folgt $\log_b a^y = \log_b x$, d.h. wegen **L3**: $y \cdot \log_b a = \log_b x$.

Daraus ergibt sich der gesuchte Wert y zu: $\log_b x / \log_b a$, und wir haben als allgemeine **Umrechnungsregel**

(1.2.87) $$\boxed{\log_a x = \frac{\log_b x}{\log_b a}} \quad . \qquad (a, b > 0 \ ; \quad a, b \neq 1 \ ; \quad x > 0)$$

Ein Logarithmus lässt sich also stets durch den Quotienten zweier Logarithmen zu einer anderen Basis ausdrücken. Wählt man für die neue Basis b insbesondere die Werte e bzw. 10, so ergeben sich aus (1.2.87) die nützlichen Ergebnisse

(1.2.88) $$\boxed{\log_a x = \frac{\ln x}{\ln a}} \quad \text{bzw.} \quad \boxed{\log_a x = \frac{\lg x}{\lg a}} \quad . \quad (a, x > 0 \ ; \quad a \neq 1)$$

Beispiel 1.2.89:

i) $\log_5 14 = \dfrac{\ln 14}{\ln 5} = \dfrac{\lg 14}{\lg 5} \approx 1{,}6397$ (*Probe:* $5^{1,6397} \approx 14$)

ii) $\log_2 0{,}7 = \dfrac{\lg 0{,}7}{\lg 2} = \dfrac{\ln 0{,}7}{\ln 2} \approx -0{,}5146$ (*Probe:* $2^{-0,5146} \approx 0{,}7$)

Beispiel 1.2.90: Mit Hilfe von (1.2.88) lassen sich einfache Exponentialgleichungen lösen:

$$1{,}07^x = 3 \underset{\text{Def.1.2.67}}{\Leftrightarrow} x = \log_{1,07} 3 \underset{(1.2.88)}{=} \frac{\ln 3}{\ln 1{,}07} \approx 16{,}24 \quad .$$

Aufgabe 1.2.91:

1) Man forme mit Hilfe von **L1 - L3** um:

i) $\lg(2x \cdot \sqrt[4]{x^2 y})$; **ii)** $\ln(2x^4 \cdot u^{2-x})$; **iii)** $\ln\left(5x^2 \cdot \sqrt[4]{\dfrac{p \cdot q^2}{(a^2 b)^2}}\right)$;

2) **i)** Wieviele Dezimalstellen besitzt die Zahl 3^{1000} ?

ii) Wie lautet die näherungsweise Darstellung von 2^{500} als Dezimalzahl (Zehnerpotenz !) ?

3) Man schreibe als Potenz zur Basis e:

i) 17 ; **ii)** $\sqrt[3]{7}$; **iii)** 2^x ; **iv)** x^x ; **v)** $\sqrt[12]{x+1}$; **vi)** $\ln x$; **vii)** $x^{\frac{1}{\ln x}}$; **viii)** huber .

(b,e,h,r,u ∈ IR)

4) Man ermittle die Zahlenwerte folgender Logarithmen:

i) $\log_9 27$; **ii)** $\log_{20} 100 + \log_{100} 20$; **iii)** $\log_{0,5} 70 + \log_{0,1} 200 + \log_{1,5} 0{,}01$.

1.2.4 Gleichungen

1.2.4.1 Allgemeines über Gleichungen und deren Lösungen

Zu den elementaren Hilfsmitteln für jegliche Anwendung von Mathematik gehört die **Technik der Gleichungslösung**. Im Zusammenhang mit Aussagen/Aussageformen (vgl. Kapitel 1.1.3., 1.1.4) sowie in den Abschnitten über Potenzen (Kapitel 1.2.2) und Logarithmen (Kapitel 1.2.3) haben wir uns schon mehrfach mit der Lösung von Gleichungen/Ungleichungen beschäftigt. Wir wollen die bisherigen Überlegungen zusammenfassen und im Hinblick auf eine systematische Gleichungslösungstechnik erweitern.

Seien T_1, T_2 zwei Terme (zum Termbegriff vgl. Def. 1.1.19):

Def. 1.2.92: Unter einer **Gleichung G** versteht man die **Aussageform** (bzw. Aussage)

$$G: \quad T_1 = T_2 .$$

Beispiel 1.2.93: $T_1(x) = x^2 + 2x - 4$, $T_2(x) = x^2 - 1$.

Dann ist die **Aussageform** $G(x)$: $x^2 + 2x - 4 = x^2 - 1$ eine Gleichung. Ersetzt man die Variable x durch eine Zahl, z.B. 5, so geht $G(x)$ über in die **Aussage**:

$$G(x): \; 25 + 10 - 4 = 25 - 1 \quad \text{d.h.} \quad 31 = 24 \; \text{(falsch)}$$

Bemerkung 1.2.94: *Als **Grundmenge** aller vorkommenden Terme verwenden wir - wenn nicht ausdrücklich anders vermerkt - die Menge $\mathbb{R}$ der reellen Zahlen (bzw. $\mathbb{R} \times \mathbb{R} \times ... \times \mathbb{R}$, falls Terme $T(x, y, z, ...)$ mit mehreren Variablen auftreten.)*

Nicht immer lassen sich alle Elemente von $\mathbb{R}$ in G einsetzen (vgl. Def. 1.1.23):

Def. 1.2.95: Unter einer **Definitionsmenge D_G** der Gleichung G versteht man die Menge aller Elemente der Grundmenge ($\mathbb{R}$), bei deren Einsetzen anstelle der Variablen die Gleichung G in eine (wahre oder falsche) **Aussage** übergeht.

Beispiel 1.2.96: $G(x): \; \sqrt{x} = \dfrac{6}{x - 1}$

Da einerseits die Quadratwurzel einer negativen Zahl nicht definiert ist, andererseits der Nenner nicht Null werden darf, gilt: $D_G = \mathbb{R}_0^+ \setminus \{1\}$.

Beispiel 1.2.97: $G(x, y): \; y^2 = \dfrac{\ln x}{x^2 - 25}$

Da $\ln x$ nur für positive x erklärt ist und der Nenner für $x = 5$ sowie für $x = -5$ Null wird, erhalten wir - da für y keinerlei Beschränkungen bestehen - :

$$D_G = \{(x, y) \in \mathbb{R} \times \mathbb{R} \mid x > 0 \wedge x \neq 5\} = (\mathbb{R}^+ \setminus \{5\}) \times \mathbb{R} ,$$

z.B. $G(1, 0): \; 0^2 = \dfrac{\ln 1}{1^2 - 25}$ (w) ; $G(e, -1): \; (-1)^2 = \dfrac{\ln e}{e^2 - 25}$ (f) usw.

Def. 1.2.98: Unter der **Lösungsmenge L_G** der Gleichung G versteht man die Menge aller Elemente des Definitionsbereiches D_G, die - eingesetzt in die Variablen von G - die Gleichung zu einer **wahren Aussage** machen (vgl. Def. 1.1.21) .

Beispiel 1.2.99: (vgl. Satz 1.1.32)

i) G(x): $x^2 = 4$; $D_G = \mathbb{R}$ $\Rightarrow$ $L_G = \{2, -2\}$,
denn $2^2 = 4$ (w) und $(-2)^2 = 4$ (w) und sonst (f). (G heißt **lösbar** und besitzt **endlich viele** Lösungen.)

ii) G(x): $x - 5 = 0$; $D_G = \mathbb{R}$ $\Rightarrow$ $L_G = \{5\}$,
denn $5 - 5 = 0$ (w) und sonst (f). (G heißt **eindeutig lösbar**.)

iii) G(x): $x + 4 = x - 6$; $D_G = \mathbb{R}$ $\Rightarrow$ $L_G = \{\ \}$,
denn für *jede* Einsetzung geht G in eine *falsche* Aussage über. (G heißt **unlösbar, unerfüllbar**.)

iv) G(x): $(x + 1)^2 = x^2 + 2x + 1$; $D_G = \mathbb{R}$ $\Rightarrow$ $L_G = \mathbb{R}$,
denn *jede* Einsetzung $x \in D_G$ liefert eine *wahre* Aussage. (G heißt **allgemeingültig**.)

v) G(x, y): $y = 2x - 1$; $D_G = \mathbb{R} \times \mathbb{R}$ $\Rightarrow$ $L_G = \{(x, y) \mid y = 2x - 1\}$.
G besitzt **unendlich viele Zahlenpaare** (die Elemente von D_G sind Zahlen*paare* !) als Lösungen, z.B. (0; -1), (0,5; 0), $(\sqrt{2}; 2\sqrt{2} - 1)$, (2356; 4711) usw.

Ziel der folgenden Ausführungen ist es, auf möglichst **systematische** Weise die **Lösungen** (bzw. die Lösungsmengen) von Gleichungen zu ermitteln. Die Lösungen einer Gleichung (bzw. einer Aussageform, die aus mehreren durch $\wedge$ bzw. $\vee$ verknüpften Gleichungen besteht) lassen sich **unmittelbar** ablesen, wenn die auftretenden Gleichungen von der Form sind:

$$\boxed{x = a}\ , \quad a \in \mathbb{R}.$$

Beispiel 1.2.100:

i) G(x): $x = 3$ $\Rightarrow$ $L_G = \{3\}$;

ii) A(x): $x = 3 \vee x = -3$ $\Rightarrow$ $L_A = \{3, -3\}$,
denn eine durch $\vee$ („oder") verknüpfte Aussage ist bereits dann *wahr*, wenn nur *eine* der Teilaussagen (hier: Gleichungen) wahr ist (vgl. (1.1.37)) und *falsch*, wenn *keine* Teilaussage wahr ist.

iii) A(x): $x = 5 \wedge x = 7$ $\Rightarrow$ $L_A = \{\ \}$,
denn eine durch $\wedge$ („und") verknüpfte Aussage ist *falsch*, wenn auch nur *eine* der Teilaussagen (hier: Gleichungen) falsch ist, vgl. (1.1.34).

Def. 1.2.101: Folgende Aussageformen (Gleichungen) mit einer Variablen heißen **unmittelbar auflösbar**: $(a, x_i \in \mathbb{R})$

i) $G(x)$: $x = a$ $\Rightarrow$ $L_G = \{a\}$;

ii) $A(x)$: $x = x_1 \vee x = x_2 \vee ... \vee x = x_n$ $\Rightarrow$ $L_A = \{x_1, x_2, ..., x_n\}$;

iii) $A(x)$: $x = x_1 \wedge x = x_2 \wedge ... \wedge x = x_n$ $\Rightarrow$ $L_A = \{\ \}$,

(sofern nicht alle x_i identisch sind).

Man kann die Lösungsmengen von disjunktiven bzw. konjunktiven Aussageformen aus den Lösungsmengen der Teilaussageformen kombinieren:

Seien $A_1(x)$, $A_2(x)$ zwei (Teil-) Aussageformen (z.B. Gleichungen) und L_{A1} , L_{A2} ihre Lösungsmengen.

i) Da die **disjunktive** („oder") Aussageform $A_1(x) \vee A_2(x)$ bereits wahr wird, wenn nur **eine** Teilaussage (Gleichung) wahr ist, ist die Lösungsmenge L_A von $A_1 \vee A_2$ gleich der **Vereinigungsmenge** der Teil - Lösungsmengen:

(1.2.102) $$L_{A1 \vee A2} = L_{A1} \cup L_{A2}$$

Beispiel 1.2.103: $A_1(x)$: $x = 4$; $A_2(x)$: $x = -2$ $\Rightarrow$ $L_{A1} = \{4\}$; $L_{A2} = \{-2\}$

$A(x) = A_1(x) \vee A_2(x)$: $x = 4 \vee x = -2$ $\Rightarrow$ $L_A = L_{A1 \vee A2} = L_{A1} \cup L_{A2} = \{4\} \cup \{-2\} = \{-2, 4\}$.

ii) Da die **konjunktive** („und") Aussageform $A_1(x) \wedge A_2(x)$ nur wahr wird, wenn **beide** Teilaussagen (Gleichungen) **zugleich** wahr werden, ist die Lösungsmenge L_A von $A_1 \wedge A_2$ gleich der **Schnittmenge** der Teil-Lösungsmengen:

(1.2.104) $$L_{A1 \wedge A2} = L_{A1} \cap L_{A2}$$.

Beispiel 1.2.105: $A_1(x)$: $x = 3$; $A_2(x)$: $x = 5$ $\Rightarrow$ $L_{A1} = \{3\}$; $L_{A2} = \{5\}$

$A(x) = A_1(x) \wedge A_2(x)$: $x = 3 \wedge x = 5$ $\Rightarrow$ $L_A = L_{A1 \wedge A2} = L_{A1} \cap L_{A2} = \{3\} \cap \{5\} = \{\ \}$.

Beispiel 1.2.106: $A_1(x, y)$: $x = 3$; $A_2(x, y)$: $y = 5$

$A(x; y)$: $x = 3 \wedge y = 5$, die Elemente von A sind reelle Zahlen**paare** ($(x, y) \in \mathbb{R} \times \mathbb{R}$).

A_1 wird wahr für: $x := 3$, y beliebig; also $L_{A1} = \{(3; y)\}$. L_{A1} besitzt also unendlich viele Elemente !

A_2 wird wahr für: x beliebig, $y := 5$; also $L_{A2} = \{(x; 5)\}$. L_{A2} besitzt also unendlich viele Elemente !

Also: $L_A = L_{A1 \wedge A2} = \{(3; y)\} \cap \{(x; 5)\} = \{(3; 5)\}$:

Das Zahlenpaar $(3; 5)$ ist also die **einzige** Lösung von $A(x, y)$.

1.2.4.2 Äquivalenzumformungen

Das Problem der **Gleichungslösung** besteht darin, eine vorgelegte Gleichung G mit Hilfe geeigneter **Umformungen**, die die **Lösungsmenge** L_G **nicht verändern** (*Äquivalenzumformungen*), in eine unmittelbar auflösbare Gleichung bzw. Aussageform zu überführen. Deren Lösungen sind dann identisch mit den gesuchten Lösungen von G. (Zur Lösung von Gleichungs*systemen* vgl. Kapitel 1.2.4.4 sowie insbesondere Kap. 9.2.)

Def. 1.2.107: Zwei Gleichungen G_1, G_2 *(bzw. Aussageformen* A_1, A_2*)* heißen **äquivalent,** $G_1 \Leftrightarrow G_2$ *(bzw.* $A_1 \Leftrightarrow A_2$*),* wenn sie **dieselbe Lösungsmenge** besitzen. Jede Umformung, die eine Gleichung in eine zu ihr äquivalente Gleichung überführt, heißt **Äquivalenzumformung**.

Bemerkung 1.2.108: *Man vergleiche hierzu die analogen Formulierungen im Zusammenhang mit der Definition von „$\Leftrightarrow$" in Kapitel 1.1.5.2, insbesondere* ***Satz 1.1.53*** *sowie* ***Beispiel 1.1.54****.*

Beispiel 1.2.109: G_1: $2x^2 - 32 = 0$; G_2: $x^2 - 16 = 0$; G_3: $(x-4)(x+4) = 0$;
A_4: $x - 4 = 0 \vee x + 4 = 0$; A_5: $x = 4 \vee x = -4$.

Man überprüft leicht, dass gilt: $L_{G_1} = L_{G_2} = L_{G_3} = L_{A_4} = L_{A_5} = \{4; -4\}$

Also sind alle obigen Aussageformen / Gleichungen äquivalent: $G_1 \Leftrightarrow G_2 \Leftrightarrow G_3 \Leftrightarrow A_4 \Leftrightarrow A_5$, sämtliche oben durchgeführten Umformungen sind Äquivalenzumformungen.

Nicht in allen Fällen lässt sich eine Gleichung so problemlos wie in Beispiel 1.2.109 äquivalent umformen. Es stellt sich daher die Frage, **welche Umformungen** überhaupt **Äquivalenzumformungen** sind. Die folgende Übersicht gibt die für die meisten Fälle ausreichenden Äquivalenzumformungen an.

Bezeichnen wir die vorkommenden Terme wieder mit T_1, T_2, T_3, ... und unterstellen wir, dass bei allen vorkommenden Operationen die Definitionsmenge D_G der Ausgangsgleichung G: $T_1 = T_2$ unverändert bleibt, so sind die folgenden Gleichungsumformungen **Äquivalenzumformungen**, lassen also die Lösung der Gleichung unverändert:

In der Gleichung $T_1 = T_2$ darf jeder der Terme T_1 und/oder T_2 durch einen ihm **äquivalenten** Term T_1^*, T_2^* **ersetzt** werden (**Termersetzung** ist eine Äquivalenzumformung). Wenn T_i und T_i^* äquivalent sind, d.h. wenn die Gleichung $T_i = T_i^*$ allgemeingültig ist, so gilt:

(1.2.110) $$T_1 = T_2 \quad \Leftrightarrow \quad T_1^* = T_2^*$$.

Beispiel 1.2.111: Die **Axiome** A1 - A5, M1 - M5, D (vgl. Satz 1.2.2), die **elementaren Rechenregeln** R1 bis R13b (vgl. Kapitel 1.2.1.2), die **Potenzgesetze** P1 - P5 (vgl. Satz 1.2.63), die **Logarithmengesetze** L1 - L3 (vgl. Sätze 1.2.74 - 78) liefern wichtige Beispiele für äquivalente Terme. Daher sind etwa die folgenden Gleichungen *(per Termersetzung)* äquivalent:

i) $x^2 - 1 = 0 \Leftrightarrow (x-1)(x+1) = 0$ (vgl. R6b)

ii) $\ln\sqrt{x^2+1} = 10 \Leftrightarrow \frac{1}{2}\ln(x^2+1) = 10$ (vgl. L3)

iii) $2^x \cdot 3^x = 17 + 4 \Leftrightarrow 6^x = 21$ (vgl. P4 und A1)

iv) Ein Term T darf äquivalent ersetzt werden durch $T \pm 0$ (wegen A3):

$x^2 + 10x = 11 \quad \Leftrightarrow \quad x^2 + 10x + 0 = 11$ (vgl A3)

$\Leftrightarrow \quad x^2 + 10x + 25 - 25 = 11$ (vgl. A4)

$\Leftrightarrow \quad (x + 5)^2 - 25 = 11$ (vgl. R6b bzw. Bsp. 1.2.13)

v) Ein Term T darf äquivalent ersetzt werden durch den mit c ($\neq 0$) erweiterten (bzw. gekürzten) Term $\frac{T \cdot c}{c}$ (bzw. $\frac{T : c}{1 : c}$), d.h. T darf - wegen M3 - äquivalent ersetzt werden durch $T \cdot 1$ (bzw. $T : 1$):

$$\frac{x}{3} + \frac{x}{4} = 10 \Leftrightarrow \frac{4x}{12} + \frac{3x}{12} = 10 \Leftrightarrow \frac{7x}{12} = 10 \quad \text{bzw.} \quad \frac{15x}{5} = 7 \Leftrightarrow 3x = 7$$

In allen vorkommenden Fällen dieses Beispiels behalten die Terme links und rechts vom Gleichheitszeichen für jede Einsetzung denselben Wert.

(1.2.112)

$$\boxed{T_1 = T_2 \quad \Leftrightarrow \quad T_1 \pm T_3 = T_2 \pm T_3} \; .$$

(**Derselbe Term** darf auf beiden Seiten einer Gleichung **addiert** (***subtrahiert***) werden.)

Beispiel: $2x + 7 = 4 - x$, Addition des Terms $x - 7$ auf beiden Seiten liefert:
$2x + 7 + x - 7 = 4 - x + x - 7$, d.h. mit (1.2.110): $3x = -3$.

(1.2.113)

$$\boxed{T_1 - T_2 \quad \Leftrightarrow \quad T_1 \cdot T_3 - T_2 \cdot T_3} \qquad (T_3 \neq 0) \; .$$

(Auf beiden Seiten einer Gleichung darf mit **demselben nichtverschwindenden Term multipliziert** werden.)

Beispiel:

i) $\frac{1}{2}x = 7$, Multiplikation mit 2 ($\neq 0$) liefert: $x = 14$;

ii) $\frac{1}{x} = \frac{2}{x-1}$ $\quad D_G = \mathbb{R} \setminus \{0, 1\}$;

Multiplikation mit $T_3 = x\,(x - 1) \neq 0$ liefert: $x - 1 = 2x$.

Bemerkung: *Nichtkonstante Terme werden i.a. nur bei der Lösung von Bruchgleichungen multipliziert !*

(1.2.114)

$$\boxed{T_1 = T_2 \quad \Leftrightarrow \quad \frac{T_1}{T_3} = \frac{T_2}{T_3}} \qquad (T_3 \neq 0) \; .$$

(Beide Seiten der Gleichung dürfen durch **denselben nichtverschwindenden Term dividiert** werden.)

Beispiel:

i) $3x = -3$, Division durch 3 ($\neq 0$) liefert: $x = -1$;

ii) $(x - 1) \cdot e^x = 0$; $D_G = \mathbb{R}$; Division durch e^x (> 0) liefert: $x - 1 = 0$.

Bemerkung 1.2.115: Keine *Äquivalenzumformung dagegen ist die Division der letzten Gleichung ii) durch $x-1$, denn $x-1$ wird Null für $x := 1$, daher hätte die umgeformte Gleichung*

$$\frac{x-1}{x-1}\cdot e^x = e^x = 0$$

einen anderen Definitionsbereich, nämlich $\mathbb{R}\setminus\{1\}$, als die Ausgangsgleichung G ($D_G = \mathbb{R}$!). Das ist auch daran zu erkennen, dass $(x-1)\cdot e^x = 0$ die (einzige) Lösung 1 besitzt, während $e^x = 0$ ***keine*** *Lösung besitzt.*

(Die Division nichtkonstanter Terme ist meist entbehrlich!)

(1.2.116) $\boxed{T_1\cdot T_2 = 0 \quad\Leftrightarrow\quad T_1 = 0 \vee T_2 = 0}$.

(Ein Produkt zweier Terme wird genau dann Null, wenn einer der Terme Null wird (oder beide), vgl. Kap. 1.2.1.2, R13c.)

Beispiel:

i) $(x-2)(x+\sqrt{3}) = 0 \Leftrightarrow x-2 = 0 \vee x+\sqrt{3} = 0$ (d.h. $L = \{2, -\sqrt{3}\}$)

ii) (1.2.116) kann auch auf beliebig viele Faktoren angewendet werden:

(1.2.117) $\boxed{T_1\cdot T_2\cdot \ldots \cdot T_n = 0 \quad\Leftrightarrow\quad T_1 = 0 \vee T_2 = 0 \vee \ldots \vee T_n = 0}$.

z.B.: $2x(x+2)(x-4)(2x-10) = 0 \Leftrightarrow$

$2x = 0 \vee x+2 = 0 \vee x-4 = 0 \vee 2x-10 = 0$, d.h. $L = \{0, -2, 4, 5\}$.

(1.2.118) $\boxed{T_1 = T_2 \quad\Leftrightarrow\quad a^{T_1} = a^{T_2}}$ $(a \in \mathbb{R}^+\setminus\{1\})$.

(Beide Seiten einer Gleichung dürfen zur **gleichen** positiven **Basis** a ($a \neq 1$) **potenziert** werden, ***bzw.***: sind zwei Potenzterme mit gleicher Basis a gleich, so auch ihre Exponenten.)

Beispiel:

i) $\lg x = 2{,}5 \Leftrightarrow 10^{\lg x} = 10^{2{,}5}$, d.h. $x = 10^{2{,}5} \approx 316{,}23$;

(vgl. Kapitel 1.2.4.8 und 1.2.4.9.)

ii) $e^{\frac{1}{x}} = e^{x^2+1} \Leftrightarrow \frac{1}{x} = x^2+1$.

(1.2.119) $\boxed{T_1 = T_2 \quad\Leftrightarrow\quad \log_a T_1 = \log_a T_2}$ $(T_1, T_2 > 0;\ a \in \mathbb{R}^+\setminus\{1\})$.

(Beide (positive) Seiten einer Gleichung dürfen logarithmiert werden zu jeder positiven Basis $a \neq 1$, ***bzw.***: sind zwei Logarithmen zur gleichen Basis gleich, so auch ihre Numeri.)

Beispiel: *(vgl. Kap. 1.2.4.8)*

i) $e^x = 23 \underset{\ln}{\Leftrightarrow} \ln e^x = \ln 23$, d.h. $x = \ln 23 \approx 3{,}1355$;

ii) $1{,}08^n = 4 \underset{\lg}{\Leftrightarrow} \lg 1{,}08^n = \lg 4 \underset{L3}{\Leftrightarrow} n\cdot\lg 1{,}08 = \lg 4$, d.h. $n = \frac{\lg 4}{\lg 1{,}08} \approx 18{,}01$.

Beim **Potenzieren** und **Radizieren** müssen wir eine **Fallunterscheidung** machen:

i) Exponent bzw. Wurzelexponent **ungerade**:

(1.2.120) $$T_1 = T_2 \quad \Leftrightarrow \quad T_1^n = T_2^n$$

(1.2.121) $$T_1 = T_2 \quad \Leftrightarrow \quad \sqrt[n]{T_1} = \sqrt[n]{T_2}$$

$n \in \mathbb{N}$ und **n ungerade** .

(Beide Seiten einer Gleichung dürfen **potenziert** bzw. **radiziert** werden, wenn der angewendete **Exponent n** (bzw. Wurzelexponent n) **ungerade** ist.)

Beispiel 1.2.122:

i) $(x-1)^{\frac{1}{3}} = 2 \quad \Leftrightarrow \quad x - 1 = 2^3 = 8$, d.h. $x = 9$;
(Beide Seiten mit 3 potenzieren.)

ii) $(2x+1)^5 = 16.807 \quad \Leftrightarrow \quad 2x + 1 = \sqrt[5]{16.807} = 7$, d.h. $x = 3$;
(Auf beiden Seiten die 5. Wurzel ziehen bzw. mit 1/5 potenzieren.)

ii) Bei **geraden** Exponenten bzw. Wurzelexponenten sind **Potenzieren** und **Radizieren** allerdings i.a. **keine** Äquivalenzumformungen !

Beispiel 1.2.123: G_1: $x = 3$. Quadriert man auf beiden Seiten, so ergibt sich: G_2: $x^2 = 9$. G_1 hat die einzige Lösung 3, G_2 dagegen hat die Lösungen 3 und -3, d.h. beim Quadrieren ist eine Lösung „hinzugekommen".

Daher ist **Quadrieren** i.a. **keine** Äquivalenzumformung. Dasselbe gilt für das Potenzieren mit allen anderen geraden Hochzahlen 4, 6, 8, ...

Bemerkung 1.2.124: *Wird dennoch - wie es beim Lösen von Wurzelgleichungen üblich ist - durch Quadrieren bzw. Potenzieren mit geraden Exponenten umgeformt, so muss mit den erhaltenen Lösungen unbedingt eine* ***Probe*** *an der Ausgangsgleichung vorgenommen werden, um die eventuell hinzugekommenen „Lösungen" identifizieren und eliminieren zu können.*

Beispiel: *Quadriert man beide Seiten der Gleichung* $1 - \sqrt{x} = \sqrt{2x+1}$ *, so erhält man* $1 - 2\sqrt{x} + x = 2x + 1$*, d.h.* $-2\sqrt{x} = x$*. Quadriert man nun erneut, so folgt:* $4x = x^2$ *mit den Lösungen* $x_1 = 0$; $x_2 = 4$*. Setzt man diese beiden Werte zur Probe in die Ausgangsgleichung ein, so folgt*

1) $1 - \sqrt{0} = \sqrt{1} = 1$ *: Probe stimmt.*

2) $1 - \sqrt{4} = \sqrt{8+1}$ *, d.h.* $-1 = 3$ *: Probe falsch.*

Also ist nur $x_1 = 0$ *Lösung der ursprünglichen Gleichung,* ***Quadrieren*** *gehört daher i.a.* ***nicht*** *zu den Äquivalenzumformungen. Wird eine Gleichung quadriert, ist anschließend stets die* ***Probe*** *zu machen!*

Beispiel 1.2.125: G_1: $x^2 = 25$. Zieht man auf beiden Seiten formal die Quadratwurzel, so ergibt sich: G_2: $x = 5$. G_1 hat die Lösungen 5 und -5, G_2 hat die einzige Lösung 5, d.h. beim Quadratwurzelziehen ist eine Lösung „verlorengegangen", das Ziehen der **Quadratwurzel** ist daher ebenfalls **keine** Äquivalenzumformung.

Das **Radizieren** mit **geraden** Exponenten führt vielmehr - wegen R13c - auf eine **disjunktive** Aussageform:

(1.2.126) $$T_1^n = T_2^n \quad \Leftrightarrow \quad T_1 = T_2 \vee T_1 = -T_2$$ ($n \in \mathbb{N}$, **n gerade**).

Beispiel 1.2.127:

i) $(x-1)^2 = 16 \Leftrightarrow x-1 = 4 \vee x-1 = -4$, d.h. $x = 5 \vee x = -3$;

ii) $(x+1)^4 = 100 \Leftrightarrow x+1 = \sqrt[4]{100} \vee x+1 = -\sqrt[4]{100}$, d.h. $x \approx 2{,}1623 \vee x \approx -4{,}1623$.

Die meisten der im Bereich der Wirtschaftsmathematik vorkommenden Gleichungen lassen sich mit Hilfe der aufgeführten Äquivalenzumformungen in eine unmittelbar auflösbare Form (vgl. Def. 1.2.101) überführen[9]. Für die besonders häufig vorkommenden Gleichungstypen wollen wir die entsprechenden **Lösungsverfahren** im folgenden angeben:

Bemerkung 1.2.128: *Man beachte den Unterschied zwischen der äquivalenten Umformung von **Termen** und **Gleichungen**:*

- *zwei **Terme** T und T* sind **äquivalent** (umgeformt), wenn sie für **jede** Einsetzung **denselben Zahlenwert** ergeben.*

  Beispiel: $\begin{cases} T = x^2 + 2x + 1 \\ T^* = (x+1)^2 \end{cases}$ *oder* $\begin{cases} T = \dfrac{10x}{2} \\ T^* = 5x \end{cases}$ *oder* $\begin{cases} T = \ln\sqrt{x} \\ T^* = \dfrac{1}{2}\ln x \end{cases}$ $(x > 0)$

- *Bei der **äquivalenten Umformung** einer **Gleichung** können sich die beteiligten Terme i.a. beliebig ändern, wenn nur die **Lösungsmenge unverändert** bleibt.*

  Beispiel: $2x = 6 \Leftrightarrow x = 3$. *Die beteiligten Terme sind nicht äquivalent umgeformt, wohl aber die beiden Gleichungen.*

1.2.4.3 Lineare Gleichungen $\quad$ $ax + b = cx + d$

Alle Terme, die die Lösungsvariable enthalten, werden **isoliert** (d.h. mit Hilfe von (1.2.112) auf eine Seite der Gleichung gebracht). Dann fasst man die Terme zusammen (gegebenenfalls durch Ausklammern der Variablen) und löst mit (1.2.113) bzw. (1.2.114) nach x auf.

---

[9] Gleichungen, die sich *nicht* explizit auflösen lassen (wie z.B. $e^x + x = 0$) oder deren explizite Auflösung *schwierig* ist (wie z.B. $x^4 - 3x^3 + x^2 - x + 1 = 0$) lassen sich i.a. mit Hilfe von geeigneten *Näherungsverfahren* lösen, vgl. etwa Kapitel 2.4 oder Kap. 5.4.

Beispiel 1.2.129:

i) $G(x)$: $3x + 7 = 12x - 29 \quad | -12x - 7$ (1.2.112) (isolieren)

$\Leftrightarrow 3x - 12x = -29 - 7 \quad |$ (1.2.110) (zusammenfassen)

$\Leftrightarrow -9x = -36 \quad | : -9$ (1.2.114) $\quad \Leftrightarrow \quad x = 4$, d.h. $\quad L_G = \{4\}$.

ii) $G(x)$: $ax + b = cx + d \quad | -cx - b$ (1.2.112) (isolieren)

$\Leftrightarrow ax - cx = d - b \quad |$ (1.2.110) (ausklammern)

$\Leftrightarrow x(a - c) = d - b \quad | : a - c \neq 0$ (1.2.114)

$\Leftrightarrow x = \frac{d - b}{a - c}$, d.h. $L_G = \{ \frac{d - b}{a - c} \}$ und $a \neq c$.

Aufgabe 1.2.130: Man löse nach den angegebenen Variablen auf:

i) $0 = Kq - R \cdot \frac{q - 1}{i}$; $q = ?$; $R = ?$; $K = ?$; $i = ?$

ii) $G(q)$: $0 = 10.000q - 12.500 (q - 1)$

iii) $G(x)$: $0 = 200.000 - 40.000 \cdot \frac{x - 1}{0,16}$

iv) $G(p)$: $2.000 = 1.800 (1 + \frac{p}{100} \cdot 0,5)$

v) $G(b)$: $\frac{a + b}{2} \cdot y = F$

vi) $G(y)$: $ky - y = by + a$

1.2.4.4 Lineare Gleichungssysteme (LGS)

Bereits in den Beispielen 1.2.99 v) und 1.2.106 hatten wir es mit einer oder mehreren (linearen) Gleichung(en) zu tun, deren Lösungen aus Zahlen**paaren** (x; y) bestanden. Systeme solcher Gleichungen mit mehreren Variablen werden **Lineare Gleichungssystem** *(abgekürzt: LGS)* genannt. Sie treten in vielen, selbst einfach gearteten Fragestellungen auf:

Beispiel 1.2.131: Der Einkauf von 17t Benzin und 9t Dieselkraftstoff kostet zusammen 31.900 €, während die Beschaffung von 10t Benzin und 12t Dieselkraftstoff 24.800 € *(bei unveränderten Einzelpreisen)* kostet.
Die Frage nach den Preisen x (in €/t für Benzin) und y (in €/t für Diesel) führt unmittelbar auf die beiden linearen Gleichungen, das LGS:

$$(*) \quad \begin{aligned} 17x + 9y &= 31.900 \\ 10x + 12y &= 24.800 \end{aligned}$$

Die gesuchten Preise x und y müssen **zugleich** beiden Gleichungen genügen. Wie man durch Einsetzen bestätigt, erfüllen die Preise $x = 1400$ €/t (Benzin) und $y = 900$ €/t (Diesel) zugleich beide Gleichungen von (*).

Die Frage nach der Existenz von Lösungen und ihrer Gewinnung wird ausführlich in Kap. 9.2 erörtert. Da wir aber auch vorher schon gelegentlich lineare Gleichungssysteme (LGS) zu lösen haben, sollen - im Vorgriff auf Kap. 9.2 - schon jetzt die Standardfälle einfacher LGS (mit zwei und drei Variablen) behandelt werden.

Def. 1.2.132: Unter einem **Linearen Gleichungssystem (LGS)** versteht man zwei oder mehr lineare Gleichungen (in mehreren Variablen), die durch „und“ ($\wedge$) miteinander verknüpft sind[10].)

i) Lineares Gleichungssystem von zwei Gleichungen in zwei Variablen x und y:

$$\begin{aligned} & a_1x + b_1y = c_1 \\ \wedge \quad & a_2x + b_2y = c_2 \;, \qquad (a_i, b_i, c_i \in \mathbb{R}) \end{aligned}$$

ii) Lineares Gleichungssystem von drei Gleichungen in drei Variablen x, y, z:

$$\begin{aligned} & a_1x + b_1y + c_1z = d_1 \\ \wedge \quad & a_2x + b_2y + c_2z = d_2 \\ \wedge \quad & a_3x + b_3y + c_3z = d_3 \;, \qquad (a_i, b_i, c_i, d_i \in \mathbb{R}) \;. \end{aligned}$$

Bemerkung: *Auf das logische „$\wedge$“ (und) wird meist stillschweigend verzichtet.*

Beispiel 1.2.133:

i) $$\begin{aligned} 2x + 3y &= 29 \\ -x + 2y &= -4 \end{aligned}$$

ii) $$\begin{aligned} 3x + 2y - z &= 13 \\ 2x - y + 3z &= -1 \\ 5x - 4y + 4z &= 3 \end{aligned}$$

Unter der Lösung eines LGS versteht man im Fall i) ein Zahlen**paar (x; y)** bzw. im Fall ii) ein Zahlen**tripel (x; y; z)**, das **jede** Gleichung zu einer wahren Aussage macht, vgl. etwa die Lösung in Beispiel 1.2.131

Bemerkung 1.2.134: *Wie erst in Kap. 9.2 ausführlich erörtert wird, können LGS genau eine, keine oder unendlich viele Lösungen besitzen.*

Beispiele:

$$\left.\begin{aligned} x + y &= 10 \\ x + y &= 11 \end{aligned}\right\} \text{ besitzt keine Lösung}$$

$$\left.\begin{aligned} x + y &= 12 \\ 0 \cdot x + 0 \cdot y &= 0 \end{aligned}\right\} \text{ besitzt beliebig viele Lösungen}$$

Wir betrachten hier nur den Standardfall von LGS mit genau einer Lösung (x; y) bzw. (x; y; z), vgl. Beispiel 1.2.131.

Die **Lösungsverfahren für LGS** beruhen im wesentlichen auf der Tatsache *(vgl. Kap. 9.2.2, Satz 9.2.17)*, dass ein gegebenes LGS in ein dazu **äquivalentes** LGS *(mit derselben Lösungsmenge !)* durch die beiden folgenden **Äquivalenzumformungen** überführt werden kann:

[10] Die Zahl der Variablen eines LGS muss keineswegs immer mit der Anzahl der Gleichungen übereinstimmen, sondern kann sowohl nach oben als auch nach unten davon abweichen, vgl. Satz 9.2.62.

Satz 1.2.135: (Äquivalenzumformungen für LGS)

i) Eine Gleichung darf mit einer *(von Null verschiedenen)* Zahl k multipliziert werden, die übrigen Gleichungen bleiben unverändert.

ii) Eine Gleichung darf **verändert** werden dadurch, dass man ein beliebiges Vielfaches einer **anderen Gleichung** zu ihr **addiert**, die übrigen Gleichungen bleiben unverändert.

Bemerkung 1.2.136: *Diese beiden „erlaubten" Umformungen können in einer einzigen Regel zusammengefasst werden:*

Man darf eine Gleichung ersetzen durch das k-fache ($k \neq 0$) dieser Gleichung plus dem r-fachen einer anderen Gleichung.
Alle anderen Gleichungen (außer der ersetzten) bleiben unverändert.

Beispiel 1.2.137:

Das LGS $\left\{\begin{array}{l} 2x + 3y = 29 \\ -x + 2y = -4 \end{array}\right.$ geht bei Multiplikation der 2. Gleichung mit 2 über in das äquivalente LGS: $\left\{\begin{array}{l} 2x + 3y = 29 \\ -2x + 4y = -8 \end{array}\right.$. Addiert man jetzt zur zweiten Zeile die erste Zeile, so ergibt sich das äquivalente LGS: $\left\{\begin{array}{r} 2x + 3y = 29 \\ 7y = 21 \end{array}\right. (*)$.

Dasselbe hätte man in einem Schritt (nach Bem. 1.2.136) erreichen können, indem man im ersten LGS die zweite Zeile ersetzt hätte durch das 2-fache dieser Zeile plus der ersten Zeile.

Die zweite Zeile von (*) enthält nur noch eine Variable, so dass unmittelbar folgt: $y = 3$. Dies eingesetzt in die 1. Gleichung liefert $x = 10$.
Damit lautet die Lösung $(x; y)$ des LGS: $(x; y) = (10; 3)$.

Das im letzten Beispiel vorgestellte Lösungsverfahren nennt man **Eliminationsverfahren** bzw. **Additionsverfahren**. Mit Hilfe der (beiden) Äquivalenzumformungen Satz 1.2.135 bzw. 1.2.136 kann man in einem LGS nach und nach in einer Gleichung alle Variablen bis auf eine eliminieren und dann deren Lösungswert ermitteln.
Durch Einsetzen dieses Wertes in die anderen Gleichungen kann so schrittweise die vollständige Lösung gewonnen werden.

Am Beispiel eines LGS aus drei Gleichungen mit 3 Variablen soll die Methode verdeutlicht werden. Dazu ist es zweckmäßig, die Gleichungen mit (1), (2), (3) zu numerieren und die umgeformten bzw. ersetzten Gleichungen entsprechend mit (1'), (2'), ..., (1''), (2''), ... usw. zu bezeichnen.

Beispiel 1.2.138: Gegeben sei das LGS von Bsp. 1.2.133 ii):

(1) $3x + 2y - z = 13$

(2) $2x - y + 3z = -1$

(3) $5x - 4y + 4z = 3$

Idee für den ersten Eliminationsschritt:

Man kann in der ersten (und dritten) Gleichung y eliminieren, indem man

- die erste Gleichung (1) ersetzt durch die Summe aus dieser Gleichung (1) und dem 2-fachen der 2. Gleichung (2) (*symbolisch:* $(1') = (1) + 2 \cdot (2)$)
- die dritte Gleichung (3) ersetzt durch die Summe aus dieser Gleichung (3) und dem (-4)-fachen der 2. Gleichung (2) (*symbolisch:* $(3') = (3) - 4 \cdot (2)$)

Die zweite Gleichung bleibt unverändert: (2)′ = (2). Damit lautet das neue, äquivalente LGS:

$$\begin{array}{ll} (1') = (1) + 2 \cdot (2) & 7x \phantom{{}-y} + 5z = 11 \\ (2') = (2) & 2x - y + 3z = -1 \\ (3') = (3) - 4 \cdot (2) & -3x \phantom{{}-y} - 8z = 7\,. \end{array}$$

Idee für den zweiten Eliminationsschritt:

Man kann z in der letzten Zeile (3′) eliminieren, indem man diese Zeile (3′) ersetzt durch das 5-fache dieser Zeile plus dem 8-fachen der ersten Zeile (1′), d.h. $(3'') = 5 \cdot (3') + 8 \cdot (1')$. Die beiden anderen Zeilen bleiben unverändert: $(1'') = (1')$; $(2'') = (2')$:

$$\begin{array}{ll} (1'') = (1') & 7x \phantom{{}-y} + 5z = 11 \\ (2'') = (2') & 2x - y + 3z = -1 \\ (3'') = 5 \cdot (3') + 8 \cdot (1') & 41x \phantom{{}-y+5z} = 123\,. \end{array}$$

Aus der letzten Gleichung folgt sofort: x = 3. Dies eingesetzt in die erste Zeile ergibt z = -2. Beides eingesetzt in die 2. Gleichung ergibt y = 1, d.h. die **Lösung** des LGS lautet:

(x; y; z) = (3; 1; -2).

Bemerkung 1.2.139: *Gelegentlich benutzt man - bei einfach gebauten LGS - das sog. „Einsetzungsverfahren": Man löst eine Gleichung nach einer Variablen auf und ersetzt diese Variable in den übrigen Gleichungen durch den erhaltenen Term. Damit ist in diesen Gleichungen eine Variable eliminiert. In diesem „reduzierten" LGS wiederholt man das Verfahren solange, bis schließlich eine unmittelbar auflösbare Gleichung entsteht. Zur Veranschaulichung lösen wir das LGS des letzten Beispiels mit dieser Einsetzungsmethode:*

$$\begin{array}{ll} (1) & 3x + 2y - z = 13 \\ (2) & 2x - y + 3z = -1 \\ (3) & 5x - 4y + 4z = 3 \end{array}$$

(1) wird (z.B.) nach z aufgelöst: $z = 3x + 2y - 13$ *und in (2) sowie (3) eingesetzt:*

$(1')$ $3x + 2y - z = 13$

$2x - y + 3\,(3x + 2y - 13)$, d.h

$(2')$ $11x + 5y = 38$ — *(2′) wird nach y aufgelöst:* $y = -11/5x + 38/5$

$5x - 4y + 4\,(3x + 2y - 13)$, d.h. — *und in (3′) eingesetzt*

$(3')$ $17x + 4y = 55$

(1'') $3x + 2y - z = 13$

(2'') $11x + 5y = 38$

$17x + 4\,(-11/5x + 38/5) = 55$, *d.h*

(3'') $8{,}2x = 24{,}6 \quad \Rightarrow \quad x = 3$

Daraus folgt (Einsetzen in (2'')): $y = 1$ und weiter (aus (1'')): $z = -2$, d.h. die schon bekannte Lösung: $(x; y; z) = (3; 1; -2)$.

Das Einsetzungsverfahren kann zu unübersichtlichen Termen bzw. Termumformungen führen und ist nur im Fall kleiner und einfach gebauter LGS sinnvoll einsetzbar.

Aufgabe 1.2.140: Man löse die folgenden Linearen Gleichungssysteme:

i) $7x - 11y = -7$
$-3x + 5y = 5$

ii) $13{,}9m - 2{,}6n = -5{,}2$
$-10{,}4m + 6{,}5n = 13{,}0$

iii) $2x - 3y + z = 8$
$x + 2y - 3z = 11$
$5x - 4y + 3z = 15$

iv) $2u - 8v + 3w = 23$
$u + 7v - 2w = -2$
$3u - 5v - 6w = -32$

v) $3a - 4c = -29$
$-7a + 3b + 2c = 7$
$6a + 5b = 12$

Aufgabe 1.2.141: Der Brauchwasserspeicher einer chemischen Fabrik ist um 9^{oo} Uhr nur noch zu 50% gefüllt. Daher schaltet man um 9^{oo} Uhr eine Förderpumpe an, die neues Wasser zuführt. Der (stets kontinuierliche) Verbrauch des Wassers im Produktionsprozess der Fabrik ist allerdings so hoch, dass trotz des Wassernachschubs der Speicherinhalt um 10^{oo} Uhr auf 40% des Fassungsvermögens abgesunken ist. Daher schaltet man nun eine weitere, gleich starke Förderpumpe ein. Daraufhin füllt sich der Speicher bis 12^{oo} Uhr auf 80% seines Fassungsvermögens (bei stets gleichem Wasserverbrauch) .

i) Nach welcher Zeit würde nun der Behälter leer sein, wenn man beide Pumpen abschaltete ?

ii) Wie lange braucht eine Pumpe, um den leeren Speicherbehälter vollständig zu füllen, wenn kein Wasser entnommen wird ?

1.2.4.5 Quadratische Gleichungen $\boxed{ax^2 + bx + c = 0}$

Dividiert man die Gleichung durch a ($\neq 0$), so erhält man die **Normalform** der quadratischen Gleichung (in der der Koeffizient des quadratischen Gliedes 1 ist), es folgt:

$$x^2 + \frac{b}{a}x + \frac{c}{a} = 0 \quad .$$

Setzt man zur Abkürzung $\frac{b}{a} =: p$ und $\frac{c}{a} =: q$, so lautet die **Normalform der quadratischen Gleichung**:

(1.2.142) $$\boxed{x^2 + px + q = 0}$$

Beispiel 1.2.143:

$G(x)$: $2x^2 - 16x - 18 = 0 \quad | :2$

$\Leftrightarrow$ Normalform: $x^2 - 8x - 9 = 0$ mit $p = -8$ und $q = -9$

Zur Lösung isolieren wir alle Terme mit x:

$\Leftrightarrow \quad x^2 - 8x = 9$

Dann addieren wir - wie schon einmal in Bsp. 1.2.19 ii) demonstriert - auf beiden Seiten den Term 4^2 (= 16), um die linke Seite zu einem **Binom** zu machen (vgl. Beispiel 1.2.13) (**quadratische Ergänzung**):

$$\Leftrightarrow \quad x^2 - 8x + \boldsymbol{16} = 9 + \boldsymbol{16} \underset{R6c}{\Leftrightarrow} (x-4)^2 = 25 .$$

Zur weiteren äquivalenten Umformung benutzen wir (1.2.126):

$$\Leftrightarrow \quad x - 4 = \sqrt{25} \vee x - 4 = -\sqrt{25} \quad \Leftrightarrow \quad x = 9 \vee x = -1 \text{ , d.h. } L_G = \{9, -1\}$$

Wenden wir dasselbe Lösungsverfahren auf die in **Normalform** vorliegende **allgemeine** quadratische Gleichung an, so folgt:

$$G(x): \quad \boxed{x^2 + px + q = 0} \quad | -q$$

$$\Leftrightarrow \quad x^2 + px = -q \quad | + \left(\frac{p}{2}\right)^2 \text{ („quadratische Ergänzung")}$$

$$\Leftrightarrow \quad x^2 + px + \left(\frac{p}{2}\right)^2 = \left(\frac{p}{2}\right)^2 - q \Leftrightarrow \left(x + \frac{p}{2}\right)^2 = \left(\frac{p}{2}\right)^2 - q$$

$$\Leftrightarrow \quad (1.2.126) \; x + \frac{p}{2} = \sqrt{\left(\frac{p}{2}\right)^2 - q} \;\vee\; x + \frac{p}{2} = -\sqrt{\left(\frac{p}{2}\right)^2 - q} \quad \Leftrightarrow$$

(1.2.144)

$$L_G = \left\{ -\frac{p}{2} + \sqrt{\left(\frac{p}{2}\right)^2 - q} \;;\; -\frac{p}{2} - \sqrt{\left(\frac{p}{2}\right)^2 - q} \right\}$$

(Lösungen der quadratischen Gleichung $x^2 + px + q = 0$.)

Bezeichnet man die beiden Lösungen der quadratischen Gleichung mit x_1, x_2, so schreibt man häufig **abkürzend** anstelle von (1.2.144) die **Lösungsformel** für die quadratische Gleichung $\mathbf{x^2 + px + q = 0}$:

(1.2.145)

$$\boxed{x_{1,2} = -\frac{p}{2} \pm \sqrt{\left(\frac{p}{2}\right)^2 - q}} \quad .$$

Bemerkung 1.2.146: *Der Radikand* $\left(\frac{p}{2}\right)^2 - q =: D$ *in (1.2.145) heißt auch* ***Diskriminante*** *der quadratischen Gleichung, weil durch ihn* ***entschieden*** *wird, ob die quadratische Gleichung zwei, eine oder keine Lösung besitzt.*

Beispiel 1.2.147:

i) $x^2 - x - 6 = 0 \quad \Leftrightarrow \quad (1.2.145)\ x_{1,2} = \frac{1}{2} \pm \sqrt{\frac{1}{4} + 6}$ (d.h. $D = \frac{25}{4} > 0$)

$\Rightarrow$ L = {3; -2} ; also **zwei** Lösungen, wenn **D > 0** .

ii) $x^2 - 2x + 1 = 0 \quad \Leftrightarrow \quad (1.2.145)\ x_{1,2} = 1 \pm \sqrt{1 - 1}$ (d.h. D = 0)

$\Rightarrow$ L = {1} ; also **eine** Lösung, wenn **D = 0** .

iii) $x^2 - 4x + 20 = 0 \Leftrightarrow (1.2.145)\ x_{1,2} = 2 \pm \sqrt{4 - 20}$ (d.h. D = -16 < 0)

$\Rightarrow$ L = { }, da $\sqrt{-16}$ nicht definiert ist, also **keine** Lösung, wenn **D < 0** .

Bemerkung 1.2.148: *Wendet man auf analoge Weise das eben demonstrierte Lösungsverfahren auf die* ***allgemeine*** *quadratische Gleichung* $ax^2 + bx + c = 0$, $(a \neq 0)$, *an, so erhält man nacheinander:*

$$ax^2 + bx + c = 0 \underset{:a}{\Leftrightarrow} x^2 + \frac{b}{a}x + \frac{c}{a} = 0 \quad \Leftrightarrow \quad x^2 + \frac{b}{a}x + \left(\frac{b}{2a}\right)^2 - \left(\frac{b}{2a}\right)^2 + \frac{c}{a} = 0$$

$$\underset{R6c}{\Leftrightarrow} \left(x + \frac{b}{2a}\right)^2 = \left(\frac{b}{2a}\right)^2 - \frac{c}{a} = \frac{b^2 - 4ac}{4a^2}$$

$$\underset{(1.2.126)}{\Leftrightarrow} x + \frac{b}{2a} = \frac{1}{2a}\sqrt{b^2 - 4ac} \ \vee\ x + \frac{b}{2a} = -\frac{1}{2a}\sqrt{b^2 - 4ac}$$

Daraus folgt - wieder mit x_1 *und* x_2 *als Namen für die beiden Lösungen - die* ***allgemeine Lösungsformel*** *für die quadratische Gleichung* $\boldsymbol{ax^2 + bx + c = 0}$ *:*

$$(1.2.149) \qquad \boxed{x_{1,2} = \frac{-b \pm \sqrt{b^2 - 4ac}}{2a}} \quad , \quad a \neq 0$$

mit der ***Diskriminante*** $\boldsymbol{D := b^2 - 4ac}$. *Falls gilt:*

- $D > 0$, *existieren 2 Lösungen, vgl. (1.2.149) ;*
- $D = 0$, *gibt es 1 Lösung, nämlich* $x = \frac{-b}{2a}$ *;*
- $D < 0$, *gibt es keine Lösung*[11].

Folgende **Sonderfälle** quadratischer Gleichungen lassen sich auch **ohne** Lösungsformel bzw. **ohne** quadratische Ergänzung lösen:

i) $\boxed{x^2 + px = 0}$ (Es fehlt das konstante Glied.)

$\Leftrightarrow$ (x ausklammern) $x(x + p) = 0 \quad \Leftrightarrow \quad (1.2.116) \quad x = 0 \vee x = -p$

$\Leftrightarrow$ L = {0; -p} .

---

[11] Im Körper $\mathbb{C}$ der sog. *komplexen Zahlen* z (mit $z := a + ib$; $a,b \in \mathbb{R}$; $i^2 = -1$) hat (1.2.149) auch im Fall $D < 0$ zwei Lösungen, nämlich $z_{1,2} = \frac{-b \pm i\sqrt{b^2 - 4ac}}{2a}$, vgl. etwa [21], Bd. II, 206 ff.

ii) $\boxed{x^2 - q = 0}$ (Es fehlt das lineare Glied.)

$\Leftrightarrow \quad x^2 = q \Leftrightarrow$ (1.2.116) $x = \sqrt{q} \vee x = -\sqrt{q}$,

d.h. $L = \{\sqrt{q}\,; -\sqrt{q}\}$, sofern $q > 0$; $L = \{0\}$, sofern $q = 0$; $L = \{\ \}$, sofern $q < 0$.

Beispiel 1.2.150:

i) $2x^2 - 6x = 0 \Leftrightarrow 2x(x-3) = 0 \Rightarrow L = \{0, 3\}$;

ii) $5x^2 - 80 = 0 \Leftrightarrow x^2 = 16 \Rightarrow L = \{4, -4\}$.

Bemerkung 1.2.151: ***i)*** *Zwischen den beiden Lösungen x_1, x_2 und den Koeffizienten p, q der quadratischen Gleichung $x^2 + px + q = 0$ bestehen die Beziehungen:*

(1.2.152) $\boxed{p = -(x_1 + x_2)}$ $\boxed{q = x_1 \cdot x_2}$ *(Satz von **VIETA**)*

(Beweis durch Nachrechnen mit (1.2.144).)

Beispiel: *Die quadratische Gleichung $x^2 - x - 6 = 0$ hat die Lösungen:*
$x_1 = 3$; $x_2 = -2$ *(vgl. Beispiel 1.2.147 i)).*

Es gilt: $-(x_1 + x_2) = -(3-2) = -1 = p$; $x_1 \cdot x_2 = 3 \cdot (-2) = -6 = q$.

ii) *Kennt man die Lösungen x_1, x_2 der quadratischen Gleichung $x^2 + px + q = 0$, so folgt wegen*
$x = x_1 \vee x = x_2 \quad \Leftrightarrow \quad x - x_1 = 0 \vee x - x_2 = 0 \quad \Leftrightarrow$ *(1.2.116)*

$$\boxed{(x - x_1)(x - x_2) = 0} \quad ,$$

*d.h. eine quadratische Gleichung $x^2 + px + q = 0$, die die Lösungen x_1, x_2 besitzt, lässt sich in ein Produkt $(x - x_1)(x - x_2) = 0$ aus den zwei **Linearfaktoren** $x - x_1$ und $x - x_2$ zerlegen.*

Beispiel: *Seien $x_1 = 3, x_2 = -5$ die beiden Lösungen einer quadratischen Gleichung.*

$\Leftrightarrow \quad G(x): \ (x-3)(x+5) = 0$

*Ist umgekehrt das Produkt zweier Linearfaktoren Null, so lassen sich die Lösungen der entsprechenden quadratischen Gleichung **unmittelbar** angeben.*

Beispiel: *Sei eine quadratische Gleichung G gegeben durch das Produkt:*

$G(x): \ 2(x + 1{,}5)(x - 0{,}3) = 0 \quad \Rightarrow \quad L_G = \{-1{,}5\,;\ 0{,}3\}$

Aufgabe 1.2.152: Man löse die quadratischen Gleichungen:

i) $x^2 + x - 16 = 0$;

ii) $x^2 - 17x + 70 = 0$;

iii) $x^2 - 13x = -40$;

iv) $x^2 + 16x + 100 = 0$;

v) $10x^2 - 17x = -7$;

vi) $2x^2 - 20x + 50 = 0$;

vii) $-2.000q^2 + 5.000q - 3.120 = 0$;

viii) $1{,}2 \cdot 10^4 t^2 - 2{,}5 \cdot 10^5 t - 1 = 0$;

ix) $2x^2 - 3 = k(x + 1)$, $k = \text{const.}$;

x) $100q^2 - 62{,}5q - 56{,}25 = 0$.

Aufgabe 1.2.153:

i) Wie muß die Konstante c gewählt werden, damit die Gleichung $3x^2 + 10x + c = 0$ zwei Lösungen besitzt ?

ii) Man gebe die Normalform einer quadratischen Gleichung an, die folgende Lösungen besitzt:

a) $x_1 = 3$; $x_2 = -7$; b) $x_1 = -0{,}01$; $x_2 = \frac{1}{7}$;

c) $x_1 = x_2 = -4$; d) $x_1 = 0$; $x_2 = 0{,}25$;

e) $x_1 = x_2 = 0$; f) $x_{1,2} = \frac{1}{2} \pm \frac{1}{2}\sqrt{5}$.

iii) Der Preis für unverbleites Superbenzin (Mittelwert) lag 2002 um 22% über dem entsprechenden Preis in 2000. Um wieviel Prozent *pro Jahr* hat sich durchschnittlich der Preis in 2001 und 2002 *(gegenüber dem jeweiligen Vorjahr)* verändert ?

iv) Huber leiht sich 100.000 €. Als Gegenleistung zahlt er nach einem Jahr 62.500 € und nach einem weiteren Jahr 56.250 €. Bei welchem *(positiven)* Jahreszinssatz (= „Effektivzins") sind Kreditauszahlung und Gegenleistungen äquivalent ? *(Zinsperiode = 1 Jahr)*

1.2.4.6 Gleichungen höheren als zweiten Grades

Im allgemeinen können Gleichungen höheren Grades, d.h. des Typs

G(x): $x^n + ax^{n-1} + bx^{n-2} + ... + c = 0$ $(n \in \mathbb{N})$ oder

G(x): $a_n x^n + a_{n-1}x^{n-1} + ... + a_1 x + a_o = 0$

für $n \geq 3$ nur schwer bzw. ab $n = 5$ überhaupt nicht mit den elementaren (klassischen) Berechnungsmethoden vollständig gelöst werden, so dass man meistens – erfolgreich – zu geeigneten **Näherungsverfahren** greift *(siehe Kap. 2.4 oder Kap. 5.4)*. Wir wollen an dieser Stelle für einige einfache **Sonderfälle** die Lösung von Gleichungen höheren Grades angeben.

Sonderfall A:

Die Gleichungen sind einfache **Potenzgleichungen** des Typs:

$a \cdot T^n = c$ (a, c = const.)

Beispiel 1.2.154: **i)** $4x^4 = 64$ **ii)** $(x-7)^3 = 1.000$ **iii)** $(x^2 - x - 8)^3 = -8$

Derartige Gleichungen lassen sich durch Radizieren (bzw. Potenzieren mit gebrochenen Exponenten) lösen (Bemerkung 1.2.62 iv)). Für die Fälle von Beispiel 1.2.154 erhalten wir:

i) $4x^4 = 64 \Leftrightarrow x^4 = 16 \Leftrightarrow x = \sqrt[4]{16} \vee x = -\sqrt[4]{16}$, d.h. $L = \{2; -2\}$;

ii) $(x-7)^3 = 1.000 \Leftrightarrow x - 7 = \sqrt[3]{1.000} = 10 \Leftrightarrow x = 17$, d.h. $L = \{17\}$;

iii) $(x^2 - x - 8)^3 = -8 \Leftrightarrow x^2 - x - 8 = -2 \Leftrightarrow x^2 - x - 6 = 0 \Leftrightarrow x_{1,2} = 0{,}5 \pm \sqrt{6{,}25}$, d.h. $L = \{-2, 3\}$.

Sonderfall B:

Eine Reihe von Gleichungen höheren Grades lässt sich einer Lösung zuführen, indem man eine neue Lösungsvariable einführt (**Substitution**).

Beispiel 1.2.155: G(x): $x^4 - x^2 - 6 = 0$ (Biquadratische Gleichung)

Man **ersetzt** (substituiert) x^2 durch die neue Variable z, $x^2 = z$, und erhält damit wegen $x^4 = z^2$ aus G(x) eine äquivalente quadratische Gleichung in z:

$G^*(z)$: $z^2 - z - 6 = 0$.

Diese Gleichung führt auf $z = -2 \vee z = 3$. Nun muss die Substitution $x^2 = z$ rückgängig gemacht werden (**Resubstitution**), man erhält:

$x^2 = -2 \vee x^2 = 3 \Leftrightarrow x = \sqrt{-2} \vee x = -\sqrt{-2} \vee x = \sqrt{3} \vee x = -\sqrt{3}$, d.h. (da $\sqrt{-2}$ nicht definiert ist) $L_G = \{\sqrt{3}, -\sqrt{3}\}$.

Beispiel 1.2.156: G(x): $(x^2 - 2x - 8)^2 - 2(x^2 - 2x - 8) - 35 = 0$.

Nicht zum Erfolg führt ein Ausmultiplizieren der Terme mit dem „lösungsfeindlichen" Ergebnis: $x^4 - 4x^3 - 14x^2 + 36x + 45 = 0$.

Daher substituiert man: $x^2 - 2x - 8 = z$, so dass folgt:

$z^2 - 2z - 35 = 0 \Leftrightarrow z = -5 \vee z = 7 \Leftrightarrow$ (Resubstitution) $x^2 - 2x - 8 = -5 \vee x^2 - 2x - 8 = 7$.

Nach Lösen der beiden quadratischen Gleichungen ergibt sich schließlich:

$L = \{3, -1, 5, -3\}$.

Sonderfall C:

Die Gleichung G lasse sich als **verschwindendes Produkt**

(1.2.157) $$T_1 \cdot T_2 \cdot \ldots \cdot T_n = 0$$

schreiben, deren Faktorterme T_i höchstens quadratisch sind oder zu den Sonderfällen A, B gehören. Da ein Produkt bereits Null wird, wenn auch nur einer der Faktoren Null wird, erhalten wir nach (1.2.102) und (1.2.116) die Lösungen von (1.2.157) über

(1.2.158) $$T_1 = 0 \vee T_2 = 0 \vee \ldots \vee T_n = 0$$.

Beispiel 1.2.159: Die elementar nicht lösbare Gleichung 7. Grades

$G^*(x)$: $2x^7 - 10x^6 - 156x^5 + 700x^4 + 2.842x^3 - 10.290x^2 = 0$

ist identisch mit der Gleichung

G(x): $2x^2 (x - 3)(x^2 - 49)(x + 5)(x - 7) = 0$.

Die Lösungen von G(x) lassen sich nach (1.2.116) sofort über die äquivalente Aussageform $2x^2 = 0 \vee x - 3 = 0 \vee x^2 - 49 = 0 \vee x + 5 = 0 \vee x - 7 = 0$ angeben:

$L_G = \{0; 3; 7; -7; -5\}$.

In der Praxis gelingt es freilich selten oder nie, ohne ausgesprochenes „Rateglück" die vollständige Faktorzerlegung zu finden. Abhilfe: geeignete Iterationsverfahren, vgl. Kap. 2.4 oder Kap. 5.4 .

Beispiel 1.2.160: Häufig lässt sich durch Ausklammern einer Potenz x^k eine Gleichung in Faktoren zerlegen, wenn das konstante Glied und eventuell weitere Potenzen $x, x^2, \ldots$ fehlen: G(x): $x^5 + 4x^4 - 5x^3 = 0$. Man klammert x^3 aus:

$\Leftrightarrow x^3(x^2 + 4x - 5) = 0 \Leftrightarrow$ (1.2.116) $x^3 = 0 \lor x^2 + 4x - 5 = 0$

$\Leftrightarrow x = 0 \lor x = 1 \lor x = -5$, d.h. $L_G = \{0, 1, -5\}$.

Beispiel 1.2.161: $x^{20} + 27x^{17} = 0$; x^{17} ausklammern:

$\Leftrightarrow x^{17}(x^3 + 27) = 0 \Leftrightarrow$ (1.2.116) $x^{17} = 0 \lor x^3 + 27 = 0$, d.h. $L = \{0, -3\}$.

Bemerkung 1.2.162: *Wie schon in Bemerkung 1.2.115 gezeigt, vermeide man möglichst, bei Gleichungen der eben behandelten Art durch einen Term $T(x)$ zu dividieren ! In aller Regel gehen dabei ein oder mehrere Lösungswerte verloren ! (Ausnahme: $T(x)$ ist* ***stets*** *ungleich Null.)*

Division im letzten Beispiel 1.2.161 von $x^{20} + 27x^{17} = 0$ etwa durch den Term x^{17} liefert $x^3 + 27 = 0$ und damit nur ***eine*** *Lösung, nämlich $x = -3$! Die Lösung $x = 0$ ist durch die Termdivision verlorengegangen.*

Bemerkung 1.2.163: *Kennt man* ***eine*** *Lösung (wir nennen sie x_1) einer (ganzrationalen) Gleichung höheren Grades $G(x)$: $T(x) = a_n x^n + a_{n-1}x^{n-1} \ldots = 0$, so lässt sich $T(x)$ in zwei Faktoren zerlegen:*

$$G(x):\ T(x) = (x - x_1) \cdot R(x) = 0$$

wobei der „Rest" $R(x)$ um einen Grad niedriger ist als $T(x)$ (vgl. dazu Kapitel 2.3.1.4).

Beispiel 1.2.164: G(x): $x^3 - 8x^2 + 19x - 12 = 0$

Durch „Probieren" erhält man **eine** Lösung: $x_1 = 1$. Also lässt sich G(x) schreiben:

(1.2.165) $x^3 - 8x^2 + 19x - 12 = (x-1) \cdot R(x) = 0$

mit **quadratischem** Rest R(x). R(x) erhält man aus (1.2.165), indem man durch $(x - 1)$ dividiert:

$$\mathbf{R(x)} = (x^3 - 8x^2 + 19x - 12) : (x - 1) = \mathbf{x^2 - 7x + 12} .$$

$$\begin{array}{l} -\,|\,\underline{x^3 - x^2} \\ \quad -7x^2 + 19x \\ \quad -\,|\,\underline{-7x^2 + 7x} \\ \qquad\quad 12x - 12 \\ \qquad -\,|\,\underline{12x - 12} \\ \qquad\qquad 0 \end{array}$$

Die Ausgangsgleichung G(x) lautet also: $(x - 1)(x^2 - 7x + 12) = 0$.
Jetzt lassen sich nach (1.2.158) **sämtliche** Lösungen bestimmen:

$\Leftrightarrow x - 1 = 0 \lor x^2 - 7x + 12 = 0 \Leftrightarrow x = 1 \lor x = 3 \lor x = 4$, d.h. $L = \{1; 3; 4\}$.

Aufgabe 1.2.166: Man ermittele die Lösungsmengen folgender Gleichungen:

i) $x^8 - 18x^4 + 32 = 0$; **ii)** $(x^2 - 7)^2 = 10(x^2 - 7) - 9$; **iii)** $(5 - (x - 1)^6)^{10} = 4$;

iv) $64 - (z^2 - 2z - 6)^6 = 0$; **v)** $p^8 = -64p^5$; **vi)** $3y^3 - 2y^2 - y = 0$;

vii) $t^4 - 8t^2 + 7 = 0$; **viii)** $x^3 - 10x^2 + 31x - 30 = 0$ *(Tip:* ***eine*** *Lösung ist 2)* ;

ix) $(1 + x)^{12} = 1{,}12$; **x)** $100q^6 - 122{,}8q^3 - 86{,}4 = 0$

Aufgabe 1.2.167: **i)** Um wieviel Prozent *pro Jahr* (gegenüber dem jeweiligen Vorjahr) muss die Huber AG durchschnittlich ihren Umsatz *(ausgehend vom Basisjahr 2001)* steigern, damit ihr Umsatz im Jahr 2016 siebenmal so hoch ist wie im Jahr 2001 ?

ii) Moser investiert 200.000 € in eine Diamantmine. Nach drei Jahren erhält er eine erste Gewinnausschüttung in Höhe von 245.600 €, nach weiteren drei Jahren in Höhe von 172.800 € *(weitere Zahlungen erfolgen nicht)*. Bei welchem Jahreszinssatz *(= Rendite)* ist Mosers Investition äquivalent zu den erhaltenen Rückflüssen ? *(Zinsperiode = 1 Jahr)*

1.2.4.7 Wurzelgleichungen

Wurzelgleichungen sind Gleichungen, bei denen die Lösungsvariable im Radikanden auftritt.

Beispiel 1.2.168: **i)** G_1: $\sqrt{x-1} + 3 = x$; **ii)** G_2: $\sqrt{x+1} = \sqrt{2x} - 1$;

iii) G_3: $(x^2 - 1)^{1/3} - 2 = 0$.

Bei **allen Wurzelgleichungen** ist zunächst der **Definitionsbereich** zu bestimmen, da - bei **geraden** Wurzelexponenten - der **Radikand** stets **nichtnegativ** sein muss. Für die Gleichungen in Beispiel 1.2.168 gilt:

i) $D_{G_1} = \{x \in \mathbb{R} \mid x \geq 1\}$ **ii)** $D_{G_2} = \{x \in \mathbb{R} \mid x \geq 0\}$ **iii)** $D_{G_3} = \mathbb{R}$.

Sind die Wurzelgleichungen nicht zu kompliziert gebaut, so erhält man ihre Lösungen nach vorherigem **Isolieren** der Wurzel durch ein- oder mehrmaliges **Potenzieren** (z.B. Quadrieren). Wie aus Beispiel 1.2.123 deutlich wird, ist Potenzieren (insbesondere Quadrieren) im allgemeinen **keine Äquivalenzumformung** (es können neue Lösungselemente hinzukommen), so dass mit den „Lösungen" grundsätzlich an der Ausgangsgleichung eine **Probe** gemacht werden muss. Wir zeigen dies an den Fällen des Beispiels 1.2.168:

i) $G_1(x)$: $\sqrt{x-1} + 3 = x$; $x \geq 1$.

Vor dem Quadrieren ist die Wurzel zu isolieren, da sich andernfalls (binomische Formel !) erneut ein Wurzelterm ergibt:

$\Leftrightarrow \sqrt{x-1} = x - 3 \mid ()^2 \quad \Rightarrow \quad x - 1 = (x-3)^2 = x^2 - 6x + 9$

$\Leftrightarrow x^2 - 7x + 10 = 0 \quad \Leftrightarrow \quad x = 5 \vee x = 2$.

Probe: $G_1(5)$: $\sqrt{4} + 3 = 5$ (wahr) $G_1(2)$: $\sqrt{1} + 3 = 2$ (falsch) .

2 ist durch das Quadrieren zur Lösungsmenge hinzugekommen, ist aber *keine* Lösung der Ausgangsgleichung, also gilt: $L_{G_1} = \{5\}$.

ii) $G_2(x)$: $\sqrt{x+1} = \sqrt{2x} - 1$; $x \geq 0$.

Da eine Wurzel bereits isoliert ist, kann man quadrieren:

$\Rightarrow x + 1 = (\sqrt{2x} - 1)^2 = 2x - 2\sqrt{2x} + 1$ | Wurzel isolieren

$\Leftrightarrow 2\sqrt{2x} = 2x + 1 - x - 1 = x$ | erneut quadrieren

$\Leftrightarrow 4 \cdot 2x = x^2 \Leftrightarrow x^2 - 8x = 0 \Leftrightarrow x(x-8) = 0$, d.h $x = 0 \vee x = 8$.

Probe: $G_2(0)$: $\sqrt{1} = \sqrt{0} - 1$ (f) $G_2(8)$: $\sqrt{9} = \sqrt{16} - 1$ (w) also: $L_{G_2} = \{8\}$.

iii) $G_3(x)$: $(x^2-1)^{1/3}-2=0$ | Isolieren

$\Leftrightarrow$ $(x^2-1)^{1/3}=2$ | Mit 3 potenzieren (dies ist eine Äquivalenzumformung)

$\Leftrightarrow$ (1.2.120) $x^2-1=8 \Leftrightarrow x^2=9 \Leftrightarrow x=3 \vee x=-3$.

Probe: $G_3(3)$: $(3^2-1)^{1/3}-2=0$ (w) ;

$G_3(-3)$: $((-3)^2-1)^{1/3}-2=0$ (w) , also: $L_{G_3}=\{3,-3\}$.

Aufgabe 1.2.169: Man bestimme Definitions- und Lösungsmenge folgender Gleichungen:

i) $\sqrt[3]{5+\sqrt{4x+1}}=2$; **ii)** $\sqrt{x+1}=5-x$; **iii)** $7=\sqrt{2x+1}+x$;

iv) $z=\sqrt{z}+20$; **v)** $z+\sqrt{z}=6$; **vi)** $\sqrt{x+4}=6-\sqrt{x-20}$;

vii) $\sqrt{4+x}+\sqrt{4-x}=\sqrt{2x+8}$; **viii)** $2\sqrt{y}+2=5\cdot\sqrt[4]{y}$;

Produktionsfunktion *(Umkehrung)*:

ix) $r=2\sqrt{4x-1}$; **x)** $r=10\sqrt{0{,}5x-100}$

(beide Gleichungen bzgl. x lösen, $r \geq 0$) .

1.2.4.8 Exponentialgleichungen

Bereits in (1.2.119) hatten wir gesehen, dass wegen der Eindeutigkeit des Logarithmus beide Seiten einer Gleichung G: $T_1=T_2$ logarithmiert werden dürfen, ohne dass sich die Lösungsmenge von G andert:

$$T_1=T_2 \Leftrightarrow \log_a T_1=\log_a T_2 \ ; \ (T_1, T_2>0) \ .$$

Dieses Ergebnis wird (zusammen mit den Logarithmengesetzen, insbesondere L3) zur Lösung von Exponentialgleichungen verwendet, die zuvor auf die Form

i) $\boxed{a^x=c}$, $a, c>0$ (einfacher Fall) oder

ii) $\boxed{c\cdot a_1^{f(x)}\cdot\ldots\cdot a_n^{g(x)}=d\cdot b_1^{h(x)}\cdot\ldots\cdot b_m^{k(x)}}$, $a_i, b_i, c, d>0$,

(wobei die Exponenten f(x), g(x), ..., k(x) höchstens quadratische Polynome (vgl. (2.3.49))in x sind) gebracht worden sind.

Beispiel 1.2.170: $3^x=25$.

Logarithmieren auf beiden Seiten mit lg (oder ln) liefert: $\lg(3^x)=\lg 25$.

Anwendung von L3 liefert: $x\cdot\lg 3=\lg 25 \Leftrightarrow x=\frac{\lg 25}{\lg 3}=\frac{\ln 25}{\ln 3}\approx 2{,}9299$.

Beispiel 1.2.171: $100\cdot 1{,}08^x-10\cdot\frac{1{,}08^x-1}{0{,}08}=0$ | man isoliert zunächst $1{,}08^x$

$\Leftrightarrow 8\cdot 1{,}08^x-10(1{,}08^x-1)=0 \Leftrightarrow -2\cdot 1{,}08^x+10=0 \Leftrightarrow 1{,}08^x=5$.

Jetzt weiter wie in Beispiel 1.2.170: $\Leftrightarrow x=\frac{\ln 5}{\ln 1{,}08}\approx 20{,}9124$

Beispiel 1.2.172: $3 \cdot 6^{2x+1} = 11 \cdot 7^{x+2}$ | Logarithmieren und Logarithmengesetze

$\Leftrightarrow \ln 3 + (2x + 1) \ln 6 = \ln 11 + (x + 2) \ln 7$ | elementare Umformung

$\Leftrightarrow 2x \ln 6 - x \ln 7 = \ln 11 + 2 \ln 7 - \ln 3 - \ln 6$

$\Leftrightarrow x = \dfrac{\ln 11 + 2 \ln 7 - \ln 3 - \ln 6}{2 \ln 6 - \ln 7}$, d.h. $x \approx 2{,}0758$.

Beispiel 1.2.173: $3^{x^2+1} = 6 \cdot 5^{2x+1}$

$\Leftrightarrow (x^2 + 1) \ln 3 = \ln 6 + (2x + 1) \ln 5$

$\Leftrightarrow x^2 \ln 3 - 2x \ln 5 = \ln 6 - \ln 3 + \ln 5 = \ln 10$

$\Leftrightarrow x^2 - \dfrac{2 \ln 5}{\ln 3} x - \dfrac{\ln 10}{\ln 3} = 0 \quad \Rightarrow \quad x = \dfrac{\ln 5}{\ln 3} \pm \sqrt{\left(\dfrac{\ln 5}{\ln 3}\right)^2 + \dfrac{\ln 10}{\ln 3}}$

$\Leftrightarrow x_1 \approx 3{,}5246 \quad ; \quad x_2 \approx -0{,}5947$.

(Bei Exponenten, die Polynome höheren als zweiten Grades sind, ist im allgemeinen ein Näherungsverfahren erforderlich, vgl. Kap. 2.4 oder Kap. 5.4.)

1.2.4.9 Logarithmengleichungen

Die Lösung von **Logarithmengleichungen** beruht auf den Regeln (1.2.83) bzw. (1.2.85) und der in (1.2.118) zum Ausdruck kommenden Äquivalenz

$$T_1 = T_2 \Leftrightarrow a^{T_1} = a^{T_2} \quad ; \quad (a \in \mathbb{R} \setminus \{1\}) .$$

Um etwa den Numerus x der Logarithmengleichung $\ln x = 1{,}5$ zu erhalten, **potenziert** man beide Seiten zur Basis e (vgl. (P6)) und beachte (1.2.83) bzw. (1.2.85):

$$e^{\ln x} = e^{1{,}5} \Leftrightarrow x = e^{1{,}5} \approx 4{,}4817 .$$

Bemerkung: *Den Übergang von $\log_a x$ zum Numerus x durch Potenzieren zur Basis a (d.h. $x = a^{\log_a x}$) nennt man* ***Entlogarithmieren****.*

Beispiel 1.2.174: $\lg x = 2{,}4178$ | Jetzt potenziere man zur Basis 10 und beachte (1.2.85)

$\Leftrightarrow 10^{\lg x} = x = 10^{2{,}4178} \approx 261{,}70$.

Beispiel 1.2.175: Man löse die Gleichung $\ln x + 1 = 2 \ln (x - 1)$. Da alle Numeri positiv sein müssen, muss gelten: $\mathbf{x > 1}$. Man potenziert beide Seiten zur Basis e:

$\Leftrightarrow e^{\ln x + 1} = e^{2 \ln(x-1)}$ | Anwendung der Potenzgesetze (P1), (P3)

$\Leftrightarrow e^{\ln x} \cdot e^1 = [e^{\ln (x-1)}]^2 \Leftrightarrow$ (1.2.85) $x \cdot e = (x - 1)^2$

$\Leftrightarrow x^2 - 2x - ex + 1 = 0 \Leftrightarrow x^2 - (2 + e) x + 1 = 0$

$\Leftrightarrow x = \dfrac{2 + e}{2} \pm \sqrt{\left(\dfrac{2 + e}{2}\right)^2 - 1} \quad \Leftrightarrow x_1 \approx 4{,}4959 \; ; \; (x_2 \approx 0{,}2224)$.

(Die „Lösung“ x_2 muss verworfen werden, da sie nicht der Bedingung $x > 1$ genügt. Die einzige Lösung lautet 4,4959.)

Aufgabe 1.2.176: Man löse folgende Gleichungen unter Beachtung der jeweiligen Definitionsmengen:

i) $7e^x = 63$; **ii)** $2e^x - e^{-2x} = 0$; **iii)** $0{,}5 \cdot 3^x - 1{,}3 \cdot 4^{-x+7} = 0$;

iv) $200 = 50 \cdot e^{0{,}1n}$; **v)** $1 = 2 \cdot e^{-\frac{p}{100} \cdot 12}$; **vi)** $10.000 = 5.000 \cdot 1{,}09^x$;

vii) $0 = 200 \cdot 1{,}1^n - 30 \cdot \frac{1{,}1^n - 1}{0{,}1}$; **viii)** $\lg\sqrt{x^2+1} - 2\lg x = 0$; **ix)** $\log_2 p + 0{,}1 = 0$;

x) $\ln(y+1)^2 - 0{,}1 = 0$; **xi)** $\ln\sqrt{x^2+1} - 1 = 0$; **xii)** $y^{\lg y} \cdot 4^{\lg y} = 0{,}25 \cdot \frac{1}{y}$

1.2.4.10 Bruchgleichungen

Gleichungen, bei denen die Variable im Nenner auftritt, wie z.B.

i) G_1: $\frac{4x-2}{x-1} = 6$; **ii)** G_2: $\frac{1}{x-1} + \frac{1}{x} = \frac{5}{x+3}$; **iii)** G_3: $\frac{x^2+x-2}{x^2-4} = \frac{1}{x-2}$,

heißen **Bruchgleichungen**.

Das **Lösungsschema für Bruchgleichungen** lässt sich wie folgt zusammenfassen:

1) Ermittlung der **Definitionsmenge** D_G, um Einsetzungen auszuschließen, für die ein Nenner Null werden kann.
2) Um die Nenner zu „beseitigen", **multipliziert** man die Bruchgleichung mit dem **Hauptnenner** und **kürzt** die Bruchterme *(ist erlaubt, da die gekürzten Terme nicht Null werden können: D_G beachten!)*
3) Die nun entstandene Gleichung *(ohne Bruchterme)* wird gelöst.
4) Die erhaltenen **Lösungen** werden daraufhin **überprüft**, ob sie in D_G liegen.

Wir wollen die Eingangsbeispiele nach diesem Schema lösen:

Beispiel 1.2.177: i) $G_1(x)$: $\frac{4x-2}{x-1} = 6 \Rightarrow D_{G_1} = \mathbb{R} \setminus \{1\}$

Multiplikation mit dem Hauptnenner $x - 1$ $(\neq 0)$:

$\Leftrightarrow \frac{4x-2}{x-1} \cdot (x-1) = 6(x-1) \mid$ kürzen $\Leftrightarrow 4x - 2 = 6x - 6$

$\Leftrightarrow x = 2 \in D_{G_1}$, d.h. $L_{G_1} = \{2\}$.

ii) $G_2(x)$: $\frac{1}{x-1} + \frac{1}{x} = \frac{5}{x+3} \Rightarrow D_{G_2} = \mathbb{R} \setminus \{1, 0, -3\}$.

Multiplizieren mit dem Hauptnenner $(x-1) \cdot x \cdot (x+3)$ $(\neq 0)$ und anschließendes Kürzen liefert:

$\Leftrightarrow x(x+3) + (x-1)(x+3) = 5(x-1)x \Leftrightarrow x^2 - \frac{10}{3}x + 1 = 0$

$\Leftrightarrow x = 3 \vee x = \frac{1}{3}$, d.h. $L_{G_2} = \{3; \frac{1}{3}\} \subset D_{G_2}$.

iii) $G_3(x)$: $\frac{x^2+x-2}{x^2-4} = \frac{1}{x-2} \Rightarrow D_{G_3} = \mathbb{R} \setminus \{2, -2\}$.

Multiplikation mit dem Hauptnenner $x^2 - 4 = (x-2)(x+2)$ und anschließendes Kürzen liefert:

$\Leftrightarrow x^2 + x - 2 = x + 2 \Leftrightarrow x^2 = 4 \Leftrightarrow x = 2 \vee x = -2$.

Beide „Lösungs"-Elemente liegen *nicht* in D_{G_3}, G_3 hat *keine* Lösung, $L_{G_3} = \{\ \}$.

Bemerkung 1.2.178: *Bruchgleichungen im weiteren Sinne können in den Bruchtermen Wurzeln, Exponential- oder Logarithmenterme enthalten. Das genannte Lösungsschema bleibt* ***prinzipiell*** *erhalten, lediglich die Besonderheiten der noch zu lösenden Wurzel-, Exponential- bzw. Logarithmengleichungen sind zu beachten. (Bei zu komplizierten Bruchgleichungen empfiehlt sich von vorneherein die Anwendung eines Näherungsverfahrens, vgl. Kapitel 2.4 oder Kapitel 5.4.)*

Aufgabe 1.2.179:

i) $\frac{1}{x+1} - \frac{2}{x+3} = 0$; **ii)** $\frac{x-3}{x-7} = \frac{4}{x-7}$; **iii)** $\frac{5x}{x-4} + \frac{x}{x+1} = \frac{6x}{x-1}$;

iv) $\frac{5x^2}{3x^2+7} + \frac{2}{3+x^2} = 1$; **v)** $\frac{\sqrt{2-x}}{\sqrt{x+8}} = \frac{1}{\sqrt{4x+5}}$; **vi)** $\frac{1}{e^x-1} + 2 = 0$;

vii) $y = \frac{4x-7}{5x-2}$; $x = ?$ **viii)** $100 = 2x + 40 + \frac{250}{x}$; **ix)** $-\frac{km}{x^2} + \frac{sp}{200} = 0$; $x = ?$

x) $i^* = \frac{i}{1-in}$; $i = ?$ **xi)** $x = \frac{ay+b}{cy+d}$; $y = ?$

1.2.5 Ungleichungen

Def. 1.2.180: Seien T_1 und T_2 zwei Terme.
Dann nennt man die Aussageform U mit U: $T_1 < T_2$ (bzw. $T_1 > T_2$) eine **Ungleichung**.

Bemerkung 1.2.181:

$T_1 \leq T_2$ *bedeutet:* $T_1 < T_2 \vee T_1 = T_2$; $T_1 < T_2$ *bedeutet dasselbe wie* $T_2 > T_1$.

Die Begriffe **Definitions-** und **Lösungsmenge** von **Ungleichungen** sind analog wie für Gleichungen definiert (vgl. Def. 1.2.95, Def. 1.2.98).

Beispiel 1.2.182: U_1: $x < 5 \Rightarrow D_{U_1} = \mathbb{R}$; U_2: $x^2 < 9$ *(oder auch:* $x^2 > 16$*)* $\Rightarrow D_{U_2} = \mathbb{R}$.
U_3: $\frac{2x-2}{x-2} > 0$ oder $\frac{x}{x-2} > 1$; $D_{U_3} = \mathbb{R} \setminus \{2\}$.

Analog zur Vorgehensweise bei Gleichungslösungen versucht man auch Ungleichungen derart äquivalent umzuformen, dass eine **unmittelbar auflösbare Ungleichung** ($x < c; x > c$) (bzw. eine aus unmittelbar auflösbaren Ungleichungen bestehende Aussageform) entsteht.

So ist z.B. U_1 aus Beispiel 1.2.182 unmittelbar auflösbar: $L_{U_1} = \{x \in \mathbb{R} \mid x < 5\}$.

Es stellt sich daher die Frage, welche Umformungen einer Ungleichung **Äquivalenzumformungen** sind (also die Lösungsmenge der Ungleichung nicht verändern). Dazu benötigen wir die elementaren **Rechenregeln bzw. Axiome der Anordnung für Ungleichungen** zwischen reellen Zahlen (**Monotoniegesetze**).

Satz 1.2.183: Monotoniegesetze	**Beispiele**
Seien $a, b, c \in \mathbb{R}$, dann gilt: **(1)** Es gilt genau **eine** der drei Beziehungen: $a < b\ ,\ a = b\ ,\ a > b$.	
(2) $a < b \wedge b < c \ \Rightarrow\ a < c$	$2 < 3 \wedge 3 < 10$ also $2 < 10$
(3) $a < b \ \Leftrightarrow\ a \pm c < b \pm c$ (Auf beiden Seiten einer Ungleichung dürfen beliebige reelle Zahlen addiert oder subtrahiert werden.)	$2 < 3$ also $2 + 5 < 3 + 5$ d.h. $7 < 8$ $2 - 5 < 3 - 5$ d.h. $-3 < -2$
(4a) $a < b \wedge c > 0 \ \Leftrightarrow\ ac < bc$	$x < 2 \underset{\cdot 2}{\Leftrightarrow} 2x < 4$ $2 < 3 \underset{\cdot 5}{\Leftrightarrow} 10 < 15$
(4b) $a < b \wedge c < 0 \ \Leftrightarrow\ ac > bc$ (Wird eine Ungleichung mit einer **negativen** Zahl multipliziert, so ändert sich die Richtung des Ungleichheitszeichens.)	$2 < 3 \underset{\cdot(-5)}{\Leftrightarrow} -10 > -15$ $-\frac{1}{2}x < 2 \underset{\cdot(-2)}{\Leftrightarrow} x > -4$ **(!)**
(5a) $0 < a < b \ \Leftrightarrow\ a^n < b^n$ $(n > 0)$	$0 < 2 < 3 \Leftrightarrow$ i) $2^2 < 3^2$ $(n = 2)$ ii) $\sqrt{2} < \sqrt{3}$ $(n = 1/2)$ iii) $\sqrt[10]{2} < \sqrt[10]{3}$ $(n = 1/10)$ (Quadrieren, Wurzelziehen, Potenzieren mit positivem Exponenten erhält die Richtung der Ungleichung.)
(5b) $0 < a < b \ \Leftrightarrow\ a^{-n} > b^{-n}$ $(n > 0)$ d.h. $0 < a < b \ \Leftrightarrow\ \frac{1}{a^n} > \frac{1}{b^n}$ $(n > 0)$	$0 < 2 < 3 \Leftrightarrow$ i) $2^{-2} > 3^{-2}$ d.h. $\frac{1}{4} > \frac{1}{9}$ ii) $2^{-1} > 3^{-1}$ d.h. $\frac{1}{2} > \frac{1}{3}$ (Kehrwertbildung ändert die Richtung der Ungleichung)
(6) $0 < a < b \ \Leftrightarrow\ \log_c a < \log_c b$ $(c > 1)$	$0 < 2 < 3 \Leftrightarrow$ i) $\ln 2 < \ln 3$ ii) $\lg 2 < \lg 3$
(7a) $x < y \ \Leftrightarrow\ a^x < a^y$ $(a > 1\ ;\ x \in \mathbb{R})$	$a = 2\ ;\ 3 < 5 \Leftrightarrow 2^3 < 2^5$ denn $8 < 32$ $\Leftrightarrow e^3 < e^5\ ;\ 10^3 < 10^5$
(7b) $x < y \ \Leftrightarrow\ a^{-x} > a^{-y}$ $(a > 1\ ;\ x \in \mathbb{R})$ d.h. $x < y \ \Leftrightarrow\ \frac{1}{a^x} > \frac{1}{a^y}$	$3 < 5 \Leftrightarrow 2^{-3} > 2^{-5}$; denn $\frac{1}{8} > \frac{1}{32}$ $(a = 2)$ $\Leftrightarrow e^{-3} > e^{-5}\ ;\ 10^{-3} > 10^{-5}$

Wichtig für das Lösen von quadratischen Ungleichungen ist die Beantwortung der Frage, wann ein **Produkt** $a \cdot b$ (bzw. ein **Quotient** $\frac{a}{b}$) **positiv** bzw. **negativ** ist. Es gilt in Fortsetzung von Satz 1.2.183:

(8)	$\left.\begin{array}{l} a \cdot b > 0 \\ \frac{a}{b} > 0 \end{array}\right\}$	$\Leftrightarrow \quad (a > 0 \wedge b > 0) \vee (a < 0 \wedge b < 0)$
(9)	$\left.\begin{array}{l} a \cdot b < 0 \\ \frac{a}{b} < 0 \end{array}\right\}$	$\Leftrightarrow \quad (a > 0 \wedge b < 0) \vee (a < 0 \wedge b > 0)$

Eingängig *(wenn auch nicht ganz korrekt)* sind dafür die umgangssprachlichen Merksätze:

„Ein Produkt ist genau dann **positiv**, wenn **beide Faktoren gleiches Vorzeichen** besitzen und genau dann **negativ**, wenn **beide Faktoren verschiedenes Vorzeichen** besitzen.“ (Analoges gilt für Zähler/ Nenner von Quotienten.)

Die Ungleichungsregeln **(1)** bis **(9)** lassen sich sinngemäß auf Ungleichungen und deren Terme anwenden. Die folgenden Beispiele zeigen die wichtigsten Umformungen für Ungleichungen:

Beispiel 1.2.184:

i) $3x - 4 < x + 8 \;;\; D = \mathbb{R} \quad \Big|\, -x + 4 \quad \overset{(3)}{\Leftrightarrow} \quad 2x < 12 \quad \Big|\, :2 \quad \overset{(4a)}{\Leftrightarrow} \quad x < 6$ d.h. $L = \{x \in \mathbb{R} \mid x < 6\}$.

Veranschaulichung am Zahlenstrahl:

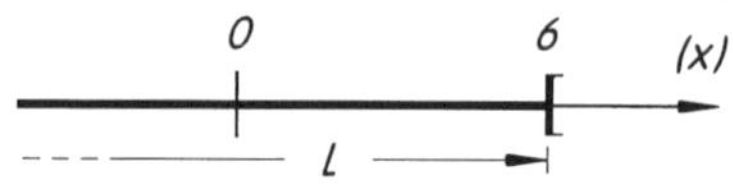

ii) $x \cdot \lg 0{,}5 \leq -2 \quad \Big|\, : \lg 0{,}5 \;\; (< 0\,!) \qquad \overset{(4b)}{\Leftrightarrow} \quad x \geq \frac{-2}{\lg 0{,}5} \approx 6{,}64$;

iii) $e^{-\frac{1}{x}} > 0{,}5 \;;\; (x > 0) \quad \Big|\, \ln \ldots \qquad \overset{(6)}{\Leftrightarrow} \quad -\frac{1}{x} > \ln 0{,}5 \quad \overset{(4b)}{\Leftrightarrow} \quad \frac{1}{x} < -\ln 0{,}5 \quad \overset{(5b)}{\Leftrightarrow} \quad -x < \frac{1}{\ln 0{,}5}$

$\overset{(4b)}{\Leftrightarrow} \quad x > \frac{-1}{\ln 0{,}5} \approx 1{,}44$;

iv) $\ln \sqrt[3]{x} > 2 \;;\; (x > 0) \quad \Big|\, e^{\cdots} \qquad \overset{(7a)}{\Leftrightarrow} \quad \sqrt[3]{x} > e^2 \quad \Big|\, (\,)^3 \quad \Leftrightarrow \quad x > e^6 \approx 403{,}43$.

v) $\boxed{x^2 > c}\;;\;(c \in \mathbb{R}^+) \qquad \overset{(3)}{\Leftrightarrow} \quad x^2 - c > 0 \quad \Leftrightarrow \quad$ (Binom) $(x - \sqrt{c})(x + \sqrt{c}) > 0$

$\overset{(8)}{\Leftrightarrow} \quad (x - \sqrt{c} > 0 \wedge x + \sqrt{c} > 0) \vee (x - \sqrt{c} < 0 \wedge x + \sqrt{c} < 0)$

$\overset{(3)}{\Leftrightarrow} \quad (x > \sqrt{c} \wedge x > -\sqrt{c}) \vee (x < \sqrt{c} \wedge x < -\sqrt{c}) \qquad \Leftrightarrow \qquad \boxed{x > \sqrt{c} \vee x < -\sqrt{c}}$

$L = \{x \in \mathbb{R} \mid x > \sqrt{c}\} \cup \{x \in \mathbb{R} \mid x < -\sqrt{c}\}$.

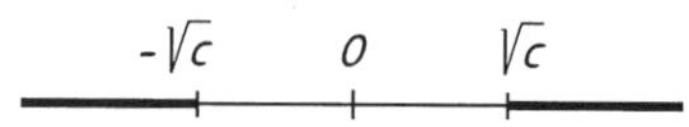

vi) $\boxed{x^2 \le c}$; $(c \in \mathbb{R}^+)$ $\overset{v)}{\Leftrightarrow}$ $(x - \sqrt{c})(x + \sqrt{c}) \le 0$

$\overset{(9)}{\Leftrightarrow}$ $(x - \sqrt{c} \le 0 \wedge x + \sqrt{c} \ge 0) \vee (x - \sqrt{c} \ge 0 \wedge x + \sqrt{c} \le 0)$

$\overset{(3)}{\Leftrightarrow}$ $(x \le \sqrt{c} \wedge x \ge -\sqrt{c}) \vee \underbrace{(x \ge \sqrt{c} \wedge x \le -\sqrt{c})}_{\text{stets falsch}}$ $\Leftrightarrow$ $\boxed{x \le \sqrt{c} \wedge x \ge -\sqrt{c}}$,

d.h. $L = \{x \in \mathbb{R} \mid x \le \sqrt{c} \wedge x \ge -\sqrt{c}\} = [-\sqrt{c}; \sqrt{c}]$,

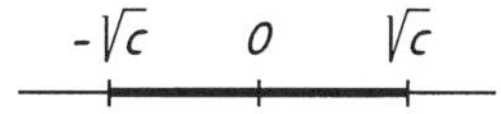

z.B.: $x^2 \le 16 \Leftrightarrow x \le 4 \wedge x \ge -4$, d.h. $L = [-4; 4]$.

vii) $x^2 - 8x + 12 < 0 \overset{(3)}{\Leftrightarrow} x^2 - 8x < -12 \overset{(3)}{\Leftrightarrow} x^2 - 8x + 4^2 < -12 + 4^2$

$\Leftrightarrow (x - 4)^2 < 4 \overset{vi)}{\Leftrightarrow} x - 4 < 2 \wedge x - 4 > -2 \overset{(3)}{\Leftrightarrow} x < 6 \wedge x > 2$.

viii) $\dfrac{x}{x-2} > -1$; $(x \neq 2)$:

Multipliziert man mit dem Term $x - 2$, so muss man eine **Fallunterscheidung** machen: ist $x - 2$ positiv, so bleibt nach (4a) das Ungleichheitszeichen erhalten, für $x - 2 < 0$ ändert sich nach (4b) die Richtung des Ungleichheitszeichens.

Einfacher ist es, die Bruchgleichung auf die Form $\dfrac{T_1(x)}{T_2(x)} > 0$ zu bringen und dann (8) anzuwenden:

$\dfrac{x}{x-2} > -1 \overset{(3)}{\Leftrightarrow} \dfrac{x}{x-2} + 1 > 0 \Leftrightarrow$ (erweitern) $\dfrac{x}{x-2} + \dfrac{x-2}{x-2} > 0$

$\Leftrightarrow \dfrac{2x-2}{x-2} > 0 \overset{(8)}{\Leftrightarrow} (2x - 2 > 0 \wedge x - 2 > 0) \vee (2x - 2 < 0 \wedge x - 2 < 0)$

$\overset{(3)}{\Leftrightarrow}$ $(x > 1 \wedge x > 2) \vee (x < 1 \wedge x < 2)$

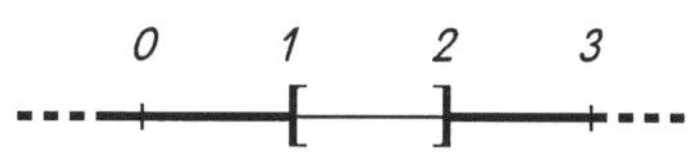

$\Leftrightarrow$ $(x > 2) \vee (x < 1)$.

Aufgabe 1.2.185: Man ermittele die Lösungsmengen folgender Ungleichungen und stelle sie am Zahlenstrahl graphisch dar:

i) $-6x + 4 \ge x - 6$; **ii)** $-\ln \dfrac{p}{1.000} > 5$; **iii)** $3 \lg x > -6$; **iv)** $3 - x^2 < 0$;

v) $x^2 - 9x \ge 20$; **vi)** $\dfrac{2x-1}{x+1} > 1$; **vii)** $0{,}5^x < 1.000$.

1.2.6 Wo steckt der Fehler ?

Langjährige Erfahrungen mit Hörern der Einführungsvorlesung in Wirtschaftsmathematik ermuntern dazu, den zuvor dargestellten elementarmathematischen Hilfsmitteln einen **Exkurs über beliebte Fehlermöglichkeiten** in der Arithmetik folgen zu lassen – in der Hoffnung, es gelte auch hier der Satz, dass man aus seinen Fehlern am besten lernt. Zwar ist es einerseits nahezu unmöglich, die Vielfalt und phantasievolle Kreativität im Erfinden immer neuer „Rechenregeln" (und allerdings auch im Verzapfen haarsträubenden mathematischen Unsinns) erschöpfend darzustellen – andererseits kann man allerdings beobachten, dass gewisse Fehler, Fehlerkombinationen und Trugschlüsse verstärkt und immer wieder auftreten, so dass es naheliegt, derartige den Studienanfänger gleichsam magisch anziehende Trugschluss- und/oder Fehlerfallen aufzuzeigen, um so – durch vertiefende Einsicht – den falschen Weg ein für allemal zu brandmarken.

Im folgenden werden daher beliebte Fehler und Trugschlüsse anhand konkreter Beispiele aufgeführt[12]. Den bei der ersten Lektüre beabsichtigten Effekt kann man am besten durch folgende Zeilen[13] beschreiben:

„Man liest's, soweit man gut gelaunt,
man räuspert sich und ist erstaunt,
ist halb erfreut und halb ergrimmt,
doch weiß man nicht, weshalb's nicht stimmt."

Es ist ein Ziel der vorliegenden Fehlerdokumentation, dass der in der letzten Zeile beschriebene Zustand beim Leser möglichst überwunden wird – wer die Ausführungen bis hierher durchgearbeitet hat, wird wissen, an welcher Stelle der Fehler liegt und wie es richtig hätte sein müssen.

Bemerkung: *Da das mit dieser Trugschlusssammlung beabsichtigte Verständnis der elementarmathematischen Instrumente erst durch **eigene** erfolgreiche Fehlersuche gewonnen werden kann, werden die Lösungshinweise nicht hier, sondern im separaten Übungs- und Lösungsbuch gegeben, siehe [69b].*

1.2.6.1 Fehler bei Termumformungen

a) *Wo steckt der Fehler? Worin besteht der Fehler, weshalb ist etwas fehlerhaft?*
b) *Wie müsste die fehlerfreie Umformung/Lösung aussehen?*

1) Klammervereinbarung: $5+7 \cdot x = 12x$;

2) Subtraktion geklammerter Summen: $2x-(y+x) = 2x-y+x = 3x-y$;

3) Hintereinanderausführung mehrerer Operationen:

i) $48 : 8 \cdot 6 = 48 : 48 = 1$; **ii)** $48-8+6 = 48-14 = 34$;

4) Assoziativ- und Distributivgesetz:

i) $2 \cdot (ab) = 2a \cdot 2b$; **ii)** $-(2x) = (-2) \cdot (-x) = 2x$;

---

[12] In diesem Zusammenhang sei auf das vorzügliche, stofflich über das hier Dargebotene hinausgehende Büchlein „Wo steckt der Fehler" von W. Lietzmann (Stuttgart 1969) hingewiesen, nach dem auch der vorliegende Abschnitt benannt ist.

[13] Entnommen aus: Cremer, H.: Carmina Mathematica, Aachen 1965

5) Bruchrechnen:

i) $-R \cdot \frac{q-1}{2} = -\frac{R}{2} \cdot q - \frac{R}{2}$;

ii) $R \cdot \frac{q-1}{2} = -R \cdot \frac{q}{2} - \frac{1}{2}$;

6) Kürzen:

i) $\frac{5x-7y}{5a-7b} = \frac{x-y}{a-b}$; **ii)** $\frac{x^2+y^2}{x+y} = x+y$; **iii)** $\frac{9x^2-16y^2}{3x-4y} = 3x-4y$;

7) Potenzdefinition, Potenzgesetze:

i) $5a^3 = 125a^3$; **ii)** $2 \cdot 1{,}5^2 = 3^2$; **iii)** $2(x+y)^3 = (2x+2y)^3$;

iv) $-2^4 = (-2) \cdot (-2) \cdot (-2) \cdot (-2) = 16$;

v) $-(a+b)^2 = (-a-b)^2 = (-a-b)(-a-b) = a^2 + 2ab + b^2 = (a+b)^2$;

vi) $(a \cdot b)^2 = a^2 \cdot 2ab \cdot b^2$; **vii)** $5^0 = 0$; **viii)** $5^{1/2} = \frac{1}{2} \cdot 5^{-1/2}$;

ix) $27^{-1/3} = -\frac{1}{27^3}$; **x)** $a^{-n} = -a^n$; **xi)** $9^{-1/2} = \frac{1}{9^2}$;

xii) $0^0 = 1$; **xiii)** $2^{4^2} = 16^2 = 256$;

8) Logarithmusdefinition, Logarithmengesetze:

i) a) $\lg 900 + \lg 100 = \lg(900 + 100) = \lg 1.000 = 3$;
b) $\lg 900 \cdot \lg 100 \ = \lg(900 + 100) = \lg 1.000 = 3$;

ii) a) $\frac{\ln 6}{\ln 2} = \ln \frac{6}{2} = \ln 3$; b) $\frac{\ln a}{\ln b} = \ln a - \ln b$;

c) $\frac{\lg 1.100}{\lg 100} = \lg(1.100 - 100) = \lg 1.000 = 3$;

iii) $\frac{\ln x}{\ln y} = \frac{x}{y}$; **iv)** $\ln 0 = 0$; **v)** $\ln(-4) = -\ln 4$;

vi) $\ln(5e^x) = 5 \cdot \ln e^x = 5x$; **vii)** $2^x = x \cdot \lg 2$; **viii)** $\ln(10 \cdot e^y) = \ln 10 \cdot \ln e^y = y \cdot \ln 10$;

9) Potenzieren einer Summe:

i) $(a-b)^4 = a^4 - b^4$; *Bsp.:* $\mathbf{1} = (2-1)^4 = 2^4 - 1^4 = \mathbf{15}$.

ii) $\sqrt{a^2+b^2} = a+b$; *Bsp.:* $\mathbf{5} = \sqrt{25} = \sqrt{9+16} = \sqrt{3^2+4^2} = 3+4 = \mathbf{7}$.

iii) $\frac{1}{n+v} = \frac{1}{n} + \frac{1}{v}$; *Bsp.:* $\frac{1}{2+2} = \frac{1}{2} + \frac{1}{2} = 1$ d.h. $\frac{1}{4} = 1$.

iv) $(x+y)^0 = x^0 + y^0$, d.h. $1 = 1 + 1 = 2$;

v) $(p+q)^{1/5} = p^{1/5} + q^{1/5}$; **vi)** $a^2 + a^3 = a^{2+3} = a^5$;

vii) $e^y + e^x = e^{x+y}$; **viii)** $10^{2^3} = 100^3 = 1.000.000$;

10) Logarithmieren einer Summe:

i) $\ln(e^x - e^{x^2}) = \ln e^x - \ln e^{x^2} = x - x^2$;

ii) $\lg(2^x - 5^x) = x \cdot \lg 2 - x \cdot \lg 5$;

iii) $\lg(1{,}1^n - 100) = n \cdot \lg 1{,}1 - \lg 100 = n \cdot \lg 1{,}1 - 2$;

11) Negativer Radikand:

i) $\sqrt{-16} = -4$;

ii) $20 + \sqrt{-9} = 20$ (denn $\sqrt{-9}$ gibt es nicht in $\mathbb{R}$) ;

iii) $\sqrt{-1} = (-1)^{1/2} = (-1)^{2/4} = ((-1)^2)^{1/4} = 1^{1/4} = \sqrt[4]{1} = 1$;

12) Wurzelziehen: $\sqrt{16} = \pm 4$;

13) Bruchrechnen $(x \neq 0)$:

i) $\frac{x}{0} = x$; **ii)** $\frac{x}{0} = 1$; **iii)** $\frac{x}{0} = 0$; **iv)** $\frac{0}{x} = x$; **v)** $\frac{0}{0} = 0$; **vi)** $\frac{0}{0} = 1$;

vii) $\frac{1}{0} = \infty$.

1.2.6.2 Fehler bei der Lösung von Gleichungen

(Im folgenden wird die „Lösungsmenge" der vorgelegten Gleichungen mit fehlerhaften Methoden gewonnen. Wo steckt der Fehler? Korrekter Lösungsweg? Korrekte Lösungsmenge?)

1) $1{,}2 = 1 + \frac{p}{100} \;\Big|\cdot 100 \quad\Leftrightarrow\quad 120 = 1 + p \quad\Leftrightarrow\quad p = 119 \quad\Leftrightarrow\quad L = \{119\}$;

2) $\frac{(x-4)^2}{x-5} - \frac{1}{x-5} = 0 \;\Big|\cdot(x-5) \quad\Leftrightarrow\quad (x-4)^2 - 1 = 0 \quad\Leftrightarrow\quad (x-4)^2 = 1$

$\Leftrightarrow\quad x - 4 = 1 \vee x - 4 = -1$

$\Leftrightarrow\quad x = 5 \vee x = 3$; $L = \{3, 5\}$;

3) $x^3 - x^2 = 0 \quad\Leftrightarrow\quad x^2(x-1) = 0 \;\big|:x^2 \quad\Leftrightarrow\quad x - 1 = 0 \quad\Leftrightarrow\quad x = 1$; $L = \{1\}$;

4) $x^2 - 49 = 0 \;\big|+49 \quad\Leftrightarrow\quad x^2 = 49 \;\big|\sqrt{} \quad\Leftrightarrow\quad x = 7$; $L = \{7\}$;

5) $x - 1 = 0 \;\big|\cdot(x-2) \quad\Leftrightarrow\quad (x-1)(x-2) = 0 \quad\Leftrightarrow\quad x - 1 = 0 \vee x - 2 = 0$

$\Leftrightarrow\quad x = 1 \vee x = 2 \quad\Leftrightarrow\quad L = \{1, 2\}$;

6) $x^2 - 2x + 37 = 0 \quad\Leftrightarrow\quad x_{1,2} = 1 \pm \sqrt{1-37} = 1 \pm \sqrt{-36} = 1 \pm 6$; $L = \{7, -5\}$;

7) $x^2 - 4x + 29 = 0 \Leftrightarrow x_{1,2} = 2 \pm \sqrt{4-29} = 2 \pm \sqrt{-25}$. Da es $\sqrt{-25}$ nicht gibt, folgt: $L = \{2\}$;

8) $5 + \sqrt{x} = 0 \quad \Leftrightarrow \quad \sqrt{x} = -5 \mid (\,)^2 \quad \Leftrightarrow \quad x = 25$; $L = \{25\}$;

9) $\frac{1}{x} = a + b$. Kehrwertbildung $\Leftrightarrow x = \frac{1}{a} + \frac{1}{b}$; $L = \left\{\frac{1}{a} + \frac{1}{b}\right\} \wedge a, b \neq 0$;

10) i) $e^x + e^{2x} = 6 \overset{\ln}{\Leftrightarrow} x + 2x = \ln 6 \quad \Leftrightarrow \quad 3x = \ln 6 \quad \Leftrightarrow \quad x = \frac{1}{3}\ln 6 \approx 0{,}5973$; Probe?

ii) $e^{2x} + e^x = 6 \overset{\ln}{\Leftrightarrow} 2x \cdot x = \ln 6 \quad \Leftrightarrow \quad 2x^2 = \ln 6 \quad \Leftrightarrow \quad x^2 = \frac{1}{2}\ln 6$

$\Leftrightarrow \quad x_1 = \sqrt{0{,}5 \cdot \ln 6} \approx 0{,}9465$;

$x_2 = -\sqrt{0{,}5 \cdot \ln 6} \approx -0{,}9465$;

11) i) $5e^x = 26 \quad \overset{\ln}{\Leftrightarrow} \quad 5x = \ln 26 \quad \Leftrightarrow \quad x = \frac{1}{5}\ln 26 \approx 0{,}6516$;

ii) $5e^x = 26 \quad \overset{\ln}{\Leftrightarrow} \quad \ln 5 \cdot x = \ln 26 \quad \Leftrightarrow \quad x = \frac{\ln 26}{\ln 5} \approx 2{,}0244$;

iii) $5e^x = 26 \quad \overset{\ln}{\Leftrightarrow} \quad (\ln 5) \cdot x = \ln 26 \quad \Leftrightarrow \quad x = \frac{\ln 26}{\ln 5} = \ln\left(\frac{26}{5}\right) \approx 1{,}6487$

(zwei Fehler, aber richtiges Endergebnis!)

12) $2e^x - e^{-2x} = 0 \quad \overset{\ln}{\Leftrightarrow} \quad 2x - (-2x) = 0 \quad \Leftrightarrow \quad 4x = 0$; $L = \{0\}$ *(3 Fehler !)* ;

13) Gegeben ist die Gleichung $\left(\frac{3}{4}\right)^x = \left(\frac{4}{3}\right)^2$:

1. Lösungsweg: $\Leftrightarrow$ (P5) $\quad \frac{3^x}{4^x} = \frac{4^2}{3^2} \mid \cdot 4^x \cdot 3^2 \quad \Leftrightarrow \quad 3^x \cdot 3^2 = 4^2 \cdot 4^x \mid$ (P1)

$\Leftrightarrow \quad 3^{x+2} = 4^{x+2} \quad \Leftrightarrow \quad 3 = 4$ (f), d.h. $L = \{\ \}$.

2. Lösungsweg: Wegen $\left(\frac{4}{3}\right)^2 = \left(\frac{3}{4}\right)^{-2}$ gilt: $\left(\frac{3}{4}\right)^x = \left(\frac{3}{4}\right)^{-2} \mid \ln; L_3$

$\Leftrightarrow \quad x \cdot \ln\frac{3}{4} = -2 \cdot \ln\frac{3}{4} \mid :\ln\frac{3}{4}\ (\neq 0) \quad \Leftrightarrow \quad x = -2$ d.h. $L = \{-2\}$.

Welche*(r)* Lösung*(sweg)* ist richtig ?

14) *Behauptung:* Alle Zahlen sind gleich.

Beweis: Es ist stets $36 - 66 = 25 - 55\ (= -30) \quad \Leftrightarrow \quad 6^2 - 6 \cdot 11 = 5^2 - 5 \cdot 11$

$\Leftrightarrow$ *(+quadratische Ergänzung* $\left(\frac{11}{2}\right)^2$*):* $\quad 6^2 - 6 \cdot 11 + \left(\frac{11}{2}\right)^2 = 5^2 - 5 \cdot 11 + \left(\frac{11}{2}\right)^2$

$\Leftrightarrow \left(6 - \frac{11}{2}\right)^2 = \left(5 - \frac{11}{2}\right)^2 \mid \sqrt{\ } \quad \Leftrightarrow \quad 6 - \frac{11}{2} = 5 - \frac{11}{2} \mid + \frac{11}{2} \quad \Leftrightarrow \quad 6 = 5$

Daraus folgt durch Subtraktion von fünf: $1 = 0$ und daraus *(Mult. mit 100 bzw. e)*: $100 = 0$; $e = 0$;
Und daraus folgt: $1 = 100 = e$ *(usw.)*. Damit ist bewiesen, dass alle Zahlen gleich sind.

15) *Behauptung:* Es gilt: $1 = 2$.

Beweis: Der Term $a^2 - a^2$ kann auf zwei Arten geschrieben werden:

i) $a^2 - a^2 = a \cdot (a - a)$ *(a ausklammern)*

ii) $a^2 - a^2 = (a+a) \cdot (a-a)$ *(3. binomische Formel)*

Also muss wegen der Gleichheit der linken Seite gelten:

$$a \cdot (a - a) = (a+a) \cdot (a-a) \quad \Big| :(a - a)$$

$$\Leftrightarrow \quad a = a + a = 2a \quad \Big| :a$$

$$\Leftrightarrow \quad 1 = 2 \ .$$

16) Nochmals: Alle Zahlen sind gleich.

Beweis: a und b seien zwei beliebige positive reelle Zahlen mit $a < b$. Dann gibt es eine positive reelle Zahl c, so dass gilt: $a + c = b$ *(denn: $a < b$)*

Multiplikation mit $b - a$ *(> 0)* liefert:

$$\Leftrightarrow \quad (a+c) \cdot (b - a) = b \cdot (b - a)$$

$$\Leftrightarrow \quad ab + cb - a^2 - ac = b^2 - ba \quad \Big| -cb$$

$$\Leftrightarrow \quad ab - a^2 - ac = b^2 - ba - cb$$

$$\Leftrightarrow \quad a\,(b - a - c) = b\,(b - a - c) \quad \Big| :(b - a - c)$$

$$\Leftrightarrow \quad a = b \ .$$

Also sind die *(bis auf „$a < b$" beliebig gewählten)* Zahlen a und b entgegen der Annahme *($a<b$)* stets gleich.

1.2.6.3 Fehler bei der Lösung von Ungleichungen

(Im folgenden wird die „Lösung" der vorgelegten Ungleichungen mit fehlerhaften Methoden gewonnen. Wo steckt der Fehler? Korrekter Lösungsweg? Korrekte Lösungsmenge?)

1) $-2x < 6 \quad \Big| :-2 \quad \Leftrightarrow \quad x < -3$; Gegenbeispiel: Setze -4 für x ;

2) **i)** $x^2 > 9 \quad \Big| \sqrt{} \quad \Leftrightarrow \quad x > 3$; Gegenbeispiel: Setze -4 für x ;

ii) $x^2 < 25 \quad \Big| \sqrt{} \quad \Leftrightarrow \quad x < 5$; Gegenbeispiel: Setze -6 für x ;

3) $2 > \frac{1}{x} \quad \Big| \cdot x \quad \Leftrightarrow \quad 2x > 1 \quad \Leftrightarrow \quad x > \frac{1}{2}$; Gegenbeispiel: Setze -1 für x ;

4) $\frac{x}{x - 10} < 0 \quad \Big| \cdot (x - 10) \quad \Leftrightarrow \quad x < 0$; Gegenbeispiel: Setze 5 für x .

2 Funktionen einer unabhängigen Variablen

2.1 Begriff und Darstellung von Funktionen

2.1.1 Funktionsbegriff

Für die Beschreibung, Erklärung, Analyse und Optimierung wirtschaftlicher Vorgänge ist der mathematische **Funktionsbegriff** (im Sinne der gegenseitigen Zuordnung wirtschaftlicher Größen) von grundlegender Bedeutung. In vielen ökonomischen Bereichen haben wir es mit **Zuordnungen** der Elemente einer Menge zu den Elementen einer anderen Menge zu tun:

- den verschiedenen Quantitäten eines Produktes sind die entsprechenden Erlöse zugeordnet ;
- verschiedenen Einkommen eines Haushaltes sind die entsprechenden Konsumausgaben zugeordnet ;
- verschiedenen Leistungsintensitäten eines maschinellen Aggregates sind die entsprechenden Verbrauchszahlen zugeordnet ;
- verschiedenen Briefgewichten ist das entsprechende Inlandsporto zugeordnet;
- verschiedenen Outputmengen einer Ein-Produkt-Unternehmung sind entsprechende Gesamt-Stückkosten zugeordnet, u.v.a.m.

Beispiel 2.1.1: Die Huber GmbH erzielte in den ersten 6 Monaten eines Jahres die folgenden wertmäßigen Umsätze (in T€):

Monat	1	2	3	4	5	6
Umsatz (in T€)	10	12	14	13	16	12

Man erkennt: Zu **jedem** Monat gehört **genau ein** bestimmter Umsatz, **jedem** Monat wird genau ein bestimmter Umsatz **eindeutig zugeordnet**, so etwa dem Monat 4 der Umsatz 13.

Eine derartige **eindeutige Zuordnung** (oder ***Abbildung***) der Elemente einer (Zahlen-) Menge zu den Elementen einer anderen (Zahlen-) Menge nennt man **Funktion**:

Def. 2.1.2: (reelle Funktion)

Es seien M_1 und M_2 zwei Mengen reeller Zahlen. Ordnet man **jedem** Element x ($\in M_1$) durch irgendeine Zuordnungsvorschrift f **genau ein** Element y ($\in M_2$) zu, so nennt man die dadurch gegebene paarweise Zuordnung eine (reelle) **Funktion** f.

(Damit ist f gleichzeitig charakterisiert als **Menge** aller der bei dieser Zuordnung auftretenden **Paare (x; y)**, d.h. f ist eine Teilmenge von $M_1 \times M_2$; vgl. Def. 1.1.83)

Beispiel 2.1.3: (Fortsetzung von Beispiel 2.1.1)

Nach dieser Definition lässt sich die Zeit-/ Umsatz-**Funktion** der Huber GmbH deuten als

Zuordnung (Abb. 2.1.4) oder als

Paarmenge: f = {(1; 10), (2; 12), (3; 14), (4; 13), (5; 16), (6; 12)} .

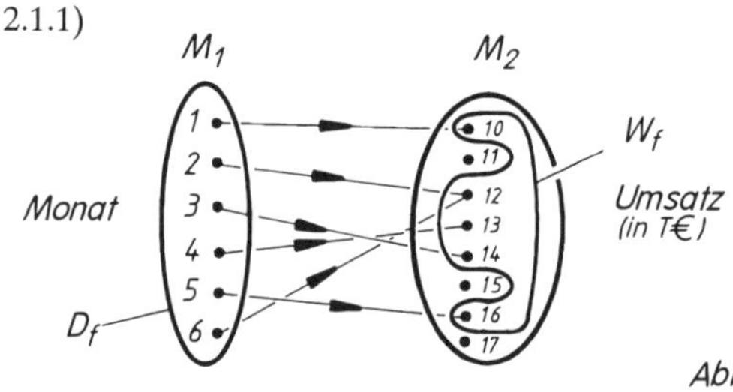

Abb. 2.1.4

Man beachte, dass

- von **jedem** Element aus M_1 **genau ein** Pfeil nach M_2 ausgeht (**Eindeutigkeit** der Zuordnung)
- nicht notwendig jedes Element von M_2 als „Partner" vorkommen muss (so bleiben etwa die Umsatzzahlen 11, 15, 17 T€ frei)
- es vorkommen kann, dass auf einem Element aus M_2 **mehr** als ein Pfeil endet (so fällt etwa der Umsatz von 12 T€ sowohl im Monat 2 als auch im Monat 6 an). Damit wird zum Ausdruck gebracht, dass eine Funktion zwar eine *eindeutige* Zuordnung sein muss, nicht aber notwendigerweise die umgekehrte Zuordnung (d.h. von „rechts nach links") eindeutig ist.

Die Funktionsdefinition 2.1.2 ist sehr allgemein formuliert. Wegen der grundlegenden Bedeutung und der mannigfachen Anwendungen des Funktionsbegriffes sollen im folgenden die wichtigsten im Zusammenhang mit dem Begriff der Funktion auftretenden **Bezeichnungen**, **Symbole** und sonstigen **Besonderheiten** aufgeführt werden.

(1) Die „linke" Menge M_1, von der die Zuordnungspfeile ausgehen, bezeichnet man als **Definitionsmenge** (oder ***Definitionsbereich***) $\mathbf{D_f}$ der Funktion f. D_f ist also die Menge aller x, denen ein y zugeordnet ist.
In Beispiel 2.1.1 gilt somit: $D_f = \{ 1, 2, 3, 4, 5, 6 \} \quad (= M_1)$.

(2) Die „rechte" Menge M_2, in der die Pfeile enden, heißt **Zielmenge Z** (oder **Bildmenge B**).
In Beispiel 2.1.3 gilt (vgl. Abb. 2.1.4): $Z = B = \{ 10, 11, 12, 13, 14, 15, 16, 17 \} \quad (= M_2)$.

- Im folgenden gilt als Zielmenge stets $\mathbb{R}$ oder eine Teilmenge von $\mathbb{R}$.

(3) Die Menge derjenigen Elemente von Z, die bei der Zuordnung f tatsächlich als Partner vorkommen, heißt **Wertemenge** (oder ***Wertebereich***) $\mathbf{W_f}$ von f.
In Beispiel 2.1.3 gilt also: $W_f = \{ 10, 12, 13, 14, 16 \} \subset Z$ (vgl. Abb. 2.1.4).

(4) Will man zum Ausdruck bringen, dass dem Wert x ($\in D_f$) durch die Funktion f der Wert y ($\in W_f$) zugeordnet ist, so schreibt man:

$x \overset{f}{\mapsto} y \quad , x \in D_f$ oder $\quad f\colon x \mapsto y \quad , x \in D_f$ oder

$f\colon x \mapsto f(x) \quad , x \in D_f$ oder $\quad f\colon x \mapsto y = f(x) \quad , x \in D_f$ oder

$f\colon y = f(x) \quad , x \in D_f$ oder auch einfach: $\quad y = f(x) \quad , x \in D_f$.

Dabei wird z.B. die symbolische Schreibweise $f\colon x \mapsto y = f(x)$ gelesen als „f ist die Funktion, die dem Wert x den Funktionswert y gleich f von x zuordnet".[1] Die Gleichung $y = f(x)$ heißt „Gleichung der Funktion f" oder „Funktionsgleichung von f".

Man beachte, dass zur vollständigen Beschreibung einer Funktion die Angabe des Definitionsbereiches unerlässlich ist.

[1] Der Abbildungspfeil (oder *Fußpfeil*) $\mapsto$ ist speziell für derartige (*funktionale*) Zuordnungen reserviert.

Bemerkung 2.1.5: *Wenn nicht ausdrücklich anders vermerkt, sollen im folgenden Definitionsbereich D_f und Wertebereich W_f aller vorkommenden Funktionen f gleich $\mathbb{R}$ (bzw. gleich einer geeigneten Teilmenge von $\mathbb{R}$) sein. Damit ist eine reelle Funktion f als Teilmenge des $\mathbb{R}^2$ (= $\mathbb{R} \times \mathbb{R}$) wie folgt definiert:*

$$f = \{ (x, y) \in \mathbb{R}^2 \mid x \in D_f \wedge y = f(x) \} .$$

Die in (4) auftretenden Symbole werden üblicherweise folgendermaßen benannt:

x: unabhängige Variable (oder ***Argument***)

f(x): Wert der Funktion f an der Stelle x ;
Der Wert, der der Variablen x zugeordnet ist ;
abhängige Variable ; Funktionswert ; Funktionsterm ;
(so bedeutet etwa f(3) derjenige Wert aus W_f, der dem Wert 3 aus D_f zugeordnet ist, in Beispiel 2.1.3: f(3) = 14) ;

$x \mapsto f(x)$: Zuordnungsvorschrift, Abbildungsvorschrift ;

y = f(x): Zuordnungsvorschrift oder **Funktionsgleichung**, die definiert, auf welche Weise dem Wert x ein Funktionswert y (= f(x)) zugeordnet wird. *(Gelegentlich werden wir aus Vereinfachungsgründen schon dann von einer „Funktion" sprechen, wenn nur ihre Funktionsgleichung vorliegt, auch wenn dies nach dem Vorhergehenden mathematisch nicht korrekt ist.)*

Beispiel einer funktionalen Zuordnungsvorschrift (***alle Aussagen bedeuten dasselbe !***):

- Jeder reellen Zahl soll ihr um 2 vermindertes Quadrat zugeordnet werden ;
- $x \mapsto x^2 - 2$ mit $x \in \mathbb{R}$;
- $p \mapsto p^2 - 2$ mit $p \in \mathbb{R}$;
- $y = f(x) = -2 + x^2$ mit $x \in \mathbb{R}$;
- $A = h(B) = B^2 - 2$ mit $B \in \mathbb{R}$.

Man erkennt, dass es für die formale Zuordnung **unerheblich** ist, welche **Bezeichnungen** den Variablen gegeben werden:

- Die Zuordnung $C = y^2 - 1$ bedeutet **dasselbe** wie $y = C^2 - 1$ oder $K = x^2 - 1$.

Vorsicht bei der Wahl der Variablenbezeichnung ist lediglich dann geboten, wenn eine **Variable** eine bestimmte (***ökonomische***) **Größe** symbolisiert:

Beispiel 2.1.6: Es ist üblich (aber nicht zwingend vorgeschrieben), die folgenden Variablennamen zur Bezeichnung ökonomischer Größen zu verwenden:

C: Konsum ; Y: Einkommen ; K: Kosten/ Kapital ; p: Preis, Zinssatz ;

G: Gewinn ; k: Stückkosten ; U: Nutzen ; t: Zeit ;

i: Zinsrate ; I: Investitionsausgaben ; S: Sparquote ; r: Input ;

E, U: Erlös, Umsatz (wertmäßig) ; x: Output, Absatz (mengenmäßig) ;

L: Liquiditätsnachfrage ; u.v.a.m..

(siehe auch das Verzeichnis „Häufig verwendete Variablennamen" in der Einleitung dieses Buches).

Versteht man etwa unter C die „Konsumausgaben" und unter Y das „Einkommen" eines Haushaltes, so **unterscheiden** sich die eben genannten Zuordnungen

(i) $C = Y^2 - 1 \; ; \; Y \in \mathbb{R}^+$ und (ii) $Y = C^2 - 1 \; ; \; C \in \mathbb{R}^+$.

Zwar sind die bei beiden Zuordnungen auftretenden Wertepaare identisch (z.B. (1; 0), (2; 3), (3; 8), usw.), nur bedeuten im Fall (i) die links stehenden Zahlen Einkommenswerte, die rechts stehenden Zahlen Konsumwerte (so gehört zum Einkommen 2 der Konsum 3), während es im Fall (ii) gerade umgekehrt ist (zum Konsum 3 gehört nun das Einkommen 8, also nicht - wie zuvor - das Einkommen 2 !)

(5) Um zum Ausdruck zu bringen, dass die Größe y durch eine funktionale Zuordnung f von dem jeweiligen Wert x ($\in D_f$) „abhängt", schreibt man statt $y = f(x)$ häufig (***nicht ganz korrekt, aber bequem***) auch:

$$\mathbf{y = y(x)} \quad \text{(gelesen: „y gleich y von x")}$$

Beispiel: (vgl. (4)) $y(x) = x^2 - 2 \; , \; x \in \mathbb{R} \quad ; \quad A(B) = B^2 - 2 \; , \; B \in \mathbb{R}$.

(6) Die in $y = f(x)$ verwendeten Namen „unabhängige Variable" für x und „abhängige Variable" für y dürfen **nicht** dazu verleiten, zwischen x und y eine **Abhängigkeit** im **kausalen Sinne** zu konstruieren (wenn auch gelegentlich eine derartige Abhängigkeit bei ökonomischen Variablen vorkommt). So hängen beispielsweise die Umsatzzahlen der Huber GmbH (vgl. Beispiel 2.1.3) nicht notwendig kausal von den Zeiträumen ihrer Erzielung ab, sie sind vielmehr verschiedenen Zeiträumen (im mathematisch funktionalen Sinne) **zugeordnet**. Der Begriff „abhängige Variable" (hier für den Umsatz) soll lediglich zum Ausdruck bringen, dass die Umsatzzahlen den Zeiträumen (und nicht umgekehrt) zugeordnet sind.

(7) Schreibt man die Funktionsgleichung $y = f(x)$ in der Gestalt

$$\mathbf{y - f(x) = 0} \quad \text{bzw.} \quad \mathbf{g(x, y) = 0}$$

so wird auch dadurch eine Zuordnung definiert. Jetzt ist allerdings nicht von vorneherein erkennbar, welche Variable „abhängig" und welche Variable „unabhängig" sein soll. Dies muss vorher vereinbart werden (vgl. „implizite Funktionen" Kap. 2.1.5).

(8) Nach dem Vorhergehenden ist eine Funktion erst dann eindeutig definiert, wenn zu einer Zuordnungsvorschrift $y = f(x)$ die zugehörige **Definitionsmenge** D_f angegeben wird. Bei ökonomischen Funktionen wird man häufig nicht den (mathematisch) umfassendsten Definitionsbereich D_{max}, sondern den **ökonomisch sinnvollen Definitionsbereich** $D_{ök}$ (eine Teilmenge von D_{max}) zugrundelegen:

Beispiel: $K(x) = 0{,}1x + 7$, K: Gesamtkosten bei Produktion des Outputs x .
Offenbar gilt: $D_{max} = \mathbb{R}$. Da aber i.a. nur nichtnegative Outputwerte vorkommen können, legt man als ökonomisch sinnvollen Definitionsbereich $D_{ök}$ zugrunde:
$D_{ök} = \mathbb{R}_0^+ \; (= \{ x \in \mathbb{R} \mid x \geq 0 \})$.

Bei der Ermittlung des Definitionsbereiches einer Funktion kommt es häufig darauf an, diejenigen Werte für die unabhängige Variable zu ermitteln, für die **keine** Zuordnung möglich ist, weil ein nicht definierter Ausdruck entsteht:

Beispiel: $y = f(x) = \dfrac{x}{1 - x^2} \quad D_f = ?$

Da der Nenner nicht Null werden darf, müssen die Lösungen der Gleichung $1 - x^2 = 0$, d.h. 1 und -1, ausgeschlossen werden: $D_f = \mathbb{R} \setminus \{ -1, 1 \}$.

Beispiel: $y = f(x) = \sqrt{x-1}$ $\quad D_f = ?$

Da der Radikant größer oder gleich Null sein muss, d.h. $x - 1 \geq 0$, folgt: $D_f = \{ x \in \mathbb{R} \mid x \geq 1 \}$.

Wir wollen im folgenden – wenn nicht ausdrücklich etwas anderes vereinbart wird – stets den **maximalen (ökonomischen) Definitionsbereich** D_f ($\subset \mathbb{R}$) zugrundelegen.

(9) Liegt eine Funktion f in Form ihrer Funktionsgleichung $y = f(x)$ vor, so erhält man zu jedem x_o durch **Einsetzen** anstelle von x im Term f(x) den zugehörigen **Funktionswert** $\mathbf{f(x_o)}$.

Beispiel: Gegeben sei die Funktion f mit der Gleichung $\mathbf{f(x) = x^2 + 1}$, $D_f = \mathbb{R}$.

Dann gilt: $f(2) = 2^2 + 1 = 5$; $\quad f(-10) = (-10)^2 + 1 = 101$; $\quad f(p) = p^2 + 1$

$f(x + \Delta x) = (x + \Delta x)^2 + 1 = x^2 + 2x \cdot \Delta x + (\Delta x)^2 + 1$

$f(6p^2 - 9p + 4) = (6p^2 - 9p + 4)^2 + 1$ usw.

Wie die Beispiel zeigen, können in $f(x_o)$ für x_o Zahlen, Variable oder sogar Terme gewählt werden.

(10) Wie schon erwähnt, ist **nicht** durch **jede** Zuordnungsvorschrift eine Funktion definiert:

Beispiel: f: $f(x) = \sqrt{x}$; $x \in \mathbb{R}$:

f ist **keine** Funktion, weil für negative Werte von x der Term $\sqrt{x}$ nicht definiert ist. (Für $D_f = \mathbb{R}_0^+$ ist f allerdings eine Funktion !)

Beispiel: f: $y = \sqrt{-x^2}$; $x \in \mathbb{R}$:

f ist **keine** Funktion, weil y für kein $x \in \mathbb{R}$ (außer für $x = 0$) definiert ist.

Beispiel: f: $x \mapsto y$ mit $y^2 = x$ $\quad D_f = \mathbb{R}^+$:

f ist **keine** Funktion, weil die Zuordnung $x \mapsto y$ **nicht eindeutig** ist. Beispielsweise ist der Zahl $x = 9$ sowohl die Zahl $y = 3$ als auch die Zahl $y = -3$ zugeordnet.

Beispiel: $f(x) = \dfrac{1}{x^2 - 16}$; $D_f = \mathbb{R}$:

f(x) ist **keine** Funktion, weil den Zahlen $4, -4 \in D_f$ kein Funktionswert zugeordnet ist *(f ist aber für $D_f = \mathbb{R} \setminus \{ -4; 4 \}$ eine Funktion !)*.

(11) Kann die Funktion f nicht durch die Angabe einer Zuordnungsvorschrift in Gleichungsform beschrieben werden (etwa bei empirischen Funktionen, deren Werte z.B. aus Messdaten gewonnen werden), so stellt man die einander zugeordneten Wertepaare häufig in einer **Wertetabelle** zusammen:

Beispiel: $T = f(t)$: Lufttemperatur T als Funktion der Uhrzeit t, vgl. Tabelle:

t: Uhrzeit (h)	T: Lufttemperatur (°C)
9.00	12 °C
11.00	17 °C
12.00	20 °C
14.00	22 °C
16.00	22 °C
18.00	21 °C
...	...

Umgekehrt kann man i.a. zu jeder in Gleichungsform vorliegenden Zuordnung eine Wertetabelle aufstellen.

Beispiel: f: $y = f(x) = x^2 - 1$; $D_f = \mathbb{N}$:

x	1	2	3	4	5 ...
f(x)	0	3	8	15	24 ...

.

2.1.2 Graphische Darstellung von Funktionen

Nach Def. 2.1.2 versteht man unter einer Funktion f einerseits eine Zuordnung, andererseits die **Menge aller Paare (x ; y),** die bei der Zuordnung f einander zugeordnet sind: $f = \{ (x, y) \mid x \mapsto y = f(x) \wedge x \in D_f \}$.

Daher ist es möglich - wie bei jeder Paarmenge, vgl. Kapitel 1.1.7 - die zu einer Funktion f gehörenden Wertepaare (x ; y) in einem rechtwinkligen **Koordinatensystem** darzustellen, vgl. Abb. 2.1.7.

Jedes geordnete Paar (x ; y) einer Funktion lässt sich durch einen Punkt P im gewöhnlichen x, y - Koordinatensystem veranschaulichen.

x und y heißen **Koordinaten** des Punktes P(x ; y). Die erste Koordinate (hier x) heißt **Abszisse,** die 2. Koordinate (hier y) heißt **Ordinate.**

Die Menge aller dieser Punkte liefert den **Graphen** von f (oder das **Schaubild** von f).

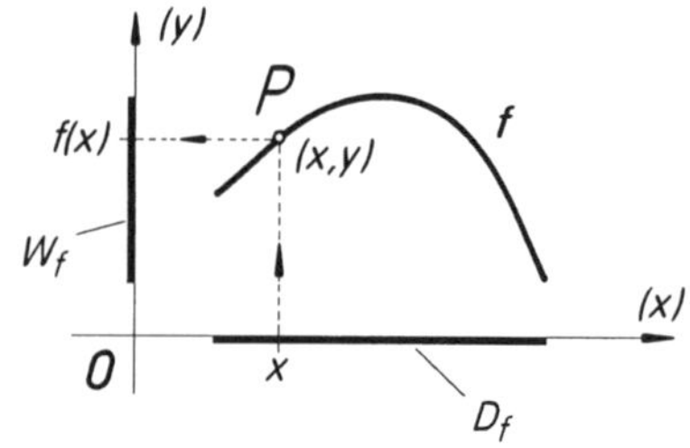

Abb. 2.1.7

Beispiel 2.1.8: (vgl. Beispiel 2.1.3) Der Zeit / Umsatz - Funktion U = U(t) von Beispiel 2.1.3 liegt folgende Wertetabelle zugrunde:

t	1	2	3	4	5	6
U	10	12	14	13	16	12

Dargestellt im (t, U) - Koordinatensystem erhalten wir den folgenden Funktionsgraphen (Abb. 2.1.9):

Der Graph von U(t) besteht aus sechs isolierten Punkten.

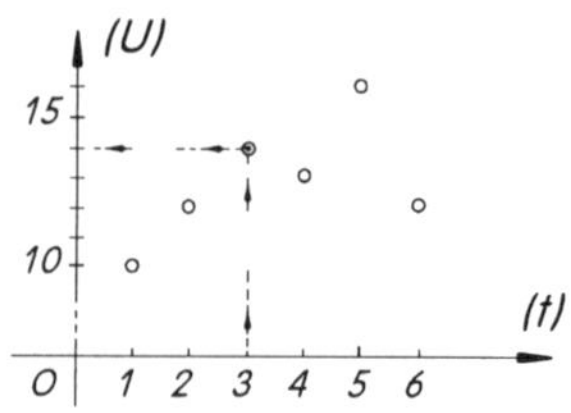

Abb. 2.1.9

Bemerkung 2.1.10: *i) Die* ***waagerechten*** *Koordinatenachse bezeichnet man auch als* ***Abszissenachse,*** *die* ***senkrechte*** *Koordinatenachse als* ***Ordinatenachse.***

Die durch die Koordinatenachsen abgeteilten Viertel der Ebene werden als ***Quadranten*** *bezeichnet, vgl. Abb. 2.1.11.*

ii) Die in der funktionalen Zuordnung $y = f(x)$ vorkommende ***unabhängige*** *Variable (hier x) trägt man vereinbarungsgemäß grundsätzlich auf der* ***Abszissenachse*** *ab (und somit stets die abhängige Variable y, d.h. die Funktionswerte f(x), auf der Ordinatenachse).*

Der an den Koordinatenachsen stehende Variablenname wird zweckmäßigerweise in Klammern gesetzt, an den Graphen der Funktion schreibt man zur Kennzeichnung den Funktionsnamen, z.B. f, vgl. Abb. 2.1.12:

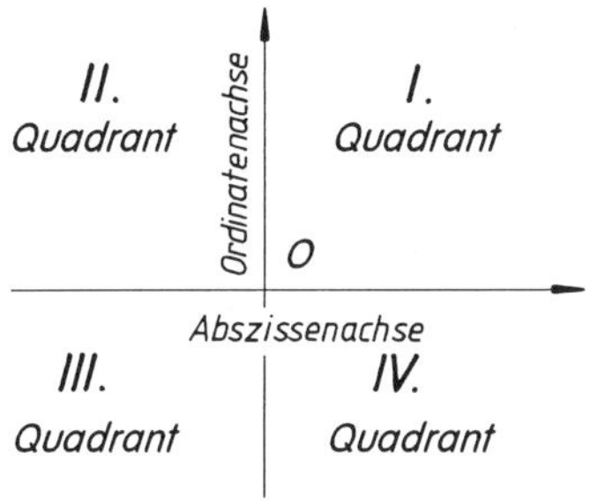

Abb. 2.1.11

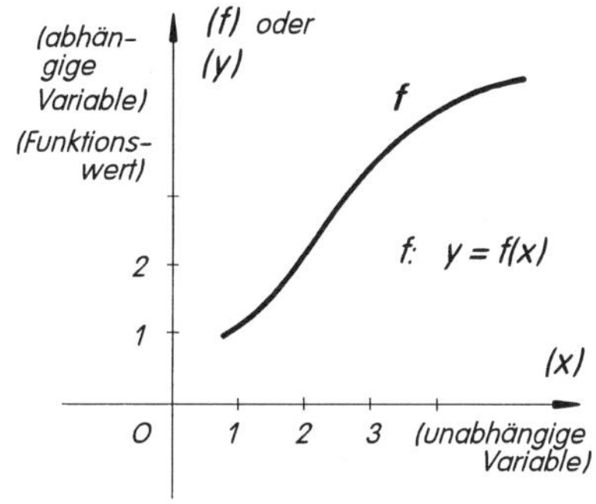

Abb. 2.1.12

*iii) Die Abszissenwerte werden nach rechts hin größer, die Funktionswerte (= Ordinatenwerte) nach oben hin. Der Achsenschnittpunkt 0 heißt **Ursprung** des Koordinatensystems (vgl. Abb. 2.1.12).*

Bei der graphischen Funktionsdarstellung ist es nicht unbedingt notwendig, auf beiden Koordinatenachsen denselben **Maßstab** zu verwenden.

Beispiel 2.1.13: f: $y = x + 1$; $D_f = \mathbb{R}$:

Abbildung 2.1.14 zeigt drei Funktionsschaubilder mit verschiedenen Achsenmaßstäben:

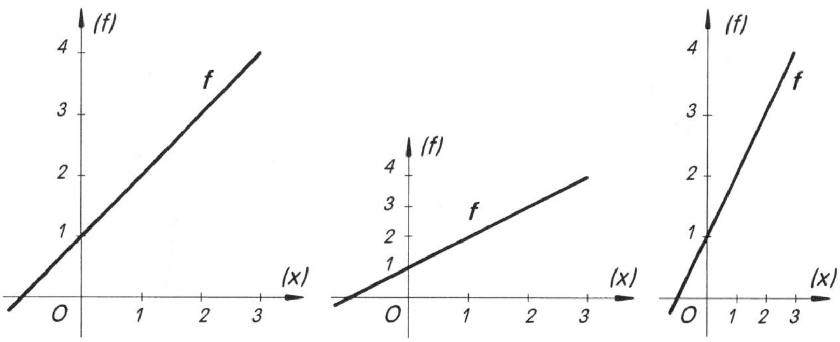

Abb. 2.1.14

Alle drei Schaubilder stellen **dieselbe** Funktion f dar. Häufig ergibt sich ein geeigneter Achsenmaßstab durch die Zahlenwerte der auftretenden Daten und die Forderung nach anschaulicher Darstellung. Zu beachten ist allerdings, dass jede Wahl eines Maßstabes zu optischen **Verzerrungen** führen kann, vgl. Abb. 2.1.14.

Im folgenden sind die **Graphen einiger häufig vorkommender Elementar-Funktionen** aufgeführt:

Beispiel 2.1.15:

i) $\boxed{y = x}$; $x \in \mathbb{R}$

x	-2	-1	0	1	2	3 ...
f(x)	-2	-1	0	1	2	3 ...

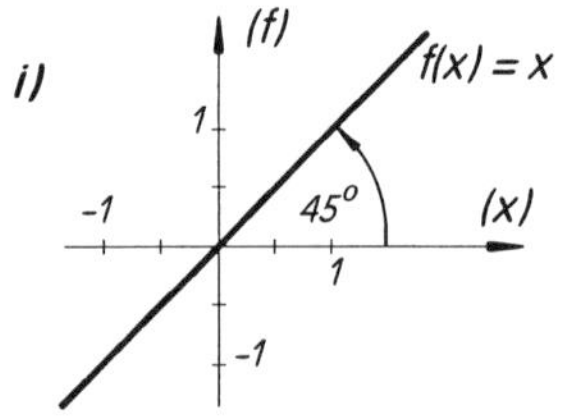

ii) $\boxed{y = x^2}$; $x \in \mathbb{R}$ **(Parabel)**

x	-2	-1	0	0,5	1	2 ...
f(x)	4	1	0	0,25	1	4 ...

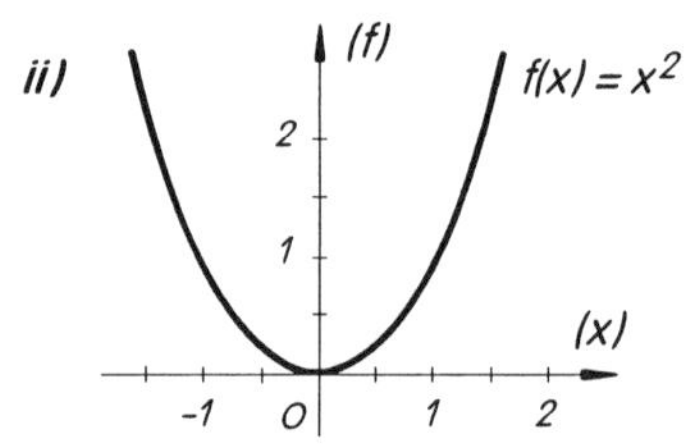

iii) $\boxed{y = x^3}$; $x \in \mathbb{R}$ **(kubische Parabel)**

x	-2	-1	0	0,5	1	2 ...
f(x)	-8	-1	0	0,125	1	8 ...

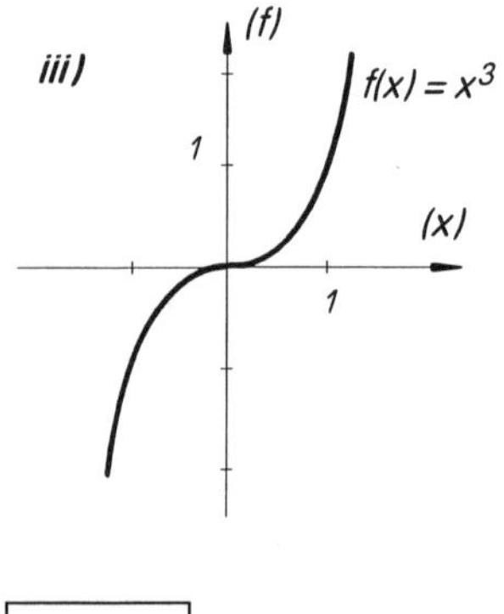

iv) $\boxed{y = \frac{1}{x}}$; $x \in \mathbb{R} \setminus \{ 0 \}$ **(Hyperbel)**

x	±4	±2	±1	$\pm\frac{1}{2}$	$\pm\frac{1}{4}$ ...
f(x)	$\pm\frac{1}{4}$	$\pm\frac{1}{2}$	±1	±2	±4 ...

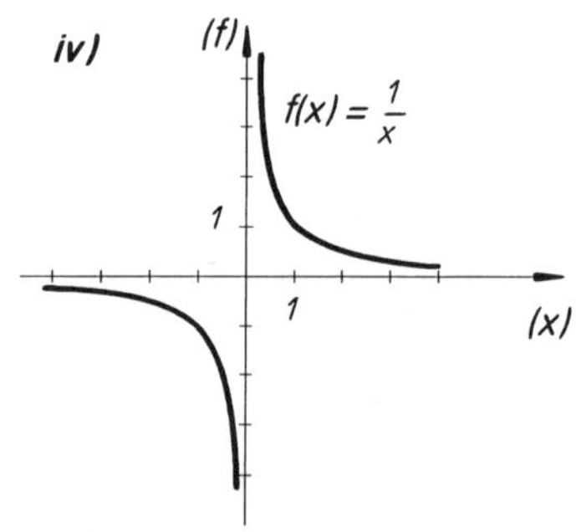

v) $\boxed{y = \sqrt{x}}$; $x \in \mathbb{R}_0^+$ **(Wurzelfunktion)**

x	0	1	2	4	9 ...
f(x)	0	1	1,41...	2	3 ...

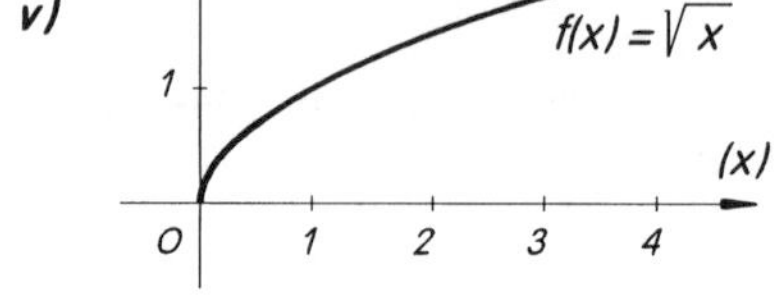

vi) $y = e^x$; $x \in \mathbb{R}$ **(Exponentialfunktion,** vgl. Kap. 2.3.4)

x	-5	-1	0	1	2	5 ...
f(x)	0,007	0,368	1	2,718 (= e)	7,389	148,4 ...

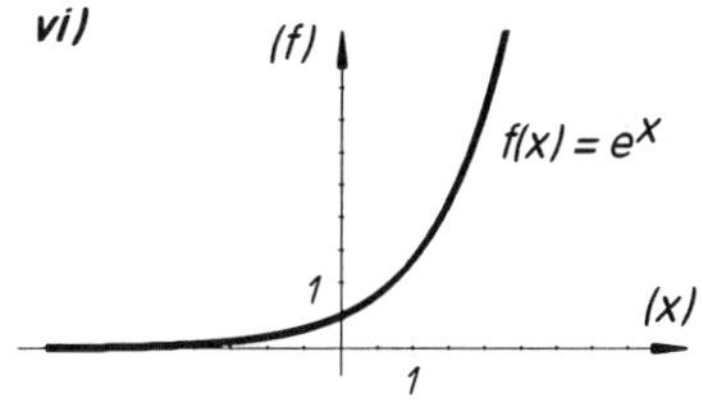

vii) $y = \ln x$; $x \in \mathbb{R}^+$ **(Logarithmusfunktion,** vgl. Kap. 2.3.5)

x	0,01	0,10	1	2	e	10 ...
f(x)	-4,605	-2,303	0	0,693	1	2,303 ...

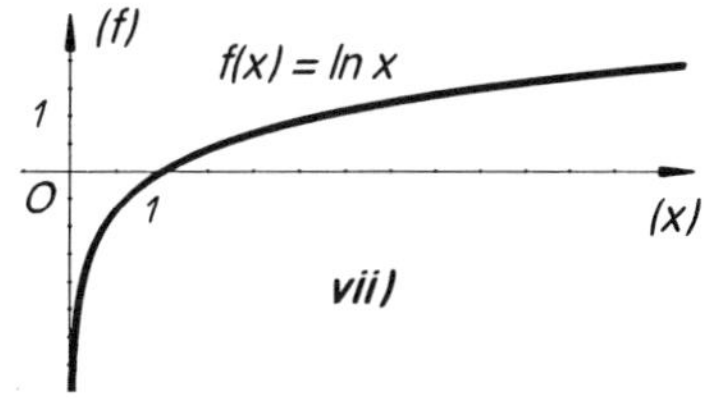

Bemerkung 2.1.16: *In vielen Fällen nützlich ist die folgende (nach dem Vorhergehenden eigentlich selbstverständliche) Eigenschaft von Funktionspunkten:* ***Liegt ein Punkt P*** *mit den Koordinaten* (x_o, y_o) ***auf dem Graphen der Funktion f*** *mit der Funktionsgleichung* $y = f(x)$, *so* ***genügen die Koordinaten*** (x_o, y_o) *dieses Punktes P* ***der Funktionsgleichung*** $y_o = f(x_o)$ *(d.h. die Gleichung* $y = f(x)$ *wird beim Einsetzen von* y_o *(für y) und* x_o *(für x) wahr).*

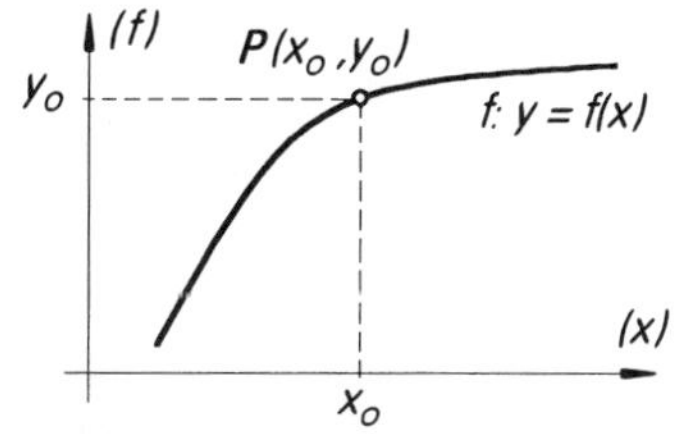

Beispiel: *Es sei bekannt, dass der Punkt P mit den Koordinaten (3 ; 7) auf dem Graphen der Funktion f mit* $y = f(x) = ax^2 + bx + c$ *liegt (a, b, c sind reelle Konstanten). Dann muss notwendigerweise die Gleichung* $9a + 3b + c = 7$ *wahr sein.*

Die **Eindeutigkeit** der funktionalen Darstellung kann besonders gut am Funktionsgraphen **überprüft** werden: **Eindeutigkeit** einer Funktion f: y = f(x) besagt, dass es zu **jedem** x ($\in D_f$) **genau ein** (d.h. nicht mehr und nicht weniger als ein) y ($\in W_f$) als Funktionswert gibt.

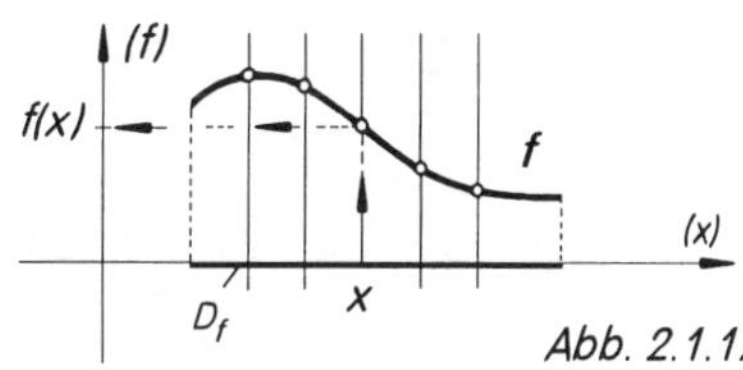

Abb. 2.1.17

Graphisch bedeutet dies nichts anderes, als dass es zu jedem $x \in D_f$ genau einen **senkrecht** darüber (oder darunter) gelegenen **Kurvenpunkt** geben darf, mit anderen Worten, dass **jede Senkrechte** den Funktionsgraphen **genau einmal schneiden** muss (vgl. Abb. 2.1.17).

So gehört etwa der Graph in Abb. 2.1.18 **nicht** zu einer Funktion: Zu unendlich vielen Werten x ($\in D_f$) gehört **mehr als ein** zugeordneter Wert f(x) (im Beispiel bis zu 3 verschiedene Werte !) .

In Abb. 2.1.18 erkennt man, dass es (***beliebig viele***) Senkrechte innerhalb von D_f gibt, die den Graphen **mehr als einmal** schneiden.

Abb. 2.1.18

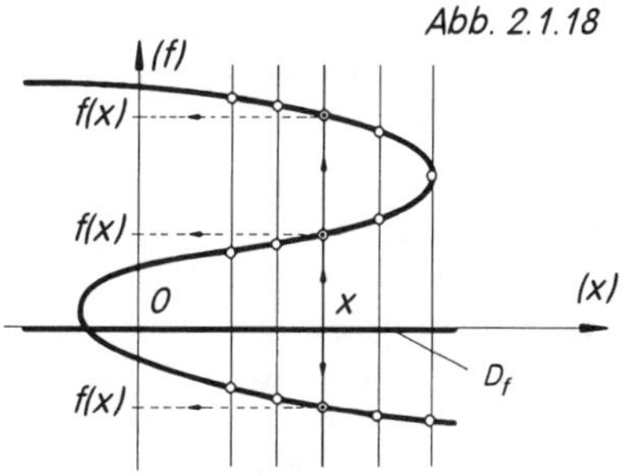

Bemerkung 2.1.19: *Auch die nicht eindeutigen und daher nicht zu Funktionen gehörenden Zuordnungen (wie etwa in Abb. 2.1.18 dargestellt) stellen eine Beziehung zwischen zwei Variablen her. Derartige (allgemeine) Zuordnungen (bzw. ihre Paarmengen) heißen* ***Relationen****. (Daher nennt man eine Funktion auch* ***funktionale Relation****.)*

Aufgabe 2.1.20: Gegeben sind die Graphen in Abb. 2.1.21. Man ermittle die Fälle, in denen es sich um **Funktions**graphen handelt.

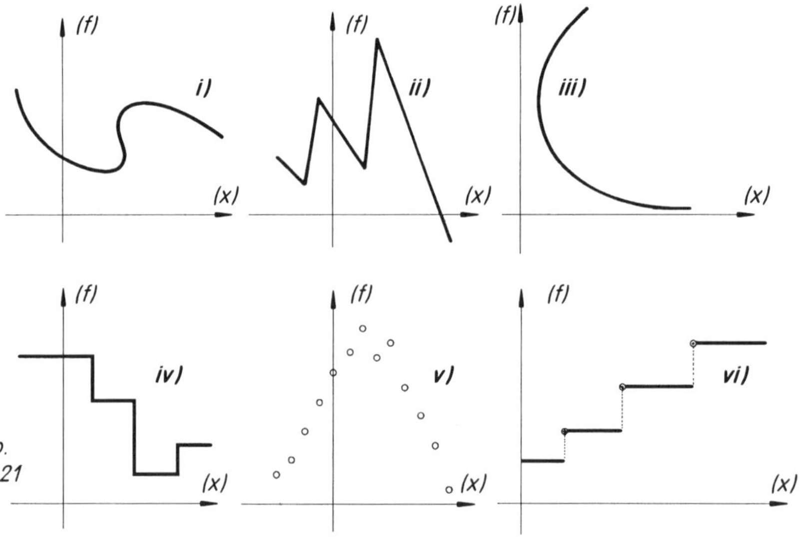

Abb. 2.1.21

Aufgabe 2.1.22: i) Welche Paarmengen stellen eine Funktion dar ?

a) { (1; 1), (2; 1), (3; 1), (4; 1) } ; **b)** { (1; 1), (2; 3), (1; 4), (2; 5) } ;

c)

x	-2	-1	0	1	2	3
f(x)	8	4	1	4	8	1

ii) Man ermittle von den angegebenen Funktionen den maximalen Definitionsbereich, eine Wertetabelle und skizziere den Graphen.

a) f: $f(x) = \frac{1}{2}x^2 - 1$; **b)** g: $g(x) = -2x^2 + 25$; **c)** h: $h(x) = \frac{1}{x^2 - 49}$; **d)** k: $k(x) = \sqrt{49 - x^2}$.

iii) Welche der Punkte P_1, ..., P_8 gehören zu den Graphen der Funktionen f, g, h bzw. k der vorangegangenen Aufgabe ii) ?

$P_1 = (7\,;0)$, $P_2 = (0\,;7)$, $P_3 = (-7\,;0)$, $P_4 = (0\,;-7)$, $P_5 = (4\,;7)$, $P_6 = (-4\,;7)$, $P_7 = (8\,;-\sqrt{15})$, $P_8 = (\sqrt{15}\,;-34)$.

iv) Im Bäckerladen. Ein kleiner Junge streckt die geschlossene Faust mit Kleingeld über den Tresen: „Ein Brot, bitte.“ Die Bäckersfrau entnimmt das Kleingeld mit der Bemerkung: „Mal sehen, was für ein Brot es sein soll.“
Welche Beziehung muss zwischen Brotpreisen und Brotsorten in diesem Fall bestehen ?

Aufgabe 2.1.23: Gegeben sind folgende Funktionen f und g:

$$f:\ f(x) = 2x^2 + x - 4 \qquad g:\ g(t) = \sqrt{t^2 - 16}$$

i) Man ermittle jeweils den Definitionsbereich von f und g .

ii) Man ermittle für jeden der nachstehend aufgeführten Ausdrücke das entsprechende Wertepaar (x ; f) bzw. (t ; g): *(Bsp.: zu f(a) gehört das Paar: (x ; f) = (a ; 2a²+a - 4) usw.)*

$f(2)$, $f(-4)$, $g(-2)$, $g(4)$, $g(x)$, $f(-t)$, $g(2t)$, $f(\frac{a}{b})$, $g(x + \Delta x)$, $g(t - 4)$, $f(x^2 - 4)$, $g(\sqrt{x^2 + 16})$, $f(x_o + h)$, $f(2x^2 + x - 4)$.

Aufgabe 2.1.24: Gegeben seien 9 (*zunächst leere*) Gefäße A bis I, vgl. Skizze:

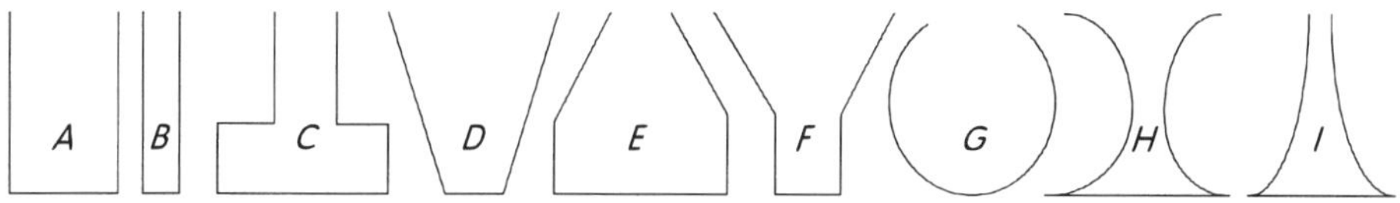

Jedes Gefäß werde nun kontinuierlich mit Wasser gefüllt, die Zuströmgeschwindigkeit des Wassers sei stets konstant. Der Füllvorgang beginne jeweils bei einer Füllhöhe h = 0 im Zeitpunkt t = 0. Zu jedem Zeitpunkt t ≥ 0 ergibt sich somit genau eine Füllhöhe h, d.h. die Füllhöhe h ist eine Funktion h(t) der Zeit t (≥ 0).

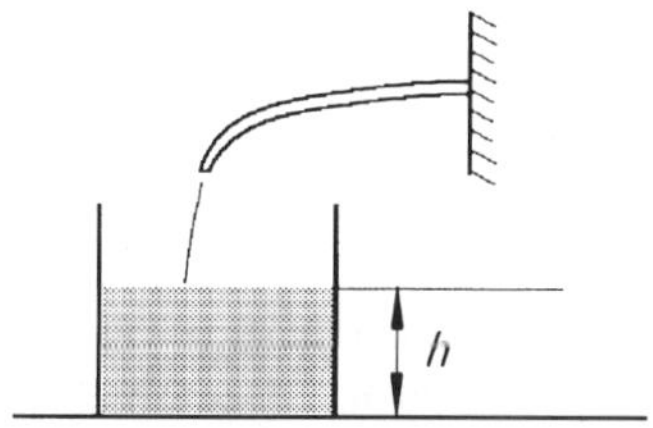

10 derartige „Füllfunktionen" h(t) sind graphisch dargestellt:
(Dabei sind nur solche Zeiten t berücksichtigt, die ***vor*** *dem Überlaufen des jeweiligen Gefäßes liegen.)*

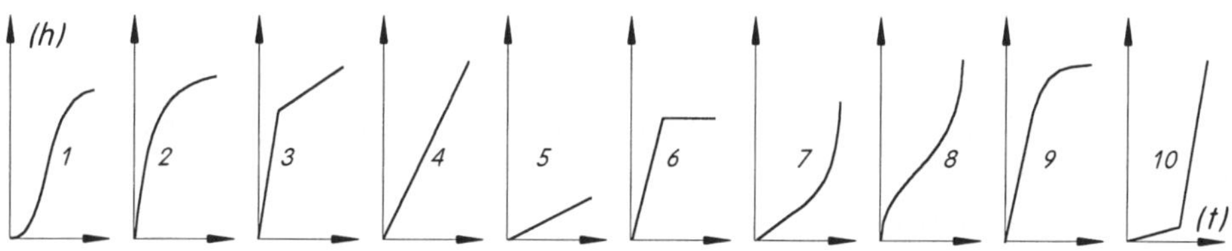

Welche Füllfunktion gehört zu welchem Gefäß ?

2.1.3 Abschnittsweise definierte Funktionen

Häufig ist es **nicht** möglich, eine Funktion f in ihrem **gesamten** Definitionsbereich D_f durch einen **einzigen**, geschlossenen Funktionsterm darzustellen. Vielmehr gehört zu jedem einzelnen **Abschnitt** ihres Definitionsbereiches jeweils ein **anderer** Funktionsterm, man spricht von **abschnittsweise definierten** Funktionen.

Beispiel 2.1.25:

i) („Portofunktion")

Die Funktion k mit

$$k(x) = \begin{cases} 0{,}56 & \text{für} \quad 0 < x \leq 20 \\ 1{,}12 & \text{für} \quad 20 < x \leq 50 \\ 1{,}53 & \text{für} \quad 50 < x \leq 500 \\ 2{,}25 & \text{für} \quad 500 < x \leq 1000 \end{cases}$$

beschreibt die Briefportokosten k (in €) in Abhängigkeit vom Briefgewicht x (in g), Abb. 2.1.26 (zulässige Maße vorausgesetzt).

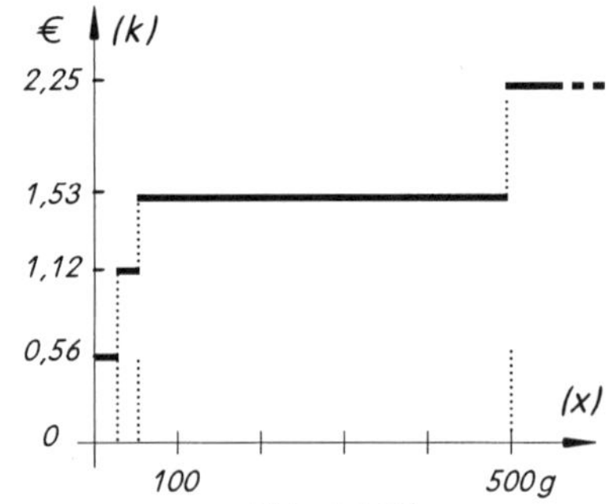

Abb. 2.1.26

ii)

$$K(x) = \begin{cases} 10 + x & \text{für} \quad 0 \leq x \leq 100 \\ 60 + 0{,}50x & \text{für} \quad 100 < x \leq 500 \\ 185 + 0{,}25x & \text{für} \quad 500 < x \end{cases}$$

(z.B. Gesamtkostenfunktion mit abschnittsweise konstanten degressiven variablen Kosten; Abb. 2.1.27)

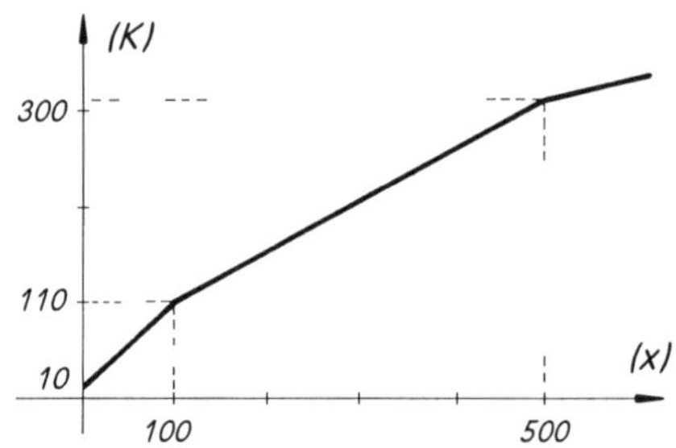

Abb. 2.1.27

iii) Der folgende Text gibt auszugsweise den **§32a** des Einkommensteuergesetzes *(ab Veranlagungszeitraum 2005)* wieder:

„§32a Einkommensteuertarif

(1) Die tarifliche Einkommensteuer bemisst sich nach dem zu versteuernden Einkommen. Sie beträgt ... jeweils in Euro für zu versteuernde Einkommen

1. bis 7 664 Euro (Grundfreibetrag): 0;
2. von 7 665 Euro bis 12 739 Euro: $(883{,}74 \cdot y + 1\,500) \cdot y$;
3. von 12 740 Euro bis 52 151 Euro: $(228{,}74 \cdot z + 2\,397) \cdot z + 989$;
4. von 52 152 Euro an: $0{,}42 \cdot x - 7\,914$;

„y" ist ein Zehntausendstel des 7 664 Euro übersteigenden Teils des auf einen vollen Euro-Betrag abgerundeten zu versteuernden Einkommens. „z" ist ein Zehntausendstel des 12 739 Euro übersteigenden Teils des auf einen vollen Euro-Betrag abgerundeten zu versteuernden Einkommens. „x" ist das auf einen vollen Euro-Betrag abgerundete zu versteuernde Einkommen. Der sich ergebende Steuerbetrag ist auf den nächsten vollen Euro-Betrag abzurunden.

Die sich daraus ergebende **Steuerfunktion** S(E) [S: Einkommensteuer (in €/Jahr), E: zu versteuerndes (abgerundetes) Einkommen (in €/Jahr)] ist eine **abschnittsweise** definierte Funktion: in jedem der Bereiche $0 \leq E \leq 7.664$; $7.664 < E \leq 12.739$; $12.739 < E \leq 52.151$; $E > 52.151$ wird S durch einen anderen Funktionsterm beschrieben (Abb. 2.1.28)

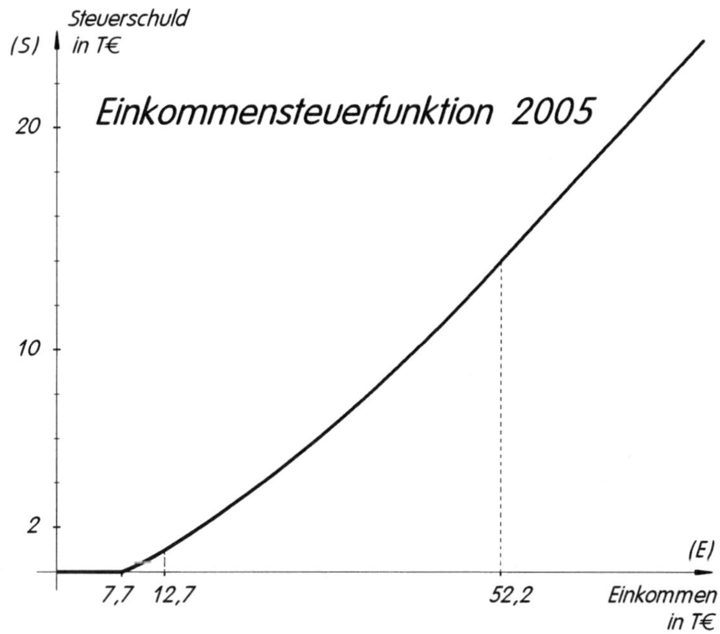

Abb 2.1.28

Bemerkung 2.1.29: *Wie an den vorangehenden Beispielen erkennbar ist, kann es an den Nahtstellen der Definitionsbereiche zu eigenartigem Verhalten der entsprechenden abschnittsweise definierten Funktion kommen, z.B. in Form von „Unstetigkeiten" wie in Beispiel 2.1.25 i) (vgl. Kap. 4.4) oder in Form von „Ecken" wie in Beispiel 2.1.25 ii) (vgl. Kap. 6.4.5).*

Aufgabe 2.1.30: Man ermittle anhand von §32a des Einkommensteuergesetzes (vgl. Beispiel 2.1.25 iii)) die Einkommensteuer S bei einem jährlich zu versteuernden Einkommen E von:

i) 7.664,90 €	**ii)** 7.670,99 €	**iii)** 7.671,01 €	**iv)** 12.739,00 €
v) 12.740,00 €	**vi)** 60.000,00 €	**vii)** 100.000,00 €	**viii)** 500.000,00 €

und zwar a) **ohne** sowie b) **mit** Berücksichtigung der Rundungsvorschriften für E.

Aufgabe 2.1.31: Man skizziere die folgende Funktion f im Intervall $[-3; 5]$:

$$f(x) = \begin{cases} x^2 - 1 & \text{für } x \leq 0 \\ 2x - 1 & \text{für } 0 < x \leq 2 \\ \dfrac{4}{x} + 3 & \text{für } x > 2 \end{cases}$$

2.1.4 Umkehrfunktionen

Für ein Gut existiere auf dem Markt die folgende Nachfragefunktion:

(2.1.32) $p = f(x) = -\frac{1}{2}x + 5$; x: nachgefragte Menge (in ME); p: Preis (in GE/ME) ;

$D_f = [\,0; 10\,]$, $W_f = [\,0; 5\,]$.

Durch die funktionale Zuordnung f: $x \mapsto p = -\frac{1}{2}x + 5$ wird jeder **Menge** x (aus D_f) genau ein zugehöriger **Marktpreis p zugeordnet**.

So ist etwa einer nachgefragten Menge von 4 ME ein Marktpreis von 3 GE/ME zugeordnet, vgl. Abb. 2.1.33.

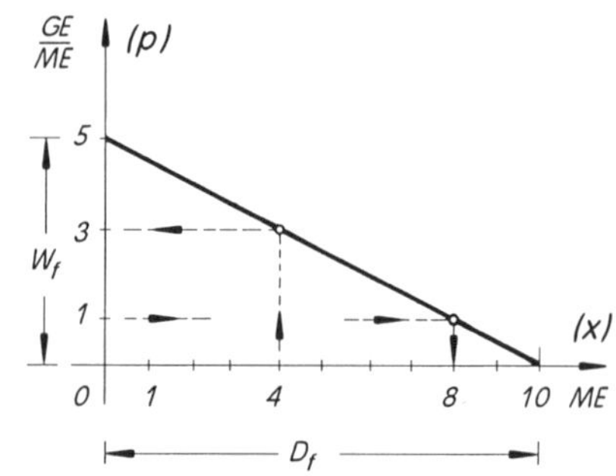

Abb. 2.1.33

Andererseits ist es häufig so, dass die **umgekehrte** Zuordnung von Interesse ist:

Gegeben sei ein Marktpreis p, gesucht ist die zugehörige nachgefragte Menge x. Offensichtlich handelt es sich dabei um die „umgekehrte" Zuordnung $p \mapsto x$:
Um etwa die zum Preis p = 1 zugehörige nachgefragte Menge zu erhalten, gelangt man in Abb. 2.1.33 von dem entsprechenden Ordinatenwert p = 1 (GE/ME) „rückwärts" auf eindeutige Weise zum zugehörigen Abszissenwert x = 8 (ME). Die entsprechende **inverse Zuordnungsvorschrift** g: $p \mapsto x(p)$ (in Gleichungsform) erhält man aus der ursprünglichen Funktionsgleichung

(2.1.32) f: $p = -\frac{1}{2}x + 5$; $D_f = [0; 10]$; $W_f = [0; 5]$,

indem man diese Gleichung nach x umstellt:

(2.1.34) g: $x = -2p + 10$; $D_g\,(= W_f) = [0; 5]$; $W_g\,(= D_f) = [0; 10]$.

An diesem Beispiel erkennt man: Damit eine Funktion f: $x \mapsto y = f(x)$ **umkehrbar** ist, ist es notwendig, dass **zu jedem Funktionswert** y ($\in W_f$) **genau ein Wert** x ($\in D_f$) der **unabhängigen** Variablen existiert: Die **inverse** Zuordnung g: $y \mapsto x = g(y)$ muss wieder **eindeutig** sein.

Bemerkung 2.1.35: *Dass dies nicht selbstverständlich ist, zeigt das folgende Beispiel der aus (2.1.32) abgeleiteten „Erlösfunktion":*

$$E(x) = x \cdot p(x) = -\frac{1}{2}x^2 + 5x$$

*So gibt es etwa zum Erlös 8 GE sowohl die Menge 2 als auch die Menge 8 als zugeordnete Werte, vgl. Abb. 2.1.36. Die Zuordnung $E \mapsto x$ ist **nicht** eindeutig, also **keine** Funktion (wohl aber eine Relation, vgl. Bemerkung 2.1.19).*

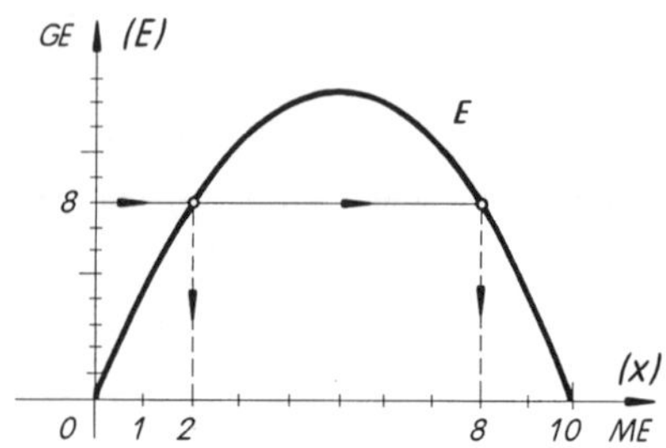

Abb. 2.1.36

Zusammenfassend erhalten wir:

Def. 2.1.37: (Umkehrfunktion)

Eine Funktion f: $x \mapsto y = f(x)$ mit $x \in D_f$; $y \in W_f$ heißt (eindeutig) **umkehrbar** (oder **eineindeutig**), wenn es **zu jedem** y ($\in W_f$) **genau ein** x ($\in D_f$) gibt.

Die Zuordnung g: $y \mapsto x = g(y)$; $y \in W_f = D_g$ heißt **Umkehrfunktion** oder **inverse Funktion** zu f (und wird daher auch häufig mit f^{-1} („f invers") bezeichnet).

Bemerkung 2.1.38: ***i)*** *Ist das Schaubild einer Funktion f gegeben, so lässt sich die Frage nach der Umkehrbarkeit von f leicht entscheiden:*

f ist umkehrbar, wenn jede ***Waagerechte*** *(innerhalb W_f) den Funktionsgraphen* ***genau einmal schneidet****, vgl. Abb. 2.1.39.*

Abb. 2.1.39

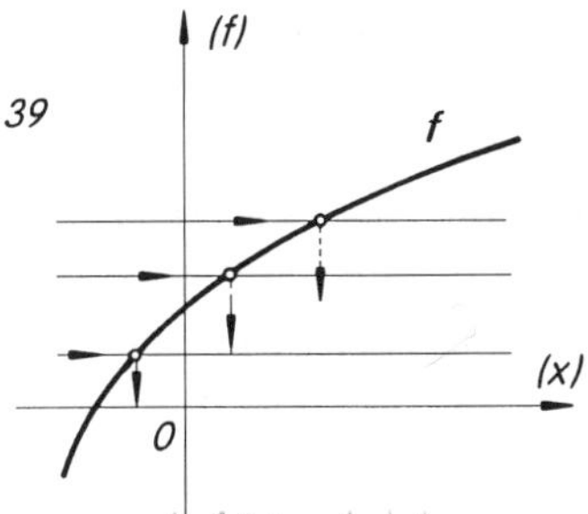

a) f ist umkehrbar (d.h. f^{-1} existiert)

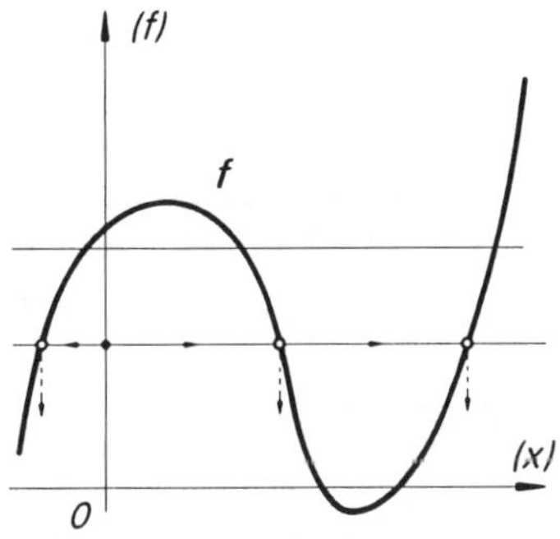

b) f ist **nicht** umkehrbar (f^{-1} existiert **nicht**)

(Negativ ausgedrückt: f besitzt eine Umkehrfunktion f^{-1}, wenn es ***keine*** *Waagerechte gibt, die den Funktionsgraphen von f* ***mehr*** *als einmal schneidet.)*

ii) *Um aus der Funktionsgleichung $y = f(x)$ die Gleichung $x = g(y)$ der Umkehrfunktion zu erhalten, löst man die ursprüngliche Funktionsgleichung $y = f(x)$ nach der unabhängigen Variablen (hier x) auf. Ist diese Auflösung eindeutig möglich, so handelt es sich bei $x = g(y)$ um die Gleichung der zu f gehörigen Umkehrfunktion.*

Beispiele:

a) $f: y = f(x) = \frac{2x-4}{x-1}$; $D_f = \mathbb{R} \setminus \{1\}$, $W_f = \mathbb{R} \setminus \{2\}$

$\Leftrightarrow y(x-1) = 2x-4 \Leftrightarrow yx - y = 2x - 4$

$\Leftrightarrow yx - 2x = y - 4 \quad \Leftrightarrow x(y-2) = y - 4 \quad \Leftrightarrow$

$x = \frac{y-4}{y-2} = g(y)$; $D_g = W_f$; $W_g = D_f$

(Gleichung der Umkehrfunktion zu f , vgl. Abb. 2.1.40).

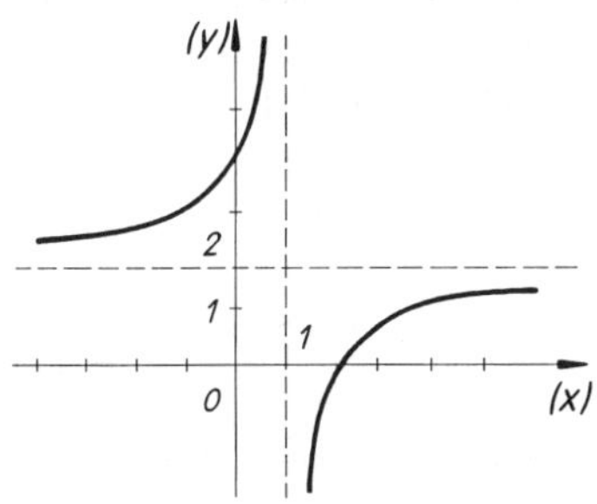

Abb. 2.1.40

b) $f\colon y = f(x) = \frac{1}{2}x^2 + 1 \quad ; D_f = \mathbb{R}$

$W_f = [1; \infty]:$

Die schon am Graphen (Abb. 2.1.41) erkennbare Mehrdeutigkeit der inversen Zuordnung drückt sich in der Mehrdeutigkeit der Auflösung nach x aus:

$\frac{1}{2}x^2 = y - 1 \Leftrightarrow x^2 = 2y - 2$

$\Leftrightarrow x = \sqrt{2y-2} \vee x = -\sqrt{2y-2}$

*(**zwei** mögliche inverse Zuordnungen).*

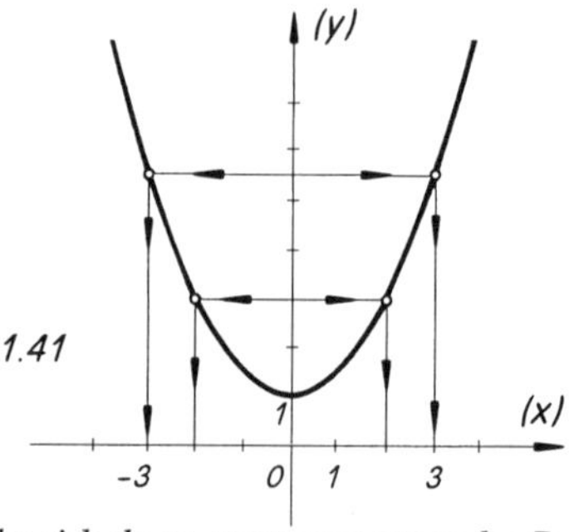

Abb. 2.1.41

Also besitzt f keine Umkehrfunktion. Etwas anderes ergäbe sich dann, wenn man zuvor den Definitionsbereich von f nur auf nichtnegative x-Werte ($D_f = \mathbb{R}_o^+$) ***beschränkt**. Dann gibt es bei der Umformung auch nur die positive Lösung* $x = \sqrt{2y-2}$, *die Umkehrung wäre eindeutig und* $g\colon y \mapsto x = \sqrt{2y-2}\ ;\ D_g = \{y \in \mathbb{R} \mid y \geq 1\} = W_f$, *die Gleichung der Umkehrfunktion g zu f.*

***iii)** Gelegentlich schreibt man die zusammengehörigen Terme von Funktion und Umkehrfunktion auch in der (nicht ganz korrekten, aber sinnvollen) Schreibweise:*

$f\colon y = y(x)$ *[Funktion]* ; $\qquad f^{-1}\colon x = x(y)$ *[Umkehrfunktion].*

***Beispiel:** (vgl. (2.1.32), (2.1.34))* $p(x) = -\frac{1}{2}x + 5\ , \quad x(p) = -2p + 10\ .$

Weiterhin erkennt man, dass die nochmalige Umkehrung der Umkehrfunktion wieder zur ursprünglichen Funktion f führt:

$$\boxed{f^{-1}(f^{-1}) = f}$$ *(Die **Inverse** der **Inversen** ist die **Ausgangsfunktion**).*

Bei der graphischen Darstellung der Umkehrfunktion f^{-1} zu f beachte man, dass vereinbarungsgemäß stets die **unabhängige Variable** auf der **Abszisse** abgetragen wird (vgl. Bemerkung 2.1.10 ii)).

Nun vertauschen bei der Bildung der Umkehrfunktion die Variablen gerade ihre Rollen: aus der abhängigen Variablen y in y = f(x) wird die unabhängige Variable y in x = g(y) (und umgekehrt).

Beispiel: f: $y = \frac{1}{2}x + 1$ — x: unabhängige Variable; y: abhängige Variable

$\Leftrightarrow$ $f^{-1}\colon x = 2y - 2$ — y: unabhängige Variable; x: abhängige Variable .

Zwar sind die zugeordneten Werte von x und y in beiden Fällen gleich (so gehört etwa x = 4 zu y = 3 und y = 3 zu x = 4 usw.), aber die graphische Darstellung ändert sich wegen der o.a. Konvention, vgl. Bem. 2.1.10 ii).

Wenn wir beachten, dass nach dieser Konvention dem Punkt (x , y) = (4 ; 3) von f der Punkt (y , x) = (3 ; 4) von f^{-1} entspricht, so erkennen wir, dass beide Punkte offenbar durch **Vertauschen** von x und y entstehen (Abb. 2.1.42).

Ein **Vertauschen** der Koordinaten x und y bewirkt denselben Effekt wie eine **Spiegelung** des Graphen von f incl. der Koordinatenachsen an der Winkelhalbierenden des ersten und dritten Quadranten; vgl. Abb. 2.1.42.

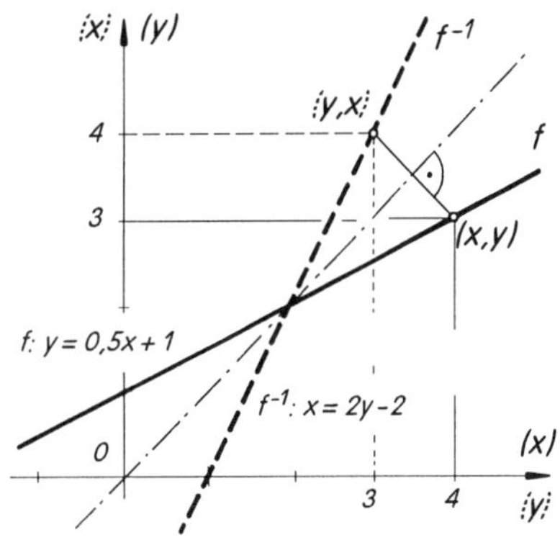

Abb. 2.1.42

Zusammenfassend erhalten wir

Satz 2.1.43: Wird die **unabhängige Variable** stets auf der **Abszisse** abgetragen, so gehen die Graphen der Funktion f und ihrer Umkehrfunktion f^{-1} durch **Spiegelung an der Winkelhalbierenden** des I. und III. Quadranten auseinander hervor (dabei werden die Koordinatenachsen *(incl. der zugehörigen Maßeinheiten)* ebenfalls gespiegelt).

Bemerkung 2.1.44: *Was in Satz 2.1.43 für Funktionen gesagt ist, gilt allgemein für beliebige (auch nicht eindeutige) Relationen R und ihre Umkehrrelationen R^{-1}, vgl. z.B. Abb. 2.1.45:*

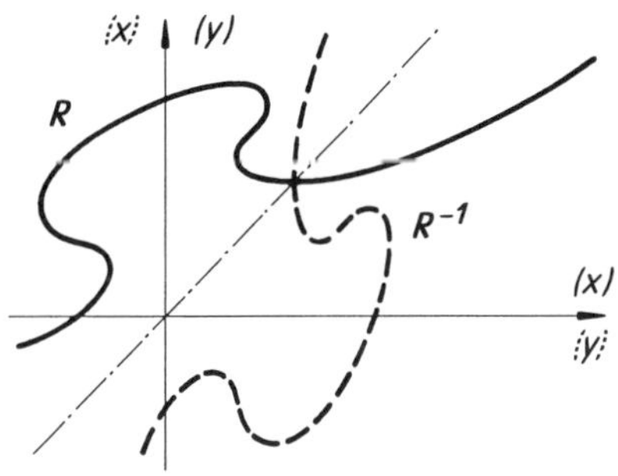

Abb. 2.1.45

Beispiel 2.1.46:

f: $y = \frac{1}{4}x^2$; $x \geq 0$; $y \geq 0$

[Funktion] $\Leftrightarrow$

f^{-1}: $x = 2\sqrt{y}$; $y \geq 0$; $x \geq 0$

[inverse Funktion] ,

vgl. Abb. 2.1.47:

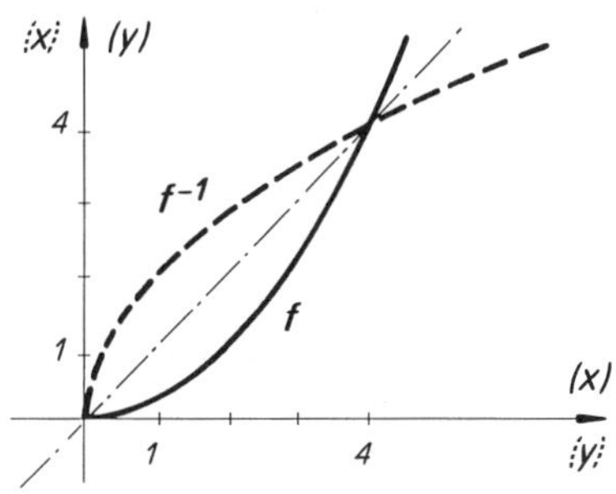

Abb. 2.1.47

Bemerkung 2.1.48: *In manchen Büchern wird empfohlen, die Umkehrfunktion zu* $y = f(x)$ *dadurch zu ermitteln, dass man zunächst die Variablen vertauscht:* $x = f(y)$, *und anschließend nach* y *auflöst:* $y = g(x) = f^{-1}(x)$.

Selbstverständlich handelt es sich bei dieser Darstellung ebenfalls um die Gleichung der Umkehrfunktion. Allerdings haben die ***Variablen*** *ihre* ***Namen getauscht****. Bei ökonomischen Funktionen stehen die Variablennamen stellvertretend für ökonomische Größen, z.B.* x *für Menge,* p *für Preis usw.. Würde man bei Bildung der Umkehrfunktion diese Variablennamen vertauschen, so ginge die Zuordnung von Variablennamen zu ökonomischen Größen verloren, mehr noch, es käme zu Missverständnissen in der ökonomischen Deutung der Funktion:*

Beispiel: *(vgl. (2.1.32)) In der Nachfragefunktion*

(2.1.49) $p(x) = -\frac{1}{2}x + 5$ *bedeuten* p: *Preis ;* x: *Menge.*

Nach dem eben skizzierten, häufig anzutreffenden Vorgehen zur Bildung der Umkehrfunktion vertauscht man zunächst die Variablen:

$$x = -\frac{1}{2}p + 5$$

und löst diese Gleichung nach p *auf (vgl. (2.1.34)):*

(2.1.50) $p = -2x + 10$.

Zwar hat man auf diese Weise erreicht, dass die unabhängige Variable stets x *heißt (und somit eine Umorientierung des Koordinatensystems gemäß der Konvention nicht erforderlich ist), allerdings bedeuten in (2.1.50)* p *eine* ***Mengen****größe und* x *eine* ***Preis****größe, entgegen allen ökonomischen Konventionen.*

Um derartige Missverständnisse zu vermeiden, achte man darauf, dass bei Umformung ökonomischer Gleichungen und Funktionen die ***Variablen*** *stets ihre* ***unveränderte Bedeutung*** *behalten.*

Aufgabe 2.1.51: i) Welche der in Aufgabe 2.1.20 dargestellten Graphen besitzen als Umkehrung eine **Funktion** ?

ii) Von folgenden Funktionen gebe man den Definitionsbereich sowie die Gleichungen der Umkehrzuordnungen an. Handelt es sich um Umkehr**funktionen** ?

Man skizziere jeweils f und die inverse Funktion f^{-1} bzw. Relation R^{-1}.

a) $f(x) = x^3 - 1$ b) $k(z) = \frac{5z - 8}{6z + 7}$ c) $h(v) = \frac{2v^2 - 3}{v + 1}$

d) $g(x) = \sqrt{x^3 + 3}$ e) $f(x) = \frac{1}{x^2}$.

iii) Gegeben sei der Graph (vgl. Abb. 2.1.52) einer ertragsgesetzlichen Produktionsfunktion x = x(r) (x: mengenmäßiger Output; r: mengenmäßiger Input).

Man skizziere die zugehörige Umkehrfunktion r(x) im gleichen Koordinatensystem.

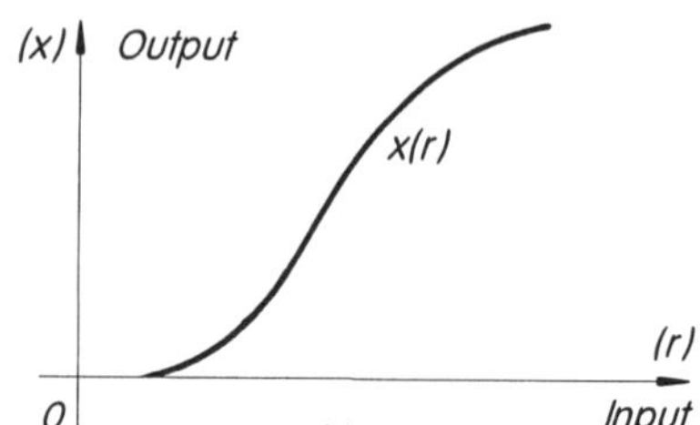

Abb. 2.1.52

Aufgabe 2.1.53:

Man skizziere die nebenstehende Funktion und gebe im gleichen Koordinatensystem den Graphen der Umkehrfunktion *(bzw. Umkehrrelation)* an.

$$y = f(x) = \begin{cases} \frac{1}{x} & \text{für } -3 \le x \le -1 \\ x & \text{für } -1 < x \le 0 \\ x^2 & \text{für } 0 < x \le 2 \\ 4 & \text{für } 2 < x \le 3 \end{cases}$$

Aufgabe 2.1.54: Man ermittle von folgenden Funktionen

a) den Definitionsbereich,
b) die Gleichung der Umkehrfunktion *(bzw. Umkehrrelation)*,
c) den Definitionsbereich der Umkehrfunktion *(bzw. Umkehrrelation)*,
d) die Graphen von Funktion und Umkehrung:

i) $x = x(r) = 6\sqrt{3r - 120}$ **ii)** $p = p(x) = 10 \cdot e^{-0,1x}$

iii) $t = t(x) = 0,25x^2 + 2$ **iv)** $i = i(k) = \frac{5k}{k-1}$

2.1.5 Implizite Funktionen

Die bisher betrachteten Funktionsgleichungen ließen stets erkennen, welches die unabhängige und welches die abhängige Variable war, da die Gleichungen stets nach **einer** der Variablen **aufgelöst** waren:

$$y = -x + 5 \ ; \qquad p = -\frac{1}{2}u^3 + 5 \ ; \qquad r = s^2 - 4 \quad \text{usw.}$$

In einer derartigen Darstellung $y = f(x)$ heißt f **explizite** *(entwickelte)* **Funktion** von x. Ebenso ist eine funktionale Zuordnungsvorschrift denkbar, in der nicht nach einer Variablen aufgelöst ist, z.B.

$$2y + x - 10 = 0 \ .$$

Daraus könnte man dann durch Umformung $y = -\frac{1}{2}x + 5$ oder $x = -2y + 10$ gewinnen.

Liegt allgemein die funktionale Zuordnung in der zuletzt beschriebenen Form vor, d.h. $F(x, y) = 0$, so nennt man die zugrundeliegende Zuordnung **implizite** *(verwickelte)* **Funktion.**

Beispiel 2.1.56:

i) $F(x, y) = 2x + 3y - 5 = 0$; **ii)** $h(u,v) = u^2 - v^2 + 1 = 0$ $(u, v \ge 0)$;

iii) $g(p, x) = \sqrt{p} - x^2 + 36 = 0$ $(p, x \ge 0)$.

In einer impliziten Funktion ist die Unterscheidung von abhängiger und unabhängiger Variablen zunächst nicht möglich oder sinnvoll. Erst durch Darstellung in der nach einer Variablen aufgelösten Form oder durch willkürliche Angabe ist diese Unterscheidung möglich. **Nicht alle** implizit gegebenen Funktionen $F(x, y) = 0$ lassen indes eine explizite Darstellung in Form eines **geschlossenen Funktionsausdrucks** (etwa $y = y(x)$) zu:

Beispiel 2.1.57: $F(x, y) = 2x^2y^4 - x^6y^3 + y^5 - 16 = 0$ $(x, y > 0)$

Diese implizit gegebene Funktion ist geschlossen weder nach x noch nach y auflösbar. Wohl ist eine Darstellung in Form einer Wertetabelle oder eines Graphen mit Hilfe von Näherungsverfahren möglich.

Aufgabe 2.1.58: Man ermittle aus den in Beispiel 2.1.56 implizit gegebenen Funktionen jeweils die beiden expliziten Funktionsgleichungen.

2.1.6 Verkettete Funktionen

Funktionen wie z.B.

i) $h(x) = \sqrt{x^4 + 1}\ ,\ x \in \mathbb{R}$; **ii)** $k(x) = (x^2 - 1)^{20}\ ;\ x \in \mathbb{R}$

kann man sich entstanden denken durch **Hintereinanderausführung** zweier (elementarer) Funktionen, wobei an die Stelle der unabhängigen Variablen einer Funktion der komplette Funktionsterm der anderen Funktion tritt:

zu **i)**: mit $f(x) = x^4 + 1$ und $g(f) = \sqrt{f}$ ergibt sich:

(2.1.59) $$g(f(x)) = \sqrt{f(x)} = \sqrt{x^4 + 1} = h(x)\,.$$

zu **ii)**: mit $f(x) = x^2 - 1$ und $g(f) = f^{20}$ ergibt sich:

(2.1.60) $$g(f(x)) = f(x)^{20} = (x^2 - 1)^{20} = k(x)\,.$$

Man bezeichnet die durch Einsetzen von f in g entstandene neue Funktion **g(f(x))** als die aus f und g **zusammengesetzte, mittelbare** oder **verkettete Funktion.**

In g(f(x)) (d.h. erst f, dann g bzw. g nach f) heißt f die **innere** und g die **äußere Funktion**. Wie das folgende Beispiel zeigt, ist die **Reihenfolge der Verkettung** von Bedeutung.

Beispiel 2.1.61: Seien die beiden Funktionen f, g mit $f(x) = x^4 + 1$ und $g(x) = \sqrt{x}$ vorgegeben (s.o. unter i)).

i) Setzt man f in g ein, so erhält man (vgl. 2.1.59): $g(f(x)) = \sqrt{f(x)} = \sqrt{x^4 + 1}$.

ii) Setzt man umgekehrt g in f ein, so erhält man:

$f(g(x)) = g(x)^4 + 1 = (\sqrt{x})^4 + 1 = x^2 + 1$,

d.h. im allgemeinen gilt: $$\boxed{g(f(x)) \neq f(g(x))} \qquad (2.1.62)$$

Bemerkung 2.1.63: *Damit eine Verkettung $g(f(x))$ zweier Funktionen f, g möglich ist, müssen die Werte der inneren Funktion f zumindest teilweise im Definitionsbereich der äußeren Funktion g liegen, die Bildung von $g(f(x))$ ist somit nur dann möglich, wenn $W_f \cap D_g \neq \{\ \}$.*

Beispiel: *$h(x) = \sqrt{x^2 - 9}$ mit $f(x) = x^2 - 9$, $x \in \mathbb{R}$ und $g(f) = \sqrt{f}$, $D_g = \mathbb{R}_o^+$.*

Wertebereich von f ist $[-9, \infty[$, der Definitionsbereich D_g der äußeren Funktion g aber nur $\mathbb{R}_o^+$. Damit gilt für den Definitionsbereich der verketteten Funktion h:

$$D_h = \{\, x \mid x^2 - 9 \geq 0 \,\}\ .$$

Beispiel: *$h(x) = \sqrt{-x^2 - 1}$ mit $f(x) = -x^2 - 1$ und $g(f) = \sqrt{f}$.*

*Der Wertebereich W_f ist $[-\infty, -1]$, der Definitionsbereich D_g ist $\mathbb{R}_o^+$, so dass W_f und D_g kein gemeinsames Element besitzen: $h = g(f(x))$ ist **keine** Funktion, da $D_h = \{\ \}$.*

Besitzt eine Funktion f eine **Umkehrfunktion** f^{-1}, so ist die **Verkettung** von f und f^{-1} **unabhängig** von der **Reihenfolge**:

Aus der Beziehung $y = f(x) \Leftrightarrow x = f^{-1}(y)$ folgt durch Einsetzen:

(2.1.64) i) $\boxed{\mathbf{f(f^{-1}(y)) = y}}$ ii) $\boxed{\mathbf{f^{-1}(f(x)) = x}}$.

Beispiel 2.1.65: Wie man durch Auflösen leicht feststellt, sind

$$y = f(x) = x^3 - 1 \quad \text{und} \quad x = f^{-1}(y) = \sqrt[3]{y+1}$$

Umkehrfunktionen zueinander. Durch Einsetzen (bzw. Hintereinanderausführen) erhält man:

i) $f(f^{-1}(y)) = f(\sqrt[3]{y+1}) = (\sqrt[3]{y+1})^3 - 1 = y + 1 - 1 = y$

ii) $f^{-1}(f(x)) = f^{-1}(x^3 - 1) = \sqrt[3]{x^3 - 1 + 1} = \sqrt[3]{x^3} = x$.

An diesem Beispiel wird noch einmal deutlich, dass die Anwendung der Umkehrfunktion f^{-1} auf f die ursprüngliche Funktionszuordnung f „**rückgängig**“ macht.

Man kann auch **mehr als zwei** Funktionen durch Hintereinanderausführen miteinander **verketten**:

Beispiel 2.1.66: Seien die Funktionen f, g, h und k gegeben durch die Funktionsgleichungen

$$f(x) = x^2 + 1 \quad ; \quad g(x) = \sqrt[7]{x} \quad ; \quad h(x) = 2x + 3 \quad ; \quad k(x) = \frac{4x+1}{3x-5} \quad .$$

Dann erhält man durch Verkettung z.B.:

$$k(h(g(f(x)))) = \frac{4\,(2\sqrt[7]{x^2+1} + 3) + 1}{3\,(2\sqrt[7]{x^2+1} + 3) - 5}, \quad D = \mathbb{R} \ .$$

Aufgabe 2.1.67: Gegeben seien die Funktionen f, g, h und k mit den Gleichungen:

$$f(x) = \sqrt{x} \quad ; \quad g(x) = \frac{1}{x} \quad ; \quad h(x) = x^2 + 8x - 9 \quad ; \quad k(x) = x^{15} \ .$$

Man ermittle die Funktionsterme und Definitionsbereiche zu folgenden Verkettungen:

i) $f(g(x))$ **ii)** $g(f(x))$ **iii)** $g(h(x))$ **iv)** $h(g(x))$ **v)** $k(f(g(x)))$ **vi)** $h(k(f(x)))$.

Aufgabe 2.1.68: Gegeben sind die folgenden zusammengesetzten Funktionsgleichungen:

i) $h(x) = 4\sqrt[3]{1 - x^7}$ **ii)** $h(x) = 5(6x^3 - 8x^2 + x - 4)^{2001}$ **iii)** $h(x) = \left(\frac{1}{\sqrt{x^2 - 7} - 10}\right)^{22}$.

Man zerlege jeweils h in innere und äußere Funktionsterme, deren Verkettung wiederum die gegebene Funktion h liefert.

Aufgabe 2.1.69: Bei welchen Funktionspaaren ist die Reihenfolge der Verkettung egal ?

i) $f(x) = x^7$ **ii)** $g(x) = x^{20}$ **iii)** $h(x) = \sqrt[7]{x}$ **iv)** $k(x) = 14x$ **v)** $p(x) = -7x$.

2.2 Eigenschaften von Funktionen

In den folgenden Abschnitten sollen einige wichtige elementare Eigenschaften von Funktionen behandelt werden.

2.2.1 Beschränkte Funktionen

Es kann vorkommen, dass die Funktionswerte f(x) einer Funktion f nie über einen festen Wert hinausgehen oder unter einen festen Wert absinken.

Def. 2.2.1: (Beschränkte Funktionen)

f sei eine Funktion in ihrem Definitionsbereich D_f. Dann heißt f nach **oben beschränkt**, falls es eine reelle Zahl k ($\in \mathbb{R}$) gibt, so dass für alle x ($\in D_f$) gilt: $f(x) \le k$.

Analog heißt f nach **unten beschränkt**, falls es ein k ($\in \mathbb{R}$) gibt mit $f(x) \ge k$ für alle x ($\in D_f$).

Beispiel 2.2.2: i) $f(x) = -x^2 + 4$

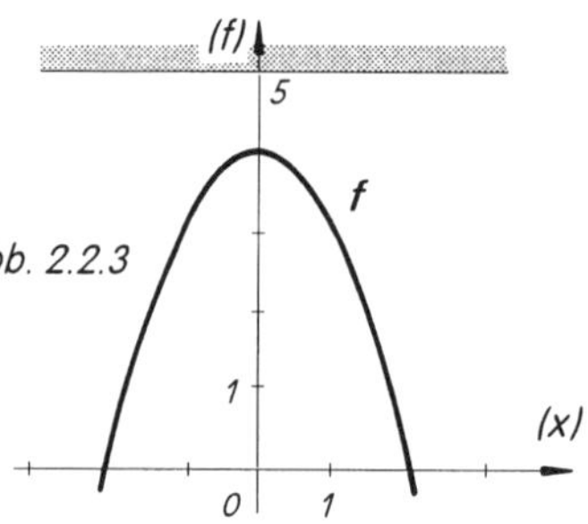

Abb. 2.2.3

f übersteigt z.B. nie den Wert k = 5, $f(x) \le 5$, also ist f nach **oben** beschränkt.

ii) $g(x) = \frac{1}{2} x^2$

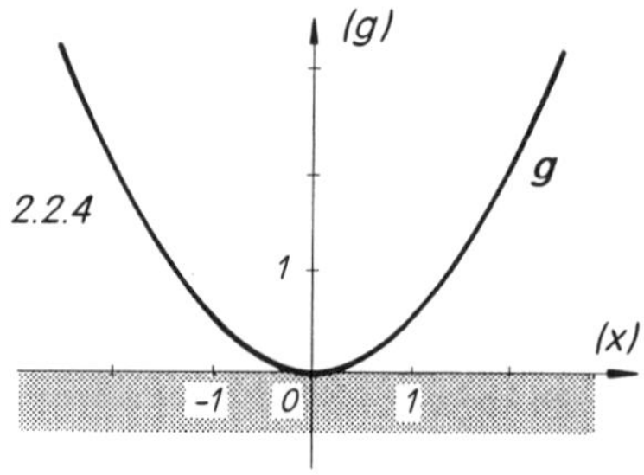

Abb. 2.2.4

Da stets gilt: $g(x) \ge 0$, ist g nach **unten** beschränkt.

Def. 2.2.5: Eine Funktion f in D_f heißt **beschränkt**, wenn f sowohl nach oben als auch nach unten beschränkt ist.

Beispiel 2.2.6: Nach Abb. 2.2.7 gilt für f stets:

$f(x) \le 1$ **und** $f(x) \ge 0$, also ist f beschränkt.

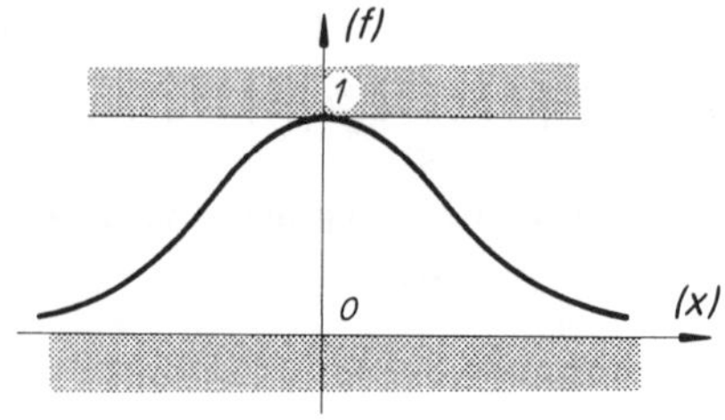

Abb. 2.2.7

2.2.2 Monotone Funktionen

Besonders wichtig ist der Fall, dass eine Funktion f mit zunehmenden Argumentenwerten selbst stets **zunimmt** (oder **abnimmt**). Derartige Funktionen heißen *(streng)* monoton steigend (oder fallend).

Def. 2.2.8: i) Die Funktion f heißt in einem Intervall I ($\subset D_f$) **streng monoton steigend**, wenn für alle Argumentenwerte $x_1, x_2 \in I$ mit $\mathbf{x_2 > x_1}$ stets gilt: $\mathbf{f(x_2) > f(x_1)}$.

ii) f heißt in I **streng monoton fallend**, wenn für alle $x_1, x_2 \in I$ mit $\mathbf{x_2 > x_1}$ stets gilt: $\mathbf{f(x_2) < f(x_1)}$.

Beispiel 2.2.9: f: $y = f(x) = x^3$, $x \in \mathbb{R}$ (vgl. Abb. 2.2.10)

f ist in D_f streng monoton steigend.

$x_2 > x_1 \Rightarrow f(x_2) > f(x_1)$.

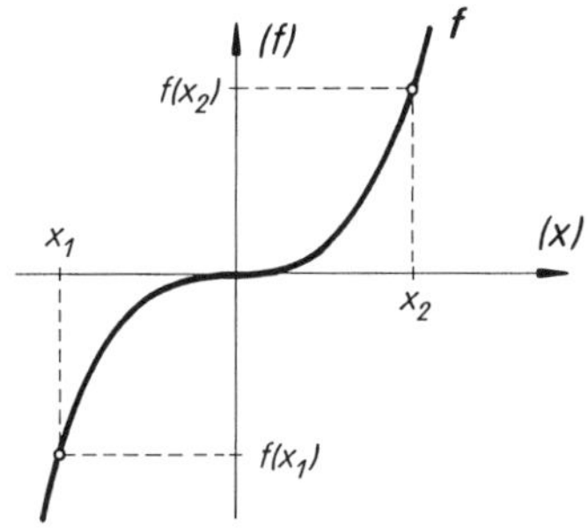

Abb. 2.2.10

Beispiel 2.2.11: f: $f(x) = x^2$, $x \in \mathbb{R}$ (vgl. Abbildung 2.2.12)

Links vom Ursprung ist f streng monoton fallend, rechts vom Ursprung streng monoton steigend.

In jedem (offenen) Intervall, das den Nullpunkt enthält, ist f nicht monoton. (Das Symbol ↑ oder ↓ am Funktionsnamen in Abbildung 2.2.12 soll die Richtung der Monotonie andeuten.)

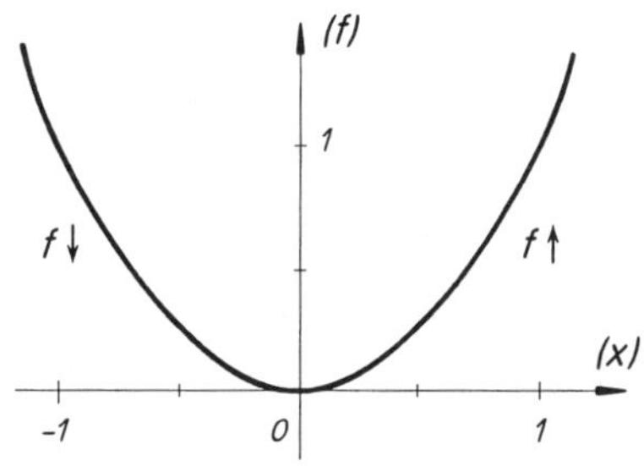

Abb. 2.2.12

Bemerkung 2.2.13: *i) Bei zahlreichen* ***ökonomischen*** *Funktionen, wie etwa Konsumfunktion, Preis/Absatz-Funktion, neoklassische Produktionsfunktion, Gesamtkostenfunktion u.v.a. wird* ***Monotonie beobachtet*** *oder aufgrund von Verhaltenshypothesen* ***postuliert.***

ii) Nimmt eine Funktion f in einem Intervall I für wachsende Argumentwerte nicht ab (zu), so heißt f in I monoton steigend (fallend). Bei dieser ***(gemilderten) Monotonie****definition ist es also zugelassen, dass f in I stückweise* ***konstant*** *ist (vgl. Abb. 2.2.14):*

Abb. 2.2.14

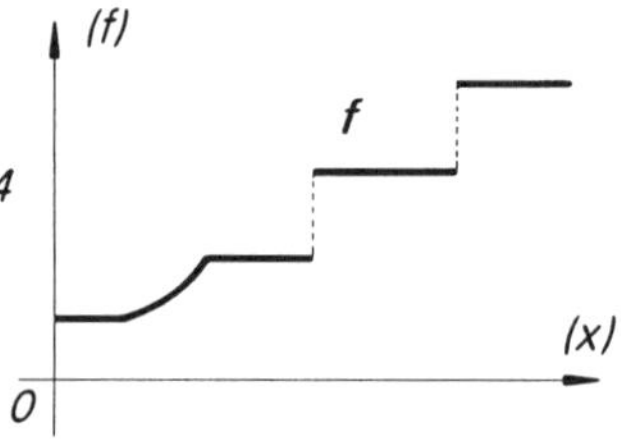

f ist monoton steigend, nicht aber streng monoton steigend.

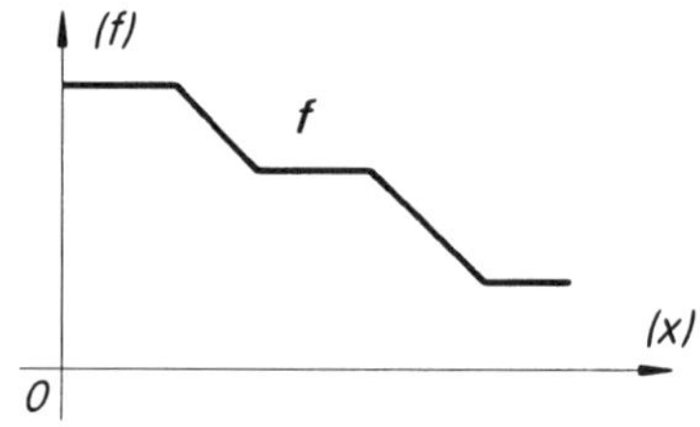

f ist monoton fallend, nicht aber streng monoton fallend.

Streng monotone Funktionen nehmen offenbar **jeden** Funktionswert f ($\in W_f$) **genau einmal** an. Daher muss es in diesem Fall zu jedem Funktionswert f(x) genau einen Wert x der unabhängigen Variablen geben, mit anderen Worten, f ist **eindeutig umkehrbar** (siehe Abbildung 2.2.15).

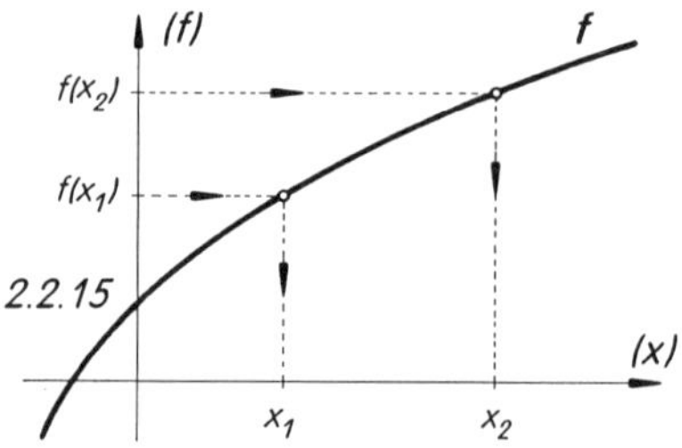

Abb. 2.2.15

Satz 2.2.16: Es sei f eine **streng monotone** Funktion in D_f. Dann existiert zu f die Umkehr**funktion** f^{-1} mit $D_{f^{-1}} = W_f$.

Bemerkung 2.2.17: *Aus Def. 2.2.8 folgt unmittelbar, dass die Umkehrfunktion einer streng monoton steigenden (fallenden) Funktion selbst wieder streng monoton steigend (fallend) ist.*

Beispiel 2.2.18: Die Funktion f: $y = \frac{1}{4}x^2$ ist für $x \geq 0$ streng monoton steigend (vgl. auch Beispiel 2.2.11). Daher existiert zu f die Umkehrfunktion:

f^{-1}: $x = 2\sqrt{y}$ mit $y \geq 0$, (vgl. Abb. 2.1.47). *Auch f^{-1} ist streng monoton steigend.*

2.2.3 Symmetrische Funktionen

Def. 2.2.19: Eine Funktion f heißt **achsensymmetrisch** zur Spiegelachse x = a, wenn für alle $x \in D_f$ gilt (mit a = const.):

$$f(a - x) = f(a + x) \quad \text{(vgl. Abb. 2.2.20)} .$$

Gilt für eine achsensymmetrische Funktion insbesondere a = 0, so folgt für alle x ($\in D_f$):

$$\mathbf{f(-x) = f(x)} \quad .$$

In diesem Falle heißt die Funktion **gerade**. (Spiegelachse ist die Ordinatenachse.)

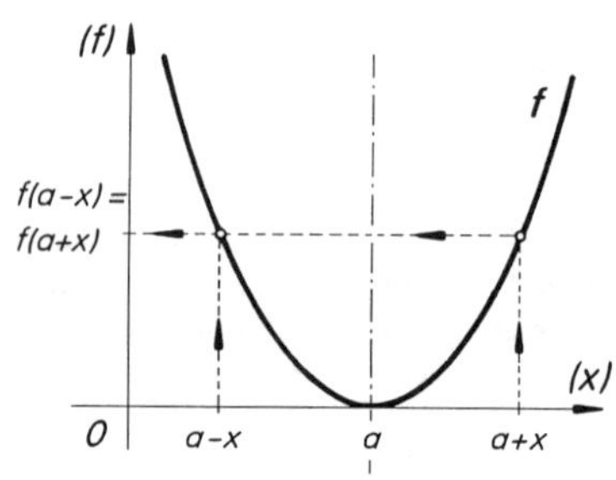

Abb. 2.2.20

Beispiel 2.2.21: f: $y = x^{2n}$ $(n \in \mathbb{N})$ ist eine gerade Funktion, denn es gilt:

$f(-x) = (-x)^{2n} = x^{2n} = f(x)$.

(vgl. Abbildung 2.2.22):

Abb. 2.2.22

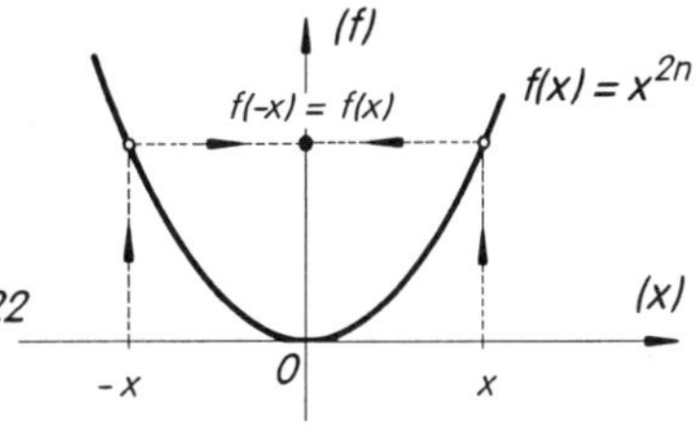

Def. 2.2.23: Eine Funktion f heißt **ungerade** in D_f, falls für alle x $(\in D_f)$ gilt: $f(-x) = -f(x)$. Ungerade Funktionen sind **punktsymmetrisch** zum Ursprung.

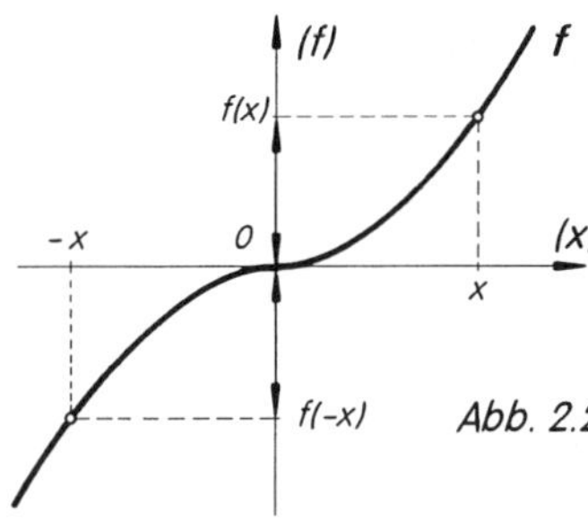

Abb. 2.2.25

Beispiel 2.2.24: f: $f(x) = x^3$, $x \in \mathbb{R}$:

Es gilt: $f(-x) = (-x)^3 = -x^3 = -f(x)$,

also ist f ungerade (vgl. Abbildung 2.2.25) .

Aufgabe 2.2.26: Man untersuche die folgenden Funktionen auf Symmetrie:

i) $f(x) = x^6 + x^2 + 1$; **ii)** $f(x) = \dfrac{x^3}{x^2 - 2}$; **iii)** $f(x) = (x - 4)^2 + 2$.

2.2.4 Nullstellen von Funktionen

Besonders wichtig sind diejenigen Argumentwerte x_i einer Funktion, für die sich der **Funktionswert Null** ergibt. Diese Argumentwerte heißen **Nullstellen** der betreffenden Funktion.

Graphisch betrachtet handelt es sich bei den Nullstellen einer Funktion f um die **Schnittstellen** x_1, x_2, x_3, ... des Funktionsgraphen von f mit der (waagerechten) **Abszissenachse**, vgl. Abb. 2.2.27.

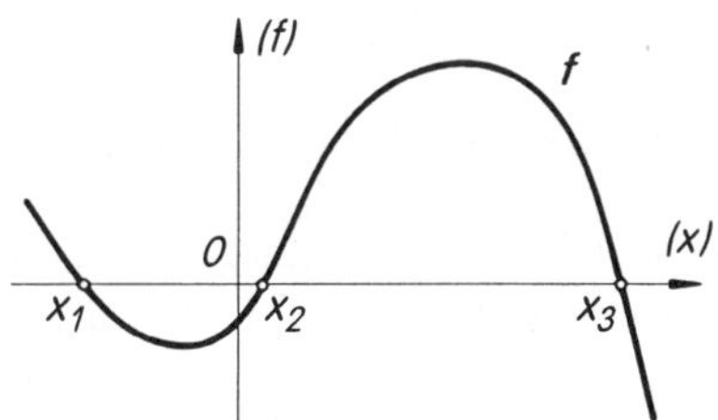

Abb 2.2.27

Def. 2.2.28: Unter den **Nullstellen x_i** der Funktion f in D_f versteht man die Argumente x_i mit $f(x_i) = 0$.

Um die Nullstellen einer Funktion $y = f(x)$ zu ermitteln, **setzt** man $f(x) = 0$ und **löst** die entstandene Gleichung bzgl. x.

Beispiel 2.2.29:

i) f: $y = 2x - 6$ hat die Nullstelle $x_1 = 3$.

ii) h: $u = v^2 - v - 6$ hat die Nullstellen $v_1 = 3$; $v_2 = -2$.

iii) f: $y = 3x(x - 4)(x + 5)(x^2 - 49)(x^2 + 36)$ hat die Nullstellen $x_1 = 0$; $x_2 = 4$; $x_3 = -5$; $x_4 = 7$; $x_5 = -7$.

iv) g: $k = \frac{y - 1}{y^2 - 1}$; $y \in \mathbb{R} \setminus \{-1; 1\}$

hat keine Nullstellen, da die Gleichung $k(y) = 0$ keine Lösungen hat (denn für $y = 1$ ist k nicht definiert).

Über die Nullstellen spezieller Funktionen vgl. Kapitel 2.3 .

Aufgabe 2.2.30: Man ermittele Definitionsbereich und Nullstellen folgender Funktionen:

i) $f(x) = \frac{4}{x^2}$; **ii)** $g(z) = -z^2 + z + 6$; **iii)** $h(a) = \sqrt{a^2 - 4}$; **iv)** $k(x) = \frac{6x^2 - 20}{5x^2 - 45}$;

v) $u(y) = \frac{9 - y^2}{2y + 6}$; **vi)** $B(t) = 100 \cdot e^{-t}$; **vii)** $f(x) = \begin{cases} x^2 - 4 & \text{für } x \leq 0 \\ 2x - 4 & \text{für } 0 < x \leq 3 \\ \frac{6}{x} + 1 & \text{für } x > 3 \end{cases}$.

Weitere wichtige Eigenschaften von Funktionen wie etwa Stetigkeit, Steigungsverhalten, Krümmungsverhalten werden in den Kapiteln 4, 5 und 6 behandelt.

2.3 Elementare Typen von Funktionen

Im folgenden sollen die wichtigsten Typen der bei ökonomischen Fragestellungen verwendeten Funktionen dargestellt werden.

2.3.1 Ganzrationale Funktionen (Polynome)

Zu den wichtigsten Funktionstypen gehören die Funktionen, deren Terme durch additive Kombination von Potenzen des Typs $a \cdot x^n$, $n \in \mathbb{N}_0$, $a \in \mathbb{R}$, entstehen.

2.3.1.1 Grundbegriffe, Horner-Schema

Def. 2.3.1: Die Funktion f in $D_f = \mathbb{R}$ mit der Gleichung

$$f(x) = a_n x^n + a_{n-1} x^{n-1} + \ldots + a_1 x + a_0 \qquad (\text{mit } n \in \mathbb{N}_0 \text{ ; } a_0, a_1, \ldots, a_n \in \mathbb{R} \text{ ; } a_n \neq 0)$$

heißt **ganzrationale Funktion n-ten Grades** oder **Polynom n-ten Grades**.

Die reellen Zahlen $a_0, a_1, \ldots, a_n$ heißen die **Koeffizienten** des Polynoms.

Beispiel 2.3.2:

i) $f(x) = x^2$: Polynom 2. Grades (quadratisches Polynom) ;

ii) $g(x) = -x^6 + \sqrt{3}\,x^2 - \pi x$:

Polynom 6. Grades mit den Koeffizienten $a_6 = -1$; $a_5 = 0$; $a_4 = 0$; $a_3 = 0$; $a_2 = \sqrt{3}$; $a_1 = -\pi$; $a_0 = 0$;

iii) $h(x) = 7$: Polynom nullten Grades (konstante Funktion), denn $h(x) = 7 \cdot x^0$;

iv) $k(x) = 5 - \frac{1}{2}x$: Polynom 1. Grades (lineare Funktion) ;

v) $u(p) = 2(p-1)(p+1)(p^2-4)$ Polynom 4. Grades .

Die numerische Ermittlung eines Polynomwertes $f(x)$ kann bei komplizierten Argumentwerten x wegen der auftretenden Potenzen x^n schwierig und aufwendig sein. Das sogenannte **Horner-Schema** zur Berechnung von Polynomwerten vermeidet den Nachteil des Potenzierens unhandlicher Zahlen.

Die Darstellung im Horner-Schema sei an einem einfachen Beispiel demonstriert:

Beispiel 2.3.3: Gegeben sei das Polynom 4. Grades

(2.3.4) $f(x) = 2x^4 - 3x^3 + 4x^2 + 6x - 21$.

Offenbar lässt sich (2.3.4) durch sukzessives Klammersetzen wie folgt darstellen (Rückwärtsprobe durch Ausmultiplizieren):

(2.3.5) $f(x) = (((2x-3)x+4)x+6)x-21$.

Will man etwa $f(3)$ ermitteln, so kann man - beginnend in der innersten Klammer - **ohne** Potenzieren ausschließlich durch mehrfache Multiplikation und Addition den Polynomwert ermitteln:

$f(\mathbf{3}) = (((2\cdot\mathbf{3}-3)\cdot\mathbf{3}+4)\cdot\mathbf{3}+6)\cdot\mathbf{3}-21 = 114$,

oder schematisch:

	(a_4)	(a_3)	(a_2)	(a_1)	(a_0)
	2	-3	4	6	-21
$x = 3$	+ ↓	·3 ↗ 6 + ↓	·3 ↗ 9 + ↓	·3 ↗ 39 + ↓	·3 ↗ 135 + ↓
	2	3	13	45	**114 = f(3)**

.

Allgemein erhält man auf völlig analoge Weise:

(2.3.6) $f(x) = a_n \cdot x^n + a_{n-1} \cdot x^{n-1} + a_{n-2} \cdot x^{n-2} + \ldots + a_1 x + a_0$

$= (\ldots((a_n x + a_{n-1})x + a_{n-2})x + \ldots + a_1)x + a_0$

und damit das allgemeine Horner - Schema:

$x = x_1$	a_n	a_{n-1}	a_{n-2}	...	a_1	a_0
	+ ↓	$\cdot x_1$ ↗ $a_n \cdot x_1$ + ↓	$\cdot x_1$ ↗ $A_{n-1} \cdot x_1$ + ↓	$\cdot x_1$ ↗	$A_2 \cdot x_1$ + ↓	$\cdot x_1$ ↗ $A_1 \cdot x_1$ + ↓
	a_n	A_{n-1}	A_{n-2}	...	A_1	**$f(x_1)$**

.

Der entlang des mit Pfeilen markierten Weges führende Rechengang erfordert lediglich n Multiplikationen mit x_1 und sukzessives Hinzuaddieren der Polynomkoeffizienten a_k (insgesamt n Additionen). Daher eignet sich das Horner - Schema gut für zeit- und speichersparende Berechnung auf programmierbaren elektronischen Rechnern.

Beispiel 2.3.7: $f(x) = 0{,}1x^5 - 0{,}3x^4 + 2x^2 - 3{,}5x + 2{,}85$ gesucht: f(1,2)

x = 1,2	0,1	-0,3	0	2	-3,5	2,85
		0,12	-0,216	-0,2592	2,08896	-1,693248
	0,1	-0,18	-0,216	1,7408	-1,41104	**1,156752 = f(1,2)** .

Aufgabe 2.3.8: Welche der folgenden Funktionen sind Polynome ? Man gebe gegebenenfalls den Grad des Polynoms an:

i) $f(x) = -x$; **ii)** $p(y) = ay^2 + by + c$; **iii)** $u(x) = \sqrt{10} \cdot 2^7$;

iv) $v(x) = 3x^2 - x + 4 - \sqrt{x}$; **v)** $k(x) = \frac{6x^5 - 1}{26}$; **vi)** $r(p) = 2p^2(p-1)(p+\sqrt{7})$.

Aufgabe 2.3.9: Man ermittle mit Hilfe des Horner - Schemas die Funktionswerte f(-1) ; f(0,5) ; f(2):

i) $f(z) = 5z^3 + 3z^2 - 4z + 12$; **ii)** $f(t) = t^5 - 8t^3 + t - 15$;

iii) $f(y) = 0{,}2y^5 - 0{,}8y^4 + 2{,}1y^2 + 4{,}5y$.

2.3.1.2 Konstante und lineare Funktionen

Für **n = 0** erhalten wir nach Def. 2.3.1 das Polynom

$$\mathbf{f(x) = a_0 = const.}$$.

Ein derartiges Polynom wird auch als **konstante Funktion** bezeichnet. Ihr Graph ist eine Parallele zur Abszisse, vgl. Abb. 2.3.10.
Jede Einsetzung führt zum selben Funktionswert: $f(x) = f(1) = f(17{,}4) = f(-5) = \ldots = a_0 = \text{const.}$

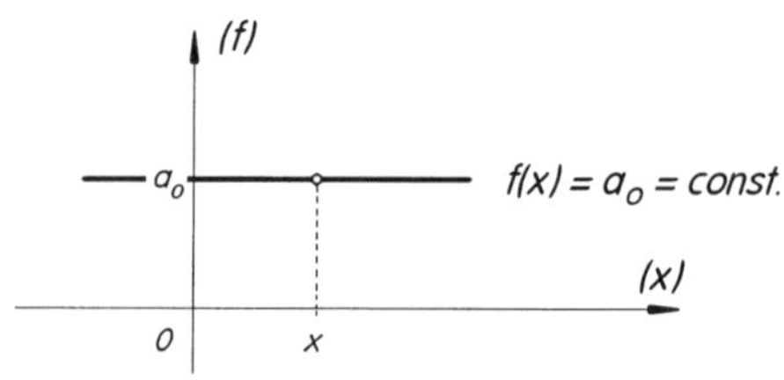

Abb. 2.3.10

Beispiel 2.3.11: Fixkostenfunktionen sind konstante Funktionen, z.B. monatliche **Grundgebühr** K_G eines Telefonanschlusses, für jede Zahl x von monatlich verbrauchten Gebühreneinheiten ergibt sich derselbe Wert (z.B. 24,60 €/Monat), vgl. Abb. 2.3.12.

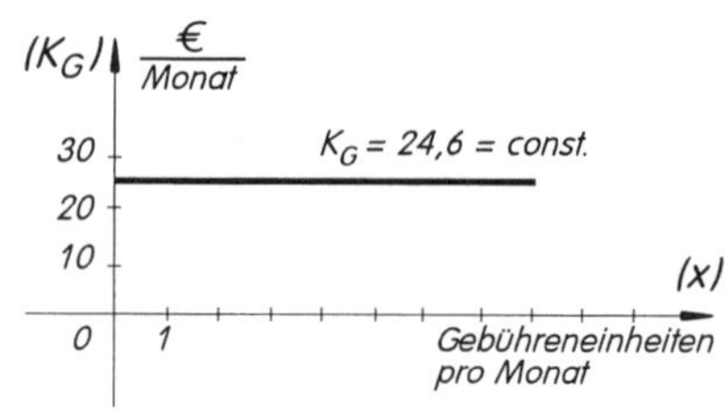

Abb. 2.3.12

Bemerkung 2.3.13: *Man beachte, dass die durch die Relation* $x = const.$ *(y beliebig) gegebene Punktmenge eine* ***senkrechte Gerade*** *darstellt, die aber* ***nicht*** *zu einer* ***Funktion*** *gehört. (Denn zu* x_o *gibt es beliebig viele „Funktionswerte", vgl. Abb. 2.3.14.)*

Wohl aber existiert umgekehrt zu jedem y genau ein x (= x_o *= const.), d.h. die Umkehrung* $f^{-1}: y \mapsto x$ *ist eine Funktion.*

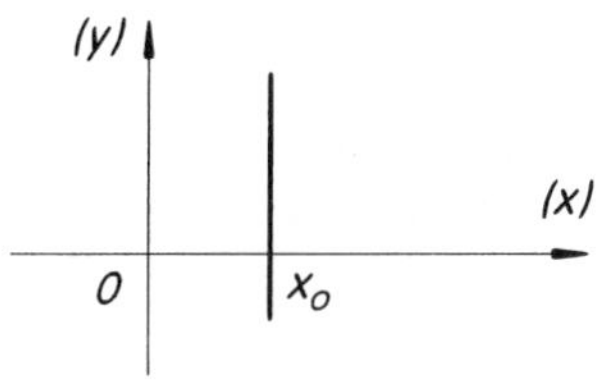

Abb. 2.3.14

Für **n = 1** erhalten wir nach Def. 2.3.1 das Polynom 1. Grades

(2.3.15) $$\mathbf{f(x) = a_1x + a_0} \qquad x \in \mathbb{R} .$$

Ein Polynom 1. Grades bezeichnet man auch als **lineare Funktion** und schreibt häufig statt (2.3.15) (mit $a_1 = m$; $a_0 = b$)

(2.3.16) $$\mathbf{f:\ y = mx + b} \qquad x \in \mathbb{R} .$$

Beispiel 2.3.17: Für $m = 0{,}5$ und $b = 1$ erhält man die lineare Funktion $y = 0{,}5x + 1$.

> Der Graph einer linearen Funktion ist stets eine **Gerade** (Abb. 2.3.18).

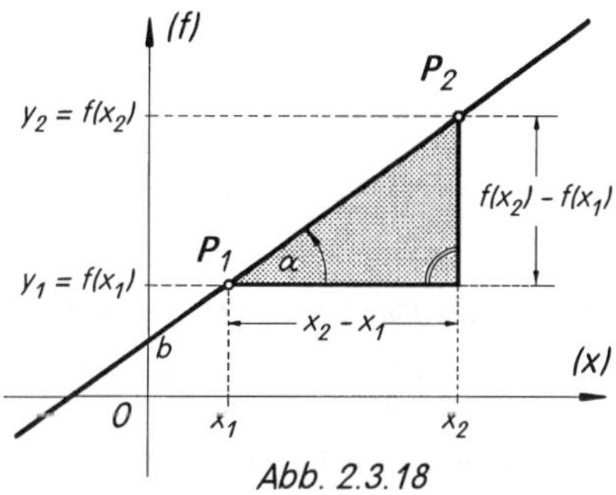

Abb. 2.3.18

Aus Abb. 2.3.18 wird die Bedeutung der Koeffizienten m und b in der Geradengleichung $y = f(x) = mx + b$ deutlich:

i) Für $x = 0$ ist $y = m \cdot 0 + b = b$. Daher schneidet der Graph der Geradengleichung $y = mx + b$ die Ordinatenachse im Punkt (0; b). Man nennt **b** auch den (Ordinaten-) **Achsenabschnitt**.

ii) Die **Steigung einer Geraden** ist definiert als das Verhältnis von Ordinatendifferenz $y_2 - y_1$ zur entsprechenden Abszissendifferenz $x_2 - x_1$ zweier beliebiger Geradenpunkte $P_1 \neq P_2$. Die Steigung entspricht dem „Tangens" des Steigungswinkels α (Abb. 2.3.18), geschrieben: $\tan \alpha$ *(vgl. Kap. 2.3.6).*

(2.3.19) $$\textbf{Geradensteigung} := \tan \alpha := \frac{y_2 - y_1}{x_2 - x_1} = \frac{f(x_2) - f(x_1)}{x_2 - x_1} \qquad (x_2 \neq x_1) .$$

Wegen $y_2 = f(x_2) = mx_2 + b$ sowie $y_1 = f(x_1) = mx_1 + b$ erhalten wir für die Steigung der Geraden $mx + b$:

(2.3.20) $$\tan \alpha = \frac{y_2 - y_1}{x_2 - x_1} = \frac{mx_2 - b - (mx_1 - b)}{x_2 - x_1} = \frac{m(x_2 - x_1)}{x_2 - x_1} = \mathbf{m} , \qquad (x_1 \neq x_2) .$$

Daher bedeutet der Koeffizient **m** die **Steigung** der Geraden $y = mx + b$.

Bemerkung 2.3.21: *i) Für* ***m > 0*** *(positive Steigung) ist die lineare Funktion* ***monoton steigend****, für* ***m < 0*** *(negative Steigung) ist sie monoton* ***fallend****.*

Beispiel: *a)* $y = \frac{1}{2}x + 1$ *,* $m > 0$ *; b)* $y = -2x - 1$ *,* $m < 0$ *(vgl. Abb. 2.3.22).*

ii) Für $\boldsymbol{b = 0}$ *ist der Ordinatenachsenabschnitt 0, die Gerade* $y = mx + b$ *verläuft durch den* ***Koordinatenursprung****, vgl. Abb. 2.3.23.*

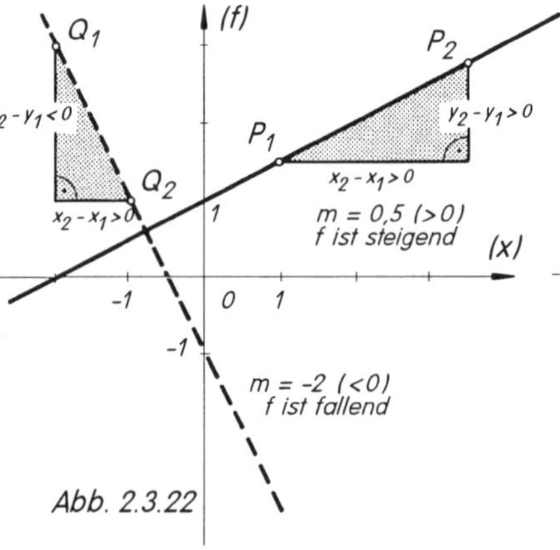

Abb. 2.3.22

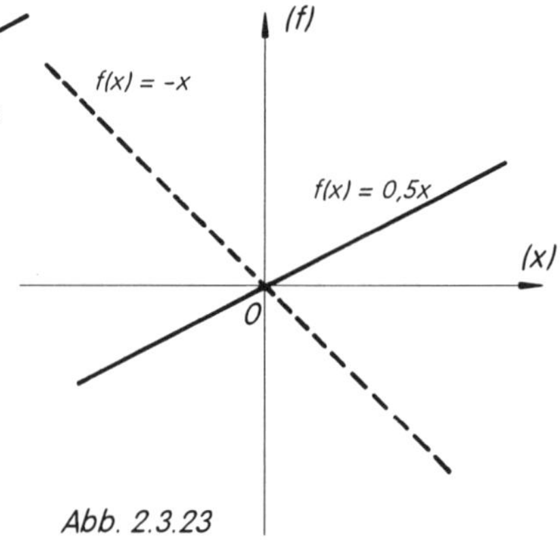

Abb. 2.3.23

Die **zeichnerische Darstellung der Geraden** $y = mx + b$ kann erfolgen

i) durch *Verbindung* zweier verschiedener Geradenpunkte $(x_1, f(x_1))$, $(x_2, f(x_2))$ mit $x_1 \neq x_2$.

ii) durch folgende *Konstruktion:*

a) Die Gerade verläuft durch den Punkt B(0;b) der Ordinatenachse (Abb. 2.3.24).

b) Da die Gerade die Steigung m hat, können wir vom Punkt B ausgehend einen zweiten Punkt P ermitteln, indem wir 1 Einheit (bzw. k Einheiten) in Abszissenrichtung und dann m Einheiten (bzw. $m \cdot k$ Einheiten) in Ordinatenrichtung abtragen (Abb. 2.3.24).

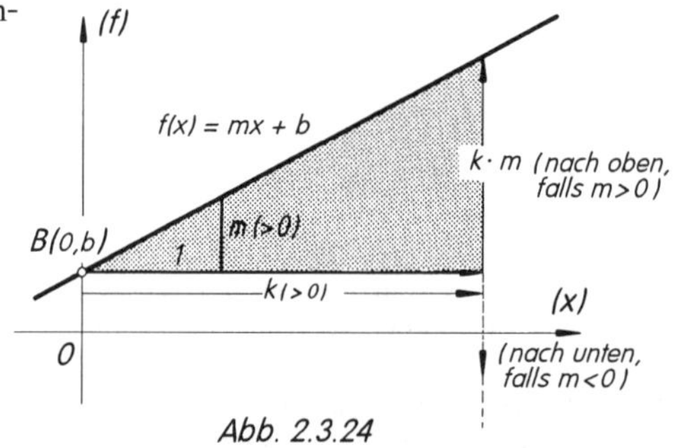

Abb. 2.3.24

Beispiel 2.3.25: **i)** $y = 3x + 2$; **ii)** $p = -\frac{2}{3}v + 5$ *(vgl. Abb. 2.3.26):*

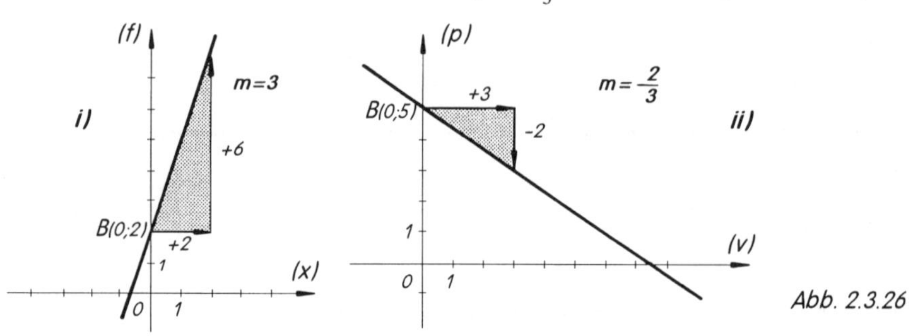

Abb. 2.3.26

Außer durch die Angabe der Koeffizienten m und b kann eine **Geradengleichung** auch dann **ermittelt** werden, wenn

i) die **Steigung** m und ein beliebiger **Punkt** P_1 mit den Koordinaten (x_1, y_1) gegeben ist, oder
ii) wenn **zwei** beliebige **Geradenpunkte** $P_1(x_1, y_1)$ und $P_2(x_2, y_2)$ (mit $x_1 \neq x_2$) gegeben sind.

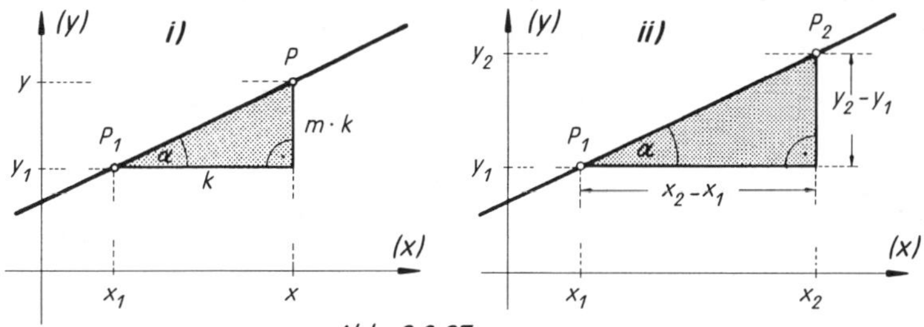

Abb. 2.3.27

Im **Fall i)** müssen (vgl. (2.3.19)) die Koordinaten (x, y) jedes **beliebigen** Geradenpunktes P die Beziehung

(2.3.28) $\quad \dfrac{y - y_1}{x - x_1} = m \quad$ erfüllen (Abb. 2.3.27 i)).

Da x_1, y_1 und m gegeben sind, folgt aus (2.3.28): $y - y_1 = m(x - x_1)$, d.h.

(2.3.29) $\quad \boxed{y = m \cdot x + \underbrace{(y_1 - mx_1)}_{= b}} \quad$ (**Punkt-Steigungsform** einer Geraden) .

Im **Fall ii)** kann man zunächst die Steigung m ermitteln (vgl. 2.3.20): $m = \dfrac{y_2 - y_1}{x_2 - x_1}$.

Setzt man dies in (2.3.29) ein, so erhält man die Geradengleichung

(2.3.30) $\quad \boxed{y = \dfrac{y_2 - y_1}{x_2 - x_1} \cdot x + \underbrace{(y_1 - mx_1)}_{= b}} \quad$ (**2-Punkteform** einer Geraden)

Beispiel 2.3.31: i) Gegeben $m = 0{,}2$ sowie P_1 mit $P_1(x_1; y_1) = P_1(2{,}5; 1{,}5)$. Mit (2.3.29) ergibt sich:

$y = 0{,}2x + (1{,}5 - 0{,}2 \cdot 2{,}5)$ d.h. $\mathbf{y = 0{,}2x + 1}$ *(Abb. 2.3.32):*

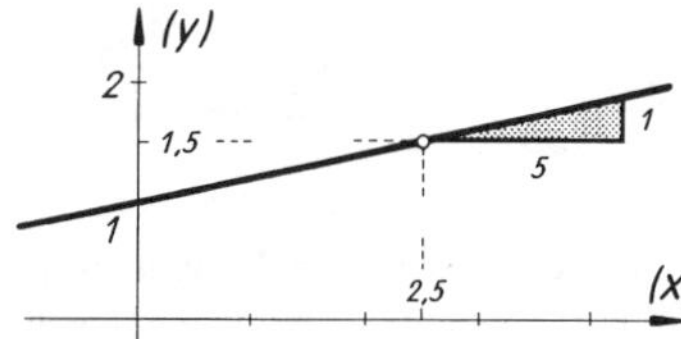

Abb. 2.3.32

ii) Gegeben seien die Geradenpunkte P(1; 5) und Q(3; 3). Aus (2.3.19) folgt:

$m = \dfrac{5 - 3}{1 - 3} = \dfrac{2}{-2} = -1$.

Damit folgt aus (2.3.29) unter Verwendung von P (bzw. Q):

$y = -x + (5 - (-1) \cdot 1)$

(bzw. $y = -x + (3 - (-3) \cdot 1)$) d.h. $\mathbf{y = -x + 6}$, *(Abb. 2.3.33):*

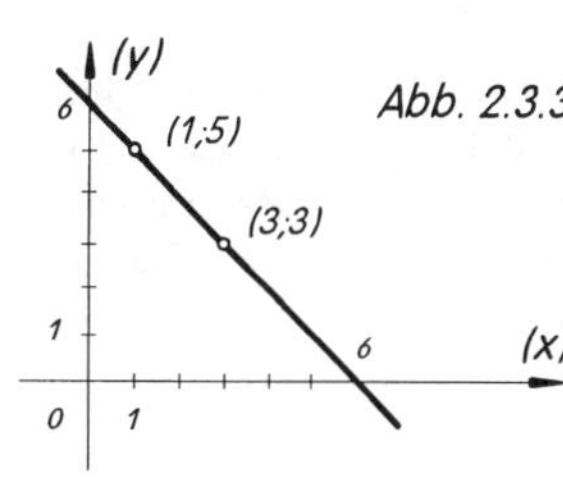

Abb. 2.3.33

Lineare Funktionen sind wegen ihrer einfachen mathematischen Struktur zur Beschreibung vieler ökonomischer Sachverhalte **beliebt**. So werden sie u.a. verwendet als

- **Kostenfunktionen** K(x) (z.B. Gesamtkosten K einer Produktion in Abhängigkeit des produzierten Outputs x, Abb. 2.3.34)
- **Nachfragefunktionen** x(p) (z.B. Nachfrage x nach Butter in Abhängigkeit vom Butterpreis p, Abb. 2.3.35) ; häufig als Umkehrung p = p(x) dargestellt, vgl. Abb. 2.3.36.

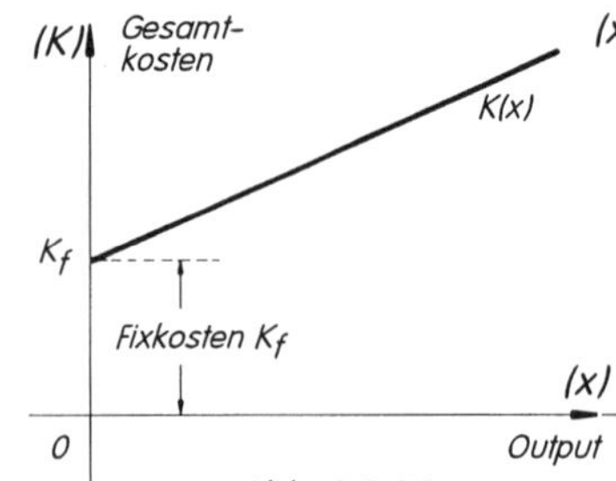

Abb. 2.3.34

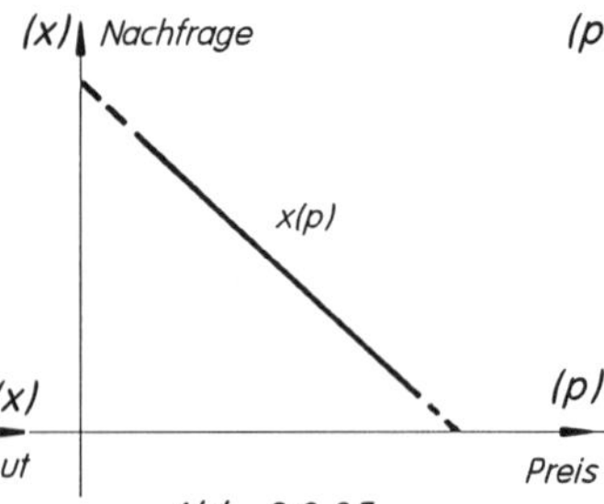

Abb. 2.3.35

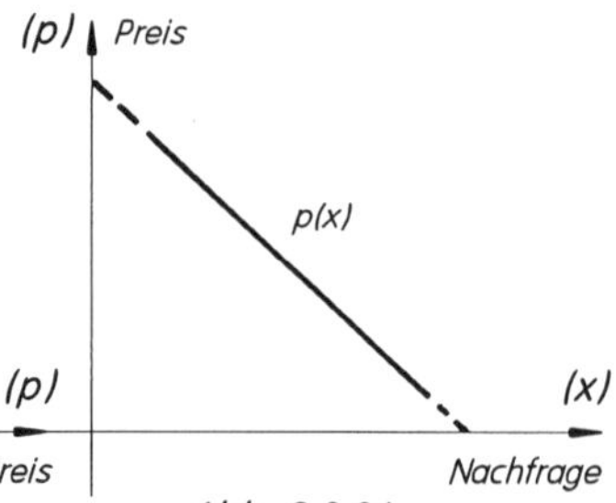

Abb. 2.3.36

- **Konsumfunktionen** C(Y) (z.B. Ausgaben C für Lebenshaltung in Abhängigkeit vom verfügbaren Einkommen Y, Abb. 2.3.37)
- **Produktionsfunktionen** x(r) (Output x einer Produktion in Abhängigkeit des eingesetzten Inputs r, Abb. 2.3.38)
- **Erlösfunktionen** E(x) (z.B. Erlös (wertmäßiger Umsatz) E in Abhängigkeit der abgesetzten Menge x bei festem Preis p, Abb. 2.3.39) u.v.a.

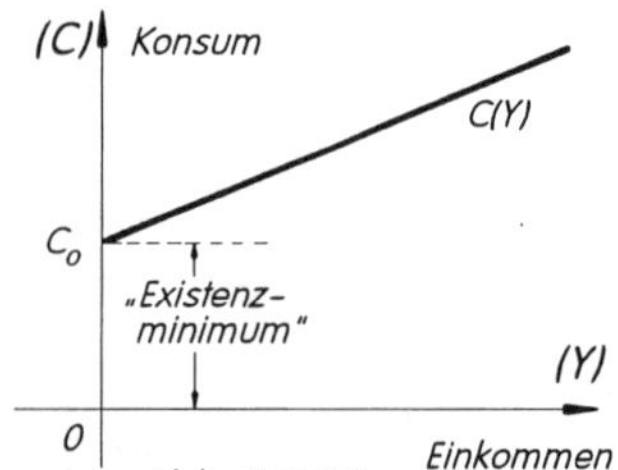

Abb. 2.3.37

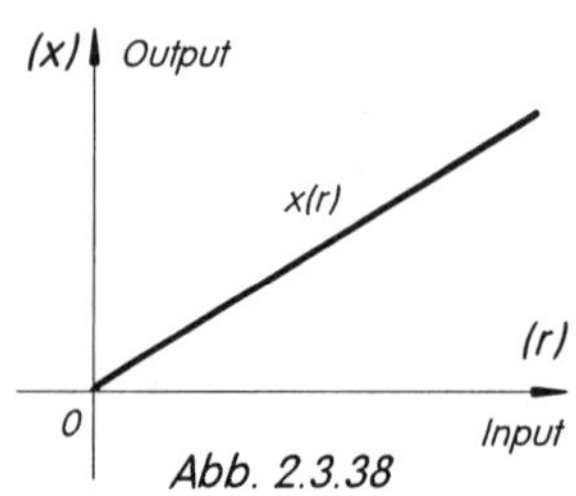

Abb. 2.3.38

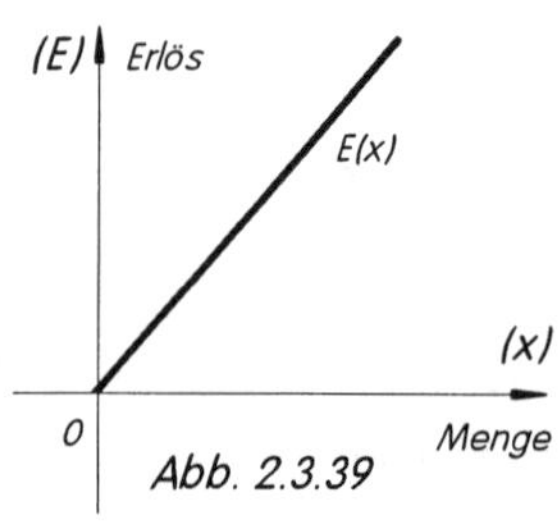

Abb. 2.3.39

Häufig werden funktionale ökonomische Zusammenhänge **empirisch** (z.B. durch Messung oder statistische Erhebung) gewonnen. Bei der Frage, welche Funktion die gemessenen Punkte (Wertepaare) besonders gut approximiert, legt man in vielen Fällen eine lineare Funktion als **Approximationsgerade** zugrunde, vgl. Abb. 2.3.40.

Die Frage, nach welchen Gesichtspunkten eine derartige „Ersatzfunktion" ausgesucht wird, kann in der Statistik mit Hilfe der **Regressionsanalyse** beantwortet werden (vgl. auch Kapitel 7.3.2.4).

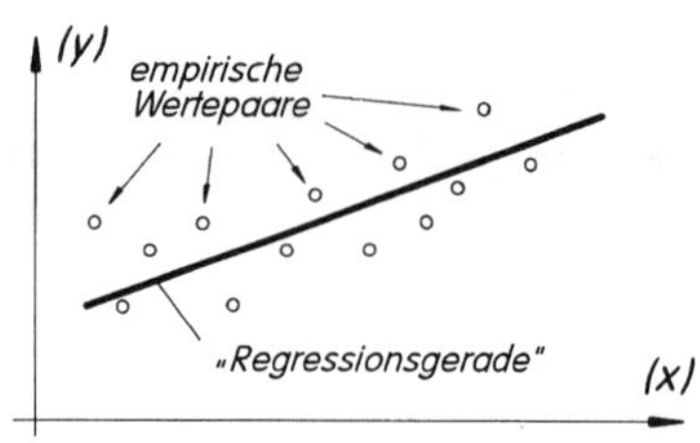

Abb. 2.3.40

Aufgabe 2.3.41: i) Man ermittle die Gleichung der zugehörigen linearen Funktion, wenn folgende Daten gegeben sind:

a) Steigung: -3 ; P(0,6; 1,2) ; b) P(0,5; 3) ; Q(-1; -4) ; c) P(1; a) ; Q(a; 4)

ii) Man ermittle jeweils den Schnittpunkt der Geraden g und h:

a) g: $y = 2x + 1$; h: $y = -0{,}5x + 6$;

b) g: $x - 2y + 3 = 0$; h: $6y - 3x + 4 = 0$;

c) g: $y = 0{,}25x + 1$; h: $4y - x - 4 = 0$;

d) g: $ax + by + c = 0$; h: $ux + vy + w = 0$ *(a, b, c, u, v, w = const.)*

Aufgabe 2.3.42: Die Versorgung eines Haushaltes mit elektrischer Energie kann zu zwei alternativen Tarifen erfolgen:

Tarif I: Grundgebühr: 30,-- €/ Monat ; Arbeitspreis: 0,25 €/kWh ;

Tarif II: Grundgebühr: 12,-- €/ Monat ; Arbeitspreis: 0,40 €/kWh ;

i) Man ermittle für jeden der beiden Tarife die Gleichung der Kostenfunktion, die die monatlichen Gesamtkosten K in Abhängigkeit des monatlichen Energieverbrauchs x angibt. Man zeichne beide Kostenfunktionen in ein einziges Koordinatensystem.

ii) Man berechne den monatlichen Energieverbrauch, für den sich in beiden Tarifen dieselben Kosten ergeben. Für welche Verbrauchswerte ist Tarif I günstiger als Tarif II ?

Aufgabe 2.3.43: Eine Autovermietung vermietet einen PKW über das Wochenende zu folgenden zwei alternativen Tarifen:

Tarif A: Grundmiete 100,-- €, zuzüglich km-Gebühren: für die ersten 100 km: 1,-- €/km; für jeden km über 100 km bis 200 km: 80 Cent/km; für jeden km über 200 km bis 400 km: 60 Cent/km; jeder km über 400 km hinaus kostet 50 Cent/km.

Tarif B: Grundmiete 150,-- €, zuzüglich km-Gebühren: für die ersten 200 km: 70 Cent/km; für jeden km über 200 km bis 500 km: 50 Cent/km; für jeden km über 500 km hinaus: 40 Cent/km.

i) Man ermittle die beiden Gesamtkostenfunktionen $K_A(x)$ und $K_B(x)$ in Abhängigkeit der gefahrenen Strecke x und skizziere beide Funktionen in einem Koordinatensystem.

ii) Man gebe an, für welche km-Leistung welcher Tarif für den Mieter am günstigsten ist.

Aufgabe 2.3.44: Gegeben ist für einen Haushalt eine Konsumfunktion $C = C(Y)$ in Abhängigkeit des Haushaltseinkommens Y mit der Gleichung:

$C = C(Y) = 120 + 0{,}6 \cdot Y \quad , \quad (Y \geq 0)$.

i) Man berechne die Höhe des Existenzminimums (*Mindestkonsum*) des Haushaltes.

ii) Man ermittle die Sparfunktion S(Y) und gebe das Einkommen an, bei dessen Überschreiten die Sparsumme positiv wird.

iii) Gibt es ein Einkommen, bei dem Sparsumme und Konsum gleich groß sind ? Man ermittle ggf. dieses Einkommen. (*Rechnerische **und** graphische Lösung ermitteln !*)

Aufgabe 2.3.45: Die Hubermobil AG produziert zwei Automodelle: den Huber 1,8 N *(Benziner)* sowie den Huber 2,3 D *(Diesel)*. Motorleistung und Ausstattung beider Modelle sind identisch.

Die neueste Betriebskostentabelle einer Automobil-Zeitschrift weist folgende Kostendaten aus:

	monatliche Fixkosten *(€)*	monatliche Rücklage für Neuwagen *(€)*	Betriebskosten pro km *(in Cent/km)*
1,8 N	97,--	218,--	21,92
2,3 D	105,--	244,--	19,28

Man untersuche, für welche **jährlichen** Fahrleistungen *(in km/Jahr)* der Typ 1,8 N und für welche Fahrleistungen der Typ 2,3 D das kostengünstigere Modell ist.

Aufgabe 2.3.46: Man ermittle die Telefon-Kostenfunktion K(x), die die monatlichen Gesamtkosten K eines Telefon-Hauptanschlusses in Abhängigkeit von der Anzahl x der pro Monat verbrauchten Gebühreneinheiten angibt. Dabei berücksichtige man:

a) die Grundgebühr beträgt 24,60 €/Monat ;
b) die ersten 10 Gebühreneinheiten sind kostenlos ;
c) eine Gebühreneinheit kostet 23 Cent.

*__Aufgabe 2.3.47:__ Auf zwei Teilmärkten eines Gesamtmarktes seien für ein Wirtschaftsgut die Nachfragefunktionen wie folgt gegeben:

Markt I: $p(x) = 6 - x$; Markt II: $p(x) = 4 - 0{,}5x$ (p: Preis; x: Menge)

Man ermittle graphisch und rechnerisch die „aggregierte“ Nachfragefunktion für das Gut auf dem zusammengefassten Gesamtmarkt *(vgl. Bem. 2.5.4)*.

*__Aufgabe 2.3.48:__ Eine Ein-Produkt-Unternehmung produziert pro Periode mit folgenden Kosten:

Fixkosten: 10.000 € ; *variable Stückkosten:* 50 €/ME für Outputwerte bis incl. 800 ME.

Infolge Kostendegression durch optimale Auslastung sinken für die Outputwerte über 800 ME *(bis incl. 2.400 ME)* die stückvariablen Kosten um 50%.

Outputwerte über 2.400 ME hinaus können nur unter extremer Überlastung von Mensch und Material erzeugt werden, für jede ME über 2.400 ME hinaus fallen stückvariable Kosten an, die um 200% über dem ursprünglichen Wert *(= 50 €/ME)* liegen.

Die pro Periode erzeugten Mengen können unmittelbar an den Hauptkunden der Unternehmung verkauft werden. Je nach beabsichtigter Absatzmenge müssen Rabatte eingeräumt werden:

- Grundpreis 100 €/ME für Mengen bis incl. 1.000 ME;
- 20% Rabatt bei Mengen über 1.000 bis incl. 2.000 ME;
- 40% Rabatt *(bezogen auf den Grundpreis)* bei Mengen über 2.000 ME .

Fall A: Der Rabatt bezieht sich jeweils auf die **gesamte** Absatzmenge;

Fall B: Der Rabatt bezieht sich jeweils nur auf das zugehörige Mengenintervall (s.o.) .

Innerhalb welcher Produktions- u. Absatzmengen operiert die Unternehmung mit Gewinn ?

*Man löse das gestellte Problem für jeden der Fälle A und B **graphisch** und **rechnerisch** .*

Hinweise: *Koordinatensystem: Abszisse 0 - 4.000 ME; Ordinate 0 - 300.000 €. Für die rechnerische Lösung stelle man die Gesamtkostenfunktion sowie die beiden Erlösfunktionen auf und ermittle (unter Beachtung der Definitionsbereiche) die Gewinnschwellen.*

2.3.1.3 Quadratische Funktionen

Für $n = 2$ erhalten wir nach Def. 2.3.1 das Polynom $f(x) = a_2x^2 + a_1x + a_o$, $x \in \mathbb{R}$ oder

(2.3.49) $$\boxed{\mathbf{f(x) = ax^2 + bx + c}} \quad ; x \in \mathbb{R} \quad .$$

Diese Funktionen heißen **quadratische Polynome**, ihre Schaubilder heißen (quadratische) **Parabeln**.

Beispiel 2.3.50: **i)** $f(x) = x^2$; **ii)** $f(x) = 0{,}5x^2 - x - 4$; **iii)** $f(x) = -2x^2 + 4$:

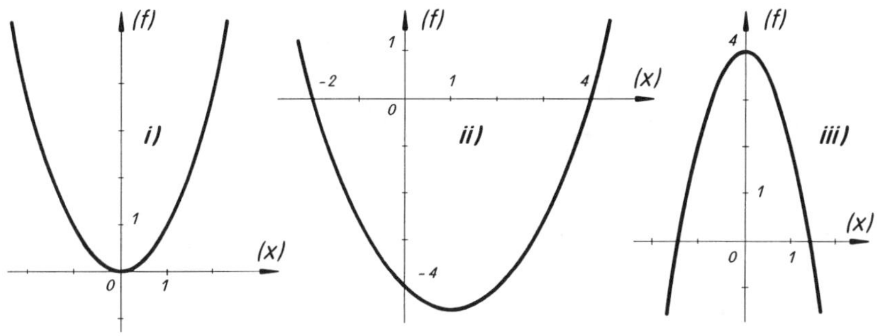

Abb. 2.3.51

Aus Bsp. 2.3.50 sowie aus Abb. 2.3.51 liest man ab:

i) Ist in der Parabelgleichung

$$y = ax^2 + bx + c$$

der Koeffizient **a** des quadratischen Gliedes **positiv**, so ist die Parabel nach **oben geöffnet**, ist er **negativ**, so ist die Parabel nach **unten geöffnet** (Abb. 2.3.52) .

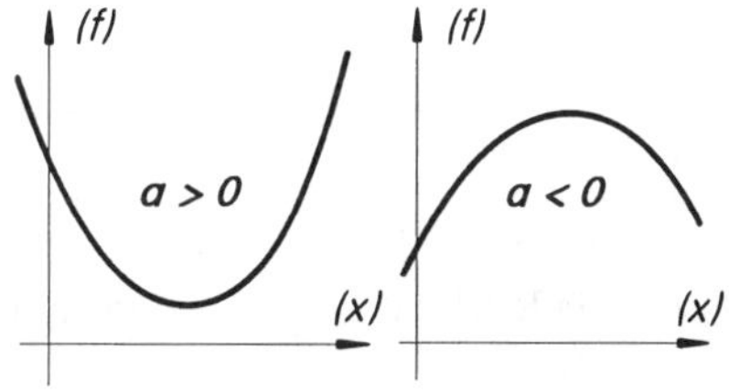

Abb. 2.3.52

ii) Der Betrag des Koeffizienten a des quadratischen Gliedes hat Einfluss auf die **Öffnungsbreite** der Parabel (Abb. 2.3.53):

$|a| = 1 \Leftrightarrow$ **Normal**parabel

$|a| > 1 \Leftrightarrow$ Parabel **enger** als Normalparabel

$|a| < 1 \Leftrightarrow$ Parabel **breiter** als Normalparabel .

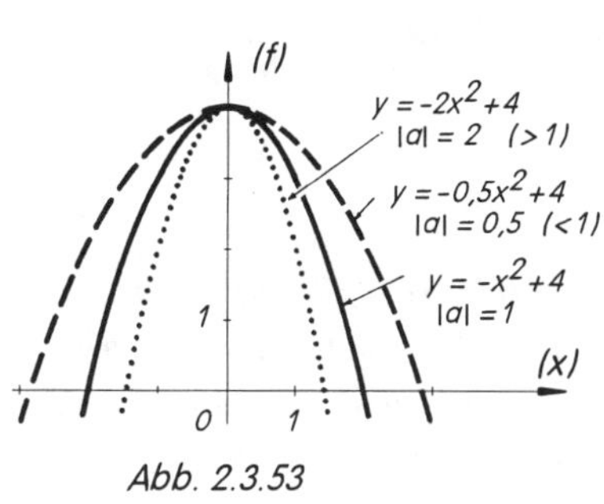

Abb. 2.3.53

Die **Nullstellen** quadratischer Polynome erhält man als **Lösungen** der quadratischen Gleichung $f(x) = ax^2 + bx + c = 0$, vgl. Kap. 1.2.4.5.

Aus Abb. 2.3.54 wird deutlich, dass ein quadratisches Polynom

i) **zwei** verschiedene reelle Nullstellen
ii) genau **eine** (Doppel-) Nullstelle
iii) **keine** Nullstelle besitzen kann.

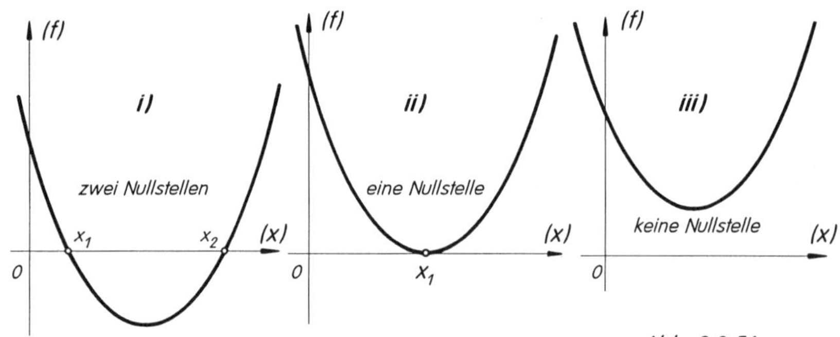

Abb. 2.3.54

Beispiel 2.3.55:

i) $y = x^2 + x - 6 = 0 \Leftrightarrow x_{1,2} = -\frac{1}{2} \pm \sqrt{-\frac{1}{4} + 6} = -\frac{1}{2} \pm \frac{5}{2}$;

Nullstellen: $x_1 = \mathbf{-3}$; $x_2 = \mathbf{2}$;

ii) $y = 2x^2 - 8x + 8 = 0 \Leftrightarrow x^2 - 4x + 4 = 0 \Rightarrow x_1 = 2 \pm \sqrt{4 - 4} = 2$;

iii) $y = x^2 - 6x + 10 = 0 \Leftrightarrow x_{1,2} = 3 \pm \sqrt{9 - 10} = 3 \pm \sqrt{-1}$

negativer Radikand, also **keine** Lösung, daher **keine** Nullstelle.

Bemerkung 2.3.56: *Allgemein ergeben sich aus der Nullstellengleichung*

$f(x) = ax^2 + bx + c = 0$ *über* $x^2 + \frac{b}{a}x + \frac{c}{a} = 0$ *die Lösungen (vgl. (1.2.149)):*

$$x_{1,2} = -\frac{b}{2a} \pm \sqrt{\frac{b^2}{4a^2} - \frac{c}{a}} = -\frac{b}{2a} \pm \frac{1}{2a}\underbrace{\sqrt{b^2 - 4ac}}_{=:D} .$$

Die verschiedenen Fälle ergeben sich aus dem Verhalten des Radikanden („Diskriminante") D:

i) *Falls $D > 0$, d.h. $b^2 - 4ac > 0$, so gibt es 2 Lösungen ;*

ii) *Falls $D = 0$, so gibt es eine Lösung ;*

iii) *Falls $D < 0$, so gibt es keine Lösung .*

Beispiel 2.3.57: Die variablen Gesamtkosten K_v bei Produktion von x ME eines Gutes seien gegeben durch die Funktion

$K_v = 0{,}1x^3 - 2x^2 + 11x \; ; \quad x \geq 0 \, .$

Dann erhält man als variable Kosten pro produzierter Mengeneinheit die Stückkostenfunktion k_v mit

$$k_v = \frac{K_v(x)}{x} = 0{,}1x^2 - 2x + 11 \; ; \quad x > 0 \, .$$

Der Graph von k_v ist eine nach oben geöffnete Parabel (mit „breiter" Öffnung), vgl. Abb. 2.3.58.

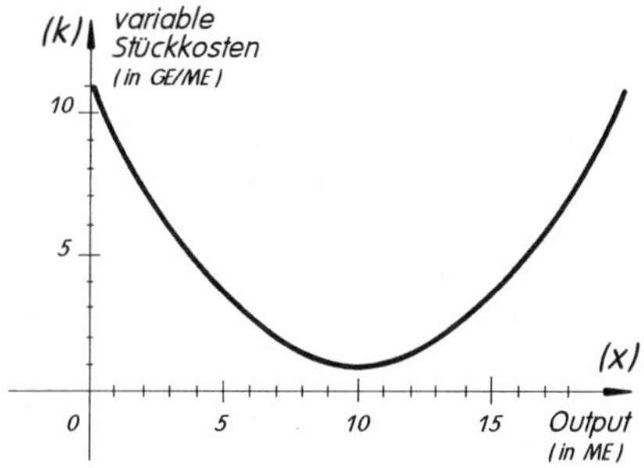

Abb. 2.3.58

Aufgabe 2.3.59: **i)** Man ermittle die Nullstellen folgender quadratischer Polynome:

a) $f(x) = -x^2 + 7x + 16$ b) $g(p) = 2p^2 + 6p + 18$ c) $h(y) = 1{,}2y^2 - 24y + 198$

ii) Wie lautet die Gleichung der Parabel, die durch folgende Punkte verläuft ?

a) P(0; 3) ; Q(2; 4) ; R(4; 8) ; b) A(2; 0) ; B(14; 1) ; C(–6; –1) .

Aufgabe 2.3.60: Angebotspreis p_A und Nachfragepreis p_N für ein Gut seien durch folgende Funktionsgleichungen gegeben:

$p_A(x) = 2(x + 1) \; ; \qquad p_N(x) = 0{,}5(36 - x^2) \qquad$ (x: Menge) .

i) Man bestimme den ökonomisch sinnvollen Definitions- und Wertebereich von p_N und p_A.

ii) Man ermittle Gleichgewichtspreis und -menge sowie den Gesamtumsatz im Gleichgewichtspunkt (= *„Marktgleichgewicht": Schnittpunkt von Angebots- und Nachfragefunktion)*.

iii) Von welchem Preis an wird die geplante Nachfrage größer oder gleich 5 ME ?

Aufgabe 2.3.61: Für ein Gut sei folgende Preis-Absatz-Funktion gegeben:

$p(x) = 1.200 - 0{,}2x$ (p: Absatzpreis (€/ ME), x: nachgefragte Menge (ME)).

i) Man ermittle die zugehörige Erlösfunktion E

a) in Abhängigkeit von der Menge *(d.h. E = E(x))* ;

b) in Abhängigkeit vom Preis *(d.h. E = E(p))* .

ii) Der einzige Produzent des Gutes *(Monopolfall)* produziere mit folgender Gesamtkostenfunktion K:

$K(x) = 0{,}2x^2 + 500.000$ (K: Gesamtkosten (€) , x: Output (ME)).

Der produzierte Output kann vollständig nach der o.a. Preis-Absatz-Funktion abgesetzt werden.

Man ermittle die Gewinnzone des Monopolisten *(d.h. diejenigen Output-Eckwerte, auch Gewinnschwellen genannt, innerhalb derer sich ein nichtnegativer Gewinn ergibt)*

(Lösung graphisch und rechnerisch) .

2.3.1.4 Nullstellen von Polynomen und Polynomzerlegung

Über die **Nullstellen** von Polynomen n-ten Grades (d.h. die Lösungen der „algebraischen“ Gleichungen n - ten Grades) gibt es einige wichtige Aussagen, die im folgenden *(ohne Beweis)* zusammengestellt werden:

Satz 2.3.62: Sei x_1 eine Nullstelle des Polynoms f (vom Grad n; n > 0). Dann lässt sich der Linearfaktor $x - x_1$ von f abspalten:

(2.3.63) $$\mathbf{f(x) = (x - x_1) \cdot g(x)}$$

Dabei ist g(x) ein Polynom vom Grad n − 1.

Bemerkung 2.3.64: *Bei Kenntnis einer Nullstelle x_1 erhält man den Faktor g(x) nach (2.3.63) durch* ***Polynomdivision:***

(2.3.65) $$g(x) = \frac{f(x)}{x - x_1} = f(x) : (x - x_1)$$

Satz 2.3.62 besagt, dass diese Division ***ohne Rest*** *möglich ist, siehe auch Bem. 1.2.163.*

Beispiel 2.3.66: Gesucht seien die Nullstellen von $f(x) = x^3 - 5x^2 - 2x + 24$.

Eine Nullstelle ist $x_1 = 3$, wie man durch Einsetzen überprüft. Dann muss es ein Polynom 2. Grades g(x) geben mit:

$f(x) = x^3 - 5x^2 - 2x + 24 = (x - 3) \cdot g(x)$.

Polynomdivision liefert:

$$\mathbf{g(x)} = (x^3 - 5x^2 - 2x + 24) : (x - 3) = \mathbf{x^2 - 2x - 8}$$

$$\begin{array}{l} \underline{-\ (x^3 - 3x^2)} \\ \quad -2x^2 - 2x \\ \quad \underline{-(-2x^2 + 6x)} \\ \qquad -8x + 24 \\ \qquad \underline{-\ (8x + 24)} \\ \qquad\qquad 0 \end{array}$$

Daraus folgt: $f(x) = x^3 - 5x^2 - 2x + 24 = (x - 3) \cdot (x^2 - 2x - 8)$.

Um die weiteren Nullstellen von f zu ermitteln, genügt es nun, $g(x) = x^2 - 2x - 8$ auf Nullstellen zu untersuchen:

$x^2 - 2x - 8 = 0 \quad \Rightarrow \quad x_{1,2} = 1 \pm \sqrt{1 + 8} = 1 \pm 3$

Damit haben wir sämtliche Nullstellen von f erhalten: $x_1 = 3$; $x_2 = 4$; $x_3 = -2$

Somit gilt nach Satz 2.3.62: $f(x) = a(x - x_1)(x - x_2)(x - x_3) = (x - 3)(x - 4)(x + 2)$.

Aus Satz 2.3.62 folgt der wichtige

Satz 2.3.67: Ein Polynom n-ten Grades (n > 0) hat höchstens n reelle Nullstellen.

Beispiel 2.3.68:

i) (genau n Nullstellen) $f(x) = (x-1)\cdot(x+1)$; $(n = 2)$ hat die Nullstellen $1; -1$.

ii) (weniger als n Nullstellen) $f(x) = (x-1)^2\cdot(x^2+1)$; $(n = 4)$ hat nur die Nullstelle 1. Da der Faktor $x - 1$ zweimal vorkommt, spricht man von einer **Doppelnullstelle** (analog gibt es dreifache Nullstellen usw.).

Bemerkung 2.3.69: *Lässt man als Lösungen einer Gleichung n-ten Grades auch die sogenannten* ***komplexen Zahlen*** [2] *zu, so kann Satz 2.3.67 verschärft werden:*

Ein Polynom n-ten Grades $(n > 0)$ hat ***genau*** *n (reelle oder komplexe) Nullstellen (**Fundamentalsatz der Algebra**). Dabei werden mehrfache Nullstellen entsprechend ihrer Vielfachheit gezählt.*

Zu n vorgegebenen Nullstellen $x_1, \dots, x_n$ eines Polynoms lässt sich nach (2.3.63) sofort ein Polynom n-ten Grades mit eben diesen Nullstellen **konstruieren**:

(2.3.70) $$\boxed{f(x) = a\cdot(x-x_1)\cdot(x-x_2)\cdot\ \dots\ \cdot(x-x_n)} \quad ; \quad (a \neq 0) .$$

Wie man durch Einsetzen unmittelbar erkennt, gilt für alle k *(= 1, 2, ..., n)*: $f(x_k) = 0$.

Beispiel 2.3.71: Ein Polynom 4. Grades mit den vorgegebenen Nullstellen $1, \sqrt{2}, -\pi, 0$ ist z.B.:

$$f(x) = 2009\cdot(x-1)(x-\sqrt{2})(x+\pi)\cdot x .$$

Die **Ermittlung** von **Nullstellen** bei Polynomen **höheren als 2. Grades** durch Abspalten von Linearfaktoren $x - x_k$ (und Untersuchung des Restpolynoms) ist nur möglich bei Kenntnis der x_k (d.h. nur in Ausnahmefällen, vgl. Kap. 1.2.4.6). Meist ist es zur Ermittlung der Nullstellen einfacher, ein **Näherungsverfahren** (z.B. die „Regula falsi" *(Kap. 2.4)* oder das „Newton-Verfahren" *(Kap. 5.4)*) zu verwenden.

Die folgenden Abbildungen zeigen (Abb. 2.3.72 i) - v)) exemplarisch die Graphen einiger Polynome höheren Grades:

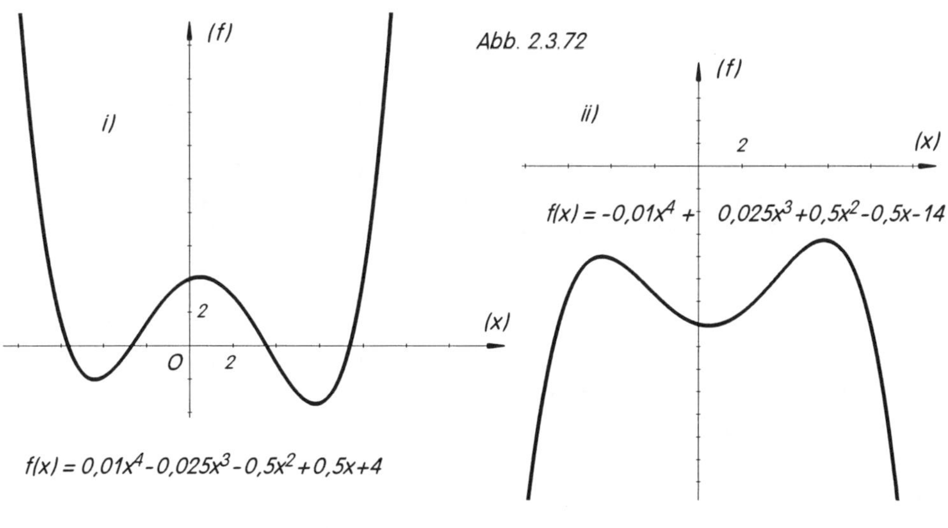

Abb. 2.3.72

---

[2] vgl. etwa [21], Bd. I, 206 ff.

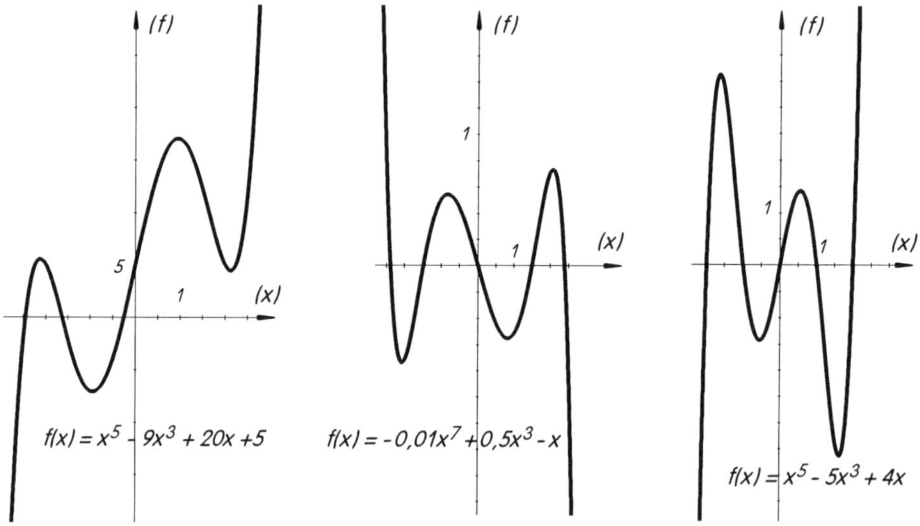

Abb. 2.3.72 iii) iv) v)

An diesen Abbildungen erkennt man einige typische **Eigenschaften von Polynomen n-ten Grades**:

- Die Zahl der Nullstellen eines Polynoms n-ten Grades kann mit dem Grad n übereinstimmen (Abb. i), v)) oder aber geringer sein (Abb. ii), iii), iv)), vgl. Satz 2.3.67.
- Ein Polynom von **ungeradem** Grad hat stets **mindestens eine** Nullstelle (Abb. iii), iv), v)). Ein Polynom von geradem Grad besitzt manchmal keine einzige Nullstelle (Abb. ii)).
- Polynome sind entweder nur nach oben oder nur nach unten oder aber überhaupt nicht beschränkt:
  1) Ist der Polynomgrad **n ungerade**, so ist das Polynom **unbeschränkt**, und zwar aufsteigend von $-\infty$ bis $+\infty$ (vgl. Abb. iii), v)), falls a_n positiv und absteigend von $+\infty$ bis $-\infty$ (Abb. iv)), falls a_n negativ.
  2) Ist der Polynomgrad **n gerade**, so ist das Polynom **einseitig beschränkt**, und zwar nach oben beschränkt (d.h. von $-\infty$ aufsteigend und wieder nach $-\infty$ absteigend, Abb. ii)) falls a_n negativ und nach unten beschränkt (d.h. von $+\infty$ absteigend und wieder nach $+\infty$ aufsteigend, Abb. i)), wenn a_n positiv ist !

Aufgabe 2.3.73: Gegeben sind die Polynome f und eine oder mehrere zugehörige Nullstellen x_k (k = 1, 2, ...). Man ermittle sämtliche reellen Nullstellen von f.

i) $f(x) = x^3 - 2x^2 - 2x + 4$; $x_1 = 2$

ii) $f(x) = x^4 - 6x^3 + 3x^2 + 26x - 24$; $x_1 = 3$; $x_2 = -2$

iii) $f(x) = x^3 - 2x + 1$; $x_1 = 1$

iv) $f(x) = 2x^4 - 3x^3 - 10x^2 + 5x - 6$; $x_1 = -2$; $x_2 = 3$.

Aufgabe 2.3.74: Man ermittle sämtliche reellen Lösungen folgender Gleichungen:

i) $x^3 = 10 - 9x$

ii) $y^3 + 12 = 34y$

iii) $3a^3 - 2a^2 + 30 = 23a$

iv) $n^3 - 3n^2 = 75 - 25n$

v) $z^3 - 5z = 3z^2 + 25$

vi) $t^4 - 4t^3 - 2t^2 - 20t + 25 = 0$

2.3.2 Gebrochen-rationale Funktionen

Der **Quotient** zweier **Polynome** heißt gebrochen-rationale Funktion:

Def. 2.3.75: Die Funktion f mit der Gleichung

$$f(x) = \frac{a_n x^n + a_{n-1}x^{n-1} + \ldots + a_1 x + a_0}{b_k x^k + b_{k-1}x^{k-1} + \ldots + b_1 x + b_0} = \frac{Z_n(x)}{N_k(x)} \qquad \text{mit} \quad a_n, b_k \neq 0;\ n, k \in \mathbb{N}_0$$

heißt **gebrochen-rationale Funktion.**

Da f lediglich an den **Nullstellen des Nennerpolynoms** $N_k(x)$ **nicht definiert** ist, muss man zur Ermittlung des Definitionsbereiches D_f zunächst diese Nullstellen ermitteln und als **Definitionslücken** ausschließen:

Beispiel 2.3.76: i) $f(x) = \frac{1}{x}$, $D_f = \mathbb{R} \setminus \{ 0 \}$ (Hyperbel, vgl. Abb. 2.3.76 i)) ;

ii) $f(x) = \frac{2x - 4}{x - 1}$, $D_f = \mathbb{R} \setminus \{ 1 \}$, vgl. Abb. 2.3.76 ii) ;

iii) $f(x) = \frac{x^2}{x^2 - 2x + 2}$, $D_f = \mathbb{R}$, da der Nenner keine Nullstellen hat, Abb. 2.3.76 iii) ;

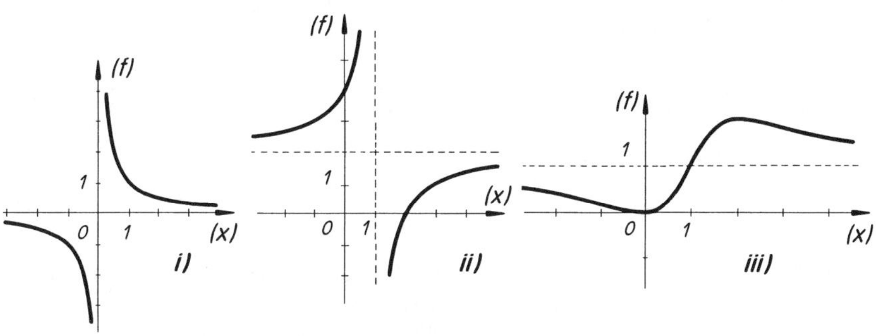

Abb. 2.3.76

iv) $f(x) = \frac{2x}{x^2 - 1}$, $D_f = \mathbb{R} \setminus \{ 1; -1 \}$, vgl. Abb. 2.3.76 iv) ;

v) $f(x) = \frac{x^2 - x}{x - 1} = \begin{cases} x & \text{für } x \neq 1 \\ \text{nicht definiert für} & x = 1 \end{cases}$ vgl. Abb. 2.3.76 v) ;

vi) $f(x) = x + 1 + \frac{1}{(x+1)^2} = \frac{x^3 + 3x^2 + 3x + 2}{x^2 + 2x + 1}$, $D_f = \mathbb{R} \setminus \{ -1 \}$, vgl. Abb. 2.3.76 vi) .

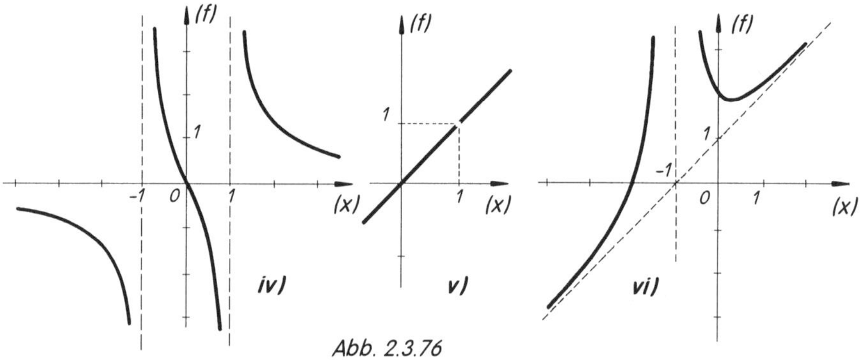

Abb. 2.3.76

In Abb. 2.3.76 wird deutlich, dass in der Umgebung der Definitionslücken sowie für sehr große (bzw. sehr kleine) Argumentwerte die gebrochen-rationalen Funktionen Besonderheiten aufweisen, wie z.B. sogenannte **Unendlichkeitsstellen (Pole), Asymptoten** oder **Lücken**. Näheres hierzu vgl. Kapitel 4.5 bzw. Kapitel 4.8.

Bemerkung 2.3.77: *Gebrochen-rationale Funktionstypen können im Bereich ökonomischer Fragestellungen immer dann auftreten, wenn* ***stückbezogene*** *oder* ***Durchschnittsgrößen*** *(Stückkosten, Stückgewinn, ...) betrachtet werden.*

Beispiel: *Sei K eine lineare Kostenfunktion, z.B. $K(x) = 0{,}9x + 25$ ($x > 0$; K: Gesamtkosten, x: Output). Dann erhält man die Stückkosten $k(x)$ (= Kosten pro Outputeinheit), indem man $K(x)$ durch die Anzahl x der Outputeinheiten* ***dividiert:***

$$k(x) = \frac{K(x)}{x} = \frac{0{,}9x + 25}{x} = 0{,}9 + \frac{25}{x} ;$$

$k(x)$ ist gebrochen-rational, vgl. Abb. 2.3.78.

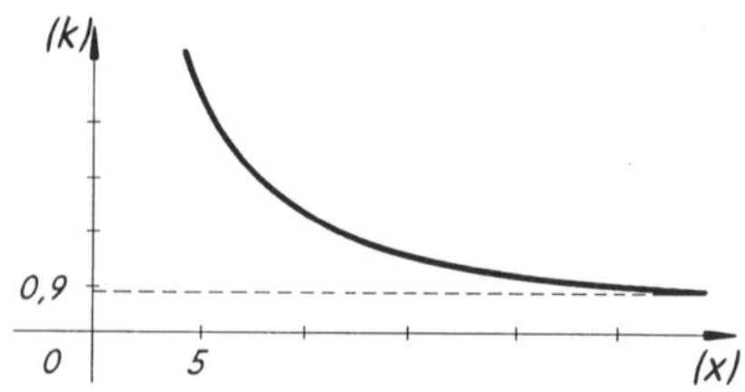

Abb. 2.3.78

Aufgabe 2.3.79: i) Die monatlichen Kosten K für elektrische Energie eines Haushaltes setzen sich zusammen aus der monatlichen Grundgebühr in Höhe von 40 €/Monat und einem Arbeitspreis von 0,15 €/kWh. Man ermittele und skizziere die Funktion k(x), die die monatlichen Kosten pro verbrauchter kWh in Abhängigkeit vom monatlichen Gesamtverbrauch x angibt.

ii) Ausgehend von der ertragsgesetzlichen Gesamtkostenfunktion

$$K(x) = 0{,}07x^3 - 2x^2 + 60x + 267 \quad \text{(K: Gesamtkosten, x: Output)}$$

ermittle man die Funktionsgleichungen der variablen und fixen Kosten sowie der variablen, fixen und gesamten Stückkosten. Skizze !

iii) Unter Zugrundelegung des Ergebnisses von Aufgabe 2.3.46 ermittle man die Stückkostenfunktion k(x), die die Kosten k pro Gebühreneinheit in Abhängigkeit von der Anzahl x der insgesamt pro Monat verbrauchten Gebühreneinheiten angibt. Skizze !

2.3.3 Algebraische Funktionen (Wurzelfunktionen)

Sowohl ganzrationale als auch gebrochen-rationale Funktionen gehören zu einer **allgemeineren** Klasse von Funktionen, den sogenannten **algebraischen Funktionen**.

Man kann eine **algebraische Funktion** implizit definieren als Polynom der Potenzen $x^i \cdot y^k$:

(2.3.80) $$F(x, y) = \sum_{i=0}^{n} \sum_{k=0}^{m} a_{ik}x^iy^k = 0 \; ; \; a_{ik} \in \mathbb{R}$$

Beispiel 2.3.81: **i)** $3x^5y^5 + 2xy^2 - x^2y - x^2 - 2x + y^2 = 0$; **ii)** $x^2 + y^2 - 1 = 0$; **iii)** $xy - 1 = 0$.

An diesem Beispiel erkennt man, dass algebraische Funktionen i.a. in **impliziter** Form $F(x, y) = 0$ vorliegen, und - wie etwa in i) ersichtlich - häufig nicht in explizite Darstellung gebracht werden können.

An ii) erkennt man, dass die implizite Darstellung $x^2 + y^2 - 1 = 0$ offenbar **nicht** zu einer Funktion, sondern zu einer (zweideutigen) **Relation** gehört, vgl. Abb. 2.3.82.

Die Auflösung von $x^2 + y^2 - 1 = 0$ nach y liefert nämlich die beiden Lösungen

$y = +\sqrt{1 - x^2}$; $|x| \le 1$;

$y = -\sqrt{1 - x^2}$; $|x| \le 1$.

Abb. 2.3.82

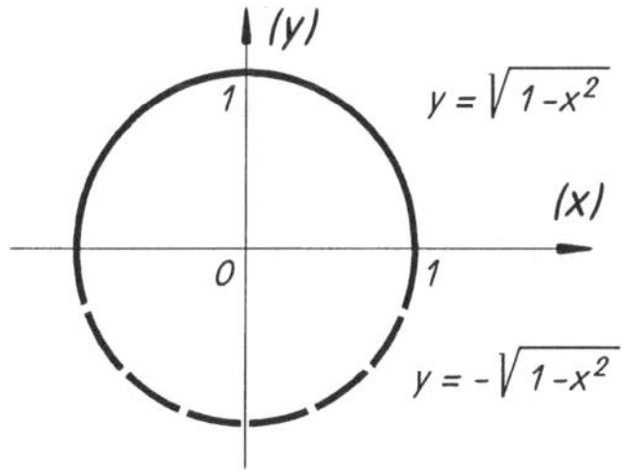

An diesem Beispiel wird gleichzeitig deutlich, dass bei der expliziten Darstellung einer algebraischen Funktion (anders als bei rationalen Funktionen) **Wurzelterme** auftreten können.

An iii) erkennt man, dass es sich um die gebrochen-rationale Funktion $y = \frac{1}{x}$; $x \neq 0$ handelt.

Umgekehrt kann jede gebrochen-rationale Funktion $y = \frac{Z(x)}{N(x)}$ durch einfache Umformung in folgende Form gebracht werden:

(2.3.83) $$y \cdot N(x) - Z(x) = 0 \; .$$

Eine allgemeine Analyse der Typen algebraischer Funktionen verbietet sich im Rahmen dieser Darstellung. Als relativ häufig vorkommendes Beispiel sei an dieser Stelle nur der Typ der **Wurzelfunktion** herausgehoben (als Spezialfall der allgemeinen Potenzfunktion $y = x^n$, $n \in \mathbb{R}$) :

Def. 2.3.84: Die Umkehrfunktionen der Potenzfunktion f: $y = x^n$, $x \in \mathbb{R}_0^+$; $n \in \mathbb{N} \setminus \{1\}$ heißen **Wurzelfunktionen**.

Schreibweise: f^{-1}: $x = y^{\frac{1}{n}} = \sqrt[n]{y}$; $y \in \mathbb{R}_0^+$.
(vgl. Abb. 2.3.85)

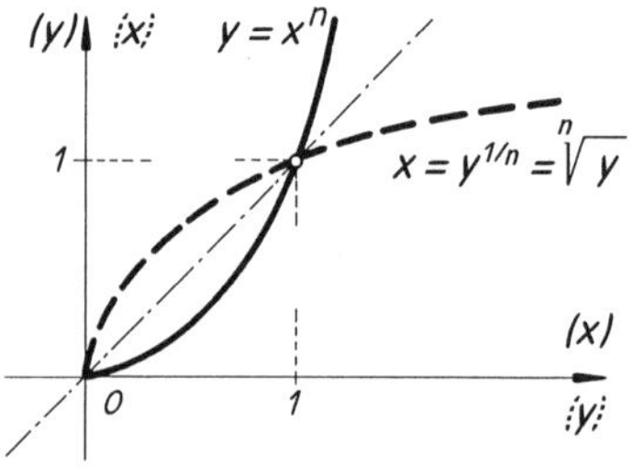

Bemerkung 2.3.86: *Für den Definitionsbereich bei* ***geradem n*** *gilt wegen der Forderung eines nichtnegativen Radikanden:* $D_f = \mathbb{R}_o^+$. *Bei* ***ungeradem n*** *ist* $\sqrt[n]{y}$ *auch für negative y erklärt, so dass in diesem Fall* $D_f = \mathbb{R}$ *ist.*

Beispiel 2.3.87: i) $f(x) = \sqrt{x}$; $D_f = \mathbb{R}_o^+$; **ii)** $f(x) = \sqrt[3]{x}$; $D_f = \mathbb{R}$ (Abb. 2.3.88) .

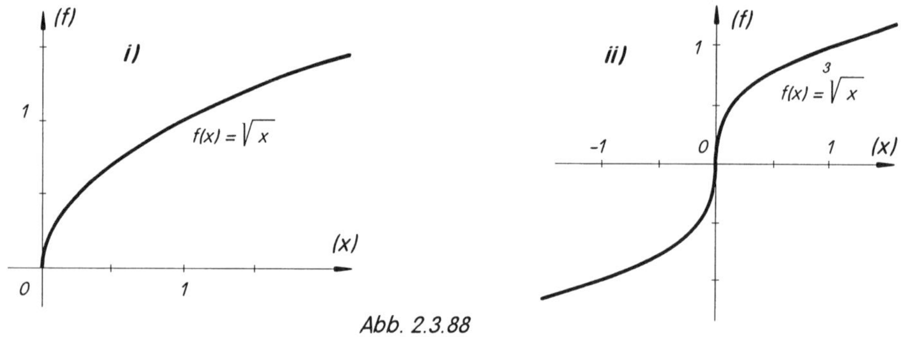

Abb. 2.3.88

Potenzfunktionen mit nicht-natürlichen Exponenten werden u.a. für (gesamtwirtschaftliche) Produktionsfunktionen verwendet:

Beispiel 2.3.89: $Y = c \cdot A^{0,8} \cdot K^{0,2}$, (A, K ≥ 0).

A: Arbeitsinput; K: Kapitalinput; Y: Sozialprodukt; (c: Konstante) .

So ergibt sich etwa für K = 32 = const. (und c = 1): $y = 2 \cdot A^{0,8}$ (vgl. Abb. 2.3.90)

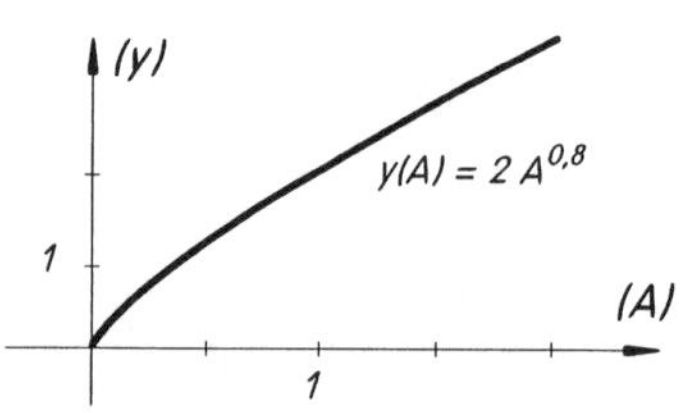

Abb. 2.3.90

Aus den elementaren Wurzelfunktionen f: $f(x) = \sqrt[n]{x}$ (x ≥ 0) ergeben sich durch Spiegeln an der Ordinate bzw. Verschiebung längs der Abszisse die folgenden - ebenfalls elementaren - Wurzelfunktionen (vgl. Abb. 2.3.91) (man beachte jeweils die geänderten Definitionsbereiche !) :

i) $f(x) = \sqrt[n]{-x}$

$(x \leq 0)$

z.B.

$f(x) = \sqrt{-x}$

ii) $f(x) = \sqrt[n]{x + a}$

$(x \geq -a \; ; \; a \in \mathbb{R})$

z.B.

$f(x) = \sqrt{x + 4}$

iii) $f(x) = \sqrt[n]{b - x}$

$(x \leq b \; ; \; b \in \mathbb{R})$

z.B.

$f(x) = \sqrt{2 - x}$

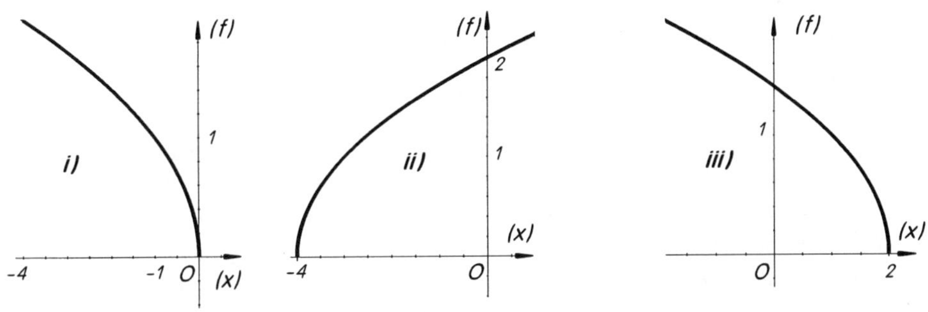

Abb 2.3.91

Aufgabe 2.3.92: Man ermittle den Definitionsbereich folgender Funktionen und *(in den Fällen i) - iv))* die Gleichung der Umkehrrelationen:

i) $y = (x + 1)^2$; **ii)** $y = \sqrt[3]{x^2 - 4}$; **iii)** $y = \sqrt[4]{1 - x^2}$; **iv)** $y = \dfrac{x + 1}{\sqrt{x - 1}}$; **v)** $y = \dfrac{2\sqrt{x + 8}}{5\sqrt[3]{x^2 - 16}}$.

Aufgabe 2.3.93: Gegeben sei eine Produktionsfunktion mit der Gleichung

$$x(r) = \sqrt{4r - 100} - 10 \qquad \text{(x: Ouput in } ME_x \text{ ; r: Faktorinput in } ME_r\text{).}$$

Pro eingesetzter Faktoreinheit entstehen Kosten von 8 GE/ME_r, pro produzierter Outputeinheit kann am Markt ein Preis von 100 GE/ME_x erzielt werden.

i) Man ermittle den mathematischen Definitionsbereich sowie den ökonomischen Definitionsbereich (Output muss nichtnegativ sein !)

ii) Es werde ein Output von 50 ME_x produziert und abgesetzt. Man berechne die entstandenen Faktorkosten sowie den Umsatz.

iii) Man ermittle die Kostenfunktion K(x), die die Beziehung zwischen Output x und zugehörigen Faktorkosten K angibt.

iv) Welche Outputmengen müssen produziert (und abgesetzt) werden, damit die Unternehmung in der Gewinnzone produziert ?

2.3.4 Exponentialfunktionen

Zu den wichtigsten nichtalgebraischen Funktionen (**transzendenten Funktionen**) gehören die Exponentialfunktionen:

Def. 2.3.94: Man nennt die für alle $x \in \mathbb{R}$ definierte Funktion f mit $\boxed{\mathbf{f(x) = a^x}}$, $a \in \mathbb{R}^+ \setminus \{1\}$, **Exponentialfunktion**.

Beispiel 2.3.95: **i)** $y = 2^x$; **ii)** $y = (\frac{1}{2})^x = 2^{-x}$; **iii)** $y = e^x \approx 2{,}71828^x$.

*Bemerkung 2.3.96: i) Der strenge Beweis für die Existenz von a^x für **alle** $x \in \mathbb{R}$ kann an dieser Stelle nicht geführt werden.*

*ii) Die **Basis** a in a^x sollte **ungleich Eins** sein, da andernfalls die Exponentialfunktion zu trivialen Fall der konstanten Funktion $y = 1$ „entartet".*

*iii) Der wesentliche in der formalen Darstellung zum Ausdruck kommende **Unterschied** zwischen **Potenzfunktion** ($f(x) = x^a$) und **Exponentialfunktion** ($f(x) = a^x$) besteht darin, dass im ersten Fall der Exponent ($=\alpha$) **konstant**, im zweiten Fall der Exponent ($=x$) **variabel** ist.*

iv) Auch zusammengesetzte Funktionen des Typs $f(x) = \dfrac{c_1 \cdot a^{f_1(x)} + c_2 \cdot a^{f_2(x)} + \ldots}{b_1 \cdot a^{g_1(x)} + b_2 \cdot a^{g_2(x)} + \ldots}$ *(mit $f_i(x)$, $g_i(x)$ algebraisch) heißen Exponentialfunktionen.*

Beispiel: $f(x) = 7 \cdot 2^{-x}$; $f(x) = \dfrac{4e^{-x+2} + 2^{\sqrt{x}}}{1 - e^{3x+4}}$.

v) Die allgemeinste Exponentialfunktion ist vom Typ: $f(x) = g(x)^{h(x)}$, z.B. $f(x) = x^x$ oder $f(x) = (2 + \sqrt{x})^{x^2-1}$.

Abb. 2.3.97 zeigt die Graphen einiger Exponentialfunktionen zu unterschiedlichen Basiszahlen:

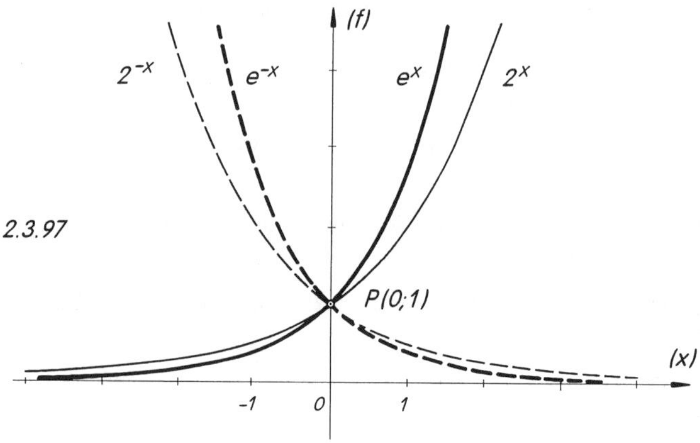

Abb. 2.3.97

An Abb. 2.3.97 werden die **Eigenschaften der Exponentialfunktionen** a^x deutlich:

Fall I: **$a > 1$**, ***Beispiel***: $f(x) = e^x$:

i) Definitionsbereich $D_f = \mathbb{R}$; Wertebereich $W_f = \mathbb{R}^+$ (d.h. **f** ist **stets positiv**) .

ii) f ist in D_f streng monoton **steigend** und nähert sich mit abnehmendem x (d.h. von rechts nach links betrachtet) immer mehr dem Wert 0.

iii) f verläuft (wegen $a^0 = 1$) durch den Punkt P(0; 1) .

Fall II: **$0 < a < 1$**, ***Beispiel***: $f(x) = (\frac{1}{e})^x = e^{-x}$:

i) Definitionsbereich $D_f = \mathbb{R}$; Wertebereich $W_f = \mathbb{R}^+$ (d.h. **f** ist **stets positiv**)

ii) f ist in D_f streng monoton **fallend** und nähert sich mit wachsendem x immer mehr dem Wert 0.

iii) f verläuft (wegen $a^0 = 1$) durch den Punkt P(0; 1) .

Bemerkung 2.3.98: *Da man z.B. e^{-x} aus e^x durch Vertauschen von negativen mit betragsgleichen positiven Argumenten erhält, ergibt sich der Graph von e^{-x} aus dem Graphen von e^x durch Spiegelung an der (senkrechten) Ordinatenachse.*

Bemerkung 2.3.99: *i) Exponentialfunktionen des Typs $f(x) = e^{g(x)}$ ($g(x)$ algebraisch) sind für die Beschreibung vieler technischer und ökonomischer Vorgänge - vor allem wenn sie mit Wachstum oder Zerfall zu tun haben - von großer Bedeutung. Auch für die Bereiche der reinen Mathematik und der Statistik gehören die Exponentialfunktionen zu den wichtigsten Funktionen.*

*ii) **Jede** Potenz a^x ($a > 0$) kann in eine **Potenz zur Basis e umgeformt** werden. Wegen $a = e^{\ln a}$ (vgl. Kap.1.2.3.3, (1.2.85)) gilt: $a^x = (e^{\ln a})^x = e^{x \cdot \ln a}$, z.B. $7^x = e^{x \cdot \ln 7}$*

Analog: $g(x)^{h(x)} = e^{h(x) \cdot \ln g(x)}$ $(g > 0)$.

Aufgabe 2.3.100: Man ermittle Definitionsbereich und Nullstellen von

i) $f(x) = 3e^{-x} - e^{2x}$; **ii)** $g(x) = \frac{1}{2}(e^x + e^{-x})$; **iii)** $h(x) = \frac{1}{2}(e^x - e^{-x})$;

iv) $k(x) = 3x^2 \cdot e^{-x^2} - 12e^{-x^2}$; **v)** $p(x) = 7 \cdot e^{\frac{x-1}{x+3}}$.

2.3.5 Logarithmusfunktionen

Da die Exponentialfunktion f: $y = a^x$, $a \in \mathbb{R}^+ \setminus \{ 1 \}$ in ihrem Definitionsbereich $\mathbb{R}$ **streng monoton** ist, existiert ihre **Umkehrfunktion** f^{-1} , vgl. Satz 2.2.16:

Def. 2.3.101: Die Umkehrfunktion f^{-1} zur Exponentialfunktion f mit $y = a^x$ ($y = e^x$) ($a > 0$; $a \neq 1$) heißt **Logarithmusfunktion**, geschrieben:

$$f^{-1}\text{: } \mathbf{x = \log_a y} \qquad (f^{-1}\text{: } \mathbf{x = \ln y}) \quad .$$

Ihr Definitionsbereich $D_{f^{-1}}$ ist gleich dem Wertebereich W_f der Exponentialfunktion: $D_{f^{-1}} = W_f = \mathbb{R}^+$. Ihr Wertebereich $W_{f^{-1}}$ ist $\mathbb{R}$ ($= D_f$) .

Abb. 2.3.102 zeigt die Verhältnisse am Beispiel f: $y = e^x$ und f^{-1}: $x = \log_e y = \ln y$.

$x = \ln y$ ergibt sich aus $y = e^x$ graphisch durch **Spiegelung** an der **Winkelhalbierenden** des I. und III. Quadranten (unter Beachtung der **Konvention**, dass die **unabhängige Variable** stets auf der **Abszisse** abgetragen wird, vgl. Bemerkung 2.1.10 ii))

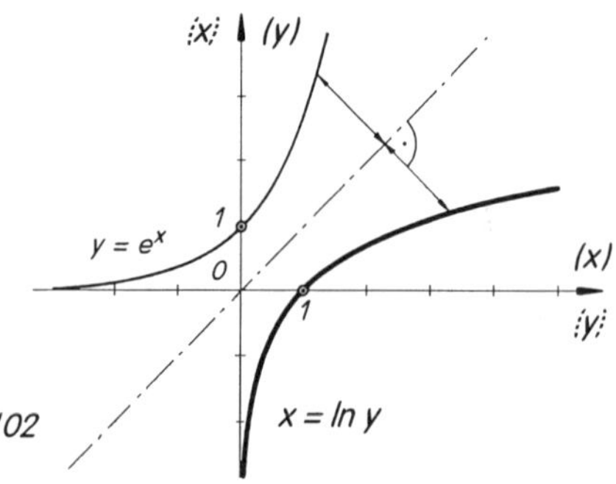

Abb. 2.3.102

Aus Abb. 2.3.102 werden die **Eigenschaften der Logarithmusfunktion** $\log_a$ (für $\mathbf{a > 1}$) deutlich:

i) Die Logarithmusfunktion ist streng monoton **steigend**.

ii) Der Definitionsbereich der Logarithmusfunktion umfasst nur die positiven reellen Zahlen $\mathbb{R}^+$ (so ist etwa **ln 0** oder **ln (–2) nicht definiert**!).

iii) Die einzige Nullstelle der Logarithmusfunktion liegt beim Abszissenwert „1": $\log_a 1 = 0$.

iv) Wenn $x > 1$, so ist $\log_a x$ positiv, wenn $x < 1$, so ist $\log_a x$ negativ.

v) Wenn sich der Argumentwert der Zahl Null nähert, so fällt der Wert der Logarithmusfunktion unter jede negative Schranke.

Bemerkung 2.3.103: *i) Für die Gleichung der Umkehrfunktion von f: $y = e^x$ schreibt man* $\mathbf{x = \ln y}$ ***(logarithmus naturalis)****, für die Umkehrfunktionsgleichung von f: $y = 10^x$ schreibt man* $\mathbf{x = \lg y}$ *oder $x = \log y$* ***(dekadischer Logarithmus)****.*

ii) Die Umformung von Funktionstermen, die Logarithmen enthalten, geschieht mit Hilfe der ***Logarithmengesetze****, vgl. Kapitel 1.2.3.3:*

L1: $\log_a (u \cdot v) = \log_a u + \log_a v$; ***L2:*** $\log_a \left(\frac{u}{v}\right) = \log_a u - \log_a v$;

L3: $\log_a u^v = v \cdot \log_a u$.

Beispiel: $f(x) = \ln (x^5 \cdot \sqrt[3]{x + 1}\,) = 5 \cdot \ln x + \frac{1}{3} \ln (x + 1), (x > 0)$.

Zu den im Zusammenhang mit logarithmischen Umformungen auftretenden Fehlern vgl. Kap. 1.2.6.

Aufgabe 2.3.104: Man ermittle Definitionsbereich, Nullstellen und Umkehrfunktionen *(bzw. Umkehrrelationen)* folgender Funktionen:

i) $f(x) = \ln\sqrt{x^2+1}$; **ii)** $g(p) = \ln\left(\frac{p}{2}\right)$; **iii)** $y = \ln(x+1) + \ln x$;

iv) $h(u) = \ln u + \ln\sqrt{u^2-1}$.

2.3.6 Trigonometrische Funktionen
(Kreisfunktionen, Winkelfunktionen)

Zur Definition dieser Funktionen stellen wir uns einen Kreis vor mit dem Radius r = 1 („Einheitskreis"), dessen Mittelpunkt O im Ursprung eines u, v- Koordinatensystems liegt, vgl. Abb. 2.3.105:

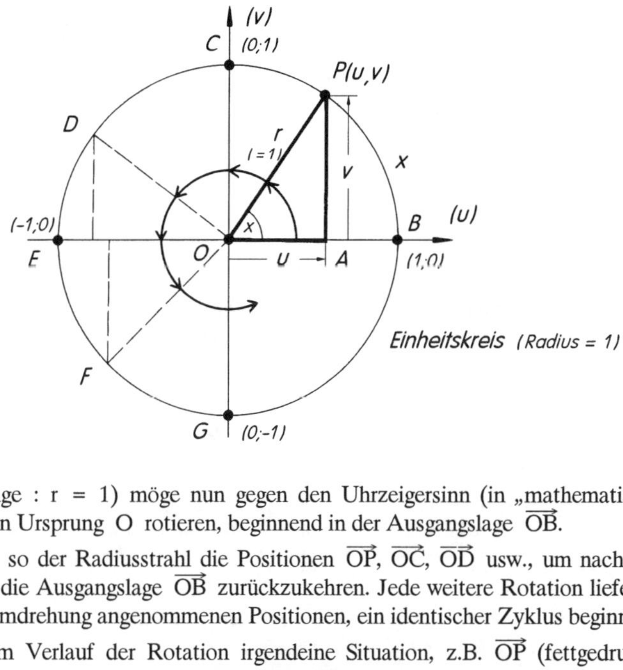

Abb. 2.3.105

Der Radius $\overrightarrow{OP}$ (Länge : r = 1) möge nun gegen den Uhrzeigersinn (in „mathematisch positiver Drehrichtung") um den Ursprung O rotieren, beginnend in der Ausgangslage $\overrightarrow{OB}$.

Nacheinander erreicht so der Radiusstrahl die Positionen $\overrightarrow{OP}$, $\overrightarrow{OC}$, $\overrightarrow{OD}$ usw., um nach einer vollen Umdrehung wieder in die Ausgangslage $\overrightarrow{OB}$ zurückzukehren. Jede weitere Rotation liefert erneut die schon bei der ersten Umdrehung angenommenen Positionen, ein identischer Zyklus beginnt.

Betrachten wir nun im Verlauf der Rotation irgendeine Situation, z.B. $\overrightarrow{OP}$ (fettgedruckt in Abb. 2.3.105). Die Spitze P des Radiusvektors besitzt die durch die spezielle Lage definierten Koordinaten u (= waagerechte, horizontale Koordinate, Abszissenwert von P) und v (= senkrechte, vertikale Koordinate, Ordinatenwert von P). Im gleichen Maß, wie sich nun der Winkel x bei diesem Rotationsvorgang ändert, ändern sich auch die Koordinaten u; v der Radiusspitze (P). (Lediglich die Länge r (= 1) des Radius bleibt bei der Drehung unverändert.)

Aus diesem Grund ändern sich mit Variation des Winkels x auch die Seitenverhältnisse $\frac{v}{r}$; $\frac{u}{r}$ im dick gezeichneten Dreieck, m.a.W., diese **Seitenverhältnisse** $\frac{v}{r}$, $\frac{u}{r}$ (wegen r = 1: $\frac{v}{1} = v$; $\frac{u}{1} = u$) sind beide **Funktionen** des **Drehwinkels x**.

Diese Funktionen haben spezielle Namen, nämlich **Sinusfunktion** (sin x) und **Cosinusfunktion** (cos x):

Def. 2.3.106: **(Sinus, Cosinus)**

(2.3.107 a) $\sin x := \frac{v}{r}$ bzw. (falls $r = 1$) $\sin x := v$

(2.3.107 b) $\cos x := \frac{u}{r}$ $\cos x := u$

(vgl. Abb. 2.3.105)

Bemerkung 2.3.108: *In Anbetracht der Tatsache, dass diese Funktionen am* ***Kreis*** *veranschaulicht bzw. definiert werden können, nennt man sie häufig* ***Kreisfunktionen****. Die Tatsache, dass sie Funktionen eines* ***Winkels*** *x sind, führt zur alternativen Bezeichnung* ***Winkelfunktionen****. Eine dritte Bezeichnung schließlich trägt der Tatsache Rechnung, dass diese Funktionen durch die Seitenverhältnisse in einem (rechtwinkligen)* ***Dreieck*** *(vgl. Abb. 2.3.105) definiert sind:* ***trigonometrische Funktionen****.*

Die Sinus- und Cosinusfunktionen sind nicht die einzigen Kreisfunktionen. Bezugnehmend auf Abb. 2.3.105 definiert man die **Tangensfunktion** (tan x) und die **Cotangensfunktion** (cot x) wie folgt:

Def. 2.3.109: **(Tangens, Cotangens)**

(2.3.110) $\tan x := \frac{\sin x}{\cos x} = \frac{v}{u}$ $\cos x \neq 0$ $(u \neq 0)$

(2.3.111) $\cot x := \frac{1}{\tan x} = \frac{\cos x}{\sin x} = \frac{u}{v}$ $\sin x \neq 0$ $(v \neq 0)$

(vgl. Abb. 2.3.105)

Bemerkung 2.3.112: *Die Definitionen der trigonometrischen Funktion (vgl. Def. 2.3.106/109) stimmen überein mit den allgemein bekannten elementargeometrischen Definitionen am rechtwinkligen Dreieck:*

$$\sin x = \frac{\text{Gegenkathete}}{\text{Hypothenuse}} = \frac{v}{r}$$

$$\cos x = \frac{\text{Ankathete}}{\text{Hypothenuse}} = \frac{u}{r}$$

$$\tan x = \frac{\text{Gegenkathete}}{\text{Ankathete}} = \frac{v}{u}$$ [3]

$$\cot x = \frac{\text{Ankathete}}{\text{Gegenkathete}} = \frac{u}{v}$$

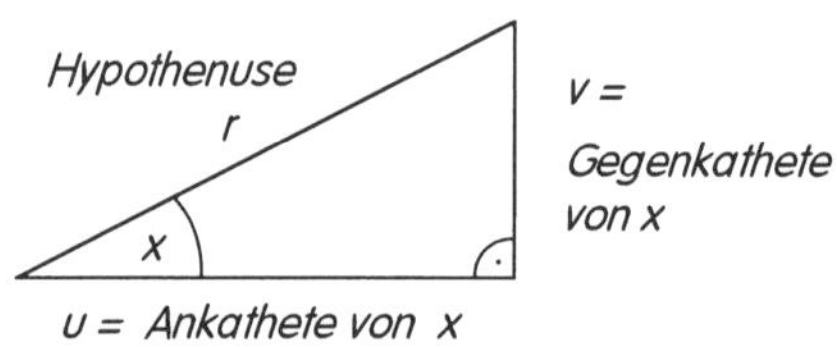

Wählt man jeweils eine (geeignete) Seitenlänge des rechtwinkligen Dreiecks mit dem Wert „1" vor, so ergeben sich anschauliche Interpretationen der Kreisfunktionen:

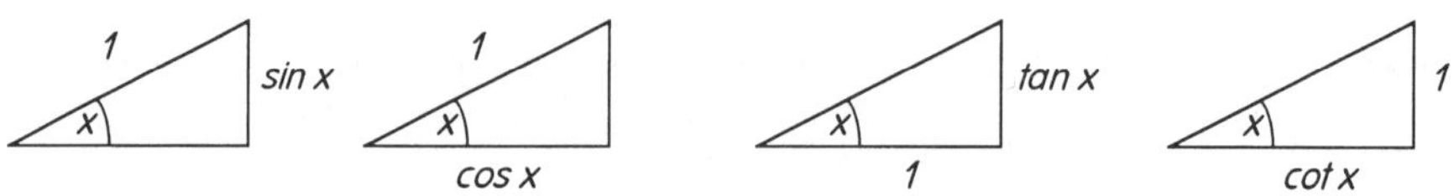

[3] Strenggenommen müsste man anstatt von „Gegenkathete v" von der „Maßzahl v der Länge der Gegenkathete" sprechen usw. Solange keine Mißverständnisse zu befürchten sind, werden wir die kürzere und bequemere (wenn auch nicht ganz korrekte) Sprechweise verwenden.

Es stellt sich nun heraus, dass es für mathematische Anwendungen **zweckmäßig** ist, den Winkel x nicht im Gradmaß (0°, 30°, 90°, ...) zu messen, sondern im sogenannten **Bogenmaß.**

Weil bei festem Radius (hier r = 1 („Einheitskreis") gewählt) dem Mittelpunktswinkel φ umkehrbar eindeutig die entsprechende Bogenlänge x zugeordnet ist, kann man *(statt φ)* genausogut die **Bogenlänge x** ***(im Einheitskreis)*** als Maß für den Winkel φ nehmen:

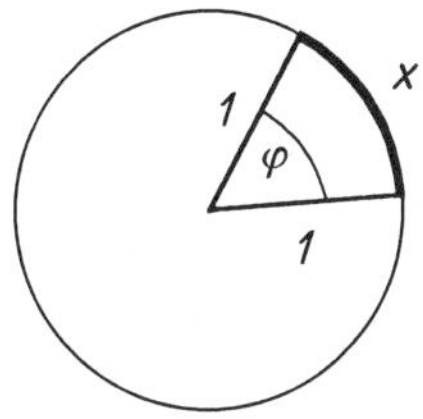

Abb. 2.3.113

Def. 2.3.114: (Bogenmaß eines Winkels, Abb. 2.3.113)

Das **Bogenmaß x** eines Winkels φ ist die **Länge x** des zugehörigen Bogens im Einheitskreis.

Da *(im Einheitskreis)* zu einer vollen Umdrehung *(d.h. zum Vollwinkel 360°)* die volle Kreisbogenlänge $2\pi r_{/r=1} = 2\pi$ gehört[4], gilt für Teilwinkel die Proportion

(2.3.115) $$\frac{\text{Teilbogen}}{\text{Vollbogen}} = \frac{\text{Teilwinkel (°)}}{\text{Vollwinkel (°)}}$$

d.h. $$\frac{x}{2\pi} = \frac{\varphi}{360^\circ} \quad \leftrightarrow \quad x = \frac{2\pi}{360^\circ} \cdot \varphi = \frac{\pi}{180^\circ} \cdot \varphi$$

Daher gilt

Satz 2.3.116: Ein Winkel φ (im Gradmaß) hat das **Bogenmaß x** mit

$$x = \frac{\pi}{180^\circ} \cdot \varphi$$

Bemerkung 2.3.117: *Entsprechende Winkel im Grad- und im Bogenmaß veranschaulicht die nachfolgende Tabelle (2.3.118):*

(2.3.118)

Winkel im Gradmaß (°)	*360°*	*270°*	*180°*	*90°*	*60°*	*57,30°*	*45°*	*30°*	*0°*
Winkel im Bogenmaß (x)	2π	$\frac{3}{2}\pi$	π	$\frac{\pi}{2}$	$\frac{\pi}{3}$	*1*	$\frac{\pi}{4}$	$\frac{\pi}{6}$	*0 usw.*

[4] Die Kreiszahl π ist *(als Verhältnis von Umfang und Durchmesser eines Kreises)* eine sogenannte transzendente Zahl (daher ist auch die berühmte „Quadratur des Kreises" unter ausschließlich klassischer Benutzung von Zirkel und Lineal unmöglich).
Für Pi-Fans hier die ersten 36 Ziffern: π = 3,14159 26535 89793 23846 26433 83279 50288...

Wir sind jetzt in der Lage, die **Eigenschaften der Kreisfunktionen** angeben zu können und sie graphisch darzustellen. Die Ausgangssituation sei wie in Abb. 2.3.105: Zu **jedem Winkel x** (im Bogenmaß) gibt es **genau einen** Wert sin x, cos x, tan x usw., vgl. Def. 2.3.106/ 2.3.109.

Betrachten wir als Beispiel die **Sinusfunktion** f: $x \mapsto \sin x$ *($\triangleq$ v in Abb. 2.3.105, vgl. Def. 2.3.106)*:

In der Startposition $\overrightarrow{OB}$ gilt offenbar $v = \sin 0 = 0$. Wenn der Radiusstrahl nun wie beschrieben gegen den Uhrzeigersinn rotiert, wächst v zunächst bis zum Maximalwert $v = 1$ (in $\overrightarrow{OC}$, beim Winkel $x = \pi/2$ ($\triangleq 90°$)). Weitere Drehung vermindert v (= sin x) wieder bis zum Wert 0 (bei $\overrightarrow{OE}$ mit $x = \pi$ ($\triangleq 180°$)). Beim Eintritt in den III. Quadranten wird sin x (= v) negativ, um schließlich vom Minimalwert (bei $\overrightarrow{OG}$: $\sin \frac{3}{2}\pi$ (= -1)) wieder anzusteigen bis zum Wert 0 in der Startposition $\overrightarrow{OB}$ ($x = 2\pi = 360°$). Jetzt beginnt derselbe Zyklus von neuem, wobei lediglich alle Winkel x um 2π (= 360°) größer sind als beim ersten Umlauf usw..

Auf ganz analoge Weise überlegt man sich, dass die Werte der **Cosinus-Funktion** f: $x \mapsto \cos x$ (sie entsprechen den Abszissenwerten u in Abb. 2.3.105) beim „Start" mit +1 beginnen und dann über $\cos x = 0$ (bei $x = \pi/2$), $\cos x = -1$ (bei $x = \pi$), $\cos x = 0$ (bei $x = \frac{3\pi}{2}$) wieder zum Endwert $\cos x = 1$ (bei $x = 2\pi = 360°$) nach einem vollen Umlauf führen. Auch hier beginnt nach jeder Vollumdrehung von neuem ein identischer Umlauf.

Wenn man auch **negative Bogenmaße x** zulässt (definiert durch solche Bogenmaße x, die bei Rotation **im Uhrzeigersinn** entstehen), so erhält man über eine Wertetabelle, wie etwa (2.3.119)

(2.3.119)

x	$-\frac{\pi}{2}$	0	$\frac{\pi}{4}$	$\frac{\pi}{2}$	$\frac{3\pi}{4}$	π	$\frac{3\pi}{2}$	2π	$\frac{5\pi}{2}$	3π	...
sin x	-1	0	$\frac{1}{2}\sqrt{2}$	1	$\frac{1}{2}\sqrt{2}$	0	-1	0	1	0	...
cos x	0	1	$\frac{1}{2}\sqrt{2}$	0	$-\frac{1}{2}\sqrt{2}$	-1	0	1	0	-1	...

die Graphen der Sinus- und Cosinusfunktion, vgl. Abb. 2.3.120:

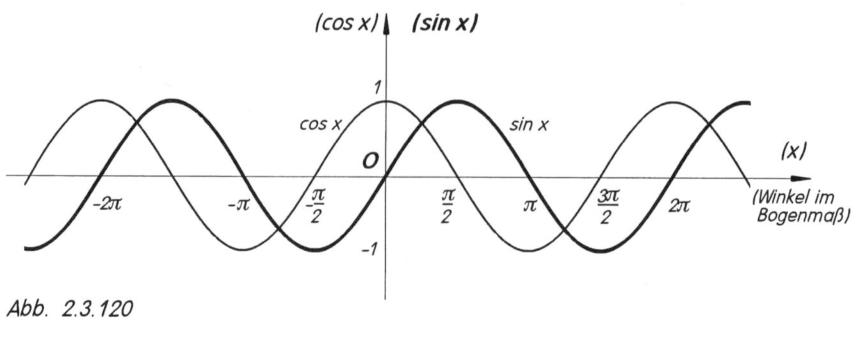

Abb. 2.3.120

***Bemerkung 2.3.121**: Anhand von Abb. 2.3.120 wird deutlich, dass sowohl die Sinus- als auch die Cosinusfunktion*

i) für beliebige $x \in \mathbb{R}$ definiert sind ;

*ii) periodisch zwischen dem Maximalwert +1 und dem Minimalwert -1 schwanken. Da nach jeder Vollumdrehung (2π) derselbe Zyklus erneut beginnt, spricht man bei sin x und cos x von **periodischen Funktionen** mit der Periode 2π:*

(2.3.122)
$$\sin x = \sin(x \pm 2\pi) = \sin(x \pm 4\pi) = \ldots = \sin(x + 2k\pi)$$
$$\cos x = \cos(x \pm 2\pi) = \cos(x \pm 4\pi) = \ldots = \cos(x + 2k\pi) \qquad \text{mit } k = 0, \pm 1, \pm 2, \ldots$$

d.h. sin x und cos x ändern ihren Wert nicht, wenn man zu x ein beliebiges ganzzahliges Vielfaches von 2π addiert oder subtrahiert.

iii) Verschiebt man die Cosinus-Kurve in Abb. 2.3.120 um $\frac{\pi}{2}$ nach rechts (links), *so fällt sie genau mit der* (negativen) *Sinusfunktion zusammen, d.h. es gilt:*

(2.3.123a)
$$\cos x = \sin\left(x + \frac{\pi}{2}\right)$$
$$\sin x = \cos\left(x - \frac{\pi}{2}\right)$$

(2.3.123b)
$$\sin\left(x - \frac{\pi}{2}\right) = -\cos x$$
$$\cos\left(x + \frac{\pi}{2}\right) = -\sin x$$

*iv) Aus Abb. 2.3.120 erkennt man weiterhin: **sin x** ist eine **ungerade** Funktion (vgl. Def. 2.2.23), d.h. punktsymmetrisch zum Ursprung:*

(2.3.124)
$$\sin(-x) = -\sin x$$

***cos x** ist achsensymmetrisch zur Ordinatenachse, also eine **gerade** Funktion (vgl. Def. 2.2.19):*

(2.3.125)
$$\cos(-x) = \cos x \quad .$$

Zwischen Sinus- und Cosinusfunktion gibt es eine Reihe weiterer allgemeingültiger Relationen. Außer den eben genannten sind dies beispielsweise:

(2.3.126)
$$\sin^2 x + \cos^2 x = 1$$ [5]

(folgt anschaulich sofort aus Abb. 2.3.105 mit Hilfe des Satzes des Pythagoras)

sowie die „Additionstheoreme“ der Sinus-Funktion

(2.3.127)
$$\sin(x_1 \pm x_2) = \sin x_1 \cos x_2 \pm \cos x_1 \sin x_2$$

(2.3.128)
$$\sin x_1 \pm \sin x_2 = 2 \sin \frac{x_1 \pm x_2}{2} \cos \frac{x_1 \mp x_2}{2}$$

(zu den anderen Additionstheoremen vgl. Aufgabe 2.3.136)

---

[5] Statt $(\sin x)^2$ schreibt man $\sin^2 x$, um Verwechslungen mit $\sin x^2$ ($:= \sin(x^2)$) zu vermeiden.

Bemerkung 2.3.129: *Wie aus Def. 2.3.109 bzw. Bemerkung 2.3.112 ersichtlich, ergeben sich die Tangens- bzw. Cotangensfunktion aus der Sinus- und Cosinusfunktion zu*

$$\tan x := \frac{\sin x}{\cos x} \qquad \text{und} \qquad \cot x := \frac{1}{\tan x} = \frac{\cos x}{\sin x}\,.$$

Überall dort, wo $\cos x$ *(bzw.* $\sin x$*) verschwindet, ist daher* $\tan x$ *(bzw.* $\cot x$*) nicht definiert. Bildet man unter Berücksichtigung dieser Einschränkungen (etwa in Tabelle (2.3.119)) zu jedem Bogenmaß* x *die Quotienten von* $\sin x$ *und* $\cos x$ *und überträgt die erhaltenen Wertepaare in ein Koordinatensystem, so erhält man die Graphen von* $\tan x$ *und* $\cot x$*:*

Abb. 2.3.130

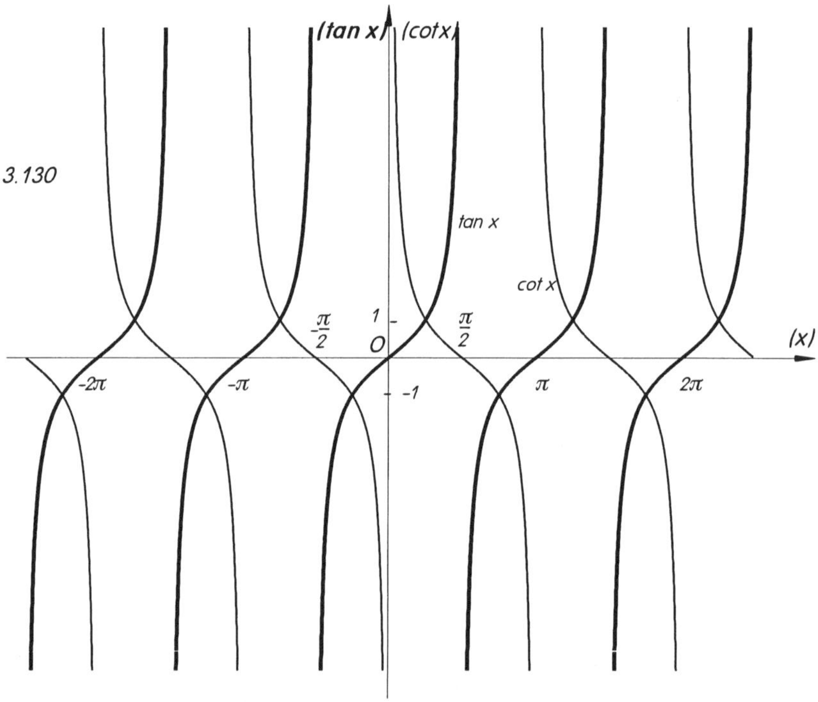

Man erkennt, dass $\tan x$ *und* $\cot x$ *ebenfalls periodisch, allerdings mit der Periode* π*, sind:*

(2.3.131) $\quad \tan x = \tan(x + k\pi) \qquad (x \neq \frac{\pi}{2} + k\pi)$

(2.3.132) $\quad \cot x = \cot(x + k\pi) \qquad (x \neq k\pi) \qquad (k = 0, \pm 1, \pm 2, \ldots)$

Aufgabe 2.3.133:

i) Man gebe zu folgenden Winkeln (°, im Gradmaß) das äquivalente Bogenmaß an:
60° ; 1° ; -30° ; 1.400° ; -36.000° .

ii) Man ermittle zu folgenden Bogenmaßzahlen das entsprechende Gradmaß *(Winkelmaß)*:
$0{,}5$; $\frac{-1}{\sqrt{2}}$; 90 ; -1 ; $\frac{\pi}{6}$; $\frac{2\pi}{9}$; 20π .

iii) Wie lang ist ein Bogen auf einem Kreis mit dem Radius 4, zu dem ein Zentriwinkel von
a) 33° b) $\frac{\pi}{4}$ (im Bogenmaß) gehört ?

Aufgabe 2.3.134:

i) Man ermittle folgende Funktionswerte:

$\sin 0{,}5$; $\cos 31°$; $\tan 1$; $\cot 45°$; $\tan\frac{7\pi}{2}$; $\cos(2\pi + 1)$; $\sin\frac{\pi + 3}{2}$;

$\sin\sqrt{2} + \cos\frac{1}{3}\sqrt{3}$; $\sin 1.000$; $\sin 1.000°$.

ii) Zu folgenden Funktionswerten ermittle man den kleinsten positiven Winkel x im Bogen- sowie im Gradmaß:

$\sin x = -1$; $x = ?$ $\sin x = 1{,}5$; $x = ?$

$\sin 2x = 0{,}5$; $x = ?$ $\tan x = 99.999$; $x = ?$

$\cos(-x + 1) = 0{,}35$; $x = ?$ $2\sin(3x + \pi/2) = \sqrt{2}$; $x = ?$

Aufgabe 2.3.135: Man vereinfache folgende Terme:

i) $\cos x \cdot \tan x$; **ii)** $\frac{\sin x}{\tan x}$; **iii)** $1 - \frac{1}{\cos^2 x}$;

iv) $\frac{\sin^2 x}{1 - \cos x}$; **v)** $\tan x \cdot \sin x + \cos x$; **vi)** $\frac{\tan x - 1}{\sin x - \cos x}$.

Aufgabe 2.3.136: Mit Hilfe von (2.3.126), (2.3.127), (2.3.128), (2.3.110), (2.3.123), (2.3.124) sowie (2.3.125) zeige man die Allgemeingültigkeit folgender trigonometrischer Gleichungen:

i) $\cos(x_1 \pm x_2) = \cos x_1 \cos x_2 \mp \sin x_1 \sin x_2$;

ii) $\sin 2x = 2 \sin x \cos x$;

iii) $\cos 2x = 1 - 2\sin^2 x = 2\cos^2 x - 1 = \cos^2 x - \sin^2 x$;

iv) $\tan 2x = \frac{2\tan x}{1 - \tan^2 x}$;

v) $1 - \cos x = 2\sin^2\frac{x}{2}$;

vi) $1 + \cos x = 2\cos^2\frac{x}{2}$.

2.4 Iterative Gleichungslösung und Nullstellenbestimmung (Regula falsi)

Polynomgleichungen $a_n x^n + \ldots + a_1 x + a_0 = 0$ höheren als zweiten Grades lassen sich i.a. in **geschlossener Form** nur durch einen aufwendigen Formelapparat ($n = 3; 4$) oder überhaupt nicht ($n > 4$) lösen. Einer geschlossenen „formelmäßigen" Lösung widersetzen sich i.a. auch transzendente Gleichungen, in denen Potenzen, Exponentialausdrücke und/oder Logarithmen nebeneinander auftreten.

Beispiel 2.4.1: i) Folgende Gleichungen lassen sich nur mit relativ hohem rechentechnischen Aufwand geschlossen lösen:

a) $4x^3 - 6x^2 + 2x - 7 = 0$ (Gleichung 3. Grades) ;

b) $x^4 - 2x^3 + 8x^2 - x = 13$ (Gleichung 4. Grades) .

ii) Die Lösungen folgender Gleichungen lassen sich **nicht** in geschlossener Form angeben:

a) $x^5 - x^2 = 0{,}1$; b) $e^x + x = 18$; c) $\ln x + e^x = x^2 - 1$; d) $\cos x = x$.

Von den zahlreichen **Näherungsverfahren zur Gleichungslösung** können wir hier nur die sogenannte **Regula falsi** behandeln, die sich durch einfache Handhabung und hohe Wirksamkeit auszeichnet. *(Nach Bereitstellung der Differentialrechnung werden wir in Kapitel 5.4 noch eine weitere Methode - das „Newton-Verfahren" - kennenlernen.)*

Die **Lösungen** einer jeden Gleichung $f(x) = 0$ lassen sich auffassen als die **Nullstellen** der Funktion: $f: y = f(x)$. Wir betrachten nun eine Funktion f, die im untersuchten Intervall stetig ist und dort genau eine Nullstelle $\bar{x}$ besitzt, vgl. Satz 4.6.7; Bem. 4.6.8; Abb. 2.4.2 .

Nun ermittelt man (etwa durch Probieren) zwei Stellen (**Startwerte**) x_1, x_2 mit $f(x_1) \cdot f(x_2) < 0$ (d.h. solche Stellen x_1, x_2, in denen die entsprechenden **Funktionswerte** $f(x_1)$ und $f(x_2)$ **unterschiedliches Vorzeichen** besitzen). Dann muss (da f stetig ist) zwischen x_1 und x_2 die gesuchte Nullstelle $\bar{x}$ liegen, vgl. Abb. 2.4.3:

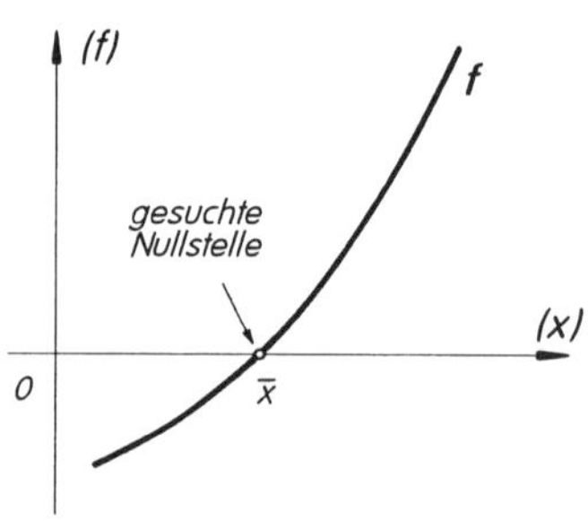

Abb. 2.4.2

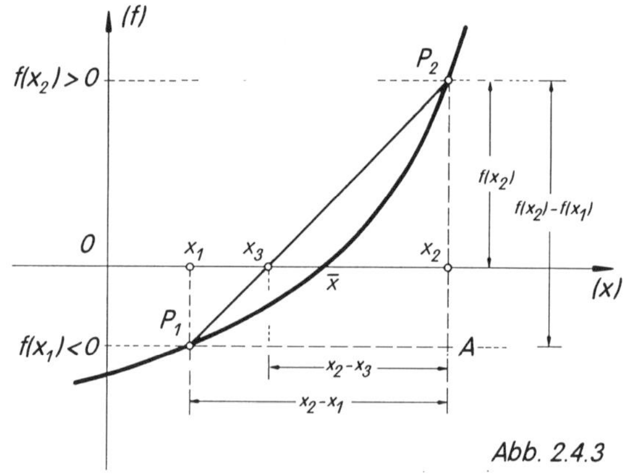

Abb. 2.4.3

Als **erste Näherung** x_3 für die gesuchte Nullstelle $\bar{x}$ erhält man den **Schnittpunkt x_3 der Verbindungsgeraden** $\overline{P_1P_2}$ (Sekante) der ermittelten Kurvenpunkte $P_1(x_1, f(x_1))$ und $P_2(x_2, f(x_2))$ mit der Abszisse $x_3 \approx \bar{x}$, vgl. Abb. 2.4.3.

Zur **Berechnung** von x_3 aus den gegebenen Werten x_1, x_2, $f(x_1)$, $f(x_2)$ kann man mit Hilfe der 2-Punkte-Form einer Geraden (2.3.30) die Gleichung $y = mx + b$ der Sekante ermitteln und deren Nullstelle x_3 berechnen. Rechnerisch einfacher ist folgende Überlegung:

Die Steigung m der Sekante $\overline{P_1P_2}$ kann auf **zwei** Weisen ermittelt werden, vgl. Abb. 2.4.3:

i) im (kleinen) Steigungsdreieck (P_2, x_3, x_2): $m = \dfrac{f(x_2)}{x_2 - x_3}$;

ii) im (großen) Steigungsdreieck (P_2, P_1, A): $m = \dfrac{f(x_2) - f(x_1)}{x_2 - x_1}$.

Durch Gleichsetzen folgt: $\dfrac{f(x_2)}{x_2 - x_3} = \dfrac{f(x_2) - f(x_1)}{x_2 - x_1}$

und daraus durch Auflösen nach x_3 die **Näherungsformel (Iterationsvorschrift)** der **Regula falsi**:

(2.4.4) $x_3 = x_2 - f(x_2) \cdot \dfrac{x_2 - x_1}{f(x_2) - f(x_1)}$ bzw. äquivalent nach Umformung

(2.4.5) $$\boxed{x_3 = \frac{x_1 f(x_2) - x_2 f(x_1)}{f(x_2) - f(x_1)}}$$.

Diese erste Näherung x_3 lässt sich mit Hilfe **derselben Prozedur beliebig genau verbessern**. Dazu ermittelt man zu x_3 den Funktionswert $f(x_3)$ und führt (2.4.5) statt mit x_1, x_2 nunmehr mit x_1, x_3 oder x_2, x_3 aus, je nachdem, welche der beiden Funktionswertepaare $f(x_1), f(x_3)$ oder $f(x_2), f(x_3)$ verschiedene Vorzeichen besitzen. (Im Fall der Abbildung 2.4.6 gilt: $f(x_2) \cdot f(x_3) < 0$.)

Den so erhaltenen zweiten Näherungswert x_4 verbessert man wiederum auf dieselbe Weise usw..

Das Vorgehen wird deutlich an Abbildung 2.4.6: Die Folge der Sekanten-Nullstellen wird durch den mit Pfeilen markierten Streckenzug erzeugt und nähert sich schließlich beliebig genau der gesuchten Nullstelle $\bar{x}$. Da die Näherungsvorschrift (2.4.5) **wiederholt** mit den zuvor ermittelten Näherungswerten $x_3, x_4, \ldots$ durchlaufen wird, spricht man von einem **Iterationsverfahren.**

Regula falsi

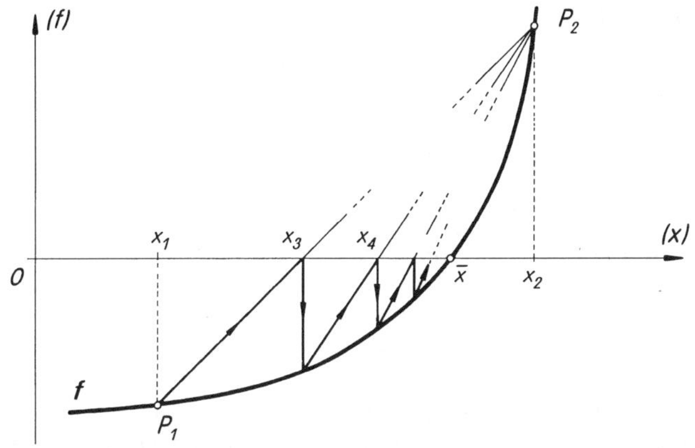

Abb. 2.4.6

Bemerkung 2.4.7: ***i)*** *In Abb. 2.4.6 erkennt man, dass das Verfahren desto* ***schneller*** *zum Ziel führt („konvergiert"), je* ***näher*** *die beiden Startwerte x_1, x_2 an der gesuchten Nullstelle $\bar{x}$ liegen.*

ii) *Rundungs- oder sogar Rechenfehler während des Iterationsprozesses beeinträchtigen* ***nicht*** *die Konvergenz des Verfahrens, solange $f(x_i) \cdot f(x_k) < 0$ gilt, lediglich die Konvergenzgeschwindigkeit könnte abnehmen.*

iii) *Iterationsverfahren wie die Regula falsi (oder das in Kap. 5.4. behandelte Newton-Verfahren) eignen sich hervorragend für* ***programmierbare elektronische Rechner****: Da stets derselbe Rechenweg durchlaufen wird, ist ein nur geringer Programmieraufwand erforderlich.*

Beispiel 2.4.8: Es soll die Lösung der Gleichung $e^x + x = 18$ (vgl. Beispiel 2.4.1 ii) b)) mit Hilfe der Regula falsi ermittelt werden. Zunächst muss die Gleichung auf „Nullstellenform" $f(x) = 0$ gebracht werden: $f(x) = e^x + x - 18 = 0$.

Um zwei geeignete Startwerte x_1, x_2 ausfindig zu machen, legt man zweckmäßigerweise eine Wertetabelle an. Wir setzen nacheinander für x die Zahlen 1, 2 und 3 ein und erhalten (auf 4 Dezimalen gerundet):

		(x_1)	(x_2)
x	1	2	3
f(x)	-14,2817	-8,6109	5,0855

Zwischen $x_1 = 2$ und $x_2 = 3$ muss (wegen $f(x_1) \cdot f(x_2) < 0$) eine Nullstelle $\bar{x}$ liegen. Mit Hilfe der Iterationsvorschrift (2.4.5) der Regula falsi erhalten wir:

$$x_3 = \frac{x_1 f(x_2) - x_2 f(x_1)}{f(x_2) - f(x_1)} = \frac{2 \cdot 5{,}0855 - 3 \cdot (-8{,}6109)}{5{,}0855 - (-8{,}6109)} = 2{,}6287 \quad .$$

Den ersten Näherungswert (sowie alle weiteren) trägt man zweckmäßigerweise in die bereits angelegte Wertetabelle ein, die dann folgendes Aussehen erhält:

	(x_1)	(x_2)	(x_3)	(x_4)	
x	2	3	2,6287	2,7139	...
f(x)	-8,6109	5,0855	-1,5156	-0,1973	...

Da $f(x_3) < 0$, wird für die zweite Näherung x_1 durch x_3 ersetzt:

$$x_4 = \frac{x_3 f(x_2) - x_2 f(x_3)}{f(x_2) - f(x_3)} = \frac{2{,}6287 \cdot 5{,}0855 - 3 \cdot (-1{,}5156)}{5{,}0855 - (-1{,}5156)} = 2{,}7139 \quad .$$

Analog ergeben sich die weiteren Näherungen:

$$x_5 = 2{,}7246 \ ; \ x_6 = 2{,}7260 \ ; \ x_7 = 2{,}7261 \ ; \ x_8 = 2{,}7261 \quad .$$

Nach 5 Schritten „steht" das Iterationsverfahren, weitere Iterationsschritte bringen in den ersten vier Dezimalen keine Veränderung, so dass als Lösung $\overline{x}$ der vorgegebenen Gleichung $e^x + x = 18$ auf vier Dezimalen genau der Wert $\overline{x} = 2{,}7261$ betrachtet werden kann. (Wert auf 9 Dezimalen genau: $\overline{x} = 2{,}726142694$.)

Bemerkung 2.4.9: *Um sich einen Überblick über die Anzahl und Lage der gesuchten Nullstellen zu verschaffen, kann es zweckmäßig sein, außer einer Wertetabelle eine graphische Funktionsdarstellung vorzuschalten.*

Ein ökonomisch wichtiges Anwendungsfeld für die Gleichungslösung mit Hilfe der Regula falsi stellt die finanzmathematische Effektivzinsberechnung [6] dar.

Aufgabe 2.4.10: Man ermittle auf 4 Dezimalen nach dem Komma genau die Lösungen folgender Gleichungen:

i) $x^2 - x^5 = 1$; **ii)** $0{,}1x^3 - x^2 - 2x = 7$; **iii)** $\ln x + e^x = x^2 - 1$;

iv) $0 = 100 \cdot q^{20} - 10 \cdot \frac{q^{20} - 1}{q - 1}$; **v)** $0 = -100q^5 + 20q^4 + 30q^3 + 40q^2 + 50q + 60$.

Aufgabe 2.4.11: Für eine Ein-Produkt-Unternehmung seien Gesamtkostenfunktion K(x) und Preis-Absatz-Funktion p(x) gegeben:

$$K(x) = x^3 - 2x^2 + 30x + 98 \ ; \qquad p(x) = 100 - 0{,}5x \ ;$$

(x: produzierte und abgesetzte Menge (in ME), K: Gesamtkosten (in GE), p: Marktpreis (in GE/ME)) .

Man ermittle obere und untere **Gewinnschwelle (Nutzengrenze)**, d.h. diejenigen Outputmengen x_1, x_2, innerhalb derer die Unternehmung mit (positivem) Gewinn (:= Erlös - Kosten) operiert (vgl. etwa Abb. 2.5.33).

---

[6] Vgl. hierzu [66], Kap. 5.

2.5 Beispiele ökonomischer Funktionen

In nahezu allen Bereichen der Ökonomie werden zur Beschreibung und Erklärung ökonomischer Sachverhalte **Funktionen** verwendet. Die Funktion ist gleichermaßen das **mathematische Modell** der zugrundeliegenden ökonomischen Struktur.

Folgende **Einschränkungen** bei der Verwendung ökonomischer Funktionen sind zu beachten:

- In vielen Fällen ist bei vermuteten funktionalen Zusammenhängen zwischen verschiedenen ökonomischen Variablen eine exakt definierte Funktion a priori **nicht vorgegeben**. Das kann dazu führen, einen Funktionsausdruck *(z.B. mit Hilfe statistischer Methoden)* zu **schätzen** bzw. aus vorgegebenen Mess- oder Beobachtungswerten eine möglichst einfache, gleichzeitig aber weitgehend zutreffende Funktionsgleichung zu konstruieren (**Interpolation**, **Approximation**, **Regression**).

- Zur rein **qualitativen** Erklärung wirtschaftlicher Prozesse genügen häufig die Vorgaben **einfacher** Funktionstypen, die lediglich in ihren hauptsächlichen Eigenschaften (wie z.B. Monotonie oder Krümmungsverhalten) mit der Realität übereinstimmen.

- Um die Methoden der Mathematik anwenden zu können, lässt man die zugrundeliegenden Variablen häufig auch dann in **stetiger** Weise variieren, wenn es sich dabei um **diskrete** Zusammenhänge handelt *(wenn z.B. die unabhängige Variable nur ganzzahlige Werte, etwa 1, 2, 3, ... annehmen kann – Beispiel: Kostenfunktion für einen nicht teilbaren Output wie z.B. Automobile)*. In derartigen Fällen wird man bei der Interpretation mathematischer Folgerungen besonders **vorsichtig** sein müssen.

- Funktionale Zusammenhänge zwischen ökonomischen Größen sind **nicht immer** als **kausale** Ursachen/Wirkungs-Zusammenhänge zu interpretieren. Das gilt vor allem dann, wenn solche Zusammenhänge durch Beobachtungen aus statistischen Zeitreihen abgeleitet werden. So ist zum Beispiel ein formaler statistischer Zusammenhang (auf Grund belegbarer Daten) zwischen dem Lebenshaltungs-Preisindex und der Zahl der Eheschließungen eines Staates konstruierbar, ohne dass ein inhaltlich erklärbarer Zusammenhang bestehen dürfte.

- Häufig - wenn nicht in nahezu allen Fällen - hängt der Wert einer ökonomischen Größe nicht nur von einer, sondern von **mehreren unabhängigen Variablen** in funktionaler Weise ab. So ist etwa das Sozialprodukt Y einer Volkswirtschaft u.a. von den Inputfaktoren Arbeit A, Kapital K, Boden B, technischer Fortschritt k abhängig: $Y = f(A, K, B, k)$. Um eine funktionale Darstellung des Typs $y = f(x)$ zu erhalten (und somit eine graphische Darstellmöglichkeit in der 2-dimensionalen Koordinatenebene zu erhalten), betrachtet man die Variationen des Funktionswertes f nur in Abhängigkeit von **einer** der unabhängigen Variablen und unterstellt, dass der Wert sämtlicher anderer unabhängigen Variablen **konstant** bleibt. Diese Bedingung bezeichnet man in den Wirtschaftswissenschaften als **ceteris-paribus-** (c.p.)-**Prämisse**, vgl. Kapitel 3 und Kapitel 7.

Unter Beachtung der genannten Einschränkungen sollen im folgenden weitere **Beispiele** häufig verwendeter **ökonomischer Funktionen** angeführt werden.

(1) Nachfragefunktion (Preis-Absatz-Funktion)

Funktionaler Zusammenhang x = x(p) oder p = p(x) zwischen

- **Preis** p eines Gutes (in GE/ME) und
- **nachgefragter** (abgesetzter) **Menge** x des Gutes (in ME) (in der Bezugsperiode).

Mögliche Verläufe zeigt Abb. 2.5.1:

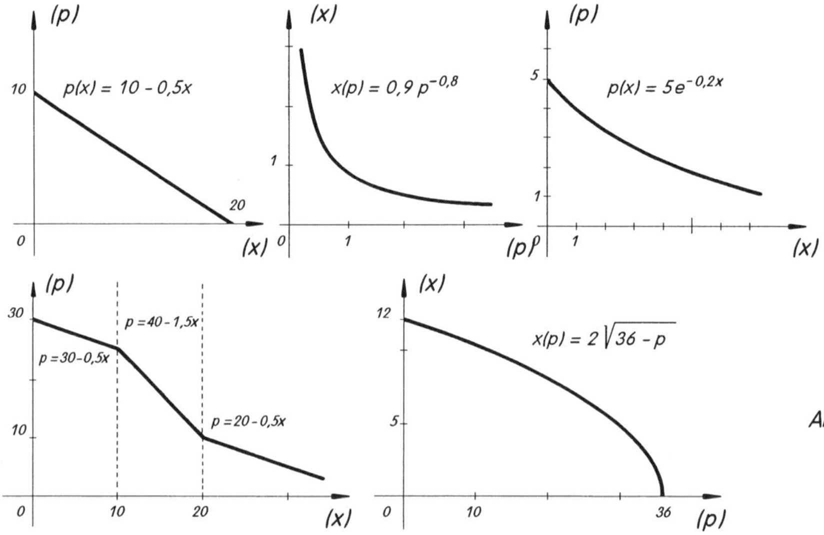

Abb. 2.5.1

In den meisten Fällen unterstellt man, dass die Nachfragefunktion nach einem Gut **streng monoton fällt** (Ausnahmen: Güter mit „Snob-Effekt", z.B. seltene, prestigeträchtige Güter des Luxusbedarfs, die um so begehrter werden, je höher ihr Preis wird).

Häufig benutzt man statt x = x(p) die **Umkehrfunktion** p = p(x), wobei die Monotonie erhalten bleibt, vgl. Abb. 2.5.2. Die Darstellung in der Form **p = p(x)** hat den (formalen) **Vorteil**, dass ohne Änderung der Abszissenbezeichnung zusätzliche Funktionen wie Umsatz-, Kosten- und Gewinnfunktionen (deren unabhängige Variable ebenfalls Gütermengen (x) sind) in **dasselbe Koordinatensystem** integriert und gemeinsam interpretiert werden können.

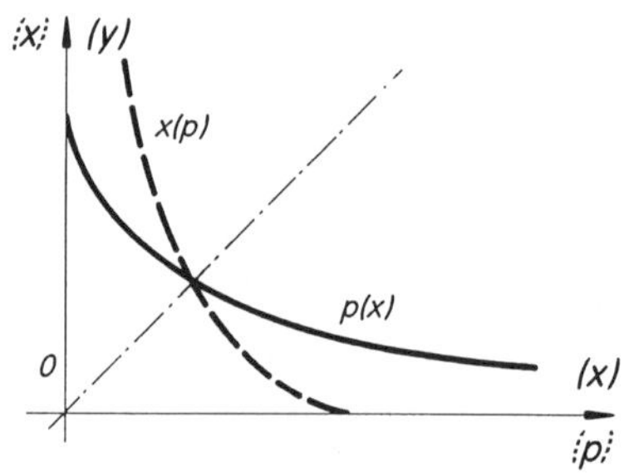

Abb. 2.5.2

(2) Angebotsfunktion

Funktionaler Zusammenhang zwischen

- **Preis** p eines Gutes (in GE/ME) und
- **angebotener Menge** x des Gutes (in ME) (pro Bezugsperiode).

Man unterstellt i.a. eine **monoton steigende** Angebotsfunktion, da ein Produzent in aller Regel seine Angebotsmenge erhöhen wird, wenn der Marktpreis steigt.

Auch hier ist es meist üblich, die Angebots**menge** x als **unabhängige** Variable zu betrachten und somit auf der Abszisse abzutragen.

Typische Verläufe von Angebotsfunktionen zeigt Abbildung 2.5.3:

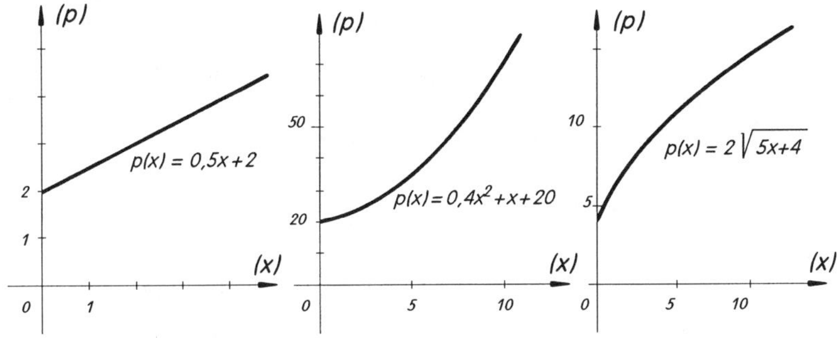

Abb. 2.5.3

Bemerkung 2.5.4: *Sowohl bei Angebots- als auch bei Nachfragefunktionen unterscheidet man zwischen* ***individueller*** *und* ***aggregierter*** *Funktion:*

- *die jeweilige* ***individuelle*** *Funktion ist bezogen auf* ***einen*** *Anbieter bzw.* ***einen*** *Nachfrager auf einem Markt.*
- *die jeweilige* ***aggregierte*** *Funktion bezieht sich auf die* ***Summe*** *aller Anbieter bzw. Nachfrager auf* ***allen*** *Teilmärkten. So erhält man etwa aus den individuellen Angebotsfunktionen $x_i(p)$ die entsprechende aggregierte oder Gesamtangebotsfunktion $x(p)$ (vgl. Abb. 2.5.5), indem man zu jedem Angebotspreis p die Summe $x_1 + x_2 + \ldots + x_n$ der entsprechenden Angebotsmengen aller einzelnen Produzenten auf allen Märkten bildet:*

$$x(p) = \sum_{i=1}^{n} x_i(p) \qquad \text{(vgl. Aufgabe 2.3.47)} .$$

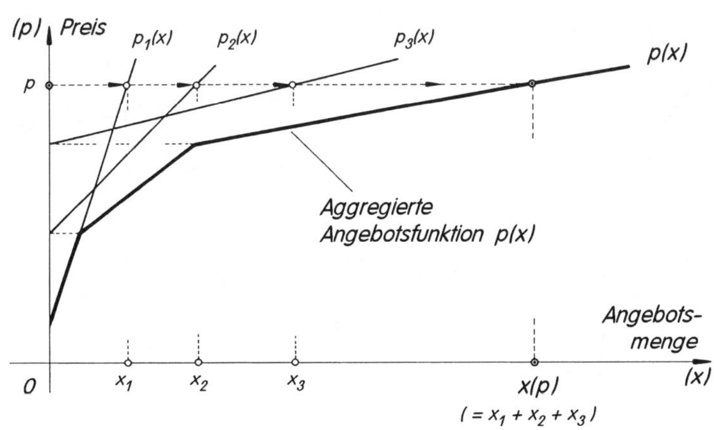

Abb. 2.5.5

(3) Erlösfunktion, Umsatzfunktion, Ausgabenfunktion

Funktionaler Zusammenhang zwischen

- abgesetzter **Gütermenge** x (in ME) bzw. Verkaufspreis p (in GE/ME) und
- wertmäßigem **Umsatz** E (in GE) (≙ ***Erlös** aus der Sicht der **Anbieter*** ; ≙ ***Ausgaben** aus der Sicht der **Nachfrager***) (bezogen auf eine Rechnungsperiode)

Da zwischen Preis p, abgesetzter Menge x und zugehörigem Erlös E die definitorische Beziehung $E = x \cdot p$ besteht, kann je nach Wahl der unabhängigen Variablen in der zugrundeliegenden Preis-Absatz-Funktion *(p(x) oder x(p))* auch der Umsatz E in Abhängigkeit von p

(2.5.6) $E(p) = x(p) \cdot p$

oder in Abhängigkeit von x dargestellt werden:

(2.5.7) $E(x) = x \cdot p(x)$.

Recht häufig wählt man x als unabhängige Variable.

Mögliche Funktionsverläufe von E(x) ergeben sich aus dem Typ der Preis-Absatz-Funktion:

i) Ist **p = const.** (z.B. Polypol), so erhält man $E(x) = p \cdot x$ als **lineare Erlösfunktion** (Gerade durch den Koordinatenursprung, vgl. Abb. 2.5.8). Die Steigung der Erlösgeraden ist identisch mit dem (konstanten) Marktpreis p des Gutes.

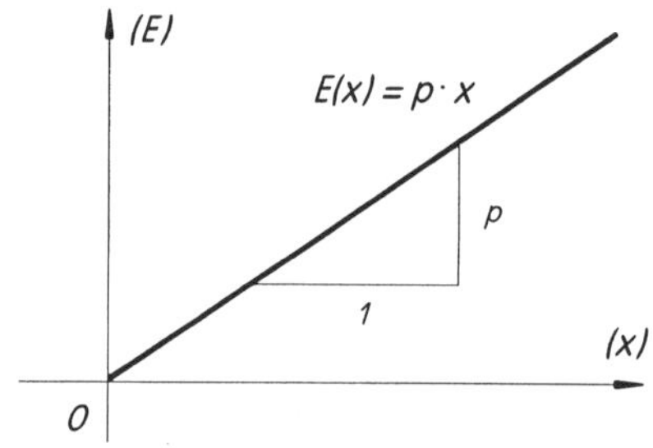

Abb. 2.5.8

ii) Ist p = **p(x)** ≠ **const.** (z.B. Monopol), so erhalten wir etwa für den Fall der **linearen** Preis-Absatz-Funktion $p(x) = a - bx$ die **quadratische Erlösfunktion**

$$E(x) = p(x) \cdot x = (a - bx) \cdot x = ax - bx^2 ,$$

mithin einen **parabel**förmigen Verlauf.

Beispiel 2.5.9: $p(x) = 10 - 1{,}25x \quad \Rightarrow \quad \mathbf{E(x) = x \cdot p(x) = 10\,x - 1{,}25\,x^2}$ (vgl. Abb. 2.5.10).

Derselbe Zusammenhang mit p als unabhängige Variable ergibt sich nach Umkehrung p(x) ⟷ x(p):

$x(p) = 8 - 0{,}8\,p \quad \Rightarrow \quad \mathbf{E(p) = p \cdot x(p) = 8\,p - 0{,}8\,p^2}$ (vgl. Abb. 2.5.11):

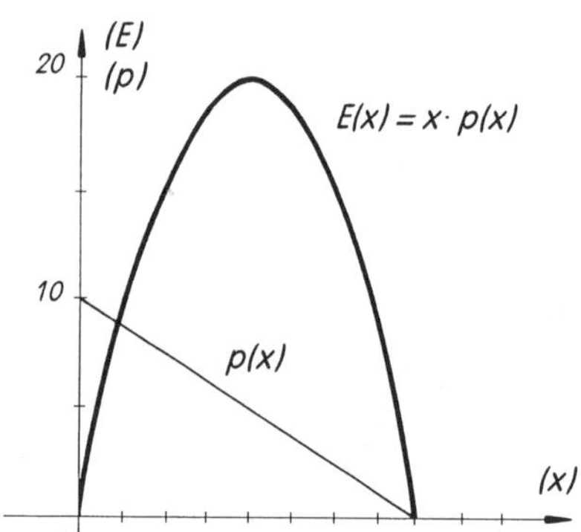

Abb. 2.5.10

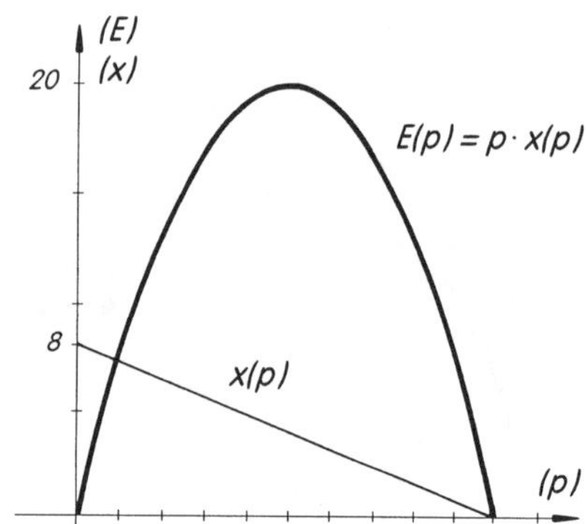

Abb. 2.5.11

(4) Produktionsfunktionen

Produktionsfunktionen (Ertragsfunktionen) beschreiben den Zusammenhang zwischen

- (effizientem) **Faktor-Input** r einer Produktion (in ME_r) und
- zugehörigem **Output** (Ertrag) x des erzeugten Produktes (in ME_x)

sowohl bei gesamtwirtschaftlichen *(makroökonomischen)* als auch bei einzelwirtschaftlichen *(mikroökonomischen)* Produktionsprozessen.

Schreibweise: $\mathbf{x = x(r)}$; $r \geq 0$.

Beispiel 2.5.12:

i) Ertragsgesetzliche Produktionsfunktion: z.B. $x(r) = -r^3 + 12r^2 + 60r$ (siehe Abb. 2.5.13);

ii) neoklassische Produktionsfunktion: z.B.

a) $x(r) = 0{,}7 \cdot r^{0,5}$ (Cobb-Douglas-Produktionsfunktion) (s. Abb. 2.5.14 a));

b) $x(r) = (r^{-0,5} + 0{,}5)^{-2}$ (CES-Produktionsfunktion) (s. Abb. 2.5.14 b));

iii) limitationale Produktionsfunktion: z.B. $x(r) = \begin{cases} 0{,}75r & \text{für } r \leq 20 \\ 15 & \text{für } r > 20 \end{cases}$ (s. Abb. 2.5.15).

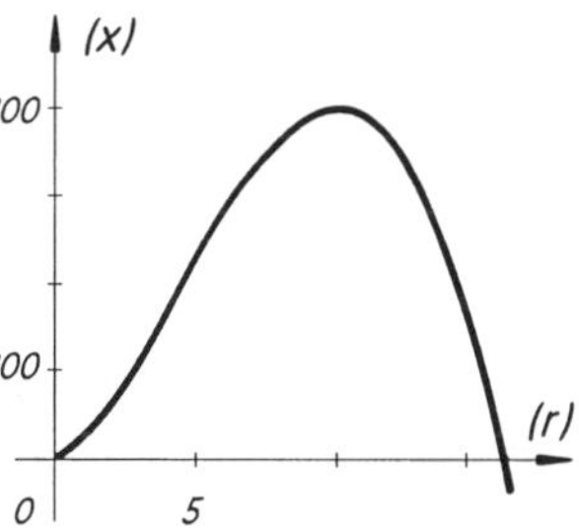

Abb. 2.5.13

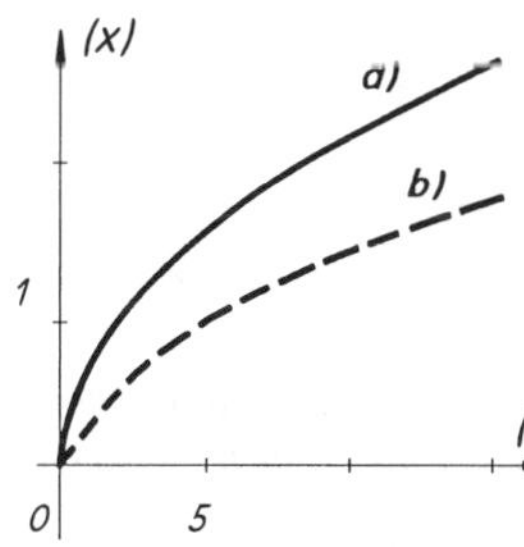

Abb. 2.5.14

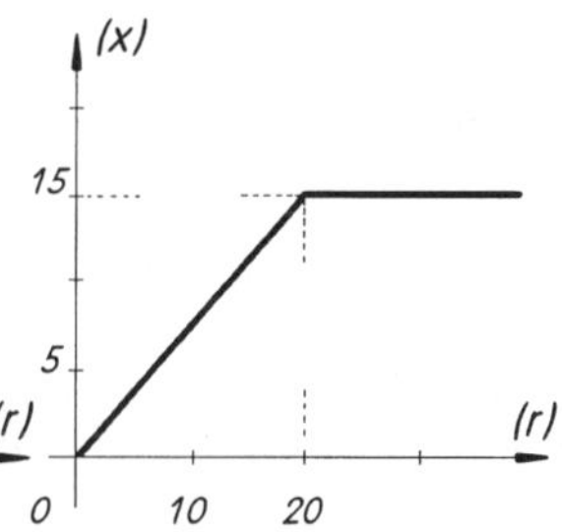

Abb. 2.5.15

Bemerkung 2.5.16: *Die als Beispiel angeführten Funktionstypen behandeln nur den Fall der* ***Variation eines Produktionsfaktors*** *(z.B. Arbeit, Maschinenlaufzeit o.a.) bei gleichzeitiger* ***Konstanthaltung*** *aller übrigen Produktionsfaktoren („partielle Faktorvariation").*

Eine Produktionsfunktion $x = x(r_1, r_2)$ mit **zwei** variablen **substituierbaren** Produktionsfaktoren lässt sich in der Regel in Form einer Schar von sogenannten **Isoquanten** darstellen, vgl. Kapitel 3.2. Dabei ist eine Isoquante definiert als Zusammenfassung aller Mengenkombinationen (r_1, r_2) der beiden (substituierbaren) Faktoren, die zum selben Output $x = x_o = \text{const.}$ führen. Im (r_1, r_2)-Koordinatensystem könnte eine derartige Isoquante etwa folgende Gestalt haben (Abb. 2.5.17):

Um einen Output von $x_o = 6$ ME produzieren zu können, benötigt man z.B. 2 ME von Faktor 1 und 4,5 ME von Faktor 2 oder alternativ 9 ME von Faktor 1 und 1 ME von Faktor 2 usw.

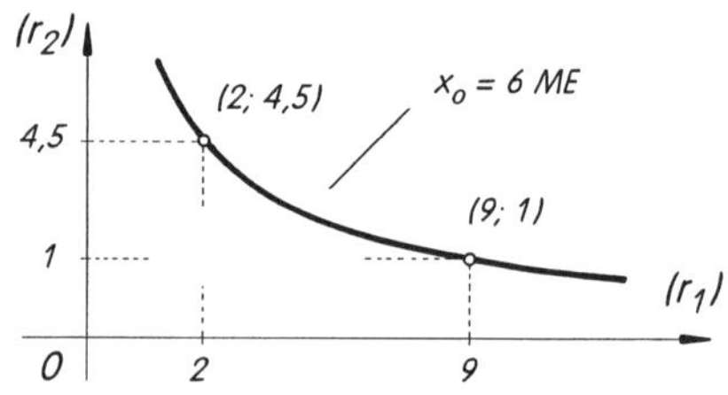

Abb. 2.5.17

Zu **jedem** festen **Output** gehört im allgemeinen **genau eine Ertragsisoquante**, so dass die zugrundeliegende Produktionsfunktion als **Schar** von Isoquanten im (r_1, r_2)- Koordinatensystem darstellbar ist (Abb. 2.5.18).

Die Funktionsgleichung $r_2 = f(r_1)$ der Isoquanten ergibt sich aus der zugrundeliegenden Produktionsfunktion $x = x(r_1, r_2)$ durch Konstantsetzen von x und anschließendes Auflösen nach r_2.

Bsp.: $x = x(r_1, r_2) = 2\sqrt{r_1 \cdot r_2}$; $x = x_o = 6 = \text{const.}$:

$\Rightarrow \quad 6 = 2\sqrt{r_1 \cdot r_2} \quad \Rightarrow \quad \frac{9}{r_1} = r_2 \quad (r_i > 0)$

(Isoquantengleichung für den Output $x_o = 6$ ME = const.)

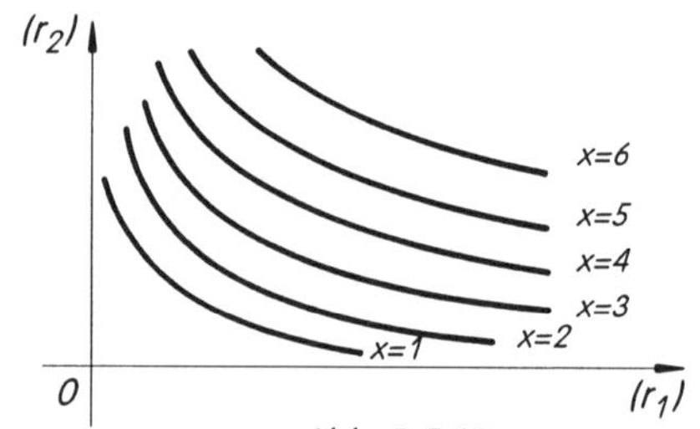

Abb. 2.5.18

(5) Kostenfunktion

Zusammenhang zwischen

- **Output** x (Produktionsmenge, Beschäftigung; in ME) und
- **Gesamtkosten** K (in GE) für die Produktion des Outputs x ; Schreibweise: K = K(x) .

Bemerkung 2.5.19: *i) Üblicherweise zerlegt man die Gesamtkosten K(x) in die beschäftigungsunabhängigen* ***fixen*** *Kosten $K_f := K(0) = \text{const.}$ (auch „Kosten der Produktionsbereitschaft") und die von der Art und Höhe der Beschäftigung abhängenden* ***variablen*** *Kosten $K_v(x)$:* $\boxed{K(x) = K_v(x) + K_f}$.

ii) Fasst man die Kosten K(x) auf als den (mit dem Faktorpreis p(r)) bewerteten Faktorverbrauch r(x) für die Produktion von x ME (wobei r(x) die ***Umkehrfunktion*** *der zugrundeliegenden Produktionsfunktion x(r) ist), so erhält man zu jeder Produktionsfunktion x(r) mit* ***partieller*** *Faktorvariation eine entsprechende Kostenfunktion:*

$$K(x) = p_r \cdot r(x) + K_f \quad \text{(vgl. Abb. 2.5.20)} \ .$$

*Werden sämtliche Produktionsfaktoren variiert (****totale*** *Faktorvariation), so ergibt sich die zugehörige Kostenfunktion durch die* ***Minimalkostenkombination****, vgl. Kapitel 7.3.3.1.*

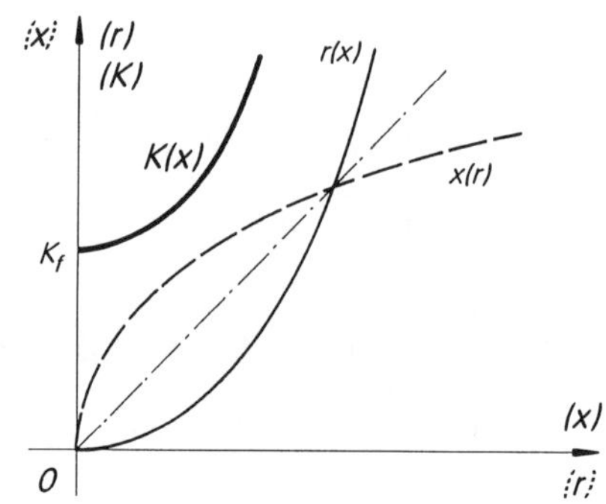

Abb. 2.5.20

Typische Kostenverläufe können sein *(Output x ≥ 0)*:

i) Ertragsgesetzliche Kostenfunktion, z.B.:

$K(x) = 0{,}01x^3 - x^2 + 60x + 800$.

Es gilt: $K_v(x) = 0{,}01x^3 - x^2 + 60x$ und $K_f = K(0) = 800$ (vgl. Abb. 2.5.21 i)) .

ii) Neoklassische Kostenfunktion, z.B.:

a) $K(x) = 0{,}1x^2 + 200$ (mit $K_v(x) = 0{,}1x^2$ und $K_f = K(0) = 200$) ;

b) $K(x) = 0{,}5x + 1 + \frac{36}{x+9}$ (mit $K_f = K(0) = 5$ (!) und $K_v(x) = 0{,}5x - 4 + \frac{36}{x+9}$) ;

c) $K(x) = 36 \cdot e^{0{,}01x} + 2001$ (mit $K_f = K(0) = 2037$ (!) und $K_v(x) = 36 \cdot e^{0{,}01x} - 36$) ,

vgl. Abb. 2.5.21 ii)

iii) Lineare Kostenfunktion, z.B.: $0{,}8x + 100 = K(x)$.

Es gilt: $K_v(x) = 0{,}8x$ und $K_f = 100$ (vgl. Abb. 2.5.21 iii)) .

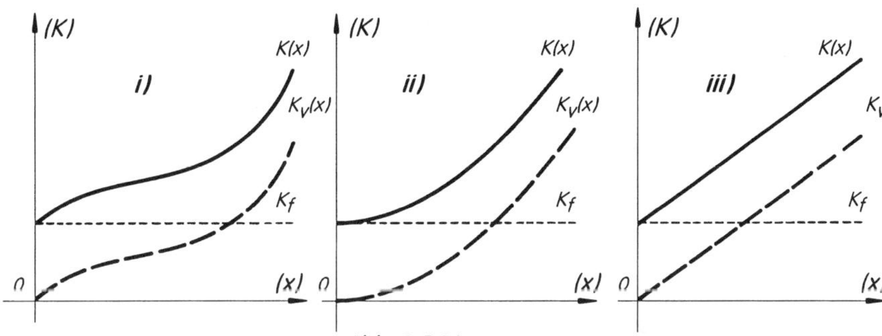

Abb. 2.5.21

Im Zusammenhang mit der Erscheinung sogenannter produktionsbedingter **Anpassungsprozesse** können Kostenfunktionen auftreten, die abschnittsweise definiert sind und/oder sich aus Kombinationen der oben angeführten Typen darstellen lassen:

Beispiel 2.5.22: Gegeben sei die Gesamtkostenfunktion K(x) durch (vgl. Abb. 2.5.23):

$$K(x) = \begin{cases} 0{,}25x + 3 & \text{für } 0 < x \le 4 \text{ (I)} \\ 0{,}25x + 5 & \text{für } 4 < x \le 8 \text{ (II)} \\ 0{,}5\ x + 3 & \text{für } 8 < x \le 12 \text{ (III)} \\ 0{,}125x^2 - 2{,}5x + 21 & \text{für } 12 < x \le 16 \text{ (IV)} . \end{cases}$$

Die vier auftretenden Abschnitte könnten z.B. folgendermaßen interpretiert werden:

Phase I: lineare Kostenfunktion („Grundlast“)

Phase II: quantitative Anpassung (z.B. zusätzliches Aggregat) ⇒ sprungfixe Kosten

Phase III: zeitliche Anpassung (z.B. Überstunden) ⇒ erhöhter variabler Kostensatz

Phase IV: intensitätsmäßige Anpassung (z.B. höhere Drehzahl) ⇒ überproportionale Verschleißkosten .

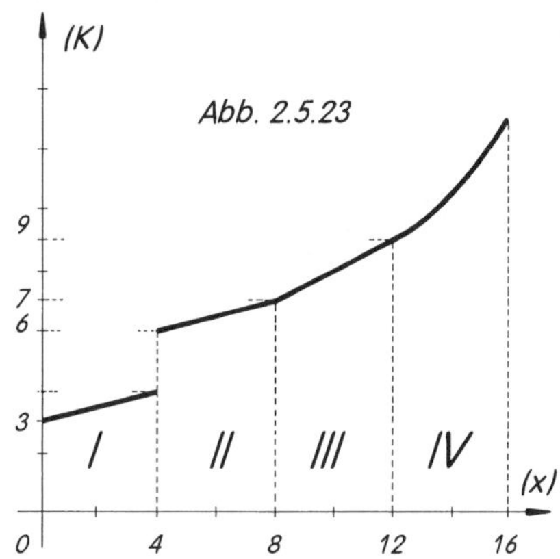

Abb. 2.5.23

Dividiert man die Gesamtkosten K(x) durch den entsprechenden Output x, so erhält man die Kosten k(x), die die Produktion einer **einzigen Einheit** des Gutes im **Durchschnitt** kostet, wenn insgesamt x Einheiten produziert werden. Daher nennt man die Funktion k mit

(2.5.24) $$k(x) = \frac{K(x)}{x}$$ **durchschnittliche Gesamtkosten** oder **gesamte Kosten pro Stück**. *(Stückkosten)*

Analog nennt man

(2.5.25) $$k_v(x) = \frac{K_v(x)}{x}$$ **durchschnittliche variable Kosten** (variable Kosten pro Stück) *(stückvariable Kosten)*

und

(2.5.26) $$k_f(x) = \frac{K_f}{x}$$ **durchschnittliche fixe Kosten** (fixe Kosten pro Stück). *(stückfixe Kosten)*

Wegen $K(x) = K_v(x) + K_f$ gilt: $\frac{K(x)}{x} = \frac{K_v(x) + K_f}{x} = \frac{K_v(x)}{x} + \frac{K_f}{x}$ d.h.

$$\mathbf{k(x) = k_v(x) + k_f(x)}$$, d.h.:

Die Gesamtkosten pro Stück entstehen durch Addition von variablen und fixen Kosten pro Stück.

Beispiel 2.5.27: Ertragsgesetzliche Gesamtkostenfunktion (vgl. Abb. 2.5.21 i)):[7]

$$K(x) = \frac{1}{3}x^3 - 2x^2 + 10x + 72 \ .$$

Die **Stückkostenfunktionen** ergeben sich somit zu:

$$k(x) = \frac{K(x)}{x} = \frac{1}{3}x^2 - 2x + 10 + \frac{72}{x} \ ;$$

$$k_v(x) = \frac{K_v(x)}{x} = \frac{1}{3}x^2 - 2x + 10 \ ;$$

$$k_f(x) = \frac{K_f}{x} = \frac{72}{x} \ ;$$ vgl. Abb. 2.5.28.

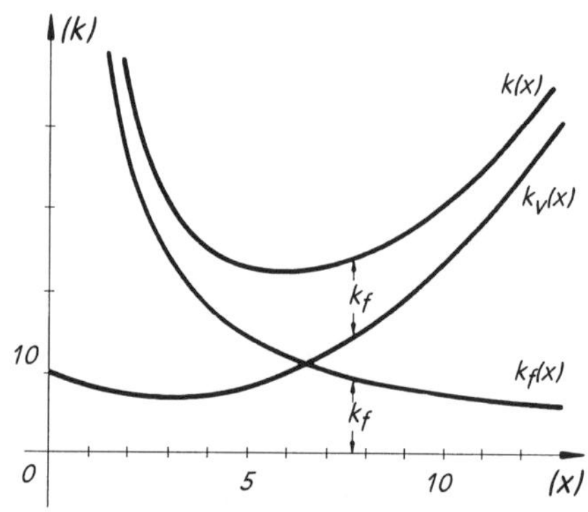

Abb. 2.5.28

[7] Über die allgemeinen Zusammenhänge zwischen den Graphen von Gesamtkosten- und Stückkostenfunktionen vgl. [67].

Man kann den Wert der **Durchschnittskosten** $k(x) = \frac{K(x)}{x}$ immer dann auf **graphischem** Wege ermitteln, wenn der Graph der Gesamtkostenfunktion $K(x)$ vorliegt:

Dazu zeichnet man für eine gegebene Outputmenge x den zugehörigen **Fahrstrahl** $\overrightarrow{OP}$ (vom Ursprung 0 bis zum entsprechenden Kurvenpunkt P) und vervollständigt ihn durch das darunter liegende Steigungsdreieck. Man sieht (vgl. Abb. 2.5.29):

Der Wert $\frac{K(x)}{x}$ der **Stückkosten** $k(x)$ ergibt sich als **Steigung** $\tan\alpha$ des zugehörigen **Fahrstrahls** an $K(x)$:

$$k(x) = \frac{K(x)}{x} = \tan\alpha$$

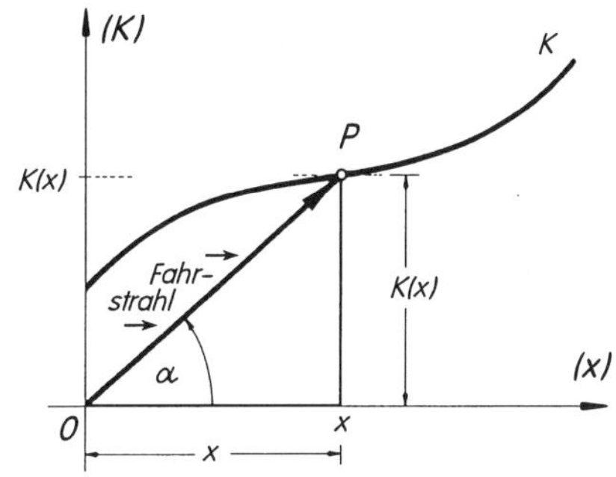

Abb. 2.5.29

Dieser Sachverhalt läßt sich auf **jede Durchschnittsfunktion** $\frac{f(x)}{x}$ verallgemeinern:

Man erhält den Wert $\frac{f(x)}{x}$ der zu f gehörenden Durchschnittsfunktion als **Steigung** des zur Stelle x gehörenden **Fahrstrahls** an f(x).

Näheres zum Thema „Fahrstrahlanalyse" folgt in Kapitel 6.3.2.1.

(6) Gewinnfunktion

Zusammenhang zwischen

- **Produktionsmenge** x, die produziert und am Markt umgesetzt wird (in ME) und
- zugehörigem **Betriebserfolg** G (Betriebsgewinn, Gewinn) (in GE).

Da sich der Gewinn G(x) definitionsgemäß aus der **Differenz** von **Betriebsertrag** (= **Erlös**) E(x) und **Kosten** K(x) ergibt, gilt die grundlegende Beziehung

(2.5.30) $$G(x) := E(x) - K(x)$$.

Wegen $E(x) = x \cdot p(x)$, vgl. (2.5.7), ergibt sich aus (2.5.30): $\mathbf{G(x) = x \cdot p(x) - K(x)}$.

Beispiel 2.5.31: Gegeben sei die Gesamtkostenfunktion $K(x) = x^3 - 12x^2 + 60x + 98$

i) Der **Marktpreis** p des produzierten Outputs sei **konstant** (polypolistischer Fall), z.B. p = 52,50 GE/ME.

Damit lautet die Erlösfunktion: $E(x) = 52{,}5x$ sowie die entsprechende Gewinnfunktion:

$$G(x) = E(x) - K(x) = -x^3 + 12x^2 - 7{,}5x - 98 \;,$$ *(s. Abb. 2.5.32)* .

ii) Absetzbare Menge x und Marktpreis p seien über eine **Preis-Absatz-Funktion** verknüpft (wie etwa im monopolistischen Fall), z.B.:

$p(x) = 120 - 10x \Rightarrow E(x) = x \cdot p(x) = 120x - 10x^2$

$\Rightarrow \quad G(x) = E(x) - K(x) = -x^3 + 2x^2 + 60x - 98$ *(s. Abb. 2.5.33) :*

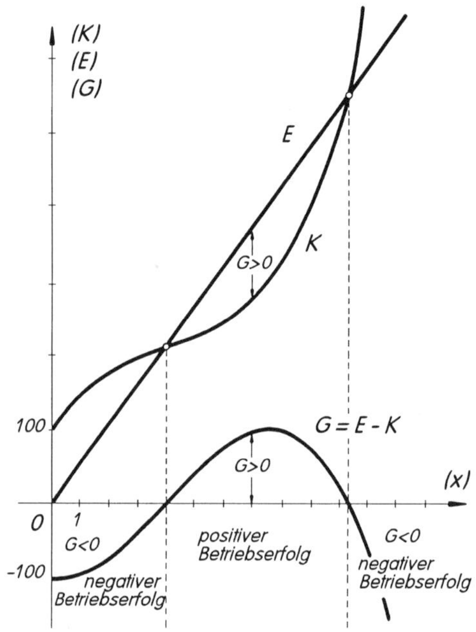

Abb. 2.5.32

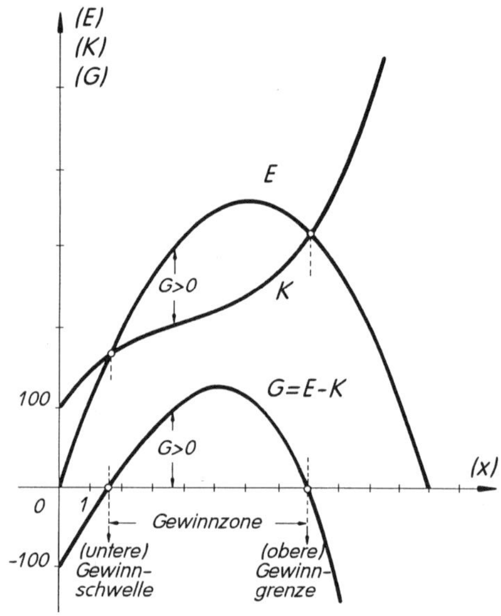

Abb. 2.5.33

Bemerkung 2.5.34: *i) Das über der Gewinnzone von E und K eingeschlossene Flächenstück heißt auch* ***Gewinnlinse.***

ii) Zur Bestimmung des ***Gewinnmaximums*** *vgl. die Ausführungen in Kapitel 6.3.2.3.*

iii) Zur Ermittlung der ***Gewinnschwellen*** *muss die Gleichung $G(x) = E(x) - K(x) = 0$ bzw. $E(x) = K(x)$ gelöst werden. Im vorliegenden Beispiel benutzt man dazu zweckmäßigerweise ein geeignetes Näherungsverfahren, z.B. die Regula falsi (Kap. 2.4) oder das Newton-Verfahren (Kap. 5.4).*

In Analogie zur Bildung der Stückkostenfunktion erhält man aus der Gewinnfunktion G(x) nach Division durch die zugehörige Menge x die **Stückgewinnfunktion** g mit:

$$g(x) = \frac{G(x)}{x} \quad \text{(in GE/ME)} \quad .$$

Die Werte g(x) geben an, wie groß der durchschnittliche Gewinn (Betriebserfolg) pro abgesetzter Outputeinheit ist, wenn der gesamte Output x ME beträgt.

Wegen $G(x) = E(x) - K(x) \Rightarrow \frac{G(x)}{x} = \frac{E(x)}{x} - \frac{K(x)}{x} \Rightarrow$

(2.5.35) $$\boxed{g(x) = p(x) - k(x)} \quad ,$$

d.h. der Stückgewinn g ist gleich der Differenz zwischen Preis und Stückkosten.

Bemerkung 2.5.36: *Berücksichtigt man in den Stückkosten nur den variablen Anteil, so nennt man die Differenz*

(2.5.37) $$\boxed{g_D(x) = p(x) - k_v(x)}$$

auch ***Deckungsbeitrag (pro Stück)****. Der* ***gesamte Deckungsbeitrag*** $G_D(x) = g_D(x) \cdot x$ *ergibt sich analog als Differenz zwischen Gesamterlös und gesamten variablen Kosten:*

(2.5.38) $$\boxed{G_D(x) = E(x) - K_v(x)} \quad .$$

(7) Konsumfunktion

Unter einer *(makroökonomischen)* **Konsumfunktion C = C(Y)** versteht man einen funktionalen Zusammenhang zwischen

- **Volkseinkommen** bzw. **Sozialprodukt** Y (in GE/ZE) und
- gesamtwirtschaftlichen **Ausgaben** C für **Konsumgüter** (in GE/ZE).

Je nach theoretischem Ansatz (z.B. Keynes, Friedman ...) ergeben sich unterschiedliche Einkommens- bzw. Konsumbegriffe sowie unterschiedliche (stets monoton steigende) Funktionsverläufe.

Häufig unterstellt man eine **lineare** Funktion

$C = c_0 + c_1 \cdot Y \;;\; (c_0 > 0 \;;\; 0 < c_1 < 1)$.

Dabei heißen c_0 **Existenzminimum** und c_1 **marginale Konsumquote** (oder **Grenzhang zum Konsum**), vgl. Kapitel 6.1.2.5 .

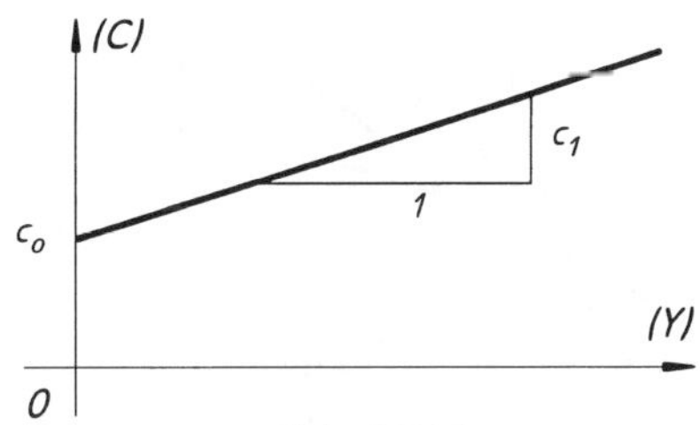

Abb. 2.5.39

In einer geschlossenen Volkswirtschaft ohne staatliche Aktivität definiert man die Differenz Y - C von Einkommen und Konsum als **Sparen** S, so dass die Identität Y = C + S besteht. Daher lässt sich bei Kenntnis der Konsumfunktion C(Y) die **Sparfunktion** S(Y) definieren:

(2.5.40) $$\boxed{S(Y) := Y - C(Y)} \quad .$$

Abb. 2.5.41 zeigt für eine lineare Konsumfunktion am Beispiel: $C(Y) = 0{,}6Y + 4 \Rightarrow$

$S(Y) = Y - (0{,}6Y + 4) = 0{,}4Y - 4$

die Zusammenhänge.

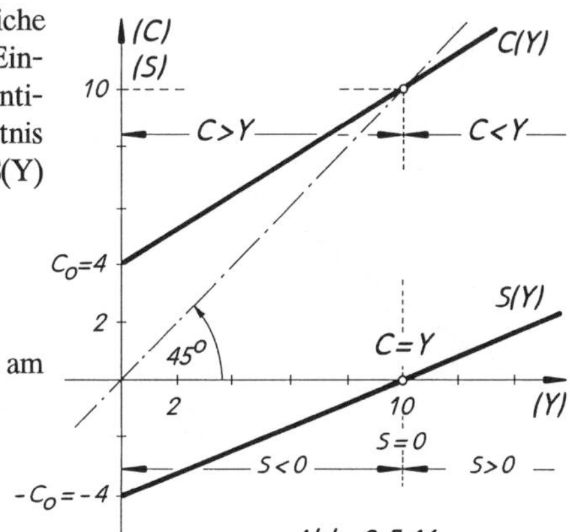

Abb. 2.5.41

Neben gesamtwirtschaftlichen Konsumfunktionen gibt es auch einzelwirtschaftliche *(mikroökonomische)* Konsumfunktionen, in denen der Zusammenhang zwischen dem Einkommen Y eines Haushaltes und seinen Ausgaben C für Konsumgüter beschrieben wird.

Handelt es sich dabei speziell um Konsumfunktionen, die die Nachfrage nach **bestimmten Konsumgütern** (z.B. Wohnung, Nahrungsmittel, Kleidung, ...) in Abhängigkeit vom Haushaltseinkommen beschreiben, so spricht man auch von **Engelfunktionen** (nach dem Statistiker E. Engel, 1821 - 1896).

Einige Typen von **Engelfunktionen** sind:

i) Potenzfunktionen:

$C = a \cdot Y^b \qquad (a, b > 0)$;

ii) Gebrochen-rationale Funktionen:

a) $C = \frac{2Y}{Y+1}$; b) $C = 2 \cdot \frac{Y-1}{Y+2}$; c) $C = 0{,}5Y \cdot \frac{Y-1}{Y+2}$

iii) Exponentialfunktionen: $C = a \cdot e^{\frac{b}{Y}}$; z.B.: $C = 2 \cdot e^{-\frac{4}{Y}}$ *(s. Abb. 2.5.42):*

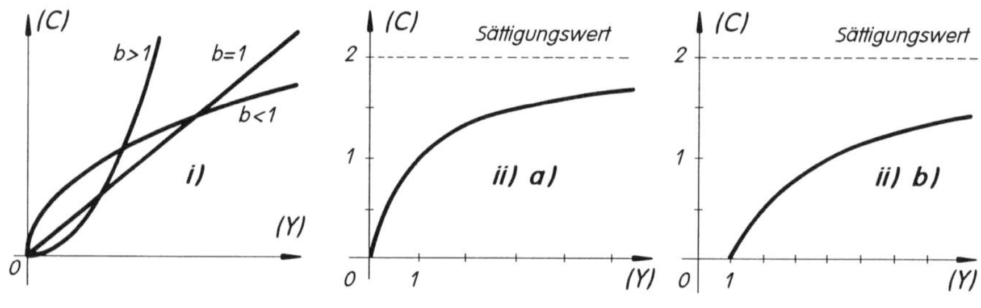

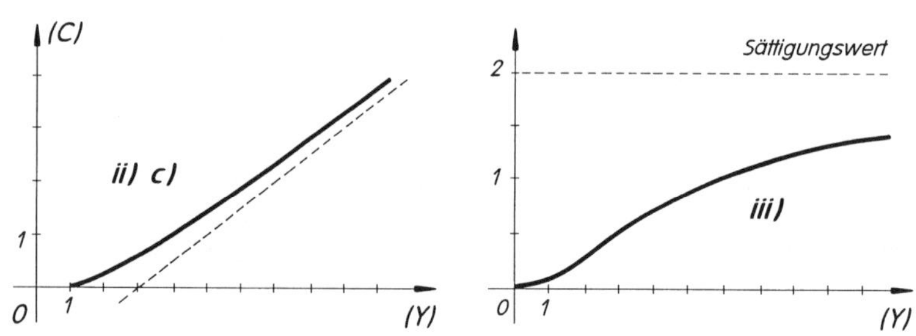

Abb. 2.5.42

(8) Indifferenzkurven, Nutzenfunktion

Unter einer **Indifferenzkurve** (meist dargestellt in der impliziten Funktionsschreibweise

$$U(x_1,x_2) = U_0 = \text{const.}$$

versteht man die Menge aller Kombinationen (x_1, x_2) zweier *(substituierbarer)* Güter, bei deren Konsum ein Haushalt **denselben** *(individuellen)* Grad U_0 der Bedürfnisbefriedigung **(Nutzen, Nutzenindex)** empfindet, Abb. 2.5.43. Formal entsprechen die Indifferenzkurven *(Linien gleichen Nutzens)* den unter (4) Produktionsfunktionen behandelten **Isoquanten** *(Linien gleicher Ausbringung)*.

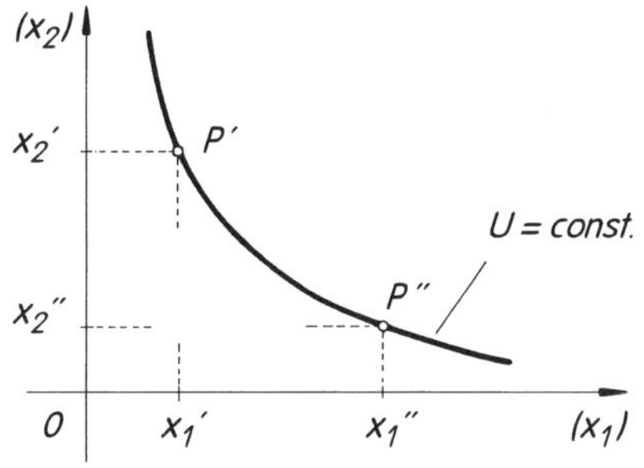

Abb. 2.5.43

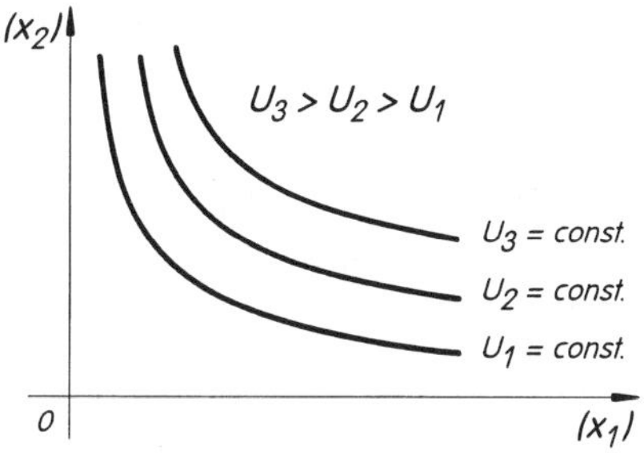

Abb. 2.5.44

Der Haushalt empfindet also keinen Nutzenunterschied beim Konsum der Güterkombination $(x_1'; x_2')$ gegenüber $(x_1''; x_2'')$. Führt man für jeden Nutzengrad U eine neue Indifferenzkurve ein, so erhält man eine **Schar** von **Indifferenzkurven**, deren (jeweils konstantes) Nutzenniveau zunimmt, je weiter rechts bzw. oben die Indifferenzkurve verläuft, vgl. Abb. 2.5.44.

Die entsprechende (von beiden unabhängigen Variablen x_1, x_2 abhängende) **Nutzenfunktion**, die **jedem Nutzenniveau U** genau eine **Indifferenzkurve** zuordnet, lässt sich schreiben als: $U = U(x_1, x_2)$ *(siehe auch Kapitel 3.2)*.

Zu jedem festen Nutzenniveau U = const. lässt sich dann die entsprechende (implizit dargestellte) Indifferenzkurve dadurch ablesen, dass man U = const. setzt.

Beispiel 2.5.45:

Es sei folgende Nutzenfunktion vorgegeben:

$$U = U(x_1, x_2) = 2x_1^{0,5} \cdot x_2 \ .$$

Die Indifferenzkurve etwa für das Nutzenniveau U = 8 ergibt sich daraus zu

$$2x_1^{0,5} \cdot x_2 = 8 \quad \text{bzw.}$$

$$x_2 = 4x_1^{-0,5} = \frac{4}{\sqrt{x_1}} \ ; \quad \text{vgl. Abb. 2.5.46.}$$

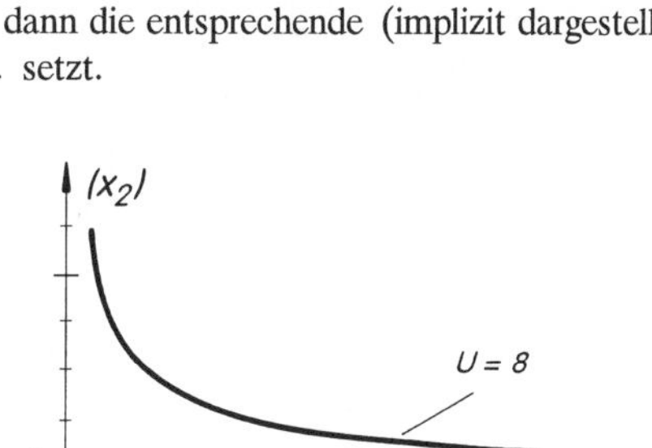

Abb. 2.5.46

(9) Sonstige ökonomische Funktionen

Eine vollständige Darstellung sonstiger in den verschiedenen ökonomischen Disziplinen verwendeter Funktionen ist an dieser Stelle nicht möglich. Es sollen im folgenden lediglich **stichwortartig** einige weitere Beispiele ökonomischer Funktionen angeführt werden.

i) Investitionsfunktion $I = I(i)$

Zusammenhang zwischen
- Marktzinssatz i und
- Ausgaben für (Anlage)- Investitionen I

(z.B.: Zusammenhang zwischen Investitionsausgaben I für Mietshäuser und Höhe i der Hypothekenzinsen.) *(Abb. 2.5.47)*

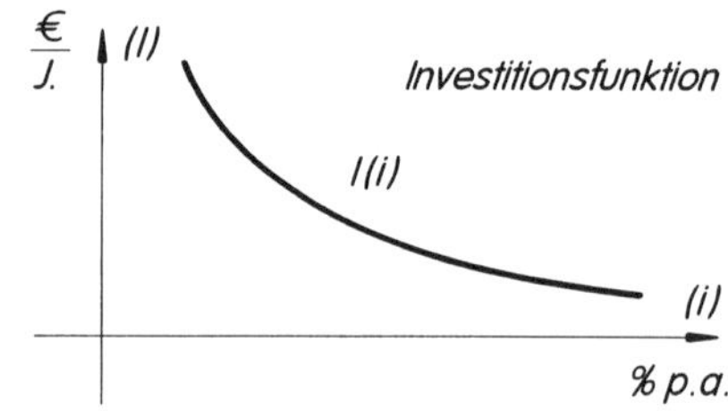

Abb. 2.5.47

ii) Transformationskurve $f(C, I) = \text{const.}$

Zusammenhang zwischen
- Produktionsmöglichkeit von Investitionsgütern (in GE/Jahr) und
- Produktionsmöglichkeiten von Konsumgütern (in GE/Jahr)

einer Volkswirtschaft bei gegebenem Sozialprodukt.

(Die Volkswirtschaft kann bei gegebenen Ressourcen z.B. I_1 GE für Investitionsgüter und C_1 GE Konsumgüter oder **alternativ** für I_2 GE Investitionsgüter und C_2 GE Konsumgüter produzieren usw.) *(Abb. 2.5.48)*

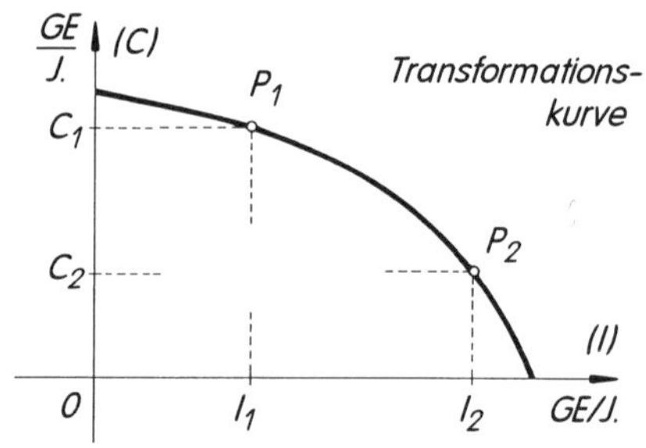

Abb. 2.5.48

iii) Phillips-Kurve $p^* = p^*(A)$

(kurzfristiger) Zusammenhang zwischen
- Arbeitslosenquote A (in %) und
- Änderung p^* des Preisniveaus (in %) ,

  (d.h. $p^* := \frac{\Delta p}{p}$: „Inflationsrate")

A_0: Arbeitslosigkeit bei vollkommener Preisstabilität *(Abb. 2.5.49)*

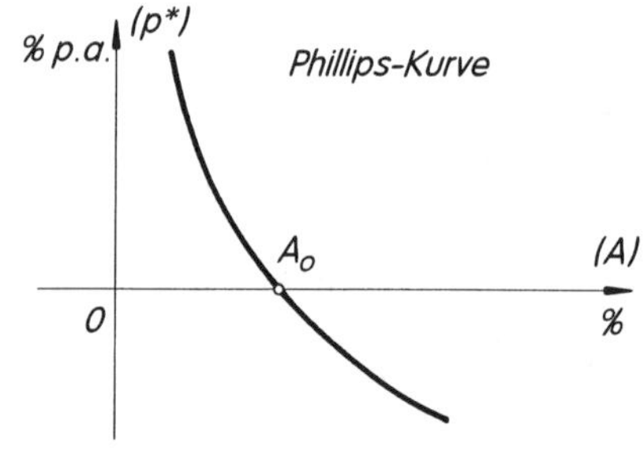

Abb. 2.5.49

iv) Verbrauchsfunktion $v = v(d)$

Zusammenhang zwischen
- Intensität d eines Aggregates (z.B.: Motorumdrehungen/min) und
- Verbrauch (bzw. Abnutzung) v des Aggregats (z.B. in € pro produzierter ME) *(Abb. 2.5.50)*

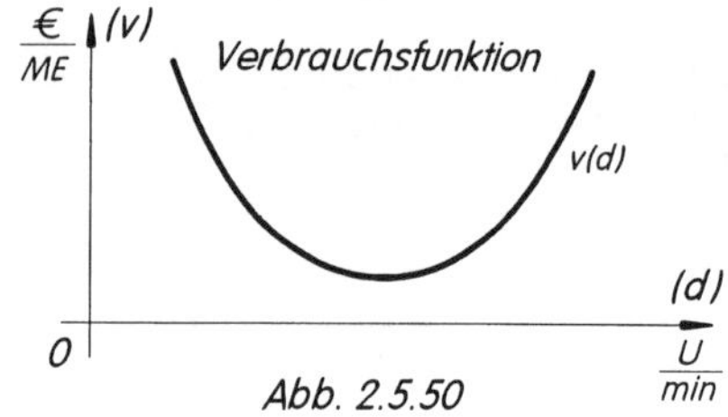

Abb. 2.5.50

v) Produktlebenszyklus $U = U(t)$

Zusammenhang zwischen

- (mengenmäßigem) Umsatz U (pro Zeiteinheit; ME/ZE) und
- der Zeit t (ZE) (Lebensdauer im Markt).

(Abb. 2.5.51)

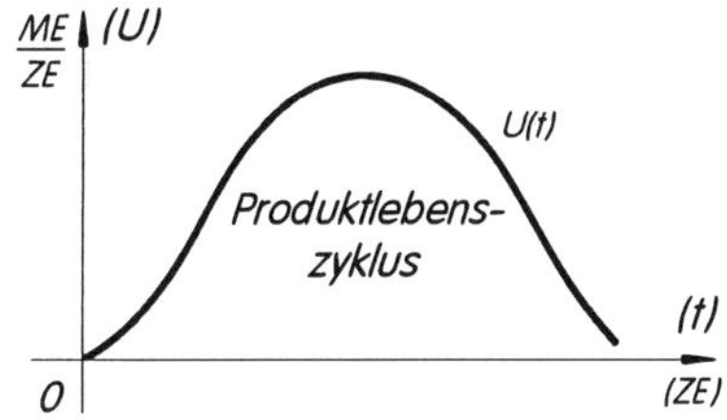

Abb. 2.5.51

vi) Lohn/ Arbeitsangebotsfunktion $A = A(L)$

Zusammenhang zwischen

- Arbeitslohn L (z.B. in DM/h) und
- Arbeitsangebot A (z.B. in h/Jahr).

(Abb. 2.5.52)

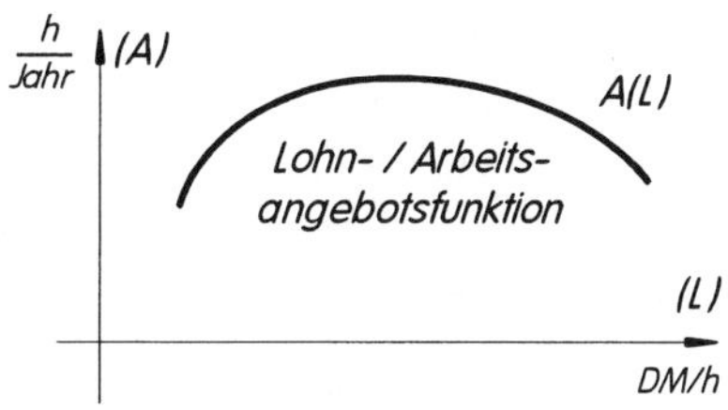

Abb. 2.5.52

vii) Stetiges Wachstum

$B = B(t) = B_o \cdot e^{i \cdot t}$

Zusammenhang zwischen

- Bestand B (z.B. einer exponentiell wachsenden Bevölkerung oder biologischen Substanz) und
- der Zeit t.

(B_o: Anfangsbestand für $t = 0$;

$i = \frac{p}{100}$: stetige Wachstumsrate) *(Abb. 2.5.53)*

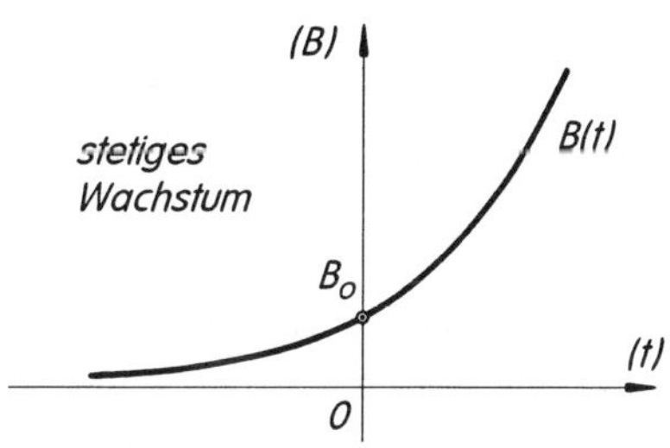

Abb. 2.5.53

viii) Logistische Funktion

$$B = B(t) = \frac{a}{1 + b \cdot e^{-ct}}$$

Zusammenhang zwischen

- Bestand B (z.B. einer Bevölkerung, der Spartätigkeit, der Steuereinnahmen) und
- der Zeit t.

(a: Sättigungsgrenze) *(Abb. 2.5.54)*

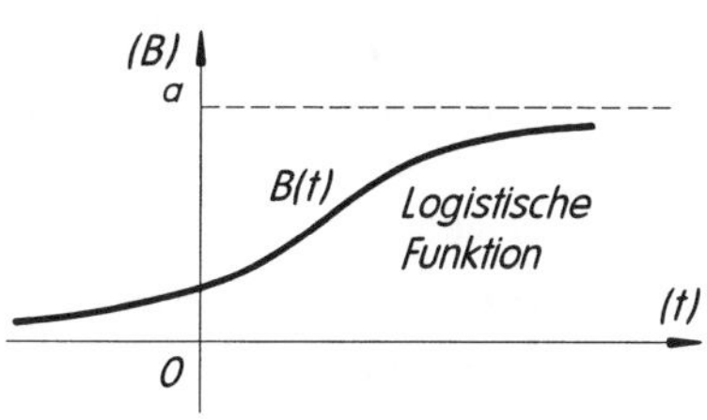

Abb. 2.9.54

Aufgabe 2.5.55: Gegeben seien die folgenden ökonomischen Funktionen:

• Preis-Absatz-Funktion:	$x = x(p) = 120 - 0{,}4p$	x: nachgefragte Menge (ME) p: Preis (GE/ME)
• Erlösfunktion:	$E = E(x) = 300x - 2{,}5x^2$	x: Menge (ME) E: Erlös (GE)
• Kostenfunktion:	$K = K(x) = 0{,}01x^2 + 10x + 200$	x: Output (ME) K: Gesamtkosten (GE)
• Produktionsfunktion:	$x = x(r) = \sqrt{r - 10}$	r: Input (ME_r) x: Output (ME_x)
• Konsumfunktion:	$C = C(Y) = 500 + 0{,}4Y$	Y: Einkommen (GE) C: Konsumausgaben (GE)

i) Für welche Outputmengen betragen

a) die Gesamtkosten 509 GE **b)** die gesamten Stückkosten 13 GE/ME

c) die variablen Kosten 416 GE **d)** die durchschnittlichen fixen Kosten 8 GE/ME ?

ii) Für welche Preise ist die nachgefragte Menge kleiner als 91,2 ME?

iii) Bei welchem Einkommen wird für Konsumzwecke genauso viel ausgegeben wie gespart wird? *(**Hinweis:** Konsumausgaben + Sparsumme = Einkommen)*

iv) Welche Inputwerte führen zu einem Output von 20 ME_x?

v) Welche Absatzmengen führen zu einem Gesamterlös von 8.000 GE?

vi) Bei welchen Absatzmengen wird der Erlös Null? *(ökonomische Erklärung ?)*

vii) Bei welcher produzierten und abgesetzten Menge ist der Gewinn a) Null b) positiv?

Aufgabe 2.5.56: Die Ein-Produkt-Unternehmung eines Monopolisten sehe sich folgender Nachfragefunktion gegenüber: $x(p) = 125 - 1{,}25p$.

Die Kostenfunktion des Monopolisten sei gegeben durch: $K(x) = 0{,}2x^2 + 4x + 704$.

Man ermittle das Mengenintervall, innerhalb dessen die Unternehmung mit positivem Gewinn produziert (Gewinnschwellen).

Aufgabe 2.5.57: Gegeben ist eine Produktionsfunktion mit der Gleichung:

$$x(r) = \sqrt{2r - 200}\,, \quad r > 100. \qquad (x\text{: Output } [ME_x]\ ;\ r\text{: Input } [ME_r]\ ).$$

Der Preis p_r des variablen Produktionsfaktors betrage 2 €/ME_r, der Marktpreis p_x des Produktes betrage 30 €/ME_x.

i) Man ermittle die Gesamtkostenfunktion K(x).

ii) Man ermittle die Gewinnfunktion G(x).

iii) Man ermittle die Gewinnschwellen.

iv) Innerhalb welcher Outputwerte ist der

• Stückgewinn • Deckungsbeitrag • Stückdeckungsbeitrag

positiv?

Aufgabe 2.5.58: Der Wiederverkaufswert W (in €) eines PKW sei in Abhängigkeit vom Alter (in Jahren) des PKW durch folgende Funktion W(t) gegeben:

$$W(t) = 10.000 \cdot \frac{15-t}{t+2} \; ; \quad t \geq 0 \; .$$

i) Nach wieviel Jahren ist der Wiederverkaufswert auf Null (= Schrottwert) abgesunken?

ii) In welchem Zeitpunkt beträgt der gesamte Wertverlust 60% des Neuwagenwertes?

Aufgabe 2.5.59: Eine Ein-Produkt-Unternehmung produziert ihren Output x (in ME) zu folgenden Gesamtkosten K (in GE):

$$K(x) = 200 \cdot e^{0,01x} + 400 \; , \quad x \geq 0 \; .$$

i) Man ermittle die Höhe K_f der Fixkosten.

ii) Wie hoch sind die durchschnittlichen variablen Kosten für einen Output von 120 ME?

iii) Der Output kann *(in beliebiger Höhe)* zu einem Preis von 30 GE/ME abgesetzt werden. Man ermittle die Gewinnzone der Unternehmung. (Näherungsverfahren !)

Aufgabe 2.5.60: Gegeben sei die Produktionsfunktion

$$x = x(r) = -2r^4 + 8r^3 + 27r^2 \qquad \text{(r: Input, in } ME_r \text{ ; x: Output, in } ME_x\text{)}.$$

Für welche Inputwerte ist diese Funktion ökonomisch sinnvoll definiert?

Aufgabe 2.5.61: Ein Handelsunternehmen kann das Produkt P zu einem Preis von 140 €/ME absetzen, pro Monat werden dann 600 ME nachgefragt. Bei Preiserhöhung auf 170 €/ME reagieren die Kunden mit einem Nachfragerückgang auf 500 ME/Monat.

Die Nachfragefunktion x = x(p) (x: Menge (ME/Monat); p: Preis (€/ME)) ist vom Typ

$$x = \frac{a}{p+b} \; , \quad a, b \in \mathbb{R} \; .$$

Wie müssen die Konstanten a und b gewählt werden, damit die o.a. empirischen Preis-/ Mengen-Kombinationen durch die Nachfragefunktion beschrieben werden?

Aufgabe 2.5.62: Die monatlichen Konsumausgaben C eines Haushaltes seien in Abhängigkeit des Haushaltseinkommens Y gegeben durch die Funktion: $C(Y) = 900 + 0,6Y$.

i) Man ermittle die Sparfunktion S(Y) des Haushaltes.

ii) Wie hoch ist das monatliche Existenzminimum des Haushaltes?

iii) Bei welchem monatlichen Haushaltseinkommen wird das gesamte Einkommen für Konsumzwecke verwendet?

iv) Man ermittle das Haushaltseinkommen, bei dessen Überschreiten die Sparsumme erstmals positiv wird.

v) Man zeige graphisch mit Hilfe von Fahrstrahlen, dass die durchschnittliche Konsumquote (d.h. der Quotient aus C(Y) und Y) mit steigendem Einkommen abnimmt.

Aufgabe 2.5.63: Die Konsumausgaben C (in €/Monat) eines Haushaltes hängen vom Haushaltseinkommen Y (in €/Monat) in folgender Weise ab:

$$C(Y) = 80 \cdot \sqrt{0{,}2Y + 36} \quad .$$

i) Man ermittle den mathematischen sowie den ökonomischen Definitionsbereich der Konsumfunktion.

ii) Wie hoch ist das Existenzminimum?

iii) Von welchem Monatseinkommen an wird die monatliche Sparsumme positiv?

iv) Bei welchem Monatseinkommen verbraucht der Haushalt für Konsumzwecke genau 90% seines Einkommens? *(Man sagt, die „Verbrauchsquote" betrage 90% bzw. die „Sparquote" betrage 10%.)*

Aufgabe 2.5.64: Der monatliche Butterverbrauch B *(in €/Monat)* eines Haushaltes hänge vom monatlichen Haushaltseinkommen Y *(in 100 €/Monat)* in folgender Weise ab:

$$B = B(Y) = 35 \cdot e^{-\frac{15}{Y}} \;, \qquad (Y > 0) \;.$$

i) Man ermittle den ökonomischen Definitionsbereich und skizziere die Funktion.

ii) Wie hoch ist der monatliche Butterverbrauch bei einem Haushaltseinkommen von 2.800 €/ Monat?

iii) Welches Monatseinkommen erzielt ein Haushalt, dessen monatlicher Butterverbrauch eine Höhe von 10 €/Monat erreicht?

iv) Man ermittle und skizziere die Umkehrfunktion Y = Y(B). Wie lautet der Definitionsbereich der Umkehrfunktion?

Aufgabe 2.5.65: Für ein Gut existiere die folgende Preis-Absatz-Funktion:

$$p = p(x) = \frac{100}{\sqrt{x}} - 4\sqrt{x} + 20 \;;\quad x > 0 \qquad \text{(x : Menge (in ME) ; p: Preis (in GE/ME))}.$$

i) Man ermittle den Erlös, wenn 60 ME abgesetzt werden.

ii) Für welche nachgefragten Mengen ist der Preis positiv?

Aufgabe 2.5.66: Für einen Haushalt seien die *(monatlichen)* Ausgaben A für Energie (in €) in Abhängigkeit vom *(monatlichen)* Haushaltseinkommen Y (in €) gegeben durch die Funktion

$$A = A(Y) = 200 \cdot \ln(Y + 100) - 750$$

i) Die monatlichen Energieausgaben betragen 900 €. Welches Haushaltseinkommen wird realisiert?

ii) Bei welchem Haushaltseinkommen bewirkt eine Einkommenserhöhung um 500 € eine Steigerung der Energieausgaben um genau 100 €?

iii) Bei welchem Einkommen werden 20% dieses Einkommens für Energie ausgegeben? (Näherungsverfahren !)

Aufgabe 2.5.67: Huber will ein neues – nur für Glatzköpfe entwickeltes – Haarwuchsmittel vermarkten. Pro abgesetzter Mengeneinheit (ME) des Haarwuchsmittels erzielt er einen Erlös von 10 Geldeinheiten (GE).

Er will nun in allen Medien eine aufwendige Werbekampagne starten, die einmalig Fixkosten in Höhe von 10.000,-- GE verursacht und zusätzlich pro Werbe-Tag 20.000,-- GE kostet.

Die kumulierte Absatzmenge x (in ME) des Haarwuchsmittels hängt von der Laufzeit t (in Tagen) der Werbekampagne ab und kann durch folgende Funktion beschrieben werden:

$$x = x(t) = 100.000\,(1 - e^{-0,1t}) \quad , \quad t \geq 0 \ .$$

i) Man ermittle die Funktionsgleichung $G = G(t)$, die Hubers Gesamtgewinn G in Abhängigkeit von der Laufzeit t der Werbekampagne beschreibt.

ii) Wie hoch ist sein durchschnittlicher Gewinn pro Tag, wenn die Werbekampagne 20 Tage läuft?

iii) Welchen Gesamtgewinn erzielt er, wenn er völlig auf die Werbekampagne verzichtet?

iv) Wie hoch ist die *(theoretische)* kumulierte Absatzhöchstmenge?

v) Von welcher Laufzeit an wird der kumulierte Gesamtgewinn erstmals negativ?

Aufgabe 2.5.68: In einer Modell-Volkswirtschaft kann die jährliche Produktion von Schwefelsäure *(Produktionsmenge: x (in 1.000 t/Jahr))* in Abhängigkeit des erzielten Bruttosozialproduktes (BSP) *(y, in Millionen €/ Jahr)* beschrieben werden durch folgende Funktion:

$$x = x(y) = 1{,}2y^{0,5} + 420 \quad , \qquad (y > 1)\ .$$

Im Jahr 2001 wurden 900.000 t Schwefelsäure produziert. Wie hoch war das BSP in 2001?

Aufgabe 2.5.69: Gegeben seien für ein Gut eine Preis-Absatz-Funktion p mit $p(x) = 200 \cdot e^{-0,2x}$ und eine Angebotsfunktion p_a mit $p_a(x) = 12 + 0{,}5x$.
Man ermittle Menge x und Preis $p\,(= p_a)$ im Marktgleichgewicht. (Näherungsverfahren !)

Aufgabe 2.5.70: Die Nachfrage x (in ME/Jahr) nach einem Markenartikel hänge – c.p. – ab von seinem Preis p (in GE/ME) und von den Aufwendungen w (in GE/Jahr) für Werbung (und andere marketing-politische Instrumente).

Langjährige Untersuchungen führen zur folgenden funktionalen Beziehung zwischen x, p und w:

$$x = x(p, w) = 3.950 - 20p + \sqrt{w} \quad ; \quad (p, w > 0) \quad .$$

Bei der Produktion des Artikels fallen fixe Kosten in Höhe von 7.950 GE/ Jahr an, die stückvariablen Produktionskosten betragen stets 79 GE/ME. Selbstverständlich sind auch die jährlichen Marketingausgaben w als direkte Kosten für den Artikel anzusehen. Im betrachteten Jahr werden 1.600 GE für Werbung/Marketing ausgegeben.
Man ermittle die Gleichung $G = G(p)$ der Gewinnfunktion in Abhängigkeit vom Preis p des Gutes.

Aufgabe 2.5.71: Gegeben sei eine Investitionsfunktion I(i), die den Zusammenhang zwischen Investitionsausgaben I für den Wohnungsbau *(in Mio. €/Jahr)* und dem *(effektiven)* Kapitalmarktzinssatz i *(in % p.a.: z.B. i = 0,08 = 8% p.a. usw.)* beschreibt:

$$I = I(i) = \frac{50.000}{250i + 1} \quad ; \quad (i \geq 0)\ .$$

Bei welchem Marktzinssatz werden pro Jahr 2 Milliarden € in den Wohnungsbau investiert?

Aufgabe 2.5.72: Betrachtet werde ein „durchschnittlicher" Unternehmer, dessen Jahreseinkommen Y mit einer Steuer belastet wird. Der Steuersatz s sei vorgegeben *(z.B. bedeutet s = 0,6: 60% des Unternehmereinkommens werden als Steuer an den Staat abgeführt usw.)*; s kann vom Staat geändert werden.

Langjährige Untersuchungen zeigen, dass die Gesamteinnahmen T des Staates an dieser Steuer wiederum von der Höhe des Steuersatzes s abhängen, d.h. T = T(s). Für die Eckwerte von s *(nämlich 0% und 100%)* ergaben sich aus Erfahrung:

i) Wenn s = 0 (≙ 0%), so benötigt der Staat offenbar keine Steuern, es gilt T = 0, das gesamte Einkommen verbleibt beim Unternehmer.

ii) Wenn s = 1 (≙ 100%), so muss der Unternehmer sein gesamtes Einkommen an den Staat abführen, daher wird der Unternehmer in diesem Fall – getreu dem ökonomischen Prinzip – überhaupt kein Einkommen erzielen wollen, d.h. auch jetzt wird der Staat keine Steuereinnahmen erzielen, T = 0.

iii) Nur wenn der Steuersatz größer als 0 und kleiner als 1 ist, erzielt der Staat Steuereinnahmen, T > 0.

Es werde nun unterstellt, dass die eben beschriebene Funktion T folgende Gestalt besitzt:

$$T = T(s) = a \cdot s \cdot (1 - s) \; ; \; (0 \le s \le 1) \; , \quad a = \text{const.} \; (> 0) \; .$$

(T: Steuereinnahmen des Staates
s: Steuersatz)

Man zeige, dass diese Funktion T(s) die in i), ii) und iii) beschriebenen Eigenschaften besitzt.

Aufgabe 2.5.73: Die Huber AG will ihr neues Produkt vermarkten, pro Mengeneinheit (ME) erzielt sie einen Verkaufserlös von 50 Geldeinheiten (GE).

Bei der Produktion des Produktes fallen Fixkosten in Höhe von 5.000 GE/Jahr an, darüber hinaus verursacht jede hergestellte Mengeneinheit Produktionskosten in Höhe von 4 GE.

Um den Markterfolg ihres Produktes langfristig zu sichern, beauftragt die Huber AG eine Werbeagentur. Bezeichnet man die jährlichen Gesamtaufwendungen für Werbung mit w (in GE/Jahr), so besteht zwischen nachgefragter Menge x (in ME/Jahr) und Werbeaufwand w (in GE/Jahr) folgende funktionale Beziehung:

$$x = x(w) = 1.000 \; - \; 200 \cdot e^{-0{,}001w} \; , \quad (x, w \ge 0) \; .$$

i) Man ermittle die Gewinnfunktion für dieses Produkt in Abhängigkeit des (jährlichen) Werbeaufwandes: G = G(w).

ii) Wie hoch ist der Gewinn, falls für Werbung 500 GE/Jahr aufgewendet werden?

Aufgabe 2.5.74: Die Huber GmbH produziert in der hier betrachteten Periode ausschließlich Gimmicks. Dazu benötigt sie *(außer festen Inputfaktoren)* einen einzigen variablen Inputfaktor, nämlich Energie.

Bezeichnet man die Gesamtheit der in der Bezugsperiode produzierten Gimmicks mit m *(in kg)* und die dafür insgesamt benötigte Energiemenge mit E *(in Energieeinheiten (EE))*, so besteht zwischen m und E der folgende funktionale Zusammenhang:

$$m = m(E) = 20 \sqrt{0{,}5E - 80} \; , \qquad E \ge 160 \; .$$

Eine Energieeinheit kostet die Huber GmbH 20 GE.

Die Gimmicksproduktion kann unmittelbar am Markt abgesetzt werden zum Marktpreis p, der von der Huber GmbH festgesetzt wird. Zwischen nachgefragter Menge m und Absatzpreis p *(in GE/kg)* besteht folgender Zusammenhang:

$$m = m(p) = 400 - 0{,}25p \ , \quad (m, p \geq 0) \quad .$$

i) Man ermittle die Kostenfunktion K(m), die den Zusammenhang zwischen Gimmick-Output m und die dafür angefallenen benötigten Energiekosten K beschreibt.

ii) Man ermittle die Gewinnfunktion G(p), die zu jedem Gimmick-Preis p den zugehörigen Gesamtgewinn aus Produktion und Absatz beschreibt.

iii) Man ermittle die von E abhängige Gewinnfunktion G(E).

iv) Man ermittle die von m abhängige Gewinnfunktion G(m).

Aufgabe 2.5.75: Gegeben sei *(nach Gutenberg)* eine doppelt-geknickte Preis-Absatz-Funktion p = p(x) gemäß nebenstehender Skizze.

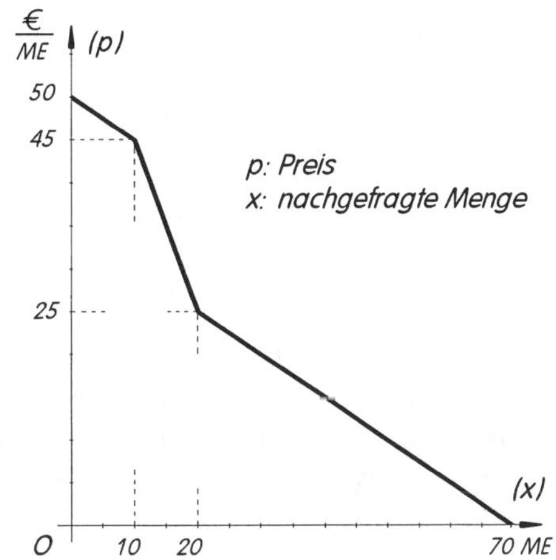

i) Man gebe die mathematische Darstellung dieser Preis-Absatz-Funktion an ***(Hinweis:** Es handelt sich um eine abschnittsweise definierte Funktion !)* .

ii) Man gebe die mathematische Darstellung der Erlösfunktion E = E(x) an.

iii) Die Gesamtkostenfunktion des *(einzigen)* Anbieters sei gegeben durch

$$K(x) = 10x + 250$$

(K: Gesamtkosten (GE), x: Output (ME)) .

Man ermittle die Gewinnzone des Monopolisten a) graphisch b) rechnerisch.

Aufgabe 2.5.76: Gegeben seien für ein Gut auf zwei verschiedenen Märkten jeweils Angebots- und Nachfrageverhalten durch folgende Funktionen:

	Markt 1	**Markt 2**
Angebotsfunktion:	$p_A(x) = 2x + 2$	$p_A(x) = x + 4$
Nachfragefunktion:	$p_N(x) = 16 - 2x$	$p_N(x) = 10 - x$.

i) Man ermittle für jeden Markt getrennt den Gleichgewichtspunkt und gebe die Gesamtsumme der Gleichgewichtsumsätze beider Märkte an.

ii) Die zunächst getrennten Märkte werden nun zu einem Gesamtmarkt zusammengefasst *(„aggregiert“)*. Zu jedem Marktpreis ergibt sich nunmehr die resultierende Angebots- bzw. Nachfragemenge als Summe der entsprechenden Einzelmengen auf jedem Teilmarkt.

Man ermittle zunächst **graphisch** und dann **rechnerisch** jeweils die aggregierte Angebots- bzw. Nachfragefunktion und berechne den Gleichgewichtspunkt des aggregierten Gesamtmarktes.

Welcher Gesamtumsatz ergibt sich nun? *(Man vergleiche mit i) !)*

Aufgabe 2.5.77: Eine Phillips-Kurve sei gegeben durch die Funktionsgleichung $p^* = \frac{(12 - A) \cdot 10}{\sqrt{A\,(40 - A)}}$.

(A: Arbeitslosenquote (in %-Punkten) ; p*: Preisniveauänderung, Inflationsrate (in %-Punkten)).

i) Für welche Preisänderungsrate ergibt sich eine Arbeitslosenquote von 4%?

ii) Wie hoch ist die Arbeitslosenquote bei absoluter Preisstabilität?

Aufgabe 2.5.78: Eine Indifferenzlinie (Nutzenisoquante) für das konstante Nutzenniveau U = 32 = const. sei vorgegeben durch die Gleichung: $2x_1^{0,5} \cdot x_2^{0,8} = 32$.

(x_1, x_2: Konsummengen zweier nutzenstiftender Güter (in ME_1, ME_2)).

i) Man ermittle die explizite Darstellung $x_2 = f(x_1)$ der Indifferenzlinie.

ii) Von Gut 2 sollen 10 ME_2 konsumiert werden. Welche Konsummenge x_1 benötigt der Haushalt, um das gegebene Nutzenniveau einhalten zu können?

Aufgabe 2.5.79: Eine Bevölkerung wachse exponentiell mit der stetigen Wachstumsrate i = 0,02 (d.h. stetiger Wachstumssatz 2% p.a.).

Nach wieviel Jahren hat sich die Bevölkerung verdoppelt?

Aufgabe 2.5.80: Die Bevölkerungszahl des Staates Transsylvanien *(Fläche: 17.800 km²)* betrug im Jahr 2001 1,8 Millionen Menschen. Nach den vorliegenden demographischen Prognosen wird sich die Bevölkerung in 16 Jahren verdoppeln.

i) Man ermittle die entsprechende stetige Wachstumsrate.

ii) In welchem Jahr – unveränderte Wachstumsrate vorausgesetzt – ist Transsylvanien genauso dicht bevölkert wie Deutschland 2003 *(349.000 km²; 80,6 Mio. Einwohner)*?

iii) Nach wieviel Jahren – unveränderte Wachstumsrate vorausgesetzt – wird *(rein rechnerisch)* auf jedem Flächenstück Transsylvaniens von der Größe 100 m^2 genau ein Mensch wohnen?

3 Funktionen mit mehreren unabhängigen Variablen

3.1 Begriff von Funktionen mit mehreren unabhängigen Variablen

Wie in der Einleitung zu Kapitel 2.5 bereits bemerkt, hängt der Wert der meisten technischen oder ökonomischen Größen (oder Variablen) nicht von einer, sondern von **mehreren** unabhängigen **Variablen** ab:

Beispiel 3.1.1: i) Der Output x einer Ein-Produkt-Fertigung hängt von den Einsatzmengen $r_1, r_2, ..., r_n$ verschiedener Produktionsfaktoren ab, wie z.B. Arbeitsleistung, Maschinenlaufzeiten, Energieeinsatz, Einsatz von Werkstoffen, Hilfsstoffen, Betriebsstoffen usw.. Werden keine Faktoren verschwendet, so gibt es **zu jeder** Einsatzmengenkombination $r_1, r_2, ..., r_n$ **genau einen** zugehörigen Output x. Man sagt:

x ist eine **Funktion der n unabhängigen Variablen** $r_1, r_2, ..., r_n$, geschrieben:
$x = f(r_1, r_2, ..., r_n)$ (f heißt Produktionsfunktion).

ii) Der Druck p eines Gases (Helium, Sauerstoff, ...) hängt außer von der Temperatur T auch vom Gasvolumen V ab. **Zu jedem** vorgegebenen Wertepaar T, V stellt sich **genau ein** Wert p für den zugeordneten Gasdruck ein. Man sagt:

p ist eine Funktion von T und V, geschrieben: $p = f(T, V)$.

iii) Die Nachfrage x eines Haushaltes nach einem Konsumgut hängt außer vom Preis p dieses Gutes auch von den Preisen $p_1, p_2, ..., p_n$ anderer *(Substitutions-oder Komplementär-)* Güter sowie vom *(verfügbaren)* Einkommen y des Haushaltes ab:

$x = f(p, p_1, p_2, ..., p_n, y)$,

d.h. **zu jeder** ökonomisch sinnvollen Wertekombination $p, p_1, ..., p_n, y$ fragt der betreffende Haushalt **genau eine** Quantität x des betreffenden Konsumgutes nach. Man sagt, x sei eine Funktion der n + 2 Variablen $p, p_1, ..., p_n, y$.

Analog zum Fall einer unabhängigen Variablen (vgl. Def. 2.1.2) definiert man:

Def. 3.1.2: (Funktionen mit mehreren unabhängigen Variablen)

Es seien $x_1, x_2, ..., x_n$ reelle (unabhängige) Variable. Wenn **jeder** Wertekombination $(x_1, x_2, ..., x_n)$ **genau eine** reelle Zahl $y \in \mathbb{R}$ **zugeordnet** ist, so nennt man diese Zuordnung (bzw. die Menge der bei dieser Zuordnung auftretenden Werte - (n + 1) - Tupel $(x_1, ..., x_n, y)$) eine reelle **Funktion f der n unabhängigen Variablen $x_1, ..., x_n$** und benutzt für die Zuordnungsvorschrift die allgemeine Funktionsgleichung:

$$\boxed{y = f(x_1, x_2, ..., x_n)} \quad .$$

Beispiel 3.1.3: (Fortsetzung)

i) $x = x(r_1, r_2, r_3) = 2 \cdot r_1^{0,5} \cdot r_2^{0,4} \cdot r_3^{0,1}$ mit $r_1, r_2, r_3 \geq 0$.

ii) $p = f(T, V) = c \cdot \frac{T}{V}$ mit $T, V > 0$ und $c = \text{const.}$ (> 0).

iii) $x = f(p, p_1, ..., p_n, y) = 25 - 0{,}5p + 0{,}1p_1 + 0{,}1p_2 + ... + 0{,}1p_n + 0{,}5y$ mit $p, p_1, ..., p_n, y \geq 0$.

Bemerkung 3.1.4: ***i)*** *Die meisten Begriffe im Zusammenhang mit Funktionen einer unabhängigen Variablen (vgl. Kapitel 2.1.1) können sinngemäß übernommen werden.*

ii) *Definiert man den n-dimensionalen Raum $\mathbb{R}^n$ als Menge aller geordneten n-Tupel $(x_1, x_2, ..., x_n)$ reeller Zahlen, so kann man jedes n-Tupel $(\boldsymbol{x_1, ..., x_n})$ als **Punkt** P des $\mathbb{R}^n$ auffassen. Dabei bezeichnet man $\boldsymbol{x_j}$ als **j-te Koordinate des Punktes** $P = (x_1, ..., x_n) \in \mathbb{R}^n$. Der **Definitionsbereich** D_f einer Funktion f mit n unabhängigen Variablen $x_1, ..., x_n$ besteht dann aus Punkten des n-dimensionalen Raumes $\mathbb{R}^n$, d.h. $D_f \subset \mathbb{R}^n$. Der **Wertebereich** W_f ist dagegen nach wie vor eine Teilmenge der reellen Zahlen $\mathbb{R}$.*

Beispiel: *Die Nachfrage x nach einem Gut sei durch den Preis p des Gutes sowie den Preis p_s eines Substitutivgutes durch folgende Funktionsgleichung gegeben:*

$$x = f(p, p_s) = 25 - 0{,}5p + 0{,}1p_s .$$

Der (ökonomisch sinnvolle) Definitionsbereich umfasst nur nichtnegative Preise und besteht somit aus Punkten (p, p_s) des $\mathbb{R}^2$ mit $p \geq 0$; $p_s \geq 0$. Die Funktionswerte f sind dagegen reelle Zahlen: So ist z.B. der Preiskombination (10, 20) = (10 GE/ME, 20 GE/ME) die nachgefragte Menge x (der Funktionswert $f(10,20) \in \mathbb{R}$) zugeordnet:

$$\boldsymbol{f(10, 20)} = \boldsymbol{x} = 25 - 0{,}5 \cdot 10 + 0{,}1 \cdot 20 = \boldsymbol{22\ ME} \quad ; \quad \textit{Symbolisch: } (10, 20) \xrightarrow{f} 22 .$$

iii) *Manchmal schreibt man statt $(x_1, x_2, ..., x_n)$ kurz $\vec{x}$ ($\vec{x}$ heißt auch **Vektor** des $\mathbb{R}^n$), so dass sich die formale Funktionsgleichung in der einfachen **Vektorschreibweise** $y = f(\vec{x})$; $\vec{x} \in D_f \subset \mathbb{R}^n$ darstellen lässt. (Zum Vektorbegriff vgl. Kap. 9.1.1)*

3.2 Darstellung einer Funktion mit mehreren unabhängigen Variablen

Außer durch eine Funktionsgleichung $y = f(\vec{x}) = f(x_1, ..., x_n)$ kann man Funktionen mit mehreren unabhängigen Variablen auch durch **Wertetabellen** oder **graphisch** darstellen. Allerdings wird diese Darstellung desto unübersichtlicher, je mehr unabhängige Variable vorhanden sind.

Beispiel 3.2.1: (Darstellung durch eine **Wertetabelle**)

i) $y = f(x_1, x_2) = 2(x_1)^2 + (x_2)^2$, $D_f = \mathbb{R}^2$.

x_1 \ x_2	-3	-2	-1	0	1	2	**3**
-3	27	22	19	18	19	22	27
-2	17	12	9	8	9	12	**17**
-1	11	6	3	2	3	6	11
0	9	4	1	0	1	4	9
1	11	6	3	2	3	6	11
2	17	12	9	8	9	12	17
3	27	22	19	18	19	22	27

(Wertetabelle mit zwei Eingängen) z.B. $f(-2, 3) = 2(-2)^2 + 3^2 = \mathbf{17}$.

ii) $y = f(x_1, x_2, x_3, x_4) = 2x_1x_2 + x_2 - x_1x_3{}^2 + x_1x_2x_3x_4$, $x_i \in \mathbb{R}$.

		$x_2 = 0$			$x_2 = \mathbf{1}$			$x_2 = 2$		
	x_3 \ x_4	- 1	0	1	**- 1**	0	1	- 1	0	1
$x_1 = 1$	2	- 4	- 4	- 4	- 3	- 1	1	- 2	2	6
	3	- 9	- 9	- 9	- 9	- 6	- 3	- 9	- 3	3
	4	-16	-16	-16	-17	-13	- 9	-18	-10	- 2
$x_1 = \mathbf{2}$	2	- 8	- 8	- 8	- 7	- 3	1	- 6	2	10
	3	-18	-18	-18	-19	-13	- 7	-20	- 8	4
	4	-32	-32	-32	**-35**	-27	-19	-38	-22	- 6
$x_1 = 3$	2	-12	-12	-12	-11	- 5	1	-10	2	14
	3	-27	-27	-27	-29	-20	-11	-31	-13	5
	4	-48	-48	-48	-53	-41	-29	-58	-34	-10

(Wertetabelle mit 4 Eingängen) z.B. $f(2, 1, 4, -1) = \mathbf{-35}$.

Das letzte Beispiel zeigt, dass der Darstellung mit Hilfe von Wertetabellen hinsichtlich Übersichtlichkeit und Variationsbreite der vorkommenden Variablen enge Grenzen gesetzt sind.

Für die **graphische Darstellung** von $y = f(\vec{x})$ müssen wir uns - sofern der Gesamtverlauf von f dargestellt werden soll - auf den Fall der Funktionen mit **zwei unabhängigen Variablen** $y = f(x_1, x_2)$ bzw. $z = f(x, y)$ **beschränken**, da unsere Anschauung maximal drei Raumdimensionen zulässt (zwei für die beiden unabhängigen Variablen und eine für die Funktionswerte (bzw. für die abhängige Variable)). Zur Veranschaulichung der räumlichen Verhältnisse in der Zeichenebene nutzen wir im allgemeinen eine perspektivische Darstellung.
Dazu legen wir im dreidimensionalen Raum $\mathbb{R}^3$ ein kartesisches Koordinatensystem mit drei paarweise aufeinander senkrecht stehenden Koordinatenachsen zugrunde. Dann kann jeder Punkt P des $\mathbb{R}^3$ durch seine 3 Koordinaten x, y, z beschrieben werden, umgekehrt gehört zu jedem Punkt P des $\mathbb{R}^3$ genau ein geordnetes Tripel (x, y, z) reeller Zahlen, vgl. Abb. 3.2.2.

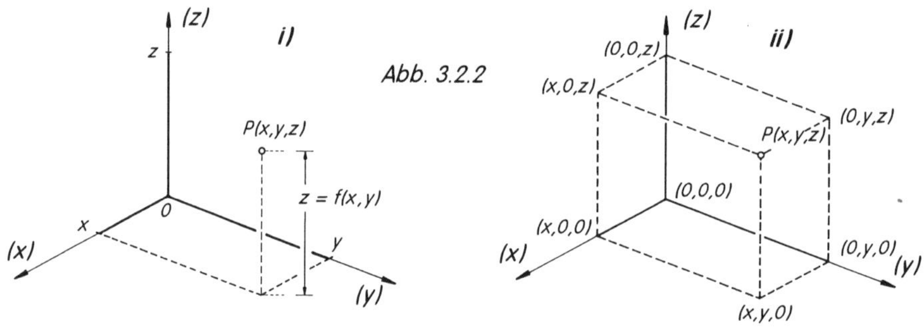

Abb. 3.2.2

Die Darstellung der Funktion $z = f(x, y)$ liefert, da zu **jedem** Punkt $(x, y) \in D_f$ **genau ein Funktionswert** z gehört, ein (i.a. zusammenhängendes) **Flächenstück** im $\mathbb{R}^3$. Dabei orientiert man im $\mathbb{R}^3$ das Koordinatensystem so, dass der **Funktionswert z** der **Höhe** über (falls $z > 0$) oder unter (falls $z < 0$) der üblichen x, y-Ebene entspricht, vgl. Abb. 3.2.3.

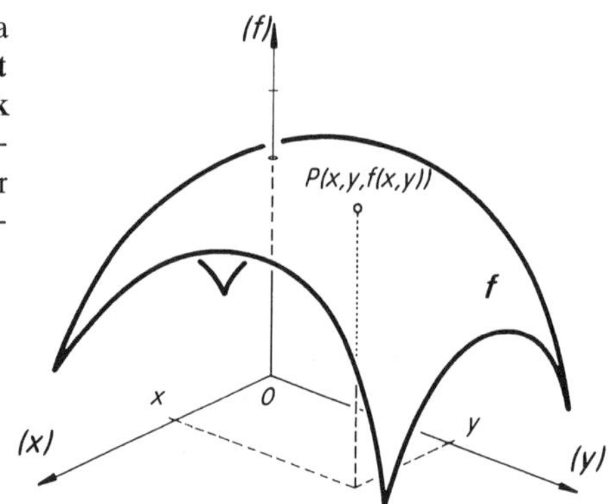

Abb. 3.2.3

Bemerkung 3.2.4: *Gelegentlich bezeichnet man eine räumlich darstellbare Funktionsfläche (Abb. 3.2.3) von f(x, y) auch als „Funktionsgebirge". Bei dieser Sprechweise beachte man, dass die Funktionspunkte nur auf der* ***Oberfläche*** *des „Gebirges" liegen, nicht aber im (massiven) Innern. Andernfalls müsste es zu jedem (x, y)* ***mehr*** *als einen Funktionswert geben, f wäre dann* ***keine*** *Funktion, vgl. Def. 3.1.2.*

Da die perspektivische Darstellung räumlicher Flächenstücke in der Zeichenebene erheblichen geometrischen Aufwand bedeuten kann, benutzt man zur getrennten („partiellen") Darstellung von f häufig ebene **Schnitte** durch die Funktionsfläche parallel zu den 3 Koordinatenebenen. Dabei hält man **eine Koordinate konstant** und betrachtet die dadurch entstehende (funktionale) Abhängigkeit der übrigen beiden Variablen, vgl. Abb. 3.2.5. Die dabei entstehenden **ebenen Schnittkurven** kann man dann in der entsprechenden parallelen Ebene darstellen.

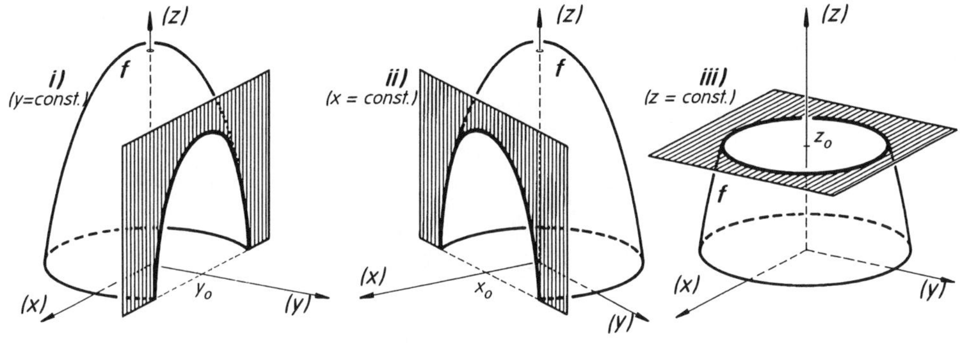

Abb. 3.2.5

Beispiel 3.2.6: $z = f(x, y) = 4 - x^2 - y^2$ mit $x, y \in \mathbb{R}$.

i) Ein Schnitt parallel zur (x, z) - Ebene (vgl. Abb. 3.2.5 i)) erfolgt durch **Konstantsetzen von** y: $y = y_o = c$. Wir erhalten für jedes feste $y_o = c$:

$$z = f(x, y_o) = 4 - x^2 - c^2 = k - x^2 \;, \quad (k = \text{const.}).$$

Man erhält mithin eine Schar von **Parabeln** in der (x, z) - Ebene, die durch Parallelverschiebung auseinander hervorgehen. Abb. 3.2.7 zeigt für einige Werte von $y = c$ die entsprechenden Schnittkurven, die in die (x, z) - Ebene projiziert wurden.

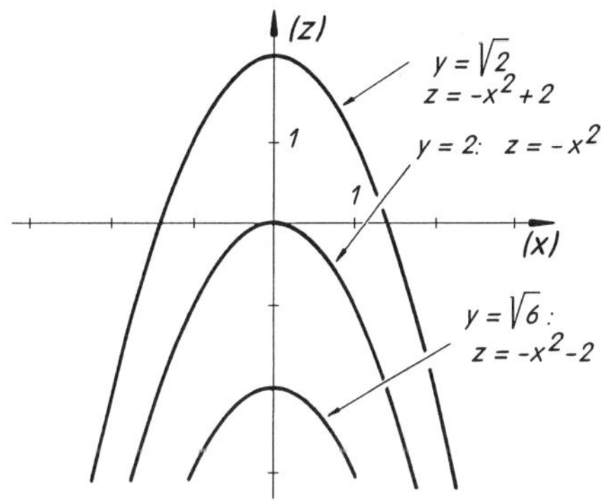

Abb. 3.2.7

ii) Analog ergeben sich die ebenen Flächenschnitte parallel zur (y,z) - Ebene (wie in Abb. 3.2.5 ii)), in dem man $x = x_o = \text{const.}$ setzt und dann

$$z = f(x_o, y) = 4 - x_o^2 - y^2 = 4 - c^2 - y^2 = k - y^2$$

(mit k = const.) erhält, d.h. wiederum eine **Parabelschar**, diesmal parallel zur (y, z) - Ebene (vgl. Abb. 3.2.7, wenn man y statt x setzt).

iii) Schließlich liefern Schnitte parallel zur (x, y) - Ebene (vgl. Abb. 3.2.5 iii)), d.h. mit konstantem z (und somit auch mit konstantem Funktionswert) die Darstellung

$$z = z_o = c = 4 - x^2 - y^2 \;, \quad (z \leq 4).$$

Es handelt sich um eine Schar **konzentrischer Kreise** mit dem Mittelpunkt im Ursprung und dem Radius $r = \sqrt{4 - z}$, vgl. Abb. 3.2.8.

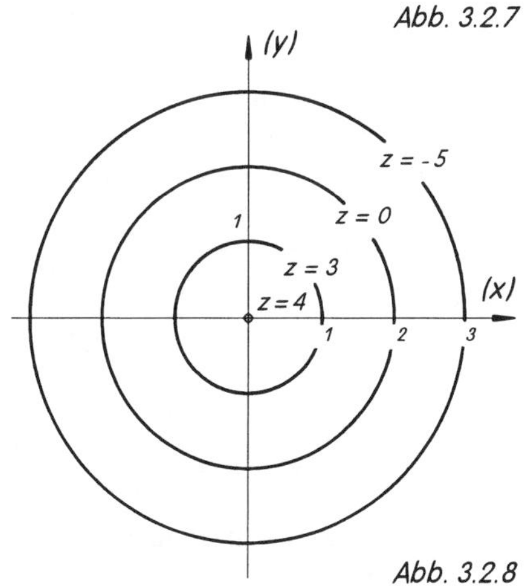

Abb. 3.2.8

Dabei gibt der z-Wert des jeweiligen Kreises an, in welcher **Höhe** über (oder unter) der (x, y) - Ebene sich die Schnittkurve befindet. Aus diesem Grund nennt man die Schnittkurven mit $f(x, y) = z = \text{const.}$ auch **Linien gleicher Höhe** oder **Isohöhenlinien** der gegebenen Funktion *(analog den Höhenlinien einer kartographischen Darstellung eines Gebirges)*.

Zusammenfassend erhalten wir in perspektivischer Darstellung für unser Beispiel ein **Rotationsparaboloid**, dessen Schnittkurven Parabeln bzw. konzentrische Kreise mit nach unten hin zunehmendem Radius sind, vgl. Abb. 3.2.9:

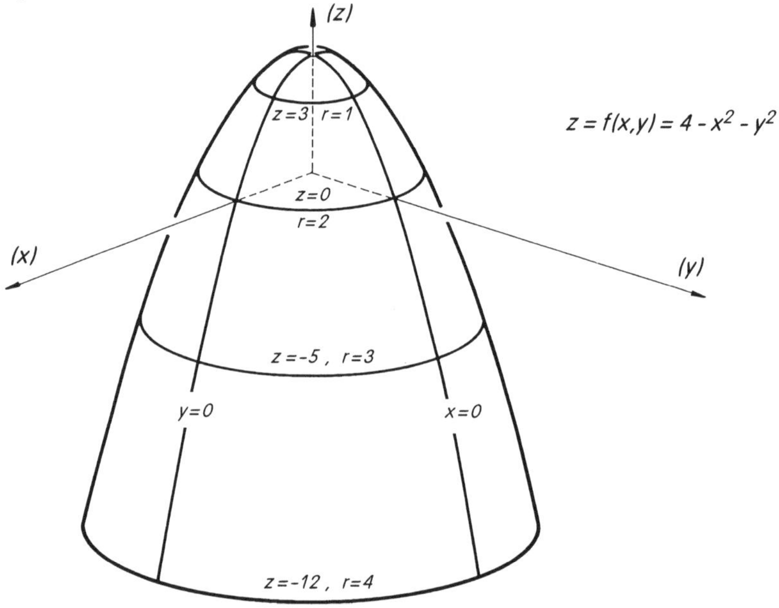

Abb. 3.2.9

Es folgen einige *(zunehmend komplex werdende)* Beispiele perspektivischer Darstellung von Funktionen f(x,y) mit zwei unabhängigen Variablen mit Hilfe der Parameterlinien x = const. und y = const. *(Drahtgittermodelle - vgl. Abb. 3.2.10 i) - viii)):*

Abb. 3.2.10

i)

$z = f(x,y) = x \cdot y$

(„hyperbolisches Paraboloid")

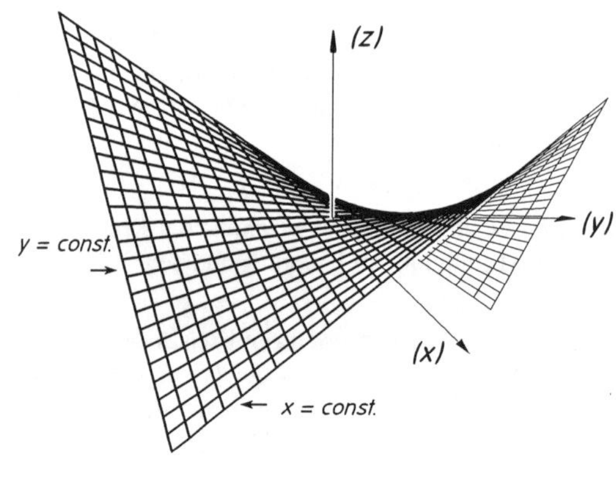

Abb. 3.2.10

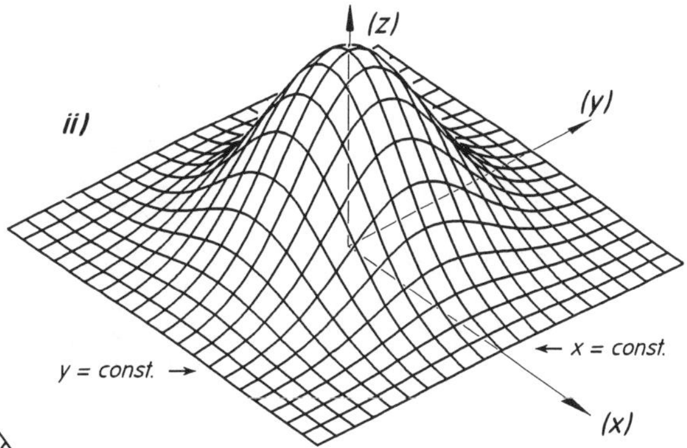

$z = f(x,y) = e^{-(x^2+y^2)}$

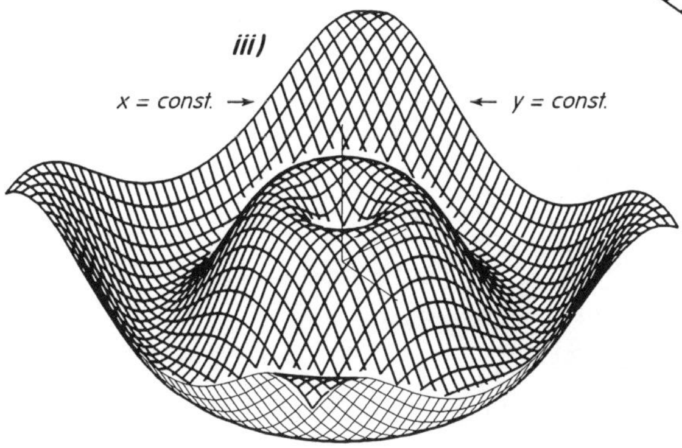

$z = f(x,y) = \sin\sqrt{x^2+y^2}$

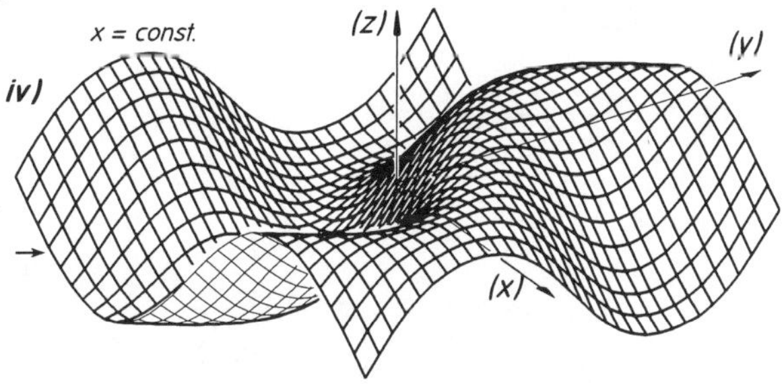

$z = f(x,y) = \sin(x + \sin y)$

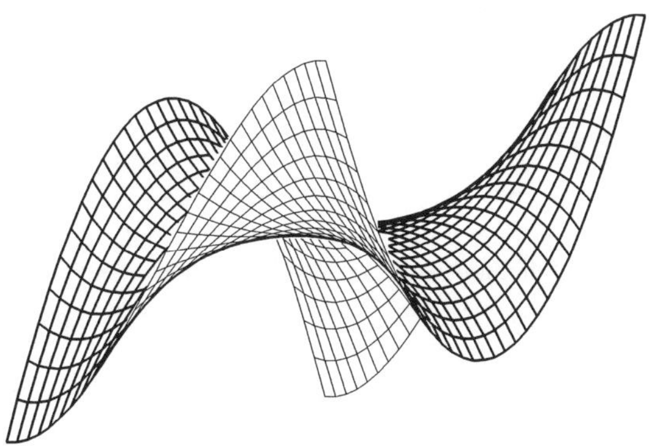

$z = f(x,y) = y^3 - 3x^2y$

(„Affensattel")

Abb. 3.2.10

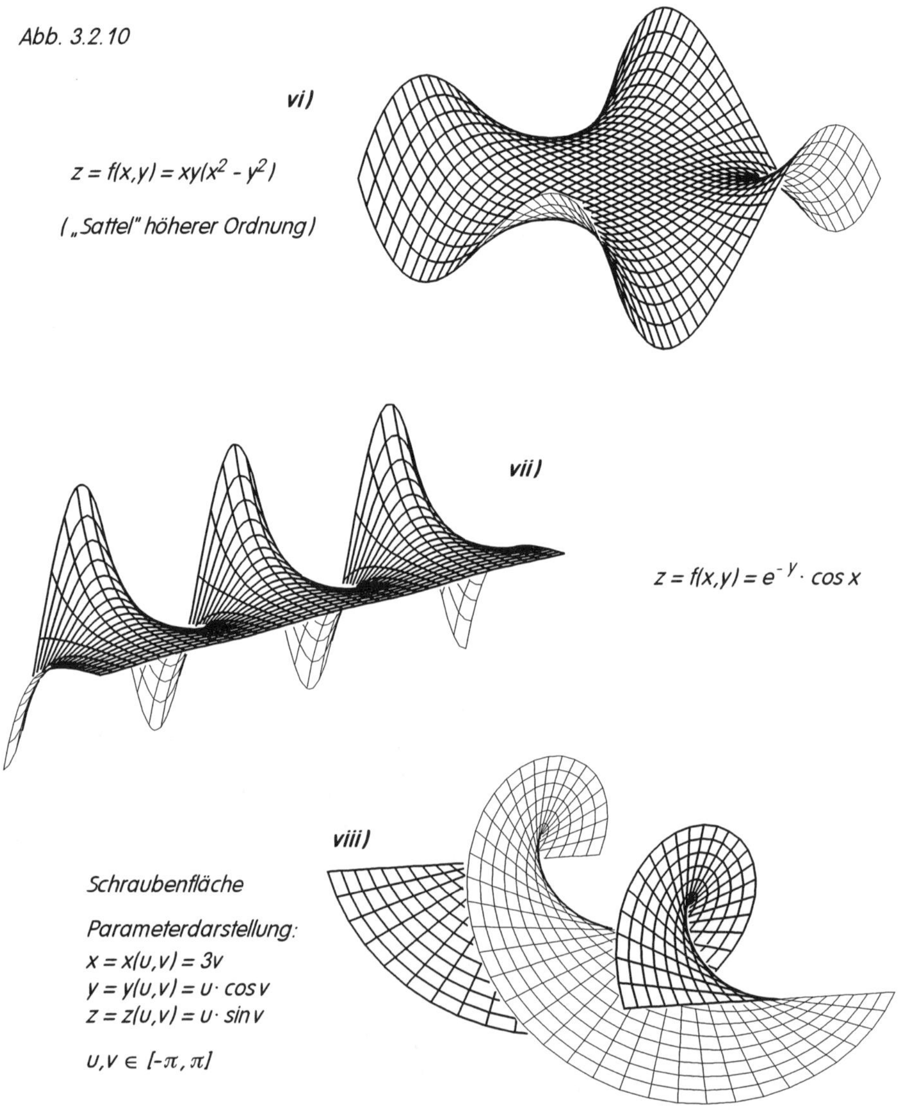

Die Darstellung und Analyse einer Funktion $z = f(x, y)$ in der (x, y) - Ebene mit Hilfe ihrer Höhenlinien $z = \text{const.}$ wird häufig bei ökonomischen Funktionen angewendet. Einige auftretende Isohöhenlinien haben eigene Bezeichnungen:

i) Bei einer **Produktionsfunktion** $x = x(r_1, r_2)$ (x: Output; r_i: Einsatzmenge des Faktors i) heißen die Linien gleichen Outputs $x = x_0 = \text{const.}$ **Isoquanten**. Sie entsprechen Horizontalschnitten durch das „Ertragsgebirge" (vgl. Abb. 3.2.11 bzw. Abb. 3.2.12 sowie Kapitel 2.5 (4)).

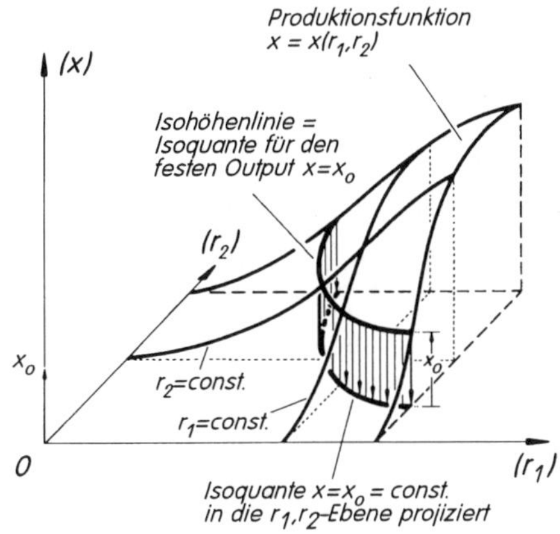

Abb. 3.2.11

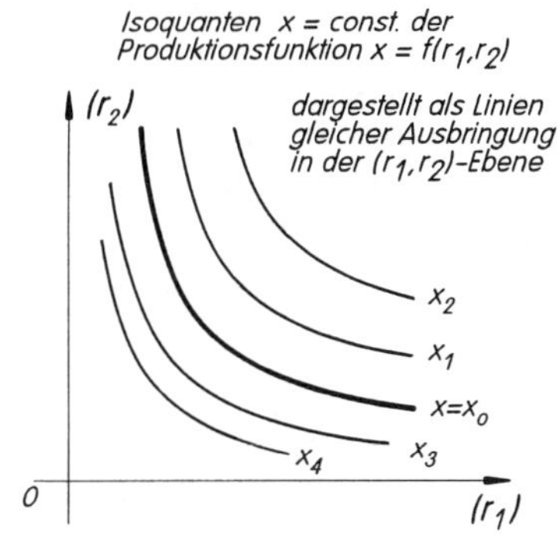

Abb. 3.2.12

ii) Die entsprechenden Linien gleichen Nutzens U = const. einer **Nutzenfunktion** $U = U(x_1, x_2)$ heißen **Indifferenzkurven.**

iii) In analoger Begriffsbildung spricht man von **Isokostenkurven, Isogewinnkurven** usw.

Beispiel 3.2.13: Eine Kostenisoquante (Isokostenlinie, Bilanzgerade) ist definiert als Linie aller Faktorkombinationen (oder Güterkombinationen), die dieselben Faktorkosten K_0 (bzw. denselben Nutzen U_0) verursachen. Seien etwa der Preis des Faktors 1 mit $p_1 = 0{,}4$ GE/ME und der des Faktors 2 mit $p_2 = 0{,}5$ GE/ME fest vorgegeben, dann betragen die gesamten Faktorkosten K_0 bei festem Faktoreinsatz von r_1 bzw. r_2 ME

$$K_o = 0{,}4 \cdot r_1 + 0{,}5 \cdot r_2 .$$

Möchte man nun wissen, welche Faktormengenkombinationen zu Gesamtkosten von z.B. 3 GE führen, so setzt man K_o gleich 3 und erhält

(3.2.14) $K_o = 3 = 0{,}4r_1 + 0{,}5r_2 .$

Diese Beziehung definiert die zugehörige **Kostenisoquante** im (r_1, r_2) - System. Löst man (3.2.13) nach r_2 auf, so erhält man

$$r_2 = -0{,}8r_1 + 6 , \quad \text{vgl. Abb. 3.2.15} .$$

Jeder Punkt der Kostenisoquante liefert eine **Mengenkombination** (r_1, r_2), die zu **denselben Gesamtkosten** $K_o = 3$ GE führt.
Offenbar ergibt sich die **Steigung** der Kostenisoquante durch das negative **Verhältnis** $-p_1/p_2$ der Faktorpreise.

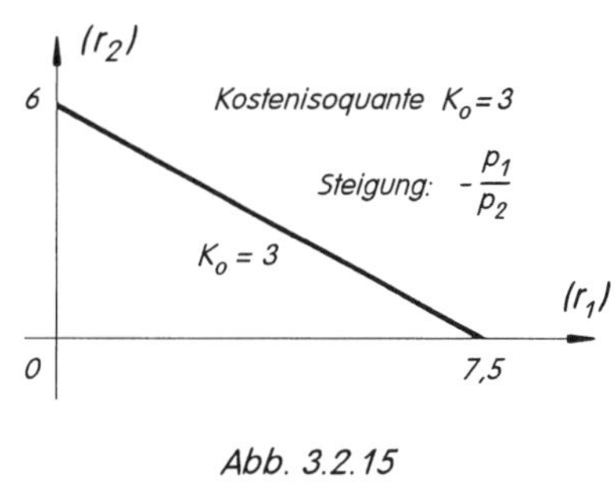

Abb. 3.2.15

Mit steigenden Kosten verschieben sich die Kostenisoquanten nach oben, während die Steigung unverändert bleibt (da das Preisverhältnis konstant bleibt !).
Die explizite Gleichung $r_2 = r_2(r_1)$ der Schar der Kostenisoquanten des vorliegenden Beispiels ergibt sich somit aus

$0{,}4r_1 + 0{,}5r_2 = K_0 = \text{const.}$

Durch Auflösung nach r_2 erhält man:

$r_2 = -0{,}8r_1 + 2K_0$.

Variiert man K_0 ($K_0 = 1, 2, \ldots$), so erhält man die in Abb. 3.2.16 dargestellte Kostenisoquantenschar.

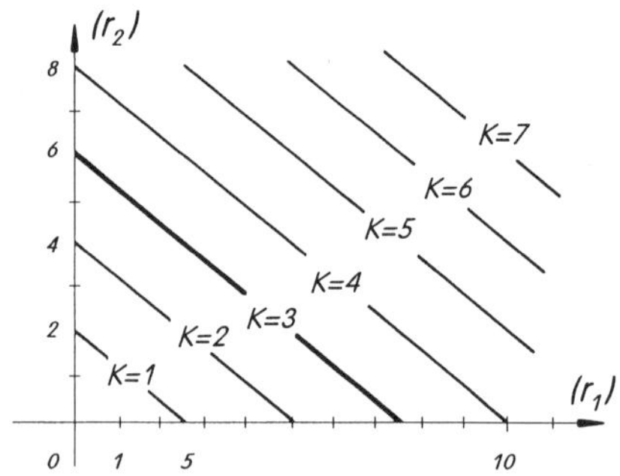

Abb. 3.2.16

Auch in Fällen mit mehr als zwei unabhängigen Variablen ist eine graphische Darstellung und Analyse der entsprechenden Funktion in der Koordinatenebene möglich, sofern man sämtliche Variablen außer zweien einen konstanten Wert zuweist. Dann betrachtet man die Zuordnung zwischen den beiden verbliebenen variablen Größen bei konstanten Werten der übrigen - es handelt sich um die **ceteris - paribus** (c.p.) Prämisse (vgl. Kapitel 2.5). Die zuletzt genannte Art der Darstellung und Untersuchung ökonomischer Funktionen bezeichnet man allgemein als **Partialanalyse** (im Gegensatz zur Untersuchung bei gleichzeitiger Variation **aller** Variablen, die als **Totalanalyse** bezeichnet wird).

Beispiel 3.2.17: Gegeben sei folgende Produktionsfunktion (x: Output; r_i: Einsatzmenge des i-ten Faktors ; $i = 1, \ldots, 4$):

$x = x(r_1, r_2, r_3, r_4) = 2r_1^{0,2} \cdot r_2^{0,8} \cdot r_3^{0,5} \cdot r_4$.

Um eine Darstellung in 2 Variablen zu erhalten, muss man den restlichen Variablen einen festen Wert zuweisen. In diesem Fall erhält man je nach Auswahl der konstanten Variablen insgesamt $\binom{5}{2} = 10$ verschiedene Möglichkeiten einer Partialdarstellung.

Für einige **Beispiele** seien diese Darstellungen ausgeführt:

i) $r_2 = 1 \;;\; r_3 = 4 \;;\; r_4 = 0{,}6$

$\Rightarrow \mathbf{x} = x(r_1; 1; 4; 0{,}6) = 2 \cdot r_1^{0,2} \cdot 1 \cdot \sqrt{4} \cdot 0{,}6 = f(r_1) = \mathbf{2{,}4r_1^{0,2}}$ (vgl. Abb. 3.2.18)

ii) $x = 32 \;;\; r_3 = r_4 = 1$

$\Rightarrow 32 = 2r_1^{0,2} \cdot r_2^{0,8} \cdot 1 \cdot 1 \Leftrightarrow 16 = r_1^{0,2} \cdot r_2^{0,8}$ ($x, r_3, r_4 = \text{const.}$)

$\Rightarrow \mathbf{r_2} = (16 \cdot r_1^{-0,2})^{1/0,8} = 32 \cdot r_1^{-1/4} = \dfrac{32}{\sqrt[4]{r_1}}$ ($r_1 > 0$) (vgl. Abb. 3.2.19)

iii) $r_1 = 1 \;;\; r_2 = 1 \;;\; r_3 = 0{,}04$

$\Rightarrow \mathbf{x} = x(r_4) = 2 \cdot 1 \cdot 1 \cdot 0{,}2r_4 = \mathbf{0{,}4r_4}$ ($r_4 \geq 0$) (vgl. Abb. 3.2.20)

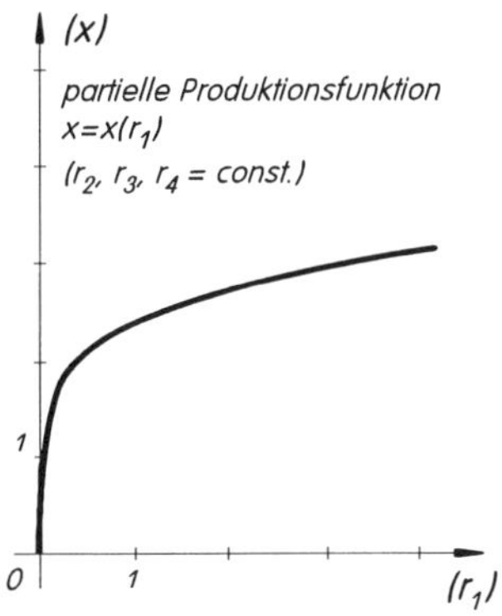

Abb. 3.2.18

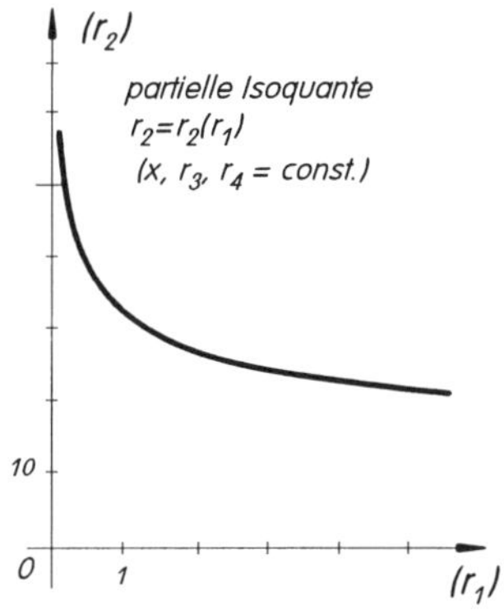

Abb. 3.2.19

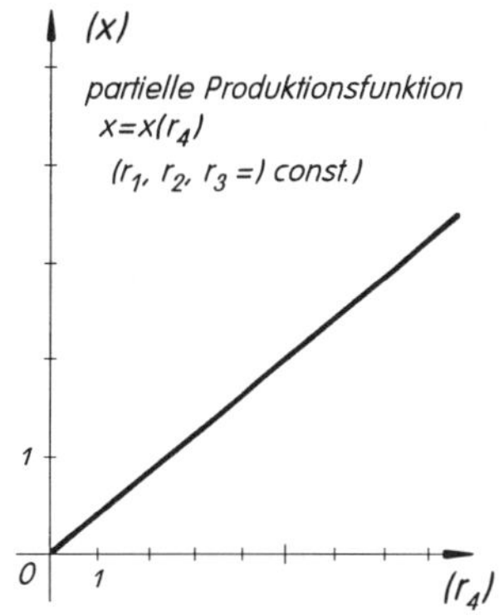

Abb. 3.2.20

Besonders häufig hat man es mit **linearen Funktionen** von mehreren unabhängigen Variablen zu tun. Ihre Funktionsgleichung lautet allgemein

(3.2.21) $$y = f(x_1, ..., x_n) = a_1x_1 + a_2x_2 + ... + a_nx_n + c$$

(mit konstanten reellen Koeffizienten a_i) .

Beispiel 3.2.22: Gegeben sei in impliziter Darstellung (vgl. Kap. 2.1.4) die lineare Funktion

(3.2.23) $15x + 12y + 20z - 60 = 0$.

i) Die Isohöhenlinien $z = \text{const.} = z_0$ führen auf parallele Geraden

$15x + 12y = 60 - 20z_0$ bzw. $y = -\frac{5}{4}x + \frac{60 - 20z_0}{12}$ (Abb. 3.2.24) .

ii) Die Schnitte $y = y_0 = \text{const.}$ parallel zur (x, z) - Ebene führen ebenso wie die Schnitte $x = x_0 = \text{const.}$ auf parallele Geraden:

$y = y_0 = \text{const.} \Rightarrow 15x + 20z = 60 - 12y_0 \Rightarrow z = -\frac{3}{4}x + \frac{60 - 12y_0}{20}$;
(Abb. 3.2.25)

$x = x_0 = \text{const.} \Rightarrow 12y + 20z = 60 - 15x_0 \Rightarrow z = -\frac{3}{5}x + \frac{60 - 15x_0}{20}$
(Abb. 3.2.26) .

In räumlicher Darstellung erhalten wir als Graph von f daher eine **Ebene**: In Abbildung 3.2.27 ist nur der Teil im positiven Oktanten mit den begrenzenden Schnittgeraden $x = 0$, $y = 0$, $z = 0$ dargestellt.

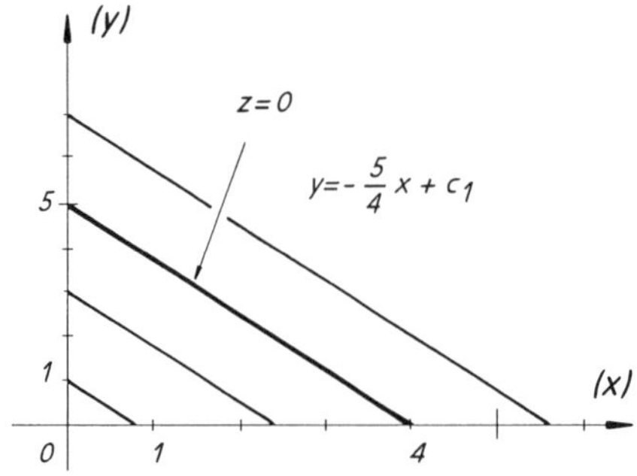

Abb. 3.2.24

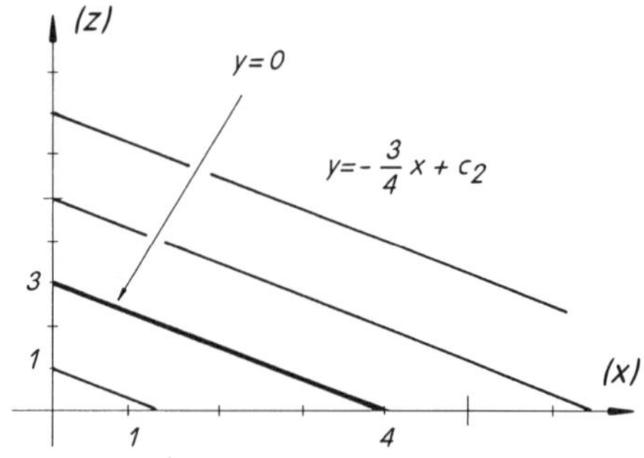

Abb. 3.2.25

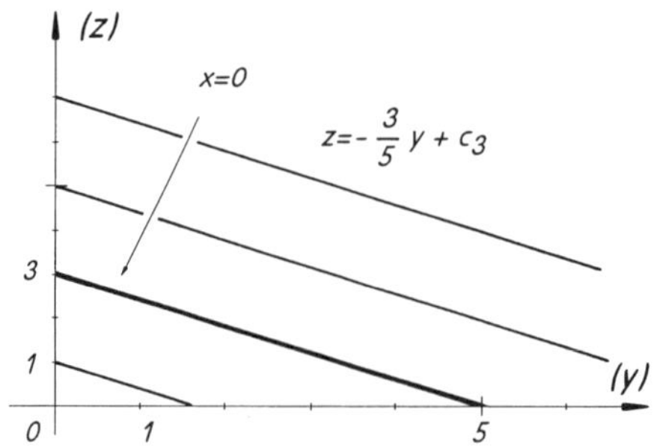

Abb. 3.2.26

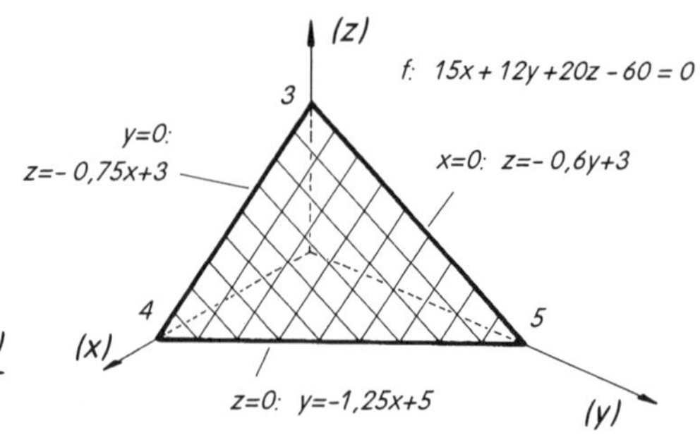

Abb. 3.2.27

Bemerkung 3.2.28: *In Analogie zur Darstellung einer zweidimensionalen Ebene im* $\mathbb{R}^3$ *durch* $ax + by + cz = d$ *spricht man bei Vorliegen einer linearen Funktion der Form* $y = a_1x_1 + \ldots + a_mx_m + c$ *von einer m-dimensionalen* ***Hyperebene*** *im n-dimensionalen Raum* $\mathbb{R}^n$ $(m < n)$.

Aufgabe 3.2.29: Gegeben sei die Produktionsfunktion $x = x(r_1, r_2) = 2 \cdot \sqrt{r_1 \cdot r_2}$

(r_i: Input des i-ten Faktors (ME_i), x: Output (ME)) .

i) Man ermittle die Gleichungen der Isoquanten für $x = 2$ bzw. 4 bzw. 6 ME und skizziere sie.

ii) Man ermittle die Kostenfunktion K(x), wenn vom zweiten Faktor stets 4 ME_2 eingesetzt werden (d.h. wenn nur die Einsatzmenge r_1 des ersten Faktors variiert wird) und die Faktorpreise mit 32,- €/ME_1 bzw. 20,- €/ME_2 fest vorgegeben sind.

iii) Es möge eine Produktion realisiert werden mit den Inputs $r_1 = 100\ ME_1$, $r_2 = 150\ ME_2$. Es sei nun vom ersten Faktor eine Einheit zusätzlich einsetzbar. Wieviel Einheiten des zweiten Faktors können eingespart werden, wenn das bisherige Produktionsniveau unverändert bleiben soll ?

3.3 Homogenität von Funktionen mit mehreren unabhängigen Variablen

Die Beschränkung auf **zwei** Variablen bei Konstanz der übrigen Variablen (c.p.-Bedingung) lässt eine **partielle Funktionsanalyse** zu. Wir wollen jetzt untersuchen, wie sich der Wert y einer Funktion $y = f(x_1, ..., x_n)$ ändert, wenn **sämtliche** unabhängigen Variablen um **denselben Prozentsatz** geändert werden (d.h. mit demselben Proportionalitätsfaktor $\lambda > 0$ multipliziert werden).

Beispiel 3.3.1: Gegeben sei die Produktionsfunktion $x = f(r_1,r_2) = 10 \cdot r_1^{0,2} \cdot r_2^{0,6}$. Es werde mit fest vorgegebenen Inputs r_1, r_2 der Output x produziert. Die Einsatzmengen der beiden Inputfaktoren mögen nun mit demselben **Faktor** $\lambda > 0$ **multipliziert** werden (z.B. $\lambda = 1{,}1$, was einer 10% igen Erhöhung **beider** Inputmengen entspricht). Die Einsatzmengen ändern sich von r_1, r_2 auf $\lambda r_1, \lambda r_2$. Es stellt sich die Frage, um welchen Betrag dadurch die **Outputmenge** x geändert wird. Dazu setzen wir in die Produktionsfunktion $x = f(r_1,r_2) = 10 \cdot r_1^{0,2} \cdot r_2^{0,6}$ statt r_1, r_2 die neuen Inputs $\lambda r_1, \lambda r_2$ ein. Man erhält:

$$f(\lambda r_1, \lambda r_2) = 10(\lambda r_1)^{0,2} (\lambda r_2)^{0,6} = 10 \cdot \lambda^{0,2} \cdot r_1^{0,2} \cdot \lambda^{0,6} \cdot r_2^{0,6} = \lambda^{0,8} \cdot \underbrace{10 \cdot r_1^{0,2} \cdot r_2^{0,6}}_{= f(r_1, r_2)}$$

d.h. $$f(\lambda r_1, \lambda r_2) = \lambda^{0,8} \cdot f(r_1, r_2) .$$

Vervielfacht man in unserem Beispiel alle Inputmengen um λ (> 0), so erhöht sich der Output um das $\lambda^{0,8}$ - fache und zwar für jedes **beliebige Ausgangsniveau** $r_1, r_2, x(r_1,r_2)$.

Funktionen mit der eben skizzierten Eigenschaft nennt man **homogen**:

Def. 3.3.2: (Homogenität von Funktionen)

Eine Funktion $f\colon y = f(\vec{x}) = f(x_1, x_2, ..., x_n)$; $\vec{x} \in D_f$ heißt **homogen vom Grad r**, wenn für alle $(x_1, x_2, ..., x_n) \in D_f$ und für alle $\lambda \in \mathbb{R}^+$ gilt:

(3.3.3) $$f(\lambda x_1, \lambda x_2, ..., \lambda x_n) = \lambda^r \cdot f(x_1, x_2, ..., x_n) .$$

Bemerkung 3.3.4: *i) Gilt insbesondere für den Homogenitätsgrad* $r = 1$*, so nennt man f* ***linear-homogen****, für* $r < 1$ *heißt f unterlinear-homogen, für* $r > 1$ *überlinear-homogen.*

ii) Die in Beispiel 3.3.1 skizzierte Produktionsfunktion hat wegen $f(\lambda x_1, \lambda x_2) = \lambda^{0,8} f(x_1, x_2)$ *den Homogenitätsgrad 0,8, ist also unterlinear-homogen.*

Beispiel 3.3.5: i) Gegeben sei $y = f(x_1, x_2, x_3) = 5x_1^2 x_2 - 6\sqrt{x_1^3 x_2 x_3^2}$.

Dann erhält man durch gleichzeitige Multiplikation aller unabhängigen Variablen mit $\lambda > 0$:

$$f(\lambda x_1, \lambda x_2, \lambda x_3) = 5(\lambda x_1)^2 \lambda x_2 - 6\sqrt{(\lambda x_1)^3 \lambda x_2 (\lambda x_3)^2} =$$

$$\lambda^3 5x_1^2 x_2 - 6\sqrt{\lambda^6 x_1^3 x_2 x_3^2} = \lambda^3 5x_1^2 x_2 - \lambda^3 6\sqrt{x_1^3 x_2 x_3^2} = \lambda^3 f(x_1, x_2, x_3)$$

$\Rightarrow$ f ist homogen vom Grad 3 .

ii) $f(u, v) = 6u^2v + 5uv \Rightarrow f(\lambda u, \lambda v) = 6(\lambda u)^2 \lambda v + 5\lambda u\lambda v = \lambda^3 6u^2v + \lambda^2 5uv \neq \lambda^r f(u, v)$

$\Rightarrow$ f ist nicht homogen .

iii) f sei eine COBB-DOUGLAS-Produktionsfunktion mit der Gleichung:

$$(3.3.6) \quad y = f(\vec{v}) = f(v_1, v_2, ..., v_n) = c \cdot v_1^{a_1} \cdot v_2^{a_2} \cdot v_3^{a_3} \cdot \ ... \ \cdot v_n^{a_n}$$

(v_i: Einsatzmenge des i-ten Inputfaktors, i = 1, ..., n; c, a_i: konstante, positive, reelle Zahlen) .

Multiplikation aller Inputwerte mit $\lambda > 0$ liefert:

$$f(\lambda \vec{v}) = c \cdot (\lambda v_1)^{a_1} \cdot (\lambda v_2)^{a_2} \cdot \ ... \ \cdot (\lambda v_n)^{a_n} =$$

$$\lambda^{a_1} \cdot \lambda^{a_2} \cdot \lambda^{a_3} \cdot \ ... \ \cdot \lambda^{a_n} \cdot \underbrace{c \cdot v_1^{a_1} \cdot v_2^{a_2} \cdot \ ... \ \cdot v_n^{a_n}}_{= f(\vec{v})} = \lambda^{a_1 + a_2 + ... + a_n} \cdot f(v_1, v_2, ..., v_n) \ .$$

Damit erhalten wir als allgemeines Ergebnis: Eine COBB-DOUGLAS-Produktionsfunktion (3.3.6) ist homogen vom Grad $r = a_1 + a_2 + ... + a_n$. (Die a_i bezeichnet man auch als Produktionselastizitäten, vgl. Kapitel 7.3.1.3.) Für $a_1 + a_2 + ... + a_n = 1$ ist die COBB-DOUGLAS-Produktionsfunktion linear-homogen.

Die folgenden ersten drei Beispiele von Abb. 3.3.7 zeigen die drei Standardtypen von Cobb-Douglas-Produktionsfunktionen (CD-Funktion). Die *(jeweils aufsteigende)* obere Umrisslinie *(Kammlinie)* der Flächen gibt einen Hinweis auf die Höhe r des Homogenitätsgrades der entsprechenden CD-Funktion:

i) In Abb. 3.3.7 i) erkennt man eine *degressiv* ansteigende Kammlinie, d.h. eine proportionale Erhöhungen beider Inputs bewirkt einen *unter*proportional steigenden Output x, die Produktionsfunktion ist *unterlinear*-homogen (r < 1), man spricht von ***abnehmenden Skalenerträgen.***

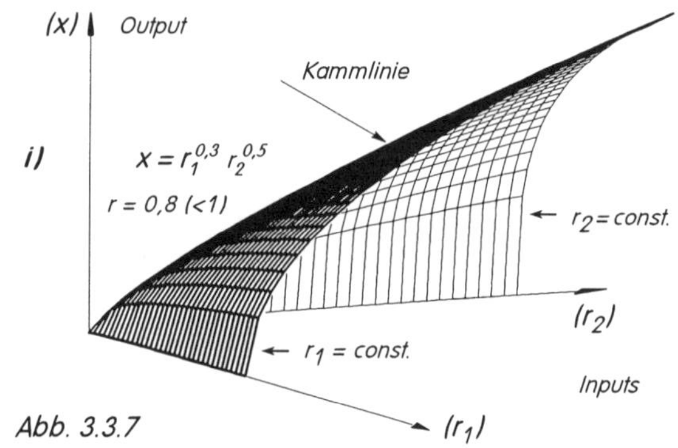

Abb. 3.3.7

ii) Die Kammlinie der CD-Funktion in Abb. 3.3.7 ii) ist linear, proportionale Inputsteigerungen liefern eine Outputsteigerung im gleichen Verhältnis *(r = 1)*. Somit handelt es sich hier um eine *linear*-homogene CD - Produktionsfunktion, man spricht von *konstanten Skalenerträgen.*

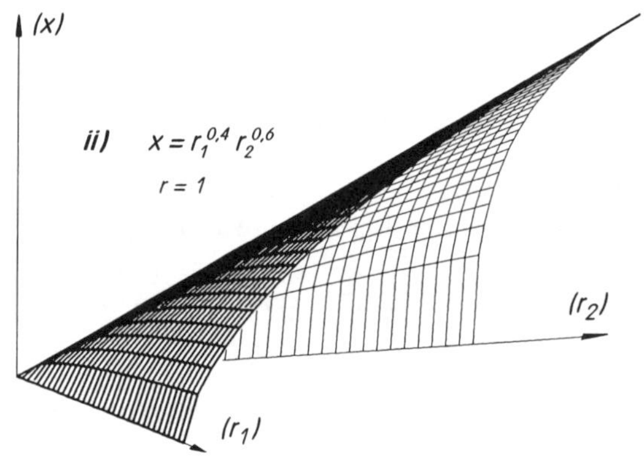

iii) Schließlich erkennt man in Abb. 3.3.7 iii) die progressive Steigung der Kammlinie, eine gleichzeitige *(z.B.)* Verdopplung beider Inputs bewirkt einen *mehr* als doppelt so großen Output, die CD-Produktionsfunktion ist *überlinear*-homogen *(r>1, man spricht von zunehmenden Skalenerträgen)*.

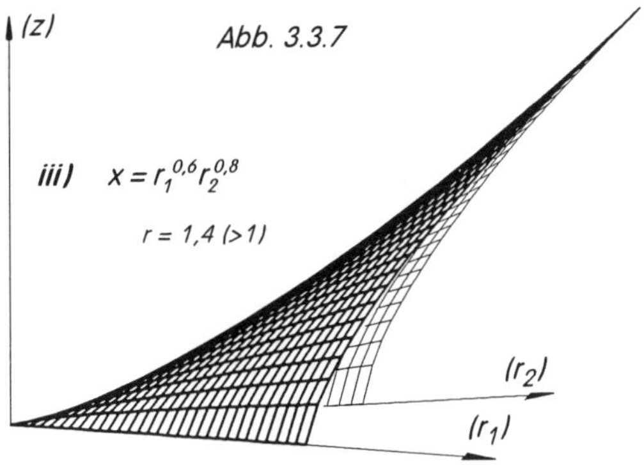

Die in den Abbildungen auftretenden Gitternetzlinien entsprechen gerade den Linien $r_1 = \text{const.}$ und $r_2 = \text{const.}$, also den Schnittkurven der Fläche in Richtung der Koordinatenebenen. Interessant ist, dass in allen drei obenstehenden Fällen diese *partiellen* Produktionsfunktionen $x(r_1)$ *(mit r_2 = const.)* und $x(r_2)$ *(mit r_1 = const.)* einen *degressiv*-steigenden Verlauf aufweisen, d.h. dass man für jeden einzelnen Inputfaktor c.p. einen mit steigendem Input abnehmenden Ertragszuwachs beobachtet.

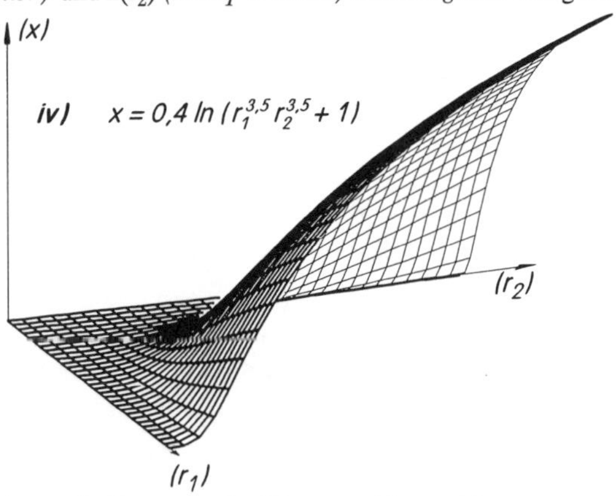

iv) Dagegen liefert Abb. iv) eine ertragsgesetzliche Produktionsfunktion *(nichthomogen ; erst zunehmende, dann abnehmende Skalenerträge)*. Hier sind sowohl Kammlinie als auch die partiellen Produktionsfunktionen *(≙ Gitternetzlinien)* s-förmig im Sinne des Ertragsgesetzes.

Aufgabe 3.3.8: Welche der folgenden Funktionen sind homogen? Homogenitätsgrad?

i) $f(x, y) = 5 \cdot \sqrt{x^2 y^5}$; **ii)** $f(u, v) = 3u^2 v^3 + 1$; **iii)** $f(x, y) = x \cdot e^y$; **iv)** $f(a, b) = \dfrac{2ab}{a^2 + b^2}$.

Aufgabe 3.3.9: Man konstruiere die Funktionsgleichung einer homogenen Funktion mit vier unabhängigen Variablen, deren Homogenitätsgrad 3 ist.

Aufgabe 3.3.10: Gegeben sei eine Nutzenfunktion U mit der Gleichung $U(x_1, x_2) = x_1^{0,5} \cdot x_2$.

Wie ändert sich der Nutzenindex U, wenn man - ausgehend von einer Güterkombination x_1, x_2 - die Konsummengen x_1, x_2 der nutzenstiftenden Güter jeweils verdoppelt ?

Aufgabe 3.3.11: Gegeben sei eine **linear-homogene** (makroökonomische) Produktionsfunktion $Y = f(A, K)$ (Y: Sozialprodukt ; A: Bevölkerung (= Arbeit) ; K: Kapitalausstattung) .

Man zeige, dass das Sozialprodukt pro Kopf (= Y/A) eine Funktion g(K/A) der Kapitalausstattung pro Kopf (= K/A) ist.

(Tipp: Dazu dividiere man die Funktionsgleichung durch A und beachte die lineare Homogenität.)

Die **Beschreibung**, **Analyse**, und **Optimierung** ökonomischer Modelle mit Hilfe von Funktionen mit mehreren unabhängigen Variablen soll im Zusammenhang mit der **Differentialrechnung** der entsprechenden Funktionen *(in Kapitel 7)* näher erfolgen.

4 Grenzwerte und Stetigkeit von Funktionen

4.1 Der Grenzwertbegriff

Bei vielen funktional (durch mathematische Funktionen) darstellbaren **Prozessen** *(z.B. Wachstumsprozesse, Kostenentwicklungen, Nachfrage- und Angebotsbewegungen, Gewinn- und Erlösschwankungen u.v.a.m.)* kommt es nicht nur auf die absoluten Zahlenwerte der beteiligten Variablen an, sondern ebenso (und ganz besonders) auf deren wechselseitig bedingte **Bewegung**, **Entwicklung** oder **Änderung**. Im nächsten Kapitel werden wir mit der dort behandelten **Differentialrechnung** ein mächtiges Werkzeug in die Hände bekommen, um derartige Prozessänderungen beschreiben und analysieren zu können.

Es wird sich herausstellen (in Kap. 5), dass die Differentialrechnung es mit (sehr) **kleinen Änderungen** der beteiligten Variablen zu tun hat. Um derartige Änderungen mathematisch sinnvoll beschreiben zu können, benötigt man den **Grenzwertbegriff**. Das richtige Verständnis dieses nicht immer handlichen Begriffes ist grundlegend für das richtige Verständnis der Differentialrechnung.

Im folgenden sollen daher die wesentlichen **Ideen** des Grenzwertes von Funktionen diskutiert werden sowie Methoden zur **Grenzwertermittlung** bereitgestellt werden, soweit sie mathematisch notwendig sind, bei ökonomischen Anwendungen unmittelbar einsetzbar oder für das Verständnis des allgemeinen Funktionsbegriffes im Hinblick auf die später zu behandelnde Differentialrechnung notwendig sind.

Der Grenzwertbegriff ist mathematisch nicht unmittelbar zugänglich und bietet bei oberflächlicher Betrachtung reichlich Fallstricke. Wie soll man sich denn auch richtig konkret vorstellen, was es bedeutet, einer Variablen oder einem Funktionswert „beliebig nahe" zu kommen (evtl. ohne ihn zu erreichen) ?

Andererseits kennt man auch im nichtmathematischen Bereich, selbst in der Alltagssprache, eine intuitive Verwendung von „Grenzprozessen" der hier zu diskutierenden Art. So ist beispielsweise die maximale Leistungsfähigkeit eines Sportlers (die berühmten „100 %") ein Grenzwert, der nur selten oder allenfalls „angenähert" erreichbar scheint. Dasselbe gilt für den maximalen Wirkungsgrad einer Maschine - es handelt sich um einen Grenzwert, der in der Praxis nie ganz erreichbar ist. Ein weiteres Beispiel ist die maximale Betriebsdauer einer batteriegetriebenen elektrischen Maschine: Auch hier handelt es sich um einen Grenzwert, der nur theoretisch oder unter besonders günstigen Umweltbedingungen und auch dann nur annähernd erreicht werden kann. Entsprechende untere/obere Grenzwerte existieren für Produktionskosten, Höhe der Ausschussproduktion, Grad der Staubfreiheit eines Raumes usw. .

Wir wollen nun im folgenden an **Beispielen** klären, was mit einer Funktion $f(x)$ passieren kann, wenn die unabhängige Variable *(hier: x)*

- sich immer mehr einer *(inneren)* Stelle x_0 *($\in \mathbb{R}$)* nähert (symbolisch: $x \to x_0$), vgl. **Kap. 4.1.1**
  oder aber
- über alle Schranken wächst ($x \to \infty$) oder unter jede Grenze fällt ($x \to -\infty$), vgl. **Kap. 4.1.2** .

4.1.1 Grenzwerte von Funktionen für $x \to x_0$

Man sagt, die Variable x nähere sich der reellen Konstanten x_0 (z. B. $x_0 = 1$) „immer mehr", oder x_0 sei der „Grenzwert" bei der Annäherung $x \to x_0$, wenn dabei der absolute Abstand $|x - x_0|$ der beiden Werte voneinander kleiner wird, als jede beliebige vorgegebene Zahl δ (> 0), egal, wie klein man diese Zahl δ auch wählt. Dafür schreibt man kurz

$$\lim x = x_0 \quad \text{oder:} \quad x \to x_0 \quad (\text{„}x \text{ gegen } x_0\text{"}).$$

Beispiel 4.1.1: Wenn die Variable x nacheinander die folgenden Zahlenwerte annimmt, so gilt - wie man leicht überprüft - jedesmal „$x \to 1$":

$$0;\ \frac{1}{2};\ \frac{2}{3};\ \frac{3}{4};\ \frac{4}{5};\ \ldots;\ \frac{n-1}{n};\ \ldots \to 1$$

$$2;\ \frac{3}{2};\ \frac{4}{3};\ \frac{5}{4};\ \frac{6}{5};\ \ldots;\ \frac{n+1}{n};\ \ldots \to 1$$

$$0{,}9\ ;\ 0{,}99\ ;\ 0{,}999\ ;\ \ldots\ ;\ 1-\left(\frac{1}{10}\right)^n\ ;\ \ldots \to 1$$

$$1{,}1\ ;\ 1{,}01\ ;\ 1{,}001\ ;\ \ldots\ ;\ 1+\left(\frac{1}{10}\right)^n;\ \ldots \to 1$$

$$\frac{1}{2};\ \frac{5}{4};\ \frac{7}{8};\ \frac{17}{16};\ \frac{31}{32};\ \frac{65}{64};\ \ldots;\ 1+\left(-\frac{1}{2}\right)^n\ ;\ \ldots \to 1$$

Dagegen nähert sich x beim Durchlaufen der Zahlenfolge

$$0\ ;\ +\frac{1}{2};\ -\frac{2}{3};\ +\frac{3}{4};\ -\frac{4}{5};\ +\frac{6}{5};\ \ldots\ ;\ (-1)^n\cdot\frac{n-1}{n};\ \ldots$$

keinem Grenzwert, sondern strebt abwechselnd gegen +1 und -1 .

Durchläuft nun etwa die unabhängige Variable x einer Funktion f(x) eine solche Folge von Zahlen mit $x \to x_0$, so ist es denkbar, dass dabei gleichzeitig auch die Funktionswerte f(x) gegen einen bestimmten Ordinatenwert g streben, m.a.W., dass – sofern $x \to x_0$ – auch $f(x) \to g$ strebt. In diesem Fall nennt man die Zahl g den Grenzwert der Funktion f bei der Annäherung $x \to x_0$:

Def. 4.1.2: (Grenzwert einer Funktion f für $x \to x_0$)

Wenn sich für $x \to x_0$ die zugehörigen Funktionswerte f(x) einem konstanten Wert g ($\in \mathbb{R}$) immer mehr nähern, egal, auf welche Weise x gegen x_0 strebt, so sagt man,

g ist der **Grenzwert** von f(x) bei der Annäherung von x gegen x_0;

symbolisch: $$\boxed{\lim_{x \to x_0} f(x) = g},$$

(„Limes von f(x) für x gegen x_0 gleich g"),

oder: f(x) **konvergiert** für $x \to x_0$ gegen (den Grenzwert) g ($\in \mathbb{R}$) .

Beispiel 4.1.3: Sei $f(x) = \frac{x^2 - 3x + 2}{x - 2}$, $(x \neq 2)$, so könnte sich bei Annäherung $x \to 2$ etwa folgendes ergeben:

$x \to 2$ von „links":	$x \to 2$ von „rechts":
$f(1{,}9) = 0{,}9$	$f(2{,}1) = 1{,}1$
$f(1{,}99) = 0{,}99$	$f(2{,}01) = 1{,}01$
$f(1{,}999) = 0{,}999$	$f(2{,}001) = 1{,}001$
$f(1{,}9999) = 0{,}9999$	$f(2{,}0001) = 1{,}0001$
usw.	usw.
d.h. $f \to 1$	d.h. $f \to 1$

m.a.W. es gilt: $\lim_{x \to 2} f(x) = 1$.

__Bemerkung:__ An der Stelle $x_0 = 2$ ist f nicht definiert! Dennoch können wir uns dieser Stelle x_0 (= 2) __beliebig genau__ nähern, und dabei stellen wir fest, dass die Funktionswerte f(x) dem Grenzwert „1" beliebig nahe kommen !)

Abbildung 4.1.4 veranschaulicht diesen Sachverhalt durch die kleinen Annäherungspfeile:

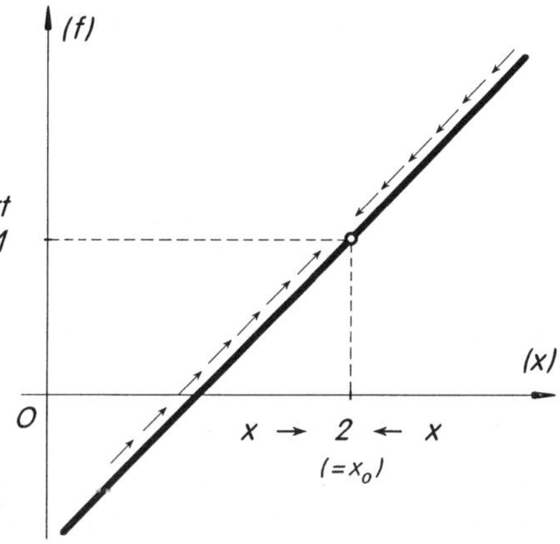

Abb. 4.1.4

***Bemerkung 4.1.5:** Die präzise Definition dieses Sachverhaltes kann so beschrieben werden:*

Man sagt, die Funktion f(x) hat für $x \to x_0$ den Grenzwert g ($\in \mathbb{R}$), wenn die absolute Differenz (der Abstand) zwischen f(x) und g beliebig klein gemacht werden kann, sofern man nur x nahe genug an x_0 wählt.

Und noch genauer (wenn auch weniger anschaulich):

Die Funktion f(x) hat den Grenzwert g für Annäherung $x \to x_0$ („konvergiert gegen g für $x \to x_0$") wenn für jede (noch so klein gewählte) Zahl ε (> 0) eine Zahl δ (> 0) existiert, so dass, wenn x in $[x_0 - \delta ; x_0 + \delta]$ liegt, alle zugehörigen Funktionswerte f(x) in $[g - \varepsilon ; g + \varepsilon]$ liegen; d.h.:

Wenn aus $0 < |x_0 - x| < \delta$ folgt: $|f(x) - g| < \varepsilon$, so hat f den Grenzwert g für $x \to x_0$.

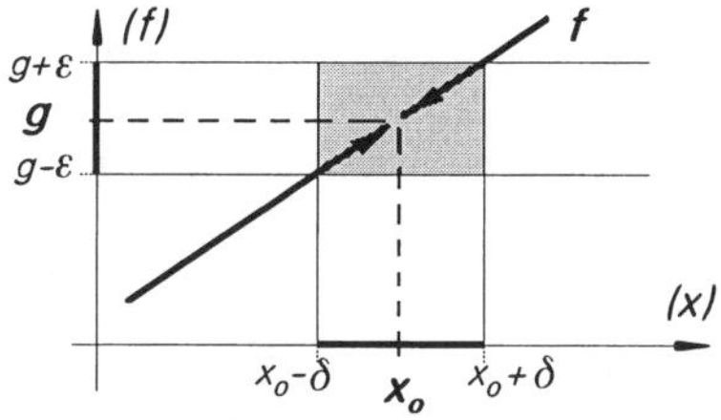

(egal, wie klein man ε auch wählt, es muss dazu stets ein ε,δ -Bereich um x_0 existieren, in dem die Funktion „gefangen" ist.)

Diese Definition (vgl. Bem. 4.1.5) ist zwar mathematisch korrekt, aber auf den ersten Blick ein wenig abschreckend und unverständlich.

Wir werden auf diese sog. „ε,δ - Definition" im weiteren bewusst verzichten, da der Gewinn an (später nur selten genutzter) formaler Exaktheit weder den hohen Aufwand noch den damit verbundenen Verlust an Anschaulichkeit oder Anwendungsbezug aufwiegt.

Bemerkung 4.1.6: *f kann auch dann einen (eindeutig definierten) Grenzwert g besitzen, wenn an der betrachteten Stelle x_0 eine „Ecke" vorliegt:*

Auch hier gilt:

$$\lim_{x \to x_0} f(x) = g$$

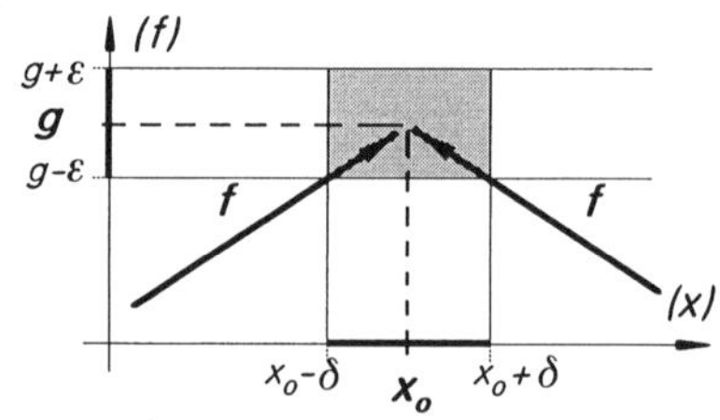

Dass nicht jede Funktion f(x) an jeder Stelle x_0 einen Grenzwert *(im Sinne von Def. 4.1.2)* besitzt, zeigen die folgenden Beispiele:

Bemerkung 4.1.7: *Wenn f für $x \to x_0$* ***nicht konvergiert,*** *so sagt man: f ist für $x \to x_0$* ***divergent.***

Beispiel 4.1.8: $f(x) = \frac{1}{x^2}$; $x \neq 0$.

Betrachten wir die Annäherung $x \to 0$, so stellen wir fest: Die Funktionswerte f(x) wachsen mit zunehmender Annäherung $x \to 0$ über alle Grenzen, z.B.

$f(1) = 1 = f(-1)$

$f(0,1) = \frac{1}{0,1^2} = 100 = f(-0,1)$

$f(0,01) = \frac{1}{(0,01)^2} = 10.000 = f(-0,01)$

$f(0,001) = \frac{1}{(0,001)^2} = 1.000.000 = f(-0,001)$

usw. usw.

$$\lim_{x \to 0} f(x) = \infty$$

f übersteigt dabei jede noch so große Schranke, wenn man nur x nahe genug an $x_0 = 0$ wählt, vgl. Abb. 4.1.9. Wollte man z.B. erreichen, dass $f(x) > 1$ Mio ist, brauchte man nur $|x| < \frac{1}{1.000}$ zu wählen, usw.

f ist also für $x \to 0$ **divergent**.

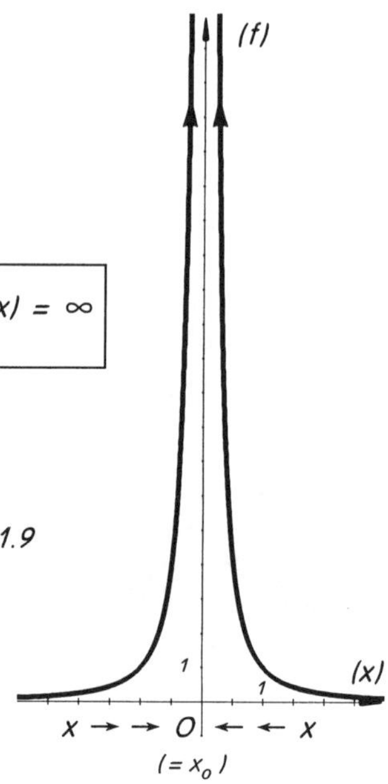

Abb. 4.1.9

Bemerkung 4.1.10: *Die Senkrechte an der Stelle x_0 nennt man auch (senkrechte)* ***Asymptote*** *von f für $x \to x_0$. (Näheres zu Asymptoten siehe Kapitel 4.8)*

Bei Vorliegen dieses Sachverhaltes *(d.h. wie in Beispiel 4.1.8)* sagt man:

- Die Funktionswerte f wachsen **über alle Grenzen**, wenn sich die unabhängige Variable x immer mehr der Stelle 0 nähert.
- f hat an der Stelle $x_0 = 0$ einen **Pol** (eine **Unendlichkeitsstelle**).
- $\lim\limits_{x \to 0} f(x) = \infty$ („unendlich").
- f ist in $x_0 = 0$ **„bestimmt divergent"** (besitzt in $x_0 = 0$ den **uneigentlichen Grenzwert** ∞).

Völlig analoge Sprech- / Schreibweisen benutzt man für $x \to \infty, x \to -\infty$, bzw. für $f(x) \to -\infty$.

Bemerkung 4.1.11: *Das Symbol ∞ bezeichnet (selbstverständlich) keine Zahl, sondern soll den Approximations**prozess** („über alle Grenzen") symbolisieren. Daher haben „Terme" wie z.B. ∞^2 , $\infty + 4$, $\frac{1}{\infty}$ usw. oder „Gleichungen" wie etwa $f(x) = \infty$ (zunächst) keinen Sinn. Erst in Kombination mit Symbol **lim**, also etwa $\lim\limits_{x \to 0} f(x) = \infty$, ist das Gleichheitszeichen erlaubt und symbolisiert den beschriebenen Grenz**prozess** $f \to \infty$.*

*Wir werden in Kap. 4.2 (Bem. 4.2.12) eine weitere symbolische Schreibweise, z.B. „$\frac{1}{\infty}$" , „$\infty + 2$" (also mit Anführungszeichen „ ... " !) einführen, die ebenfalls den Grenz**prozess** andeuten soll, darüber hinaus aber besonders einfach zu handhaben ist.*

Beispiel 4.1.12: Auch das folgende graphische Beispiel zeigt, dass bei Annäherung $x \to x_0$ die dargestellte Funktion f keinen (eindeutig definierten) Grenzwert besitzt:

$$f(x) = \begin{cases} 0{,}25x + 1 & \text{für } x < 4 \\ 0{,}25x + 2 & \text{für } x > 4 \end{cases}$$

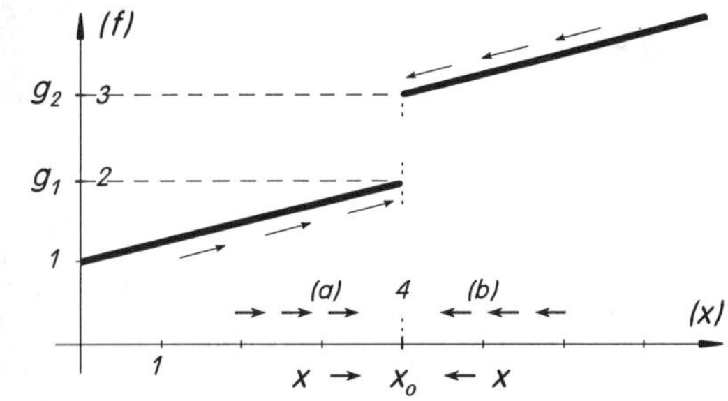

Abb. 4.1.13

(a) Nähert man sich von links der Stelle x_0 *(= 4)*, symbolisch: $x \to x_0^-$ (das Minuszeichen soll andeuten: von *kleineren* Werten her, *von links*), so streben die Funktionswerte offenbar gegen 2,

symbolisch: $\lim\limits_{x \to 4^-} f(x) = 2$ („linksseitiger Grenzwert")

(b) Nähert man sich dagegen von rechts der Stelle x_0 (= 4), d.h. $x \to x_0^+$ (das Pluszeichen soll die Annäherung von *größeren* Werten her andeuten), so streben die Funktionswerte f offenbar immer mehr gegen 3 ,

symbolisch: $\lim\limits_{x \to 4^+} f(x) = 3$ („rechtsseitiger Grenzwert")

*(Man beachte, dass zu dieser Grenzwertbetrachtung die Existenz eines Funktionswertes $f(x_0) = f(4)$ an der Stelle $x_0 = 4$ **nicht** notwendig ist ! Bei der Grenzbetrachtung $x \to x_0^+$ bzw. $x \to x_0^-$ nähern sich zwar die x-Werte beliebig genau der Stelle x_0, stets aber gilt: $x \neq x_0$!)*

Im vorstehenden Beispiel ergeben sich verschiedene „einseitige" Grenzwerte für f, je nachdem, von welcher Seite die unabhängige Variable x gegen x_0 (= 4) strebt. Die Funktion f hat in $x_0 = 4$ einen **Sprung** *(typisch z.B. für „sprungfixe" Kosten in Kostenfunktionen, vgl. etwa Bsp. 2.5.22 oder 4.7.5.*

Erst wenn sowohl **linksseitiger** wie **rechtsseitiger** Grenzwert **übereinstimmen**, spricht man von **dem Grenzwert** von f in x_0: d.h. es gilt allgemein:

(4.1.14) $$\lim_{x \to x_0} f(x) = g \quad \Leftrightarrow \quad \lim_{x \to x_0^-} f(x) = \lim_{x \to x_0^+} f(x) = g \qquad (g \in \mathbb{R})$$

Bemerkung 4.1.15: *Eine weitere Möglichkeit für f (außer „Pol" und „Sprung"), an der Stelle x_0* ***keinen*** *Grenzwert zu besitzen, ist der Fall der* ***oszillierenden*** *(oder: unbestimmten)* ***Divergenz*** *in x_0 .*

Beispiel: $f(x) = \sin \frac{1}{x} \quad (x \neq 0)$.

Die ***Nullstellen*** *dieser Funktion (vgl. Kap. 2.3.6) liegen dort, wo $\frac{1}{x}$ die Werte $\pm \pi, \pm 2\pi, \pm 3\pi, \ldots, \pm k \cdot \pi$ $(k \in \mathbb{N})$ annimmt, m.a.W. an den Stellen $x = \pm \frac{1}{\pi}, \pm \frac{1}{2\pi}, \pm \frac{1}{3\pi}, \ldots, \pm \frac{1}{k\pi}$, d.h. je näher x auf die Stelle $x_0 = 0$ zurückt, desto mehr Nullstellen (und damit Sinusbögen) treten auf, und zwar in immer kürzeren Abständen. Die Funktionswerte schwanken also in der Nähe des Nullpunktes $x_0 = 0$ „unendlich oft" hin und her und können sich daher keinem festen Wert g nähern.*

Abb. 4.1.16

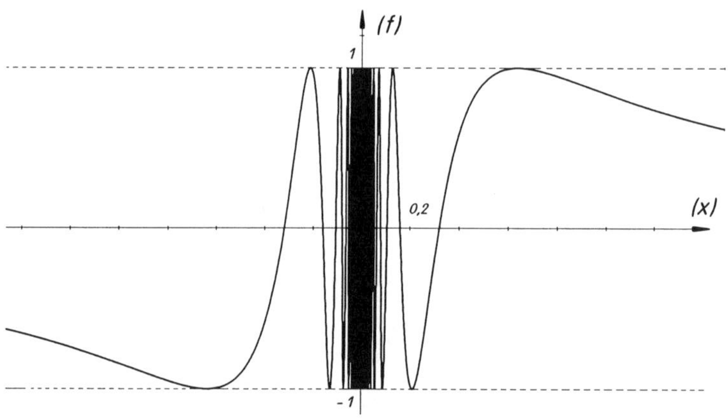

$f(x) = \sin \frac{1}{x}$ ist also für $x \to x_0$ divergent. Dieser Fall „oszillierender" Divergenz ist allerdings für ökonomische Funktionen ohne Bedeutung) .

4.1.2 Grenzwerte von Funktionen für $x \to \infty$ (bzw. $x \to -\infty$)

Bisher haben wir das Grenzverhalten einer Funktion f im Innern ihres Definitionsbereiches betrachtet ($x \to x_0$ mit $x_0 \in \mathbb{R}$) . Für viele Prozesse ebenso wichtig ist die Frage nach dem Verhalten der Funktionswerte f(x), wenn die unabhängige Variable x **über alle Grenzen wächst** ($x \to \infty$) *(bzw. unter jede Grenze fällt ($x \to -\infty$)).*

Ganz analog zu den zuvor diskutierten Fällen mit $x \to x_0$ beobachtet man auch für $x \to \infty$ **drei mögliche** unterschiedliche **Verhaltensweisen** von f(x):

- f **konvergiert** für $x \to \infty$ gegen einen (endlichen) Grenzwert $g\ (\in \mathbb{R})$, vgl. Bsp. 4.1.17.
- f wächst über (fällt unter) alle Grenzen für $x \to \infty$ **(bestimmte Divergenz, uneigentlicher Grenzwert**, vgl. Bsp. 4.1.23.
- f verhält sich für $x \to \infty$ völlig unbestimmt **(unbestimmte Divergenz)**, vgl. Bsp. 4.1.26.

Beispiel 4.1.17: (Konvergenzfall für $x \to \pm\infty$)

Betrachtet werde die Funktion f mit $f(x) = \dfrac{2x + \sqrt{x^2+1}}{x}$, $x \neq 0$, und ihre Wertetabellen für wachsendes *(bzw. fallendes)* x:

(a)

x	f(x)
1	3,4142
10	3,00499
100	3,00005
1000	3,0000005
⋮	⋮
$x \to \infty$	$f \to 3$

(b)

x	f(x)
-1	0,5858
-10	0,99501
-100	0,99995
-1000	0,9999995
⋮	⋮
$x \to -\infty$	$f \to 1$

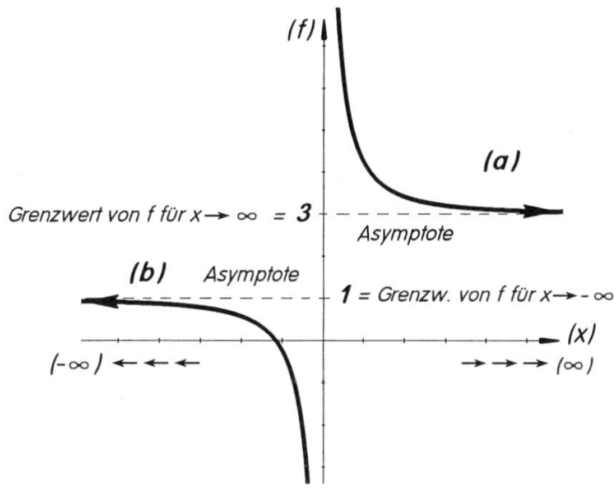

Abb. 4.1.18

Man sieht: Die Funktionswerte f(x) nähern sich immer mehr der Zahl 3, wenn die unabhängige Variable x immer größer wird. Die Funktionswerte kommen dem Grenzwert 3 **so nahe, wie man will,** sofern man **x groß genug** wählt *(analog: dem Grenzwert 1 beliebig nah, wenn man nur x klein genug ($x \to -\infty$) wählt)*, vgl. Abb. 4.1.18.

Analog zu Definition 4.1.2 formuliert man die

Def. 4.1.19: (Grenzwert einer Funktion f für $x \to \infty$)

Wenn für **unbeschränkt wachsendes** Argument x (d.h. $x \to \infty$) die entsprechenden Funktionswerte f(x) dem Zahlenwert $g\ (\in \mathbb{R})$ **schließlich beliebig nahe** kommen, so heißt die Funktion f **für $x \to \infty$ konvergent** gegen den **Grenzwert** g, symbolisch:

$$\lim_{x \to \infty} f(x) = g$$

. (Gelesen: „Limes von f(x) für x gegen Unendlich gleich g".)

Bemerkung 4.1.20: ***i)*** *Def. 4.1.19 gilt analog für den Fall* $x \to -\infty$, *d.h. für unbeschränkt fallendes Argument x. In Bsp. 4.1.17 bzw. Abb. 4.1.18 gilt somit*

$$\lim_{x \to \infty} \frac{2x + \sqrt{x^2 + 1}}{x} = 3 \qquad \text{sowie} \qquad \lim_{x \to -\infty} \frac{2x + \sqrt{x^2 + 1}}{x} = 1 .$$

ii) *Die beiden Geraden* $y = 3$ *(bzw.* $y = 1$*) in Abb. 4.1.18 (Parallelen zur Abszisse) werden von der Funktionskurve für* $x \to \pm\infty$ ***beliebig genau angenähert****, man bezeichnet sie daher als (waagerechte)* ***Asymptoten*** *von f für* $x \to \infty$ *(bzw.* $x \to -\infty$*). (Näheres zu Asymptoten vgl. Kap. 4.8)*

Bemerkung 4.1.21: *Gelegentlich wird bei Vorliegen des Konvergenzfalles* $\lim_{x \to \infty} f(x) = g$ *sinngemäß behauptet: „f nähert sich für* $x \to \infty$ *immer mehr dem (Grenz-) Wert g* ***ohne ihn zu erreichen.****" Diese Behauptung ist* ***nicht*** *immer* ***korrekt****, wie die folgenden* ***Beispiele*** *belegen:*

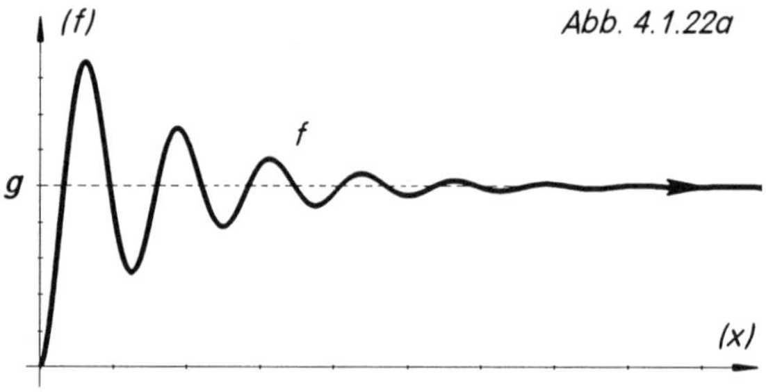

Abb. 4.1.22a

(Einschwingvorgang bei plötzlicher Belastung einer wenig gedämpften Waage, Abb. 4.1.22 a)

Offenbar gilt:

i) $\lim_{x \to \infty} f(x) = g$ *sowie*

ii) $f(x)$ *nimmt den* ***Grenzwert*** *g* ***beliebig oft*** *an.*

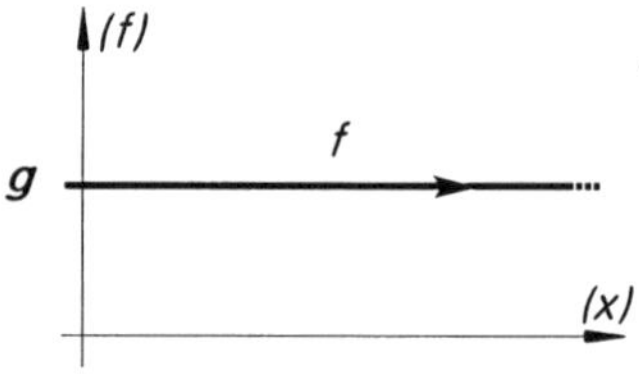

Abb. 4.1.22b

$f(x) = g = const.$, *d.h. die Funktion f ist identisch mit ihrem Grenzwert! (Abb. 4.1.22 b)*

$\Rightarrow \lim_{x \to \infty} f(x) = g\,!$

Beispiel 4.1.23: (uneigentlicher Grenzwert oder: bestimmte Divergenz für $x \to \pm\infty$)

f(x) wächst über alle Grenzen (oder: fällt unter alle Grenzen) für unbeschränkt wachsendes x :

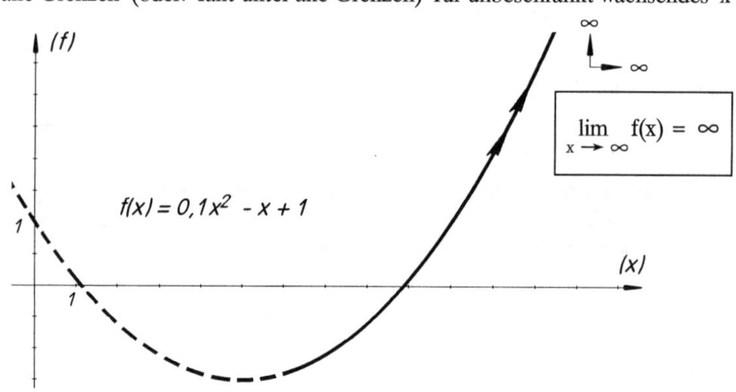

Abb. 4.1.24

Analog:

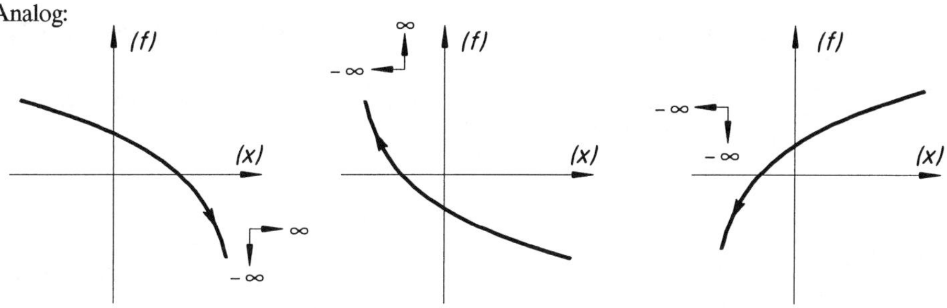

$\lim\limits_{x \to \infty} f(x) = -\infty$	$\lim\limits_{x \to -\infty} f(x) = \infty$	$\lim\limits_{x \to -\infty} f(x) = -\infty$
z.B.	z.B.	z.B.
$f(x) = -x^2 + 3$	$f(x) = 2x^2 + 1$	$f(x) = \frac{1}{10}x^3 + 2$

Abb. 4.1.25

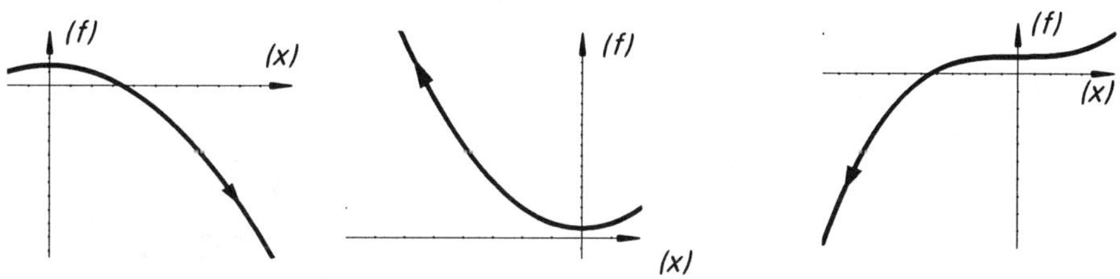

Beispiel 4.1.26: (unbestimmte Divergenz für $x \to \pm\infty$)

Liegt dieser Fall vor, so strebt f keinem festen endlichen Wert zu, wächst/fällt allerdings auch nicht über/unter jede Grenze. Vielmehr verhält sich f für $x \to \pm\infty$ völlig unbestimmt bzw. schwankend *(wie in Abb. 4.1.27 am Beispiel $f(x) = \sin x$ zu sehen):*

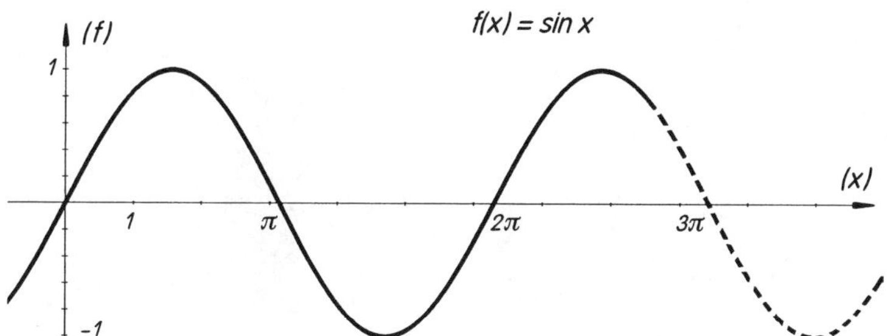

Abb. 4.1.27

Zusammenfassung: Ein **Grenzverhalten** von Funktionen tritt in folgenden **Varianten** auf *(Bsp.)*:

Fall 1: $x \to x_o$

Betrachtet werde die Annäherung der unabhängigen Variablen *(hier: x)* an eine **innere Stelle** x_o ($\in \mathbb{R}$).

i) $\lim\limits_{x \to -2} f(x) = 4$

$\lim\limits_{x \to 1} f(x) = 3$

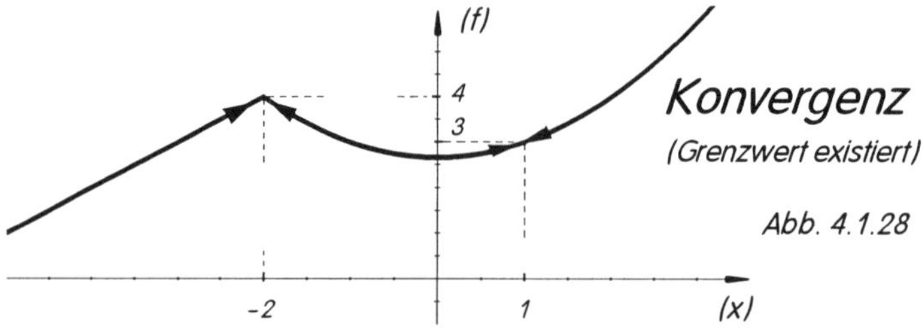

Abb. 4.1.28

ii) $\lim\limits_{x \to -1^-} f(x) = \infty$

$\lim\limits_{x \to -1^+} f(x) = \infty$

$\lim\limits_{x \to 2^-} f(x) = -\infty$

$\lim\limits_{x \to 2^+} f(x) = \infty$

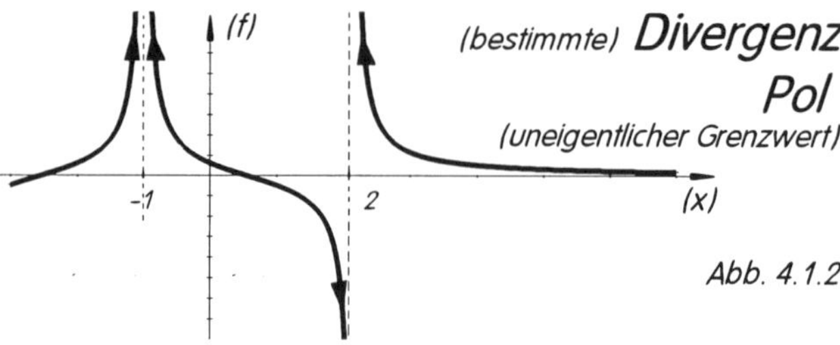

Abb. 4.1.29

iii) $\lim\limits_{x \to 0^+} f(x) = 2$

$\lim\limits_{x \to 3^-} f(x) = 2$

$\lim\limits_{x \to 3^+} f(x) = 4$

$\lim\limits_{x \to 7^-} f(x) = 0$

$\lim\limits_{x \to 7^+} f(x) = 1$

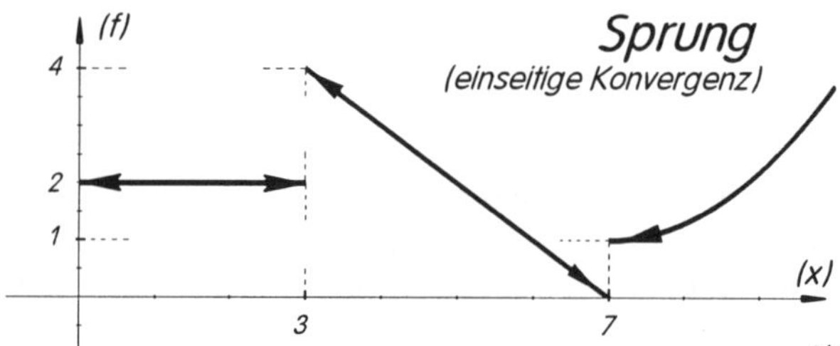

Abb. 4.1.30

iv) $\lim\limits_{x \to 0,2} f(x) =$ unbestimmt

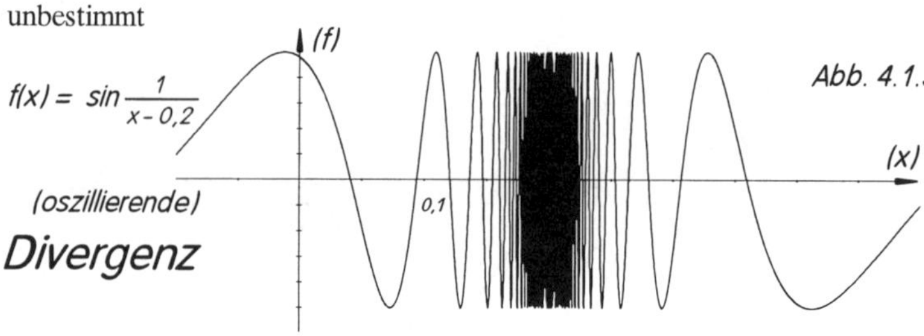

Abb. 4.1.31

Fall 2: $x \to \infty$

Betrachtet werde f , wenn die unabhängige Variable *(hier: x)* **über alle Grenzen** wächst $(x \to \infty)$ bzw. unter alle Grenzen fällt $(x \to -\infty)$.

i) $\lim\limits_{x \to \infty} f(x) = 3$

$\lim\limits_{x \to -\infty} f(x) = -1$

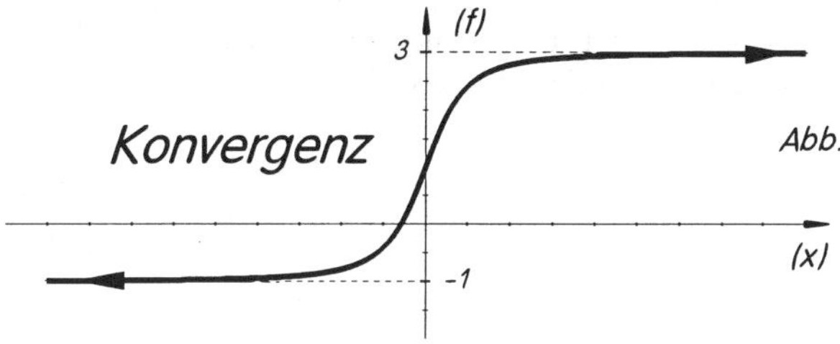

Abb. 4.1.32

ii) $\lim\limits_{x \to -\infty} f(x) = \infty$

$\lim\limits_{x \to \infty} f(x) = -\infty$

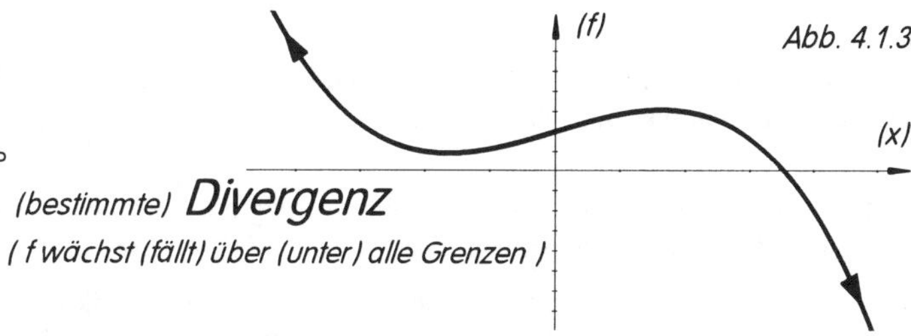

Abb. 4.1.33

iii) $\lim\limits_{x \to \pm\infty} f(x) = \text{unbestimmt}$

(unbestimmte)

Divergenz

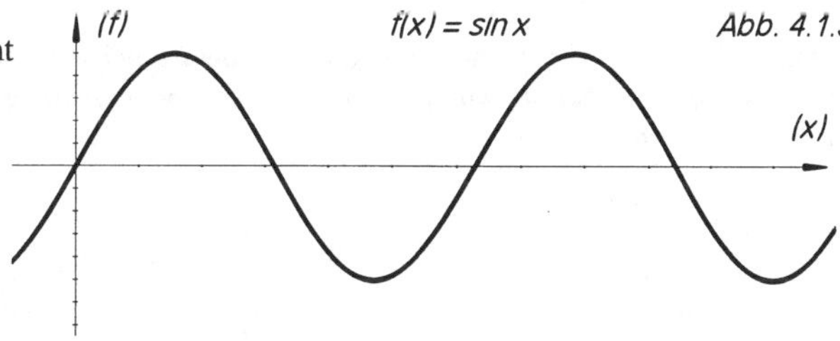

Abb. 4.1.34

Bemerkung 4.1.35: ***i)*** *Es sei noch einmal (vgl. Bsp. 4.1.12) ausdrücklich betont, dass eine Grenzwertbetrachtung von $f(x)$ für $x \to x_o$* ***auch dann*** *durchgeführt werden kann,* ***wenn an der Stelle x_o die Funktion f nicht definiert*** *ist. Es kann sogar vorkommen, dass f in x_o einen (endlichen) Grenzwert besitzt, ohne dass $f(x_o)$ existiert („ Lücke“, vgl. Kapitel 4.5).*

ii) *Aus Abb. 4.1.30 wird noch einmal deutlich, dass in x_o für eine Funktion f zwar* ***rechts-*** *und* ***links****seitige Grenzwerte* ***existieren*** *können, dennoch f für $x \to x_o$* ***divergent*** *ist:*

$$\lim_{x \to 7^-} f(x) = g_1 = 0 \qquad \text{und} \qquad \lim_{x \to 7^+} f(x) = g_2 = 1 .$$

Wegen $g_1 \neq g_2$ aber gilt: $\lim\limits_{x \to 7} f(x)$ ***existiert nicht*** *(„Sprung“, vgl. Kap. 4.5) .*

iii) *Ist von* ***„Existenz*** *eines Grenzwertes g“ einer Funktion f die Rede, so meint man stets einen* ***endlichen*** *Grenzwert g ($\in \mathbb{R}$). Bei der etwas missverständlichen Bezeichnung „uneigentlicher Grenzwert“ (d.h. $\lim f(x) = \pm \infty$) gibt es dagegen* ***keinen*** *(endlichen) Wert, gegen den f strebt.*

Aufgabe 4.1.36:

Eine Funktion f: y = f(x) besitze den nebenstehenden Graphen.

Man beschreibe mit Hilfe der Grenzwert-Symbolik das Verhalten von f an jeder der zehn durch Pfeile markierten Stellen der Abszisse.

(Beispiel: $\lim\limits_{x \to -\infty} f(x) = \ldots$

$\lim\limits_{x \to -3^-} f(x) = \ldots$ *usw.)*

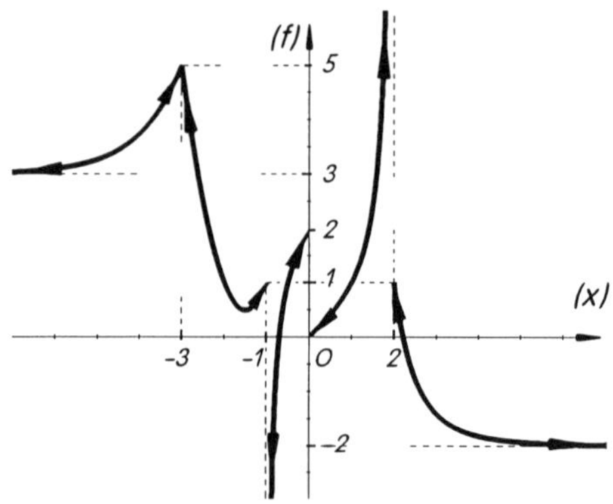

In diesem einleitenden Kapitel 4.1 haben wir **grundsätzlich** zu klären versucht, was man unter dem **Grenzwert einer Funktion** versteht und welche Varianten prinzipiell bei Grenzprozessen auftreten können.

Es stellt sich nun die Frage, wie man bei **konkret** vorliegenden *(ökonomischen)* Funktionen korrekte Aussagen über das Grenzverhalten erhält. Die Antwort auf diese Frage geben wir in **zwei Schritten:**

Zunächst stellen wir für die wichtigsten Grundtypen von Funktionen die Standard-Grenzwerte zusammen (vgl. Kap. 4.2) . Diese Elementar-Grenzwerte dienen dann als Grundbausteine, um mit Hilfe der Grenzwertsätze (≙ Rechenregeln für Grenzwerte) auch Grenzwerte komplexer Funktionen zu ermitteln (vgl. Kap. 4.3) .

Bemerkung 4.1.37: *Um die symbolische Kurzschreibweise möglichst aussagekräftig zu machen, wollen wir die* ***Art der Annäherung*** *von $f(x)$ an den (endlichen) Grenzwert g durch ein hochgestelltes „+“ oder „-“ kennzeichnen, z.B.:*

i) $\lim\limits_{x \to \infty} f(x) = g^+$

bedeutet: f nähert sich (für $x \to \infty$) dem Grenzwert g „von oben“, d.h. von größeren Werten aus.

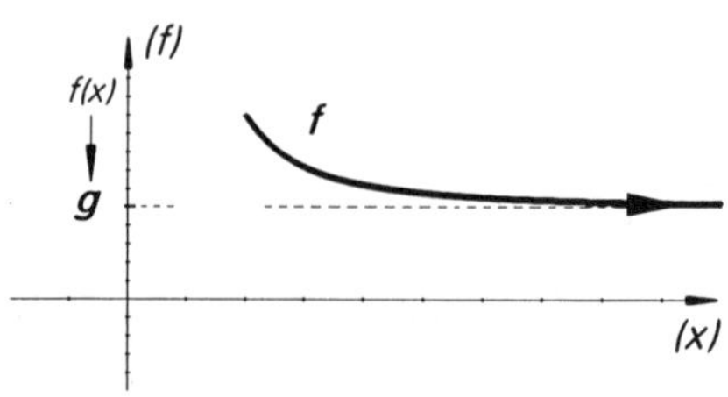

Abb. 4.1.38

ii) $\lim\limits_{x \to x_0^+} f(x) = g^-$

bedeutet: f nähert sich (bei rechtsseitiger Annäherung von x gegen x_0) dem Grenzwert g „von unten“, d.h. von kleineren Werten her.

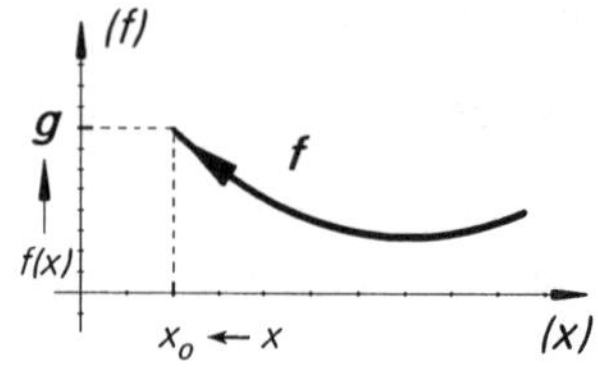

Abb. 4.1.39

Alle sonstigen Kombinationen $x \to \ldots$, $f \to \ldots$ sind analog zu interpretieren.

Es gilt (sofern $x :=$ unabhängige Variable, $f :=$ abhängige Variable, Funktionswert):

$x \to x_o^+$ *heißt: Annäherung der Abszissenwerte von „rechts"*
(d.h. von größeren x-Werten her).

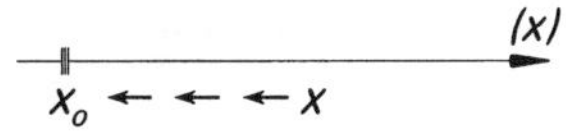

$x \to x_o^-$ *heißt: Annäherung der Abszissenwerte von „links"*
(d.h. von kleineren x-Werten her).

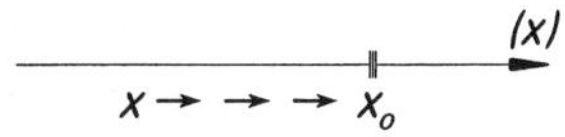

$f \to g^+$ *heißt: Annäherung der Funktionswerte von „oben"*
(d.h. von größeren Funktionswerten her).

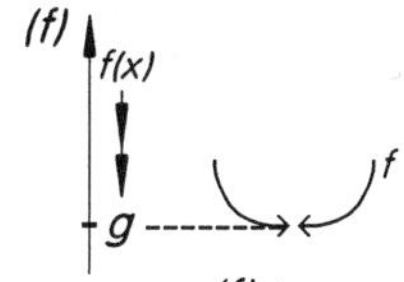

$f \to g^-$ *heißt: Annäherung der Funktionswerte von „unten"*
(d.h. von kleineren Funktionswerten her).

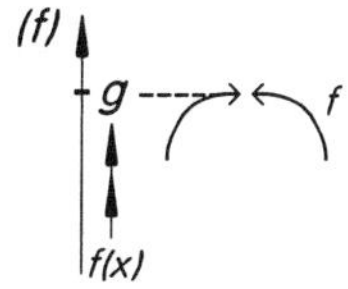

4.2 Grenzwerte spezieller Funktionen

In diesem Abschnitt sollen die **Grenzwerte** der wichtigsten elementaren **Funktionstypen** angegeben werden, mit deren Hilfe es möglich wird (zusammen mit den Grenzwertsätzen, vgl. Kapitel 4.3), die Grenzwerte auch komplexer zusammengesetzter Funktionen zu berechnen:

(4.2.1) $\lim\limits_{x \to \infty} x^n = \infty$ $(n \in \mathbb{R}^+)$

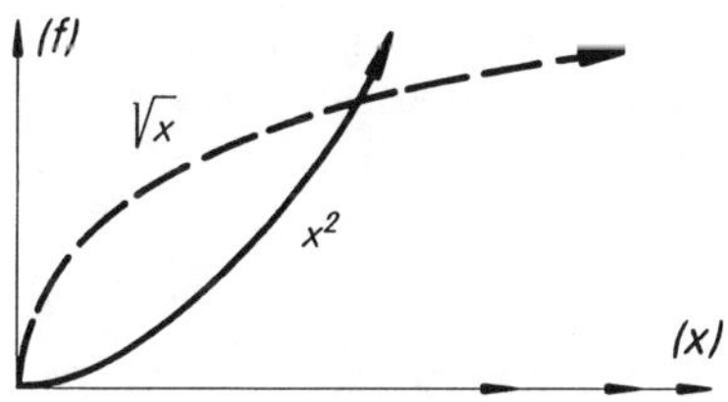

(4.2.2) $\lim\limits_{x \to \infty} \dfrac{1}{x^n} = 0$ $(n \in \mathbb{R}^+)$

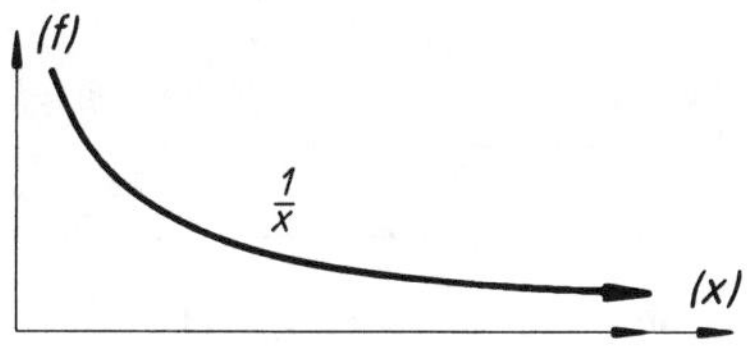

(4.2.3) $\lim\limits_{x \to 0} x^n = 0$ $(n \in \mathbb{R}^+)$

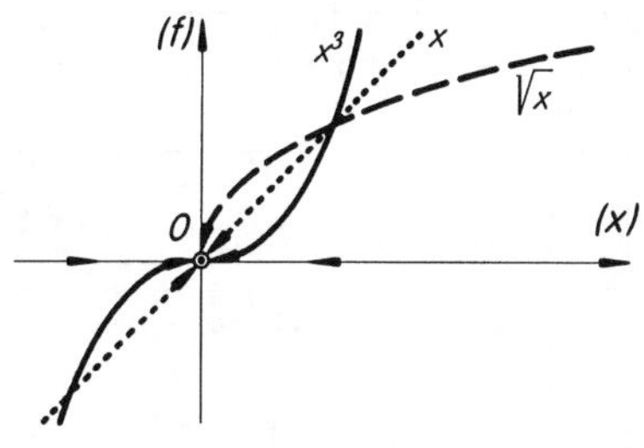

(Für nicht-ganzzahlige Hochzahlen (z.B. für Wurzeln) darf nur der rechtsseitige Limes $(x \to 0^+)$ gebildet werden.)

(4.2.4) $$\lim_{x \to 0^+} \frac{1}{x^n} = \infty \qquad (n \in \mathbb{R}^+)$$

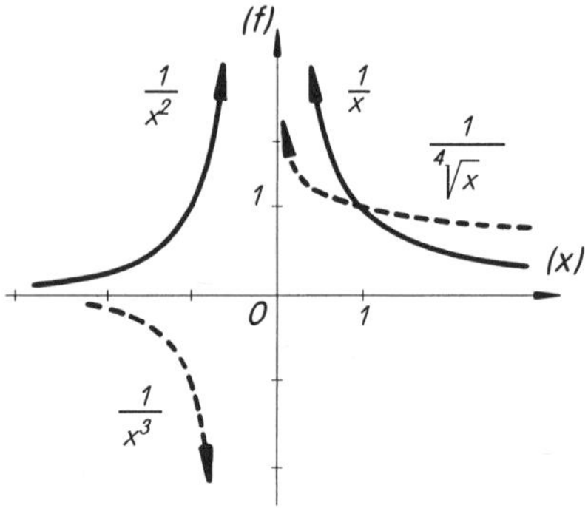

(4.2.5) $$\lim_{x \to 0^-} \frac{1}{x^n} = \begin{cases} +\infty & \text{falls n gerade} \\ -\infty & \text{falls n ungerade} \end{cases}$$

$(n \in \mathbb{N})$

(4.2.6) i) $$\lim_{x \to \infty} e^x = \infty$$ **ii)** $$\lim_{x \to -\infty} e^{-x} = \infty$$

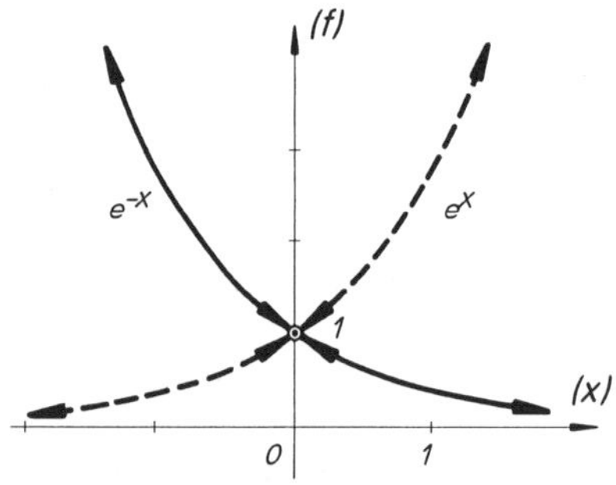

(4.2.7) i) $$\lim_{x \to -\infty} e^x = 0^+$$ **ii)** $$\lim_{x \to \infty} e^{-x} = 0^+$$

(4.2.8) $$\lim_{x \to 0} e^x = \lim_{x \to 0} e^{-x} = 1$$

(analog für $f(x) = a^x$ mit $a > 1$)

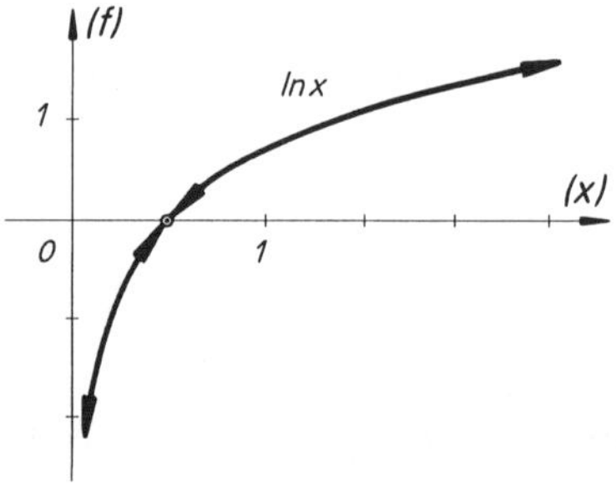

(4.2.9) i) $$\lim_{x \to \infty} (\ln x) = \infty$$ **ii)** $$\lim_{x \to 1} (\ln x) = 0$$

iii) $$\lim_{x \to 0^+} (\ln x) = -\infty$$ *(analog für $f(x) = \log_a x$; $a > 1$)*

(4.2.10) i) $$\lim_{x \to \infty} \left(1 + \frac{1}{x}\right)^x = \lim_{x \to 0^+} (1 + x)^{1/x} = e$$

ii) $$\lim_{x \to \infty} \left(1 - \frac{1}{x}\right)^x = \lim_{x \to 0^+} (1 - x)^{1/x} = \frac{1}{e}$$

iii) $$\lim_{x \to \infty} \frac{x^n}{e^x} = 0 \qquad (n \in \mathbb{R})$$

iv) $$\lim_{x \to 0} \frac{\sin x}{x} = 1$$

(e = 2,71828 18284 59045 23536 02874 ...; Eulersche Zahl, Basis der natürlichen Logarithmen)

(Eine nachträgliche Bestätigung – wenn auch kein Beweis – dieser Grenzwerte erfolgt in Kapitel 5.3)

(4.2.11) a)	$\lim\limits_{x\to\infty} q^x = \begin{cases} 0 & \text{für } 0<q<1 \\ 1 & \text{für } q=1 \\ \infty & \text{für } q>1 \end{cases}$	Beispiel: $(\frac{1}{2})^x$; $(\frac{1}{e})^x = e^{-x}$ $(\to 0)$ Beispiel: $1{,}08^x$; e^x $(\to \infty)$
b)	$\lim\limits_{x\to\infty} q^{-x} = \begin{cases} \infty & \text{für } 0<q<1 \\ 1 & \text{für } q=1 \\ 0 & \text{für } q>1 \end{cases}$	Beispiel: $(0{,}2)^{-x} = 5^x$; $(\frac{1}{e})^{-x} = e^x$ $(\to \infty)$ Beispiel: $1{,}25^{-x} = 0{,}8^x$; $e^{-x} = (\frac{1}{e})^x$ $(\to 0)$.

Bemerkung 4.2.12: *Um die Berechnung komplexer Grenzwerte im Ablauf übersichtlich darstellen zu können, wollen wir gelegentlich für elementare Grenzprozesse eine in Anführungszeichen („...“) gesetzte Kurzschreibweise verwenden.*

Beispiel: „$\frac{1}{0^+}$“ ; „$\frac{1}{0^-}$“ ; „e^{∞}“ ; „$e^{-\infty}$“ ; „$e^{1/0^-}$“ ; „$\ln 0^+$“ ; „$0{,}5^{\infty}$“ *usw.*

*Die Anführungszeichen an derartigen nicht definierten und somit eigentlich unsinnigen Termen sollen **signalisieren**, dass es sich um **Grenzprozesse** von Funktionen handelt. So könnte etwa der Ausdruck* „$1/0^+$“ *bedeuten (vgl. (4.2.1) bis (4.2.11)):*

$$\lim_{x\to 0^+}\frac{1}{x} \text{ oder } \lim_{p\to 0}\frac{1}{p^8} \text{ oder } \lim_{z\to 0^-}\frac{1-z^4}{-z^5} \text{ oder } \lim_{y\to -\infty}\frac{1}{e^y} \text{ oder } \lim_{t\to 1^+}\frac{t}{\ln t} \quad \text{usw.}$$

*Allen diesen Grenzwerten ist gemeinsam, dass ihr **Zähler** gegen 1, ihr **Nenner** (von rechts) gegen **Null strebt**. Nach (4.2.1) bis (4.2.11) ergeben sich folgende „Regeln“:*

„$\frac{1}{0^+}$“ $=\infty$; „$\frac{1}{0^-}$“ $=-\infty$; „$\frac{1}{\infty}$“ $=0^+$; „$\frac{1}{-\infty}$“ $=0^-$; „$\frac{0}{\infty}$“ $=0$; „∞^{∞}“ $=\infty$; „e^{∞}“ $=\infty$;

„$e^{-\infty}$“ $=0^+$; „$\frac{\infty}{0^+}$“ $=\infty$; „$\ln 0^+$“ $=-\infty$; „$1{,}1^{\infty}$“ $=\infty$; „$0{,}5^{\infty}$“ $=0$; „$1{,}08^{-\infty}$“ $=0^+$ *usw.*

4.3 Die Grenzwertsätze und ihre Anwendungen

Die folgenden **Rechenregeln für Grenzwerte** erleichtern ganz wesentlich die Berechnung von Grenzwerten komplexer zusammengesetzter Funktionen:

Satz 4.3.1: (Rechenregeln für Grenzwerte)

Die beiden Funktionen f, h seien in einer Umgebung der Stelle x_0 definiert. Für $x \to x_0$ mögen beide Funktionen konvergieren, es gelte:

$$\lim f := \lim_{x\to x_0} f(x) = g_1 \quad (\in \mathbb{R}) \; ; \qquad \lim h := \lim_{x\to x_0} h(x) = g_2 \quad (\in \mathbb{R}) \; .$$

Weiterhin sei c eine reelle Konstante. Dann existieren auch die folgenden Grenzwerte, und es gilt:

i) $\lim c = c$;

ii) $\lim (f \pm h) = \lim f \pm \lim h = g_1 \pm g_2$;

iii) $\lim (f \cdot h) = \lim f \cdot \lim h = g_1 \cdot g_2$;

iv) $\lim \frac{f}{h} = \frac{\lim f}{\lim h} = \frac{g_1}{g_2}$, sofern $g_2 \neq 0$;

*(d.h. man darf die Grenzwerte zusammengesetzter Funktionen **einzeln** bilden und entsprechend miteinander verknüpfen !)*

v) $\lim f^n = (\lim f)^n = g_1{}^n \quad (n \in \mathbb{N})$;

vi) $\lim \sqrt[n]{f} = \sqrt[n]{\lim f} = \sqrt[n]{g_1} \quad (n \in \mathbb{N}\ ;\ f, g_1 \geq 0)$;

vii) $\lim e^f = e^{\lim f} = e^{g_1}$;

viii) $\lim (\ln f) = \ln (\lim f) = \ln g_1$, sofern $f, g_1 > 0$.

(d.h. der Grenzwert einer Funktion ist gleich der Funktion des Grenzwertes - Grenzwertbildung und Funktionsbildung dürfen vertauscht werden)

Bemerkung 4.3.2: *i) Satz 4.3.1 bleibt gültig, wenn $x \to \infty$ statt $x \to x_0$ gesetzt wird.*

ii) Satz 4.3.1 i) - iv) bedeutet, dass der Grenzwert einer Summe, eines Produktes bzw. eines Quotienten von Funktionen identisch ist mit der Summe, dem Produkt bzw. dem Quotienten der einzelnen Funktionsgrenzwerte, sofern diese ***endlich*** *sind.*

iii) Satz 4.3.1 v) - viii) bedeutet, dass die Reihenfolge von Grenzwertbildung und Funktionsbildung vertauscht werden kann, d.h. der ***Grenzwert einer Funktion*** *ist* ***identisch*** *mit der* ***Funktion der Grenzwertes.*** *Dies gilt insbesondere für zusammengesetzte (verkettete) Funktionen $f(h(x))$, sofern $\lim h(x)$ existiert und f stetig (vgl. Kap. 4.4) ist: $\lim f(h(x)) = f(\lim h(x)) = f(g_2)$.*

Beispiel 4.3.3: *(unter Verwendung der Elementar-Grenzwerte (Kap. 4.2), der Symbolik „...“ aus Bemerkung 4.2.12 sowie den Grenzwertregeln aus Satz 4.3.1)*

i) $$\lim_{x\to\infty} \frac{3 - \frac{1}{x}}{5 - \frac{2}{x^2}} = \frac{\lim (3 - \frac{1}{x})}{\lim (5 + \frac{2}{x^2})} = \frac{\lim 3 - \lim \frac{1}{x}}{\lim 5 + \lim \frac{2}{x^2}} = \frac{3 - \lim \frac{1}{x}}{5 + 2\lim \frac{1}{x^2}} = \frac{3-0}{5+2\cdot 0} = \frac{3}{5} ;$$

ii) $$\lim_{x\to\infty} e^{-\frac{5}{x}} = e^{\lim\limits_{x\to\infty} -\frac{5}{x}} = e^{„-\frac{5}{\infty}“} = e^{0^-} = 1 ;$$

iii) $$\lim_{x\to 0^+} \frac{14 - e^{-x}}{e^{-\frac{1}{x}} + 52} = \frac{14 - \lim e^{-x}}{\lim e^{-\frac{1}{x}} + 52} = \frac{14 - „e^{0^-}“}{e^{„-\frac{1}{0^-}“} + 52} = \frac{14 - 1}{„e^{-\infty}“ + 52} = \frac{13}{0 + 52} = 0{,}25 ;$$

iv) $$\lim_{x\to 0} \frac{2x^7 - 4x^3 + 16}{2x^2} = „\frac{16}{0^+}“ = \infty .$$

v) $$\lim_{n\to\infty} \frac{1{,}1^n - 1}{0{,}1} \cdot \frac{1}{1{,}1^n} = \lim_{n\to\infty} \frac{1 - 1{,}1^{-n}}{0{,}1} = \frac{1 - „1{,}1^{-\infty}“}{0{,}1} = \frac{1}{0{,}1} = 10 .$$

Die Grenzwertberechnung bei **gebrochen-rationalen Funktionen** führt gelegentlich auf sogenannte **unbestimmte Ausdrücke** wie $0/0$ oder ∞/∞ [1]. Derartige Grenzwerte lassen sich unmittelbar weder mit (4.2.1) - (4.2.11) noch mit Satz 4.3.1 ermitteln. Die folgenden Beispiele zeigen exemplarisch das Vorgehen in solchen Fällen.

Beispiel 4.3.4: $\lim\limits_{x \to \infty} \dfrac{6x^3 + 4x^2 - 7}{x^3 + x} \quad = \quad „\dfrac{\infty}{\infty}“ = ?$

Klammert man im Zähler wie im Nenner die jeweils **höchste** Potenz aus, so erhält man:

$$\lim_{x \to \infty} \frac{x^3\,(6 + \frac{4}{x} - \frac{7}{x^3})}{x^3\,(1 + \frac{1}{x^2})} = \lim_{x \to \infty} \frac{6 + \frac{4}{x} - \frac{7}{x^3}}{1 + \frac{1}{x^2}} = 6 \; .$$

Wegen (4.2.2) gehen die Terme a/x^n sämtlich gegen Null, so dass sich 6 als Grenzwert ergibt (vgl. Beispiel 4.3.3 i)) .

Bemerkung: *Dieses Verfahren (Ausklammern der jeweils höchsten Potenz) ist bei „ ∞/∞ “ nur dann sinnvoll, sofern es sich **a)** um gebrochen-rationale Funktionen handelt und **b)** die unabhängige Variable über alle Grenzen strebt ($x \to \infty$ oder $x \to -\infty$) .*

Beispiel 4.3.5: $\lim\limits_{x \to 0^+} \dfrac{5x^3 + 4x^2}{2x^5 - 8x^3} = „\dfrac{0}{0}“ = ?$

Klammert man in Zähler wie im Nenner die jeweils **kleinste** Potenz aus, so erhält man:

$$\lim_{x \to 0^+} \frac{x^2\,(5x + 4)}{x^3\,(2x^2 - 8)} \overset{(x \neq 0)}{=} \lim_{x \to 0^+} \frac{5x + 4}{x\,(2x^2 - 8)} = „\frac{4}{0^+ \cdot (-8)}“ \overset{(4.2.4)}{=} -\infty \; .$$

Bemerkung: *Ausklammern der jeweils kleinsten Potenz ist bei „0/0“ nur sinnvoll, sofern es sich **a)** um gebrochen-rationale Funktionen handelt und **b)** die unabhängige Variable gegen Null strebt ($x \to 0$) .*

Beispiel 4.3.6: $\lim\limits_{x \to 1} \dfrac{x^2 + 3x - 4}{2x^2 - 9x + 7} = „\dfrac{0}{0}“ = ?$

Da die Zahl 1 die Nullstelle des Zähler- wie des Nennerpolynoms ist, müssen sich Zähler wie Nenner ohne Rest durch $(x - 1)$ teilen und somit in Teilpolynome zerlegen lassen *(vgl. Kapitel 2.3.1.4):*

Zähler: $x^2 + 3x - 4 : (x - 1) = x + 4$; d.h. $x^2 + 3x - 4 = (x + 4)(x - 1)$

$$\begin{array}{l} \underline{x^2 - x} \\ \quad 4x - 4 \\ \quad \underline{4x - 4} \\ \qquad 0 \end{array}$$

Nenner: $2x^2 - 9x + 7 : (x - 1) = 2x - 7$; d.h. $2x^2 - 9x + 7 = (2x - 7)(x - 1)$

$$\begin{array}{l} \underline{2x^2 - 2x} \\ \quad -7x + 7 \\ \quad \underline{-7x + 7} \\ \qquad 0 \end{array}$$

[1] Grenzwerte sonstiger Funktionen, die auf unbestimmte Ausdrücke wie $0/0$, ∞/∞, 0^0, ∞^0, $\infty - \infty$, $0 \cdot \infty$, 1^∞ führen, lassen sich mit der Regel von L'Hospital ermitteln, vgl. Kap. 5.3.

$$\Rightarrow \lim_{x \to 1} \frac{x^2 + 3x - 4}{2x^2 - 9x + 7} = \lim_{x \to 1} \frac{(x+4)(x-1)}{(2x-7)(x-1)} = (x \neq 1) \lim_{x \to 1} \frac{x+4}{2x-7} = -1 \quad .$$

Bemerkung: *Man könnte im Fall $x \to x_0$ (hier $x \to 1$) ebensogut die Variable x substituieren durch den Term $x_0 + h$ (hier: $1 + h$) und dann statt $x \to x_0$ (hier: $x \to 1$) den Grenzübergang $h \to 0$ (vgl. Beispiel 4.3.5) durchführen. Im obigen Beispiel erhalten wir:*

$$\lim_{x \to 1} \frac{x^2 + 3x - 4}{2x^2 - 9x + 7} = \lim_{h \to 0} \frac{(1+h)^2 + 3(1+h) - 4}{2(1+h)^2 - 9(1+h) + 7} = \lim_{h \to 0} \frac{h^2 + 5h}{2h^2 - 5h} \quad .$$

Ausklammern der kleinsten Potenz (vgl. Beispiel 4.3.5) führt auf:

$$\lim_{h \to 0} \frac{h(h+5)}{h(2h-5)} = \lim_{h \to 0} \frac{h+5}{2h-5} = \frac{5}{-5} = -1 \; , \quad s.o.$$

Die folgenden Beispiele zeigen einige unmittelbare **Anwendungen** des Grenzwertbegriffes auf **ökonomische Fragestellungen:**

Beispiel 4.3.7: Für das Gesamteinkommen Y (in GE/Jahr) eines expandierenden Wirtschaftszweiges wird - ausgehend vom Planungszeitpunkt t = 0 - im Zeitablauf eine Entwicklung prognostiziert, die gemäß folgender Funktion verläuft („Logistische Funktion", vgl. Kap. 2.5, (9) viii)):

$$Y(t) = \frac{210}{0{,}1 + 20 \cdot e^{-0{,}5t}} \qquad \text{(t: Zeitdauer in Jahren)} \; .$$

Gesucht ist der „Sättigungswert" des Einkommens in (weiter) Zukunft, d.h. der Grenzwert des Einkommens, wenn die Zeit „über alle Grenzen" wächst. Ermittelt wird dieser Sättigungswert über den Grenzwert von Y für $t \to \infty$:

$$\lim_{t \to \infty} Y(t) = \lim_{t \to \infty} \frac{210}{0{,}1 + 20 \cdot e^{-0{,}5t}} =$$

$$\frac{210}{0{,}1 + 20 \cdot \text{„} e^{-\infty} \text{“}} = (4.2.7) \; \frac{210}{0{,}1 + 0} =$$

$$2.100 \text{ GE/Jahr} \; .$$

Das Einkommen des Wirtschaftszweiges nähert sich mit wachsender Zeitdauer immer mehr der Sättigungsgrenze 2.100 GE/Jahr, vgl. Abb. 4.3.8.

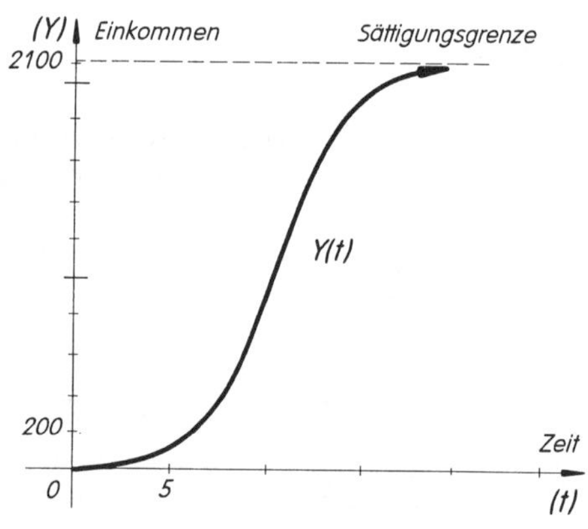

Abb. 4.3.8

Beispiel 4.3.9: Der monatliche Butterverbrauch B (in DM/Monat) eines Haushaltes hänge vom Haushaltseinkommen Y (in DM/Monat) in folgender Weise ab:

$$B(Y) = 60 \cdot e^{\frac{-1500}{Y}} \quad ; \; Y > 0 \; .$$

Gesucht ist **i)** der Sättigungswert des Butterverbrauchs für unbeschränkt wachsendes Einkommen sowie - da B(Y) für Y = 0 nicht definiert ist, - **ii)** der Grenzwert des Butterverbrauchs, wenn das Einkommen gegen Null geht.

Lösung: **i)** Der Sättigungswert des Butterverbrauchs ist gegeben durch den Grenzwert von B für unbeschränkt wachsendes Einkommen ($Y \to \infty$), d.h.

$$\lim_{Y\to\infty} B(Y) = \lim_{Y\to\infty} 60 \cdot e^{\frac{-1500}{Y}} =$$

$$60 \cdot e^{\text{„}-\frac{1500}{\infty}\text{“}} = 60 \cdot e^{-0} = 60 \text{ DM/Monat,}$$

d.h. selbst bei unbeschränkt wachsendem Einkommen werden nicht mehr als 60 DM/Monat für den Butterkonsum ausgegeben.

ii) $$\lim_{Y\to 0^+} B(Y) = \lim_{Y\to 0^+} 60\, e^{\frac{-1500}{Y}} =$$

$$60\, e^{\text{„}-\frac{1500}{0^+}\text{“}} = 60 \text{ „}e^{-\infty}\text{“} = 60 \cdot 0 = 0 \, ,$$

d.h. mit sinkendem Einkommen geht der Butterverbrauch gegen 0, vgl. Abb. 4.3.10.

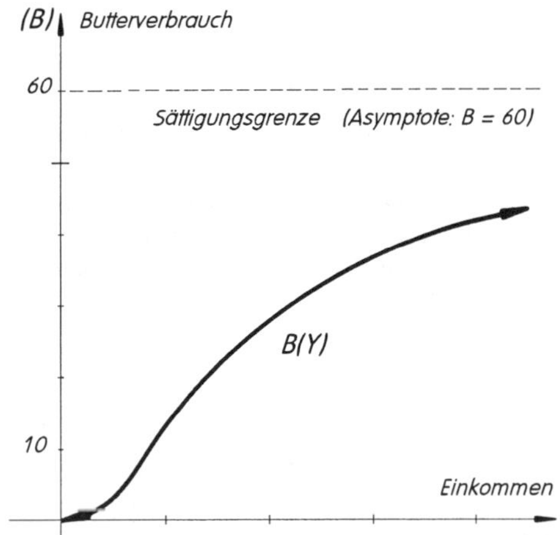

Abb. 4.3.10

Aufgabe 4.3.11: Man ermittle folgende Grenzwerte (sofern sie existieren):

i) $\lim\limits_{x\to\infty} \dfrac{5x^3 - 4}{x^2}$; **ii)** $\lim\limits_{y\to\infty} \dfrac{2y+1}{3y^5 - y}$; **iii)** $\lim\limits_{z\to\infty} \left(\dfrac{-a-b}{2cz+d}\right)^3$;

iv) $\lim\limits_{p\to 0^+} \sqrt[3]{\dfrac{p^3 - 3p^2 + 8p}{p^4 + p}}$; **v)** $\lim\limits_{h\to 0} \dfrac{(x+h)^3 - x^3}{h}$; **vi)** $\lim\limits_{x\to 0^+} \dfrac{e^x}{\ln x}$;

vii) $\lim\limits_{t\to 0^+} \dfrac{3t^5 - 3t^3}{5t^2 - 8t^4}$; **viii)** $\lim\limits_{z\to 1} 5\left(\ln \dfrac{2z^2 - 3z + 1}{z^2 - 1}\right)^2$; **ix)** $\lim\limits_{x\to -2^\pm} \dfrac{x^2 + x - 2}{x^3 + 5x^2 + 8x + 4}$.

x) $\lim\limits_{n\to\infty} R \cdot \dfrac{q^n - 1}{q - 1} \cdot \dfrac{1}{q^n}$, *(q >1)* .

Aufgabe 4.3.12: **i)** Für $f(x) = \dfrac{71}{e^{(2/x)} + 10}$ bestimme man die Grenzwerte für $x \to 0^+ ; 0^- ; \infty ; -\infty$.

ii) Für die nebenstehende Funktion bestimme man an der Stelle $x_0 = 1$ den links- und den rechtsseitigen Grenzwert:

$$f(x) = \begin{cases} \dfrac{x-1}{1+x^2} & \text{für } \; 0 < x < 1 \\ 2 & \text{für } \; x = 1 \\ \dfrac{x^3 - 1}{6(1-x)} & \text{für } \; x > 1 \end{cases}$$

Aufgabe 4.3.13: i) Gegeben sei die Preis-Absatz-Funktion p mit $p(x) = 10 \cdot \ln \frac{100}{x-2}$, $(x > 2)$.

Gegen welchen Wert strebt die nachgefragte Menge x, wenn der Preis p über alle Grenzen wächst ?

ii) Der Nahrungsmittelkonsum C (in GE/Jahr) eines Haushaltes sei in Abhängigkeit vom Haushaltseinkommen Y (in GE/Jahr) gegeben durch die Konsumfunktion:

$$C(Y) = \frac{40Y - 140}{Y + 8} \quad ; \quad Y \geq 0 \quad .$$

a) Man ermittle den Sättigungswert des Nahrungsmittelkonsums.

b) Gegen welchen Wert strebt die durchschnittliche Nahrungsmittelquote (d.h. C(Y)/Y), wenn das Einkommen über alle Grenzen steigt

4.4 Der Stetigkeitsbegriff

Bei der graphischen Darstellung von Funktionen geht man meist stillschweigend davon aus, dass sich die (z.B. über eine Wertetabelle ermittelten) Funktionspunkte **ohne Unterbrechung** und **lückenlos** durch einen **„ stetigen " Kurvenzug** miteinander verbinden lassen. Dass dies keineswegs immer so sein muss, zeigen etwa die Beispiele Abb. 4.1.29 – 4.1.30 oder die folgenden Schaubilder (Abb. 4.4.1), in denen f jeweils an der Stelle x_0 im obigen Sinne „unstetig" ist.

Abb. 4.4.1

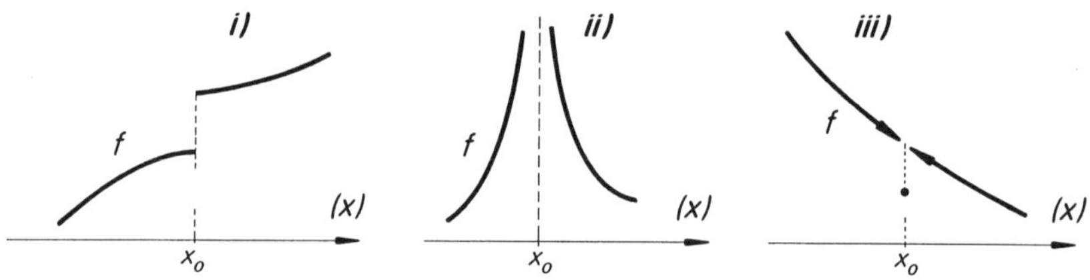

Sollen derartige **Unstetigkeiten** von f an der Stelle x_0 ausgeschlossen sein (also nur „stetige" Funktionen betrachtet werden), so muss f an der Stelle x_0 offenbar folgenden Bedingungen genügen:

i) f muss in x_0 **definiert** sein, d.h. $f(x_0)$ muss existieren ;

ii) f muss für $x \to x_0$ einen (endlichen) **Grenzwert** (und somit übereinstimmende rechts- und linksseitige Grenzwerte) besitzen, d.h. es muss gelten:

(4.4.2) $$\lim_{x \to x_0} f(x) = \lim_{x \to x_0^+} f(x) = \lim_{x \to x_0^-} f(x) = g \quad (\in \mathbb{R});$$

iii) der **Grenzwert** von f für $x \to x_0$ muss mit dem **Funktionswert** an der Stelle x_0 **übereinstimmen,** d.h. $\lim\limits_{x \to x_0} f(x) = f(x_0)$.

Zusammenfassend erhält man die

Def. 4.4.3: (Stetigkeit von f in x_0)

Sei f eine in [a,b] definierte Funktion. Dann heißt f **stetig an der Stelle x_0** $\in$]a,b[, wenn gilt:

(4.4.4) $$\lim_{x \to x_0} f(x) = f(x_0)$$

Bemerkung 4.4.5: *i) In logischer Fortsetzung zu Def. 4.4.3 nennt man f* ***im Intervall I stetig****, wenn f in* ***jedem Punkt*** *von I stetig ist. In einem abgeschlossenen Intervall I = [a, b] kann f in den* ***Randpunkten*** *a, b höchstens* ***einseitig stetig*** *sein, wenn nämlich gilt:*

$$\lim_{x \to a^+} f(x) = f(a) \quad \text{bzw.} \quad \lim_{x \to b^-} f(x) = b\,.$$

ii) Enthält ein Intervall I einen oder mehrere Punkte, in denen f nicht definiert ist (z.B. die Nullstellen des Nenners einer gebrochen-rationalen Funktion), so ist f dort nicht stetig, also auch nicht im gesamten Intervall.

Aus Def. 4.4.3 folgt zusammen mit den Grenzwertregeln (Satz 4.3.1 i) - iv)), dass - sofern zwei Funktionen f und h stetig sind - auch ihre **Summe** $f \pm h$, ihr **Produkt** $f \cdot h$ sowie ihr **Quotient** f/h *(h ≠ 0)* stetig sind. Aus Satz 4.3.1 i) - viii) folgt weiter:

i) Alle **Polynome** $f(x) = a_n x^n + \dots + a_o$ sind in $\mathbb{R}$ **stetig.**

ii) Alle **gebrochen-rationalen** Funktionen $f(x) = \dfrac{a_n x^n + \dots + a_o}{b_m x^m + \dots + b_o}$ sind in $\mathbb{R}$ stetig mit **Ausnahme** der **Nullstellen** des **Nenners.**

iii) Ist f: $y = f(x)$ in einem Intervall stetig, so sind es auch die Funktionen mit den Funktionstermen $(n \in \mathbb{N})$:

a) $[\,f(x)\,]^n$ **b)** $\sqrt[n]{f(x)}$ (falls $f \geq 0$) **c)** $e^{f(x)}$ **d)** $\ln f(x)$ *(falls $f > 0$)*.

Beispiel 4.4.6: Das Polynom f mit $f(x) = x^2 + x - 6 = (x - 2)(x + 3)$ *(vgl. Abb. 4.4.7)* ist in $\mathbb{R}$ stetig, also auch Funktionen wie z.B.

- $g(x) = x^2 \cdot e^{x^2 + x - 6}$
- $h(x) = \sqrt[4]{x^2 + x - 6}$
  für alle x mit $x^2 + x - 6 \geq 0$
  d.h. in $\mathbb{R} \setminus \,]-3, 2[$.
- $k(x) = 7\,(x^2 + x - 6)^5$
- $p(x) = x \cdot \ln(x^2 + x - 6)$
  für alle x mit $x^2 + x - 6 > 0$
  d.h. in $\mathbb{R} \setminus [-3, 2]$.
- $z(x) = \dfrac{x^2 - 4}{x^2 + x - 6}$
  mit Ausnahme der Stellen 2 und -3 .

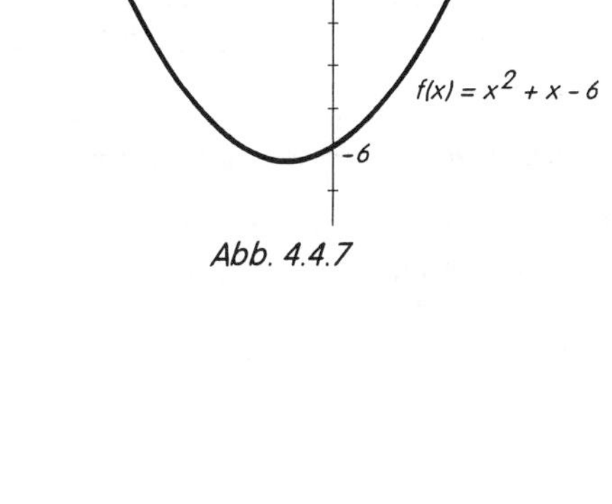

Abb. 4.4.7

4.5 Unstetigkeitstypen

Eine wichtige Aufgabe bei der Analyse einer ökonomischen Funktion f besteht darin, mögliche **Unstetigkeitsstellen** herauszufinden sowie zu untersuchen, wie sich f verhält, wenn man sich den Unstetigkeitsstellen nähert (**Typ** der Unstetigkeit, vgl. z.B. Abb. 4.4.1). Dazu wollen wir im folgenden eine **Charakterisierung** der üblicherweise auftretenden **Unstetigkeitstypen** geben. Diese ergeben sich aus der Stetigkeitsbedingung Def. 4.4.3 bzw. aus (4.4.2) dadurch, dass die eine oder andere **Teilbedingung verletzt** ist:

Unstetigkeitstyp 1 - Sprung *(vgl. Abb. 4.4.1 i)):*

An der Stelle x_0 existiert der **Grenzwert** lim f(x) für $x \to x_0$ insofern **nicht**, als zwar jeweils der **rechts**- und **links**seitige Grenzwert endlich, jedoch voneinander **verschieden** sind:

Die Funktion f besitzt an der Stelle x_0 einen (endlichen) **Sprung**, wenn gilt:

$$g_1 = \lim_{x \to x_0^-} f(x) \neq \lim_{x \to x_0^+} f(x) = g_2 .$$

(Dabei ist es unerheblich, ob $f(x_0)$ existiert oder nicht.)

Beispiel: (vgl. Abb. 4.5.1):

$$f(x) = \begin{cases} 0{,}5x + 1 & \text{für } 0 \le x < 2 \\ -x + 5 & \text{für } x \ge 2 \end{cases}$$

mit $\lim\limits_{x \to 2^-} f(x) = 2 \neq \lim\limits_{x \to 2^+} f(x) = 3$.

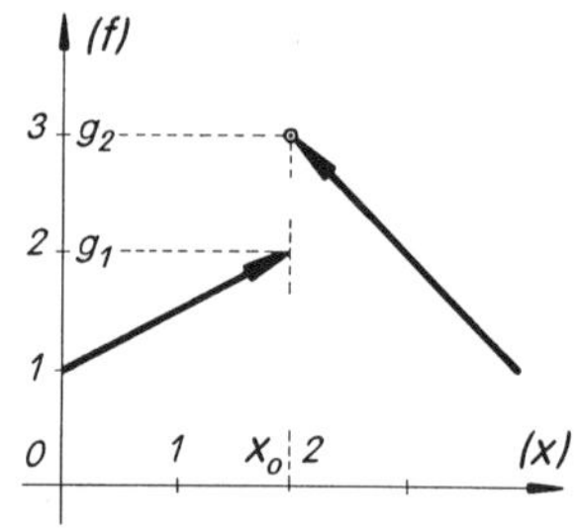

Abb. 4.5.1

Bemerkung: *Ökonomische Funktionen mit Sprungstellen treten u.a. auf bei Kostenfunktionen mit sprungfixen Kosten (z.B. „Portofunktion", vgl. Beispiel 2.1.25) oder bei Angebotsfunktionen mit eingearbeiteter Rabattstaffel (vgl. Beispiel 4.7.3).*

Unstetigkeitstyp 2 - Pol *(vgl. Abb. 4.4.1 ii)):*

Einer oder beide einseitigen Grenzwerte existieren **nicht**, d.h. f strebe für $x \to x_0$ gegen $\pm\infty$: [2]

f hat an der Stelle x_0 eine **Unendlichkeitsstelle** oder einen **Pol**, wenn f für $x \to x_0^+$ und/ oder $x \to x_0^-$ den **uneigentlichen Grenzwert** ∞ oder $-\infty$ besitzt.

(Dabei ist es unerheblich, ob $f(x_0)$ existiert oder nicht.)

---

[2] Der Grenzwert lim f(x) für $x \to x_0$ existiert auch dann nicht, wenn es sich um eine „oszillierende" Unstetigkeit im Endlichen handelt, vgl. Bem. 4.1.15. Jedoch sind derartige Fälle für ökonomische Funktionen ohne Bedeutung.

Beispiele:

i) $f(x) = \begin{cases} \dfrac{1}{(x-2)^2} & \text{für } x \neq 2 \\ 1 & \text{für } x = 2 \end{cases}$

Es gilt: $\lim\limits_{x \to 2^-} f(x) = \lim\limits_{x \to 2^+} f(x) = \infty$, also liegt ein (beidseitiger) Pol vor (Abb. 4.5.2).

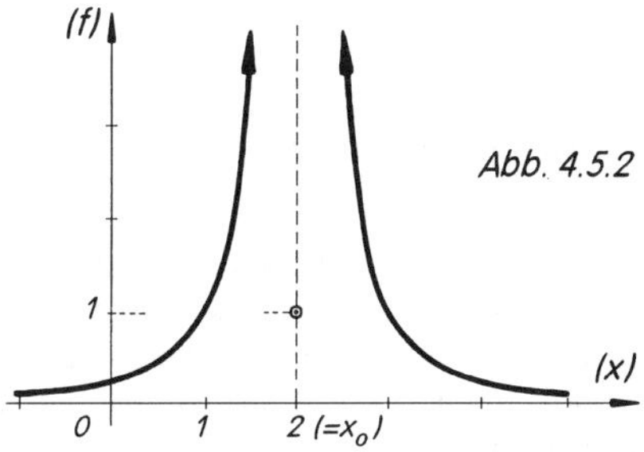

Abb. 4.5.2

ii) $f(x) = \begin{cases} \dfrac{1}{e^{1/(x-1)}} & \text{für } x \neq 1 \\ 2 & \text{für } x = 1 \end{cases}$.

Da $\lim\limits_{x \to 1^-} f(x) = \infty$, aber $\lim\limits_{x \to 1^+} f(x) = 0$,

handelt es sich an der Stelle $x_0 = 1$ um einen einseitigen Pol (auch „ unendlicher Sprung" genannt), vgl. Abb. 4.5.3.

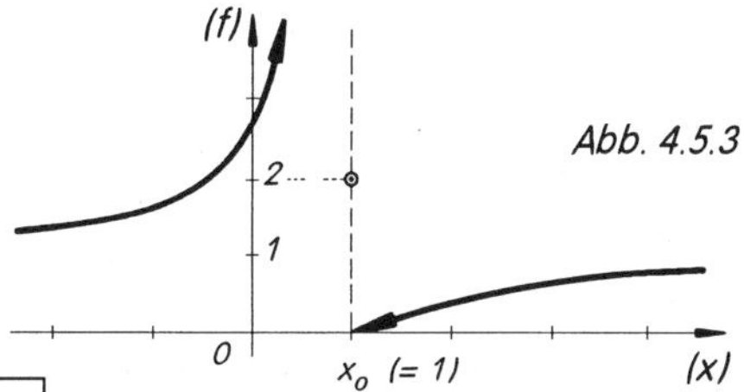

Abb. 4.5.3

Unstetigkeitstyp 3 - Lücke (hebbare Unstetigkeit) *(vgl. Abb. 4.4.1 iii)):*

In diesem Fall existiert zwar der Grenzwert von f an der Stelle x_0 (d.h. links- und rechtsseitiger Grenzwert sind identisch), stimmt aber **nicht mit** dem Funktionswert **$f(x_0)$ überein** (bzw. f ist in x_0 nicht definiert):

f hat an der Stelle x_0 eine **Lücke**, wenn gilt:

$\lim\limits_{x \to x_0} f(x) = \lim\limits_{x \to x_0^-} f(x) = \lim\limits_{x \to x_0^+} f(x) = g \ (\in \mathbb{R})$, aber $g \neq f(x_0)$ bzw. $x_0 \notin D_f$.

Bemerkung: *Durch nachträgliche willkürliche Festsetzung $f(x_0) := g$ kann f in x_0 „stetig ergänzt" werden. Daher heißt eine* ***Lücke*** *auch „* ***hebbare Unstetigkeitsstelle*** *".*

Beispiel:

$f(x) = \begin{cases} \dfrac{x^2-1}{x-1} & \text{für } x \neq 1 \\ 1 & \text{für } x = 1 \end{cases}$.

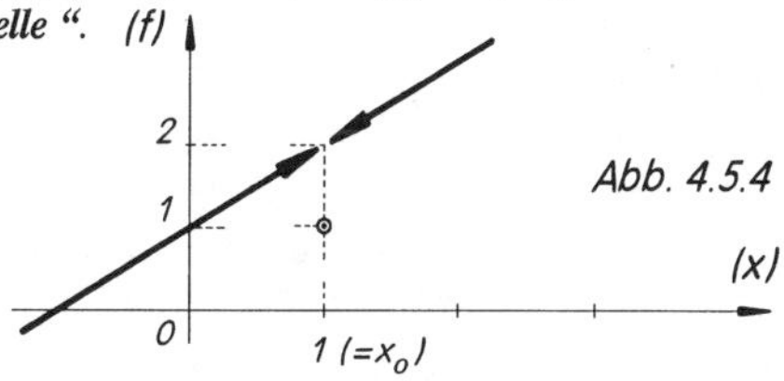

Abb. 4.5.4

Wegen $\lim\limits_{x \to 1^-} f(x) = \lim\limits_{x \to 1^+} f(x) = 2$ existiert zwar der Grenzwert an der Stelle 1, ist aber vom dort gegebenen Funktionswert $f(1) = 1$ verschieden: f hat in $x_0 = 1$ eine Lücke. Würde man nachträglich definieren: $f(1) := 2$, so wäre f überall stetig, vgl. Abb. 4.5.4.

Beispiel:

$f(x) = 1 - e^{-\frac{1}{(x-2)^2}} \quad (x \neq 2)$.

Es gilt: $\lim\limits_{x \to 2^-} f(x) = \lim\limits_{x \to 2^+} f(x) = 1$,

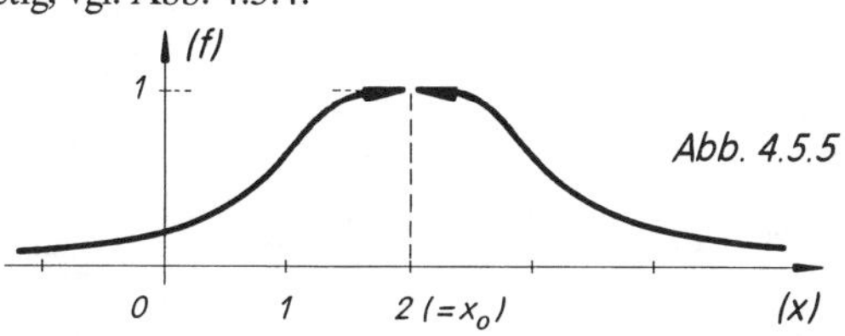

Abb. 4.5.5

jedoch existiert f(2) nicht: f hat an der Stelle $x_0 = 2$ eine **Lücke**, die nachträglich nur dadurch behebbar ist, dass man **definiert**: $f(2) := 1$, vgl. Abb. 4.5.5.

4.6 Stetigkeitsanalyse

Um eine vorgegebene Funktion in einem Intervall auf ihr Stetigkeitsverhalten hin zu untersuchen, genügt es, sämtliche **Unstetigkeitsstellen** zu ermitteln. Außer an diesen Stellen muss die Funktion definitionsgemäß stetig sein. Es kommt also darauf an, die unstetigkeitsverdächtigen „kritischen" Stellen einer Funktion f ausfindig zu machen und auf Stetigkeit zu analysieren. **Kritische Stellen** von f **bezüglich Stetigkeit** sind:

i) Stellen x_i, in denen f **nicht definiert** ist,

a) weil dort ein **Nenner** zu **Null** wird, (vgl. Beispiel 4.6.1: $f(x) = \frac{1}{2 - e^{1/x}}$ an den Stellen $x_o = 0$; $x_1 = 1/\ln 2 \approx 1{,}44$);

b) weil ein **Logarithmus** von **Null** gebildet werden müsste (vgl. Beispiel 4.6.3: $f(x) = \ln(9 - x^2)$ an den Stellen $x_o = 3$; $x_1 = -3$) ;

ii) Stellen x_i, die **Nahtstellen** im Definitionsbereich von **abschnittsweise definierten Funktionen** sind (vgl. Beispiel 4.6.5:

$$f(x) = \begin{cases} -0{,}25x^2 + x + 3 & \text{für } 0 \le x < 4 \\ 3 & \text{für } x = 4 \\ 2x - 7 & \text{für } 4 < x < 6 \\ x^2 - 16x + 65 & \text{für } x \ge 6 \end{cases}$$

an den Stellen $x_o = 4$; $x_1 = 6$) .

Beispiel 4.6.1: $f(x) = \frac{1}{2 - e^{1/x}}$.

Die Funktion ist **nicht** definiert in den Nullstellen der Nenner, d.h. in $x_o = 0$ und $x_1 = 1/\ln 2 \approx 1{,}4427$:

i) $x_o = 0$:

$$\lim_{x \to 0^-} f(x) = \frac{1}{2 - \text{„}e^{-\infty}\text{"}} = \frac{1}{2 - 0} = 0{,}5 \quad \text{und}$$

$$\lim_{x \to 0^+} f(x) = \frac{1}{2 - \text{„}e^{\infty}\text{"}} = \text{„}\frac{1}{-\infty}\text{"} = 0,$$

d.h. f hat an der Stelle $x_o = 0$ einen **Sprung**, vgl. Abb. 4.6.2.

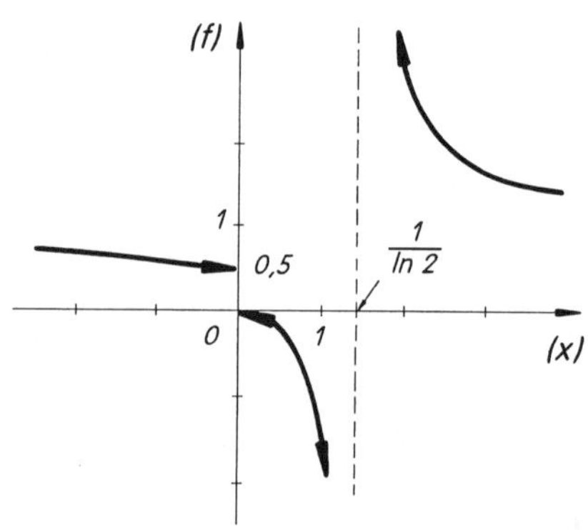

Abb. 4.6.2

ii) $x_1 = 1/\ln 2 \approx 1{,}4427$:

$$\lim_{x \to x_1^-} f(x) = \text{„}\frac{1}{2 - 2^+}\text{"} = \text{„}\frac{1}{0^-}\text{"} = -\infty \quad \text{und} \quad \lim_{x \to x_1^+} f(x) = \text{„}\frac{1}{2 - 2^-}\text{"} = \text{„}\frac{1}{0^+}\text{"} = \infty \quad ,$$

d.h. f hat an der Stelle $x_1 = 1/\ln 2$ einen **Pol** (mit Zeichenwechsel), vgl. Abb. 4.6.2. Da keine weiteren Unstetigkeiten existieren, ist f sonst überall stetig.

Beispiel 4.6.3: $f(x) = \ln(9 - x^2)$.

Außerhalb des Intervalls $]-3, 3[$ ist f nicht definiert, kann dort also auch nicht stetig sein. Zu untersuchen ist das Verhalten von f in der Nähe der Intervallgrenzen +3; -3: Wegen

$$\lim_{x \to -3^+} f(x) = \lim_{x \to 3^-} f(x) = \text{„}\ln 0^{+}\text{“} = -\infty$$

besitzt f an der Stelle -3 einen rechtsseitigen und an der Stelle 3 einen linksseitigen **Pol** (vgl. Abb. 4.6.4) und ist im offenen Intervall $]-3, 3[$ stetig.

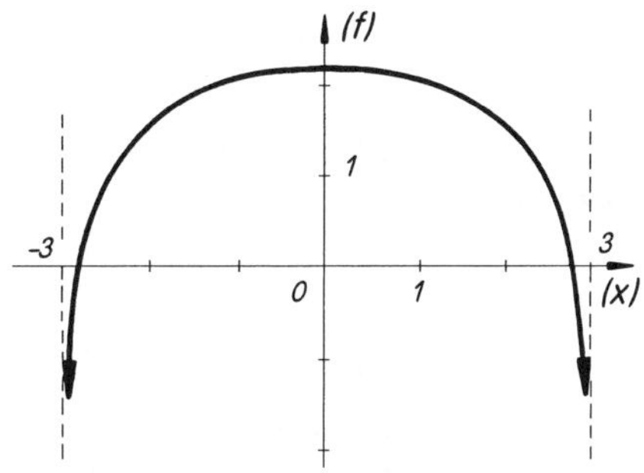

Abb. 4.6.4

Beispiel 4.6.5:

$$f(x) = \begin{cases} -0{,}25x^2 + x + 3 & \text{für } 0 \le x < 4 \\ 3 & \text{für } x = 4 \\ 2x - 7 & \text{für } 4 < x < 6 \\ x^2 - 16x + 65 & \text{für } x \ge 6 \,. \end{cases}$$

Auf Stetigkeit zu untersuchen sind die „Nahtstellen“ $x_o = 4$ und $x_1 = 6$:

i) $x_o = 4$:

$$\lim_{x \to 4^-} f(x) = \lim_{x \to 4^-} (-0{,}25x^2 + x + 3) = 3 \;;$$

$$\lim_{x \to 4^+} f(x) = \lim_{x \to 4^+} (2x - 7) = 1 \;;\; f(4) = 3,$$

d.h. f hat an der Stelle $x_o = 4$ einen Sprung, (vgl. Abb. 4.6.6)

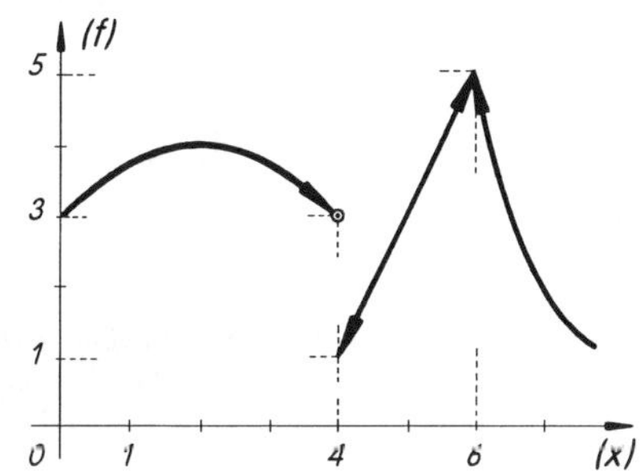

Abb. 4.6.6

ii) $x_1 = 6$: $\lim_{x \to 6^-} f(x) = \lim_{x \to 6^-} (2x - 7) = 5$; $\lim_{x \to 6^+} f(x) = \lim_{x \to 6^+} (x^2 - 16x + 65) = 5$; $f(6) = 5$.

Da Grenzwert und Funktionswert in $x_1 = 6$ übereinstimmen, ist f dort **stetig** (auch wenn der Graph eine „ Ecke “ (vgl. Abb. 4.6.6) aufweist !).

Ist eine im **abgeschlossenen reellen Intervall** $[a, b] := \{ x \in \mathbb{R} \mid a \le x \le b \}$ definierte Funktion f dort auch **stetig**, so besitzt sie (u.a.) die folgenden **wichtigen Eigenschaften**:

Satz 4.6.7: (Eigenschaften stetiger Funktionen)

Die Funktion f sei im **abgeschlossenen** Intervall $[a, b]$ ($\subset \mathbb{R}$) stetig. Dann gilt:

i) f ist in $[a, b]$ **beschränkt.**

ii) f nimmt in $[a, b]$ ihr **Maximum** und ihr **Minimum** (*mindestens einmal*) an.

iii) f nimmt in $[a, b]$ zwischen zwei beliebigen Funktionswerten **jeden Zwischenwert** (*mindestens einmal*) an.

iv) Ist f an der Stelle x_o im **Innern** von $[a, b]$ **positiv** (*negativ*), so gibt es eine *(beidseitige)* **Umgebung** von x_o, in der f beständig **positiv** (*negativ*) ist (*„Vorzeichenbeständigkeit“*).

Bemerkung 4.6.8: *a) Aus iii) folgt eine für die Nullstellenbestimmung wichtige Eigenschaft stetiger Funktionen: Gilt in $[a, b]$: $f(a) \cdot f(b) < 0$ (d.h. besitzen $f(a)$ und $f(b)$ unterschiedliches Vorzeichen), so hat f in $[a, b]$ (mindestens) eine* ***Nullstelle****.*

b) *Bereits die einfach gebaute (in $[-2;2]$* ***unstetige*** *) Funktion*

$$f(x) = \begin{cases} \frac{1}{x} & \text{für } x \neq 0 \\ 1 & \text{für } x = 0 \end{cases} \quad , x \in [-2;2],$$

(Hyperbel mit Extra - Punkt, vgl. Abb. 4.6.9), zeigt, dass für ***unstetige*** *Funktionen* ***keine*** *der Eigenschaften von Satz 4.6.7 zutreffen muss:*

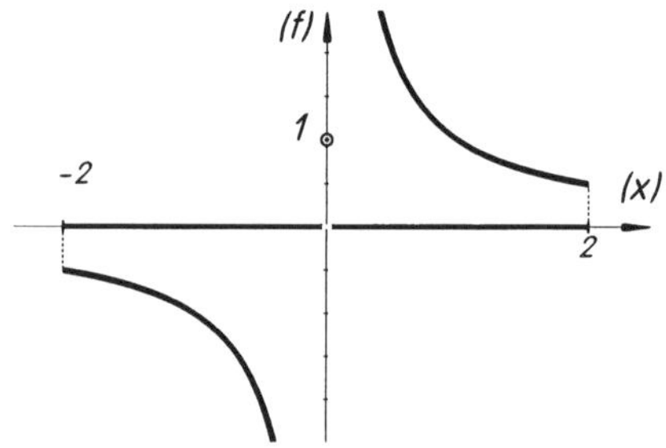

Abb. 4.6.9

i) f ist in $[-2;2]$ ***un****beschränkt, denn es gilt: $\lim\limits_{x \to 0^\pm} \frac{1}{x} = \pm\infty$ („Pol").*

ii) Aus demselben Grund besitzt f in $[-2;2]$ weder ein Maximum noch ein Minimum.

iii) Es gilt: $f(-2) = -\frac{1}{2}$ (<0) und $f(+2) = +\frac{1}{2}$ (>0). Den Zwischenwert „0" aber nimmt f nirgendwo in $[-2;2]$ an. Daher kann man hier auch ***nicht*** *wegen der Vorzeichenunterschiede von $f(-2)$ und $f(2)$ auf die Existenz einer Nullstelle von f in $[-2;2]$ schließen.*

iv) f ist an der Stelle $x_0 = 0$ positiv: $f(0) = 1$ (vgl. Abb. 4.6.9). Es gibt aber keine beidseitige Umgebung der Stelle x_0 $(= 0)$, in der f nur positiv ist!

*c) Auch die übrigen Voraussetzungen von Satz 4.6.7: (****abgeschlossenes*** *Intervall* ***reeller*** *Zahlen) sind (neben der Stetigkeit) für die Folgerungen i) - iv) unabdingbar (die nachfolgenden Beispiele beziehen sich wiederum auf Abb. 4.6.9):*

- *So ist f im* ***offenen*** *Intervall $]0;2[:= \{x \in \mathbb{R} \mid 0 < x < 2\}$ zwar stetig, aber (für $x \to 0^+$)* ***nicht beschränkt****.*
- *Selbst, wenn man das* ***offene*** *Intervall $]1;2[$ betrachtet, in dem f sowohl stetig als auch beschränkt ist:*
- *In $]1;2[$ besitzt f* ***weder*** *ein Maximum* ***noch*** *ein Minimum (denn die Randwerte $x_1=1$ und $x_2=2$ gehören* ***nicht*** *zu $]1;2[$.*
- *Schließlich muss es sich beim abgeschlossenen Intervall $[a, b]$ um eine* ***reelle*** *Zahlenmenge handeln, damit Satz 4.6.7 stimmt:*

  So ist z.B. (vgl. Abb. 4.6.10) die quadratische Funktion $f: f(x) = x^2 - 3$ (Parabel) im abgeschlossenen ***rationalen*** *Intervall $[1; 2]$ $(\subset \mathbb{Q})$ stetig, und es gilt: $f(1) = -2$ (> 0) ; $f(2) = +1$ (< 0). Also müsste eigentlich (nach Satz 4.6.7 iii)) zwischen $x_1 = 1$ und $x_2 = 2$ eine Nullstelle x_0 (d.h. mit $f(x_0) = 0$) liegen. Tatsächlich aber besitzt f in $[1;2]$ $(\subset \mathbb{Q})$* ***keine*** *Nullstelle, denn der dafür in Frage kommende Wert $x_0 = \sqrt{3}$ ist* ***keine rationale Zahl****, liegt also nicht in $\mathbb{Q}$!*

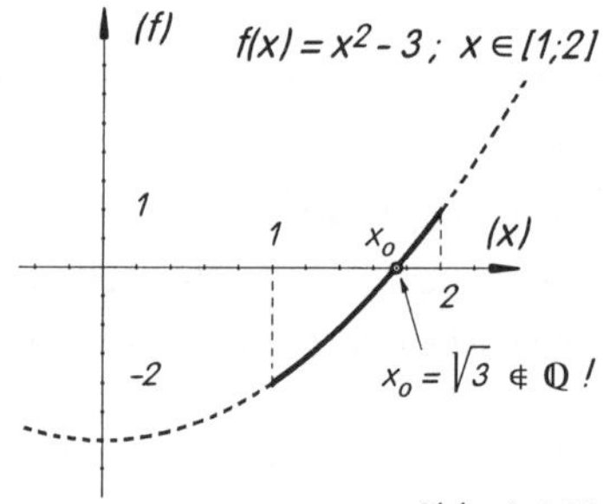

Abb. 4.6.10

4.7 Stetigkeit ökonomischer Funktionen

Für die meisten vorkommenden **ökonomischen Funktionen** wird **stetiges Verhalten** in ihrem ökonomischen Definitionsbereich **unterstellt** oder **gefordert**, und zwar auch dann, wenn es sich um diskrete Funktionen handelt, die nur in isolierten Punkten definiert sind (z.B. Kostenfunktionen bei unteilbarem oder ganzzahligem Output). Der Grund für diese Idealisierung diskreter ökonomischer Funktionen liegt darin, dass die Anwendung vieler effizienter Methoden der mathematischen Analysis (insbesondere die Differential- und Integralrechnung) die Stetigkeit der betrachteten Funktionen voraussetzt. Freilich dürften bei der Umsetzung derartig erhaltener Resultate in die ökonomische Realität diese verborgenen Voraussetzungen nicht in Vergessenheit geraten - andernfalls können unsinnige Ergebnisse die Folge sein.

Auch im **ökonomischen** Bereich gibt es Funktionen mit „klassischen" **Unstetigkeiten**:

Beispiel 4.7.1: Eine Unternehmung bietet eine Ware zu einem Grundpreis von 100 €/ME an. Bei einer Bestellung ab 1.000 ME wird ein **Rabatt** von 20%, ab 2.000 ME ein Rabatt von 40% auf den Grundpreis gewährt (und zwar jeweils für die **gesamte Liefermenge**).

Der Bestellwert W (in €) in Abhängigkeit vom Lieferumfang x (in ME) ergibt sich daher wie folgt:

$$W(x) = \begin{cases} 100x & \text{für } \quad 0 \le x \le 1.000 \\ 80x & \text{für } 1.000 \le x \le 2.000 \\ 60x & \text{für } 2.000 \le x \end{cases} \quad .$$

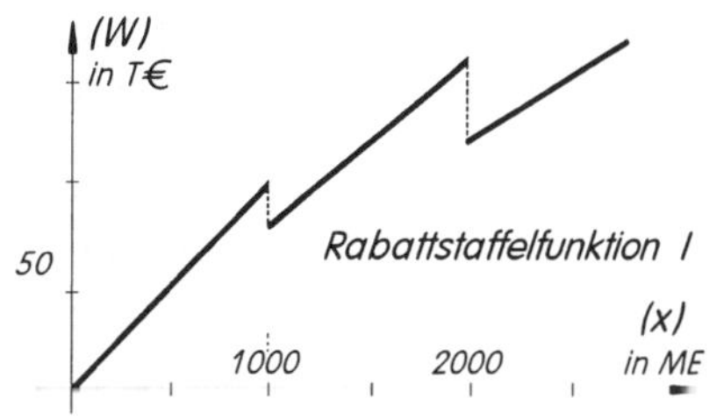

Abb. 4.7.2

An den **Rabattgrenzen** 1.000 ME bzw. 2.000 ME besitzt W infolge der Rabattsprünge ebenfalls **Sprungstellen**, was dazu führt, dass der Zahlbetrag **W nicht monoton** mit der Bestellmenge x **wächst**. Dies bedeutet in der Praxis, dass bestimmte Bestellmengen unwahrscheinlich sind: So kosten z.B. 1.600 ME (zu je 80 €/ME) 128 T€, während 2.000 ME (zu je 60 €/ME) lediglich 120 T€ kosten. Daher werden – ausreichende Lagerkapazität beim Besteller vorausgesetzt – Bestellvolumina zwischen 1.500 und 1.999 ME (zugunsten einer Bestellmenge von 2.000 ME) in der Regel nicht realisiert werden.

Beispiel 4.7.3: Eine Unternehmung bietet eine Ware zu einem Grundpreis von 100 €/ME für alle Bestellmengen bis einschließlich 1.000 ME an. Für jede **darüber hinaus** bestellte ME (bis incl. 2.000 ME) wird ein Rabatt von 40%, für jede über 2.000 ME hinaus bestellte ME wird ein Rabatt von 70% auf den Grundpreis gewährt. *(Man beachte, dass der Rabatt hier - im Gegensatz zu Beispiel 4.7.1 - nicht auf die gesamte, sondern nur auf die jeweils bestimmte Grenzen **übersteigende Bestellmenge** wirkt.)* Werden beispielsweise 2.500 ME bestellt und geliefert, so zahlt der Kunde für die ersten 1.000 ME je 100 €/ME, für die zweiten 1.000 ME je 60 €/ME und für die letzten 500 ME je 30 €/ME, insgesamt also 175.000 €. Damit lautet der Bestellwert W (in €) in Abhängigkeit der Liefermenge x (in ME):

$$W(x) = \begin{cases} 100x & \text{für } \quad 0 \le x \le 1.000 \\ 60(x - 1.000) + 100.000 & \text{für } 1.000 < x \le 2.000 \\ 30(x - 2.000) + 160.000 & \text{für } 2.000 < x \end{cases} \quad \text{, d.h.}$$

$$W(x) = \begin{cases} 100x & \text{für} \quad 0 \le x \le 1.000 \\ 60x + 40.000 & \text{für} \ 1.000 < x \le 2.000 \\ 30x + 100.000 & \text{für} \ 2.000 < x \quad . \end{cases}$$

Bildet man an den Nahtstellen (1.000 bzw. 2.000) des Definitionsbereiches die Grenzwerte $x \to 1.000$ bzw. $x \to 2.000$, so folgt:

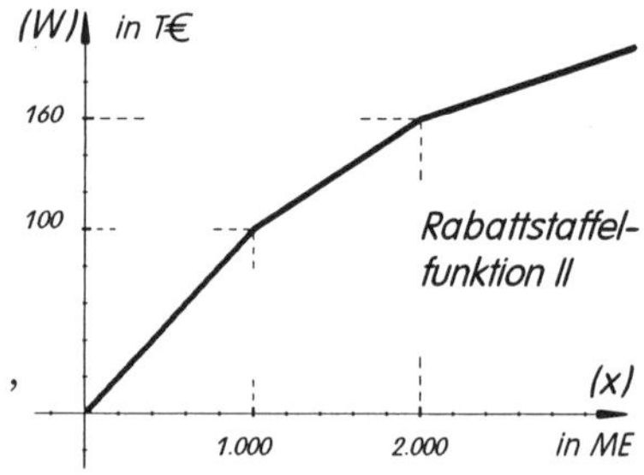

$$\lim_{x \to 1.000^-} W(x) = \lim_{x \to 1.000^-} 100x = 100.000 = W(1.000) \ ,$$

$$\lim_{x \to 1.000^+} W(x) = \lim_{x \to 1.000^+} (60x + 40.000) = 100.000 \ ,$$

Abb. 4.7.4

$$\lim_{x \to 2.000^-} W(x) = \lim_{x \to 2.000^-} (60x + 40.000) = 160.000 = W(2.000) \ ,$$

$\lim_{x \to 2.000^+} W(x) = \lim_{x \to 2.000^+} (30x + 100.000) = 160.000$, d.h. W(x) ist - wie nach der Konstruktion der Rabattstaffel zu erwarten - überall stetig (vgl. Abb. 4.7.4).

Beispiel 4.7.5: Bei **Produktionen** mit **quantitativer Anpassung** eines Produktionsfaktors wird mit steigendem Output x jeweils bei Vollauslastung eines Aggregates zusätzlich ein neues eingesetzt.

Da für jedes Aggregat fixe Bereitstellungskosten entstehen, ergibt sich - bei konstanten stückvariablen Kosten - etwa folgender **Gesamtkostenverlauf** *(es werden im Beispiel mehrere identische Aggregate unterstellt):*

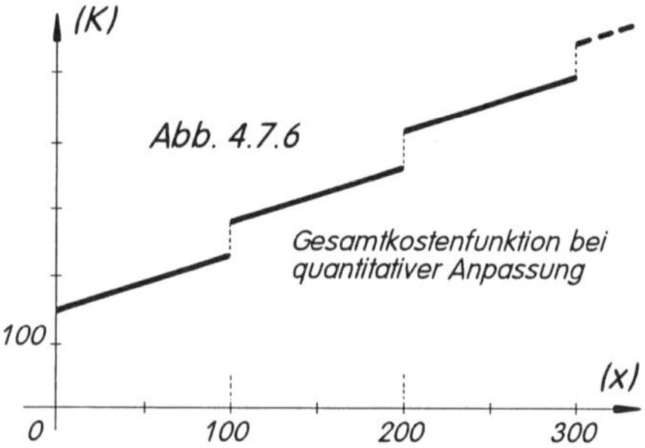

$$K(x) = \begin{cases} 0{,}8x + 150 & \text{für} \quad 0 \le x \le 100 \\ 0{,}8x + 200 & \text{für} \ 100 < x \le 200 \\ 0{,}8x + 250 & \text{für} \ 200 < x \le 300 \\ 0{,}8x + 300 & \text{für} \ 300 < x \le 400 \\ \vdots & \qquad \vdots \end{cases} .$$

Dabei entstehen pro Aggregat „intervallfixe" Bereitstellungskosten in Höhe von 50 GE sowie einmalig global Fixkosten von 100 GE. Pro Leistungseinheit (LE) entstehen variable Kosten von 0,8 GE/LE. Die maximale Auslastung eines jeden Aggregates beträgt 100 LE.

Die **Gesamtkostenfunktion K** hat nach jeweils 100 LE einen **Sprung** in Höhe der intervallfixen Kosten von 50 GE pro neu eingesetztem Aggregat.

Die zugehörige **Stückkostenfunktion k** mit

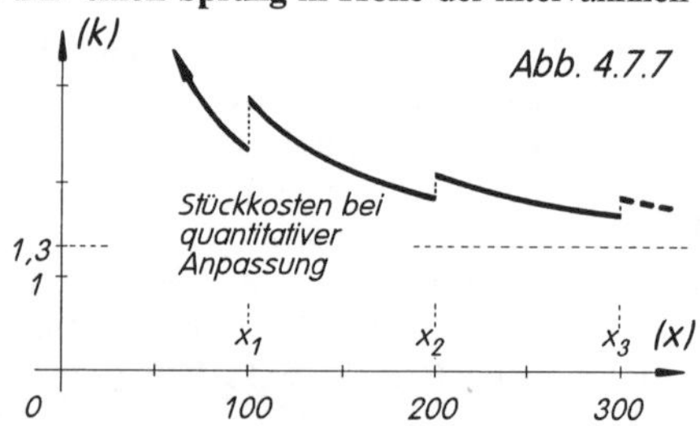

$$k(x) = \frac{K(x)}{x} = \begin{cases} 0{,}8 + 150/x & \text{für} \quad 0 < x \le 100 \\ 0{,}8 + 200/x & \text{für} \ 100 < x \le 200 \\ 0{,}8 + 250/x & \text{für} \ 200 < x \le 300 \\ 0{,}8 + 300/x & \text{für} \ 300 < x \le 400 \\ \vdots & \qquad \vdots \end{cases}$$

hat ebenfalls nach jeweils 100 LE einen **Sprung** in Höhe der auf die bisherige Produktionsmenge x_i zu verteilenden neu hinzugekommenen intervallfixen Kosten $^{50}/_{x_i}$ (x_i = 100, 200, 300, ...). Für $x \to 0^+$ wachsen die Stückkosten über alle Grenzen, da $\lim_{x \to 0+} k(x) = \lim_{x \to 0+} (0{,}8 + {}^{150}/_{x}) = \infty$, d.h. k hat an der Stelle $x_o = 0$ einen **Pol**.

Beispiel 4.7.8: Kostenfunktionen für **Produktionen** mit **zeitlicher Anpassung** eines Produktionsfaktors können **Ecken** aufweisen, wenn man unterstellt, dass von einer gewissen Auslastung an konstante **„Überlastzuschläge"** auf die variablen Stückkosten k_v zu zahlen sind.

Beispiel: Fixkosten: 100 GE; variable Stückkosten: $k_v = 2$ GE/LE für eine Auslastung $0 < x \le 50$. Für Auslastungen über 50 LE erfolgt ein Zuschlag von 100% auf k_v. Damit lautet die Gesamtkostenfunktion K:

$$K(x) = \begin{cases} 2x + 100 & \text{für } 0 < x \le 50 \\ 4(x - 50) + 200 & \text{für } 50 < x \end{cases},$$

d.h.

$$K(x) = \begin{cases} 2x + 100 & \text{für } 0 < x \le 50 \\ 4x & \text{für } 50 < x \end{cases}.$$

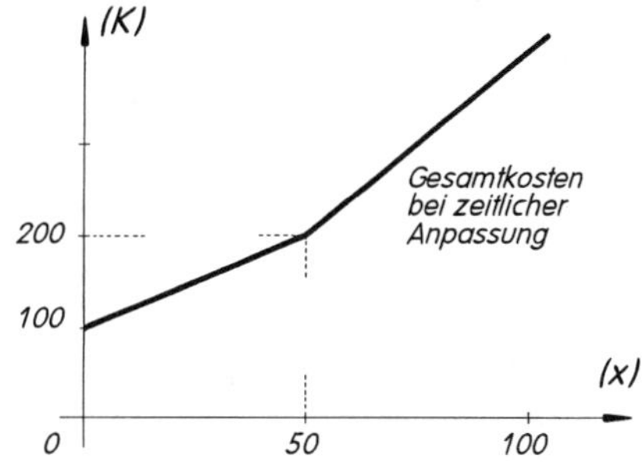

Abb. 4.7.9

Da gilt: $\lim\limits_{x \to 50^-} K(x) = \lim\limits_{x \to 50^-} (2x + 100) = 200$, sowie $\lim\limits_{x \to 50^+} K(x) = \lim\limits_{x \to 50^+} 4x = 200$ sowie $K(50) = 2 \cdot 50 + 100 = 200$, ist K *(trotz Ecke)* stetig, vgl. Abb. 4.7.9.

Die Funktion

$$k_v(x) = \frac{K_v(x)}{x}$$

der **durchschnittlichen variablen Kosten** *(identisch mit der* ***Steigung*** *von K(x))* ist dagegen an der Ecke $x_0 = 50$ LE **unstetig**, k_v springt von 2 €/LE um 100% auf 4 €/LE:

$$k_v(x) = \begin{cases} 2 & \text{für } 0 < x \le 50 \\ 4 & \text{für } 50 < x \end{cases}.$$

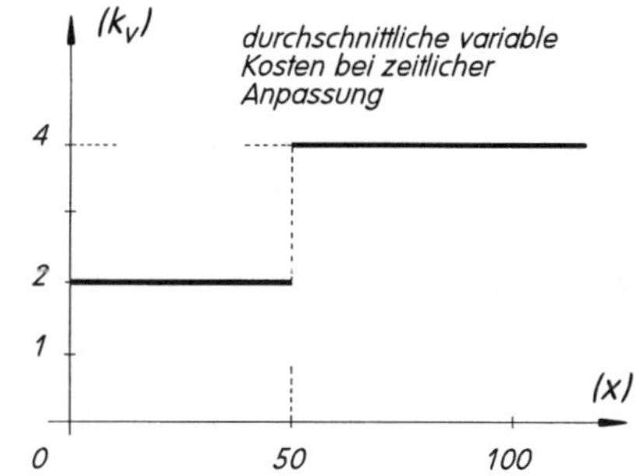

Abb. 4.7.10

Aufgabe 4.7.11: Für die folgenden Funktionen ermittele man **a)** den Definitionsbereich, **b)** die Nullstellen sowie **c)** Ort und Art ihrer Unstetigkeiten:

i) $f(x) = \dfrac{3x^2 - 3x}{(x-1)(x^2 - 3x + 2)}$;

ii) $f(x) = \dfrac{(x^2 - 2x + 1)(x - 4)}{(x-1)(x^2 - 4x + 3)}$;

iii) $f(y) = \begin{cases} e^{1/(2y-4)} & \text{für } y \neq 2 \\ 0 & \text{für } y = 2; \end{cases}$

iv) $f(z) = \ln\left(\dfrac{z-1}{z-2}\right)$;

v) $f(h) = \begin{cases} \dfrac{(x+h)^4 - x^4}{h} & \text{für } h \neq 0 \\ 4x^3 & \text{für } h = 0; \\ & (x = \text{const}) \end{cases}$

vi) $h(p) = \dfrac{p^2 - 4}{2^{-1/p} - 2}$;

vii) $g(t) = \begin{cases} e^{-1/t^2} & \text{für } t \neq 0 \\ 0 & \text{für } t = 0; \end{cases}$

viii) $g(x) = \dfrac{(x+1)(x-1)}{\sqrt{x} - 2}$;

ix) $f(x) = \begin{cases} x^2 + 1 & \text{für } -\infty < x \leq 2 \\ -4x + 13 & \text{für } 2 < x \leq 3 \\ x^2 - 2x - 1 & \text{für } 3 < x < 4 \\ 5 & \text{für } x = 4 \\ \frac{14}{6 - x} & \text{für } 4 < x < \infty \end{cases}$; **x)** $f(x) = 0{,}5 \left| x - 2 \right| + 1$.

4.8 Asymptoten

Betrachten wir die elementarste gebrochen-rationale Funktion, $f(x) = \frac{1}{x}$ $(x \neq 0)$, so stellen wir fest, dass sich die Hyperbeläste für $x \to \pm\infty$ jeweils der x-Achse beliebig genau annähern, andererseits für $x \to 0$ sich der f-Achse beliebig genau annähern, vgl. Abb. 4.8.1.

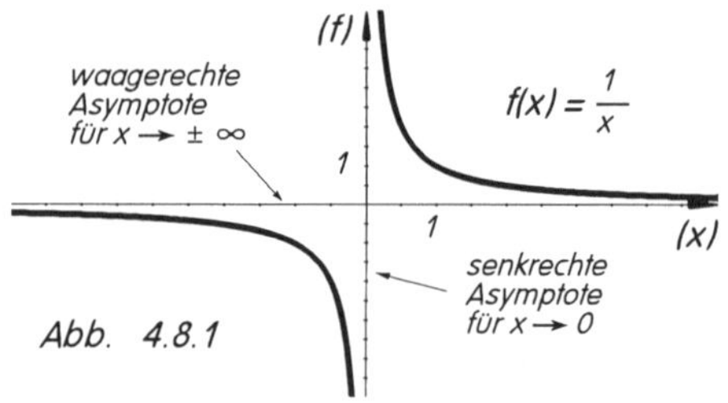

Abb. 4.8.1

Wie schon in Bemerkung 4.1.20 erwähnt, nennt man diese waagerechten *(bzw. senkrechten)* Näherungsgeraden **Asymptote(n)** [3] **von f** [4] **für x → ∞** *(bzw. für x → 0)*.

Insbesondere bei *gebrochen-rationalen Funktionen* ist es immer wieder zu beobachten, dass für sehr große $(x \to \infty)$ bzw. sehr kleine $(x \to -\infty)$ Werte der unabhängigen Variablen x die betrachtete gebrochen-rationale Funktion f(x) sich einer Gerade oder einem i.a. recht einfach gebauten Polynom immer mehr nähern und sich schließlich kaum noch von dieser Näherungsfunktion (oder „Asymptotenfunktion") unterscheiden.

Beispiel 4.8.2: $f(x) = \frac{0{,}5x^2 + 1}{x}$; $(x \neq 0)$.

Es gilt: $\lim\limits_{x \to \infty} f(x) = \infty$ sowie

$\lim\limits_{x \to -\infty} f(x) = -\infty$ *(s. Abb. 4.8.3)*

Über die Art und Weise der Annäherung $f \to \infty$ kann man nun genaueres sagen:

Wegen $f(x) = \frac{0{,}5x^2 + 1}{x} = 0{,}5x + \frac{1}{x}$ gilt nämlich:

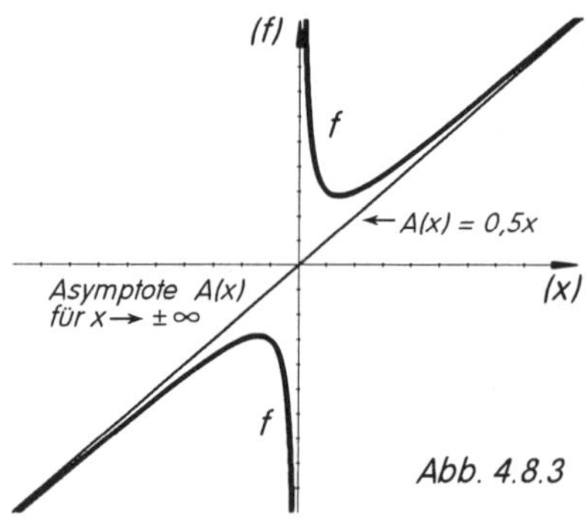

Abb. 4.8.3

Für große x, d.h. $x \to \infty$, verschwindet der Term 1/x, so dass f sich immer mehr dem verbleibenden Term 0,5x nähert (von oben, da $1/x > 0$). Für sehr kleine x $(x \to -\infty)$ verschwindet 1/x ebenfalls, f(x) unterscheidet sich von dem verbleibenden Term 0,5x beliebig wenig, vgl. Abb. 4.8.3: Man sagt: Die Gerade $A(x) = 0{,}5\,x$ ist **Asymptotenfunktion** zu $f(x) = 0{,}5\,x + \frac{1}{x}$ für $x \to \infty$.

---

[3] Das Wort „Asymptote" (griech.) bedeutet - wörtlich übersetzt - „Nicht - Zusammenfallende" ; vgl. allerdings hierzu Bemerkung 4.1.21.

[4] eigentlich: Asymptote des Funktionsgraphen von f.

Allgemein definiert man eine Asymptotenfunktion A(x) zu einer gegebenen Funktion f(x) wie folgt:

Def. 4.8.4: Gegeben sei die Funktion f(x) mit rechtsseitig *(bzw. linksseitig)* unbegrenztem Definitionsbereich. Die Funktion A(x) heißt **Asymptote** zu f(x) für $x \to \infty$ *(bzw.* $x \to -\infty$*)*, wenn für $x \to \infty$ *(bzw.* $x \to -\infty$*)* die Differenz zwischen f(x) und Asymptote A(x) gegen Null geht, d.h. wenn gilt:

$$\lim_{x \to \infty} (f(x) - A(x)) = 0 \qquad \left(\text{bzw. } \lim_{x \to -\infty} (f(x) - A(x)) = 0\right)$$

Bei **gebrochen-rationalen Funktionen** lassen sich Asymptoten leicht dadurch ermitteln, dass man f(x) durch Polynomdivision in ein Polynom A(x) plus einem (für $x \to \pm\infty$ stets verschwindenden) echt[5] rationalen Rest R(x) zerlegt.

Beispiel 4.8.5: Gesucht ist die Asymptotenfunktion A(x) zu f mit $f(x) = \frac{6x-4}{2x+3}$ für $x \to \infty$.

Polynomdivision liefert:

$$(6x-4) : (2x+3) = \underbrace{3}_{A(x)} - \underbrace{\frac{13}{2x+3}}_{R(x)}$$

$$\begin{array}{l} 6x+9 \\ \hline -13 \end{array}$$

Wegen $\lim\limits_{x \to \infty} R(x) = \lim\limits_{x \to \infty} \frac{13}{2x+3} = 0$

lautet die Asymptote: A(x) = 3, vgl. Abb. 4.8.6.

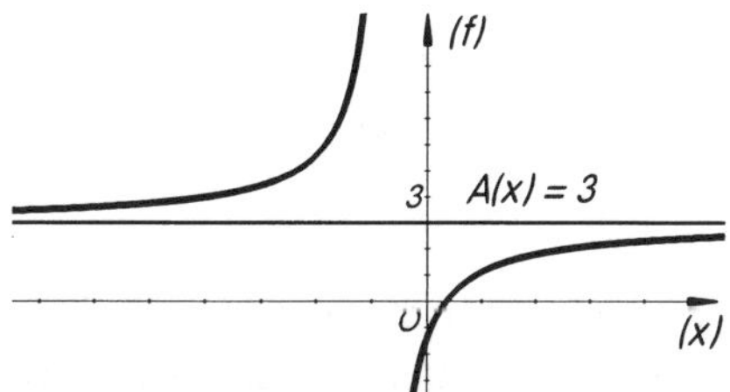

Abb. 4.8.6

Bemerkung 4.8.7: *Ist f(x) von vorneherein echt-rational, so gilt* $\lim\limits_{x \to \pm\infty} f(x) = 0$, *d.h. die Asymptote lautet* $A(x) = 0$, *sie ist identisch mit der Abszisse, vgl. das Beispiel* $f(x) = \frac{1}{x}$ *in Abb. 4.8.1.*

Beispiel 4.8.8: Gesucht ist die Asymtote A(x) für $x \to \pm\infty$ der Funktion f mit $f(x) = \frac{x^3 + 3x^2 + 3x + 2}{x^2 + 2x + 1}$ $(x \neq 1)$.

Polynomdivision liefert:

$$f(x) = (x^3 + 3x^2 + 3x + 2) : (x^2 + 2x + 1) = \underbrace{x + 1}_{A(x)} + \underbrace{\frac{1}{x^2 + 2x + 1}}_{\text{„Rest" } R(x)}$$

$$\begin{array}{rl} - | & x^3 + 2x^2 + x \\ \hline & x^2 + 2x + 2 \\ - | & x^2 + 2x + 1 \\ \hline & 1 \end{array}$$

---

[5] Eine gebrochen-rationale Funktion f(x) heißt „echt"-rational, wenn der Grad des Nennerpolynoms größer ist als der Grad des Zählerpolynoms, wie z.B. bei $f(x) = \frac{5x^2 + 3x}{2x^3 - 1}$.

Der Rest R(x) verschwindet für $x \to \pm\infty$, daher ist die Asymptote gegeben durch die lineare Funktion $A(x) = x + 1$. Weiterhin erkennt man, dass der Rest R(x) sowohl für sehr große x ($x \to \infty$) wie auch für sehr kleine x ($x \to -\infty$) positiv ist, so dass man zur Asymptote noch etwas Positives hinzufügen muss, um f(x) zu erhalten:

$$f(x) = A(x) + \underbrace{R(x)}_{>0} \quad (\text{für } x \to \pm\infty),$$

m.a.W. f muss stets oberhalb der Asymptote verlaufen, Abb. 4.8.9.

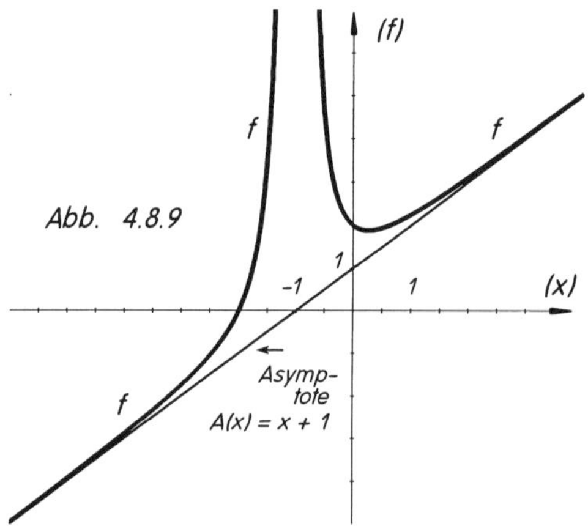

Abb. 4.8.9

Beispiel 4.8.10: $f(x) = \dfrac{x^6 + 5x^2 - 50x}{5x^4 + 25}$;

Polynomdivision liefert:

$$f(x) = (x^6 + 5x^2 - 50x) : (5x^4 + 25) = \frac{1}{5}x^2 - \frac{50x}{5x^4+25} = \underbrace{\frac{1}{5}x^2}_{A(x)} - \underbrace{\frac{10x}{x^4+5}}_{R(x)} \qquad (*)$$

$$\begin{array}{l} -\,|\ \underline{x^6 + 5x^2} \\ \qquad\quad -50x \end{array}$$

Die Asymptotenfunktion $A(x) = \frac{1}{5}x^2$ ist quadratisch, der „Rest" R(x) strebt für $x \to \pm\infty$ gegen Null. Dabei ist $R(x) = 0$ für $x = 0$, dort also schneidet die Funktion f(x) ihre Asymptote x. Der Rest R(x) ist für $x \to \infty$ positiv (bzw. für $x \to -\infty$ negativ), also muss wegen $f(x) = A(x) - R(x)$ (vgl. (*)) die Originalfunktion f für $x \to \infty$ unterhalb der Asymptote (bzw. für $x \to -\infty$ oberhalb der Asymptote) verlaufen, vgl. Abb. 4.8.11:

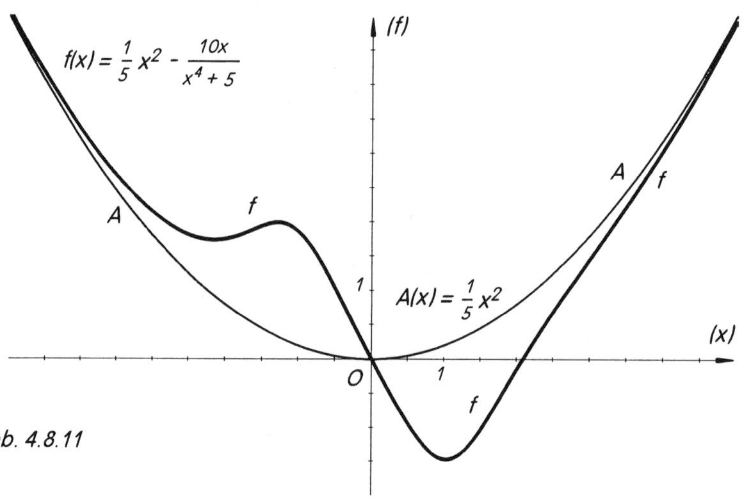

Abb. 4.8.11

Aufgabe 4.8.12: Man ermittle die Asymptoten für $x \to \pm\infty$ folgender Funktionen und skizziere f für sehr große und sehr kleine x:

i) $f(x) = \frac{x}{1+x}$; **ii)** $f(x) = \frac{6x^2+x-1}{2x^3-1}$;

iii) $f(x) = \frac{5x^3}{1-2x^2}$; **iv)** $f(x) = \frac{9x^3+x^2+1}{3x^3+x+4}$;

v) $f(x) = \frac{x^5}{x^2+x+1}$; **vi)** $f(x) = \frac{5}{e^x+4}$;

vii) $f(x) = \frac{e^x-10}{e^x+2}$; **viii)** $f(x) = -16 \cdot e^{-\frac{2}{3x}}$;

ix) $f(x) = \frac{x\sqrt{x}+1}{\sqrt{x}}$.

Aufgabe 4.8.13: Man ermittle jeweils eine möglichst einfach gebaute gebrochen-rationale Funktion, die folgende Asymptotenfunktionen *(für $x \to \infty$)* besitzt:

i) $A(x) = -2{,}5$

ii) $A(x) = 0$

iii) $A(x) = \frac{1}{2}x + 3$

iv) $A(x) = 2x^2 - 2x - 3$

Aufgabe 4.8.14: Es sei $K(x) = ax^3 + bx^2 + cx + d$, $x > 0$, die Gleichung einer (ertragsgesetzlichen) Gesamtkostenfunktion $K: x \mapsto K(x)$. Man zeige, dass die durchschnittlichen variablen Kosten $k_v(x)$ Asymptotenfunktion (für $x \to \infty$) der durchschnittlichen Gesamtkosten $k(x)$ sind.

Aufgabe 4.8.15: Gegeben sind die Konsumfunktionen C mit:

a) $C(Y) = \frac{8Y+4}{Y+1}$, $Y \geq 0$.

b) $C(Y) = \frac{0{,}5Y^2+5{,}5Y+45}{Y+9}$, $Y \geq 0$

(Y: Einkommen in GE ; C: Konsum in GE).

i) Man überprüfe jeweils das asymptotische Verhalten des Konsums für unbeschränkt wachsendes Einkommen.

ii) Gibt es einen Sättigungswert (*vgl. Bsp. 4.3.7*) für den Konsum ?

iii) Man skizziere jeweils den Konsumverlauf.

5 Differentialrechnung für Funktionen mit einer unabhängigen Variablen - Grundlagen und Technik

5.1 Grundlagen der Differentialrechnung

5.1.1 Problemstellung

Wie schon in der Einleitung zum letzten Kapitel angedeutet, gehört zu vielen wichtigen funktional darstellbaren Problemen in Naturwissenschaft und Ökonomie nicht nur die Frage nach der funktionalen Zuordnung von Problemvariablen, sondern ebenso die Information über deren wechselseitig verursachte **Bewegungen**, **Entwicklungen** und **Änderungen**:

- Für den Piloten einer Raumfähre ist es nicht nur wichtig zu wissen, in welcher Position er sich zu einem bestimmten Zeitpunkt befindet, sondern auch, wie sich diese **Position** im Zeitablauf **ändert**, wie groß seine **Geschwindigkeits**- und **Beschleunigungsänderungen** im Zeitablauf sind.
- Für den Anbieter eines Gutes auf dem Markt ist es nicht nur wichtig zu wissen, wie hoch sein Erlös bei einem bestimmten festen Marktpreis ist, sondern vor allem auch, wie sich - nachfragebedingt - sein **Erlös ändert**, wenn er den **Verkaufspreis** um einen bestimmten Betrag (oder Prozentsatz) **anhebt** oder **senkt**.
- Für den Hersteller eines Produktes ist es nicht nur wichtig zu wissen, wie hoch seine Gesamtkosten oder Stückkosten für eine bestimmte Produktionsmenge (oder Auslastung) sind, sondern vor allem auch, in welcher Weise sich diese **Kosten ändern**, wenn die **Produktionsmenge** (oder die Auslastung) **gesteigert** oder **gemindert** wird.
- Bei der Analyse der Auswirkungen von Lohnerhöhungen ist es u.a. wichtig zu wissen, wie sich die Güternachfrage bzw. die **Konsumausgaben** der Haushalte **ändern**, wenn das Haushalts**einkommen** um einen bestimmten Betrag (oder Prozentsatz) **ansteigt**.

Die Auflistung derartiger Probleme, bei denen es entscheidend auf die **Änderungstendenz** einer Funktion f: $y = f(x)$ ankommt, wenn sich die unabhängige Variable x ändert, lässt sich beliebig fortsetzen. Vor etwa 300 Jahren schufen - fast unabhängig voneinander - LEIBNIZ (1646 - 1716) und NEWTON (1642 - 1727) mit der **Differentialrechnung** ein außerordentlich leistungsfähiges und effektives Instrumentarium [1] zur mathematischen Erfassung derartiger „Änderungen".

---

[1] Ohne die Differentialrechnung wäre die rapide neuzeitliche Entwicklung von Naturwissenschaft und Technik nicht möglich gewesen.

5.1.2 Durchschnittliche Funktionssteigung (Sekantensteigung) und Differenzenquotient

Anschaulich kommt die **Änderungstendenz** einer Funktion f durch die mehr oder weniger große „Steilheit" ihrer Funktionskurve zum Ausdruck *(Abb. 5.1.1)*:

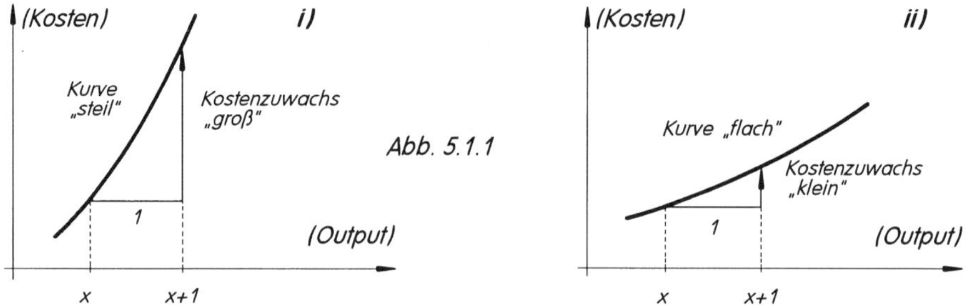

Abb. 5.1.1

So wachsen bei einer **„steil" ansteigenden** Kostenkurve *(Abb. 5.1.1 i))* die Kostenwerte bei Outputzunahme relativ **rasch**, bei einer **„flach" ansteigenden** Kostenkurve *(Abb. 5.1.1 ii))* dagegen relativ **langsam**.

Bei **linearen Funktionen** lässt sich das **Änderungsverhalten** von f durch die **Geradensteigung** quantitativ beschreiben (vgl. Kap. 2.3.1.2): Unter der **Steigung** m der **linearen** Funktion f: y = f(x) = mx + b versteht man das (überall konstante) **Verhältnis von Höhenänderung Δf** (Änderung von f) **zur** entsprechenden **Horizontalenänderung Δx** (Änderung von x) vgl. Abb. 5.1.2:

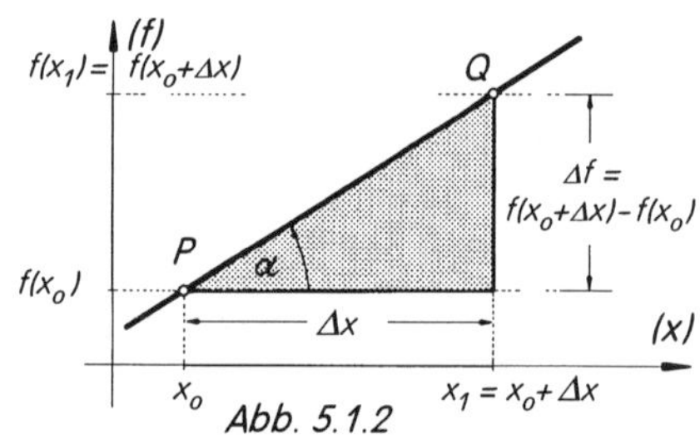

Abb. 5.1.2

(5.1.3) $$\text{Geradensteigung} = m := \tan\alpha = \frac{\Delta f}{\Delta x} = \frac{f(x_1) - f(x_0)}{x_1 - x_0} = \frac{f(x_0 + \Delta x) - f(x_0)}{\Delta x}$$

Es liegt nahe, den linearen Steigungsbegriff auch auf **nichtlineare** Funktionen zu **übertragen**. Da bei „gekrümmten" Funktionsgraphen der „Anstieg" von Punkt zu Punkt verschieden ist, stellt sich somit die Frage nach der **„Steigung von f in einem Punkt P(x_0, f(x_0))"**.

Konstruiert man in Analogie zum linearen Fall im Punkt P ein beliebiges Steigungsdreieck, so misst das Verhältnis Δf/Δx die **Steigung der Sekante** $\overline{PQ}$ (vgl. Abb. 5.1.5) oder auch die **„durchschnittliche" Steigung** von f zwischen P und Q.

Offenbar **approximiert** die Sekantensteigung den gesuchten **Kurvenanstieg** in P **umso besser, je näher** der zweite Kurven-Sekantenschnittpunkt **Q zu P liegt**. Wir wollen im folgenden versuchen, die damit angedeutete **Idee** zur Ermittlung der Funktionssteigung in P zu **präzisieren**: Es seien P(x_0, f(x_0)) und Q_1(x_1, f(x_1)) zwei benachbarte Punkte einer gegebenen Funktion f. Dann ist die **Steigung** m_s **der Sekante** $\overline{PQ_1}$ gegeben durch den Term (vgl. Abb. 5.1.5):

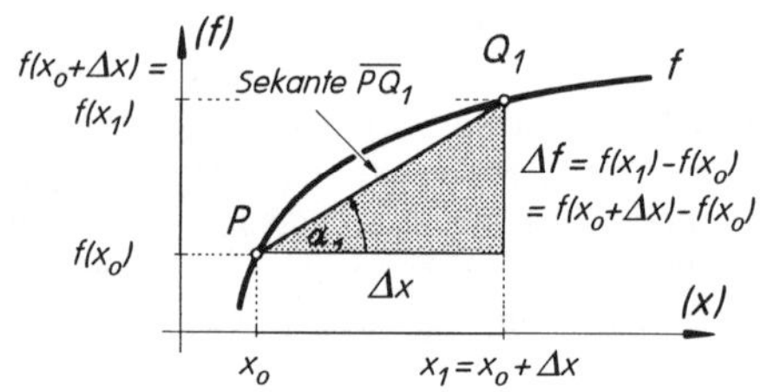

Abb. 5.1.5

$$(5.1.6)\qquad m_s = \tan\alpha_1 = \boxed{\frac{\Delta f}{\Delta x} = \frac{f(x_0+\Delta x) - f(x_0)}{\Delta x}} = \frac{f(x_1) - f(x_0)}{x_1 - x_0} \qquad (x_1 \neq x_0)\ .$$

Bemerkung 5.1.7: *Die **Sekantensteigung** (5.1.6) heißt aus naheliegenden Gründen auch **Differenzenquotient**. Sein Wert $\Delta f/\Delta x$ hängt sowohl von der gewählten Stelle x_0 wie auch vom gewählten horizontalen Abstand Δx der Punkte P und Q_1 ab, vgl. Abb. 5.1.5.*

5.1.3 Steigung und Ableitung einer Funktion (Differentialquotient)

Da die Sekantensteigung den gesuchten Kurvenanstieg in P umso besser annähert, je dichter Q_1 an P liegt, halten wir nun den Punkt $P(x_0, f(x_0))$ fest und **nähern** den Punkt $\mathbf{Q_1}$ (etwa über die Stationen $Q_2, Q_3, ...$) längs der Funktionskurve **immer mehr** dem Punkt P.

Aus Abb. 5.1.8 ist ersichtlich, dass sich bei Lageänderung der Sekante auch deren Steigung ändert. In den meisten vorkommenden Fällen kann man nun folgendes beobachten:

Während sich für $Q_i \to P$ die entsprechenden Sekanten immer mehr einer **Grenzlage** (in Abb. 5.1.8 mit „Tangente" bezeichnet) nähern, streben die **Sekantensteigungen** immer mehr einem **Grenzwert** zu (und zwar unabhängig davon, von welcher Seite die Q_i gegen P streben).

Wenn dieser Fall eintritt, bezeichnet man den **Grenzwert** der **Sekantensteigungen** als **Steigung der Funktion** f an der Stelle x_0. Diejenige **Gerade**, die durch P verläuft und deren Steigung mit der Funktionssteigung **übereinstimmt**, heißt **Tangente** an f in P (vgl. Abb. 5.1.8).

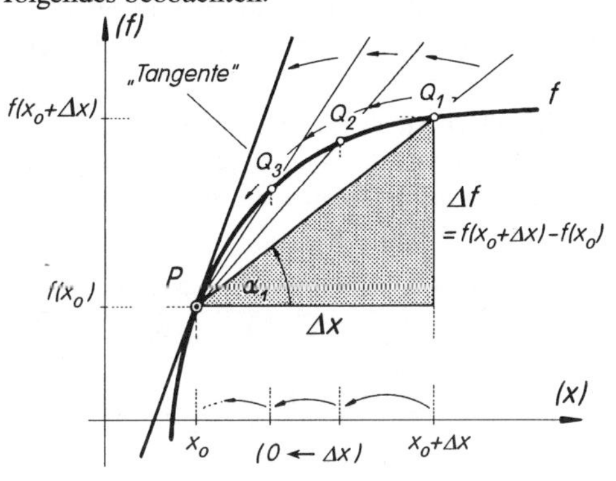

Abb. 5.1.8

Der soeben graphisch und auf anschauliche Weise demonstrierte Grenzprozess zur Ermittlung der Funktionssteigung lässt sich mit den Symbolen von Abb. 5.1.8 auch formalmathematisch durchführen. Bevor wir dies an einem Beispiel zeigen, sollen die üblichen Bezeichnungsweisen definiert werden:

Def. 5.1.9: Existiert für eine Funktion f: y = f(x) an der Stelle x_0 der **Grenzwert** des **Differenzenquotienten** (5.1.6):

$$(5.1.10)\qquad \boxed{\lim_{\Delta x \to 0} \frac{\Delta f}{\Delta x} = \lim_{\Delta x \to 0} \frac{f(x_0+\Delta x) - f(x_0)}{\Delta x}}\ ,$$

so heißt f an der Stelle x_0 **differenzierbar** (oder **ableitbar**).

Den Grenzwert selbst bezeichnet man als **Funktionssteigung**, (erste) **Ableitung** oder **Differentialquotient** von f an der Stelle x_0 und schreibt dafür symbolisch:

$f'(x_0)$ bzw. $\left.\frac{df}{dx}\right/_{x=x_0}$ *(gelesen: „f - Strich von x_0" bzw. „df **nach** dx an der Stelle x_0").*

Bemerkung 5.1.11: *i)* ***Geometrisch*** *bedeutet die erste Ableitung $f'(x_0)$ dasselbe wie die Funktions- bzw. Tangentensteigung von f an der Stelle x_0.*

ii) Die Berechnung des Grenzwertes (5.1.10) heißt ***Ableiten*** *oder* ***Differenzieren.***

iii) Folgende ***Bezeichnungsweisen*** *für die erste Ableitung einer Funktion f: $y = f(x)$ an der Stelle x_0 sind anzutreffen:*

$$f'(x_0) = y'(x_0) = \frac{dy}{dx}\Big/_{x=x_0} = \frac{df}{dx}\Big/_{x=x_0} = \frac{d}{dx}f(x)\Big/_{x=x_0}$$

(Die letzte Bezeichnung wird gelesen: „d ***nach*** *dx von $f(x)$ an der Stelle x_0". Dabei fasst man – analog zum „Strich" in $f'(x_0)$ – das Symbol* ***d/dx*** *als* ***Operator*** *auf, der signalisiert, dass f abgeleitet werden soll.)*

iv) Die Bezeichnung ***Differentialquotient*** *für die erste Ableitung soll daran erinnern, dass es sich dabei um den* ***Grenzwert*** *des* ***Differenzenquotienten*** *handelt.*

Beispiel 5.1.12: Für f: $f(x) = 0{,}2x^2$ sollen ermittelt werden:

i) die Funktionssteigung *(Ableitung)* an der Stelle P(2; 0,8) ;
ii) die Gleichung der Tangente an f durch P ;
iii) die Funktionssteigung *(Ableitung)* an der Stelle $(x_0; 0{,}2x_0^2)$.

zu i): Wählen wir als Nachbarpunkt zu P(2;0,8) den Kurvenpunkt Q_1 mit $Q_1(2+\Delta x\,; 0{,}2(2+\Delta x)^2)$, so erhalten wir als *Steigung der Sekanten* $\overline{PQ_1}$ (vgl. Abb. 5.1.13):

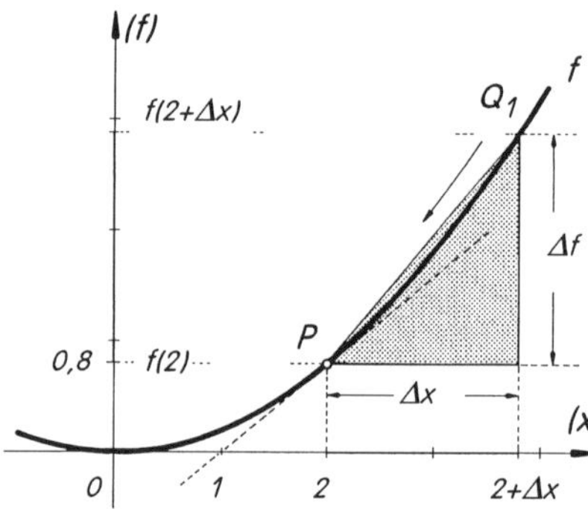

Abb. 5.1.13

$$\frac{\Delta f}{\Delta x}\Big/_{x_0=2} = \frac{f(2+\Delta x) - f(2)}{\Delta x} = \frac{0{,}2(2+\Delta x)^2 - 0{,}2\cdot 2^2}{\Delta x} =$$

$$\frac{0{,}8+0{,}8\cdot\Delta x+0{,}2(\Delta x)^2-0{,}8}{\Delta x} = \frac{\Delta x(0{,}8+0{,}2\,\Delta x)}{\Delta x} =$$

$$= 0{,}8 + 0{,}2\Delta x\ .$$

Die **Funktionssteigung** *(Tangentensteigung, Ableitung)* f'(2) ergibt sich als **Grenzwert** der **Sekantensteigung** für $\Delta x \to 0$:

$$f'(2) = \frac{df}{dx}\Big/_{x=2} = \lim_{\Delta x \to 0} \frac{\Delta f}{\Delta x} =$$

$$= \lim_{\Delta x \to 0} (0{,}8 + 0{,}2\,\Delta x) = 0{,}8\ .$$

Die Funktion *(bzw. ihre „Tangente")* hat im Punkt P(2; 0,8) die Steigung 0,8.

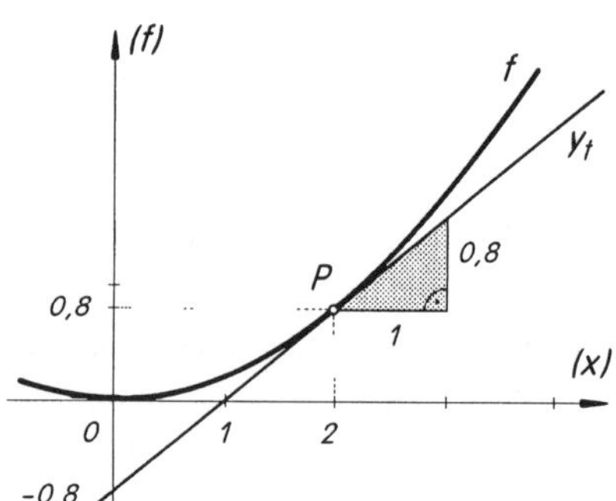

Abb. 5.1.14

zu ii): Nach der Punkt-Steigungsform (2.3.30) für Geraden hat die Tangente durch P(2;0,8) mit der Steigung 0,8 die Gleichung:

$y_t = 0{,}8x - 0{,}8$ (vgl. Abb. 5.1.14) .

zu iii): Ein von P verschiedener Nachbarpunkt Q_1 hat die Koordinaten $(x_0 + \Delta x\,;\; 0{,}2(x_0 + \Delta x)^2)$, so dass sich als Sekantensteigung ergibt (vgl. Abb. 5.1.15):

$$\frac{\Delta f}{\Delta x} = \frac{f(x_0 + \Delta x) - f(x_0)}{\Delta x} =$$

$$\frac{0{,}2(x_0 + \Delta x)^2 - 0{,}2x_0^2}{\Delta x} =$$

$$\frac{0{,}2x_0^2 + 0{,}4x_0 \cdot \Delta x + 0{,}2(\Delta x)^2 - 0{,}2x_0^2}{\Delta x} =$$

$$\frac{\Delta x(0{,}4x_0 + 0{,}2\Delta x)}{\Delta x} = 0{,}4x_0 + 0{,}2\Delta x\,.$$

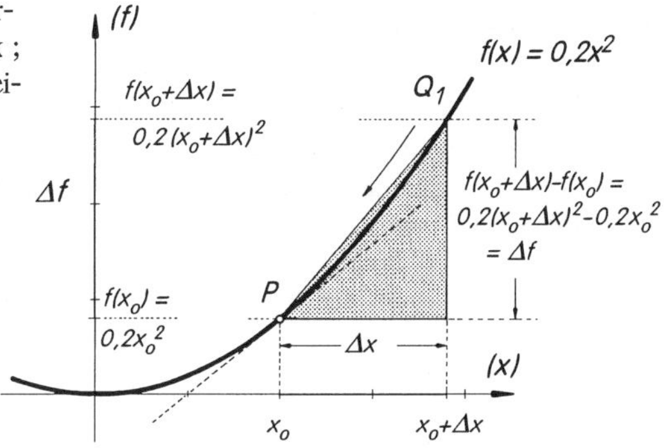

Abb. 5.1.15

Der Grenzwert der Sekantensteigung für $\Delta x \to 0$ liefert die gesuchte Funktionssteigung (Ableitung) an der Stelle x_0:

$$f'(x_0) = \lim_{\Delta x \to 0} \frac{\Delta f}{\Delta x} = \lim_{\Delta x \to 0} (0{,}4x_0 + 0{,}2\Delta x) = 0{,}4x_0.$$

Für einige spezielle Werte x_0 sind untenstehend Funktionswert, Steigung und Tangentengleichung aufgeführt, vgl. auch Abb. 5.1.16.

x_0	$f(x_0) = 0{,}2x_0^2$	$f'(x_0) = 0{,}4x_0$	Tangentengleichung
-2	0,8	-0,8	y = -0,8x - 0,8
0	0	0	y = 0
1	0,2	0,4	y = 0,4x - 0,2
2	0,8	0,8	y = 0,8x - 0,8
⋮	⋮	⋮	⋮

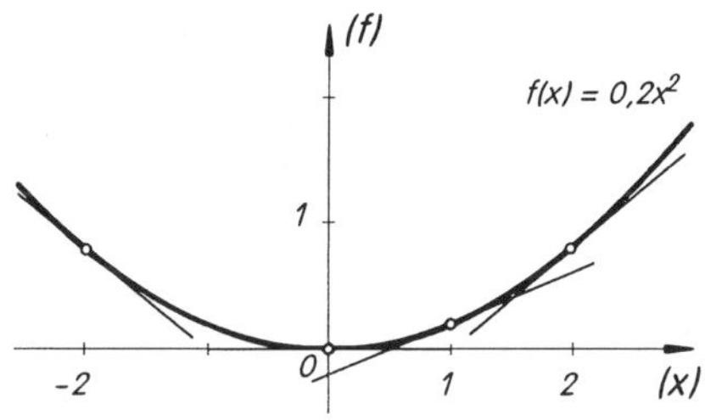

Abb. 5.1.16

Das obige Beispiel lässt folgendes erkennen:

1.) Der **Rechenaufwand** zur Ermittlung der Ableitung $f'(x_0)$ an einer **beliebigen** Stelle x_0 (vgl. iii)) ist fast **genauso groß** wie der zur Ermittlung von $f'(2)$ (vgl. i)).

2.) Die Kenntnis der **allgemeinen** Ableitung $f'(x_0)$ bietet den großen **Vorteil**, dass nunmehr die Ableitung von f an **jeder beliebigen Stelle** x_0 **unmittelbar** durch **Einsetzen** von x_0 in den Ableitungsterm $f'(x_0)$ erhalten werden kann, d.h. ohne dass jedesmal von neuem ein – mühsamer – Grenzprozess durchgeführt werden muss.

3.) Die Tatsache, dass – wie im vorstehenden Beispiel – für eine vorgegebene Funktion f zu **jeder** Stelle x_0 **genau eine Ableitung** (oder Kurvensteigung) $f'(x_0)$ existieren kann, zeigt, dass man die **Ableitung** f' in einem Intervall (oder in $\mathbb{R}$) wiederum als **Funktion** der unabhängigen Variablen x auffassen kann:

Def. 5.1.17: (Ableitungsfunktion)

i) Existiert zu einer Funktion f in **jedem** Punkt x eines Intervalls I (mit $I \subset D_f$) die (erste) Ableitung f'(x), so heißt f (in I) **differenzierbar** [2].

ii) Die Funktion f', die **jedem** $x \in I$ die zugehörige (erste) **Ableitung** (oder Funktionssteigung) f'(x) von f **zuordnet**, heißt **abgeleitete Funktion** von f, **Ableitungsfunktion** von f oder kurz **Ableitung f' von f.**

iii) Ist f' in I stetig, so heißt f in I **stetig differenzierbar**.

Um zu einer vorgegebenen Funktion f: y = f(x) die **Ableitungsfunktion** f': y' = f'(x) zu erhalten, ermittelt man wie bisher (vgl. Beispiel 5.1.12 iii)) den **Grenzwert des Differenzenquotienten** (5.1.10), wobei man nun für x_0 allgemein x setzen kann:

(5.1.18)
$$f'(x) = \frac{df}{dx} = \lim_{\Delta x \to 0} \frac{\Delta f}{\Delta x} = \lim_{\Delta x \to 0} \frac{f(x + \Delta x) - f(x)}{\Delta x} \quad .$$

Beispiel 5.1.19: i) Für die Ableitung f'(x) der **linearen Funktion** f: f(x) = mx + b ergibt sich wegen

$$\frac{\Delta f}{\Delta x} = \frac{f(x + \Delta x) - f(x)}{\Delta x} = \frac{m(x + \Delta x) + b - mx - b}{\Delta x} = \frac{m\Delta x}{\Delta x} = m$$

der stets konstante Wert **f'(x) = m,** in Übereinstimmung mit dem üblichen Steigungswert m der Geraden y = mx + b. Für m = 1, b = 0 ergibt sich insbesondere:

(5.1.20)
$$f(x) = x \quad \Rightarrow \quad f'(x) = 1 \quad .$$

ii) Die Ableitung zu $f(x) = 0{,}2x^2$ lautet: $f'(x) = 0{,}4x$ (vgl. Beispiel 5.1.12 iii)).

iii) Sei f(x) z.B. gegeben durch $f(x) = x^3 - 12x$. Nach (5.1.18) gilt:

$$\frac{\Delta f}{\Delta x} = \frac{f(x + \Delta x) - f(x)}{\Delta x} = \frac{(x + \Delta x)^3 - 12(x + \Delta x) - x^3 + 12x}{\Delta x} =$$

$$\frac{3x^2 \cdot \Delta x + 3x \cdot (\Delta x)^2 + (\Delta x)^3 - 12\,\Delta x}{\Delta x} = 3x^2 + 3x \cdot \Delta x + (\Delta x)^2 - 12 \,.$$

Daraus folgt: $f'(x) = \lim\limits_{\Delta x \to 0} \frac{\Delta f}{\Delta x} = \lim\limits_{\Delta x \to 0} (3x^2 + 3x \cdot \Delta x + (\Delta x)^2 - 12) = 3x^2 - 12$.

f besitzt daher z.B. an der Stelle x = 1 die Steigung f'(1) = - 9 usw.. Eine waagerechte Tangente (d.h. mit der Steigung f'(x) = 0) liegt vor für x = 2 bzw. x = -2 .

---

[2] Ist I = [a,b] ein abgeschlossenes Intervall, so genügt an den Intervallgrenzen a, b *einseitige* Differenzierbarkeit, d.h. Existenz der einseitigen Grenzwerte des Differenzenquotienten $\Delta f / \Delta x$ (vgl. auch Bemerkung 4.4.5).

iv) Es werde nunmehr die Funktion f mit $f(x) = \frac{1}{x}$ $(x \neq 0)$ betrachtet. Nach (5.1.18) gilt:

$$\frac{\Delta f}{\Delta x} = \frac{f(x+\Delta x) - f(x)}{\Delta x} = \frac{\frac{1}{x+\Delta x} - \frac{1}{x}}{\Delta x} =$$

$$\frac{\frac{x-(x+\Delta x)}{(x+\Delta x)\cdot x}}{\Delta x} = \frac{-\Delta x}{\Delta x \cdot (x+\Delta x)\cdot x} =$$

$$\frac{-1}{(x+\Delta x)\cdot x} \; .$$ Daraus folgt:

$$f'(x) = \frac{d}{dx}\left(\frac{1}{x}\right) = \lim_{\Delta x \to 0} \frac{-1}{(x+\Delta x)\cdot x} \text{, d.h.}$$

$$f'(x) = -\frac{1}{x^2}$$ (vgl. auch Abb. 5.1.21).

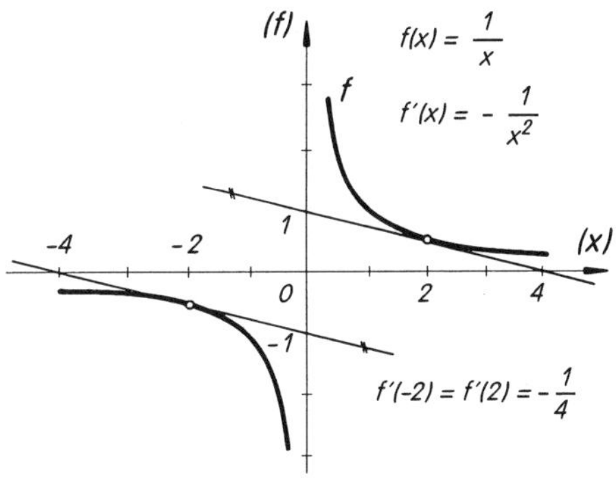

Abb. 5.1.21

Aufgabe 5.1.22: Für die nachstehenden Funktionen ermittele man nach (5.1.18):

a) die Ableitungsfunktion $f'(x)$ (Lösungen zu **a)** in Klammern) ;

b) die Funktionssteigung an der Stelle $x_0 = 1$;

c) die Gleichung der Kurventangente an der Stelle $x_0 = 2$;

d) diejenigen Stellen $x_0, x_1, ...,$ in denen der Graph von f eine horizontale Tangente $(f'(x) = 0)$ besitzt:

i) $f(x) = -2x^2 + x \quad (-4x + 1)$; **ii)** $f(x) = 2001\,x + 1 \quad (2001)$;

iii) $f(x) = \sqrt{x} \; (x > 0) \quad \left(\frac{1}{2\sqrt{x}}\right)$; **iv)** $f(x) = -5x - \frac{2}{x} \; (x \neq 0) \quad \left(-5 + \frac{2}{x^2}\right)$;

v) $f(x) = 0{,}1x^4 \quad (0{,}4x^3)$.

5.1.4 Differenzierbarkeit und Stetigkeit

Bei allen bisher betrachteten Funktionen wurde stillschweigend die Existenz der Ableitung $f'(x_0)$ an jeder Stelle x_0 vorausgesetzt. Da jedoch **$f'(x_0)$** ein **Grenzwert** (des Differenzenquotienten von f) ist, können die gleichen **Fälle** der **Nichtexistenz** eines Grenzwertes auftreten, wie sie in Kapitel 4.5 (Unstetigkeitstypen) beschrieben wurden:

1.) Der Graph der Funktion kann in x_0 eine **Ecke** oder einen **Knick** (Abb. 5.1.23) aufweisen, d.h. linksseitiger und rechtsseitiger Grenzwert des Differenzenquotienten *existieren* zwar, sind aber voneinander *verschieden*:

$f'(x_0)$ existiert nicht, es gibt in x_0 keine (einheitliche) Steigung von f, **f'** hat in x_0 einen **Sprung**.

Beispiel:

Die Funktion f mit $f(x) = \begin{cases} -x+3 & \text{für } x < 2 \\ 2x-3 & \text{für } x \geq 2 \end{cases}$ ist wegen $\lim_{x \to 2} f(x) = f(2) = 1$ an der Stelle $x_0 = 2$ stetig. Je nach Annäherung an x_0 *(von links bzw. rechts)* erhält man aber verschiedene Steigungen:

a) $$\lim_{\Delta x \to 0^-} \frac{f(2+\Delta x) - f(2)}{\Delta x} = \lim_{\Delta x \to 0^-} \frac{-2 - \Delta x + 3 + 2 - 3}{\Delta x} = -1$$

b) $$\lim_{\Delta x \to 0^+} \frac{f(2+\Delta x) - f(2)}{\Delta x} = \lim_{\Delta x \to 0^+} \frac{4 + 2\Delta x - 3 - 4 + 3}{\Delta x} = 2 .$$

Die *linksseitige* Ableitung ist -1, die *rechtsseitige* Ableitung +2, d.h. f′(2) existiert *nicht*, vgl. Abb. 5.1.24.

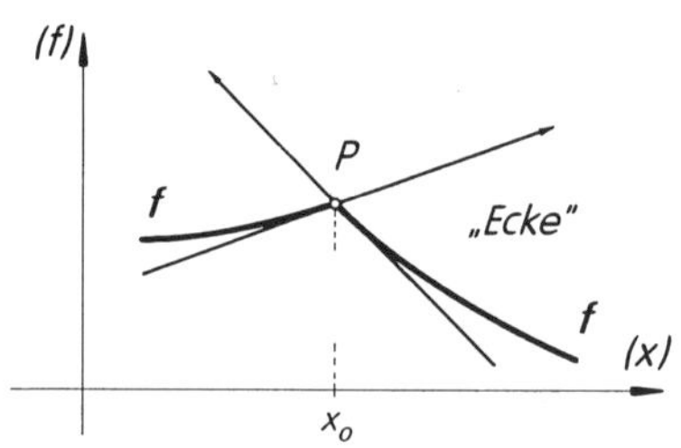

Abb. 5.1.23

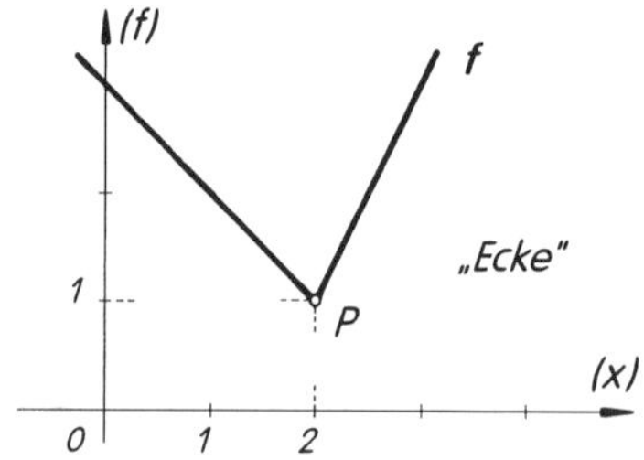

Abb. 5.1.24

2.) Der Graph der Funktion f kann in x_0 eine **senkrechte Tangente** (Abb. 5.1.25) besitzen, d.h. der Grenzwert des Differenzenquotienten existiert nicht als endlicher Wert, die Sekantensteigungen streben gegen ∞:

f besitzt in x_0 nur eine „uneigentliche" Ableitung, **f′** hat in x_0 einen **Pol**.

Beispiel: Die überall stetige Funktion f mit $f(x) = \sqrt[3]{x-2} + 1$ hat an der Stelle $x_0 = 2$ eine uneigentliche Ableitung, denn wegen

$$\frac{f(x_0 + \Delta x) - f(x_0)}{\Delta x} = \frac{\sqrt[3]{2 + \Delta x - 2} + 1 - \sqrt[3]{0} - 1}{\Delta x} = \frac{\sqrt[3]{\Delta x}}{\Delta x} = \frac{1}{\sqrt[3]{(\Delta x)^2}}$$

folgt mit $\Delta x \to 0$: $f'(2) = \infty$, d.h. f′(2) existiert nicht, die Tangentensteigung ist „unendlich" groß, vgl. Abb. 5.1.26.

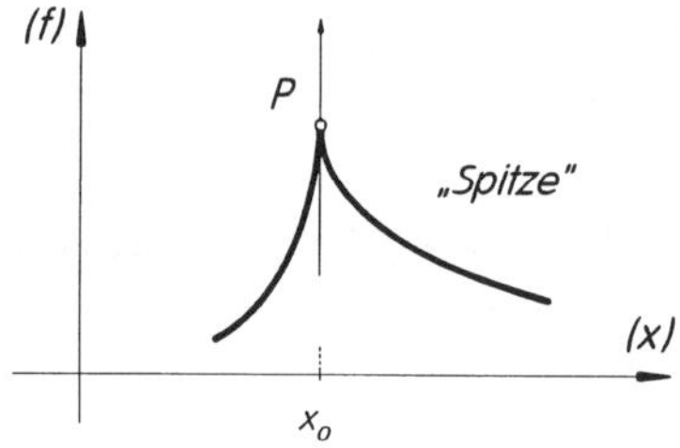

Abb. 5.1.25

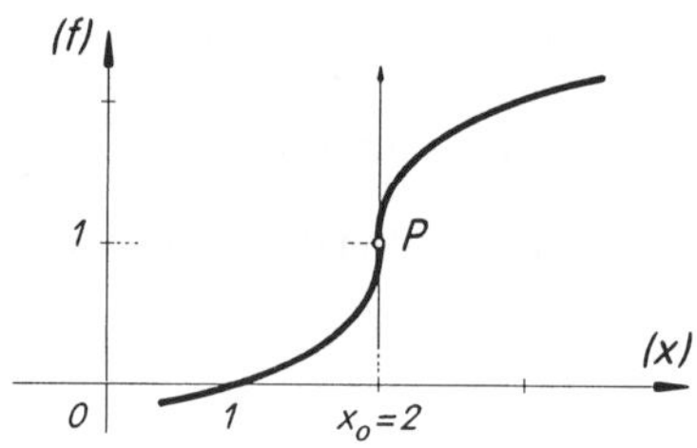

Abb. 5.1.26

Die beiden letzten Beispiele lassen erkennen, dass eine in x_0 stetige Funktion dort nicht unbedingt differenzierbar sein muss, denn in Ecken oder Stellen mit senkrechter Tangente existiert $f'(x_0)$ nicht. Umgekehrt dagegen kann man schließen:

Satz 5.1.27: Ist eine Funktion f in x_0 **differenzierbar,** so ist sie dort auch **stetig.**
Umkehrschluss: Ist f in x_0 *nicht* stetig, so auch *nicht* differenzierbar.

Beweis: Nach Def. 4.4.3 muss *gezeigt* werden, dass gilt: $\lim\limits_{x \to x_0} f(x) = f(x_0)$ bzw. – *gleichbedeutend* –

$\lim\limits_{\Delta x \to 0} f(x_0 + \Delta x) = f(x_0)$ d.h. $\lim\limits_{\Delta x \to 0} (f(x_0 + \Delta x) - f(x_0)) = 0.$

Nun *gilt* - da $f'(x_0)$ nach Voraussetzung existiert - :

$$\lim_{\Delta x \to 0} (f(x_0 + \Delta x) - f(x_0)) = \lim_{\Delta x \to 0} \frac{f(x_0 + \Delta x) - f(x_0)}{\Delta x} \cdot \Delta x = f'(x_0) \cdot \lim_{\Delta x \to 0} \Delta x = f'(x_0) \cdot 0 = 0,$$

d.h. aus der Differenzierbarkeit folgt immer die Stetigkeit, nicht aber umgekehrt.

Aufgabe 5.1.28: Man ermittle die Ableitung $f'(x_0)$ folgender Funktionen an der angegebenen Stelle x_0. Falls f in x_0 nicht differenzierbar sein sollte, gebe man den näheren Grund dafür an (z.B. Ecke, senkrechte Tangente oder Unstetigkeit von f).

i) $f(x) = \begin{cases} 0{,}5x^2 - 1 & \text{für } x \leq 2 \\ -x^2 + 5 & \text{für } x > 2 \end{cases}$; $x_0 = 2$ **ii)** $f(x) = \sqrt[5]{x}$; $x_0 = 0$

iii) $f(x) = \begin{cases} x^2 & \text{für } x \leq 3 \\ x^2 + 3 & \text{für } x > 3 \end{cases}$; $x_0 = 3$ **iv)** $f(x) = x + |x - 1|$; $x_0 = 1$.

5.2 Technik des Differenzierens

Aus den Berechnungen zu Beispiel 5.1.19 wird erneut deutlich, dass zur Bestimmung **jeder Ableitung** (Funktionssteigung) ein – mit der Kompliziertheit der zugrundeliegenden Funktion f zunehmend mühsam werdender – **Grenzprozess** gehört. Wie sich zeigen wird, gibt es – glücklicherweise – eine Reihe relativ einfacher **Ableitungsregeln,** die es gestatten, bei Kenntnis der Ableitungen nur weniger **Grundfunktionen** (z.B. x^n, e^x, ln x) **ohne** erneute **Grenzwertprozeduren** auch alle diejenigen Funktionen abzuleiten, die sich aus einer oder mehreren elementaren Grundfunktionen in beliebiger Weise mathematisch **kombinieren** lassen. Diese – für eine erfolgreiche Anwendung der Differentialrechnung unabdingbare – **Technik des Differenzierens** wird im folgenden zunächst ausführlich behandelt, ehe sich Interpretation und Anwendung von Ableitungen bei ökonomischen Funktionen anschließen.

5.2.1 Die Ableitung der Grundfunktionen

5.2.1.1 Ableitung der konstanten Funktion f(x) = c

Für den Differenzenquotienten von f(x) = c = const. ($c \in \mathbb{R}$) erhält man:

$$\frac{\Delta f}{\Delta x} = \frac{f(x + \Delta x) - f(x)}{\Delta x} = \frac{c - c}{\Delta x} = 0 \quad ,$$

so dass gilt *(wie es wegen des waagerechten Verlaufs des Funktionsgraphen (Abb. 5.2.1) zu erwarten war)*:

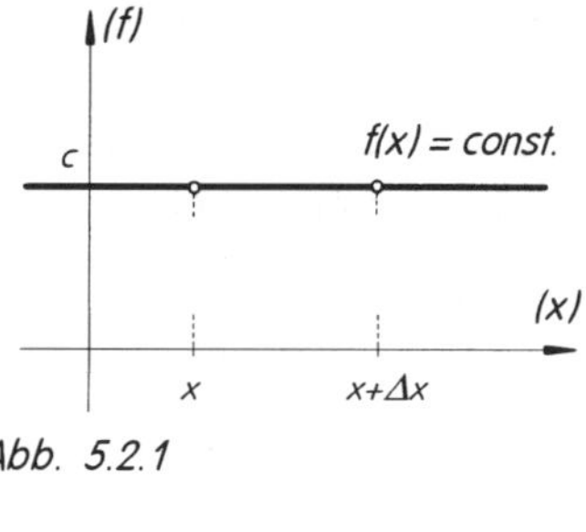

Abb. 5.2.1

Satz 5.2.2: Die **konstante Funktion** $f(x) = c = \text{const.}$ $(c \in \mathbb{R})$ ist überall differenzierbar, und es gilt:

(5.2.3) $$f(x) = c = \text{const.} \Rightarrow f'(x) = 0 \quad \text{bzw.} \quad \frac{d}{dx}\,\text{const.} = 0 \;.$$

Beispiel: i) $f(x) = 2 \Rightarrow f'(x) = 0$ ii) $p(x) = \sqrt[3]{4} - 2e^{0,5} + \ln 23 \Rightarrow \frac{dp}{dx} = 0$.

5.2.1.2 Ableitung der Potenzfunktion $f(x) = x^n$ $(n \in \mathbb{N})$

Für den Differenzenquotienten von $f(x) = x^n$ $(n \in \mathbb{N})$ erhalten wir nach (5.1.18):

$$\frac{\Delta f}{\Delta x} = \frac{f(x+\Delta x) - f(x)}{\Delta x} = \frac{(x+\Delta x)^n - x^n}{\Delta x} \;.$$

Mit Hilfe der Binomischen Formel (Satz 1.2.42) folgt daraus:

$$\frac{\Delta f}{\Delta x} = \frac{x^n + \binom{n}{1} \cdot x^{n-1} \cdot \Delta x + \binom{n}{2} \cdot x^{n-2} \cdot (\Delta x)^2 + \ldots + \binom{n}{n} \cdot (\Delta x)^n - x^n}{\Delta x} =$$

$$\frac{\Delta x \cdot \left(n \cdot x^{n-1} + \frac{n(n-1)}{2} \cdot x^{n-2} \cdot \Delta x + \ldots + (\Delta x)^{n-1}\right)}{\Delta x} =$$

$$n \cdot x^{n-1} + \underbrace{\frac{n\,(n-1)}{2} \cdot x^{n-2} \cdot \boldsymbol{\Delta x} + \ldots + \boldsymbol{(\Delta x)^{n-1}}}$$

Jeder dieser Summanden enthält mindestens einen Faktor Δx, strebt also für $\Delta x \to 0$ ebenfalls gegen Null.

Daraus folgt: $f'(x) = \lim\limits_{\Delta x \to 0} \frac{\Delta f}{\Delta x} = n \cdot x^{n-1}$, so dass gilt:

Satz 5.2.4: Die **Potenzfunktion** $f(x) = x^n$ $(n \in \mathbb{N})$ ist überall differenzierbar, und es gilt:

(5.2.5) $$f(x) = x^n \Rightarrow f'(x) = n \cdot x^{n-1} \quad \text{bzw.} \quad \frac{d}{dx}x^n = n \cdot x^{n-1} \;.$$

Beispiel 5.2.6:

i) $f(x) = x \iff f(x) = x^1 \Rightarrow$
$f'(x) = 1 \cdot x^0 = 1, \ (x \neq 0)$.

Wegen (5.1.20) bleibt das Ergebnis auch für $x = 0$ richtig.

ii) $f(x) = x^3 \Rightarrow f'(x) = 3x^2$.

iii) $p(t) = t^{2001} \Rightarrow \frac{dp}{dt} = 2001 \cdot t^{2000}$

(vgl. auch Abb. 5.2.7) .

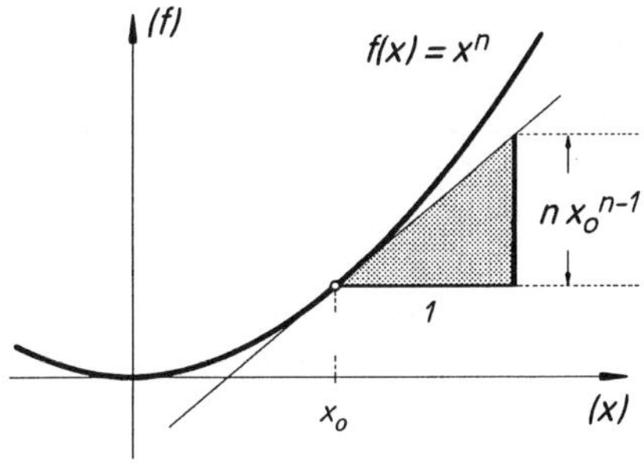

Abb. 5.2.7

Bemerkung 5.2.8: *Wie sich später zeigen wird (vgl. 5.2.60), behält die Ableitungsregel (5.2.5) für Potenzen ihre* ***Gültigkeit*** *auch für* ***ganzzahlige*** *Exponenten n ($n \in \mathbb{Z}; x \neq 0$) und – sofern $x > 0$ – sogar für beliebige* ***reelle Exponenten*** *($n \in \mathbb{R}$); somit gilt allgemein:*

(5.2.9)

$$\frac{d}{dx} x^n = n \cdot x^{n-1} \quad \text{mit} \quad \begin{array}{l} a)\ n \in \mathbb{N},\ x \in \mathbb{R} \\ b)\ n \in \mathbb{Z},\ x \in \mathbb{R} \setminus \{0\} \\ c)\ n \in \mathbb{R},\ x \in \mathbb{R}^+ \end{array}$$.

Setzen wir (5.2.9) als gültig voraus (der Beweis erfolgt in Kap. 5.2.3.2 i)), lässt sich die ***Klasse*** *der* ***differenzierbaren Potenzfunktionen*** *beträchtlich* ***erweitern:***

Beispiel 5.2.10:

i) $f(x) = \frac{1}{x^6}$ $(x \neq 0)$. Wegen $\frac{1}{x^6} = x^{-6}$ folgt mit (5.2.9): $f'(x) = -6x^{-6-1} = -6x^{-7} = \frac{-6}{x^7}$.

ii) $f(x) = 1$. Wegen $1 = x^0$ $(x \neq 0)$ folgt mit (5.2.9): $f'(x) = 0 \cdot x^{0-1} = \frac{0}{x} = 0$.

iii) $f(x) = \sqrt{x}$ $(x > 0)$. Wegen $\sqrt{x} = x^{\frac{1}{2}}$ folgt mit (5.2.9):

$$\frac{d}{dx} x^{\frac{1}{2}} = \frac{1}{2} \cdot x^{\frac{1}{2}-1} = \frac{1}{2} x^{-\frac{1}{2}} = \frac{1}{2\sqrt{x}} .$$

iv) $f(x) = \frac{1}{\sqrt[7]{x^5}}$ $(x > 0)$. Wegen $\frac{1}{\sqrt[7]{x^5}} = \frac{1}{x^{5/7}} = x^{-5/7}$ folgt aus (5.2.9):

$$f'(x) = -\frac{5}{7} x^{-5/7-1} = -\frac{5}{7} x^{-12/7} = \frac{-5}{7\sqrt[7]{x^{12}}} .$$

v) $f(x) = x^{\ln 2}$ $(x > 0)$ $\Rightarrow f'(x) = \ln 2 \cdot x^{\ln 2 - 1}$.

5.2.1.3 Ableitung der Exponentialfunktion $f(x) = e^x$

Für den Differenzenquotienten von $f(x) = e^x$ erhält man nach (5.1.18):

$$\frac{\Delta f}{\Delta x} = \frac{f(x+\Delta x) - f(x)}{\Delta x} = \frac{e^{x+\Delta x} - e^x}{\Delta x} = (P1) \frac{e^x \cdot e^{\Delta x} - e^x}{\Delta x} = e^x \frac{e^{\Delta x} - 1}{\Delta x} .$$

Ersetzt man $e^{\Delta x}$ durch den Term $k+1$, so ergibt sich wegen $e^{\Delta x} = k + 1 \iff \Delta x = \ln(k + 1)$:

$$\frac{\Delta f}{\Delta x} = e^x \cdot \frac{k}{\ln(k+1)} = e^x \cdot \frac{1}{\frac{1}{k}\ln(k+1)} = (L3) = e^x \cdot \frac{1}{\ln(1+k)^{1/k}} .$$

Da mit $\Delta x \to 0$ auch $k \to 0$ strebt, folgt für die Ableitung unter Benutzung der Grenzwertsätze (Satz 4.3.1) sowie (4.2.10):

$$f'(x) = \lim_{\Delta x \to 0} \frac{\Delta f}{\Delta x} = \lim_{k \to 0} e^x \cdot \frac{1}{\ln(1+k)^{1/k}} = e^x \cdot \frac{1}{\ln[\underbrace{\lim_{k\to 0}(1+k)^{1/k}}_{=e}]}$$

$$= e^x \cdot \frac{1}{\ln e} = e^x .$$ Damit haben wir

Satz 5.2.11: Die **Exponentialfunktion** $f(x) = e^x$ ist überall differenzierbar, und es gilt:

(5.2.12) $f(x) = e^x \Rightarrow f'(x) = e^x$ bzw. $\frac{d}{dx} e^x = e^x$.

Die Ableitungsregel (5.2.12) lässt erkennen: Die **Steigung** der Exponentialfunktion e^x ist an jeder Stelle $x_0 \in \mathbb{R}$ **gleich** ihrem **Funktionswert**, siehe Abb. 5.2.13. Diese exklusive Eigenschaft: $f'=f$ besitzen nur die Exponentialfunktionen $y = c \cdot e^x$, was dazu führt, dass für mathematische Anwendungen die „natürliche" Exponentialfunktion e^x allen anderen Exponentialfunktionen a^x vorgezogen wird. (Zur Ableitung der Exponentialfunktion $f(x) = a^x$ zu beliebiger Basis a (> 0) siehe (5.2.61).)

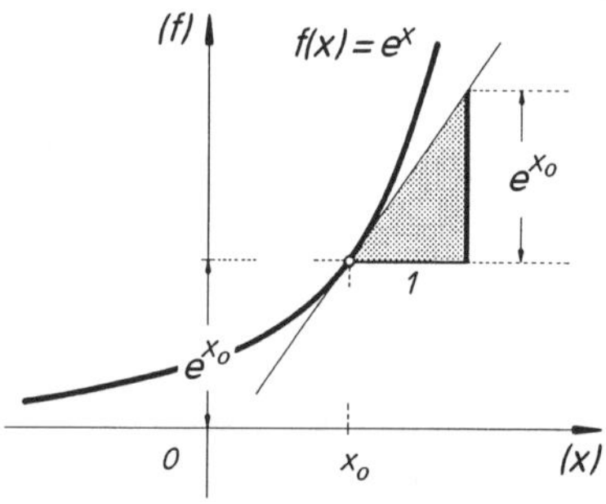

Abb. 5.2.13

5.2.1.4 Ableitung der Logarithmusfunktion $f(x) = \ln x$

Für den Differenzenquotienten von $f(x) = \ln x$ $(x > 0)$ erhält man nach (5.1.18) und unter mehrfacher Anwendung der **Logarithmengesetze** L2/L3 (vgl. 1.2.3.3):

$$\frac{\Delta f}{\Delta x} = \frac{f(x+\Delta x) - f(x)}{\Delta x} = \frac{\ln(x+\Delta x) - \ln x}{\Delta x} = \frac{1}{\Delta x} \cdot \ln \frac{x+\Delta x}{x} = \ln\left(1 + \frac{\Delta x}{x}\right)^{\frac{1}{\Delta x}} .$$

Erweitert man die Hochzahl $\frac{1}{\Delta x}$ mit x (d.h. $\frac{1}{\Delta x} = \frac{1}{\Delta x} \cdot \frac{x}{x} = \frac{x}{\Delta x} \cdot \frac{1}{x}$), so folgt:

$$\frac{\Delta f}{\Delta x} = \ln\left(1 + \frac{\Delta x}{x}\right)^{\frac{x}{\Delta x}\frac{1}{x}} \overset{(L3)}{=} \frac{1}{x} \cdot \ln\left(1 + \frac{\Delta x}{x}\right)^{\frac{x}{\Delta x}} .$$

Ersetzt man $\frac{\Delta x}{x}$ durch k (d.h. $\frac{x}{\Delta x} = \frac{1}{k}$) so folgt (da mit $\Delta x \to 0$ auch $k = \frac{\Delta x}{x} \to 0$) für die Ableitung unter Berücksichtigung der Grenzwertsätze (Satz 4.3.1) sowie (4.2.10):

$$f'(x) = \lim_{\Delta x \to 0} \frac{\Delta f}{\Delta x} = \lim_{k \to 0} \frac{1}{x} \cdot \ln(1+k)^{1/k} = \frac{1}{x} \cdot \ln\{\underbrace{\lim_{k \to 0}(1+k)^{1/k}}_{=e}\} = \frac{1}{x} \cdot \ln e = \frac{1}{x} \text{ , m.a.W.}$$

es gilt:

Satz 5.2.14: Die natürliche **Logarithmusfunktion** $f(x) = \ln x$ ist für $x > 0$ überall differenzierbar, und es gilt:

(5.2.15) $f(x) = \ln x \Rightarrow f'(x) = \frac{1}{x}$ bzw. $\frac{d}{dx} \ln x = \frac{1}{x}$.

Unter allen Logarithmusfunktionen $f(x) = \log_a x$ hat der **natürliche** Logarithmus $\ln x$ (mit $a := e$) die **einfachste** Ableitung. (Zur Ableitung der allgemeinen Logarithmusfunktion vgl. (5.2.63).)

Daher ist es zweckmäßig, für mathematische Anwendungen den natürlichen Logarithmus anstelle z.B. des dekadischen Logarithmus zu verwenden.

Bemerkenswert an der Regel (5.2.15) ist weiterhin, dass über die Funktionssteigung bzw. den Differentialquotienten zwei auf den ersten Blick so grundverschiedene Funktionen wie die „transzendente" Logarithmusfunktion und die *(elementarste)* gebrochen-rationale Funktion in engstem Zusammenhang stehen, vgl. Abb. 5.2.16.

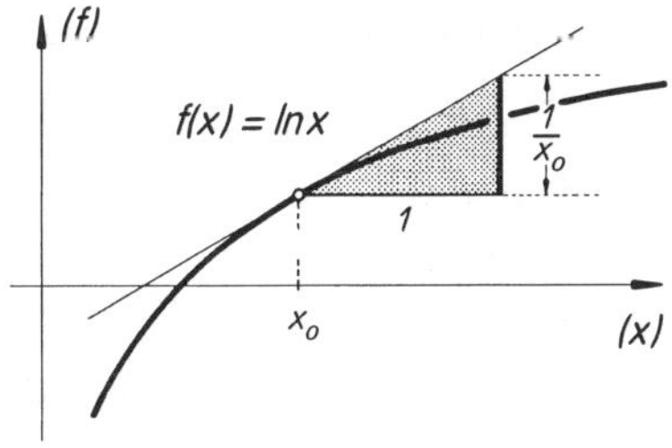

Abb. 5.2.16

Bemerkung 5.2.17: *Für elementare ökonomische Probleme weniger bedeutend und daher selten anzutreffen sind die trigonometrischen Grundfunktionen $f(x) = \sin x$; $f(x) = \cos x$; $f(x) = \tan x$, deren Ableitungen hier aus Vollständigkeitsgründen aufgeführt werden:*

(5.2.18) $\frac{d}{dx} \sin x = \cos x \text{ , } x \in \mathbb{R}$

(5.2.19) $\frac{d}{dx} \cos x = -\sin x \text{ , } x \in \mathbb{R}$

(5.2.20) $\frac{d}{dx} \tan x = 1 + \tan^2 x = \frac{1}{\cos^2 x} \text{ , } x \in \mathbb{R} \setminus \{(k + 0{,}5) \cdot \pi\}_{k \in \mathbb{Z}}$.

Aufgabe 5.2.21: Man gebe die erste Ableitung der folgenden Funktionen bzgl. der in Klammern stehenden unabhängigen Variablen an. Alle übrigen Variablen sind wie Konstanten zu behandeln.

i) $f(t) = \frac{1}{t}$, $(t \neq 0)$ **ii)** $f(x) = x^2 \cdot x^7 \cdot x^9$ **iii)** $g(z) = z\sqrt{z}$, $(z > 0)$

iv) $g(z) = z^{17} \cdot \sqrt{z}$, $(z > 0)$ **v)** $h(p) = \frac{1}{\sqrt[17]{p^{23}}}$, $(p > 0)$ **vi)** $x(y) = y^{\ln 20}$, $(y > 0)$

vii) $f(k) = e^{k/2} \cdot e^{k/2}$ **viii)** $k(x) = x^{2e} \cdot x^{-\ln 2}$, $(x > 0)$ **ix)** $t(n) = \frac{1}{\sqrt[3]{n^{\sqrt{2}}}}$, $(n > 0)$

x) $f(y) = \ln x$, $(x > 0)$ **xi)** $t(z) = \ln(\sqrt{z} \cdot \sqrt{z})$, $(z > 0)$ **xii)** $k(p) = e^{\ln p^2}$, $(p > 0)$

xiii) $u(v) = \ln e^{\ln (v^7)}$, $(v > 0)$.

5.2.2 Ableitungsregeln

Ähnlich wie bei den Grenzwertsätzen (vgl. Satz 4.3.1) existieren **Ableitungsgesetze** zur Ermittlung des Differentialquotienten von solchen Funktionen, die sich **aus den Grundfunktionen** (deren Ableitungen bekannt sind, vgl. Kapitel 5.2.1) **kombinieren** lassen.

5.2.2.1 Faktorregel

Kennt man die Ableitung $g'(x)$ einer Funktion g, so lässt sich auch die Funktion f mit $f(x) = c \cdot g(x)$ (c = const.) ableiten, und es gilt nach (5.1.18):

$$f'(x) = \lim_{\Delta x \to 0} \frac{f(x + \Delta x) - f(x)}{\Delta x} = \lim_{\Delta x \to 0} \frac{c \cdot g(x + \Delta x) - c \cdot g(x)}{\Delta x} = c \cdot \lim_{\Delta x \to 0} \frac{g(x + \Delta x) - g(x)}{\Delta x} = c \cdot g'(x)$$

und daher:

Satz 5.2.22: (Faktorregel) Mit $g(x)$ ist auch die Funktion $f(x) = c \cdot g(x)$, $c \in \mathbb{R}$ differenzierbar, und es gilt:

(5.2.23)
$$f(x) = c \cdot g(x) \Rightarrow f'(x) = c \cdot g'(x)$$
bzw.
$$\frac{d}{dx}(c \cdot g(x)) = c \cdot \frac{dg}{dx} .$$

Die Ableitungsregel (5.2.23) wird häufig *(etwas salopp)* so formuliert: *„Ein konstanter Faktor kann vor die Ableitung gezogen werden."*

Beispiel 5.2.24:

i) $f(x) = 5x^{20} \Rightarrow f'(x) = 5 \cdot \frac{d}{dx} x^{20} = 5 \cdot 20x^{19} = 100x^{19}$;

ii) $f(x) = -7e^x \Rightarrow f'(x) = -7 \cdot \frac{d}{dx} e^x = -7e^x$;

iii) $f(x) = 0{,}5 \ln x \Rightarrow f'(x) = 0{,}5 \cdot \frac{d}{dx} \ln x = \frac{0{,}5}{x} \quad (x > 0)$;

iv) $f(x) = \frac{7}{\sqrt[8]{9x^3}} = 7 \cdot (9x^3)^{-1/8} = 7 \cdot 9^{-1/8} \cdot x^{-3/8} \Rightarrow (x > 0)$

$$f'(x) = 7 \cdot 9^{-1/8} \cdot \left(-\frac{3}{8}\right) x^{-11/8} = -\frac{21}{8} (9^1 \cdot x^{11})^{-1/8} = -\frac{21}{8} \cdot \frac{1}{\sqrt[8]{9x^{11}}} .$$

5.2.2.2 Summenregel

Aus den beiden differenzierbaren Funktionen $u(x)$ und $v(x)$ werde die Summenfunktion $f(x) = u(x) + v(x)$ gebildet. Für deren Differenzenquotienten erhält man mit (5.1.18):

$$\frac{\Delta f}{\Delta x} = \frac{f(x + \Delta x) - f(x)}{\Delta x} = \frac{u(x + \Delta x) + v(x + \Delta x) - u(x) - v(x)}{\Delta x} =$$

$$\frac{u(x + \Delta x) - u(x)}{\Delta x} + \frac{v(x + \Delta x) - v(x)}{\Delta x} .$$

Der Grenzwert der beiden letzten Summanden (für $\Delta x \to 0$) ist nach Voraussetzung gerade $u'(x) + v'(x)$, so dass wir erhalten:

Satz 5.2.25: (Summenregel) Sind die beiden Funktionen $u(x)$ und $v(x)$ differenzierbar, so auch deren Summe $f(x) = u(x) + v(x)$ und Differenz $f(x) = u(x) - v(x)$, und es gilt:

(5.2.26)
$$f(x) = u(x) \pm v(x) \Rightarrow f'(x) = u'(x) \pm v'(x)$$
bzw.
$$\frac{d}{dx}(u \pm v) = \frac{du}{dx} \pm \frac{dv}{dx} .$$

Die Summenregel (5.2.26) wird häufig auch so formuliert: *„Eine Summe (bzw. Differenz) darf gliedweise (d.h. summandenweise) differenziert werden."*

Beispiel 5.2.27:

i) $f(x) = 4x^7 - x + 2 \Rightarrow f'(x) = 28x^6 - 1$;

ii) $g(x) = ax^n + bx^{n-1} + c \Rightarrow g'(x) = a \cdot n \cdot x^{n-1} + b \cdot (n-1) \cdot x^{n-2}$;

iii) $h(x) = 2e^x + 4 \ln x - \frac{2}{\sqrt{x}} \Rightarrow h'(x) = 2e^x + \frac{4}{x} + \frac{1}{\sqrt{x^3}} \quad (x > 0)$;

iv) $f(x) = \sqrt{8} + 2x^{\sqrt{3}} - \ln 2 \Rightarrow f'(x) = 2\sqrt{3} \cdot x^{\sqrt{3} - 1} \quad (x > 0)$.

Bemerkung 5.2.28: Die Sätze 5.2.22/5.2.25 gestatten die Ableitung beliebiger ***Polynome:***

$$f(x) = a_n x^n + a_{n-1} x^{n-1} + \ldots + a_1 x + a_0 = \sum_{i=0}^{n} a_i \cdot x^i \quad \Rightarrow$$

$$f'(x) = n\, a_n x^{n-1} + (n-1)\, a_{n-1} x^{n-2} + \ldots + a_1 = \sum_{i=1}^{n} i \cdot a_i \cdot x^{i-1} \; .$$

5.2.2.3 Produktregel

Für die Ableitung $f'(x)$ des Produktes $f(x) = u(x) \cdot v(x)$ zweier differenzierbarer Funktionen u und v könnte man in Analogie zum Grenzwertsatz für Produkte (vgl. Satz 4.3.1 iii)) die „Regel" $(u \cdot v)' = u' \cdot v'$ vermuten:

Beispiel 5.2.29: Seien $u(x) = x^2$ und $v(x) = x^3$ gegeben. Wegen $u'(x) = 2x$ und $v'(x) = 3x^2$ folgt: $u'(x) \cdot v'(x) = 2x \cdot 3x^2 = 6x^3$.

Tatsächlich aber ist die Ableitung von $f(x) = u(x) \cdot v(x) = x^2 \cdot x^3 = x^5$ gegeben durch $f'(x) = 5x^4$ ($\neq 6x^3$). Damit ist die Vermutung $(u \cdot v)' = u' \cdot v'$ widerlegt.

Für den Differenzenquotienten der Produktfunktion $f(x) = u(x) \cdot v(x)$ erhält man nach (5.1.18):

$$\frac{\Delta f}{\Delta x} = \frac{f(x+\Delta x) - f(x)}{\Delta x} = \frac{u(x+\Delta x) \cdot v(x+\Delta x) - u(x) \cdot v(x)}{\Delta x} \; .$$

Addiert man im Zähler den „Nullterm" $-v(x+\Delta x) \cdot u(x) + v(x+\Delta x) \cdot u(x)$, so folgt:

$$\frac{\Delta f}{\Delta x} = \frac{v(x+\Delta x) \cdot [\, u(x+\Delta x) - u(x) \,] + u(x) \cdot [\, v(x+\Delta x) - v(x) \,]}{\Delta x} =$$

$$\frac{u(x+\Delta x) - u(x)}{\Delta x} \cdot v(x+\Delta x) + u(x) \cdot \frac{v(x+\Delta x) - v(x)}{\Delta x} \; .$$

Strebt nun $\Delta x \to 0$, so streben die beiden Differenzenquotienten nach Voraussetzung gegen $u'(x)$ bzw. $v'(x)$, $v(x+\Delta x)$ strebt *(da $v(x)$ stetig ist)* gegen $v(x)$, so dass wir erhalten:

Satz 5.2.30: (Produktregel) Sind die Funktionen $u(x)$ und $v(x)$ differenzierbar, so auch die Produktfunktion $f(x) = u(x) \cdot v(x)$, und es gilt:

(5.2.31)

$$f(x) = u(x) \cdot v(x) \quad \Rightarrow \quad f'(x) = u'(x) \cdot v(x) + u(x) \cdot v'(x)$$

bzw.

$$\frac{d}{dx}(u \cdot v) = \frac{du}{dx} \cdot v + u \cdot \frac{dv}{dx} \; .$$

Beispiel 5.2.32:

i) $f(x) = 2x^2 \cdot e^x \Rightarrow f'(x) = 4x \cdot e^x + 2x^2 \cdot e^x = 2xe^x(2 + x)$.

ii) $g(z) = z^7 \cdot \ln z \Rightarrow g'(z) = 7z^6 \cdot \ln z + z^7 \cdot \frac{1}{z} = z^6(7 \ln z + 1)$.

iii) Die Faktorregel (5.2.23) ergibt sich auch mit Hilfe der Produktregel:
Sei $f(x) = c \cdot g(x) \Rightarrow f'(x) = c' \cdot g(x) + c \cdot g'(x) = c \cdot g'(x)$ (da $c' = 0$).

iv) $f(t) = (\ln t)^2 \Rightarrow f'(t) = \frac{1}{t} \cdot \ln t + \ln t \cdot \frac{1}{t} = 2 \cdot \frac{\ln t}{t}$.

Durch **mehrfache Anwendung der Produktregel** lassen sich auch Funktionen ableiten, die aus **mehr als zwei Faktoren** bestehen:

Beispiel: $f(x) = \underbrace{3x^2 \cdot e^x}_{u} \cdot \underbrace{\ln x}_{v} \quad \Rightarrow f'(x) = (3x^2 \cdot e^x)' \cdot \ln x + 3x^2 \cdot e^x \cdot \frac{1}{x} =$

$= (6x \cdot e^x + 3x^2 \cdot e^x) \cdot \ln x + 3x \cdot e^x = 3x \cdot e^x (2 \cdot \ln x + x \cdot \ln x + 1).$

Allgemein gilt, sofern $f(x) = f_1(x) \cdot f_2(x) \cdot \ldots \cdot f_n(x)$:

(5.2.33)
$$f'(x) = f_1' \cdot f_2 \cdot \ldots \cdot f_n + f_1 \cdot f_2' \cdot f_3 \cdot \ldots \cdot f_n + \ldots + f_1 \cdot f_2 \cdot \ldots \cdot f_n' \; .$$

5.2.2.4 Quotientenregel

Durch eine analoge Beweisführung wie in Kap. 5.2.2.3 erhält man die Ableitungsregel für den Quotienten $f(x) = u(x)/v(x)$ $(v \neq 0)$ zweier differenzierbarer Funktionen. Der Nachweis wird sehr einfach, wenn man unterstellt, dass die Ableitung $f'(x)$ existiert. Dann nämlich kann man wie folgt schließen:

$$f(x) = \frac{u(x)}{v(x)} \Rightarrow f(x) \cdot v(x) = u(x) \quad .$$

Nach der Produktregel (5.2.31) folgt daraus durch Differenzieren:

$f'(x) \cdot v(x) + f(x) \cdot v'(x) = u'(x)$.

Diese Gleichung muss noch nach f' aufgelöst werden:

$$f' \cdot v = u' - f \cdot v' = u' - \frac{u}{v} \cdot v' = \frac{u' \cdot v - u \cdot v'}{v} \quad .$$

Division durch v liefert schließlich die gesuchte Ableitungsformel für f'. Damit haben wir

Satz 5.2.34: (Quotientenregel) Sind die Funktionen $u(x)$ und $v(x)$ differenzierbar, so auch die Quotientenfunktion $f(x) = u(x)/v(x)$ $(v \neq 0)$, und es gilt:

(5.2.35)
$$f(x) = \frac{u(x)}{v(x)} \Rightarrow f'(x) = \frac{u'(x) \cdot v(x) - u(x) \cdot v'(x)}{[v(x)]^2}$$
bzw.
$$\frac{d}{dx}\left(\frac{u}{v}\right) = \frac{\frac{du}{dx} v - u \frac{dv}{dx}}{v^2} \quad .$$

Damit können beliebige gebrochen-rationale Funktionen abgeleitet werden.

Beispiel 5.2.36:

i) $f(x) = \frac{4x^2 + 1}{x^3 - x} \Rightarrow f'(x) = \frac{8x\,(x^3 - x) - (4x^2 + 1)\,(3x^2 - 1)}{(x^3 - x)^2} = \frac{-4x^4 - 7x^2 + 1}{(x^3 - x)^2}$.

ii) $g(z) = \frac{e^z}{z^4 + 1} \Rightarrow g'(z) = \frac{e^z\,(z^4 + 1) - e^z \cdot 4z^3}{(z^4 + 1)^2} = \frac{e^z\,(z^4 - 4z^3 + 1)}{(z^4 + 1)^2}$.

iii) $h(t) = \frac{t^2}{\ln t} \Rightarrow h'(t) = \frac{2t \cdot \ln t - t^2 \cdot 1/t}{(\ln t)^2} = \frac{t\,(2 \ln t - 1)}{(\ln t)^2}$.

iv) $f(x) = \frac{x^2}{\sqrt{3} + \ln 2} \Rightarrow f'(x) = \frac{2x}{\sqrt{3} + \ln 2}$.

(Besser nicht mit Quotientenregel, sondern mit Faktorregel (5.2.23) ableiten !)

v) $g(x) = \frac{\ln 4 + \sqrt{5}}{2x^7} \Rightarrow g'(x) = \frac{-7\,(\ln 4 + \sqrt{5})}{2x^8}$.

(Besser nicht mit Quotientenregel, sondern mit Faktorregel (5.2.23) in Verbindung mit (5.2.9) ableiten !)

Bemerkung 5.2.37: *Bei der allgemeinen Darstellung von Funktionstypen können neben der eigentlichen unabhängigen Variablen weitere Variable als* ***Parameter*** *auftreten.*

Beispiel: *a)* $f(x) = x^n$ *; x: unabhängige Variable; n: Parameter (allgemeine Potenzfunktion)*

b) $f(z) = mz + b$ *; z: unabhängige Variable; m, b: Parameter (allgemeine Geradengleichung)*

Werden derartige Funktionen bzgl. der unabhängigen Variablen abgeleitet, so müssen sämtliche ***Parameter*** *als* ***Konstanten*** *behandelt werden* [3]*:*

Beispiel: *Vorgegeben sei eine Funktion f mit folgendem Funktionsterm:*

$f = 2x^2 z - z^3 + z^2 \cdot \ln x$.

i) Fasst man f als Funktion f(x) der unabhängigen Variablen x auf, so ist z ein konstanter Parameter, und es gilt :

$$f'(x) = \frac{df}{dx} = 4xz + \frac{z^2}{x} .$$

ii) Ist dagegen z die unabhängige Variable, so muss x wie ein konstanter Parameter behandelt werden, und es gilt :

$$f'(z) = \frac{df}{dz} = 2x^2 - 3z^2 + 2z \cdot \ln x .$$

[3] Dies Verfahren entspricht der *partiellen Ableitung von Funktionen mit mehreren unabhängigen Variablen*, vgl. Kapitel 7. Man benutzt dann die Schreibweise $\partial f/\partial x$, um anzudeuten, dass f nach x abzuleiten sei, wobei alle übrigen Variablen als Konstanten anzusehen sind.

Aufgabe 5.2.38: Man differenziere folgende Funktionen nach der geklammerten Variablen:

i) $f(z) = \dfrac{29}{\sqrt[7]{z^{15}}}$ **ii)** $g(t) = 4\,(2t^3 - 1)\sqrt{t^5}$ **iii)** $f(y) = 4x^3\, y\sqrt{y}$

iv) $h(p) = \dfrac{4p^2 + 1}{(p^2 - 1)\,(2p^4 + p)}$ **v)** $k(x) = k_3\, x^3 + k_2\, x^2 + k_1\, x + \dfrac{k_0}{x}$

vi) $u(v) = x^2 \cdot \dfrac{2v - x}{5v + x}$ **vii)** $p(u) = \dfrac{u^2 \cdot \ln u}{e^u}$ **viii)** $a(x) = e^x + \dfrac{1}{e^x}$

ix) $b(x) = e^x - \dfrac{1}{e^x}$ **x)** $c(t) = \dfrac{e^t + 1}{e^t - 1}$ **xi)** $t(b) = \dfrac{2\ln b}{2b^2 + e^b}$.

Aufgabe 5.2.39: Man untersuche die angegebenen Funktionen f

a) auf Stetigkeit in $\mathbb{R}$,
b) auf Differenzierbarkeit in $\mathbb{R}$,
c) auf Stetigkeit der ersten Ableitung in $\mathbb{R}$ und skizziere f sowie ihre Ableitung f' :

i) $f(x) = \begin{cases} x^2 + x - 6 & \text{für } x < 2 \\ x^2 + 5x - 14 & \text{für } x \geq 2 \end{cases}$ **ii)** $f(x) = \begin{cases} x^2 + 2x & \text{für } x \leq 2 \\ 1{,}5\, x^2 & \text{für } x > 2 \end{cases}$

iii) $f(x) = \begin{cases} x^2 - x & \text{für } x \leq 1 \\ \ln x & \text{für } x > 1 \end{cases}$.

Aufgabe 5.2.40:

i) Man ermittle die Gleichung der Tangente an den Graphen von f: $f(x) = \dfrac{x - 1}{x^2 + 1}$ an der Stelle $x_0 = 2$.

ii) Mit welchem Steigungsmaß schneidet der Graph der Funktion f: $f(x) = \dfrac{\ln x}{e^x}$ die Abszisse?

5.2.2.5 Kettenregel

Obwohl die Klasse der Funktionen, die mit den bisher behandelten Ableitungsregeln differenziert werden können, bereits recht umfangreich ist, lassen sich vergleichsweise einfache **zusammengesetzte Funktionen** wie z.B.

i) $f(x) = (x^2 + e^x)^{100}$ **ii)** $f(x) = \sqrt{3x^2 + x}$ **iii)** $f(x) = e^{\sqrt{x}}$ **iv)** $f(x) = \ln(x^2 + 4)$

nicht oder **nicht ohne weiteres** mit den **bisherigen** Regeln **ableiten.**

Bemerkung 5.2.41: *Zwar könnte man im Beispiel i) prinzipiell die Ableitung durch Ausmultiplizieren des Funktionsterms und anschließende Anwendung der Produktregel gewinnen. Der Umfang der dadurch entstehenden Rechenarbeit verurteilt jedoch diese Methode praktisch zum Scheitern. Aus gleichem Grund verbietet sich die umständliche Ermittlung des Grenzwertes des Differenzenquotienten (5.1.18) in jedem Einzelfall.*

Bei den eben angeführten Beispielen handelt es sich ausnahmslos um **mittelbare Funktionen**, die aus zwei elementaren Funktionen **zusammengesetzt** oder **verkettet** sind, vgl. Kapitel 2.1.5. Dabei erfolgt der Prozess der Verkettung (oder Hintereinanderausführung) zweier Funktionen stets in der Weise, dass der Funktionsterm g(x) der **inneren Funktion** g anstelle der unabhängigen Variablen g in die **äußere Funktion** f = f(g) **eingesetzt** wird, so dass die **zusammengesetzte Funktion** f = f(g(x)) entsteht (vgl. Beispiel 2.1.61):

Beispiel 5.2.42:

äußere Funktion f(g) ; innere Funktion g(x) ; zusammengesetzte Funktion f(g(x)) ;

i) $f(g) = g^{100}$ $\quad g = g(x) = x^2 + e^x \quad \Rightarrow \quad f(g(x)) = (x^2 + e^x)^{100}$

ii) $f(g) = \sqrt{g}$ $\quad g = g(x) = 3x^2 + x \quad \Rightarrow \quad f(g(x)) = \sqrt{3x^2 + x}$

iii) $f(g) = e^g$ $\quad g = g(x) = \sqrt{x} \quad \Rightarrow \quad f(g(x)) = e^{\sqrt{x}}$

iv) $f(g) = \ln g$ $\quad g = g(x) = x^2 + 4 \quad \Rightarrow \quad f(g(x)) = \ln(x^2 + 4)$.

(Dabei ist zu beachten, dass der Wertebereich W_g der inneren Funktion und der Definitionsbereich D_f der äußeren Funktion einen nichtleeren Durchschnitt haben, vgl. Bemerkung 2.1.63.)

Es zeigt sich nun, dass auch verkettete Funktionen f(g(x)) nach x differenziert werden können, sofern die Ableitung f'(g) der äußeren Funktion bezüglich g sowie die Ableitung g'(x) der inneren Funktion bezüglich x existieren. Dazu betrachten wir nach (5.1.18) den Differenzenquotienten zu f(g(x)):

$$\frac{\Delta f}{\Delta x} = \frac{f(g(x+\Delta x)) - f(g(x))}{\Delta x} .$$

Erweitert man mit $\Delta g := g(x + \Delta x) - g(x)$, so folgt (sofern Δg stets als von Null verschieden vorausgesetzt wird[4]):

$$\frac{\Delta f}{\Delta x} = \frac{f(g(x+\Delta x)) - f(g(x))}{\Delta x} \cdot \frac{\Delta g}{\Delta g} = \frac{f(g(x+\Delta x)) - f(g(x))}{\Delta g} \cdot \frac{\Delta g}{\Delta x} .$$

Beachtet man, dass wegen $\Delta g := g(x+\Delta x) - g(x)$ gilt: $g(x+\Delta x) = g(x) + \Delta g = g + \Delta g$, so folgt durch Einsetzen:

$$\text{(5.2.43)} \qquad \frac{\Delta f}{\Delta x} = \frac{f(g+\Delta g) - f(g)}{\Delta g} \cdot \frac{g(x+\Delta x) - g(x)}{\Delta x} .$$

Da mit $\Delta x \to 0$ auch $\Delta g = g(x + \Delta x) - g(x)$ gegen Null strebt (g ist – da differenzierbar – auch stetig!), strebt für $\Delta x \to 0$ der erste Faktor von (5.2.43) gegen f'(g) und der zweite Faktor von (5.2.43) gegen g'(x), so dass wir zusammenfassend erhalten:

Satz 5.2.44: (Kettenregel) Es sei f: y = f(g(x)) eine aus f(g) und g(x) zusammengesetzte Funktion. Weiterhin mögen g'(x) und f'(g) *(mit g = g(x))* existieren. Dann existiert auch die Ableitung f'(x) der zusammengesetzten Funktion f(g(x)), und es gilt:

(5.2.45) $$f = f(g(x)) \Rightarrow f'(x) = f'(g) \cdot g'(x) \quad \text{bzw.} \quad \frac{d}{dx} f(g(x)) = \frac{df}{dg} \cdot \frac{dg}{dx} .$$

mit g = g(x)

---

[4] Wegen dieser einschränkenden Voraussetzung ist der o.a. Beweis der Kettenregel mathematisch nicht streng.

Beispiel 5.2.46: (vgl. Beispiel 5.2.42)

i) $\boxed{f(x) = (x^2 + e^x)^{100}} \Rightarrow \boxed{f'(x) = 100\,(x^2 + e^x)^{99} \cdot (2x + e^x)}$

Wegen: $f(g) = g^{100} \Rightarrow f'(g) = 100\,g^{99} = 100\,(x^2 + e^x)^{99}$

$g(x) = x^2 + e^x \Rightarrow g'(x) = 2x + e^x$ und $f'(x) = f'(g) \cdot g'(x)$.

ii) $\boxed{f(x) = \sqrt{3x^2 + x}} \Rightarrow \boxed{f'(x) = \dfrac{6x+1}{2\sqrt{3x^2+x}}}$

Wegen: $f(g) = \sqrt{g} = g^{1/2} \Rightarrow f'(g) = \frac{1}{2} g^{-1/2} = \dfrac{1}{2\sqrt{g}} = \dfrac{1}{2\sqrt{3x^2+x}}$

$g(x) = 3x^2 + x \Rightarrow g'(x) = 6x + 1$ und $f'(x) = f'(g) \cdot g'(x)$.

iii) $\boxed{f(x) = e^{\sqrt{x}}} \Rightarrow \boxed{f'(x) = \dfrac{e^{\sqrt{x}}}{2\sqrt{x}}}$

Wegen: $f(g) = e^g \Rightarrow f'(g) = e^g = e^{\sqrt{x}}$

$g(x) = \sqrt{x} = x^{1/2} \Rightarrow g'(x) = \frac{1}{2} x^{-1/2} = \dfrac{1}{2\sqrt{x}}$ und $f'(x) = f'(g) \cdot g'(x)$.

iv) $\boxed{f(x) = \ln(x^2 + 4)} \Rightarrow \boxed{f'(x) = \dfrac{2x}{x^2+4}}$

Wegen: $f(g) = \ln g \Rightarrow f'(g) = \dfrac{1}{g} = \dfrac{1}{x^2+4}$

$g(x) = x^2 + 4 \Rightarrow g'(x) = 2x$ und $f'(x) = f'(g) \cdot g'(x)$.

Bemerkung 5.2.47: *i) In $d/dx\, f(g(x)) = f'(g) \cdot g'(x)$ bezeichnet man die Ableitung $f'(g)$ der äußeren Funktion als **äußere Ableitung** und die Ableitung $g'(x)$ der inneren Funktion als **innere Ableitung**, so dass man die Kettenregel auch in der Kurzform **„Äußere Ableitung mal innere Ableitung“** formuliert.*

*ii) Gelegentlich nennt man das Multiplizieren von $f'(g)$ mit der inneren Ableitung $g'(x)$ auch **„Nachdifferenzieren“**.*

iii) Die Schreibweise (5.2.45) $\boxed{\dfrac{df}{dx} = \dfrac{df}{dg} \cdot \dfrac{dg}{dx}}$ *(∗)*

der Kettenregel ist besonders einprägsam, da formal links wie rechts vom Gleichheitszeichen derselbe Term steht. Man beachte jedoch, dass ein tatsächliches „Kürzen“ der Symbole dg nicht zulässig ist, da sie nur zur formalen Schreibweise eines Grenzwertes benutzt werden. Wie an der Form (∗) der Kettenregel deutlich wird, ist diese (bereits von Leibniz stammende) Schreibweise von derart eleganter Zweckmäßigkeit, dass sie dem Anwender ein hohes Maß an Denkarbeit abnimmt.

*iv) Auch Funktionen, die aus **mehr als zwei** Teilfunktionen verkettet sind, lassen sich durch **wiederholte Anwendung der Kettenregel** differenzieren. Allgemein erhält man so für eine aus n Teilfunktionen zusammengesetzte Funktion mit dem Funktionsterm $f(g_1(g_2(g_3 \ldots (g_n(x)))) \ldots)$ die allgemeine Kettenregel*

(5.2.48) $$\boxed{\frac{df}{dx} = \frac{df}{dg_1} \cdot \frac{dg_1}{dg_2} \cdot \frac{dg_2}{dg_3} \cdot \ldots \cdot \frac{dg_n}{dx}}\ .$$

Beispiel: $f(x) = [\ln(x^4+1)]^8$

Wegen: $f(g_1) = g_1^8 \Rightarrow f'(g_1) = 8g_1^7 = 8[\ln(x^4+1)]^7$;

$g_1(g_2) = \ln g_2 \Rightarrow g_1'(g_2) = \frac{1}{g_2} = \frac{1}{x^4+1}$;

$g_2(x) = x^4+1 \Rightarrow g_2'(x) = 4x^3$ *folgt:*

$$\frac{df}{dx} = \frac{df}{dg_1} \cdot \frac{dg_1}{dg_2} \cdot \frac{dg_2}{dx} = f'(g_1) \cdot g_1'(g_2) \cdot g_2'(x) = \frac{32x^3[\ln(x^4+1)]^7}{x^4+1} .$$

Wie in Beispiel 5.2.46 demonstriert, erhält man mit Hilfe der Kettenregel unmittelbar die Ableitungen der **verallgemeinerten Grundfunktionen** mit den Funktionstermen:

$$[g(x)]^n \; ; \qquad e^{g(x)} \; ; \qquad \ln g(x) \; ,$$

die aus den entsprechenden elementaren Grundfunktionen x^n, e^x, $\ln x$ dadurch hervorgehen, dass an die Stelle der unabhängigen Variablen x nun die innere Funktion $g(x)$ tritt. Es gilt (unter Beachtung der üblichen Einschränkungen):

Satz 5.2.49: (Ableitung der allgemeinen Grundfunktionen)

(5.2.50) $f(x) = [g(x)]^n \Rightarrow f'(x) = n \cdot [g(x)]^{n-1} \cdot g'(x)$ bzw. $\frac{d}{dx}[g(x)]^n = n \cdot [g(x)]^{n-1} \cdot g'(x)$

(5.2.51) $f(x) = e^{g(x)} \Rightarrow f'(x) = e^{g(x)} \cdot g'(x)$ bzw. $\frac{d}{dx} e^{g(x)} = e^{g(x)} \cdot g'(x)$

(5.2.52) $f(x) = \ln g(x) \Rightarrow f'(x) = \frac{g'(x)}{g(x)}$ bzw. $\frac{d}{dx} \ln g(x) = \frac{g'(x)}{g(x)}$

Aufgabe 5.2.53: Man ermittle die Ableitung folgender Funktionen (nach der jeweils angegebenen unabhängigen Variablen):

i) $f(x) = 0{,}5\,(4x^7 - 3x^5)^{64}$ **ii)** $g(y) = \sqrt[7]{y^2 - y^7}$ **iii)** $k(z) = z^5 \cdot \ln(1 - z^5)$

iv) $p(u) = e^{-2u}$ **v)** $k(t) = 5\ln(\ln t)$ **vi)** $N(y) = 20 \cdot e^{-17/y} \cdot \sqrt[3]{\ln 7}$

vii) $C(I) = \sqrt[3]{2I} \cdot e^{-I^2}$ **viii)** $k(x) = x^n \cdot e^{-nx}$ **ix)** $Q(s) = \ln\sqrt{\frac{1+s^4}{6+s^2}}$

x) $P(W) = (\ln \frac{W^2+1}{e^W})^{20}$ **xi)** $p(a) = [\ln(a^x - e^a)]^x \cdot e^{x^2+1}$.

5.2.3 Ergänzungen zur Ableitungstechnik

Im folgenden sollen einerseits die Klasse der **differenzierbaren Funktionstypen erweitert** werden *(Kap. 5.2.3.2)* und andererseits nützliche **zusätzliche Ableitungstechniken** bereitgestellt werden, die den Differentiationsaufwand vermindern können *(Kap. 5.2.3.1/5.2.3.3)*. Dabei wird sich zeigen, dass in allen Fällen der **Kettenregel** (5.2.45) eine **Schlüsselfunktion** bei der Problemlösung zukommt.

5.2.3.1 Ableitung der Umkehrfunktion

Wenn eine vorgegebene Funktion f: $y = f(x)$ differenzierbar ist und außerdem eine Umkehrfunktion f^{-1}: $x = f^{-1}(y)$ besitzt (vgl. Kapitel 2.1.4), so ist anschaulich klar (vgl. Abb. 5.2.55), dass dann auch die **Umkehrfunktion f^{-1} differenzierbar** ist (sofern $f' \neq 0$).

Der **Zusammenhang** zwischen den Ableitungen $f', f^{-1\prime}$ kann auf anschauliche Weise aus Abb. 5.2.55 abgelesen werden: Die **Tangentensteigungsdreiecke** in den beiden entsprechenden Punkten P(x; y) und Q(y; x) sind **kongruent**, lediglich **Höhendifferenz** und **Horizontaldifferenz** sind **vertauscht**:

Die Ableitung in P lautet: $f'(x) = \Delta y/\Delta x$, während die Ableitung $f^{-1\prime}(y)$ in Q durch den **Kehrwert** $\Delta x/\Delta y$ gegeben ist. Es besteht daher die Relation:

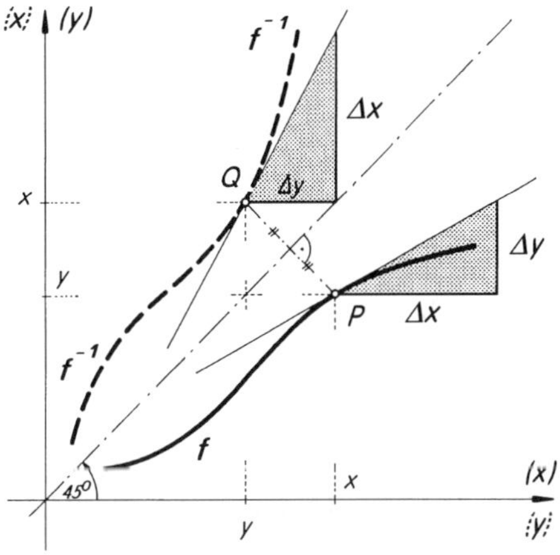

Abb. 5.2.55

(5.2.54) $$f'(x) = \frac{1}{f^{-1\prime}(y)}\Bigg|_{y = f(x)} .$$

$(f', f^{-1\prime} \neq 0)$

Das letzte - anschaulich gewonnene - Ergebnis folgt auch - Differenzierbarkeit von f und f^{-1} vorausgesetzt - mit Hilfe der **Kettenregel**:

Wegen $y = f(x)$ folgt durch Umkehrung: $x = f^{-1}(y) = f^{-1}(f(x))$. Ableitung nach x liefert mit der Kettenregel (innere Funktion ist y bzw. f(x)):

$1 = \frac{df^{-1}}{dy} \cdot \frac{dy}{dx} = \frac{df^{-1}}{dy} \cdot \frac{df}{dx}$. Daraus folgt *(sofern keine der Ableitungen Null wird):*

Satz 5.2.56: Es seien f: $y = f(x)$ und f^{-1}: $x = f^{-1}(y)$ jeweils Umkehrfunktionen zueinander. Dann besteht zwischen ihren Ableitungen die Beziehung:

(5.2.57) $$\frac{d}{dx}f(x) = \frac{1}{\frac{d}{dy}f^{-1}(y)}$$ mit $y = f(x)$. $(f', f^{-1\prime} \neq 0)$

Somit genügt es, zur Ermittlung der Ableitung $f'(x)$ einer Funktion f lediglich die Ableitung $f^{-1\prime}$ ihrer Umkehrfunktion zu kennen.

Beispiel 5.2.58: i) $y = f(x) = \sqrt{x}$ (vgl. Bemerkung 5.2.8). Die Umkehrung f^{-1}: $x = y^2$ ist nach y differenzierbar: $f^{-1\prime}(y) = 2y$, so dass (5.2.57) liefert:

$$\frac{d}{dx}\sqrt{x} = \frac{1}{\frac{d}{dy}y^2} = \frac{1}{2y} = \frac{1}{2\sqrt{x}}, \quad (x > 0)\text{, vgl. Bsp. 5.2.10 iii)}.$$

ii) Von den zueinander inversen Grundfunktionen e^x, $\ln x$ (vgl. Kapitel 5.2.1.3/ 5.2.1.4) ist nur die Kenntnis *einer* der beiden Ableitungen erforderlich: Die *fehlende* Ableitung liefert (5.2.57):

a) Ableitung von e^y sei bekannt, Ableitung von f: $y = \ln x$ sei gesucht $(x > 0)$.
Wegen $f: y = \ln x \iff x = e^y = f^{-1}(y)$ folgt nach (5.2.57):

$$\frac{d}{dx}\ln x = \frac{1}{\frac{d}{dy}e^y} = \frac{1}{e^y}\Big/_{y = \ln x} = \frac{1}{x}\ ; \ (x > 0).$$

b) Ableitung von $\ln y$ sei bekannt, Ableitung von f: $y = e^x$ sei gesucht $(y > 0)$.
Wegen $f: y = e^x \iff x = \ln y = f^{-1}(y)$ folgt nach (5.2.57):

$$\frac{d}{dx}e^x = \frac{1}{\frac{d}{dy}\ln y} = \frac{1}{\frac{1}{y}} = y\Big/_{y = e^x} = e^x .$$

Aufgabe 5.2.59: Man zeige mit (5.2.57), dass für $x > 0$ die Ableitung der allgemeinen Wurzelfunktion f: $y = \sqrt[n]{x}$ nach der *(noch unbewiesenen)* Potenzregel (5.2.9) erfolgen kann.

5.2.3.2 Ableitung allgemeiner Exponential- und Logarithmusfunktionen

Mit Hilfe der **Kettenregel** (5.2.45) sowie der Ableitungen der **Grundfunktionen** (vgl. Satz 5.2.49) lassen sich auch **Exponential**- und **Logarithmusfunktionen allgemeinster Art** differenzieren.

i) Die **Potenzregel** (5.2.9) für Potenzfunktionen $f(x) = x^r$ mit **beliebigen** konstanten **reellen Hochzahlen** r kann bewiesen werden, indem man nach (1.2.85) die Basis $x\ (x > 0)$ äquivalent als Exponentialfunktion zur Basis e schreibt:

(1.2.85) $\qquad x = e^{\ln x}, \qquad (x > 0).$

Damit lautet die abzuleitende Potenzfunktion: $f(x) = x^r = (e^{\ln x})^r = e^{r \cdot \ln x}$, und man erhält mit der Kettenregel (innere Funktion ist $r \cdot \ln x$):

(5.2.60) $$\boxed{\frac{d}{dx}x^r = \frac{d}{dx}(e^{r \cdot \ln x}) = e^{r \cdot \ln x} \cdot r \cdot \frac{1}{x} = x^r \cdot r \cdot \frac{1}{x} = r \cdot x^{r-1}},$$

also das bereits in (5.2.9) vorweggenommene und seitdem verwendete Ergebnis.

Beispiel: $\qquad f(x) = x^{\ln 2} \Rightarrow f'(x) = \ln 2 \cdot x^{(\ln 2)-1} \approx 0{,}6931 \cdot x^{-0{,}3069}$.

ii) Die **Exponentialfunktion** $f(x) = a^x$ mit **beliebiger** konstanter **reeller Basis** $a\ (a > 0)$ lässt sich mit Hilfe der Kettenregel ableiten, wenn man für die Basis a nach (1.2.85) schreibt: $a = e^{\ln a}$.
Dann folgt:

$$f(x) = a^x = (e^{\ln a})^x = e^{x \cdot \ln a} \quad \text{und daher} \quad f'(x) = e^{x \cdot \ln a} \cdot \ln a = a^x \cdot \ln a .$$

Wir erhalten somit für die Ableitung der **allgemeinen Exponentialfunktion** mit konstanter positiver Basis a die **Regeln**:

(5.2.61) $f(x) = a^x \Rightarrow f'(x) = a^x \cdot \ln a$	
(5.2.62) $f(x) = a^{g(x)} \Rightarrow f'(x) = a^{g(x)} \cdot g'(x) \cdot \ln a$	$(a \in \mathbb{R}^+)$.

Beispiele: i) $f(x) = 10^x \Rightarrow f'(x) = 10^x \cdot \ln 10 \approx 2{,}3026 \cdot 10^x$

ii) $f(x) = 2^{x^2+x} \Rightarrow f'(x) = 2^{x^2+x} \cdot (2x+1) \cdot \ln 2$.

Für den Spezialfall $a = e$ ergibt sich wegen $\ln e = 1$ das bekannte Ergebnis $(e^x)' = e^x$ bzw. $(e^{g(x)})' = e^{g(x)} \cdot g'(x)$, vgl. (5.2.12) und (5.2.51).

iii) Die **Logarithmusfunktion** $f(x) = \log_a x$ $(x > 0)$ zu beliebiger positiver Basis a $(a \neq 1)$ lässt sich mit (5.2.15) ableiten, wenn man beachtet, dass wegen (1.2.88) ganz allgemein gilt:

(1.2.88) $$\log_a x = \frac{\ln x}{\ln a} \qquad (a \in \mathbb{R}^+ \setminus \{1\}).$$

Daraus folgt mit (5.2.15) und (5.2.23) sofort:

$$\frac{d}{dx}\log_a x = \frac{d}{dx}\frac{\ln x}{\ln a} = \frac{1}{\ln a}\cdot\frac{d}{dx}\ln x = \frac{1}{\ln a}\cdot\frac{1}{x} ,$$

so dass folgende **Regeln** resultieren:

(5.2.63) $f(x) = \log_a x \Rightarrow f'(x) = \frac{1}{x \cdot \ln a}$	$x > 0$; $a > 0$; $a \neq 1$
(5.2.64) $f(x) = \log_a g(x) \Rightarrow f'(x) = \frac{g'(x)}{g(x) \cdot \ln a}$	. $g(x) > 0$.

Beispiel: i) $f(x) = \lg x = \log_{10} x \Rightarrow f'(x) = \frac{1}{x \cdot \ln 10} \approx 0{,}4343 \cdot \frac{1}{x}$

ii) $f(x) = \log_2(x^2 + 7x) \Rightarrow f'(x) = \frac{2x+7}{(x^2+7x) \cdot \ln 2} \approx 1{,}4427 \cdot \frac{2x+7}{x^2+7x}$.

Für den Spezialfall $a = e$ erhält man wegen $\ln e = 1$ das bekannte Ergebnis

$(\log_e x)' = (\ln x)' = \frac{1}{x}$ bzw. $(\ln g(x))' = \frac{g'(x)}{g(x)}$, vgl. (5.2.15) und (5.2.52).

Bemerkung: *Regel (5.2.63) folgt auch aus (5.2.61) mit Hilfe der Ableitung der Umkehrfunktion (5.2.57): Wegen* $y = \log_a x \Leftrightarrow x = a^y$ *ergibt sich nämlich:*

$$\frac{d}{dx}\log_a x = \frac{1}{\frac{d}{dy}a^y} = \frac{1}{a^y \cdot \ln a} = \frac{1}{x \cdot \ln a} .$$

iv) Die **allgemeinste Exponentialfunktion** ist vom Typ **f:** $\mathbf{f(x) = g(x)^{h(x)}}$ $(g > 0)$. Setzt man wegen (1.2.85): $g(x) = e^{\ln g(x)}$, so lautet die abzuleitende Funktion f:

$$f(x) = g(x)^{h(x)} = [e^{\ln g(x)}]^{h(x)} = e^{h(x) \cdot \ln g(x)} ,$$

und die Kettenregel bzw. Produktregel liefern:

$$f'(x) = \frac{d}{dx}(e^{h(x) \cdot \ln g(x)}) = e^{h(x) \cdot \ln g(x)} \cdot (h'(x) \cdot \ln g(x) + h(x) \cdot \frac{g'(x)}{g(x)}) ,$$

d.h. es gilt die **Regel**:

(5.2.65) $$f(x) = g(x)^{h(x)} \Rightarrow f'(x) = g(x)^{h(x)} \cdot \left(h'(x) \cdot \ln g(x) + h(x) \cdot \frac{g'(x)}{g(x)}\right) \quad (g > 0).$$

Beispiel: i) $f(x) = x^x\ (x > 0) \iff$ (1.2.85) $f(x) = (e^{\ln x})^x = e^{x \cdot \ln x} \Rightarrow$

$f'(x) = e^{x \cdot \ln x}(\ln x + x \cdot \frac{1}{x})$, d.h. $\frac{d}{dx}\, x^x = x^x(\ln x + 1)$.

ii) $f(x) = (x^2+1)^{\ln(x+4)} \Rightarrow$ (1.2.85) $f(x) = e^{\ln(x^2+1) \cdot \ln(x+4)} \Rightarrow$

$f'(x) = e^{\ln(x^2+1) \cdot \ln(x+4)} \cdot \left(\frac{2x}{x^2+1} \cdot \ln(x+4) + \ln(x^2+1) \cdot \frac{1}{x+4}\right)$; d.h.

$$\frac{d}{dx}(x^2+1)^{\ln(x+4)} = (x^2+1)^{\ln(x+4)} \cdot \left(\frac{2x\ln(x+4)}{x^2+1} + \frac{\ln(x^2+1)}{x+4}\right).$$

v) Die **allgemeinste Logarithmusfunktion** ist vom Typ $f(x) = \log_{g(x)} h(x)$ $(g > 0;\ g \neq 1;\ h > 0)$. Nach (1.2.88) kann man stattdessen schreiben:

$$f(x) = \frac{\ln h(x)}{\ln g(x)},$$

so dass die Ableitung mit Hilfe von Quotienten- und Kettenregel erfolgen kann:

(5.2.66) $$\frac{d}{dx}\log_{g(x)} h(x) = \frac{\frac{h'(x)}{h(x)} \cdot \ln g(x) - \ln h(x) \cdot \frac{g'(x)}{g(x)}}{[\ln g(x)]^2} \quad (g(x) > 0;\ g(x) \neq 1;\ h(x) > 0.)$$

Beispiel: i) $f(x) = \log_x 7 = \frac{\ln 7}{\ln x} \Rightarrow f'(x) = \frac{-\ln 7}{x(\ln x)^2}$.

ii) $f(x) = \log_{\sqrt{x}} e^x = \frac{\ln e^x}{\ln\sqrt{x}} = \frac{x}{0{,}5 \cdot \ln x} \Rightarrow$

$$f'(x) = \frac{1 \cdot 0{,}5 \cdot \ln x - x \cdot 0{,}5 \cdot 1/x}{0{,}5^2 \cdot (\ln x)^2} = \frac{\ln x - 1}{0{,}5 \cdot (\ln x)^2}.$$

Aufgabe 5.2.67: Man ermittle (unter Beachtung der jeweiligen Definitionsbereiche) die erste Ableitung folgender Funktionen:

i) $f(x) = x^3 \cdot 3^x$ **ii)** $g(y) = y^{\ln 10} + (\ln 10)^y$ **iii)** $h(z) = 2^{\ln z} \cdot (\ln z)^{10}$

iv) $f(x) = \frac{5^{\sqrt{x}} + (\sqrt{2})^{1-x}}{\sqrt{x}}$ **v)** $k(t) = t^{\sqrt{t}}$ **vi)** $H(u) = (u^2 + e^{-u})^{1-u}$

vii) $p(v) = v^{\ln v}$ **viii)** $C(y) = (\ln y)^{\ln y}$ **ix)** $Q(s) = s^{(s^s)}$

x) $r(t) = (1+t^2)^{\frac{t-1}{t+1}}$ **xi)** $f(x) = \log_7 \frac{x^2+4}{x^4+2}$ **xii)** $n(a) = \log_a a^4$

xiii) $L(b) = \log_{\ln b}(b^2+1)$, $(b > 1)$.

5.2.3.3 Logarithmische Ableitung

Gelegentlich vereinfacht sich die Bildung der Ableitung f' einer vorgegebenen Funktion f, wenn man die Funktionsgleichung $y = f(x)$ **vor** dem Ableiten beiderseits **logarithmiert, umformt** (mit Hilfe der Logarithmengesetze L1 - L3, vgl. Kapitel 1.2.3.3) und die entstandene Gleichung **erst dann** mit Hilfe der Kettenregel **differenziert**. Dieses Ableitungsverfahren - **logarithmische Ableitung** genannt - sei an einem Beispiel demonstriert:

Beispiel 5.2.68: Es sei die Ableitung f' gesucht zu

$$(5.2.69) \quad f(x) = \frac{(x^2+4)^7}{\sqrt{x^6+1}\cdot(2x^4+1)^{20}} .$$

Zwar könnte man f' prinzipiell durch mehrfach kombinierte Anwendung von Quotientenregel, Kettenregel und Produktregel erhalten, doch entstehen neben hohem Rechenaufwand unübersichtliche Terme. Logarithmiert man nun zuvor (5.2.69), so folgt (mit L1 - L3):

$$\ln f(x) = \ln \frac{(x^2+4)^7}{\sqrt{x^6+1}\cdot(2x^4+1)^{20}} = 7\ln(x^2+4) - \frac{1}{2}\ln(x^6+1) - 20\ln(2x^4+1) .$$

Aus Quotienten, Produkten und Potenzen sind somit Differenzen, Summen und Produkte der logarithmierten Terme entstanden, deren Ableitung keine Mühe bereitet. Leitet man die letzte Gleichung beiderseits nach x ab, so entsteht (Kettenregel bzw. (5.2.52)) auf der linken Seite „automatisch“ die gesuchte Ableitung $f'(x)$:

$$\frac{d}{dx}\ln f(x) = \frac{f'(x)}{f(x)} = 7\cdot\frac{2x}{x^2+4} - \frac{1}{2}\cdot\frac{6x^5}{x^6+1} - 20\cdot\frac{8x^3}{2x^4+1} .$$

Löst man nach $f'(x)$ auf und ersetzt $f(x)$ durch (5.2.69), so erhält man schließlich den gesuchten Ableitungsterm:

$$f'(x) = \frac{(x^2+4)^7}{\sqrt{x^6+1}\cdot(2x^4+1)^{20}}\left(\frac{14x}{x^2+4} - \frac{3x^5}{x^6+1} - \frac{160x^3}{2x^4+1}\right) .$$

Die **logarithmische Ableitung** ist stets dann **sinnvoll anwendbar**, wenn der abzuleitende Funktionsterm $f(x)$ aus mehrfachen **Produkten, Quotienten** und/oder **Potenzen** besteht.

Beispiel 5.2.70: Die Funktion f mit $f(x) = \dfrac{u_1(x)\cdot u_2(x)\cdot \ldots \cdot u_n(x)}{v_1(x)\cdot v_2(x)\cdot \ldots \cdot v_m(x)}$

kann prinzipiell durch mehrfache Anwendung von Produkt- und Quotientenregel abgeleitet werden. **Einfacher** erhält man $f'(x)$ durch **logarithmische Ableitung**:

$$\ln f(x) = \ln u_1 + \ln u_2 + \ldots + \ln u_n - \ln v_1 - \ln v_2 - \ldots - \ln v_m \quad \Rightarrow$$

$$\frac{f'(x)}{f(x)} = \frac{u_1'(x)}{u_1(x)} + \frac{u_2'(x)}{u_2(x)} + \ldots + \frac{u_n'(x)}{u_n(x)} - \frac{v_1'(x)}{v_1(x)} - \frac{v_2'(x)}{v_2(x)} - \ldots - \frac{v_m'(x)}{v_m(x)} .$$

Multiplikation mit $f(x) = \dfrac{u_1\cdot \ldots \cdot u_n}{v_1\cdot \ldots \cdot v_m}$ liefert die gesuchte Ableitung $f'(x)$.

Auch beliebige **Exponentialfunktionen** lassen sich mit Hilfe der **logarithmischen Ableitung** auf einfache Weise differenzieren:

Beispiel 5.2.71: **i)** (vgl. (5.2.65)) Die allgemeinste Exponentialfunktion f: $f(x) = g(x)^{h(x)}$ liefert nach dem Logarithmieren

$$\ln f(x) = \ln [\, g(x)^{h(x)} \,] \overset{(L3)}{=} h(x) \cdot \ln g(x) \quad \Rightarrow \quad (\frac{d}{dx})$$

$$\frac{f'(x)}{f(x)} = h'(x) \cdot \ln g(x) + h(x) \cdot \frac{g'(x)}{g(x)} .$$

Multiplikation mit f(x) liefert f′(x) und somit dasselbe Resultat wie (5.2.65).

ii) $f(x) = (3x)^{x^2} \quad \Rightarrow \quad (x > 0) \quad \ln f(x) = x^2 \cdot \ln 3x \quad \Rightarrow$

$$\frac{f'(x)}{f(x)} = 2x \cdot \ln 3x + x^2 \frac{3}{3x} \quad \Rightarrow \quad f'(x) = (3x)^{x^2} (2x \cdot \ln 3x + x) .$$

Aufgabe 5.2.72: Man differenziere mit Hilfe der logarithmischen Ableitung:

i) $f(x) = \dfrac{\sqrt[7]{2x^2+1} \cdot (x^4+x^2)^{22}}{e^{-x} \cdot \sqrt{1+x^6}}$ **ii)** $g(y) = y^2 \cdot 10^{\sqrt[3]{y}}$ **iii)** $p(t) = (1-t^2)^{1+t^2}$

iv) $h(z) = (2 \ln z)^{4z}$ **v)** $k(v) = e^{7v} \cdot (\ln v)^{-2/v}$ **vi)** $s(p) = (4p)^{\lg p}$.

5.2.4 Höhere Ableitungen

Das Beispiel $f(x) = x^3 + 6x^2 - 4x + 1 \quad \Rightarrow \quad f'(x) = 3x^2 + 12x - 4$ zeigt, dass die erste Ableitung f′ einer vorgegebenen Funktion f selbst wiederum differenzierbar sein kann. Man erhält als **Ableitung der Ableitung** im obigen Beispiel: $(f'(x))' = 6x + 12$.

Statt (f′(x))′ schreibt man kurz f″(x) (gelesen: „f-zwei-Strich von x") und nennt f″ die **zweite Ableitung** von f bzgl. x. Ganz analog definiert man die **dritte Ableitung** f‴ als Ableitung (f″)′ der **zweiten Ableitung** f″ usw.:

Def. 5.2.73: Die Funktion f heißt **n-mal differenzierbar**, wenn die Ableitungen $f'; f'' := (f')'; f''' := (f'')'; \ldots ; f^{(n)} := (f^{(n-1)})'$ existieren.

$f^{(n)}$ heißt **n-te Ableitung** oder **Ableitung n-ter Ordnung** von f.

Bemerkung 5.2.74: ***i)*** *Die ersten drei Ableitungen von f kennzeichnet man in der Regel durch Striche: f′, f″, f‴. Für Ableitungen höherer Ordnung (n = 4, 5, ...) schreibt man: $f^{(4)}, f^{(5)}, \ldots$ (gelesen: „f-vier-Strich" usw.).*

ii) *Statt f″(x) schreibt man wegen $f''(x) := (f'(x))' = \frac{d}{dx}(\frac{df}{dx})$ häufig auch $\frac{d^2f}{dx^2}$ (gelesen: „d-zwei-f nach dx-hoch-zwei").*

Analog: $f^{(n)}(x) = \frac{d^nf}{dx^n}$ („d-n-f nach dx-hoch-n") bzw. $f^{(n)}(x) = \frac{d^n}{dx^n} f(x)$

(„d-n nach dx-hoch-n von f(x)")

Beispiel 5.2.75: **i)** $f(x) = \frac{1}{5}x^5 - \frac{1}{6}x^3 + 4x + 1 \quad \Rightarrow \quad f'(x) = \frac{df}{dx} = x^4 - \frac{1}{2}x^2 + 4 \quad \Rightarrow$

$$f''(x) = \frac{d^2f}{dx^2} = 4x^3 - x \quad \Rightarrow \quad f'''(x) = \frac{d^3f}{dx^3} = 12x^2 - 1 \quad \Rightarrow \quad f^{(4)}(x) = \frac{d^4f}{dx^4} = 24x \quad \Rightarrow$$

$$f^{(5)}(x) = \frac{d^5f}{dx^5} = 24 \quad \Rightarrow \quad f^{(6)}(x) = \frac{d^6f}{dx^6} = 0 \, .$$

Alle weiteren höheren Ableitungen ergeben ebenfalls Null.

ii) $f(x) = 7e^x \quad \Rightarrow \quad f'(x) = f''(x) = \ldots = f^{(n)}(x) = 7e^x$

iii) $f(x) = \ln x \ (x > 0) \quad \Rightarrow \quad f'(x) = \frac{1}{x} \quad \Rightarrow \quad f''(x) = -\frac{1}{x^2} \quad \Rightarrow \quad f'''(x) = \frac{2}{x^3} \quad \Rightarrow$

$$f^{(4)}(x) = -\frac{2 \cdot 3}{x^4} \quad \ldots \quad \Rightarrow \quad f^{(n)}(x) = (-1)^{n-1} \cdot \frac{(n-1)\,!}{x^n} \, .$$

Ebenso wie die erste Ableitung f' ein Maß für die Steigung (Änderungstendenz) der Funktion f ist, liefert die **zweite Ableitung** f'' ein Maß für die **Steigung** (Änderungstendenz) **der ersten Ableitung** f'. Allgemein misst somit die n-te Ableitung $f^{(n)}$ die Steigung der $(n-1)$-ten Ableitung $f^{(n-1)}$.

Das folgende Beispiel (vgl. Abb. 5.2.76) zeigt die Graphen von f, f', f'', f''' der Funktion f mit

$$f(x) = \frac{1}{6}x^3 - \frac{1}{2}x^2 - \frac{3}{2}x + 3 \, ,$$

$$f'(x) = \frac{1}{2}x^2 - x - \frac{3}{2} \, ,$$

$f''(x) = x - 1$ und $f'''(x) = 1$.

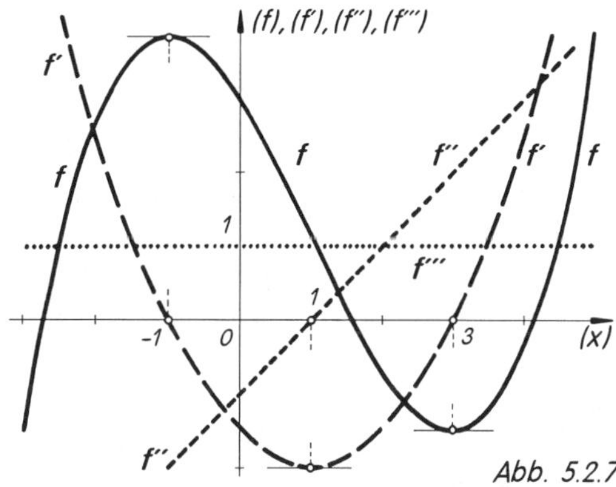

Abb. 5.2.76

Man erkennt an Abb. 5.2.76 etwa, dass die erste Ableitung f' in dem Bereich (nämlich $-1 < x < 3$) negativ ist (d.h. der Graph von f' unterhalb der Abszisse verläuft), in dem f eine negative Steigung besitzt. In dem Bereich, in dem die erste Ableitung f' eine positive Steigung besitzt (d.h. für $x > 1$), ist die Ableitung von f', d.h. die zweite Ableitung f'' von f positiv usw.

Aufgabe 5.2.77: Man ermittle die Ableitungen erster bis dritter Ordnung folgender Funktionen:

i) $f(x) = x^{10}$ **ii)** $g(y) = y \cdot \ln y$ **iii)** $h(z) = \frac{z+1}{(z-1)^2}$ **iv)** $p(t) = t \cdot e^t$

v) $k(r) = e^{1/r}$ **vi)** $F(x) = 10^x + \lg x$ **vii)** $N(Y) = (1 + 2Y)^{Y^2}$, *nur N' und N'' bilden !.*

Aufgabe 5.2.78: Man untersuche, wie oft die folgenden Funktionen auf $\mathbb{R}$ differenzierbar sind. Sind alle Ableitungen überall stetig?

i) $f(x) = |x^3| = \begin{cases} -x^3 & \text{für } x < 0 \\ x^3 & \text{für } x \geq 0 \end{cases}$ **ii)** $f(x) = \begin{cases} 0{,}5x^2 + x + 1 & \text{für } x < 0 \\ e^x & \text{für } x \geq 0 \end{cases}$

iii) $f(x) = \begin{cases} -0{,}5x^2 + 2x - 1{,}5 & \text{für } x < 1 \\ \ln x & \text{für } x \geq 1 \, . \end{cases}$

5.2.5 Zusammenfassung der wichtigsten Differentiationsregeln

	f(x)	f′(x)	Bemerkungen
(1)	const.	0	
(2)	x	1	$x \in \mathbb{R}$
(3)	x^n	$n \cdot x^{n-1}$	falls $n \in \mathbb{N}$: $x \in \mathbb{R}$ falls $n \in \mathbb{Z}$: $x \in \mathbb{R} \setminus \{0\}$ falls $n \in \mathbb{R}$: $x \in \mathbb{R}^+$
(4)	e^x	e^x	$x \in \mathbb{R}$
(5)	$\ln x$	$\frac{1}{x}$	$x \in \mathbb{R}^+$
(6)	$c \cdot g(x)$	$c \cdot g'(x)$	$c \in \mathbb{R}$: konstanter Faktor
(7)	$u(x) \pm v(x)$	$u'(x) \pm v'(x)$	Summenregel
(8)	$u(x) \cdot v(x)$	$u'(x) \cdot v(x) + u(x) \cdot v'(x)$	Produktregel
(9)	$\frac{u(x)}{v(x)}$	$\frac{u'(x) \cdot v(x) - u(x) \cdot v'(x)}{[v(x)]^2}$	Quotientenregel ($v \neq 0$)
(10)	$f(g(x))$	$f'(g) \cdot g'(x)$	Kettenregel
(11)	a^x	$a^x \cdot \ln a$	$a \in \mathbb{R}^+$; $x \in \mathbb{R}$
(12)	$\log_a x$	$\frac{1}{x \cdot \ln a}$	$a \in \mathbb{R}^+ \setminus \{1\}$; $x \in \mathbb{R}^+$
(13)	$[g(x)]^n$	$n \cdot [g(x)]^{n-1} \cdot g'(x)$	falls $n \in \mathbb{N}$: $g(x) \in \mathbb{R}$ falls $n \in \mathbb{Z}$: $g(x) \neq 0$ falls $n \in \mathbb{R}$: $g(x) > 0$
(14)	$e^{g(x)}$	$e^{g(x)} \cdot g'(x)$	
(15)	$a^{g(x)}$	$a^{g(x)} \cdot \ln a \cdot g'(x)$	$a \in \mathbb{R}^+$
(16)	$\ln g(x)$	$\frac{g'(x)}{g(x)}$	$g(x) > 0$
(17)	$\log_a g(x)$	$\frac{g'(x)}{g(x) \cdot \ln a}$	$a \in \mathbb{R}^+ \setminus \{1\}$; $g(x) > 0$
(18)	$g(x)^{h(x)}$	vgl. (5.2.65)	$g(x)^{h(x)} = e^{h(x) \cdot \ln g(x)}$ (1.2.85)
(19)	$\log_{g(x)} h(x)$	vgl. (5.2.66)	$\log_{g(x)} h(x) = \frac{\ln h(x)}{\ln g(x)}$ (1.2.88)

Aus Vollständigkeitsgründen folgen die Ableitungen der *(bei ökonomischen Problemen relativ selten vorkommenden)* **elementaren trigonometrischen Funktionen** (vgl. Kap. 2.3.6):

	f(x)	f'(x)	Bemerkungen
(20)	$\sin x$	$\cos x$	$x \in \mathbb{R}$
(21)	$\cos x$	$-\sin x$	$x \in \mathbb{R}$
(22)	$\tan x$	$\frac{1}{\cos^2 x}$	$\cos x \neq 0$
(23)	$\sin g(x)$	$\cos g(x) \cdot g'(x)$	$g(x) \in \mathbb{R}$
(24)	$\cos g(x)$	$-\sin g(x) \cdot g'(x)$	$g(x) \in \mathbb{R}$

Beispiel: i) $f(x) = 5\sin(2x+1) \Rightarrow f'(x) = 10\cos(2x+1)$

ii) $f(x) = (\sin x)^5 = \sin^5 x \Rightarrow f'(x) = 5\sin^4 x \cdot \cos x$

iii) $f(x) = e^{\tan x} \Rightarrow f'(x) = e^{\tan x} \cdot \frac{1}{\cos^2 x}$

iv) $f(x) = x^{\cos\sqrt{x}} \underset{(1.2.85)}{=} e^{\ln x \cdot \cos\sqrt{x}} \Rightarrow$

$$f'(x) = x^{\cos\sqrt{x}} \cdot \left(\frac{1}{x}\cos\sqrt{x} - \ln x \cdot \sin\sqrt{x} \cdot \frac{1}{2\sqrt{x}}\right)$$

v) $f(x) = \cos(\sin^2 x) \Rightarrow f'(x) = -\sin(\sin^2 x) \cdot 2\sin x \cdot \cos x$.

5.3 Grenzwerte bei unbestimmten Ausdrücken – Regeln von de L'Hôspital

Wie wir gesehen haben, spielt die Grenzwertbildung im Zusammenhang mit der Differentialrechnung *(wie überhaupt in der gesamten Höheren Mathematik)* eine zentrale Rolle. Bereits in Kap. 4 war allerdings aufgefallen *(vgl. etwa die Beispiele 4.3.4-4.3.6)*, dass Grenzwerte bei sog. „unbestimmten Ausdrücken" *(wie z.B. „∞/∞" oder „0/0")* mit den bisherigen Methoden nicht oder nur mühsam ermittelt werden konnten.

Unter einem **unbestimmten Ausdruck** versteht man einen Term, der im Verlauf des Grenzwertprozesses *(zunächst)* gegen einen der nachstehend aufgeführten sieben Ausdrücke strebt:

(5.3.1) $\quad „\frac{0}{0}", \quad „\frac{\infty}{\infty}", \quad „0 \cdot \infty", \quad „\infty - \infty", \quad „1^{\infty}", \quad „\infty^0", \quad „0^0"$.

(zur Schreibweise vgl. Bem. 4.2.12)

Beispiele: $\lim\limits_{x \to 1} \frac{x^2+3x-4}{2x^2-9x+7}$ ist vom Typ $„\frac{0}{0}"$; $\lim\limits_{x \to \infty} \left(1 + \frac{1}{x}\right)^x$ ist vom Typ $„1^{\infty}"$ usw.

Die Bezeichnungsweise *unbestimmter Ausdruck* wird verständlich, wenn man sich die sieben Ausdrücke (5.3.1) näher anschaut:

In jedem dieser *(aus zwei Teilen, wie z.B. „0/0“ zusammengesetzten)* Ausdrücke tendiert der eine Teil in eine prinzipiell andere Richtung als der andere, so dass *(zunächst)* völlig *unbestimmt* ist, wer schließlich die Oberhand behält oder ob sich beide Teile sozusagen gütlich auf einen *(endlichen)* Grenzwert „einigen“.

Beispiel 5.3.2:

(1) „$\frac{0}{0}$“

Der Zähler strebt gegen Null, dies spricht für „Null“ als Grenzwert.
Der Nenner strebt gegen Null, dies spricht für „Unendlich“ als Grenzwert.

Das Beispiel (4.3.6): $\lim\limits_{x \to 1} \frac{x^2 + 3x - 4}{2x^2 - 9x + 7} = -1$ zeigt, dass auch etwas völlig Unerwartetes aus „$\frac{0}{0}$“ resultieren kann.

Für die übrigen sechs Fälle gilt ähnliches, was wir in symbolischer Kurzschreibweise andeuten wollen:

(2) „$\frac{\infty}{\infty}$“

Zähler $\to \infty$, also Grenzwert $\to \infty$?
Nenner $\to \infty$, also Grenzwert $\to 0$?

Beispiel (4.3.4): $\lim\limits_{x \to \infty} \frac{6x^3 + 4x^2 - 7}{x^3 + x} = 6$ (!)

(3) „$0 \cdot \infty$“

1. Faktor $\to 0$, also Grenzwert $= 0$?
2. Faktor $\to \infty$, also Grenzwert $= \infty$?

dagegen Beispiel: $\lim\limits_{x \to \infty} \frac{1}{x} \cdot 3x = 3$

(4) „$\infty - \infty$“

1. Summand $\to \infty$, also Grenzwert $= \infty$?
2. Summand $\to \infty$, also Grenzwert $= -\infty$?

oder gar „$\infty - \infty$“ $= 0$?

dagegen Beispiel: $\lim\limits_{x \to \infty} [(6 + 5x^3) - (2 + 5x^3)] = 4$

(5) „1^∞“

Basis $\to 1$, also Grenzwert $= 1$?
Hochzahl $\to \infty$, also Grenzwert $= \infty$?
(oder, falls Basis < 1, Grenzwert $= 0$?)

dagegen Beispiel: $\lim\limits_{x \to \infty} (1 + \frac{1}{x})^x = e$ (vgl. (4.2.10a))

(6) „ ∞^0 “

Basis $\to \infty$, also Grenzwert = ∞ ?
Hochzahl $\to 0$, also Grenzwert = 1 ?

dagegen Beispiel: $\lim\limits_{x \to \infty} (x+1)^{\frac{2}{\ln x}} = e^2$ ($\approx 7{,}3891$) *(Herleitung später, s.u.)*

(7) „ 0^0 “

Basis $\to 0$, also Grenzwert = 0 ?
Hochzahl $\to 0$, also Grenzwert = 1 ?

vgl. dagegen das Beispiel: $\lim\limits_{x \to 0^+} (\sqrt{x} \cdot 3^x)^{\frac{1}{\ln x}} = \sqrt{e}$ ($\approx 1{,}6487$) *(Herleitung später)*

Mit den Mitteln der Differentialrechnung ist es nun in den meisten Fällen möglich, die Grenzwerte bei beliebigen unbestimmten Ausdrücken zu ermitteln.

Als Kernsatz dient dazu die sogenannte Regel von de L'Hôspital[5] für den ersten Fall „ $\frac{0}{0}$ “:

Satz 5.3.3: (Regel von de L'Hôspital für „ $\frac{0}{0}$ “)

Die beiden Funktionen f(x) und g(x) seien in x_0 *(stetig)* differenzierbar (mit $g'(x_0) \neq 0$).

Außerdem gelte: $f(x_0) = g(x_0) = 0$. Wenn dann der Grenzwert $\lim\limits_{x \to x_0} \frac{f'(x)}{g'(x)}$ $\left(= \frac{f'(x_0)}{g'(x_0)}\right)$ existiert, so existiert auch der Grenzwert $\lim\limits_{x \to x_0} \frac{f(x)}{g(x)}$, und beide Grenzwerte sind gleich, d.h. es gilt dann:

(5.3.4)
$$\lim_{x \to x_0} \frac{f(x)}{g(x)} = \lim_{x \to x_0} \frac{f'(x)}{g'(x)} = \frac{f'(x_0)}{g'(x_0)}$$

Beweis: Um die Ableitungsdefinition (5.1.10) anwenden zu können, benutzen wir die Tatsache, dass man für einen Grenzwert $\lim\limits_{x \to x_0} f(x)$ genauso gut schreiben kann: $\lim\limits_{\Delta x \to 0} f(x_0 + \Delta x)$.

Damit folgt für den gesuchten Grenzwert (unter Beachtung der Voraussetzungen und unter Benutzung der Grenzwertsätze (Satz 4.3.1)):

$$\lim_{x \to x_0} \frac{f(x)}{g(x)} = \lim_{\Delta x \to 0} \frac{f(x_0 + \Delta x)}{g(x_0 + \Delta x)} = \lim_{\Delta x \to 0} \frac{\dfrac{f(x_0 + \Delta x) - f(x_0)}{\Delta x}}{\dfrac{g(x_0 + \Delta x) - g(x_0)}{\Delta x}}$$

(denn $f(x_0) = g(x_0) = 0$, laut Voraussetzung)

$$\underset{(5.1.10)}{=} \frac{f'(x_0)}{g'(x_0)} \quad .$$

[5] G.F.A. de L'Hôspital (1661 - 1704), französischer Mathematiker

Beispiel 5.3.5: Die folgenden Terme liefern für $x \to x_0$ stets den unbestimmten Ausdruck „$\frac{0}{0}$“, d.h. Satz 5.3.3 ist (unter Beachtung der übrigen Voraussetzungen) anwendbar:

i) $\lim\limits_{x \to 0} \frac{e^x - 1}{x} \Rightarrow$ „$\frac{0}{0}$“ .

Leitet man Zähler und Nenner gemäß der Regel von de L'Hôspital (Satz 5.3.3) **getrennt** ab, so folgt:

$$\lim_{x \to 0} \frac{2e^x - 1}{x} = \lim_{x \to 0} \frac{2e^x}{1} = \lim_{x \to 0} 2e^x = 2e^0 = 2 \ .$$

Analog ermittelt man folgende Grenzwerte

ii) $\lim\limits_{x \to 1} \frac{5 \cdot \ln x}{x - 1} = \lim\limits_{x \to 1} \frac{5 \cdot \frac{1}{x}}{1} = \lim\limits_{x \to 1} \frac{5}{x} = 5$,

iii) $\lim\limits_{x \to 0} \frac{e^x - 1}{x^5} = \lim\limits_{x \to 0} \frac{e^x}{5x^4} =$ „$\frac{1}{0^+}$“ $= \infty$,

iv) $\lim\limits_{x \to 0} \frac{\sin x}{x} = \lim\limits_{x \to 0} \frac{\cos x}{1} = \cos 0 = 1$, vgl. (4.2.10) iv) .

Bemerkung 5.3.6: *Die Regel von de L'Hôspital kann in verschiedene Richtungen verallgemeinert werden:*

i) Wenn sich nach Anwendung der de L'Hôspitalschen Regel erneut ein unbestimmter Ausdruck „$\frac{0}{0}$“ ergibt, kann man die Regel erneut und ggf. mehrfach anwenden, denn es gilt:

$$\text{(5.3.7)} \quad \lim_{x \to x_0} \frac{f(x)}{g(x)} = \lim_{x \to x_0} \frac{f^{(n)}(x)}{g^{(n)}(x)}$$

(sofern der rechtsstehende Quotient der n-ten Ableitungen erstmalig nicht gegen „$\frac{0}{0}$“ strebt, sondern einen (eigentlichen oder uneigentlichen) Grenzwert besitzt.)

Beispiel: $\lim\limits_{x \to 0} \frac{1 + x - e^x}{x^2} \underset{„\frac{0}{0}“}{=} \lim\limits_{x \to 0} \frac{1 - e^x}{2x} \underset{„\frac{0}{0}“}{=} \lim\limits_{x \to 0} \frac{-e^x}{2} = -\frac{1}{2} e^0 = -\frac{1}{2}$.

ii) Die de L'Hôspitalsche Regel behält ihre Gültigkeit für $x \to \pm \infty$ *sowie auch für unbestimmte Ausdrücke des Typs* „$\frac{\infty}{\infty}$“. ***Beispiel:*** $\lim\limits_{n \to \infty} \frac{n}{q^n} = \lim\limits_{n \to \infty} \frac{1}{q^n \cdot \ln q} =$ „$\frac{1}{\infty}$“ $= 0, \ (q>1)$

Beispiel: $\lim\limits_{x \to \infty} \frac{e^x}{x^3} =$ „$\frac{\infty}{\infty}$“

$$\Rightarrow \lim_{x \to \infty} \frac{e^x}{x^3} = \lim_{x \to \infty} \frac{e^x}{3x^2} \underset{„\frac{\infty}{\infty}“}{=} \lim_{x \to \infty} \frac{e^x}{6x} \underset{„\frac{\infty}{\infty}“}{=} \lim_{x \to \infty} \frac{e^x}{6} = \infty$$

(3 - malige Anwendung der Regel)

Analog zeigt man durch n - malige Anwendung:

$$\lim_{x \to \infty} \frac{e^x}{x^n} = \infty \qquad (n \in \mathbb{N})$$

$$\lim_{x \to \infty} \frac{x^n}{e^x} = 0 \qquad (\text{vgl. } (4.2.10)\ iii))$$

Mit Hilfe der Regel von de L'Hôspital lassen sich Grenzwerte von **gebrochen-rationalen Funktionen** für die Fälle $\boxed{\text{„}\frac{0}{0}\text{“}}$ und $\boxed{\text{„}\frac{\infty}{\infty}\text{“}}$ einfach ermitteln. Das folgende Beispiel demonstriert dies in Analogie zu den Beispielen 4.3.4 - 4.3.6 von Kapitel 4:

Beispiel 5.3.8:

i) $$\lim_{x \to \infty} \frac{6x^3 - 4x^2 + 1}{5x + 2x^3} \underset{\text{„}\frac{\infty}{\infty}\text{“}}{=} \lim_{x \to \infty} \frac{18x^2 - 8x}{5 + 6x^2} \underset{\text{„}\frac{\infty}{\infty}\text{“}}{=} \lim_{x \to \infty} \frac{36x - 8}{12x} \underset{\text{„}\frac{\infty}{\infty}\text{“}}{=} \lim_{x \to \infty} \frac{36}{12} = 3$$

(Dasselbe Ergebnis resultiert direkt, vgl. Beispiel 4.3.4, wenn man im Zähler und Nenner die höchste Potenz, d.h. jeweils x^3 ausklammert, kürzt und dann direkt den Grenzwert berechnet:

$$\Rightarrow \lim_{x \to \infty} \frac{6x^3 - 4x^2 + 1}{5x + 2x^3} = \lim_{x \to \infty} \frac{x^3(6 - \frac{4}{x} + \frac{1}{x^3})}{x^3(\frac{5}{x^2} + 2)} = \frac{6}{2} = 3, \text{ wie eben.}$$

ii) $$\lim_{x \to 0^+} \frac{5x^3 - 4x^2}{2x^5 + 8x^3} \underset{\text{„}\frac{0}{0}\text{“}}{=} \lim_{x \to 0^+} \frac{15x^2 - 8x}{10x^4 + 24x^2} \underset{\text{„}\frac{0}{0}\text{“}}{=} \lim_{x \to 0^+} \frac{30x - 8}{40x^3 + 48x} = \text{„}\frac{-8}{0^+}\text{“} = -\infty ,$$

vgl. Beispiel 4.3.5 .

iii) $$\lim_{x \to 3^+} \frac{x^3 - 2x^2 - 15x + 36}{x^3 - 9x^2 + 27x - 27} \underset{\text{„}\frac{0}{0}\text{“}}{=} \lim_{x \to 3^+} \frac{3x^2 - 4x - 15}{3x^2 - 18x + 27} \underset{\text{„}\frac{0}{0}\text{“}}{=} \lim_{x \to 3^+} \frac{6x - 4}{6x - 18}$$

$$= \text{„}\frac{14}{0^+}\text{“} = \infty, \qquad \text{vgl. Beispiel 4.3.6.}$$

Die übrigen 5 Fälle von unbestimmten Ausdrücken lassen sich durch geeignete Umformung stets auf die Fälle (1) $\boxed{\text{„}\frac{0}{0}\text{“}}$ bzw. (2) $\boxed{\text{„}\frac{\infty}{\infty}\text{“}}$ zurückführen, so dass die L'Hôspitalschen Grundregeln (5.3.4) bzw. (5.3.7) angewendet werden können:

(3) $\boxed{\text{„}0 \cdot \infty\text{“}}$

Seien $\lim f(x) = 0$ und $\lim g(x) = \infty \Rightarrow \lim f(x) \cdot g(x) = \lim \frac{f(x)}{\frac{1}{g(x)}} = \text{„}\frac{0}{0}\text{“}$

bzw. $\lim f(x) \cdot g(x) = \lim \frac{g(x)}{\frac{1}{f(x)}} = \text{„}\frac{\infty}{\infty}\text{“}$

Beispiel: $\lim\limits_{x \to 0^+} x \cdot \ln x$ (= „$0 \cdot -\infty$“) $= \lim\limits_{x \to 0^+} \frac{\ln x}{\frac{1}{x}}$ (= „$\frac{-\infty}{\infty}$“) $\underset{(5.3.4)}{=} \lim\limits_{x \to 0^+} \frac{\frac{1}{x}}{-\frac{1}{x^2}} = \lim\limits_{x \to 0^+} (-x) = 0$.

(4) „$\infty - \infty$“

Seien $\lim f(x) = \infty$; $\lim g(x) = \infty \Rightarrow \lim \left(f(x) - g(x)\right) = \lim \left(\frac{1}{\frac{1}{f(x)}} - \frac{1}{\frac{1}{g(x)}}\right)$

$$= \lim \frac{\frac{1}{g(x)} - \frac{1}{f(x)}}{\frac{1}{f(x)} \cdot \frac{1}{g(x)}} = \text{„}\frac{0}{0}\text{“}$$

Beispiel: $\lim\limits_{x \to 0^+} \left(\frac{1}{x} + \ln x\right)$ (= „$\infty - \infty$“) $= \lim\limits_{x \to 0^+} \frac{\frac{1}{\ln x} + x}{x \cdot \frac{1}{\ln x}} = \lim\limits_{x \to 0^+} \frac{1 + x \cdot \ln x}{x}$

= *(da nach dem letzten Beispiel gilt:* $\lim\limits_{x \to 0^+} (x \cdot \ln x) = 0$*)* $= \lim\limits_{x \to 0^+} \frac{1}{x} = \infty$.

(5) „1^∞“

Seien $\lim f(x) = 1$ und $\lim g(x) = \infty \Rightarrow \lim f(x)^{g(x)} \underset{(1.2.85)}{=} \lim \left[e^{\ln f(x)}\right]^{g(x)}$

$= \lim e^{g(x) \cdot \ln f(x)}$.

Der Exponent ist jetzt vom Typ „$\infty \cdot 0$“ und kann nach (3) ermittelt werden. Dieser Wert muss dann noch zur Basis e „exponiert“ werden.

Bemerkung: *Bei umfangreichen Ausdrücken ist das folgende zweistufige Verfahren übersichtlicher: Gesucht sei der Grenzwert von* $y = f(x)^{g(x)}$.

(1) Man logarithmiert zunächst beide Seiten und bildet nun den Grenzwert (entspricht dem Grenzwert des Exponenten von $e^{\cdots}$*, s.o.)* $\lim (\ln y) = \lim \ln (f(x)^{g(x)}) \underset{L3}{=} \lim [g(x) \cdot \ln f(x)] =$ „$\infty \cdot 0$“.

(2) Angenommen, der Grenzwert von (1) sei g. Dann gilt: $\lim (\ln y) = g$, *und nach den Grenzwertsätzen, vgl. Satz 4.3.1 viii), gilt:*

$\lim (\ln y) = \ln (\lim y) = g$, *d.h.* $e^{\ln (\lim y)} = e^g$, *d.h.* $\lim y = e^g$.

Beispiel: $\lim\limits_{x \to \infty} \left(1 + \frac{1}{x}\right)^x$ (=„1^∞“) $= \lim\limits_{x \to \infty} e^{\ln\left(1 + \frac{1}{x}\right) \cdot x} = \lim\limits_{x \to \infty} e^{x \cdot \ln\left(1 + \frac{1}{x}\right)}$

Die Hochzahl ist vom Typ „$\infty \cdot 0$“:

Wegen $\lim\limits_{x \to \infty} x \cdot \ln\left(1 + \frac{1}{x}\right) = \lim\limits_{x \to \infty} \frac{\ln\left(1 + \frac{1}{x}\right)}{\frac{1}{x}}$ (= „$\frac{0}{0}$“) $\underset{(5.3.4)}{=} \lim\limits_{x \to \infty} \frac{\frac{-\frac{1}{x^2}}{1 + 1/x}}{-\frac{1}{x^2}}$

$= \lim\limits_{x \to \infty} \frac{1}{1 + \frac{1}{x}} = \frac{1}{1 + 0} = 1$ lautet der gesuchte Grenzwert: $\lim\limits_{x \to \infty} \left(1 + \frac{1}{x}\right)^x = e^{\lim x \cdot \ln\left(1 + \frac{1}{x}\right)}$

$= e^1 = e$, vgl. (4.2.10) i) .

(6) „ ∞^0 “

Seien $\lim f(x) = \infty$ und $\lim g(x) = 0 \Rightarrow \lim f(x)^{g(x)} \underset{(1.2.85)}{=} \lim\, [e^{\ln f(x)}]^{g(x)}$

$= \lim e^{g(x) \cdot \ln f(x)}$.

Der Exponent ist nunmehr - wie in (5) - vom Typ „ $0 \cdot \infty$ “, der Grenzwert wird analog ermittelt:

Beispiel: $\lim\limits_{x \to \infty} (x+1)^{\frac{2}{\ln x}}$ (= „ ∞^0 “) $= \lim\limits_{x \to \infty} e^{\ln(x+1) \cdot \frac{2}{\ln x}}$.

Der Exponent ist vom Typ „ $\infty \cdot 0$ “ bzw. in der Form $\frac{2 \ln(x+1)}{\ln x}$ vom Typ „ $\frac{\infty}{\infty}$ “ .

(5.3.4) liefert: $\lim\limits_{x \to \infty} \frac{2 \cdot \ln(x+1)}{\ln x} = \lim\limits_{x \to \infty} 2 \cdot \frac{\frac{1}{x+1}}{\frac{1}{x}} = \lim\limits_{x \to \infty} 2 \cdot \frac{x}{x+1} = 2$, so dass der gesuchte Grenzwert lautet: e^2 ($\approx 7{,}3891$) .

(7) „ 0^0 “

Seien $\lim f(x) = 0$ und $\lim g(x) = 0 \Rightarrow \lim f(x)^{g(x)} \underset{(1.2.85)}{=} \lim\, [e^{\ln f(x)}]^{g(x)}$

$= \lim e^{g(x) \cdot \ln f(x)}$.

Der Exponent ist - wie in (5), (6) - vom Typ „ $0 \cdot \infty$ “, der Grenzwert wird analog ermittelt:

Beispiel: $\lim\limits_{x \to 0^+} (\sqrt{x} \cdot 3^x)^{\frac{1}{\ln x}}$ (= „ 0^0 “) $= \lim\limits_{x \to 0^+} e^{\ln(\sqrt{x} \cdot 3^x) \cdot \frac{1}{\ln x}} = \lim\limits_{x \to 0^+} e^{\frac{(\frac{1}{2} \ln x + x \cdot \ln 3)}{\ln x}}$

$= e^{„\frac{\infty}{\infty}“} \underset{(5.3.4)}{=} \lim\limits_{x \to 0^+} e^{\frac{\frac{1}{2x} + \ln 3}{\frac{1}{x}}} = \lim\limits_{x \to 0^+} e^{\frac{1}{2} + x \cdot \ln 3} = e^{\frac{1}{2}} = \sqrt{e}$ ($\approx 1{,}6487$) .

Beispiel 5.3.9: (CES - Produktionsfunktion)

Bezeichnet man mit x den Output einer Produktion und mit $r_1, r_2, ..., r_n$ die Inputs von n Produktionsfaktoren, so lässt sich mit den (positiven) Konstanten $a_o; a_1, a_2, ..., a_n$ sowie dem sog. „Substitutionsparameter“ ρ ($\rho > -1$; $\rho \neq 0$) die neoklassische **CES-Produktionsfunktion** [6] wie folgt darstellen:

(*) $$x = a_o \left(a_1 r_1^{-\rho} + a_2 r_2^{-\rho} + ... + a_n r_n^{-\rho}\right)^{-\frac{1}{\rho}} .$$

Dabei wird vorausgesetzt, dass für die Summe der sog. „Verteilungsparameter“ $a_1, a_2, ...$ gilt:

$a_1 + a_2 + ... + a_n = 1$ (lässt sich durch geeignete Wahl der Outputeinheit stets erreichen!)

Es stellt sich die Frage, welche Form die CES-Produktionsfunktion (*) bei unterschiedlicher Wahl des Substitutionsparameters ρ annimmt, insbesondere, was mit (*) passiert, wenn ρ gegen Null strebt ($\rho \neq 0$!) .

[6] Das Kürzel CES bedeutet **C**onstant **E**lasticity of **S**ubstitution: Die CES-Funktion besitzt eine konstante Substitutionselastizität, vgl. Kap. 6.3.3.3.

Eine erste Betrachtung für $\rho \to 0$ zeigt, dass der Klammerinhalt gegen $a_1r_1^0 + a_2r_2^0 + \ldots + a_nr_n^0 = a_1 + a_2 + \ldots + a_n = 1$ strebt, die Hochzahl $-\frac{1}{\rho}$ andererseits wegen „$\frac{1}{0}$" über alle Grenzen wächst oder fällt, m.a.W. es liegt für $\rho \to 0$ ein unbestimmter Ausdruck des Typs (5) „1^∞" vor. Wir bilden daher zunächst den Grenzwert der logarithmierten Funktion (*):

$$(**) \quad \ln x = \ln \left[a_o \left(a_1r_1^{-\rho} + \ldots + a_nr_n^{-\rho}\right)^{-\frac{1}{\rho}}\right] = \ln a_o - \frac{1}{\rho}\cdot \ln\left(a_1r_1^{-\rho} + \ldots + a_nr_n^{-\rho}\right).$$

Der rechte Teil von (**) ist für $\rho \to 0$ vom Typ „$\frac{0}{0}$" (wegen $\ln 1 = 0$ sowie $\Sigma a_i = 1$), so dass die Regel von de L'Hôspital (5.3.4) anwendbar ist (man beachte die Kettenregel sowie Kap. 5.2.5 (12): $\frac{d}{d\rho} r_i^{-\rho} = -r_i^{-\rho}\cdot \ln r_i$).

$$\lim_{\rho\to 0} (\ln x) = \ln a_o - \lim_{\rho \to 0} \frac{\dfrac{-a_1r_1^{-\rho}\cdot \ln r_1 - \ldots - a_nr_n^{-\rho}\cdot \ln r_n}{a_1r_1^{-\rho} + \ldots + a_nr_n^{-\rho}}}{1} = \ln a_o + \frac{a_1 \ln r_1 + \ldots + a_n \ln r_n}{\underbrace{a_1 + a_2 + \ldots + a_n}_{=1}}$$

$$= \ln a_o + a_1 \ln r_1 + \ldots + a_n \ln r_n \quad \Rightarrow \quad \lim_{\rho\to 0} x = e^{\ln a_o + a_1 \ln r_1 + \ldots + a_n \ln r_n}$$

$$\underset{P1,\,P3}{=} e^{\ln a_o}\cdot e^{\ln(r_1^{a_1})}\cdot \ldots \cdot e^{\ln(r_n^{a_n})} = a_o \cdot r_1^{a_1}\cdot r_2^{a_2}\cdot \ldots \cdot r_n^{a_n}.$$

Dieser Funktionstyp entspricht genau dem Typ der COBB-DOUGLAS-Produktionsfunktion, vgl. (7.3.14), m.a.W.: die allgemeine CES-Produktionsfunktion umfasst (für $\rho \to 0$) als Spezialfall auch die COBB-DOUGLAS-Produktionsfunktion.

Aufgabe 5.3.10: Man ermittle folgende Grenzwerte:

i) $\lim\limits_{x\to 0} \frac{x^5}{e^x - 1}$ **ii)** $\lim\limits_{x\to\infty} \frac{x^4}{e^x}$ **iii)** $\lim\limits_{x\to 0^+} x^3 \cdot \ln x$

iv) $\lim\limits_{x\to\infty} \frac{\ln x}{x^2}$ **v)** $\lim\limits_{x\to 1^+} \frac{\sqrt{x-1}}{\ln x}$ **vi)** $\lim\limits_{x\to 0} \left(\frac{1}{\ln(x+1)} - \frac{1}{x}\right)$

vii) $\lim\limits_{x\to 2} \frac{x^4 + x^3 - 30x^2 + 76x - 56}{x^4 - 5x^3 + 6x^2 + 4x - 8}$ **viii)** $\lim\limits_{x\to\infty} (\ln x)^{\frac{1}{x}}$

ix) $\lim\limits_{x\to 1} \frac{\ln x}{x - 1}$ **x)** $\lim\limits_{x\to 2} (x-2)^{x-2}$ **xi)** $\lim\limits_{x\to 1} \sqrt[3]{1 - x^2}\cdot \frac{1}{e^x - e}$

xii) $\lim\limits_{x\to 1} x^{\frac{1}{x-1}}$ **xiii)** $\lim\limits_{x\to\infty} \left(1 - \frac{1}{x}\right)^x$ **xiv)** $\lim\limits_{x\to 0^+} (1 + x^3)^{\frac{1}{x^3}}$

xv) $\lim\limits_{x\to 0^+} (1 - x)^{\frac{1}{x}}$ **xvi)** $\lim\limits_{x\to\infty} \frac{2x + e^x}{(x+3)\, e^x}$ **xvii)** $\lim\limits_{x\to\infty} \frac{2e^x}{3x + 7e^x}$

xviii) $\lim\limits_{x \to \infty} \frac{2\sqrt{x}}{x-1}$ **xix)** $\lim\limits_{x \to 0} \frac{e^x - e^{-x}}{2x}$ **xx)** $\lim\limits_{x \to \infty} (x - \sqrt[3]{x^3 - x^2})$

xxi) $\lim\limits_{x \to 1} \left(\frac{2x}{x-1} - \frac{1}{\ln x}\right)$ **xxii)** $\lim\limits_{x \to \infty} (x - \sqrt{x^2 - 4x + 7})$

5.4 Newton-Verfahren zur näherungsweisen Ermittlung von Nullstellen einer Funktion

Neben der - in Kap. 2.4 behandelten - „Regula falsi" gibt es eine Reihe weiterer iterativer Verfahren zur näherungsweisen Nullstellenbestimmung bzw. Gleichungslösung, vgl. etwa [20]. Eines der bekanntesten Verfahren ist das **Newton-Verfahren** (für einfache Nullstellen), gelegentlich auch als **Tangentenverfahren** (in Analogie zur Regula falsi ≙ Sekantenverfahren) bezeichnet. Diese Bezeichnung deutet bereits darauf hin, dass das Newton-Verfahren die Differentialrechnung zu Hilfe nimmt.

Während bei der Regula falsi zwei Startpunkte erforderlich sind, um die Sekante (als Näherungsfunktion für f(x)) zu konstruieren, genügt für das Newton-Verfahren ein einziger Startpunkt $P_1(x_1 ; f(x_1))$.

Ausgehend von diesem Startpunkt P_1 ersetzt man die Originalfunktion f(x) in P_1 durch ihre Tangente (= „beste" lineare Approximation) in P_1 und ermittelt deren Nullstelle x_2, vgl. Abb. 5.4.1 .

Hat man x_1 einigermaßen gut gewählt, so ist x_2 eine Näherung für die gesuchte Nullstelle $\bar{x}$. Nun führt man das Verfahren mit x_2 (anstelle von x_1) erneut *(iterativ)* durch und erhält über die Tangente in $P_2(x_2; f(x_2))$ eine noch bessere Näherung x_3 usw., vgl. Abb. 5.4.1.

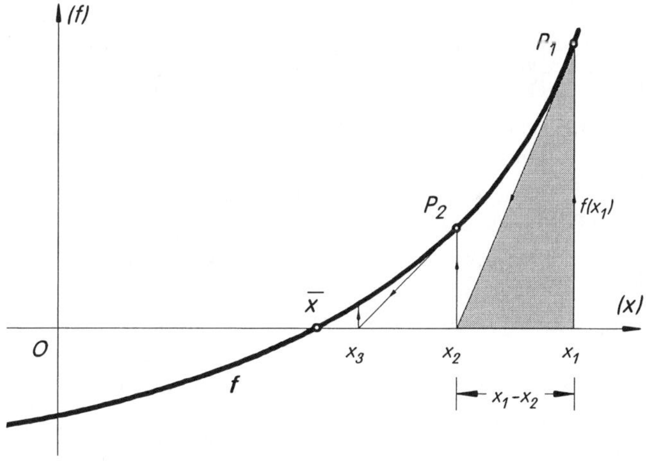

Abb. 5.4.1

Um eine Berechnungsvorschrift für die iterierten Werte x_2, x_3, ... bei bekanntem Startwert x_1 zu erhalten, betrachten wir das getönte Dreieck in Abb. 5.4.1, das Steigungsdreieck der Tangente in P_1. Diese Tangente in P_1 hat definitionsgemäß die Steigung $f'(x_1)$, so dass aus dem Seitenverhältnis folgt:

$$\frac{f(x_1)}{x_1 - x_2} = f'(x_1)$$

Daraus folgt für x_2 über $\frac{f(x_1)}{f'(x_1)} = x_1 - x_2$:

(5.4.2) $$x_2 = x_1 - \frac{f(x_1)}{f'(x_1)}$$

Im nächsten Iterationsschritt ersetzt man x_1 durch den soeben ermittelten Wert x_2 und erhält analog: $x_3 = x_2 - f(x_2)/f'(x_2)$ usw. Allgemein gilt somit die

(5.4.3) **Iterationsvorschrift für das Newton-Verfahren:**

$$x_{k+1} = x_k - \frac{f(x_k)}{f'(x_k)} \qquad k = 1, 2, \ldots$$

Beispiel 5.4.4: i) Es soll der Wert von $\sqrt[3]{7}$ (= 1,912 931 2...) ermittelt werden. Dazu sucht man die (einzige) Nullstelle der Funktion $f(x) = x^3 - 7$ iterativ im Intervall [1 ; 2] (denn $1^3 = 1 < 7$ und $2^3 = 8 > 7$). Mit $f'(x) = 3x^2$ lautet die Iterationsvorschrift (5.4.3):

$$x_{k+1} = x_k - \frac{f(x_k)}{f'(x_k)} = x_k - \frac{x_k^3 - 7}{3x_k^2} .$$

In der folgenden Tabelle sind die ersten 4 Iterationsschritte (Startwert: $x_1 = 2$) durchgeführt.

i	x_i	$f(x_i)$	$f'(x_i)$	$x_{i+1} = x_i - \frac{f(x_i)}{f'(x_i)}$
1	2	1	12	1,9166667
2	1,9166667	0,0410883	11,0208337	1,9129385
3	1,9129385	0,0000803	10,9780011	1,9129312
4	1,9129312	0,0000002	10,9779173	1,9129312
				(exakt auf 7 Nachkommastellen)

Man erkennt gut die schnelle Konvergenz des Verfahrens. Voraussetzung dafür: Der erste Startwert x_1 muss „nahe genug" an der Nullstelle $\bar{x}$ liegen.

ii) Anhand eines *klassischen Beispiels aus der Finanzmathematik* sollen „Regula falsi" (Kap. 2.4) und „Newton-Verfahren" verglichen werden:

Ein Annuitätenkredit von 100 (TDM) wird - beginnend nach einem Jahr - mit 20 Jahresraten zu je 10 (TDM) vollständig zurückgezahlt. Gesucht ist der Effektivzinssatz dieses Kredits.

Bezeichnet man mit q (= $1 + i_{eff}$) den Effektivzinsfaktor, so muss gelten *(vgl. [66], S. 118)*:

$$f(q) = 100 \cdot q^{20} - 10 \cdot \frac{q^{20} - 1}{q - 1} = 0 .$$

(a) Die „Regula falsi" mit den Startwerten $q_1 = 1,07$ und $q_2 = 1,08$ liefert nacheinander:

$$q_3 = \frac{1,07 \cdot 8,4761 - 1,08 \cdot (-22,9865)}{8,4761 - (-22,9865)} = 1,077306$$

$$q_4 = \frac{1,077306 \cdot 8,4761 - 1,08 \cdot (-0,8046)}{8,4761 - (-0,8046)} = 1,077540$$

$$q_5 = \frac{1,077540 \cdot 8,4761 - 1,08 \cdot (-0,0247)}{8,4761 - (-0,0247)} = 1,077547$$

$q_6 = q_5$, d.h. es gilt: $i_{eff} = 7,7547$ % p.a. (auf 4 Nachkommastellen)

(b) „Newton-Verfahren“:

Aus $f(q) = 100q^{20} - 10 \cdot \frac{q^{20} - 1}{q - 1}$ folgt *(Quotientenregel):*

$$f'(q) = 200q^{19} - 10 \cdot \frac{20q^{19}(q-1) - q^{20} + 1}{(q-1)^2}$$

Das Verfahren versagt (!) mit herkömmlichen 9-stelligen elektronischen Taschenrechnern, da starke Rundungsfehler durch Auslöschung entstehen. Daher ist es sinnvoll bzw. notwendig, die Nullstellengleichung $f(q) = 0$ zunächst umzuformen:

Aus $f(q) = 100q^{20} - 10 \frac{q^{20} - 1}{q - 1} = 0$ folgt nach 2 Umformungsschritten die äquivalente Gleichung:

(*) $10q^{21} - 11q^{20} + 1 = f^*(q) = 0$ mit der Ableitung: $f^{*\prime}(q) = 210q^{20} - 220q^{19}$.

Mit dem Startwert $q_1 = 1{,}08$ ergeben sich nacheinander mit (5.4.2)

$q_2 = 1{,}077689$

$q_3 = 1{,}077547$

$q_4 = 1{,}077547$, d.h. für den Effektivzins ergibt sich ebenfalls auf 4 Nachkommastellen:

$i_{eff} = 7{,}7547\ \%$ p.a.

Man sieht, dass das Newton-Verfahren zwar schneller konvergiert, dafür aber bei der Einzelauswertung aufwendiger ist und gelegentlich sogar – wie gesehen – vorherige Termumformungen verlangt. Für finanzmathematische Effektivzins-/Renditeermittlungen – vgl. etwa [66], Kap. 5 – ist die stabilere und einfacher zu handhabende Regula falsi vorzuziehen.

Was bei ungeschickter Wahl des Startwertes x_1 passieren kann, zeigen die Fälle i) - iv) von Abb. 5.4.5:

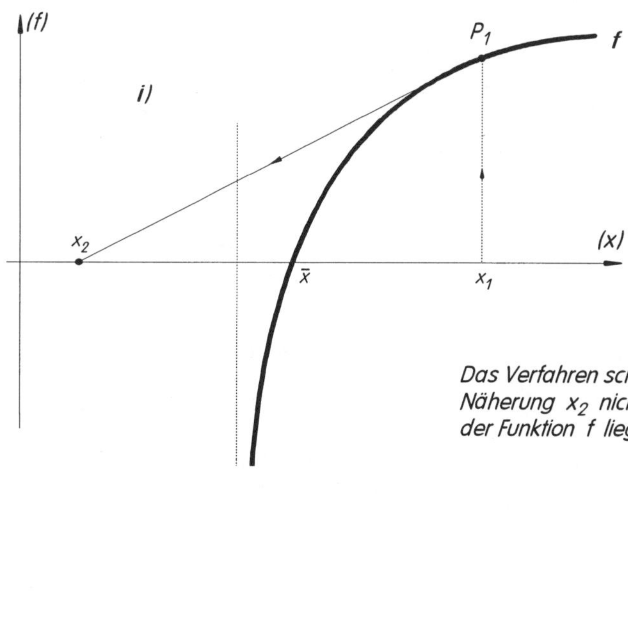

Abb. 5.4.5

Das Verfahren scheitert, da die erste Näherung x_2 nicht im Definitionsbereich der Funktion f liegt.

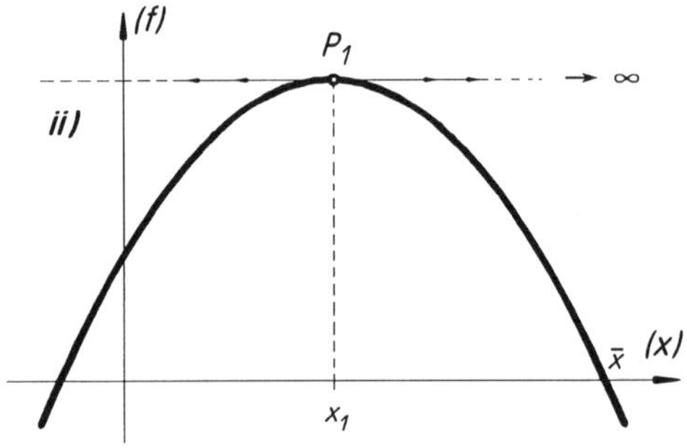

Die Tangente verläuft parallel zur Abszisse, hat also keine Schnittstelle x_2 mit der Abszisse.

Die positive Nullstelle $\bar{x}$ ist gesucht, aber die negative Nullstelle $\bar{\bar{x}}$ wird approximiert.

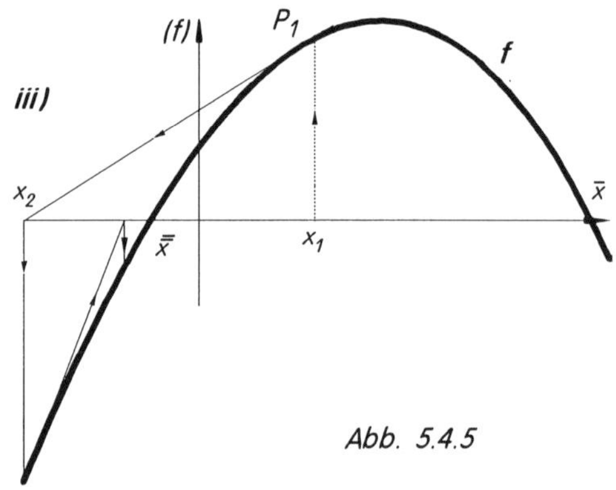

Abb. 5.4.5

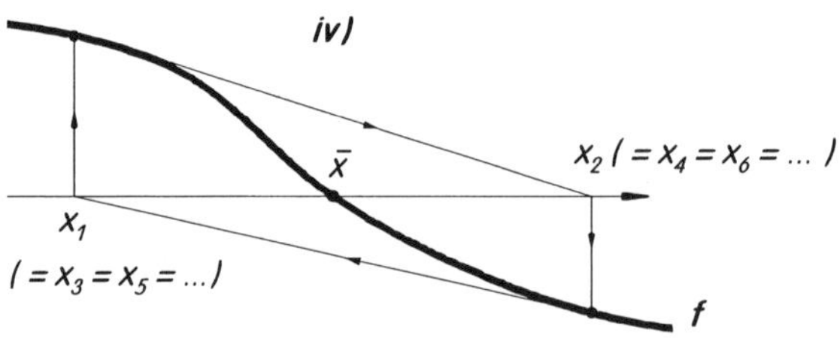

Das Verfahren bewegt sich im Kreis, $\bar{x}$ wird nie erreicht („Käfig").

Aufgabe 5.4.6: Man ermittle die Nullstellen folgender Funktionen mit Hilfe des Newton-Verfahrens auf 4 Nachkommastellen:

i) $f(x) = x^3 + 3x - 6$

ii) $g(x) = 2 + x^3 - 0{,}25x^4$

iii) $h(x) = e^x + x$

iv) $k(x) = x + \ln x$

v) $f(q) = 20q^{30} - 3\,\dfrac{q^{30} - 1}{q - 1} - 10$

vi) $C_o(q) = 100 - \dfrac{20}{q} - \dfrac{20}{q^2} - \dfrac{30}{q^3} - \dfrac{50}{q^4} - \dfrac{60}{q^5}$

(entspricht der Ermittlung des internen Zinssatzes einer Investition)

6 Anwendungen der Differentialrechnung bei Funktionen mit einer unabhängigen Variablen

6.1 Zur ökonomischen Interpretation der ersten Ableitung

6.1.1 Das Differential einer Funktion

Die Frage nach der **Änderungstendenz** einer gegebenen Funktion f an der Stelle x_0 war Ausgangspunkt für die Ermittlung der **Steigung** von f in x_0 gewesen *(vgl. Kap. 5.1.1)*. Als Ergebnis des notwendigen Grenzprozesses erhielten wir die erste **Ableitung** $f'(x_0)$, die wir geometrisch als **Steigung der Tangente** an den Graphen von f in x_0 interpretieren konnten.

Die **Tangente** t selbst ist dabei diejenige **Gerade**, die die **Funktion** f in x_0 **am besten annähert** (approximiert), da sie mit f sowohl den **Punkt** $P(x_0; f(x_0))$ als auch die **Steigung** $f'(x_0)$ **gemeinsam** hat (vgl. Abb. 6.1.1). Daher kann man in einer (nicht zu großen) Umgebung der Stelle x_0 die **Tangentenfunktion t** als **Näherungsfunktion von f** betrachten.

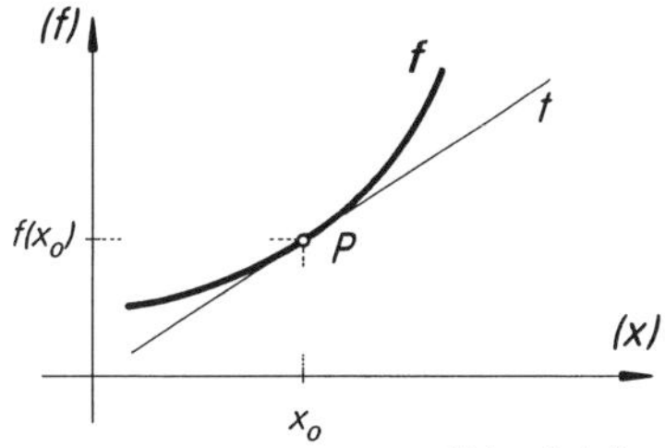

Abb. 6.1.1

Ändert man - ausgehend von der Stelle x_0 - den Wert der unabhängigen Variablen um Δx auf $x_0+\Delta x$, so ergibt sich eine resultierende Änderung von f um Δf (vgl. Abb. 6.1.3). Diese uns interessierende **Änderung** $\mathbf{\Delta f}$ kann nun nach dem Vorhergehenden in erster Näherung **ersetzt** werden durch die entsprechende **Änderung df** der **Tangentenfunktion t** (vgl. Abb. 6.1.4):

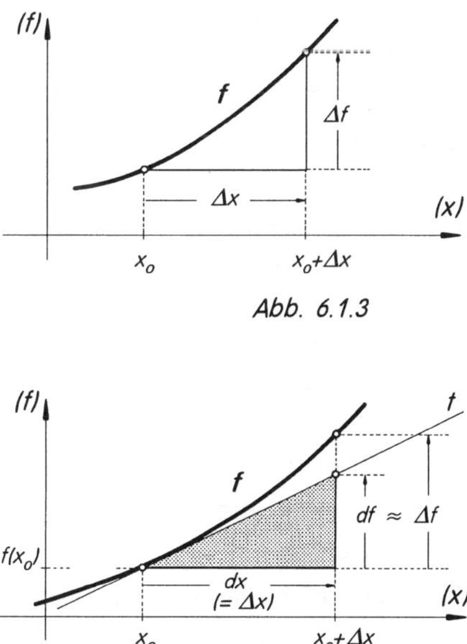

Abb. 6.1.3

(6.1.2) $$\boxed{\Delta f \approx df}$$

Die **rechnerische Ermittlung** des Näherungswertes df für die wahre Funktionsdifferenz Δf bereitet mit Hilfe der **Ableitung** $f'(x_0)$ keine Schwierigkeiten.

(Zur Bezeichnungsweise in Abb. 6.1.4) sei vorab folgendes bemerkt: Anstelle der Differenzen Δx, Δf bezeichnet man die entsprechenden (endlichen) ***Differenzen*** *für die* ***Tangentenfunktion*** *mit* ***dx*** *(= Δx) und* ***df*** *und nennt sie* ***Differentiale*** *von x bzw. f.)*

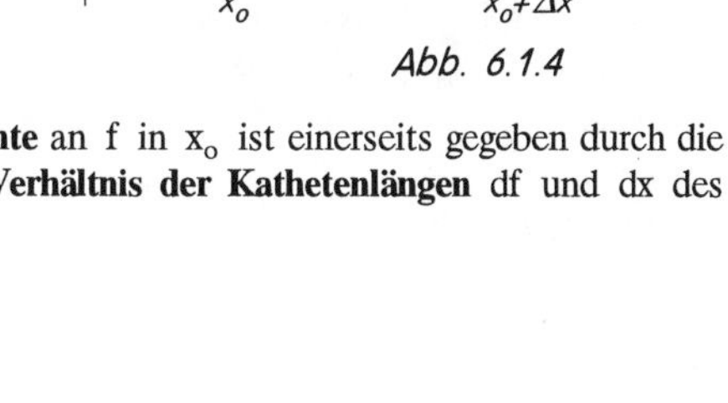

Abb. 6.1.4

Aus Abb. 6.1.4 liest man ab: Die **Steigung der Tangente** an f in x_0 ist einerseits gegeben durch die **erste Ableitung** $f'(x_0)$ und zum anderen durch das **Verhältnis der Kathetenlängen** df und dx des (schraffierten) Steigungsdreiecks:

$f'(x_0) = \frac{df}{dx}$; multipliziert man mit dx ($\neq 0$), so ergibt sich der gesuchte Näherungswert df ($\approx \Delta f$):

$$\mathbf{df = f'(x_0) \cdot dx} .$$

Zusammenfassend erhalten wir:

Def. 6.1.5: (Differential von f)

Es sei f eine in x_0 differenzierbare Funktion. Unter dem **Differential df** der Funktion f an der Stelle x_0 zum Zuwachs dx ($\neq 0$) versteht man:

(6.1.6) $$df := df(x_0) := f'(x_0) \cdot dx \quad .$$

Nach Abb. 6.1.4 gibt das **Differential** $df(x_0)$ die **Änderung** der **Tangentenordinate** an, wenn x_0 um dx geändert wird. Da andererseits df ein Näherungswert für die tatsächliche Funktionsdifferenz Δf ist, $df \approx \Delta f$, folgt für jede Stelle x, in der f differenzierbar ist:

Satz 6.1.7: Das Differential

(6.1.8) $$df = f'(x)\, dx \quad (dx \neq 0)$$

gibt für jede Stelle $x \in D_{f'}$ an, **um wieviel Einheiten sich f(x)** (näherungsweise) **ändert**, wenn die unabhängige Variable **x um dx Einheiten geändert** wird. (Das Differential df ist somit eine Funktion der **beiden** Variablen x **und** dx !) Dabei ist die Güte der Näherung $\Delta f \approx df$ desto besser, je kleiner die willkürliche Abszissenänderung dx gewählt wird.

Beispiel 6.1.9: $f(x) = 0{,}1x^2$; $x_0 = 2$

Für $dx = \Delta x = 1{,}5$ (1; 0,1) sollen **a)** die Differentiale df **b)** die exakten Funktionsdifferenzen Δf ermittelt werden:

a) $df(x) = f'(x) \cdot dx$. Mit $f'(x) = 0{,}2x$ und $x = 2$ folgt:

1) $df = 0{,}2 \cdot 2 \cdot 1{,}5 = 0{,}60$

2) $df = 0{,}2 \cdot 2 \cdot 1 = 0{,}40$

3) $df = 0{,}2 \cdot 2 \cdot 0{,}1 = 0{,}040$.

b) 1) $\Delta f = f(3{,}5) - f(2) = 0{,}1 \cdot 3{,}5^2 - 0{,}1 \cdot 2^2 = 0{,}83$

2) $\Delta f = f(3) - f(2) = 0{,}1 \cdot 3^2 - 0{,}1 \cdot 2^2 = 0{,}50$

3) $\Delta f = f(2{,}1) - f(2) = 0{,}1 \cdot 2{,}1^2 - 0{,}1 \cdot 2^2 = 0{,}041$.

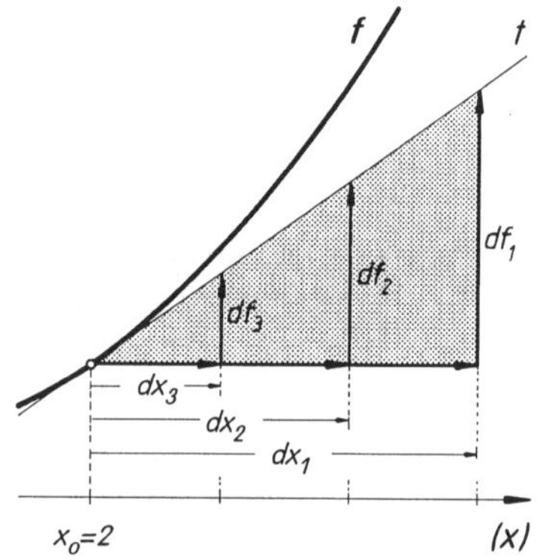

Abb. 6.1.10

An diesem Beispiel wird deutlich, dass

- die Ermittlung des Differentials df weniger Aufwand erfordert als die der entsprechenden Funktionsdifferenz Δf
- die Näherung $df \approx \Delta f$ mit kleiner werdender Abszissendifferenz dx immer genauer wird, vgl. Abb. 6.1.10.

Beispiel 6.1.11: Wie das Beispiel $f(x) = \frac{8}{x}$; $x_0 = 4$, $dx = 0{,}2$ zeigt (Abb. 6.1.12), bedeutet ein **negativer Wert** des **Differentials**, dass die **Funktionswerte** mit wachsendem x **abnehmen:**

$$df(x) = f'(x) \cdot dx = -\frac{8}{x^2} \cdot dx = -\frac{8}{16} \cdot 0{,}2 = -0{,}100$$

$$(\text{exakt: } \Delta f = f(4{,}2) - f(4) = \frac{8}{4{,}2} - \frac{8}{4} = -0{,}095).$$

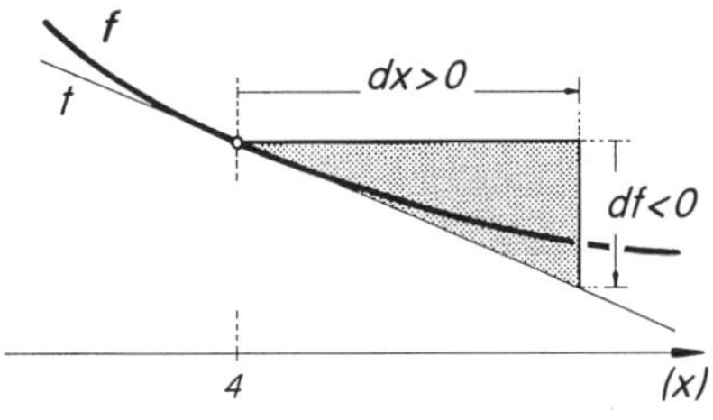

Abb. 6.1.12

Beispiel 6.1.13: Gegeben sei die Gesamtkostenfunktion K einer Ein-Produkt-Unternehmung mit $K(x) = 0{,}06x^3 - 2x^2 + 60x + 200$ (x: Output [ME] ; K: Gesamtkosten [GE]). Ausgehend von einem Output $x_0 = 10$ ME sind die **Kostenänderungen** gesucht, wenn die Produktion **i)** um 2 ME ausgedehnt, **ii)** um eine ME gesenkt wird (vgl. Abb. 6.1.14).

Mit Hilfe des Differentials

$dK(x_0) = K'(x_0) \cdot dx$ erhält man:

$dK = (0{,}18x^2 - 4x + 60)dx_{/x=10} =$

$(18 - 40 + 60)dx = 38\ dx$. Daraus folgt:

i) $dx = 2$ ME $\Rightarrow$ $dK = 38 \cdot 2 = 76$ GE

ii) $dx = -1$ ME $\Rightarrow$ $dK = 38 \cdot (-1) = -38$ GE .

D.h., wird die Produktion - ausgehend von bisher 10 ME - um 2 ME erhöht, so nehmen die Kosten um ca. 76 GE zu, wird die Produktion um 1 ME vermindert, so sinken die Produktionskosten um ca. 38 GE. (Zum Vergleich die etwas umständlich zu ermittelnden exakten Kostenänderungen:

i) $\Delta K = K(12) - K(10) = 75{,}7$ GE

ii) $\Delta K = K(9) - K(10) = -38{,}3$ GE.)

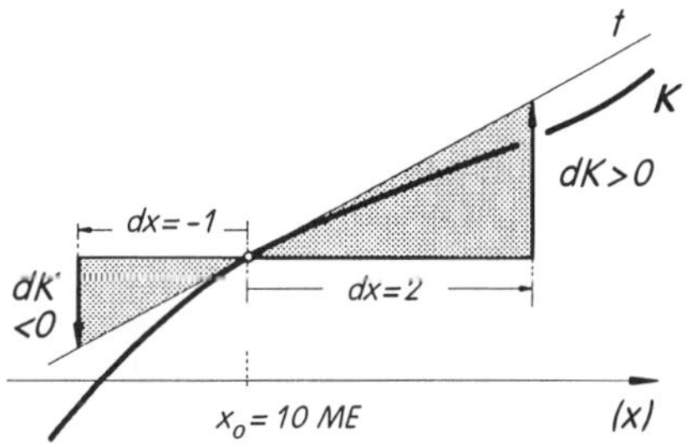

Abb. 6.1.14

Bemerkung 6.1.15: *Durch die Wahl der Bezeichnungen df, dx für die Änderungen von Tangentenfunktion und unabhängiger Variabler erhält die schon früher (vgl. Def. 5.1.9) eingeführte Schreibweise df/dx („df **nach** dx") für die erste Ableitung f'(x) eine nachträgliche Berechtigung. Das **Symbol df/dx** kann nun in **zweierlei Weise** aufgefasst werden:*

*i) df/dx ist der „**Grenzwert** des Differenzenquotienten" und somit identisch mit der **1. Ableitung** f'(x) (df **nach** dx).*

*ii) df/dx ist der **Quotient der Differentiale** df ($\hat{=}$ Ordinatenänderung der Tangentenfunktion) und dx ($\hat{=}$ zugehörige Abszissendifferenz ($\neq 0$)) (df **durch** dx).*

*Da zwischen den Differentialen df und dx ($\neq 0$) die Beziehung $df = f'(x) \cdot dx$ besteht (vgl. (6.1.8)), ist es unerheblich, welche der beiden Auffassungen im Einzelfall zugrunde gelegt wird: **Beide Auffassungen** führen stets zu **gleichen**, widerspruchsfreien **Resultaten.***

Aufgabe 6.1.16: Man ermittle das Differential folgender Funktionen und berechne damit die angenäherten Funktionsänderungen unter Berücksichtigung der gegebenen Abszissenänderungen. Zur Kontrolle ermittele man die entsprechenden wahren Funktionsänderungen:

i) $k(x) = 0{,}2x^2 - 4x + 60 - \frac{200}{x}$; $x_0 = 20$; $dx = 1$ **ii)** $f(z) = e^{-z}$; $z_0 = 2$; $dz = 0{,}3$

iii) $p(t) = \ln t$; $t_0 = 7$; $dt = -0{,}6$.

Aufgabe 6.1.17: Gegeben sei die ertragsgesetzliche Produktionsfunktion x mit:

$x(r) = -r^3 + 12r^2 + 30r$ (x: Output $[ME_x]$; r: Input [ME]).

Man ermittle mit Hilfe des Differentials $dx(r)$ näherungsweise die Outputerhöhung, wenn - ausgehend von einer Inputmenge von 11 ME - diese Inputmenge um 0,25 ME gesteigert wird.

Aufgabe 6.1.18: Man ermittle näherungsweise (ohne Taschenrechner !) den Zahlenwert von $\sqrt{105}$. Dabei benutze man das Differential von $f(x) = \sqrt{x}$ an der Stelle $x_0 = 100$ für den Zuwachs $dx = 5$.

***Bemerkung 6.1.19:** Dem Begriff des **Differentials** kommt eine besondere Bedeutung im Zusammenhang mit dem **Elastizitätsbegriff** von Funktionen zu, vgl. Kap 6.3.3.*

6.1.2 Die Interpretation der 1. Ableitung als (ökonomische) Grenzfunktion

Vom Begriff des Differentials $df(x)$ als Produkt $f'(x) \cdot dx$ aus erster Ableitung $f'(x)$ und Abszissenänderung dx (vgl. Def. 6.1.5) ist es nur noch ein kleiner Schritt zur **Interpretation** der **1. Ableitung** $f'(x)$ selbst:

Ändert man (vgl. Abb. 6.1.21) - ausgehend von der Stelle x_0 - die unabhängige Variable um genau **eine Einheit** (d.h. $\Delta x = dx = 1$), so ergibt sich als Tangentensteigung in x_0 (vgl. schraffiertes Steigungsdreieck in Abb. 6.1.21):

(6.1.20) $\mathbf{f'(x_0)} = \frac{df}{dx} = \frac{df}{1} = \mathbf{df},$

m.a.W.: **Für dx = 1 stimmen Funktionsdifferential df** (= Ordinatenänderung der Tangentenfunktion) und **erste Ableitung f'(x₀)** wertmäßig **überein**.

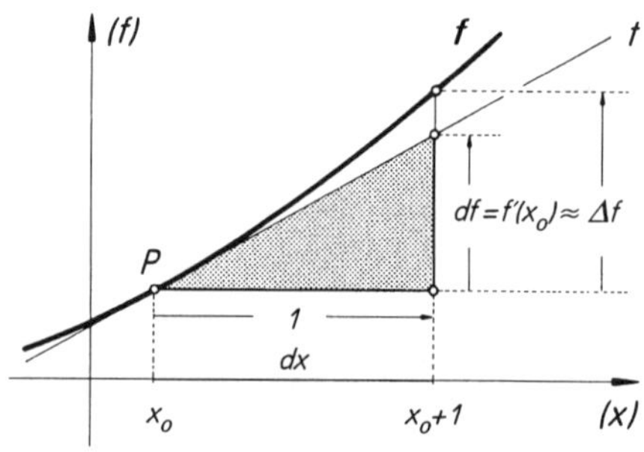

Abb. 6.1.21

Da andererseits df ein (guter) Näherungswert für die wahre Funktionsänderung Δf ist (vgl. Abb. 6.1.21), erhält man somit in der **ersten Ableitung** $f'(x_0)$ einen **Näherungswert** für die **Änderung** $\mathbf{\Delta f}$ an der Stelle x_0, **sofern dx = 1** gewählt wird:

Satz 6.1.22: Der Wert $\mathbf{f'(x_0)}$ der ersten Ableitung einer Funktion f gibt (näherungsweise) an, um wieviel **Einheiten** sich der Funktionswert $\mathbf{f(x_0)}$ **ändert**, wenn die unabhängige Variable - ausgehend von x_0 - um **eine Einheit** geändert wird:

(6.1.23) $$f'(x_0) = df(x_0)_{/dx=1} \approx \mathbf{\Delta f}_{/x = x_0\,;\, \Delta x = 1}$$

Beispiel 6.1.24: $f(x) = 0{,}1x^2$; $x_o = 3$.

Wegen $f'(x) = 0{,}2x$ und somit $f'(3) = 0{,}6$ folgt, dass die Funktion f (näherungsweise) um 0,6 Einheiten zunimmt *(bzw. abnimmt)*, wenn x von 3 auf 4 Einheiten erhöht *(bzw. auf zwei Einheiten vermindert)* wird, vgl. Abb. 6.1.25.

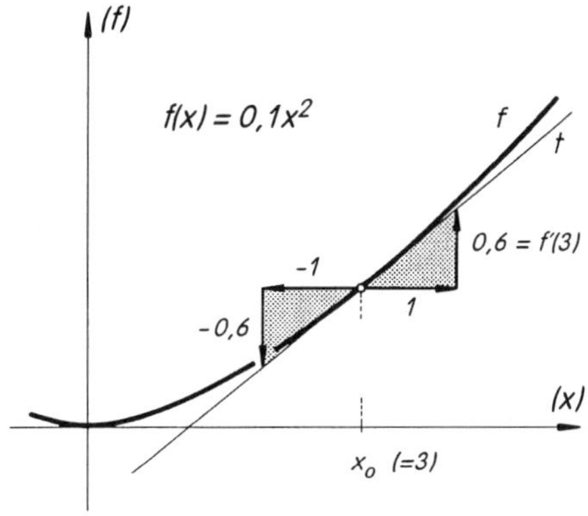

Abb. 6.1.25

Bemerkung 6.1.26: *Ist die erste* ***Ableitung*** *f'(x)* ***positiv****, (vgl. Abb. 6.1.27), so liefert der Wert f'(x) die* ***Funktionszunahme****, wenn x (um eine Einheit)* ***zunimmt****, und die Funktions****abnahme****, wenn x* ***abnimmt****: Das Verhältnis df/dx ist stets* ***positiv****.*

Ist dagegen ***f'(x) negativ*** *(vgl. Abb. 6.1.28), so liefert der Wert von f'(x) die Funktions****abnahme****, wenn x* ***zunimmt****, und die Funktions****zunahme****, wenn x (um 1 Einheit)* ***abnimmt****: Das Verhältnis df/dx ist stets* ***negativ****.*

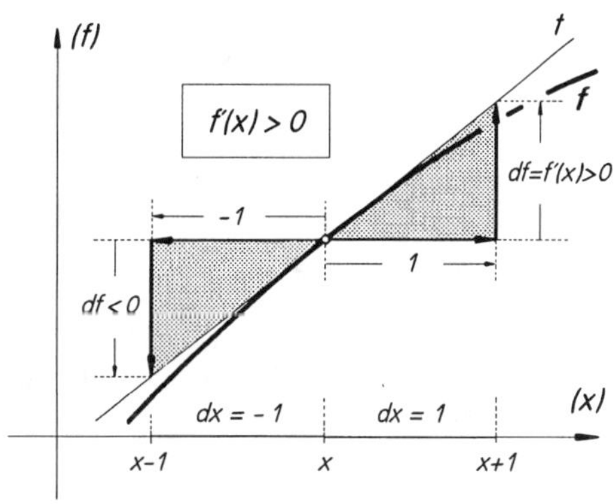

Abb. 6.1.27

Nach Satz 6.1.22 liefert die **Ableitungsfunktion** f' von f an jeder Stelle $x \in D_{f'}$ die (ungefähre) **Funktionsänderung**, falls x um **eine** Einheit variiert. Derartige **Änderungsfunktionen** sind für ökonomische Fragestellungen besonders bedeutsam und tragen daher **eigene Bezeichnungen** wie **Grenzfunktion** oder **Marginalfunktion**:

i) **Mathematisch-ökonomisch** versteht man unter der **Grenzfunktion** f' zu f den **Grenzwert des Quotienten** aus Funktionsänderung Δf und zugehöriger Änderung Δx der unabhängigen Variablen (mithin die erste Ableitung f'):

(6.1.29) Grenzfunktion :=
$$f'(x) = \lim_{\Delta x \to 0} \frac{\Delta f}{\Delta x} \quad .$$

ii) **Praktisch-ökonomisch** versteht man unter der **Grenzfunktion** Δf den **Funktionszuwachs** (bzw. -abnahme) pro zusätzlicher **Einheit** ($\Delta x = 1$) der unabhängigen Variablen:

(6.1.30) Grenzfunktion :=
$$\Delta f(x) = f(x+1) - f(x) \quad .$$

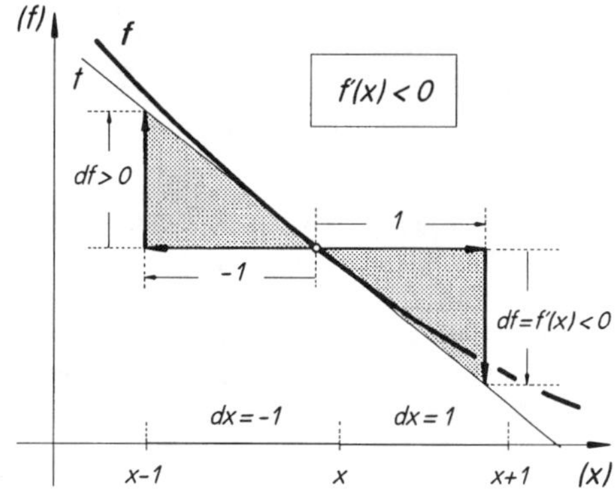

Abb. 6.1.28

Wegen $f'(x) \approx \Delta f(x)$ für $\Delta x = dx = 1$ **stimmen beide Auffassungen nahezu überein**. Da es sich mit dem Ableitungsbegriff einfacher und universeller arbeiten lässt, soll **im folgenden** unter **Grenzfunktion** (z.B. Grenzkosten, Grenzgewinn, Grenzerlös usw.) **stets** die **1. Ableitung** der zugrundeliegenden ökonomischen Funktion (z.B. Kostenfunktion, Gewinnfunktion, Erlösfunktion) verstanden werden, während für die **Interpretation der Grenzfunktion** die **praktisch-ökonomische** Auffassung benutzt werden kann:

Satz 6.1.31: Die **Grenzfunktion** (oder **Marginalfunktion** [1]) einer ökonomischen Funktion f kann durch ihre **erste Ableitung** f' **beschrieben** werden. Der **Wert f'(x)** der Grenzfunktion gibt (näherungsweise) den **Funktionszuwachs** (bzw. die Funktionsabnahme) an, der **durch** die **nächste** (oder **letzte**) **Einheit** der **unabhängigen Variablen x hervorgerufen** wird.

Auf dieser Basis sollen nun die **Grenzfunktionen** einiger **wichtiger ökonomischer Funktionen** exemplarisch behandelt werden (zu den entsprechenden ökonomischen Grundfunktionen vgl. Kap. 2.5).

6.1.2.1 Grenzkosten

Die **erste Ableitung** K' einer **Gesamtkostenfunktion** K heißt **Grenzkostenfunktion.** Die Grenzkosten K'(x) geben für jeden Output x die Kostenänderung für die letzte bzw. folgende produzierte Outputeinheit an. Lassen sich die **Gesamtkosten** K in **variable** (d.h. outputabhängige) Kosten K_v und **fixe** Kosten K_f aufteilen, d.h.

(6.1.32) $K(x) = K_v(x) + K_f$ (mit $K_f = K(0) = \text{const.}$),

so liefert die Differentiation wegen $K_f' = 0$

(6.1.33) $\boxed{K'(x) = K_v'(x)}$, d.h.

die Grenzfunktionen der Gesamtkosten und der variablen Kosten stimmen überein, die **Änderung** der **Gesamtkosten** für die letzte Produktionseinheit ist **gleich** der entsprechenden **Änderung** der **variablen Kosten**, vgl. Abb. 6.1.34 *(„Die Grenzkosten sind unabhängig von den Fixkosten“)*.

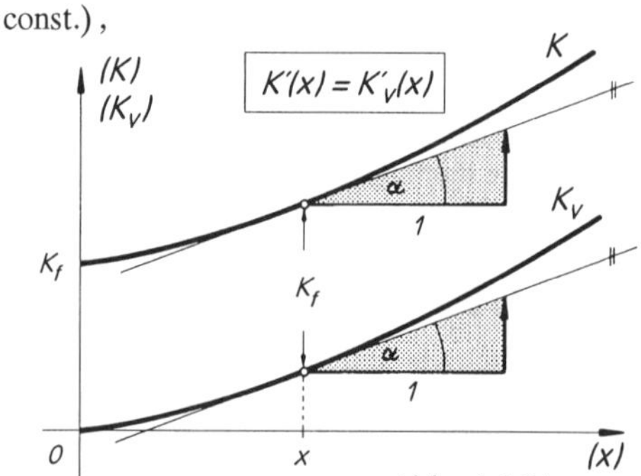

Abb. 6.1.34

Beispiel 6.1.35: Für die Gesamtkostenfunktion

$K(x) = \frac{1}{15}x^3 - 2x^2 + 60x + 200$

(K(x): Gesamtkosten (in GE), x: Output (in ME)) lautet die **Grenzkostenfunktion**:

$K'(x) = 0{,}2x^2 - 4x + 60.$

Für eine Produktion von z.B. 10 ME ergeben sich Grenzkosten in Höhe von K'(10) = 40 GE/ME, d.h. wird die Produktion - ausgehend von x = 10 - um eine Einheit ausgedehnt (bzw. vermindert), entstehen Mehrkosten (bzw. Minderkosten) von ca. 40 GE, vgl. Abb. 6.1.36.

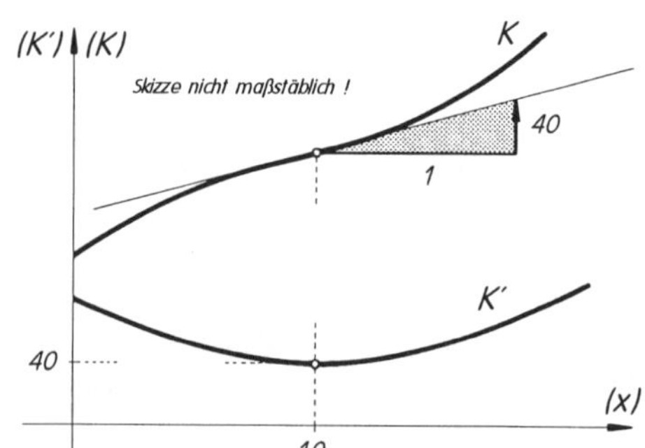

Abb. 6.1.36

[1] Die Behandlung ökonomischer Fragestellungen in der Differentialrechnung mit Hilfe von Grenzfunktionen heißt daher auch *Marginalanalyse* („Denken an der Grenze“).

Die Ableitung k′ der aus K zu gewinnenden **Stückkostenfunktion** k(x) = K(x)/x (k: durchschnittliche Gesamtkosten) heißt analog **Grenz-Stückkostenfunktion**. Ihr Wert k′(x) gibt die **Änderung** der **gesamten Stückkosten** pro zusätzlicher Produktionseinheit an.

Beispiel 6.1.37: Mit K aus Beispiel 6.1.35 ergibt sich als Stückkostenfunktion:

$$k(x) = \frac{K(x)}{x} = \frac{1}{15}x^2 - 2x + 60 + \frac{200}{x}$$ und somit die **Grenz-Stückkostenfunktion**

$$k'(x) = \frac{2}{15}x - 2 - \frac{200}{x^2} \quad (\text{mit } x \neq 0).$$

Für einen Output von 10 ME ergibt sich k′(10) = -2,67 GE/ME $/_{ME}$, d.h. wird die Produktion - ausgehend von x = 10 ME - um eine Einheit ausgedehnt, vermindern sich (da k′(10) < 0) die Stückkosten der gesamten Produktion um ca. 2,67 GE/ME.

Bemerkung 6.1.38: *Für die Interpretation ökonomischer Größen und Variablen ist die zutreffende **Maßeinheit** von großer Bedeutung. Da eine Grenzfunktion f′(x) als Quotient df/dx der Differentiale (≙ Änderungen) df und dx aufgefasst werden kann (vgl. Bemerkung 6.1.15), ergibt sich die **Maßeinheit der Grenzfunktion** f′(x) als **Quotient** der **Maßeinheiten von df und dx**. Da df und f bzw. dx und x jeweils in derselben Maßeinheit gemessen werden folgt allgemein:*

(6.1.39)
$$\textit{Maßeinheit von } \frac{df}{dx} \ [\textit{bzw. } f'(x)] = \frac{\textit{Maßeinheit von } f}{\textit{Maßeinheit von } x} .$$

Beispiel: *Einheit der Gesamtkosten K: 1 GE (z.B.: 1 €) ; Einheit der Produktionsmenge x: 1 ME (z.B. 1.kg) ⇒ Einheit der Grenzkosten K′(x): 1 GE/ME (z.B. 1 €/kg).*

Beispiel: *Einheit der Stückkosten k: 1 GE/ME$_1$ (z.B. 1 €/kg) ; Einheit der Produktionsmenge x: 1 ME$_2$ (z.B. 1 t)*

⇒ Einheit der Grenzstückkosten k′(x): $1\,\frac{GE/ME_1}{ME_2}$ *(z.B.* $1\,\frac{€/kg}{t}$*) .*

6.1.2.2 Grenzerlös (Grenzumsatz, Grenzausgaben)

Die **erste Ableitung** E′ einer **Erlösfunktion (Umsatzfunktion, Ausgabenfunktion)** $\mathbf{E := x \cdot p}$ (x: Menge (ME) ; p: Preis (GE/ME)) heißt **Grenzerlösfunktion** (bzw. **Grenzumsatz**- oder **Grenzausgabenfunktion**). Je nachdem, ob x oder p als unabhängige Variable fungiert, unterscheidet man **zwei Fälle**:

i) **Unabhängige** Variable sei die **nachgefragte Menge x**. Dann erhält man mit der Preis-Absatz-Funktion (bzw. Nachfragefunktion) p = p(x) die Erlösfunktion E in Abhängigkeit von der Menge x: E(x) = x · p(x). Die entsprechende Ableitung E′(x) = dE/dx heißt **Grenzerlös** (Grenzumsatz, Grenzausgabe) **bzgl. der Menge**. E′(x) liefert die Erlösänderung, wenn sich die nachgefragte Menge *(a priori)* um eine ME erhöht.

ii) **Unabhängige** Variable sei der **Preis p**. Mit Hilfe der Preis-Absatz-Funktion x = x(p) *(x(p) ist die **Umkehrfunktion** der Preis-Absatz-Funktion p(x))* lautet die Erlösfunktion E in Abhängigkeit des Preises p: E(p) = x(p) · p. Die entsprechende Ableitung E′(p) = dE/dp heißt **Grenzerlös** (Grenzumsatz, Grenzausgabe) **bzgl. des Preises**. E′(p) liefert die Erlösänderung, wenn der Marktpreis p des Gutes *(a priori)* um 1 GE/ME steigt.

Beispiel 6.1.40: Für ein Gut seien Nachfrage x (in ME) und zugehöriger Güterpreis p (in GE/ ME) durch die folgende Preis-Absatz-Funktion gegeben: $p = p(x) = 150 - 0{,}5x$; Umkehrfunktion: $x = x(p) = 300 - 2p$ ($x \geq 0$; $p \geq 0$). Dann gilt:

Unabhängige Variable: **x**	Unabhängige Variable: **p**
Preis-Absatz-Funktion: $p(x) = 150 - 0{,}5x$	**Preis-Absatz-Funktion:** $x(p) = 300 - 2p$
Erlösfunktion: $E(x) = x \cdot p(x) = 150x - 0{,}5x^2$	**Erlösfunktion:** $E(p) = x(p) \cdot p = 300p - 2p^2$
Grenzerlösfunktion bzgl. der Menge: $E'(x) = 150 - x$	**Grenzerlösfunktion bzgl. des Preises:** $E'(p) = 300 - 4p$
Für eine Menge x = 80 ME ergeben sich *(vgl. Abb. 6.1.41):*	Für einen Preis p = 110 GE/ME ergeben sich *(vgl. Abb. 6.1.42):*
i) ein Preis $p(80) = 110$ GE/ME	i) eine Menge $x(110) = 80$ ME
ii) ein Erlös $E(80) = 8.800$ GE	ii) ein Erlös $E(110) = 8.800$ GE
iii) ein Grenzerlös bzgl. der Menge: $E'(80) = 70$ GE/ME, d.h. bei Mehrabsatz von 1 ME (bei x = 80 ME) steigt der Gesamterlös um 70 GE.	iii) ein Grenzerlös bzgl. des Preises: $E'(110) = -140$ GE/ME /ME, d.h. bei einer Preiserhöhung von 1 GE/ME (bei p = 110 GE/ME) sinkt der Gesamterlös um 140 GE.

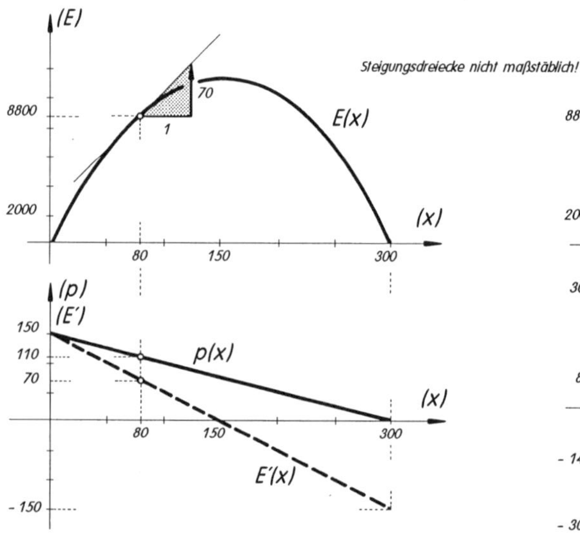

Abb. 6.1.41

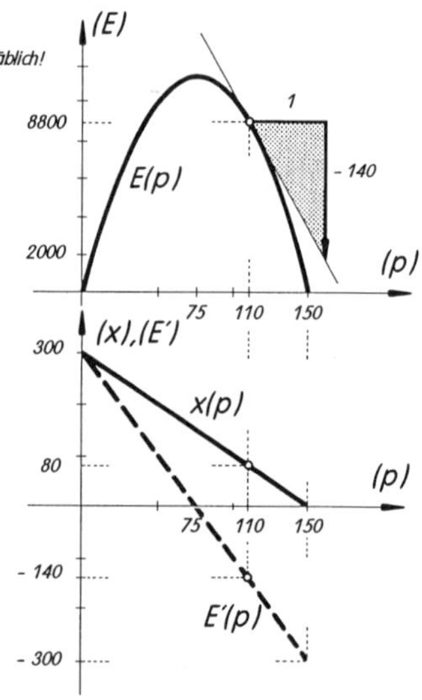

Abb. 6.1.42

Bemerkung: *i) Beispiel 6.1.40 bzw. Abb. 6.1.41/6.1.42 sind* ***charakteristisch*** *für* ***lineare*** *Nachfragefunktionen mit* ***negativer*** *Steigung.*

ii) Der ***Erlös pro Stück*** *(oder Durchschnittserlös) E/x ist wegen $E = x \cdot p$ stets* ***identisch*** *mit dem* ***Preis p.***

6.1.2.3 Grenzproduktivität (Grenzertrag)

Die **erste Ableitung** x'(r) einer **Produktionsfunktion** x(r) (x: Output (in ME_x) ; r: Input (in ME_r)) heißt **Grenzproduktivität** oder **Grenzertrag** [2]. Die Grenzproduktivität $x'(r) = dx/dr$ gibt an, um wieviel Outputeinheiten die Produktion zu- oder abnimmt, wenn die Einsatzmenge r des variablen Produktionsfaktors um eine Einheit zunimmt [3].

Beispiel 6.1.43: $x(r) = -0{,}1r^3 + 6r^2 + 150r$

(r: Input (ME_r) ; x: Output (ME_x) ; r ≥ 0).

Für eine Faktoreinsatzmenge r = 20 ME_r ergibt sich die Grenzproduktivität

$$x'(r) = (-0{,}3r^2 + 12r + 150)_{/r=20} = 270 \frac{ME_x}{ME_r},$$

d.h. wird der Input - ausgehend von 20 Inputeinheiten - um eine Einheit erhöht (gesenkt), so steigt (sinkt) der Output um ca. 270 ME_x (exakt: 269,9 ME_x) ; vgl. Abb. 6.1.44.

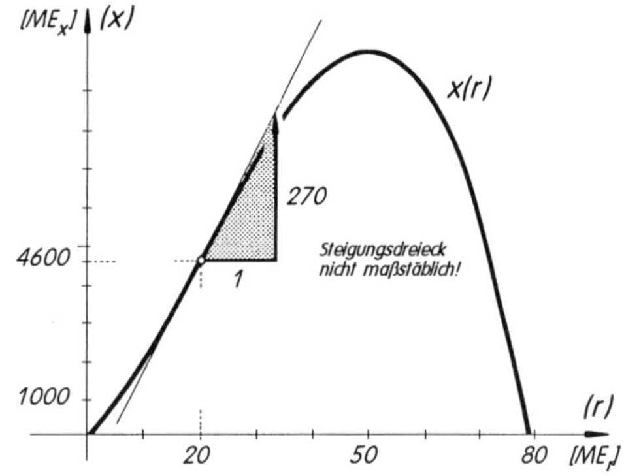

Abb. 6.1.44

Die Produktmenge $\bar{x}$, die durchschnittlich pro eingesetzter Inputeinheit erzeugt wird, heißt **Durchschnittsertrag** (oder **durchschnittliche Produktivität**). Sie ergibt sich für jeden Input r als Gesamtoutput x(r) geteilt durch die dafür erforderliche Inputmenge: $\bar{x}(r) := \frac{x(r)}{r}$.

Die **Ableitung** $\bar{x}'(r)$ des **Durchschnittsertrages** $\bar{x}(r)$ heißt **Grenz-Durchschnittsertrag**. Sein Wert gibt für jeden Input r an, um wieviele Einheiten sich der Durchschnittsertrag $\bar{x}$ ändert, wenn der Input um eine Einheit zunimmt.

Beispiel 6.1.45: (vgl. Beispiel 6.1.43):

Durch Ableiten des Durchschnittsertrages $\bar{x}(r) = \frac{x(r)}{r} = -0{,}1r^2 + 6r + 150$ erhält man den Grenzdurchschnittsertrag $\bar{x}'(r) = -0{,}2r + 6$. Für (z.B.) r = 20 ME_r ergibt sich:

$\bar{x}'(20) = 2 \frac{ME_x/ME_r}{ME_r}$, d.h. erhöht man bei r = 20 ME_r den Input um 1 ME_r, so erhöht sich der durchschnittliche Ertrag pro Inputeinheit um ca. 2 ME_x/ME_r.

---

[2] Gelegentlich bezeichnet man auch das *Differential* $dx(r) := x'(r)\,dr$ (mit: x = Output (in ME_x); r = Input (in ME_r)) als *Grenzertrag* (häufiger: Grenzprodukt). Nach Satz 6.1.7 liefert dx(r) die Produktmengenänderung, wenn der Input r um dr Einheiten geändert wird.

[3] Je nach Art des variablen Inputfaktors spricht man z.B. von Grenzproduktivität der Arbeit, des Kapitals, des n-ten Produktionsfaktors usw..

Bemerkung 6.1.46: *Den Kehrwert r/x **des Durchschnittsertrages** x/r bezeichnet man als **Produktionskoeffizient** $\bar{r}$. Ein Produktionskoeffizientenwert von z.B. 0,7 ME_r/ME_x bedeutet, dass im Durchschnitt 0,7 Inputeinheiten pro Outputeinheit benötigt werden. Entsprechend bezeichnet man die **Ableitung** $\bar{r}'(x) := \frac{d}{dx}\left(\frac{r(x)}{x}\right)$ des **Produktionskoeffizienten** als **Grenz-Produktionskoeffizienten**. Ein Wert des Grenzproduktionskoeffizienten von z.B. $0{,}2\,\frac{ME_r/ME_x}{ME_x}$ besagt, dass bei Produktionsausdehnung um 1 ME_x der durchschnittliche Produktionskoeffizient um 0,2 ME_r/ME_x zunimmt.*

*Die in der Definition $\bar{r} := \frac{r(x)}{x}$ des Produktionskoeffizienten auftretende Funktion r = **r(x)** ist die **Umkehrfunktion der Produktionsfunktion** x(r) und liefert für jede Produktionsmenge x den dafür erforderlichen Faktoreinsatz bzw. -verbrauch, vgl. Kap. 2.5 , (5). Daher heißt r = r(x) auch **Faktoreinsatzfunktion** oder **Faktorverbrauchsfunktion**, die **Ableitung** r'(x) **Grenzverbrauchsfunktion**.*

Beispiel:

Zur Produktionsfunktion $x(r) = 10\sqrt{r}$; $r \geq 0$, gehört die durch Umkehrung gewonnene Faktoreinsatzfunktion $r(x) = 0{,}01x^2$ $(x \geq 0)$; vgl. Abb. 6.1.47.

Der Grenzverbrauch $r'(x) = 0{,}02x$ liefert z.B. für $x = 60\ ME_x$ den Wert $r'(60) = 1{,}2\ ME_r/ME_x$, d.h. für die nächste Produkteinheit werden 1,2 Inputeinheiten zusätzlich benötigt.

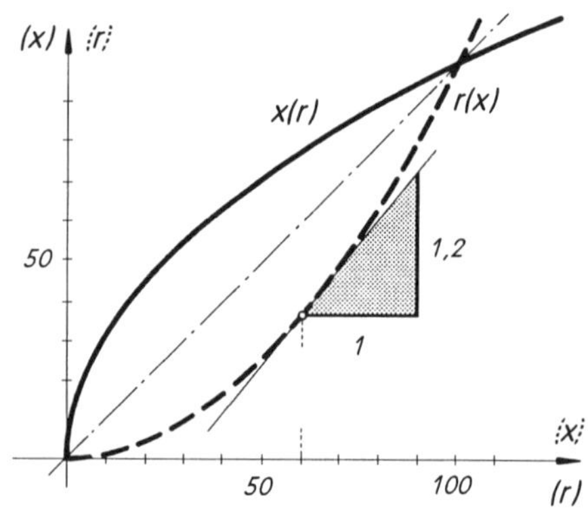

Abb. 6.1.47

6.1.2.4 Grenzgewinn

Die **erste Ableitung** G′(x) einer **Gewinnfunktion** G(x) heißt **Grenzgewinn** (-funktion) bzgl. der abgesetzten Menge x. Der Wert G′(x) gibt an, um wieviele Geldeinheiten sich der Gewinn ändert, wenn die produzierte und abgesetzte Menge x um eine Mengeneinheit zunimmt. Da die Gewinnfunktion G als Differenz aus Erlösfunktion E und Kostenfunktion K definiert ist, d.h. G(x) = E(x) − K(x), ergibt sich nach der Summenregel für den Grenzgewinn

(6.1.48) $$\boxed{G'(x) = E'(x) - K'(x)}\ ,$$

d.h. der **Grenzgewinn** G′ ist die **Differenz** aus **Grenzerlös** E′ und **Grenzkosten** K′.

Beispiel 6.1.49: Eine monopolistische Ein-Produkt-Unternehmung produziere mit der Kostenfunktion:

K: $K(x) = 0{,}05x^2 + x + 300$

und sehe sich der Preis-Absatz-Funktion p: $p(x) = 19 - 0{,}1x$ gegenüber. Dann lautet wegen

$E(x) = x \cdot p(x) = 19x - 0{,}1x^2$

die Gewinnfunktion:

$G(x) = E(x) - K(x) = -0{,}15x^2 + 18x - 300$

und somit die Grenzgewinnfunktion:

$G'(x) = -0{,}3x + 18.$

Für eine produzierte und abgesetzte Menge von 20 ME *(bzw. 80 bzw. 60 ME)* ergeben sich Grenzgewinnwerte von 12 GE/ME *(bzw. -6 GE/ME bzw. 0 GE/ME).*

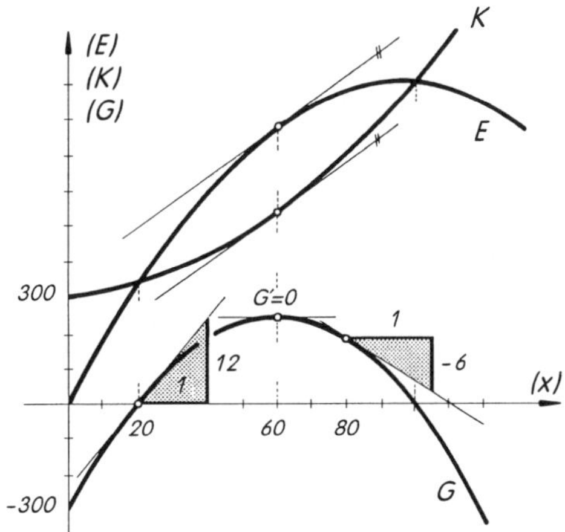

Abb. 6.1.50

Im ersten Fall ergibt sich pro zusätzlich produzierter und abgesetzter Mengeneinheit eine Gewinnzunahme von 12 GE, im zweiten Fall eine Gewinnminderung von 6 GE. Im letzten Fall ist der Grenzgewinn Null, die Gewinnfunktion hat eine waagerechte Tangente, Grenzkosten und Grenzerlös stimmen überein:

$G'(60) = E'(60) - K'(60) = 0 \quad \Rightarrow \quad E'(60) = K'(60),$ vgl. Abb. 6.1.50.

Bemerkung 6.1.51: *Wird der Gewinn als Funktion einer anderen unabhängigen Variablen als der Produktions- / Absatzmenge betrachtet (z.B. als Funktion des Marktpreises oder der Zeit), so drückt man dies bei der Bezeichnung des Grenzgewinns aus (z.B. Grenzgewinn bzgl. des Preises oder zeitlicher Grenzgewinn).*

Die **erste Ableitung** $g'(x)$ der **Stückgewinnfunktion** $g(x) := \frac{G(x)}{x} = \frac{E(x) - K(x)}{x} = p(x) - k(x)$ heißt **Grenzstückgewinn**. Im Fall von Beispiel 6.1.49 ergibt sich:

$g(x) = -0{,}15x + 18 - \frac{300}{x}$, d.h. $g'(x) = -0{,}15 + \frac{300}{x^2}$. Für $x = 20$ ME *(bzw. 50 ME)* ergibt sich

$g'(20) = 0{,}60 \ \frac{\text{GE/ME}}{\text{ME}}$ *(bzw.* $g'(50) = -0{,}03 \ \frac{GE/ME}{ME}$*),*

d.h. wird die Produkt-/Absatzmenge beim Stand von 20 ME *(bzw. 50 ME)* um eine Einheit erhöht, so steigt *(bzw. sinkt)* der (auf sämtliche Einheiten bezogene) Stückgewinn um 0,60 GE/ME *(bzw. 0,03 GE/ME).*

Bemerkung 6.1.52: *Die **Ableitung der Deckungsbeitragsfunktion*** $G_D(x) = E(x) - K_v(x)$ *(vgl. (2.5.38)) bzw. der **Stückdeckungsbeitragsfunktion*** $g_D(x) = \frac{G_D(x)}{x} = p(x) - k_v(x)$ *(vgl. (2.5.37)) heißen **Grenzdeckungsbeitrag** bzw. **Grenzstückdeckungsbeitrag**. In Beispiel 6.1.49 gilt:*

$$\frac{dG_D}{dx} = G_D'(x) = -0{,}3x + 18 \, ; \quad \frac{dg_D}{dx} = g_D'(x) = -0{,}15 = const.$$

6.1.2.5 Marginale Konsumquote

Die **erste Ableitung** $\frac{dC}{dY} = C'(Y)$ einer **Konsumfunktion** $C(Y)$ heißt **marginale Konsumquote** (oder **Grenzhang** bzw. **Grenzneigung zum Konsum**). Ihr Wert gibt zu jedem Haushaltseinkommen Y an, um wieviel Geldeinheiten sich die (periodenbezogenen) Konsumausgaben C dieses Haushaltes ändern, wenn das (periodenbezogene) Haushaltseinkommen um eine Geldeinheit steigt.

Beispiel 6.1.53: Für die Konsumfunktion

$$C(Y) = 10.000 \frac{Y + 900}{Y + 9.000} \quad (Y \geq 0)$$

lautet die marginale Konsumquote:

$$\frac{dC}{dY} = 10.000 \frac{8.100}{(Y + 9.000)^2} .$$

Bei einem Einkommen von z.B. 2000 GE ergibt sich eine marginale Konsumquote von $C'(2000) = 0{,}67$ GE/GE, d.h. von der nächsten eingenommenen Mark werden 67%, d.h. 67 Pfennig konsumiert (vgl. Abb. 6.1.54).

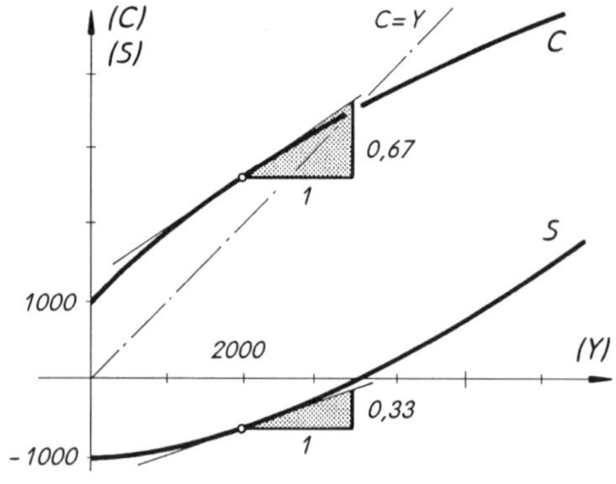

Abb. 6.1.54

Wegen

$$\lim_{Y \to \infty} \frac{dC}{dY} = \lim_{Y \to \infty} 10.000 \frac{8.100}{(Y + 9.000)^2} = 0$$

strebt die marginale Konsumquote für unbeschränkt wachsendes Einkommen immer mehr gegen Null, d.h. bei sehr hohen Einkommen wird jedes zusätzliche Einkommen nahezu vollständig gespart. Die Konsumausgaben selbst streben wegen

$$\lim_{Y \to \infty} C(Y) = \lim_{Y \to \infty} 10.000 \frac{Y + 900}{Y + 9.000} = 10.000 \quad \text{(vgl. Bsp. 4.3.4)}$$

für unbeschränkt wachsendes Einkommen immer gegen ihre **Sättigungsgrenze** $C_\infty = 10.000$ GE.

6.1.2.6 Marginale Sparquote

Die **erste Ableitung** $\frac{dS}{dY} = S'(Y)$ einer **Sparfunktion** $S(Y)$ heißt **marginale Sparquote** (oder **Grenzhang** bzw. **Grenzneigung zum Sparen**). Ihr Wert gibt zu jedem Einkommen Y an, um wieviele Geldeinheiten sich die (periodenbezogene) Ersparnis S eines Haushaltes ändert, wenn dessen (periodenbezogenes) Einkommen Y um eine Einheit zunimmt. Da ein Haushalt sein **Einkommen Y definitionsgemäß** in **Konsum C** und **Sparen S** (= Nicht-Konsum) **aufteilt**, d.h.

(6.1.55) $$\boxed{Y = C(Y) + S(Y)} ,$$

erhält man durch Ableiten nach Y:

(6.1.56) $$\boxed{1 = \frac{dC}{dY} + \frac{dS}{dY}} ,$$

d.h. marginale Konsum- und Sparquote ergänzen sich stets zu Eins.

Beispiel 6.1.57: (vgl. Beispiel 6.1.53): Wegen $C(Y) = 10.000 \frac{Y + 900}{Y + 9.000}$ folgt aus (6.1.55):

$S(Y) = Y - 10.000 \frac{Y + 900}{Y + 9.000}$, so dass sich als marginale Sparquote ergibt:

$$\frac{dS}{dY} = 1 - \frac{dC}{dY} = 1 - 10.000 \frac{8.100}{(Y + 9.000)^2} \quad .$$

Für $Y = 2.000$ GE ergibt sich wegen $C'(2000) = 0{,}67$: $S'(2000) = 1 - 0{,}67 = 0{,}33$ GE/GE, d.h. von 2.000 GE (pro Periode) werden von jeder zusätzlich einkommenden Mark 33 Pfennig gespart, vgl. Abb. 6.1.54.

6.1.2.7 Grenzrate der Substitution

Hält man bei einer **Produktionsfunktion** $x = x(r_1,r_2)$ den **Output** x **konstant** (z.B. $x = x_o$), so definiert die dadurch entstehende **implizite Funktion** $x(r_1,r_2) = x_o$ für den Fall substituierbarer Inputs eine Funktion $r_2 = f(r_1)$ zwischen den Inputmengen r_1, r_2, die man als **Isoquante** für den (festen) Output x_o bezeichnet (vgl. Kap. 2.5 (4) sowie Kap. 3.2).

Jeder Punkt (r_1,r_2) der zu x_o gehörenden Isoquante liefert eine Inputmengenkombination, die zum stets gleichen Output x_o führt (bei Variation der Outputmenge entsteht eine **Isoquantenschar**, vgl. Abb. 6.1.58)

Die **erste Ableitung** $r_2'(r_1) = \frac{dr_2}{dr_1}\Big/_{x=x_o}$

einer **Isoquantenfunktion** heißt **Grenzrate der Substitution** und gibt zu jedem Wert r_1 des ersten Inputfaktors an, um wieviel Einheiten die Inputmenge r_2 geändert werden muss, wenn r_1 um eine Einheit zunimmt und der Output x_o unverändert bleiben soll, vgl. Abb. 6.1.58.

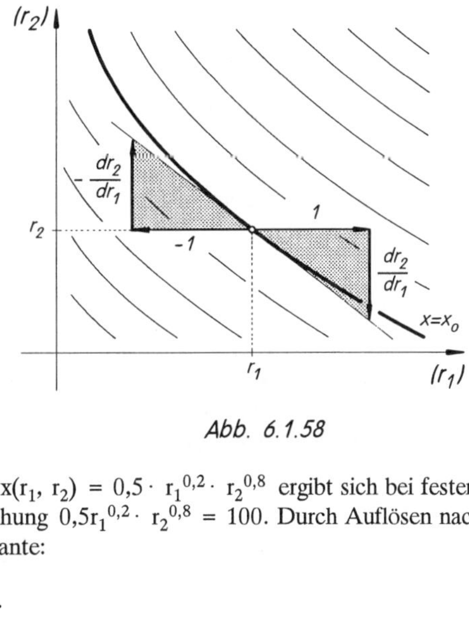

Abb. 6.1.58

Beispiel 6.1.59: Für die Produktionsfunktion $x = x(r_1, r_2) = 0{,}5 \cdot r_1^{0,2} \cdot r_2^{0,8}$ ergibt sich bei festem Output $x = x_o = 100$ ME die Isoquantengleichung $0{,}5r_1^{0,2} \cdot r_2^{0,8} = 100$. Durch Auflösen nach r_2 erhält man die explizite Darstellung der Isoquante:

$$r_2 = f(r_1) = 200^{1,25} \cdot r_1^{-0,25} = \frac{752{,}12}{\sqrt[4]{r_1}}\Big/_{x=100} \quad .$$

Damit lautet die Grenzrate der Substitution: $\frac{dr_2}{dr_1} = -188{,}03 \cdot r_1^{-1,25}$. Bei einem Input von z.B.

$r_1 = 16ME_1$ (und somit $r_2 = 376{,}06\ ME_2$) ergibt sich $\frac{dr_2}{dr_1} = -5{,}88\ ME_2/ME_1$, d.h. um - ausgehend von der Inputmengenkombination (16; 376,06) - die *Minderung* von 1 ME_1 des ersten

Produktionsfaktors kompensieren zu können, müssen 5,88 ME_2 des zweiten Faktors *zusätzlich* eingesetzt werden. Entsprechend führt der *Mehr*einsatz von 1 ME_1 des ersten Faktors zu einem *Minder*verbrauch von 5,88 ME_2 des zweiten Faktors, damit nach wie vor ein unveränderter Output von x_o (= 100 ME) produziert werden kann, vgl. auch Abb. 6.1.58.

Analoge Überlegungen gelten für **Nutzenfunktionen** $U = U(x_1, x_2)$, mit denen das Nutzenniveau U in Abhängigkeit der Konsummengen x_1, x_2 zweier (substituierbarer) Güter beschrieben wird (vgl. Kap. 2.5 (8)): Zu jedem festen Nutzenniveau $U = U_o$ = const. definiert die dadurch entstehende implizite Gleichung $U(x_1, x_2) = U_o$ eine Funktion $x_2 = f(x_1)$, deren Punkte (x_1, x_2) die Konsummengen beider Güter angeben, die zum stets gleichen Nutzenniveau U_o führen. Die Funktion $x_2 = f(x_1)_{/U=U_o}$ wird als **Indifferenzlinie** zum Nutzenniveau U_o bezeichnet. Analog wie im Fall der Isoquante nennt man die **Ableitung der Indifferenzlinie**

$x_2'(x_1) = \frac{dx_2}{dx_1}_{/U=U_o}$ die **Grenzrate der Substitution** zum Nutzenniveau U_o. Der Wert von $\frac{dx_2}{dx_1}$ gibt für jede konsumierte Menge x_1 des ersten Konsumgutes an, wieviele Einheiten des zweiten Konsumgutes mehr (bzw. weniger) konsumiert werden müssen, um bei Verringerung (bzw. Ausdehnung) des Konsums des ersten Gutes um eine Einheit dasselbe Nutzenniveau U_o wie zuvor zu erzielen, vgl. Abb. 6.1.60. (Beispiel 6.1.59 kann analog verwendet werden, indem U statt x und x_1, x_2 statt r_1, r_2 gesetzt wird.)

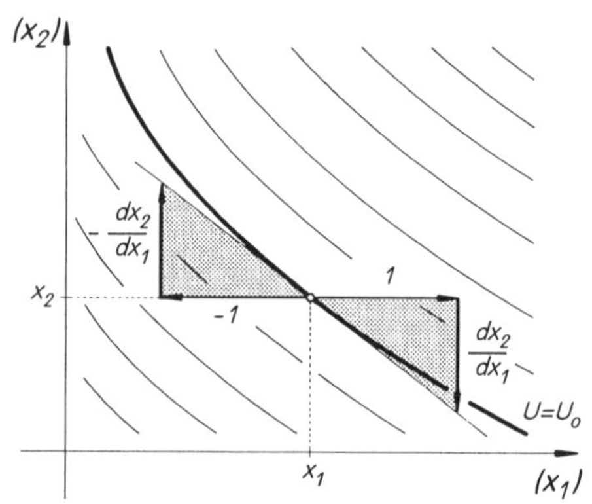

Abb. 6.1.60

Bemerkung 6.1.61: *i) Über den allgemeinen Kurvenverlauf von Isoquanten bzw. Indifferenzlinien sowie sonstige Schreibweisen für die Grenzrate der Substitution vgl. Kapitel 7, Bemerkung 7.1.70/7.1.73.*

*ii) Wir werden noch sehen, dass der Wert der **Grenzrate der Substitution** dann große **Bedeutung** besitzt, wenn es darum geht, denjenigen Punkt einer Isoquante bzw. Indifferenzlinie ausfindig zu machen, der die **Kosten** für Input bzw. Konsum - bei vorgegebenem Output bzw. Nutzenniveau - **minimiert (Minimalkostenkombination**, vgl. Kap 7.3.3.1).*

6.1.2.8 Grenzfunktion und Durchschnittsfunktion

Wie bereits mehrfach in den letzten Abschnitten ersichtlich, stellen sowohl der **Grenzfunktion**swert $\frac{df}{dx}$ als auch der **Durchschnittsfunktion**swert $\frac{f(x)}{x}$ einer gegebenen Funktion f **stückbezogene Größen** dar. Während sich aber der **Grenz**funktionswert $\frac{df}{dx}$ auf die **letzte/nächste** Einheit der unabhängigen Variablen bezieht, liegen dem **Durchschnitts**funktionswert $\frac{f(x)}{x}$ **sämtliche** Einheiten der unabhängigen Variablen zugrunde:

- $\frac{df}{dx}$ (= f'(x)) gibt (näherungsweise) den **zusätzlichen pro Einheit** der unabhängigen Variablen x entfallenden Funktionswert an, bezieht sich also auf die **letzte/folgende** Einheit der unabhängigen Variablen - ausgehend von der Stelle x.
(**Beispiel:** K'(x) = Grenzkosten = Kosten pro Stück für die letzte/nächste Outputeinheit (wenn schon x Einheiten produziert sind).)

- $\frac{f(x)}{x}$ (=: $\bar{f}(x)$) gibt den **pro Einheit** der unabhängigen Variablen x entfallenden durchschnittlichen Funktionswert an - bezieht sich also auf **sämtliche** x Einheiten.
(**Beispiel:** $\frac{K(x)}{x}$ = Stückkosten = Kosten pro Stück im Durchschnitt **aller** x produzierten Outputeinheiten.)

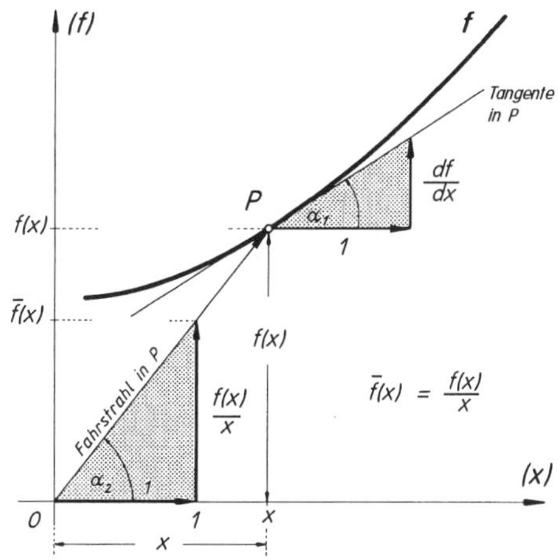

Abb. 6.1.62

Der **Zusammenhang zwischen Grenzfunktion und Durchschnittsfunktion** lässt sich graphisch veranschaulichen: In Abb. 6.1.62 erkennt man, dass an jeder Stelle x (mit x ≠ 0) gilt:

$$\frac{df}{dx} = \tan \alpha_1 \qquad \text{und} \qquad \frac{f(x)}{x} = \tan \alpha_2 \ ,$$

d.h., da α_1 der Steigungswinkel der Kurventangente und α_2 der Steigungswinkel des Fahrstrahls (vgl. Kap. 2.5 (5)) in P ist:

(6.1.63)

- **Grenzfunktionswert** $\frac{df}{dx}$ = **Steigung der Tangente** in P
- **Durchschnittsfunktionswert** $\frac{f(x)}{x}$ = **Steigung des Fahrstrahls** in P .

Nur wenn - als **Sonderfall** - in einem Punkt P(x; f(x)) Fahrstrahl und Kurventangente identisch sind (vgl. Abb. 6.1.64), stimmen an dieser Stelle Grenzfunktionswert und Durchschnittsfunktionswert überein:

$\frac{df}{dx} = \frac{f(x)}{x} = \tan \alpha$, *sofern gilt:*

Fahrstrahl = Tangente

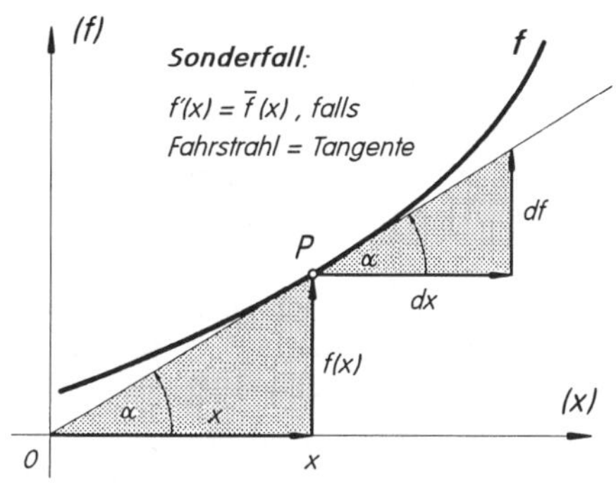

Abb. 6.1.64

Aufgabe 6.1.65: Folgende ökonomische Funktionen seien vorgegeben:

- **Gesamtkostenfunktion**: $K(x) = 0{,}06x^3 - x^2 + 50x + 400$
  (K: Gesamtkosten in GE; x: Output in ME)
- **Produktionsfunktion**: $x(r) = -\frac{1}{60}r^3 + \frac{5}{4}r^2 + 3r$
  (x: Output in ME_x; r: Input in ME_r)
- **Preis-Absatz-Funktion**: $p(x) = 150 - 0{,}4x$
  (p: Preis in GE/ME; Nachfrage in ME)
- **Konsumfunktion**: $C(Y) = 1.000 + 0{,}2\,Y$
  (C: Konsum in GE; Y: Haushaltseinkommen in GE)
- **Nutzenfunktion**: $U(x) = 10 \cdot \sqrt{x}$
  (U: Nutzenindex; x: konsumierte Gütermenge in ME) .

Man ermittle:

1) die Grenzkosten bei einem Output von 70 ME ,

2) die durchschnittlichen variablen Kosten für eine Produktmenge von 70 ME ,

3) die Grenzstückkosten für den Output 100 ME ,

4) den Durchschnittsertrag für den Faktorinput 40 ME_r ,

5) die Grenzproduktivität für eine Faktoreinsatzmenge von 40 ME_r

6) den Anstieg der Grenzproduktivitätsfunktion bei einem Input von 40 ME_r ,

7) den Gesamtdeckungsbeitrag sowie den Stückdeckungsbeitrag für den Output 30 ME ,

8) den Grenzdeckungsbeitrag sowie den Grenzstückdeckungsbeitrag für den Output 30 ME ,

9) den Grenzerlös bzgl. der Menge bei einer Absatzmenge von 150 ME ,

10) den Grenzerlös bzgl. des Preises bei einem Marktpreis von 120 GE/ME ,

11) den Grenzgewinn bzgl. der Menge bei einem Marktpreis von 100 GE/ME ,

12) die marginale Sparquote bei einem Haushaltseinkommen von 1.000 GE ,

13) die durchschnittliche Konsumquote für das Einkommen 1.000 GE ,

14) den Grenzstückgewinn für den Output 40 ME ,

15) den Grenznutzen bei einer konsumierten Gütermenge von 4 ME ,

16) das durchschnittliche Nutzenniveau für eine Konsummenge von 4 ME ,

17) denjenigen Output, bei dem i) die durchschnittlichen variablen Kosten ii) die durchschnittlichen Gesamtkosten den Anstieg Null haben iii) die Grenzkosten gleich den (gesamten) Stückkosten sind ,

18) das Haushaltseinkommen, bei dem i) von jeder eingenommenen Mark ii) von jeder zusätzlich eingenommenen Mark 60% gespart werden ,

19) denjenigen Faktorinput, für den i) der Anstieg des Gesamtertrages Null wird ii) die Grenzproduktivität Null wird iii) die durchschnittliche Produktivität Null wird iv) Grenzproduktivität und Durchschnittsertrag übereinstimmen ,

20) denjenigen Marktpreis, für den der Grenzgewinn bzgl. der Menge Null wird ,

21) denjenigen Output, für den Grenzkosten und Grenzerlös übereinstimmen ,

22) diejenige produzierte Menge, für die die Grenzkostenfunktion eine horizontale Tangente besitzt ,

23) denjenigen Marktpreis, bei dem eine Preiserhöhung von 0,1 GE/ME zu einer Erlösminderung von (ca.) 0,5 GE führt ,

24) diejenige Faktoreinsatzmenge, bei der ein zusätzlicher Input von 2 ME_r die Produktionsmenge um (ca.) 0,1 ME_x steigert ,

25) denjenigen Output, bei dem die Stückkosten um (ca.) 0,4 GE/ME sinken, wenn der Output um eine ME gesteigert wird ,

26) diejenige Faktoreinsatzmenge, bei der die durchschnittliche Produktivität um (ca.) 0,5 ME_x/ME_r zunimmt, wenn eine Inputeinheit weniger eingesetzt wird ,

27) denjenigen Output, bei dem der Stückgewinn um (ca.) 2 GE/ME abnimmt, wenn die Produktion um 10 ME gesteigert wird ,

28) diejenige konsumierte Gütermenge, bei der i) der Grenznutzen ii) das durchschnittliche Nutzenniveau den Wert a) 0,5 b) Null annimmt ,

29) denjenigen Output, bei dem der Gesamtdeckungsbeitrag um (ca.) 80 GE zunimmt, wenn die Produktion um 4 ME gedrosselt wird.

Aufgabe 6.1.66: Für die folgenden ökonomischen Funktionen beantworte man die Fragen **1)** bis **29)** von Aufgabe 6.1.65:

- **Gesamtkostenfunktion**: $K(x) = e^{0,001x+10} + 10.000$ $(0 \le x \le 15.000\text{ ME})$
- **Produktionsfunktion**: $x(r) = \sqrt{4r - 100}$ $(r \ge 25\ ME_r)$
- **Nachfragefunktion**: $x(p) = -100 \cdot \ln(0,0005p)$ $(0 < p \le 2.000\text{ GE/ME})$
- **Konsumfunktion**: $C(Y) = \dfrac{200Y + 10.000}{Y + 80}$ $(Y \ge 0)$
- **Nutzenfunktion**: $U(x) = -\frac{1}{3}x^3 + 1,5x^2 + 2x$. $(x \ge 0)$

Außerdem ermittle man:

30) den Produktionskoeffizienten für einen Output von 20 ME_x ,

31) die Faktorverbrauchsfunktion $r = r(x)$,

32) den Grenzverbrauch des Produktionsfaktors bei einem Output von 20 ME_x ,

33) den Sättigungswert des Konsums sowie der durchschnittlichen Konsumquote für unbegrenzt wachsendes Einkommen ,

34) die Sättigungswerte von marginaler Konsumquote und marginaler Sparquote für unbeschränkt wachsendes Einkommen ,

35) Bei welcher Kapazitätsauslastung (in % der Maximalkapazität) haben die Grenzstückkosten den Wert Null? Für diese Kapazitätsauslastung ermittle man die Werte der Stückkosten sowie der Grenzkosten.

Aufgabe 6.1.67: Man ermittle und interpretiere die Grenzrate der Substitution in folgenden Fällen:

i) Produktionsfunktion: $x(r_1; r_2) = 5r_1^{0,8} \cdot r_2^{0,4}$
(x: Output in ME; r_1, r_2: Inputs in ME_1, ME_2). Der Output sei mit 20 ME fest vorgegeben:
a) $r_1 = 4\ ME_1$ b) $r_2 = 1\ ME_2$.

ii) Nutzenfunktion: $U(x_1, x_2) = 2x_1 \cdot \sqrt{x_2}$
(U: Nutzenindex; x_1, x_2: konsumierte Gütermengen in ME_1, ME_2). Der Nutzenindex sei fest vorgegeben mit $U_o = 100$:
a) $x_1 = 10\ ME_1$ b) $x_2 = 4\ ME_2$.

6.2 Anwendung der Differentialrechnung auf die Untersuchung von Funktionen

Für die Untersuchung funktional beschreibbarer ökonomischer Zusammenhänge ist eine genaue Kenntnis des **Verhaltens** der zugrundeliegenden **ökonomischen Funktionen** bedeutsam: In welchen Bereichen etwa wächst (fällt) eine Funktion; ist diese Zunahme „progressiv" oder „degressiv"; ob und an welchen Stellen nehmen Funktion oder/und Grenzfunktion ihre maximalen (minimalen) Werte an u.v.a.? Das Konzept der Differentialrechnung gestattet es, derartige Funktionseigenschaften mit Hilfe der Ableitungsfunktionen einfach und genau zu untersuchen. Das vorliegende Kapitel 6.2 beschäftigt sich mit den formalen Aspekten (dem „Handwerkszeug") der Funktionsuntersuchung, während sich die entsprechenden Anwendungen auf ökonomische Fragestellungen im nachfolgenden Kapitel 6.3 anschließen.

Um die Differentialrechnung anwenden zu können, muss im folgenden vorausgesetzt werden, dass die betrachteten Funktionen *(genügend oft)* stetig differenzierbar sind *(Unstetigkeiten von f oder deren Ableitungen müssen separat untersucht werden*, vgl. Kap. 6.2.5).

6.2.1 Monotonie- und Krümmungsverhalten

Es ist anschaulich klar (vgl. Abbildung 6.2.1), dass eine Funktion, die überall eine **positive** *(bzw. negative)* **Steigung** besitzt, auch überall **streng monoton wächst** (↑) *(bzw. fällt (↓))* (Zum Monotoniebegriff vgl. Def. 2.2.8).

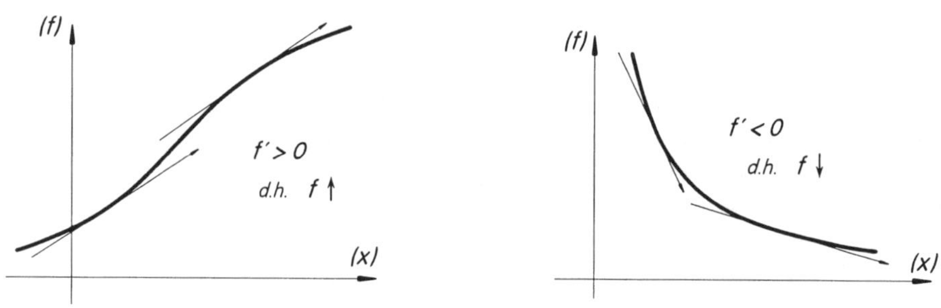

Abb. 6.2.1

Satz 6.2.2: Ist die **Ableitung f′** einer stetig differenzierbaren f im Intervall I **positiv** *(bzw.* ***negativ****)*, so ist f in I **streng monoton wachsend** *(bzw.* ***fallend****)*:

$f'(x) > 0$	$\Rightarrow$	f ist streng monoton wachsend (f ↑)
$f'(x) < 0$	$\Rightarrow$	f ist streng monoton fallend (f ↓)

Bemerkung 6.2.3: ***i)*** *Interessiert man sich lediglich für die „gemilderte" Monotonie (vgl. Bemerkung 2.2.13 ii)), so ist die Bedingung* $f'(x) \geq 0$ (bzw. $f'(x) \leq 0$) ***notwendig und hinreichend für schwach monotones Wachsen*** *(bzw. Fallen) von f.*

ii) Aus Vereinfachungsgründen soll im folgenden unter „monoton" stets „streng monoton" verstanden werden.

iii) Wie das Beispiel der (streng) monoton wachsenden Funktion f: $f(x) = x^3$ zeigt (vgl. Abb. 6.2.4), ist die Bedingung $f'(x) > 0$ nicht notwendig: Obwohl wegen $f'(x) = 3x^2$ gilt: $f'(0) = 0$, ist f überall wachsend. Dagegen ist die Behauptung von Satz 6.2.2 dann umkehrbar ($\Leftarrow$), wenn man von vereinzelten Stellen, in denen f′ Null werden kann, absieht. Wir werden daher meist Satz 6.2.2 mit „$\Leftrightarrow$" benutzen.

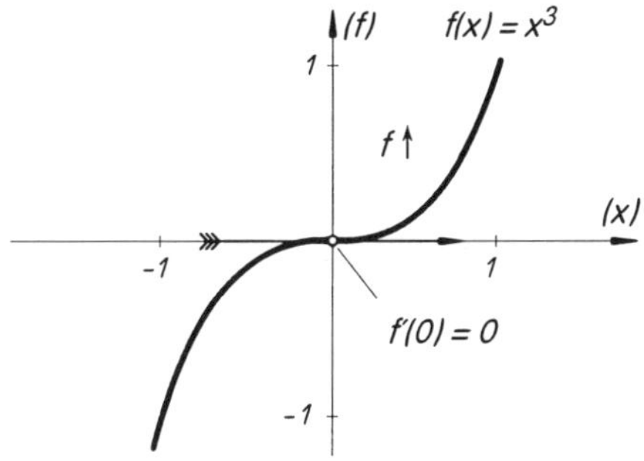

Abb. 6.2.4

Um eine gegebene Funktion f auf Monotonie zu untersuchen, löst man *(wegen Satz 6.2.2)* die Ungleichung $f'(x) > 0$ *(bzw.* $f'(x) < 0$*)*. Die entsprechenden Lösungsmengen liefern dann die Bereiche, in denen f monoton wächst *(bzw. monoton fällt)*.

Beispiel 6.2.5: Folgende Funktionen sind auf Monotonie zu untersuchen:

i) $f(x) = 0{,}5\,x^2 - 2x + 1$.

Wegen $f'(x) = x - 2$ folgt:

a) $f'(x) > 0 \Leftrightarrow x - 2 > 0 \Leftrightarrow x > 2$

b) $f'(x) < 0 \Leftrightarrow x < 2$,

d.h. f ist für $x < 2$ monoton fallend und für $x > 2$ monoton wachsend. (Abb. 6.2.6)

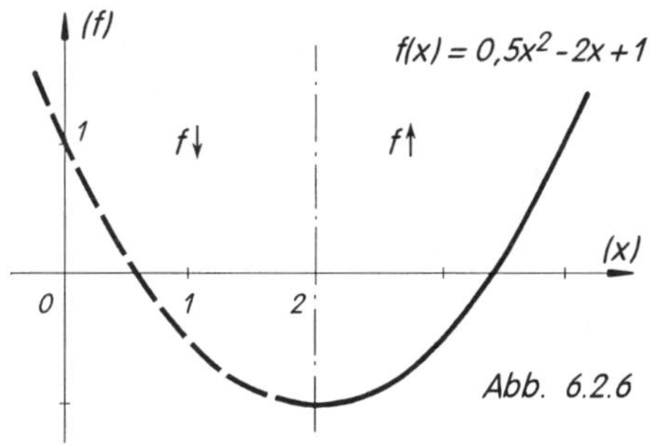

Abb. 6.2.6

ii) $g(x) = x \cdot e^{-x}$.

Wegen $g'(x) = e^{-x} - x \cdot e^{-x} = e^{-x}(1 - x)$ folgt, da e^{-x} stets positiv ist:

a) $g'(x) > 0 \Leftrightarrow 1 - x > 0 \Leftrightarrow x < 1$

b) $g'(x) < 0 \Leftrightarrow x > 1$, d.h.

g ist für $x < 1$ monoton wachsend und für $x > 1$ monoton fallend (Abb. 6.2.7).

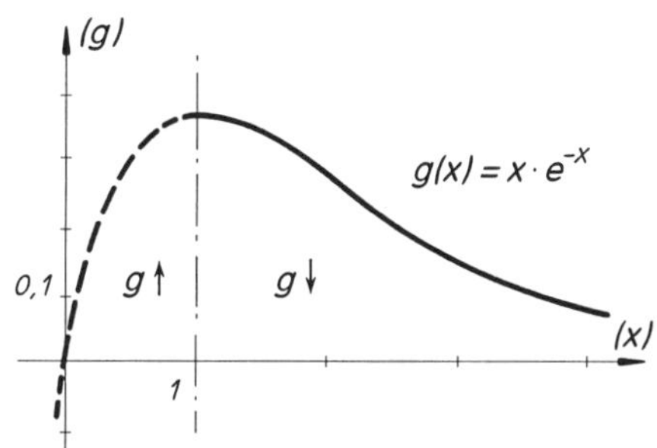

Abb. 6.2.7

Die Kennzeichnung des **Krümmungsverhaltens** einer Funktion kann ebenfalls mit Hilfe des Monotoniebegriffes erfolgen. (Differenzierbare) Funktionen können auf **zweierlei Weise gekrümmt** sein:

I) konvex gekrümmt

(auch: linksgekrümmt, gegen den Uhrzeigersinn gekrümmt, im positiven Drehsinn gekrümmt;

jede Tangente liegt unterhalb der Funktionskurve, jede Sekante liegt oberhalb der Funktionskurve), vgl. Abb. 6.2.8.

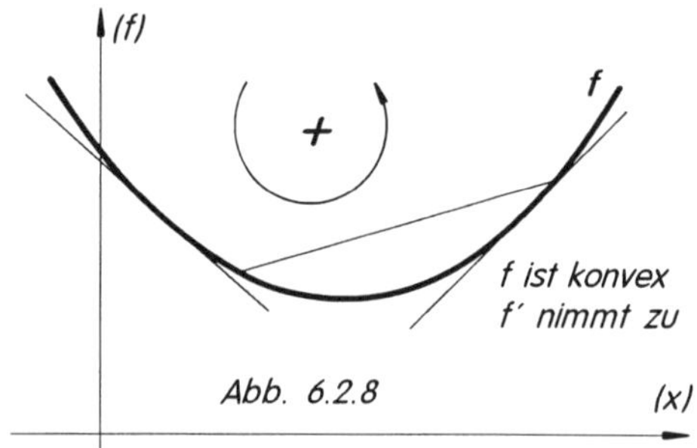

Abb. 6.2.8

II) konkav gekrümmt

(auch: rechtsgekrümmt, im Uhrzeigersinn gekrümmt, im negativen Drehsinn gekrümmt;

jede Tangente liegt oberhalb der Funktionskurve, jede Sekante liegt unterhalb der Funktionskurve), vgl. Abb. 6.2.9.

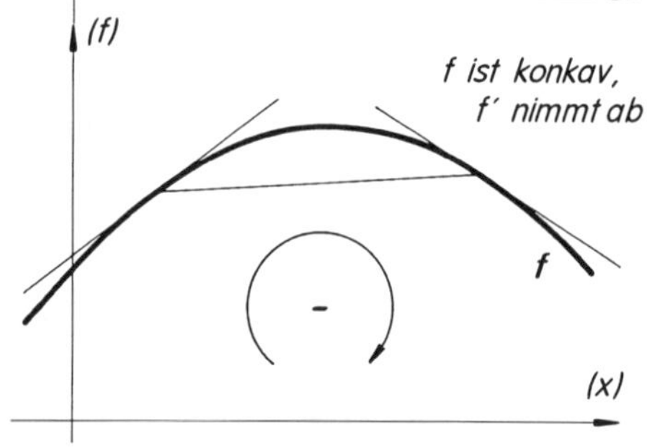

Abb. 6.2.9

Betrachtet man eine **konvexe** *(bzw.* ***konkave****)* Funktionskurve von links nach rechts, so erkennt man, dass im Kurvenverlauf die **Tangentensteigungen**, d.h. die Werte f′ der **1. Ableitung**, monoton **zunehmen** *(bzw.* ***abnehmen****)*, vgl. Abb. 6.2.8 *(bzw. Abb. 6.2.9)*. Die Zunahme *(bzw. Abnahme)* der Ableitungsfunktion f′ ist aber nach Satz 6.2.2 dann gegeben, wenn die Ableitung der Ableitungsfunktion f′, mithin die **2. Ableitung f″ positiv** *(bzw.* ***negativ****)* ist. Damit ist der **Zusammenhang** zwischen dem **Krümmungsverhalten von f** (konvex, konkav) und dem **Vorzeichen der 2. Ableitung f″** gewonnen.

Analog zu Satz 6.2.2 gilt:

Satz 6.2.10: Ist die **zweite Ableitung f″** von f im Intervall I **positiv** *(****negativ****)*, so ist die **erste Ableitung f′** in I monoton **zunehmend** *(****abnehmend****)* und daher f im Intervall I **konvex** *(****konkav****)*:

$f''(x) > 0$	$\Rightarrow$	f′ ist monoton wachsend	$\Leftrightarrow$	f ist konvex
$f''(x) < 0$	$\Rightarrow$	f′ ist monoton fallend	$\Leftrightarrow$	f ist konkav

Bemerkung 6.2.11: *i) Gilt in einem ganzen Intervall I:* $f''(x) \equiv 0$, *so ist f dort weder konvex noch konkav, sondern* ***linear****:* $f(x) = mx + b \Leftrightarrow f''(x) \equiv 0$.

ii) Abb. 6.2.8/ 6.2.9 zeigen, dass eine ***zunehmende (abnehmende) Steigung unabhängig*** *ist von der* ***Zunahme (Abnahme)*** *der* ***Originalfunktion****. Die vier möglichen Kombinationen zeigt Abb. 6.2.12:*

Abb. 6.2.12	$f'(x) > 0$ (f ↑)	$f'(x) < 0$ (f ↓)
$f''(x) > 0$ (f' ↑)	*f'(x) > 0* *f''(x) > 0* 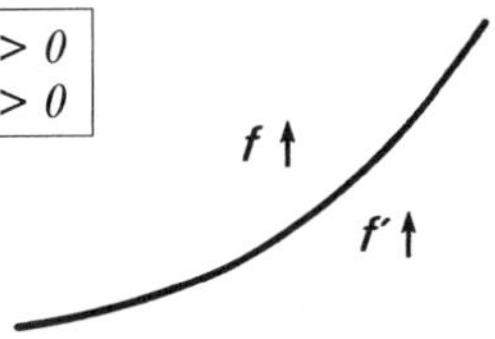 *f ist steigend und konvex* **f wächst progressiv** (oder **überlinear**) (mit *zu*nehmender positiver Steigungsrate)	*f'(x) < 0* *f''(x) > 0* 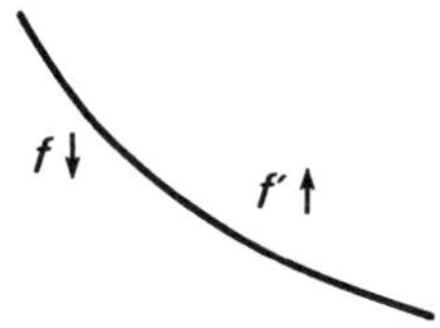 *f ist fallend und konvex* **f fällt mit negativer, zunehmender Steigungsrate** (nimmt *weniger* stark ab als *linear*)
$f''(x) < 0$ (f' ↓)	*f'(x) > 0* *f''(x) < 0* 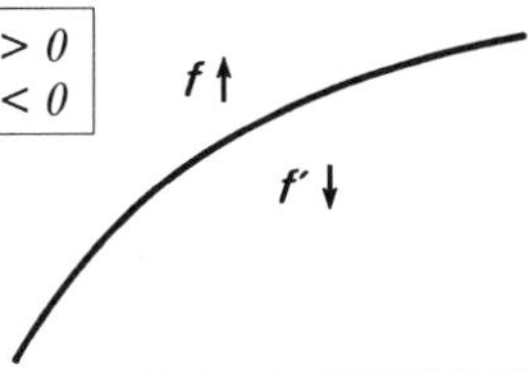 *f ist steigend und konkav* **f wächst degressiv** (oder **unterlinear**) (mit *ab*nehmender positiver Steigungsrate)	*f'(x) < 0* *f''(x) < 0* 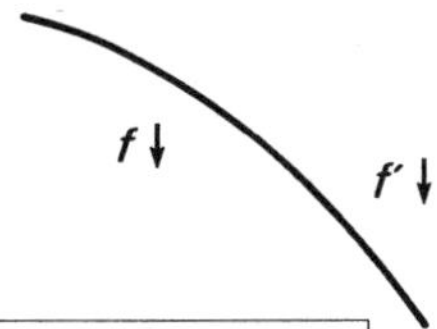 *f ist fallend und konkav* **f fällt mit negativer, abnehmender Steigungsrate** (nimmt *stärker* ab als *linear*)

Mit Hilfe von Satz 6.2.10 lässt sich das **Krümmungsverhalten** einer vorgegebenen Funktion ermitteln, indem man das **Vorzeichen der zweiten Ableitung** f'' untersucht:

Beispiel 6.2.13: Für welche Outputwerte x ist die Gesamtkostenfunktion K mit:

$K(x) = \frac{1}{15}x^3 - 2x^2 + 60x + 900 \; ; \; x \geq 0$

konvex bzw. **konkav** ? *(Diese Fragestellung ist nach Satz 6.2.10 gleichbedeutend mit der Frage nach der Zu- bzw. Abnahme der entsprechenden Grenzkosten K'.)*

Mit $K'(x) = 0{,}2x^2 - 4x + 60$ (> 0!) sowie
$K''(x) = 0{,}4x - 4$ folgt:

a) $K''(x) > 0 \Leftrightarrow 0{,}4x - 4 > 0 \Leftrightarrow x > 10$

b) $K''(x) < 0 \Leftrightarrow 0{,}4x - 4 < 0 \Leftrightarrow x < 10$,

d.h. für Outputwerte zwischen 0 und 10 ME ist K konkav (abnehmende Grenzkosten), für x > 10 ME ist K konvex, die Grenzkosten nehmen zu, vgl. Abb. 6.2.14.

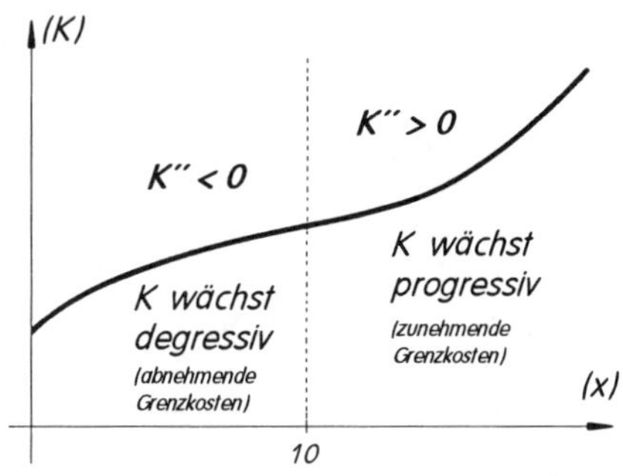

Abb. 6.2.14

Beispiel 6.2.15: Das „**1. Gossensche Gesetz**“ postuliert für eine Nutzenfunktion U(x) *(vgl. Abb. 6.2.16)* für **zu**nehmenden Güterkonsum x

a) **zunehmendes Nutzenniveau**, d.h. U ↑ ;

b) **abnehmenden Nutzenzuwachs**, d.h. abnehmenden Grenznutzen (U′ ↓) und somit **konkaven** Verlauf der Nutzenfunktion.

In mathematischer Symbolsprache bedeuten die Postulate des 1. Gossenschen Gesetzes daher:

a) $\frac{dU}{dx} > 0$ b) $\frac{d^2U}{dx^2} < 0$.

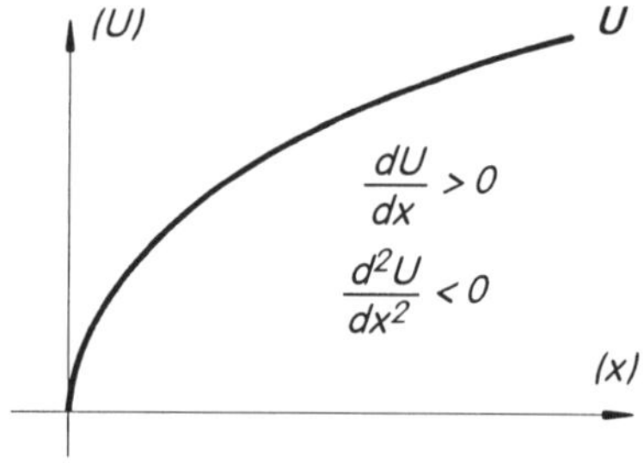

Abb. 6.2.16

Bemerkung 6.2.17: *Bisher waren die Bedingungen $f' > 0$ (< 0), $f'' > 0$ (< 0) für ein gefordertes Monotonie- bzw. Krümmungsverhalten in einem kompletten Intervall I zu erfüllen (vgl. Sätze 6.2.2/ 6.2.10). Sind die betreffenden **Funktionen/Ableitungsfunktionen** (wie in den Anwendungen nahezu ausschließlich unterstellt wird) **stetig**, so kann man Aussagen über Monotonie/ Krümmung bereits dann machen, wenn die Vorzeichen von f', f'' an nur **einer Stelle** x_0 positiv bzw. negativ sind. Dabei macht man sich die **Vorzeichenbeständigkeit** (vgl. Satz 4.6.7 iv)) stetiger Funktionen zunutze, die besagt, dass eine **stetige Funktion** f mit $f(x_0) \neq 0$ an der Stelle x_0 **ihr Vorzeichen nicht sprunghaft wechseln kann**. Wenn etwa an der Stelle x_0 gilt: $f(x_0) > 0$, so **muss** f auch in einer gewissen (von Fall zu Fall verschieden großen) **beidseitigen Umgebung** der Stelle x_0 größer Null sein.*

*Überträgt man diese Eigenschaft auf **stetige Ableitungen** f', f'', so folgen (mit Satz 6.2.2/6.2.10) die im Zusammenhang mit der **Extremwertbestimmung** (vgl. Kap. 6.2.2) wichtigen **Eigenschaften**:*

i) *Gilt **an der Stelle x_0: $f'(x_0) > 0$** (bzw. $f'(x_0) < 0$), so ist **f monoton steigend** (bzw. monoton fallend) in einer **beidseitigen Umgebung** der Stelle x_0.*

ii) *Gilt **an der Stelle x_0: $f''(x_0) > 0$** (bzw. $f''(x_0) < 0$), so ist **f konvex** (bzw. konkav) in einer **beidseitigen Umgebung** der Stelle x_0.*

6.2.2 Extremwerte

Bei der Analyse ökonomischer Funktionen ist die Ermittlung von **Extremwerten (Maxima** und **Minima)** besonders wichtig *(Bsp.: Kostenminimum, Ertragsmaximum, Nutzenmaximum, Verschnittminimum usw.)*

Def. 6.2.18: Die Funktion f hat an der Stelle x_0 ein **relatives** (oder **lokales) Maximum** ***(Minimum)***, wenn der Funktionswert $f(x_0)$ bzgl. einer **beidseitigen Umgebung** der Stelle x_0 **maximal** ***(minimal)*** ist, d.h. wenn für alle $x \neq x_0$ dieser Umgebung gilt:

$$\mathbf{f(x_0) > f(x)} \qquad \text{(bzw. } f(x_0) < f(x)\text{)}.$$

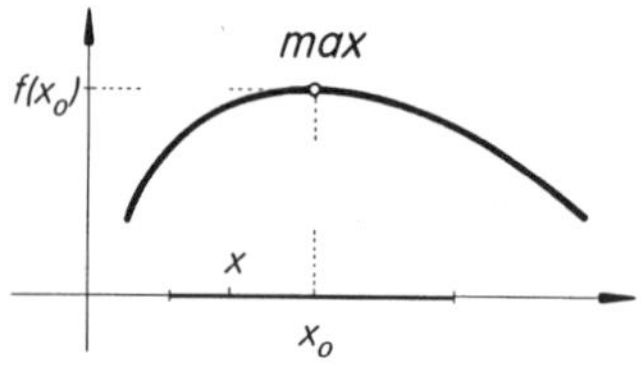

Abb. 6.2.19

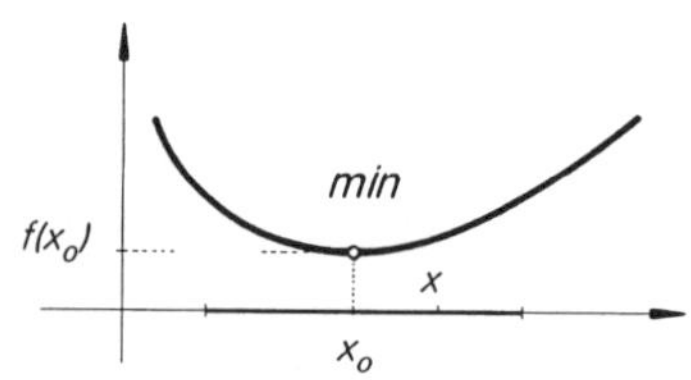

Handelt es sich bei $(x_0; f(x_0))$ um den **höchsten** ***(tiefsten)*** **Punkt** im **gesamten Definitionsbereich**, so spricht man von einem **absoluten** (oder **globalen) Maximum** ***(Minimum)*** von f an der Stelle x_0.

Abb. 6.2.20 zeigt exemplarisch einige Funktionsverläufe mit relativen bzw. absoluten Extremstellen (max/min := relative Extrema; MAX/MIN := absolute Extrema).

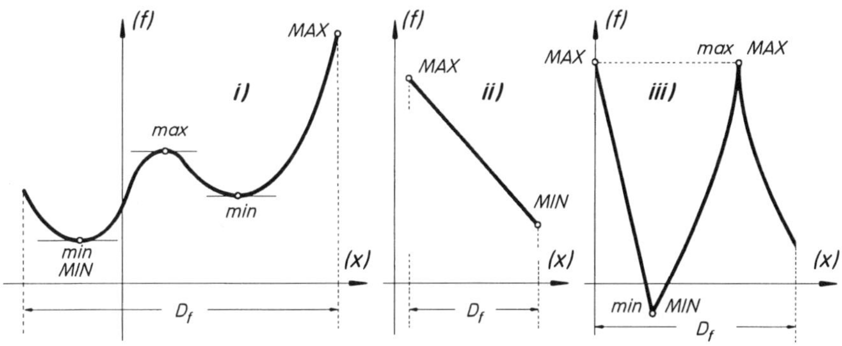

Abb. 6.2.20

Bemerkung 6.2.21: *Anhand von Abb. 6.2.20 erkennt man:*

*i) Eine Funktion muss **keine**, kann aber auch **mehrere** relative Maxima bzw. Minima besitzen.*

*ii) Ein **Punkt am Rand** des Definitionsbereiches **kann** (wegen Fehlens einer beidseitigen Umgebung) **kein relatives Extremum** sein, wohl aber ein **absolutes Extremum (Randextremum)**.*

*iii) Ein **absolutes** Extremum muss entweder ein **relatives** Extremum oder ein **Randextremum** sein. Zur Bestimmung der absoluten Extrema einer Funktion genügt es daher, alle relativen Extrema zu ermitteln und diese dann mit den Randwerten von f zu vergleichen.*

Die **Differentialrechnung** liefert ein schlagkräftiges Hilfsmittel zur **Berechnung sämtlicher relativer Extremwerte** einer **differenzierbaren** Funktion *(nichtdifferenzierbare Funktionen mit „Ecken", vgl. z.B. Abb. 6.2.20 iii), müssen separat untersucht werden, vgl. Kap. 6.2.5).*

Man erkennt z.B. an Abb. 6.2.20 i), dass f in **jedem relativen Extremum** eine **waagerechte Tangente** und somit die **Steigung Null** besitzt. Dieser grundlegende Sachverhalt gilt für **jede (stetig) differenzierbare** Funktion:

Satz 6.2.22: Wenn die *(stetig)* differenzierbare Funktion f an der Stelle x_0 einen relativen Extremwert besitzt, so gilt notwendigerweise:

$$f'(x_0) = 0 \quad .$$

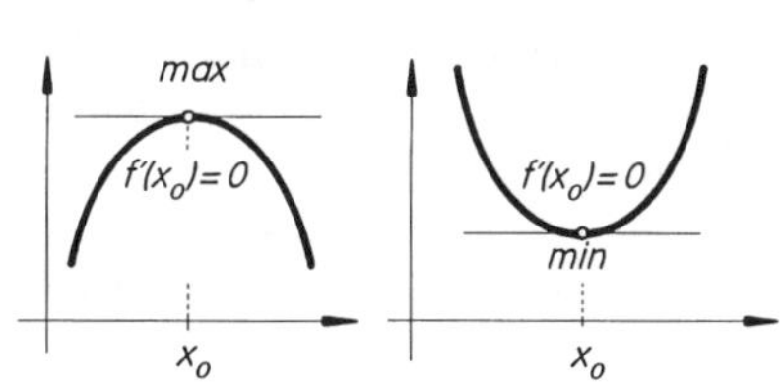

Abb. 6.2.23

Denn würde - entgegen der Behauptung des Satzes - etwa in einem relativen Maximum gelten: $f'(x_0) > (<) \ 0$, so müsste es nach Bemerkung 6.2.17 i) eine *beidseitige* Umgebung von x_0 geben, in der f monoton wächst (fällt), also könnte - entgegen der Voraussetzung des Satzes - f in x_0 sicher nicht maximal sein. Also muss in x_0 zwingend gelten: $f'(x_0) = 0$. Das bedeutet umgekehrt: Eine Stelle x_0, in der $\mathbf{f'(x_0)}$ von **Null verschieden** ist, kann **niemals** eine **relative Extremstelle** einer differenzierbaren Funktion sein.

Satz 6.2.22 liefert die Möglichkeit, durch **Lösen der Gleichung f'(x) = 0** all diejenigen Stellen zu erhalten, in denen f eine **waagerechte Tangente** besitzt (man spricht von **„stationären" Stellen**) und die daher als **mögliche relative Extrema** in Frage kommen. Dabei ist freilich zu beachten, dass eine stationäre Stelle x_0 (d.h. mit $f'(x_0) = 0$) keineswegs ein Maximum oder Minimum garantiert:

Das Beispiel der überall monoton wachsenden Funktion $f(x) = x^3$ zeigt (vgl. Bemerkung 6.2.3 (iii)), dass f an der Stelle $x_0 = 0$ (wegen $f'(x) = 3x^2$, also $f'(0) = 0$) stationär ist. f besitzt dort zwar eine waagerechte Tangente, aber keinen Extremwert, vgl. Abb. 6.2.24.

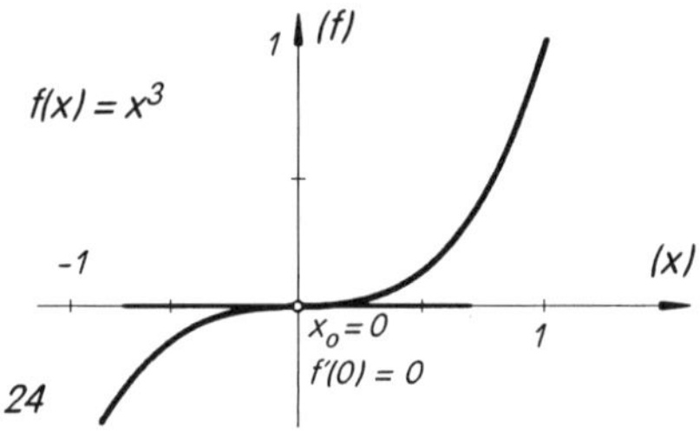

Abb. 6.2.24

Beispiel 6.2.25: An welchen Stellen kann f mit $f(x) = \frac{1}{6}x^3 - \frac{5}{4}x^2 + 2x + 3$ relative Extrema besitzen? Die dafür allein in Frage kommenden stationären Stellen erhält man als Lösungen der Gleichung $f'(x) = 0$:

$f'(x) = 0{,}5x^2 - 2{,}5x + 2 = 0 \quad \Leftrightarrow \quad x^2 - 5x + 4 = 0 \quad \Leftrightarrow \quad x_1 = 1\,; \quad x_2 = 4\,,$

d.h. *nur* in $x_1 = 1$ oder $x_2 = 4$ kann f (evtl.) extremal sein, wobei (ohne Vorliegen weiterer Informationen) außerdem unbekannt ist, um welchen Extremaltyp (Max. oder Min.) es sich ggf. jeweils handelt.

Die im letzten Beispiel angesprochene Unsicherheit über Existenz bzw. Typ relativer Extrema bei Vorliegen einer waagerechten Tangente an der Stelle x_0 gibt Anlass, über ein praktikables **Überprüfungsinstrumentarium für relative Extrema** nachzudenken.

Wie aus Abb. 6.2.26 deutlich wird, liegt an einer stationären Stelle x_0 ganz sicher dann ein relatives **Minimum** vor, wenn f in einer **beidseitigen Umgebung** von x_0 **konvex** ist (und ein relatives **Maximum**, wenn f dort **konkav** ist). [4]

Da **konvexes** (bzw. ***konkaves***) Verhalten von f in einer beidseitigen Umgebung von x_0 nach Bemerkung 6.2.17 (ii) durch $\mathbf{f''(x_0) > 0}$ (bzw. $f''(x_0) < 0$) gewährleistet ist, erhalten wir folgende **hinreichende Bedingungen** für das Vorliegen von **relativen Minima/ Maxima**:

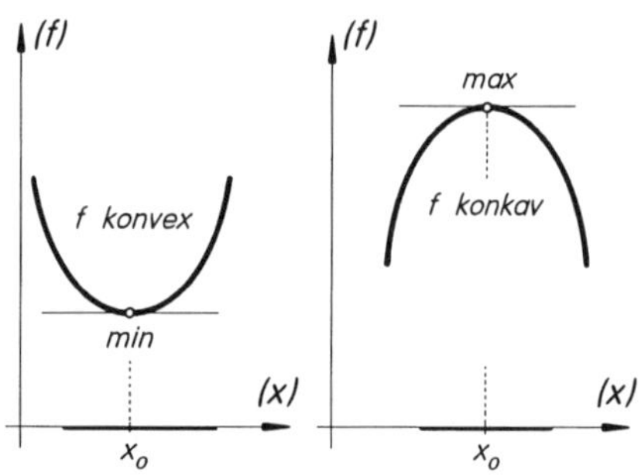

Abb. 6.2.26

Satz 6.2.27: Die zweimal (stetig) differenzierbare Funktion f besitze an der Stelle x_0 einen stationären Punkt, d.h. es gelte $\mathbf{f'(x_0) = 0}$. Dann besitzt f in x_0

i) ein **relatives Minimum**, wenn außerdem gilt: $\mathbf{f''(x_0) > 0}$;

ii) ein **relatives Maximum**, wenn außerdem gilt: $\mathbf{f''(x_0) < 0}$.

---

[4] Liegt dagegen an einer stationären Stelle x_0 *kein* relatives Extremum vor (vgl. Abb. 6.2.24 in $x_0 = 0$), so *wechselt* das *Krümmungsverhalten* von f beim Durchgang durch die stationäre Stelle, in Abb. 6.2.24 von konkav nach konvex.

Satz 6.2.27 gestattet die Ermittlung und Überprüfung relativer Extremwerte differenzierbarer Funktionen auf folgende Weise:

1) Zunächst ermittelt man die **Lösungen** x_i der Gleichung $\mathbf{f'(x) = 0}$. Die so ermittelten **stationären Stellen** sind die einzigen „Kandidaten" für relative Extrema (besitzt $f'(x) = 0$ keine Lösung, so kann f auch keine relativen Extrema besitzen !).

2) Dann berechnet man die **zweite Ableitung** $f''(x)$ und **überprüft** durch Einsetzen der stationären Stellen x_i **das Vorzeichen von** $\mathbf{f''(x_i)}$ und bestimmt so nach Satz 6.2.27 den **Typ** des jeweiligen Extremums.

Beispiel 6.2.28: In Beispiel 6.2.25 waren bereits die stationären Stellen der Funktion f(x) mit $f(x) = \frac{1}{6}x^3 - \frac{5}{4}x^2 + 2x + 3$ ermittelt worden: $x_1 = 1$; $x_2 = 4$.

Wegen $f'(x) = 0{,}5x^2 - 2{,}5x + 2$ folgt für die zweite Ableitung: $f''(x) = x - 2{,}5$. Überprüfung des Vorzeichens von f'' an den stationären Stellen:

i) $f''(x_1) = f''(1) = 1 - 2{,}5 < 0$,
also hat f in $x_1 = 1$ ein relatives Maximum (mit dem Funktionswert $f(1) \approx 3{,}92$);

ii) $f''(x_2) = f''(4) = 4 - 2{,}5 > 0$,
also hat f in $x_2 = 4$ ein relatives Minimum (mit dem Funktionswert $f(4) \approx 1{,}67$), vgl. Abb. 6.2.29 .

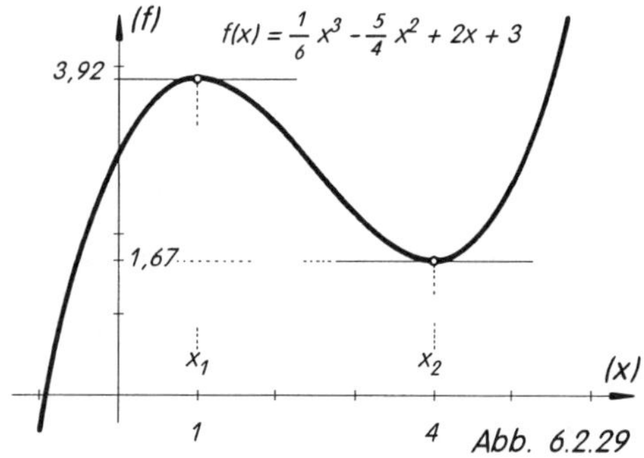

Abb. 6.2.29

Bemerkung 6.2.31: Dass die Bedingungen von Satz 6.2.27 nur hinreichend, nicht aber notwendig sind, erkennt man etwa am Beispiel $f(x) = x^4$, *vgl. Abb. 6.2.30: Obwohl f an der Stelle* $x_o = 0$ *minimal ist, gilt wegen*
$f'(x) = 4x^3, f''(x) = 12x^2 : f'(0) = 0$ *und* $f''(0) = 0$ *(und nicht etwa* $f''(0) > 0$*!) .*

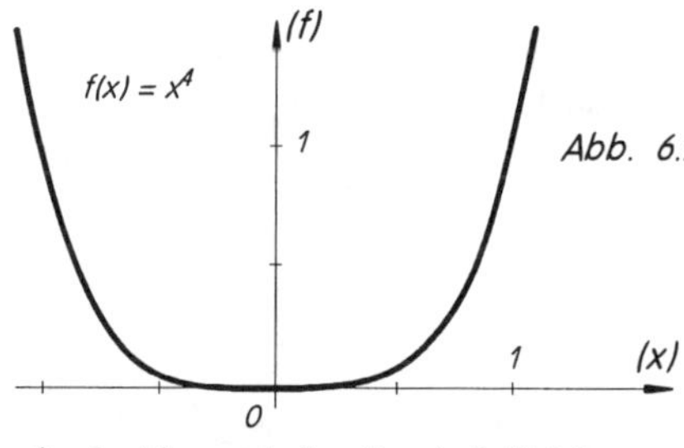

Abb. 6.2.30

Ohne Beweis sei angemerkt, dass auch in derartigen (in der ökonomischen Praxis freilich kaum anzutreffenden) Fällen eine Überprüfung von Existenz bzw. Typ eines relativen Extremums möglich ist:

Satz 6.2.32: *f sei in I n-mal (stetig) differenzierbar. An der Stelle* $x_o \in I$ *gelte:*

$f'(x_o) = f''(x_o) = \ldots = f^{(n-1)}(x_o) = 0$, *aber* $f^{(n)}(x_o) \neq 0$

(d.h. die erste an der stationären Stelle x_o ***nicht*** *verschwindende Ableitung habe die Ordnung n). Dann gilt:*

i) *Ist* ***n gerade****, so hat f in* x_o *einen* ***relativen Extremwert****, und zwar ein Minimum, falls* $f^{(n)}(x_o) > 0$ *und ein Maximum, falls gilt:* $f^{(n)}(x_o) < 0$ *.*

ii) *Ist* ***n ungerade****, so hat f in* x_o ***keinen relativen Extremwert****. Vielmehr ist f beim Durchgang durch die stationäre Stelle* x_o *monoton, und zwar monoton steigend, falls* $f^{(n)}(x_o) > 0$ *und monoton fallend, falls* $f^{(n)}(x_o) < 0$ *(f besitzt in* x_o *einen* ***Wendepunkt mit waagerechter Tangente*** *(Sattelpunkt), vgl. Kap. 6.2.3).*

Beispiel: *$f(x) = x^{12}$. Wegen $f'(x) = 12x^{11}$, $f''(x) = 12 \cdot 11 \cdot x^{10}$ gilt: $f'(0) = f''(0) = 0$. f ist stationär in $x_o = 0$, eine Überprüfung nach Satz 6.2.27 ist nicht möglich. Daher betrachtet man nach Satz 6.2.32 die höheren Ableitungen in $x_o = 0$: Es gilt:*

$$f'''(0) = 12 \cdot 11 \cdot 10 \cdot x^9/_{x=0} = 0, \; f^{(4)}(0) = 0 \text{ usw. bis } f^{(11)}(0) = 0.$$

*Die erste in $x_o = 0$ **nicht** verschwindende Ableitung hat die Ordnung $n = 12$:*

$$f^{(12)}(x) = 12 \cdot 11 \cdot 10 \cdot \ldots \cdot 2 \cdot 1 = 12! = 479.001.600 > 0 .$$

*Also (da n gerade) hat f in $x_o = 0$ ein relatives **Minimum**.*

6.2.3 Wendepunkte

Neben den Extremstellen sind diejenigen Punkte einer Funktion f von Bedeutung, in denen sich das **Krümmungsverhalten** von f **ändert**:

Def. 6.2.33: Unter einem **Wendepunkt** einer (differenzierbaren) Funktion f versteht man einen Punkt W, der an der **Nahtstelle** eines **konvexen** und eines **konkaven Funktionsbereiches** liegt. In einem Wendepunkt geht f von einer **Linkskrümmung in eine Rechtskrümmung** (***oder umgekehrt***) über.

Wie Abb. 6.2.34 zeigt, kann f einen konvex/konkav- bzw. konkav/konvex-Wendepunkt steigend, fallend oder auch stationär durchlaufen:

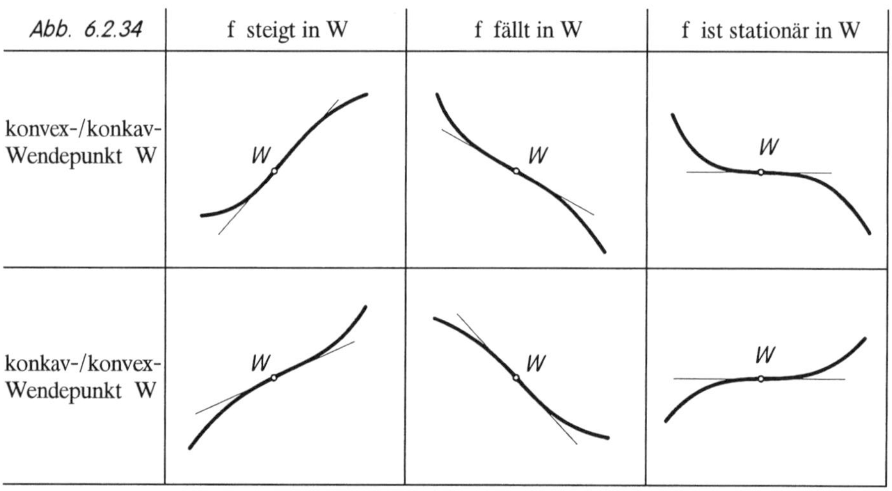

Abb. 6.2.34

Bemerkung 6.2.35: *Ein **Wendepunkt** mit **waagerechter Tangente** (vgl. Abb. 6.2.34, dritte Spalte) heißt **Sattelpunkt** (auch: **Stufenpunkt**, **Terassenpunkt**).*

Die **rechnerische Ermittlung einer Wendestelle** x_0 bereitet keine Schwierigkeiten, wenn man zur Charakterisierung des Wendepunktes die Aussage von Satz 6.2.10 heranzieht: Da in einem **konvexen** *(bzw.* ***konkaven)*** **Bereich von f** die erste Ableitung **f' monoton wächst** *(bzw.* ***fällt)***, muss in einem Wendepunkt, d.h. an der Nahtstelle eines **konvex/konkaven** *(bzw.* ***konkav/konvexen)*** Bereiches die erste Ableitung f' vom Wachsen in ein Fallen *(bzw. vom Fallen in ein Wachsen)* übergehen und somit **im Wendepunkt** selbst die **erste Ableitung f'** ein *(relatives)* **Maximum** *(bzw. ein (relatives)* ***Minimum)*** besitzen, siehe Abb. 6.2.36 (bzw. 6.2.37).

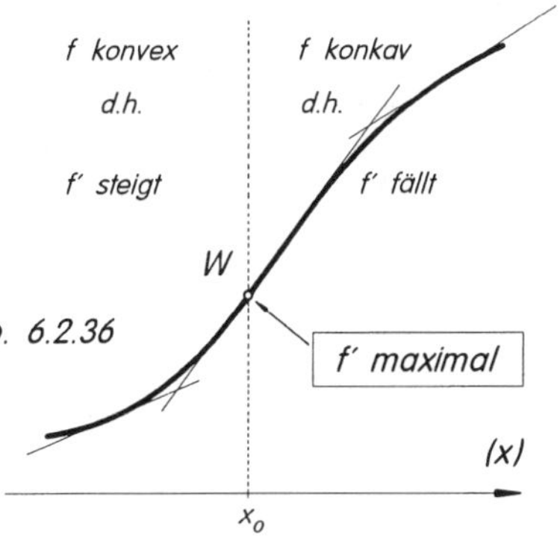

Abb. 6.2.36

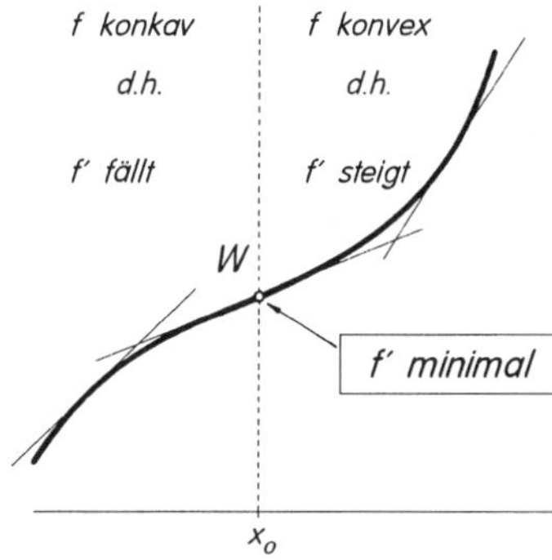

Abb. 6.2.37

Satz 6.2.38: Die **Wendepunkte** einer zweimal (stetig) differenzierbaren Funktion f sind genau die **relativen Extrema der ersten Ableitung** f' von f.

i) In einem **konvex/konkav**- Wendepunkt ist **f' maximal** (vgl. Abb. 6.2.36) ;

ii) in einem **konkav/konvex**- Wendepunkt ist **f' minimal** (vgl. Abb. 6.2.37).

Damit lassen sich sämtliche Ergebnisse über die Ermittlung relativer Extrema (d.h. die Sätze 6.2.22, 6.2.27, 6.2.32) **analog** auf die Ermittlung der Wendepunkte von f **übertragen**, indem man nunmehr statt f die erste Ableitung f' bzgl. relativer Extremwerte untersucht. Formal geschieht das einfach dadurch, dass in den Sätzen 6.2.22, 6.2.27, 6.2.32 jedes Funktionssymbol einen (Ableitungs-)Strich mehr erhält, mithin die Symbole f, f', f'' ... ersetzt werden durch f', f'', f'''... . Wir erhalten somit

Satz 6.2.39: f sei in einer Umgebung der Stelle x_0 dreimal *(stetig)* differenzierbar.

i) Besitzt f in x_0 einen **Wendepunkt**, so gilt notwendigerweise: $\boxed{f''(x_0) = 0}$.

ii) Gilt an der Stelle x_0: $\boxed{f''(x_0) = 0}$ **und außerdem** $\boxed{f'''(x_0) \neq 0,}$ so besitzt f an der Stelle x_0 einen **Wendepunkt**, und zwar

a) einen **konkav/konvex-Wendepunkt** *(Minimum von f', vgl. Abb. 6.2.37)*, wenn $\boxed{f'''(x_0) > 0}$,

b) einen **konvex/konkav-Wendepunkt** *(Maximum von f', vgl. Abb. 6.2.36)*, wenn $\boxed{f'''(x_0) < 0}$.

Beispiel 6.2.40: Die Wendepunkte von f mit $f(x) = \frac{1}{24}x^4 - \frac{1}{3}x^3 + \frac{3}{4}x^2 + 1$ ergeben sich als Lösungen von $f''(x) = 0$ in Verbindung mit einer Vorzeichenüberprüfung von f'''.

Mit $f'(x) = \frac{1}{6}x^3 - x^2 + \frac{3}{2}x$; $f''(x) = 0{,}5x^2 - 2x + 1{,}5$; $f'''(x) = x - 2$ folgt:

$f''(x) = 0 \Leftrightarrow x^2 - 4x + 3 = 0 \Leftrightarrow x_1 = 1$; $x_2 = 3$.

Überprüfung von f''' liefert: $f'''(x_1) = f'''(1) = 1 - 2 < 0$; $f'''(x_2) = f'''(3) = 3 - 2 > 0$, d.h. f besitzt in $x_1 = 1$ ($f(1) \approx 1{,}46$) einen konvex/konkav-Wendepunkt (Maximum von f') und in $x_2 = 3$ ($f(3) \approx 2{,}13$) einen konkav/konvex-Wendepunkt (Minimum von f'), der wegen $f'(3) = 0$ außerdem ein Sattelpunkt ist, vgl. Abb. 6.2.41.

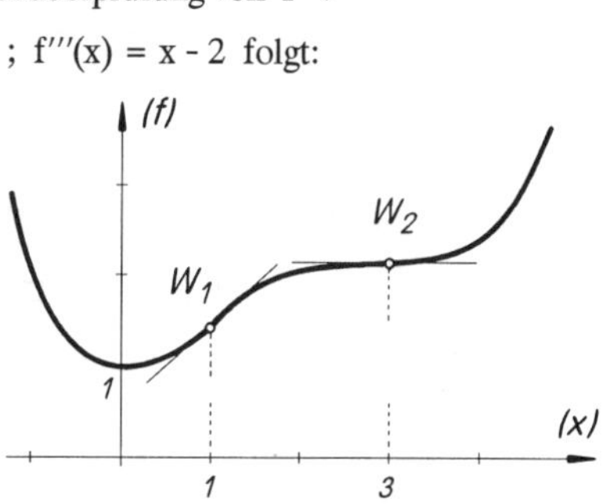

Abb. 6.2.41

6.2.4 Kurvendiskussion

Das in den letzten Kapiteln entwickelte Instrumentarium der Differentialrechnung gestattet eine weit genauere und feinere **Charakterisierung** des **Verlaufs** einer **vorgegebenen Funktion** als dies durch das bloße Aufstellen einer Wertetabelle möglich wäre. In diesem Abschnitt soll die **Analyse von Funktionen** (**„Kurvendiskussion"**) anhand einiger Beispiele aus dem nichtökonomischen Bereich [5] erfolgen. Dabei ist es sinnvoll, die **Kurvendiskussion** etwa nach folgendem **Schema** durchzuführen:

1) Definitionsbereich
2) Symmetrie
3) Nullstellen
4) Stetigkeit
5) Differenzierbarkeit
6) relative Extremwerte
7) Wendepunkte
8) Monotonie- und Krümmungsverhalten
9) Verhalten am Rand des Definitionsbereiches bzw. für $x \to \pm \infty$
10) Darstellung des Funktionsgraphen .

Beispiel 6.2.42	Diskussion von f mit $f(x) = \frac{3x-6}{(5-2x)^2}$
1) Definitionsbereich	$D_f = \mathbb{R} \setminus \{\frac{5}{2}\}$, denn nur für $x_o = 2{,}5$ wird der Nenner von f Null.
2) Symmetrie *Achsen*sym. zur Ordinate, wenn $f(-x) = f(x)$ *Punkt*sym. zum Ursprung, wenn $f(-x) = -f(x)$ für alle x (Def. 2.2.23)	Wegen $f(-x) = \frac{-3x-6}{(5+2x)^2} \neq \pm f(x)$ liegt keine Symmetrie vor.
3) Nullstellen Lösungen der Gleichung $f(x) = 0$	$f(x) = \frac{3x-6}{(5-2x)^2} = 0 \Leftrightarrow 3x-6 = 0 \Leftrightarrow x_1 = 2$ f hat in $x_1 = 2$ die einzige Nullstelle
4) Stetigkeit (Zur Ermittlung der Unstetigkeitsstellen vgl. Kap. 4.6.)	f ist in $D_f = \mathbb{R} \setminus \{2{,}5\}$ stetig, für $x_o = 2{,}5$ ist f nicht definiert. Wegen $\lim\limits_{x \to 2{,}5^{\pm}} \frac{3x-6}{(5-2x)^2} = \infty$ besitzt f in $x_o = 2{,}5$ einen beidseitig positiven Pol .
5) Differenzierbarkeit	f ist überall (mit Ausnahme von $x_o = 2{,}5$) stetig differenzierbar, ebenso alle höheren Ableitungen.
6) relative Extremwerte Man ermittelt die Lösungen der Gleichung $f'(x) = 0$ und überprüft das Vorzeichen der 2. Ableitung f'' an den gefundenen stationären Stellen (Satz 6.2.27).	$f'(x) = \frac{6x-9}{(5-2x)^3} = 0 \Leftrightarrow 6x-9 = 0 \Leftrightarrow x_2 = 1{,}5$ Überprüfung der zweiten Ableitung: $f''(x) = \frac{24x-24}{(5-2x)^4} \Rightarrow f''(x_2) = f''(1{,}5) = 0{,}75 > 0$, also besitzt f in $x_2 = 1{,}5$; $f(x_2) = -0{,}375$ ein relatives Minimum.

[5] Beschreibung, Analyse und Optimierung *ökonomischer* Funktionen erfolgt in Kap. 6.3.

7) Wendepunkte

(= Extremwerte der 1. Ableitung)

Man ermittelt die Lösungen der Gleichung $f''(x) = 0$ und überprüft an den gefundenen Stellen das Vorzeichen von f''' (Satz 6.2.39).

$$f''(x) = \frac{24x - 24}{(5 - 2x)^4} = 0 \quad \Leftrightarrow \quad 24x - 24 = 0 \quad \Leftrightarrow \quad x_3 = 1$$

Überprüfung der 3. Ableitung:

$$f'''(x) = \frac{144x - 72}{(5 - 2x)^5} \quad \Rightarrow f'''(x_3) = f'''(1) = \frac{72}{3^5} > 0 \, ,$$

also besitzt f in $x_3 = 1$; $f(x_3) = -1/3$ einen konkav/ konvex-Wendepunkt, d.h. f' ein Minimum.

8) Monotonie und Krümmung

Man ermittelt die Bereiche, in denen f' bzw. f'' positiv bzw. negativ sind:

$f' > 0 \Rightarrow f \uparrow$

$f' < 0 \Rightarrow f \downarrow$

$f'' > 0 \Rightarrow f$ konvex

$f'' < 0 \Rightarrow f$ konkav

(Satz 6.2.2 / 6.2.10)

Plausibilitätsbetrachtung für Monotonie:
f besitzt nur ein einziges Extremum (Min. in $x_2 = 1{,}5$) sowie einen einzigen Pol ($x_0 = 2{,}5$). Nur an diesen Stellen kann sich das Vorzeichen von f' ändern. Da x_2 ein Minimum ist, folgt zunächst: f ist monoton fallend für $x < 1{,}5$ und monoton wachsend für $x > 1{,}5$ und $x < 2{,}5$. Kontrollwert für $x > 2{,}5$: $f'(3) = -9 < 0$, also ist f für $x > 2{,}5$ monoton fallend.
(gleiches Resultat bei formaler Lösung der Ungleichungen $f' > 0, f' < 0$.)

Krümmungsverhalten: f ist in dem Bereich konvex (konkav), in dem gilt:
$f''(x) = \frac{24x - 24}{(5 - 2x)^4} > 0\ (<0) \Leftrightarrow 24x - 24 > 0\ (< 0)$ (da der Nenner stets positiv ist) $\Leftrightarrow x > (<)\ 1$, d.h. f ist konvex für $x > 1$ und konkav für $x < 1$ (Wendepunkt: $x_3 = 1$, vgl. 7)).

9) Verhalten am Rand des Definitionsbereiches bzw. für $x \to \pm\infty$

(vgl. Kapitel 4.3)

Da D_f nach beiden Seiten unbeschränkt ist, muss das Verhalten von f für $x \to \pm\infty$ untersucht werden. Wegen

$$f(x) = \frac{3x - 6}{(5 - 2x)^2} = \frac{x(3 - \frac{6}{x})}{x^2(\frac{25}{x^2} - \frac{20}{x} + 4)} = \frac{3 - \frac{6}{x}}{x(\frac{25}{x^2} - \frac{20}{x} + 4)}$$

gilt: $\lim\limits_{x \to \infty} f(x) = „\frac{3}{\infty \cdot 4}“ = 0^+$; $\lim\limits_{x \to -\infty} f(x) = „\frac{3}{-\infty \cdot 4}“ = 0^-$, d.h.

die x-Achse ist Asymptote für $x \to \pm\infty$.

10) Graph von f

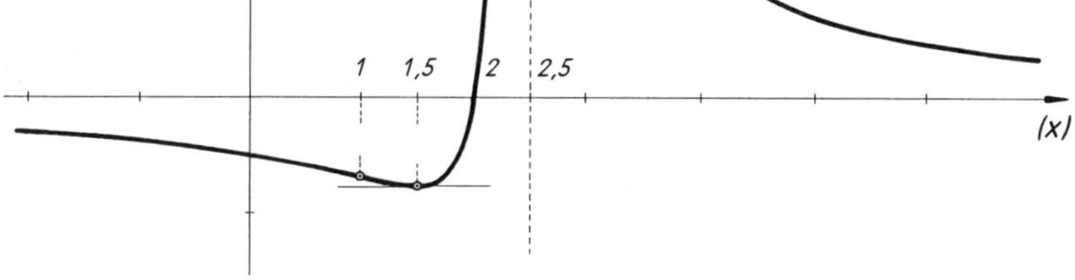

Abb. 6.2.43

Beispiel 6.2.44: Diskussion der ganz-rationalen Funktion f mit $f(x) = 16x^2 - x^4$:

1) **Definitionsbereich:** $D_f = \mathbb{R}$, da f Polynom.
2) **Symmetrie:** Wegen $f(-x) = 16(-x)^2 - (-x)^4 = 16x^2 - x^4 = f(x)$ ist f achsensymmetrisch zur Ordinatenachse.
3) **Nullstellen:** $f(x) = 16x^2 - x^4 = x^2(16 - x^2) = 0 \Leftrightarrow x_1 = -4; x_2 = 0; x_3 = 4$
4) **Stetigkeit:** f ist überall stetig, da Polynom.
5) **Differenzierbarkeit:** f *(sowie sämtliche Ableitungen von f)* sind überall stetig differenzierbar.
6) **relative Extrema:** $f'(x) = 32x - 4x^3 = 4x(8 - x^2) = 0 \Rightarrow x_4 = -\sqrt{8} \approx -2{,}83;\quad x_5 = 0;$ $x_6 = \sqrt{8} \approx 2{,}83$. Überprüfung der stationären Stellen mit $f''(x) = 32 - 12x^2$:

   $f''(x_4) = f''(-\sqrt{8}) = -64 < 0 \Rightarrow$ f ist maximal für $x_4 = -\sqrt{8}$; $f(-\sqrt{8}) = 64$;

   $f''(x_5) = f''(0) = 32 > 0 \Rightarrow$ f ist minimal für $x_5 = 0$; $f(0) = 0$;

   $f''(x_6) = f''(\sqrt{8}) = -64 < 0 \Rightarrow$ f ist maximal für $x_6 = \sqrt{8}$; $f(\sqrt{8}) = 64$.
7) **Wendepunkte:** $f''(x) = 32 - 12x^2 = 0 \Leftrightarrow x_7 = -\sqrt{8/3}$; $x_8 = \sqrt{8/3} \approx 1{,}63$

   Überprüfung der Lösungen mit $f'''(x) = -24x$:

   $f'''(x_7) = f'''(-\sqrt{8/3}) = 24 \cdot \sqrt{8/3} > 0 \Rightarrow$ f hat für $x_7 \approx -1{,}63$; $f(x_7) \approx 35{,}56$ einen konkav/konvex-Wendepunkt (Minimum von f');

   $f'''(x_8) = f'''(\sqrt{8/3}) = -24 \cdot \sqrt{8/3} < 0 \Rightarrow$ f hat in $x_8 \approx 1{,}63$; $f(x_8) \approx 35{,}56$ einen konvex/konkav-Wendepunkt (Maximum von f').
8) **Monotonie- und Krümmungsverhalten:** Aus Lage und Art der relativen Extrema und Wendepunkte (vgl. Nr. 6 und Nr.7) ergibt sich wegen der Stetigkeit von f' und f'':

   a) f ist steigend bis zum ersten Maximum ($x_4 = -\sqrt{8}$), dann fallend bis zum Minimum ($x_5 = 0$), dann steigend bis zum zweiten Maximum ($x_6 = \sqrt{8}$), danach wieder fallend.

   b) f ist konkav bis zum ersten Wendepunkt ($x_7 = -\sqrt{8/3}$), dann konvex bis zum zweiten Wendepunkt ($x_8 = \sqrt{8/3}$), danach wieder konkav.
9) **Verhalten für $x \to \pm\infty$:** Wegen $\lim\limits_{x \to +\infty} f(x) = \lim\limits_{x \to -\infty} f(x) = -\infty$ strebt f für sehr große und sehr kleine Werte von x immer mehr gegen minus Unendlich.
10) **Graph von f** (Abb. 6.2.45)

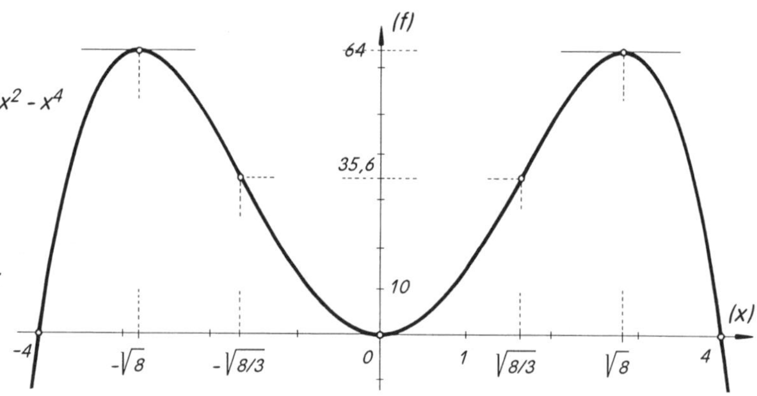

Abb. 6.2.45

Beispiel 6.2.46: Diskussion der Funktion f mit $f(x) = 2x \cdot e^{-x}$:

1) **Definitionsbereich:** $D_f = \mathbb{R}$, da e^x nie Null werden kann.

2) **Symmetrie:** $f(-x) = -2x \cdot e^x \neq \pm f(x)$, d.h. keine Symmetrie erkennbar.

3) **Nullstellen:** $f(x) = 2x \cdot e^{-x} = 0 \Leftrightarrow x_1 = 0$ $(e^{-x} \neq 0!)$

4) **Stetigkeit:** f ist (als Produkt stetiger Funktionen) überall stetig.

5) **Differenzierbarkeit:** $f'(x) = 2e^{-x} - 2x \cdot e^{-x} = 2e^{-x}(1 - x)$ ist für alle $x \in D_f$ stetig. f ist daher überall stetig differenzierbar, dasselbe gilt für sämtliche höheren Ableitungen.

6) **relative Extrema:** $f'(x) = 2e^{-x}(1 - x) = 0 \Leftrightarrow x_2 = 1$ (denn $e^{-x} > 0!$)

   Überprüfung mit $f''(x) = 2e^{-x}(x - 2)$: $f''(x_2) = f''(1) = 2 \cdot e^{-1} \cdot (-1) < 0$, also hat f in $x_2 = 1$; $f(x_2) = 2 \cdot e^{-1} \approx 0{,}74$ ein relatives Maximum.

7) **Wendepunkte:** $f''(x) = 2 \cdot e^{-x}(x - 2) = 0 \Leftrightarrow x_3 = 2$

   Überprüfung mit $f'''(x) = 2 \cdot e^{-x}(3 - x)$: $f'''(2) = 2 \cdot e^{-2} \cdot 1 > 0$, also hat f in $x_3 = 2$; $f(x_3) \approx 0{,}54$ einen konkav/ konvex-Wendepunkt, d.h. f′ ein Minimum.

8) **Monotonie-und Krümmungsverhalten:** Da f, f′, f″ überall stetig, muss f links vom Maximum $(x_2 = 1)$ steigen, rechts davon abnehmen. Weiterhin muss f links vom konkav/ konvex-Wendepunkt $(x_3 = 2)$ konkav sein, rechts davon konvex.

9) **Verhalten für $x \to \pm\infty$:**

   a) $\lim\limits_{x \to \infty} f(x) = \lim\limits_{x \to \infty} \frac{2x}{e^x} = 0^+$ (vgl. (4.2.10 iii)), d.h. die x-Achse ist Asymptote von f für $x \to \infty$.

   b) $\lim\limits_{x \to -\infty} f(x) = \lim\limits_{x \to -\infty} \frac{2x}{e^x} = „\frac{-\infty}{e^{-\infty}}“ = „\frac{-\infty}{0^+}“ = -\infty$, d.h. für $x \to -\infty$ strebt auch f gegen $-\infty$.

10) **Graph von f** (Abb. 6.2.47)

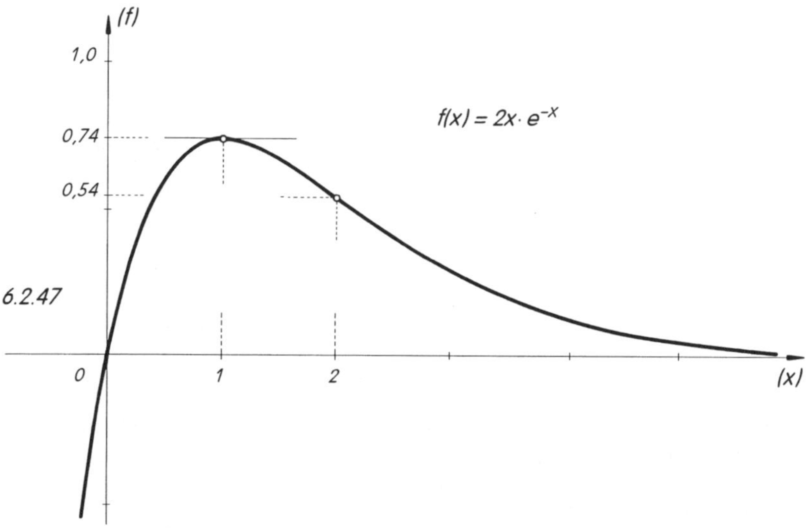

Abb. 6.2.47

[6] **Aufgabe 6.2.48:** Man ermittle die Bereiche, in denen die jeweils angegebene Funktion monoton wachsend bzw. fallend ist:

i) $f(x) = -12x^2 + 8x - 1$

ii) $g(y) = y^3 - 12y^2 + 60y + 90$

iii) $h(t) = 2t^3 + 15t^2 - 84t + 25$

iv) $x(A) = 20 \cdot A^{0,7}$

v) $g(x) = \frac{x}{1-x}$

vi) $f(r) = 8 + 2\sqrt{r - 10}$

vii) $N(x) = 100 \cdot e^{-20/x}$

viii) $r(z) = \ln(z^2 + 3)$

Aufgabe 6.2.49: In welchen Intervallen sind die nachstehenden Funktionen konvex (bzw. konkav) ?

i) $K(x) = x^3 - 2x^2 + 60x + 100$

ii) $f(x) = -4x^3 - 30x^2 + 168x - 6$

iii) $x(r) = -r^3 + 6r^2 + 15r$

iv) $g(z) = -z^4 + 4z^3 + 12z^2$

v) $p(y) = \frac{y^2 - 1}{y}$

vi) $x(r) = 10 + \sqrt{r - 100}$

vii) $y(K) = 0,4 \cdot K^{0,6}$

viii) $p(x) = 5 \cdot e^{-0,1x}$

Aufgabe 6.2.50: Man ermittle Lage und Typ der relativen Extrema folgender Funktionen:

i) $k(t) = 12 - 12t + t^3$

ii) $f(x) = x^3 - 6x^2 + 9x + 3$

iii) $f(u) = u^4 - 12u^3 - 17$

iv) $g(v) = v^4 - 8v^3 + 4v^2 + 20$

v) $h(y) = y(y-2)^5$

vi) $t(z) = z^2 + \frac{1}{z^2}$

vii) $f(x) = x \cdot \ln x$

viii) $s(y) = \frac{2y^2}{\sqrt{y^2 - 9}}$

ix) $g(u) = \frac{10 \ln u}{u}$

x) $f(x) = x^3 \cdot e^{-x}$

xi) $p(r) = r^r$

xii) $r(t) = 2t^2 - e^{t^2}$

xiii) $f(x) = 1.000x - x \cdot e^{2x}$ (vgl. Vorbemerkung zu Aufgabe 6.2.53)

Aufgabe 6.2.51: Man ermittle Lage und Typ der Wendepunkte folgender Funktionen:

i) $f(x) = x^3 - 16x^2 + 6x - 4$

ii) $x(r) = r^4 - 12r^2 + 1$

iii) $g(u) = u^4 - 4u^3 + 6u^2 - 3u + 1$

iv) $h(y) = 12 \cdot y^{0,2}$

v) $f(x) = \frac{1+x}{1+x^2}$

vi) $p(t) = \frac{3t^2}{\sqrt{t^2 + 3}}$

vii) $k(s) = e^{1/s}$

viii) $f(x) = e^{-x^2}$

Aufgabe 6.2.52: **i)** Man zeige, dass jedes kubische Polynom f mit $f(x) = ax^3 + bx^2 + cx + d$ $(a \neq 0)$ genau einen Wendepunkt besitzt.

ii) Man zeige, dass die Wendestelle eines kubischen Polynoms stets genau in der Mitte zwischen den beiden Extremstellen (sofern diese existieren) liegt.

---

[6] Für die Funktionen der folgenden Aufgaben ist stets der maximale Definitionsbereich zugrunde zu legen.

Aufgabe 6.2.53: Man diskutiere folgende Funktionen und skizziere ihren Graph. *(Gelegentlich ist es erforderlich, zur Gleichungslösung ein Näherungsverfahren (z.B. die „Regula falsi", Kap 2.4, oder das „Newton-Verfahren", Kap. 5.4) zu benutzen.):*

i) $f(x) = x^2 - 5x + 4$

ii) $f(x) = x^3 - 12x^2 - 24x + 100$

iii) $f(x) = x^3 - 3x^2 + 60x + 100$

iv) $f(x) = x^4 - 8x^2 - 9$

v) $f(x) = \frac{1}{12} x^4 - 2x^3 + 7{,}5x^2$

vi) $f(x) = \frac{5x - 4}{8x - 2}$

vii) $f(x) = \frac{x^2}{x - 1}$

viii) $f(x) = \frac{3x}{(1 - 2x)^2}$

ix) $f(x) = 2\sqrt{x - 3}$

x) $f(x) = 10 \cdot x^{0{,}8}$

xi) $f(x) = x^2 \cdot e^{-x}$

Aufgabe 6.2.54: Die Funktionsgleichung eines kubischen Polynoms $f(x) = ax^3 + bx^2 + cx + d$ soll bestimmt werden. Dazu ermittle man die Konstanten a, b, c, d jeweils derart, dass f folgende Eigenschaften besitzt:

i) f hat für $x_o = 0$ eine Nullstelle, die gleichzeitig Wendestelle ist. Ein relatives Extremum liegt bei $x_1 = -2$. Die Kurventangente an der Stelle $x_2 = 4$ hat die Steigung 3.

ii) f hat in (1; 0) einen Wendepunkt mit der Steigung -9. f schneidet die Ordinatenachse im Punkt (0; 8).

iii) f hat im Punkt (0; 16) die Steigung 30 und besitzt einen Wendepunkt in (3; 52).

Aufgabe 6.2.55: Man bestimme die Konstanten a, b, c der gebrochen-rationalen Funktion mit $f(x) = \frac{ax + b}{x^2 + c}$ derart, dass f in $x_1 = -2$ einen Pol und in $x_2 = 1$ ein relatives Extremum mit dem Funktionswert - 0,25 besitzt.

Aufgabe 6.2.56: Welchen Bedingungen müssen die Konstanten a, b genügen, damit für die Funktion f mit $f(x) = a \cdot e^{bx}$ gilt:

i) f ist überall positiv, aber monoton fallend.

ii) f ist überall konkav gekrümmt.

Kann f die Eigenschaften i), ii) gleichzeitig besitzen?

6.2.5 Extremwerte bei nicht differenzierbaren Funktionen

Die folgenden Beispiele demonstrieren die Ermittlung **relativer und absoluter Extremwerte** einer Funktion f, die an **einzelnen** Stellen **keine (endliche) Ableitung** besitzt, dort aber **stetig** ist („Spitzen", „Ecken", „Knickstellen", Stellen mit senkrechter Tangente, vgl. Kap. 5.1.4 sowie Abb. 6.2.57):

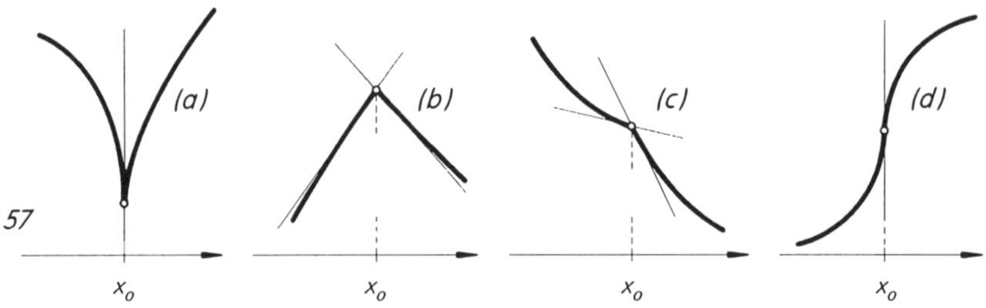

Abb. 6.2.57

In diesen Punkten versagt – wegen der Nichtdifferenzierbarkeit von f in x_o – das „klassische" Instrumentarium des Extremwertnachweises (Satz 6.2.27/6.2.32). Stattdessen benutzt man ein **allgemeines Kriterium für relative Extrema**, dessen Plausibilität in Abb. 6.2.57 deutlich wird: Immer dann liegt an der Stelle x_o ein **relatives Extremum** vor, wenn die **erste Ableitung f' beim Durchgang durch die „kritische" Stelle x_o ihr Vorzeichen ändert**. Denn das bedeutet ja gerade (vgl. Satz 6.2.2), dass f von einem fallenden Verlauf in einen steigenden Verlauf (oder umgekehrt) übergeht, die Übergangsstelle x_o selbst also ein Minimum (oder Maximum) von f darstellt:

Satz 6.2.58: Es sei die Funktion f in x_o stetig und in einer Umgebung von x_o (evtl. mit Ausnahme der Stelle x_o)[7] stetig differenzierbar.

i) Geht **f'(x)** beim Durchgang durch x_o von **negativen zu positiven** *(bzw. **positiven zu negativen**)* Werten über, so hat f in x_o ein relatives **Minimum** *(bzw. **Maximum**)*, vgl. Abb. 6.2.57 (a) *(bzw. Abb. 6.2.57 (b))*.

ii) **Ändert f'(x)** beim Durchgang durch x_o **sein Vorzeichen nicht**, so liegt **kein** relatives Extremum von f vor; vielmehr durchläuft f die „kritische" Stelle x_o fallend (Abb. 6.2.57 (c)) oder steigend (Abb. 6.2.57 (d)).

Beispiel 6.2.59: Die Funktion f mit $f(x) = \sqrt[3]{x^2}$, $D_f = \mathbb{R}$, ist überall stetig. Wegen $f'(x) = \frac{2}{3 \cdot \sqrt[3]{x}}$ liegt in $x_o = 0$ eine Stelle vor, an der f' nicht existiert. Da für $x < 0$ gilt: $\sqrt[3]{x} < 0$, d.h. $f'(x) < 0$, sowie für $x > 0$ gilt: $\sqrt[3]{x} > 0$, d.h. $f'(x) > 0$, ändert f' beim Durchgang durch $x_o = 0$ sein Vorzeichen (von „-" nach „+"), d.h. f besitzt in $x_o = 0$ ein relatives Minimum (vgl. Abb. 6.2.60).

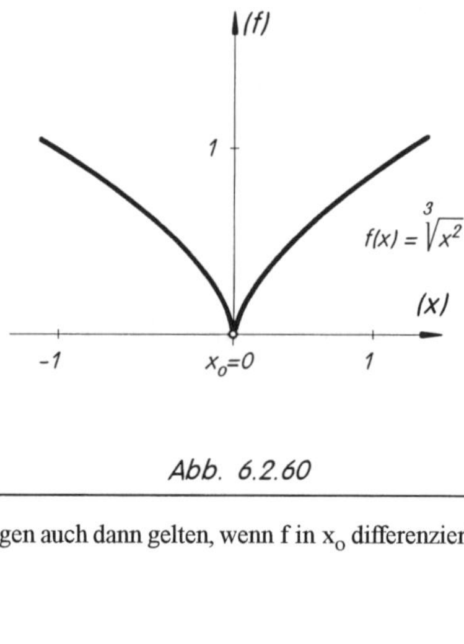

Abb. 6.2.60

[7] Diese Bemerkung soll andeuten, dass die folgenden Bedingungen auch dann gelten, wenn f in x_o differenzierbar ist.

Beispiel 6.2.61: Die abschnittsweise definierte Funktion f mit $f(x) = \begin{cases} 4x - 8 & \text{für } x < 3 \\ 4 & \text{für } x = 3 \\ -x + 7 & \text{für } x > 3 \end{cases}$

ist in $\mathbb{R}$ stetig wegen $\lim\limits_{x \to 3^-} f(x) = \lim\limits_{x \to 3^+} f(x) = f(3) = 4$. An der „Nahtstelle" $x_0 = 3$ existieren wegen $f'(x) = \begin{cases} 4 & \text{für } x < 3 \\ -1 & \text{für } x > 3 \end{cases}$ lediglich die links- und die rechtsseitige Ableitung , die voneinander verschieden sind: f besitzt in $x_0 = 3$ eine Ecke. Da aber f' beim Durchgang durch $x_0 = 3$ sein Vorzeichen ändert (von +4 nach -1), liegt dort nach Satz 6.2.58 ein relatives Maximum von f, vgl. Abb. 6.2.62.

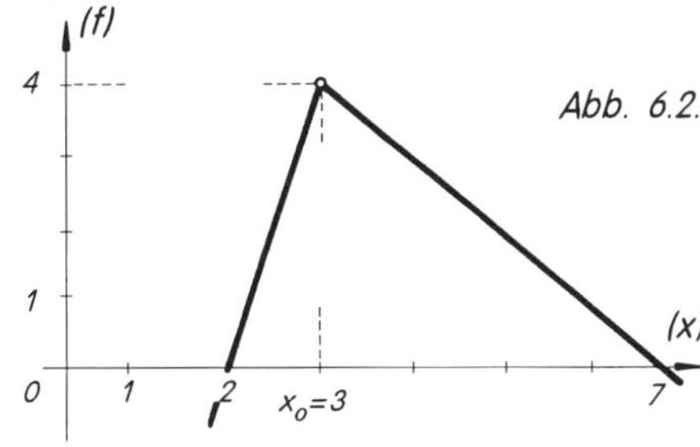

Abb. 6.2.62

Beispiel 6.2.63: Die abschnittsweise definierte Funktion $f(x) = \begin{cases} 0{,}1x^2 - 0{,}7x + 2 & \text{für } 0 \le x < 2 \\ 1 & \text{für } x = 2 \\ -2x + 5 & \text{für } 2 < x \le 3 \end{cases}$

ist überall stetig, denn: $\lim\limits_{x \to 2^-} f(x) = \lim\limits_{x \to 2^+} f(x) = f(2) = 1$. Wegen $f'(x) = \begin{cases} 0{,}2x - 0{,}7 \,; & 0 \le x < 2 \\ -2 \,; & 2 < x \le 3, \end{cases}$

ist f' an der Stelle $x_0 = 2$ nicht differenzierbar: $\lim\limits_{x \to 2^-} f'(x) = 0{,}4 - 0{,}7 = -0{,}3$, aber $\lim\limits_{x \to 2^+} f'(x) = -2 \neq -0{,}3$: Ecke. Da f'(x) sowohl links als auch rechts von $x_0 = 2$ negativ ist (also kein Vorzeichenwechsel von f' stattfindet), handelt es sich *nicht* um ein relatives Extremum, vielmehr ist f beim Durchgang durch $x_0 = 2$ monoton fallend (vgl. Abb. 6.2.64). Da weiterhin f' nirgends in $D_f = [0;3]$ verschwindet, nimmt f seine absoluten Extrema am Rand von D_f an, und zwar *(da f monoton abnimmt)* das *Maximum am linken Rand* (f(0) = 2) und das *Minimum am rechten* Rand (f(3) = -1).

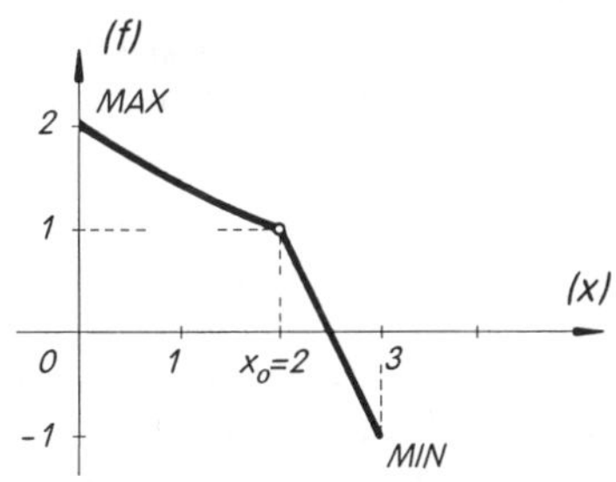

Abb. 6.2.64

Beispiel 6.2.65: Die Funktion f mit $f(x) = \sqrt[3]{x-2} + 1$ ist in $D_f = \mathbb{R}$ stetig. Die erste Ableitung $f'(x) = \dfrac{1}{3\sqrt[3]{(x-2)^2}}$ existiert nicht an der Stelle $x_0 = 2$. Da der Term $(x - 2)^2$ sowohl für $x < 2$ als auch für $x > 2$ positiv ist, muss f'(x) sowohl links als auch rechts von $x_0 = 2$ ebenfalls positiv sein. Daher durchläuft f die „kritische" Stelle $x_0 = 2$ monoton wachsend, besitzt dort also *kein* Extremum, vgl. Abb. 6.2.66.

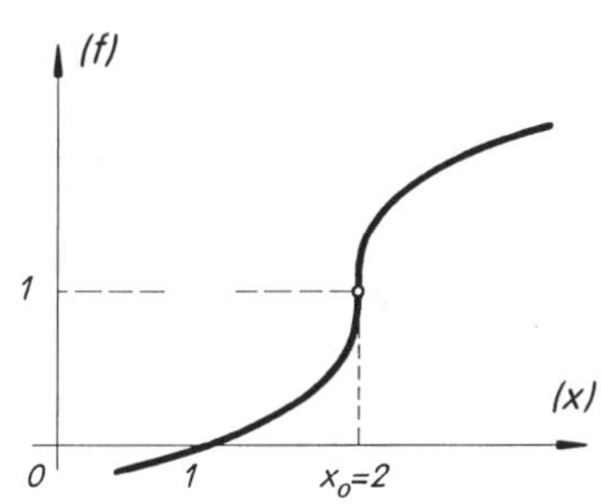

Abb. 6.2.66

Aufgabe 6.2.67: Man diskutiere folgende Funktionen und skizziere ihren Graphen:

i) $f(x) = e^{-1/x}$

ii) $f(x) = e^{-1/x^2}$

iii) $f(x) = x^2 \cdot \ln x$

***iv)** $f(x) = (x + 1)^3 \cdot \sqrt[3]{x^2}$

v) $$f(x) = \begin{cases} -x^2 + 2x + 1 & \text{für } 0 \le x < 2 \\ 2x - 3 & \text{für } 2 \le x < 4 \\ x^2 - 6x + 7 & \text{für } 4 \le x < 5 \\ -x^2 + 14x - 43 & \text{für } 5 \le x \le 8 \end{cases}.$$

Aufgabe 6.2.68: Man skizziere den Graphen einer Funktion f, die folgende Eigenschaften aufweist:

i) f ist überall stetig differenzierbar *(keine Ecken !)*, und es gelte:

a) $f(3) = 4$; $f'(3) > 0$; $f''(x) < 0$ für $x < 3$: $f''(x) > 0$ für $x > 3$.

b) $f(0) = 3$; $f(4) = 5$; $f'(0) = 0$; $f''(x) < 0$ für $x < 1$; $f''(x) > 0$ für $x > 1$.

c) $f(2) = 10$; $f(6) = 4$; $f'(2) = f'(6) = 0$; $f''(x) > 0$ für $x < 2$; $f''(x) < 0$ für $x > 6$.

ii) f ist überall stetig *(Ecken möglich)*, und es gelte:

a) $f'(x) < 0$ für $x < 2$; $f'(x) > 0$ für $x > 2$; $f''(x) > 0$ für $x < 2$; $f''(x) < 0$ für $x > 2$.

b) $f'(x) > 0$ für $x < 3$; $f'(x) < 0$ für $x > 3$; $f''(x) > 0$ für $x \neq 3$.

6.3 Die Anwendung der Differentialrechnung auf ökonomische Probleme

Mit Hilfe des klassischen Instrumentariums der **Differentialrechnung** lassen sich in eleganter Weise übersichtlich, weitreichend und schnell (verglichen mit einer verbal-intellektuellen Analysemethode) **detaillierte Aussagen über ökonomische Sachverhalte** machen, sofern sich die Abhängigkeiten der beteiligten Variablen in Form differenzierbarer Funktionen darstellen lassen.

In Kap. 6.3.1 geht es darum, postulierte Eigenschaften oder Abhängigkeiten ökonomischer Größen in die mathematische Symbolsprache **umzusetzen**, während in Kap. 6.3.2 umgekehrt aus bereits vorformulierten mathematischen Modellen die ökonomischen Sachverhalte **analysiert** bzw. ökonomische Zielgrößen (wie z.B. Kosten, Erlöse, Gewinne, ...) **optimiert** werden. Ein Sonderkapitel ist dem bedeutsamen ökonomischen Begriff der **Elastizität** (Kap. 6.3.3) gewidmet, während im abschließenden Kap. 6.3.4 an einigen Beispielen demonstriert wird, wie man die Gültigkeit **ökonomischer „Gesetze"** mit Hilfe der Differentialrechnung auf einfache Weise zeigen kann.

6.3.1 Beschreibung ökonomischer Prozesse mit Hilfe von Ableitungen

Um reale **ökonomische Vorgänge beschreiben** und **erklären** zu können, werden aufgrund von Beobachtungen, vermuteten Gesetzmäßigkeiten, Plausibilitätsannahmen usw. **zwischen ökonomischen Größen** (wie z.B. Konsum, Einkommen, Nachfrage, Angebot, Kosten, Produktionsmenge, Faktorinput, Preisen usw.) **quantitative Zusammenhänge** gemessen oder postuliert. Damit ein derartiges System der quantitativen Analyse zugänglich gemacht werden kann, **transformiert** man es häufig in ein **mathematisches Modell** (z.B. in Form einer oder mehrerer Funktionsgleichungen, vgl. Kap. 2.5). Das mathematische Modell soll - wenn auch in gelegentlich vereinfachter, abstrahierender Form - **dieselben Eigenschaften** erkennen lassen wie die zugrundeliegende **ökonomische Realität** (z. B. Wachstumsverhalten der beteiligten Variablen).

Zwei Aspekte spielen bei der Konstruktion mathematischer Modelle für ökonomische Sachverhalte eine Rolle:

i) die **quantitativ genaue Beschreibung** eines genau definierten ökonomischen Sachverhaltes (z. B. die Ermittlung einer Konsumfunktion für die Bundesrepublik Deutschland des Jahres 1989);

ii) die **qualitative Beschreibung** und **Erklärung** eines (allgemeinen) ökonomischen Prozesses (z.B. tendenzieller Verlauf einer Preis-Absatz-Funktion für irgendein „normales" Gut).

Während sich ein Modell nach i) besonders für (möglichst exakte) **Zukunftsprognosen** eignen soll, kann man die nach ii) gewonnenen und allgemeiner formulierten Modelle besser zur **Erklärung** beobachteter oder zur Prognose vermuteter ökonomischer **Zusammenhänge** verwenden. Im Rahmen dieser Einführung sollen beide Aspekte berücksichtigt werden, wobei allerdings die Modelle vereinfacht in Form ökonomischer Funktionen als gegeben angenommen werden oder aus allgemeinen bzw. willkürlichen Daten hergeleitet werden. [8]

Bemerkung 6.3.1: *Eines der **Hauptziele** ökonomischer Forschung besteht darin, **Wirtschaftsentwicklungen vorhersehbar** und somit **steuerbar** zu machen. Die Verwendung **mathematischer Modelle** zur Erreichung dieses Ziels ist dabei ein **unverzichtbares Hilfsmittel**. Allerdings stößt man immer wieder auf die **Schwierigkeit**, dass einige **Modellvoraussetzungen** (wie z.B. Gefühle, Bedürfnisse, Verhalten von Individuen oder Institutionen) kaum oder nur unzulänglich messbar und beschreibbar sind und sich daher einer mathematisch exakten **Quantifizierung entziehen** können. Daher dürfen Ergebnisse von Modellrechnungen nur vorsichtig und mit **kritischem Blick** auf die **benutzten Voraussetzungen** interpretiert werden.*

Es soll nun an einigen Beispielen gezeigt werden, wie bestimmte vorausgesetzte **Eigenschaften** ökonomischer Prozesse mit Hilfe der Differentialrechnung auf entsprechende **Modellfunktionen übertragen** werden können.

6.3.1.1 Beschreibung des Wachstumsverhaltens ökonomischer Funktionen

Nach Satz 6.2.2/6.2.10 kennzeichnen die **Vorzeichen von f', f''** das **Wachstumsverhalten** der Funktion **f** (vgl. auch Abb. 6.2.12):

- $f'(x) >$ *(bzw.* $<$*)* $0 \Rightarrow$ f wächst *(bzw. fällt)*
- $f''(x) >$ *(bzw.* $<$*)* $0 \Rightarrow$ f' wächst *(bzw. fällt)* d.h. f ist konvex *(bzw. konkav)*.

Beispiel 6.3.2: Einer Gesamtkostenfunktion K(x) unterstellt man meist mit zunehmendem Output x auch zunehmende Kosten K, d.h. es muss gelten $K'(x) > 0$. Um die Art und Weise der Kostenzunahme im Einzelfall genauer zu charakterisieren, fügt man Aussagen über das Krümmungsverhalten von K (bzw. das Wachsen/Fallen der Grenzkosten K') hinzu, vgl. Abb. 6.3.3 a) - d):

[8] Zur Konstruktion ökonomischer Funktionen aus Beobachtungswerten vgl. [55], 90 ff.

a) linearer Kostenverlauf:

$$\frac{dK}{dx} > 0 \; ; \; \frac{d^2K}{dx^2} \equiv 0$$

b) degressiver Kostenverlauf:

$$\frac{dK}{dx} > 0 \; ; \; \frac{d^2K}{dx^2} < 0 \text{ (konkav)}$$

c) progressiver Verlauf:

$$\frac{dK}{dx} > 0 \; ; \; \frac{d^2K}{dx^2} > 0 \text{ (konvex)}$$

d) ertragsgesetzlicher Kostenverlauf

erst degressive Zunahme, dann progressive Zunahme:

$$\frac{dK}{dx} > 0 \; ; \; \frac{d^2K}{dx^2} \begin{cases} < 0 & \text{für } x < x_s \\ > 0 & \text{für } x > x_s \end{cases} .$$

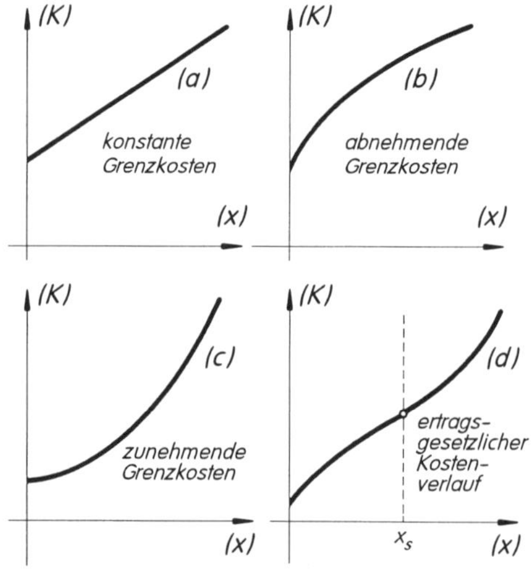

Abb. 6.3.3

Analog lassen sich für den Fall **regressiver** (abnehmender) **Kosten** die verschiedenen Kostenverläufe charakterisieren, vgl. Abb. 6.3.4:

Regressiver Kostenverlauf:

Abb. 6.3.4

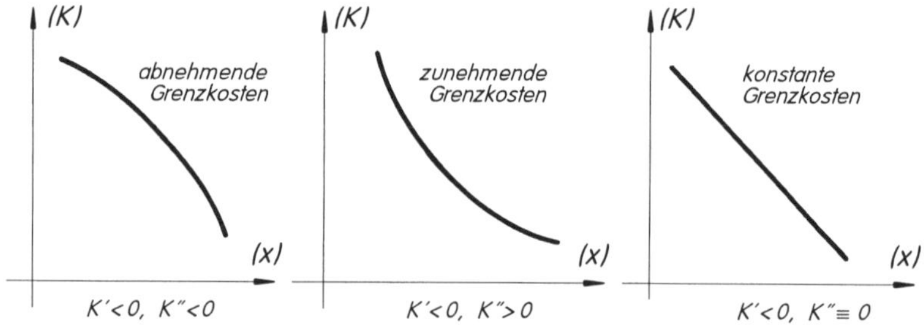

Bei der Vorgabe oder Konstruktion einiger ökonomischer Funktionen können Annahmen oder Forderungen hinsichtlich der **generellen Tendenz der Abhängigkeit** ökonomischer Größen ebenfalls mit Hilfe von **Ableitungen** ausgedrückt werden.

Beispiel 6.3.5: Von einer *(neoklassischen)* **Nutzenfunktion** U(x) nimmt man an,

i) dass der **Nutzenindex** U mit steigendem Konsum x des betrachteten Gutes **zunimmt**: $\frac{dU}{dx} > 0$.

ii) dass aber die Nutzen**zuwächse** (d.h. der Grenznutzen) mit steigendem Konsum x **abnehmen**, d.h. $d^2U/_{dx^2} < 0$ (**„1. Gossensches Gesetz"**).

Dem entspricht die Beobachtung, dass der zusätzliche Konsum einer Gütereinheit oft einen geringeren zusätzlichen Nutzen stiftet als der Konsum der vorhergehenden Gütereinheit. Danach könnte eine neoklassische Nutzenfunktion etwa den Verlauf in Abb. 6.3.6 haben, vgl. Bsp. 6.2.15.

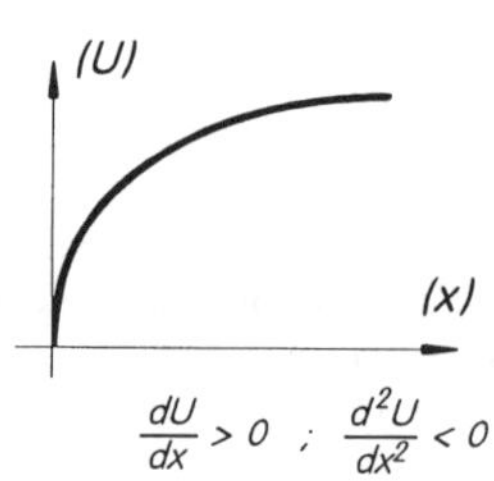

$$\frac{dU}{dx} > 0 \; ; \; \frac{d^2U}{dx^2} < 0$$

Abb. 6.3.6

Beispiel 6.3.7: Eine **ertragsgesetzliche Produktionsfunktion** x(r) kann tendenziell durch das Verhalten der Grenzertragsfunktion x'(r) charakterisiert werden, vgl. Abb. 6.3.8.

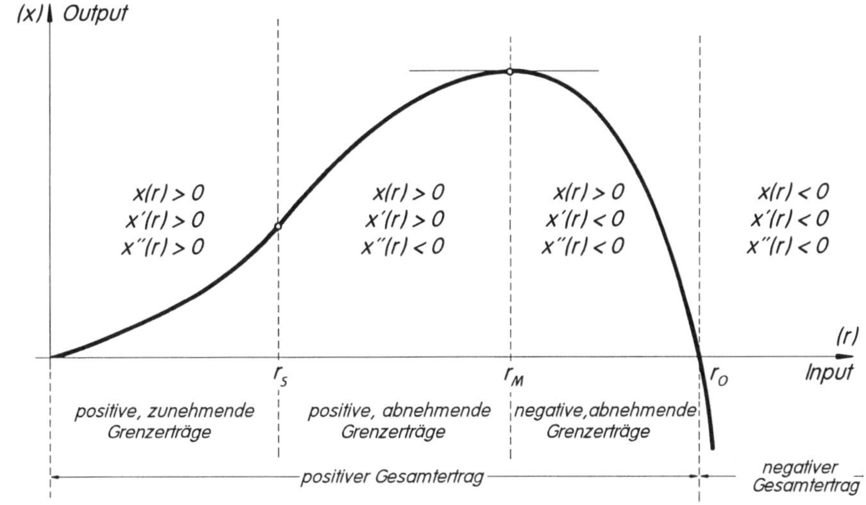

Beispiel: $x(r) = -0{,}5r^3 + 1{,}5r^2 + 0{,}075r, \; r \geq 0$.

Abb. 6.3.8

Die Wendestelle r_s (Übergang von zunehmenden zu abnehmenden Grenzzuwächsen) heißt **„Schwelle des Ertragsgesetzes"**, die Stelle r_M maximalen Outputs wird auch **„Sättigungspunkt"** genannt: Ein Einsatz des Inputfaktors über r_M hinaus wäre ökonomisch unsinnig, da er zu einer Outputverminderung führt.

Beispiel 6.3.9: Beschreibt man das einkommensabhängige Konsumverhalten von Haushalten durch eine (auf Querschnittsanalysen[9] basierende) **Konsumfunktion** C(Y), so postuliert das von **Keynes** hypothetisch formulierte **„psychologische Grundgesetz"**: Der **Grenzhang zum Konsum** ist bei jedem Haushaltseinkommen **positiv** (a), aber **kleiner** als **Eins** (b) und außerdem **kleiner** als die dem jeweiligen Haushaltseinkommen entsprechende **durchschnittliche Konsumquote** (c). Übersetzt man die Postulate des psychologischen Grundgesetzes in die mathematische Symbolsprache, so ergibt sich:

(a) $\frac{dC}{dY} > 0$; **(b)** $\frac{dC}{dY} < 1$; **(c)** $\frac{dC}{dY} < \frac{C}{Y}$.

Aus der Bedingung (c) folgt, dass die **durchschnittliche Konsumquote** C/ Y **abnehmend** ist. Zum Beweis bildet man die Ableitung von C/ Y nach Y und formt um:

$$\left(\frac{C}{Y}\right)' = \frac{C' \cdot Y - C \cdot 1}{Y^2} = \frac{1}{Y}\left(C' - \frac{C}{Y}\right).$$

Da der Klammerinhalt nach Voraussetzung (c) negativ ist, gilt (wegen Y > 0) auch: (C/Y)' < 0, d.h. nach Satz 6.2.2 ist C/Y monoton fallend. Interessant ist, dass aus dem „psychologischen Grundgesetz" **nicht** gefolgert werden kann, dass der Grenzhang zum Konsum monoton fällt, mithin C einen konkaven Verlauf aufweist (vgl. das Gegenbeispiel in Abb. 6.3.10 i)).

---

[9] Bei einer *Querschnittsanalyse* betrachtet man jeweils in der *gleichen* Periode Haushalte mit *unterschiedlichen* Einkommen. Dagegen verfolgt man bei einer *Zeitreihenanalyse* das Verhalten *eines* Haushaltes oder einer Gruppe von Haushalten über *mehrere* Perioden.

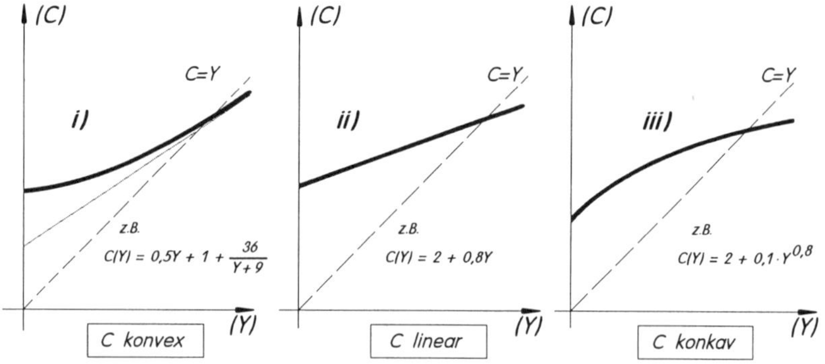

Abb. 6.3.10

Sämtliche Beispielsfunktionen C(Y) in Abb. 6.3.10 genügen dem „psychologischen Grundgesetz" von Keynes, während das vorhandene Datenmaterial eher einen linearen oder konkaven Verlauf nahelegt.

Beispiel 6.3.11: Eine **neoklassische Produktionsfunktion** ist durch **positive** ($x'(r) > 0$), aber stets **abnehmende** ($x'(r) \downarrow$; d.h. $x''(r) < 0$) **Grenzerträge** gekennzeichnet:

$$x(r) \geq 0 \; ; \; \frac{dx}{dr} > 0 \; ; \; \frac{d^2x}{dr^2} < 0 \; .$$

Beispiel: i) $x(r) = 2r^{0,5}$, vgl. Abb. 6.3.12

ii) $x(r) = (0{,}6r^{0,5} + 1)^2$.

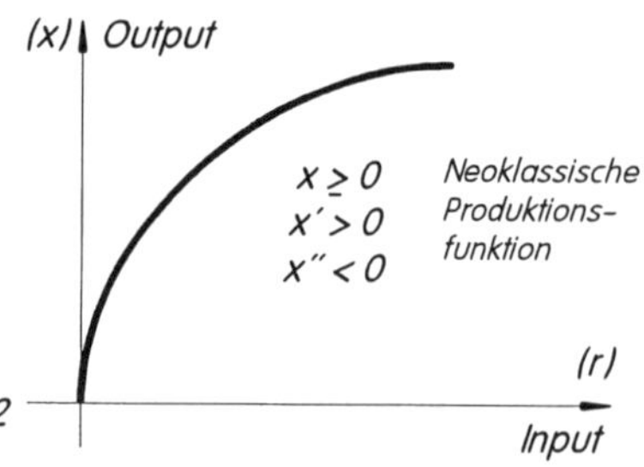

Abb. 6.3.12

6.3.1.2 Konstruktion ökonomischer Funktionen mit vorgegebenen Eigenschaften

In vielen Fällen versucht man, für eine gegebene funktionale **Abhängigkeit** zweier ökonomischer Variabler ein konkretes Modell in Form einer **Funktionsgleichung** $y = f(x)$ zu finden. Dazu gibt man den allgemeinen **Grundtyp** der Funktion vor (z.B. Polynom, Wurzelfunktion, Exponentialfunktion usw.) und **bestimmt** dann die noch unbekannten **Koeffizienten** derart, dass die Funktion den gemessenen oder postulierten Eigenschaften entspricht (vgl. etwa Aufgabe 6.2.54 bis 6.2.56).

Beispiel 6.3.13: Die Nachfrage C nach einem Konsumgut soll in Abhängigkeit vom Haushaltseinkommen Y beschrieben werden durch die allgemeine Exponentialfunktion:

$$C(Y) = a \cdot e^{b/Y} \qquad (Y > 0) \; .$$

Wie müssen die Koeffizienten a, b gewählt werden, damit **i)** für unbeschränkt wachsendes Einkommen die Nachfrage ihrem Sättigungswert 50 zustrebt; **ii)** die Nachfrage mit steigendem Einkommen stets zunimmt ?

Bedingung i) bedeutet: $\lim_{Y \to \infty} C(Y) = 50$, Bedingung ii) bedeutet: $C(Y) \uparrow$, d.h. $C'(Y) > 0$.

Daraus folgt für den vorgegebenen Funktionstyp:

i) $\lim_{Y \to \infty} a \cdot e^{b/Y} = „a \cdot e^{b/\infty}" = a \cdot e^0 = a = 50$ **ii)** $C'(Y) = a \cdot e^{b/Y} \cdot (-\frac{b}{Y^2}) > 0 \Rightarrow -b > 0 \Rightarrow b < 0.$

Jede Funktion $C(Y) = 50 \cdot e^{b/Y}$ mit negativem b besitzt die geforderten Eigenschaften, z.B. $C(Y) = 50 \cdot e^{-2/Y}$.

Beispiel 6.3.14: Eine **ertragsgesetzliche Gesamtkostenfunktion** möge durch ein **Polynom 3.Grades** beschrieben werden:

$K(x) = ax^3 + bx^2 + cx + d \; ; \; a \neq 0$.

Wie müssen die Koeffizienten a, b, c, d gewählt werden, damit K die für einen ertragsgesetzlichen Verlauf **typischen Eigenschaften** (vgl. Abb. 6.3.15) besitzt ? Aus ökonomischer Sicht müssen folgende **Bedingungen** erfüllt sein:

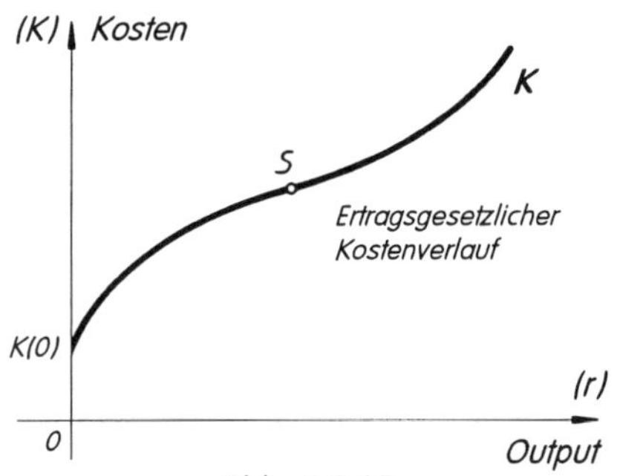

Abb. 6.3.15

i) K ist für $x \geq 0$ monoton **steigend**;

ii) K besitzt **keine Extremwerte**;

iii) K besitzt im 1. Quadranten einen **konkav/konvex-Wendepunkt** S *(„Schwelle des Ertragsgesetzes")*, d.h. in S sind die Grenzkosten K' minimal;

iv) es existieren **positive** (höchstens verschwindene) **Fixkosten**, d.h. $K(0) \geq 0$.

Übertragen auf den vorgegebenen Funktionstyp bedeuten diese Bedingungen:

i) Es muss gelten: $K'(x) = 3ax^2 + 2bx + c > 0$. Daraus folgt: $K'(0) = c > 0$.

ii) Die Gleichung $K'(x) = 3ax^2 + 2bx + c = 0$ darf keine reelle Lösung besitzen. Der allgemeine Lösungsterm dieser Gleichung lautet:

$x_{1,2} = -\frac{b}{3a} \pm \sqrt{\frac{b^2}{9a^2} - \frac{c}{3a}}$ und ist genau dann nicht reell, wenn der Radikant negativ ist. Aus

$\frac{b^2}{9a^2} - \frac{c}{3a} < 0$ folgt: $\frac{b^2 - 3ac}{9a^2} < 0 \Leftrightarrow b^2 - 3ac < 0 \Leftrightarrow b^2 < 3ac$.

iii) Wegen $K''(x) = 6ax + 2b \; ; \; K'''(x) = 6a \neq 0$ liegt der Wendepunkt S an der Stelle $-\frac{b}{3a}$ (> 0 !). Da dort K' minimal sein soll, muss gelten: $K'''(x) = 6a > 0$, also $a > 0$. Damit muss auch gelten: $-b > 0$, d.h. $b < 0$.

iv) $K(0) = a \cdot 0^3 + b \cdot 0^2 + c \cdot 0 + d \geq 0 \Rightarrow d \geq 0$.

Zusammenfassend gilt:

(6.3.16) Das **kubische Polynom** $K(x) = ax^3 + bx^2 + cx + d$ beschreibt eine **ertragsgesetzliche Gesamtkostenfunktion**, wenn gilt:

$\mathbf{a > 0 \; ; \quad b < 0 \; ; \quad c > 0 \; ; \quad d \geq 0 \; ; \quad b^2 < 3ac}$.

Beispiel: (1) $K(x) = 0{,}1x^3 - 5x^2 + 90x + 100$. Wegen $b^2 = 25 < 27 = 3 \cdot 0{,}1 \cdot 90 = 3ac$ ist die Kostenfunktion K ertragsgesetzlich.

(2) $K(x) = 0{,}1x^3 - 5x^2 + 80x + 100$. Wegen $b^2 = 25 > 24 = 3 \cdot 0{,}1 \cdot 80 = 3ac$ ist K *nicht* ertragsgesetzlich.

Aufgabe 6.3.17: Man überprüfe, ob die folgenden Produktionsfunktionen einen ertragsgesetzlichen Verlauf besitzen (vgl. Abb. 6.3.8):

i) $x(r) = -r^3 + 12r^2 - 40r$

ii) $x(r) = -r^3 + 10r^2 + r$

iii) $x(r) = -2r^3 + 18r^2 - 60r$

iv) $x(r) = -4r^3 + 24r^2 - 60r$.

Aufgabe 6.3.18: Welchen Bedingungen müssen die Koeffizienten a, b, c, d der Funktion $x(r) = ar^3 + br^2 + cr + d \; ; \; a \neq 0$, genügen, damit es sich um eine ertragsgesetzliche Produktionsfunktion handelt (vgl. Abb. 6.3.8)?

Aufgabe 6.3.19: Eine neoklassische Produktionsfunktion $x(r) = a \cdot r^b$ *$(r \geq 0)$* ist gekennzeichnet durch positive Erträge und positive, aber abnehmende Grenzerträge für jeden positiven Input r. Welchen Bedingungen müssen dazu die Koeffizienten a, b genügen ?

Aufgabe 6.3.20: Man ermittle die Gleichung einer ertragsgesetzlichen Gesamtkostenfunktion vom Typ eines kubischen Polynoms, die folgende Eigenschaften besitzt: Fixkosten: 98 GE; Minimum der Grenzkosten bei einem Output von 4 ME; Minimum der gesamten Stückkosten bei einem Output von 7 ME. Ist die Funktionsgleichung eindeutig bestimmt ?

Aufgabe 6.3.21: Man überprüfe, ob die Produktionsfunktion $x(r) = (0{,}6r^{0,5} + 1)^2$ (vgl. Beispiel 6.3.4) vom neoklassischen Typ ist.

Aufgabe 6.3.22: Bei der Produktion eines Gutes wirken sich die mit steigenden Stückzahlen gewonnenen Produktionserfahrungen kostensenkend aus *(Lerneffekt !)*:

Die in einer Mengeneinheit (ME) des Produktes enthaltenen Stückkosten k (in €/ ME) (ohne Berücksichtigung von Materialkosten) hängen von der (kumulierten) Gesamtproduktionsmenge x (in ME) ab gemäß einer Produktionsfunktion des Typs

(*) $k = k(x) = a \cdot x^b$, $(x \geq 1)$, *(„Lernkurve"; $a, b \in \mathbb{R}$)* .

Es werde nun folgendes beobachtet:

- Die erste produzierte Einheit verursacht (ohne Material) Kosten in Höhe von 160 € .
- Verdoppelt man die Produktionsmenge (ausgehend von einer beliebigen Stückzahl), so sinken die Stückkosten um 20% gegenüber dem Wert vor Stückzahlverdoppelung.

i) Wie lautet die komplette Funktionsgleichung (*) der Lernkurve ?

ii) Wie hoch muss die Gesamtproduktionsmenge sein, damit die gesamten Produktionskosten (ohne Material) 80.000 € betragen ?

6.3.2 Analyse und Optimierung ökonomischer Funktionen

Die Analyse und Optimierung ökonomischer Funktionen mit Hilfe der Differentialrechnung (auch **Marginalanalyse** genannt) unterscheidet sich in formaler Hinsicht nicht von der in Kap. 6.3.4 dargestellten **Kurvendiskussion**. Der entscheidende Unterschied besteht in der nunmehr zwingenden Notwendigkeit, jeden mathematischen **Modellbaustein** (Variable, Funktion, Funktionseigenschaften wie Monotonie und Krümmung, Grenzwerte, Extrem- und Wendepunkte usw.) **ökonomisch** zu **interpretieren**. Nur dadurch kann man

- mit dem mathematischen Modell ökonomische Zusammenhänge beschreiben, erklären und prognostizieren;
- durch Vergleich und Kontrolle mit der Realität das Modell weiterentwickeln;
- aus mathematischen Optimierungsresultaten ökonomische Handlungsalternativen aufzeigen u.v.a..

Da es weder möglich noch sinnvoll ist, alle nur denkbaren Anwendungen der Differentialrechnung auf ökonomische Probleme lückenlos abzuhandeln, soll im folgenden die **Wirksamkeit der Marginalanalyse** lediglich an einigen **klassischen ökonomischen Beispielen** demonstriert werden. Die Schlagkräftigkeit mathematischer Methoden besteht eben gerade nicht in ihrer Brauchbarkeit für einige Spezialfälle, sondern vielmehr darin, ein universelles und flexibles Instrumentarium zur Behandlung unterschiedlicher und (scheinbar) wesensverschiedener Anwendungsprobleme zu liefern.

6.3.2.1 Fahrstrahlanalyse

Bei der Fahrstrahlanalyse handelt es sich um eine beliebte **graphische Methode** zur marginalanalytischen Untersuchung ökonomischer **Durchschnittsfunktionen**.

Nach Kapitel 2.5 (5) bzw. Kap. 6.1.2.8 existiert zu jedem Funktionskurvenpunkt $P(x; f(x))$ $(\neq (0; 0))$ genau ein zugehöriger **Fahrstrahl**[10] als Verbindungspfeil vom Ursprung O zum Kurvenpunkt P. Die **Steigung** ($\tan \alpha$) **des Fahrstrahls** an der Stelle x ist gegeben durch das Verhältnis $\frac{f(x)}{x}$ (vgl. Abb. 6.3.23) und gibt somit den **Wert der Durchschnittsfunktion** $\bar{f}(x) := \frac{f(x)}{x}$ an.

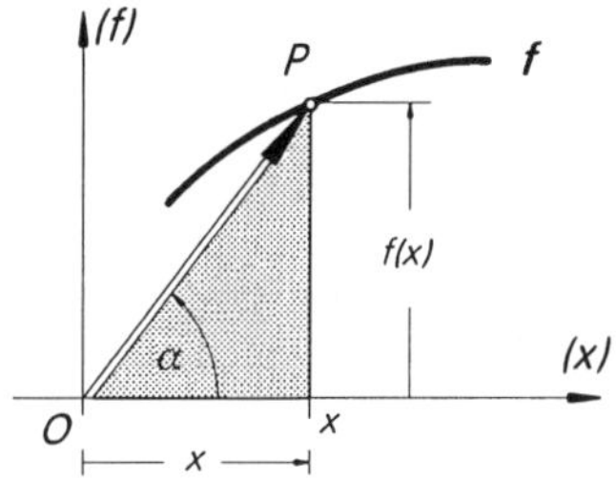

Abb. 6.3.23

Beispiel: Die Steigung des Fahrstrahls an der Stelle x einer Gesamtkostenfunktion K(x) liefert den Wert der Stückkostenfunktion $k(x)$ $(:= \frac{K(x)}{x})$ für den Output x usw.

Mit Hilfe der variierenden Fahrstrahlsteigung beim „Durchfahren" eines graphisch vorliegenden Kurvenzuges kann auf **anschauliche Weise** festgestellt werden, ob und wo die zu f gehörende Durchschnittsfunktion $\bar{f}$ monoton ist oder relative Extrema besitzt.

Beispiel 6.3.24: Es sei eine lineare Konsumfunktion $C(Y) = c_o + c_1 \cdot Y$ $(Y \geq 0)$ vorgegeben (mit $c_o > 0$; $0 < c_1 < 1$, z.B. $C = 200 + 0{,}2Y$).

Der Abb. 6.3.25 entnimmt man, dass beim „Durchfahren" der Konsumfunktion von links nach rechts (d.h. für steigende Einkommenswerte Y) die Fahrstrahlsteigung abnimmt. Nach dem Vorhergehenden ist dies gleichbedeutend mit der Abnahme der durchschnittlichen Konsumquote bei steigendem Einkommen.

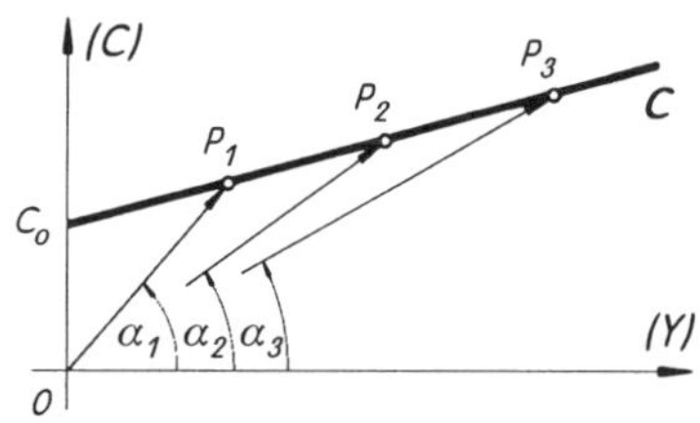

Abb. 6.3.25

Weiterhin kann man ablesen, dass die marginale Konsumquote $C'(Y)$ (= Steigung der Konsumgeraden) für jedes Einkommen Y kleiner ist als die durchschnittliche Konsumquote $\frac{C(Y)}{Y}$ (= Fahrstrahlsteigung) (vgl. das „psychologische Grundgesetz" von Keynes, Beispiel 6.3.9).

Bemerkung: *Die soeben graphisch gewonnenen Ergebnisse lassen sich selbstverständlich auch rechnerisch (und somit allgemeingültig) herleiten:*

Aus $\frac{C(Y)}{Y} = \frac{c_o}{Y} + c_1$ *folgt wegen* $\frac{d}{dY}\left(\frac{C}{Y}\right) = -\frac{c_o}{Y^2} < 0$ *die monotone Abnahme von* $\frac{C}{Y}$.

Weiterhin folgt aus $C'(Y) = c_1 < c_1 + \frac{c_o}{Y} = \frac{C(Y)}{Y}$, *dass die marginale Konsumquote stets kleiner ist als die durchschnittliche Konsumquote.*

[10] Der Name „Fahrstrahl" ist der Vorstellung entlehnt, die Spitze P des Strahls $\overline{OP}$ „fahre" (etwa von links nach rechts) den Kurvenzug entlang.

Beispiel 6.3.26: Gegeben sei eine ertragsgesetzliche Gesamtkostenfunktion:

$K(x) = K_v(x) + K_f$ *(vgl. etwa Kap. 2.5 (5)).*

Ihr Graph (Abb. 6.3.27) kann gleichzeitig aufgefasst werden als der Graph der gesamten variablen Kosten $K_v(x)$, wenn man das Koordinatensystem um den Betrag K_f der Fixkosten nach oben verschiebt (Koordinatenursprung für K_v: 0*). Die zugehörigen **Stückkostenfunktionen**

$$k_v(x) := \frac{K_v(x)}{x} \quad \text{bzw.} \quad k(x) := \frac{K(x)}{x}$$

können nun mit Hilfe der Fahrstrahlen **analysiert** werden.

i) Fahrstrahlen von 0* an die Kurve der **variablen Kosten** K_v:

Betrachtet man die Veränderung der Fahrstrahlsteigung beim „Durchfahren" von K_v in Richtung K_v zunehmender Outputwerte, so erkennt man, dass zunächst die variablen Stückkosten $\frac{K_v}{x} = k_v(x) = \tan\beta$ abnehmen. Im Punkt B_m hat β (und damit auch $\tan\beta$) sein Minimum β_{min} erreicht (Abb. 6.3.27): Sowohl rechts wie auch links von B_m ist die Fahrstrahlsteigung wieder größer als in B_m. Gleichzeitig erkennt man, dass im Minimum B_m der durchschnittlichen variablen Kosten der Fahrstrahl gleichzeitig Tangente an K_v ist, m.a.W.: Im **Minimum von k_v stimmen Tangentensteigung** $K_v'(x)$ *($=K'(x)$ wegen $K_f'=0$)* **und Fahrstrahlsteigung** $\tan\beta_{min} = k_v$ **überein**, ökonomisch: Für den Output, für den die **stückvariablen Kosten minimal** sind, sind die **Grenzkosten** K' und die **stückvariablen Kosten** k_v **identisch**. Abb. 6.3.28 demonstriert diesen Sachverhalt: Die Grenzkostenkurve K' schneidet die durchschnittlichen variablen Kosten k_v in deren Minimum (vgl. auch Kap. 6.3.4 (6.3.146)). Man nennt den Punkt B_m (bzw. den zugehörigen Outputwert x_m) der Kostenfunktion auch **Betriebsminimum:**

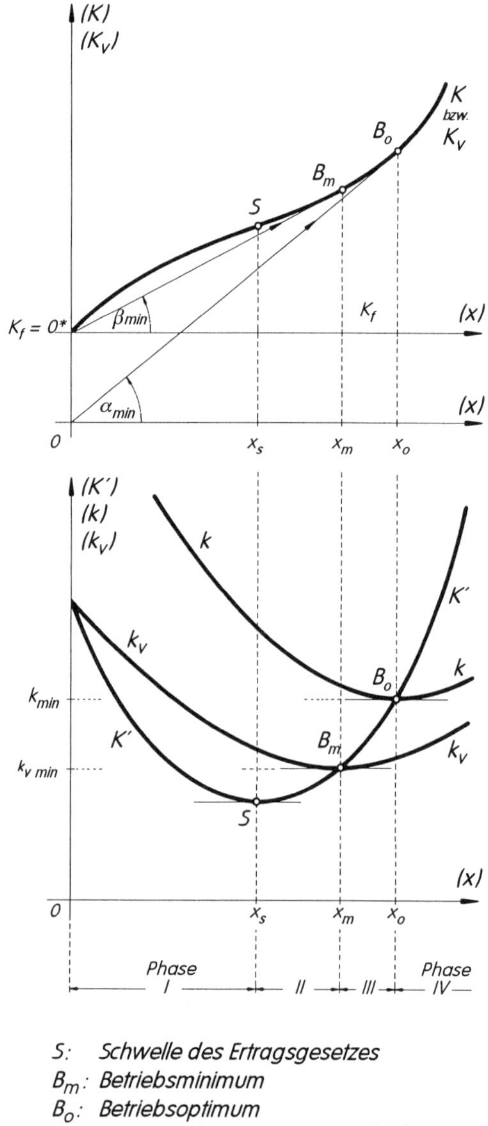

Abb. 6.3.27/28

Die zugehörigen **minimalen variablen Stückkosten** kennzeichnen die **kurzfristige Untergrenze des Marktpreises** für das produzierte Gut. Zwar deckt die Unternehmung zu diesem Preis nur die variablen Produktionskosten, kann aber i.a. auf die Deckung der fixen Kosten kurzfristig verzichten, da diese selbst bei Einstellung der Produktion anfallen würden. Erst wenn der Preis unter diese Grenze fällt, ist die Produktionseinstellung kostengünstiger als die Weiterproduktion.

ii) Fahrstrahlen von 0 an die **Gesamtkostenfunktion** K:

Analog wie unter i) nehmen die Stückkosten k zunächst ab und nehmen ihr Minimum im Punkt B_o an. Der zugehörige Fahrstrahl $\overline{OB_o}$ mit minimaler Steigung ist gleichzeitig Tangente an K, d.h. **im Minimum** ($= k(x_o)$) **der gesamten Stückkosten k stimmen Grenzkosten und Stückkosten überein**[11], d.h. die Grenzkostenkurve K' schneidet die Stückkostenkurve k in deren Minimum B_o (Abb. 6.3.28). B_o (bzw. der zugehörige Outputwert x_o) wird auch **Betriebsoptimum** genannt: Hier produziert die Unternehmung mit minimalen gesamten Durchschnittskosten. Der Preis darf langfristig bis zu diesem Wert k_{min} fallen, ohne dass die Unternehmung auf die Deckung ihrer gesamten Kosten verzichten muss. k_{min} heißt daher auch **langfristige Preisuntergrenze.**

Aus Abb. 6.3.27/6.3.28 wird das sog. **„Vierphasenschema" ertragsgesetzlicher Kostenfunktionen** deutlich:

	Phase			
	I	II	III	IV
	$0 \leq x \leq x_s$	$x_s \leq x \leq x_m$	$x_m \leq x \leq x_o$	$x \geq x_o$
Gesamtkosten K (bzw. K_v)	steigend konkav	steigend konvex	steigend konvex	steigend konvex
Grenzkosten K'	fallend bis Minimum (Schwelle des Ertragsgesetzes)	steigend	steigend	steigend
variable Stückkosten k_v	fallend	fallend bis Minimum (Betriebsminimum)	steigend	steigend
gesamte Stückkosten k	fallend	fallend	fallend bis Mimimum (Betriebsoptimum)	steigend

Die **durchschnittlichen Fixkosten** $k_f := \frac{K_f}{x}$ nehmen in allen vier Phasen ab und nähern sich mit wachsendem Output immer mehr dem Grenzwert Null bzw. ihrem **Minimum** am **rechten Rand des Definitionsbereiches** (= **„Kapazitätsgrenze"**).

[11] Dieser Zusammenhang zwischen Durchschnittsfunktion und Grenzfunktion gilt „gesetzmäßig" für beliebige Funktionen, vgl. in Kap. 6.3.4 die Beziehungen (6.3.145) bzw. (6.3.147). Über allgemeine Zusammenhänge zwischen den unterschiedlichen Typen von Gesamtkostenfunktionen und ihren Stückkostenfunktionen vgl. [67].

6.3.2.2 Diskussion ökonomischer Funktionen

In Analogie zur formalen Kurvendiskussion (Kap. 6.2.4) demonstrieren die folgenden Beispiele die rechnerische Analyse und Interpretation ökonomischer Funktionen:

Beispiel 6.3.29: Kostenfunktionen (vgl. Beispiel 6.3.26)

Die Gesamtkostenfunktion K mit $K(x) = x^3 - 12x^2 + 60x + 98$; $x \in [0; 13]$, soll in Zusammenhang mit den Teilkostenfunktionen K_v, K_f, k, k_v, k_f (vgl. Kap. 2.5 (5)) analysiert werden:

i) ökonomischer Definitionsbereich: Minimale Outputmenge: x = 0 ME (Nullproduktion), maximale Outputmenge: x = 13 ME (Kapazitätsgrenze).

ii) Typ von K (vgl. (6.3.16): Wegen a > 0; b<0; c>0; d>0; $b^2=144 < 180 = 3ac$ handelt es sich um eine ertragsgesetzliche Kostenfunktion, die überall in [0; 13] stetig differenzierbar ist. Der graphische Funktionsverlauf der Kostenfunktion entspricht daher Abb. 6.3.27/6.3.28).

Als ertragsgesetzliche Kostenfunktion ist K überall monoton steigend, besitzt also in [0; 13] keine relativen Extrema. Die Gesamtkostenextrema werden somit am Rand des Definitionsbereiches angenommen: Gesamtkostenminimum K(0) = 98 GE (= Fixkosten bei Nullproduktion); Gesamtkostenmaximum K(13) = 1.047 GE an der Kapazitätsgrenze.

iii) Schwelle des Ertragsgesetzes: Mit $K'(x) = 3x^2 - 24x + 60$; $K''(x) = 6x - 24 = 0$ folgt: $x_s = 4$ ME sowie $K'''(x) \equiv 6$ *(>0)*: Für einen Output von 4 ME nehmen die Grenzkosten ihren minimalen Wert (nämlich K'(4) = 12 GE/ME) an (= Wendepunkt der Gesamtkostenfunktion bzw. Schwelle des Ertragsgesetzes). Da die Grenzkostenfunktion K' eine nach oben geöffnete Parabel ist, wird das Grenzkostenmaximum am Rand eingenommen, und zwar wegen K'(0) = 60; K'(13) = 255 an der Kapazitätsgrenze.

iv) Betriebsminimum: Das Betriebsminimum entspricht dem Output mit minimalen stückvariablen Kosten k_v. Mit

$k_v(x) = x^2 - 12x + 60$ *(x > 0)* folgt wegen $k_v'(x) = 2x - 12 = 0 \Rightarrow x_m = 6$ ME so-

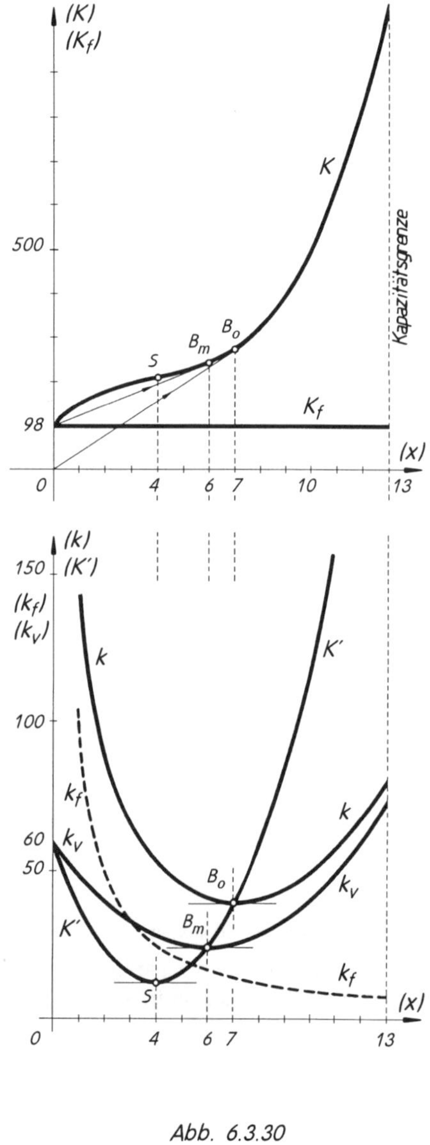

Abb. 6.3.30

wie $k_v''(x) \equiv 2 > 0$, dass die kurzfristige Preisuntergrenze für einen Output von 6 ME angenommen wird. Die zugehörigen minimalen stückvariablen Kosten (= kurzfristige Preisuntergrenze) betragen $k_v(6) = 24$ GE/ME und stimmen mit den entsprechenden Grenzkosten $K'(6)$ überein.

v) **Betriebsoptimum:** (Betriebsoptimum = Output mit minimalen gesamten Stückkosten k. Mit $k(x) = x^2 - 12x + 60 + {}^{98}/_{x}$ $(x > 0)$ folgt wegen $k'(x) = 2x - 12 - {}^{98}/_{x^2} = 0$:
$2x^3 - 12x^2 - 98 = 0 \Leftrightarrow x_o = 7$ ME (Regula falsi) sowie $k''(x) = 2 + {}^{196}/_{x^3}$, d.h. $k''(7)>0$. Somit wird die langfristige Preisuntergrenze für einen Output von 7 ME angenommen. Die zugehörigen durchschnittlichen Gesamtkosten (= langfristige Preisuntergrenze) betragen 39 GE/ME und stimmen mit den entsprechenden Grenzkosten $K'(7)$ überein, vgl. Kap. 6.3.4 (6.3.145).

vi) **Die durchschnittlichen fixen Kosten** k_f mit $k_f(x) = \frac{98}{x}$, *(x>0)*, nehmen mit steigendem Output ab $(k_f'(x) = -{}^{98}/_{x^2} < 0)$ und haben daher ihr Minimum $k_f(13) = 7{,}54$ GE/ME an der Kapazitätsgrenze *(x = 13 ME)*. Abb. 6.3.30 lässt wiederum das bekannte Vierphasenschema erkennen.

Beispiel 6.3.31: Produktionsfunktionen

Eine Unternehmung produziere ein Gut gemäß folgender Produktionsfunktion:

$x(r) = -0{,}1r^3 + 6r^2 + 12{,}3r$ (x: Ertrag, Output $[ME_x]$; r: Input $[ME_r]$).

Pro Referenzperiode stehen maximal 36 ME_r des Produktionsfaktors zur Verfügung.

i) **ökonomischer Definitionsbereich:** Minimaler Input: 0 ME_r, maximaler Input: 36 ME_r, d.h. $D = [\,0;\,36\,]$. x(r) ist beliebig oft stetig differenzierbar.

ii) **Nullstellen:** $x(r) = -0{,}1r^3 + 6r^2 + 12{,}3r = r(-0{,}1r^2 + 6r + 12{,}3) = 0 \Leftrightarrow r_1 = 0\ ;\ r_2 = -1{,}98\ ;$ $r_3 = 61{,}98$. Einzige Nullstelle im ökonomischen Definitionsbereich D: $r_1 = 0\ ME_r$.

iii) **Extremwerte:** Mit $x'(r) = -0{,}3r^2 + 12r + 12{,}3 = 0 \Rightarrow r_4 = -1\ ;\ r_5 = 41$ folgt, dass in $[0;36]$ keine relativen Extrema von x(r) liegen können. Die absoluten Extrema liegen daher am Rand des Definitionsbereiches. Wegen $x(0) = 0\ ;\ x(36) = 3.553{,}2$ folgt: Der Output ist minimal (nämlich Null), wenn kein Faktoreinsatz erfolgt, und maximal (nämlich 3.553,2 ME_x), wenn die höchstens verfügbare Inputmenge (36 ME_r) eingesetzt wird. Zwischen diesen absoluten Extrema ist der Output mit wachsendem Input monoton zunehmend.

iv) **Wendepunkte:** Mit $x''(r) = -0{,}6r + 12 = 0 \Rightarrow r_6 = 20\ ME_r$ sowie $x'''(r) \equiv -0{,}6 < 0$ folgt, dass die Produktionsfunktion für einen Input von 20 ME_r einen konvex/konkav-Wendepunkt besitzt, d.h. die Grenzproduktivität ist für $r_6 = 20\ ME_r$ maximal $(x'(20) = 132{,}3\ ME_x/ME_r)$. Für kleinere Inputwerte müssen somit die Grenzerträge zunehmen (x(r) konvex), für größere Inputwerte als 20 ME_r müssen die Grenzerträge abnehmen (x(r) konkav). Der Wendepunkt S von x(r) kennzeichnet somit die Übergangsstelle des Bereichs zunehmender zum Bereich abnehmender Grenzerträge („Schwelle des Ertragsgesetzes").

v) **Extrema des Durchschnittsertrages** $\bar{x}(r) := \frac{x(r)}{r}$: Mit $\bar{x}(r) = -0{,}1r^2 + 6r + 12{,}3$; $\bar{x}'(r) = -0{,}2r + 6 = 0 \Rightarrow r_7 = 30\ ME_r$ sowie $\bar{x}''(r) \equiv -0{,}2 < 0$ folgt, dass der durchschnittliche Ertrag pro Inputeinheit maximal wird bei einem Faktoreinsatz von 30 ME_r. Der zugehörige maximale Durchschnittsertrag $\bar{x}$ *($\bar{x}(30) = 102{,}3\ ME_x/ME_r$)* stimmt mit dem Grenzertrag $x'(30)$ an dieser Stelle überein, vgl. Kap. 6.3.4 (6.3.148). Abb. 6.3.32 zeigt die Graphen von x(r); x'(r) und $\bar{x}(r)$. Die gestrichelten Kurvenzüge deuten den Verlauf jenseits der Kapazitätsgrenze an.

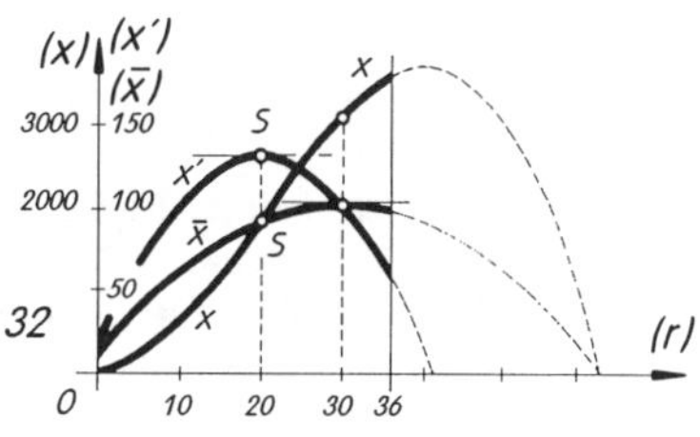

Abb. 6.3.32

6.3.2.3 Gewinnmaximierung

Besonders ausgeprägt zeigt sich das **ökonomische Prinzip** im Bestreben marktwirtschaftlicher Unternehmungen nach **Gewinnmaximierung**. Die Grundideen mathematischer Gewinnanalyse von Ein-Produkt-Unternehmungen sollen an einigen Beispielen demonstriert werden. Dabei werden unterschiedliche Markt- und Kostensituationen unterstellt:

A: **Marktform: vollständige Konkurrenz** (Polypol), viele Anbieter, viele Nachfrager, der **Marktpreis** p des Produktes ist aus der Sicht des einzelnen Anbieters eine gegebene **Konstante**.

A 1: ertragsgesetzlicher Gesamtkostenverlauf (Beispiel 6.3.33)
A 2: Linearer Gesamtkostenverlauf (Beispiel 6.3.43)

B: **Marktform: Angebotsmonopol** (Monopol), ein Anbieter, viele Nachfrager; für den Anbieter existiert eine monoton fallende **Preis-Absatz-Funktion** $p = p(x)$, die der Gesamtnachfragefunktion des Marktes entspricht.

B 1: Ertragsgesetzlicher Gesamtkostenverlauf (Beispiel 6.3.45)
B 2: Linearer Gesamtkostenverlauf (Beispiel 6.3.47)

Beispiel 6.3.33: (A 1: Polypol, ertragsgesetzlicher Gesamtkostenverlauf)

Eine Unternehmung produziere ein Gut mit der ertragsgesetzlichen Kostenfunktion $K(x) = x^3 - 12x^2 + 60x + 98$ *(vgl. Beispiel 6.3.29)*, Kapazitätsgrenze: 12 ME. Das Gut kann zum festen Marktpreis $p = 60$ GE/ME abgesetzt werden. Der Gewinn G der Unternehmung ist definiert als Differenz von Erlös (Umsatz) und Kosten:

$$\text{Gewinn} := \text{Erlös} - \text{Kosten} .$$

Damit lautet die Gewinnfunktion $G(x)$ in Abhängigkeit von der produzierten und abgesetzten Menge x:

$$(6.3.34) \qquad \boxed{G(x) = E(x) - K(x)} \, ,$$

wobei der Erlös E das Produkt aus Preis p und Menge x ist: $E(x) = p \cdot x$. Wegen $p = 60$ folgt im Beispielfall:

$$G(x) = 60x - x^3 + 12x^2 - 60x - 98 = -x^3 + 12x^2 - 98 \; ; \; x \in [\,0; 12\,] \, .$$

Die Analyse dieser Gewinnfunktion kann nunmehr mit den üblichen Methoden erfolgen (vgl. Kap. 6.3.2.2):

i) Die **Nullstellen** der Gewinnfunktion liefern wegen $G = E - K = 0 \Leftrightarrow E(x) = K(x)$ diejenigen Produktmengen x_1, x_2, bei denen die Erlöse genau sämtliche Kosten decken: Das Mengenintervall zwischen x_1 und x_2 ist die Zone positiver Gewinne *(Gewinnzone)*. Daher nennt man x_1 auch *untere Nutzengrenze (Gewinnschwelle)* und x_2 *obere Nutzengrenze (Gewinngrenze)*, vgl. Abb. 6.3.37. Mit Hilfe der Regula falsi erhält man als Lösungen der Gleichung $G = -x^3 + 12x^2 - 98 = 0$ die Nutzengrenzen $x_1 = 3{,}37$ ME; $x_2 = 11{,}22$ ME ($x_3 = -2{,}59 < 0$, also ökonomisch irrelevant).

ii) Rechnerische Ermittlung des Gewinnmaximums: Notwendig für das Vorliegen eines Gewinnmaximums an der Stelle x ist die Bedingung:

(6.3.35) $$G'(x) = E'(x) - K'(x) \stackrel{!}{=} 0 \quad \Leftrightarrow \quad E'(x) \stackrel{!}{=} K'(x) \quad .$$

Daraus liest man unmittelbar das bekannte Ergebnis ab, dass - unabhängig von der speziellen Gestalt der *(differenzierbaren)* Gewinnfunktion - in einem relativen **Gewinnmaximum** stets gilt:

Grenzerlös = Grenzkosten .

Aus den hinreichenden Bedingungen für ein Gewinnmaximum an der Stelle x:

$G'(x) = 0$ und $G''(x) = E''(x) - K''(x) < 0$,

d.h. $E''(x) < K''(x)$,

folgt, dass allgemein an der Stelle x ein relatives Gewinnmaximum vorliegt, wenn dort gilt:

a) Grenzerlös gleich Grenzkosten sowie

b) Steigung der Grenzerlösfunktion ist kleiner als die Steigung der Grenzkostenfunktion.

Ist - wie im vorliegenden Beispiel - der Preis konstant, so folgt wegen

$E(x) = p \cdot x \Rightarrow E'(x) \equiv p \Rightarrow E''(x) \equiv 0$:

(6.3.36)

Das **Gewinnmaximum** eines **polypolistischen Anbieters** liegt für diejenige Angebotsmenge x_G vor, für die *gleichzeitig* gilt:
a) $p = K'(x_G)$ (Preis gleich Grenzkosten)
b) $K''(x_G) > 0$ (konvexer Bereich von K(x))

Im Beispiel: $G'(x) = p - K'(x) = -3x^2+24x=0$ $\Rightarrow x = 0 \vee x = 8$. Überprüfung der 2. Ableitung: $G''(x) = -K''(x) = -6x + 24$:

$G''(0) = -K''(0) = 24 > 0$

$\Rightarrow$ G ist minimal für x = 0 ME;

$G''(8) = -K''(8) = -24 < 0$

$\Rightarrow$ G ist maximal für $x_G = 8$ ME .

Der maximale Gewinn beträgt G(8) = 158 GE. (Kontrolle der Randwerte des ökonomischen Definitionsbereiches: G(0) = - 98 GE; G(12) = - 98 GE, d.h. das relative Gewinnmaximum ist gleichzeitig das absolute Gewinnmaximum). Man bezeichnet eine im Gewinnmaximum produzierende polypolistische Unternehmung als im betriebsindividuellen Gleichgewicht befindlich.

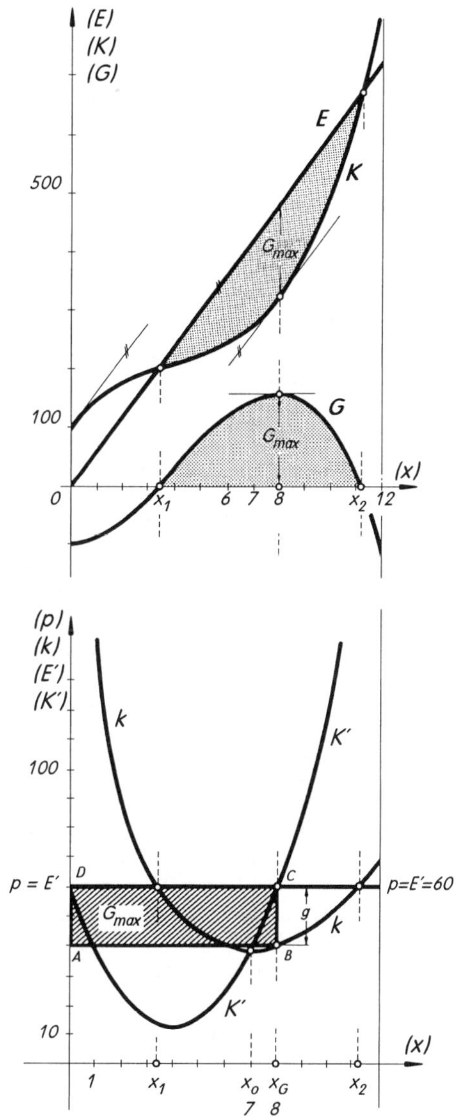

Abb. 6.3.37

iii) Graphische Ermittlung des Gewinnmaximums

Wegen $K'(x) = E'(x) \equiv p$ im Gewinnmaximum kann man die gewinnmaximale Menge x_G auf zweierlei Weise ermitteln:

a) durch Parallelverschiebung der Erlösgeraden bis zum Berührpunkt mit der Kostenfunktion unter Beachtung $E > K$ (vgl. Abb. 6.3.37 oben);

b) durch Ermittlung des Schnittpunktes C zwischen Grenzkosten- und Grenzerlöskurve ($\equiv$ Preisgerade), vgl. Abb. 6.3.37 unten. Der zugehörige maximale Gesamtgewinn lässt sich in diesem Fall darstellen als Flächenmaßzahl des schraffierten Rechtecks ABCD mit den Seitenlängen $g = p - k(x_G)$ = Stückgewinn und x_G = Absatzmenge:

$G_{max} = g(x_G) \cdot x_G = (60 - 40{,}25) \cdot 8 = 158$ GE.

iv) Preisminimum: Je nach Höhe des (für den einzelnen Anbieter mengenunabhängigen, also konstanten) Marktpreises p können sich unterschiedliche Situationen ergeben (vgl. Abb. 6.3.38):

a) *Schneidet* die Erlösgerade die Kostenkurve (bzw. die Preisgerade die Stückkostenkurve) - d.h. $p_1 > k_{min}$ -, so ergibt sich innerhalb der Gewinnzone [x_1; x_2] für jede Menge ein positiver Gewinn. Ein gewinnmaximierender polypolistischer Anbieter wird die Menge x_G mit $p_1 = K'(x_G)$ anbieten (vgl. ii); iii)).

b) *Berührt* die Erlösgerade die Kostenkurve (bzw. die Preisgerade die Stückkostenkurve) - d.h. $p_2 = k_{min}$ -, so kann die Unternehmung gerade noch kostendeckend operieren, wenn sie die dem Stückkostenminimum (d.h. dem Betriebsoptimum) entsprechende Menge x_o anbietet.

Im Beispielsfall wird k minimal für $x_o = 7$ ME (vgl. Beispiel 6.3.29 v)) mit $k(x_o) = K'(x_o) = 39$ GE/ME. Der Marktpreis muss daher langfristig mindestens 39 GE/ME (= $k(x_o)$) betragen, damit die Unternehmung noch kostendeckend (nämlich im Betriebsoptimum) produzieren kann.

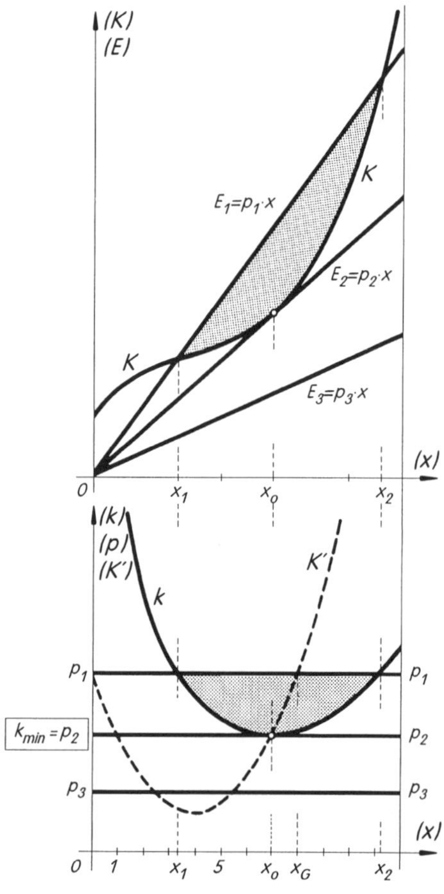

Abb. 6.3.38

c) Verläuft die Erlösgerade *unterhalb* der Kostenkurve (bzw. die Preisgerade unterhalb der Stückkostenkurve) - d.h. $p_3 < k_{min}$ -, so operiert die Unternehmung bei jeder Angebotsmenge mit Verlust. Mögliche Konsequenzen für den Anbieter könnten z.B. sein: Einstellung der Produktion, Kostensenkung der Produktion etwa durch Rationalisierung, Ausweichen auf ein technisch neues Produkt (neuer Markt), Beschaffung von Subventionen und/oder Steuervorteilen zur Kostenreduzierung usw..

v) **Angebotsfunktion:** Aus der Gewinnmaximierungsbedingung (6.3.36) a) folgt, dass der Produzent zu jedem vorgegebenen konstanten Marktpreis p (der über der langfristigen Preisuntergrenze k_{min} liegt) stets diejenige Menge x anbietet, für die seine Grenzkosten K'(x) mit dem Marktpreis p übereinstimmen. Sämtliche Angebotspunkte (p; x) liegen daher auf der Grenzkostenkurve rechts vom Betriebsoptimum (vgl. Abb. 6.3.40, stark ausgezogener Teil von K'):

(6.3.39) Die individuelle **Angebotsfunktion** eines gewinnmaximierenden **polypolistischen Anbieters** ist identisch mit seiner **Grenzkostenfunktion**, beginnend beim Betriebsoptimum, d.h. der langfristigen Preisuntergrenze k_{min}.

Im vorliegenden Beispiel lautet somit die langfristige Angebotsfunktion:

$p(x) = 3x^2 - 24x + 60$; $x \geq 7$ ME bzw. $p \geq 39$ GE/ ME .

Verzichtet der Produzent kurzfristig auf die Deckung der fixen Kosten, so kann er als *kurzfristige Angebotsfunktion* den Teil der Grenzkostenfunktion hinzunehmen, der zwischen dem Betriebsminimum und dem Betriebsoptimum liegt (gestrichelter Teil von K' in Abb. 6.3.40). Im Beispiel lautet die kurzfristige Angebotsfunktion somit:

$p(x) = 3x^2 - 24x + 60$; $x \geq 6$ ME bzw. $p \geq 24$ GE/ME .

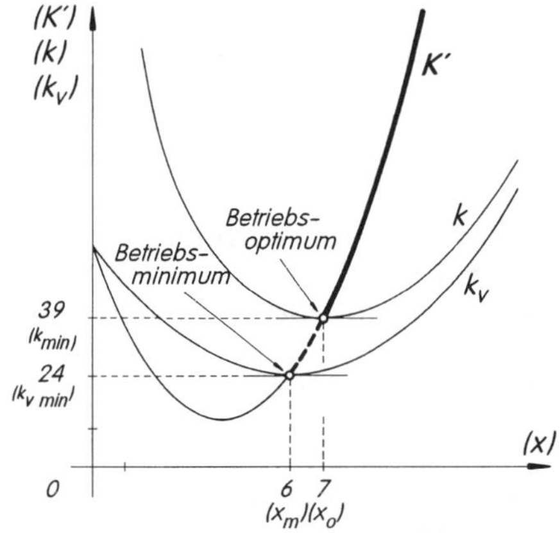

Abb. 6.3.40

vi) **Stückgewinnmaximierung:** Die Stückgewinnfunktion $g(x) := \frac{G(x)}{x} = p(x) - k(x)$ liefert zu jeder Angebotsmenge x den durchschnittlich pro Mengeneinheit erzielten Gewinn. Für das Stückgewinnmaximum ergibt sich (im Beispiel) aus $g(x) = -x^2 + 12x - \frac{98}{x}$ wegen $g'(x) = -2x + 12 + \frac{98}{x^2} = 0$ mit Hilfe der Regula falsi $x = 7$ ME *($g''(7) < 0$)*, also die betriebsoptimale Menge. Diese Übereinstimmung von stückgewinnmaximaler und stückkostenminimaler Menge ist nicht zufällig, sondern gilt für *p = const.* allgemein (vgl. Abb. 6.3.41): Wegen $g(x) = p - k(x)$ gilt $g'(x) = -k'(x)$, so dass aus $g'(x) = 0$ folgt: $k'(x) = 0$ bzw. aus $g''(x) < 0$ (Max.!) folgt: $k''(x) = -g''(x) > 0$ (Min.!):

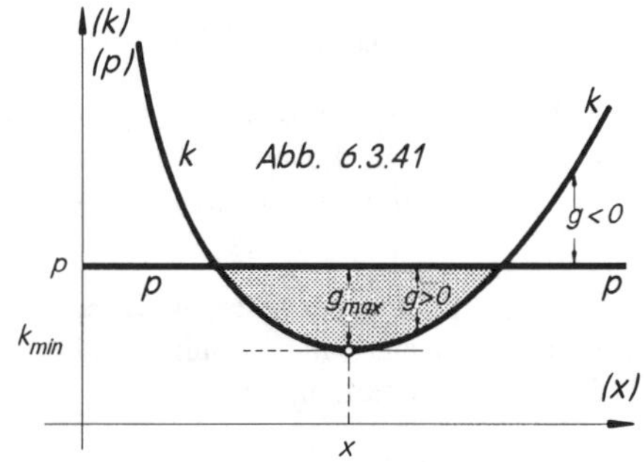

Abb. 6.3.41

(6.3.42) Ein **polypolistischer Anbieter maximiert** seinen **Stückgewinn im Stückkostenminimum**, d.h. für die betriebsoptimale Angebotsmenge.

Man beachte, dass – sofern $p > k_{min}$ – für die stückgewinnmaximale Menge der Gesamtgewinn keineswegs maximal wird. Im Beispiel: Gesamtgewinnmaximum: 8 ME, g(8) = 19,75 GE/ME $\Rightarrow G_{max}(8) = 8 \cdot 19{,}75 = 158$ GE. Stückgewinnmaximum: 7 ME, $g_{max}(7) = 21$ GE/ME $\Rightarrow G(7) = 7 \cdot 21 = 147$ GE $< G(8)$.

Beispiel 6.3.43: (A 2: Polypol, linearer Gesamtkostenverlauf)

Eine Unternehmung produziere mit der linearen Kostenfunktion $K(x) = 2{,}5x + 300$ innerhalb des Outputintervalls $[\ 0;\ 100\ ]$. Der (konstante) Marktpreis p des Gutes betrage 10 GE/ME .

Wegen $E(x) = p \cdot x = 10x$ lautet die Gewinnfunktion: $G(x) = E(x) - K(x) = 7{,}5x - 300$, ist also ebenso wie E und K linear. Daher kann G **kein relatives Maximum** in $[\ 0;\ 100\ ]$ besitzen, was auch sofort klar wird, wenn man nach der üblichen Methode vorgeht: Die Maximierungsbedingung $G'(x) = 7{,}5 \overset{!}{=} 0$ hat keine Lösung. Die Gewinnfunktion G ist wegen $G'(x) > 0$ überall monoton steigend, so dass der **Gewinn** G am rechten Rand, mithin an der **Kapazitätsgrenze** $x_{max} = 100$ ME **maximal** wird, vgl. Abb. 6.3.44 ($G_{max}(100) = 450$ GE). Damit der maximale Gewinn positiv ist, muss die Gewinnschwelle x_1 (= Schnittpunkt von Erlös- und Kostengerade, auch **Break-Even-Point** genannt) innerhalb von $[\ 0;\ x_{max}\ ]$ liegen.

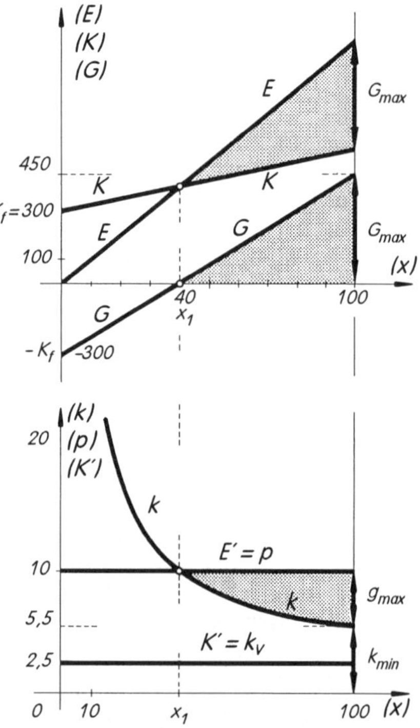

Abb. 6.3.44

Das **Stückkostenmimimum** ist ebenfalls ein Randminimum: Mit $k(x) = 2{,}5 + \frac{300}{x}$ sowie $k'(x) = -\frac{300}{x^2}$ folgt, dass k' für alle $x \in [0; 100]$ negativ ist, die Stückkostenfunktion also monoton fällt. Daher ist k minimal an der **Kapazitätsgrenze,** $k_{min} = k(100) = 5{,}5$ GE/ME, vgl. Abb. 6.3.44.

Bei der Ermittlung des **Stückgewinnmaximums** ergibt sich ebenfalls keine Lösung mit Hilfe des üblichen Extremwertkriteriums:

Aus $g(x) = \frac{G(x)}{x} = 7{,}5 - \frac{300}{x}$ folgt $g'(x) = \frac{300}{x^2}$.

Dieser Term ist für alle $x \in [0;100]$ positiv, so dass g monoton steigend ist, mithin sein Maximum am rechten Rand, d.h. an der **Kapazitätsgrenze** annimmt:

$$g_{max} = g(100) = 4{,}5 \text{ GE/ME, vgl. Abb. 6.3.44.}$$

Zusammenfassend lässt sich sagen: Ein **polypolistischer Anbieter** mit **linearer Kostenfunktion** wird stets an der **Kapazitätsgrenze** produzieren und dies für jeden Marktpreis, der einen Break-Even-Point im Kapazitätsbereich $[\ 0;\ x_{max}\ ]$ gewährleistet.

Beispiel 6.3.45: (B 1: Monopol, ertragsgesetzlicher Kostenverlauf)

Anders als für den polypolistischen Anbieter (vgl. A1/A2) ist der Preis p für den monopolistischen Anbieter nicht konstant, sondern kann von ihm festgesetzt werden. Die Nachfrager reagieren darauf als Mengenanpasser gemäß ihrer (aggregierten) Nachfragefunktion $p = p(x)$ bzw. $x = x(p)$ (die der Anbieter als seine Preis-Absatz-Funktion auffassen kann). Die *klassische* (Cournot[12]) *Preisbildung beim Monopol* zielt darauf ab, denjenigen Angebotspreis ausfindig zu machen, für den der Monopolist seinen Gesamtgewinn maximiert.

Die Diskussion und Maximierung der Gewinnfunktion verläuft im Monopolfall nicht anders als im Fall A1 (Beispiel 6.3.33), so dass wir uns auf ein Beispiel beschränken können: Der Monopolist produziere mit der ertragsgesetzlichen Kostenfunktion $K(x) = x^3 - 12x^2 + 60x + 98$; $x \in [0; 10]$. Die Preis-Absatz-Funktion sei gegeben durch $p(x) = -10x + 120$; $x \in [0;10]$. Daraus erhält man die Erlösfunktion E mit $E(x) = x \cdot p(x) = -10x^2 + 120x$ und somit die Gewinnfunktion G mit: $G(x) = E(x) - K(x) = -x^3 + 2x^2 + 60x - 98$.

i) Zur Ermittlung der **Gewinnzone** berechnet man die Lösungen von $G(x) = 0$ bzw. $E(x) = K(x)$. Mit Hilfe der Regula falsi ergeben sich die beiden positiven Gewinngrenzen $x_1 = 1{,}62$ ME; $x_2 = 7{,}98$ ME. Überprüfung eines Zwischenwertes: $G(2) = 22 > 0$. Daher erzielt der Monopolist nur dann einen positiven Gewinn, wenn er mehr als 1,62 ME, aber weniger als 7,98 ME anbietet (vgl. die getönte „*Gewinnlinse*" in Abb. 6.3.46 oben). Dazu muss er einen Preis zwischen $p(1{,}62) = 103{,}8$ und $p(7{,}98) = 40{,}2$ GE/ME festsetzen.

ii) Notwendig für das Vorliegen eines **Gewinnmaximums** in x ist das Verschwinden des Grenzgewinns $G'(x)$.
Aus $G(x) = E(x) - K(x)$ folgt:

$$\boxed{G'(x) = E'(x) - K'(x) = 0} \Leftrightarrow \boxed{E'(x) = K'(x)},$$

d.h. notwendig für ein relatives Gewinnmaximum ist die Übereinstimmung von Grenzerlös und Grenzkosten (vgl. auch Beispiel 6.3.33 ii)). ***Graphisch*** erfordert diese Gewinnmaximierungsbedingung, dass man

- entweder den Punkt x_G innerhalb der Gewinnzone ausfindig machen muss, in dem Erlösfunktion und Kostenfunktion dieselbe Steigung besitzen , vgl. Abb. 6.3.46 oben (Probierverfahren notwendig !) oder (einfacher)

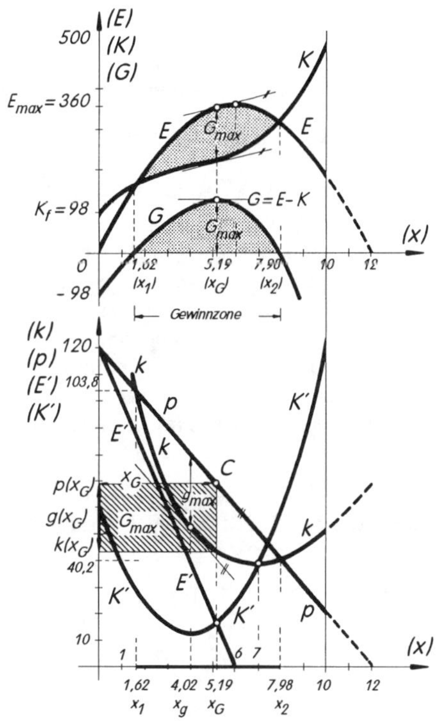

Abb. 6.3.46

[12] A.A. Cournot (1801 - 1877), französischer Nationalökonom und Mathematiker, entwickelte als erster eine modelltheoretische Lösung für die monopolistische Preisbildung.

- den Schnittpunkt x_G zwischen der Grenzerlös- und der Grenzkostenkurve ermittelt, siehe Abb. 6.3.46 unten. Dabei vergewissere man sich, dass (wie in unserem Beispiel) in x_G die Steigung von E' kleiner ist als die Steigung von K' (d.h. $E''(x_G) < K''(x_G)$), so dass in x_G auch die hinreichende Bedingung $G''(x_G) = E''(x_G) - K''(x_G) < 0$ für ein Gewinnmaximum erfüllt ist.

Rechnerisch ergeben sich keine Besonderheiten: Aus $G'(x) = -3x^2 + 4x + 60 = 0$ folgt $x = 5{,}19 \vee x = -3{,}85$. Da die negative Lösung ausscheidet, liegt die **gewinnmaximale Angebotsmenge** x_G bei 5,19 ME *(Überprüfung: $G''(x_G) = -6x_G + 4 = -27{,}1 < 0$, also Maximum)*[13]. Um den Maximalgewinn $G(x_G) = 127{,}5$ GE zu erzielen, muss daher der Monopolist seinen Preis auf $p(5{,}19) = 68{,}1$ GE/ME fixieren und und einen Output von 5,19 ME produzieren.

Die Stückkosten k bei dieser Produktmenge betragen $k(5{,}19) = 43{,}5$ GE/ME, so dass sich ein Stückgewinn $g = p - k = 24{,}6$ GE/ME ergibt, der – multipliziert mit der Angebotsmenge $x_G = 5{,}19$ ME – wiederum *(bis auf Rundungsfehler)* den **maximalen Gesamtgewinn** 127,5 GE liefert. Graphisch kommt dieser Sachverhalt in Abb. 6.3.46 unten zum Ausdruck: Die Maßzahl des Flächeninhaltes des schraffierten Rechtecks (Seitenlängen: x_G bzw. $g(x_G)$) liefert genau den maximalen Gesamtgewinn G_{max}.

iii) Das **Stückgewinnmaximum** ergibt sich wegen $g(x) = \frac{G(x)}{x} = -x^2 + 2x + 60 - \frac{98}{x}$, d.h.

$g'(x) = -2x + 2 + \frac{98}{x^2} \stackrel{!}{=} 0$ mit Hilfe *(z.B.)* der Regula falsi zu: $x_G = 4{,}02$ ME ;

(Überprüfung: $g''(x) = -2 - \frac{196}{x^3} < 0$). Der zugehörige maximale Stückgewinn $g(4{,}02)$ beträgt 27,5 GE/ME, der entsprechende Gesamtgewinn aber nur 110,6 GE, ist also deutlich kleiner als der maximale Gesamtgewinn (vgl. Beispiel 6.3.33 vi)). Weiterhin erkennt man an Abb. 6.3.46 unten, dass der maximale Stückgewinn – anders als für den polypolistischen Anbieter – nicht im Stückkostenminimum x_0 (= Betriebsoptimum), sondern für eine kleinere Menge (und einen höheren Preis) angenommen wird, dort nämlich, wo die Steigungen $p'(x)$ der Preis-Absatz-Funktion und $k'(x)$ der Stückkostenfunktion übereinstimmen. *Mathematische Begründung:* Wegen $g(x) = p(x) - k(x)$ führt die Extremalbedingung $g'(x) = p'(x) - k'(x) = 0$ auf die Beziehung $p'(x) = k'(x)$ im Stückgewinnmaximum.

Beispiel 6.3.47: (B 2: Monopol, linearer Gesamtkostenverlauf)

Gegenüber Fall B 1 (Beispiel 6.3.45) ergeben sich keine wesentlichen Änderungen, wenn man davon absieht, dass wegen der nun unterstellten Linearität der Gesamtkostenfunktion die Stückkosten stets monoton fallen, es somit kein (eigentliches) Betriebsoptimum gibt. Vielmehr produziert die Unternehmung stückkostenminimal stets an der Kapazitätsgrenze (vgl. Abb. 6.3.48 unten). Gegeben seien als Beispiel die Gesamtkostenfunktion $K(x) = 2x + 16$, *$(0 \le x \le 10)$*, sowie die Preis-Absatz-Funktion $p(x) = -2x + 20$, *$(0 \le x \le 10)$*.

i) Die **Gewinnschwellen** ergeben sich über $E(x) = -2x^2 + 20x = 2x + 16 = K(x)$ zu $x_1 = 1$ ME; $x_2 = 8$ ME, die entsprechenden Gewinnzonen sind als graue Fläche in Abb. 6.3.48 dargestellt.

---

13 Der dem gewinnmaximalen Angebot x_G entsprechende Punkt C der Preis-Absatz-Funktion heißt auch *Cournotscher Punkt* (Abb. 6.3.46 unten), die gewinnmaximale Menge x_G heißt *Cournotsche Menge*, der gewinnmaximale Preis $p(x_G)$ heißt *Cournotscher Preis*.

ii) Das **Gewinnmaximum** erhält man wiederum über $G'(x) = E'(x) - K'(x) = 0$ (d.h. Grenzerlös gleich Grenzkosten): Wegen $G(x) = E(x) - K(x) = -2x^2 + 18x - 16$ sowie $G'(x) = -4x+18 = 0$ folgt $x_G = 4{,}5$ ME (Überprüfung: $G''(x) = -4 < 0$, also Maximum). Im vorliegenden Fall maximiert der Monopolanbieter seinen Gesamtgewinn, wenn er den Preis auf $p(4{,}5) = 11$ GE/ME fixiert und 4,5 ME produziert.

Stückgewinn:
$g(4{,}5) = p(4{,}5) - k(4{,}5) = 5{,}44$ GE/ME ;

maximaler Gesamtgewinn:
$G(4{,}5) = g(4{,}5) \cdot 4{,}5 = 24{,}5$ GE.

Bemerkung: *Dass die gewinnmaximale Menge x_G (= 4,5) genau in der Mitte der Gewinnzone [1; 8] liegt, gilt für jede lineare Preis-Absatz-Kostenfunktion, vgl. (6.3.156).*

iii) Das **Stückgewinnmaximum** x_g ergibt sich mit

$$g(x) = -2x + 18 - \frac{16}{x} \Rightarrow g'(x) = -2 + \frac{16}{x^2} \stackrel{!}{=} 0$$

$$\Rightarrow \quad x_g = \sqrt{8} \approx 2{,}83 \text{ ME}$$

(Überprüfung: $g''(x_g) = -\frac{32}{x_g^3} < 0$, also Maximum).

In Abb. 6.3.48 unten entnimmt man, dass das Stückgewinnmaximum x_g stets dort liegt, wo die Stückkostenfunktion dieselbe Steigung besitzt wie die Preis-Absatz-Funktion (denn wegen $g'(x_g) = p'(x_g) - k'(x_g) = 0$ folgt $p'(x_g) = k'(x_g)$). Gesamtgewinn im Stückgewinnmaximum: $G(x_g) = 18{,}9$ GE ($< G_{max}$!).

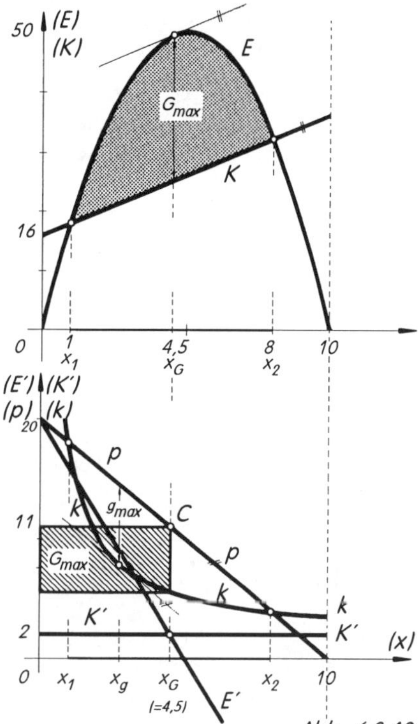

Abb. 6.3.48

6.3.2.4 Gewinnmaximierung bei doppelt-geknickter Preis-Absatz-Funktion

Für die Beispiele zur Gewinnmaximierung in Kap. 6.3.2.3 wurde (stillschweigend) ein vollkommener Markt[14] unterstellt. Für den realitätsnäheren Fall des **Polypols** auf dem **unvollkommenen Markt** schlägt Gutenberg[15] eine **doppelt - geknickte Preis-Absatz-Funktion** vor, die dem einzelnen Anbieter innerhalb der für das Gut typischen **„Preisklasse"** [p_1; p_2] eine monopolähnliche Stellung einräumt, vgl. Abb. 6.3.49.

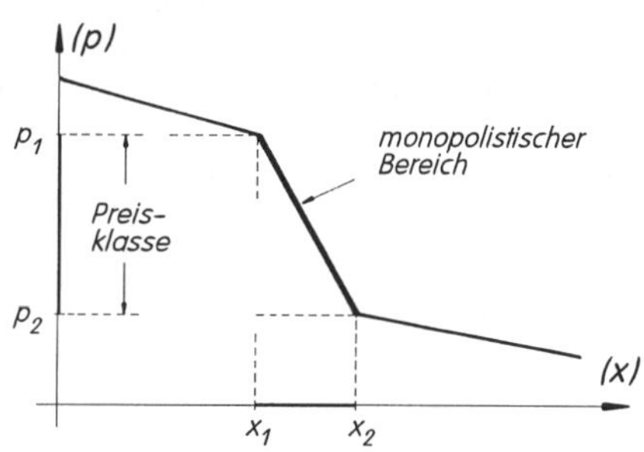

Abb. 6.3.49

Erst wenn die Preisklasse verlassen wird, reagieren die Nachfrager nahezu schlagartig mit deutlich verstärkter Zu- oder Abwanderung.

[14] vgl. etwa [50], 32 ff.

[15] vgl. [26], 238 ff.

Da die Preis-Absatz-Funktion in ihren beiden *Ecken nicht differenzierbar* ist, ergeben sich bei der Gewinnanalyse Besonderheiten, die am folgenden Beispiel geklärt werden sollen.

Die doppelt-geknickte Preis-Absatz-Funktion des polypolistischen Anbieters sei vorgegeben durch:

$$p(x) = \begin{cases} -0{,}5x + 50 & \text{für } 0 \le x \le 10 \\ -2x + 65 & \text{für } 10 < x \le 20 \leftarrow \text{(monopolistischer Bereich)} \\ -0{,}5x + 35 & \text{für } 20 < x \le 70 \end{cases}$$

Die Kostenfunktion des Anbieters sei $K(x) = 10x + 250$. Um den gewinnmaximalen Output zu erhalten, wird man - wie üblich - zunächst die Nullstellen der Grenzgewinnfunktion $G'(x) = E'(x) - K'(x)$ ermitteln, muss aber die *Ecken gesondert untersuchen*. Über die Erlösfunktion E(x)

$$E(x) = x \cdot p(x) = \begin{cases} -0{,}5x^2 + 50x & \text{für } x \in [\ 0;\ 10\ ] \\ -2x^2 + 65x & \text{für } x \in\ ]\ 10;\ 20\ ] \\ -0{,}5x^2 + 35x & \text{für } x \in\ ]\ 20;\ 70\ ] \end{cases}$$

erhält man die Grenzerlösfunktion E′(x)

$$E'(x) = \begin{cases} -\ x + 50\ ; & x \in [\ 0;\ 10\ [\\ -4x + 65\ ; & x \in\ ]\ 10;\ 20\ [\\ -\ x + 35\ ; & x \in\ ]\ 20;\ 70\ ] \end{cases}$$

sowie die Gewinnfunktion G(x) und die Grenzgewinnfunktionfunktion G′(x):

$$G(x) = E(x) - K(x) = \begin{cases} -0{,}5\ x^2 + 40x - 250 \\ -2x^2 + 55x - 250 \\ -0{,}5\ x^2 + 25x - 250 \end{cases},$$

$$G'(x) = \begin{cases} -\ x + 40\ ; & x \in [\ 0;\ 10\ [\\ -4x + 55\ ; & x \in\ ]\ 10;\ 20\ [\\ -\ x + 25\ ; & x \in\ ]\ 20;\ 70\ ] \end{cases}$$

Man erkennt durch Bildung der rechts- und linksseitigen Grenzwerte an den Ecken $x = 10$ bzw. $x = 20$, dass die *Grenzerlösfunktion* sowie die *Grenzgewinnfunktion* dort jeweils einen *Sprung* besitzen, vgl. Abb. 6.3.50. Bei der Bestimmung der relativen Extrema müssen daher die Sprungstellen gesondert untersucht werden.

Die notwendige Maximierungsbedingung $G'(x) = 0$ (bzw. $E'(x) = K'(x)$) liefert durch Nullsetzen der drei Terme von G′(x) unter Beachtung der jeweiligen Gültigkeitsbereiche:

$$G'(x) = 0 \Rightarrow \begin{cases} -\ x + 40 = 0 \\ -4x + 55 = 0 \\ -\ x + 25 = 0 \end{cases} \Leftrightarrow$$

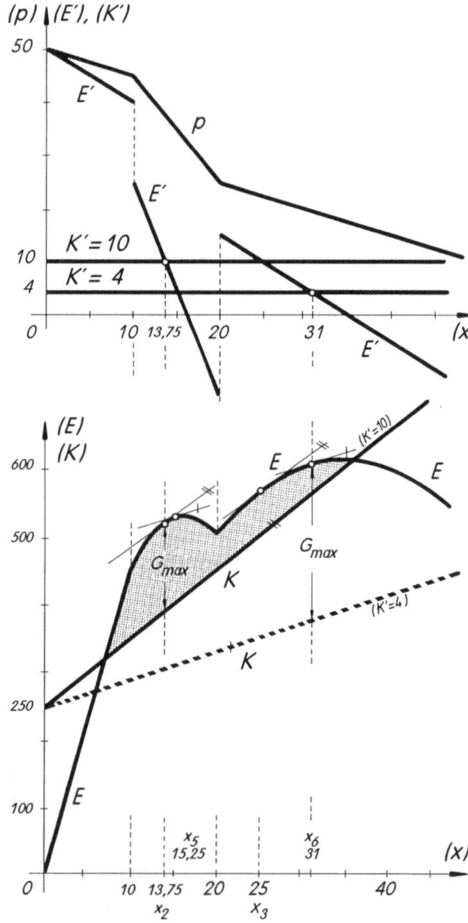

Abb. 6.3.50

$x_1 = 40$ ME ($\notin [0;10[$) ; $x_2 = 13{,}75$ ME ($\in\ ]10;20[$) ; $x_3 = 25$ ME ($\in\ ]20;70]$) .

Von den drei durch formale Rechnung erhaltenen Extremwertkandidaten sind also nur x_2 und x_3 brauchbar, da x_1 nicht im Definitionsbereich [0;10[des ersten Terms von G'(x) liegt. Die zweite Ableitung

$$G''(x) = \begin{cases} -1 \\ -4 \\ -1 \end{cases}$$

ist überall negativ, so dass es sich bei x_2, x_3 jeweils um relative Gewinnmaxima handelt.

Über die Lage des absoluten Gewinnmaximums muss daher ein Vergleich der Gewinnhöhe in x_2, x_3, den Ecken und den Randpunkten entscheiden:

Wegen G(0) = −250; G(10) = 100; **G(13,75) = 128,13**; G(20) = 50; G(25) = 62,5; G(70) = −950 wird das Gewinnmaximum bei einer Produktionsmenge von 13,75 ME, d.h. einem Preis von p(13,75) = 37,50 GE/ME angenommen. Das *Gewinnmaximum* liegt hier somit im *monopolistischen Bereich* der Preis-Absatz-Funktion.

Gelingt es dem Anbieter, seine stückvariablen Kosten (und somit seine Grenzkosten) zu senken, so kann es auch zu einem *Gewinnmaximum außerhalb des monopolistischen Bereiches* kommen. Sei etwa die Kostenfunktion mit K(x) = 4x + 250 *(K'(x) ≡ 4, siehe die gestrichelte Kostengerade in Abb. 6.3.50).* gegeben. Dann erhält man mit G'(x) = 0:

$$G'(x) = \begin{cases} -\ x + 46 = 0 \\ -4x + 61 = 0 \\ -\ x + 31 = 0 \end{cases} \Leftrightarrow \begin{array}{ll} x_4 = 46 & \text{ME} \notin [\ 0;\ 10\ [\\ x_5 = 15{,}25 & \text{ME} \in\ ]\ 10;\ 20\ [\\ x_6 = 31 & \text{ME} \in\ ]\ 20;\ 70\ ] \end{array} .$$

Auch jetzt kommen nur x_5 und x_6 als Extremstellen in Frage. Wegen G''(x) < 0 muss der direkte Gewinnvergleich entscheiden:

Wegen G(0) = −250; G(10) = 160; G(15,25) = 215,13; G(20) = 170; **G(31) = 230,50**; G(70) = -530 liegt jetzt das Gewinnmaximum außerhalb des monopolistischen Bereiches bei einem Preis von p(31) = 19,50 GE/ME, vgl. Abb. 6.3.50. (Zur *graphischen Lokalisierung des Gewinnmaximums* vgl. auch Kap. 8.5.1 iii).)

6.3.2.5 Optimale Lagerhaltung

Bei der Serienproduktion eines Gutes und bekannter Nachfrage stellt sich für den Produzenten die Frage nach der „richtigen" **Auflagen-** oder **Losgröße**:

Für jedes Produktionslos entstehen (unabhängig von der Auflagenhöhe) fixe Rüstkosten, so dass es sinnvoll erscheint, möglichst hohe Losgrößen zu fertigen, um die gesamten **Rüstkosten** K_R klein zu halten. Andererseits entstehen mit steigender Fertigungslosgröße – bedingt durch den erhöhten Lagerbestand – auch steigende **Lagerhaltungskosten** K_L (z.B. Zinsen), so dass man es mit zwei **gegenläufigen Kostenarten** zu tun hat, vgl. Abb. 6.3.52 .

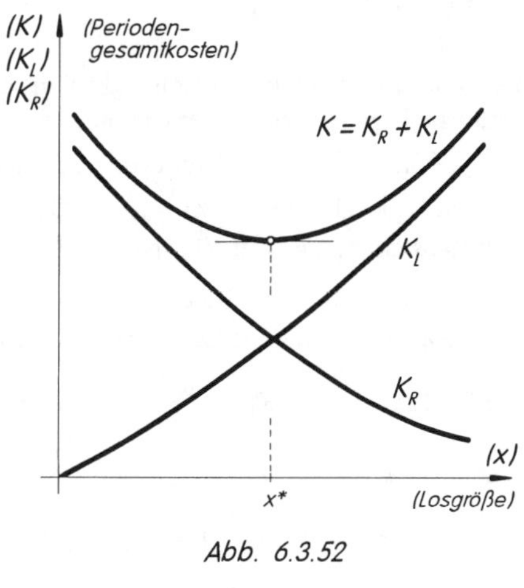

Abb. 6.3.52

Das Problem der optimalen Lagerhaltung besteht darin, diejenige **(optimale) Losgröße** x* ausfindig zu machen, für die die **Summe** $K_R + K_L$ **aus Rüst- und Lagerkosten** bei gegebenem Periodengesamtbedarf **minimal** wird.

Bemerkung 6.3.51: *Dasselbe Problem stellt sich bei der Beschaffung eines kontinuierlich in der Produktion eingesetzten Rohstoffes: Bestellfixe Kosten legen wenige große Bestellungen nahe, der Lagerkostenaspekt spricht eher für häufige, kleinere Bestellungen. Gesucht ist die* ***optimale Bestellmenge****, für die die Summe beider Kostenarten bei gegebenem Gesamtbedarf minimal wird.*

Wir wollen das gestellte Problem unter der Annahme lösen, dass für das Gut eine gegebene konstante kontinuierliche Nachfrage a im Zeitablauf besteht. Außerdem erfolge in jedem Produktionszyklus der Lagerzugang aus der Produktion mit einer ebenfalls konstanten kontinuierlichen Rate z (Beispiel: Abgangsrate (Nachfrage) $a = 500$ ME/Tag; Zugangsrate $z = 800$ ME/Tag).

Zwischen dem gegebenen **Periodengesamtbedarf** m (in ME/ZE; 1. Periode = 1 ZE), der **Losgröße** x (in ME/Los) und der **Anzahl h der Produktionslose** pro Periode (in Lose/ZE) besteht offenbar die Beziehung $m = h \cdot x$ bzw. $h = \frac{m}{x}$.

Zu Beginn jedes Produktionszyklus erfolgt der Lagerzugang mit der festen Rate z (in ME/ZE), während gleichzeitig der Abgang vom Lager mit der festen Rate a (in ME/ZE) erfolgt. Dabei muss sichergestellt sein, dass $z > a$ gilt, damit die laufende Produktion die Nachfrage mindestens deckt (für $z = a$ ist theoretisch ein Lager entbehrlich).

Während der ersten Phase t_1 des Produktionszyklus wächst somit das Lager mit der konstanten Rate $z - a$, und zwar so lange, bis das gesamte Produktionslos x geliefert wurde:

$$x = z \cdot t_1 \quad \text{bzw.} \quad t_1 = \frac{x}{z} \, .$$

In der anschließenden Periode t_2 erfolgen keine weiteren Lagerzugänge, vielmehr sinkt der Lagerbestand mit der Rate a auf Null, ehe der neue Produktionszyklus beginnt, usw. (vgl. Abb. 6.3.53).

Der maximale Lagerbestand b_{max} wird in t_1 angenommen:

$$b_{max} = (z-a) \cdot t_1 = (z-a) \cdot \frac{x}{z} = \left(1 - \frac{a}{z}\right) \cdot x \, .$$

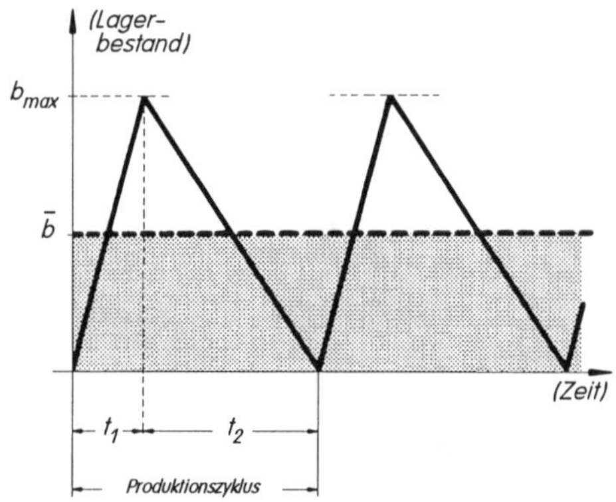

Abb. 6.3.53

Da kontinuierliche (d.h lineare) Zu-/Abnahme des Lagerbestandes unterstellt wurde, beträgt der **durchschnittliche Lagerbestand** $\bar{b}$ der Gesamtperiode die Hälfte des Höchstbestandes: $\bar{b} = b_{max} \cdot 0{,}5 = \frac{x}{2}\left(1 - \frac{a}{z}\right)$. Mit dem gegebenen, konstanten Lagerkostensatz k_1 (in €/ME · Periode) erhält man daher als Lagerkosten K_L der Gesamtperiode: $K_L = \bar{b} \cdot k_1 = \frac{x}{2}\left(1 - \frac{a}{z}\right) \cdot k_1$. Die gesamten Rüstkosten K_R der Periode ergeben sich aus der Anzahl h der Produktionslose multipliziert mit dem gegebenen festen Rüstkostensatz k_o (in €/Losperiode) zu $K_R = h \cdot k_o = \frac{m \cdot k_o}{x}$. Damit lauten die **Periodengesamtkosten** in Abhängigkeit von der Losgröße x:

(6.3.54) $$K(x) = K_R + K_L = \frac{m \cdot k_o}{x} + \frac{x}{2}\left(1 - \frac{a}{z}\right) \cdot k_1 \, .$$

Die optimale Losgröße x^* (> 0) ist gegeben durch das relative Minimum von $K(x)$: Aus $K'(x) \overset{!}{=} 0 \Rightarrow$

$K'(x) = -\frac{m \cdot k_o}{x^2} + \frac{1}{2}\left(1 - \frac{a}{z}\right) \cdot k_1 \overset{!}{=} 0$ ergibt sich als *(positive)* Lösung die **optimale Losgröße** x^* zu

(6.3.55) $$x^* = \sqrt{\frac{2 \cdot m \cdot k_o}{(1 - \frac{a}{z}) \cdot k_1}}$$

m: Periodengesamtbedarf
k_o: Rüstkosten pro Losperiode
a : Abgangsrate pro ZE
z : Zugangsrate pro ZE
k_1: Lagerkosten pro ME und pro Periode .

(Wegen $K''(x^*) = \frac{2mk_o}{x^{*3}} > 0$ ist die hinreichende Bedingung für ein Kostenminimum erfüllt.) Bei ei-
Bei einem Periodengesamtbedarf von z.B. 180.000 ME/Jahr, einem Lagerkostensatz von 1,20 € pro ME und Tag, einem Rüstkostensatz von 100.000 €/Los und einer Zugangsrate von 800 ME/Tag ergibt sich *(1 Jahr = 360 Tage)* die optimale Losgröße zu

$$x^* = \sqrt{\frac{2 \cdot 180.000 \cdot 100.000}{(1 - \frac{500}{800}) \cdot 1{,}20 \cdot 360}} = 14.907 \approx 15.000 \text{ ME/Los} .$$

Bemerkung: *Man beachte, dass zunächst die Zeiteinheiten einheitlich umgerechnet werden müssen: Bezieht man sich auf einen Tag als Zeiteinheit (= 1 Periode), so entsprechen 500 ME/Tag einem Abgang von 180.000 ME/Jahr. Hätte man als Zeiteinheit 1 Jahr gewählt, so müssten die Werte lauten:* $a = 180.000$ *ME/Jahr,* $z = 288.000$ *ME/Jahr,* $k_1 = 432$ *€/ME · Jahr mit demselben Ergebnis für* x^*.

Ein Produktionszyklus dauert im Beispielsfall $\frac{14.907}{500} \approx 30$ Tage, davon werden zur Lagerauffüllung $t_1 = \frac{14.907}{800} = 18{,}6 \approx 19$ Tage verwendet. In den restlichen ca. 11 Tagen des Zyklus erfolgt ausschließlich nachfragebedingter Güterabgang. Der Lagerhöchstbestand $b_{max} = x(1 - \frac{a}{z}) \approx 5.600$ ME wird nach ca. 19 Tagen (= t_1) erreicht, vgl. Abb. 6.3.56.

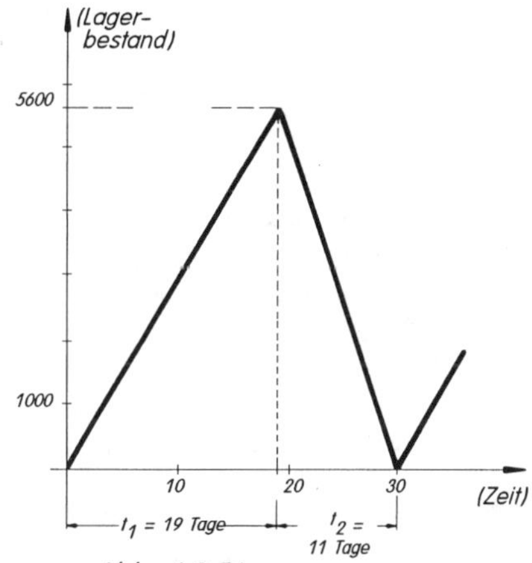

Abb. 6.3.56

Gelegentlich betrachtet man den **vereinfachten Fall**, dass der **Lagerzugang zu Beginn** eines jeden Zyklus **in voller Höhe** x **„unendlich" schnell** erfolgt. Dies entspricht der Prämisse, dass die Produktionszeit vernachlässigbar klein ist. Mathematisch bedeutet dies, dass die Zugangsrate z gegen ∞ und damit $\frac{a}{z}$ gegen Null strebt. Zu **Beginn** eines **jeden Zyklus** ist somit das **komplette Los auf Lager**:

$b_{max} = \lim_{z \to \infty} (1 - \frac{a}{z}) \cdot x = x$, vgl. Abb. 6.3.57. Damit lautet die Gesamtkostenfunktion (6.3.54): $K(x) = \frac{m \cdot k_o}{x} + \frac{x}{2} \cdot k_1$, aus der sich die optimale Losgröße x^* nach (6.3.55) zu

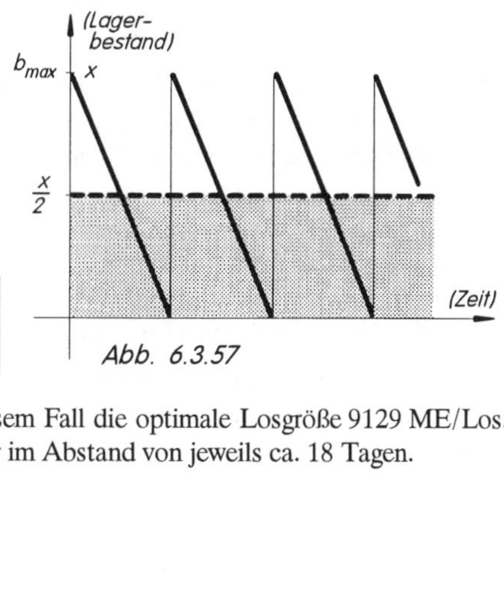

Abb. 6.3.57

$$x^* = \sqrt{\frac{2mk_o}{k_1}} \quad \text{(„Andlersche Losgrößenformel")}$$

ergibt. Mit den gegebenen Zahlenwerten beträgt in diesem Fall die optimale Losgröße 9129 ME/Los. Damit ergeben sich ca. 20 Produktionsauflagen pro Jahr im Abstand von jeweils ca. 18 Tagen.

Aufgabe 6.3.58: Gegeben ist eine ertragsgesetzliche Kostenfunktion K mit
$K(x) = 0{,}1x^3 - 2{,}4x^2 + 30x + 640$; K: Gesamtkosten (GE) ; x: Output (ME) .

i) Man bestimme die Schwelle des Ertragsgesetzes.
ii) Man ermittle das Betriebsminimum.
iii) Man zeige, dass das Betriebsoptimum für $x = 20$ ME angenommen wird.
iv) Man ermittle diejenige Produktionsmenge, für die die Grenzkosten minimal werden.
v) Man zeige, dass im Betriebsoptimum die Grenzkosten gleich den Durchschnittskosten sind.

Aufgabe 6.3.59: Gegeben sei die Kostenfunktion K(x) eines Monopolisten mit

$K(x) = 0{,}01x^3 - 1{,}5x^2 + 120x + 4.000$ (K: Gesamtkosten ; x: Output) .

Der Monopolist operiere am Markt mit folgender Nachfragefunktion

$p(x) = 1.044 - 0{,}3x$ (p: Preis ; x: nachgefragte Menge) .

(Er sei in der Lage, Produktion und Absatz zu synchronisieren.)

i) Bei welchem Preis bewirkt die Erhöhung des Preises um eine GE/ME einen Nachfragerückgang um 0,3 ME?

ii) Ermitteln Sie die Höhe des zu produzierenden Outputs, bei dem die variablen Kosten pro produzierter Outputeinheit minimal werden.

iii) Welche Menge muss der Monopolist produzieren und absetzen, um seinen a) Gesamtgewinn b) Stückgewinn c) Deckungsbeitrag d) Stückdeckungsbeitrag e) Gesamtumsatz f) Umsatz pro Stück zu maximieren? Man ermittle die zugehörigen Preise.

iv) Für welchen Preis sind die Grenzkosten des Monopolisten minimal?

v) Es werde nunmehr angenommen, der Produzent habe zwar die oben angegebene Kostenfunktion, operiere aber an einem polypolistischen Markt mit einem festen und von ihm nicht beeinflussbaren Marktpreis p für sein Produkt.

a) Welches ist der kleinste Preis p, bei dem der Produzent gerade noch seine gesamten Kosten decken kann ?

b) Wie lautet die (langfristige) Angebotsfunktion des Polypolisten ? Bei welchem minimalen Preis tritt er erstmals am Markt auf ?

Aufgabe 6.3.60: Gegeben sei eine Produktionsfunktion mit der Gleichung

$x(r) = -0{,}4r^3 + 18r^2 + 24r$ (x: Output ; r: Input) .

Dabei darf der Input maximal 25 ME_r betragen.

i) Für welchen Faktorinput wird die Grenzproduktivität maximal?
ii) Man zeige, dass im vorgegebenen Inputbereich kein relatives Ertragsmaximum existiert.
iii) Für welchen Faktorinput ist der Durchschnittsertrag maximal?
iv) Für welchen Faktorinput sind Grenz- und Durchschnittsertrag identisch?

Aufgabe 6.3.61: Eine monopolistische Unternehmung produziert ihren Output x (in ME_x) mit Hilfe eines einzigen variablen Produktionsfaktors (Input r in ME_r) gemäß folgender Produktionsfunktion: $x(r) = 4\sqrt{r - 100}$ ($r \geq 100$). Der Faktorpreis betrage 16 €/ME_r. Der Output x kann gemäß der Preis-Absatz-Funktion $x(p) = 196 - 0{,}4p$ (p in €/ME_x) abgesetzt werden.

i) Bei welchem Output operiert die Unternehmung im Betriebsoptimum?
ii) Wie lauten die Gewinnschwellenpreise der Unternehmung?
iii) Welchen Marktpreis muss die Unternehmung fordern, um maximalen Gewinn zu erzielen?

***Aufgabe 6.3.62-I:** Gegeben sei für ein Gut die Preis-Absatz-Funktion p(x) mit

$$p(x) = \begin{cases} 180 - 2x & \text{für} \quad 0 \le x \le 60 \\ 78 - 0{,}3x & \text{für} \quad x > 60 \end{cases} \qquad \text{(p (>0) : Preis in GE/ME ; x: Menge in ME)}$$

Die Gesamtkostenfunktion K lautet: $K(x) = 15x + 3000.$

Man ermittle: **i)** das Erlösmaximum **ii)** die Gewinnschwellen **iii)** das Gewinnmaximum .

***Aufgabe 6.3.62-II:** Für einen Polypolisten auf dem unvollkommenen Markt sei die folgende doppelt-geknickte Preis-Absatz-Funktion gegeben:

$$p(x) = \begin{cases} -0{,}5x + 50 & \text{für} \quad 0 \le x \le 10 \text{ ME} \\ -2x + 65 & \text{für} \quad 10 < x \le 20 \text{ ME} \\ -0{,}5x + 35 & \text{für} \quad 20 < x \le 70 \text{ ME} \end{cases} .$$

i) Man ermittle Preis, Menge und Gewinn im Gewinnmaximum, wenn der Anbieter mit folgender Kostenfunktion produziert:

a) $K(x) = 0{,}008x^3 - 0{,}6x^2 + 20x + 150$ **b)** $K(x) = 30x + 100$.

ii) Wie hoch dürfen im Fall i) b) die Grenzkosten maximal ansteigen, damit sich noch ein nichtnegativer Gewinn ergibt ?

Aufgabe 6.3.63-I: Die Eisbär AG liefert in kontinuierlicher Weise pro Jahr 48.000 Kühlschränke des Typs QXL aus. Bei jeder Produktionsumstellung auf den Typ QXL fallen Rüstkosten in Höhe von 7.680 € an. Für Lagerung rechnet die AG mit 6 € pro Kühlschrank und Monat.

i) Man ermittle für jeden der beiden Fälle a) und b) die Anzahl und Größe der pro Jahr erforderlichen Produktionslose sowie die jeweiligen Gesamtkosten für Umrüstung und Lagerung, wenn die Eisbär AG kostenoptimale Politik betreibt:

a) Die Produktionszeit wird als als vernachlässigbar klein angenommen;

b) Die Produktion erfolgt mit einer kontinuierlichen Rate von 5000 Kühlschränken pro Monat.

ii) Man zeige mit Hilfe von (6.3.55): Für die optimale Losgröße x* gilt stets *(d.h. unabhängig von speziellen Ausgangsdaten)*: $K_L = K_R$ *(d.h. Lagerkosten = Rüstkosten im Optimum).*

Aufgabe 6.3.63-II: Gelegentlich wird die Meinung vertreten, die optimale Losgröße (bzw. Bestellmenge) werde an der Stelle angenommen, an der sich Lager- und Rüstkostenkurve schneiden (Abb. 6.3.52). Man zeige, dass diese Behauptung richtig ist, sofern die Lagerkostenkurve eine Ursprungsgerade ($K_L = ax$) und die Rüstkostenkurve eine Hyperbel ($K_R = \frac{b}{x}$) ist.

Aufgabe 6.3.64: In einem Reparaturwerk befindet sich eine zentrale Materialausgabestelle, die pro Stunde im Durchschnitt von 40 Monteuren aufgesucht wird. Die mittlere Wartezeit t (in Minuten) der Ankommenden bis zum Erhalt des verlangten Materials hängt umgekehrt proportional ab von der Anzahl x der in der Ausgabe Beschäftigten: $t = t(x) = \frac{20}{x}$. Der Lohn des Monteurs betrage 24 €/h, der eines in der Ausgabe Beschäftigten 20 €/h. Wieviele Arbeitnehmer sollte das Werk in der Materialausgabe einsetzen, damit die stündlichen Gesamtkosten für die Materialausgabe (= Lohnkosten plus Wartekosten) minimal werden?

Aufgabe 6.3.65: Die Produktionskapazität P (in Leistungseinheiten (LE)) eines Unternehmens, das im Jahre 1990 (t = 0) gegründet wurde, sei im Zeitablauf t (in Jahren) durch folgende Funktion beschrieben: $P(t) = \frac{38.500}{700 + (t-20)^2}$; $t \geq 0$.

i) Mit welcher Anfangskapazität startete das Unternehmen im Jahr 1990?

ii) In welchem Jahr erreicht(e) die Unternehmung ihre maximale Produktionskapazität? Höhe?

Aufgabe 6.3.66: Die Rentabilität R (= Jahresgewinn dividiert durch das eingesetzte Produktivkapital, ausgedrückt in % p.a.) einer Unternehmung hänge vom Marktanteil m (in %) des hergestellten Produktes in folgender Weise ab:

$$R(m) = -5m^2 + 3{,}6m - 0{,}35 \ .$$

Die Unternehmung kann mit den vorhandenen Kapazitäten einen Marktanteil von höchstens 80% realisieren, d.h. $0 \leq m \leq 0{,}80$.

i) Welchen Marktanteil sollte die Unternehmung anstreben, um eine möglichst große Rentabilität zu erreichen ? Wie groß ist die maximale Rentabilität ?

ii) Die Unternehmung fordert eine Mindestrentabilität von 15% p.a. Innerhalb welcher Werte darf der Marktanteil schwanken, wenn dieses Ziel erreicht werden soll?

iii) Wie hoch ist der Unternehmensgewinn beim höchsterreichbaren Marktanteil, wenn das eingesetzte Produktivkapital 9,2 Mio. € beträgt?

Aufgabe 6.3.67: Der Markt für ein bestimmtes Produkt lasse sich vom Produzenten marketingbezogen in mehrere Segmente (Zielgruppen) zerlegen. Je höher der Segmentierungsgrad s (s kann zwischen 0 (%) und 100 (%) schwanken), desto höher der erzielbare Gesamtumsatz U (in T€), desto höher aber auch die aus der Segmentierungsstrategie resultierenden gesamten Produktions- und Marketingkosten K (in T€). Der quantitative Zusammenhang werde durch folgende Funktionen beschrieben:

$$U(s) = -0{,}1\,(s-100)^2 + 500 \ ; \qquad K(s) = 0{,}02s^2 + 200 \ ; \qquad 0 \leq s \leq 100 \ .$$

i) Welchen Segmentierungsgrad muss die Unternehmung mindestens erreichen, damit die Umsätze die Kosten decken?

ii) Bei welchem Segmentierungsgrad erzielt der Produzent maximalen Gesamtgewinn? Wie hoch ist dieser Maximalgewinn?

Aufgabe 6.3.68: Ein Monopolist produziere mit folgender Kostenfunktion:

$$K(x) = x^3 - 12x^2 + 60x + 98$$

und sehe sich der Nachfragefunktion $p(x) = -10x + 120$ gegenüber (vgl. Beispiel 6.3.45).

i) Auf jede produzierte und abgesetzte Mengeneinheit werde eine Mengensteuer in Höhe von t = 24 GE/ME erhoben, so dass sich die Gesamtkosten des Produzenten um die abzuführende Gesamtsteuer $T = t \cdot x$ erhöhen. Man ermittle die gewinnmaximale Menge sowie die dann abzuführende Steuer und den Gesamtgewinn.

ii) Welche Mengensteuerhöhe t (GE/ME) müsste der Staat festlegen, damit er im Gewinnmaximum des Produzenten maximale Steuereinnahmen erzielt ? Wie lauten jetzt der gewinnmaximale Preis, die abzuführende Gesamtsteuer sowie der Gewinn des Produzenten ?

iii) Statt einer Mengensteuer werde nun vom Staat eine Gewinnsteuer in Höhe von 40% des Gewinns erhoben. Wie lautet die gewinnmaximale Menge, und welchen Einfluss hat die Höhe des Gewinnsteuersatzes auf den gewinnmaximalen Output?

Aufgabe 6.3.69: i) Die Gesamtkostenfunktion K einer Unternehmung lautet $K(x) = 0{,}5x + 1 + \frac{36}{x+9}$, $x \geq 0$. Bei welcher Produktionsmenge x operiert die Unternehmung im Betriebsminimum ?

ii) Nach einem Unfall in einem Chemie-Werk am Rhein wurde die Konzentration c (in μg/l) eines Gefahrstoffes an einer ausgewählten Stelle des Rheins permanent gemessen.

Es stellte sich heraus, dass diese Konzentration c in Abhängigkeit der Zeit t *(in Tagen, gezählt seit dem Zeitpunkt des Unfalls)* durch folgende Funktion beschrieben werden konnte:

$$c = c(t) = (50t+4) \cdot e^{-t} \quad , \quad t \geq 0 \ .$$

a) Nach welcher Zeit *(in Stunden, gezählt seit dem Unfall)* war die Konzentration maximal ?

***b)** Nach wieviel Stunden war die Konzentration auf 15 % des Maximalwertes gesunken ?

iii) Huber strickt in Heimarbeit Topflappen. Seine tägliche Produktion t (in Stück/Tag) hängt c.p. ab von der Gesamtzahl T (in Stück) aller bis dahin produzierten Topflappen („Lerneffekt") und richtet sich nach folgender Funktion:

$$t = t(T) = 24 - 16 \cdot e^{-0{,}005\,T} \quad , \quad T \geq 0 \ .$$

a) Man überprüfe mathematisch, ob Hubers täglicher Output mit zunehmender Gesamtmenge tatsächlich (wie man es eigentlich erwarten müsste) **zu**nimmt.

b) Wieviele Topflappen kann Huber auch bei „unendlich großer Erfahrung" höchstens pro Tag produzieren ?

iv) Der Kapitalwert C_0 einer Investition sei in Abhängigkeit des Zinssatzes i gegeben durch die Gleichung (mit $q = 1+i$) :

$$C_0 = -400 + 500 \cdot \frac{1}{q} + 700 \cdot \frac{1}{q^2} - 800 \cdot \frac{1}{q^3} \quad , \quad (q>0) \ .$$

Bei welchem Zinssatz i ist der Kapitalwert maximal ?

v) Das Huber-Movies-Programmkino hat eine Kapazität von 200 Sitzplätzen. In den Wintermonaten richten sich die Heizkosten H (in GE) während einer Filmvorführung nach der Auslastung x (= Besucherzahl pro Vorstellung) und können durch folgende Funktion beschrieben werden:

$$H = H(x) = 60 - 0{,}001 \cdot x^2 \quad ; \quad (0 \leq x \leq 200) \ .$$

Für welche Besucherzahl werden die während einer Filmvorführung entstehenden Heizkosten minimal ?

vi) Gegeben sei eine Investitionsfunktion I(i), die den Zusammenhang von Investitionsausgaben I für den Wohnungsbau *(in Mio. €/Jahr)* und dem *(eff.)* Kapitalmarktzinssatz i *(in % p.a.: z.B. i=0,08 = 8% p.a. usw.)* beschreibt:

$$I = I(i) = \frac{50.000}{250\,i + 1} \quad ; \quad (i \geq 0) \ .$$

a) Bei welchem Zinssatz werden pro Jahr 2 Milliarden € in den Wohnungsbau investiert ?

b) Bei welchem Zinssatz sind die jährlichen Investitionen in den Wohnungsbau maximal?

Aufgabe 6.3.70: **i)** Die Huber AG will ihr neues Produkt vermarkten, pro Mengeneinheit (ME) erzielt sie einen Verkaufserlös von 50 Geldeinheiten (GE).

Bei der Produktion des Produktes fallen Fixkosten in Höhe von 5.000 GE/Jahr an, darüber hinaus verursacht jede hergestellte Mengeneinheit Produktionskosten in Höhe von 4 GE.

Um den Markterfolg ihres Produktes langfristig zu sichern, beauftragt die Huber AG eine Werbeagentur. Bezeichnet man die jährlichen Gesamtaufwendungen für Werbung mit w, so besteht zwischen nachgefragter Menge x (in ME/Jahr) und Werbeaufwand w (in GE/Jahr) folgende funktionale Beziehung:

$$x = x(w) = 1000 - 200 \cdot e^{-0,05\,w} \quad , \quad (x, w \geq 0) \ .$$

Welchen jährlichen Werbeaufwand muss die Huber AG tätigen, damit ihr Gesamtgewinn aus Produktion und Vermarktung *(d.h. Erlös minus Produktionskosten minus Werbeaufwand)* maximal wird?

ii) Die Huber GmbH produziert in der hier betrachteten Periode ausschließlich Gimmicks. Dazu benötigt sie *(außer festen Inputfaktoren)* einen einzigen variablen Inputfaktor, nämlich Energie.

Bezeichnet man die Gesamtheit der in der Bezugsperiode produzierten Gimmicks mit m *(in kg)* und die dafür insgesamt benötigte Energiemenge mit E *(in Energieeinheiten (EE))*, so besteht zwischen m und E der folgende funktionale Zusammenhang:

$$m = m(E) = 20\sqrt{0,5E - 80} \quad , \quad E \geq 160 \ .$$

Eine Energieeinheit kostet die Huber GmbH 20 GE.

Die Gimmicksproduktion kann unmittelbar am Markt abgesetzt werden zum Marktpreis p, der von der Huber GmbH festgesetzt wird. Zwischen nachgefragter Menge m und Absatzpreis p *(in GE/kg)* besteht folgender Zusammenhang:

$$m = m(p) = 400 - 0,25p \quad , \quad (m, p \geq 0) \ .$$

Wie muss die Huber GmbH den Marktpreis für ihre Gimmicks festsetzen, um in der betrachteten Periode maximalen Gesamtgewinn zu erzielen?

iii) Emir Huber will in der Sahara nach Wasser bohren und das damit evtl. gefundene Wasser fördern und für Trinkwasserzwecke aufbereiten.

Wegen der damit verbundenen Kosten sucht er herauszufinden, in welchem Abstand x (in Längeneinheiten (LE)) er die Bohrungen einbringen soll, um per Saldo die Kosten pro Tonne (t) geförderten und aufbereiteten Wassers zu minimieren. Dabei ist zu beachten:

Je größer der Abstand x zwischen zwei Bohrstellen, desto geringer fallen die durchschnittlichen reinen Bohrkosten k_B (in GE/t) aus (und umgekehrt).

Die durchschnittlichen Bohrkosten k_B pro t geförderten Wassers lauten in Abhängigkeit vom Abstand x (> 0) zwischen zwei Bohrstellen:

$$k_B = \frac{2000}{x} \qquad \textit{(siehe Abbildung)}$$

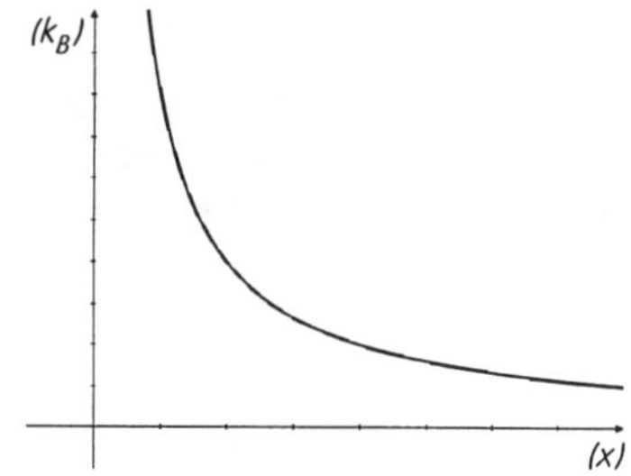

Andererseits steigen mit zunehmendem Abstand zwischen zwei Bohrstellen die Kosten k_W (in GE /t) für die Wassergewinnung, da die genaue Lokalisierung der Wasserstellen ungenauer wird und außerdem die Aufbereitung des Wassers schwieriger wird. Für die pro t geförderten Wassers durchschnittlich anfallenden Gewinnungs- und Aufbereitungskosten k_W gilt (mit x > 0):

$$k_W = 5000 \cdot e^{-\frac{2}{x}} + 300 \qquad \textit{(siehe Abb.)}$$

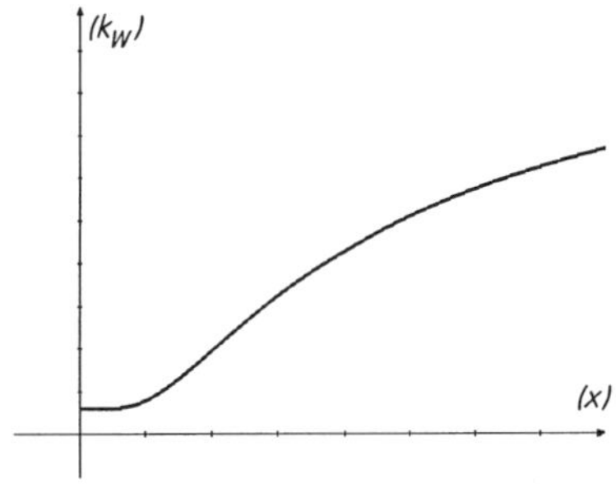

Die gesamten Förderkosten k (pro Tonne geförderten und aufbereiteten Wassers) setzen sich schließlich additiv aus den Bohrkosten k_B und den Wassergewinnungskosten k_W zusammen.

Bei welchem Bohrabstand sind die (durchschnittlichen) gesamten Förderkosten (pro t Wasser) für Huber minimal ?

iv) Das Angebot A *(in Stunden pro Monat (h/M.))* an Arbeitskräften für die Baumwollernte in den USA hängt ab vom gezahlten Arbeitslohn p *(in GE/h)* und richtet sich nach folgender Funktion:

$$A = A(p) = 0{,}05 \cdot p \cdot (120 - p)\,; \qquad (0<p<100) \quad .$$

a) Bei welchem Stundenlohn ergibt sich das höchste Angebot an Arbeitskräften pro Monat ? Welche Lohnsumme wird dann pro Monat insgesamt gezahlt ?

b) Bei welchem Stundenlohn ist die pro Monat insgesamt gezahlte Lohnsumme (d.h. für alle Arbeitnehmer zusammen) maximal ? Wie hoch ist die maximale Lohnsumme ?

v) Betrachtet werde ein „durchschnittlicher" Unternehmer, dessen Jahreseinkommen Y mit einer Steuer belastet wird. Der Steuersatz s sei vorgegeben (z.B. bedeutet s = 0,6: 60 % des Unternehmereinkommens werden als Steuer an den Staat abgeführt usw.); s kann vom Staat geändert werden.

Langjährige Untersuchungen zeigen, dass die Gesamteinnahmen T des Staates an dieser Steuer wiederum von der Höhe des Steuersatzes s abhängen, d.h. T = T(s). Für die Eckwerte von s (nämlich 0% und 100%) gelten etwa folgende Überlegungen:

- Wenn s = 0 (≙ 0 %), so benötigt der Staat offenbar keine Steuern, es gilt T=0, das gesamte Einkommen verbleibt beim Unternehmer.
- Wenn s = 1 (≙ 100 %), so muss der Unternehmer sein gesamtes Einkommen an den Staat abführen, daher wird der Unternehmer in diesem Fall – getreu dem ökonomischen Prinzip – überhaupt kein Einkommen erzielen wollen, d.h. auch jetzt wird der Staat keine Steuereinnahmen erzielen, T=0.
- Nur wenn der Steuersatz zwischen 0 und 1 liegt, erzielt der Staat Steuereinnahmen, T>0.

Es werde nun unterstellt, dass die eben beschriebene Funktion T folgende Gestalt besitzt:

(*) $T = T(s) = a \cdot s \cdot (1 - s)\;;\; (0 \le s \le 1)\,,\quad a = \text{const.}\ (>0)\,.$ (T: Steuereinnahmen des Staates; s: Steuersatz)

a) Man zeige, dass diese Funktion T(s) die drei eben beschriebenen Eigenschaften besitzt.

b) Für welchen Steuersatz erzielt der Staat die höchsten Steuereinnahmen ?

c) Wie müsste in der Steuerfunktion (*) die Konstante a gewählt werden, damit für einen Steuersatz von 20% die Elastizität der Steuereinnahmen bzgl. des Steuersatzes den Wert 0,75 aufweist? *(Für den Aufgabenteil c) ist die Kenntnis von Kap. 6.3.3 Voraussetzung.)*

vi) Die pro Stunde Fahrt entstehenden Treibstoffkosten k_t *(in €/h)* einer Diesellokomotive sind proportional zum Quadrat der Lokomotivgeschwindigkeit v *(in km/h)*, d.h. es gilt:

$$k_t = c \cdot v^2 \; ; \; (c = const.) \quad .$$

Messungen ergaben, dass bei einer Geschwindigkeit von 40 km/h die Treibstoffkosten 25 €/h betragen .

Die darüber hinaus *(unabhängig von der Lokomotivgeschwindigkeit)* entstehenden Kosten betragen 100 €/h.

Mit welcher Geschwindigkeit sollte die Lokomotive fahren, damit die insgesamt pro gefahrenem Kilometer entstehenden Kosten minimal werden ?

vii) Während ihrer umfangreichen Reisetätigkeit mit der Deutschen Bahn AG ist der Wirtschaftsprüferin Prof. Dr. Z. aufgefallen, dass ein bemerkenswerter Zusammenhang besteht zwischen der Höhe h (in cm) der Absätze ihrer Stöckelschuhe und der Wahrscheinlichkeit W dafür, dass sie ihren Reisekoffer selbst vom Bahnsteig zum Taxi tragen muss. Der funktionale Zusammenhang zwischen W und h kann durch folgende Funktion beschrieben werden:

$$W = W(h) = 0{,}01 \cdot h^2 - 0{,}16h + 0{,}9 \; ; \; (0 \leq h \leq 10) \,.$$

Lesebeispiel: Bei Absatzhöhe 10 cm ist die Wahrscheinlichkeit dafür, den Koffer selbst tragen zu müssen, 30 % (= 0,3), bei flachen Absätzen (h = 0) findet sich nur in 10 % aller Fälle ein hilfreicher Kofferträger (denn W(0) = 0,9), usw.

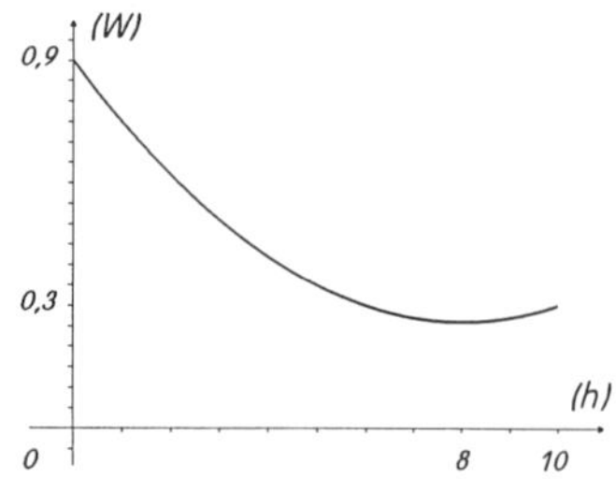

Auf den ersten Blick scheint sich eine Absatzhöhe zu empfehlen, die W minimiert, d.h. 8 cm (s.o.). Andererseits steigt bei hohem Absatz der Ärger Ä (in Strafpunkten), der immer dann entsteht, wenn sie den Koffer doch einmal selbst tragen muss: Je höher der Absatz, desto ärgerlicher das eigenhändige Koffertragen.

Die zugehörige Ärgerfunktion lautet:

$$Ä = Ä(h) = 0{,}25h + 1 \; ; \; (0 \leq h \leq 10) \,.$$

(d.h. der Ärger (oder die „Strafe") bei eigenhändigem Koffertragen nimmt linear mit der Stöckelhöhe zu.)

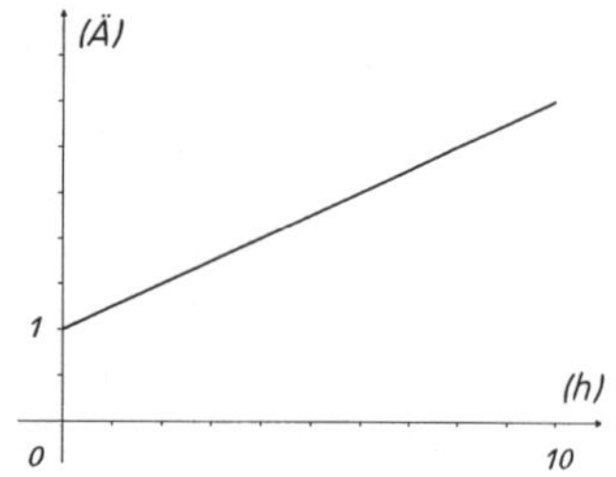

Der zu jeder Stöckelhöhe h zu erwartende *Gesamtfrust* F(h) ist nun definitionsgemäß gegeben als Produkt aus der Wahrscheinlichkeit W(h), den Koffer selbst tragen zu müssen, und der Strafe Ä(h) beim eigenhändigen Tragen des Koffers *(F(h) ist ein „Erwartungswert")*.

Welche Absatzhöhe würden Sie Frau Prof. Dr. Z. zukünftig empfehlen, damit ihr Gesamtfrust möglichst gering ausfällt?

6.3.3 Die Elastizität ökonomischer Funktionen

6.3.3.1 Änderungen von Funktionen

Der folgende Abschnitt ist der Frage gewidmet, wie man in ökonomisch sinnvoller und aussagekräftiger Weise das **Änderungsverhalten ökonomischer Größen** beschreiben kann, die über eine funktionale Beziehung (z.B. $f = f(x)$) miteinander verknüpft sind. Eine wesentliche Aussage über das wechselseitige Änderungsverhalten von Funktionsvariablen kann bereits mit Hilfe des **Ableitungsbegriffes** erfolgen (vgl. Satz 6.1.22):

> Danach gibt der Differenzenquotient $\Delta f/\Delta x$ exakt (bzw. der **Differentialquotient** df/dx näherungsweise) an, um wieviele **Einheiten** sich die abhängige Variable f ändert, wenn die unabhängige Variable x um **eine Einheit** geändert wird.

Ob dieses – auf dem **Verhältnis absoluter Änderungen** df und dx (bzw. Δf und Δx) beruhende – Änderungsmaß in allen Fällen zu einer befriedigenden Aussage über das Änderungsverhalten der zugrundeliegenden Funktion führt, soll im folgenden untersucht werden:

i) Betrachtet sei die (zeitraumbezogene) Nachfrage x (in kg) nach einem Gut in Abhängigkeit vom Marktpreis p (in €/kg) des Gutes (hier bedeuten x die abhängige und p die unabhängige Variable). Es sei dazu eine lineare Nachfragefunktion unterstellt mit der Gleichung

$$x = x(p) = -40p + 560 \quad (0 < p \le 14).$$

Der Zahlenwert der 1. Ableitung $x'(p)$ beträgt konstant -40, so dass sich die Nachfrage stets um 40 kg verringert *(bzw. vermehrt)*, wenn der Preis um 1 €/kg angehoben *(bzw. gesenkt)* wird, vgl. Abb. 6.3.71.
Beschreibt man nun diesen Sachverhalt durch Verwendung der Gewichtseinheit „1 t" (statt 1 kg), so entspricht (wegen 1 t = 1.000 kg bzw. 1 kg = 0,001t) eine Preiserhöhung von 1 €/kg nun einer Preiserhöhung von 1.000 €/t. Analog ergibt sich für die Mengenänderung −40 kg nun der Wert −0,04 t. In den neuen Einheiten lautet daher die erste Ableitung:

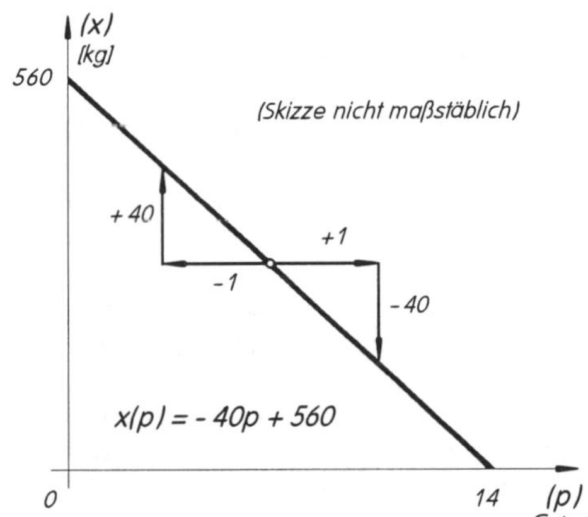

Abb. 6.3.71

$$\frac{dx}{dp} = -40 \, \frac{\text{kg}}{\text{€/kg}} = \frac{-0{,}04\ \text{t}}{1.000\ \text{€/t}} = -0{,}00004 \, \frac{\text{t}}{\text{€/t}} .$$

Man sieht, dass dasselbe Änderungsverhältnis einmal den Zahlenwert −40 und *(äquivalent)* andererseits −0,00004 besitzt, je nach den verwendeten Einheiten. Daher ist der **Zahlenwert** der **ersten Ableitung** als **Vergleichsmaß** für die **Änderung** von Funktionen **nicht** ohne weiteres **geeignet** und sollte nur mit Vorsicht unter Beachtung der jeweils verwendeten Maßeinheiten verwendet werden.

ii) Auch aus einem weiteren Grund ist die Verwendung der Ableitung einer Funktion als Änderungsmaß nicht besonders aussagekräftig. Dazu betrachten wir für die oben gegebene Nachfragefunktion $x(p) = -40p + 560$ drei verschiedene Situationen, aus denen heraus eine Preiserhöhung um jeweils 0,50 €/kg stattfinden möge:

	(a)	(b)	(c)
Bisheriger Preis: p	1,50 €/kg	7,00 €/kg	12,00 €/kg
Preisänderung: Δp	**0,50 €/kg**	**0,50 €/kg**	**0,50 €/kg**
Neuer Preis: p + Δp	2,00 €/kg	7,50 €/kg	12,50 €/kg
Bisherige Menge: x	500 kg	280 kg	80 kg
Mengenänderung: Δx	**–20 kg**	**–20 kg**	**–20 kg**
Neue Menge: x + Δx	480 kg	260 kg	60 kg

Man erkennt folgendes (vgl. auch Abb. 6.3.72): In allen drei Fällen reagieren die Nachfrager bei einer Preiserhöhung von 0,50 €/kg „gleich“: Sie reduzieren die Nachfrage jeweils um 20 kg (denn $x'(p) \equiv -40$). Bei *genauerem* Hinsehen und Betrachtung der relativen (prozentualen) Änderungen erkennt man allerdings, dass hier keinesfalls von „gleichartigem“ Verhalten gesprochen werden kann: Während im Fall (a) eine relativ hohe ($33\,^1/_3\%$ ige) Preiserhöhung (von 1,50 auf 2,00€/kg) vorliegt, handelt es sich bei der Erhöhung von 7,00 auf 7,50 €/kg (Fall (b)) um eine 7,14%ige, in (c) um eine nur noch $4{,}1\overline{6}\%$ige Preiserhöhung. Etwas Ähnliches zeigt sich bei den stets absolut gleichhohen Nachfrageänderungen von – 20 kg: Im Fall (a) reduziert sich die Nachfrage um 4% (von 500 kg), in (b) um 7,14% (von 280 kg) und in (c) um 25% (von 80 kg). Eine Situation aber, in der die Nachfrager auf eine $33{,}\overline{3}\%$ige Preiserhöhung mit 4% Mengenrückgang (behäbig) reagieren (Fall (a)), ist keineswegs identisch mit der Situation, in der die Nachfrager auf eine $4{,}1\overline{6}\%$ ige Preiserhöhung mit 25% Mengenrückgang (heftig) reagieren (Fall (c)). Fall (b) zeigt eine „ausgeglichene“ Aktion/Reaktion: Preiserhöhung und Mengenreaktion erfolgen mit jeweils gleichem Prozentsatz (nämlich 7,14%). Lediglich die in allen Fällen gleichen Werte der *absoluten* Änderungen ($\Delta p = 0{,}5$; $\Delta x = -20$) bzw. des Differentialquotienten ($dx/dp \equiv -40$) in allen drei Fällen verleiten dazu, von „gleichartigem“ Änderungsverhalten zu sprechen.

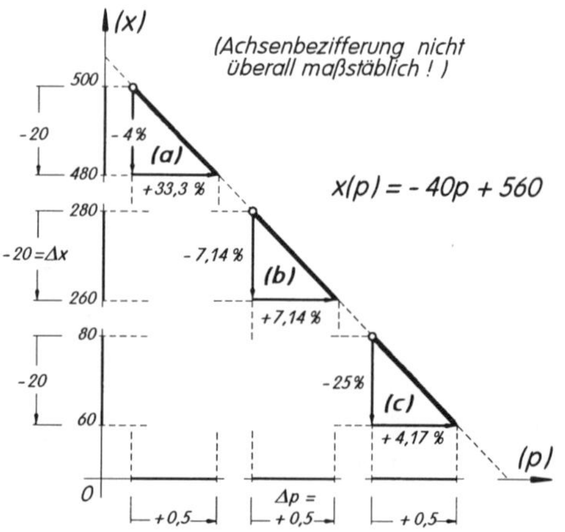

Abb. 6.3.72

Das Beispiel zeigt hingegen, dass die **absoluten Änderungswerte** – repräsentiert durch die erste Ableitung – nur eine **unvollständige Information** über das tatsächliche **Änderungsverhalten** der beteiligten Größen liefern, da keine Aussage darüber gemacht wird, ob die Änderungen – bezogen auf das bisherige Niveau – als relativ „groß“ oder relativ „klein“ zu gelten haben.

Zusammenfassend lässt sich sagen: Die **erste Ableitung** als Verhältnis absoluter Änderungen ist als Vergleichs- und Beurteilungsmaß für die wechselseitig bedingten Änderungstendenzen ökonomischer Größen aus zwei Gründen **nur bedingt** geeignet:

i) Der Zahlenwert des Differentialquotienten **ändert seinen Wert** an ein und derselben Stelle bei **Änderung** der verwendeten **Maßeinheiten**.

ii) Die Zahlenwerte des Differentialquotienten als „Änderungsmaß" können zu **Fehlinterpretationen** führen, da sie **keinerlei Aussagen** über das der Änderung zugrundeliegende **Ausgangsniveau** der Variablen enthalten.

Es liegt daher nahe, ein Änderungsmaß zu wählen, das beide Nachteile vermeidet: die „**Elastizität**" einer Funktion.

6.3.3.2 Begriff, Bedeutung und Berechnung der Elastizität von Funktionen

Die Grundidee zur Vermeidung der eben angesprochenen Nachteile besteht darin, nunmehr nicht die absoluten Änderungen (z.B. Δx, Δp), sondern die **relativen** (oder „prozentualen") **Änderungen** (z.B. $\Delta x/x$, $\Delta p/p$) der beteiligten Größen ins **Verhältnis** zu setzen.

Beispiel: Wenn etwa (vgl. obigen Fall (a)) eine $33{,}\overline{3}$ % ige (= $\Delta p/p$) Preissteigerung eine -4 % ige (= $\Delta x/x$) Mengenänderung zur Folge hat, so liefert der Quotient

$$\text{(6.3.73)} \qquad \frac{\text{relative Mengenänderung}}{\text{relative Preisänderung}} = \frac{\frac{\Delta x}{x}}{\frac{\Delta p}{p}} = \frac{-4\ \%}{33{,}\overline{3}\ \%} = \frac{-0{,}12\ \%}{1\ \%} = -0{,}12$$

die durchschnittlich auf ein Prozent Preisänderung entfallende relative Mengenänderung: pro 1 % Preisanstieg fällt die Nachfragemenge um (durchschnittlich) 0,12 %. Der Quotient (6.3.73) heißt „Elastizität von x bzgl. p".

Für die **allgemeine Definition der Elastizität** benutzen wir wieder eine Funktion f: y = f(x) mit x als unabhängiger Variabler:

Def. 6.3.74: Es sei die Funktion f: y = f(x) gegeben. Ändert man an der Stelle (x; f(x)) die unabhängige Variable x um Δx, so möge sich f um Δf ändern ($\Delta f = f(x + \Delta x) - f(x)$); vgl. Abb. 6.3.76.

Das **Verhältnis** $\varepsilon_{f,x}$ der **relativen** („prozentualen") **Änderungen** $\frac{\Delta f}{f}$ und $\frac{\Delta x}{x}$

$$\text{(6.3.75)} \qquad \varepsilon_{f,x} := \frac{\frac{\Delta f}{f}}{\frac{\Delta x}{x}} = \frac{\frac{f(x+\Delta x) - f(x)}{f(x)}}{\frac{\Delta x}{x}}$$

heißt (Bogen-) **Elastizität von f bzgl. x** in [x; x + Δx]

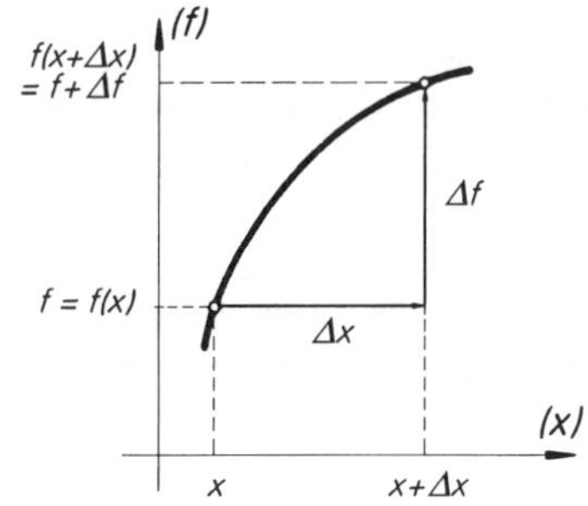

Abb. 6.3.76

Der Zahlenwert der Bogenelastizität $\varepsilon_{f,x}$ gibt an, um wieviel % sich f durchschnittlich ändert, wenn die unabhängige Variable – ausgehend von der Stelle x – um 1% geändert wird.

Beispiel 6.3.77: Gegeben seien: f: $y = x^2 + 1$; $x = 3$; $\Delta x = 1$. Daraus folgt:

$f(x) = f(3) = 10$; $f(x + \Delta x) = f(4) = 17 \Rightarrow \Delta f = f(x + \Delta x) - f(x) = f(4) - f(3) = 7$.

Damit lautet die Bogenelastizität: $\varepsilon_{f,x} = \dfrac{\frac{\Delta f}{f}}{\frac{\Delta x}{x}} = \dfrac{\frac{7}{10}}{\frac{1}{3}} = 2{,}1$, d.h., ändert man (ausgehend von der Stelle $x = 3$) x um 1 %, so ändert sich der Funktionswert um 2,1 %.

Beispiel 6.3.78: Für die Nachfragefunktion $x(p) = -40p + 560$ (vgl. Abb. 6.3.72) ergeben sich in den Fällen a), b), c) unter Beachtung der Tatsache, dass nunmehr x die abhängige (und p die unabhängige) Variable ist, folgende Elastizitäten der Menge x bzgl. des Preises p:

(a) $\varepsilon_{x,p} = \dfrac{-4\,\%}{33{,}\overline{3}\,\%} = -0{,}12$ (b) $\varepsilon_{x,p} = \dfrac{-7{,}14\,\%}{7{,}14\,\%} = -1$ (c) $\varepsilon_{x,p} = \dfrac{-25\,\%}{4{,}1\overline{6}\,\%} = -6$.

Man erkennt, dass die Nachfrager in unterschiedlichen Bereichen der Nachfragefunktion auf jeweils 1% Preisänderung unterschiedlich „heftig“ (unterschiedlich „elastisch“) reagieren: In (a) sinkt die Menge um weniger als 1% (*unelastische* Nachfrage[16]), in (b) um genau 1% (*fließende* Nachfrage) und in (c) um 6% (*elastische* Nachfrage), vgl. Abb. 6.3.72.

Bemerkung 6.3.79: *Gelegentlich verwendet man als Bogenelastizität auch die Terme*

$$i)\ \dfrac{\frac{\Delta f}{f + \Delta f}}{\frac{\Delta x}{x + \Delta x}} \quad \text{bzw.} \quad ii)\ \dfrac{\frac{\Delta f}{f + \Delta f/2}}{\frac{\Delta x}{x + \Delta x/2}} .$$

Sie unterscheiden sich von (6.3.75) dadurch, dass als Bezugsgröße für die Ermittlung der relativen Änderungen in i) der rechte Intervallrand bzw. in ii) die Mitte des Intervalls $[x; x + \Delta x]$ verwendet wird, während in (6.3.75) der linke Intervallrand zugrundeliegt. Die Unterschiede zwischen diesen drei Elastizitätsbegriffen gehen mit abnehmender Intervallbreite gegen Null.

Für allgemeinere Untersuchungen des Elastizitätsverhaltens ökonomischer Funktionen an beliebigen Stellen ihres Definitionsbereiches erweist sich allerdings die **Bogenelastizität** (6.3.75) als recht **unhandlich** und **unübersichtlich**. Es liegt daher nahe - ähnlich wie beim Übergang vom Differenzenquotienten $\Delta f/\Delta x$ zum Differentialquotienten df/dx - auch für den Elastizitätsbegriff anstelle der Differenzen Δf, Δx die **Differentiale** df, dx zu verwenden, vgl. Satz 6.1.7. Damit erhalten wir in Analogie zu Def. 6.3.74 den in der **Wirtschaftstheorie gebräuchlichen Elastizitätsbegriff**, der den Vorteil einfacher Berechnung mit sich bringt:

Def. 6.3.80: Sei f eine stetig differenzierbare Funktion der unabhängigen Variablen x. Dann heißt das **Verhältnis** $\varepsilon_{f,x}$ der **relativen Änderungen** df/f und dx/x (Punkt -) **Elastizität von f bzgl. x** (an der Stelle x):

(6.3.81) $$\varepsilon_{f,x} := \dfrac{\frac{df}{f}}{\frac{dx}{x}} \qquad (x \neq 0;\ f \neq 0).$$

---

[16] Zur Begriffsbildung vgl. Kap. 6.3.3.3.

Bemerkung 6.3.82: *i) Der durch die Verwendung des Differentials $df := f'(x) \cdot dx$ (vgl. Def. 6.1.5) gebildete Elastizitätsbegriff nähert die Bogenelastizität (6.3.75) um so besser an, je kleiner $\Delta x = dx$ gewählt wird, und stimmt im Grenzfall $\Delta x \to 0$ mit ihr überein, vgl. Abb. 6.3.83 (**Punktelastizität**). Wir werden im folgenden **ausschließlich** die **Punktelastizität** (6.3.81) verwenden.*

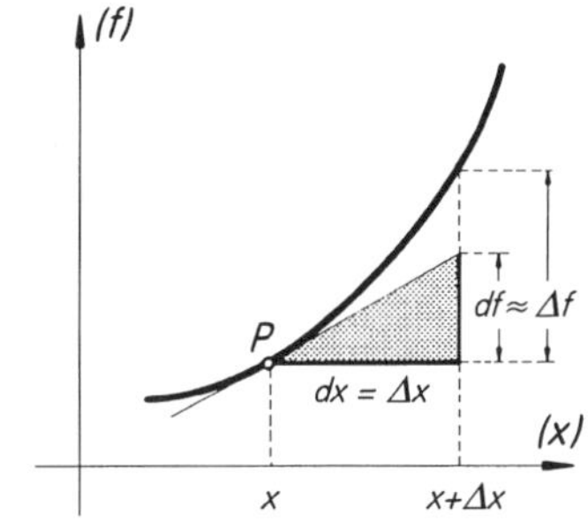

Abb. 6.3.83

ii) In der Literatur wird die Elastizität $\varepsilon_{f,x}$ gelegentlich auch mit $\eta(x)$, $\varepsilon(x)$ oder $Ef(x)/Ex$ bezeichnet.

*iii) Sowohl die **Bogenelastizität** als auch die **Punktelastizität ändern** ihren **Wert** (im Gegensatz zur 1. Ableitung) **nicht**, wenn **neue Maßeinheiten** für die Variablen eingeführt werden, vgl. Aufgabe 6.3.100.*

Der **Zahlenwert der Punktelastizität** $\varepsilon_{f,x}$ (6.3.81) kann analog zur Bogenelastizität **interpretiert** werden. Dabei ist wegen des Näherungscharakters des Differentials df (vgl. Abb. 6.3.83) der Gültigkeitsbereich i.a. auf die nähere Umgebung der betrachteten Stelle beschränkt:

Satz 6.3.84: Der **Zahlenwert der Elastizität** $\boldsymbol{\varepsilon_{f,x}}$ von f bzgl. x gibt (näherungsweise) an, um wieviel **Prozent** sich die abhängige Variable f ändert, wenn sich die unabhängige Variable x um **ein Prozent** ändert.

Dabei spielt das **Vorzeichen der Elastizität** eine wesentliche Rolle:

i) Ist $\varepsilon_{f,x}$ **positiv**, so gilt $\dfrac{df/f}{dx/x} > 0$, d.h. die relativen Änderungen sind entweder beide positiv oder beide negativ. Damit bewirkt eine relative **Zunahme** *(Abnahme)* von x eine relative **Zunahme** *(Abnahme)* von f.

Beispiel 6.3.85: Es sei C(Y) eine Konsumfunktion in Abhängigkeit vom Einkommen Y und $\varepsilon_{C,Y}$ die Elastizität des Konsums bzgl. des Einkommens. Dann bedeutet etwa die Aussage „$\varepsilon_{C,Y} = 0{,}5$“: Wenn das Einkommen Y um 1 % zunimmt (bzw. *abnimmt*), so nimmt der Konsum um 0,5 % zu (bzw. *ab*).

ii) Ist $\varepsilon_{f,x}$ **negativ**, so ist $\dfrac{df/f}{dx/x} < 0$, so dass die relativen Änderungen unterschiedliches Vorzeichen haben. Dann bewirkt eine *(rel.)* **Zunahme** *(Abnahme)* von x eine *(rel.)* **Abnahme** *(Zunahme)* von f.

Beispiel 6.3.86: Sei $x = x(p)$ eine Nachfragefunktion und $\varepsilon_{x,p}$ die Elastizität der Nachfrage bzgl. des Preises. Dann bedeutet die Aussage „ für $p = 10$ ist $\varepsilon_{x,p} = -1{,}4$“: wenn bei einem Preis von 10 GE/ME der Preis um 1 % sinkt *(steigt)*, so steigt *(fällt)* die Nachfrage um 1,4 %.

Die explizite **Berechnung der Elastizität** erfolgt durch eine einfache Umformung von (6.3.81) unter Beachtung der Beziehung $df = f'(x) \cdot dx$ bzw. $\dfrac{df}{dx} = f'(x)$:

$$\varepsilon_{f,x} = \frac{df/f}{dx/x} = \frac{df}{f} \cdot \frac{x}{dx} = \frac{df}{dx} \cdot \frac{x}{f} = f'(x) \cdot \frac{x}{f(x)}, \text{ d.h.}$$

(6.3.87)
$$\boxed{\boldsymbol{\varepsilon_{f,x} = \frac{f'(x)}{f(x)} \cdot x}} \; .$$

Man erkennt: $\varepsilon_{f,x}$ ist selbst wiederum eine Funktion, die sogenannte **Elastizitätsfunktion**. Unabhängige Variable ist die an zweiter Stelle im Index von $\varepsilon_{f,x}$ stehende Variable: $\varepsilon_{f,x} = \varepsilon_{f,x}(x)$.

Um die Elastizität einer Funktion f: $y = f(x)$ an einer vorgegebenen Stelle x_o berechnen zu können, ermittelt man zunächst die Elastizitätsfunktion $\varepsilon_{f,x}(x)$ (6.3.87) und setzt dann die Stelle x_o für x ein.

Beispiel 6.3.88: Es soll die Elastizität von f (mit $f(x) = x^2 - x + 10$) bzgl. x an der Stelle $x_o = 10$ ermittelt werden. Nach (6.3.87) gilt:

i) $\varepsilon_{f,x} = \frac{f'(x)}{f(x)} \cdot x = \frac{2x - 1}{x^2 - x + 10} \cdot x = \frac{2x^2 - x}{x^2 - x + 10}$.

ii) Einsetzen von $x_o = 10$ liefert den Elastizitätswert $\varepsilon_{f,x} = \frac{200 - 10}{100 - 10 + 10} = 1{,}9$, d.h. erhöht *(vermindert)* man $x_o = 10$ um 1 %, so steigt *(fällt)* der Funktionswert f(10) (näherungsweise) um 1,9 %.

Beispiel 6.3.89: Gegeben sei die Nachfragefunktion $p(x) = 10 - 0{,}5x$, gesucht ist die Elastizität der Nachfrage x bzgl. des Preises p bei einem Preis $p_o = 6$ GE/ME. Da für diese Problemstellung der Preis p als verursachende, unabhängige Variable und die Nachfrage x als reagierende, abhängige Variable aufzufassen ist, muss der Term

$\varepsilon_{x,p} = \frac{dx/x}{dp/p} = \frac{x'(p)}{x(p)} \cdot p$ *(vgl. (6.3.87))* gebildet werden. Zur Ermittlung der Funktionen x(p), x'(p) berechnet man zweckmäßigerweise zunächst die **Umkehrfunktion** x(p) zur gegebenen Nachfragefunktion p(x):

$p = -0{,}5x + 10 \Leftrightarrow 0{,}5x = -p + 10 \Leftrightarrow x(p) = -2p + 20 \Rightarrow x'(p) \equiv -2$. Daraus folgt:

i) $\varepsilon_{x,p} = \frac{-2}{20 - 2p} \cdot p = \frac{-p}{10 - p}$ (Elastizitätsfunktion) .

ii) $\varepsilon_{x,p}(6) = -1{,}5$, d.h. bei 1% iger Preissteigerung *(-senkung)* (bezogen auf $p_o = 6$ GE/ME) erfolgt ein Nachfragerückgang *(-anstieg)* um (ca.) 1,5%.

Bemerkung 6.3.90: *Auf eine häufig verwendete* ***Sprechweise*** *für die Kennzeichnung von Elastizitäten sei noch hingewiesen: Statt der Bezeichnung* ***„Elastizität von f bzgl. x"*** *für* $\varepsilon_{f,x}$ *(vgl. Def. 6.3.80) spricht man häufig von der* ***„x-Elastizität von f"****.*

Beispiel:

i) Statt „Elastizität der Nachfrage bzgl. des Preises" sagt man für $\varepsilon_{x,p}$ *auch „Preiselastizität der Nachfrage" (unabhängige Variable: Preis p).*

ii) Statt „Elastizität des Konsums bzgl. des Einkommens" sagt man für $\varepsilon_{C,Y}$ *auch „Einkommenselastizität des Konsums" (unabhängige Variable: Einkommen Y), usw. .*

Man beachte dabei, dass die relative Änderung der ***abhängigen*** *Variablen (= 1. Index von ε) stets im* ***Zähler****, die der* ***unabhängigen*** *Variablen (= 2. Index von ε) stets im* ***Nenner*** *von* $\varepsilon_{\ldots,\ldots}$ *steht.*

Beispiel: *Für eine Angebotsfunktion p = p(x) bzw. x = x(p) gilt: Preiselastizität des Angebots =*

$\varepsilon_{x,p} = \frac{dx/x}{dp/p}$ ***aber:*** *Angebotselastizität des Preises =* $\varepsilon_{p,x} = \frac{dp/p}{dx/x}$.

Wie aus dem letzen Beispiel deutlich wird, ergibt sich wegen $\frac{dx/x}{dy/y} = \frac{1}{\frac{dy/y}{dx/x}}$, dass die Elastizität von x bzgl. y der **Kehrwert** der Elastizität von y bzgl. x ist:

(6.3.91) $\boxed{\varepsilon_{x,y} = \frac{1}{\varepsilon_{y,x}}}$ (mit x(y) und y(x) als Umkehrfunktionen).

Beispiel 6.3.92: Sei p(x) = 16 − 0,5x eine Nachfragefunktion. Dann gilt z.B. an der Stelle x_o = 8 ME; p_o = 12 GE/ME für die Nachfrageelastizität des Preises:

$$\varepsilon_{p,x} = \frac{p'(x)}{p(x)} \cdot x = \frac{-0{,}5x}{16 - 0{,}5x}\Big/_{x=8} = -\frac{1}{3} \; .$$

Daher ist die entsprechende Preiselastizität der Nachfrage ($\varepsilon_{x,p}$) durch den Kehrwert von $\varepsilon_{p,x}$ gegeben: $\varepsilon_{x,p} = -3$ (für $p_o = 12$). Dasselbe Ergebnis erhält man durch Umkehrfunktionsbildung:

$p = 16 - 0{,}5x \quad \Leftrightarrow \quad x = 32 - 2p$, d.h.:

$$\varepsilon_{x,p} = \frac{x'(p)}{x(p)} \cdot p = \frac{-2p}{32 - 2p}\Big/_{p=12} = -3 \; .$$

Bemerkung 6.3.93: *Die Graphen der meisten ökonomischen Funktionen f(x) liegen im* ***1. Quadranten*** *des Koordinatensystems, für den $x > 0$, $f(x) > 0$ gilt. In diesem Fall richtet sich das* ***Vorzeichen der Elastizität*** $\varepsilon_{f,x} = \frac{f'(x)}{f(x)} \cdot x$ *offenbar nach dem* ***Vorzeichen der Funktionssteigung*** $f'(x)$*:*

- *Gilt $f'(x) > 0$ (d.h. ist f steigend), so ist die Elastizität $\varepsilon_{f,x}$ ebenfalls positiv.*
- *Gilt $f'(x) < 0$ (d.h. ist f fallend), so ist die Elastizität $\varepsilon_{f,x}$ ebenfalls negativ.*

(im 2., 3. und 4. Quadranten des Koordinatensystems müssen die entsprechenden Vorzeichen von x und f zusätzlich berücksichtigt werden.)

So ist z.B. bei einer monoton fallenden Nachfragefunktion mit $x > 0$; $p > 0$ wegen $x'(p) < 0$ auch die Elastizität $\varepsilon_{x,p} < 0$.

Bemerkung 6.3.94: *Gelegentlich definiert man speziell die* ***Preiselastizität der Nachfrage*** *als negatives bzw. absolutes Änderungsverhältnis:*

$$\varepsilon_{x,p} := -\frac{\frac{dx}{x}}{\frac{dp}{p}} \quad \text{bzw.} \quad \varepsilon_{x,p} := \left|\frac{\frac{dx}{x}}{\frac{dp}{p}}\right|$$

(falls man sich nur für den absoluten Zahlenwert der Elastizität interessiert).

Für den so definierten Elastizitätskoeffizienten ergeben sich bei monoton ***fallenden Nachfragefunktionen*** *stets* ***positive*** *(statt negative)* ***Werte.*** *Wir wollen diesem Brauch im weiteren* ***nicht*** *folgen, da dem* ***Vorzeichen der Elastizität eine ökonomische Bedeutung*** *zukommt: Ist $\varepsilon > 0$, so ändern sich die Variablen gleichsinnig, ist $\varepsilon < 0$, so ändern sich die Variablen gegensinnig.*

Bemerkung 6.3.95: *Schreibt man den Elastizitätsterm (6.3.87) $\varepsilon_{f,x} = \frac{f'(x)}{f(x)} \cdot x$ in der Form $\varepsilon_{f,x} = \frac{f'(x)}{\frac{f(x)}{x}} = \frac{f'(x)}{\bar{f}(x)}$, so erkennt man, dass die* ***Elastizität*** *$\varepsilon_{f,x}$ von f auch definiert werden kann als:*

Grenzfunktion f' geteilt durch Durchschnittsfunktion $\bar{f}$ *von f.*

Beispiel: $f(x) = x^3 - 2x^2 + 5x \quad \Rightarrow \quad f'(x) = 3x^2 - 4x + 5\,; \quad \bar{f} = \frac{f(x)}{x} = x^2 - 2x + 5 \quad \Rightarrow$

$$\Rightarrow \quad \varepsilon_{f,x} = \frac{f'}{\bar{f}} = \frac{3x^2 - 4x + 5}{x^2 - 2x + 5}\,.$$

Aufgabe 6.3.96: Man ermittle die Elastizitätsfunktionen $\varepsilon_{f,x}$ zu folgenden Funktionen:

i) $f(x) = 10x^7$

ii) $f(x) = a \cdot x^n\ ;\ a, n \neq 0$

iii) $f(x) = 4x^3 + 2x^2 - x + 1$

iv) $f(x) = \frac{3x - 4}{8x + 2}$

v) $f(x) = 2x \cdot e^{-5x}$

vi) $f(x) = e^{1/x} \cdot \sqrt{x^2 + 1}$

vii) $f(x) = x^3 \cdot \ln(x^2 + 1)$

viii) $f(x) = x^4 \cdot 2^x$

ix) $f(x) = (3x)^{2x}$

x) $f(x) = a \cdot e^{bx}$.

Aufgabe 6.3.97: Man zeige die Gültigkeit folgender **Rechenregeln** für die Elastizität:

Es seien $u(x), v(x)$ zwei differenzierbare Funktionen, ferner gelte $u, v, x, \neq 0$. Dann lassen sich die **Elastizitätsfunktionen** $\varepsilon_{f,x}$ **der kombinierten Funktionen**

1) $f := u \pm v$ **2)** $f := u \cdot v$ **3)** $f := \frac{u}{v}$

durch die einfachen Elastizitäten $\varepsilon_{u,x}$ und $\varepsilon_{v,x}$ ausdrücken, und es gilt:

(6.3.98) **1)** $\boxed{\varepsilon_{u \pm v, x} = \frac{u \cdot \varepsilon_{u,x} \pm v \cdot \varepsilon_{v,x}}{u \pm v}}$ **2)** $\boxed{\varepsilon_{u \cdot v,x} = \varepsilon_{u,x} + \varepsilon_{v,x}}$

3) $\boxed{\varepsilon_{u/v,x} = \varepsilon_{u,x} - \varepsilon_{v,x}}$.

Mit Hilfe dieser Rechenregeln ermittle man die Elastizität $\varepsilon_{f,x}$ folgender Funktionen:

i) $f(x) = 4x^3 + 20x^5$ **ii)** $f(x) = e^{-2x} \cdot x^5$ **iii)** $f(x) = \frac{\sqrt{x} \cdot e^{0,1x}}{7x^4}$.

Aufgabe 6.3.99: Gegeben sind folgenden Nachfragefunktionen:

1) $x(p) = 18 - 2p\ ;\ 0 \le p \le 9$

2) $p(x) = 12 - 0{,}1x\ ;\ 0 \le x \le 120$

3) $x(p) = 10 \cdot e^{-0,2p}\ ;\ p \ge 0$.

4) $p(x) = 800 \cdot e^{-0,01x}\ ;\ x \ge 0$.

i) Man ermittele und interpretiere den Wert der Preiselastizität der Nachfrage bei einem Preis p von **a)** 5 GE/ME **b)** 9 GE/ME **c)** 100 GE/ME **d)** 600 GE/ME.

ii) Bei welchem Preis bewirkt eine 3 % ige Preissenkung eine (ca.) 6 % ige Nachfragesteigerung ?

iii) Bei welcher Nachfragemenge geht eine 4 % ige Mengenreduzierung mit einer ebenfalls 4 % igen Preissteigerung einher ?

Aufgabe 6.3.100: (vgl. Kap. 6.3.3.1) Man zeige, dass der Wert des Elastizitätskoeffizienten $\varepsilon_{f,x}$ durch proportionale Änderungen der Maßeinheiten nicht verändert wird.

Hinweis: *Proportionale Maßänderungen (wie z.B. bei kg ⟷ t, m^2 ⟷ cm^2, € ⟷ Dollar usw.) können durch die Transformation $x^* = a \cdot x$; $f^* = b \cdot f$ beschrieben werden, wobei x^*, f^* die Variablen im neuen und x, f die Variablen im alten Maßsystem bedeuten; a, b sind nicht verschwindende Konstanten.*

6.3.3.3 Elastizität ökonomischer Funktionen

In den Wirtschaftswissenschaften haben sich Begriffsbildungen eingebürgert, die den **Grad der Elastizität** von f bzgl. x ($\varepsilon_{f,x}$) kennzeichnen (vgl. Beispiel 6.3.78). In der folgenden Tabelle 6.3.101 sind einige übliche Wendungen am **Beispiel einer Preis-Absatz-Funktion x = x(p)** aufgeführt *(x: Menge; p: Preis)*. Man beachte daher, dass in der folgenden Tabelle die unabhängige Variable mit p *(bisher: x)* und die Funktionswerte mit x *(bisher: f)* bezeichnet werden, entsprechend lautet die verwendete Preis-Elastizität der Nachfrage $\varepsilon_{x,p}$ (statt allgemein $\varepsilon_{f,x}$):

Tab. 6.3.101

Wert der Elastizität	allgemeine Begriffsbildung	*Beispiel:* Nachfragefunktion x(p) mit x ≙ Menge und p ≙ Preis
$\lvert \varepsilon_{x,p} \rvert > 1$ ($\varepsilon > 1$ oder $\varepsilon < -1$)	x ist **elastisch** (x ändert sich relativ *stärker* als p)	Die Nachfrage x ist *elastisch:* Relativ starke Reaktion der Nachfrager auf (kleine) relative Preisänderungen. *Beispiel:* Nicht lebensnotwendige , substituierbare Güter wie z.B. Genussmittel.
$\lvert \varepsilon_{x,p} \rvert < 1$ ($0 < \varepsilon < 1$ oder $-1 < \varepsilon < 0$)	x ist **unelastisch** (x ändert sich relativ *weniger stark* als p)	Die Nachfrage x ist *unelastisch:* Relativ geringe Reaktion der Nachfrager auf Preisänderungen. *Beispiel:* Wenig entbehrliche, kaum substituierbare Güter wie z.B. Brot, Fleisch, Medikamente.
Sonderfall: $\lvert \varepsilon_{x,p} \rvert = 1$ ($\varepsilon = 1$ oder $\varepsilon = -1$)	x ist **proportional elastisch (ausgeglichen elastisch)** (Die relativen Änderungen von x und p sind *gleich*)	Die Nachfrage x ist *fließend* (proportional elastisch): Eine Preisänderung von einem Prozent bewirkt eine Mengenänderung von einem Prozent.
Grenzfall: $\lvert \varepsilon_{x,p} \rvert \to \infty$ ($\varepsilon \to \infty$ oder $\varepsilon \to -\infty$)	x ist **vollkommen elastisch** (x reagiert „unendlich heftig" auf kleine relative Änderungen von p)	Die Nachfrage x ist *vollkommen elastisch.* Selbst kleinste Preisänderungen bewirken „unendlich große" relative Nachfrageänderungen. *Grenzfall:* Der Preis x ist konstant, unabhängig von der Menge. *Beispiel:* Preisfixierte, substituierbare Güter (z.B. gewisse Markenartikel im Polypol)
Grenzfall: $\varepsilon_{x,p} \equiv 0$	x ist **vollkommen unelastisch (starr)** (x reagiert *überhaupt nicht* auf (kleine) relative Änderungen von p)	Die Nachfrage ist *starr* (vollkommen unelastisch): Keine Reaktion der Nachfrager auf Preisänderungen. *Grenzfall:* Die Nachfrage ist konstant, d.h. unabhängig vom Preis. *Beispiel:* Unentbehrliche, nicht substituierbare Güter wie etwa lebensnotwendige Medikamente.

Beispiel 6.3.102: Gegeben sei die Nachfragefunktion $p(x) = 8 - 0{,}5x$ bzw. $x(p) = 16 - 2p$, $0 \leq x \leq 16$ ME, $0 \leq p \leq 8$ GE/ME (p: Preis ; x: Menge). Gesucht sind die Preis- bzw. Mengenintervalle, in denen die Nachfrage **a)** elastisch **b)** unelastisch **c)** fließend **d)** starr **e)** vollkommen elastisch ist.

Lösung: Die Funktion der Preiselastizität der Nachfrage lautet nach (6.3.87): $\varepsilon_{x,p} = \frac{x'(p)}{x(p)} \cdot p = \frac{-p}{8-p}$ $(x > 0;$ d.h. $p < 8)$.

a) Die Nachfrage x ist (nach Tab. 6.3.101) *elastisch*, wenn entweder $\varepsilon_{x,p} > 1$ oder $\varepsilon_{x,p} < -1$ gilt. Da $\varepsilon_{x,p}$ wegen $x'(p) < 0$, $x(p) > 0$, $p > 0$ stets negativ ist, kommt als Lösung nur der zweite Fall in Frage: Der elastische Nachfragebereich ergibt sich somit als Lösung der Ungleichung $\varepsilon_{x,p} < -1$. Es gilt:

$$\varepsilon_{x,p} = \frac{-p}{8-p} < -1 \Leftrightarrow -p < -8 + p \quad (\text{da } 8 - p > 0)$$

$$\Leftrightarrow 2p > 8 \Leftrightarrow p > 4 \text{ GE/ME} .$$

Die Nachfrage ist elastisch für Preise zwischen 4 und 8 GE/ME, vgl. Abb. 6.3.103. Der entsprechende Mengenbereich liegt zwischen 8 und 0 ME.

b) Den Bereich *unelastischer* Nachfrage erhält man analog zu a) als Lösung der Ungleichung $\varepsilon_{x,p} > -1$ zu $p < 4$ GE/ME: Die Nachfrage ist unelastisch für Preise zwischen 0 und 4 GE/ME (entsprechender Mengenbereich: zwischen 16 und 8 ME), vgl. Abb. 6.3.103.

c) Der Bereich *fließender Nachfrage* ergibt sich als Lösung der Gleichung $\varepsilon_{x,p} = -1$ zu $p = 4$ GE/ME (bzw. $x = 8$ ME), ist somit nur an einer einzigen Stelle gegeben.

d) Die Nachfrage ist *starr*, wenn gilt:

$$\varepsilon_{x,p} = \frac{-p}{8-p} = 0 \Leftrightarrow p \to 0 \text{ GE/ME}$$

(bzw. $x = 16$ ME) .

e) Die Nachfrage ist *vollkommen elastisch* für $p \to 8$ GE/ME (d.h. $x \to 0$ ME), denn es gilt:

$$\lim_{p \to 8^-} \varepsilon_{x,p} = \lim_{x \to 8^-} \frac{-p}{8-p} = -\infty .$$

Die Bereiche unterschiedlicher Elastizität sind in Abb. 6.3.103 oben am Graphen von p(x) und unten am Graphen der Umkehrfunktion x(p) dargestellt.

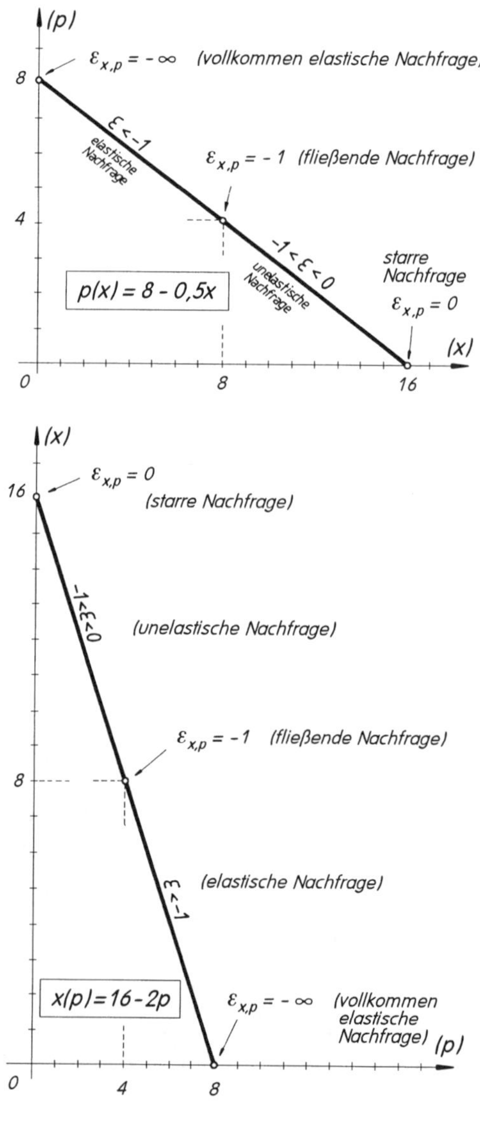

Abb. 6.3.103

Der Elastizitätsbegriff spielt - außer bei den bereits häufig zitierten Nachfragefunktionen - bei vielen wirtschaftwissenschaftlichen Funktionen eine wichtige Rolle bei der Analyse ökonomischer Zusammenhänge. In der folgenden Tabelle sind einige **häufig verwendete Elastizitätsbegriffe** aufgeführt:

Ökonomische Funktion	**Elastizitätsbegriff**
1. Nachfragefunktion (Angebotsfunktion): $p = p(x)$ bzw. $x = x(p)$	$\varepsilon_{x,p}$: Preiselastizität der Nachfrage (des Angebots)
2. Nachfragefunktion (Angebotsfunktion) in Abhängigkeit von den Preisen p_1, p_2 *zweier* (verbundener) Güter: $x_1 = x_1(p_1, p_2)$ $x_2 = x_2(p_1, p_2)$	ε_{x_1,p_2} bzw. ε_{x_2,p_1}: Kreuzpreiselastizität der Nachfrage (des Angebots) (= relative Nachfrage- (Angebots-) änderung *eines* Gutes bei 1 % iger Preisänderung (c.p.) des *anderen* Gutes)
3. Engelfunktion N(Y) (Nachfrage N nach einem Gut G in Abhängigkeit vom Haushaltseinkommen Y)	$\varepsilon_{N,Y}$: Einkommenselastizität der Nachfrage (nach einem Gut G)
4. Produktionsfunktion x(r) (*ein* variabler Inputfaktor R mit der Einsatzmenge r)	$\varepsilon_{x,r}$: Elastizität des Outputs bzgl. des Faktoreinsatzes (gelegentlich auch - nicht ganz korrekt, vgl. Bemerkung 6.3.80 - „Produktionselastizität des Faktors R" genannt)
5. Produktionsfunktion $x(r_1, r_2, ..., r_n)$ (*mehrere* variable Inputfaktoren) *(vgl. Kap. 3, Bsp. 3.1.1 i) sowie Kap. 7)* ***Bemerkung:*** *Die „partielle" Grenzproduktivität $\partial x/\partial r_i$ ist die 1. Ableitung von x nach r_i unter Konstanthaltung aller übrigen Variablen („c.p."). Ihr Wert entspricht der Outputänderung, wenn r_i um eine Einheit (c.p.) geändert wird, vgl. Kap. 7.1.2.*	**i)** ε_{x,r_i}: („Produktionselastizität") Elastizität des Outputs bzgl. des i-ten Produktionsfaktors c.p.. **ii)** $\varepsilon_{x,\lambda}$: Skalenelastizität (auch: Niveauelastizität) (= relative Änderung des Outputs, wenn das Niveau *sämtlicher* Inputs zugleich um 1 % erhöht wird) **iii)** σ_{ik}: Substitutionselastizität $\sigma_{ik} := \dfrac{d(\frac{r_i}{r_k}) / \frac{r_i}{r_k}}{d({}^{dr_i}/{}_{dr_k}) / {}^{dr_i}/{}_{dr_k}}$ (= relative Änderung des Einsatzverhältnisses r_i / r_k zweier Faktoren, wenn sich c.p. die Grenzrate der Substitution ${}^{dr_i}/{}_{dr_k}$ zwischen diesen Faktoren *(vgl. (7.1.69))* um 1% ändert (bei unverändertem Output und Input der übrigen Faktoren))

6. Kostenfunktion K(x)	$\varepsilon_{K,x}$: Elastizität der Kosten bzgl. des Outputs (Outputelastizität der Kosten)
7. Konsumfunktion C(Y) (Konsum C in Abhängigkeit des Haushaltseinkommens Y)	$\varepsilon_{C,Y}$: Einkommenselastizität des Konsums
8. Konsumfunktion $C_i(C)$ (Abhängigkeit des Konsums C_i des i-ten Gutes vom Gesamtkonsum C)	$\varepsilon_{C_i,C}$: Ausgabenelastizität des Gutes i (= relative Änderung der Konsumausgabe C_i für das i-te Gut, wenn die gesamten Konsumausgaben C um 1% zunehmen)
9. a) Importfunktion $Im(\rho, Y_I)$ (Importe Im in Abhängigkeit vom Preisverhältnis ρ und dem Inlandssozialprodukt Y_I) **b)** Exportfunktion $Ex(\rho, Y_A)$ (Exporte Ex in Abhängigkeit vom Preisverhältnis ρ und dem Auslandssozialprodukt Y_A) $\left(\rho := \frac{\text{Inlandspreisniveau (€)}}{\text{Auslandspreisniveau (€)}}\right)$	$\varepsilon_{Im,\rho}$, ε_{Im,Y_I}, $\varepsilon_{Ex,\rho}$, ε_{Ex,Y_A}: Elastizität der Importe (bzw. der Exporte) bzgl. des Preisverhältnisses (bzw. des Inlands- oder Auslandssozialproduktes)

Beispiel 6.3.104: Die Nachfrage x_1 nach Videorecordern des Typs Alpha hänge sowohl vom Preis p_1 dieses Systems als auch vom Preis p_2 des *(konkurrierenden)* Gammasystems ab. Die entsprechende Preis-Absatz-Funktion laute: $x_1 = 10.000 - 2p_1 + 3p_2$. Die Systempreise betragen z. Zt. $p_1 = 2.000$ €/ St. (Alpha) und $p_2 = 2.200$ €/ St. (Gamma). Dann erhält man die **Kreuzpreiselastizität** der Alphanachfrage x_1 bzgl. des Gammapreises p_2 (c.p.) durch[17]

$$\varepsilon_{x_1,p_2} = \frac{\frac{\partial x_1}{\partial p_2}}{x_1} \cdot p_2 = \frac{3p_2}{10.000 - 2p_1 + 3p_2} = 0{,}52$$

, d.h. eine Preiserhöhung des Gammasystems um 1% bewirkt c.p. eine Nachfragesteigerung beim Alphasystem um 0,52% (substitutive Güter, unelastischer Fall).

Beispiel 6.3.105: Für eine Volkswirtschaft seien die Import-/ Exportfunktionen wie folgt vorgegeben:

$Im = 0{,}3 \cdot \rho^{1,2} \cdot Y_I^{0,95}$ (ρ : Preisniveauverhältnis Inland/Ausland

$Ex = 0{,}1 \cdot \rho^{-1,7} \cdot Y_A^{1,1}$. Y_I : Inland-Sozialprodukt ; Y_A : Ausland-Sozialprodukt)

Inland-/Ausland-Sozialprodukte seien für ein Referenzjahr fest vorgegeben:

$Y_I = 1.500$ Mrd. € ; $Y_A = 2.500$ Mrd. €.

Gesucht sind: **i)** Import-/ Exportquote (= Anteil des Imports/ Exports am Inlandsozialprodukt), wenn das Inlandpreisniveau um 10% über dem des Auslands liegt; **ii)** relative Zu-/ Abnahme der Importe/ Exporte, wenn aufgrund einer €-Aufwertung das Preisverhältnis ρ um 5% zunimmt.

---

[17] vgl. die Bemerkung auf der vorhergehenden Seite

Lösung: zu i)

$Im = 0{,}3 \cdot 1{,}1^{1,2} \cdot 1.500^{0,95} = 350{,}0$ Mrd. €, d.h. die Importquote beträgt $23{,}3\%$.

$Ex = 0{,}1 \cdot 1{,}1^{-1,7} \cdot 2.500^{1,1} = 464{,}9$ Mrd. €, d.h. die Exportquote beträgt $31{,}0\%$.

zu ii) Für die Elastizität der Importe bzgl. des Preisverhältnisses gilt:

$$\varepsilon_{Im,\rho} = \frac{Im'(\rho)}{Im(\rho)} \cdot \rho = \frac{0{,}30 \cdot 1{,}2 \cdot \rho^{0,2} \cdot 1.500^{0,95}}{0{,}30 \cdot \rho^{1,2} \cdot 1.500^{0,95}} \cdot \rho \equiv 1{,}2 \quad ,$$

d.h. die Elastizität ist konstant 1,2. Daher nehmen die Importe um $5 \cdot 1{,}2 = 6\%$ zu, wenn das Preisverhältnis ρ um 5% steigt. Analog erhält man für die Elastizität des Exports: $\varepsilon_{Ex,\rho} \equiv -1{,}7$, d.h. der Export nimmt um $1{,}7 \cdot 5 = 8{,}5\%$ ab, wenn das Preisverhältnis ρ um 5% steigt.

Ist außer der Funktion f auch deren **Durchschnittsfunktion** $\bar{f}$ $(:= \frac{f(x)}{x})$ von Bedeutung (wie z.B. die Erlösfunktion E(x) und deren Durchschnittsfunktion, die Preis-Absatz-Funktion $p(x) = \frac{E(x)}{x} = \bar{E}(x)$), so ergeben sich mit (6.3.87) zwei wichtige **funktionale Beziehungen** unter Verwendung der Elastizitätsfunktion:

i) Beziehung zwischen **Grenzfunktion** f', **Durchschnittsfunktion** $\bar{f}$ und **Elastizität** $\varepsilon_{\bar{f},x}$ **der Durchschnittsfunktion.**

Aus $\bar{f}(x) := \frac{f(x)}{x}$ folgt $f(x) = x \cdot \bar{f}(x)$. Ableitung mit Hilfe der Produktregel liefert

$$f'(x) = 1 \cdot \bar{f}(x) + x \cdot \bar{f}'(x) = \bar{f}(x) \cdot (1 + \frac{\bar{f}'(x)}{\bar{f}(x)} \cdot x) = \bar{f}(x) \cdot (1 + \varepsilon_{\bar{f},x}),$$ d.h. es gilt

Satz 6.3.106: Es sei f eine differenzierbare Funktion und $\bar{f} := \frac{f(x)}{x}$ ihre ebenfalls differenzierbare Durchschnittsfunktion $(x \neq 0)$. Dann gilt stets die Identität

(6.3.107) $$f'(x) = \bar{f}(x) \cdot (1 + \varepsilon_{\bar{f},x}) \; .$$

Dieser allgemeine Zusammenhang wurde zuerst für den **Spezialfall** der **Erlös**-oder **Ausgabenfunktion** $E(x) := x \cdot p(x)$ und deren Durchschnittsfunktion $p(x) = \frac{E(x)}{x}$ (**Nachfrage**- bzw. **Preis-Absatz-Funktion**) formuliert: Mit $f \equiv E$, $\bar{f} \equiv p$ erhält man aus (6.3.107): $E'(x) = p(x) \cdot (1 + \varepsilon_{p,x})$ und daraus wegen $\varepsilon_{p,x} = \frac{1}{\varepsilon_{x,p}}$ (vgl. (6.3.91)) schließlich den bekannten

Satz 6.3.108: (AMOROSO-ROBINSON- Relation)

Zwischen dem Grenzumsatz E'(x), Preis p(x) und Preiselastizität der Nachfrage $\varepsilon_{x,p}$ besteht die Beziehung

(6.3.109) $$E'(x) = p(x) \cdot (1 + \frac{1}{\varepsilon_{x,p}}) \; .$$

Bemerkung 6.3.110: *Die anstelle von (6.3.109) gelegentlich anzutreffende Schreibweise*

$E'(x) = p(x) \cdot (1 - \frac{1}{\varepsilon})$ *rührt daher, dass ε zuvor mit einem (künstlichen) Minuszeichen versehen wurde, vgl. Bemerkung 6.3.94.*

ii) Beziehung zwischen den **Elastizitäten** einer **Funktion** f und ihrer **Durchschnittsfunktion** $\bar{f}$:

Aus Bemerkung 6.3.95 folgt: $\varepsilon_{f,x} = \frac{f'(x)}{\bar{f}(x)}$. Aus (6.3.107) folgt nach Division durch $\bar{f}$ ($\neq 0$): $\frac{f'(x)}{\bar{f}(x)} = 1 + \varepsilon_{\bar{f},x}$. Fasst man beide Ergebnisse zusammen, so erhält man

Satz 6.3.111: Unter den Voraussetzungen von Satz 6.3.106 gilt stets

(6.3.112) $$\boxed{\varepsilon_{f,x} = 1 + \varepsilon_{\bar{f},x}} \quad \text{mit } \bar{f} := \frac{f}{x} \quad .$$

Angewendet auf die Erlösfunktion E(p) = p· x(p) und ihre Durchschnittsfunktion x(p) ergibt sich aus (6.3.112) die allgemeingültige Beziehung

(6.3.113) $$\boxed{\varepsilon_{E,p} = 1 + \varepsilon_{x,p}} \quad ,$$

d.h. die Preiselastizität des Erlöses (bzw. der Ausgaben) ist stets um Eins größer als die Preiselastizität der Nachfrage.

Beispiel 6.3.114: Für eine monopolistische Ein-Produkt-Unternehmung sei eine monoton fallende Preis-Absatz-Funktion p(x) bzw. x(p) und eine monoton steigende Gesamtkostenfunktion K(x) gegeben (vgl. etwa Beispiel 6.3.45). Im Gewinnmaximum muss notwendig gelten: G'(x) = 0 bzw. E'(x) = K'(x) (vgl. (6.3.35)). Setzt man die letzte Beziehung in die Amoroso-Robinson-Relation (6.3.109) ein, so folgt:

$K'(x) = p(x) \cdot (1 + \frac{1}{\varepsilon_{x,p}})$. Da K'(x) und p positiv sind, muss auch die Klammer positiv sein.

Es folgt: $$1 + \frac{1}{\varepsilon_{x,p}} > 0 \Leftrightarrow \frac{1}{\varepsilon_{x,p}} > -1 \quad \Leftrightarrow \quad \varepsilon_{x,p} < -1 \quad ,$$

d.h. der *Monopolist erzielt den Maximalgewinn stets im elastischen Bereich* der Nachfragefunktion.

Beispiel 6.3.115: Ein monopolistischer Anbieter sehe sich einer *fallenden Nachfragefunktion* x(p) gegenüber, d.h. es gelte $\varepsilon_{x,p} < 0$. Welchen Einfluss haben Preisänderungen auf den Umsatz E(p) ?

Unter Verwendung der Beziehung (6.3.113) $\varepsilon_{E,p} = 1 + \varepsilon_{x,p}$ folgt:

i) Im elastischen Nachfragebereich gilt: $\varepsilon_{x,p} < -1$ (vgl. Tabelle 6.3.101). Daraus folgt $1 + \varepsilon_{x,p} < 0$, d.h. $\varepsilon_{E,p} < 0$:

Im Bereich **elastischer** Nachfrage **sinkt** der **Umsatz** bei **Preiserhöhungen**.

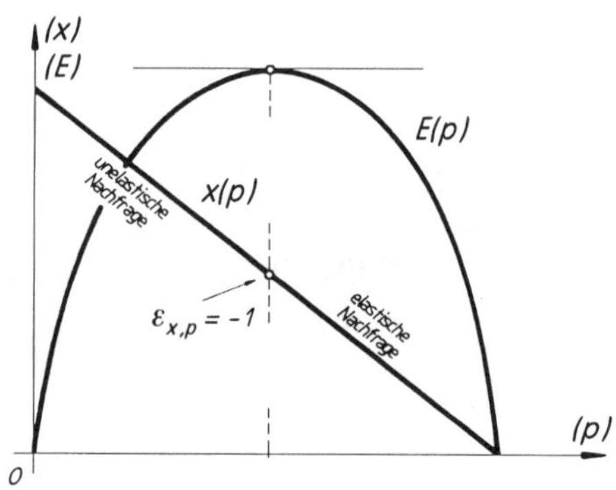

Abb. 6.3.116

ii) Im unelastischen Nachfragebereich gilt: $\varepsilon_{x,p} > -1$, d.h. $1 + \varepsilon_{x,p} > 0$ und daher $\varepsilon_{E,p} > 0$: Im Bereich **unelastischer** Nachfrage **steigt** der **Umsatz** bei **Preiserhöhungen**.

iii) Im Umsatzmaximum gilt $E'(p) = 0$, also auch $\varepsilon_{E,p} = 0$, so dass mit $0 = 1 + \varepsilon_{x,p}$ folgt: $\varepsilon_{x,p} = -1$: Der **Umsatz** wird an der Stelle **fließender Nachfrage maximal**, vgl. Abb. 6.3.116.

Aufgabe 6.3.117: Die Preis-Absatz-Funktion eines Gutes sei gegeben durch die Gleichung

a) $x(p) = 20 - 0{,}4p$ **b)** $p(x) = 120 \cdot e^{-0{,}1x}$; $x > 0, p > 0$.

i) Für welche Preise ist die Nachfrage elastisch bzgl. des Preises ?

ii) Bei welchem Preis bewirkt eine 2% ige Preissteigerung einen Umsatzrückgang von 10% ?

Aufgabe 6.3.118: Gegeben sei für einen Haushalt die Funktion E(W), die den funktionalen Zusammenhang zwischen Ausgaben W für Wohnung (in €/Monat) und den Ausgaben E für Energie (in €/Monat) beschreibt: $E = E(W) = 10 \cdot \sqrt{1+2W}$. Weiterhin sei bekannt, dass die Ausgaben für Wohnung W in folgender Weise vom Haushaltseinkommen Y (in €/Monat) abhängen: $W = W(Y) = 400 + 0{,}05Y$.

i) Man ermittle für Wohnungsausgaben in Höhe von 800 €/Monat die Elastizität der Energieausgaben bzgl. der Ausgaben für Wohnung und interpretiere den gefundenen Wert ökonomisch.

ii) Man ermittle mit Hilfe des Elastizitätsbegriffs, um wieviel Prozent sich bei einem Einkommen von 4.000 €/ Monat der Energieverbrauch erhöht, wenn das Einkommen um 3% steigt.

Aufgabe 6.3.119: Die Preiselastizität der Nachfrage nach Weizen betrage während eines mehrjährigen Zeitraumes konstant etwa –0,2. Man erläutere, wieso nach schlechten Ernten dennoch der Gesamtumsatzwert im Weizengeschäft (gegenüber Jahren mit guten Ernten) zunimmt.

Aufgabe 6.3.120: Man zeige, dass die Outputelastizität der Gesamtkosten im Betriebsoptimum stets den Wert 1 annimmt.

Aufgabe 6.3.121: Man ermittle die Preiselastizität des Grenzerlöses für p = 150 GE/ME, wenn die Preis-Absatz-Funktion durch $x(p) = 100 - 0{,}5p$ gegeben ist. Wieso ist diese Elastizität positiv, obgleich die Steigung E'' des Grenzerlöses $E'(p)$ stets negativ ist ? (vgl. Bem. 6.3.93)

Aufgabe 6.3.122: Eine Funktion f(x) heißt **isoelastisch**, wenn für alle $x \neq 0$ gilt: $\boldsymbol{\varepsilon_{f,x} \equiv c = \text{const.}}$ $(\in \mathbb{R})$.

i) Man zeige: Alle Potenzfunktionen $f(x) = a \cdot x^n$ sind isoelastisch, und es gilt: $\varepsilon_{f,x} = n = \text{const.}$

Bemerkung: *Man kann zeigen, dass die* ***Potenzfunktionen*** *die* ***einzigen isoelastischen Funktionen*** *sind, vgl. Kap. 8.6.3.2 .*

ii) Im Jahr 1968 wurden (bei einem Zuckerpreis von 3.500 €/ t) 5,04 Mio t Zucker nachgefragt. Durch Zeitreihenanalysen war bekannt, dass die Preiselastizität der Zuckernachfrage den konstanten Wert – 0,383 besaß. Wie lautete die Nachfragefunktion nach Zucker ?

iii) Man ermittle die Gleichungen und zeichne die Graphen der isoelastischen Nachfragefunktionen p(x) mit folgenden Eigenschaften: für p = 2 sei x = 5 und es gelte:

a) überall fließende Nachfrage, d.h. $\varepsilon_{x,p} \equiv -1$;

b) überall vollkommen unelastische Nachfrage, d.h. $\varepsilon_{x,p} \equiv 0$;

c) überall vollkommen elastische Nachfrage, d.h. $\varepsilon_{x,p} \equiv$ „$\pm \infty$" .

***Aufgabe 6.3.123:** Gegeben sei das Sozialprodukt Y einer Volkswirtschaft in Abhängigkeit von der Kapitalausstattung K und dem Arbeitseinsatz A durch die Produktionsfunktion: $Y = 100 \cdot A^{0{,}8} \cdot K^{0{,}2}$. Man ermittle die Substitutionselastizität $\sigma_{A,K}$ und interpretiere den erhaltenen Wert.

6.3.3.4 Graphische Ermittlung der Elastizität

Liegt für eine Funktion f der **Graph** vor, so kann auf einfache Weise für jeden Kurvenpunkt P(x; f(x)) der zugehörige Wert $\varepsilon_{f,x}$ (bzw. $\varepsilon_{x,f}$) der Elastizität (näherungsweise) ermittelt werden. Dazu zeichnet man in P an f die **Tangente** und bestimmt die absoluten Längen $|\overrightarrow{PF}|$ bzw. $|\overrightarrow{PX}|$ der **Tangentenabschnitte** zwischen P und dem Schnittpunkt F mit der f-Achse bzw. dem Schnittpunkt X mit der x-Achse, vgl. Abb. 6.3.124.

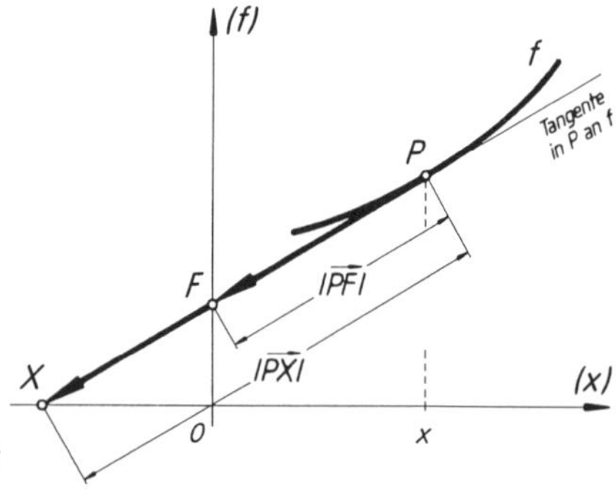

Abb. 6.3.124

Dann gilt:

Satz 6.3.125: Der **Betrag der Elastizität** von f bzgl. x (bzw. x bzgl. f) an der Stelle P(x; f(x)) ist gleich dem **Längenverhältnis der Tangentenabschnitte** (Abb. 6.3.124):

(6.3.126) $$|\varepsilon_{f,x}| = \frac{|\overrightarrow{PF}|}{|\overrightarrow{PX}|} \quad \text{bzw.} \quad |\varepsilon_{x,f}| = \frac{|\overrightarrow{PX}|}{|\overrightarrow{PF}|} \; .$$

Das Vorzeichen der Elastizität ist gleich dem Vorzeichen von f′(x), sofern P im 1. oder 3. Quadranten liegt, und gleich dem negativen Vorzeichen von f′(x), falls P im 2. oder 4. Quadranten liegt.

Der **Beweis** soll für eine steigende Funktion (wie in Abb. 6.3.124) erfolgen, vgl. Abb. 6.3.127: Aufgrund der **Strahlensätze** gilt:

i) $$\frac{|\overrightarrow{PF}|}{|\overrightarrow{PX}|} = \frac{x}{x - x_1} = x \cdot \frac{1}{x - x_1} \; .$$

Andererseits gilt für die Steigung von f in P:

ii) $$f'(x) = \frac{f(x)}{x - x_1} \quad \Leftrightarrow \quad \frac{f'(x)}{f(x)} = \frac{1}{x - x_1} \; .$$

Setzt man dies Ergebnis in i) ein, so folgt:

$$\frac{|\overrightarrow{PF}|}{|\overrightarrow{PX}|} = x \cdot \frac{f'(x)}{f(x)} = \varepsilon_{f,x} \quad (\text{vgl. } (6.3.87))$$

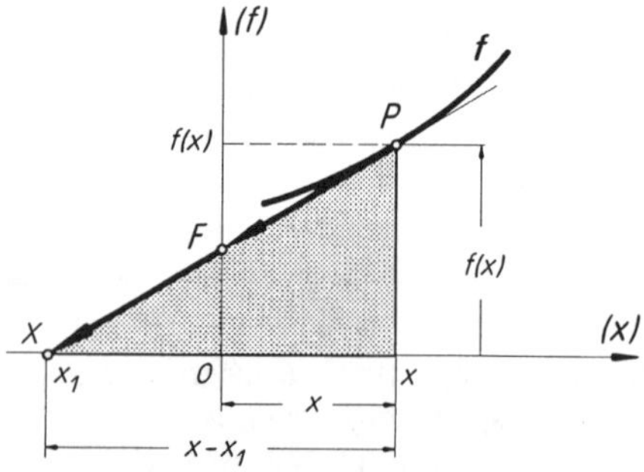

Abb. 6.3.127

und somit der erste Teil der Behauptung von Satz 6.3.125. Für fallende Funktionen liefert eine analoge Beweisführung bis auf das Vorzeichen dasselbe Ergebnis. Der zweite Teil der Behauptung von Satz 6.3.125 folgt unmittelbar aus Bemerkung 6.3.93.

Beachtet man, dass im 1. und 3. Quadranten nur negative Steigungen und im 2. und 4. Quadranten nur positive Steigungen zu *negativen* Elastizitäten führen (vgl. die charakteristische Abb. 6.3.130), so erkennt man die Gültigkeit folgender einfacher **Vorzeichenregel** für die auf graphischem Wege zu bestimmende Elastizität:

Satz 6.3.128: Zeigen die **Tangentenabschnitte** $\overrightarrow{PF}$ und $\overrightarrow{PX}$ *(vom betrachteten Punkt P(x; f(x)) aus gesehen)*

i) in die **gleiche Richtung**, so ist $\varepsilon_{f,x}(x)$ **positiv**, und es gilt:

$$\varepsilon_{f,x}(x) = \frac{|\overrightarrow{PF}|}{|\overrightarrow{PX}|} > 0 \quad \text{(vgl. Abb. 6.3.129)},$$

ii) in **verschiedene Richtungen**, so ist $\varepsilon_{f,x}(x)$ **negativ**, und es gilt:

$$\varepsilon_{f,x}(x) = -\frac{|\overrightarrow{PF}|}{|\overrightarrow{PX}|} < 0 \quad \text{(vgl. Abb. 6.3.130)}.$$

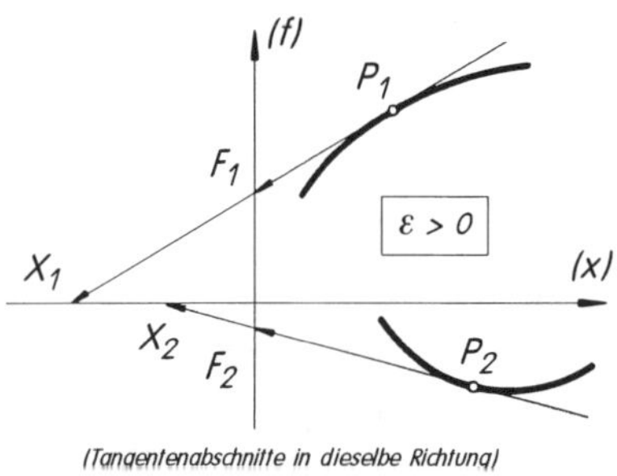

Abb. 6.3.129

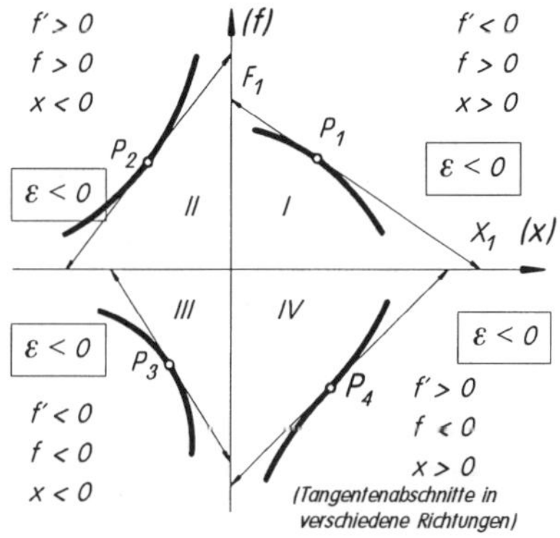

Abb. 6.3.130

Bemerkung 6.3.131: *Den* ***Grad der Elastizität*** *(vgl. Tab. 6.3.101) an der Stelle P(x; f(x)) erhält man graphisch durch* ***Längenvergleich*** *der Tangentenabschnitte:*

i) Falls $|\overrightarrow{PF}| > |\overrightarrow{PX}|$, *so ist* $\frac{|\overrightarrow{PF}|}{|\overrightarrow{PX}|} > 1$, *d.h. f ist* ***elastisch*** *bzgl. x (bzw. x unelastisch bzgl. f)*
(vgl. Abb. 6.3.132)

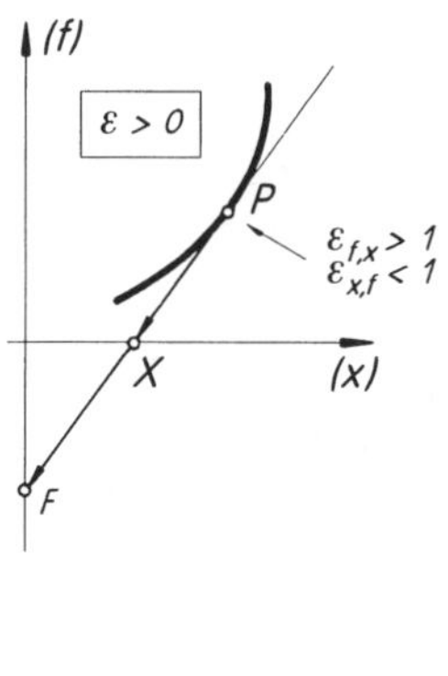

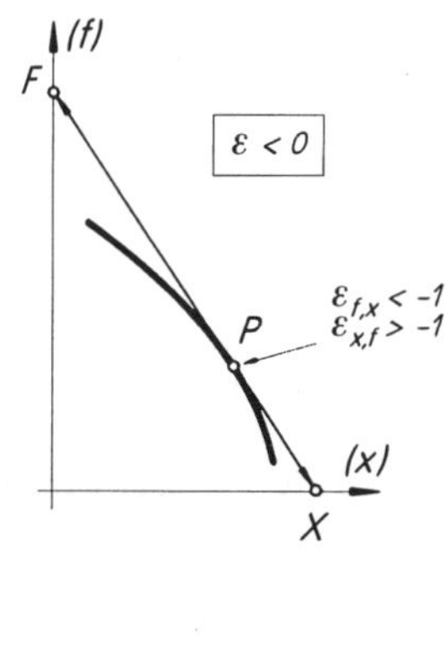

Abb. 6.3.132

ii) Falls $\left|\overrightarrow{PF}\right| < \left|\overrightarrow{PX}\right|$, *so ist* $\dfrac{\left|\overrightarrow{PF}\right|}{\left|\overrightarrow{PX}\right|} < 1$, *d.h. f ist* ***unelastisch*** *bzgl. x (bzw. x elastisch bzgl. f)*
(vgl. Abb. 6.3.133)

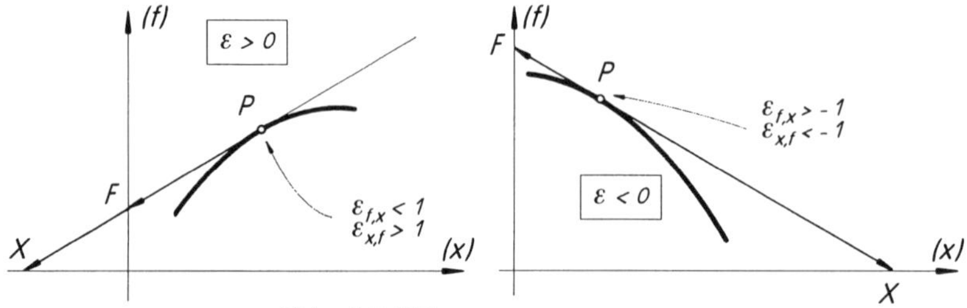

Abb. 6.3.133

iii) Falls $\left|\overrightarrow{PF}\right| = \left|\overrightarrow{PX}\right|$, *so ist* $\dfrac{\left|\overrightarrow{PF}\right|}{\left|\overrightarrow{PX}\right|} = 1$, *d.h. in P ist f bzgl. x (sowie x bzgl. f)* ***ausgeglichen-elastisch***
(vgl. Abb. 6.3.134)

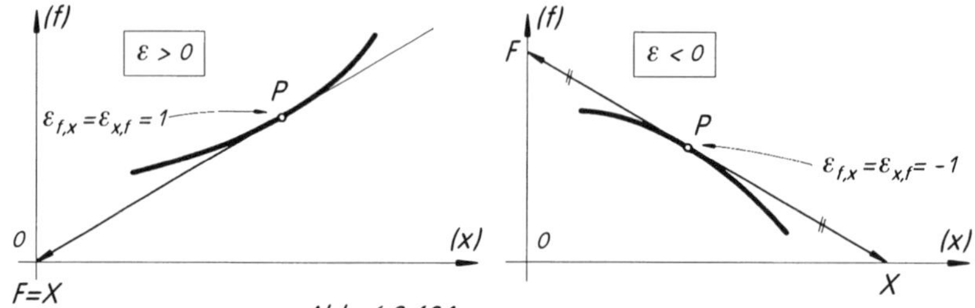

Abb. 6.3.134

Beispiel 6.3.135: Gegeben sei der Graph der Nachfragefunktion p(x) = 10 − 2x , x, p > 0, vgl. Abb. 6.3.136. Die Preiselastizität der Nachfrage $\varepsilon_{x,p}$ ist überall negativ, da zusammengehörige Tangentenabschnitte in verschiedene Richtungen zeigen (vgl. Satz 6.3.129). Bei der graphischen Bestimmung von $\varepsilon_{x,p}$ ist außerdem zu beachten, dass im Zähler der Tangentenabschnitt bis zur x-Achse (≙ 1. Index von $\varepsilon_{x,p}$), im Nenner der Tangentenabschnitt bis zur p-Achse (≙ 2. Index von $\varepsilon_{x,p}$) stehen.

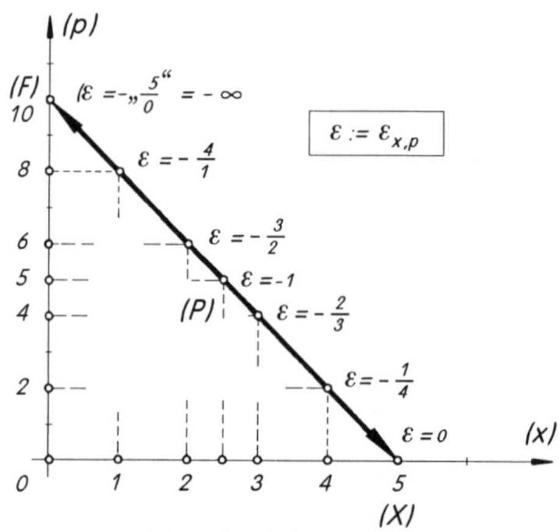

Abb. 6.3.136

Bemerkung: *Anstelle der Tangentenabschnitte können auch die entsprechenden Achsenabschnitte (durch senkrechte Projektion auf eine der Koordinatenachsen entstanden) ins Verhältnis gesetzt werden (Strahlensätze !). In Abb. 6.3.136 sind an mehreren ausgewählten Punkten die zugehörigen Elastizitätswerte in Form der entsprechenden Längenverhältnisse angeschrieben.*

Aufgabe 6.3.137:

i) Man ermittle näherungsweise die Elastizitätswerte $\varepsilon_{f,x}$ in den gegebenen Punkten A, B, ... der in Abb. 6.3.138 graphisch vorgegebenen Funktion $f = f(x)$

ii) In welchen Bereichen ist **a)** f elastisch/unelastisch ? **b)** die Elastizität positiv/negativ ?

Abb. 6.3.138

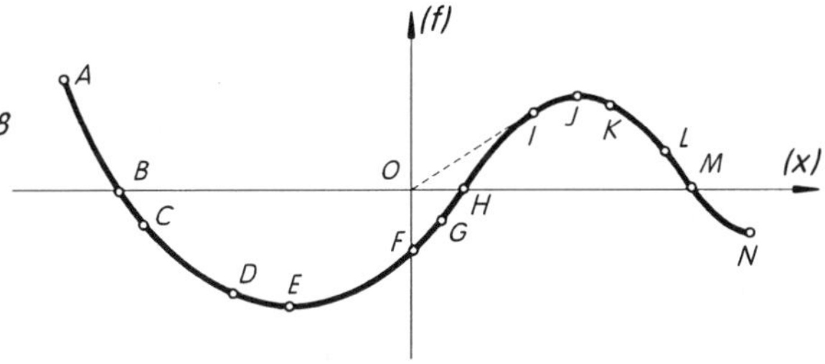

Aufgabe 6.3.139: Gegeben sind der Graph je einer ertragsgesetzlichen Produktionsfunktion x(r) und Gesamtkostenfunktion K(x), vgl. Abb. 6.3.140.

i) Man ermittle näherungsweise die Elastizitäten $\varepsilon_{x,r}$ und $\varepsilon_{K,x}$ in den gegebenen Punkten P, Q, ...

ii) Welcher spezielle ökonomische Sachverhalt lässt sich mit Hilfe des Elastizitätswertes jeweils im Punkt S formulieren ?

Abb. 6.3.140

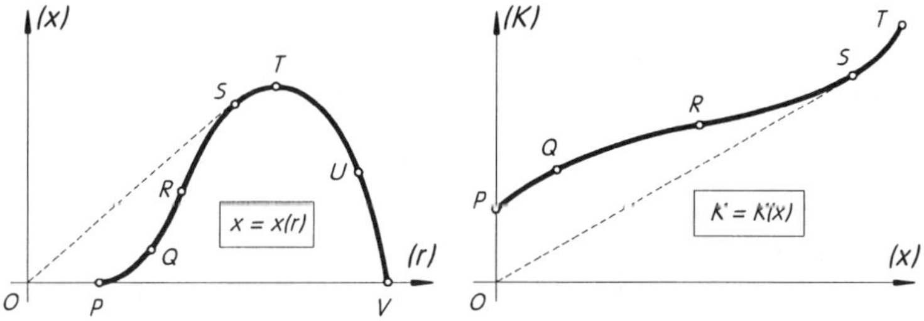

Eine **weitere geometrische Deutung** der **Elastizität** wird durch folgenden Sachverhalt ermöglicht:

Satz 6.3.141: Es sei $f: x \mapsto f(x)$ eine differenzierbare Funktion, es gelte außerdem $f, x > 0$. Dann gilt für die Elastizität von f bzgl. x:

(6.3.142)
$$\varepsilon_{f,x} = \frac{d\,(\ln f(x))}{d\,(\ln x)} = \frac{d\,(\log_a f(x))}{d\,(\log_a x)} .$$

Beweis: Für die Differentiale gilt nach (6.1.6): **a)** $d\,(\ln f(x)) = (\ln f(x))' \cdot dx = \frac{f'(x)}{f(x)}\,dx$ (Kettenregel) und **b)** $d\,(\ln x) = (\ln x)' \cdot dx = \frac{1}{x} \cdot dx$. Daraus folgt sofort der erste Teil der Behauptung:

$$\frac{d\,(\ln f(x))}{d\,(\ln x)} = \frac{\frac{f'(x)}{f(x)} \cdot dx}{\frac{1}{x} \cdot dx} = x \cdot \frac{f'(x)}{f(x)} = \varepsilon_{f,x} \qquad \text{(vgl. 6.3.87)}$$

Der zweite Teil der Behauptung folgt aus (1.2.88) wegen

$$\log_a f(x) = \frac{\ln f(x)}{\ln a} \quad \text{und} \quad \log_a x = \frac{\ln x}{\ln a} \quad (a \neq 1) .$$

Mit anderen Worten besagt Satz 6.3.141: Man erhält die **Elastizität** $\varepsilon_{f,x}$, indem man die **logarithmische Funktion** log f(x) **nach** der **logarithmierten unabhängigen Variablen** log x **ableitet**. Setzt man etwa $\log f(x) =: v$, $\log x =: u$, so gilt: $\varepsilon_{f,x} = \frac{dv}{du}$ im (doppelt-logarithmischen) (u,v) - Koordinatensystem:

Zur graphischen Ermittlung von $\varepsilon_{f,x}$ bildet man daher die **Ausgangsfunktion** f(x) in einem **doppelt - logarithmischen Koordinatensystem** ab und erhält dann an jeder Stelle die **Elastizität** $\varepsilon_{f,x}$ als **„gewöhnliche"** Steigung ($\frac{dv}{du}$ = tan α) im **neuen** Koordinatensystem.

In Abb. 6.3.143 sind einige Beispiele auf doppelt - logarithmischem Papier dargestellt. Man erkennt zum Beispiel, dass sämtliche abgebildeten Potenzfunktionen ($\sqrt{x}, \frac{1}{8}x^3, \frac{15}{x}$) im neuen Koordinatensystem die konstante „gewöhnliche" Steigung tan α besitzen, was einer überall konstanten Elastizität („Isoelastizität", vgl. Aufgabe 6.3.122) entspricht.

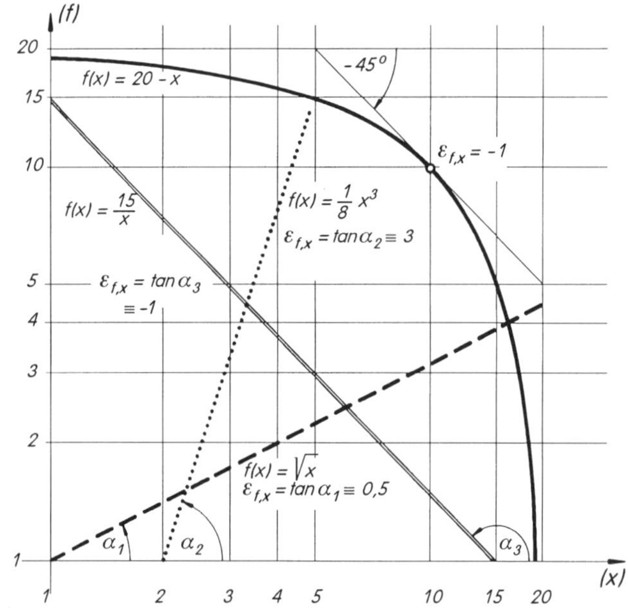

Abb. 6.3.143

6.3.4 Überprüfung ökonomischer Gesetzmäßigkeiten mit Hilfe der Differentialrechnung

Nachstehend werden in loser Folge einige bekannte **ökonomische „Gesetze"** aufgeführt und die **Überprüfung** ihrer Gültigkeit mit den **Hilfsmitteln der Differentialrechnung** demonstriert. Es wird sich dabei zeigen, dass sich die mit definierten Prämissen operierende ökonomische Mathematik als elegantes und effektives, dem rein verbalen Vorgehen überlegenes Werkzeug benutzen lässt: Denn gerade bei der „griffigen" verbalen Formulierung und Analyse ökonomischer Gesetzmäßigkeiten wird die **sorgfältige Beachtung** aller benutzten **Voraussetzungen** nicht immer offenbar, obschon dies im Sinne wissenschaftlicher Redlichkeit unabdingbar ist. Eine Übertragbarkeit theoretisch gefundener Gesetze auf die ökonomische Realität hängt entscheidend davon ab, ob bzw. wie gut die benutzten Voraussetzungen im konkreten Fall zutreffen oder nicht.

Jede der im folgenden aufgeführten ökonomischen Gesetzmäßigkeiten ist eingerahmt und trägt eine eigene, fettgedruckte Formel-Nummer:

(6.3.144)

i) Der **Grenzerlös** eines **monopolistischen** Anbieters ist stets **kleiner** als der **Preis**.
ii) Der **Grenzerlös** eines **polypolistischen** Anbieters ist stets **identisch** mit dem **Preis**.

Für Fall i) wird eine fallende Preis-Absatz-Funktion $p = p(x)$, d.h. $p'(x) < 0$, unterstellt. Aus $E(x) = x \cdot p(x)$ erhält man mit der Produktregel (6.3.87) den Grenzerlös $E'(x)$ zu: (*) $E'(x) = p(x) + x \cdot p'(x)$. Da wegen $x > 0$, $p'(x) < 0$ der 2. Term auf der rechten Seite negativ ist, muss zwingend gelten:

i) $\boxed{E'(x) < p(x)}$ (vgl. z.B. Abb. 6.3.48 oder Abb. 6.3.50) .

In Fall ii) wird ein für den Anbieter konstanter Preis $p = const.$ unterstellt, so dass $p'(x) \equiv 0$ gilt und somit aus (*) folgt:

ii) $\boxed{E'(x) = p}$ w.z.b.w. .

(6.3.145)

Im **Stückkostenminimum** („Betriebsoptimum") sind **Grenzkosten** und **Stückkosten identisch.**

Unterstellt wird eine differenzierbare Gesamtkostenfunktion $K = K(x)$, deren Stückkostenfunktion $k(x) := \frac{K(x)}{x}$ für $x > 0$ ebenfalls differenzierbar ist und innerhalb des Kapazitätsbereiches ein relatives Minimum besitzt, vgl. Abb. 6.3.30. ((6.3.145) ist daher z.B. nicht übertragbar auf lineare Kostenfunktionen, vgl. Abb. 6.3.44). Es muss nun im Stückkostenminimum x $(x > 0)$ notwendigerweise die erste Ableitung $k'(x)$ der Stückkosten verschwinden. Wegen $k(x) = \frac{K(x)}{x}$ folgt daher mit der Quotientenregel (6.18) an der Stelle x: $0 = k'(x) = \left(\frac{K(x)}{x}\right)' = \frac{K'(x) \cdot x - K(x)}{x^2}$. Multiplikation mit $x^2 > 0$ liefert: $0 = K'(x) \cdot x - K(x)$ und daher $K(x) = K'(x) \cdot x \Leftrightarrow \frac{K(x)}{x} = K'(x)$, d.h. $\boxed{k(x) = K'(x)}$ im Betriebsoptimum x. Genau dies war zu zeigen.

Bemerkung: *Die Regel (6.3.145) bleibt auch gültig im Betriebsminimum ($k_v(x) = min.$), da stets gilt: $K_v'(x) \equiv K'(x)$ („Die Grenzkosten sind unabhängig von den Fixkosten", vgl. (6.1.33) bzw. Abb. 6.1.35):*

(6.3.146)

*Im **Betriebsminimum** sind **Grenzkosten** und **durchschnittliche variable Kosten identisch**.*

(6.3.145) und (6.3.146) sind ökonomische Spezialfälle des **allgemeinen** Satzes

(6.3.147)

In den **relativen Extrema** x $(\neq 0)$ einer differenzierbaren **Durchschnittsfunktion** $\bar{f}(x)$ $(:= \frac{f(x)}{x})$ sind die Werte von **Durchschnittsfunktion** $\bar{f}(x)$ und **Grenzfunktion** $f'(x)$ **identisch**.

Beweis: In einem relativen Extremum x von $\overline{f}(x)$ muss gelten: $\overline{f}'(x) = 0$. Mit der Quotientenregel (5.2.35) folgt wegen $\overline{f}(x) = \frac{f(x)}{x}$:

$$0 = \left(\frac{f(x)}{x}\right)' = \frac{f'(x) \cdot x - f(x)}{x^2} \underset{x \neq 0}{\Leftrightarrow} f'(x) \cdot x = f(x) \Leftrightarrow \boxed{f'(x) = \frac{f(x)}{x} = \overline{f}(x)}\text{, w.z.b.w..}$$

Ein weiterer bekannter ökonomischer Spezialfall von (6.3.147) lautet für (nichtlineare) Produktionsfunktionen (vgl. z.B. Abb. 6.3.32):

(6.3.148) Im **Maximum** des **Durchschnittsertrages** stimmen **Grenzproduktivität** und **Durchschnittsertrag überein**.

Die folgenden Aussagen beschreiben einen **Zusammenhang** zwischen **Extremstellen** und zugehörigen **Elastizitätskoeffizienten**:

(6.3.149) **i)** Im **Betriebsoptimum** sind die **Gesamtkosten ausgeglichen elastisch** bzgl. des Outputs.
ii) Im **Betriebsminimum** sind die **variablen Kosten ausgeglichen elastisch** bzgl. des Outputs.

Beweis: Es werden dieselben Voraussetzungen wie bei (6.3.145) unterstellt. Nach (6.3.87) gilt allgemein für die Outputelastizität der Kosten (vgl. Bemerkung 6.3.95):

$$(*) \quad \varepsilon_{K,x} = \frac{K'(x)}{K(x)} \cdot x = \frac{K'(x)}{\frac{K(x)}{x}} = \frac{K'(x)}{k(x)} .$$

Nach (6.3.145) gilt andererseits im Betriebsoptimum: $K'(x) = k(x)$. Eingesetzt in (*) ergibt sich unmittelbar im Betriebsoptimum:

i) $\boxed{\varepsilon_{K,x} = 1}$.

Die zweite Behauptung ergibt sich aus (*) wegen $K_v'(x) \equiv K'(x)$ sowie (6.3.146):

ii) $\boxed{\varepsilon_{K_v,x} = 1}$ im Betriebsminimum, w.z.b.w. .

Die Regeln (6.3.149) bedeuten, dass im **Betriebsoptimum** *(bzw.* ***Betriebsminimum****)* eine Produktionsausweitung um **1%** eine **Gesamtkostensteigerung** *(bzw.* ***Steigerung der variablen Kosten****)* um ebenfalls (ca.) **1%** verursacht.

(6.3.149) beschreibt ökonomische Sonderfälle des allgemeinen Zusammenhangs:

(6.3.150) In den **relativen Extrema** $x\ (\neq 0)$ einer differenzierbaren **Durchschnittsfunktion** $\overline{f}(x)$ $\left(:= \frac{f(x)}{x}\right)$ hat die **Elastizität** $\varepsilon_{f,x}$ von f bzgl. x den Wert **1**.

Beweis: Nach (6.3.87) gilt: $\varepsilon_{f,x} = \frac{f'(x)}{f(x)} \cdot x = \frac{f'(x)}{\frac{f(x)}{x}} = \frac{f'(x)}{\overline{f}(x)}$ (vgl. auch Bem. 6.3.95)

In den relativen Extremstellen x von $\bar{f}$ gilt andererseits nach (6.3.147): $f'(x) = \bar{f}(x)$. Eingesetzt ergibt sich unmittelbar $\varepsilon_{f,x} = 1$ in den Extremstellen von $\bar{f}$, w.z.b.w. .

Ein weiterer ökonomischer Sonderfall von (6.3.150) für Produktionsfunktionen lautet:

(6.3.151) Für denjenigen Faktorinput r, für den der **Durchschnittsertrag** $\frac{x(r)}{r}$ **maximal** ist, hat die **Elastizität** $\varepsilon_{x,r}$ des Outputs bzgl. des Faktorinputs den Wert **1**.

Für jeden monopolistischen Anbieter stellt sich immer wieder die Frage, ob durch eine **Preisanhebung** der **Umsatz steigt oder** aber der Preiseffekt überkompensiert wird durch einen so starken Mengenrückgang, dass per saldo der Umsatz **fällt**. Hier gelten die folgenden Gesetze (unter der Voraussetzung, dass eine fallende Nachfragefunktion/ Preis-Absatz-Funktion existiert):

(6.3.152)
i) Im **preis-unelastischen** Bereich einer Nachfragefunktion führen **Preiserhöhungen** zu **Umsatzsteigerungen** *(bzw. **Preissenkungen zu Umsatzminderungen**)*.

ii) Im **preis-elastischen** Bereich einer Nachfragefunktion führen **Mengenausweitungen** zu **Umsatzsteigerungen** *(bzw. **Mengenreduzierungen zu Umsatzminderungen**)*.

Der ***Beweis*** zu **i)** ist im Beispiel 6.3.115 geführt. Daraus ergibt sich der ***Beweis*** zu **ii)**, wenn man beachtet, dass – bei fallender Nachfragefunktion – Mengenausweitungen nur durch Preissenkungen bzw. Mengenreduzierungen nur durch Preiserhöhungen bewirkt werden.

Das folgende Gesetz beschreibt einen klassischen **Zusammenhang** zwischen **Grenzkosten** und **Grenzerlös** einer gewinnmaximierenden Unternehmung (vgl. Beispiel 6.3.33 ii)):

(6.3.153) Eine (Ein-Produkt-) Unternehmung kann nur dann **maximalen Gewinn** erzielen, wenn sie ihre Produktions- und Absatzmenge (bzw. ihren Angebotspreis) derart fixiert, dass dafür **Grenzerlös** und **Grenzkosten übereinstimmen**.

Vorausgesetzt werden müssen die Differenzierbarkeit von Erlös- und Kostenfunktion (Gegenbeispiel: Abb. 6.3.50) sowie die Existenz eines Schnittpunktes von Grenzerlös- und Grenzkostenkurve innerhalb des Kapazitätsbereiches (Gegenbeispiel: Abb. 6.3.44). Dann erfolgt der ***Beweis*** von (6.3.153) so: Notwendig für das Vorliegen eines Gewinnmaximums für den Output x ist das Verschwinden der ersten Ableitung der Gewinnfunktion $G(x) = E(x) - K(x)$, d.h. $G'(x) = E'(x) - K'(x) = 0$. Daraus folgt sofort:

$$\boxed{E'(x) = K'(x)} \quad \text{w.z.b.w. .}$$

Bemerkung 6.3.154: *Ob im konkreten Einzelfall tatsächlich in x der Gewinn maximal ist, muss durch Überprüfen der **hinreichenden** Bedingung $G''(x) < 0$ bzw. $E''(x) < K''(x)$ festgestellt werden. Dasselbe gilt sinngemäß für alle **folgenden Gesetze**, soweit sie notwendige Extremalbedingungen verwenden.*

Für einen **polypolistischen** Anbieter existiert ein mengenunabhängiger Produktpreis p = const., so dass wegen $E(x) = p \cdot x$ gilt: $E'(x) = p$, d.h. Grenzerlös und Preis stimmen überein (vgl. (6.3.144) ii)). Damit ergibt sich als **Spezialfall** von (6.3.153):

(6.3.155) Eine **polypolistische** Ein-Produkt-Unternehmung kann nur dann **maximalen Gewinn** erzielen, wenn sie eine Outputmenge x erzeugt und absetzt, für die ihre **Grenzkosten** mit dem (konstanten) **Marktpreis übereinstimmen**.

Im Fall (6.3.155) muss vorausgesetzt werden, dass die Kostenfunktion nichtlinear ist, da andernfalls Grenzkosten und Grenzerlös i.a. überall verschieden sind (vgl. Abb. 6.3.44) und somit das Gewinnmaximum stets an der Kapazitätsgrenze angenommen wird.

(6.3.156) Bei linearer Kosten- **und** Nachfragefunktion liegt das **Gewinnmaximum** stets in der **Mitte der Gewinnzone.**

Unterstellt man die Existenz einer Gewinnzone, so muss es zwei Outputwerte x_1, x_2 geben, für die sich Kosten- und Erlösfunktion schneiden, für die mithin der Gewinn $G(x) = E(x) - K(x)$ Null wird, vgl. z.B. Abb. 6.3.48. Im vorliegenden Fall können wir voraussetzungsgemäß p(x) und K(x) als lineare Funktionen auffassen:

$$p(x) = a - b \cdot x \; ; \; K(x) = c + d \cdot x \; ; \; a, b, c, d > 0.$$

Damit lautet die Erlösfunktion: $E(x) = x \cdot p(x) = ax - bx^2$ und somit die Gewinnfunktion:

$$G(x) = E(x) - K(x) = ax - bx^2 - c - dx = -bx^2 + (a-d)x - c \; .$$

Die Gewinnschwellen x_1, x_2 sind die (laut Voraussetzung existierenden) beiden reellen Lösungen der quadratischen Gleichung $G(x) = 0$: $x_{1,2} = \frac{a-d}{2b} \pm \sqrt{\left(\frac{a-d}{2b}\right)^2 - \frac{c}{b}}$.

Das arithmetische Mittel $\bar{x}$ von x_1 und x_2 (= Mittelpunkt zwischen x_1 und x_2) ergibt sich zu $\bar{x} = \frac{x_1 + x_2}{2} = \frac{a-d}{2b}$.

Andererseits erhält man die gewinnmaximale Outputmenge x_G als Lösung der Gleichung $G'(x) = 0$:
$G'(x) = -2bx + a - d = 0 \quad \Rightarrow \quad x_G = \frac{a-d}{2b} = \bar{x}$, w.z.b.w.

(6.3.157) Das **Gewinnmaximum** einer **monopolistischen** Ein-Produkt-Unternehmung liegt stets im **preis-elastischen** Nachfragebereich der (fallenden) Preis-Absatz-Funktion.

Der Beweis wurde in Beispiel 6.3.114 geführt.

Im Zusammenhang mit dem **optimalen Faktoreinsatz** in der Produktion spielt die **„Entlohnung"** des variablen **Inputfaktors** (d.h. der Faktorpreis) eine wichtige Rolle *(vgl. auch das spätere Kap. 7.3.1.4)*. Für den Fall eines einzigen variablen Faktors, mit dem (c.p.) ein einziges Produkt erzeugt wird, gilt:

(6.3.158) In ihrem **Gewinnmaximum** *(sofern dieses existiert)* und bei **vollkommener Konkurrenz** auf dem **Faktormarkt** setzt eine **monopolistische** Ein-Produkt-Unternehmung diejenige Faktormenge zur Produktion ein, für die der **Faktorpreis** gleich der mit dem **Grenzerlös bewerteten** (d.h. multiplizierten) **Grenzproduktivität** ist.

Zum Beweis von (6.3.158) werden eine differenzierbare Produktionsfunktion $x = x(r)$, ein konstanter Faktorpreis p_r sowie eine Preis-Absatz-Funktion $p = p(x) = p(x(r))$ unterstellt.

Die Faktorkostenfunktion K(r) ergibt sich als Produkt aus Inputmenge r und Inputpreis p_r: $K(r) = r \cdot p_r$, während der Erlös $E = E(x) = E(x(r)) = p(x(r)) \cdot x(r)$ lautet.

Damit erhält man die Gewinnfunktion $G(r) = E(x(r)) - r \cdot p_r$. *Notwendig* für ein Gewinnmaximum ist das Verschwinden der ersten Ableitung G'(r). Mit Hilfe der Kettenregel (5.2.45) erhält man so die Bedingungsgleichung: $0 = G'(r) = E'(x) \cdot x'(r) - p_r$,

d.h. (*) $\boxed{p_r = E'(x) \cdot x'(r)}$, w.z.b.w. .

(Zu den hinreichenden Bedingungen vgl. Aufgabe 6.3.164)

Für einen **polypolistischen** Anbieter ist $p = \text{const.}$, d.h. $E'(x) = p = \text{const.}$, und daher reduziert sich

(*) auf: $\boxed{p_r = p \cdot x'(r)}$, d.h.

(6.3.159) Bei **vollkommener Konkurrenz** auf dem **Faktormarkt** setzt eine **polypolistische** Ein-Produkt-Unternehmung in ihrem **Gewinnmaximum** diejenige Faktormenge zur Produktion ein, für die der **Faktorpreis** gleich dem **Marktwert der Grenzproduktivität** („Wertgrenzproduktivität") ist.

(Zu den hinreichenden Bedingungen vgl. Aufgabe 6.3.164)

Übertragen auf den Inputfaktor „Arbeit" besagt (6.3.159) etwa: Eine gewinnmaximierende polypolistische Unternehmung sollte soviele Arbeitskräfte einsetzen, dass der mit der letzten eingestellten Arbeitskraft zusätzlich erzeugte Output - bewertet mit seinem Marktpreis - gleich dem Arbeitslohn ist („**Entlohnung des Faktors Arbeit mit seiner (Wert-) Grenzproduktivität**"). *(vgl. auch Aufg. 6.3.164 !)*

Das folgende Gesetz beschreibt **Zusammenhänge** zwischen **Einkommen** und **Konsumausgaben** von Haushalten:

(6.3.160)

i) Genau dann, wenn die **marginale Konsumquote** für jedes Einkommen **kleiner** als die **durchschnittliche Konsumquote** ist, **nimmt** die **durchschnittliche Konsumquote** mit steigendem Einkommen **ab**.

ii) Unter den Voraussetzungen von i) ist die **Einkommenselastizität des Konsums** überall **kleiner als Eins** (d.h. die Nachfrage nach Konsumgütern ist bzgl. des Einkommens unelastisch).

Der ***Beweis*** zu **i)** wurde in Beispiel 6.3.9 geführt: $C'(Y) < \frac{C(Y)}{Y} \Leftrightarrow \left(\frac{C(Y)}{Y}\right)' < 0$, d.h. $\frac{C(Y)}{Y}$ monoton fallend, vgl. Satz 6.2.2.

Der ***Beweis*** zu **ii)** folgt aus (6.3.87), wenn man die Voraussetzung $C'(Y) < \frac{C(Y)}{Y}$ mit $\frac{Y}{C(Y)}$ (> 0) multipliziert: $C'(Y) \cdot \frac{Y}{C(Y)} < 1$, d.h. $\boxed{\varepsilon_{C,Y} < 1}$, w.z.b.w. .

Aufgabe 6.3.161: Der Zusammenhang zwischen Wohnungsausgaben W (in €/Monat) und Gesamtkonsum C (in €/Monat) eines Haushaltes sei alternativ durch eine der folgenden Ausgabenfunktionen $W = W(C)$ beschrieben:

a) $W(C) = 0{,}1C + 350 \; ; \; C > 0$ **b)** $W(C) = 350 + 0{,}5 \cdot C^{0,9} \; ; \; C > 0$.

i) Man untersuche in beiden Fällen, ob das **„Schwabesche Gesetz"** erfüllt ist. *(Das Schwabesche Gesetz besagt: Die Wohnungsausgaben eines Haushaltes nehmen bei steigendem Gesamtkonsum des Haushaltes prozentual weniger stark zu als die gesamten Konsumausgaben.)*

ii) Man untersuche, ob die Grenzausgaben für Wohnung stets kleiner sind als die durchschnittlichen Ausgaben für Wohnung (bezogen auf den Gesamtkonsum).

Aufgabe 6.3.162: Man zeige, dass eine Produktionsfunktion des Typs $x(r) = a \cdot r^b$, $r > 0$, genau dann dem „1. Gossenschen Gesetz" (vgl. Beispiel 6.3.5) genügt, wenn für die Koeffizienten a, b gilt: $a > 0, \; 0 < b < 1$ (z.B. $x(r) = 25 \cdot r^{0,7}$).

Aufgabe 6.3.163: Die Nachfrage (d.h. die Ausgaben) N (in €/Monat) eines Haushaltes nach Nahrungsmitteln sei in Abhängigkeit des monatlichen Gesamtkonsums C (in €/Monat) durch eine der folgenden Funktionen beschrieben:

(a) $N(C) = 1{,}5 \cdot C^{0,8} + 200 \; ; \; C > 0$ **(b)** $N(C) = 200 + 0{,}2C \; ; \; C > 0$.

Man überprüfe in beiden Fällen, ob das **„Engelsche Gesetz"** erfüllt ist. *(Das Engelsche Gesetz besagt: Die Ausgaben eines Haushaltes für Nahrungsmittel nehmen bei steigendem Gesamtkonsum des Haushaltes prozentual weniger stark zu als die Konsumausgaben des Haushaltes insgesamt.)*

***Aufgabe 6.3.164:** Man zeige, dass im Fall der Faktorentlohnung nach seiner Wertgrenzproduktivität (6.3.159 – *Polypol*) die hinreichenden Bedingungen für ein Gewinnmaximum erfüllt sind, wenn eine Produktionsfunktion mit überall abnehmender Grenzproduktivität vorliegt. Für den allgemeineren Fall (6.3.158 – *Monopol*) zeige man dies entsprechend, wenn zusätzlich noch eine lineare Preis-Absatz-Funktion sowie positive Grenzproduktivitäten unterstellt werden.

***Aufgabe 6.3.165:** Man zeige: Ist eine gewinnmaximierende Ein-Produkt-Unternehmung (Produktionsfunktion: $x = x(r)$) zugleich **monopolistischer Anbieter** auf dem Gütermarkt (Preis-Absatz-Funktion: $p = p(x)$) als auch monopolistischer Nachfrager (**Monopsonist**) auf dem Faktormarkt (Faktornachfragefunktion: $p_r = p_r(r)$), so ist **jede** der folgenden Bedingungen **notwendig** für einen **gewinnmaximalen** Faktoreinsatz:

i) $x'(r) \cdot (x \cdot p'(x) + p(x)) = r \cdot p_r'(r) + p_r(r)$;

ii) $x'(r) \cdot E'(x) = K'(r)$ *(dabei bedeuten: $E(x) = E(x(r)) = x(r) \cdot p(x(r))$ die Erlösfunktion und $K(r) = r \cdot p_r(r)$ die (Faktor-) Kostenfunktion)* ;

iii) $x'(r) = \dfrac{p_r}{p} \cdot \dfrac{1 + \dfrac{1}{\varepsilon_{r,p_r}}}{1 + \dfrac{1}{\varepsilon_{x,p}}}$;

iv) $x'(r) = \dfrac{p_r}{p} \cdot \dfrac{\varepsilon_{K,r}}{\varepsilon_{E,x}}$;

v) Der zusätzliche Erlös für die mit der letzten eingesetzten Inputeinheit erzeugten Produktmenge muss übereinstimmen mit den zusätzlichen Aufwendungen für diese letzte Inputeinheit.

7 Differentialrechnung bei Funktionen mit mehreren unabhängigen Variablen

7.1 Grundlagen

7.1.1 Begriff und Berechnung von partiellen Ableitungen

Das klassische **Grundproblem der Differentialrechnung** für Funktionen f: y = f(x) **einer** unabhängigen Variablen war die Frage nach der **Steigung** von f an irgendeiner Stelle x (vgl. Kap. 5.1.1). Wir wollen versuchen, eine **analoge** Fragestellung bei **Funktionen** mit **mehreren unabhängigen Variablen** zu beantworten.

Aus Gründen der Anschaulichkeit beschränken wir uns zunächst auf Funktionen z = f(x,y), die von **zwei** unabhangigen Variablen x und y abhängen[1]. Die entsprechende **Problemstellung** lautet: „Welche Steigung besitzt die Funktion f(x,y) an der Stelle (x_0, y_0) ?“ Wie aus Abb. 7.1.1 hervorgeht, ist die Fragestellung in dieser Form offenbar *nicht* sehr *sinnvoll:* Im betreffenden Punkt P_0 (x_0, y_0, z_0) der Funktionsfläche gibt es je nach Durchlaufrichtung beliebig viele *verschiedene Steigungen* der Fläche: Die Situation ist vergleichbar mit der eines Wanderers im Gebirge, der - ausgehend von einem Punkt am Hang - mehrere verschieden steile Wege einschlagen kann.

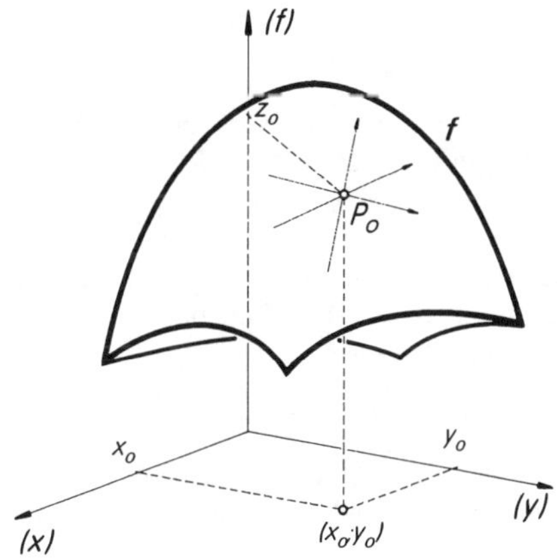

Abb. 7.1.1

Daher ist es lediglich sinnvoll, nach der **Steigung** der Funktionsfläche **in einer vorgegebenen Richtung** zu fragen. Da wir als ausgezeichnete Richtungen die beiden horizontalen Koordinatenachsen haben, liegt es nahe, zunächst nach der **Steigung in x-Richtung** (d.h. für konstantes y) sowie nach der **Steigung in y-Richtung** (d.h. für konstantes x) im Punkt P_0 zu fragen. Abb. 7.1.2 veranschaulicht das Vorgehen :

[1] Im folgenden wird der Inhalt von Kap. 3 vorausgesetzt.

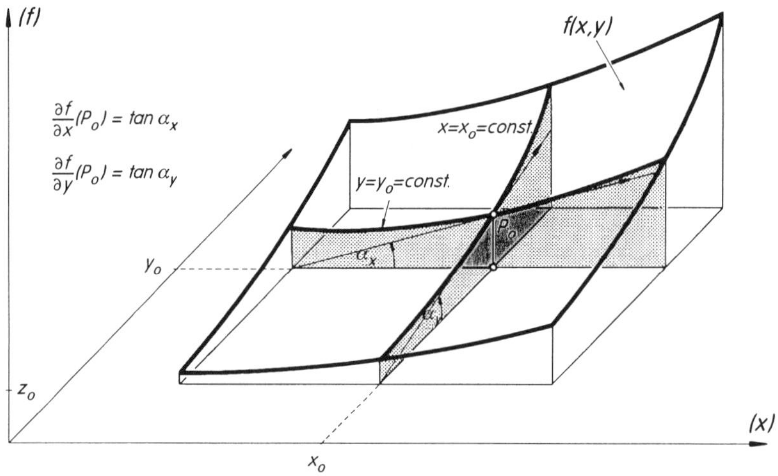

Abb. 7.1.2

Um in P_0 etwa die **Steigung** der Funktion **in x-Richtung** zu ermitteln, schneidet man die Funktionsfläche mit einer zur (x; z)-Ebene parallelen Schnittebene (d.h. senkrecht zur Grundebene in x-Richtung). Die resultierende **Schnittkurve** (in Abb. 7.1.2 von links nach rechts verlaufend) hat überall **denselben y-Wert** (nämlich $y = y_0 =$ const.). Die **Steigung** dieser **Schnittkurve** in P_0 ist **identisch** mit der **Steigung der Funktion** f in P_0 **in x-Richtung**. Der Funktionswert z hängt längs dieser Schnittkurve nur noch von **einer** Variablen - nämlich x - ab, da die andere Variable y längs dieser Schnittkurve unverändert bleibt: $z = f(x, y_0)$ längs der Schnittkurve in x-Richtung.

Beispiel 7.1.3: Es sei $z = f(x, y) = (x - 3)^2 + 2xy^2 - 16$ gegeben. Wählt man z.B. $y = y_0 = 2$, so ergibt sich als *Gleichung der entsprechenden Schnittkurve in x-Richtung:*

$$z = f(x, 2) = (x - 3)^2 + 8x - 16 ,$$

d.h. eine nur noch von x abhängende Funktion. Die *Steigung* dieser Schnittkurve lässt sich nun durch *gewöhnliche Differentiation* nach x ermitteln:

$$\frac{df}{dx}\Big/_{y=2} = \tan \alpha_x = \frac{d}{dx}\left((x - 3)^2 + 8x - 16\right) = 2x + 2 .$$

Im Punkt (3; 2) etwa beträgt die Flächensteigung in x-Richtung: $\frac{df}{dx}\Big/_{\substack{x=3\\y=2}} = 2 \cdot 3 + 2 = 8$ usw.

Analog erhält man in P_0 die Steigung der Funktionsfläche in y-Richtung (vgl. Abb. 7.1.2), indem man die durch $x = x_0 = \text{const.}$ definierte und nur noch von y abhängende Schnittkurvengleichung $z = f(x_0, y)$ im gewöhnlichen Sinne nach y ableitet:

Beispiel 7.1.3 (Forts.): Aus $f(x, y) = (x - 3)^2 + 2xy^2 - 16$ ergibt sich für $x = x_0 = \text{const.}$:

$f(x_0, y) = (x_0 - 3)^2 + 2x_0y^2 - 16$ und daher $\frac{df}{dy}\Big/_{x=x_0} = \tan\alpha_y = 4x_0y$. Die Flächensteigung in y-Richtung etwa an der Stelle (3; 2) beträgt somit: $\frac{df}{dy}\Big/_{\substack{x_0=3\\y=2}} = 24.$

Man beachte, dass beim Ableiten nach y der Wert x_0 wie eine *Konstante* behandelt wird:

Die im letzten Beispiel ermittelten Steigungen $\tan\alpha_x$ (*bzw.* $\tan\alpha_y$) der Funktion in x-Richtung (*bzw. in y-Richtung*) heißen auch **partielle Ableitungen** von f nach x (*bzw. nach y*):

Def. 7.1.4 (partielle Ableitungen): Unter der **partiellen Ableitung** (1. Ordnung) der Funktion f(x, y) **nach der Variablen x** (d.h. für $y = y_0 = \text{const.}$) versteht man die (gewöhnliche) Ableitung der nur von x abhängigen Funktion $f(x, y_0)$ nach x unter Konstanthaltung von y.

Schreibweisen: $\frac{\partial f}{\partial x}$, $\frac{\partial}{\partial x} f(x, y)$, f'_x, f_x .

Analog definiert man die **partielle Ableitung** von f(x, y) **nach y** unter Konstanthaltung von x.

Schreibweisen: $\frac{\partial f}{\partial y}$, $\frac{\partial}{\partial y} f(x, y)$, f'_y, f_y .

Beispiel 7.1.5: Gegeben sei f durch $f(x, y) = 3x^2y^3 + 4xy + x^2 \cdot e^{7y}$. Die partielle Ableitung nach x erhält man, indem man y als Konstante auffasst und mit den üblichen Ableitungsregeln (vgl. Kap. 5.2.5) nach x ableitet:

$$\frac{\partial f}{\partial x} = 6xy^3 + 4y + 2x \cdot e^{7y} .$$

Analog liefert die Ableitung von f nach y unter Konstanthaltung von x die partielle Ableitung von f nach y:

$$\frac{\partial f}{\partial y} = 9x^2y^2 + 4x + 7x^2 \cdot e^{7y} .$$

***Bemerkung 7.1.6:* i)** *Da die partiellen Ableitungen von $f(x, y)$ als gewöhnliche Ableitungen bei Konstanz der jeweils anderen Variablen erscheinen, hätte man statt Def. 7.1.4 auch die Grenzwertdefinition der ersten Ableitung verwenden können (vgl. Def. 5.1.9 sowie (5.1.18)):*

$$\frac{\partial f}{\partial x} := \lim_{\Delta x \to 0} \frac{f(x + \Delta x\,;\, y) - f(x, y)}{\Delta x} \qquad (\text{mit } y = \text{const.})$$

$$\frac{\partial f}{\partial y} := \lim_{\Delta y \to 0} \frac{f(x\,;\, y + \Delta y) - f(x, y)}{\Delta y} \qquad (\text{mit } x = \text{const.})\,.$$

ii) Die partielle Ableitung f_x (bzw. f_y) *bezeichnet die Ableitung von f in x-Richtung (*bzw. in y-Richtung *). Es fragt sich daher, wie man die* ***Steigung*** *von f auch in irgendeiner* ***anderen Richtung*** *erhalten kann. Dazu nehmen wir an, dass die Funktion im Punkt P_0 eine sie berührende* ***Tangentialebene*** [2] *besitzt, vgl. Abb. 7.1.7. (Ähnlich wie man - vgl. Kap. 5.1.3 - die Tangente einer Kurve als „beste" Näherungsgerade für diese Kurve auffassen kann, lässt sich die Tangentialebene als „beste" Näherungsebene der Funktion f im Berührungspunkt auffassen.)*

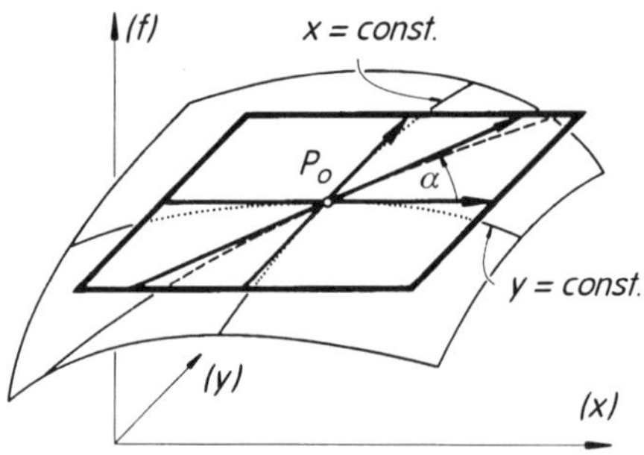

Abb. 7.1.7

Offenbar spannen die beiden Schnittkurventangenten in x- bzw. y-Richtung (mit den Steigungen f_x bzw. f_y) die Tangentialebene in P_0 auf. Dann liegt auch jede andere Schnittkurventangente durch P_0 in dieser Tangentialebene, vgl. Abb. 7.1.7. Ist die ***Richtung*** *der entsprechenden senkrechten Schnittebene* ***vorgegeben*** *(z.B. durch Angabe des Winkels α gegenüber der x-Richtung oder die x, y-Abstände u und v, vgl. Abb. 7.1.8), so lässt sich die* ***Steigung*** *m von f* ***in dieser Richtung*** *allein mit Hilfe der* ***partiellen Ableitungen*** *f_x, f_y bestimmen, vgl. Abb. 7.1.8:*

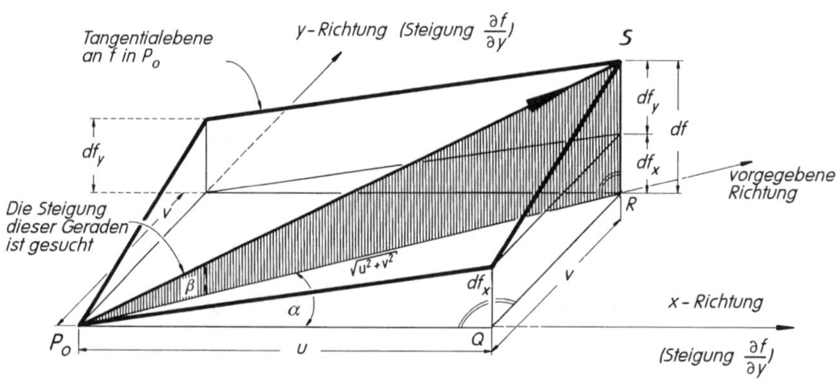

Abb. 7.1.8

---

[2] Man kann zeigen, dass immer dann in P_0 eine Tangentialebene existiert, wenn alle partiellen Ableitungen in P_0 stetig sind. In diesem Fall heißt f in P_0 differenzierbar.

Zunächst erhält man mit dem Satz des Pythagoras im rechtwinkligen Dreieck P_0QR: $P_0R = \sqrt{u^2 + v^2}$. Damit ergibt sich die gesuchte Steigung $m = \tan\beta$ der Geraden P_0S im schraffierten Dreieck P_0RS zu:

(*) $m = \tan\beta = \dfrac{df}{\sqrt{u^2+v^2}}$. *Wegen* $\dfrac{\partial f}{\partial x} = \dfrac{df_x}{u}$, $\dfrac{\partial f}{\partial y} = \dfrac{df_y}{v}$ *folgt* $df_x = u \cdot \dfrac{\partial f}{\partial x}$ *bzw.*

$df_y = v \cdot \dfrac{\partial f}{\partial y}$, *so dass aus (*) wegen* $df = df_x + df_y$ *folgt:*

$$(7.1.9) \qquad m = \tan\beta = \frac{u \cdot \dfrac{\partial f}{\partial x} + v \cdot \dfrac{\partial f}{\partial y}}{\sqrt{u^2 + v^2}} \qquad (x = x_0,\ y = y_0)\,.$$

Beachtet man die Beziehungen $\cos\alpha = \dfrac{u}{\sqrt{u^2+v^2}}$, $\sin\alpha = \dfrac{v}{\sqrt{u^2+v^2}}$ *(vgl. Abb. 7.1.8),*

*so kann man die **Funktionssteigung** in P_0 in der **um α gegen die x-Richtung gedrehten Richtung** auch schreiben:*

$$(7.1.10) \qquad m = \tan\beta = \frac{\partial f}{\partial x} \cdot \cos\alpha + \frac{\partial f}{\partial y} \cdot \sin\alpha \qquad (x = x_0,\ y = y_0)\,.$$

Beispiel: Die partiellen Ableitungen der Funktion $f(x, y) = 4 - x^2 - y^2$ (vgl. Abb. 3.2.9) lauten z.B. im Punkt P_0 (2; 3):

$f_x = -2x\big/_{\substack{x=2\\y=3}} = -4$; $f_y = -2y\big/_{\substack{x=2\\y=3}} = -6$.

In der z.B. durch $u = 5$; $v = 4$ bestimmte Richtung (vgl. Abb. 7.1.11) (entspricht $\tan\alpha = \frac{4}{5}$, d.h. $\alpha = 38{,}66°$) beträgt die Funktionssteigung nach (7.1.9):

$m = \dfrac{-5 \cdot 4 - 4 \cdot 6}{\sqrt{41}} \approx -6{,}87$; *bzw. nach (7.1.10)*

$m = -4 \cdot \cos 38{,}66° - 6 \cdot \sin 38{,}66° \approx -6{,}87$.

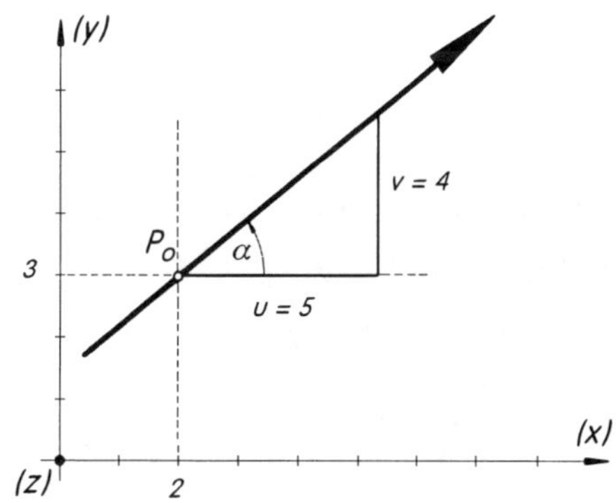

Abb. 7.1.11

Die Bildung **partieller Ableitungen** kann mit einer analogen Gedankenführung auch auf Funktionen $f(x_1, x_2, ..., x_n)$ ausgedehnt werden, die von **mehr als zwei unabhängigen Variablen** abhängen. Auch hier geht es wieder darum, den „Anstieg" von f in **einer** „Richtung" (d.h. die Änderung von f in Abhängigkeit von der Änderung nur **einer** unabhängigen Variablen) zu ermitteln, wobei **alle übrigen Variablen konstant** gehalten werden:

Def. 7.1.12: Unter der **partiellen Ableitung** (erster Ordnung) der Funktion $f(x_1, x_2, ..., x_n)$ nach der Variablen x_i versteht man die **gewöhnliche** Ableitung von f nach x_i unter **Konstanthaltung aller übrigen Variablen**.

Schreibweisen: $\frac{\partial f}{\partial x_i}$; $\frac{\partial}{\partial x_i} f(x_1, ..., x_n)$; f'_{x_i} ; f_{x_i} .

Bemerkung 7.1.13: *i)* $f(x_1, ..., x_n)$ *besitzt* n *partielle Ableitungen erster Ordnung.*

ii) Wenn eine Funktion f von nur zwei oder drei Variablen abhängt, schreiben wir aus Gründen der Übersichtlichkeit häufig diese Variablen ohne Laufindex, d.h. z.B. x, y, z statt x_1, x_2, x_3 .

iii) Für die praktische Bildung der partiellen Ableitungen f_{x_i} *lassen sich sämtliche bekannten Differentiationsregeln (vgl. Kap. 5.2.5) anwenden. Dabei ist lediglich zu beachten, dass außer* x_i *alle übrigen unabhängigen Variablen wie Konstanten behandelt werden.*

Beispiel 7.1.14: i) $f(x_1, x_2, x_3, x_4) = 3x_1{}^4x_2{}^3x_3{}^2x_4 + 5x_1x_2 + 8x_3x_4 + 1 \quad \Rightarrow$

$$\frac{\partial f}{\partial x_1} = 12x_1{}^3x_2{}^3x_3{}^2x_4 + 5x_2 \;; \qquad \frac{\partial f}{\partial x_2} = 9x_1{}^4x_2{}^2x_3{}^2x_4 + 5x_1 \;;$$

$$\frac{\partial f}{\partial x_3} = 6x_1{}^4x_2{}^3x_3x_4 + 8x_4 \;; \qquad \frac{\partial f}{\partial x_4} = 3x_1{}^4x_2{}^3x_3{}^2 + 8x_3 \;.$$

ii) $f(x, y, z) = x \cdot e^{yz} + \frac{\sqrt{x \cdot z}}{\ln y}$; $x, y, z > 0 \quad \Rightarrow f_x = e^{yz} + \frac{\sqrt{z}}{2\sqrt{x} \cdot \ln y}$;

$$f_y = xz \cdot e^{yz} - \frac{\sqrt{xz}}{y \cdot (\ln y)^2} \;; \qquad f_z = xy \cdot e^{yz} + \frac{\sqrt{x}}{2\sqrt{z} \cdot \ln y} \;.$$

Aufgabe 7.1.15: Man bilde sämtliche partiellen Ableitungen erster Ordnung:

i) $f(x, y) = (xy)^3 + xy^2$

ii) $f(x, y) = 3x^2 - 4y^2 + 5xy + 4y$

iii) $K(x_1, x_2) = \frac{5x_1}{x_2}$

iv) $f(x, y) = \frac{x^4 - 3x^2y}{3x + 2y^2}$

v) $g(x, y, z) = 5x^2yz^4 + 8\frac{y^2}{x^5}$

vi) $K(x_1, x_2, x_3) = x_2 \cdot e^{4x_1 + 5x_3}$

vii) $p(r_1, r_2, r_3) = r_1{}^2 \cdot \ln(r_1r_3) - e^{-2r_1r_2}$

viii) $x(A, K) = 120 \cdot A^{0,85} \cdot K^{0,3}$

ix) $f(u, v, w) = (w \ln w + u^3)\sqrt{2v}$

x) $L(x, y, \lambda) = 8x^{0,3}y^{0,7} + \lambda(200 - 6x - 5y)$

xi) $L(r_1, r_2, r_3, \lambda_1, \lambda_2) = 2\sqrt{r_1{}^2 + 3r_2{}^2 - 5r_3{}^2} + \lambda_1(10 - r_1 - 2r_2 + r_3) + \lambda_2(20 - r_1r_2r_3)$

xii) $f(x, y) = (x^3y^2)^y$

xiii) $f(x, y) = 2y^{3x} \cdot \ln\frac{x}{y}$.

7.1.2 Ökonomische Interpretation partieller Ableitungen

Die Tatsache, dass die partiellen Ableitungen jeweils nur den Einfluss der Änderung einer *einzigen* unabhängigen Variablen auf den Funktionswert berücksichtigen (und alle *übrigen Variablen konstant* bleiben), lässt eine zu Satz 6.1.22 analoge **Interpretationsmöglichkeit** zu:

Satz 7.1.16: Der Wert $\frac{\partial f}{\partial x_i}(P_0)$ der partiellen Ableitung von f nach x_i an der Stelle P_0 gibt (näherungsweise) an, um wieviele **Einheiten** sich der **Funktionswert** $f(P_0)$ **ändert**, wenn sich x_i um **eine Einheit ändert** und alle **übrigen** unabhängigen **Variablen unverändert** bleiben (ceteris-paribus (c.p.) - Bedingung).

Für den Fall zweier unabhängiger Variabler wird dieser Sachverhalt noch einmal in Abb. 7.1.17 verdeutlicht:

Steigung in x-Richtung: $\tan\alpha_x = \boxed{\frac{\partial f}{\partial x} \approx \Delta f_x}$ $(\Delta x = 1)$

Steigung in y-Richtung: $\tan\alpha_y = \boxed{\frac{\partial f}{\partial y} \approx \Delta f_y}$ $(\Delta y = 1)$.

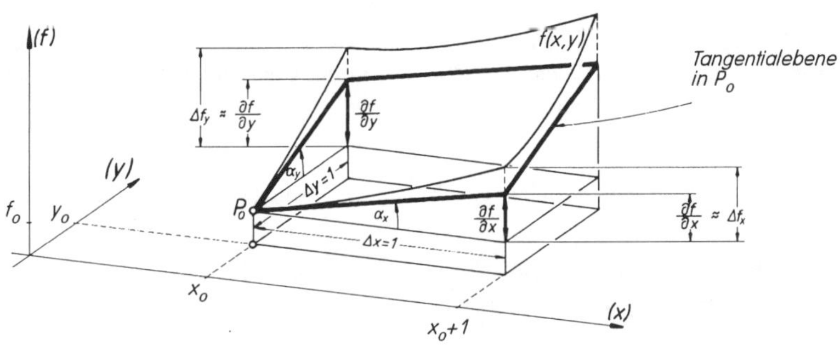

Abb. 7.1.17

Die partiellen Ableitungen erweisen sich als eines der wichtigsten Hilfsmittel bei der sogenannten „**Partialanalyse**" ökonomischer Funktionen: Dabei werden ökonomische Zielfunktionen (z.B. Produktionsfunktionen, Nutzenfunktionen, Kostenfunktionen, Gewinnfunktionen etc.) bei Variation einer einzigen Variablen betrachtet, während alle übrigen Einflussfaktoren (= übrige unabhängige Variable) konstant gehalten werden (c.p.-Prämisse) [3].

[3] Die Analyse ökonomischer Funktionen bei gleichzeitiger Änderung aller unabhängigen Variablen *(Totalanalyse)* wird in Kap. 7.1.5 und im Zusammenhang mit der Extremwertbestimmung in Kap. 7.2 angeschnitten.

So kann man etwa untersuchen, wie sich bei gegebener Produktionsfunktion $y = y(A, K)$ der Output y ändert, wenn lediglich die Einsatzmenge A des Produktionsfaktors „Arbeit" geändert wird, während die Einsatzmenge K des Produktionsfaktors „Kapital(ausstattung)" unverändert bleibt. Als Maß für die entsprechende Output-Änderungstendenz dient die partielle Ableitung $\frac{\partial y}{\partial A}$, die (näherungsweise) die Änderung des Outputs y angibt, wenn sich A (bei Konstanz von K) um eine Einheit ändert. Die entsprechende partielle Ableitung $\frac{\partial y}{\partial A}$ heißt **partielle Grenzproduktivität des Faktors Arbeit** (oder kurz: Grenzproduktivität der Arbeit). Analog bezeichnet man $\frac{\partial y}{\partial K}$ als **(partielle) Grenzproduktivität des Kapitals**.

Beispiel 7.1.18: Gegeben sei die Produktionsfunktion $y(A,K) = 2 \cdot A^{0,4} \cdot K^{0,6}$. Dann ist die partielle Grenzproduktivität der Arbeit gegeben durch $\frac{\partial y}{\partial A} = 0{,}8 \cdot A^{-0,6} \cdot K^{0,6}$ und die partielle Grenzproduktivität des Kapitals durch $\frac{\partial y}{\partial K} = 1{,}2 \cdot A^{0,4} \cdot K^{-0,4}$.

Sämtliche ökonomischen Begriffsbildungen wie etwa **Grenzkosten, Grenzgewinn, marginale Konsumquote** usw. (vgl. Kap. 6.1.2) im Zusammenhang mit Funktionen einer unabhängigen Variablen lassen sich durch den **Zusatz „partiell"** analog auf ökonomische Funktionen mit mehreren unabhängigen Variablen (unter c.p.-Prämisse) **übertragen**.

Aufgabe 7.1.19: Gegeben sei die Produktionsfunktion $y = y(A, K) = 90 \cdot A^{0,8} \cdot K^{0,2}$ *(A: Arbeitsinput in Arbeitseinheiten (AE); K: Kapitalinput in GE)*. Man ermittle und interpretiere die partiellen Grenzproduktivitäten der Arbeit (bzw. des Kapitals)

i) für $A = 1.000$ AE; $K = 200$ GE;

ii) wenn pro eingesetzter Arbeitseinheit eine Kapitalausstattung von 8 GE vorhanden ist.

Aufgabe 7.1.20: Für zwei verbundene Güter seien die möglichen Absatzmengen x_1, x_2 in Abhängigkeit der Marktpreise p_1, p_2 durch folgende Preis-Absatz-Funktionen gegeben:

$$x_1(p_1, p_2) = -0{,}5p_1 + 2p_2 + 10 ; \qquad x_2(p_1, p_2) = 0{,}8p_1 - 1{,}5p_2 + 15 .$$

i) Man untersuche mit Hilfe der vier möglichen partiellen Ableitungen $\frac{\partial x_i}{\partial p_k}$ $(i, k = 1,2)$, wie sich die Nachfrage x_i nach Gut i ändert bei Änderung des Preises p_k des Gutes k $(i, k = 1,2)$.

ii) Handelt es sich um komplementäre oder substitutive Güter?

iii) Man ermittle für jedes Gut die individuelle Erlösfunktion und interpretiere die partiellen Grenzerlöse

a) bzgl. der Preise sowie

***b)** bzgl. der Mengen

bei einer Preiskombination $p_1 = 8$ GE/ME$_1$, $p_2 = 5$ GE/ ME$_2$ (vgl. Beispiel 6.1.40).

7.1.3 Partielle Ableitungen höherer Ordnung

Wie etwa aus Beispiel 7.1.14 hervorgeht, sind die partiellen Ableitungen erster Ordnung $\frac{\partial f}{\partial x_i}$ einer Funktion $f(x_1, ..., x_n)$ selbst wiederum Funktionen der n unabhängigen Variablen $x_1, ..., x_n$.

Beispiel 7.1.21: $f(x_1, x_2, x_3) = 4x_1^2 \cdot x_2^5 \cdot e^{x_3} \Rightarrow \frac{\partial f}{\partial x_1} = 8x_1 \cdot x_2^5 \cdot e^{x_3}$ ist eine von x_1, x_2, x_3 abhängige Funktion, usw ..

Daher lassen sich (i.a.) die partiellen Ableitungen $\frac{\partial f}{\partial x_i}$ wiederum partiell nach jeder unabhängigen Variablen ableiten, man erhält so die partiellen Ableitungen zweiter Ordnung und daraus analog die partiellen Ableitungen dritter und höherer Ordnung (vgl. auch Kap. 5.2.4):

Def. 7.1.22: Leitet man die **partielle Ableitung** $\frac{\partial f}{\partial x_i}$ von $f(x_1, ..., x_n)$ **wiederum partiell** nach der Variablen x_k ab (i, k = 1, 2, ..., n), so ergibt sich **die partielle Ableitung zweiter Ordnung** von f nach x_i, x_k.

Schreibweisen: $\frac{\partial}{\partial x_k}\left(\frac{\partial}{\partial x_i}\right) = \frac{\partial^2 f}{\partial x_k \partial x_i} = \frac{\partial}{\partial x_k}(f_{x_i}) = f_{x_i x_k}$.

Bemerkung 7.1.23: ***i)*** *In* $\frac{\partial^2 f}{\partial x_k \partial x_i} = f_{x_i x_k}$ *wird zuerst nach* x_i *und dann nach* x_k *abgeleitet – man beachte die Reihenfolge der Indizes je nach Schreibweise !*

ii) *Jede der* n *partiellen Ableitungen von* $f(x_1, ..., x_n)$ *kann nach den* n *Variablen erneut abgeleitet werden, d.h. es gibt* n^2 *partielle Ableitungen 2. Ordnung.*

iii) *Analog zu Def. 7.1.22 werden dritte und höhere partielle Ableitungen gebildet.*
Schreibweisen (z.B.):

a) $\frac{\partial^3 f}{\partial x_1 \partial x_3 \partial x_4} = \frac{\partial}{\partial x_1}\left(\frac{\partial}{\partial x_3}\left(\frac{\partial f}{\partial x_4}\right)\right) = f_{x_4 x_3 x_1}$.

b) $\frac{\partial^6 f}{\partial x^2 \partial y^4} = \frac{\partial}{\partial x}\left(\frac{\partial}{\partial x}\left(\frac{\partial}{\partial y}\left(\frac{\partial}{\partial y}\left(\frac{\partial}{\partial y}\left(\frac{\partial f}{\partial y}\right)\right)\right)\right)\right) = f_{yyyyxx}$, *usw.* .

Beispiel 7.1.24: Es sei $f(x, y) = 2x^4y^3 - x^3y^6$. Die partiellen Ableitungen erster Ordnung lauten:

$f_x = 8x^3y^3 - 3x^2y^6$; $f_y = 6x^4y^2 - 6x^3y^5$.

Die partiellen Ableitungen zweiter Ordnung lauten:

$f_{xx} = 24x^2y^3 - 6xy^6$; $f_{xy} = 24x^3y^2 - 18x^2y^5$; $f_{yx} = 24x^3y^2 - 18x^2y^5$; $f_{yy} = 12x^4y - 30x^3y^4$.

Partielle Ableitungen dritter Ordnung sind z.B.:

$f_{xxy} = 72x^2y^2 - 36xy^5$; $f_{yxx} = 72x^2y^2 - 36xy^5$; $f_{yyx} = 48x^3y - 90x^2y^4$; $f_{yxy} = 48x^3y - 90x^2y^4$
usw..

In Beispiel 7.1.24 fällt auf, dass die **„gemischten Ableitungen"** f_{xy} und f_{yx} **identisch** sind (ebenso f_{xxy} und f_{yxx} sowie f_{yyx} und f_{yxy}), obwohl sie auf völlig verschiedene Weise und unabhängig voneinander aus $f(x, y)$ gebildet wurden. Es zeigt sich, dass das Bestehen dieser Identitäten kein Zufall ist:

Satz 7.1.25: *(Satz von SCHWARZ)*: Sind für die Funktion $f(x_1, ..., x_n)$ sämtliche **zweiten Ableitungen stetig**, so sind diese **unabhängig von der Differentiationsreihenfolge**. Es gilt dann stets

(7.1.26) $$\frac{\partial^2 f}{\partial x_i \, \partial x_k} = \frac{\partial^2 f}{\partial x_k \, \partial x_i} \quad \text{bzw.} \quad f_{x_k x_i} = f_{x_i x_k}$$

***Bemerkung** 7.1.27: Die Vertauschbarkeit der Differentiationsreihenfolge lässt sich analog auf höhere partielle Ableitungen übertragen. So gilt z.B. (unter den Voraussetzungen von Satz 7.1.25):*

$f_{yxx} = f_{xyx} = f_{xxy}$ (vgl. Beispiel 7.1.24) oder $f_{zzyyx} = f_{zzyxy} = f_{zzxyy} = ... = f_{xyyzz}$ usw. Dadurch reduziert sich die Anzahl verschiedener partieller Ableitungen höherer Ordnung erheblich.

Aufgabe 7.1.28: Gegeben sei die Funktion $f(x, y) = xy \cdot e^{xy}$. Man zeige durch explizites Ausrechnen in der gegebenen Reihenfolge die Gültigkeit von $f_{yxx} = f_{xyx} = f_{xxy}$.

Aufgabe 7.1.29: Man bilde die partiellen Ableitungen zweiter Ordnung der Funktionen von Aufgabe 7.1.15 .

7.1.4 Kennzeichnung von Monotonie und Krümmung durch partielle Ableitungen

Das **Vorzeichen** der ersten und zweiten partiellen **Ableitung** einer (ökonomischen) Funktion charakterisiert – wegen der c.p.-Prämisse **analog** zum Fall nur **einer** unabhängigen Variablen – die (partiellen) **Monotonie- und Krümmungseigenschaften** der zugrundeliegenden Funktion. Analog zu den Sätzen 6.2.2/6.2.10 erhalten wir

Satz 7.1.30: Die Funktion $f(x_1, ..., x_n)$ sei in einem Intervall I *($\subset \mathbb{R}^n$)* definiert und dort zweimal stetig differenzierbar. Wenn dann in I gilt:

i) $\frac{\partial f}{\partial x_i} > 0$, so ist f bzgl. x_i (c.p.) monoton steigend (**zunehmend**) .

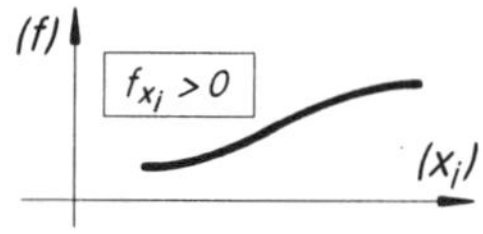

ii) $\frac{\partial f}{\partial x_k} < 0$, so ist f bzgl. x_k (c.p.) monoton fallend (**abnehmend**) .

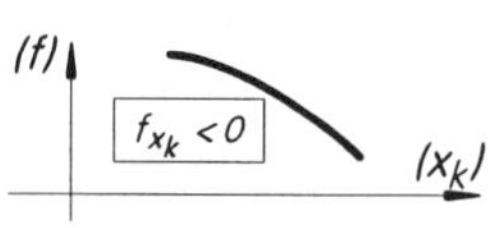

iii) $\frac{\partial^2 f}{\partial x_i^2} > 0$, so ist $\frac{\partial f}{\partial x_i}$ bzgl. x_i zunehmend, d.h. f bzgl. x_i **konvex** .

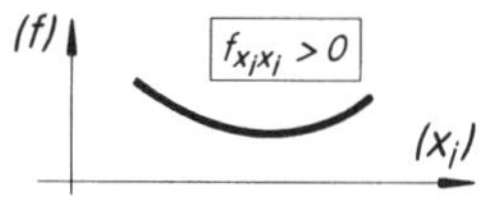

Abb. 7.1.31

iv) $\frac{\partial^2 f}{\partial x_k^2} < 0$, so ist $\frac{\partial f}{\partial x_k}$ bzgl. x_k abnehmend, d.h. f bzgl. x_k **konkav** .

v) $\frac{\partial^2 f}{\partial x_i\, \partial x_k} = \frac{\partial^2 f}{\partial x_k\, \partial x_i} > 0$ *(bzw. < 0)*, so ist $\frac{\partial f}{\partial x_k}$ bzgl. x_i und $\frac{\partial f}{\partial x_i}$ bzgl. x_k (c.p) monoton zunehmend *(bzw. abnehmend)* .

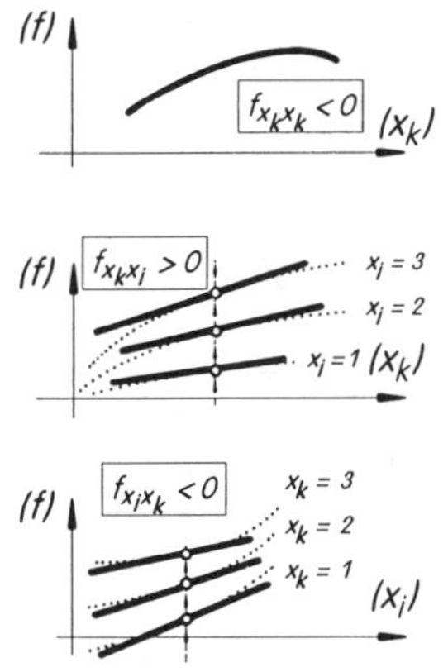

Abb. 7.1.31

Beispiel 7.1.32: Gegeben sei die Produktionsfunktion $y = y(A, K) = A^{0,8} \cdot K^{0,2}$ (A: Arbeitsinput (A>0) ; K: Kapitalinput (K > 0); y: Output, z.B. Sozialprodukt). Für die Grenzproduktivitäten erhält man:

$$\frac{\partial y}{\partial A} = 0{,}8 \cdot A^{-0,2} \cdot K^{0,2} > 0\, ; \quad \frac{\partial y}{\partial K} = 0{,}2 \cdot A^{0,8} \cdot K^{-0,8} > 0\, ,$$

d.h. für alle A, K > 0 sind die Grenzproduktivitäten positiv, d.h. der Output ist sowohl bzgl. der Arbeit als auch bzgl. des Kapitals zunehmend.
Die zweiten partiellen Ableitungen lauten:

$$\frac{\partial^2 y}{\partial A^2} = -0{,}16 \cdot A^{-1,2} \cdot K^{0,2} < 0\, ; \quad \frac{\partial^2 y}{\partial K^2} = -0{,}16 \cdot A^{0,8} \cdot K^{-1,8} < 0\, ;$$

$$\frac{\partial^2 y}{\partial A \partial K} = \frac{\partial^2 y}{\partial K \partial A} = 0{,}16 \cdot A^{-0,2} \cdot K^{-0,8} > 0\, .$$

Daraus folgt (nach Satz 7.1.30): Die Grenzproduktivität der Arbeit *(bzw. des Kapitals)* nimmt mit steigendem Arbeitsinput *(bzw. Kapitalinput)* c.p. ab, die entsprechenden partiellen Ertragsfunktionen $y = y(A, K_0)$ *(bzw.* $y = y(A_0, K)$ *)* sind konkav gekrümmt, vgl. Abb. 7.1.33 (y genügt dem „Gesetz abnehmender Ertragszuwächse“, vgl. Bsp. 6.3.11):

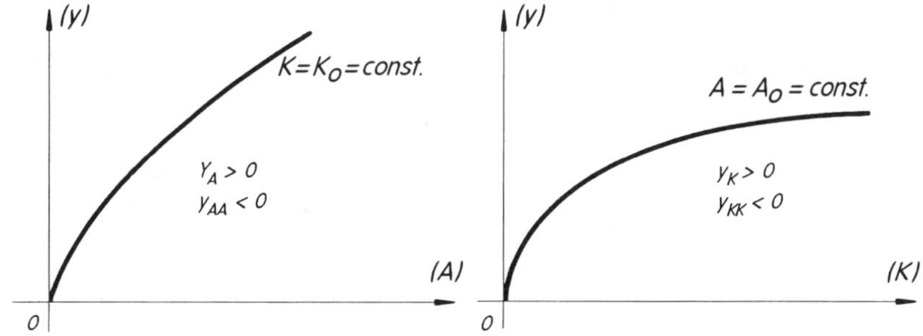

Abb. 7.1.33

Die beiden gemischten partiellen **Ableitungen** sind für alle A, K > 0 **positiv**. Daher nehmen die Grenzproduktivität der Arbeit mit steigendem Kapitaleinsatz c.p. *(und die Grenzproduktivität des Kapitals mit steigendem Arbeitseinsatz c.p.)* **zu**, vgl. Abb. 7.1.34:

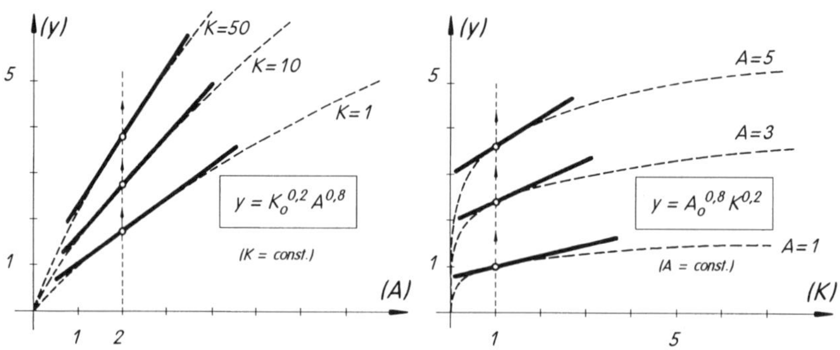

Abb. 7.1.34

Aufgabe 7.1.35: Gegeben sei die Produktionsfunktion

$$y(A, K) = -3A^3 + 2A^2 + 50A - 3A^2K + 2AK^2 - 3K^3 + 5K^2 \quad ,$$

(A: Arbeitsinput; K: Kapitalinput; y: Sozialprodukt; A, K > 0). Man ermittele für **a)** A = 2; K = 5 sowie **b)** A = 10; K = 2 jeweils sämtliche partiellen Ableitungen erster und zweiter Ordnung und gebe damit eine ökonomische Charakterisierung des Verhaltens der Produktionsfunktion in der näheren Umgebung der jeweiligen vorgegebenen Inputkombinationen.

7.1.5 Partielles und vollständiges (totales) Differential

Nach Satz 6.1.7 versteht man unter dem **Differential df** der Funktion f(x) die **Änderung** der **Tangentenfunktion** (d.h. **näherungsweise** die **Änderung** Δf der **Funktion** f), wenn sich **x um** den (endlichen) Wert **dx ändert**. Für den Wert df des Differentials folgt aus Abb. 7.1.36

wegen $f'(x) = \frac{df}{dx}$: $\boxed{df = f'(x)\,dx}$.

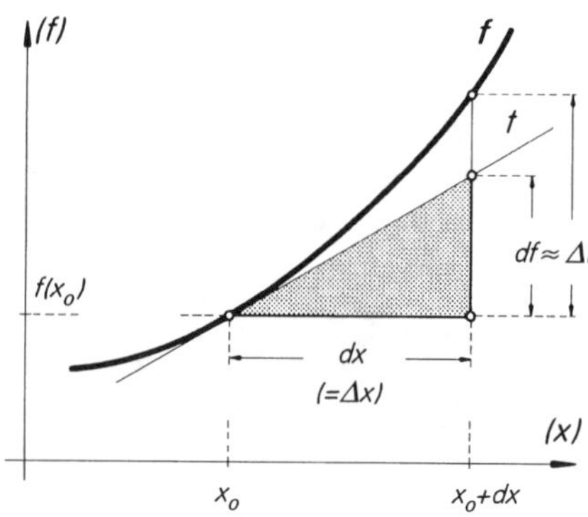

Abb. 7.1.3.

In analoger Weise lässt sich bei Funktionen mit mehreren unabhängigen Variablen ein Differential für **jede** der unabhängigen Variablen (bei Konstanz der übrigen Variablen) einführen:

Def. 7.1.37: Unter dem i-ten **partiellen Differential** der Funktion $z = f(x_1, ..., x_n)$ versteht man die Funktion df_{x_i} mit

(7.1.38) $$df_{x_i} := \frac{\partial f}{\partial x_i} \cdot dx_i \quad .$$ *(df_{x_i} ist abhängig - von der betrachteten Stelle x_i sowie - von der Wahl des Differentials dx_i.)*

Satz 7.1.39: Das **partielle Differential** df_{x_i} (7.1.38) gibt (näherungsweise) die **Änderung** der **Funktion** f an, wenn die Variable $\mathbf{x_i}$ um $\mathbf{dx_i}$ Einheiten **geändert wird** und alle übrigen unabhängigen Variablen konstant bleiben (c.p.).

Bemerkung 7.1.40: *i) Eine Funktion $f(x_1, ..., x_n)$ mit n unabhängigen Variablen besitzt n partielle Differentiale.*

ii) Für den Fall zweier unabhängiger Variabler – statt x_1, x_2 schreiben wir aus Gründen der Übersichtlichkeit wieder x und y – zeigt Abb. 7.1.41 eine räumliche Veranschaulichung:
df_x bzw. df_y sind die partiellen Änderungen der Tangentialebenenfunktion in x- bzw. y-Richtung und zugleich Näherungen für die tatsächlichen Änderungen Δf_x bzw. Δf_y von f in x- bzw. y-Richtung:

$$\Delta f_x \approx df_x = f_x dx \, ; \qquad \Delta f_y \approx df_y = f_y dy \; .$$

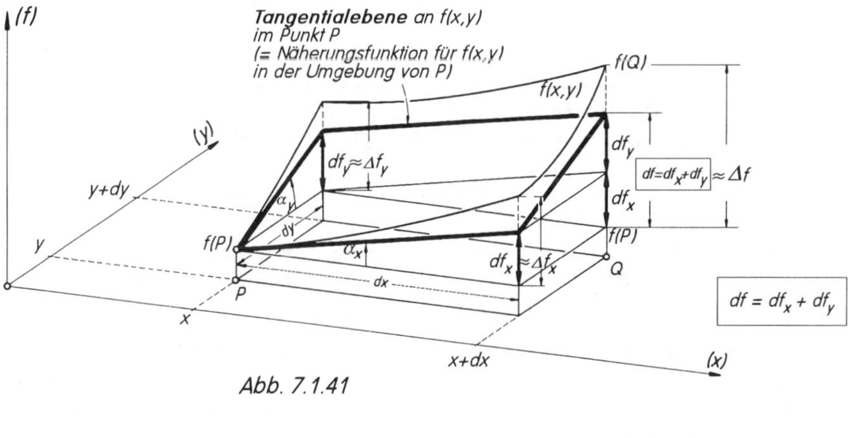

Abb. 7.1.41

iii) Für den Spezialfall $dx_i = 1$ ist das partielle Differential df_{x_i} gleich der partiellen Ableitung f_{x_i}, vgl. (7.1.38) bzw. Abb. 7.1.17.

Die partiellen Differentiale df_{x_i} können – ebenso wie die partiellen Ableitungen – für die **Partialanalyse** ökonomischer Funktionen (vgl. Kap. 7.1.2) verwendet werden.

Wir wollen einen Schritt weiter gehen und nach der **totalen Änderung der Funktion f** für den Fall fragen, dass sich **gleichzeitig jede** der n unabhängigen Variablen **ändert**, und zwar x_1 um dx_1, x_2 um dx_2, ..., x_n um dx_n. Aus Abb. 7.1.41 erkennt man die **Grundidee**, die zur Antwort führt: Man ersetzt an der fraglichen Stelle P die Funktion f durch ihre **Tangentialebene** (= „beste" lineare Näherungsfunktion von f in P) und betrachtet nun stellvertretend für f die **Änderung** dieser **Tangentialfunktion**. Dabei erkennt man (siehe Abb. 7.1.41), dass die **Gesamtänderung** df der Tangentialfunktion bei **gleichzeitiger** Änderung von x um dx **und** von y um dy sich **additiv** zusammensetzt aus den beiden **partiellen Differentialen** df_x und df_y, d.h.

(7.1.42) $$\Delta f \approx df = df_x + df_y$$.

Mit (7.1.38) ergibt sich somit als Näherungswert df für die totale Änderung Δf von f das sogenannte **vollständige (totale) Differential**

(7.1.43) $$df = \frac{\partial f}{\partial x} \cdot dx + \frac{\partial f}{\partial y} \cdot dy$$.

Für den allgemeinen Fall *(wir indizieren jetzt wieder die unabhängigen Variablen)* ergibt sich analog

Def. 7.1.44: Unter dem **vollständigen** (oder **totalen**) **Differential** $df = df(x_1, ..., x_n)$ der differenzierbaren Funktion f an der Stelle $(x_1, ..., x_n)$ versteht man die **Summe aller partiellen Differentiale**:

(7.1.45) $$df := \frac{\partial f}{\partial x_1} \cdot dx_1 + \frac{\partial f}{\partial x_2} \cdot dx_2 + ... + \frac{\partial f}{\partial x_n} \cdot dx_n$$.

Satz. 7.1.46: Das **vollständige Differential** df (vgl. (7.1.45)) gibt (näherungsweise) an, um wieviele Einheiten sich **f ändert**, wenn sich **gleichzeitig jede der n unabhängigen Variablen ändert**, und zwar x_1 um dx_1, x_2 um dx_2, ..., x_n um dx_n.

Bemerkung 7.1.47: *Aus Def. 7.1.44 entnimmt man, dass der Wert des vollständigen Differentials außer von der betrachteten Stelle $(x_1, x_2, ..., x_n)$ von den n Änderungswerten $dx_1, dx_2, ..., dx_n$ abhängt.*

Beispiel 7.1.48: Gegeben sei die Produktionsfunktion $y = 2A^{0,2} \cdot K^{0,8}$ (A: Arbeitsinput; K: Kapitalinput; y: Output). Für die vorgegebene Faktorinputkombination A = 20; K = 10 sollen **i)** die **partiellen** sowie **ii)** die **totalen Outputänderungen** ermittelt werden, wenn die Inputs um dA bzw. dK Einheiten geändert werden.

i) Partielle Faktorvariation

Ändert man den Arbeitsinput um dA Einheiten (K = const.) , so ändert sich der Output y nach Def. 7.1.37 um

$$dy_A = \frac{\partial y}{\partial A} \cdot dA = 0{,}4A^{-0,8} \cdot K^{0,8} \cdot dA_{/A=20;\ K=10} \approx 0{,}2297\ dA .$$

Analog: $$dy_K = \frac{\partial y}{\partial K} \cdot dK = 1{,}6A^{0,2} \cdot K^{-0,2} \cdot dK_{/A=20;\ K=10} \approx 1{,}8379\ dK$$

(dy_A, dy_K heißen auch **partielle Grenzerträge**).

ii) Totale Faktorvariation

Ändert man gleichzeitig A um dA und K um dK, so erhält man als totale Outputänderung dy das **vollständige Differential** nach Def. 7.1.44:

$$dy = \frac{\partial y}{\partial A} \cdot dA + \frac{\partial y}{\partial K} \cdot dK = 0{,}4A^{-0{,}8} \cdot K^{0{,}8} \cdot dA + 1{,}6A^{0{,}2} \cdot K^{-0{,}2} \cdot dK_{/A=20;\, K=10}$$

$\approx 0{,}2297\, dA + 1{,}8379\, dK$. (dy heißt auch **totales Grenzprodukt**).

Wählt man z.B. $dA = -0{,}3$ und $dK = +0{,}1$ (d.h. wird der Arbeitsinput um 0,3 Einheiten vermindert und gleichzeitig der Kapitalinput um 0,1 Einheiten erhöht - ausgehend vom Niveau $A = 20$; $K = 10$), so erhält man das totale Grenzprodukt

$$dy \approx 0{,}2297 \cdot (-0{,}3) + 1{,}8379 \cdot 0{,}1 = 0{,}115\,,$$

d.h. der Output steigt (näherungsweise) um 0,115 Einheiten. Der Vergleich mit dem exakten Änderungswert

$$\Delta y = y(19{,}7;\, 10{,}1) - y(20;\, 10) = 2 \cdot 19{,}7^{0{,}2} \cdot 10{,}1^{0{,}8} - 2 \cdot 20^{0{,}2} \cdot 10^{0{,}8} = 0{,}114$$

zeigt, dass das vollständige Differential nicht nur einfach und universell zu handhaben ist, sondern auch gute Näherungswerte liefert.

Aufgabe 7.1.49: Bei der Produktion eines Gutes hängt der Output x von der Einsatzmengenkombination (r_1, r_2, r_3) dreier Produktionsfaktoren gemäß folgender Produktionsfunktion ab:

$$x(r_1, r_2, r_3) = 0{,}5r_1^{0{,}5}r_2^{0{,}5} + 0{,}1r_1^{0{,}4}r_3^{0{,}6} + 0{,}2r_2^{0{,}3}r_3^{0{,}7}\,.$$

Für eine vorgegebene Inputkombination $(r_1, r_2, r_3) = (4;\, 5;\, 9)$ ermittle man die partiellen und totalen Grenzprodukte, wenn man r_1 um 0,2 Einheiten erhöht und gleichzeitig r_2 und r_3 um jeweils 0,1 Einheiten vermindert.

7.1.6 Kettenregel, totale Ableitung

Zusammengesetzte Funktionen f(g(x)) jeweils **einer** unabhängigen Variablen lassen sich (vgl. Satz 5.2.44) mit Hilfe der **Kettenregel** ableiten:

$$\boxed{\frac{df}{dx} = \frac{df}{dg} \cdot \frac{dg}{dx}}\,.$$

Auch bei Funktionen $f(x_1, ..., x_n)$ mit mehreren unabhängigen Variablen kommt es vor, dass die **unabhängigen Variablen** x_i selber wiederum **Funktionen einer oder mehrerer Variabler** sind. Mit Hilfe des vollständigen Differentials kann auch in solchen Fällen eine (verallgemeinerte) **Kettenregel** begründet werden. Dabei sind **zwei Fälle** zu unterscheiden:

i) die x_i sind jeweils Funktionen **einer unabhängigen Variablen** t;

ii) die x_i sind jeweils Funktionen der **k unabhängigen Variablen** $u_1, u_2, ..., u_k$.

Für die Ableitung von f nach den jeweiligen „inneren“ Variablen t bzw. u_i gilt:

Satz 7.1.50: (Kettenregel)

Es sei $f(x_1, x_2, ..., x_n)$ eine differenzierbare Funktion.

i) Jede unabhängige Variable x_i sei eine differenzierbare Funktion der unabhängigen Variablen t: $x_1 = x_1(t)$; $x_2 = x_2(t)$; ... ; $x_n = x_n(t)$. Dann lautet die **totale Ableitung** von f nach t:

(7.1.51) $$\frac{df}{dt} = \frac{\partial f}{\partial x_1} \cdot \frac{dx_1}{dt} + \frac{\partial f}{\partial x_2} \cdot \frac{dx_2}{dt} + ... + \frac{\partial f}{\partial x_n} \cdot \frac{dx_n}{dt} .$$

ii) Jede unabhängige Variable x_i sei eine differenzierbare Funktion der k unabhängigen Variablen $u_1, u_2, ..., u_k$:

$x_1 = x_1(u_1, ..., u_k)$; $x_2 = x_2(u_1, ..., u_k)$; ... ; $x_n = x_n(u_1, ..., u_k)$.

Dann lautet die **totale partielle Ableitung** von f nach u_i $(i = 1, 2, ..., k)$:

(7.1.52) $$\frac{\partial f}{\partial u_i} = \frac{\partial f}{\partial x_1} \cdot \frac{\partial x_1}{\partial u_i} + \frac{\partial f}{\partial x_2} \cdot \frac{\partial x_2}{\partial u_i} + ... + \frac{\partial f}{\partial x_n} \cdot \frac{\partial x_n}{\partial u_i} .$$

$u_k = \text{const.} \quad (k \neq i)$.

Die Gültigkeit von (7.1.51) erkennt man so: $\frac{df}{dt}$ liefert die Änderung von f, wenn t um eine Einheit geändert wird *(vgl. Satz 6.1.22)*. Ändert man nun t um eine Einheit, so ändert sich jede der n Variablen $x_1, ..., x_n$, und zwar - da die x_i Funktionen von t sind - x_1 um $\frac{dx_1}{dt}$, x_2 um $\frac{dx_2}{dt}$, ..., x_n um $\frac{dx_n}{dt}$ *(vgl. Satz 6.1.22)*. Nach Satz 7.1.46 lässt sich andererseits die resultierende totale Änderung von f durch das vollständige Differential (7.1.45) beschreiben, wobei - da dt eine Einheit sein soll - nunmehr $\frac{df}{dt}$ statt df und $\frac{dx_i}{dt}$ statt dx_i zu setzen ist.

Bemerkung: *Dass die Schreibweise von (7.1.51) mit Hilfe von Differentialen zweckmäßig ist, erkennt man auch daran, dass (7.1.51) aus (7.1.45) nach „Division“ durch dt hervorgeht, sofern man anschließend die Quotienten der Differentiale als Ableitungen interpretiert.)*

Ganz analog begründet man (7.1.52), wobei statt t nun u_i (unter Konstanthaltung aller übrigen u_k) zu setzen ist und die partielle Schreibweise verwendet wird.

Bemerkung 7.1.53:

*Die Bezeichnung **„totale partielle“** Ableitung für (7.1.52) ist insofern sinnvoll, als $\frac{\partial f}{\partial u_i}$ **einerseits** die **partielle** Ableitung von f nach u_i (unter Konstanz aller übrigen u_k) darstellt, **andererseits** aber **sämtliche** durch die Änderung von u_i hervorgerufenen **Änderungen der** $x_1, x_2, ..., x_n$ (wie beim **totalen** Differential) berücksichtigt.*

Beispiel 7.1.54: Gegeben ist die Funktion f mit $f(x, y, z) = 3x^2y + yz$, wobei gilt:

$x = x(t) = 5t^3 + 1$; $y = y(t) = e^{2t}$; $z = z(t) = \ln t$.

Gesucht ist die totale Ableitung von f nach t. Nach (7.1.51) gilt:

$$\frac{df}{dt} = \frac{\partial f}{\partial x} \cdot \frac{dx}{dt} + \frac{\partial f}{\partial y} \cdot \frac{dy}{dt} + \frac{\partial f}{\partial z} \cdot \frac{dz}{dt} = 6xy \cdot 15t^2 + (3x^2 + z) \cdot 2e^{2t} + y \cdot \frac{1}{t} =$$

$$90t^2 \cdot (5t^3 + 1) \cdot e^{2t} + 2 \cdot (3 \cdot (5t^3 + 1)^2 + \ln t) \cdot e^{2t} + \frac{1}{t} \cdot e^{2t} .$$

Beispiel 7.1.55: Die Funktion f mit $f(x, y) = 4x^2y^3$ sei gegeben, und es gelte:

$x = x(u, v) = u^2 + 3v^2$; $y = y(u, v) = u \cdot e^v$.

Dann erhält man für die totalen partiellen Ableitungen von f nach u bzw. v wegen (7.1.52):

$$\frac{\partial f}{\partial u} = \frac{\partial f}{\partial x} \cdot \frac{\partial x}{\partial u} + \frac{\partial f}{\partial y} \cdot \frac{\partial y}{\partial u} = 8xy^3 \cdot 2u + 12x^2y^2 \cdot e^v =$$

$$16u \cdot (u^2 + 3v^2) \cdot (u \cdot e^v)^3 + 12 \cdot e^v \cdot (u^2 + 3v^2)^2 \cdot (u \cdot e^v)^2 .$$

$$\frac{\partial f}{\partial v} = \frac{\partial f}{\partial x} \cdot \frac{\partial x}{\partial v} + \frac{\partial f}{\partial y} \cdot \frac{\partial y}{\partial v} = 8xy^3 \cdot 6v + 12x^2y^2 \cdot u \cdot e^v =$$

$$48v \cdot (u^2 + 3v^2) \cdot (u \cdot e^v)^3 + 12ue^v \cdot (u^2 + 3v^2)^2 \cdot (u \cdot e^v)^2 .$$

Gelegentlich kommt es vor, dass in einer Funktion $f(x, y)$ **eine Variable eine Funktion der anderen** ist, z.B. y eine Funktion von x: $f(x, y) = f(x, y(x))$. Jetzt liefert die Kettenregel (7.1.51) (mit $t = x$): $\frac{df}{dx} = \frac{\partial f}{\partial x} \cdot \frac{dx}{dx} + \frac{\partial f}{\partial y} \cdot \frac{dy}{dx}$. Wegen $\frac{dx}{dx} \equiv 1$ erhält man schließlich die **totale Ableitung**

(7.1.56)
$$\boxed{\frac{df}{dx} = \frac{\partial f}{\partial x} + \frac{\partial f}{\partial y} \cdot \frac{dy}{dx}} .$$

Dabei ist zu unterscheiden: Die **totale** Ableitung $\frac{df}{dx}$ gibt an, wie sich f **insgesamt** mit x ändert (d.h. unter Berücksichtigung der durch x induzierten Änderung von y), während die auf der rechten Seite stehende **partielle** Ableitung $\frac{\partial f}{\partial x}$ die Änderung von f angibt, wenn sich nur x ändert, y aber nicht.

Beispiel 7.1.57: Gegeben sei $f(x, y) = 2x^3 + 4xy^2$ mit $y = y(x) = 3x - 1$. Dann lautet die totale Ableitung:

$$\frac{df}{dx} = \frac{\partial f}{\partial x} + \frac{\partial f}{\partial y} \cdot \frac{dy}{dx} = 6x^2 + 4y^2 + 8xy \cdot 3 = 114x^2 - 48x + 4$$

Beispiel 7.1.58: (vgl. [50], S. 209)

Existieren auf einem vollkommenen Markt nur zwei Anbieter (**Dyopol**), so hängt der Marktpreis p von der Summe $x_1 + x_2 = x$ der Absatzmengen x_1, x_2 beider Anbieter ab. Die Nachfragefunktion p(x) ist somit eine Funktion der beiden Variablen x_1, x_2: $p(x) = p(x_1, x_2)$. Unterstellt man weiterhin eine funktionale Beziehung zwischen den Absatzmengen – zu interpretieren etwa als Reaktionen des einen Anbieters auf die Mengenpolitik des anderen – so gilt: $p = p(x_1, x_2(x_1))$. Ist $K(x_1)$ die Kostenfunktion des 1. Anbieters, so lautet seine Gewinnfunktion:

$$G(x_1, x_2) = x_1 \cdot p(x_1, x_2(x_1)) - K(x_1) = G(x_1, x_2(x_1)).$$

Um seinen Gewinn zu maximieren, muss der totale Grenzgewinn Null werden: Mit (7.1.56) erhält man die Bedingung: $\frac{dG}{dx_1} = \frac{\partial G}{\partial x_1} + \frac{\partial G}{\partial x_2} \cdot \frac{dx_2}{dx_1} = 0$. Die auftretende Ableitung $\frac{dx_2}{dx_1}$ ist ein Maß für die Änderung der Absatzmenge x_2 des zweiten Anbieters, wenn sich die Absatzmenge x_1 des 1. Anbieters um eine Einheit ändert.

$\frac{dx_2}{dx_1}$ heißt auch „Reaktionskoeffizient“, seine Bestimmung (oder sinnvolle Schätzung) bildet ein Hauptproblem der **Preistheorie für das Oligopol.**

Aufgabe 7.1.59: Man bilde die totale bzw. die totalen partiellen Ableitungen erster Ordnung:

i) $f(x, y, z) = x^2 + 3y^2 + 4z^2$ mit $x = x(t) = e^t$; $y = y(t) = t$; $z = z(t) = t^2 + 1$.

ii) $p(u, v, w) = 2u^2v\sqrt[3]{w}$ mit $u = u(x, y) = x^2 + y^2$; $v = v(x, y) = x \cdot e^{-y}$; $w = w(x, y) = x \cdot \ln y$.

iii) $f = f(a, b, c)$ mit $a = a(x)$; $b = b(a)$; $c = c(b)$. $\frac{df}{dx} = ?$

Aufgabe 7.1.60: Gegeben sei die Produktionsfunktion $y = y(A, K) = 5 \cdot A^{0,4} \cdot K^{0,6}$. Die jeweils verfügbaren Inputmengen A (=Arbeit) und K (=Kapital) seien zeitabhängige Größen, und es gelte: $A = A(t) = 20 \cdot e^{-0,01t}$; $K = K(t) = 2.000 + 100t$. Dabei bedeuten: A: Arbeitsinput (in Mio Arbeitnehmern); K: Kapitalinput (in Mrd. €); t: Zeit (in Perioden); $t = 0$ soll den Planungszeitpunkt, z.B. 01.01.2009, angeben; y: Output (in Mrd. € pro Periode).

i) Man ermittele die Funktion, deren Werte die Outputänderung pro Zeiteinheit zu jedem beliebigen Zeitpunkt t angibt (= totale Ableitung von y bzgl. t).

ii) Man zeige, dass der Output im Zeitablauf zunächst zunimmt und später abnimmt. Zu welcher Zeit wird ein maximaler Output erwirtschaftet? Wieviele Arbeitnehmer stehen dann noch zur Verfügung? Um wieviel Prozent ist die durchschnittliche Arbeitsproduktivität dann größer (bzw. kleiner) als im Planungszeitpunkt?

7.1.7 Ableitung impliziter Funktionen

Bei vielen ökonomischen Problemen liegt eine funktionale Beziehung zwischen zwei Variablen x und y in **impliziter Form f(x, y) = 0** vor *(vgl. Kap 2.1.4)*.

Beispiel: $f(x, y) = x^2 - y^3 + 2 = 0$.

Obwohl die zu f(x,y) = 0 gehörende **explizite Darstellung** y = y(x) *(bzw. x = x(y))* - auch wenn sie theoretisch existiert - häufig **nicht** angegeben werden kann (etwa bei $f(x, y) = x^3e^y - 2y \cdot e^x + 2 = 0$), lässt sich die Ableitung y'(x) ermitteln. Dazu fassen wir in der impliziten Darstellung f(x, y) = 0 die Variable y als (existierende) Funktion von x auf: f(x, y(x)) = 0. Dann lautet die **totale Ableitung** von f nach x (vgl. (7.1.56)):

$\frac{df}{dx} = \frac{\partial f}{\partial x} + \frac{\partial f}{\partial y} \cdot \frac{dy}{dx}$. Da f(x, y) – als implizite Funktion – identisch Null ist, muss auch die totale Ableitung identisch Null sein: $0 = \frac{\partial f}{\partial x} + \frac{\partial f}{\partial y} \cdot \frac{dy}{dx}$. Daraus erhält man durch Auflösen nach $\frac{dy}{dx}$ das gesuchte Resultat:

Satz 7.1.61: (Ableitung impliziter Funktionen)

Durch f(x, y) = 0 sei eine implizite Funktion y = y(x) definiert. Sind die partiellen Ableitungen f_x, f_y stetig, so gilt (sofern $f_y \neq 0$):

(7.1.62) $$\frac{dy}{dx} = -\frac{f_x}{f_y} = -\frac{\frac{\partial f}{\partial x}}{\frac{\partial f}{\partial y}} .$$

Bemerkung 7.1.63: *Vertauscht man in Satz 7.1.61 die Variablen x und y, so gilt unter entsprechenden Voraussetzungen* $\frac{dx}{dy} = -\frac{f_y}{f_x}$.

Beispiel 7.1.64: $f(x, y) = -x^2 + 5x - y - 1 = 0$. Daraus folgt mit (7.1.62):

$\frac{dy}{dx} = -\frac{f_x}{f_y} = -\frac{-2x+5}{-1} = -2x + 5$. Da f = 0 explizit nach y auflösbar ist, lässt sich die Probe machen: $y = -x^2 + 5x - 1 \Rightarrow y'(x) = -2x + 5$.

Beispiel 7.1.65: Im Fall $f(x, y) = x^3e^y - 2ye^x + 2 = 0$ lässt sich eine explizite Darstellung y = y(x) bzw. x = x(y) nicht hinschreiben. Für die Ableitung y'(x) gilt nach (7.1.62):

$\frac{dy}{dx} = -\frac{f_x}{f_y} = -\frac{3x^2e^y - 2ye^x}{x^3e^y - 2e^x}$. Man erkennt, dass i.a. $\frac{dy}{dx}$ von **beiden** Variablen x und y abhängt. Um etwa *(für ein gegebenes x)* $\frac{dy}{dx}$ berechnen zu können, muss zunächst der zugehörige y-Wert ermittelt werden, z.B. $x = 0 \Rightarrow f(0, y) = 0 \cdot e^y - 2y \cdot e^0 + 2 = 0 \Rightarrow y = 1$

$$\Rightarrow \frac{dy}{dx}\Big|_{x=0;\, y=1} = -\frac{-2e^0}{-2e^0} = -1 .$$

Bemerkung 7.1.66: *Satz 7.1.61 lässt sich auf beliebige implizite Funktionen* $f(x_1, x_2, ..., x_n) = 0$ *verallgemeinern. Für irgend zwei funktional abhängige Variable* x_i, x_k *gilt dann - c.p. - analog zu (7.1.62):*

$$(7.1.67) \qquad \boxed{\frac{\partial x_i}{\partial x_k} = -\frac{\dfrac{\partial f}{\partial x_k}}{\dfrac{\partial f}{\partial x_i}}} \qquad \left(\text{sofern } \frac{\partial f}{\partial x_i} \neq 0\right) \quad .$$

Beispiel: $f(u, v, w) = ue^v + ve^w + we^u = 0 \Rightarrow \frac{\partial u}{\partial v} = -\frac{f_v}{f_u} = -\frac{ue^v + e^w}{e^v + we^u}$;

$$\frac{\partial v}{\partial w} = -\frac{f_w}{f_v} = -\frac{ve^w + e^u}{ue^v + e^w} \; ; \; \frac{\partial w}{\partial u} = -\frac{f_u}{f_w} = -\frac{e^v + we^w}{ve^w + e^u} \; .$$

Eine wichtige ökonomische Anwendung von Satz 7.1.61 liegt in der Ermittlung der **Grenzrate der Substitution** einer Produktions- oder Nutzenfunktion (vgl. Kap 6.1.2.7). Unterstellen wir etwa eine Produktionsfunktion $x = x(r_1, r_2, ..., r_n)$ mit n variablen Inputfaktoren. Für ein **gegebenes festes Produktionsniveau** x_0 werde nun das wechselseitige Substitutionsverhalten zweier Faktoren, z.B. r_i und r_k, bei Konstanz aller übrigen Variablen untersucht:

Um wieviele Einheiten muss r_i geändert werden, um (c.p.) eine Einheit von r_k derart zu substituieren, dass das Produktionsniveau x_0 unverändert bleibt ? Diese Frage führt auf die Ermittlung der **Grenzrate der Substitution**, d.h. der **Steigung der Isoquante** $r_i(r_k)$ (c.p.), vgl. Abb. 7.1.68: Zu ermitteln ist somit die (partielle) Ableitung

$$\left.\frac{dr_i}{dr_k}\right|_{\substack{c.p.\\ x=x_0}} = \frac{\partial r_i}{\partial r_k} \; .$$

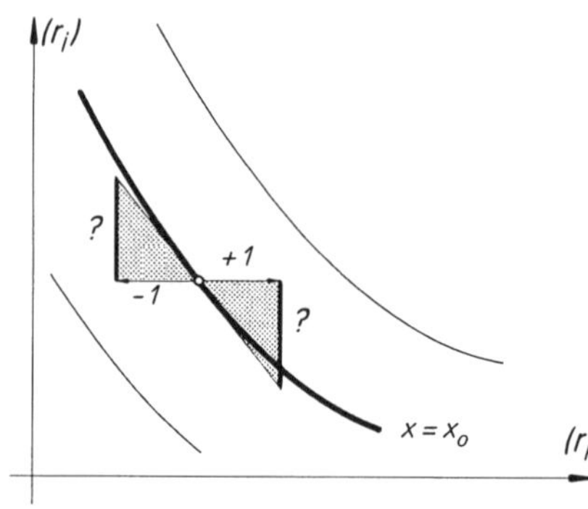

Abb. 7.1.68

Satz 7.1.61 in Verbindung mit Bemerkung 7.1.66 gestattet eine bequeme Berechnung der Grenzrate der Substitution:

Aus $x(r_1, r_2, ..., r_n) = x_0 = \text{const.}$ folgt $x(r_1, r_2, ..., r_n) - x_0 = 0$ als implizite Funktion der $r_1, ..., r_n$. Hält man alle Variablen bis auf r_i und r_k fest, so folgt (da die Ableitungen der Konstanten x_0 stets Null sind) mit (7.1.62) bzw. (7.1.67):

$$\textbf{(7.1.69)} \qquad \boxed{\left.\frac{dr_i}{dr_k}\right|_{\substack{c.p.\\ x=x_0}} = \left.\frac{\partial r_i}{\partial r_k}\right|_{x=x_0} = -\frac{\dfrac{\partial x}{\partial r_k}}{\dfrac{\partial x}{\partial r_i}}} \qquad (i \neq k) \; .$$

Die **Grenzrate der Substitution** des Faktors i bzgl. des Faktors k ist gleich dem **negativen umgekehrten Verhältnis** der entsprechenden **Grenzproduktivitäten**.

Bemerkung 7.1.70: *Das **Minuszeichen** auf der rechten Seite von (7.1.69) trägt der Tatsache Rechnung, dass (bei positiven Grenzproduktivitäten) längs einer Isoquante der **Zunahme** des **einen** Faktors eine **Abnahme** des **anderen** Faktors entspricht (vgl. die **negative Steigung der Isoquanten** in Abb. 7.1.68).*

Setzt man diese Eigenschaft der Isoquanten stets stillschweigend voraus, so genügt für die Kennzeichnung des Substitutionsverhaltens der absolute Wert von $\frac{\partial r_i}{\partial r_k}$ *(bzw.* $\frac{dr_i}{dr_k}/c.p.$*). Daher bezeichnet man gelegentlich*[4] *auch den Ausdruck*

$$\left|\frac{dr_i}{dr_k}\right|_{/c.p.} = \left|\frac{\partial r_i}{\partial r_k}\right| = -\frac{\partial r_i}{\partial r_k} = \frac{\frac{\partial x}{\partial r_k}}{\frac{\partial x}{\partial r_i}} \quad (>0)$$

als „Grenzrate der Substitution".

Wird dieser positive (absolute) Wert mit wachsendem Input r_k *immer **kleiner** (entspricht einem **konvexen Verlauf der Isoquanten**, vgl. Abb. 7.1.68), so spricht man vom Postulat der **„abnehmenden Grenzrate der Faktorsubstitution"**: Mit steigendem Einsatz eines Faktors wird es immer aufwendiger, eine Einheit des anderen Faktors zu substituieren, ohne dass sich das vorgegebene Produktionsniveau* x_0 *ändert, vgl. auch Bemerkung 7.1.73.*

Beispiel 7.1.71: Gegeben sei die Produktionsfunktion $x(r_1,r_2) = 0{,}5r_1^{0,4}r_2^{0,6}$. Das Produktionsniveau sei mit $x = x_0 = 16$ ME fest vorgegeben. Dann entspricht einem Input von z.B. $r_1 = 32$ ME$_1$ wegen $32^{0,4} = 4$ ein Input $r_2 = 32$ ME$_2$. Für die Grenzrate der Substitution folgt aus (7.1.69)

$$\frac{dr_2}{dr_1}\Big/_{x_0=16} = -\frac{\frac{\partial x}{\partial r_1}}{\frac{\partial x}{\partial r_2}} = -\frac{0{,}2r_1^{-0,6}r_2^{0,6}}{0{,}3r_1^{0,4}r_2^{-0,4}}$$

$$= -\frac{2}{3}\cdot\frac{r_2}{r_1}.$$ Für $r_1 = r_2 = 32$ folgt dann

$$\frac{dr_2}{dr_1} = -\frac{2}{3}$$, d.h. um das Produktionsniveau

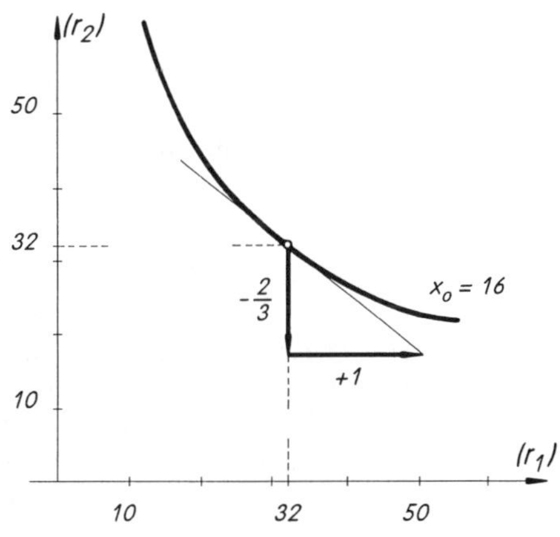

Abb. 7.1.72

$x_0 = 16$ ME bei einer Faktoreinsatzkombination $(r_1, r_2) = (32; 32)$ halten zu können, muss ein Mindereinsatz des ersten Faktors um eine Einheit durch einen Mehreinsatz des zweiten Faktors um 2/3 Einheiten (und umgekehrt) kompensiert werden, vgl. Abb. 7.1.72.

---

[4] Diese Konvention wird im folgenden *nicht* benutzt, um mathematische Verwirrungen durch das künstliche Minuszeichen zu vermeiden.

Bemerkung 7.1.73: *Analog zu (7.1.69) ermittelt man die* ***Grenzrate der Substitution für Nutzenfunktionen*** *$U(x_1, x_2, ..., x_n)$ als* ***Steigung der Indifferenzlinien:***

$$(7.1.74) \qquad \left.\frac{dx_i}{dx_k}\right/_{\substack{c.p.\\ U=const.}} = \left.\frac{\partial x_i}{\partial x_k}\right/_{U=const.} = -\frac{\dfrac{\partial U}{\partial x_k}}{\dfrac{\partial U}{\partial x_i}} .$$

*Die Grenzrate der Substitution für zwei substituierbare nutzenstiftende Güter ist gleich dem negativen umgekehrten Verhältnis ihrer (partiellen) Grenznutzen. Wie in Aufgabe 7.1.78 zu zeigen sein wird, folgt das „**Gesetz der abnehmenden Grenzrate der Substitution**" (d.h. die Konvexität der Indifferenzlinien, vgl. Bemerkung 7.1.70) **nicht** allein schon aus der Tatsache, dass U eine **neoklassische Nutzenfunktion** (vgl. Beispiel 6.3.5 a)) ist.*

Aufgabe 7.1.75: Man ermittle die Ableitungen folgender impliziter Funktionen:

i) $6x^2 - 0{,}5y^2 + 10 = 0. \quad y'(x) = ?$ **ii)** $ue^v - v^2e^{-u} + uv = 0. \quad \frac{dv}{du} = ?$

iii) $\ln ab - b^2 \ln a + a \ln b = 0. \quad \frac{db}{da} = ?$ **iv)** $2x^2 + 3y^2 + 4z^4 = 0. \quad \frac{\partial z}{\partial x} = ?\,; \quad \frac{\partial z}{\partial y} = ?$

Aufgabe 7.1.76: Gegeben ist die (ordinale) Nutzenfunktion U mit $U(x_1, x_2) = 2x_1^{0{,}8}x_2^{0{,}6}$. Für das mit den verfügbaren Konsummengen $x_1 = 24\ ME_1, x_2 = 32\ ME_2$ erreichbare Nutzenniveau ermittle man die Grenzrate der Substitution und interpretiere den erhaltenen Wert.

Aufgabe 7.1.77: Es sei die (ordinale) Nutzenfunktion U mit

$$U(x_1, x_2, x_3, x_4) = 2\sqrt{x_1x_2} + 8\sqrt{x_2x_3} + \sqrt{x_4}$$

gegeben. Das erzielbare Nutzenniveau U_0 ergibt sich aus den verfügbaren Konsummengen: $x_1 = 20\ ME_1$, $x_2 = 20\ ME_2$, $x_3 = 5\ ME_3$, $x_4 = 25\ ME_4$. Um wieviel Einheiten muss - c.p. - der Konsum des zweiten Gutes gesteigert werden, wenn vom dritten Faktor eine halbe Einheit substituiert werden soll und das erreichte Nutzenniveau erhalten bleiben soll ?

***Aufgabe 7.1.78:** **i)** Man zeige mit Hilfe der Kettenregel, dass die **Indifferenzlinien** einer **neoklassischen Nutzenfunktion** $U(x_1, ..., x_n)$ sicher dann **konvex** sind, wenn für jede Gütermengenkombination x_i, x_k die **gemischten zweiten partiellen Ableitungen** $U_{x_ix_k}$ überall **positiv** sind. ***(Hinweis:** Eine neoklassische Nutzenfunktion genügt dem „1. Gossen'schen Gesetz": der partielle Grenznutzen eines jeden Gutes ist positiv, aber mit zunehmendem Güterkonsum abnehmend, vgl. Beisp. 6.3.5a))*

ii) Man zeige: Die Eigenschaften $\frac{\partial U}{\partial x_i} > 0\,; \ \frac{\partial^2 U}{\partial x_i^2} < 0$ einer **neoklassischen Nutzenfunktion** sind **weder notwendig noch hinreichend** für die **Konvexität** ihrer **Indifferenzlinien**.

Aufgabe 7.1.79: Man zeige:

i) Die Indifferenzlinien einer Nutzenfunktion $U = c \cdot x_1^a \cdot x_2^b$ $(a, b, c, x_i > 0)$ vom Cobb-Douglas-Typ sind monoton fallend und konvex.

***ii)** Die Isoquanten einer CES - Produktionsfunktion $x = (ar_1^{-\rho} + br_2^{-\rho})^{-1/\rho}$ mit $a, b > 0$; $\rho > -1$; $r_i > 0$ sind monoton fallend und konvex.

7.2 Extrema bei Funktionen mit mehreren unabhängigen Variablen

7.2.1 Relative Extrema ohne Nebenbedingungen

Analog wie im Fall einer unabhängigen Variablen (vgl. Def. 6.2.18) sind **relative Extrema** bei Funktionen mit mehreren unabhängigen Variablen solche Punkte, in denen der **Funktionswert** bzgl. seiner näheren Umgebung ein **Maximum** (bzw. **Minimum**) besitzt.

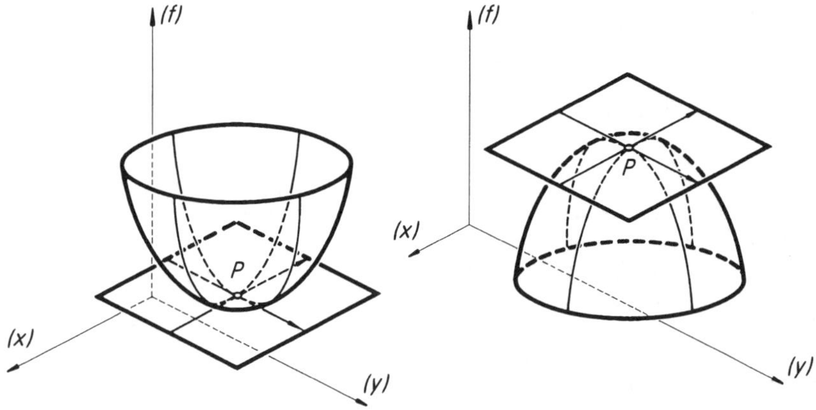

Abb. 7.2.1

Betrachtet man etwa Abb. 7.2.1, so erkennt man, dass - Differenzierbarkeit vorausgesetzt - in einem **relativen Extremum** notwendigerweise die **Tangentialebene horizontal** verlaufen muss und somit auch die Flächentangenten in x- und y-Richtung. Daher müssen notwendigerweise in einem relativen Extremum die **partiellen Ableitungen verschwinden**:

Satz 7.2.2: Notwendig für das Vorliegen eines **relativen Extremums** der differenzierbaren Funktion $f(x_1, ..., x_n)$ an der Stelle $P(x_1, x_2, ..., x_n)$ ist das **Verschwinden sämtlicher partiellen Ableitungen** 1. Ordnung in P:

$$\frac{\partial f}{\partial x_1} = 0 ; \quad \frac{\partial f}{\partial x_2} = 0 ; \quad ... ; \quad \frac{\partial f}{\partial x_n} = 0 \quad .$$

Bemerkung: *i) Wäre in einem relativen Extremum auch nur* ***eine*** *partielle Ableitung von Null verschieden, z.B.* $\frac{\partial f}{\partial x_i} > 0$*, so wäre f in einer Umgebung von P bzgl.* x_i *monoton wachsend, könnte also in P kein relatives Extremum besitzen.*

ii) Man nennt eine Stelle $(x_1, x_2, ..., x_n)$ *, an der sämtliche partiellen Ableitungen Null sind, auch* ***stationäre Stelle*** *von f.*

Satz 7.2.2 liefert ein **Verfahren zur Bestimmung aller stationären Stellen** (unter denen allein die relativen Extrema zu finden sind) einer gegebenen differenzierbaren Funktion $f(x_1, ..., x_n)$:

Dazu ist es erforderlich, das durch die n Bedingungsgleichungen $\frac{\partial f}{\partial x_i} = 0$ *(i = 1, ..., n)* definierte **Gleichungssystem** (bestehend aus n Gleichungen mit n Variablen) simultan zu **lösen** *(vgl. auch Kap. 9.2).*

Beispiel 7.2.3:

Die Ermittlung der stationären Stellen von $f(x, y) = 0{,}5x^2 + 2xy + y^2 + 4x + 2y + 3$ führt mit Satz 7.2.2 auf das Gleichungssystem

$$\frac{\partial f}{\partial x} = x + 2y + 4 = 0\ ; \quad \frac{\partial f}{\partial y} = 2x + 2y + 2 = 0$$

mit der einzigen Lösung: $x_0 = 2$; $y_0 = -3$. f kann daher nur an der Stelle P_0 (2; −3) ein relatives Extremum besitzen.

Wie Abb. 7.2.4 zeigt, ist das **Verschwinden der partiellen Ableitungen** an der Stelle P_0 **keineswegs hinreichend** für die Existenz eines relativen Extremums: f besitzt zwar in P_0 eine horizontale Tangentialebene (d.h. P_0 ist eine stationäre Stelle), die beiden senkrechten Schnittkurven in x- bzw. y-Richtung haben in P_0 jedoch unterschiedliche Extrema, so dass f in P_0 weder maximal noch minimal ist. Einen solchen Punkt nennt man **Sattelpunkt** von f. Zur **Überprüfung** der **Existenz** und des **Typs der relativen Extrema** existieren auch für Funktionen mit mehreren unabhängigen Variablen **hinreichende Bedingungen**, deren Handhabung allerdings mit steigender Variablenzahl zunehmend komplizierter wird (vgl. z.B. [60], II 83f.)

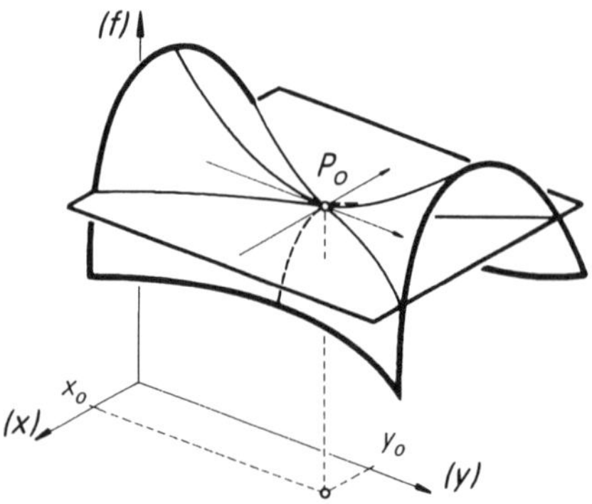

Abb. 7.2.4

Für den Fall **zweier** unabhängiger Variabler seien die **hinreichenden Extremalbedingungen** ohne Beweis angegeben:

Satz 7.2.5: Es sei f(x,y) eine differenzierbare Funktion und $P(x_0,y_0)$ eine **stationäre Stelle** von f (d.h. es gelte $f_x = 0$; $f_y = 0$ in $P(x_0,y_0)$). Dann gilt:

i) f besitzt in P ein relatives **Extremum**, sofern **außerdem** in P gilt:

(7.2.6) $\boxed{f_{xx}(P)f_{yy}(P) > (f_{xy}(P))^2}$, *[genauer:* $\boxed{f_{xx}(x_0,y_0) \cdot f_{yy}(x_0,y_0) > (f_{xy}(x_0,y_0))^2}$ *]*

und zwar

a) ein relatives **Maximum**, sofern $f_{xx}(P) < 0$ (dann gilt auch: $f_{yy}(P) < 0$) ;

b) ein relatives **Minimum**, sofern $f_{xx}(P) > 0$ (dann gilt auch: $f_{yy}(P) > 0$) .

ii) f besitzt in P einen **Sattelpunkt**, sofern in P außerdem gilt:

(7.2.7) $\boxed{f_{xx}(P)f_{yy}(P) < (f_{xy}(P))^2}$.

Bemerkung 7.2.8: *Falls in P gilt:* $f_{xx} f_{yy} = (f_{xy})^2$ *, so ist eine Überprüfung mit Hilfe von Satz 7.2.5 nicht möglich, f kann in P extremal sein oder nicht.*

Beispiel 7.2.9: Die Funktion f mit $f(x,y) = x^3 - 3x^2y + 3xy^2 + y^3 - 3x - 21y$ soll auf relative Extrema untersucht werden. Die Lösungen des Gleichungssystems

$f_x = 3x^2 - 6xy + 3y^2 - 3 = 0$

$f_y = -3x^2 + 6xy + 3y^2 - 21 = 0$

liefern die vier stationären Stellen: $P_1(3; 2)$, $P_2(1; 2)$, $P_3(-1; -2)$, $P_4(-3; -2)$.

Mit $f_{xx} = 6x - 6y$; $f_{yy} = 6x + 6y$; $f_{xy} = f_{yx} = -6x + 6y$ folgt:

P_1: $f_{xx}f_{yy} = 6 \cdot 30 > (-6)^2 = (f_{xy})^2$: Minimum in P_1 mit $f(3; 2) = -34$;

P_2: $f_{xx}f_{yy} = (-6) \cdot 18 < 6^2 = (f_{xy})^2$: Sattelpunkt in P_2 mit $f(1; 2) = -30$;

P_3: $f_{xx}f_{yy} = 6 \cdot (-18) < (-6)^2 = (f_{xy})^2$: Sattelpunkt in P_3 mit $f(-1; -2) = 30$;

P_4: $f_{xx}f_{yy} = (-6) \cdot (-30) > 6^2 = (f_{xy})^2$: Maximum in P_4 mit $f(-3; -2) = 34$.

Für die Extremwertermittlung („Optimierung") bei ökonomischen Funktionen mit mehreren unabhängigen Variablen begnügt man sich häufig mit der Ermittlung der stationären Stellen nach Satz 7.2.2, da der Typ der verwendeten ökonomischen Funktion sowie die zugrundeliegende Problemstellung i.a. genügend Rückschlüsse auf die Art der stationären Stellen gestattet, vgl. Kap. 7.3. Beispiele für **Extremwerte ökonomischer Funktionen** werden in Kap. 7.3.2 behandelt.

Aufgabe 7.2.10: An welchen Stellen können die folgenden Funktionen relative Extremwerte besitzen? Sofern mit Satz 7.2.5 möglich, überprüfe man die Art der stationären Stellen.

i) $f(x,y) = x^2 + 2xy + 0{,}5y^2 + 2x + 4y - 7$ **ii)** $f(x,y) = y^3 - 3x^2y$

iii) $f(x,y) = 3x^2 + 3xy + 3y^2 - 9x + 1$ **iv)** $p(u,v) = 3u^3 + v^3 - 3v^2 - 36u$

v) $x(A,K) = 2A^{0,5} \cdot K^{0,5}$ $(A,K > 0)$ **vi)** $K(x_1,x_2) = x_1 \cdot x_2 - \ln(x_1^2 + x_2^2)$

vii) $g(r_1,r_2,r_3,r_4) = r_1^4 - 4r_1^3 + r_2r_3r_4 - 2r_3r_4 - 2r_2 - 4r_3 - 8r_4 + 1$.

7.2.2 Extremwerte unter Nebenbedingungen

7.2.2.1 Problemstellung

Bisher konnte man bei der Ermittlung der relativen Extremwerte einer Funktion $f(x_1,x_2, ..., x_n)$ die unabhängigen Variablen $x_1, ..., x_n$ frei und unabhängig voneinander variieren. Die derart lösbaren „freien" Extremwertprobleme genügen allerdings oft nicht den ökonomischen Fragestellungen:

Beispiel 7.2.11: Bei einer Nutzenfunktion, etwa $U(x,y) = 2xy$ *(x,y > 0)*, führt die Frage nach den nutzenmaximalen Gütermengen auf die notwendigen Bedingungen

$$\frac{\partial U}{\partial x} = 2y = 0 \; ; \; \frac{\partial U}{\partial y} = 2x = 0 \; .$$

Die einzige Lösung dieses Gleichungssystems *(nämlich x = y = 0)* liefert den *(ökonomisch uninteressanten)* Fall der Nutzen*minimierung* durch Konsumverzicht. Andererseits erkennt man, dass wegen $U = 2xy$ der Nutzen durch beliebig hohe Konsummengen auch beliebig gesteigert werden kann: $x \to \infty \wedge y \to \infty \Rightarrow U \to \infty$. Ein sinnvolles Nutzenmaximum existiert nicht. *(Eine ähnlich triviale „Lösung" ergibt sich beim Problem der Kostenminimierung: Bei Nullproduktion und Betriebsstillegung fallen offenbar die geringsten Kosten an.)*

Sinnvoll wird die Frage nach einem Nutzenmaximum z.B. erst dann, wenn **zusätzlich gefordert** wird, dass die Ausgaben für die Beschaffung der nutzenstiftenden Güter einem **vorgegebenen Budget** C („Konsummenge") entsprechen. Steht z.B. für die Güterbeschaffung ein Budget $C = 60$ GE zur Verfügung, und betragen die Güterpreise $p_x = 3$ GE/ ME, $p_y = 2$ GE/ ME, so muss stets die **Bedingung (Restriktion)**

$$p_x \cdot x + p_y \cdot y = C \qquad \text{bzw.} \qquad 3x + 2y - 60 = 0 \qquad \text{oder} \qquad 60 - 3x - 2y = 0$$

erfüllt sein. Damit lautet das gegebene **Problem**: Man **maximiere** die Nutzenfunktion (oder **Zielfunktion**) $U(x,y) = 2xy$ unter gleichzeitiger Einhaltung der **Nebenbedingung** (oder **Restriktion**) $g(x,y) = 60 - 3x - 2y = 0$.

Probleme der genannten Art sind charakteristisch für **ökonomische Wahlprobleme**, bei denen es meist darauf ankommt, unter Berücksichtigung **beschränkter Ressourcen maximale Bedürfnisbefriedigung** zu erreichen:

- Nutzenmaximierung bei vorgegebenem Budget
- Kostenminimierung bei vorgegebenem Produktionsniveau
- Gewinnmaximierung bei vorgegebenen Gesamtkosten usw.

Die **allgemeine Struktur** solcher **Optimierungsprobleme** unter Berücksichtigung von **Restriktionen** (in Gleichungsform) lautet:

(7.2.12) Man ermittele das **Maximum** (oder **Minimum**) der

Zielfunktion: $Z = f(x_1, x_2, ..., x_n)$,

wobei die auftretenden n unabhängigen Variablen $x_1, x_2, ..., x_n$ gleichzeitig den m vorgegebenen **Nebenbedingungen (Restriktionen)** in **Gleichungsform** genügen müssen:

$$g_1(x_1, ..., x_n) = 0 \; ; \qquad g_2(x_1, ..., x_n) = 0 \; ; \qquad ... \; ; \qquad g_m(x_1, ..., x_n) = 0 \; .$$

Damit die Überlegungen anschaulich unterstützt werden können, soll zunächst der *einfachste Fall* betrachtet werden: Maximiere $Z = f(x,y)$ unter Einhaltung der Nebenbedingung $g(x,y) = 0$ *(vgl. Bsp. 7.2.11)*.

Den charakteristischen **Unterschied** zwischen einem **„freien"** Maximum von f (im Punkt P) und einem (durch Restriktion) **„gebundenen"** Maximum von f (im Punkt Q) veranschaulicht Abb. 7.2.14:

Das **freie Maximum** entspricht dem **Gipfel** P der **Funktionsfläche**, während das **gebundene Maximum** der **höchste Punkt** Q der **Flächenkurve** k ist, die genau **senkrecht über** der (in der x,y-Ebene gelegenen) **Kurve** $g(x,y) = 0$ liegt. Alle Punkte $(x, y, f(x,y))$ dieser Flächenkurve genügen somit der gegebenen Nebenbedingung $g(x,y) = 0$. (Die Nebenbedingung $g(x,y) = 0$ schränkt den wählbaren Bereich für die unabhängigen Variablen auf diejenigen Variablenkombinationen (x,y) ein, die auf der Funktionsfläche *senkrecht über (bzw. unter) der Kurve* $g(x,y) = 0$ *liegen.*)

***Bemerkung** 7.2.13: Das Auffinden eines gebundenen Maximums auf der Funktion Z = f(x,y) entspricht etwa dem Aufsuchen des höchsten Punktes einer Gebirgsstraße (≙ Restriktion): **Nicht** das Gipfelkreuz (≙ freies Maximum, Punkt P in Abb. 7.2.14) ist gesucht, sondern der am höchsten über NN liegende Punkt der Straße (≙ Punkt Q in Abb. 7.2.14).*

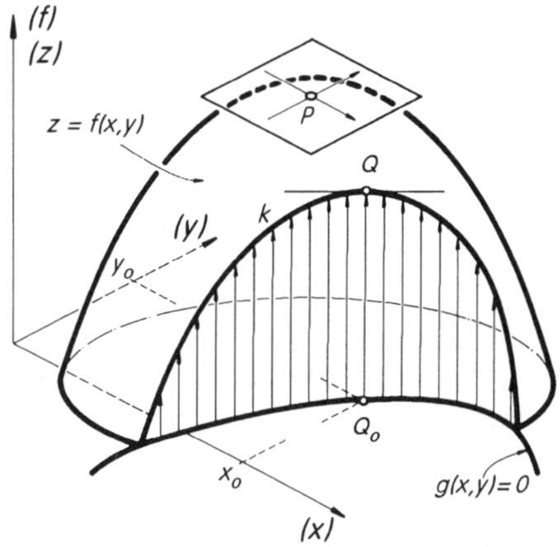

Abb. 7.2.14

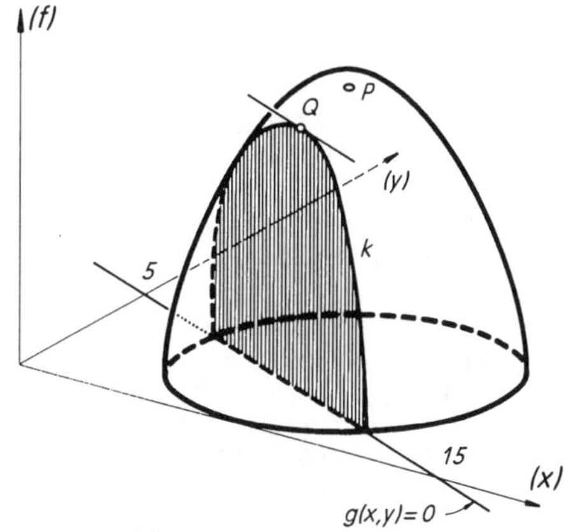

Abb. 7.2.15

Beispiel 7.2.16:

Eine lineare Nebenbedingung (wie etwa $y = -\frac{1}{3}x + 5$, d.h. $g(x,y) = x + 3y - 15 = 0$) wirkt wie der Schnitt einer senkrecht zur horizontalen (x,y)-Ebene und durch die Gerade $g(x,y) = 0$ verlaufenden Ebene mit der Funktionsfläche f(x,y), vgl. die entsprechende Schnittkurve k in Abb 7.2.15.

Im folgenden soll die **mathematische Lösung** von **Extremalproblemen unter Restriktionen** in **Gleichungsform** untersucht werden.

7.2.2.2 Variablensubstitution

Bei formal **einfach** strukturierten Problemen kann man versuchen, mit Hilfe der Nebenbedingungen **eine** oder **mehrere Variable** durch die **übrigen Variablen** auszudrücken (d.h. zu **substituieren**), so dass sich die Anzahl der unabhängigen Variablen in der Zielfunktion entsprechend vermindert.

Beispiel 7.2.17: (Fortsetzung von Bsp. 7.2.11): Man löst die Nebenbedingung $g(x,y) = 0$, d.h. $g(x,y) = 60 - 3x - 2y = 0$ (z.B.) nach y auf: $y = -1{,}5x + 30$ und substituiert damit in der Zielfunktion $U = 2xy$ die Variable y: $U = U(x,y(x)) = 2x \cdot (-1{,}5x + 30) = -3x^2 + 60x$. In dieser Form der Zielfunktion ist die Nebenbedingung bereits berücksichtigt, so dass U(x) nun in gewöhnlicher Weise maximiert werden kann: Mit $U'(x) = -6x + 60 = 0$ folgt die einzige Lösung: $x = 10$ ME, $y = -1{,}5x + 30_{/x=10} = 15$ ME, die wegen $U''(x) = -6 < 0$ das Nutzenmaximum liefert: $U_{max} = U(10;15) = 300$.

Wenn die **Restriktionen komplizierte Funktionen** sind oder wenn **mehrere Nebenbedingungen** mit **vielen Variablen** zu berücksichtigen sind, kann eine **Substitution** von Variablen sehr **schrierig** oder **unmöglich** sein (Beispiel: Die Nebenbedingung $g(x,y) = xe^y + 2ye^{-x} - 1 = 0$ ist nach keiner der Variablen explizit auflösbar.).

In solchen Fällen wendet man die sogenannte „**Lagrange-Methode**[5] **der unbestimmten Multiplikatoren**" an, die - neben angenehmer Handhabung - tiefere Einblicke in die Struktur und Lösung des Optimierungsproblems gestattet als die Substitutionsmethode.

7.2.2.3 Lagrange - Methode

Die **Grundidee** der Lagrange - Methode besteht darin, die Bestimmung der durch Restriktionen **gebundenen Extrema** einer vorgegebenen Zielfunktion f **zurückzuführen** auf die Ermittlung der **freien Extrema** einer **neu zu bildenden Funktion L**.

Beispiel 7.2.18: (Fortsetzung von Beispiel 7.2.11): Mit Hilfe der Zielfunktion $Z = f(x,y) = 2xy$ ($\rightarrow$ Max), der Nebenbedingung $g(x,y) = 60 - 3x - 2y = 0$ sowie eines **Proportionalitätsfaktors λ** ($\neq 0$) bildet man eine neue Funktion L, die sog. „**Lagrange - Funktion**":

(7.2.19) $$\boxed{L = L(x,y,\lambda) = f(x,y) + \lambda \cdot g(x,y)} \quad \text{d.h.} \quad L = L(x,y,\lambda) = 2xy + \lambda(60 - 3x - 2y) .$$

Der griechische Buchstabe λ („Lambda") heißt „unbestimmter **Lagrangescher Multiplikator**".

Kann man sicherstellen, dass die Nebenbedingung stets genau erfüllt ist, so verschwindet g(x,y) bzw. der Klammerausdruck in (7.2.19). In diesem Fall - d.h. längs der durch die Nebenbedingung charakterisierten Flächenkurve - ist die Lagrangefunktion L identisch mit der ursprünglichen Zielfunktion $f(x,y) = U = 2xy$.

Gelingt es also, das **freie** Maximum von L derart zu bestimmen, dass **stets** die **Nebenbedingung erfüllt** ist, so wird damit gleichzeitig das gebundene Maximum von f unter der Nebenbedingung $g(x,y) = 0$ ermittelt.

Betrachtet man die Lagrangefunktion $L = f(x,y) + \lambda \cdot g(x,y) = 2xy + \lambda(60 - 3x - 2y)$ als Funktion der drei Variablen x, y und λ, so erkennt man, wieso das gesuchte Ziel erreicht wird: Die notwendigen Bedingungen für das (freie) Maximum von L lauten nach Satz 7.2.2:

(7.2.20) $$\begin{aligned} \frac{\partial L}{\partial x} &= \frac{\partial f}{\partial x} + \lambda \cdot \frac{\partial g}{\partial x} = 2y - 3\lambda = 0 \\ \frac{\partial L}{\partial y} &= \frac{\partial f}{\partial y} + \lambda \cdot \frac{\partial g}{\partial y} = 2x - 2\lambda = 0 \\ \frac{\partial L}{\partial \lambda} &= g(x,y) = 60 - 3x - 2y = 0 \ . \end{aligned}$$

Die Lösungen dieses Gleichungssystems liefern die stationären Stellen von L. Dabei garantiert die letzte Gleichung von (7.2.20), $\frac{\partial L}{\partial \lambda} = g(x,y) = 0$, dass in der Lösung die **Nebenbedingung „automatisch" berücksichtigt** wird: Das freie Maximum von L liefert daher das gebundene Maximum von f. Die einzige Lösung von (7.2.20) lautet $x = 10$, $y = 15$, $\lambda = 10$, $U_{max} = 300$, in Übereinstimmung mit dem Ergebnis bei Variablensubstitution, vgl. Beispiel 7.2.17. *(Die Bedeutung des Lösungswertes von λ wird in Kap. 7.3.3.1, Bemerkung 7.3.134, geklärt. Für die gesuchte Optimallösung selbst ist λ zunächst entbehrlich.)*

[5] J.L. Lagrange, französischer Mathematiker (1736 - 1813)

Bemerkung 7.2.21: *Die im letzten Beispiel beschriebene Methode liefert nur* ***notwendige*** *Bedingungen für das Vorliegen relativer Extrema unter Nebenbedingungen. Hinreichende Bedingungen existieren (vgl. [13], 388 ff), sind aber mit steigender Variablen- und Restriktionenzahl mühsam zu handhaben. Da die meisten ökonomischen Probleme so strukturiert sind, dass a priori die Existenz eines Maximums oder Minimums angenommen werden kann, unterbleibt die Angabe der hinreichenden Extremalbedingungen.*

Für Probleme mit mehr als zwei unabhängigen Variablen und einer Nebenbedingung erfolgt die Bildung und Optimierung der Lagrangefunktion analog zu Beispiel 7.2.18, so dass zusammenfassend gilt

Satz 7.2.22: Die relativen **Extrema** der Zielfunktion $f(x_1, ..., x_n)$ unter Berücksichtigung der **Nebenbedingung** $g(x_1, ..., x_n) = 0$ sind identisch mit den **freien** relativen **Extrema** der **Lagrangefunktion**

$$\boxed{L(x_1, ..., x_n, \lambda) = f(x_1, ..., x_n) + \lambda \cdot g(x_1, ..., x_n)}\quad , \qquad (\lambda \neq 0)$$

d.h. **notwendig** dafür, dass f in P ein relatives Extremum unter Berücksichtigung der Restriktion $g \equiv 0$ besitzt, sind die $n + 1$ **Bedingungen**

$$\begin{aligned}
\frac{\partial L}{\partial x_1} &= \frac{\partial f}{\partial x_1} + \lambda \cdot \frac{\partial g}{\partial x_1} = 0\\
&\ \ \vdots \qquad\quad \vdots \qquad\qquad \vdots\\
\frac{\partial L}{\partial x_n} &= \frac{\partial f}{\partial x_n} + \lambda \cdot \frac{\partial g}{\partial x_n} = 0\\
\frac{\partial L}{\partial \lambda} &= g(x_1, ..., x_n) \qquad\quad = 0\ .
\end{aligned}$$

Bemerkung 7.2.23: *Man beachte für die korrekte Anwendung von Satz 7.2.22, dass die Nebenbedingung stets so umgeformt wird, dass auf einer Seite Null steht:* $g(x_1, ..., x_n) = 0$.

Beispiel 7.2.24: Von $f(x_1, x_2, x_3, x_4) = x_1^4 + x_2^4 + x_3^4 + x_4^4$ sind die relativen Extrema unter Berücksichtigung der Restriktion $x_1 + x_2 + x_3 + x_4 = 8$ gesucht. Die zugehörige Lagrangefunktion lautet (vgl. Bemerkung 7.2.23):

$$L = f + \lambda \cdot g = x_1^4 + x_2^4 + x_3^4 + x_4^4 + \lambda (8 - x_1 - x_2 - x_3 - x_4)\ .$$

Notwendig für relative Extrema von L sind die Bedingungen:

$$\begin{aligned}
\frac{\partial L}{\partial x_1} &= 4x_1^3 - \lambda = 0\\
\frac{\partial L}{\partial x_2} &= 4x_2^3 - \lambda = 0\\
\frac{\partial L}{\partial x_3} &= 4x_3^3 - \lambda = 0\\
\frac{\partial L}{\partial x_4} &= 4x_4^3 - \lambda = 0\\
\frac{\partial L}{\partial \lambda} &= 8 - x_1 - x_2 - x_3 - x_4 = 0
\end{aligned}$$

Aus den vier ersten Gln. folgt: $\lambda = 4x_1^3 = 4x_2^3 = 4x_3^3 = 4x_4^3$ und daher $x_1 = x_2 = x_3 = x_4$. Eingesetzt in die letzte Gleichung folgt: $8 - x_1 - x_1 - x_1 - x_1 = 0$, d.h. $x_1 = 2$ und daher: $\mathbf{x_1 = x_2 = x_3 = x_4 = 2\ ;\ \lambda = 32,\ f = 64.}$

Die Zielfunktion f kann nur an der Stelle $(x_1, x_2, x_3, x_4) = (2; 2; 2; 2)$ ein relatives Extremum unter Berücksichtigung der Restriktion $x_1 + x_2 + x_3 + x_4 = 8$ besitzen.

Aufgabe 7.2.25: An welchen Stellen können die folgenden Funktionen unter Berücksichtigung der angegebenen Nebenbedingungen (NB) Extrema besitzen ?

i) $f(x,y) = x^2 - 2xy$ u.d. NB $y = 2x - 6$

ii) $E(x_1, x_2, x_3) = x_1x_2 + 2x_1x_3 + 4x_2x_3$ u.d. NB $x_1 + x_2 + 2x_3 = 8$

iii) $K(u, v, w, z) = 2u + v + 4w + z$ u.d. NB $u^2 + v^2 + w^2 + 2z^2 = 86$

iv) $x(r_1, r_2) = 10r_1^{0,4} \cdot r_2^{0,6}$ u.d. NB $8r_1 + 3r_2 = 100$.

Das Problem der **Extremwertbestimmung** einer Funktion $f(x_1, ..., x_n)$ unter gleichzeitiger Berücksichtigung **mehrerer Nebenbedingungen** $g_1(x_1, ..., x_n) = 0$; ... ; $g_m(x_1, ..., x_n) = 0$ kann mit der gleichen Idee gelöst werden, wie sie in Beispiel 7.2.18 demonstriert und in Satz 7.2.22 formuliert wurde. Dazu fügt man in der Lagrangefunktion L **für jede Nebenbedingung** $g_i(x_1, ..., x_n)$ eine mit einem jeweils **eigenen Multiplikator** λ_i *($\neq 0$)* versehene **additive Komponente** $\lambda_i \cdot g_i(x_1, ..., x_n)$ hinzu. Dann lautet die **Lagrangefunktion**

$$L = L(x_1, ..., x_n, \lambda_1, ..., \lambda_m) = f(x_1, ..., x_n) + \lambda_1 \cdot g_1(x_1, ..., x_n) + \lambda_2 \cdot g_2(x_1, ..., x_n) + ... + \\ + \lambda_m \cdot g_m(x_1, ..., x_n) \quad , \quad (\lambda_i \neq 0) .$$

mit m voneinander unabhängigen Lagrange-Multiplikatoren $\lambda_1, \lambda_2, ..., \lambda_m$. Fasst man diese Multiplikatoren wieder als zusätzliche unabhängige Variable von L auf, so liefern die notwendigen Extremalmalbedingungen $\frac{\partial L}{\partial \lambda_i} = 0$ gerade „automatisch“ die m Nebenbedingungen $g_i = 0$, d.h. es gilt analog zu Satz 7.2.22 der allgemeine

Satz 7.2.26 (Multiplikatorregel von Lagrange): Die relativen **Extrema** der Zielfunktion $f(x_1, ..., x_n)$ unter Berücksichtigung der **m Nebenbedingungen** $g_1(x_1, ..., x_n) = 0; ...; g_m(x_1, ..., x_n) = 0$ sind identisch mit den **freien** relativen **Extrema** der zugehörigen **Lagrangefunktion**

$$L(x_1, ..., x_n, \lambda_1, ..., \lambda_m) = f(x_1, ..., x_n) + \sum_{i=1}^{m} \lambda_i \cdot g_i(x_1, ..., x_n) \quad , \qquad (\lambda_i \neq 0)$$

d.h. **notwendig** dafür, dass f in P ein relatives Extremum unter Berücksichtigung der m Restriktionsgleichungen $g_1 = 0; ...; g_m = 0$ besitzt, sind die n + m Bedingungen

$$\begin{aligned}
\frac{\partial L}{\partial x_1} &= \frac{\partial f}{\partial x_1} + \lambda_1 \frac{\partial g_1}{\partial x_1} + \lambda_2 \frac{\partial g_2}{\partial x_1} + ... + \lambda_m \frac{\partial g_m}{\partial x_1} = 0 \\
&\vdots \\
\frac{\partial L}{\partial x_n} &= \frac{\partial f}{\partial x_n} + \lambda_1 \frac{\partial g_1}{\partial x_n} + \lambda_2 \frac{\partial g_2}{\partial x_n} + ... + \lambda_m \frac{\partial g_m}{\partial x_n} = 0 \\
\frac{\partial L}{\partial \lambda_1} &= g_1(x_1, ..., x_n) = 0 \\
&\vdots \\
\frac{\partial L}{\partial \lambda_m} &= g_m(x_1, ..., x_n) = 0 \quad .
\end{aligned}$$

Bemerkung 7.2.23 gilt entsprechend.

Beispiel 7.2.27: An welchen Stellen kann die Funktion f mit $f(x,y,z) = x^2 + 3y^2 + 2z^2$ relative Extrema unter Berücksichtigung der Restriktionen $x + 3y = 30$; $y + 2z = 20$ besitzen? Die zugehörige Lagrangefunktion lautet:

$L(x, y, z, \lambda_1, \lambda_2) = x^2 + 3y^2 + 2z^2 + \lambda_1(30 - x - 3y) + \lambda_2 (20 - y - 2z)$, d.h. nach Satz 7.2.26 lauten die notwendigen Extremalbedingungen:

$$\begin{aligned} L_x &= 2x - \lambda_1 = 0 \\ L_y &= 6y - 3\lambda_1 - \lambda_2 = 0 \\ L_z &= 4z - 2\lambda_2 = 0 \\ L_{\lambda_1} &= 30 - x - 3y = 0 \\ L_{\lambda_2} &= 20 - y - 2z = 0 . \end{aligned}$$

Aus der ersten und dritten Gleichung folgt: $\lambda_1 = 2x$, $\lambda_2 = 2z$.

Dies eingesetzt in die zweite Gleichung liefert: $6y - 6x - 2z = 0$.

Damit reduziert sich das Gleichungssystem auf:

$$\begin{aligned} 3x - 3y + z &= 0 \\ x + 3y &= 30 \\ y + 2z &= 20 . \end{aligned}$$

Setzt man die aus der letzten Zeile resultierende Beziehung: $y = -2z + 20$ in die beiden ersten Gleichungen ein, so reduziert sich das Gleichungssystem auf:

$$\begin{aligned} 3x + 7z &= 60 \\ x - 6z &= -30 . \end{aligned}$$

Aus der letzten Zeile folgt $x = 6z - 30$. Eingesetzt in die erste Zeile folgt:

$3(6z - 30) + 7z = 60 \iff 25z = 150 \iff z = 6$. Durch Rückwärtseinsetzen erhält man sukzessive $x = 6$, $y = 8$, $\lambda_1 = \lambda_2 = 12$, $f(6; 8; 6) = L(6; 8; 6; 12; 12) = 300$. Die Zielfunktion f kann daher (nur) an der Stelle $(x, y, z) = (6; 8; 6)$ ein relatives Extremum mit dem Funktionswert $f = 300$ besitzen. *(Zur allgemeinen Lösung linearer Gleichungssysteme vgl. Kap. 9.2.)*

Aufgabe 7.2.28: An welchen Stellen kann ein relatives Extremum unter Berücksichtigung der angegebenen Nebenbedingungen (NB) vorliegen ?

i) $f(x, y, z) = x^2 + y^2 + z^2$ u.d. NB $x + y = 1$; $y + z = 2$

ii) $f(u, v, w) = 4u + 3v + w$ u.d. NB $uv = 6$; $vw = 24$.

7.3 Beispiele für die Anwendung der Differentialrechnung auf ökonomische Funktionen mit mehreren unabhängigen Variablen

Von den zahlreichen Anwendungsmöglichkeiten der Differentialrechnung auf ökonomische Funktionen mit mehreren unabhängigen Variablen sollen im folgenden einige **klassische Beispiele** herausgehoben werden. Dabei wird sich auch hier zeigen, dass für die erfolgreiche Anwendung mathematischer Methoden die **Hauptschwierigkeit** nicht so sehr in der mathematisch-technischen Behandlung der auftretenden Formeln und Gleichungen besteht, sondern vielmehr im **Aufsuchen, Formulieren und Überprüfen** ökonomischer **Zielfunktionen, Restriktionen und Problemlösungswerte**. So ist es etwa i.a. viel schwieriger, ein ökonomisches Wahlproblem korrekt zu formulieren, als es später mit Hilfe der Lagrange-Methode richtig zu lösen.

7.3.1 Partielle Elastizitäten

7.3.1.1 Begriff der partiellen Elastizität

Der Elastizitätsbegriff lässt sich analog zu Kap. 6.3.3 auch auf Funktionen mit mehreren unabhängigen Variablen ausdehnen. Nach Def. 6.3.80 sowie (6.3.81) ist die **Elastizität** $\varepsilon_{f,x}$ einer Funktion $f(x)$ bzgl. der unabhängigen Variablen x das **Verhältnis** der **relativen** (oder „prozentualen") **Änderungen** von f und x, und es gilt:

(7.3.1) $$\varepsilon_{f,x} := \frac{\frac{df}{f}}{\frac{dx}{x}} = \frac{df}{dx} \cdot \frac{x}{f(x)} = \frac{f'(x)}{f(x)} \cdot x \quad .$$

Nach Satz 6.3.84 gibt der **Zahlenwert** von $\varepsilon_{f,x}$ an, um wieviel **Prozent** sich f (näherungsweise) ändert, wenn sich x um **1%** ändert. In völliger **Analogie** kann man diesen Elastizitätsbegriff auf Funktionen $f(x_1, ..., x_n)$ mit mehreren unabhängigen Variablen übertragen, indem man lediglich die Einwirkung der Änderung **einer** einzigen unabhängigen Variablen x_i auf das Verhalten von f betrachtet und die **übrigen Variablen konstant** hält (c.p.-Bedingung).

Beschreibt man die relative Änderung von x_i durch $\frac{dx_i}{x_i}$ und die dadurch hervorgerufene relative Änderung von f (c.p.) mit $\frac{df_{x_i}}{f}$ (wobei $df_{x_i} := \frac{\partial f}{\partial x_i} dx_i$ das **partielle Differential** bzgl. x_i ist, vgl. Def. 7.1.37), so erhält man analog zu (7.3.1):

Def. 7.3.2: (partielle Elastizität)
Es sei f eine differenzierbare Funktion der n unabhängigen Variablen $x_1, ..., x_n$. Das **Verhältnis** ε_{f,x_i} der **relativen Änderungen** von f und x_i (unter Konstanthaltung aller übrigen Variablen) heißt **partielle Elastizität von f bzgl. x_i**, und es gilt wegen (7.1.38):

(7.3.3) $$\varepsilon_{f,x_i} := \frac{\frac{df_{x_i}}{f}}{\frac{dx_i}{x_i}} = \frac{\partial f}{\partial x_i} \cdot \frac{x_i}{f} \qquad (x_i , f \neq 0)$$

Beispiel 7.3.4: Für die beiden partiellen Elastizitäten der Funktion f mit $f(x,y) = 2xy^3 + 4x$ erhält man mit $x, y, f(x,y) \neq 0$ *(zur Schreibweise der Variablen siehe Bem. 7.1.13 ii)*:

$$\varepsilon_{f,x} = \frac{\partial f}{\partial x} \cdot \frac{x}{f(x,y)} = \frac{(2y^3+4)\cdot x}{2xy^3+4x} \equiv 1 \ ; \ \varepsilon_{f,y} = \frac{\partial f}{\partial y} \cdot \frac{y}{f(x,y)} = \frac{6xy^2 \cdot y}{2xy^3+4x} = \frac{3xy^3}{xy^3+2x} \ .$$

Das Beispiel zeigt, dass i.a. jede der n möglichen partiellen Elastizitäten von $f(x_1, ..., x_n)$ selbst wiederum eine Funktion der n unabhängigen Variablen ist.

Analog zu Satz 6.3.84 ergibt sich die **Interpretation** des **Zahlenwertes** der **partiellen Elastizität**:

Satz 7.3.5: Der **Zahlenwert** der **partiellen Elastizität** ε_{f,x_i} von $f(x_1, ..., x_n)$ bzgl. x_i gibt an, um wieviel **Prozent** sich der **Funktionswert** $f(x_1, ..., x_n)$ (näherungsweise) **ändert**, wenn sich die **unabhängige Variable** x_i um **ein Prozent ändert** und alle **übrigen Variablen konstant** bleiben.

Beispiel 7.3.6: Für die Elastizität von $f = f(x_1, x_2) = -3x_1 + 5x_2 + 10$ an der Stelle $x_1 = 4, x_2 = 2$ erhält man nach (7.3.3):

$$\varepsilon_{f,x_1} = \frac{\partial f}{\partial x_1} \cdot \frac{x_1}{f} = \frac{-3x_1}{-3x_1 + 5x_2 + 10}\Big/_{x_1=4\,;\,x_2=2} = -1{,}5 \;,$$

$$\varepsilon_{f,x_2} = \frac{\partial f}{\partial x_2} \cdot \frac{x_2}{f} = \frac{5x_2}{-3x_1 + 5x_2 + 10}\Big/_{x_1=4\,;\,x_2=2} = 1{,}25 \;.$$

Nach Satz 7.3.5 bedeutet dies, dass an der betrachteten Stelle

i) f um 1,5% abnimmt, wenn x_1 um 1% zunimmt und x_2 unverändert (=2) bleibt;

ii) f um 1,25% zunimmt, wenn x_2 um 1% zunimmt und x_1 unverändert (=4) bleibt.

Sämtliche **Aussagen** und **Ergebnisse** über **Elastizitäten** von Funktionen mit **einer** unabhängigen Variablen aus Kap. 6.3.3 gelten unter Hinzufügen der **c.p.-Bedingung** völlig **analog** auch für **partielle Elastizitäten**, da dort wie hier stets nur der Einfluss der Änderung **einer** unabhängigen Variablen betrachtet wird. Für alle weiteren **ökonomischen Anwendungen partieller Elastizitäten** sei daher auf **Kap. 6.3.3** verwiesen. Dagegen ist die Bedeutung der partiellen Elastizitäten bei **gleichzeitiger** Änderung **aller** unabhängigen Variablen Gegenstand der folgenden Abschnitte.

Aufgabe 7.3.7: Man ermittele die partiellen Elastizitäten folgender Funktionen an den angegebenen Stellen und interpretiere die erhaltenen Zahlenwerte:

i) $y(A, K) = 4 \cdot A^{0,7} \cdot K^{0,3}$ für $A = 100\,;\,K = 400$

ii) $f(u, v, w) = 4u^2 + v^2 + 3w^2 - 2uvw$ für $u = 1\,;\,v = 2\,;\,w = 3$.

Aufgabe 7.3.8: Die Nachfrage x_1, x_2 nach zwei Gütern sei in Abhängigkeit der Güterpreise p_1, p_2 vorgegeben. Man untersuche mit Hilfe der **Kreuzpreiselastizität** $\varepsilon_{x_1,p_2}, \varepsilon_{x_2,p_1}$ (vgl. Beispiel 6.3.104), ob es sich um substitutive od. komplementäre Güter handelt:

i) $x_1(p_1, p_2) = 100 - 0{,}8p_1 + 0{,}3p_2\,;\; x_2(p_1, p_2) = 150 + 0{,}5p_1 - 0{,}6p_2$

ii) $x_1(p_1, p_2) = 4e^{p_2-p_1}\;;\; x_2(p_1, p_2) = 3e^{p_1-p_2}$

iii) $x_1(p_1, p_2) = \frac{100}{p_1 \cdot p_2}\;;\; x_2(p_1, p_2) = 5e^{p_2-p_1}$.

7.3.1.2 Die Eulersche Homogenitätsrelation

Für **homogene Funktionen** f (vgl. Def. 3.3.2) existiert eine bekannte **Beziehung** zwischen den **partiellen Ableitungen** von f und ihrem **Homogenitätsgrad** r. Nach Def. 3.3.2 gilt für jede vom Grad r homogene Funktion $f(x_1, ..., x_n)$:

(7.3.9) $$\boxed{f(\lambda x_1, \lambda x_2, ..., \lambda x_n) = \lambda^r \cdot f(x_1, ..., x_n)}$$ für alle $\lambda > 0$ und alle $(x_1, ..., x_n)$.

Leitet man (7.3.9) auf beiden Seiten partiell nach λ ab, so folgt mit Hilfe der Kettenregel (Satz 7.1.51):

$$(7.3.10)\quad \frac{\partial f}{\partial(\lambda x_1)}\cdot\underbrace{\frac{\partial(\lambda x_1)}{\partial\lambda}}_{=x_1}+\ldots+\frac{\partial f}{\partial(\lambda x_n)}\cdot\underbrace{\frac{\partial(\lambda x_n)}{\partial\lambda}}_{=x_n}=r\cdot\lambda^{r-1}\cdot f(x_1,\ldots,x_n)\ .$$

Beziehung (7.3.10) muss für jedes $\lambda > 0$ gültig sein, also auch für $\lambda = 1$. Setzt man $\lambda = 1$ in (7.3.10) ein, so folgt unmittelbar

Satz 7.3.11: (Eulersche Homogenitätsrelation)

Die Funktion $f(x_1, \ldots, x_n)$ sei **homogen** vom **Grad r**. Dann gilt an jeder Stelle $(x_1, \ldots, x_n)$ die Identität

$$\textbf{(7.3.12)}\quad x_1\cdot\frac{\partial f}{\partial x_1}+x_2\cdot\frac{\partial f}{\partial x_2}+\ldots+x_n\cdot\frac{\partial f}{\partial x_n}=r\cdot f(x_1,\ldots,x_n)\ .$$

Beispiel 7.3.13: Die Funktion $f(x,y) = x^2y^3$ ist homogen vom Grad $r = 5$, denn $f(\lambda x, \lambda y) = (\lambda x)^2\cdot(\lambda y)^3 = \lambda^5\cdot x^2y^3$. Mit $f_x = 2xy^3$, $f_y = 3x^2y^2$ folgt für die linke Seite von (7.3.12): $x\cdot f_x + y\cdot f_y = 2x^2y^3 + 3x^2y^3 = 5x^2y^3$, in Übereinstimmung mit der rechten Seite von (7.3.12): $r\cdot f = 5\cdot x^2y^3$. *(Zur Schreibweise der Variablen siehe Bem. 7.1.13 ii)*

7.3.1.3 Elastizität homogener Funktionen

Als Beispiel werde zunächst eine **COBB - DOUGLAS - Produktionsfunktion** gewählt:

$$(7.3.14)\qquad x = x(r_1, \ldots, r_n) = a_0\cdot r_1^{a_1}\cdot r_2^{a_2}\cdot\ \ldots\ \cdot r_n^{a_n}\quad (a_0 > 0\,;\, r_i > 0)$$

mit x als Output und r_i als Input des i-ten Faktors. Ihr **Homogenitätsgrad** r ist (vgl. Beispiel 3.3.5) gleich der **Summe aller Exponenten**:

$$(7.3.15)\qquad r = a_1 + a_2 + \ldots + a_n\ .$$

Die partielle Elastizität des Outputs x bzgl. des i-ten Faktorinputs r_i (auch „**Produktionselastizität des i-ten Faktors**" genannt) ergibt sich nach (7.3.3) zu:

$$(7.3.16)\quad \varepsilon_{x,r_i}=\frac{\partial x}{\partial r_i}\cdot\frac{r_i}{x}=a_0r_1^{a_1}\cdot\ \ldots\ \cdot a_i\cdot\boxed{r_i^{a_i-1}}\cdot\ \ldots\ \cdot r_n^{a_n}\cdot\frac{\boxed{r_i}}{a_0r_1^{a_1}\ldots r_n^{a_n}}=a_i\ .$$

(Die beiden umrahmten Faktoren ergeben zusammen $= r_i^{a_i}$.)

__Bemerkung 7.3.17:__ Die Beziehung (7.3.16) folgt noch einfacher aus Satz 6.3.141:

Wegen $\log x = \log a_0 + a_1\cdot\log r_1 + \ldots + a_i\cdot\log r_i + \ldots + a_n\cdot\log r_n$ *folgt sofort:*

$\varepsilon_{x,r_i} = \dfrac{\partial\log x}{\partial\log r_i} = a_i$. *Die Beziehung (7.3.16) besagt also, dass **für jeden Inputfaktor i** einer COBB-DOUGLAS-Produktionsfunktion die **partielle Produktionselastizität** ε_{x,r_i} gleich dem entsprechenden **Faktorexponenten** a_i ist. Zusammen mit (7.3.15) erhalten wir daher das Ergebnis:*

*Der **Homogenitätsgrad** r einer COBB - DOUGLAS - Produktionsfunktion $x = a_0 \cdot r_1^{a_1} \cdot \ldots \cdot r_n^{a_n}$ ist gleich der Summe aller Exponenten und gleich der **Summe aller partiellen Produktionselastizitäten**:*

(7.3.18) $$r = a_1 + a_2 + \ldots + a_n = \varepsilon_{x,r_1} + \varepsilon_{x,r_2} + \ldots + \varepsilon_{x,r_n} \quad .$$

Beispiel 7.3.19: Gegeben sei die COBB-DOUGLAS-Produktionsfunktion $y = 100 \cdot A^{0,7} \cdot K^{0,3}$ (y: Sozialprodukt, A: Arbeitsinput, K: Kapitalinput). Die partiellen Produktionselastizitäten lauten:

$$\varepsilon_{y,A} = \frac{\partial y}{\partial A} \cdot \frac{A}{y} = \frac{70 \cdot A^{-0,3} \cdot K^{0,3} \cdot A}{100 \cdot A^{0,7} \cdot K^{0,3}} = 0{,}7 \ ;$$

$$\varepsilon_{y,K} = \frac{\partial y}{\partial K} \cdot \frac{K}{y} = \frac{30 \cdot A^{0,7} \cdot K^{-0,7} \cdot K}{100 \cdot A^{0,7} \cdot K^{0,3}} = 0{,}3 \ , \text{ d.h.:} \qquad r = \varepsilon_{y,A} + \varepsilon_{y,K} = 0{,}7 + 0{,}3 = 1$$

(y(A,K) ist also linear-homogen.)

Die in (7.3.18) zum Ausdruck kommende Tatsache, dass der Homogenitätsgrad r einer Funktion gleich der Summe aller partiellen Elastizitäten ist, gilt ganz **allgemein** (also nicht nur für COBB--DOUGLAS-Funktionen). Dividiert man nämlich in der Eulerschen Homogenitätsrelation (7.3.12) beide Seiten durch f ($\neq 0$), so folgt:

(7.3.20) $$\frac{\partial f}{\partial x_1} \cdot \frac{x_1}{f} + \frac{\partial f}{\partial x_2} \cdot \frac{x_2}{f} + \ldots + \frac{\partial f}{\partial x_n} \cdot \frac{x_n}{f} = r \ , \qquad \text{d.h.}$$

(7.3.21) $$\varepsilon_{f,x_1} + \varepsilon_{f,x_2} + \ldots + \varepsilon_{f,x_n} = r \quad .$$

Für **jede homogene Funktion** ist der **Homogenitätsgrad** gleich der **Summe** ihrer sämtlichen **partiellen Elastizitäten**.

Um bei einer beliebigen Produktionsfunktion $f(x_1, \ldots, x_n)$ ein **Maß** für die **relative Änderung des Outputs** f zu erhalten, wenn **sämtliche** Inputs $x_1, \ldots, x_n$ um **denselben Prozentsatz** geändert werden (d.h. mit demselben (Zuwachs- oder Abnahme-) Faktor λ multipliziert werden), definiert man die sog. **Skalen**- oder **Niveauelastizität** $\varepsilon_{f,\lambda}$:

(7.3.22) $$\varepsilon_{f,\lambda} := \frac{\frac{df}{f}}{\frac{d\lambda}{\lambda}} = \frac{df}{d\lambda} \cdot \frac{\lambda}{f} \quad .$$

Der Zahlenwert von $\varepsilon_{f,\lambda}$ gibt somit an, um wieviel Prozent sich der Output ändert, wenn das „Produktionsniveau" λ um 1% geändert wird. So bedeutet etwa $\boldsymbol{\varepsilon_{f,\lambda} = 1}$, dass eine z.B. 3% ige Erhöhung sämtlicher Inputmengen x_i zu einer ebenfalls 3% igen Outputerhöhung führt (man spricht von **konstanten Skalenerträgen**). Bei $\varepsilon_{f,\lambda} > 1$ *(bzw. $\varepsilon_{f,\lambda} < 1$)* bewirkt eine proportionale Erhöhung aller Faktorinputs mit dem Zuwachsfaktor λ ein überproportionales Wachstum *(bzw. unterproportionales Wachstum)* des Outputs f: Man spricht von **steigenden** *(bzw. **fallenden**)* **Skalenerträgen**, vgl. Abb. 3.3.7 iii) bzw. i).

Im Fall einer **homogenen Funktion** (Homogenitätsgrad r) gilt wegen (7.3.9):

$f(\lambda x_1, ..., \lambda x_n) = \lambda^r \cdot f(x_1, ..., x_n)$. Ableitung beider Seiten nach λ liefert:

$\frac{df}{d\lambda} = r \cdot \lambda^{r-1} \cdot f(x_1,..., x_n) = \frac{r}{\lambda} \cdot \lambda^r \cdot f = \frac{r}{\lambda} \cdot f(\lambda x_1,..., \lambda x_n)$, d.h. es gilt: (7.3.23) $\boxed{\frac{df}{d\lambda} \cdot \frac{\lambda}{f} = r}$.

Damit ist wegen (7.3.22) gezeigt: Die **Skalenelastizität** einer homogenen Funktion ist gleich ihrem **Homogenitätsgrad** r und somit (wegen (7.3.21)) gleich der **Summe** sämtlicher **partiellen Elastizitäten**:

(7.3.24) $\boxed{\varepsilon_{f,\lambda} = \varepsilon_{f,x_1} + \varepsilon_{f,x_2} + ... + \varepsilon_{f,x_n} = r}$.

***Bemerkung** 7.3.25: Der erste Teil der Relation (7.3.24) gilt auch für **nichthomogene** Funktionen, vgl. Aufgabe 7.3.28.*

Die Skalenelastizität einer COBB-DOUGLAS-Funktion ist daher gleich ihrer Exponentensumme:

$y = c \cdot A^{\alpha} \cdot K^{\beta} \cdot t^{\tau} \quad \Rightarrow \quad \varepsilon_{y,\lambda} = \alpha + \beta + \tau$ usw.

Beispiel 7.3.26: Gegeben seien die folgenden COBB-DOUGLAS-Produktionsfunktionen

i) $y = 5A^{0,7} \cdot K^{0,3}$ **ii)** $y = 3A^{1,1} \cdot K^{0,9}$ **iii)** $y = 8A^{0,1} \cdot K^{0,4}$.

Die Skalenelastizitäten ergeben sich als Summe der Hochzahlen und betragen

i) $\varepsilon_{y,\lambda} \equiv 1$ **ii)** $\varepsilon_{y,\lambda} \equiv 2$ **iii)** $\varepsilon_{y,\lambda} \equiv 0,5$.

Verdoppelt man etwa den Arbeits- und den Kapitalinput zugleich, so folgt:

i) Auch der Output verdoppelt sich *(konstante Skalenerträge)* , vgl. Abb. 3.3.7 ii) ;

ii) Der Output vervierfacht sich *(steigende Skalenerträge)* , vgl. Abb. 3.3.7 iii) ;

iii) Der Output wächst nur um 50% (genau: 41,42%) *(sinkende Skalenerträge)* , vgl. Abb. 3.3.7 i) .

Aufgabe 7.3.27: Für die folgenden homogenen Produktionsfunktionen ermittele man **a)** den Homogenitätsgrad **b)** die partiellen Elastizitätsfunktionen **c)** die Skalenelastizität und überprüfe die Gültigkeit der Relation (7.3.24):

i) $y = (2A^{-0,5} + 4K^{-0,5})^{-2}$ **ii)** $y = (10A^{0,4} + 15K^{0,4})^{2,5}$

iii) $x(r_1, r_2, r_3, r_4) = 4r_1r_2^2 + 2r_2r_3r_4 - 0,5r_4^3$.

Aufgabe 7.3.28: Sind in der Funktion $f = f(x_1, ..., x_n)$ die Werte x_i der Variablen durch gleiche **proportionale Änderungen** aus den ursprünglichen Werten $\bar{x}_i$ hervorgegangen, d.h. gilt $x_i = \lambda \bar{x}_i$, so folgt wegen $\frac{dx_i}{d\lambda} = \bar{x}_i = \frac{x_i}{\lambda}$:

(7.3.29) $\boxed{\frac{dx_1}{x_1} = \frac{dx_2}{x_2} = ... = \frac{dx_n}{x_n} = \frac{d\lambda}{\lambda}}$.

Mit Hilfe dieser Beziehung zeige man durch Bildung des vollständigen Differentials von f, dass auch für **nichthomogene** Funktionen an jeder Stelle $(x_1, ..., x_n)$ der erste Teil der Behauptung (7.3.24) gilt: Die **Skalenelastizität** ist **stets** gleich der **Summe aller partiellen Elastizitäten** („Wicksell-Johnson"-Theorem):

(7.3.30) $$\boxed{\varepsilon_{f,\lambda} = \varepsilon_{f,x_1} + ... + \varepsilon_{f,x_n}} \quad .$$

7.3.1.4 Faktorentlohnung und Verteilung des Produktes

Nach der **Grenzproduktivitätstheorie** wird jeder **Produktionsfaktor** mit dem **Wert seiner Grenzproduktivität entlohnt**[6]. Sei etwa der „Lohnsatz" (≙ Faktorpreis, Faktorstückkosten) des i-ten Faktors mit k_i = const. vorgegeben. Dann wird – c.p. – vom i-ten Faktor soviel eingesetzt, dass die partielle Grenzproduktivität $\frac{\partial x}{\partial r_i}$ - bewertet mit dem Marktpreis p des erzeugten Produktes - den Wert k_i aufweist:

(7.3.31) $$\boxed{p \cdot \frac{\partial x}{\partial r_i} = k_i} \qquad (i = 1, 2, ..., n) \; .$$

Vom i-ten Faktor wird also soviel eingesetzt, dass der Marktwert des mit der „letzten" Inputeinheit erzeugten Produktes gerade dem Faktorpreis k_i entspricht. Durch diese Art der Faktorentlohnung wird die Einsatzmenge r_i eines jeden Produktionsfaktors determiniert und somit auch das gesamte Produktionsvolumen $x = x(r_1, ..., r_n)$. Das **Faktoreinkommen** FE_i des **i-ten** beträgt nach (7.3.31)

$$FE_i = k_i \cdot r_i = p \cdot r_i \cdot \frac{\partial x}{\partial r_i}$$

und somit das **gesamte Faktoreinkommen** FE aller Faktoren zusammen

(7.3.32) $$FE = FE_1 + ... + FE_n = p \cdot r_1 \cdot \frac{\partial x}{\partial r_1} + p \cdot r_2 \cdot \frac{\partial x}{\partial r_2} + ... + p \cdot r_n \cdot \frac{\partial x}{\partial r_n} \; .$$

Definiert man - ohne Beschränkung der Allgemeinheit - den (festen) Marktpreis p des produzierten Outputs als eine Geldeinheit pro ME, gilt also: $p \equiv 1$ GE/ ME, so stimmen die Werte von physischer Grenzproduktivität $\frac{\partial x}{\partial r_i}$ und Wertgrenzproduktivität $p \cdot \frac{\partial x}{\partial r_i}$ überein:

(7.3.33) $$p \cdot \frac{\partial x}{\partial r_i} = \frac{\partial x}{\partial r_i} \quad \text{, sofern } p \equiv 1 \; ,$$

und für das Faktoreinkommen des i-ten Faktors gilt:

(7.3.34) $$\boxed{FE_i = r_i \cdot \frac{\partial x}{\partial r_i}} \; .$$

Damit lautet das **Faktoreinkommen aller Faktoren** nach (7.3.32):

(7.3.35) $$\boxed{FE = r_1 \cdot \frac{\partial x}{\partial r_1} + r_2 \cdot \frac{\partial x}{\partial r_2} + ... + r_n \cdot \frac{\partial x}{\partial r_n}} \qquad (p \equiv 1) \; .$$

[6] Man kann zeigen (vgl. Kap. 7.3.2.1), dass bei Vorliegen der hinreichenden Extremalbedingungen in gewissen Fällen der dann erzielte Gesamtgewinn maximal wird. Für nur einen variablen Faktor vgl. den entsprechenden Sachverhalt in (6.3.159).

Es stellt sich nun die **Frage**, inwieweit der mit Hilfe der Faktorinputs $r_1, ..., r_n$ hergestellte **Outputwert** $x(r_1, ..., r_n)$ durch das **Faktoreinkommen aufgezehrt wird**.

Dazu betrachten wir eine vom Grad r **homogene Produktionsfunktion** $x(r_1, ..., r_n)$. Nach der Eulerschen Homogenitätsrelation (Satz 7.3.11) gilt allgemein

(7.3.36) $$r_1 \cdot \frac{\partial x}{\partial r_1} + r_2 \cdot \frac{\partial x}{\partial r_2} + ... + r_n \cdot \frac{\partial x}{\partial r_n} = r \cdot x(r_1, ..., r_n) \quad ,$$

so dass mit (7.3.35) unmittelbar folgt:

(7.3.37) $$\boxed{FE = r \cdot x(r_1, ..., r_n)} \; ,$$

d.h. die **Summe** FE aller **Faktoreinkommen** einer **homogenen Produktionsfunktion** ist **proportional** zum erzeugten **Produktwert** x; Proportionalitätsfaktor ist der **Homogenitätsgrad** r. Damit hängt - bei homogenen Produktionsfunktionen und Entlohnung nach der Grenzproduktivität - die Beantwortung der eben gestellten Frage nach der Aufzehrung des Produktionswertes ab von der Höhe r des Homogenitätsgrades:

i) Im Fall **konstanter Skalenerträge** (d.h. bei Vorliegen einer linear-homogenen Produktionsfunktion mit $r = 1$) folgt aus (7.3.37):

(7.3.38) $$\boxed{FE = x(r_1, ..., r_n)} \quad ,$$

d.h. der **gesamte Produktionswert** wird - unabhängig vom Produktionsvolumen - für die Entlohnung der Faktoren **aufgebraucht**.

ii) Im Fall **steigender Skalenerträge** (d.h. für $r > 1$) folgt aus (7.3.37):

(7.3.39) $$\boxed{FE > x(r_1, ..., r_n)} \quad ,$$

d.h. der erzeugte **Produktionswert reicht nicht aus,** um alle dafür notwendigen Faktoren mit ihrer Grenzproduktivität zu entlohnen. Zur Erzielung eines Gleichgewichtszustandes müsste ein Lohn unterhalb des jeweiligen Grenzproduktivitätswertes gezahlt werden.

iii) Im Fall **sinkender Skalenerträge** (d.h. für $r < 1$) folgt aus (7.3.37):

(7.3.40) $$\boxed{FE < x(r_1, ..., r_n)} \quad ,$$

so dass nach Entlohnung aller Faktoren noch ein **Wertüberhang** („Gewinn") verbleibt.

Für den **Einkommensanteil** FE_i/x des i-ten Faktors **am Gesamtproduktionswert** x erhält man mit (7.3.34) sowie (7.3.3) für **beliebige** - auch nichthomogene - Produktionsfunktionen

(7.3.41) $$\frac{FE_i}{x} = \frac{r_i}{x} \cdot \frac{\partial x}{\partial r_i} = \varepsilon_{x,r_i} \quad ,$$

d.h. der **Einkommensanteil des i-ten Faktors** am Gesamtproduktionswert ist identisch mit der **Produktionselastizität** des i-ten Faktors.

Das **Einkommensverhältnis** FE_i/FE_k je zweier beliebiger Faktorarten i, k resultiert aus (7.3.41) durch Division:

$$(7.3.42)\qquad \frac{FE_i}{FE_k} = \frac{\frac{FE_i}{x}}{\frac{FE_k}{x}} = \frac{\varepsilon_{x,r_i}}{\varepsilon_{x,r_k}} \quad ,$$

d.h. das **Verhältnis der Einkommen** zweier beliebiger Faktoren ist identisch mit dem **Verhältnis** der entsprechenden **Produktionselastizitäten**.

Ist die Produktionsfunktion $x(r_1, ..., r_n)$ **homogen** vom Grad r, so lässt sich mit (7.3.37) und (7.3.34) auch der **Einkommensanteil** FE_i/ FE des **i-ten Faktors am gesamten Faktoreinkommen** ermitteln:

$$(7.3.43)\qquad \frac{FE_i}{FE} = \frac{r_i \cdot \frac{\partial x}{\partial r_i}}{r \cdot x} = \frac{\varepsilon_{x,r_i}}{r} \quad ,$$

d.h. der **Einkommensanteil** des **i-ten Faktors** am Faktorgesamteinkommen ist identisch mit der **Produktionselastizität** des i-ten Faktors, **geteilt** durch den **Homogenitätsgrad**.

Beispiel 7.3.44: Gegeben sei die linear-homogene COBB-DOUGLAS-Produktionsfunktion

$$y = c \cdot A^{\alpha} \cdot K^{\beta} = 4 \cdot A^{0,8} \cdot K^{0,2}$$

(A: Arbeitsinput; K: Kapitalinput; y: Output; Outputpreis: p ≡ 1 GE/ME).

Der gesamte Arbeitslohn FE_A beträgt nach der Grenzproduktivitätstheorie

$$FE_A = A \cdot \frac{\partial y}{\partial A} = A \cdot 3{,}2 \cdot A^{-0,2} \cdot K^{0,2} = 3{,}2 \cdot A^{0,8} \cdot K^{0,2} .$$

Das gesamte Kapitaleinkommen (Zinsen) beträgt

$$FE_K = K \cdot \frac{\partial y}{\partial K} = K \cdot 0{,}8 \cdot A^{0,8} \cdot K^{-0,8} = 0{,}8 \cdot A^{0,8} \cdot K^{0,2} .$$

Damit lautet das gesamte Faktoreinkommen:

$$FE = FE_A + FE_K = 4 \cdot A^{0,8} \cdot K^{0,2} = y \quad \text{(vgl. (7.3.38))} .$$

Die Einkommensanteile am Gesamtwert der Produktion ergeben sich wie folgt:

$$\frac{FE_A}{y} = \frac{3{,}2 \cdot A^{0,8} \cdot K^{0,2}}{4 \cdot A^{0,8} \cdot K^{0,2}} = 0{,}8 = \varepsilon_{y,A} = \alpha \qquad \text{(vgl. (7.3.41))} ,$$

$$\frac{FE_K}{y} = \frac{0{,}8 \cdot A^{0,8} \cdot K^{0,2}}{4 \cdot A^{0,8} \cdot K^{0,2}} = 0{,}2 = \varepsilon_{y,K} = \beta \qquad \text{(vgl. (7.3.41))} ,$$

d.h. 80% des Produktionswertes werden durch Arbeitslöhne, 20% durch Kapitalkosten aufgezehrt - das gesamte Produkt wird durch Faktorlöhne verbraucht, s.o.. Das Einkommensverhältnis der Faktoren lautet nach (7.3.42):

$$\frac{FE_A}{FE_K} = \frac{3{,}2 \cdot A^{0,8} \cdot K^{0,2}}{0{,}8 \cdot A^{0,8} \cdot K^{0,2}} = 4 = \frac{\varepsilon_{y,A}}{\varepsilon_{y,K}} = \frac{\alpha}{\beta} = \frac{0{,}8}{0{,}2} \quad ,$$

d.h. Arbeitseinkommen und Kapitaleinkommen stehen im Verhältnis 4:1. Wegen FE ≡ y sind die Einkommensanteile der Faktoren am Gesamteinkommen dieselben wie am Produktionswert (s.o.), nämlich α und β.

Aufgabe 7.3.45: Gegeben sei die Produktionsfunktion $y(A,K) = A^{0,4} \cdot K^{0,5}$.

Man ermittle *(bei einem Outputpreis $p \equiv 1$ GE/ME)*

i) die Einsatzmengen A, K von Arbeit und Kapital, wenn die Faktoren nach ihrer Grenzproduktivität entlohnt werden und die Faktorlohnsätze (≙ Faktorpreise) mit $k_A = 0{,}2$ GE/ME$_A$ bzw. $k_K = 0{,}4$ GE/ME$_K$ fest vorgegeben sind;

ii) den Gesamtwert des Produktionsvolumens, **iii)** das gesamte Faktoreinkommen sowie den evtl. verbleibenden Produktionsgewinn, **iv)** die Einkommensanteile der Faktoren am a) Gesamtproduktionswert sowie b) Gesamteinkommen, **v)** das Einkommensverhältnis beider Faktoren.

Lässt man – bei einzelwirtschaftlicher Betrachtung – die Annahme vollständiger Konkurrenz auf dem Gütermarkt (d.h. $p \equiv$ const., hier: $p \equiv 1$) fallen und unterstellt man die **Existenz** einer **Preis-Absatz-Funktion** p(x) (≙ Angebotsmonopol), so wird das **Grenzproduktivitätsprinzip modifiziert**:
Nach (6.3.158) maximiert nämlich ein monopolistischer Anbieter seinen Gesamtgewinn, indem er sein Produktionsniveau x derart durch geeigneten Faktoreinsatz festlegt, dass die Faktoren nach ihrer mit dem **Grenzerlös** E'(x) **bewerteten Grenzproduktivität entlohnt** werden (vgl. auch Kap. 7.3.2.1).

Der **Lohnsatz** (≙ Faktorpreis) k_i des i-ten Faktors lautet unter dieser Prämisse:

(7.3.46) $$\boxed{k_i = \frac{\partial x}{\partial r_i} \cdot E'(x)} \quad \text{mit } x = x(r_1, \ldots, r_n) \ .$$

Bemerkung 7.3.47: ***i)*** *(7.3.46) geht für p = const. wegen E'(x) = p = const. wieder in die übliche Form (7.3.31) über.*

ii) *Wegen $E = E(x(r_1,\ldots,r_n))$ folgt mit Hilfe der Kettenregel*

(7.3.48) $$\frac{\partial E}{\partial r_i} = \frac{dE}{dx} \cdot \frac{\partial x}{\partial r_i} = k_i \ ,$$

*d.h. man kann den **Lohnsatz** k_i des i-ten Faktors auffassen als **Erlöszuwachs**, wenn die unter **Einsatz** einer **weiteren Faktoreinheit** erzeugte Menge abgesetzt wird („**Grenzerlös bzgl. des i-ten Faktors**“).*

Unter Verwendung der **Amoroso-Robinson-Relation** (6.3.109): $E'(x) = p(x) \cdot (1 + \frac{1}{\varepsilon_{x,p}})$ lautet der **Lohnsatz** k_i des i-ten Faktors nach (7.3.46):

(7.3.49) $$\boxed{k_i = p \cdot \frac{\partial x}{\partial r_i} (1 + \frac{1}{\varepsilon_{x,p}})} \ .$$

unterscheidet sich also von der „reinen“ Wertgrenzproduktivität (7.3.31) um den „Monopolfaktor“ $(1 + \frac{1}{\varepsilon_{x,p}})$. Mit Hilfe von (7.3.49) erhält man für das **Einkommen** FE_i des **i-ten Faktors**:

$FE_i = r_i \cdot k_i = r_i \cdot \frac{\partial x}{\partial r_i} \cdot E'(x) = r_i \cdot \frac{\partial x}{\partial r_i} \cdot p(x) \cdot (1 + \frac{1}{\varepsilon_{x,p}})$. Erweitert man den rechten Term mit x *($\neq 0$)*

so folgt: $FE_i = \frac{r_i}{x} \cdot \frac{\partial x}{\partial r_i} \cdot x \cdot p(x) \cdot (1 + \frac{1}{\varepsilon_{x,p}})$, d.h.

(7.3.50) $$\boxed{FE_i = \varepsilon_{x,r_i} \cdot E(x) \cdot (1 + \frac{1}{\varepsilon_{x,p}})} \ .$$

Bemerkung 7.3.51: *Bei positiven Faktorlohnsätzen folgt* $FE_i > 0$, *so dass unter der Voraussetzung* $E(x) > 0$, $\varepsilon_{x,ri} > 0$ *(d.h. positive Erlöse und positive Grenzproduktivitäten) notwendigerweise die Klammer positiv sein muss. Aus* $1 + \frac{1}{\varepsilon_{x,p}} > 0$ *folgt* $\varepsilon_{x,p} < -1$, *d.h. die Unternehmung wird bei positiven Faktorpreisen ihr Produktionsniveau (und damit auch ihre Angebotsmenge) x stets so wählen, dass sie im Bereich* ***elastischer Güternachfrage*** *operiert.*

Aus (7.3.50) folgt

(7.3.52) $$\frac{FE_i}{E(x)} = \varepsilon_{x,r_i}\left(1 + \frac{1}{\varepsilon_{x,p}}\right) \quad \text{(vgl. aber (7.3.41))},$$

(7.3.53) $$\frac{FE_i}{FE_k} = \frac{\varepsilon_{x,r_i}}{\varepsilon_{x,r_k}} \quad \text{(identisch mit (7.3.42))} .$$

Für den Anteil des Faktorgesamteinkommens FE am Gesamterlös E(x) ergibt sich bei Vorliegen einer homogenen Produktionsfunktion wegen

$$FE = FE_1 + FE_2 + \ldots + FE_n = E(x) \cdot \left(1 + \frac{1}{\varepsilon_{x,p}}\right) \cdot \left(\varepsilon_{x,r_1} + \varepsilon_{x,r_2} + \ldots + \varepsilon_{x,r_n}\right)$$

und der Tatsache, dass nach (7.3.21) der Wert der rechts stehenden Klammer gleich dem Homogenitätsgrad r der Produktionsfunktion $x(r_1, \ldots, r_n)$ ist:

(7.3.54) $$\boxed{\frac{FE}{E(x)} = r\left(1 + \frac{1}{\varepsilon_{x,p}}\right)} \quad (\varepsilon_{x,p} < -1) .$$

Ebenso wie in (7.3.52) hängt der **Anteil des Faktoreinkommens am Produkterlös** einerseits von den **Eigenschaften der Produktionsfunktion** ab (gekennzeichnet durch die Produktionselastizitäten bzw. die Skalenelastizität) und andererseits von der jeweiligen **Marktsituation** (gekennzeichnet durch die Preiselastizität der Nachfrage):

i) Im Fall **konstanter Skalenerträge** ($r = 1$) gilt wegen $\varepsilon_{x,p} < -1$:

$0 < 1 + \frac{1}{\varepsilon_{x,p}} < 1$, d.h. aus (7.3.54) folgt: $\frac{FE}{E(x)} < 1$ bzw. $FE < E(x)$:

Die **Faktorlöhne zehren** den **Produkterlös nicht auf** , vielmehr verbleibt ein **Wertüberhang** (Gewinn), der mit absolut zunehmender Elastizität (d.h. $\varepsilon_{x,p} \to -\infty$) immer mehr gegen Null geht:

$$\varepsilon_{x,p} \to -\infty \Rightarrow \frac{1}{\varepsilon_{x,p}} \to 0 \Rightarrow \frac{FE}{E(x)} \to r \ (= 1) .$$

ii) Im Fall **sinkender Skalenerträge** ($r < 1$) gilt ebenfalls wegen $1 + \frac{1}{\varepsilon_{x,p}} < 1$:

$\frac{FE}{E(x)} < 1$, d.h. $FE < E(x)$.

iii) Im Fall **steigender Skalenerträge** ($r > 1$) ist eine Gewinnerzielung **nur möglich,** wenn das **Produkt aus Homogenitätsgrad** und $1 + \frac{1}{\varepsilon_{x,p}}$ **kleiner als Eins** ist.

Beispiel 7.3.55: Gegeben sei die Produktionsfunktion $x(r_1, r_2) = r_1^{0,8} \cdot r_2^{0,4}$ mit dem Homogenitätsgrad 1,2 , d.h. mit steigenden Skalenerträgen. Die Faktorstückkosten („Lohnsätze") seien vorgegeben mit $k_1 = 40$ GE/ME$_1$, $k_2 = 80$ GE/ME$_2$. Der Output x kann abgesetzt werden nach der Preis-Absatz-Funktion $p = p(x) = 100 - 0,1x$. Die Faktorentlohnung erfolge nach dem Grenzproduktivitätsprinzip, vgl. (7.3.46). Um die Einsatzmengen r_1, r_2 der Faktoren zu ermitteln, löst man die Gleichungen (7.3.46) nach r_1, r_2 auf:

$$(1)\quad k_1 = 40 = \frac{\partial x}{\partial r_1} \cdot E'(x) = 0,8r_1^{-0,2} \cdot r_2^{0,4} \cdot (100 - 0,2r_1^{0,8} \cdot r_2^{0,4})$$

$$(2)\quad k_2 = 80 = \frac{\partial x}{\partial r_2} \cdot E'(x) = 0,4r_1^{0,8} \cdot r_2^{-0,6} \cdot (100 - 0,2r_1^{0,8} \cdot r_2^{0,4})\,.$$

(Dabei gilt: $E'(x) = 100 - 0,2x = 100 - 0,2 \cdot x(r_1, r_2)$.)

Dividiert man Gleichung (1) durch Gleichung (2), so folgt: $r_1 = 4r_2$. Dies in Gleichung (2) eingesetzt, liefert nach etwas Umformung

$$0,2 \cdot 4^{0,8} \cdot r_2^{1,4} - 100 \cdot r_2^{0,2} + \frac{80}{0,4 \cdot 4^{0,8}} = 0 \quad .$$

Substituiert man $r_2^{0,2} =: z$, d.h. $r_2^{1,4} = z^7$, so folgt:

$$0,606287 \cdot z^7 - 100z + 65,975396 = 0\,.$$

Anwendung der Regula falsi (vgl. Kap. 2.4 (2.4.5)) liefert als einzige ökonomisch sinnvolle Lösung:

$z = 2,2072$, d.h. $r_2 = z^5 = 52,39$ ME$_2$ und $r_1 = 4r_2 = 209,56$ ME$_1$.

Damit ist das Produktionsniveau festgelegt: $x(r_1, r_2) = 350,55$ ME. Der zugehörige Marktpreis des monopolistischen Anbieters lautet $p = 100 - 0,1x = 64,95$ GE/ME, so dass sich ein Erlös $E = p \cdot x = 22.766,41$ GE ergibt. Der entsprechende Grenzerlös lautet $E'(x) = 100 - 0,2x = 29,89$ GE/ME. Die Preiselastizität der Nachfrage beträgt $\varepsilon_{x,p} = \frac{x - 1.000}{x} = \left(\frac{1}{\varepsilon_{p,x}} = \frac{p(x)}{p'(x) \cdot x}\right) = -1,8527$, und damit ergibt sich: $1 + \frac{1}{\varepsilon_{x,p}} = 0,46024$. Nun bestätigt man leicht die Beziehungen (7.3.52) - (7.3.54): Mit dem Faktoreinkommen $FE_1 = k_1 \cdot r_1 = 8.382,42$ GE und $FE_2 = k_2 \cdot r_2 = 4.191,21$ GE folgt:

$$(i)\quad \frac{FE_1}{E(x)} = \frac{8.382,42}{22.766,41} = \varepsilon_{x,r_1}\left(1 + \frac{1}{\varepsilon_{x,p}}\right) = 0,8 \cdot 0,46024 = 0,3682\ ,$$

$$\frac{FE_2}{E(x)} = \frac{4.191,21}{22.766,41} = \varepsilon_{x,r_2}\left(1 + \frac{1}{\varepsilon_{x,p}}\right) = 0,4 \cdot 0,46024 = 0,1841\ ,$$

d.h. 36,82% des Gesamterlöses werden durch den ersten Faktor und 18,41% durch den zweiten Faktor aufgezehrt (vgl. (7.3.52)), zusammen also 55,23%.

$$(ii)\quad \frac{FE_1}{FE_2} = \frac{8.382,42}{4.191,21} = \frac{\varepsilon_{x,r_1}}{\varepsilon_{x,r_2}} = \frac{0,8}{0,4} = 2$$, d.h. der erste Faktor verursacht doppelt so hohe Kosten wie der zweite (vgl. (7.3.53)) .

$$(iii)\quad \frac{FE}{E(x)} = \frac{8.382,42 + 4.191,21}{22.766,41} = r\left(1 + \frac{1}{\varepsilon_{x,p}}\right) = 1,2 \cdot 0,46024 = 0,5523\ ,$$

d.h. (vgl. auch (i)) 55,23% des Erlöses entfallen auf die Faktorkosten, es verbleibt ein Gewinn in Höhe von 44,77% des Gesamterlöses, d.h. ca. 10.193 GE (vgl. (7.3.54)).

7.3.2 Ökonomische Beispiele für relative Extrema (ohne Nebenbedingungen)

7.3.2.1 Optimaler Faktoreinsatz in der Produktion

Ein Produkt (Output: x) möge durch den Einsatz von n in beliebiger Menge verfügbaren Inputs $r_1, r_2, ..., r_n$ erzeugt werden gemäß der Produktionsfunktion $x = x(r_1, ..., r_n)$. Die Faktorpreise $k_1, ..., k_n$ seien feste Größen.

(7.3.56) In welcher Kombination soll der Produzent die Inputfaktoren einsetzen, damit sein Gewinn möglichst groß wird ?

Frage (7.3.56) soll beantwortet werden

i) für **$p = const.$** (**vollständige Konkurrenz** auf dem Gütermarkt) ;
ii) für **$p = p(x) \neq const.$** (**Angebotsmonopol** auf dem Gütermarkt) .

zu i) (polypolistischer Anbieter)

Die **Erlösfunktion** lautet: $E = E(x(r_1, ..., r_n)) = p \cdot x(r_1,..., r_n)$, die **Kostenfunktion** lautet: $K = K(r_1, ..., r_n) = k_1r_1 + k_2r_2 + ... + k_nr_n$. Damit ist die **Gewinnfunktion** G gegeben durch

(7.3.57) $$G = G(r_1, ..., r_n) = p \cdot x(r_1, ..., r_n) - k_1r_1 - k_2r_2 - ... - k_nr_n$$
mit $p, k_i = const.$.

Notwendig für das Vorliegen eines Gewinnmaximums ist das gleichzeitige Verschwinden aller partiellen Ableitungen von G (vgl. Satz 7.2.2):

(7.3.58)
$$\begin{aligned} \frac{\partial G}{\partial r_1} &= p \cdot \frac{\partial x}{\partial r_1} - k_1 = 0 \\ &\dots \\ \frac{\partial G}{\partial r_i} &= \boxed{p \cdot \frac{\partial x}{\partial r_i} - k_i = 0} \qquad (i = 1, 2, ..., n) \\ &\dots \\ \frac{\partial G}{\partial r_n} &= p \cdot \frac{\partial x}{\partial r_n} - k_n = 0 \quad . \end{aligned}$$

Im Gewinnmaximum muss also **für jeden Faktor** die Beziehung

(7.3.59) $$\boxed{k_i = p \cdot \frac{\partial x}{\partial r_i}} \qquad (i = 1, 2, ..., n)$$

gelten, d.h. muss der **Faktorlohn** k_i des i-ten Faktors identisch sein mit dem **Marktwert seiner Grenzproduktivität** (vgl. (7.3.31)). Gelten auch die hinreichenden Extremalbedingungen, so kann man sagen:

(7.3.60) Im Gewinnmaximum *(sofern dieses existiert* [7] *)* einer **polypolistischen** Unternehmung werden die Inputs $r_1, r_2, ... , r_n$ so eingesetzt, dass jeder Inputfaktor mit dem Wert seiner Grenzproduktivität entlohnt wird.

(Man spricht in diesem Zusammenhang von der „Grenzproduktivitätstheorie der Verteilung“.)

---

[7] Man kann zeigen, dass bei *homogenen* Produktionsfunktionen die hinreichenden Maximalbedingungen nur für den Fall $r < 1$ *(d.h. für unterlinear-homogene Produktionsfunktionen)* erfüllt sind.

Beispiel 7.3.61: Gegeben sei die Produktionsfunktion $x(r_1, r_2) = 50 \cdot r_1^{0,4} \cdot r_2^{0,5}$. Der Output x kann zu einem Preis $p = 2$ GE/ME abgesetzt werden. Die Faktorpreise seien k_1, k_2. Dann lautet die Gewinnfunktion:

$$G(r_1, r_2) = 100r_1^{0,4} \cdot r_2^{0,5} - k_1r_1 - k_2r_2 \to \max. .$$

Notwendig muss für ein Gewinnmaximum gelten:

$$\frac{\partial G}{\partial r_1} = 40r_1^{-0,6} \cdot r_2^{0,5} - k_1 = 0 \ , \quad \frac{\partial G}{\partial r_2} = 50r_1^{0,4} \cdot r_2^{-0,5} - k_2 = 0 \quad (*) \ .$$

(a) Damit die Unternehmung die maximal zur Verfügung stehenden Faktormengen $r_1 = 1.024$ ME$_1$ bzw. $r_2 = 400$ ME$_2$ einsetzt („Vollbeschäftigung"), dürfen die Faktorlohnsätze (höchstens) betragen (vgl. (*)):

$$k_1 = 40r_1^{-0,6} \cdot r_2^{0,5} = 12{,}50 \text{ GE/ME}_1 \ , \quad k_2 = 50r_1^{0,4} \cdot r_2^{-0,5} = 40{,}- \text{ GE/ME}_2 \ .$$

Dann werden $x = 50 \cdot 1.024^{0,4} \cdot 400^{0,5} = 16.000$ ME produziert, die einen Erlös von 32.000 GE erbringen bei Faktorkosten von $1.024 \cdot 12{,}5 + 400 \cdot 40 = 28.800$ GE, so dass der Unternehmung ein Maximalgewinn in Höhe von 3.200 GE verbleibt.

(b) Sind dagegen die Faktorlohnsätze vorgegeben, etwa $k_1 = 50$ GE/ME$_1$; $k_2 = 20$ GE/ME$_2$, so wird die Unternehmung nur soviel Faktorinput r_1, r_2 nachfragen, dass (*) erfüllt ist. Umformung des Systems (*) liefert:

$$(1)\ 40r_1^{-0,6} \cdot r_2^{0,5} = k_1 \ ; \ (2)\ \frac{50r_1^{0,4}}{k_2} = r_2^{0,5} \ .$$

Setzt man (2) in (1) ein, so folgt: $40r_1^{-0,6} \cdot 50r_1^{0,4} = k_1k_2$ und daraus:

(7.3.62) $\boxed{r_1 = \left(\frac{2.000}{k_1k_2}\right)^5}$ und daraus durch Einsetzen in (2):

$$\boxed{r_2 = \left(\frac{50}{k_2}\right)^2 \cdot \left(\frac{2.000}{k_1k_2}\right)^4} \ .$$

Die Funktionen (7.3.62) geben für jede Faktorpreiskombination k_1, k_2 den zugehörigen Faktoreinsatz (die „Faktornachfrage") an. Für das Beispiel $k_1 = 50$, $k_2 = 20$ etwa lauten die Einsatzmengen:

$$r_1 = 2^5 = 32 \text{ ME}_1 \ ; \qquad r_2 = 6{,}25 \cdot 2^4 = 100 \text{ ME}_2 \ ,$$

liegen also weit unterhalb der Vollbeschäftigung $r_1 = 1.024$, $r_2 = 400$. Mit den gegebenen Lohnsätzen werden $x = 50 \cdot 32^{0,4} \cdot 100^{0,5} = 2.000$ ME produziert, Erlös: 4.000 GE, Faktorkosten: $32 \cdot 50 + 100 \cdot 20 = 3.600$, d.h. Maximalgewinn 400 GE.

Bemerkung 7.3.63: *Bei **linear-homogenen** Produktionsfunktionen führt die Entlohnung nach der Wertgrenzproduktivität dazu, dass – unabhängig von der Höhe des Produktionsniveaus – stets der **gesamte Produktionswert** von den Faktorlöhnen **aufgezehrt** wird, vgl. (7.3.38). Daher ist das **Gleichungssystem** (7.3.58) bei **vorgegebenen Faktorlohnsätzen** und **linear-homogener Produktionsfunktion** entweder nur **mehrdeutig (unbestimmt)** oder überhaupt **nicht lösbar**.*

Beispiel: *$x = 10 \cdot r_1^{0,5} \cdot r_2^{0,5}$, $p = 4$ GE/ME , Faktorpreise $k_1, k_2 = const.$. Die Gewinnfunktion lautet:* $G(r_1, r_2) = 40r_1^{0,5} \cdot r_2^{0,5} - k_1r_1 - k_2r_2$. *Notwendig für ein Gewinnmaximum:*

$\frac{\partial G}{\partial r_1} = 20r_1^{-0,5} \cdot r_2^{0,5} - k_1 = 0$; $\frac{\partial G}{\partial r_2} = 20r_1^{0,5} \cdot r_2^{-0,5} - k_2 = 0$.

Daraus folgt: (1) $20r_1^{-0,5} \cdot r_2^{0,5} = k_1$; (2) $20r_1^{0,5} \cdot r_2^{-0,5} = k_2$.

Multipliziert man (1) und (2) seitenweise miteinander, so folgt ($k_i \neq 0$):

$400r_1^{-0,5} \cdot r_1^{0,5} \cdot r_2^{0,5} \cdot r_2^{-0,5} = k_1k_2$ d.h. (*) $\boxed{k_1k_2 = 400}$.

Das System ist also nur lösbar, wenn a priori gilt: $k_1k_2 = 400$, *z.B.* $k_1 = 16$; $k_2 = 25$. *In diesem Fall besagen (1) und (2) dasselbe, d.h. eine Gleichung ist überflüssig, z.B. (2). Dann folgt aus (1):* $20r_1^{-0,5} \cdot r_2^{0,5} = k_1 = 16$, *d.h.* $r_2^{0,5} = 0,8r_1^{0,5}$ *oder* $r_2 = 0,64\, r_1$. *Nur solche Einsatzmengenkombinationen* (r_1, r_2) *erfüllen die Maximierungsbedingungen, für die gilt:* $r_2 = 0,64r_1$ *(also z.B. (100; 64), (75; 48), (50; 32) usw.). Daher sind sowohl die Faktornachfrage als auch das optimale Produktionsniveau unbestimmt - sicher ist nur, dass der Produktionsgewinn stets Null sein wird. In den weitaus meisten Fällen, in denen gilt:* $k_1k_2 \neq 400$ *(z.B.* $k_1 = 20$; $k_2 = 30$*), hat das Gleichungssystem (1), (2) keine Lösung, d.h. es gibt dann keine ökonomisch sinnvolle gewinnmaximale Faktoreinsatzmengenkombination.*

zu ii) (Angebotsmonopol auf dem Gütermarkt)

Da produzierte und nachgefragte Gütermenge x und Güterpreis p nun über eine Preis-Absatz-Funktion p = p(x) verknüpft sind, lautet die Gewinnfunktion:

(7.3.64) $$\boxed{G(r_1, ..., r_n) = x(r_1, ..., r_n) \cdot p(x(r_1, ..., r_n)) - k_1r_1 - ... - k_nr_n}$$

mit $k_i = \text{const.}$.

Im Gewinnmaximum müssen sämtliche partiellen Ableitungen von G verschwinden. Anwendung der Produktregel sowie der Kettenregel liefert:

(7.3.65)
$$\begin{aligned}
\frac{\partial G}{\partial r_1} &= \frac{\partial x}{\partial r_1} \cdot p(x) + x \cdot \frac{dp}{dx} \cdot \frac{\partial x}{\partial r_1} - k_1 = 0 \\
&\vdots \\
\frac{\partial G}{\partial r_i} &= \boxed{\frac{\partial x}{\partial r_i} \cdot p(x) + x \cdot \frac{dp}{dx} \cdot \frac{\partial x}{\partial r_i} - k_i = 0} \qquad (i = 1, 2, ..., n) \\
&\vdots \\
\frac{\partial G}{\partial r_n} &= \frac{\partial x}{\partial r_n} \cdot p(x) + x \cdot \frac{dp}{dx} \cdot \frac{\partial x}{\partial r_n} - k_n = 0 \; .
\end{aligned}$$

Aus (7.3.65) folgt durch Umformung

(7.3.66) $$k_i = \frac{\partial x}{\partial r_i} (p(x) + x \cdot p'(x)) \; .$$

Der Klammerausdruck ist der Grenzerlös bzgl. der Menge x, wie man durch Ableiten (Produktregel !) des Erlöses $E(x) := x \cdot p(x)$ leicht nachweist. Daher muss im **Gewinnmaximum** für **jeden Faktor** die Beziehung

(7.3.67) $$\boxed{k_i = \frac{\partial x}{\partial r_i} \cdot E'(x)} \qquad (i = 1, 2, ..., n) \; .$$

gelten, vgl. (7.3.46). Sind die hinreichenden Extremalbedingungen erfüllt, so kann man sagen:

(7.3.68) Eine **monopolistische** Unternehmung operiert im **Gewinnmaximum**, wenn **jeder Inputfaktor** mit seiner zum **Grenzerlös bewerteten Grenzproduktivität** (seinem „Grenzerlösprodukt") entlohnt wird.

Bemerkung 7.3.69: *Anwendung der Amoroso-Robinson-Relation (6.3.109) liefert die zu (7.3.67)* ***äquivalente Extremalbedingung*** *(vgl. (7.3.49))*

(7.3.70) $$k_i = p(x) \cdot \frac{\partial x}{\partial r_i}\left(1 + \frac{1}{\varepsilon_{x,p}}\right) \qquad (i = 1, 2, ..., n) \ .$$

Im **Monopolfall** sind **linear-homogene** Produktionsfunktionen - anders als bei vollständiger Konkurrenz, vgl. Beispiel 7.3.61 - **unproblematisch**, sofern - wie es allein ökonomisch sinnvoll ist - stets positive Grenzerlöse und Grenzproduktivitäten vorausgesetzt werden.

Beispiel 7.3.71: Gegeben seien die Produktionsfunktion $x = 10r_1^{0,5} \cdot r_2^{0,5}$ sowie die Preis-Absatz-Funktion $p = p(x) = 100 - 0{,}1x$. Die Faktorpreise k_1, k_2 seien Konstanten. Dann erhält man wegen $E'(x) = 100 - 0{,}2x$ als notwendige Bedingungen für ein Gewinnmaximum nach (7.3.67) die beiden Bedingungen

(1) $k_1 = 5r_1^{-0,5} \cdot r_2^{0,5}(100 - 2r_1^{0,5} \cdot r_2^{0,5})$;

(2) $k_2 = 5r_1^{0,5} \cdot r_2^{-0,5}(100 - 2r_1^{0,5} \cdot r_2^{0,5})$.

Dividiert man ($E' \neq 0$) beide Gleichungen seitenweise durch einander, so folgt:

$\frac{k_1}{k_2} = \frac{r_2}{r_1}$ d.h. $r_2 = \frac{k_1}{k_2} \cdot r_1$. Eingesetzt in (1) folgt: $5\left(\frac{k_1}{k_2}\right)^{0,5}\left(100 - 2\left(\frac{k_1}{k_2}\right)^{0,5} r_1\right) = k_1$ und

daraus über $500\left(\frac{k_1}{k_2}\right)^{0,5} - 10\,\frac{k_1}{k_2} \cdot r_1 = k_1$ schließlich

(7.3.72) $$r_1 = 50\sqrt{\frac{k_2}{k_1}} - 0{,}1k_2 \qquad \text{sowie} \qquad r_2 = 50\sqrt{\frac{k_1}{k_2}} - 0{,}1k_1 \ .$$

Die Gleichungen (7.3.72) geben die Faktornachfragen r_1, r_2 in Abhängigkeit von den Faktorpreisen k_1, k_2 an, nach denen sich ein gewinnmaximierender Monopolist richten würde. Sind z. B. $k_1 = 80$ GE/ME$_1$, $k_2 = 20$ GE/ME$_2$ gegeben, so werden $r_1 = 23$ ME$_1$, $r_2 = 92$ ME$_2$ eingesetzt, das Produktionsniveau beträgt 460 ME, der Monopolpreis wird auf 54 GE/ME festgesetzt. Damit erzielt der Monopolist seinen Maximalgewinn von $24.840 - 80 \cdot 23 - 20 \cdot 92 = 21.160$ GE.

Aufgabe 7.3.73: Der Output Y einer Produktbranche werde in Abhängigkeit der Inputs A, K von Arbeit und Kapital gemäß der Produktionsfunktion $Y = 10 \cdot A^{0,8} \cdot K^{0,2}$ erzeugt. Für den Output existiere die Preis-Absatz-Funktion $p(Y) = 500 - Y$. Unter der Annahme, dass die Branche ihren Gesamtgewinn maximieren will, ermittele man

i) die Faktornachfragefunktionen $A = A(k_A, k_K)$, $K = K(k_A, k_K)$ in Abhängigkeit der Faktorpreise k_A, k_K.

ii) für die Faktorpreiskombinationen $(k_A, k_K) = (120; 15)$ und $(k_A, k_K) = (2.000; 500)$ **a)** die Inputmengen **b)** das Produktionsniveau **c)** den Branchenumsatz **d)** den maximalen Branchengewinn.

7.3.2.2 Gewinnmaximierung von Mehrproduktunternehmungen

Eine Unternehmung produziere n verschiedene Güter mit den Outputmengen $x_1, x_2, ..., x_n$. Die Produktion erfolge gemäß einer vorgegebenen Gesamtkostenfunktion $K(x_1, ..., x_n)$.

(7.3.74) Bei welcher Outputmengenkombination $(x_1, ..., x_n)$ operiert die Unternehmung gewinnmaximal ?

Frage (7.3.74) soll beantwortet werden

i) für fest vorgegebene Absatzpreise $p_1, p_2, ..., p_n$ **(polypolistischer Anbieter)** ;

ii) bei Vorliegen eines Systems von **n Preis-Absatz-Funktionen** $p_i = p_i(x_1, ..., x_n)$ bzw. $x_k = x_k(p_1, ..., p_n)$, (i, k = 1, 2, ..., n), d.h. es werde unterstellt, dass die Absatzmenge des k-ten Gutes von den Preisen aller n Güter abhänge **(monopolistischer Anbieter)**.

zu i) (polypolistischer Anbieter)

Die Gewinnfunktion der Unternehmung lautet

(7.3.75) $G(x_1, ..., x_n) = p_1x_1 + p_2x_2 + ... + p_nx_n - K(x_1, ..., x_n)$.

Notwendig für das Vorliegen eines Gewinnmaximums ist das Verschwinden sämtlicher partieller Ableitungen von G:

(7.3.76)
$$\frac{\partial G}{\partial x_1} = p_1 - \frac{\partial K}{\partial x_1} = 0$$
$$\frac{\partial G}{\partial x_2} = p_2 - \frac{\partial K}{\partial x_2} = 0$$
$$\dots$$
$$\frac{\partial G}{\partial x_n} = p_n - \frac{\partial K}{\partial x_n} = 0 \ ,$$

d.h. $\frac{\partial G}{\partial x_i} = p_i - \frac{\partial K}{\partial x_i} = 0 \quad (i = 1, 2, ..., n)$

und daher $\boxed{p_i = \frac{\partial K}{\partial x_i}}$.

Analog wie im Ein-Produkt-Fall (vgl. (6.3.36)) muss für jedes Produkt im Gewinnmaximum der **Marktpreis identisch** mit den entsprechenden partiellen **Grenzkosten** sein.

Beispiel 7.3.77: Eine 3-Produkt-Unternehmung produziere nach der Gesamtkostenfunktion

$$K(x_1, x_2, x_3) = x_1^2 + 2x_2^2 + 3x_3^2 + x_1x_2 + x_2x_3 + 100.$$

Die Marktpreise der Güter seien exogen vorgegeben mit $p_1 = 40$ GE/ME$_1$, $p_2 = 50$ GE/ME$_2$, $p_3 = 80$ GE/ME$_3$. Über die Gewinnfunktion

$$G(x_1, x_2, x_3) = -x_1^2 - 2x_2^2 - 3x_3^2 - x_1x_2 - x_2x_3 + 40x_1 + 50x_2 + 80x_3 - 100$$

erhält man die notwendigen Extremalbedingungen

$$\frac{\partial G}{\partial x_1} = -2x_1 - x_2 + 40 = 0$$
$$\frac{\partial G}{\partial x_2} = -x_1 - 4x_2 - x_3 + 50 = 0$$
$$\frac{\partial G}{\partial x_3} = -x_2 - 6x_3 + 80 = 0 \ ,$$

mit der einzigen Lösung:

$x_1 = 17{,}5$ ME$_1$

$x_2 = 5$ ME$_2$

$x_3 = 12{,}5$ ME$_3$.

Der maximale Unternehmensgewinn beträgt somit 875 GE .

zu ii) (monopolistischer Anbieter)

Unterstellt man ein System von n Preis-Absatz-Funktionen $p_i = p_i(x_1, ..., x_n)$ $(i = 1, ..., n)$, so lautet die Gewinnfunktion:

$G(x_1, ..., x_n) = E(x_1, ..., x_n) - K(x_1, ..., x_n)$, d.h.

$G(x_1, ..., x_n) = p_1(x_1, ..., x_n) \cdot x_1 + ... + p_n(x_1, ..., x_n) \cdot x_n - K(x_1, ..., x_n)$.

Daraus ergeben sich (Produktregel !) die notwendingen Maximalbedingungen

$$\frac{\partial G}{\partial x_1} = \frac{\partial p_1}{\partial x_1} \cdot x_1 + p_1 + \frac{\partial p_2}{\partial x_1} \cdot x_2 + ... + \frac{\partial p_n}{\partial x_1} \cdot x_n - \frac{\partial K}{\partial x_1} = 0$$

$$\vdots \qquad \vdots \qquad \dots \qquad \vdots$$

$$\frac{\partial G}{\partial x_n} = \frac{\partial p_1}{\partial x_n} \cdot x_1 + \frac{\partial p_2}{\partial x_n} \cdot x_2 + ... + \frac{\partial p_n}{\partial x_n} \cdot x_n + p_n - \frac{\partial K}{\partial x_n} = 0 \ ,$$

d.h. allgemein $\frac{\partial G}{\partial x_i} = \frac{\partial E}{\partial x_i} - \frac{\partial K}{\partial x_i}$ bzw.

(7.3.78) $$\frac{\partial G}{\partial x_i} = \boxed{\frac{\partial p_1}{\partial x_i} x_1 + \frac{\partial p_2}{\partial x_i} x_2 + ... + \frac{\partial p_i}{\partial x_i} x_i + p_i + ... + \frac{\partial p_n}{\partial x_i} x_n - \frac{\partial K}{\partial x_i} = 0} \ ,$$

$(i = 1, 2, ..., n)$.

Die Lösung des Gleichungssystems (7.3.78) liefert bei korrekter Problemstellung die gewinnmaximale Outputmengenkombination.

Beispiel 7.3.79:

Mit $p_1 = 1.280 - 4x_1 + x_2$; $p_2 = 2.360 + 2x_1 - 3x_2$; $K = 0{,}5x_1^2 + x_1x_2 + x_2^2 + 500.000$ lautet die Gewinnfunktion:

$G(x_1, x_2) = -4{,}5x_1^2 + 2x_1x_2 - 4x_2^2 + 1.280x_1 + 2.360x_2 - 500.000$.

Aus den Optimalbedingungen

$$\frac{\partial G}{\partial x_1} = -9x_1 + 2x_2 + 1.280 = 0 \ ; \ \frac{\partial G}{\partial x_2} = 2x_1 - 8x_2 + 2.360 = 0$$

ergeben sich die gewinnmaximalen Outputmengen: $x_1 = 220$ ME_1 ; $x_2 = 350$ ME_2 . Dazu wird der Monopolist die Güterpreise festsetzen zu:

$p_1 = p_1(220; 350) = 750$ GE/ME_1 bzw. $p_2 = p_2(220; 350) = 1750$ GE/ME_2.

Der Erlös $E = p_1x_1 + p_2x_2$ beträgt 777.500 GE, die Produktionskosten belaufen sich auf 723.700 GE, so dass der Maximalgewinn 53.800 GE beträgt.

Gelegentlich ist das System der Preis-Absatz-Funktionen in der Form $x_i = x_i(p_1, ..., p_n)$, d.h. mit den Güterpreisen als den unabhängigen Variablen gegeben. Da eine Auflösung des Gleichungssystems nach den p_i i.a. sehr mühsam ist, wird man auch die Gewinnfunktion in Abhängigkeit der p_i formulieren:

$$G(p_1, ..., p_n) = x_1(p_1, ..., p_n) \cdot p_1 + ... + x_n(p_1, ..., p_n) \cdot p_n - K(x_1(p_1, ..., p_n), ..., x_n(p_1, ..., p_n)) \, .$$

Bei der Ermittlung der partiellen Ableitungen nach p_i ist zu beachten, dass die Kostenfunktion K nach der Kettenregel (7.1.53) abzuleiten ist. **Notwendig** für ein **Gewinnmaximum** sind dann die n Bedingungen

(7.3.80)
$$\frac{\partial G}{\partial p_i} = \frac{\partial x_1}{\partial p_i}\cdot p_1 + \frac{\partial x_2}{\partial p_i}\cdot p_2 + \ldots + \frac{\partial x_i}{\partial p_i}\cdot p_i + x_i + \ldots + \frac{\partial x_n}{\partial p_i}\cdot p_n$$
$$- \frac{\partial K}{\partial x_1}\cdot\frac{\partial x_1}{\partial p_i} - \frac{\partial K}{\partial x_2}\cdot\frac{\partial x_2}{\partial p_i} - \ldots - \frac{\partial K}{\partial x_n}\cdot\frac{\partial x_n}{\partial p_i} = 0 \qquad (i = 1, 2, \ldots, n)$$

Beispiel 7.3.81: Eine monopolistische Unternehmung produziere zwei substitutive Güter mit den stückvariablen Kosten $k_1 = 2$ GE/ ME_1 , $k_2 = 5$ GE/ ME_2. Die Nachfrage x_1, x_2 nach diesen Gütern werde in Abhängigkeit der Güterpreise p_1, p_2 beschrieben durch die beiden Funktionen $x_1 = 600 - 50p_1 + 30p_2$; $x_2 = 800 + 10p_1 - 40p_2$.

*Bemerkung: Dass die Güter **substitutiv** sind, erkennt man daran, dass die Nachfrage eines jeden Gutes c.p. steigt, wenn der Preis des jeweils anderen Gutes zunimmt. Derselbe Sachverhalt liegt in Beispiel 7.3.79 vor.*

Die Gewinnfunktion lautet $G = p_1x_1 + p_2x_2 - k_1x_1 - k_2x_2$, bzw. nach Einsetzen der Preis-Absatz-Funktion und etwas Umformung

$G = G(p_1, p_2) = -50p_1^2 + 40p_1p_2 - 40p_2^2 + 650p_1 + 940p_2 - 5.200$.

Daraus ergeben sich über

$\frac{\partial G}{\partial p_1} = -100p_1 + 40p_2 + 650 = 0$; $\frac{\partial G}{\partial p_2} = 40p_1 - 80p_2 + 940 = 0$

die gewinnoptimalen Monopolpreise zu: $p_1 = 14$ GE/ME_1 ; $p_2 = 18{,}75$ GE/ME_2 . Die zu produzierenden Gütermengen lauten $x_1 = 462{,}5$ ME_1 ; $x_2 = 190$ ME_2 , der maximale Unternehmungsgewinn beträgt dann 8.162,50 GE.

Aufgabe 7.3.82: Gegeben sind die Nachfrage- und Kostenfunktion dreier monopolistischer 2-Produktunternehmungen. Man untersuche jeweils, ob die beiden Güter *(substitutiv bzw. komplementär)* miteinander verbunden sind und ermittle jeweils die gewinnmaximalen Marktpreise, Absatzmengen und Gewinne:

i) $p_1 = 16 - 2x_1$; $p_2 = 12 - x_2$; $K(x_1, x_2) = 2x_1^2 + x_1x_2 + 3x_2^2$;

ii) $x_1 = 8 - 2p_1 + p_2$; $x_2 = 10 + p_1 - 3p_2$; $K(x_1, x_2) = x_1^2 - x_2^2$;

iii) $p_1 = 400 - 2x_1 - x_2$; $p_2 = 150 - 0{,}5x_1 - 0{,}5x_2$; $K(x_1,x_2) = 50x_1+10x_2$.

(p_i : Marktpreise
x_i : Produktions- und Absatzmengen)

Aufgabe 7.3.83: Welchen Wert müssten die stückvariablen Produktionskosten k_1 in Beispiel 7.3.81 annehmen, damit - bei sonst unveränderten Bedingungen - die gewinnmaximalen Absatzpreise beider Produkte identisch sind?

EXKURS: **Optimaler Faktoreinsatz in Mehrproduktunternehmungen**

Das in Kapitel 7.3.2.1 behandelte Problem des gewinnoptimalen Faktoreinsatzes lässt sich auch auf Mehrproduktunternehmungen übertragen. Für die Produktion von **m Produkttypen** mit **n Inputfaktoren** werde die Existenz von **m Produktionsfunktionen** unterstellt:

(7.3.84) $x_1 = x_1(r_{11}, r_{12}, \ldots, r_{1j}, \ldots, r_{1n})$
$\ldots$
$x_i = x_i(r_{i1}, r_{i2}, \ldots, r_{ij}, \ldots, r_{in})$
$\vdots \qquad \vdots$
$x_m = x_m(r_{m1}, r_{m2}, \ldots, r_{mj}, \ldots, r_{mn})$.

x_i: Outputmenge des i-ten Produktes $(i = 1, 2, \ldots, m)$

r_{ij}: Inputmenge des j-ten Faktors bei der Produktion des i-ten Produktes $(i = 1, \ldots, m; \quad j = 1, \ldots, n)$

Insgesamt wird vom j-ten Faktor somit eingesetzt:

(7.3.85) $$r_j := r_{1j} + r_{2j} + \ldots + r_{mj} = \sum_{i=1}^{m} r_{ij} \; ; \; j = 1, \ldots, n \, .$$

Bezeichnet man die Faktorstückkosten des j-ten Faktors mit k_j (= const.) und den Absatzpreis des i-ten Produktes mit p_i, so lautet die **Gewinnfunktion**:

(7.3.86) $$\boxed{G = p_1x_1 + \ldots + p_mx_m - k_1r_1 - \ldots - k_nr_n} \; ,$$

wobei für die x_i bzw. r_j die Beziehungen (7.3.84) bzw. (7.3.85) gelten. Weiterhin seien weder auf Produktionsseite noch auf der Absatzseite Restriktionen wirksam (etwa in Form von Engpassfaktoren oder Absatzhöchstmengen).

i) Im Fall des **polypolistischen Anbieters** gilt $p_1, \ldots, p_m$ = const., so dass die notwendigen Bedingungen für ein Gewinnmaximum lauten:

(7.3.87) $$\boxed{\frac{\partial G}{\partial r_{ij}} = p_i \cdot \frac{\partial x_i}{\partial r_{ij}} - k_j = 0} \; ,$$

$i = 1, \ldots, m$ *(Produkttyp)* ; $j = 1, \ldots, n$ *(Faktorart)* .

Bemerkung 7.3.88) ***i)*** *Bei der Ableitung von (7.3.86) beachte man, dass die Variable r_{ij} nur in x_i sowie in r_j auftritt.*

ii) *Für jedes feste i (d.h. für jeden einzelnen Produkttyp) entsprechen die Maximalbedingungen (7.3.87) gerade der Beziehung (7.3.59): $k_j = p_i \cdot \frac{\partial x_i}{\partial r_{ij}}$, i = const., d.h.* ***Gewinnmaximierung*** *im vorliegenden Fall zieht notwendig die* ***Entlohnung*** *der* ***Faktoren*** *nach ihrer* ***Wertgrenzproduktivität*** *nach sich.*

ii) Im Fall des **monopolistischen Anbieters** sind die Güterpreise $p_1, \ldots, p_m$ jeweils Funktionen der Gütermengen $x_1, \ldots, x_m$ und diese wiederum (nach (7.3.84)) jeweils Funktionen der n Inputfaktoren. Während sich an der Faktorkostenfunktion gegenüber i) nichts ändert, lautet die Erlösfunktion ausführlich:

$$E = p_1x_1 + \ldots + p_mx_m = p_1(x_1, \ldots, x_m) \cdot x_1 + \ldots + p_m(x_1, \ldots, x_m) \cdot x_m$$
$$\text{mit } x_1 = x_1(r_{11}, \ldots, r_{1n}) \; ; \ldots ; x_i = x_i(r_{i1}, \ldots, r_{in}) \; ; \ldots$$

Daraus erhält man die partiellen Ableitungen der Gewinnfunktion (7.3.86) nach r_{ij} (wobei zu beachten ist, dass r_{ij} nur in x_i und r_j vorkommt) und somit die notwendigen Bedingungen für ein Gewinnmaximum:

(7.3.89) $$\frac{\partial G}{\partial r_{ij}} = \frac{\partial E}{\partial r_{ij}} - k_j = \boxed{\frac{\partial E}{\partial x_i} \cdot \frac{\partial x_i}{\partial r_{ij}} - k_j = 0} ,$$

(i = 1, ..., m : Produkttyp ; j = 1, ..., n : Faktorart)

$$\text{mit} \quad \frac{\partial E}{\partial x_i} = \frac{\partial p_1}{\partial x_i} \cdot x_1 + \frac{\partial p_2}{\partial x_i} \cdot x_2 + \ldots + \frac{\partial p_i}{\partial x_i} \cdot x_i + p_i + \ldots + \frac{\partial p_m}{\partial x_i} \cdot x_m .$$

Auch hier stellt man fest, dass für jedes feste i (d.h. für jeden Produkttyp) die Bedingung (7.3.89) identisch mit der Beziehung (7.3.67) ist: $k_j = \frac{\partial E}{\partial x_i} \cdot \frac{\partial x_i}{\partial r_{ij}}$, i = const., d.h. eine **gewinnmaximierende monopolistische Mehrproduktunternehmung entlohnt** die **Faktoren** nach ihrer mit dem Grenzerlös bewerteten Grenzproduktivität („**Grenzerlösprodukt**"). Sowohl aus den Bedingungen (7.3.87) als auch (7.3.89) ergibt sich für jedes feste i (d.h. für jeden Produkttyp):

(7.3.90) $$\boxed{\frac{\frac{\partial x_i}{\partial r_{ij}}}{\frac{\partial x_i}{\partial r_{il}}} = \frac{k_j}{k_l}} \qquad j, l = 1, 2, \ldots, n .$$

Dieselbe Beziehung ergibt sich - unabhängig von der Marktform - für Einproduktunternehmungen, vgl. (7.3.59), (7.3.67), so dass man sagen kann:

(7.3.91) Im **Gewinnmaximum** einer (weder durch Faktorengpässe noch durch Absatzrestriktionen eingeschränkten) Unternehmung ist - **unabhängig** von der **Marktform** oder der **Anzahl** der hergestellten **Produkttypen** - das **Verhältnis** der (produktindividuellen) **Grenzproduktivitäten** identisch mit dem entsprechenden **Verhältnis** der (konstanten) **Faktorpreise**.

Beispiel 7.3.92: Eine monopolistische Unternehmung produziere zwei Produkte (Outputs: x_1 bzw. x_2) mit jeweils zwei Faktoren (Inputs: r_{11}, r_{12} bzw. r_{21}, r_{22}) und den Faktorpreisen k_1, k_2 (= const.). Auf der Produktionsseite gelten die Produktionsfunktionen:

(7.393) $x_1 = 10 \cdot r_{11}^{0,5} \cdot r_{12}^{0,5}$; $\qquad x_2 = 5 \cdot r_{21}^{0,4} \cdot r_{22}^{0,6}$.

Die (substitutiven) Güter genügen folgenden Preis-Absatz-Beziehungen:

(7.3.94) $p_1 = 100 - 0{,}2x_1 + 0{,}1x_2$; $\qquad p_2 = 400 + 0{,}2x_1 - 0{,}4x_2$.

Somit lautet die Erlösfunktion:

$$E(x_1, x_2) = p_1x_1 + p_2x_2 = -0{,}2x_1^2 + 0{,}3x_1x_2 - 0{,}4x_2^2 + 100x_1 + 400x_2 ,$$

wobei für x_1, x_2 die Abhängigkeiten (7.3.93) gelten. Zusammen mit der Faktor-Kostenfunktion

$$K = k_1(r_{11} + r_{21}) + k_2(r_{12} + r_{22}) ,$$

ergeben sich (wegen G = E - K) die Gewinnmaximierungsbedingungen (vgl. (7.3.89)):

$$\frac{\partial G}{\partial r_{11}} = \frac{\partial E}{\partial x_1} \cdot \frac{\partial x_1}{\partial r_{11}} - k_1 = \quad (-0{,}4x_1 + 0{,}3x_2 + 100)\frac{\partial x_1}{\partial r_{11}} - k_1 = 0$$

$$\frac{\partial G}{\partial r_{12}} = \frac{\partial E}{\partial x_1} \cdot \frac{\partial x_1}{\partial r_{12}} - k_2 = \quad (-0{,}4x_1 + 0{,}3x_2 + 100)\frac{\partial x_1}{\partial r_{12}} - k_2 = 0$$

$$\frac{\partial G}{\partial r_{21}} = \frac{\partial E}{\partial x_2} \cdot \frac{\partial x_2}{\partial r_{21}} - k_1 = \quad (0{,}3x_1 - 0{,}8x_2 + 400)\frac{\partial x_2}{\partial r_{21}} - k_1 = 0$$

$$\frac{\partial G}{\partial r_{22}} = \frac{\partial E}{\partial x_2} \cdot \frac{\partial x_2}{\partial r_{22}} - k_2 = \quad (0{,}3x_1 - 0{,}8x_2 + 400)\frac{\partial x_2}{\partial r_{22}} - k_2 = 0 \quad .$$

Aus den beiden ersten Gleichungen sowie den beiden letzten Gleichungen folgt durch Division und Ableiten von (7.3.93):

$$\frac{k_1}{k_2} = \frac{\frac{\partial x_1}{\partial r_{11}}}{\frac{\partial x_1}{\partial r_{12}}} = \frac{5r_{11}^{-0,5} \cdot r_{12}^{0,5}}{5r_{11}^{0,5} \cdot r_{12}^{-0,5}} = \frac{r_{12}}{r_{11}} \;, \quad \text{d.h.} \quad \boxed{r_{12} = r_{11} \cdot \frac{k_1}{k_2}} \;,$$

$$\frac{k_1}{k_2} = \frac{\frac{\partial x_2}{\partial r_{21}}}{\frac{\partial x_2}{\partial r_{22}}} = \frac{2r_{21}^{-0,6} \cdot r_{22}^{0,6}}{3r_{21}^{0,4} \cdot r_{22}^{-0,4}} = \frac{2}{3}\frac{r_{22}}{r_{21}} \;, \quad \text{d.h.} \quad \boxed{r_{21} = \frac{2}{3} r_{22} \cdot \frac{k_2}{k_1}} \;.$$

Setzt man diese beiden Beziehungen in die erste bzw. vierte Gleichung ein, so folgt nach etwas Umformung:

$$\text{(7.3.95)} \quad k_1 = 5\left(\frac{k_1}{k_2}\right)^{0,5} \cdot \left(-4\left(\frac{k_1}{k_2}\right)^{0,5} \cdot r_{11} + 1{,}5\left(\frac{2k_2}{3k_1}\right)^{0,4} \cdot r_{22} + 100\right) \;,$$

$$k_2 = 3\left(\frac{2k_2}{3k_1}\right)^{0,4} \cdot \left(3\left(\frac{k_1}{k_2}\right)^{0,5} \cdot r_{11} - 4\left(\frac{2k_2}{3k_1}\right)^{0,4} \cdot r_{22} + 400\right) \;.$$

Für gegebene Faktorpreise k_1, k_2 stellt (7.3.95) ein lineares Gleichungssystem in r_{11}, r_{22} dar. So erhält man etwa für $k_1 = 80$, $k_2 = 40$ sukzessive die Faktoreinsatzmengen: $r_{11} = 56{,}7966$; $r_{22} = 240{,}6432$; $r_{12} = 113{,}5931$; $r_{21} = 80{,}2144$, woraus über die Produktionsfunktionen folgende Outputs resultieren: $x_1 = 803{,}2246$; $x_2 = 775{,}3451$. Daher werden folgende Monopolpreise (vgl. (7.3.94)) festgesetzt: $p_1 = 16{,}8896$; $p_2 = 250{,}5069$. Bei einem Gesamterlös von 207.795,4162 und Faktorkosten in Höhe von 25.130,3272 ergibt sich ein maximaler Unternehmungsgewinn von 182.665,0890.

Aufgabe 7.3.96: Man ermittle das Gewinnmaximum in Beispiel 7.3.92 für die vorgegebenen Faktorpreise $k_1 = 40$; $k_2 = 60$.

7.3.2.3 Gewinnmaximierung bei räumlicher Preisdifferenzierung

Der **monopolistische Anbieter** eines Gutes sehe sich mehreren räumlich getrennten **Teilmärkten** gegenüber, von denen jeder eine **eigene**, unabhängige **Preis-Absatz-Funktion** besitze. Das Problem besteht darin, auf jedem Teilmarkt einen **Angebotspreis individuell** derart **festzusetzen**, dass der **Unternehmungsgesamtgewinn** G **maximal** wird. Ein einfach strukturiertes Beispiel soll das Vorgehen erläutern:

Beispiel 7.3.97: Es seien für ein Produkt zwei räumlich getrennte Teilmärkte mit zwei getrennten Preis-Absatz-Funktionen vorgegeben:

(7.3.98) $p_1 = 60 - x_1 \quad (p_1 \leq 60\ ;\ x_1 \leq 60)\ ;\quad p_2 = 40 - \frac{1}{3}x_2 \quad (p_2 \leq 40\ ;\ x_2 \leq 120)$.

Die Unternehmung produziere für beide Teilmärkte zentral mit der Gesamtkostenfunktion $K(x) = 10x + 200$, wobei x die Summe der auf beiden Teilmärkten abgesetzten Produkteinheiten bedeutet: $x = x_1 + x_2$. Transportkosten seien entscheidungsirrelevant.

i) Bei **getrennter Preisfixierung (Preisdifferenzierung)** lautet die Gewinnfunktion

(7.3.99) $G = E_1(x_1) + E_2(x_2) - K(x)$, d.h.

$$G = p_1(x_1) \cdot x_1 + p_2(x_2) \cdot x_2 - K(x) = (60 - x_1) \cdot x_1 + (40 - \frac{1}{3}x_2) \cdot x_2 - 10x - 200 ,$$

d.h. wegen $x = x_1 + x_2$:

(7.3.100) $G(x_1, x_2) = -x_1^2 - \frac{1}{3}x_2^2 + 50x_1 + 30x_2 - 200$.

Aus den notwendigen Maximalbedingungen folgt:

$$\frac{\partial G}{\partial x_1} = -2x_1 + 50 = 0 \quad \Rightarrow x_1 = 25 \text{ ME} \ ; \quad \frac{\partial G}{\partial x_2} = -\frac{2}{3}x_2 + 30 = 0 \quad \Rightarrow x_2 = 45 \text{ ME} .$$

Damit lauten die gewinnmaximalen Angebotspreise, vgl. (7.3.98):

$p_1 = 35$ GE/ME (Markt 1) ; $p_2 = 25$ GE/ME (Markt 2).

Der maximale Gesamtgewinn beträgt somit

$G_{max} = 35 \cdot 25 + 25 \cdot 45 - 10 \cdot 70 - 200 = 1.100$ GE.

ii) Zum Vergleich werde das Gewinnmaximum ermittelt, wenn der Anbieter **keine Preisdifferenzierung** betreibt, sondern auf beiden Märkten denselben **einheitlichen Preis** p festsetzt. Dazu ist es zunächst erforderlich, die Nachfragefunktionen beider Märkte zu einer **Gesamtnachfragefunktion** zu **aggregieren**, vgl. auch Bem. 2.5.4. Aus (7.3.98) folgt mit einheitlichem Preis p: $x_1(p) = 60 - p$ $(p \leq 60)$ sowie $x_2(p) = 120 - 3p$ $(p \leq 40)$. Daraus folgt durch Addition der Mengen x_1, x_2 für jeden Preis p unter Beachtung der Definitionsbereiche:

$$x(p) = \begin{cases} x_1 + x_2 = 180 - 4p & \text{für} \quad p \leq 40 \\ x_1 \quad\ \ = 60 - p & \text{für} \quad 40 < p \leq 60 \end{cases}$$

bzw. nach erneuter Bildung der Umkehrfunktionen:

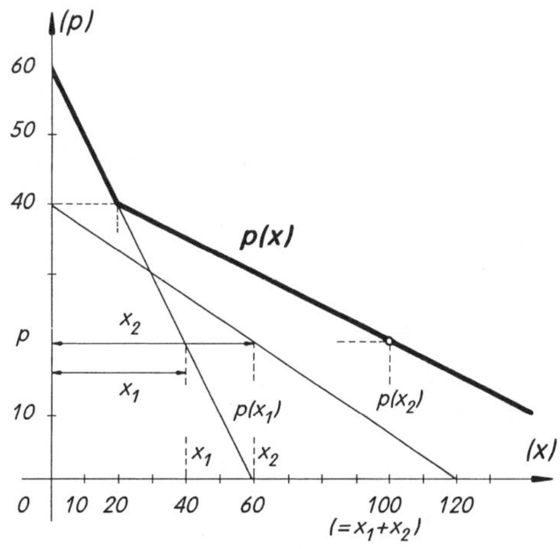

Abb. 7.3.101

$$p(x) = \begin{cases} 60 - x & \text{für } x < 20 \\ 45 - 0{,}25x & \text{für } 20 \le x \le 180\,. \end{cases}$$

Diese aggregierte Preis-Absatz-Funktion erhält man graphisch aus den Teilfunktionen (7.3.98) durch Horizontaladdition, vgl. Abb. 7.3.101.

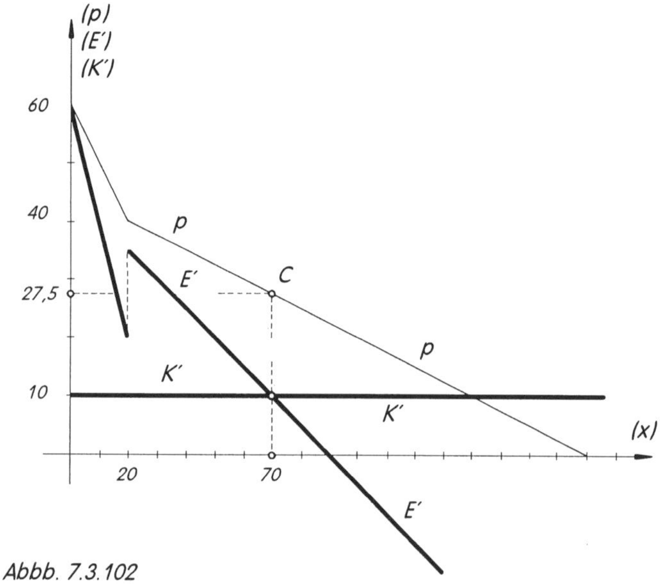

Abbb. 7.3.102

Damit lautet die Erlösfunktion $E(x) = x \cdot p(x)$ und somit die Grenzerlösfunktion:

$$E'(x) = \begin{cases} 60 - 2x & \text{für } x < 20 \\ 45 - 0{,}5x & \text{für } 20 < x \le 180\,, \end{cases}$$

so dass über die Maximierungsbedingung $E'(x) = K'(x) = 10$ folgt:

$60 - 2x = 10 \Rightarrow x = 25$ (> 20!); $45 - 0{,}5x = 10 \Rightarrow x = 70$ ME (vgl. Abb. 7.3.102).

Damit lautet der einheitliche Absatzpreis: $p = 27{,}50$ GE/ME, auf Markt 1 werden daher 32,5 ME und auf Markt 2 werden 37,50 ME abgesetzt, der maximale Gesamtgewinn ergibt sich zu: $G_{max} = 27{,}50 \cdot 70 - 10 \cdot 70 - 200 = 1.025$ GE, ist also kleiner als bei Preisdifferenzierung.

Liegen **allgemein n Teilmärkte** mit den n Preis-Absatz-Funktionen $p_1(x_1), ..., p_n(x_n)$ vor, so lauten die Erlösfunktionen der einzelnen Teilmärkte:

$$E_1(x_1) = x_1 \cdot p_1(x_1), \; ... \;, E_n(x_n) = x_n \cdot p_n(x_n).$$

Mit der zentralen Gesamtkostenfunktion $K = K(x)$ (wobei wieder gilt: $x = x_1 + x_2 + ... + x_n$) erhält man als **Gewinnfunktion** des **preisdifferenzierenden monopolistischen Anbieters**:

(7.3.103) $$G(x_1, ..., x_n) = E_1(x_1) + ... + E_n(x_n) - K(x).$$

Notwendig für ein Gewinnmaximum sind die Bedingungen (Kettenregel !)

(7.3.104)
$$\frac{\partial G}{\partial x_1} = \frac{dE_1}{dx_1} - \frac{dK}{dx} \cdot \underbrace{\frac{\partial x}{\partial x_1}}_{=1} = \boxed{E_1'(x_1) - K'(x) = 0}$$
$$\vdots \qquad\qquad \vdots$$
$$\frac{\partial G}{\partial x_n} = \frac{dE_n}{dx_n} - \frac{dK}{dx} \cdot \underbrace{\frac{\partial x}{\partial x_n}}_{=1} = \boxed{E_n'(x_n) - K'(x) = 0} \quad ,$$

d.h. im Gewinnmaximum gilt **für jeden Teilmarkt** die klassische Bedingung: **Grenzerlös** (des Teilmarktes) = (gesamte) **Grenzkosten**. Da - außer für konstante Grenzkosten - $K'(x)$ nicht bekannt ist, muss man i.a. das komplette Gleichungssystem (7.3.104) zunächst simultan lösen, um über die Teilabsatzmengen x_i die gewinnmaximalen Angebotspreise p_i zu erhalten. Aus (7.3.104) folgt, dass die Grenzerlöse je zweier Teilmärkte im Gewinnmaximum identisch sein müssen:

(7.3.105) $$E_1'(x_1) = E_2'(x_2) = \ldots = \boxed{E_i'(x_i) = E_k'(x_k)} = \ldots = K'(x) .$$

Wendet man darauf die Amoroso-Robinson-Relation (6.3.109) an, so folgt für je zwei Teilmärkte i, k im Gewinnmaximum:

$$p_i(x_i) \cdot \left(1 + \frac{1}{\varepsilon_{x_i p_i}}\right) = p_k(x_k) \cdot \left(1 + \frac{1}{\varepsilon_{x_k p_k}}\right)$$

oder - in abgekürzter Schreibweise -

(7.3.106) $$\boxed{\frac{p_i}{p_k} = \frac{1 + \frac{1}{\varepsilon_k}}{1 + \frac{1}{\varepsilon_i}}} \qquad \text{mit } \varepsilon_k := \varepsilon_{x_k p_k} < -1 \ ; \ \varepsilon_i := \varepsilon_{x_i p_i} < -1 ,$$ siehe Beispiel 6.3.114.

$i, k = 1, \ldots, n$

Daraus folgt:

i) Auf dem Teilmarkt mit **höherer Preiselastizität** der Nachfrage muss der **geringere Angebotspreis** festgesetzt werden (denn aus $\varepsilon_k < \varepsilon_i < -1$ folgt $p_k < p_i$, vgl. (7.3.106)).

ii) Sind die **Preiselastizitäten** der **Nachfrage** zweier Teilmärkte **verschieden**, so ist ein **einheitlicher** Angebotspreis p auf beiden Teilmärkten **suboptimal**, d.h. **Preisdifferenzierung** ergibt i.a. einen **höheren maximalen Gesamtgewinn** als einheitliche Preisfixierung.

Aufgabe 7.3.107: Man ermittele Preise, Absatzmengen sowie den maximalen Gewinn einer preisdifferenzierenden Unternehmung und vergleiche mit den entsprechenden Daten ohne Preisdifferenzierung:

i) $p_1 = 36 - 0{,}2x_1$; $p_2 = 60 - x_2$; $K(x) = 20x + 100$, $\quad (x = x_1 + x_2)$;

ii) $p_1 = 75 - 6x_1$; $p_2 = 63 - 4x_2$; $p_3 = 105 - 5x_3$; $K(x) = 15x + 20$, $\quad (x = x_1 + x_2 + x_3)$;

iii) $p_1 = 60 - x_1$; $p_2 = 40 - 0{,}5x_2$; $K(x) = x^2 + 10x + 10$, $\quad (x = x_1 + x_2)$.

7.3.2.4 Die Methode der kleinsten Quadrate

In vielen wirtschaftsstatistischen Anwendungen kommt es darauf an, eine Reihe von n Beobachtungs- oder Messwertpaaren (x_i, y_i) durch eine **„möglichst gute"** Funktion f: $y = f(x)$ anzunähern. Eine derartige **Regressionsfunktion** kann dann verwendet werden, um allgemein den quantitativen Zusammenhang der beiden zugrundeliegenden Merkmale (z.B. Einkommen/Konsum oder Ausbringung/Kosten oder Input/Output oder Periode/Periodenumsatz usw.) zu beschreiben, vgl. etwa Abb. 7.3.108.

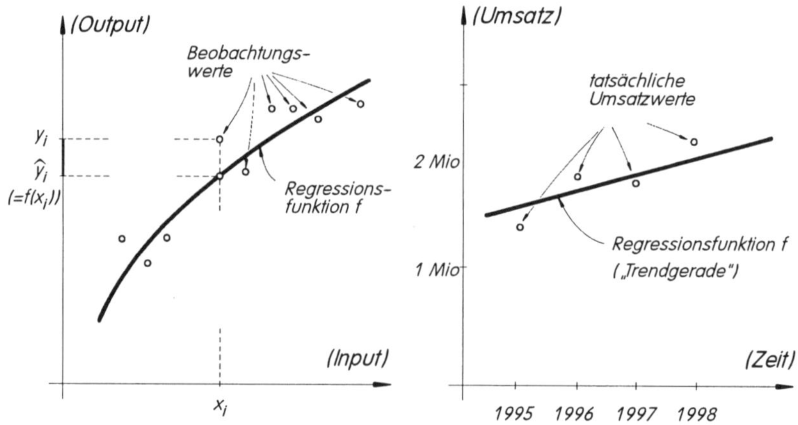

Abb. 7.3.108

In der Statistik wird gezeigt, dass ein **vorgegebener Funktionstyp** (z.B. Gerade, Parabel, Exponentialfunktion) den Zusammenhang dann „besonders gut" beschreibt, wenn die Regressionsfunktion f derart bestimmt wird, dass die **Summe Q der quadrierten Abweichungen** der Messwerte y_i von den entsprechenden Regressionsfunktionswerten $\hat{y}_i := f(x_i)$ **minimal** wird (**„Methode der kleinsten Quadrate"**):

(7.3.109)
$$Q = \sum_{i=1}^{n} (\hat{y}_i - y_i)^2 = \sum_{i=1}^{n} (f(x_i) - y_i)^2 \rightarrow \text{Min!}$$.

Zur Lösung dieses Extremalproblems geht man folgendermaßen vor:

i) Zunächst wird der zugrundeliegende **Regressionsfunktionstyp festgelegt**, z.B.

- Gerade: $f(x) = a + bx$
- Parabel: $f(x) = a + bx + cx^2$
- Potenzfunktion: $f(x) = a \cdot x^b + c$
- Exponentialfunktion: $f(x) = a \cdot e^{bx} + c$
- Logistische Funktion: $f(x) = \dfrac{a}{1 + e^{bx+c}}$ usw.

bzw. eine Kombination derartiger Typen.

Bemerkung: *Für die zutreffende Wahl eines geeigneten Funktionstyps sind tiefere Einsicht in die grundlegenden Zusammenhänge zwischen den Merkmalen sowie „Fingerspitzengefühl" erforderlich. In vielen **praktischen Anwendungsfällen** beschränkt man sich allerdings auf die Ermittlung **linearer Regressionsfunktionen** (selbst wenn es unsicher ist, ob ein linearer Zusammenhang vorliegt).*

ii) Ermittlung der noch unbekannten Funktionsparameter a, b, c ... derart, dass das Kriterium (7.3.109) der „kleinsten Quadratsumme" erfüllt ist. Dazu setzt man in (7.3.109) den speziellen Funktionsterm $f(x_i)$ ein und bildet die notwendigen Extremalbedingungen, indem man partiell nach den noch zu bestimmenden Parametern ableitet:

(7.3.110) $\frac{\partial Q}{\partial a} = 0 \; ; \; \frac{\partial Q}{\partial b} = 0 \; ; \; \frac{\partial Q}{\partial c} = 0 \; ; \; ...$

Die Lösungen dieses Gleichungssystems liefern die gesuchten Parameter a, b, c, ...

Das Vorgehen wird am **Beispiel** einer **linearen Regressionsfunktion** erläutert:

Beispiel 7.3.111: Zu n vorgegebenen Wertepaaren $(x_1, y_1), ..., (x_n, y_n)$ soll eine Regressionsgerade $f(x) = a + bx$ nach der Methode der kleinsten Quadrate ermittelt werden. Für die Summe der Abstandsquadrate (vgl. Abb. 7.3.112) erhält man nach (7.3.109):

$$Q = \sum_{i=1}^{n} (f(x_i) - y_i)^2 = \sum_{i=1}^{n} (a + bx_i - y_i)^2 \rightarrow \text{Min.}$$

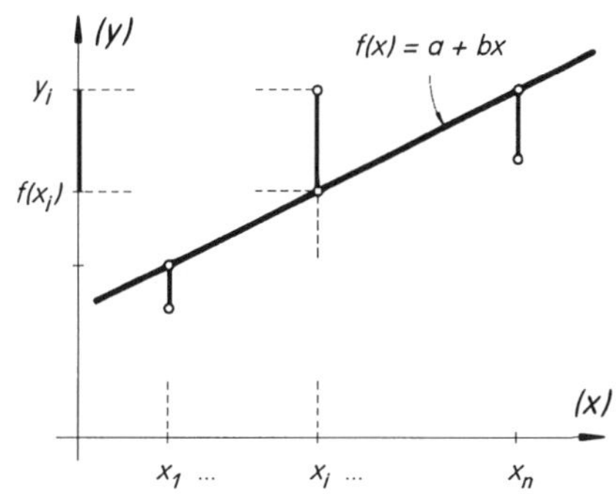

Abb. 7.3.112

Die Zielfunktion Q hängt – da die (x_i, y_i) als Messwerte gegeben sind – nur noch von a und b ab. Notwendig für ein Minimum von Q sind daher die Bedingungen:

(7.3.113)
$$\frac{\partial Q}{\partial a} = \sum_{i=1}^{n} 2(a + bx_i - y_i) = 0 \; ,$$
$$\frac{\partial Q}{\partial b} = \sum_{i=1}^{n} 2(a + bx_i - y_i) \cdot x_i = 0 \; .$$

(7.3.113) muss noch nach a bzw. b aufgelöst werden. Zunächst folgen aus (7.3.113) nach leichter Umformung (vgl. Kap. 1.2.1.4) die sog. **Normalgleichungen** (mit Σx_i statt $\sum_{i=1}^{n} x_i$ usw.)

(7.3.115) $a \cdot n + b \cdot \Sigma x_i = \Sigma y_i$

(7.3.116) $a \cdot \Sigma x_i + b \cdot \Sigma x_i^2 = \Sigma x_i y_i$.

Um a zu bestimmen, multipliziert man (7.3.115) mit Σx_i^2, (7.3.116) mit Σx_i und subtrahiert beide Gleichungen voneinander. Daraus folgt:

(7.3.117) $$a = \frac{\Sigma x_i^2 \Sigma y_i - \Sigma x_i \Sigma x_i y_i}{n \cdot \Sigma x_i^2 - (\Sigma x_i)^2} \; .$$

Um b zu bestimmen, multipliziert man (7.3.115) mit Σx_i, (7.3.116) mit n und subtrahiert beide Seiten voneinander. Daraus folgt:

(7.3.118) $$b = \frac{n \cdot \Sigma x_i y_i - \Sigma x_i \Sigma y_i}{n \cdot \Sigma x_i^2 - (\Sigma x_i)^2} \; .$$

(**b** = Steigung der Regressionsgeraden ; **Regressionskoeffizient**)

Damit ist $f(x) = a + bx$ determiniert.

Beispiel 7.3.119: Zu den gegebenen Wertepaaren

x_i	1	2	3	5	6	7
y_i	1	1	2	3	5	6

soll eine Regressionsgerade $f(x) = a + bx$ bestimmt werden. Um die in (7.3.117), (7.3.118) auftretenden Summen einfach bestimmen zu können, empfiehlt sich die Verwendung einer Tabelle:

	x_i	y_i	x_i^2	$x_i y_i$
	1	1	1	1
	2	1	4	2
	3	2	9	6
	5	3	25	15
	6	5	36	30
	7	6	49	42
Σ (n=6)	24 (Σx_i)	18 (Σy_i)	124 (Σx_i^2)	96 ($\Sigma x_i y_i$)

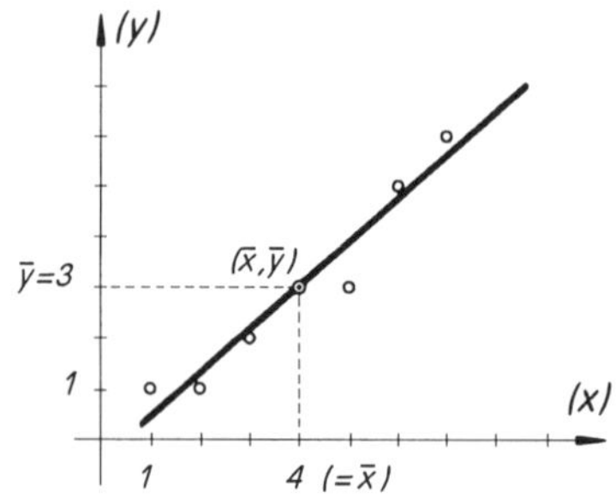

Abb. 7.3.120

Aus (7.3.117), (7.3.118) folgt (vgl. Abb. 7.3.120):

$$a = \frac{124 \cdot 18 - 24 \cdot 96}{6 \cdot 124 - 24^2} = -\frac{3}{7}, \quad b = \frac{6 \cdot 96 - 24 \cdot 18}{6 \cdot 124 - 24^2} = \frac{6}{7}, \text{ d.h. } \boxed{f(x) = -\frac{3}{7} + \frac{6}{7}x} .$$

Bemerkung: *Aus Abb. 7.3.120 ist ersichtlich, dass die Regressionsgerade durch den Punkt* $(\bar{x}, \bar{y}) = (4; 3)$ *verläuft, wobei* $\bar{x} := \frac{1}{n}\Sigma x_i$ *und* $\bar{y} := \frac{1}{n}\Sigma y_i$ *die arithmetischen Mittelwerte aus x- und y- Beobachtungen sind. Dass dies kein Zufall ist, zeigt die Normalgleichung (7.3.115):*

Aus $\Sigma y_i = an + b\,\Sigma x_i$ *folgt nach Division durch n:*

$$\frac{1}{n}\Sigma y_i = a + b \cdot \frac{1}{n}\Sigma x_i, \text{ d.h. } \boxed{\bar{y} = a + b\bar{x}} ,$$

m. a. W. das Paar $(\bar{x}, \bar{y})$ *genügt der Funktionsgleichung* $f(x) = a + bx$ *und liegt somit stets auf der Regressionsgeraden.*

Aufgabe 7.3.121: **i)** Wie lauten die zu (7.3.115), (7.3.116) analogen allgemeinen Normalgleichungen einer Regressionsparabel $f(x) = a + bx + cx^2$?

ii) Mit Hilfe von i) ermittle man die Regressionsparabel, wenn folgende Messwertreihe vorliegt:

x_i	1	2	3	4	5
y_i	4	3	1	2	5

.

Aufgabe 7.3.122: Man ermittle die Normalgleichungen (vgl. (7.3.115), (7.3.116)) für folgende Regressionsfunktionstypen:

i) $f(x) = a \cdot x^b$ **ii)** $f(x) = a \cdot b^x$ **iii)** $f(x) = a \cdot e^{bx}$.

(Hinweis: Man logarithmiere beide Seiten der Funktionsgleichung und verwende dann (7.3.115), (7.3.116).)

7.3.3 Ökonomische Beispiele für Extrema unter Nebenbedingungen

Die meisten ökonomischen Wahlentscheidungen hängen eng mit dem Problem zusammen, wie ein vorgegebenes **ökonomisches Ziel** unter Berücksichtigung von **restriktiven Umweltbedingungen** (z.B. knappe Ressourcen, Einhaltung technischer oder gesetzlicher Normen usw.) **möglichst gut** erreicht werden kann. Kann das Ziel in Form einer (differenzierbaren) **Zielfunktion** quantifiziert werden und können weiterhin die Restriktionen als **Gleichungen** ausgedrückt werden, lässt sich die **Lagrange-Methode** (vgl. Kap. 7.2.2.3) zur Lösung des zugrundeliegenden Wahlproblems verwenden.

Die folgenden Abschnitte beschäftigen sich mit besonders häufig in der ökonomischen Theorie auftretenden „klassischen" Wahlproblemen, der **Minimalkostenkombination** und der **Nutzenmaximierung** (sowie einiger Anschlussprobleme).

7.3.3.1 Minimalkostenkombination

Eine Unternehmung produziere ihren Output x unter Einsatz von n Inputfaktoren gemäß einer Produktionsfunktion $x(r_1, ..., r_n)$:

(7.3.123) Welche Faktoreinsatzmengenkombination $(r_1, r_2, ..., r_n)$ muss die Unternehmung wählen, damit (bei gegebenen, festen Faktorpreisen $k_1, k_2, ..., k_n$) ein **vorgegebener Output** $\bar{x}$ zu **möglichst geringen Faktorkosten** produziert werden kann ?

Bemerkung 7.3.124: *Eine in dieser Weise optimale Faktorkombination heißt* ***Minimalkostenkombination.*** *Die nach dem ökonomischen Prinzip äquivalente Fragestellung nach möglichst hohem Output bei vorgegebenen Faktorgesamtkosten führt ebenfalls auf die Minimalkostenkombination, vgl. Bemerkung 7.3.141.*

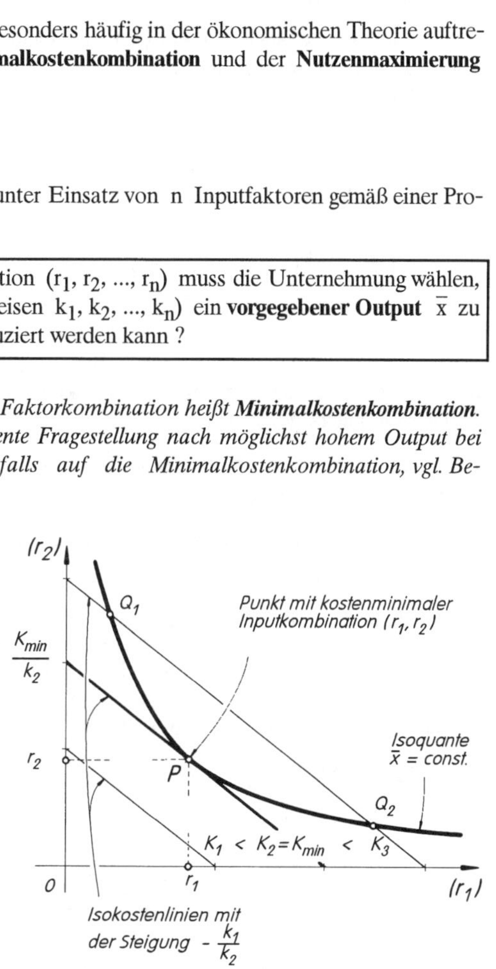

Abb. 7.3.127

Zur graphischen Veranschaulichung wird eine Produktionsfunktion $x(r_1, r_2)$ mit **konvexen Isoquanten** (vgl. Bem. 7.1.70) und **zunächst zwei Inputfaktoren** verwendet. Mit den vorgegebenen festen Faktorpreisen k_1, k_2 ergeben sich die **Faktorgesamtkosten K** bei einer Inputkombination (r_1, r_2) zu:

(7.3.125) $K = K(r_1, r_2) = k_1r_1 + k_2r_2$.

Für **jeden festen Wert von K** (z.B. K_1, K_2, K_3, ...) liefert (7.3.125) eine Geradengleichung im (r_1, r_2)-System

(7.3.126) $\mathbf{r_2} = -\frac{k_1}{k_2}\mathbf{r_1} + \frac{K}{k_2}$,

es ergibt sich graphisch eine **Schar von Isokostengeraden** (oder **Budgetgeraden**), die - da sie für jedes K dieselbe Steigung $-\frac{k_1}{k_2}$ (vgl. (7.3.126)) besitzen - untereinander **parallel** sind. Dabei verläuft eine Isokostengerade (wegen des Ordinatenabschnittes $\frac{K}{k_2}$, vgl. (7.3.126)) desto weiter vom Koordinatenursprung entfernt, je höher die zugehörigen Faktorgesamtkosten K sind. Es können nur solche Inputkombinationen (r_1, r_2) realisiert werden, die den vorgegebenen Output $\bar{x}$ = const. erzeugen, d.h. die auf der Isoquante x = const. liegen. Anhand von Abb. 7.3.127 erkennt man:

- Ein Kostenniveau **unterhalb** von K_2 (z.B. K_1) lässt sich **nicht realisieren**, da kein Punkt von K_1 = const. auf der Isoquante $\bar{x}$ = const. liegt.
- Ein Kostenniveau **oberhalb** von K_2 (z.B. K_3) führt zu zwei alternativen Inputkombinationen (Schnittpunkte Q_1, Q_2). Da die Isoquante **konvex** ist, müssen alle ihre Punkte zwischen Q_1 und Q_2 **unterhalb** der Isokostengeraden K_3 liegen, d.h. der Output $\bar{x}$ lässt sich mit **geringeren** Kosten als K_3 erzeugen.
- Die **Minimalkostenkombination** ist offenbar dann erreicht, wenn eine **Isokostengerade** solange parallel verschoben wird, bis sie gerade noch einen **(Berühr-) Punkt** P mit der **Isoquante** $\bar{x}$ = const. gemeinsam hat: Die Koordinaten (r_1, r_2) von P sind die kostenminimalen Faktorinputs. Da im Optimalpunkt P die Steigung dr_2/dr_1 der Isoquante (= Grenzrate der Substitution, vgl. (7.1.69)) identisch sein muss mit der Steigung $-\frac{k_1}{k_2}$ der Isokostenlinie, erhält man als **Bedingung für die Minimalkostenkombination**

(7.3.128) $$\frac{dr_2}{dr_1} = -\frac{k_1}{k_2} \quad \text{bzw. mit (7.1.69)} \quad \boxed{\frac{k_1}{k_2} = \frac{\frac{\partial x}{\partial r_1}}{\frac{\partial x}{\partial r_2}} = -\frac{dr_2}{dr_1}} \; .$$

Dieses - soeben auf graphisch-anschaulichem Weg erhaltene - Ergebnis erhält man **rechnerisch** ohne Mühe mit Hilfe der **Lagrange-Methode** (vgl. Satz 7.2.22). Unter denselben Voraussetzungen wie zuvor lautet das **Optimalproblem**:

> Man minimiere die Kostenfunktion $K(r_1, r_2) = k_1r_1 + k_2r_2$ unter Einhaltung der Restriktion $x(r_1, r_2) = \bar{x}$ = const..

Die zugehörige Lagrange-Funktion L lautet (vgl. Satz 7.2.22):

(7.3.129) $$L(r_1, r_2, \lambda) = k_1r_1 + k_2r_2 + \lambda(\bar{x} - x(r_1, r_2)),$$

so dass man als **notwendige** [8] **Bedingungen** für das Vorliegen der **Minimalkostenkombination** erhält:

$$\frac{\partial L}{\partial r_1} = k_1 - \lambda \cdot \frac{\partial x}{\partial r_1} = 0 \; ; \; \frac{\partial L}{\partial r_2} = k_2 - \lambda \cdot \frac{\partial x}{\partial r_2} = 0 \; ; \; \frac{\partial L}{\partial \lambda} = \bar{x} - x(r_1, r_2) = 0 \; .$$

Aus den beiden ersten Gleichungen folgt:

$$k_1 = \lambda \cdot \frac{\partial x}{\partial r_1} \; ; \; k_2 = \lambda \cdot \frac{\partial x}{\partial r_2} \; .$$

Division beider Seiten liefert unter Beachtung von (7.1.69) das *(schon zuvor erhaltene)* Resultat

(7.3.128) $$\boxed{\frac{k_1}{k_2} = \frac{\frac{\partial x}{\partial r_1}}{\frac{\partial x}{\partial r_2}} = -\frac{dr_2}{dr_1}} \; .$$

Eine Unternehmung produziert somit einen vorgegebenen Output $\bar{x}$ dann zu minimalen Kosten, wenn sie die Inputkombination (r_1, r_2) derart wählt, dass das **Faktorpreisverhältnis identisch** wird mit dem **Verhältnis** der entsprechenden **Grenzproduktivitäten** (d.h. der negativen Grenzrate der Substitution).

---

[8] Man kann zeigen (vgl. z.B. [13], 414), dass die *hinreichenden* Bedingungen für das Vorliegen der Minimalkostenkombination genau dann erfüllt sind, wenn - wie vorausgesetzt - die *Isoquanten konvex* sind.

Bemerkung 7.3.130: *Im Zusammenhang mit dem optimalen Faktoreinsatz einer gewinnmaximierenden Unternehmung (vgl. Kap. 7.3.2.1/7.3.2.2) resultierten die Optimalbedingungen (7.3.59), (7.3.67) bzw. (7.3.90), die unmittelbar auf die Minimalkostenkombinationsbedingung (7.3.128) führen. Damit ist gezeigt, dass eine Unternehmung, die ihre* ***Produktionsfaktoren gewinnoptimal*** *einsetzt, ihren Output zugleich* ***kostenminimal*** *produziert.*

Eine **weitere Interpretation** der Optimalbedingung (7.3.128) folgt nach leichter Umformung:

(7.3.131)
$$\boxed{\frac{\frac{\partial x}{\partial r_1}}{k_1} = \frac{\frac{\partial x}{\partial r_2}}{k_2}} \ .$$

Im Kostenminimum müssen die auf **eine Faktor-Mark entfallenden Grenzproduktivitäten** beider Faktoren **gleich** sein (d.h. ein relativ **teurer** Faktor muss die **höhere**, ein relativ **billiger** Faktor die **geringere Grenzproduktivität** aufweisen und zwar so, dass jede Faktormark dieselbe Grenzproduktivität bewirkt).

Bemerkung 7.3.132: *Man spricht in diesem Zusammenhang gelegentlich vom* ***„Ausgleich des Grenznutzens"*** *(2. Gossensches Gesetz) im Kostenminimum (≙ Nutzenmaximum).*

Beispiel 7.3.133: Produktionsfunktion: $x(r_1, r_2) = 2r_1 \cdot \sqrt{r_2}$, vorgegebenes Produktionsniveau: $\bar{x} = 80$ ME, Faktorpreise: $k_1 = 8$ GE/ME$_1$, $k_2 = 20$ GE/ME$_2$. Mit der Lagrangefunktion $L(r_1, r_2, \lambda) = 8r_1 + 20r_2 + \lambda(80 - 2r_1 \cdot \sqrt{r_2}\,)$ erhält man die Extremalbedingungen:

$$\frac{\partial L}{\partial r_1} = 8 - 2\lambda\sqrt{r_2} = 0 \ ; \ \frac{\partial L}{\partial r_2} = 20 - \lambda \cdot \frac{r_1}{\sqrt{r_2}} = 0 \ ; \ \frac{\partial L}{\partial \lambda} = 80 - 2r_1 \cdot \sqrt{r_2} = 0.$$

Aus den beiden ersten Gleichungen folgt durch Elimination von λ: $r_1 = 5r_2$. Eingesetzt in die dritte Gleichung folgt:

$$80 - 10r_2 \cdot \sqrt{r_2} = 0 \quad \Rightarrow r_2^{3/2} = 8 \quad \Rightarrow r_2 = \sqrt[3]{64} = 4 \text{ ME}_2$$

und daher $r_1 = 5r_2 = 20$ ME$_1$ sowie $\lambda = 2$. Damit betragen die minimalen Faktorkosten für die Minimalkostenkombination $(r_1, r_2) = (20; 4)$: $K_{min} = 8 \cdot 20 + 20 \cdot 4 = 240$ GE. Für die Grenzproduktivitäten erhält man:

$$\frac{\partial x}{\partial r_1} = 2\sqrt{r_2} = 4\,\frac{\text{ME}}{\text{ME}_1} \ ; \ \frac{\partial x}{\partial r_2} = \frac{r_1}{\sqrt{r_2}} = 10\,\frac{\text{ME}}{\text{ME}_2} \ ,$$

so dass sich nach Division durch die Faktorpreise ergibt:

$$\frac{\frac{\partial x}{\partial r_1}}{k_1} = \frac{4\,\frac{\text{ME}}{\text{ME}_1}}{8\,\frac{\text{GE}}{\text{ME}_1}} = 0{,}5\,\frac{\text{ME}}{\text{GE}} \ ; \ \frac{\frac{\partial x}{\partial r_2}}{k_2} = \frac{10\,\frac{\text{ME}}{\text{ME}_2}}{20\,\frac{\text{GE}}{\text{ME}_2}} = 0{,}5\,\frac{\text{ME}}{\text{GE}} \ ,$$

also dieselbe Grenzproduktivität pro Faktor - GE.

Bemerkung 7.3.134: *Aus der allgemein formulierten Lagrangefunktion (7.3.129):*

$$L = k_1 r_1 + k_2 r_2 + \lambda(\bar{x} - x(r_1, r_2))$$

erhält man - indem man die Konstante $\bar{x}$ als variablen Parameter auffasst - durch Ableitung nach $\bar{x}$:

(7.3.135)
$$\boxed{\frac{\partial L}{\partial \bar{x}} = \lambda} \ .$$

Da im Optimum L und $K := k_1r_1 + k_2r_2$ identisch sind (denn die Nebenbedingung wird Null), gibt der ***Wert von λ im Optimum*** *(näherungsweise) an, um wieviele Einheiten sich die* ***Zielfunktion K ändert****, wenn sich die* ***Konstante*** $\bar{x}$ ***der Nebenbedingung*** *um* ***eine Einheit ändert***[9]*. In Verbindung mit Beispiel 7.3.133 misst der Wert λ = 2 im Optimum daher die* ***Grenzkosten*** $\frac{dK}{d\bar{x}}$ *(bezogen auf die Produktionsmenge $\bar{x}$), d.h. den Kostenzuwachs der (minimalen) Kosten, wenn das vorgegebene Produktionsniveau $\bar{x}$ um eine Einheit erhöht wird.*

Der bisher behandelte Fall nur zweier Inputfaktoren (nur der lässt sich anschaulich fassen !) lässt sich mit Hilfe der Lagrange-Methode problemlos auf den realistischeren Fall **beliebig vieler Inputfaktoren** übertragen: Mit der Produktionsfunktion $x(r_1, r_2, ..., r_n)$ und der Faktorkostenfunktion $K = k_1r_1 + k_2r_2 + ... + k_nr_n$ (k_i ist der gegebene feste Preis des i-ten Faktors) lautet die **Problemstellung der Minimalkostenkombination** (vgl. (7.3.123)):

Minimiere die *Zielfunktion* $K = k_1r_1 + k_2r_2 + ... + k_nr_n$ unter Einhaltung der *Nebenbedingung* $x(r_1, ..., r_n) = \bar{x} = \text{const.}$.

Mit Hilfe der Lagrange-Funktion $L = k_1r_1 + ... + k_nr_n + \lambda(\bar{x} - x(r_1, ..., r_n))$ erhält man als notwendige Optimalbedingungen ein Gleichungssystem aus n+1 Gleichungen mit den n+1 Variablen $r_1, r_2, ..., r_n, \lambda$:

(7.3.136)
$$\begin{aligned}
\frac{\partial L}{\partial r_1} &= k_1 - \lambda \cdot \frac{\partial x}{\partial r_1} = 0 \\
\frac{\partial L}{\partial r_2} &= k_2 - \lambda \cdot \frac{\partial x}{\partial r_2} = 0 \\
&\vdots \\
\frac{\partial L}{\partial r_n} &= k_n - \lambda \cdot \frac{\partial x}{\partial r_n} = 0 \\
\frac{\partial L}{\partial \lambda} &= \bar{x} - x(r_1, ..., r_n) = 0
\end{aligned}$$
.

Die ersten n Gleichungen von (7.3.136) haben dieselbe Struktur. Nehmen wir zwei beliebige dieser Gleichungen heraus, etwa die i-te und die j-te Gleichung:

(7.3.137) $k_i - \lambda \cdot \frac{\partial x}{\partial r_i} = 0 \;; \qquad k_j - \lambda \cdot \frac{\partial x}{\partial r_j} = 0.$

Durch leichte Umformung erhalten wir sukzessive

$k_i = \lambda \cdot \frac{\partial x}{\partial r_i} \;;\; k_j = \lambda \cdot \frac{\partial x}{\partial r_j}$ und daher

(7.3.138) $$\frac{k_i}{k_j} = \frac{\frac{\partial x}{\partial r_i}}{\frac{\partial x}{\partial r_j}} \quad \text{bzw.} \quad \frac{\frac{\partial x}{\partial r_i}}{k_i} = \frac{\frac{\partial x}{\partial r_j}}{k_j}$$ für alle i, j = 1, 2, ..., n .

[9] Zum allgemeinen Beweis vgl. etwa [13], 380 f.

Analog zu (7.3.128), (7.3.131) folgt:

Satz 7.3.139: (Minimalkostenkombination)

Eine Unternehmung produziert ihren Output $\overline{x}$ kostenminimal, wenn sie die (zu festen Preisen einsetzbaren) Inputfaktoren $r_1, r_2, ..., r_n$ derart kombiniert, dass

i) das **Verhältnis der Grenzproduktivitäten** zweier **beliebiger** Faktoren gleich dem entsprechenden **Faktorpreisverhältnis** ist, bzw.

ii) die **Grenzproduktivität pro eingesetzter Faktor-Mark** für **alle** Faktoren **identisch** ist.

Bemerkung 7.3.140: *i) Der Wert des* ***Lagrange-Multiplikators*** λ *im Optimum liefert (vgl. Bemerkung 7.3.134) die* ***Grenzkosten*** *bzgl. des Produktionsniveaus* $\overline{x}$.

ii) Nach (7.1.69) folgt aus (7.3.138) weiterhin, dass im Fall der Minimalkostenkombination das ***Faktorpreisverhältnis je zweier Faktoren*** *gleich der* ***negativen Grenzrate der Substitution*** *dieser Faktoren ist.*

Bemerkung 7.3.141: *Die zu (7.3.123) nach dem ökonomischen Prinzip eng verwandte „duale" Problemstellung lautet:*

(7.3.142) *Welche Faktoreinsatzmengenkombination* $(r_1, ..., r_n)$ *muss die Unternehmung wählen, um bei vorgegebenem Faktorkostenbudget* $\overline{K}$ *einen möglichst großen Output erzeugen zu können ?*

Zielfunktion ist nunmehr die Produktionsfunktion: $x(r_1, ..., r_n) \rightarrow Max.$, *die Nebenbedingung lautet* $k_1r_1 + ... + k_nr_n = \overline{K} = const.$. *Damit ergibt sich als Lagrangefunktion:*

$L = x(r_1, ..., r_n) + \lambda(\overline{K} - k_1r_1 - ... - k_nr_n)$. *Die notwendigen Extremalbedingungen lauten:*

$$(7.3.143) \quad \frac{\partial L}{\partial r_i} = \frac{\partial x}{\partial r_i} - \lambda \cdot k_i = 0 \quad (i = 1, 2, ..., n) ,$$

$$\frac{\partial L}{\partial \lambda} = \overline{K} - k_1r_1 - ... - k_nr_n = 0 .$$

Aus den ersten n Gleichungen folgen unmittelbar die Beziehungen (7.3.138) der Minimalkostenkombination, so dass sich die Probleme ***„Kostenminimierung bei vorgegebenem Produktionsniveau"*** *und* ***„Produktionsniveaumaximierung bei vorgegebenen Faktorgesamtkosten"*** *als* ***äquivalent*** *erweisen.*

Vorbemerkung *zu den nachfolgenden Aufgaben: Sofern die Lagrange-Methode anwendbar ist, gebe man eine* ***ökonomische Interpretation*** *des* ***Lagrangemultiplikators*** *im Optimum.*

Aufgabe 7.3.144: Eine Unternehmung produziere ein Gut gemäß nachfolgender Produktionsfunktion: $x = x(A, K) = 100 \cdot A^{0,8} \cdot K^{0,2}$ (x: Output ; A, K: Arbeits- bzw. Kapitalinput). Pro Arbeitseinheit wird ein Lohn von 20 GE fällig, eine Kapitaleinheit verursacht 10 GE an Zinskosten. Man ermittle für einen vorgegebenen Output von 10.000 ME den kostengünstigsten Faktoreinsatz.

Aufgabe 7.3.145: Eine Produktion verlaufe gemäß der Produktionsfunktion:

$$x = x(r_1, r_2) = 40r_1^{0,5} \cdot r_2^{0,5} .$$

Die Faktorgesamtkostenfunktion laute: $K = r_1 + 4r_2 + r_1r_2$. Man ermittle die Minimalkostenkombination für einen vorgegebenen Output von 800 ME.

Aufgabe 7.3.146: Huber hat sich im Badezimmer eine Hobby-Dunkelkammer eingerichtet und produziert nun nach Feierabend für Freunde, Verwandte und Nachbarn Schwarz-Weiß-Vergrößerungen. Die Anzahl x der von ihm pro Monat hergestellten Vergrößerungen (Einheitsformat) hängt ab von der investierten Arbeitszeit t (in h/Monat) sowie der Einsatzdauer einer gemieteten Entwicklungsmaschine (die Einsatzdauer m wird gemessen in h/Monat) gemäß folgender Funktion: $x = 30 \cdot \sqrt{t} \cdot \sqrt{m}$. (Arbeitszeit und Maschinenzeit sind also substituierbare Faktoren !)

Statt in der Dunkelkammer könnte Huber in einer Diskothek als zusätzlicher Disk-Manager arbeiten (Nettogage 40 €/h). Pro Einsatzstunde der Entwicklungsmaschine muss Huber eine Mietgebühr von € 10,-- bezahlen.

Im Februar soll er 900 Karnevalsbilder herstellen. Huber überlegt nun, wieviele Arbeitsstunden er im Februar einsetzen soll und wie lange er die Entwicklungsmaschine einsetzen soll, damit für ihn die Kosten (incl. entgangene Gagen) minimal werden. Zu welchem Ergebnis kommt Huber ?

Aufgabe 7.3.147: Man ermittle Radius und Höhe eines zylindrischen Gefäßes (ohne Deckel) von einem Liter Inhalt und möglichst kleiner Oberfläche (d.h. möglichst geringem Materialverbrauch).

Aufgabe 7.3.148: Kunigunde Huber näht in Heimarbeit Modellkleider *(Modell „Diana“)*. Wenn sie t_1 Stunden pro Woche näht, kann sie $0,5 \cdot \sqrt{t_1}$ Kleider fertigstellen. Ihre Heimarbeit kostet sie pro Nähstunde 10,-- €, die sie sonst als Aushilfsserviererin in der Kantine des Fachbereichs Wirtschaft verdienen könnte. Zusätzlich zu ihrer eigenen Arbeit könnte Frau Huber im Nähstudio „Kledasche“ arbeiten lassen. Das Nähstudio verlangt pro Stunde € 30,-- , in t_2 Stunden pro Woche können dort $\sqrt{t_2}$ Kleider fertiggestellt werden. Frau Huber will genau 7 Kleider pro Woche produzieren.

i) Wie soll sie Eigen- und Fremdarbeit kombinieren, damit sie ihr Produktionsziel mit möglichst geringen Kosten erreicht ?

ii) Zu welchem Stückpreis muss Frau Huber ihre Kleider mindestens verkaufen, wenn sie pro Woche einen Gewinn (= Erlös minus Kosten) von mindestens 560 € erwirtschaften will ?

Aufgabe 7.3.149: Eine Unternehmungsabteilung setzt Facharbeiter und Hilfsarbeiter ein. Der wöchentliche Output Y bei Einsatz von F Facharbeiterstunden und H Hilfsarbeiterstunden ist durch die folgende Produktionsfunktion gegeben:

$$Y = Y(F, H) = 120F + 80H + 20FH - F^2 - 2H^2 .$$

Der Facharbeiterlohn beträgt 6 GE/h, der Hilfsarbeiterlohn 4 GE/h. Zur Entlohnung der Arbeitskräfte stehen der Abteilung pro Woche 284 GE zur Verfügung. Mit welchen Zeiten pro Woche soll die Abteilung Facharbeiter bzw. Hilfsarbeiter einsetzen, damit die Produktionsmenge möglichst groß wird ?

Aufgabe 7.3.150-a: Die Xaver Huber AG muss 210 kg eines Gefahrstoffes beseitigen. Drei unterschiedliche *(sich gegenseitig nicht ausschließende)* Verfahren stehen zur Verfügung:

Verfahren I: Beseitigung durch das selbst entwickelte Verfahren „Ordurex", das allerdings mit zunehmender Prozessdauer immer weniger effektiv arbeitet:
In t_1 Stunden können $20\sqrt{t_1}$ kg des Stoffes beseitigt werden. Pro Verarbeitungsstunde fallen variable Kosten in Höhe von 30,-- € an.

Verfahren II: Verbrennung im kommunalen Abfallverbrennungsofen. In t_2 Stunden können dort $30\sqrt{t_2}$ kg unschädlich gemacht werden. Pro Nutzungsstunde müssen 90,-- € gezahlt werden.

Verfahren III: Entsorgung durch die Spezialfirma „Pubelle" GmbH & Co KG. Pro kg des zu beseitigenden Abfalls werden 12 € in Rechnung gestellt.

Auf welche Weise muss die Unternehmung ihr Abfallproblem lösen, damit die mit der Abfallbeseitigung verbundenen Gesamtkosten möglichst gering ausfallen ?

Aufgabe 7.3.150-b: Gegeben seien die Produktionsfunktion $x(r_1, r_2, r_3) = 10 \cdot r_1^{0,2} \cdot r_2^{0,3} \cdot r_3^{0,5}$ sowie die Faktorpreise $k_1 = 12{,}8$ GE/ME$_1$, $k_2 = 614{,}4$ GE/ME$_2$, $k_3 = 100$ GE/ME$_3$.

i) Man ermittle die kostenminimale Inputkombination für das Produktionsniveau $\overline{x} = 64$ ME.

ii) Man ermittle die outputmaximale Inputkombination für das Kostenbudget $\overline{K} = 2.048$ GE.

Aufgabe 7.3.150-c: Bei einer verfahrenstechnischen Produktion richtet sich der Produktionsoutput x (in ME) -c.p.- nach folgender Produktionsfunktion:

$$x = x(E,A) = 500E + 800A + EA - E^2 - 2A^2 \qquad (E, A \geq 0).$$

Dabei bedeuten: E: Energieinput (in MWh) ; A: Arbeitsinput (in h) .
Der Energiepreis beträgt 100 €/MWh, der Preis für Arbeit beträgt 50 €/h.

i) Bei welcher Inputkombination wird die höchste Produktionsleistung erbracht ?

ii) Bei welcher Inputkombination wird die höchste Produktionsleistung erbracht, wenn die Produktionskosten genau 27.500,-- € betragen sollen ?

Aufgabe 7.3.150-d: Das Weingut Pahlgruber & Söhne setzt zur Düngung seiner Weinstöcke für den bekannten Qualitätswein „Oberföhringer Vogelspinne" drei verschiedene Düngemittelsorten ein:

Sorte A *(Einkaufspreis 3,-- €/kg)*; Sorte B *(6,-- €/kg)* ; Sorte C *(12,-- €/kg)*.

Der jährliche Weinertrag E *(in Hektolitern (hl))* hängt – c.p. – ab von den eingesetzten Düngemittelmengen a, b, c *(jeweils in kg der Sorten A, B, C)* gemäß der folgenden Produktionsfunktion:

$$E = 5000 + 20a + 45b + 40c + ac + 4bc - a^2 - 2b^2 - c^2 \quad , \quad (a, b, c \geq 0) .$$

Pro Jahr will das Weingut 1.200,-- € für alle Düngemittel zusammen ausgeben. Außerdem muss beachtet werden, dass zur Vermeidung von schädlichen chemischen Reaktionen die Düngemittel A und B genau im Mengenverhältnis 2:1 *(d.h. auf je 2 kg A kommt ein kg B)* eingesetzt werden.

Bei welchem Düngemitteleinsatz erzielen Pahlgruber & Söhne unter Beachtung der Restriktionen einen maximalen Ernteertrag ?

Aufgabe 7.3.151: Eine Unternehmung produziere zwei Produkte (Output: x_1, x_2) jeweils mit den Faktoren Arbeit und Kapital gemäß den beiden Produktionsfunktionen

$$x_1 = 2\,A_1^{0,8} \cdot K_1^{0,2} \ ; \ x_2 = 4\,A_2^{0,5} \cdot K_2^{0,1}$$

(A_i, K_i: Faktoreinsatzmengen für das Produkt i). Die Faktorpreise sind vorgegeben: $k_A = 20$ GE/ ME_A, $k_K = 10$ GE/ME_K. Man ermittle die gesamtkostenminimalen Faktoreinsatzmengen für beide Produktionsprozesse, wenn vom ersten Produkt 1.000 ME_1, vom zweiten Produkt 800 ME_2 produziert werden sollen.

7.3.3.2 Expansionspfad, Faktornachfrage- und Gesamtkostenfunktion

Im Zusammenhang mit dem Problem (7.3.123) bzw. (7.3.142) der Minimalkostenkombination stellt sich die Frage, in welcher Weise sich die **Minimalkostenkombination** (r_1, r_2, ...) **ändern**, wenn das **Produktionsniveau** $\bar{x}$ **verschiedene Werte** annimmt. Wie Abb. 7.3.152 verdeutlicht, wird durch eine sukzessive Anhebung des Produktionsniveaus $\bar{x}$ (Isoquanten liegen immer weiter rechts oben) stets ein neuer Minimalkostenpunkt $P(r_1, r_2)$ erzeugt, dem immer höhere (minimale) Gesamtkosten K entsprechen. Der Ort aller so erzeugten Minimalkostenpunkte (in Abb. 7.3.152 stark ausgezogen) heißt **Minimalkostenlinie** oder **Expansionspfad**. Eine kostenminimierende bzw. outputmaximierende Unternehmung wird nur diese Inputkombinationen realisieren.

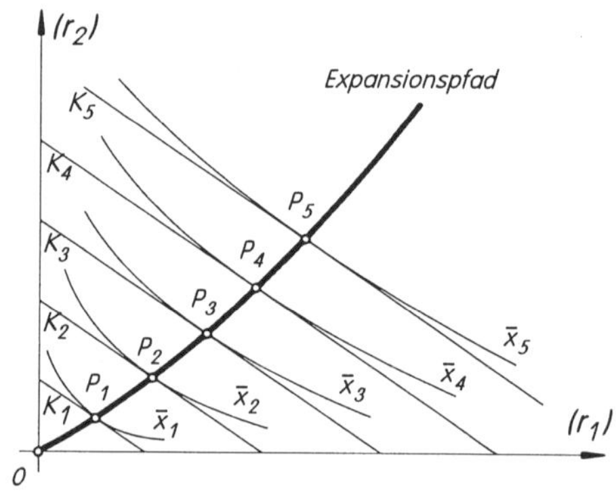

Abb. 7.3.152

Die **Herleitung** der **Expansionspfadgleichung** $r_2 = r_2(r_1)$ kann über die Optimalbedingungen (7.3.136) (bzw. (7.3.143)) erfolgen, sofern die Isoquanten konvex und die Faktorpreise konstant sind. Das Verfahren soll am **Beispiel** einer **Cobb-Douglas-Produktionsfunktion** $x = c \cdot r_1^a \cdot r_2^b$ mit **zwei Inputfaktoren** demonstriert werden. Die notwendigen Bedingungen für die Minimalkostenkombination führen auf die bereits bekannte Bedingung (7.3.128):

$$\text{(7.3.153)} \quad \frac{k_1}{k_2} = \frac{\frac{\partial x}{\partial r_1}}{\frac{\partial x}{\partial r_2}} \qquad \text{(mit } k_1, k_2 \text{ als festen Faktorpreisen)}.$$

Da wegen $x = c \cdot r_1^a \cdot r_2^b$ gilt:

$$\frac{\partial x}{\partial r_1} = c \cdot a \cdot r_1^{a-1} \cdot r_2^b \quad \text{sowie} \quad \frac{\partial x}{\partial r_2} = c \cdot b \cdot r_1^a \cdot r_2^{b-1} \ ,$$

erhält man durch Einsetzen in (7.3.153):

$$\frac{k_1}{k_2} = \frac{c \cdot a \cdot r_1^{a-1} \cdot r_2^b}{c \cdot b \cdot r_1^a \cdot r_2^{b-1}} = \frac{a}{b} \cdot \frac{r_2}{r_1} .$$

Daraus folgt unmittelbar die gesuchte **Funktionsgleichung** des **Expansionspfades** (einer Cobb-Douglas-Produktionsfunktion)

(7.3.154) $$r_2 = r_2(r_1) = \frac{k_1}{k_2} \cdot \frac{b}{a} \cdot r_1 \quad .$$

> **Beispiel:** Für die Produktionsfunktion $x = 10 \cdot r_1^{0,4} \cdot r_2^{0,9}$ und die Faktorpreise $k_1 = 12$; $k_2 = 18$ lautet die Gleichung des Expansionspfades: $r_2 = 1{,}5 r_1$.

Man erkennt, dass der **Expansionspfad** einer **Cobb-Douglas-Produktions-Funktion** eine **Ursprungsgerade** ist (vgl. Abb. 7.3.155). Dies gilt für den Expansionspfad **jeder homogenen** Produktionsfunktion (vgl. z.B. [13], 415 f.)

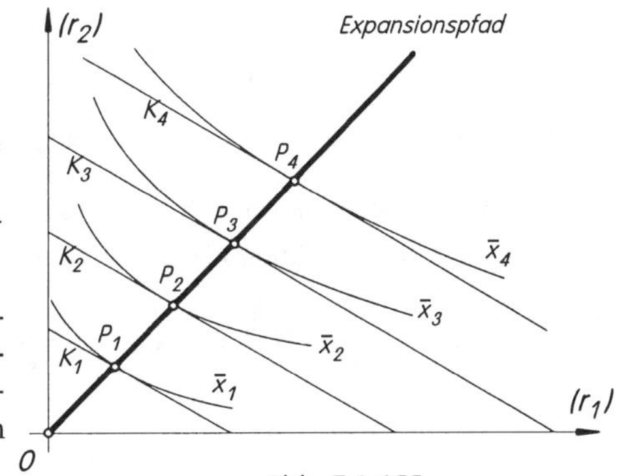

Abb. 7.3.155

Die Kenntnis der Minimalkostenbeziehung (7.3.154) gestattet die Ermittlung der

i) Faktornachfragefunktionen $r_i = r_i(k_1, k_2)$ sowie der

ii) Gesamtkostenfunktion K(x)

einer nach dem erwerbswirtschaftlichen Prinzip produzierenden Unternehmung. Als **Beispiel** werden wieder die **Cobb-Douglas-Produktionsfunktion** $x = c \cdot r_1^a \cdot r_2^b$ sowie feste Faktorpreise k_1, k_2 verwendet.

zu i) Faktornachfragefunktionen

a) Das Produktionsniveau $\bar{x}$ = const. sei fest vorgegeben. Setzt man die Minimalkostenbedingung (7.3.154) in die Produktionsfunktion ein, so folgt:

$$\bar{x} = c \cdot r_1^a \cdot \left(\frac{b}{a} \cdot \frac{k_1}{k_2} \cdot r_1\right)^b = c \cdot \left(\frac{b}{a} \cdot \frac{k_1}{k_2}\right)^b \cdot r_1^{a+b} \quad ,$$

so dass sich als Einsatzmenge (≙ Nachfrage) des ersten Faktors ergibt:

(7.3.156) $$r_1 = \left(\frac{\bar{x}}{c}\left(\frac{a}{b} \cdot \frac{k_2}{k_1}\right)^b\right)^{\frac{1}{a+b}} .$$

Analog erhält man:

$$r_2 = \left(\frac{\bar{x}}{c}\left(\frac{b}{a} \cdot \frac{k_1}{k_2}\right)^a\right)^{\frac{1}{a+b}} .$$

Die nachgefragten Inputmengen hängen jeweils von den **Preisen beider Faktoren** ab.

b) Gibt man das Kostenbudget $\bar{K}$ = const. vor, so liefert die Minimalkostenbedingung (7.3.154) durch Einsetzen in die Faktorkostenfunktion $K = k_1 r_1 + k_2 r_2$:

$$\bar{K} = k_1 r_1 + k_2 \cdot \frac{k_1}{k_2} \cdot \frac{b}{a} \cdot r_1 = k_1 r_1 \left(1 + \frac{b}{a}\right) .$$

daraus folgt wegen $1 + \frac{b}{a} = \frac{a+b}{a}$:

(7.3.157)

$$r_1 = \frac{\overline{K} \cdot a}{a+b} \cdot \frac{1}{k_1}$$ und analog

$$r_2 = \frac{\overline{K} \cdot b}{a+b} \cdot \frac{1}{k_2} \quad .$$

Bei gegebenen Gesamtkosten hängt die Nachfrage nach einem Faktor nur von seinem **eigenen Preis** ab.

Beispiel 7.3.158: Gegeben sei die Produktionsfunktion $x = 2r_1^{0,4} \cdot r_2^{0,8}$.

Für das feste Produktionsniveau $\overline{x} = 32$ ME folgt aus (7.3.156):

$$r_1 = \left(16\left(0{,}5 \cdot \frac{k_2}{k_1}\right)^{0,8}\right)^{\frac{1}{1,2}} = 6{,}3496 \cdot \sqrt[3]{\left(\frac{k_2}{k_1}\right)^2} \; ,$$

$$r_2 = \left(16\left(2 \cdot \frac{k_1}{k_2}\right)^{0,4}\right)^{\frac{1}{1,2}} = 12{,}6992 \cdot \sqrt[3]{\frac{k_1}{k_2}} \quad .$$

b) Für vorgegebene Faktorkosten $\overline{K} = 1.200$ GE folgen aus (7.3.157) die Nachfragefunktionen:

$$r_1 = \frac{400}{k_1} \quad ; \quad r_2 = \frac{800}{k_2} \quad .$$

zu ii) Gesamtkostenfunktion K(x)

Setzt man die Beziehungen (7.3.156) in die Faktorkostenfunktion $K = k_1r_1 + k_2r_2$ ein, so folgt (mit x statt $\overline{x}$):

$$K(x) = k_1\left(\frac{x}{c}\left(\frac{a}{b} \cdot \frac{k_2}{k_1}\right)^b\right)^{\frac{1}{a+b}} + k_2\left(\frac{x}{c}\left(\frac{b}{a} \cdot \frac{k_1}{k_2}\right)^a\right)^{\frac{1}{a+b}}$$

$$= \Big[\, \underbrace{k_1\left(\frac{1}{c}\left(\frac{a}{b} \cdot \frac{k_2}{k_1}\right)^b\right)^{\frac{1}{a+b}}}_{=:\, c_1} + \underbrace{k_2\left(\frac{1}{c}\left(\frac{b}{a} \cdot \frac{k_1}{k_2}\right)^a\right)^{\frac{1}{a+b}}}_{=:\, c_2} \Big] \cdot x^{\frac{1}{a+b}} \qquad \text{, d.h.}$$

(7.3.159) $$K(x) = (k_1c_1 + k_2c_2) \cdot x^{\frac{1}{a+b}} = k \cdot x^{\frac{1}{a+b}}$$ (mit k_1, k_2, c_1, c_2 = const., d.h. $k := k_1c_1 + x_2c_2$ = const.)

Die Kostenfunktion $K(x)$ zu einer Cobb-Douglas-Produktionsfunktion $x = c \cdot r_1^a \cdot r_2^b$ ist somit eine Potenzfunktion. Die **Summe a + b** der **partiellen Elastizitäten** (d.h. der **Homogenitätsgrad** r bzw. die **Skalenelastizität** $\varepsilon_{x,\lambda}$ vgl. (7.3.18) bzw. (7.3.24)) ist für den speziellen **Typ** der Kostenfunktion **maßgebend**:

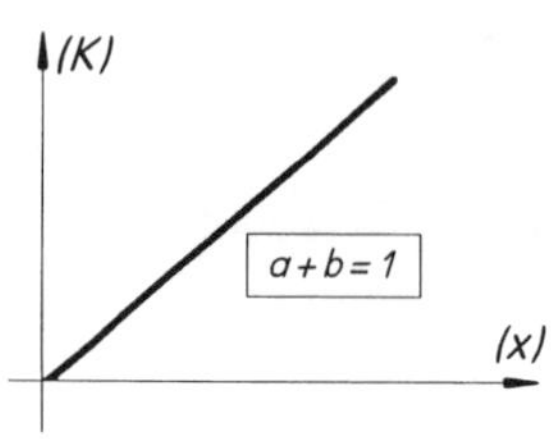

Abb. 7.3.160

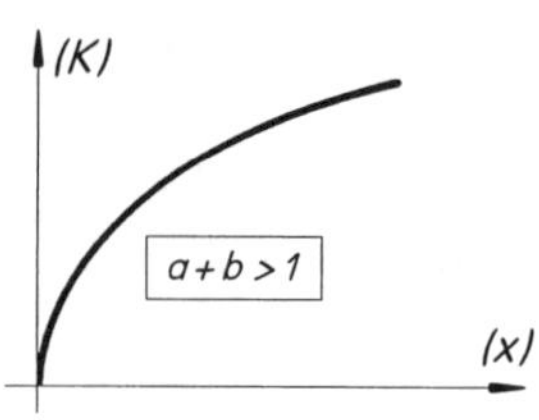

Abb. 7.3.161

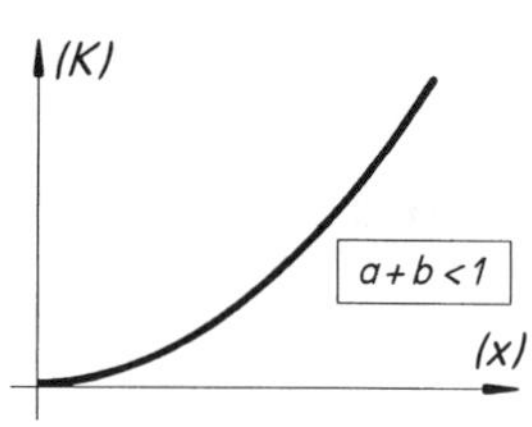

Abb. 7.3.162

(1) Im Fall **konstanter Skalenerträge** (d.h. $a+b = r = 1$) ist $K(x)$ linear: $K(x) = k \cdot x$, vgl. Abb. 7.3.160.

(2) Im Fall **steigender Skalenerträge** (d.h. $r = a + b > 1$) ist wegen $\frac{1}{a+b} < 1$ die Kostenfunktion (7.3.159) **unterlinear, wächst** also **degressiv**.
(z.B. $a + b = 2 \Rightarrow K(x) = k \cdot x^{1/2} = k \cdot \sqrt{x}$, vgl. Abb. 7.3.161.)

(3) Im Fall **sinkender Skalenerträge** gilt $a + b < 1$, d.h. $\frac{1}{a+b} > 1$, die Kostenfunktion **wächst überlinear (progressiv)**. (z.B. $a+b = 0{,}5 \Rightarrow K(x) = k \cdot x^2$, vgl. Abb 7.3.162.)

Beispiel 7.3.163:

i) $x = 2r_1^{0,4} \cdot r_2^{0,6}$. Mit gegebenen Faktorpreisen $k_1 = 2$; $k_2 = 5$ lautet die Kostenfunktion nach (7.3.159): $K(x) = 3{,}3966\, x$ (linear, da konstante Skalenerträge).

ii) Für die Produktionsfunktion $x = \frac{2}{3} r_1^{0,25} \cdot r_2^{0,25}$ und die Faktorpreise $k_1 = 81$; $k_2 = 16$ lautet die Kostenfunktion nach (7.3.159): $K(x) = 162x^2$ (progressiv, da sinkende Skalenerträge).

Aufgabe 7.3.164: Gegeben sind die Produktionsfunktion $x = 10 \cdot r_1^{0,7} \cdot r_2^{0,3}$ sowie die konstanten Faktorpreise $k_1 = 12$, $k_2 = 18$. Man ermittle **i)** die Gleichung des Expansionspfades, **ii)** die Faktornachfragefunktion für das Kostenbudget $\overline{K} = 400$, **iii)** die Kostenfunktion $K(x)$, **iv)** die Minimalkostenkombination für das Produktionsniveau 200.

Aufgabe 7.3.165: Gegeben sind die Produktionsfunktion $x = r_1 \cdot r_2 \cdot r_3$ sowie die konstanten Faktorpreise $k_1 = 2$; $k_2 = 3$; $k_3 = 5$. Man ermittle die Gleichung der Gesamtkostenfunktion, sofern stets Minimalkostenkombinationen realisiert werden.

***Aufgabe 7.3.166:** Man zeige, dass die Kostenfunktion $K(x)$ (vgl. (7.3.159)) einer Cobb-Douglas-Produktionsfunktion $x = c \cdot r_1^a \cdot r_2^b$ bei festen Faktorpreisen k_1, k_2 explizit lautet:

(7.3.167)
$$K(x) = \left[\frac{1}{c} \left(\frac{k_1}{a}\right)^a \left(\frac{k_2}{b}\right)^b \right]^{\frac{1}{a+b}} \cdot (a+b) \cdot x^{\frac{1}{a+b}} \quad .$$

Aufgabe 7.3.168: Gegeben sind die Produktionsfunktion $x = 2r_1^{0,5} \cdot r_2^{0,5}$ sowie die Faktorpreise $k_1 = 8$; $k_2 = 18$. Vom zweiten Faktor werden stets konstant $\overline{r}_2 = 100$ ME eingesetzt.

i) Man ermittle über $K = k_1r_1 + k_2r_2$ die Kostenfunktion $K(x)$.

ii) Man ermittle den Output x im Betriebsoptimum.

iii) Man zeige, dass im Betriebsoptimum gleichzeitig die Minimalkostenkombination realisiert wird.

Aufgabe 7.3.169: Gegeben seien die Cobb-Douglas-Produktionsfunktion $x = c \cdot r_1^a \cdot r_2^b$ sowie die festen Faktorpreise k_1, k_2. Vom zweiten Faktor werden konstant stets $\overline{r}_2$ ME eingesetzt.

i) Man ermittle (über $K = k_1r_1 + k_2r_2$) die Kostenfunktion $K(x)$ sowie die Outputmenge im Betriebsoptimum.

ii) Man ermittle die Outputmenge bei Realisierung der Minimalkostenkombination (mit $\overline{r}_2$ = const.).

iii) Man zeige, dass im Betriebsoptimum genau dann die Minimalkostenkombination realisiert ist, wenn die Produktionsfunktion linear-homogen ist.

7.3.3.3 Nutzenmaximierung und Haushaltsoptimum

Das Grundprinzip der Nutzenmaximierung mit Hilfe der Lagrange-Methode wird als wichtiger Baustein für einige klassische ökonomische Disziplinen, wie etwa Haushaltstheorie, Konsumtheorie oder Allokationstheorie (Wohlfahrtsökonomik) benötigt.

Die konsummengenabhängigen Nutzenvorstellungen eines individuellen Haushalts seien in Form einer (ordinalen[10]) **Nutzenfunktion** $U(x_1, ..., x_n)$ quantifiziert: Konsumiert der Haushalt die Gütermengen $x_1, x_2, ..., x_n$ (wobei x_i die Menge des i-ten Gutes bedeutet, $i = 1, ..., n$), so stiftet dieser Konsum den Nutzen (ausgedrückt durch den „Nutzenindex") $U = U(x_1, ..., x_n)$.

Unterstellt man weiterhin, dass der Haushalt zur Befriedigung seiner Konsumwünsche den Betrag C (**Konsumsumme** oder **Haushaltsbudget**) aufwenden will, so lautet - feste Güterpreise $p_1, ..., p_n$ vorausgesetzt - das klassische **Problem der Nutzenmaximierung**:

(7.3.170) In welcher Mengenkombination $(x_1, x_2, ..., x_n)$ soll ein Haushalt n verschiedene Güter (Güterpreise: $p_1, p_2, ..., p_n$) konsumieren, um mit der **vorgegebenen Konsumsumme** C einen **möglichst hohen Nutzen** zu erzielen ? *(Haushaltsoptimum, Haushaltsgleichgewicht)*

formal:

(7.3.171) Man **maximiere** die **Nutzenfunktion** $U(x_1, x_2, ..., x_n)$ unter Berücksichtigung der **Budget-Nebenbedingung** $C = p_1x_1 + p_2x_2 + ... + p_nx_n = \text{const.}$.

Wie man durch Vergleich mit (7.3.142) bzw. (7.3.123) erkennt, handelt es sich beim Problem der **Nutzenmaximierung** um eine zum Problem der **Minimalkostenkombination äquivalente Fragestellung**. Hier wie dort setzt man i.a. außerdem voraus, dass die **Indifferenzlinien** (Linien gleichen Nutzens) - den **Isoquanten** im Fall der Minimalkostenkombination entsprechend - **fallend** und **konvex** sind, vgl. Abb. 7.3.172. Im Fall der Nutzenfunktion wird dadurch der Erfahrungstatsache Rechnung getragen, dass eine Einheit eines Gutes umso leichter substituiert werden kann, je mehr der Haushalt von diesem Gut bereits konsumiert.

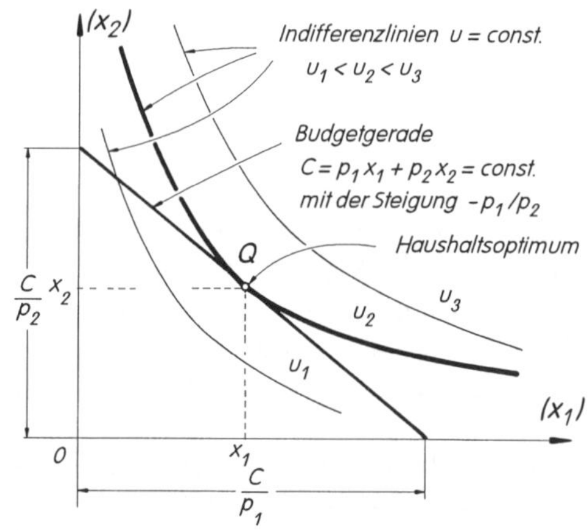

Abb. 7.3.172

Während im 2-Güter-Fall die graphische Konstruktion des Haushaltsoptimums Q in Abb. 7.3.172 deutlich wird - man vergleiche die Analogie zur Minimalkostenkombination -, erfolgt die Nutzenmaximierung im **n-Güter-Fall** mit der **Lagrange-Methode**:

---

[10] vgl. etwa [50] , 69 ff.

Aus der Problemstellung (7.3.171) ergibt sich als Lagrangefunktion L:

(7.3.173) $$L(x_1, ..., x_n, \lambda) = U(x_1, ..., x_n) + \lambda(C - p_1x_1 - ... - p_nx_n).$$

Damit lauten die **notwendigen**[11] **Bedingungen** für das **Haushaltsoptimum**

(7.3.174)
$$\begin{array}{lll} \frac{\partial L}{\partial x_1} = & \frac{\partial U}{\partial x_1} - \lambda \cdot p_1 = 0 & (1) \\ \vdots & \vdots \quad \vdots \quad \vdots & \vdots \\ \frac{\partial L}{\partial x_n} = & \frac{\partial U}{\partial x_n} - \lambda \cdot p_n = 0 & (n) \\ \hline \frac{\partial L}{\partial \lambda} = & C - p_1x_1 - ... - p_nx_n = 0 & (n+1) \end{array} .$$

Die Gleichungen (1) bis (n) haben sämtlich die gleiche Struktur. Nehmen wir zwei beliebige, etwa (i) und (k), so folgt:

(i): $\frac{\partial U}{\partial x_i} - \lambda \cdot p_i = 0$; (k): $\frac{\partial U}{\partial x_k} - \lambda \cdot p_k = 0$. Daraus folgt: $\frac{\partial U}{\partial x_i} = \lambda p_i$, $\frac{\partial U}{\partial x_k} = \lambda p_k$ und daher:

(7.3.175) **(a)** $$\frac{p_k}{p_i} = \frac{\frac{\partial U}{\partial x_k}}{\frac{\partial U}{\partial x_i}}$$ bzw. **(b)** $$\frac{\frac{\partial U}{\partial x_i}}{p_i} = \frac{\frac{\partial U}{\partial x_k}}{p_k} = \lambda$$ für alle $i, k = 1, 2, ..., n$.

Damit haben wir in Analogie zu Satz 7.3.139:

Satz 7.3.176: (Haushaltsoptimum)

Ein Haushalt maximiert seinen Nutzen U im Rahmen seiner Konsumsumme C, indem er die (zu festen Preisen verfügbaren) Konsumgüter in einer solchen Mengenkombination $(x_1, x_2, ..., x_n)$ nachfragt und konsumiert, dass

i) die **Grenznutzen** je zweier beliebiger Güter sich wie die entsprechenden **Güterpreise zueinander verhalten**, bzw.

ii) der **Grenznutzen pro aufgewendeter Geldeinheit** (der *Grenznutzen des Geldes*) für **sämtliche** Güter **gleich** ist (***2. Gossensches Gesetz***).

Bemerkung 7.3.177: ***i)*** *Nach (7.1.75) folgt mit (7.3.175) (a):* $\frac{p_k}{p_i} = \frac{\partial U}{\partial x_k} / \frac{\partial U}{\partial x_i} = -\frac{dx_i}{dx_k}$, *d.h. im Nutzenmaximum liefert das* ***Preisverhältnis*** *zweier Güter mit dem entsprechenden* ***Grenznutzenverhältnis*** *auch die (negative)* ***Grenzrate der Substitution*** *(= Steigung der Indifferenzlinie). Dies kommt graphisch in Abb. 7.3.172 zum Ausdruck, wo im Haushaltsoptimum Q die Budgetgerade (Steigung: -* p_1/p_2 *) die Indifferenzlinie (Steigung:* dx_2/dx_1*) berührt.*

[11] Die hinreichenden Bedingungen sind durch die Annahme konvexer Indifferenzlinien gesichert, vgl. [13], 414. Dabei beachte man die Aufgaben 7.1.78/ 7.1.79.

ii) Analog zum Vorgehen in Bemerkung 7.3.134 ergibt sich der Wert λ des Lagrange-Multiplikators aus (7.3.173) durch Ableiten nach der Konsumsumme C:

(7.3.178) $$\boxed{\frac{\partial L}{\partial C} = \lambda} \ .$$

Wegen der Übereinstimmung von L und U längs der Nebenbedingung misst λ daher den ***Grenznutzen bzgl. der Konsumsumme C*** *(d.h. λ misst (näherungsweise) die Nutzenänderung im Haushaltsoptimum, wenn die Konsumsumme um eine Einheit zunimmt). Dieser Wert ist wegen (7.3.175) (b) außerdem identisch mit dem im Haushaltsoptimum für alle Güter gleichen Grenznutzen pro Geldeinheit.*

Beispiel 7.3.179: Gesucht ist das Haushaltsoptimum, wenn folgende Daten vorliegen:

Nutzenfunktion: $U = x_1 \cdot x_2$; Güterpreise: $p_1 = 4$ GE/ME$_1$; $p_2 = 16$ GE/ME$_2$; Konsumsumme: C = 640 GE.

$\Rightarrow$ Lagrangefunktion: $L = x_1x_2 + \lambda(640 - 4x_1 - 16x_2)$.

Die notwendige Bedingungen für das Haushaltsoptimum lauten somit:

$$\frac{\partial L}{\partial x_1} = x_2 - 4\lambda = 0 \ ; \quad \frac{\partial L}{\partial x_2} = x_1 - 16\lambda = 0 \ ; \quad \frac{\partial L}{\partial \lambda} = 640 - 4x_1 - 16x_2 = 0 \ .$$

Aus den beiden ersten Gleichungen folgt: $\frac{x_2}{x_1} = \frac{4}{16}$, d.h. $x_1 = 4x_2$. Eingesetzt in die dritte Gleichung folgt: $x_2 = 20$ ME$_2$ und daher $x_1 = 80$ ME$_1$. Der maximale Nutzenindex lautet: $U_{max} = x_1 \cdot x_2 = 1.600$. Für λ folgt: $\lambda = \frac{x_1}{16} = \frac{x_2}{4} = 5$.

(Zur *Kontrolle* nach Bemerkung 7.3.177:

Steigung m_1 der Budgetgeraden $C = 4x_1 + 16x_2 = 640$: Wegen $x_2 = -\frac{1}{4}x_1 + \frac{C}{16}$ folgt: $m_1 = -\frac{1}{4}$. Steigung m_2 der „optimalen" Indifferenzlinie $U = 1.600 = x_1 \cdot x_2$: Wegen $x_2 = \frac{1.600}{x_1}$ folgt: $m_2 = \frac{dx_2}{dx_1} = -\frac{1.600}{x_1{}^2}$. Für den Optimalwert $x_1 = 80$ gilt:

$$m_2 = -\frac{1.600}{80^2} = -\frac{1}{4} = m_1 \ ,$$

also Übereinstimmung von negativem Preisverhältnis und Grenzrate der Substitution im Haushaltsoptimum.)

Zur *Kontrolle* des Optimalwertes von λ ($\lambda = 5$) überprüft man das Haushaltsoptimum, wenn C um 1 GE auf 641 GE zunimmt. Setzt man wieder $x_1 = 4x_2$ in die Budgetbedingung $4x_1 + 16x_2 = 641$ ein, so folgt:

$$x_2 = \frac{641}{32} = 20{,}03125 \text{ ME}_2 \ \text{ sowie } \ x_1 = 4x_2 = 80{,}125 \text{ ME}_1 \ ,$$

so dass der maximale Nutzenindex lautet: $U_{max} = x_1 \cdot x_2 = 1.605{,}004$, also in der Tat eine Zunahme um etwa 5 ($=\lambda$) Einheiten.

Vorbemerkung zu den nachfolgenden Aufgaben: Sofern die Lagrange-Methode anwendbar ist, gebe man eine ***ökonomische Interpretation*** *des* ***Lagrangemultiplikators*** *im Optimum.*

Aufgabe 7.3.180-a: Ein Haushalt gibt sein Budget in Höhe von genau 4.200 GE für den Konsum zweier Güter X, Y aus (konsumierte Mengen: x in ME_x bzw. y in ME_y). Die Güterpreise sind fest: $p_x = 40$ GE/ME_x bzw. $p_y = 50$ GE/ME_y. Durch den Konsum dieser Güter erreicht der Haushalt ein Nutzenniveau U, das wie folgt von den konsumierten Mengen x, y abhängt: $U = U(x, y) = 2 \cdot \sqrt{x} + 4 \cdot \sqrt{y}$. Welche Gütermengen soll der Haushalt beschaffen und konsumieren, damit – im Rahmen seines Budgets – das damit erzielte Nutzenniveau maximal wird?

Aufgabe 7.3.180-b: Xaver Huber ist als vielbeschäftigter Film- und Fernsehkritiker spezialisiert auf die Beurteilung von bekannten Fernsehserien („soap-operas"). Jeden Abend sieht er sich die Vorab-Versionen von „Lindenstraße" und „Schwarzwaldklinik" an.

Sein Frustrationsniveau F *(in Säuregrad)* setzt sich kumulativ *(d.h. additiv)* aus Frust über die „Lindenstraße" *(pro Fernsehstunde belasten ihn 3 Grad)* und über „Schwarzwaldklinik" *(5 Grad pro Stunde)* zusammen.

Sein Honorar H *(in € pro Abend)* ergibt sich aus einer degressiv wachsenden Lohnfunktion in Abhängigkeit der Zeitdauern L bzw. S *(jeweils in h/Tag)*, die er vor der „Lindenstraße" bzw. vor der „Schwarzwaldklinik" zugebracht hat:

$$H = H(L,S) = 40\sqrt{L \cdot S} \quad ; \quad (L,\ S \geq 0) .$$

Wieviele Stunden pro Tag wird er vor welcher „soap-opera" zubringen, um ein Honorar von 100,-- €/Abend mit möglichst wenig Frustration zu verdienen?

Aufgabe 7.3.181-a: Auf der Suche nach einer billigen Bude verschlägt es den Studenten Pfiffig spätabends in den „Goldenen Ochsen", den einzigen Gasthof in Schlumpfhausen. Hungrig und durstig setzt er sich an einen Tisch und zählt seine Barschaft: Genau 12,-- € hat er noch bei sich.

Die Küche ist schon geschlossen, nur noch Erdnüsse und Bier sind zu haben. Eine Tüte *(= 50g)* gerösteter Erdnüsse kostet € 1,--, ein Glas Bier *(= 0,2 Liter)* kostet € 1,50. Aus langer Erfahrung weiß Pfiffig, dass sein persönliches Wohlbefinden W in folgender Weise von den Verzehrmengen x_1 von Erdnüssen *(in 100g)* bzw. x_2 von Bier *(in Litern)* abhängt: $W = 2\sqrt{x_1} \cdot \sqrt{x_2}$.

Wieviele Tüten Erdnüsse bzw. wieviele Gläser Bier wird Pfiffig bestellen und verzehren, damit sein persönliches Wohlbefinden (im Rahmen seines Budgets) maximal wird?

Aufgabe 7.3.181-b: Alois Huber fühlt sich besonders wohl bei Bach und Mozart. Sein täglich erreichbares Lustniveau N beim Hören bachscher und mozärtlicher Klänge hängt von der Hördauer b (*in h/Tag für Musik von Bach*) und m (*in h/Tag für Musik von Mozart*) ab gemäß folgender Nutzenfunktion:

$$N = N(b,m) = -10 + 2m + b + 2\sqrt{mb} \qquad (\ b,\ m \geq 0\ ) .$$

Da Alois seinen Lebensunterhalt mit geregelter Arbeit *(und ohne dass er dabei seinen Walkman benutzen dürfte)* verdienen muss, bleiben ihm pro Tag noch genau 5h für sein musikalisches Hobby.

Wie lange pro Tag wird Alois Bach hören und wie lange Mozart, damit er sein tägliches Wohlbefinden maximiert?

Aufgabe 7.3.182-a: Der individuelle Nutzenindex U eines Haushaltes sei in Abhängigkeit vom Konsum x_1, x_2 *(in ME pro Periode)* zweier Güter gegeben durch folgende Nutzenfunktion:

$$U(x_1, x_2) = 10 \cdot \sqrt{x_1} \cdot x_2^{0,6}.$$

Für eine ME des ersten Gutes muss der Haushalt 8,-- € bezahlen, für eine ME des zweiten Gutes 12,-- €. Der Haushalt will insgesamt genau 440,-- € pro Periode für den Konsum beider Güter ausgeben. Wieviele ME pro Periode eines jeden Gutes soll der Haushalt kaufen (und konsumieren), damit er seinen Nutzen maximiert?

Aufgabe 7.3.182-b: Im Keller seines Einfamilienhauses hat Huber ein chemisches Laboratorium eingerichtet und produziert nun nach Feierabend eine chemische Substanz *(Outputmenge x (in ME_x))* mit Hilfe zweier Input-Stoffe R1 und R2 *(Inputmengen r_1 (in ME_1) bzw. r_2 (in ME_2))*.

Hubers Produktion kann beschrieben werden durch die folgende Produktionsfunktion:

$$x = 10 - \frac{4}{r_1} - \frac{1}{r_2} \quad ; \ (r_1, r_2 > 0) \ .$$

i) Welches ist die höchste Ausbeute an Substanz *(in ME_x)*, die Huber *(theoretisch)* erzielen kann? Wie müsste er dazu die Input-Faktoren kombinieren?

ii) Huber kann seinen Output zu einem festen Preis *($p = 9$ GE/ ME_x)* absetzen. Für die Input-Stoffe zahlt er ebenfalls feste Preise auf dem Beschaffungsmarkt: $p_1 = 1$ GE/ME_1 *(für R1)*; $p_2 = 4$ GE/ME_2 *(für R2)*.

Wie muss er jetzt die Inputs kombinieren, um maximalen Gewinn zu erzielen?
Wie hoch ist der maximale Gewinn?

iii) Die Absatz- und Beschaffungspreise entsprechen den Daten unter ii). Huber will aber für die Input-Stoffe nur genau 8 GE ausgeben. Wie muss er nun die Inputs kombinieren, um maximalen Gewinn zu erzielen?
Wie hoch ist jetzt der maximale Gewinn?

Aufgabe 7.3.182-c: Student Harro Huber ernährt sich von Bier und Pommes frites *(„Fritten")*.

Für jedes Nahrungsmittel existiert für ihn eine individuelle Nutzenfunktion, die den Grad Bedürfnisbefriedigung in Abhängigkeit von den konsumierten Nahrungsmittelmengen angibt.

Für Bier lautet sie: $N_B = 128x_1 - 10x_1^2$ *(N_B: Nutzenindex in NE, x_1: Bierkonsum in Liter/Tag)*

Für Fritten lautet sie: $N_F = 50x_2 - 5x_2^2$ *(N_F: Nutzenindex in NE, x_2: Frittenkonsum in Tüten/Tag)*

Der Gesamtnutzen N beim Konsum beider Nahrungsmittel setzt sich additiv aus beiden Nutzenwerten – *zuzüglich des „Synergie-Terms" x_1x_2* – zusammen: $N = N_B + N_F + x_1x_2$.

H.H. will pro Tag genau 20,-- € für Nahrungsmittel ausgeben.

Wieviel Bier *(zu 2,-- €/Liter)* und wieviel Fritten *(zu 1,-- €/Tüte)* wird er pro Tag konsumieren, um im Rahmen seines Budgets maximalen Nutzen zu erzielen?

Aufgabe 7.3.182-d: Der Student Alois Huber muss unbedingt seinen Kenntnisstand in Mathematik und Statistik verbessern, um die kommende Klausur erfolgreich bestehen zu können. Nun ist sein Wissensstand W *(gemessen in Wissenseinheiten (WE))* eine Funktion a) der Anzahl t der bis zur Prüfung aufgewendeten Lerntage *(zu je 8 Lernstunden)* und b) der Menge m *(in g)* der von ihm konsumierten Wunderdroge „Placebologica", die ihm die bekannte Astrologin Huberta Stussier empfohlen hat.

Der Zusammenhang kann beschrieben werden durch die Lernfunktion W(m,t) mit

$$W = W(m,t) = 160 + 6m + 9t - 0{,}25m^2 - 0{,}20t^2 \qquad (m,\ t \geq 0) \quad .$$

Jeder Lerntag kostet Alois 80 € *(denn soviel könnte er andernfalls als Aushilfskraft in der Frittenbude McDagobert verdienen)*, die Wunderdroge kostet pro Gramm 120 €.

i) Wie lange soll Alois lernen, und welche Dosierung der Wunderdroge soll er wählen, damit sein Wissenssstand in Mathematik/Statistik maximal wird?

ii) Wie soll Alois Lernzeit und Wunderdroge kombinieren, wenn er insgesamt 2.680,-- € „opfern" will?

iii) Man ermittle in beiden Fällen i) und ii) die Höhe des maximalen Wissensstandes sowie den dafür erforderlichen finanziellen Aufwand und kommentiere das Ergebnis.

Aufgabe 7.3.182-e: In Knöselshausen haben die Geschäftsleute nur ein einziges Ziel, nämlich den Drupschquotienten D (in DE) ihrer Produkte zu maximieren.

Der Drupschquotient D seinerseits hängt ausschließlich ab von der Höhe B (in BE) des eingesetzten Blofels sowie von der Höhe S (in SE) des aufgewendeten Stölpels. Der zugrundeliegende Zusammenhang kann kann durch die sogenannte Drupschfunktion beschrieben werden:

$$D = D(B,S) = 400 \cdot B^{0,25} \cdot S^{0,75} \quad ; \quad (B, S > 0) \ .$$

i) Bei welchem Blofeleinsatz und bei welchem Stölpelaufwand wird der Drupschquotient maximal?

ii) Wegen eingeschränkter Ressourcen muss die insgesamt eingesetzte/aufgewendete Menge von Blofel und Stölpel zusammen genau 100 Einheiten betragen. Bei welchem Blofeleinsatz und bei welchem Stölpelaufwand wird nun der Drupschquotient maximal?

Aufgabe 7.3.183-a: Ein durchschnittlicher 4-Personenhaushalt gebe pro Monat für Nahrungsmittel, Wohnung, Energie und Körperpflege genau 2.400,-- € aus. Das durch den Konsum dieser vier Güter erzielbare Nutzenniveau U des Haushaltes richte sich nach folgender Nutzenfunktion:

$$U(x_1, x_2, x_3, x_4) = 1.000x_1 + 4.880x_2 + 2x_2x_3 + x_1x_4 \ .$$

Dabei bedeuten: x_1: monatl. Nahrungsmittelausgaben (in €/Monat); x_2: zur Verfügung stehende Wohnfläche (in m^2); x_3: monatl. Energieverbrauch (in kWh/Monat); x_4: monatliche Ausgaben für Körperpflege (in €/Monat).

Die monatlichen Wohnungskosten (z.B. Miete oder Zinsen) betragen 8 €/m^2, der Energiepreis beträgt 0,20 €/kWh. In welchen Mengen soll der Haushalt die vier Güter „konsumieren", damit er daraus maximalen Nutzen zieht?

Aufgabe 7.3.183-b: Nach dem aufsehenerregenden Bericht eines Entenhausener Forschungsinstitutes hängt die Höhe H des Barvermögens von Onkel Dagobert einzig und allein ab von der Höhe R (in RE) des von ihm eingesetzten Raffs und der Höhe S (in SE) des von ihm aufgewendeten Schnapps.

Es konnte außerdem jetzt erstmalig der zugrundeliegende funktionale Zusammenhang beschrieben werden:

$$H = H(R,S) = 200\sqrt{R} \cdot S^{0,8} \quad , \ (R,S > 0) \ .$$

i) Bei welchem Raffeinsatz und bei welchem Schnappaufwand wird Onkel Dagoberts Barvermögen maximal?

ii) Später stellt sich heraus, dass aus umwelthygienischen Gründen die insgesamt eingesetzte Menge von Raff und Schnapp zusammen nur 130 Einheiten betragen kann.
Bei welchem Raffeinsatz und welchem Schnappaufwand wird nunmehr Onkel Dagoberts Barvermögen maximal?

***Aufgabe 7.3.183-c:** In einem abgegrenzten Testmarkt hängt die Nachfrage x *(in ME/Jahr)* nach Videorecordern des Typs „Glozz" ab a) vom Preis p *(in GE/ME)* des Gerätes sowie b) vom Service s *(Kundendienst...)* des Produzenten *(s (in GE/Jahr) = Höhe der jährlichen Serviceaufwendungen)*.

Der jährliche Absatz x in Abhängigkeit von p und s kann wie folgt beschrieben werden:

$$x = x(p,s) = 5.000 - 2p - \frac{1.000}{s} \quad , \ p,s > 0 \ .$$

Die durch Produktion und Absatz *(aber noch ohne Service-Aufwendungen)* hervorgerufenen Kosten setzen sich wie folgt zusammen: Fixkosten: 10.000 GE/Jahr; stückvariable Kosten: 10 GE/ME. Für die Gesamtkosten pro Jahr müssen außerdem die Service-Kosten berücksichtigt werden.

Wie soll die Unternehmung den Preis festsetzen, und welche jährlichen Service-Aufwendungen soll sie tätigen, damit der jährliche Gesamtgewinn maximal wird?

Aufgabe 7.3.183-d: Die Nachfrage x *(in ME/Jahr)* nach einem Markenartikel hänge –c.p.– ab von seinem Preis p *(in GE/ME)* und von den Aufwendungen w *(in GE/Jahr)* für Werbung (und andere marketingpolitische Instrumente).

Langjährige Untersuchungen führen zur folgenden funktionalen Beziehung zwischen x, p und w:

$$x = x(p,w) = 3950 - 20p + \sqrt{w} \quad ; \ (p,w > 0) \ .$$

Bei der Produktion des Artikels fallen fixe Kosten in Höhe von 7950 GE/Jahr an, die stückvariablen Produktionskosten betragen stets 79 GE/ME. Selbstverständlich sind auch die jährlichen Marketingausgaben w als direkte Kosten für den Artikel anzusehen.

Wie soll die Unternehmung den Preis p festlegen, und welche Marketingausgaben w soll sie jährlich tätigen, damit der Jahres-Gesamtgewinn maximal wird?

Aufgabe 7.3.184: Der Bundesbildungsminister will in einer Sonderaktion Professoren, Assistenten und Tutoren zur Schulung von Studenten in Prozentrechnung einsetzen. Bezeichnet man die Einsatzzeiten *(für Curricularentwicklung, didaktische Umsetzung, Seminare, Gruppenarbeiten, Korrektur von Übungsaufgaben usw.)* von Assistenten, Professoren bzw. Tutoren mit A, P bzw. T (jeweils in Stunden), so ergibt sich der studentische Lernerfolgsindex E gemäß folgender Lernfunktion:

$$E(A, P, T) = 100 + 50A + 80P + 10T + AP + PT - A^2 - 0,5P^2 - 2T^2.$$

Das Einsatzhonorar beträgt für Assistenten 18,-- €/h, für Professoren 36,-- €/h und für Tutoren 12,-- €/h.

i) Wieviele Stunden jeder Kategorie sollten geleistet werden, damit der studentische Lernerfolg in Prozentrechnung möglichst hoch wird? Wieviel Prozent der a) Gesamtarbeitszeit b) Gesamtkosten entfallen dann auf den Tutoreneinsatz?

ii) Wie müssen die Einsatzzeiten geplant werden, wenn ein möglichst hoher Lernerfolg angestrebt wird, der Bildungsminister für diese Schulungsaktion aber nur 5.430,-- € ausgeben kann und will? Mit Hilfe von Prozentzahlen (!) vergleiche man Lernerfolgindizes und dafür erforderliche Kosten von i) und ii).

7.3.3.4 Nutzenmaximale Güternachfrage- und Konsumfunktionen

Im Anschluss an die allgemeine Diskussion der Nutzenmaximierung (Kap. 7.3.3.3) stellt sich die Frage, welchen **Einfluss**

1) **Änderungen der Konsumsumme** C bzw.
2) **Änderungen der Güterpreise** $p_1, p_2, ...$

auf das **Haushaltsoptimum** besitzen. Um auch graphisch-anschaulich argumentieren zu können, beschränken wir uns zunächst auf den 2-Güter-Fall.

1) **Änderungen der Konsumsumme** C (p_1, p_2 fest):

Eine **Veränderung der Konsumsumme** (hervorgerufen etwa durch höheres Einkommen oder gewandeltes Konsum/Spar-Verhalten) bedeutet eine **Parallelverschiebung der Budgetgeraden** (da wegen der Preiskonstanz auch das Preisverhältnis und somit die Steigung $-p_1/p_2$ der Budgetgeraden unverändert bleiben). Zu jeder Konsumsumme C_i gibt es genau ein Haushaltsoptimum Q_i, vgl. Abb. 7.3.185. Alle durch Variation der Konsumsumme erzeugten Haushaltsoptima $Q_1, Q_2, Q_3, Q_4, ...$ liegen auf einer Kurve, der sogenannten **Einkommen-Konsum-Kurve** oder **Engel-Kurve**[12] $x_2 = x_2(x_1)$ (vgl. den stark ausgezogenen Kurvenzug in Abb. 7.3.185). Ein nutzenmaximierender Haushalt wird bei variierender Konsumsumme und konstantem Güterpreisverhältnis nur die durch die Engelkurve definierten Gütermengenkombinationen konsumieren.

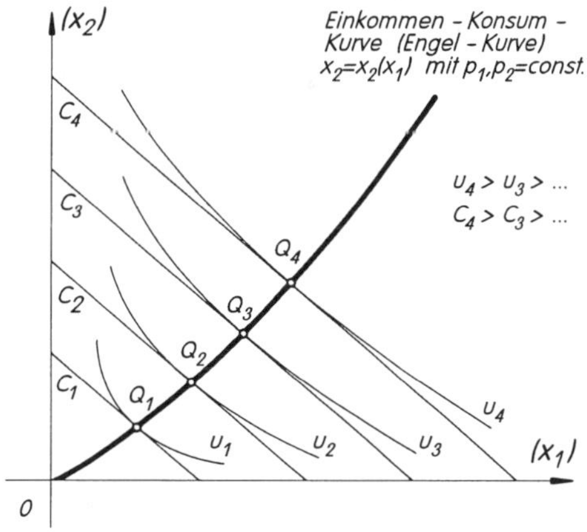

Abb. 7.3.185

***Bemerkung 7.3.186:** Ein Vergleich mit Kap. 7.3.3.2, Abb. 7.3.152, zeigt, dass die **Engelkurve** eines nutzenmaximierenden Haushaltes formal dem **Expansionspfad** eines kostenminimierenden Produzenten **entspricht**.*

Die Kenntnis der Engelfunktion $x_2(x_1)$ gestattet durch Bestimmen der beiden Koordinaten x_1, x_2 des Haushaltsoptimums bei wechselnder Konsumsumme C außerdem die Ermittlung der Beziehungen $x_1 = x_1(C)$ sowie $x_2 = x_2(C)$, d.h. der **Güternachfragefunktionen** in **Abhängigkeit** von der **Konsumsumme**.

[12] E. Engel, 1821–1896, preußischer Statistiker

Beispiel 7.3.187: Gegeben sei die Nutzenfunktion

$$U(x_1, x_2) = \frac{2x_1 \cdot x_2}{1 + x_1},$$

die fallende und konvexe Indifferenzlinien *(Übung !)* besitzt. Die Güterpreise $p_1 = 1$ GE/ME$_1$ und $p_2 = 2$ GE/ME$_2$ seien fest vorgegeben. Dann lauten die Bedingungen (7.3.174) für das Haushaltsoptimum:

(1) $\frac{2x_2}{(1+x_1)^2} - \lambda = 0$ **(2)** $\frac{2x_1}{1+x_1} - 2\lambda = 0$

(3) $C - x_1 - 2x_2 = 0.$

Aus den Gleichungen (1) und (2) folgt durch Elimination von λ die Gleichung der Engelkurve (vgl. Abb. 7.3.189)

(7.3.188) $x_2 = x_2(x_1) = 0{,}5x_1^2 + 0{,}5x_1$ $(x_1 \geq 0)$.

Setzt man (7.3.188) in (3) ein, so folgt:

$C - x_1 - x_1^2 - x_1 = 0$ bzw. $x_1^2 + 2x_1 - C = 0.$

Die Lösungen dieser quadratischen Gleichungen lauten: $x_1 = -1 \, (\pm) \sqrt{1 + C}$. Da x_1 stets positiv ist, kommt nur die positive Lösung in Betracht, und man erhält:

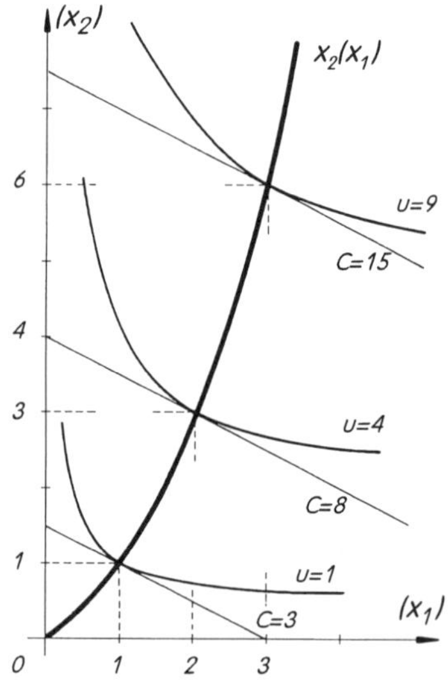

Abb. 7.3.189

(7.3.190) $x_1 = x_1(C) = \sqrt{C+1} - 1$. Aus (7.3.188) folgt damit:

(7.3.191) $x_2 = x_2(C) = 0{,}5(C + 1 - \sqrt{C+1})$, vgl. Abb. 7.3.192.

$p_1 = 1\,;\ p_2 = 2$.

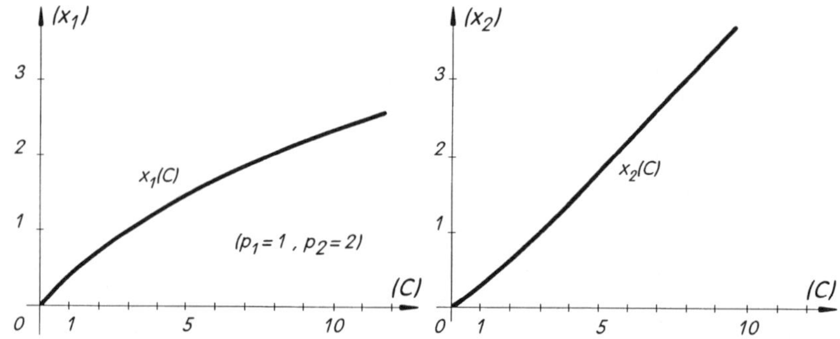

Abb. 7.3.192

Auch diese Güternachfragefunktionen in Abhängigkeit der Konsumsumme werden Engelfunktionen genannt. Wie aus Abb. 7.3.192 ersichtlich, handelt es sich bei beiden Gütern um „normale" Güter.

2) Änderungen der Güterpreise p_1, p_2

a) Ändern sich p_1 und p_2 **proportional** (d.h. **um denselben,** z.B. inflationsbedingten, **Faktor** k $(\neq 0)$), so bleiben das Preisverhältnis p_1/p_2 und somit die **Steigung** $-p_1/p_2$ der **Budgetgeraden unverändert**:

Seien etwa p_1^*, p_2^* die neuen Preise, so gilt:

$$p_1^* = k \cdot p_1 \; ; \quad p_2^* = k \cdot p_2 .$$

Über die Budgetrestriktion $C = p_1x_1 + p_2x_2$ folgt die **Gleichung der Budgetgeraden**

$$\text{(7.3.193)} \qquad \boxed{x_2 = -\frac{p_1}{p_2} \cdot x_1 + \frac{C}{p_2}} \; .$$

Setzt man die neuen Preise an die Stelle der alten Preise, so folgt

$$x_2 = -\frac{p_1^*}{p_2^*} \cdot x_1 + \frac{C}{p_2^*} = -\frac{kp_1}{kp_2} \cdot x_1 + \frac{C}{kp_2},$$

d.h. $x_2 = -\frac{p_1}{p_2} \cdot x_1 + \frac{C}{kp_2}$.

Die **Steigung** der Budgetgeraden bleibt **unverändert,** lediglich der **Ordinatenabschnitt sinkt** (für $k > 1$) **bzw. steigt** (für $k < 1$). Daher wirkt **proportionale Preisänderung** bei **allen** Gütern wie eine **Änderung der Konsumsumme** C. Abb. 7.3.194 zeigt diesen Effekt graphisch für Preisverdoppelung: Die Budgetgerade wird parallel nach unten verschoben, die „effektive" Konsumsumme sinkt um 50% auf C/2.

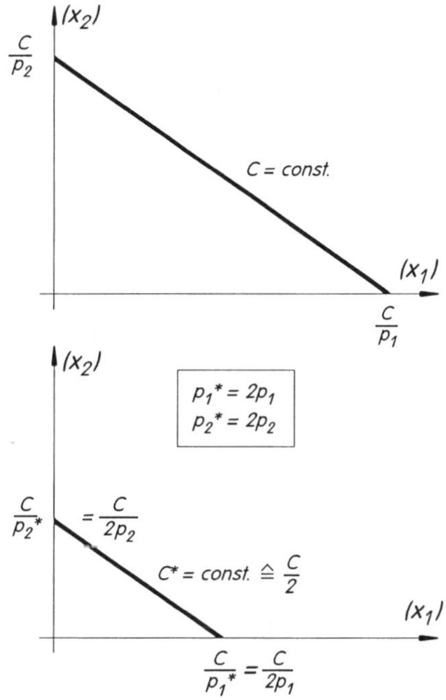

Abb. 7.3.194

Denselben Effekt (bei unveränderten Preisen p_1, p_2) bewirkt eine Verminderung der Konsumsumme auf die Hälfte des ursprünglichen Wertes. Das mit der ursprünglichen Konsumsumme C erzielbare **Nutzenniveau sinkt** daher **wie** bei einer entsprechenden **Einkommensverminderung ohne Preisänderung**.

Bemerkung 7.3.195: *Der Haushalt könnte sein bisheriges Nutzenniveau erhalten, wenn er seine Konsumsumme C den gestiegenen Preisen anpasst, also C ebenfalls mit dem Preisänderungsfaktor k $(\neq 0)$ multipliziert: $C^* = kC$. Dann lautet die Gleichung der Budgetgeraden $C^* = kC = kp_1x_1 + kp_2x_2 = p_1^*x_1 + p_2^*x_2$ und ist daher – wie man nach Division durch k feststellt – identisch mit der ursprünglichen Budgetrestriktion $C = p_1x_1 + p_2x_2$. Bei* ***proportionaler Änderung sowohl*** *der* ***Preise als auch*** *der* ***Konsumsumme*** *um* ***denselben Faktor ändert sich*** *daher das* ***Haushaltsoptimum weder*** *bzgl. der Gütermengenkombination* ***noch*** *bzgl. des erzielbaren Nutzenniveaus. Man sagt, der Haushalt sei* ***„frei von Geldillusionen".***

b) Im Zusammenhang mit **beliebiger Güterpreisänderung** sei zunächst die Änderung eines einzigen Preises, etwa p_1, betrachtet (p_2, C fest). Dann bleibt der **Ordinatenabschnitt** $\frac{C}{p_2}$ der Budgetgeraden (7.3.193) stets **unverändert**. Die **Steigung** $-p_1/p_2$ der Budgetgeraden ist stets **negativ** und nimmt mit **steigendem Preis absolut zu**, vgl. Abb. 7.3.196 (je höher p_1, desto steiler die Budgetgerade). Die **Verbindungslinie** Q_1, Q_2, Q_3, Q_4, ... **aller Haushaltsoptima** bildet die sog. **Preis-Konsum-Kurve** oder **offer-curve**. Ein nutzenmaximierender Haushalt wird für jedes p_1 nur die durch die offer-curve determinierten Gütermengenkombinationen x_1, x_2 (mit p_2, C fest) realisieren.

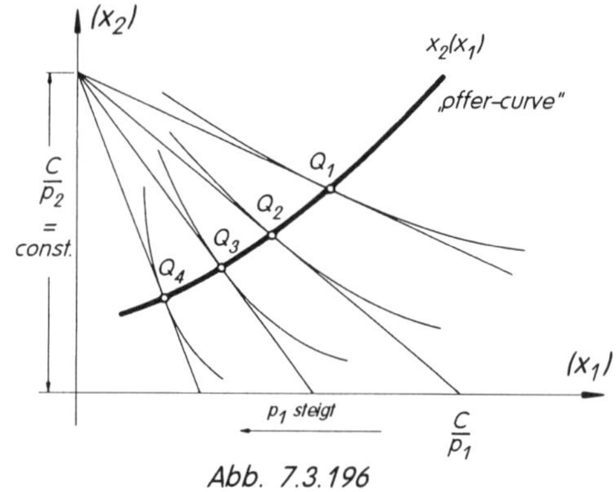

Abb. 7.3.196

Durch passende Elimination gelingt es i.a. stets, für den Fall der **Variation aller Güterpreise** die zugehörigen **Nachfragefunktionen** $x_1 = x_1(p_1, p_2)$; $x_2 = x_2(p_1, p_2)$ zu ermitteln.

Beispiel 7.3.197: (Fortsetzung von Beispiel 7.3.187): Mit allgemeinen Preis- bzw. Konsumsummenparametern lautet die Lagrangefunktion:

$L = \frac{2x_1x_2}{1+x_1} + \lambda(C - p_1x_1 - p_2x_2)$ mit den notwendigen Optimalbedingungen:

$$\left.\begin{aligned}(1)\quad \frac{\partial L}{\partial x_1} &= \frac{2x_2}{(1+x_1)^2} - \lambda p_1 = 0\\ (2)\quad \frac{\partial L}{\partial x_2} &= \frac{2x_1}{1+x_1} - \lambda p_2 = 0\end{aligned}\right\} \Rightarrow \boxed{\frac{p_1}{p_2} = \frac{x_2}{x_1(1+x_1)}} \quad (a)$$

$$(3)\quad \frac{\partial L}{\partial \lambda} = \boxed{C - p_1x_1 - p_2x_2 = 0} \quad (b)\ .$$

Aus den beiden (nach der Elimination von λ) noch verbliebenen Bedingungen (a) und (b) kann man je nach Variablen-/ Parameterelimination eine einzige Gleichung mit den gewünschten Zuordnungen erzeugen:

i) Gleichung (a) liefert unmittelbar die schon bekannte **Engelfunktion** für jede Konsumsumme C:

$$(7.3.198)\quad \boxed{x_2 = \frac{p_1}{p_2}\cdot x_1(1+x_1)} \qquad (p_1, p_2 = \text{const., vgl. (7.3.188) für } p_1 = 1\,;\ p_2 = 2).$$

ii) Elimination von p_1: Aus (a) folgt: $p_1x_1 = \frac{p_2x_2}{1+x_1}$. Einsetzen in (b) liefert sukzessive:

$$C = \frac{p_2x_2}{1+x_1} + p_2x_2 = x_2\left(\frac{p_2}{1+x_1} + p_2\right) = x_2\frac{p_2 + p_2(1+x_1)}{1+x_1} = x_2\frac{p_2(2+x_1)}{1+x_1} \quad \text{und daher}$$

$$(7.3.199)\quad \boxed{x_2 = \frac{C(1+x_1)}{p_2(2+x_1)}} \quad \text{für jedes } p_1\,.$$

Dies ist (sofern C, p_2 fest) die Gleichung der **offer-curve**. Für C = 10 ; p_2 = 2 etwa lautet sie:

$x_2 = 5 \cdot \frac{1+x_1}{2+x_1}$, vgl. Abb. 7.3.201.

iii) Elimination von x_2: Aus (a) folgt:

$p_2x_2 = p_1x_1(1 + x_1)$,

so dass beim Einsetzen in (b) mit x_2 auch gleichzeitig p_2 eliminiert wird:

$C = p_1x_1 + p_1x_1(1 + x_1) = p_1x_1^2 + 2p_1x_1$

$\Rightarrow x_1^2 + 2x_1 - \frac{C}{p_1} = 0.$

Die (ökonomisch sinnvolle) Lösung dieser quadratischen Gleichung lautet:

(7.3.200) $\boxed{x_1 = \sqrt{1 + \frac{C}{p_1}} - 1}$.

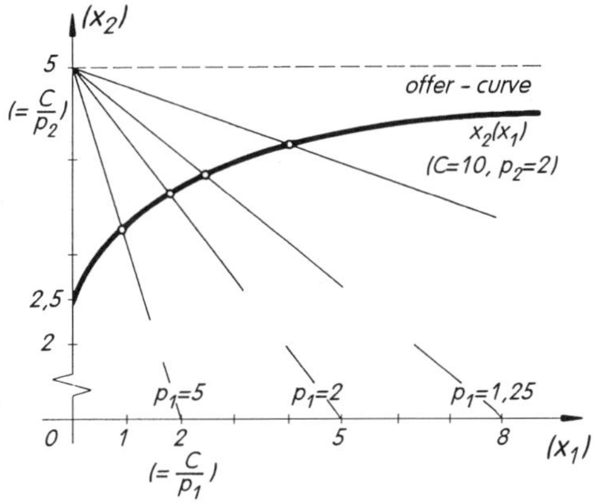

Abb. 7.3.210

Für p_1 = const. erhält man die schon bekannte Engelfunktion (7.3.190). Für C = const. liefert (7.3.200) die **Nachfragefunktion** $x_1 = x_1(p_1)$ des nutzenmaximierenden Haushalts nach dem **ersten Gut** in alleiniger Abhängigkeit von dessen Preis p_1, d.h. für beliebige Preis/Mengenkombination des zweiten Gutes. Abb. 7.3.203 zeigt die Nachfragefunktion (7.3.200) für C = 10.

iv) Elimination von x_1: Setzt man (7.3.200) in (7.3.198) ein, so folgt:

$x_2 = \frac{p_1}{p_2}\left(\sqrt{1 + \frac{C}{p_1}} - 1\right)\sqrt{1 + \frac{C}{p_1}} =$

$\frac{p_1}{p_2}\left(1 + \frac{C}{p_1} - \sqrt{1 + \frac{C}{p_1}}\right).$

Daraus folgt die **Nachfragefunktion** nach dem **zweiten Gut**:

(7.3.202) $\boxed{x_2 = \frac{1}{p_2}\left(p_1 + C - \sqrt{p_1(p_1 + C)}\right)}$.

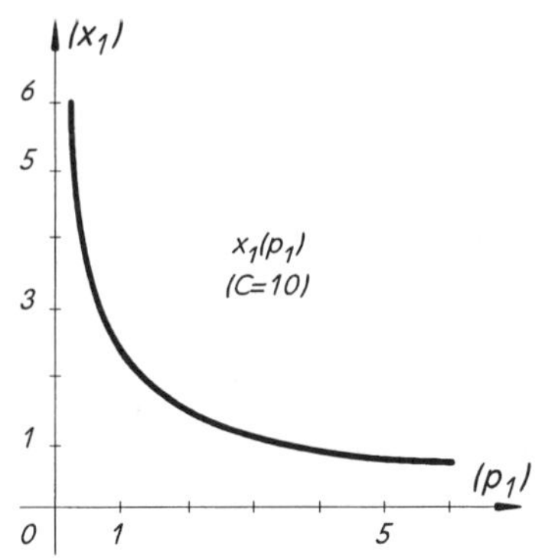

Abb. 7.3.203

Für p_1, p_2 = const. erhält man die schon bekannte Engelfunktion (7.3.191). Für C = const. liefert (7.3.202) die Nachfragefunktion nach dem zweiten Gut in Abhängigkeit beider Güterpreise. Es ist – c.p. – x_2 bzgl. p_2 monoton fallend (x_2 = const./p_2, vgl. (7.3.202)). Außerdem fällt x_2 – c.p. – ebenfalls mit Zunahme von p_1, es liegt ein Komplementäreffekt vor.

Für p_2 = 2 , C = 10 zeigt Abb. 7.3.205 den Verlauf von $x_2 = x_2(p_1)$. Für unbeschränkt wachsendes p_1 nähert sich die Nachfrage nach dem zweiten Gut immer mehr dem konstanten Wert 2,5.

Bemerkung 7.3.204: *Analog zum Vorgehen im letzten Beispiel lässt sich auch im n-Güter-Fall das System (7.3.174) von* $n + 1$ *Optimalbedingungen mit zunächst insgesamt* $2n + 2$ *Variablen (nämlich* $x_1, ..., x_n, p_1, ..., p_n, C, \lambda$*) durch Elimination entsprechender Variabler reduzieren auf jeweils eine Gleichung mit (höchstens noch)* $n + 2$ *Variablen. Dadurch lässt sich stets die* ***allgemeine Nachfragefunktion*** *eines nutzenmaximierenden Haushalts nach irgendeinem Konsumgut in Abhängigkeit aller Güterpreise sowie der Konsumsumme ermitteln:*

$$x_i = f(p_1, p_2, ..., p_n, C) \quad (i = 1, 2, ..., n) .$$

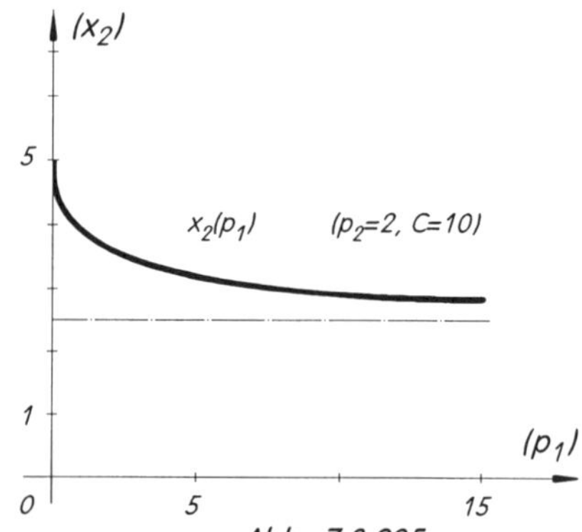

Abb. 7.3.205

Um allgemeine Preis- bzw. Konsumsummenänderungen beim wichtigen **Cobb-Douglas-Nutzenfunktionstyp** einerseits und für den allgemeinen **n-Güter-Fall** andererseits diskutieren zu können, sei abschließend eine Cobb-Douglas-Nutzenfunktion mit n Variablen betrachtet:

(7.3.206) Maximiere $U = c \cdot x_1^{a_1} \cdot x_2^{a_2} \cdot ... \cdot x_n^{a_n}$ mit $p_1x_1 + p_2x_2 + ... + p_nx_n = C$.

Die Optimalbedingungen (7.3.175) lauten:

$$(7.3.207) \quad \frac{\frac{\partial U}{\partial x_i}}{\frac{\partial U}{\partial x_k}} = \frac{c \cdot a_i \cdot x_1^{a_1} \ldots x_i^{a_i - 1} \ldots x_k^{a_k} \ldots x_n^{a_n}}{c \cdot a_k \cdot x_1^{a_1} \ldots x_i^{a_i} \ldots x_k^{a_k - 1} \ldots x_n^{a_n}} = \frac{p_i}{p_k} .$$

Daraus folgt durch Kürzen:

$$\textbf{(7.3.208)} \quad \frac{a_i}{a_k} \cdot \frac{x_k}{x_i} = \frac{p_i}{p_k} \quad \text{bzw.} \quad \boxed{x_k = \frac{p_i}{p_k} \cdot \frac{a_k}{a_i} \cdot x_i} \quad i, k = 1, ..., n .$$

Daher kann man sämtliche Mengen $x_1, x_2, ..., x_n$ durch x_i ausdrücken:

$$x_1 = \frac{p_i}{p_1} \cdot \frac{a_1}{a_i} \cdot x_i \; ; \; x_2 = \frac{p_i}{p_2} \cdot \frac{a_2}{a_i} \cdot x_i \; ; ... ; \; x_n = \frac{p_i}{p_n} \cdot \frac{a_n}{a_i} \cdot x_i .$$

Setzt man diese $n - 1$ Beziehungen in die Budgetrestriktion $p_1x_1 + p_2x_2 + ... + p_nx_n = C$ ein, so folgt:

$$p_i \cdot \frac{a_1}{a_i} \cdot x_i + p_i \cdot \frac{a_2}{a_i} \cdot x_i + ... + p_ix_i + ... + p_i \cdot \frac{a_n}{a_i} \cdot x_i = C \qquad \text{und daher}$$

$$\frac{p_ix_i}{a_i} \cdot (a_1 + a_2 + ... + a_i + ... + a_n) = C .$$

Der Klammerausdruck ist nach (7.3.18) genau der Homogenitätsgrad r der Cobb-Douglas-Funktion, so dass man schließlich die folgende Gleichung erhält:

$$\textbf{(7.3.209)} \qquad \boxed{x_i = \frac{a_i}{r} \cdot \frac{C}{p_i}} \quad i = 1, ..., n .$$

(C: Konsumsumme des Haushaltes; x_i: nachgefragte Menge nach dem i-ten Gut;
p_i: Preis des i-ten Gutes; a_i: Elastizität des Nutzens bzgl. des i-ten Gutes;
r: Homogenitätsgrad der Cobb-Douglas-Nutzenfunktion)

Man erkennt, dass die Nachfrage x_i nach dem i-ten Gut außer von der Konsumsumme C nur noch vom Preis p_i abhängt, nicht aber von den übrigen Güterpreisen. Je nachdem, welche der beiden Variablen p_i bzw. C konstant gehalten wird, folgt:

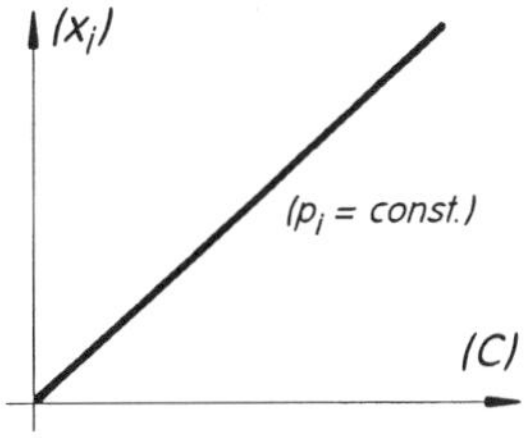

Abb. 7.3.210

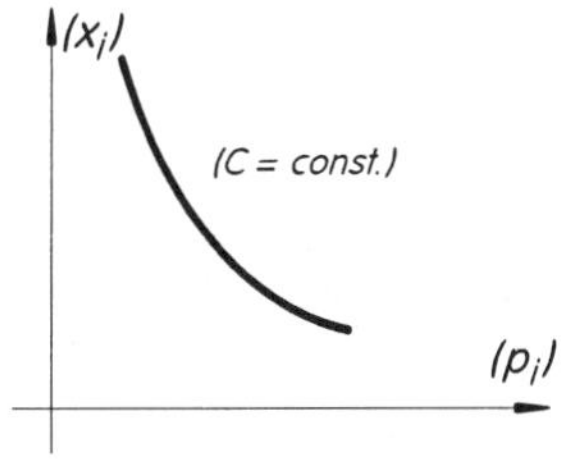

Abb. 7.3.211

i) Sei p_i = const.. Dann lautet die **Engelfunktion**: $\boxed{x_i(C) = \frac{a_i}{r \cdot p_i} \cdot C}$, ist also eine **Ursprungsgerade** im (C, x_i)-System, vgl. Abb. (7.3.210).

ii) Sei C = const.. Dann lautet die **Nachfragefunktion**: $\boxed{x_i(p_i) = \frac{a_i \cdot C}{r} \cdot \frac{1}{p_i}}$, ist also eine (monoton fallende) **Hyperbel** im (p_i, x_i)-System, vgl. Abb. 7.3.211.

iii) Jede **offer-curve** $x_i = x_i(x_k)$ mit p_i = const. ist eine **Konstante**: $x_i = \frac{a_i}{r} \cdot \frac{C}{p_i}$ = const.

Beispiel 7.3.212: Für die Cobb-Douglas-Nutzenfunktion

$U = U(x_1, x_2) = 4x_1^{0,5} \cdot x_2^{0,25}$

lauten die aus (7.3.209) resultierenden Optimalbedingungen:

$$x_1 = \frac{0,5}{0,75} \cdot \frac{C}{p_1} = \frac{2}{3} \cdot \frac{C}{p_1} \quad ;$$

$$x_2 = \frac{0,25}{0,75} \cdot \frac{C}{p_2} = \frac{1}{3} \cdot \frac{C}{p_2} \quad .$$

Für festes Budget, z.B. C = 48 GE, lauten die Nachfragefunktionen:

$$x_1(p_1) = \frac{32}{p_1} \; ; \; x_2(p_2) = \frac{16}{p_2} \quad .$$

Die offer-curves lauten damit etwa:

a) $p_1 = 4$ = const.: $x_1 = 8$ = const.
b) $p_2 = 8$ = const.: $x_2 = 2$ = const.

(vgl. Abb. 7.3.213).

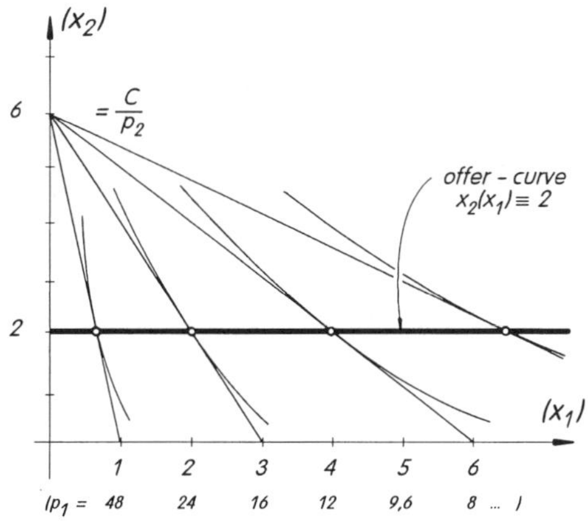

Abb. 7.3.213

Die Engelfunktionen lauten (für $p_1 = 4$; $p_2 = 8$): a) $x_1 = \frac{1}{6} C$; b) $x_2 = \frac{1}{24} C$.

Aufgabe 7.3.214: Gegeben sei für einen Haushalt die Nutzenfunktion $U(x_1, x_2) = (x_1 + 1)(x_2 + 4)$. Der Preis p_2 des zweiten Gutes sei fest vorgegeben: $p_2 = 4$ GE/ME$_2$.

i) Für $p_1 = 1$ GE/ME$_1$ und die Konsumsumme $C = 100$ GE ermittele man das Haushaltsoptimum.

ii) Wie lautet für konstantes p_1 (z.B. $p_1 = 1$) die Gleichung $x_1 = x_1(C)$ der Engelfunktion des ersten Gutes?

iii) Wie lautet für konstantes Haushaltsbudget (z.B. $C = 100$) die Gleichung $x_1 = x_1(p_1)$ der Nachfragefunktion nach dem ersten Gut? Ist $x_1(p_1)$ monoton abnehmend?

iv) Wie lautet für konstantes Haushaltsbudget die Nachfragefunktion $x_2 = x_2(p_1)$, die die Nachfrage nach dem zweiten Gut in Abhängigkeit vom Preis des ersten Gutes beschreibt? Handelt es sich um substitutive oder komplementäre Güter?

v) Man ermittle im (x_1, x_2)-System die Gleichungen der

a) Engelfunktion $x_2(x_1)$ *($p_1 = 12$; $p_2 = 4$; C variabel)*

b) Preis-Konsum-Kurve (offer-curve) $x_2(x_1)$ *($p_2 = 4$; $C = 100$; p_1 variabel).*

8 Einführung in die Integralrechnung

Die mathematisch-technische Grundlage der **Differentialrechnung** sind Begriff und Ermittlung der **Ableitung** $f'(x)$ einer vorgegebenen Funktion $f(x)$. Aber auch die **umgekehrte Fragestellung** ist von Bedeutung: Wie erhält man - ausgehend von einer **gegebenen Ableitungsfunktion** $f'(x)$ - die zugrundeliegende **Originalfunktion** $f(x)$? Ein ökonomisches Beispiel soll die Problemstellung verdeutlichen:

Beispiel 8.0.1: Eine Ein-Produkt-Unternehmung sehe sich folgender Grenzkostenfunktion $K' = K'(x)$ gegenüber:

(8.0.2) $K'(x) = 0{,}3x^2 - 4x + 21$.

Wie kann die Unternehmung daraus die Gleichung der **Gesamtkostenfunktion K = K(x)** ermitteln? Gesucht ist also eine Funktion $K(x)$ derart, dass ihre Ableitung K' genau die Grenzkostenfunktion (8.0.2) ergibt. Mit den bekannten Ergebnissen der Differentialrechnung kann man eine Lösung schrittweise gewinnen:

(1) Die Ableitung von x^3 ist $3x^2$, daher ist $0{,}3x^2$ die Ableitung von $0{,}1x^3$. Analog:

(2) $-4x$ ist die Ableitung von $-2x^2$.

(3) 21 ist die Ableitung von $21x$.

Damit erhält man als (vorläufiges) Ergebnis:

(8.0.3) $K(x) = 0{,}1x^3 - 2x^2 + 21x$ (Kontrolle durch Ableiten) .

Man kann zur Kostenfunktion (8.0.3) offenbar noch einen beliebigen Fixkostenwert $K_f = \text{const.}$ hinzuaddieren, ohne dass die Grenzkosten (8.0.2) sich ändern:

(8.0.4) $K(x) = 0{,}1x^3 - 2x^2 + 21x + K_f$,

denn die Ableitung des konstanten Summanden K_f wird stets Null. Die Gesamtkostenfunktion (8.0.4) ist daher erst durch Vorgabe der Fixkosten eindeutig bestimmt.

Die dem letzten Beispiel zugrundeliegende Problemstellung soll im folgenden genauer untersucht werden .

8.1 Das unbestimmte Integral

8.1.1 Stammfunktion und unbestimmtes Integral

Wie zuvor beispielhaft angedeutet, gibt es zahlreiche Probleme in der Ökonomie, zu deren Lösung es erforderlich ist , aus der Kenntnis der ersten Ableitung f' die zugehörige **Original-** oder **Stammfunktion** f zu ermitteln, also gewissermaßen den **Ableitungsprozess rückgängig** zu machen, ihn umzukehren. Diesen Vorgang nennt man in der Mathematik „**integrieren**".

Beispiel 8.1.1: Durch Integrieren erhält man etwa aus der Grenzerlösfunktion die Erlösfunktion, aus der Grenzproduktivitätsfunktion die Produktionsfunktion, aus der Funktion der marginalen Konsumquote die Konsumfunktion usw ..

Die **Integration als Umkehrung der Differentiation** ist eine der beiden **Hauptaufgaben der Integralrechnung**. Mit der

Def. 8.1.2: Sei f eine gegebene stetige Funktion im Intervall [a, b] . Eine differenzierbare Funktion F in [a, b] heißt **Stammfunktion** zu f , falls gilt:

(8.1.3) $$F'(x) = f(x) \quad \text{bzw.} \quad \frac{dF}{dx} = f(x) \; .$$

lautet die

1. Hauptaufgabe der Integralrechnung

(8.1.4) Gegeben ist die Funktion f. Gesucht ist eine Stammfunktion F zu f (d.h. deren Ableitung F'(x) die gegebene Funktion f(x) liefert).

Beispiel 8.1.5: Durch Umkehrung elementarer Differentiationsregeln erhält man z.B. folgende Stammfunktionen:

i) $f(x) = x \;\Rightarrow\; F(x) = 0{,}5x^2 + 7$, denn $\frac{d}{dx}(0{,}5x^2 + 7) = x = f(x)$;

ii) $f(z) = 2e^z \;\Rightarrow\; F(z) = 2e^z - 31$, denn $F'(z) = 2e^z = f(z)$;

iii) $f(q) = \frac{1}{q} \underset{(q>0)}{\Rightarrow} F(q) = \ln q + C$ (C = const.), denn $F'(q) = \frac{1}{q} = f(q)$ usw..

Bemerkung 8.1.6: *Man überzeugt sich allgemein von der Richtigkeit einer Integration, indem man die gefundene (oder vermutete) Stammfunktion differenziert und mit der gegebenen Funktion vergleicht.*

Wie man an Beispiel 8.1.5 iii) erkennen kann, lassen sich zu einer Stammfunktion F durch **Hinzufügen** von **additiven Konstanten C beliebig viele verschiedene Stammfunktionen zu** f **erzeugen** (denn die Ableitung von C ergibt stets den Wert Null). Alle diese unendlich vielen Stammfunktionen unterscheiden sich voneinander nur durch die additive Konstante C. (So sind etwa sowohl $F_1(x) = x^2 + 7$ als auch $F_2(x) = x^2 - 23$ Stammfunktionen zu $f(x) = 2x$.) Allgemein gilt:

Satz 8.1.7: Sei f stetig in [a, b] , und sei F_1 in [a, b] eine Stammfunktion zu f. Dann erhält man **sämtliche Stammfunktionen** zu f durch

(8.1.8) $$F(x) = F_1(x) + C, \quad C \in \mathbb{R} \; .$$

Bemerkung 8.1.9: *Satz 8.1.7 enthält **zwei** Aussagen:*

i) Wenn $F(x)$ Stammfunktion zu $f(x)$ ist, so auch $F(x) + C$.

ii) Wenn F_1 und F_2 Stammfunktionen zu f sind, so gilt stets: $F_1(x) = F_2(x) + C$ (mit einer geeignet gewählten Konstanten C).

Beispiel 8.1.10: Sei $f(x) = x^2$. Dann erhält man **eine** Stammfunktion durch $F_1(x) = \frac{1}{3}x^3$.

Nach Satz 8.1.7 lassen sich **sämtliche** Stammfunktionen darstellen durch $F(x) = \frac{1}{3}x^3 + C$,

z.B. $\frac{1}{3}x^3 + 5$; $\frac{1}{3}x^3 - \ln 2$ usw..

Die **Menge** F **aller Stammfunktionen** (die sich nach Satz 8.1.7 nur durch die **Integrationskonstante C** unterscheiden) zu einer gegebenen Funktion f wird mit folgender Symbolik beschrieben:

Def. 8.1.11: Die **Menge aller Stammfunktionen** zu f in [a, b] wird **unbestimmtes Integral** genannt und mit $\int f(x)\,dx$ bezeichnet. f(x) heißt **Integrand**.

Wegen Def. 8.1.2 gilt:

(8.1.12)
$$\int f(x)\,dx := \{ F \mid F'(x) = f(x) \} \quad .$$

Bemerkung 8.1.13: *i) Die Schreibweise $\int f(x)\,dx$ scheint zunachst unmotiviert zu sein, man hatte auch $\int f(x)$ oder $\int f$ verwenden können. Ihre Sinnfälligkeit wird erst im Zusammenhang mit den Hauptsätzen der Differential- und Integralrechnung (Kap. 8.3.2/8.3.3) sowie bei Anwendung der „Substitutionsregel" (Kap.8.4.2) deutlich.*

ii) Für das unbestimmte Integral benutzt man häufig die (nicht ganz korrekte) Schreibweise

(8.1.14)
$$\int f(x)\,dx = F(x) + C \qquad \text{(mit } C = \text{const.)}$$

sofern F eine Stammfunktion zu f ist, d.h. $F'(x) = f(x)$.

iii) Statt (8.1.14) schreibt man gelegentlich auch $(\text{wegen } F'(x) = f(x))$

(8.1.15)
$$\frac{d}{dx}\int f(x)\,dx = f(x)$$

bzw.

(8.1.16)
$$\int f'(x)\,dx = f(x) + C \quad .$$

*Die Schreibweise (8.1.14) ist deshalb nicht ganz korrekt, weil $\int f(x)\,dx$ eine **Menge** von Funktionen darstellt und nicht einen bestimmten Repräsentanten dieser Menge. Da Missverständnisse allerdings kaum vorkommen, soll auch hier aus Gründen der bequemen Handhabung die Schreibweise (8.1.14) bevorzugt werden.*

Beispiel 8.1.17:

i) $\int 4x^3\,dx = \{ F \mid F(x) = x^4 + C \ \wedge \ C \in \mathbb{R} \}$, kurz: $\int 4x^3\,dx = x^4 + C$;

ii) $\int 7t^6\,dt = t^7 + C$;

iii) $\int e^z\,dz = e^z + C$;

iv) $\int K'(x)\,dx = K(x) + C = K_v(x) + K_f$
(mit K': Grenzkosten; K_v: variable Kosten; K_f: Fixkosten) ;

(*Kontrolle:* Ableitung der rechten Seite bilden) .

8.1.2 Grundintegrale

Im folgenden sind zu einigen wichtigen Funktionen die zugehörigen unbestimmten Integrale angegeben. Diese sog. Grundintegrale ergeben sich aus der Ableitungstabelle des Kap. 5.2.5 durch „Rückwärtslesen". (*Weitere Grundintegrale* entnehme man etwa [11].)

(8.1.18)

f(x)	$\int f(x)\,dx$	Bemerkungen
0	C	C = const.
x^n	$\frac{x^{n+1}}{n+1} + C$	$n \neq -1$ falls $n \in \mathbb{N}$: $x \in \mathbb{R}$, $ax + b \in \mathbb{R}$ falls $n \in \mathbb{Z}$: $x \neq 0$, $ax + b \neq 0$ falls $n \in \mathbb{R}$: $x > 0$, $ax + b > 0$
$(ax + b)^n$	$\frac{1}{a} \cdot \frac{(ax+b)^{n+1}}{n+1} + C$	
$\frac{1}{x}$	$\ln x + C$	$x > 0$
$\frac{1}{x}$	$\ln(-x) + C$	$x < 0$
$\frac{1}{ax+b}$	$\frac{1}{a}\ln(ax + b) + C$	$ax + b > 0,\ a \neq 0$
$\frac{1}{ax+b}$	$\frac{1}{a}\ln(-ax - b) + C$	$ax + b < 0,\ a \neq 0$
e^x	$e^x + C$	$x \in \mathbb{R}$
e^{ax+b}	$\frac{1}{a} e^{ax+b} + C$	$a \neq 0$
$\sin x$	$-\cos x + C$	$x \in \mathbb{R}$
$\cos x$	$\sin x + C$	$x \in \mathbb{R}$

Beispiel 8.1.19:

i) $\int x^7\,dx = \frac{1}{8}x^8 + C;$ **ii)** $\int dx = \int 1\cdot dx = x + C;$

iii) $\int\sqrt{y}\,dy = \int y^{1/2}\,dy = \frac{2}{3}y^{3/2} + C;$ **iv)** $\int (2x)^4\,dx = \frac{1}{2}\cdot\frac{(2x)^5}{5} + C;$

v) $\int\frac{dx}{\sqrt[5]{x^2}} = \int x^{-2/5}dx = \frac{5}{3}x^{3/5} + C;$

vi) $\int (3z-2)^2\,dz = \frac{1}{3}\cdot\frac{(3z-2)^3}{3} + C = \frac{1}{9}(3z-2)^3 + C;$

vii) $\int\sqrt{2x-1}\,dx = \int (2x-1)^{0,5}\,dx = \frac{1}{2}\cdot\frac{(2x-1)^{1,5}}{1,5} = \frac{1}{3}\sqrt{(2x-1)^3} + C;$

viii) $\int\frac{dx}{2x-8} = \begin{cases} 0,5\ln(2x-8) \text{ für } x > 4 \\ 0,5\ln(8-2x) \text{ für } x < 4 \end{cases}$ **ix)** $\int e^{0,5t-7}\,dt = 2\cdot e^{0,5t-7} + C$

x) $\int e^{-0,1t} = -10e^{-0,1t} + C.$

Bemerkung 8.1.20: *Obwohl - wie noch zu sehen sein wird -* ***jede stetige Funktion*** *eine* ***Stammfunktion*** *besitzt, ist es nicht immer möglich, diese Stammfunktion in geschlossener Form (d.h. durch Kombination endlich vieler elementarer Funktionen) darzustellen. Dies ist beispielsweise der Fall bei folgenden Integralen:*

$$\int e^{-x^2}\,dx\;;\quad\int\frac{e^x}{x}\,dx\;;\quad\int\frac{dx}{\ln x}\;.$$

In solchen Fällen kann man sich mit speziellen Integraltabellen (vgl. z.B. [24]) helfen, in denen die Stammfunktionswerte tabelliert sind.

Auch für geschlossen darstellbare Integrale ist die **technische Durchführung der Integration** häufig recht **mühsam** - die (oft trickreiche) Integrationstechnik bedarf zu ihrer Beherrschung erheblicher Übung. Für die Zielsetzung der vorliegenden Einführung reichen i.a. die angegebenen **Grundintegrale** aus, wenn zusätzlich einige **einfache Regeln** für die Integration zusammengesetzter Funktionen beachtet werden (vgl. das folgende Kap. 8.1.3) . Eine Zusammenstellung weiterer Integrationstechniken findet sich in Kap. 8.4 .

8.1.3 Elementare Rechenregeln für das unbestimmte Integral

Für die Integration einer mit einem **konstanten Faktor** multiplizierten Funktion f sowie für die Integration einer **Summe** $f \pm g$ zweier Funktionen gelten folgende einfache Regeln:

Satz 8.1.21: Es seien f, g stetige Funktionen. Dann gilt (mit k = const.):

i) $\int k\cdot f(x)\,dx = k\cdot\int f(x)\,dx$ **ii)** $\int\big(f(x) \pm g(x)\big)\,dx = \int f(x)\,dx \pm \int g(x)\,dx$.

Der **Beweis** erfolgt jeweils durch Ableiten beider Seiten unter Beachtung von (8.1.15):

$\frac{d}{dx}\int f(x)\,dx = f(x)$ sowie der Differentiationsregeln (5.2.23) bzw. (5.2.26) .

Beispiel 8.1.22:

i) $\int 6x^2\,dx = 6\int x^2\,dx = 6\cdot\frac{1}{3}x^3 + C = 2x^3 + C$; **ii)** $\int -\frac{1}{x}\,dx = -\int\frac{dx}{x} = -\ln x + C \quad (x > 0)$;

iii) $\int\left(8x^3 - 4x + 2 + \frac{12}{\sqrt{4x+9}}\right)dx = 2x^4 - 2x^2 + 2x + 6\sqrt{4x+9} + C$;

iv) Eine Unternehmung produziere ein Gut mit der Grenzproduktivitätsfunktion

$x'(r) = -2r^2 + 4r + 6$.

Der Output x beim Input r = 0 sei Null. Dann lautet die entsprechende Produktionsfunktion:

$x(r) = \int x'(r)\,dr = \int(-2r^2 + 4r + 6)\,dr = -\frac{2}{3}r^3 + 2r^2 + 6r + C$.

Wegen $x(0) = C = 0$ ergibt sich schließlich: $x(r) = -\frac{2}{3}r^3 + 2r^2 + 6r$.

Bemerkung 8.1.23: *i) Der in Satz 8.1.21 dargestellte Sachverhalt wird häufig wie folgt formuliert:*

a) Ein konstanter Faktor darf vor das Integralzeichen geschrieben werden;
b) Eine Summe darf gliedweise integriert werden.

Man nennt diese Eigenschaften ***Linearität des unbestimmten Integrals****. Man kann sie äquivalent beschreiben durch eine einzige Gleichung:*

(8.1.24) $$\int\left(a\cdot f(x) \pm b\cdot g(x)\right)dx = a\cdot\int f(x)\,dx \pm b\cdot\int g(x)\,dx \qquad (a,b \in \mathbb{R})\ .$$

ii) Man beachte, dass es eine zu Satz 8.1.21 analoge ***Regel*** *für die* ***Integration eines Produktes nicht*** *gibt. Denn wegen $f'(x)\cdot g'(x) \neq (f(x)\cdot g(x))'$ (Produktregel !) gilt auch:*

$\int f'(x)\cdot g'(x)\,dx \neq f(x)\cdot g(x)$.

Aufgabe 8.1.25: Man ermittle die folgenden unbestimmten Integrale:

i) $\int\left(4x^7 - 2x^3 + 4 - \frac{10}{x}\right)dx$; **ii)** $\int\frac{dz}{z\sqrt{z}}$; **iii)** $\int 4\sqrt[3]{4y-3}\,dy$;

iv) $\int 18e^{-0,09t}\,dt$; **v)** $\int\frac{30\,dx}{\sqrt[5]{5x-1}}$; **vi)** $\int\frac{4\,du}{\sqrt{1-u}}$;

vii) $\int\frac{4\,du}{(1-u)^2}$; **viii)** $\int\left(24\,(2x+1)^{11} - e^{-x} + \frac{\sqrt{x}}{2x^2} + \frac{30}{16-5x}\right)dx$.

Aufgabe 8.1.26: Eine Ein-Produkt-Unternehmung produziere mit folgender Grenzkostenfunktion: $K'(x) = 1{,}5x^2 - 4x + 4$. Bei einem Output von 10 ME betragen die Gesamtkosten 372 GE. Man ermittle die Gesamtkosten- und Stückkostenfunktion.

Aufgabe 8.1.27: Die marginale Konsumquote C'(Y) eines Haushaltes werde durch die Funktion: $C'(Y) = \frac{7{,}2}{\sqrt{0{,}6Y+4}}$ beschrieben. Das Existenzminimum (= Konsum beim Einkommen Null) betrage 50 GE. Man ermittle die Gleichungen von Konsum- und Sparfunktion.

Aufgabe 8.1.28: Beim Absatz eines Produktes sei die Grenzerlösfunktion E'(x) bekannt:

i) $E'(x) = 4 - 1{,}5x$; **ii)** $E'(x) = \frac{500}{(2x+5)^2}$.

Man ermittle in beiden Fällen die Preis-Absatz-Funktion $p = p(x)$.

8.2. Das bestimmte Integral

8.2.1 Das Flächeninhaltsproblem und der Begriff des bestimmten Integrals

Es sei f eine im Intervall [a, b] stetige und positive Funktion. Dann besteht die **2. Hauptaufgabe der Integralrechnung** - anschaulich formuliert - darin, den **Inhalt** A des **Flächenstücks** zu bestimmen, das vom Funktionsgraphen, der Abszisse sowie den beiden Senkrechten x = a und x = b begrenzt wird, vgl. Abb. 8.2.1 . Es soll zunächst versucht werden, den Flächeninhalt (d.h. die Flächenmaßzahl) des schraffierten Bereiches in Abb. 8.2.1 zu ermitteln. Da nicht alle Begrenzungslinien geradlinig sind, versagen elementar - geometrische Methoden:

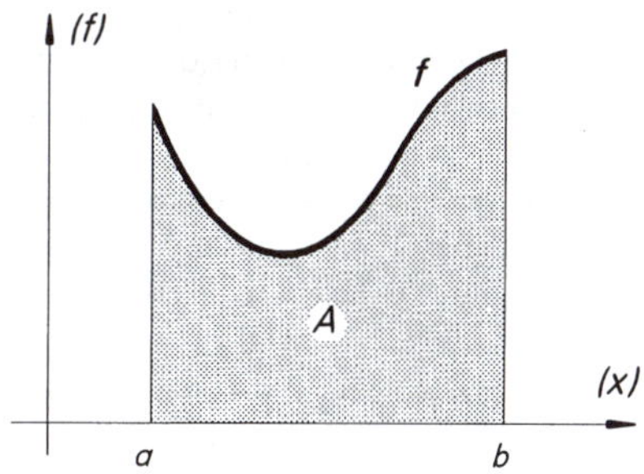

Abb. 8.2.1

Unter Zuhilfenahme des Grenzwertkonzeptes versucht man, mit achsenparallelen Rechtecken die Fläche „auszuschöpfen"[1]. Das Vorgehen soll in **vier Schritten** erläutert werden:

1. Schritt: Das Intervall [a, b] wird durch Einfügen von Zwischenpunkten x_i mit $a = x_0 < x_1 < x_2 < \ldots < x_n = b$ in n **Teilintervalle** zerlegt, vgl. Abb. 8.2.2. Die Länge des i- ten Teilintervalls $[x_{i-1}, x_i]$ wird mit Δx_i bezeichnet :

$$\Delta x_i = x_i - x_{i-1} \; ; \; i = 1, 2, \ldots, n \, .$$

2. Schritt: In jedem der so entstandenen n Teilintervalle wird auf beliebige Weise eine **Zwischenstelle** ξ_i gewählt (ξ_i kann auch am rechten oder linken Rand des Teilintervalls liegen) und der dazugehörige Funktionswert $f(\xi_i)$ gebildet, vgl. Abb. 8.2.4 . Der Flächeninhalt eines senkrechten, oben vom Graphen von f begrenzten *Flächenstreifens* wird dann durch den Inhalt A_i des in Abb. 8.2.4 *schraffierten Rechteckes* angenähert :

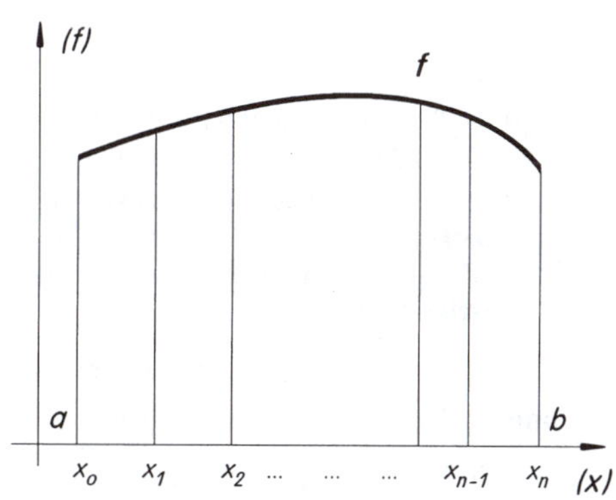

Abb. 8.2.2

(8.2.3) $A_i = f(\xi_i) \cdot \Delta x_i = f(\xi_i) \cdot (x_i - x_{i-1})$.

---

[1] Die Grundidee des Vorgehens ist schon seit Archimedes (ca. 285-212 v. Chr.) als „Exhaustionsmethode" (= Ausschöpfungsmethode) bekannt.

Analog erhält man die Rechtecksinhalte

$A_1 = f(\xi_1) \cdot \Delta x_1$;

$A_2 = f(\xi_2) \cdot \Delta x_2$;

.....

$A_n = f(\xi_n) \cdot \Delta x_n$.

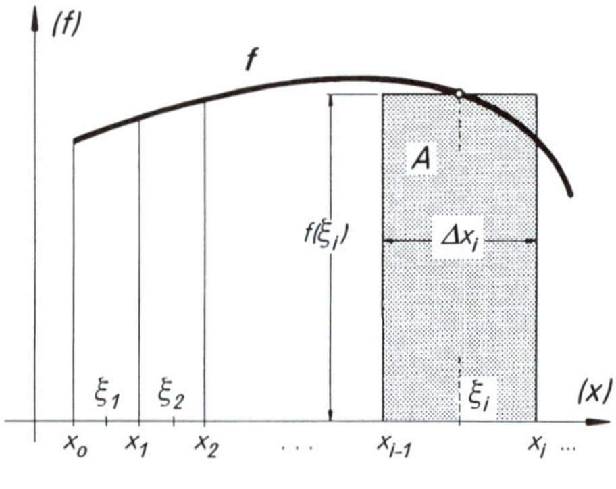

Abb. 8.2.4

3. Schritt: Um einen Näherungswert für den *gesamten* Flächeninhalt unter dem Graphen von f zwischen x = a und x = b zu erhalten, summiert man die Näherungswerte A_i der Rechteckstreifeninhalte auf und erhält als **Zwischensumme** S_n:

(8.2.5) $$S_n = A_1 + A_2 + \dots + A_n = f(\xi_1) \cdot \Delta x_1 + \dots + f(\xi_n) \cdot \Delta x_n = \sum_{i=1}^{n} f(\xi_i) \cdot \Delta x_i \,.$$

Bemerkung: *i) Die Zwischensumme S_n ist ein Näherungswert für den gesuchten Flächeninhalt A, vgl. Abb. 8.2.6 .*

ii) Die Güte dieses Näherungswertes S_n hängt für jedes n von mehreren Faktoren ab:

a) Wahl der Zwischenstellen ξ_i ;

b) Anzahl n der durch die Zerlegung erzeugten Teilintervalle ;

c) die Breite Δx_i der einzelnen Teilintervalle.

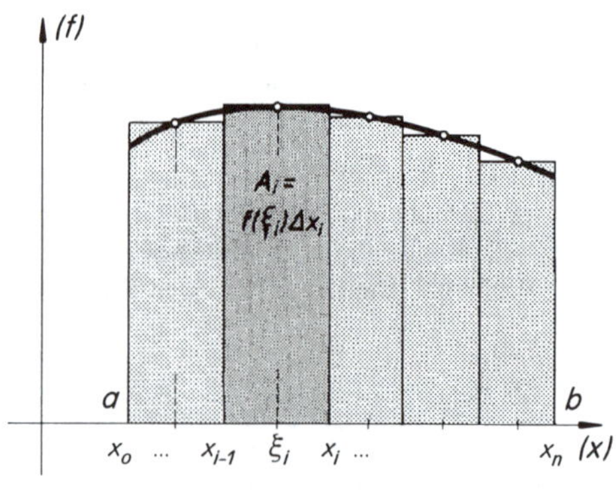

Abb. 8.2.6

Die beschriebene „Ausschöpfung“ führt zu einem immer besseren Näherungswert für A, wenn

1) die **Anzahl** n der **Zwischenpunkte vergrößert** und
2) die **Breite** Δx_i sämtlicher **Teilintervalle verkleinert** wird.

Dies gibt Anlass zu folgender Überlegung:

4. Schritt: Den gesuchten Flächeninhalt A erhält man als **Grenzwert der Zwischensumme** S_n,

1) indem man die **Anzahl n** der Zerlegungsintervalle **über alle Grenzen** wachsen lässt und gleichzeitig
2) dabei gleichzeitig die **Breite** des breitesten Teilintervalls $\Delta x := \max \Delta x_i$ **gegen Null** streben lässt:

(8.2.7) $$A = \lim_{\substack{n \to \infty \\ \Delta x \to 0}} S_n = \lim_{\substack{n \to \infty \\ \Delta x \to 0}} \sum_{i=1}^{n} f(\xi_i) \cdot \Delta x_i \,.$$

Da - wie man zeigen kann (vgl. etwa [41], Band 3, 109 ff) - dieser **Grenzwert** für **stetige Funktionen** stets **existiert** (und zwar unabhängig davon, wie die Zwischenstellen gewählt werden), ist das **Flächenproblem gelöst.** Für (8.2.7) ist folgende Schreibweise üblich:

Def. 8.2.8: Sei f in [a, b] stetig. Dann nennt man den Grenzwert (8.2.7) **bestimmtes Integral** von f über [a, b] und benutzt dafür die Schreibweise

(8.2.9) $$\int_a^b f(x)\,dx := \lim_{\substack{n\to\infty \\ \Delta x\to 0}} \sum_{i=1}^{n} f(\xi_i)\cdot \Delta x_i$$ (mit $\Delta x := \max \Delta x_i$).

Bemerkung 8.2.10: ***i)*** *Für stetiges f mit f(x) > 0 (vgl. Abb. 8.2.1) gilt nach vorstehenden Überlegungen: Der zwischen x = a und x = b unter dem Funktionsgraphen bis zur Abszisse liegende Flächenbereich hat den Flächeninhalt* $A = \int_a^b f(x)\,dx$.

ii) *Die Symbole des bestimmten Integrals werden folgendermaßen bezeichnet:*

obere Integrationsgrenze ⟶ b; *Integrand* ⟶ $f(x)$

$$\int_a^b f(x)\,dx$$

untere Integrationsgrenze ⟶ a; *Integrationsvariable* ⟶ x (in $f(x)$ und dx).

*Die **Integrationsvariable** ist eine sog. „gebundene" Variable, sie kann **beliebig umbenannt** werden, an ihre Stelle dürfen aber **keine Zahlenwerte eingesetzt** werden. So gilt z. B.*

$$\int_a^b f(x)\,dx = \int_a^b f(t)\,dt = \int_a^b f(y)\,dy = usw.$$

Dagegen ist ein Ausdruck wie $\int_a^b f(2)\,d2$ *nicht definiert und nach dem Vorhergehenden auch unsinnig.*

iii) *Man nennt jede Funktion f, für die der **Grenzwert** (8.2.7) unabhängig von der Wahl der Zwischenpunkte existiert, über [a, b] **integrierbar** (im Riemannschen Sinne).*

iv) *In der Symbolik* $\int_a^b f(x)\,dx$ *kommt zum Ausdruck, dass es sich um den Grenzwert einer Summe handelt: Das Integralzeichen* $\int$ *ist ein stilisiertes S (bzw. Σ), f(x) dx soll daran erinnern, dass in der Zwischensumme die Produkte* $f(\xi_i)\cdot\Delta x_i$ *aufaddiert wurden.*

v) *In Def. 8.2.8 wird **nicht** mehr vorausgesetzt, dass f in [a, b] positiv ist. Für **f < 0** in [a, b] werden auch die Funktionswerte* $f(\xi_i)$ *negativ (Abb. 8.2.11), so dass* S_n *und damit* $\int_a^b f(x)\,dx$ ***negativ** werden.*

*Anschauliche **Interpretation:** Für Flächenstücke, die **unterhalb** der Abszisse liegen, wird das bestimmte **Integral** (und damit die „Flächenmaßzahl") **negativ**. Daher kann es vorkommen, dass sich bei einer Integration „positive" und „negative" Flächeninhalte zu Null kompensieren (vgl. Kap. 8.3.4, insb. Beispiel 8.3.27).*

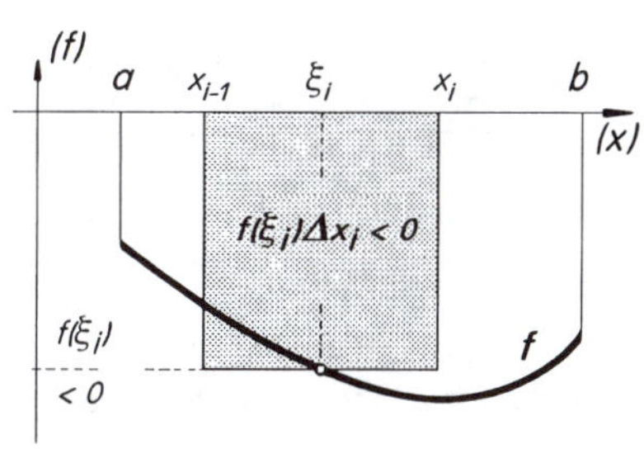

Abb. 8.2.11

8.2.2 Beispiel zur elementaren Berechnung eines bestimmten Integrals

Obgleich das Flächeninhaltsproblem für stetige Funktionen durch (8.2.9) theoretisch gelöst ist, erweist sich der rechnerische Aufwand zur Ermittlung des bestimmten Integrals selbst bei einfach gebauten Funktionen als recht erheblich, wie folgendes Beispiel zeigt:

Gesucht ist die Flächenmaßzahl $\int_a^b f(x)\,dx$ der in Abb. 8.2.12 schraffierten Fläche unterhalb der Funktion $f(x) = x$. Obwohl das Ergebnis nach elementar-geometrischen Methoden bekannt ist $\left(\int_a^b x\,dx \triangleq \text{Trapezfläche} = \text{„halbe Summe der Parallelseiten mal deren Abstand"} = \frac{a+b}{2} \cdot (b-a) = \frac{1}{2}(b^2-a^2)\right)$, soll die Berechnung nach Def. 8.2.8 erfolgen:

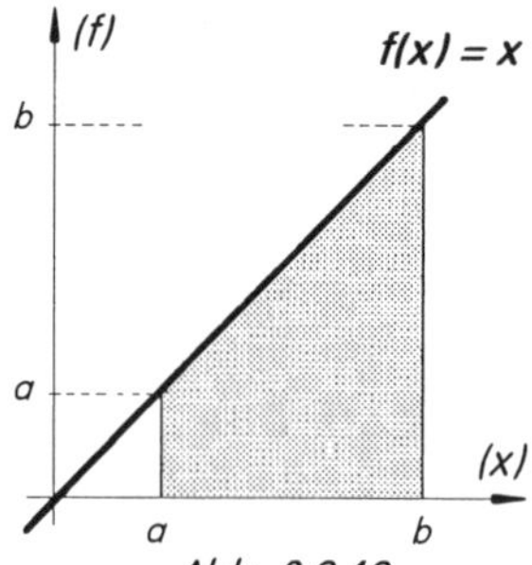

Abb. 8.2.12

Dazu zerlegt man $[a,b]$ in n gleichbreite Teilintervalle der Länge $\Delta x = \frac{b-a}{n}$ und wählt als Zwischenpunkte ξ_i jeweils den rechten Endpunkt eines jeden Teilintervalles, vgl. Abb. 8.2.13. Durch Addition der schraffierten Rechtecksflächeninhalte erhält man die Zwischensumme (8.2.5):

$$S_n = \sum_{i=1}^{n} f(\xi_i) \cdot \Delta x_i = \Delta x \cdot \sum_{i=1}^{n} f(a + i \cdot \Delta x)$$

$$= \Delta x \sum_{i=1}^{n} (a + i \cdot \Delta x) = \frac{b-a}{n} \sum_{i=1}^{n} \left(a + i \cdot \frac{b-a}{n}\right)$$

$$= \frac{b-a}{n} \cdot \left(an + \frac{b-a}{n} \cdot \sum_{i=1}^{n} i\right).$$

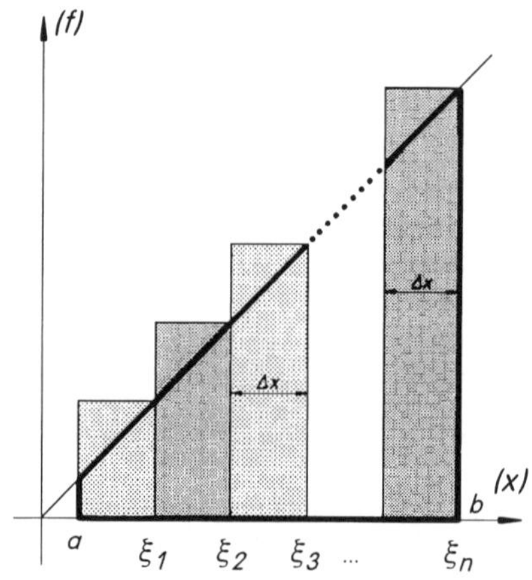

Abb. 8.2.13

Wegen $\sum_{i=1}^{n} i = 1 + 2 + \ldots + n = \frac{n(n+1)}{2}$ folgt $S_n = (b-a)\,a + \frac{1}{2}(b-a)^2 \cdot \frac{n+1}{n}$.

Wegen $\lim_{n\to\infty} \frac{n+1}{n} = 1$ folgt: $\lim_{n\to\infty} S_n = (b-a) \cdot a + \frac{1}{2}(b-a)^2$ und daher

(8.2.14) $$\int_a^b x\,dx = \frac{b^2}{2} - \frac{a^2}{2}$$, so wie schon auf anderem Wege erhalten.

Aufgabe 8.2.15: Man berechne mit der eben dargestellten Methode das bestimmte Integral $\int_a^b x^2\,dx$. $\left(\text{Hinweis: Es gilt: } 1^2 + 2^2 + \ldots + n^2 = \sum_{i=1}^{n} i^2 = \frac{1}{6}n(n+1)(2n+1).\right)$

8.2.3 Elementare Eigenschaften des bestimmten Integrals

Für die **Multiplikation** eines bestimmten Integrals mit einem **konstanten Faktor** k und für die **Addition** zweier bestimmter Integrale über [a, b] gelten Gesetze, die mit dem anschaulichen Flächeninhaltsbegriff in Einklang stehen:

Satz 8.2.16: Es seien f und g zwei über [a, b] integrierbare Funktionen und k eine reelle Konstante. Dann gilt:

i) $\int_a^b k \cdot f(x)\,dx = k \cdot \int_a^b f(x)\,dx$; **ii)** $\int_a^b \big(f(x) \pm g(x)\big)\,dx = \int_a^b f(x)\,dx \pm \int_a^b g(x)\,dx$.

Satz 8.2.17: Es sei f in [a, b] und [b, c] integrierbar. Dann gilt

$$\int_a^c f(x)\,dx = \int_a^b f(x)\,dx + \int_b^c f(x)\,dx \quad . \qquad \textit{(Intervalladditivität)}$$

Anschaulich besagt Satz 8.2.17: Der Inhalt eines aus zwei Teilflächen zusammengesetzten Flächenstückes ist gleich der Summe der Inhalte beider Teilflächen (Abb. 8.2.18). Damit Satz 8.2.17 für *beliebige* a, b, c anwendbar ist, kann man fragen, ob die bisher gemachte Voraussetzung a < b fallengelassen werden kann: Was soll man unter dem Ausdruck $\int_a^b f(x)dx$ verstehen, wenn a >b bzw. wenn a = b ? Wendet man *formal* Satz 8.2.17 an, indem man an die Stelle von c den Wert a setzt, so folgt

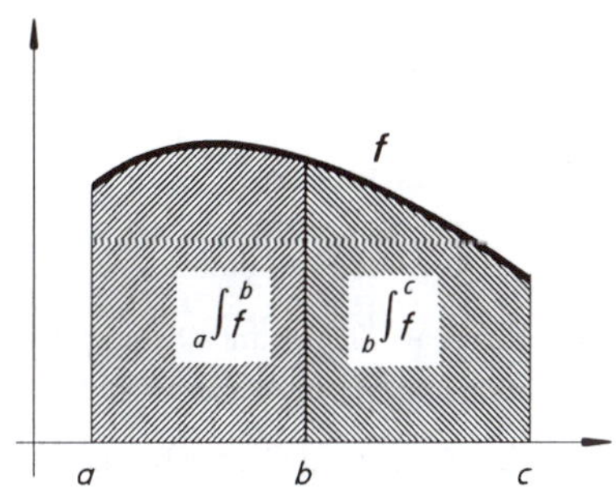

Abb. 8.2.18

$$(8.2.19) \qquad \int_a^a f(x)\,dx = \int_a^b f(x)\,dx + \int_b^a f(x)\,dx \ .$$

Weder $\int_a^a$ noch $\int_b^a$ (b > a) sind bisher definiert. Von der Anschauung her müsste man sagen: $\int_a^a f(x)\,dx$ hat den Wert Null, ebenso wie ein Rechteck, dessen eine Seite a − a = 0 misst. Damit lautet

(8.2.19): $\int_a^a f(x)\,dx = 0 = \int_a^b f(x)\,dx + \int_b^a f(x)\,dx$ und daher $\int_b^a f(x)\,dx = -\int_a^b f(x)\,dx.$

Daher ist folgende Definition sinnvoll:

Def. 8.2.20: Sei f in [a, b] integrierbar. Dann setzt man

i) $\int_b^a f(x)\,dx := -\int_a^b f(x)\,dx$; **ii)** $\int_a^a f(x)\,dx := 0$.

Bemerkung 8.2.21: *i) Def. 8.2.20 wird häufig so formuliert :* ***Vertauscht*** *man* ***obere*** *und* ***untere*** *Integrationsgrenze , so* ***ändert*** *sich das* ***Vorzeichen*** *des bestimmten Integrals.*

ii) Satz 8.2.17 gestattet die ***Integration*** *von* ***stückweise stetigen*** *Funktionen, wie sie in der Ökonomie gelegentlich auftreten:*

$$\int_a^d f(x)\,dx = \int_a^b f(x)\,dx + \int_b^c f(x)\,dx + \int_c^d f(x)\,dx\,,$$

vgl. Abb. 8.2.22 .

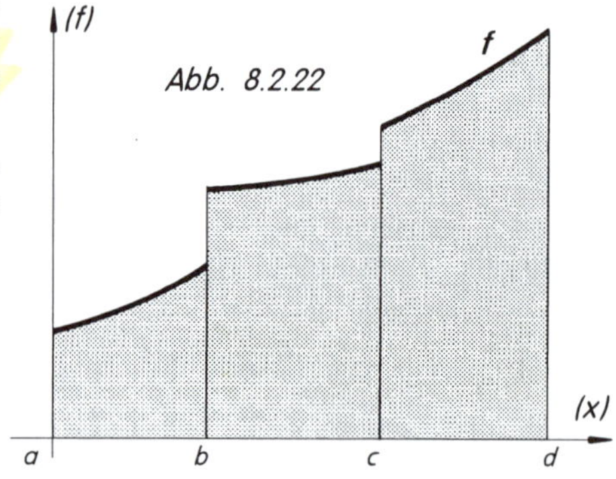

Abb. 8.2.22

8.3 Beziehungen zwischen bestimmtem und unbestimmtem Integral

Die umständliche Berechnungsweise bestimmter Integrale über den Grenzwert von Zwischensummen (vgl. Kap.8.2.2) hätte eine Anwendung der Integralrechnung im naturwissenschaftlichen und ökonomischen Bereich in nennenswertem Umfang kaum ermöglicht. Wie nachfolgend gezeigt wird, besteht aber zwischen der **1. Hauptaufgabe** der Integralrechnung (Bestimmung von **Stammfunktionen**) und der **2. Hauptaufgabe** der Integralrechnung (**Flächeninhaltsbestimmung**) ein (zunächst) unvermuteter **Zusammenhang**, der es gestattet, die 2. Hauptaufgabe auf die 1. Hauptaufgabe zurückzuführen.

8.3.1 Integralfunktion

Der Zahlenwert des bestimmten Integrals $\int_a^b f(x)\,dx$ lässt sich (für stetiges, positives f) nach Kap. 8.2.1 interpretieren als Flächeninhalt unter dem Funktionsgraphen von f, vgl. Abb. 8.2.1 . Hält man nun die **untere** Integrationsgrenze a **fest** und lässt die **obere** Integrationsgrenze b **variieren**, so erhält man zu **jedem** Wert der oberen Grenze b **genau einen** Flächeninhaltswert $F\left(=\int_a^b f(x)\,dx\right)$.

Um die Variationsmöglichkeit der oberen Grenze zu verdeutlichen, ersetzt man b durch die unabhängige Variable x und bezeichnet die bisherige Integrationsvariable zur Vermeidung von Missverständnissen mit einem anderen Buchstaben, etwa t (vgl. Bemerkung 8.2.10 ii)). Damit schreibt sich der Wert F des Flächeninhalts von a bis zur oberen (variablen) Grenze x als

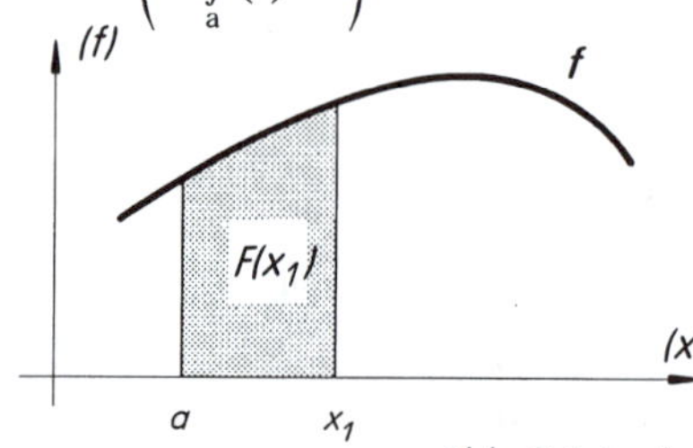

Abb. 8.3.4 a,b

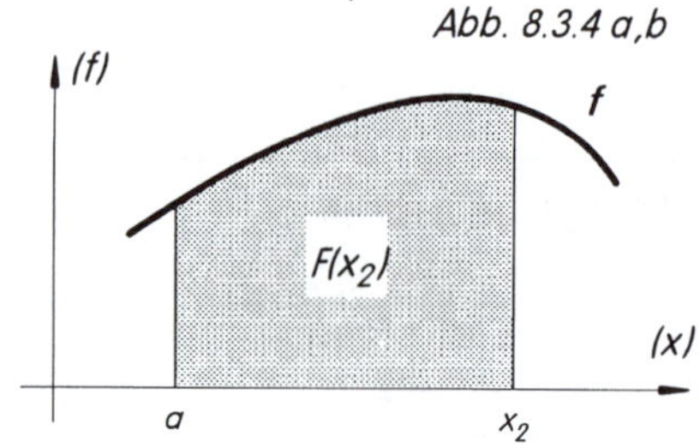

(8.3.1) $$F = F(x) = \int_a^x f(t)\,dt\,.$$

Auf diese Weise wird eine **neue Funktion F(x)** definiert, die als Flächeninhaltsfunktion oder **Integralfunktion** bezeichnet wird. Abb. 8.3.4 a, b, c veranschaulichen für verschiedene Werte x_1, x_2, x_3 der oberen Grenze die zugehörigen Funktionswerte $F(x_1)$, $F(x_2)$, $F(x_3)$ als Flächeninhalte unter dem Graphen der Funktion f. Allgemein definiert man:

Def. 8.3.2: Es sei f stetig auf [a, b]. Dann heißt die Funktion F mit

(8.3.3) $F(x) = \int_a^x f(t)\,dt \quad ; \quad x \in [a, b]$

Integralfunktion (oder **Flächeninhaltsfunktion**) zu f in [a, b] .

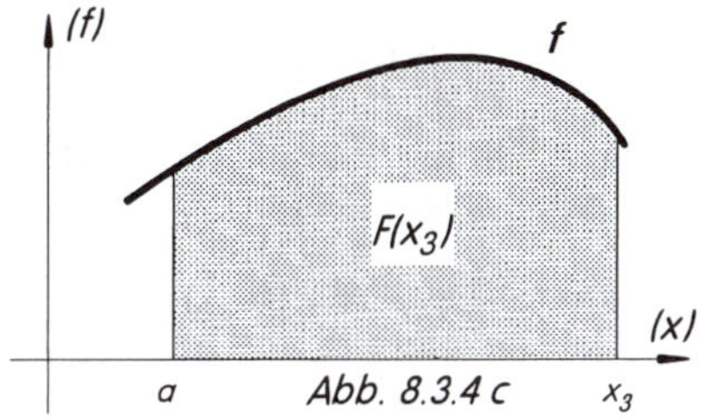

Abb. 8.3.4 c

***Bemerkung** 8.3.5: i) Für positives f und x > a lässt sich die Integralfunktion (8.3.3) als „variabler Flächeninhalt" unter dem Graphen von f interpretieren, vgl. Abb. 8.3.4 .*

ii) Je nach Festlegung der unteren Grenze a gibt es verschiedene Integralfunktionen zu f.

8.3.2 Der 1. Hauptsatz der Differential- und Integralrechnung

Es sei die Funktion f mit $f(x) = x$ betrachtet. Nach dem Ergebnis von Kap. 8.2.2 erhält man für das bestimmte Integral von a bis b nach (8.2.14): $\int_a^b x\,dx = \frac{b^2}{2} - \frac{a^2}{2}$. Ersetzt man die obere Integrationsgrenze b durch die unabhängige Variable x, so lautet die allgemeine Gleichung der Integralfunktion nach Def. 8.3.2:

(8.3.6) $$F(x) = \int_a^x t\,dt = \frac{x^2}{2} - \frac{a^2}{2} \ .$$

Je nach spezieller Festlegung der unteren Integrationsgrenze a erhält man z. B. für die Integralfunktion:

$$F_1(x) = \int_0^x t\,dt = \frac{x^2}{2} \ ; \ F_2(x) = \int_2^x t\,dt = \frac{x^2}{2} - 2 \ ; \ F_3(x) = \int_{10}^x t\,dt = \frac{x^2}{2} - 50 \quad \text{usw.}$$

An diesem Beispiel fällt auf, dass sich die **verschiedenen Integralfunktionen** $F_1, F_2, F_3, \ldots$ zu $f(x) = x$ **ähneln**:

- sie **unterscheiden** sich nur durch eine additive Konstante;
- ihre **Ableitungen** liefern die **Ausgangsfunktion** f:

$$F_1'(x) = F_2'(x) = F_3'(x) = \ldots = \left(\frac{x^2}{2}\right)' = x \ .$$

Dieselben Eigenschaften weisen die in Kap. 8.1.1 behandelten **Stammfunktionen** auf. Dies gibt Anlass zur **Vermutung**, dass es sich bei den **Integralfunktionen** (8.3.3) einer stetigen Funktion f **stets** um **Stammfunktionen** F zu f handelt, d. h. mit der Eigenschaft: $F'(x) = f(x)$. Diese **Vermutung** erweist sich nun in der Tat als **allgemeingültig**, wie die folgende Betrachtung zeigt:

Dazu muss nachgewiesen werden, dass jede Integralfunktion $F(x) = \int_a^x f(t)\,dt$ gleichzeitig Stammfunktion Stammfunktion zu f ist, d.h. dass für stetiges F die folgende *Behauptung* stets wahr ist:

(8.3.7) $$F'(x) = \frac{d}{dx} \int_a^x f(t)\,dt = f(x)\,.$$

Nach Def. 5.5.55 ist die erste Ableitung F′ von F definiert als Grenzwert des Differenzenquotienten:

(8.3.8) $$F'(x) = \lim_{\Delta x \to 0} \frac{F(x+\Delta x) - F(x)}{\Delta x}\,.$$

Die Differenz $F(x + \Delta x) - F(x)$ im Zähler von (8.3.8) bezeichnet (anschaulich formuliert) den Flächeninhalt des Flächenstreifens zwischen x und Δx (= Differenz der Flächeninhalte von a bis $x + \Delta x$ und a bis x), vgl. den dunkleren Teil in Abb. 8.3.9. Der *Flächeninhalt* $F(x + \Delta x) - F(x)$ ist (vgl. Abb. 8.3.9)

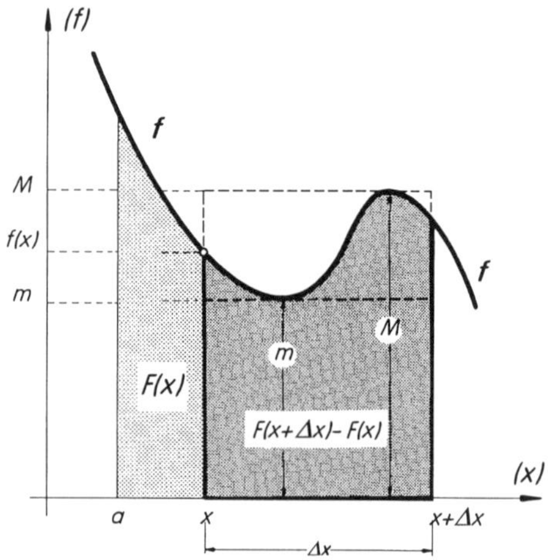

Abb. 8.3.9

i) *kleiner* als der Flächeninhalt $M \cdot \Delta x$ des *um*beschriebenen Rechtecks mit den Seiten M und Δx (M := Maximum von f in [x; x + Δx]),

ii) *größer* als der Flächeninhalt $m \cdot \Delta x$ des *ein*beschriebenen Rechtecks mit den Seiten m und Δx (m := Minimum von f in [x; x + Δx]).

Daher gilt folgende Ungleichungskette:

(8.3.10) $$m \cdot \Delta x \le F(x + \Delta x) - F(x) \le M \cdot \Delta x.$$

Division durch Δx (>0) liefert:

(8.3.11) $$m \le \frac{F(x+\Delta x) - F(x)}{\Delta x} \le M.$$

Lässt man - um F′(x) zu erhalten - Δx gegen Null streben, so folgt:

- m und M nähern sich (da f stetig ist) beide immer mehr dem Funktionswert f(x) an der Stelle x, vgl. Abb. 8.3.9 ;
- der Differenzenquotient in (8.3.11) nähert sich der (gesuchten) Ableitung F′(x) an der Stelle x (vgl. Def. 5.1.9).

Daher folgt für $\Delta x \to 0$ aus (8.3.11): $f(x) \le F'(x) \le f(x)$, d. h. $\mathbf{F'(x) = f(x)}$.

Genau dies sollte gezeigt werden, vgl. (8.3.7). Damit gilt der grundlegende

Satz 8.3.12: (1. Hauptsatz der Differential- und Integralrechnung)

Es sei f auf [a, b] stetig. Dann ist jede Integralfunktion F von f auf [a, b] differenzierbar, und es gilt

(8.3.13) $$F'(x) = \boxed{\frac{d}{dx} \int_a^x f(t)\,dt = f(x)}\,.$$

Bemerkung 8.3.14: *Der Inhalt von Satz 8.3.12 bedeutet in anderer Formulierung:*

- ***Jede Integralfunktion*** *F von f (f stetig) ist gleichzeitig* ***Stammfunktion*** *von f;*
  (Die ***Umkehrung*** *allerdings* ***gilt nicht****, d.h. nicht jede Stammfunktion von f ist auch Integralfunktion von f!* ***Beispiel:*** *Aus (8.3.6) folgt: Integralfunktionen zu* $f(x) = x$ *sind* $F(x) = 0{,}5(x^2 - a^2)$, $a \in \mathbb{R}$. $S(x) = 0{,}5x^2 + 1$ *(z.B.) ist zwar Stammfunktion zu f, nicht aber Integralfunktion, da* $1 \neq -0{,}5a^2$.
- ***Differenziert*** *man ein* ***bestimmtes Integral*** *nach seiner* ***oberen Grenze****, so erhält man den* ***Integranden****, genommen an der oberen Grenze;*
- *Die* ***Ableitung einer Integralfunktion liefert den Integranden*** *(an der oberen Grenze).*

Beispiel 8.3.15:

i) Nach (8.3.6) gilt: $F(x) = \int_a^x t\,dt = \frac{x^2}{2} - \frac{a^2}{2}$. Daraus folgt: $F'(x) = \frac{d}{dx}\int_a^x t\,dt = x$,

ii) $\frac{d}{dx}\int_a^x t^2 \cdot e^{-4t}\,dt = x^2 \cdot e^{-4x}$ **iii)** $\frac{d}{dz}\int_1^z \frac{dx}{x} = \frac{1}{z}$ **iv)** $\frac{d}{dt}\int_0^t \sqrt{u^2+1}\,du = \sqrt{t^2+1}$

8.3.3 Der 2. Hauptsatz der Differential- und Integralrechnung

Durch den in Satz 8.3.12 hergestellten engen **Zusammenhang** zwischen **bestimmtem** und **unbestimmtem** Integral wird es möglich, **jedes bestimmte Integral** ohne die langwierige Auswertung von Zwischensummen zu **berechnen**, sofern nur irgendeine **Stammfunktion** F zu f bekannt ist. Das kann man folgendermaßen einsehen:

Nach Satz 8.3.12 ist die Integralfunktion $\int_a^x f(t)\,dt$ **eine** Stammfunktion zu f, sie möge mit $F_1(x)$ bezeichnet werden. Es sei nun eine beliebige **weitere** Stammfunktion F(x) zu f bekannt. Dann unterscheiden sich nach Satz 8.1.7 die beiden Stammfunktionen F_1 und F nur durch eine additive Konstante C, d.h. es muss gelten

(8.3.16) $$F_1(x) = \int_a^x f(t)\,dt = F(x) + C \;.$$

Die Konstante C lässt sich damit bestimmen: Setzt man nämlich für x den Wert a ein, so folgt aus (8.3.16) mit Def. 8.2.20 ii)

(8.3.17) $$\underbrace{\int_a^a f(t)\,dt}_{=0} = F(a) + C, \quad \text{d.h.} \quad C = -F(a) \;.$$

Daher lautet das bestimmte Integral (8.3.16) (mit beliebiger Stammfunktion F zu f)

(8.3.18) $$\boxed{\int_a^x f(t)\,dt = F(x) - F(a)} \;.$$

Dies ist der für die Berechnung bestimmter Integrale **entscheidende Sachverhalt:** Setzt man für die obere Grenze den speziellen Wert b ein, so folgt (wieder mit x als Integrationsvariablen)

Satz 8.3.19: (2. Hauptsatz der Differential- und Integralrechnung)
Es seien f in [a, b] stetig und F eine *beliebige* Stammfunktion zu f. Dann gilt

(8.3.20) $$\int_a^b f(x)\,dx = F(b) - F(a) \quad .$$

Damit ist die **zweite** Hauptaufgabe der Integralrechnung (Flächenermittlung, bestimmtes Integral) **zurückgeführt** auf die **erste** Hauptaufgabe der Integralrechnung (Stammfunktion, unbestimmtes Integral): Die gleiche Symbolik $\left(\int \text{ bzw. } \int_a^b\right)$ für verschiedene Integralbegriffe erscheint nachträglich gerechtfertigt.

Satz 8.3.19 liefert das **schrittweise Vorgehen** bei der Berechnung des **bestimmten Integrals** $\int_a^b f(t)\,dt$:

i) Ermittlung einer beliebigen Stammfunktion F(x) zu f(x) ;

ii) Einsetzen von oberer und unterer Integrationsgrenze in F(x) sowie Bildung der Differenz

$$F(b) - F(a) = \int_a^b f(x)\,dx.$$

Bemerkung 8.3.21: *Statt $F(b) - F(a)$ schreibt man abkürzend auch $F(x)\Big|_a^b$, so dass sich die Schrittfolge formal reduziert auf*

(8.3.22) $$\int_a^b f(x)\,dx = F(x)\Big|_a^b = F(b) - F(a) \quad .$$

Beispiel 8.3.23: (vgl. Kap. 8.2.2) Gesucht ist $\int_a^b x\,dx$. Eine Stammfunktion zu f(x) = x ist (vgl.(8.1.18))

$F(x) = \frac{x^2}{2} + C$. Dann gilt nach (8.3.22):

$$\int_a^b x\,dx = \frac{x^2}{2} + C\Big|_a^b = \frac{b^2}{2} + C - \left(\frac{a^2}{2} + C\right) = \frac{b^2}{2} - \frac{a^2}{2}\text{ , vgl. (8.2.14).}$$

Man erkennt, dass es **unerheblich ist, welche Stammfunktion** F zu f ausgewählt wird, da sich durch die Differenzbildung F(b) − F(a) die **Integrationskonstante C stets weghebt.**

Beispiel 8.3.24: Es ist der Flächeninhalt des zwischen dem Graphen von f: $f(x) = \sqrt{x}$, der x-Achse und den Grenzgeraden x = 1 sowie x = 4 liegenden Flächenstücks gesucht (vgl. Abb. 8.3.25), d.h. das bestimmte Integral $\int_1^4 \sqrt{x}\,dx$ ist zu berechnen.

Nach (8.1.18) gilt:

$F(x) = \int \sqrt{x}\,dx = \int x^{1/2}dx = \frac{2}{3}x^{3/2}$ (+ C), so dass folgt:

$$\int_1^4 \sqrt{x}\,dx = \frac{2}{3}x^{3/2}\Big|_1^4 = \frac{2}{3}4^{3/2} - \frac{2}{3}1^{3/2} = \frac{14}{3}.$$

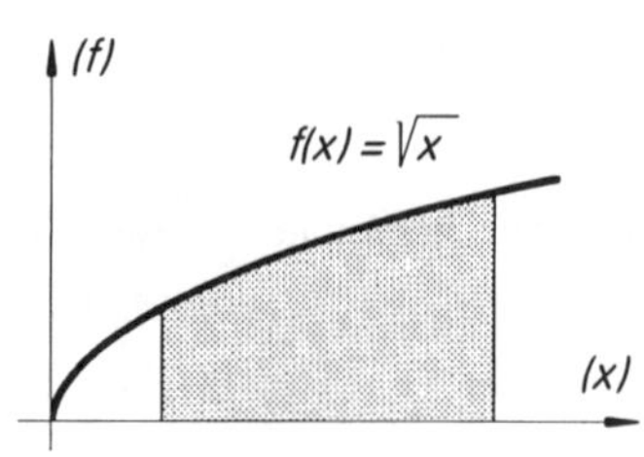

Abb. 8.3.25

Aufgabe 8.3.26: Man berechne folgende bestimmte Integrale:

i) $\int_0^2 (3x^3 - 24x^2 + 60x - 32)\,dx$; **ii)** $\int_1^2 \left(7 + 2e^x - \frac{3}{x}\right) dx$; **iii)** $\int_0^1 \sqrt{0{,}5x + 1}\,dx$;

iv) $\int_0^3 2e^{-t}\,dt$; **v)** $\int_0^T R \cdot e^{-rt}\,dt$.

8.3.4 Flächeninhaltsberechnung

Benutzt man das bestimmte Integral kritiklos zur Flächeninhaltsbestimmung, so können sich Überraschungen ergeben:

Beispiel 8.3.27: Gesucht ist der Flächeninhalt der schraffierten Fläche in Abb. 8.3.28 (zwischen den Grenzen x = 0 und x = 3, dem Graph der Funktion f(x) = x^2 - 3 und der Abszisse). Für das entsprechende bestimmte Integral erhält man

$$\int_0^3 (x^2 - 3)\,dx = \frac{1}{3}x^3 - 3x\Big|_0^3 = \frac{1}{3} \cdot 27 - 9 = 0.$$

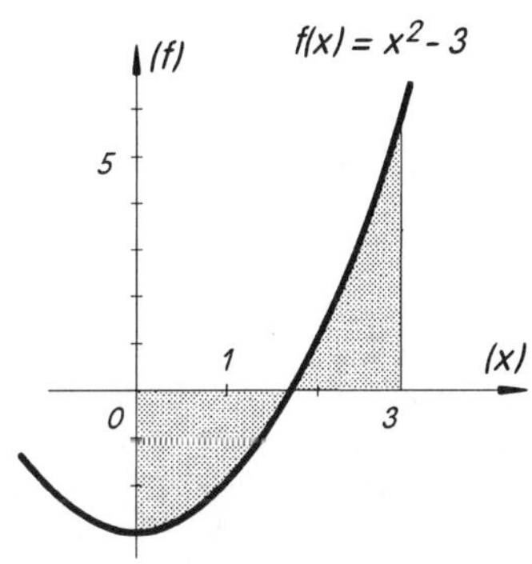

Abb. 8.3.28

Obwohl das schraffierte Flächenstück in Abb. 8.3.28 sicher einen von Null verschiedenen Flächeninhalt besitzt, hat das bestimmte Integral den Wert Null. Grund: Bei Bildung des bestimmten Integrals werden **oberhalb** der Abszisse liegende Flächenstücke **positiv** und die **unterhalb** der Abszisse liegenden Flächenstücke **negativ** gezählt (vgl. Bemerkung 8.2.10 v)), so dass sich per saldo ein Wert von Null ergeben kann. Daher müssen zur Berechnung des (positiven) Gesamtflächeninhaltes bei einer **nicht vorzeichenbeständigen** Funktion zunächst **sämtliche Nullstellen** von f in [a, b] ermittelt werden. Diese seien, etwa von links nach rechts, mit $x_1, x_2, \ldots, x_n$ bezeichnet, vgl. Abb. 8.3.31. Dann ergibt sich der gesuchte **Gesamtflächeninhalt** A durch die Addition sämtlicher (von Nullstelle zu Nullstelle gesondert ermittelter) Einzelflächeninhalte:

(8.3.29) $$A = \left|\int_a^{x_1} f(x)\,dx\right| + \left|\int_{x_1}^{x_2} f(x)\,dx\right| + \ldots + \left|\int_{x_n}^{b} f(x)\,dx\right| .$$

Bemerkung 8.3.30:

*i) Die Verwendung der **Betragsstriche** stellt sicher, dass stets nur **positive Flächenmaßzahlen** addiert werden.*

*ii) Das über alle Nullstellen hinweg genommene **bestimmte Integral** $\int_a^b f(x)\,dx$ liefert stets die Flächeninhalts**differenz** von **positiv** gezählten (d.h. oberhalb der Abszisse liegenden) und **negativ** gezählten (d.h. unterhalb der Abszisse liegenden) Flächenstücken.*

Beispiel 8.3.32: (Fortsetzung von Beispiel 8.3.27) Zur Ermittlung des Inhaltes der in Abb. 8.3.28 dargestellten Flächenstücke müssen zunächst die Nullstellen von $f(x) = x^2 - 3$ ermittelt werden: $x^2 - 3 = 0 \Rightarrow x_1 = -\sqrt{3}\,;\, x_2 = \sqrt{3}$. Damit erhält man für den gesuchten Flächeninhalt zwischen 0 und 3:

$$A = \left| \int_0^{\sqrt{3}} (x^2 - 3)\,dx \right| + \left| \int_{\sqrt{3}}^{3} (x^2 - 3)\,dx \right|$$

$$= \left| \frac{x^3}{3} - 3x \,\Big|_3^{\sqrt{3}} \right| + \left| \frac{x^3}{3} - 3x \,\Big|_{\sqrt{3}}^{3} \right|$$

$$= \left| \sqrt{3} - 3\sqrt{3} \right| + \left| 9 - 9 - \left(\sqrt{3} - 3\sqrt{3}\right) \right|$$

$$= 2\sqrt{3} + 2\sqrt{3} = 4\sqrt{3} = 6{,}93.$$

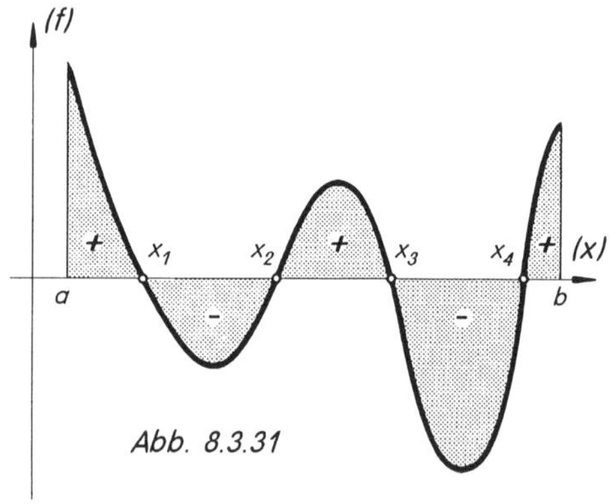

Abb. 8.3.31

Bemerkung 8.3.34: Den Inhalt des Flächenstücks, das ***zwischen zwei*** *(sich nicht schneidenden)* ***Funktionsgraphen*** *f und g (mit f ≥ g) liegt (vgl. Abb. 8.3.33), kann man als Differenz der beiden unter den Graphen liegenden Flächenstücke auffassen:*

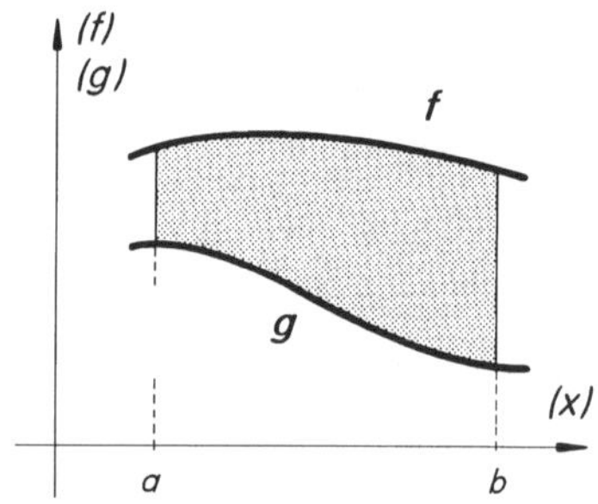

Abb. 8.3.33

$$(8.3.35)\quad A = \int_a^b f(x)\,dx - \int_a^b g(x)\,dx$$

$$= \int_a^b \big(f(x) - g(x)\big)\,dx\,.$$

Für den Fall, dass f und g in [a, b] die Schnittstellen $x_1, x_2, \ldots, x_n$ besitzen, muss zur Inhaltsbestimmung der eingeschlossenen Flächenstücke ***von Schnittpunkt zu Schnittpunkt*** *integriert werden (vgl. Abb. 8.3.36). Absolutstriche vermeiden die Zählung negativer Flächenmaßzahlen:*

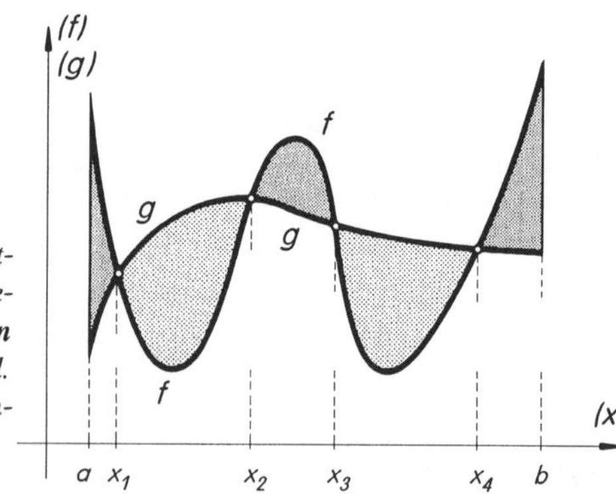

Abb. 8.3.36

$$(8.3.37)\qquad A = \left| \int_a^{x_1} (f - g)\,dx \right| + \left| \int_{x_1}^{x_2} (f - g)\,dx \right| + \ldots + \left| \int_{x_n}^{b} (f - g)\,dx \right|.$$

Aufgabe 8.3.38: Man ermittle den Flächeninhalt zwischen Abszisse, Funktionsgraph und den Grenzen a und b. Zum Vergleich ermittle man das bestimmte Integral von f zwischen a und b:

i) $f(x) = 0{,}4x^2 - 2{,}2x + 1{,}8$; $a = 0$; $b = 6$; **ii)** $f(z) = -z^2 + 8z - 15$; $a = 0$; $b = 10$;

iii) $f(p) = (p-1)(p-2)(p+3)$; $a = -4$; $b = 4$; **iv)** $k(y) = e^y - 4$; $a = 0$; $b = 3$;

v) $k(t) = 0{,}3t^2 - \frac{8{,}1}{t}$; $a = 1$; $b = 4$.

Aufgabe 8.3.39: Man ermittle den Flächeninhalt der zwischen den Graphen von f und g liegenden Flächenstücke :

i) $f(x) = x^2$; $g(x) = -2x^2 + 27$; $a = 0$; $b = 2$;

ii) $f(x) = 0{,}2x^2$; $g(x) = 0{,}4x + 3$; $a = -6$; $b = 6$;

iii) $f(x) = (x-2)^2$; $g(x) = -x^2 + 8$; Bereichsgrenzen = Schnittpunkte der Graphen .

8.4 Spezielle Integrationstechniken

Anders als in der Differentialrechnung existieren nicht für alle integrierbaren Funktionen Integrationsregeln . So gibt es weder eine „Produktregel" noch eine „Quotienten-" oder „Kettenregel", die es gestatten, ein beliebiges Produkt, einen beliebigen Quotienten oder eine beliebige zusammengesetzte Funktion zu integrieren, wenn die Teilfunktionen integrierbar sind und zu ihnen die Stammfunktionen angegeben werden können.

Beispiel 8.4.1: e^x hat die Stammfunktion e^x, $-x^2$ hat die Stammfunktion $-\frac{1}{3}x^3$: Für die zusammengesetzte Funktion e^{-x^2} aber lässt sich keine geschlossen darstellbare Stammfunktion angeben (vgl. Bemerkung 8.1.20).

Außer Näherungsverfahren (vgl. z.B. [20]) gibt es einige weitere Integrationsregeln, die es in bestimmten Fällen ermöglichen, ein Integral in geschlossener Form anzugeben. Das Prinzip dieser nachstehend angeführten Regeln ist in allen Fällen dasselbe: Man versucht, den Integranden durch geeignete Umformungen in eine Gestalt zu überführen, die mit Hilfe von Grundintegralen (vgl. (8.1.18)) bzw. den Sätzen 8.1.21 / 8.2.16 geschlossen integrierbar ist.

8.4.1 Partielle Integration

Liegt der **Integrand als Produkt** vor, lässt sich das Integral manchmal in eine einfachere Gestalt überführen:

Satz 8.4.2: Es seien f, f′, g, g′ stetige Funktionen. Dann gilt

(8.4.3) $$\int f(x) \cdot g'(x)\,dx = f(x) \cdot g(x) - \int f'(x) \cdot g(x)\,dx \quad .$$

Der **Beweis** ergibt sich durch Ableiten beider Seiten nach x unter Beachtung von (8.1.15) sowie der Produktregel (5.2.31):

i) *linke* Seite von (8.4.3): $\frac{d}{dx}\int f(x)\cdot g'(x)\,dx = f(x)\cdot g'(x)$;

ii) *rechte* Seite von (8.4.3):

$$\frac{d}{dx}\left(f(x)\cdot g(x) - \int f'(x)\cdot g(x)\,dx\right) = f'(x)\cdot g(x) + f(x)\cdot g'(x) - f'(x)\cdot g(x) = f(x)\cdot g'(x) \quad \textit{(wie in i))}.$$

Damit unterscheiden sich beide Seiten von (8.4.3) nur in der obligaten additiven Integrationskonstanten C.

Bemerkung 8.4.4: *Die Anwendung der* ***partiellen Integration*** *nach (8.4.3)* ***empfiehlt sich,*** *wenn*

i) der ***Integrand*** *als* ***Produkt*** *aufgefasst werden kann, dessen* ***einer*** *Faktor (nämlich $g'(x)$)* ***leicht*** *integriert werden kann ($\rightarrow g(x)$), und*

ii) das auf der rechten Seite von (8.4.3) stehende Integral $\int f'(x)\cdot g(x)\,dx$ ***einfacher*** *zu lösen ist als das ursprüngliche Integral $\int f(x)\cdot g'(x)\,dx$.*

Ob diese Vorraussetzungen vorliegen, lässt sich mit einiger Übung meist rasch entscheiden.

Beispiel 8.4.5: Gesucht ist $\int x\cdot \ln x\,dx$ *(x > 0)*. Es liegt Produktform vor. Der zweite Faktor (ln x) ist nicht ohne weiteres integrierbar, wohl aber der erste Faktor (x). Daher setzt man am besten:

$f(x) = \ln x$, $g'(x) = x$. Dann folgt mit (8.4.3):

$$\int x\cdot \ln x\,dx = \frac{x^2}{2}\cdot \ln x - \int \frac{x^2}{2}\cdot\frac{1}{x}\,dx = \frac{x^2}{2}\ln x - \frac{x^2}{4} + C.$$

Für das **bestimmte Integral** lautet die zu Satz 8.7 analoge Regel für die **partielle Integration:**

(8.4.6)
$$\boxed{\int_a^b f(x)\cdot g'(x)\,dx = f(x)\cdot g(x)\Big|_a^b - \int_a^b f'(x)\cdot g(x)\,dx}\ .$$

Beispiel 8.4.7: (vgl. Bsp. 8.4.5)

$$\int_2^3 x\cdot \ln x\,dx = \frac{x^2}{2}\cdot \ln x\Big|_2^3 - \int_2^3 \frac{x}{2}\,dx = \left(\frac{x^2}{2}\cdot \ln x - \frac{x^2}{4}\right)\Big|_2^3 \approx 2{,}3075\,.$$

Aufgabe 8.4.8: Man ermittle folgende Integrale mit Hilfe partieller Integration:

i) $\int x\cdot e^x\,dx$; **ii)** $\int z^2 e^{-z}\,dz$; **iii)** $\int (x^2 + x + 1)\,e^x\,dx$;

iv) $\int (a + bx)\,e^{-rx}\,dx$; **v)** $\int_0^2 t^2 e^{2t}\,dt$; **vi)** $\int_0^T (500 - 40t)\,e^{-0,1t}\,dt$;

vii) $\int_1^7 \ln x\,dx$.

8.4.2 Integration durch Substitution

Häufig gelingt eine Integration dadurch, dass man in $\int f(x)\,dx$ die Variable x durch eine geeignete Funktion h(t) ersetzt („substituiert"). Unter der Voraussetzung, dass h(t) stetig differenzierbar und **umkehrbar** ist, gilt dann

Satz 8.4.9: (Integration durch Substitution)

(8.4.10) $$\int f(x)\,dx = \int f(h(t)) \cdot h'(t)\,dt \qquad (\text{mit } x = h(t)) \ .$$

Der **Beweis** ergibt sich durch Differenzieren beider Seiten nach t, Berücksichtigung der Kettenregel (5.2.45) sowie (8.1.15):

i) linke Seite von (8.4.10): $\frac{d}{dt}\int f(x)\,dx = \frac{d}{dx}\int f(x)\,dx \cdot \frac{dx}{dt} = f(x) \cdot \frac{dx}{dt} = f(h(t)) \cdot h'(t)$;

ii) rechte Seite von (8.4.10): $\frac{d}{dt}\int f(h(t)) \cdot h'(t)\,dt = f(h(t)) \cdot h'(t)$,

d.h. (8.4.10) gilt unter Berücksichtigung der obligaten Integrationskonstanten C.

Bemerkung 8.4.11: *i) Häufig liest man Satz 8.4.9 in folgender Weise:*

(8.4.12) $$\int f(h(x)) \cdot h'(x)\,dx = \int f(t)\,dt \ , \quad \text{mit } h(x) = t \ \text{ bzw. } \ x = h^{-1}(t) \ .$$

ii) Durch die große Freiheit in der Wahl der Substitutionsfunktion $h(t) = x$ (bzw. $h(x) = t$) gelingt in vielen Fällen die Ermittlung der gesuchten Stammfunktion, vgl. z.B. [41], Bd. 3, Nr. 9 - 28.

*iii) Aus (8.4.10) folgt: Wenn in $\int f(x)\,dx$ $x = h(t)$ substituiert wird, so muss darauf geachtet werden, dass auch das Differential dx entsprechend der bekannten Beziehung (6.1.6): $dx = h'(t)\,dt$ transformiert wird: $f(x)\,dx \longleftrightarrow f(h(t)) \cdot h'(t)\,dt$. An dieser Stelle wird deutlich, dass es **sinnvoll** ist, im Integranden stets das **Differential dx mitzuführen**, da es sich bei Substitution wegen $dx = h'(t)\,dt$ sozusagen „automatisch" richtig transformiert.*

Beispiel 8.4.13:

i) Gesucht ist $\int x\sqrt{1-x^2}\,dx$. Substitution: $1 - x^2 = t \Rightarrow dt = -2x\,dx \Rightarrow$

$$\int x\sqrt{1-x^2}\,dx = -\frac{1}{2}\int \sqrt{t}\,dt = -\frac{1}{3}t^{3/2} + C = -\frac{1}{3}\sqrt{(1-x^2)^3} + C.$$

ii) Gesucht ist $\int x\sqrt{x-1}\,dx$. Substitution: $t = x - 1 \Rightarrow dt = dx \Rightarrow$

$$\int x\sqrt{x-1}\,dx = \int (t+1)\sqrt{t}\,dt = \int t^{3/2}\,dt + \int t^{1/2}\,dt = \frac{2}{5}t^{5/2} + \frac{2}{3}t^{3/2} + C =$$

$$\frac{2}{5}(x-1)^{5/2} + \frac{2}{3}(x-1)^{3/2} + C.$$

iii) Gesucht ist $\int \frac{x^3 + x}{x^4 + 2x^2}\,dx$. Substitution: $t = x^4 + 2x^2 > 0 \Rightarrow dt = (4x^3 + 4x)\,dx =$

$$4(x^3 + x)\,dx \Rightarrow \int \frac{x^3 + x}{x^4 + 2x^2}\,dx = \frac{1}{4}\int \frac{dt}{t} = \frac{1}{4}\ln t + C = \frac{1}{4}\ln(x^4 + 2x^2) + C.$$

Für das **bestimmte Integral** lautet die zu Satz 8.4.9 analoge Regel für die **Integration durch Substitution:**

(8.4.14) $$\int_a^b f(x)\,dx = \int_u^v f(h(t))\cdot h'(t)\,dt$$ $\big($mit $x = h(t)$; $a = h(u)$; $b = h(v)\big)$,

bzw. in Analogie zu (8.4.12)

(8.4.15) $$\int_a^b f(h(x))\cdot h'(x)\,dx = \int_{h(a)}^{h(b)} f(t)\,dt$$ $\big($mit $t = h(x)\big)$.

Bemerkung 8.4.16: *Gegenüber der unbestimmten Integration (Satz 8.4.9) ist jetzt zu beachten, dass auch die* ***Integrationsgrenzen*** *entsprechend der gewählten Substitutionsfunktion* ***transformiert*** *werden.*

Beispiel 8.4.17: Gesucht ist $\int_1^2 x^3 \sqrt{x^4 - 1}\,dx$.

Substitution: $t = h(x) = x^4 - 1 \Rightarrow dt = 4x^3\,dx$. Die Integrationsgrenzen $x_1 = 1, x_2 = 2$ transformieren sich entsprechend: $t_1 = h(x_1) = 1^4 - 1 = 0$; $t_2 = h(x_2) = 2^4 - 1 = 15$. Daher:

$$\int_1^2 x^3 \sqrt{x^4 - 1}\,dx = \frac{1}{4}\int_0^{15} \sqrt{t}\,dt = \frac{1}{6}\,t^{3/2}\Big|_0^{15} = 9{,}6825\ .$$

Man hätte stattdessen auch die Stammfunktion F(x) durch „Re-substitution“ gewinnen können und dann die ursprünglichen Integrationsgrenzen verwenden können:

Wegen $\int x^3 \sqrt{x^4 - 1}\,dx = \frac{1}{4}\int \sqrt{t}\,dt = \frac{1}{6}\sqrt{(x^4 - 1)^3} + C$ folgt:

$$\int_1^2 x^3 \sqrt{x^4 - 1}\,dx = \frac{1}{6}\sqrt{(x^4 - 1)^3}\Big|_1^2 = \frac{1}{6}\cdot\sqrt{3375} = 9{,}6825 \quad \text{wie eben.}$$

Aufgabe 8.4.18: Man ermittele folgende Integrale durch geeignete Substitution:

i) $\int \frac{x^7}{x^8 + 1}\,dx$; **ii)** $\int \frac{e^{ax}}{1 + e^{ax}}\,dx$; **iii)** $\int x\sqrt{e^{x^2} + 1}\cdot e^{x^2}\,dx$;

iv) $\int_0^2 x^2\cdot e^{x^3}\,dx$; **v)** $\int_1^2 4e^{-2x^2 + x^3}(4x - 3x^2)\,dx$; **vi)** $\int \frac{dx}{2\sqrt{x} + x}$

***vii)** $\int \frac{dx}{x^a - x}$ $(a = \text{const.} \neq 1 \ ; \ x > 0)$; *(Hinweis: x^a ausklammern.)*

Mit Hilfe von partieller Integration und Integration durch Substitution gelingt es, eine beträchtliche Anzahl von Funktionen – wenn auch bei weitem nicht alle – geschlossen zu integrieren. Teilweise ist es dazu erforderlich, ganz spezielle *(und für den Anfänger nur schwer erkennbare)* Substitutionen zu benutzen, vgl. etwa [41] , Band 3, Nr. 9-28. Ferner sei darauf hingewiesen, dass **gebrochen-rationale** Funktionen bei Kenntnis der Nullstellen des Nennerpolynoms mit Hilfe der sog. **Partialbruchzerlegung** stets auf Grundintegrale zurückgeführt und somit **geschlossen integriert** werden können, vgl. etwa [41], Band 3, Nr. 11-17.

8.5 Ökonomische Anwendungen der Integralrechnung

8.5.1 Kosten-, Erlös- und Gewinnfunktionen

Definitionsgemäß sind ökonomische **Gesamtfunktionen** stets **Stammfunktionen** der entsprechenden ökonomischen **Grenzfunktionen** *(z.B. ist die Gesamtkostenfunktion Stammfunktion der Grenzkostenfunktion, die Erlösfunktion Stammfunktion der Grenzerlösfunktion usw.)*. Mit Hilfe des bestimmten Integrals lässt sich der Zusammenhang präziser fassen und um eine geometrische Veranschaulichung erweitern.

i) Kostenfunktionen

Sei K'(x) eine Grenzkostenfunktion. Dann gilt nach dem 2. Hauptsatz (Satz 8.3.19) - da die Gesamtkostenfunktion K(x) eine Stammfunktion zu K'(x) ist -

(8.5.1) $$\int_0^x K'(q)\,dq = K(x) - K(0).$$ [2]

Daraus folgt:

(8.5.2) $$K(x) = \int_0^x K'(q)\,dq + K(0).$$

K(0) entspricht genau den fixen Kosten K_f, daher stellt das Integral die variablen Kosten $K_v(x)$ dar.

Zusammenfassend gelten folgende Beziehungen zwischen K, K', K_v und K_f:

(8.5.3) $$K_v(x) = \int_0^x K'(q)\,dq \quad ;$$

$$K(x) = \int_0^x K'(q)\,dq + K_f \quad .$$

(K: Gesamtkosten; K': Grenzkosten; K_v: variable Kosten ; K_f: fixe Kosten)

Anschaulich: Man erhält zum Output x die zugehörigen variablen Kosten $K_v(x)$ als Flächenmaßzahl des unterhalb der Grenzkostenkurve liegenden Flächenstücks zwischen 0 und x, vgl. Abb. 8.5.4. Addition der Fixkosten K_f liefert daraus die Gesamtkosten für den Output x.

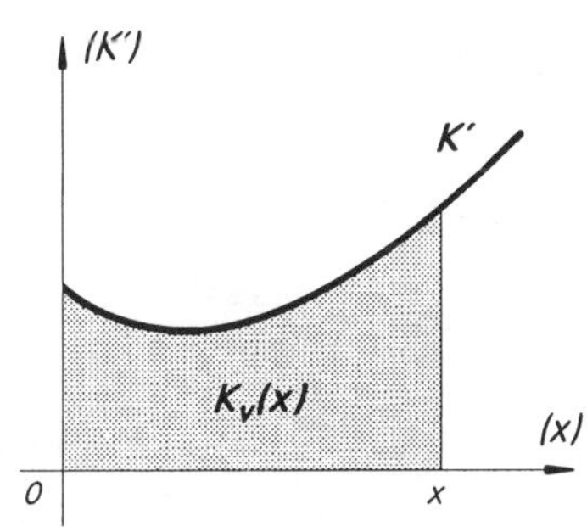

Abb. 8.5.4

Beispiel 8.5.5: Die Grenzkostenfunktion laute $K'(x) = 0{,}03x^2 - 3x + 120$, Fixkosten: 4.000 GE. Dann gilt nach (8.5.3) für die Gesamtkostenfunktion K:

$$K(x) = \int_0^x (0{,}03q^2 - 3q + 120)\,dq + 4.000 = (0{,}01q^3 - 1{,}5q^2 + 120q)\Big|_0^x + 4.000, \text{ d.h.}$$

$$K(x) = 0{,}01x^3 - 1{,}5x^2 + 120x + 4.000\,.$$

---

[2] Um Missverständnisse zu vermeiden, wird zur Unterscheidung von der oberen Integrationsgrenze x die Integrationsvariable mit q bezeichnet, vgl. Bemerkung 8.2.10 ii).

ii) Erlösfunktionen

Sei E′(x) eine Grenzerlösfunktion. Da die Erlösfunktion E(x) eine Stammfunktion zu E′(x) ist, gilt nach dem 2. Hauptsatz der Differential- und Integralrechnung (Satz 8.3.19):

(8.5.6) $$\int_0^x E'(q)\,dq = E(x) - E(0) \quad .$$

Wegen E(x) = x · p(x) ist der Erlös E(0) für die Absatzmenge x = 0 stets Null, so dass aus (8.5.6) für die **Erlösfunktion E(x)** folgt:

(8.5.7) $$\boxed{E(x) = \int_0^x E'(q)\,dq \quad .}$$

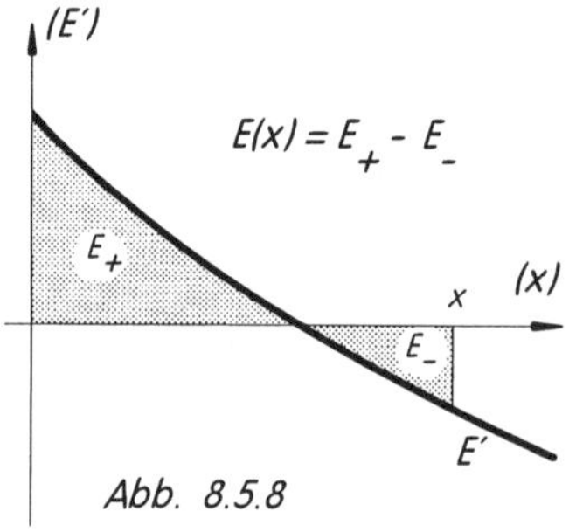

Abb. 8.5.8

Veranschaulichung: Der Gesamtumsatz E(x) für die Absatzmenge x ist gleich dem Inhalt der Fläche unter der Grenzerlöskurve zwischen 0 und x (vgl. Abb. 8.5.8). Dabei beachte man, dass in (8.5.7) *unterhalb* der Abszisse liegende Flächenstücke *negativ* gezählt werden, vgl. Bemerkung 8.3.30.

Beispiel 8.5.9: Eine Grenzerlösfunktion laute: E′(x) = 1.044 - 0,6x. Dann lautet die Erlösfunktion nach (8.5.7):

$$E(x) = \int_0^x (1.044 - 0{,}6q)\,dq = (1.044q - 0{,}3q^2)\Big|_0^x = 1.044x - 0{,}3x^2 \, .$$

Die zugehörige Preis-Absatz-Funktion p(x) lautet *(mit E(x) = x · p(x))*: $p(x) = \frac{E(x)}{x} = 1.044 - 0{,}3x.$

iii) Gewinnfunktionen

Definiert man den **Gesamtgewinn G(x)** - wie üblich - als Differenz zwischen Erlös und Gesamtkosten, G(x) := E(x) - K(x), so folgt aus (8.5.3) und (8.5.7) sowie Satz 8.2.16:

$$G(x) = E(x) - K(x) = \int_0^x E'(q)\,dq - \int_0^x K'(q)\,dq - K_f, \quad \text{d.h.}$$

(8.5.10) $$\boxed{G(x) = \int_0^x [\,E'(q) - K'(q)\,]\,dq - K_f} \quad .$$

Daraus ergibt sich der **Deckungsbeitrag** (oder Bruttogewinn) $G_D(x)$ (als Differenz aus Erlös und variablen Kosten) zu

(8.5.11) $$\boxed{G_D(x) = \int_0^x [\,E'(q) - K'(q)\,]\,dq} \quad .$$

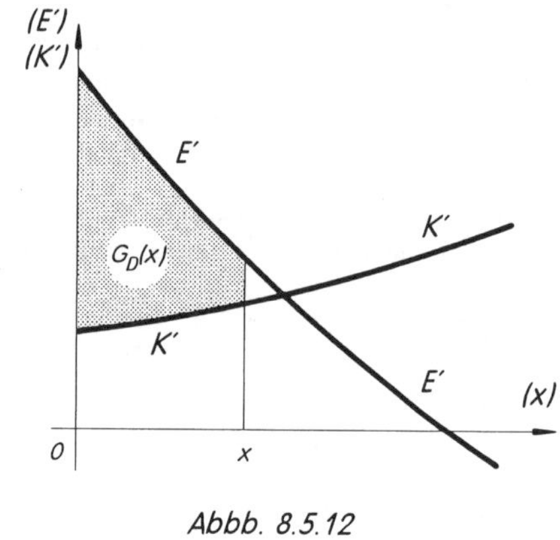

Abbb. 8.5.12

Daher erhält man graphisch den **Deckungsbeitrag** an der Stelle x als Maßzahl der **Fläche zwischen Grenzerlös- und Grenzkostenkurve**, vgl. Abb. 8.5.12 (Subtraktion der Fixkosten liefert den Gesamtgewinn G(x)). Man beachte bei der graphischen Gewinnermittlung, dass die Flächenstücke, in denen E′ *unterhalb* von K′ liegt (d.h. mit E′(x) < K′(x)), in (8.5.11) *negativ* gezählt werden, so dass sich der resultierende Deckungsbeitrag als Differenz der positiv und negativ gezählten Flächeninhalte ergibt, vgl. Abb. 8.5.13. Man erkennt erneut, dass das Gewinnmaximum im Schnittpunkt x_G von Grenzerlös- und Grenzkostenkurve liegen muss.

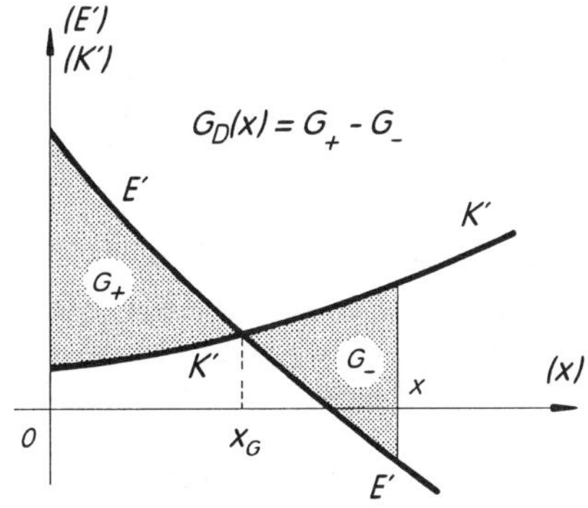

Die Gewinnermittlung auf *graphischem* Wege kann immer dann vorteilhaft eingesetzt werden, wenn es *mehrere Schnittpunkte* von E′ und K′ (d.h. mehrere Kandidaten für ein Gewinnmaximum) gibt. Als **Beispiel** werde eine *doppelt-geknickte Preis-Absatz-Funktion* sowie *konstante Grenzkosten* gewählt (vgl. Kap. 6.5.2.4, Abb. 6.5.91). Wegen der Unstetigkeit der Grenzerlösfunktion existieren zwei Schnittstellen x_1, x_2 zwischen Grenzerlös und Grenzkosten ($x_2 > x_1$). Je nach Höhe von K′ kann x_1 *oder* x_2 die gewinnmaximale Menge x_G liefern. Nun stellt das Integral

$$\int_{x_1}^{x_2} \left(E'(q) - K'(q)\right) dq = G(x_2) - G(x_1)$$ den **zusätzlichen** Gewinn über $G(x_1)$ hinaus dar. Ist dieser Zusatzgewinn positiv (*bzw. negativ*), so liegt das Gewinnmaximum in x_2 (*bzw.* x_1). Für die Entscheidung hat man also abzuschätzen, ob die positiv gezählten Gewinnflächeninhalte die negativ gezählten *überkompensieren oder nicht*. Die Abb. 8.5.14/8.5.15 zeigen die beiden entsprechenden Situationen:

Abb. 8.5.14

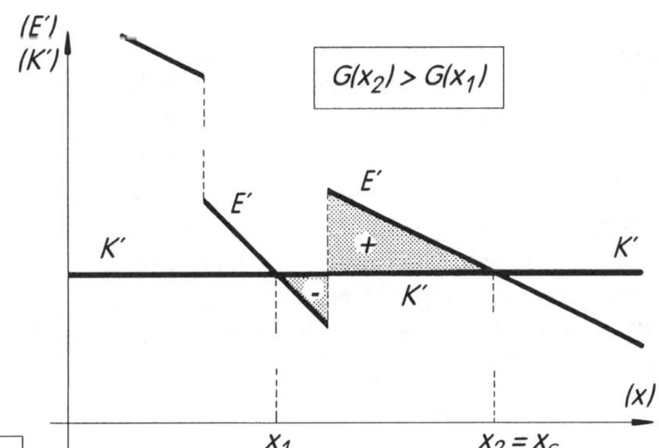

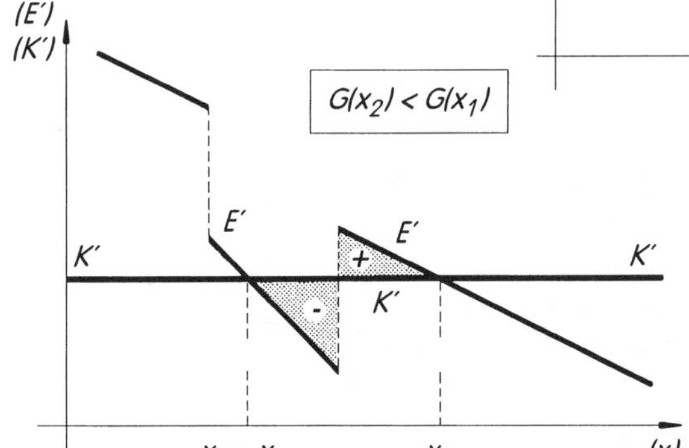

Abb. 8.5.15

Aufgabe 8.5.16: Gegeben sind die Grenzkosten K′ sowie der Grenzerlös E′ einer Ein-Produkt-Unternehmung durch folgende Funktionsgleichungen: $K'(x) = 3x^2 - 24x + 60$; $E'(x) = -18x + 132$. Die Gesamtkosten für den Output 10ME betragen 498 GE. Man ermittle

i) die Erlösfunktion, **ii)** die Kostenfunktion, **iii)** die Preis-Absatz-Funktion,
iv) den gewinnmaximalen Preis sowie **v)** den maximalen Gesamtgewinn.

8.5.2 Die Konsumentenrente

Es sei eine monoton fallende **Nachfragefunktion** p(x) gegeben und der sich aufgrund des Marktmechanismus einstellende **Gleichgewichtspunkt** P_0 (Abb. 8.5.17). Man erkennt: Viele Nachfrager hätten auch einen **höheren** Preis für das Gut bezahlt, als sie ihn jetzt im Gleichgewichtspunkt zu zahlen haben. Diese Nachfrager **sparen** also dadurch etwas, dass der tatsächlich gezahlte Preis p_0 niedriger ist als der, den sie zu zahlen bereit gewesen wären. (Insgesamt zahlen sie $E_0 = p_0 \cdot x_0$ GE, was dem Flächeninhalt des schraffierten Rechtecks in Abb. 8.5.17 entspricht.)

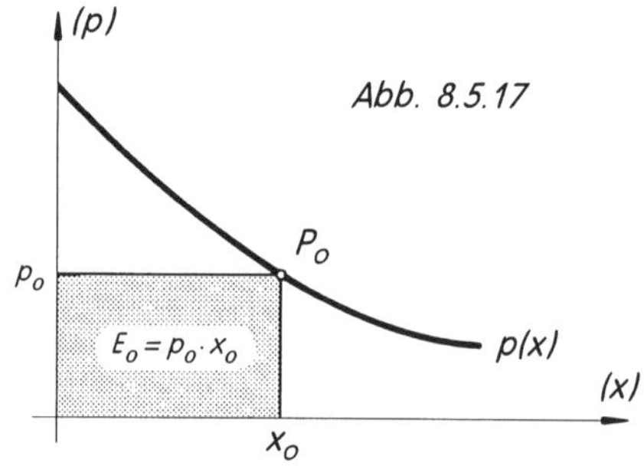

Abb. 8.5.17

Es soll nun die *Frage* beantwortet werden, wie groß die *Summe* E* ist, die die Konsumenten *insgesamt zu zahlen bereit gewesen wären*, wenn jeder den für ihn gerade noch akzeptablen höchsten Preis gezahlt hätte. Dazu wird die Abszisse von 0 bis x_0 in n Intervalle mit den Längen $dx_1, dx_2, ..., dx_n$ unterteilt. Außerdem wird vereinfachend angenommen, dass über diesen Intervallen der Preis gleich dem Preis in den Endpunkten des jeweiligen Intervalls ist, vgl. Abb. 8.5.19. Man erkennt: Beim Preis p_1 werden dx_1 ME nachgefragt, der zugehörige Erlös beträgt $dE_1 = p_1 \cdot dx_1$. Sinkt der Preis auf p_2, so kommen (in der Annahme, dass die ersten dx_1 Nachfrager bereits befriedigt sind) *zusätzlich* dx_2 ME an Nachfrage hinzu mit einem zusätzlichen Erlös $dE_2 = p_2 \cdot dx_2$ usw. Bis zum Gleichgewichtspreis p_n $(=p_0)$ ergibt sich so insgesamt ein Erlös von

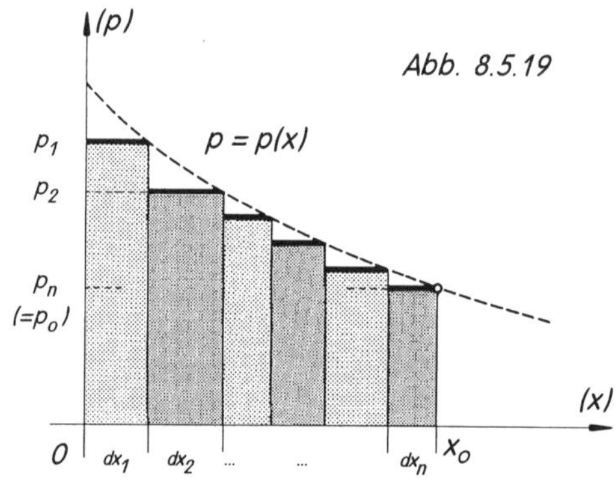

Abb. 8.5.19

(8.5.18) $$E^* = dE_1 + dE_2 + ... + dE_n = p_1dx_1 + ... + p_ndx_n = \sum_{i=1}^{n} p_idx_i \ .$$

Dieser Wert E* des Gesamterlöses ergibt sich unter der Annahme, dass *jeder Nachfrager den Preis zahlt*, den er *gerade noch zu zahlen bereit* ist, ehe er auf den Konsum des Gutes verzichtet.

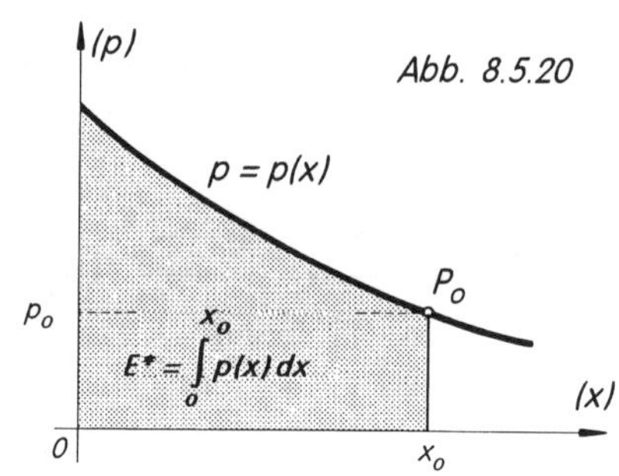

Abb. 8.5.20

Graphisch stellt sich dieser Erlös E* dar als Summe der *Flächeninhalte* sämtlicher (schraffierter) Rechtecke unter der treppenförmigen Nachfragekurve (Abb. 8.5.19). Lässt man nun die Anzahl der Preisstufen und damit die Anzahl der immer schmaler werdenden Rechtecke *über alle Grenzen wachsen,* so nähert sich die Treppenkurve der stetigen Nachfragefunktion p(x), die Summe E* der Rechtecksflächeninhalte nähert sich dem *Flächeninhalt* unter der Nachfragefunktion, d.h. (wegen p> 0)

dem *bestimmten Integral* $E^* = \int_0^{x_0} p(x)\,dx$, (Abb. 8.5.20).

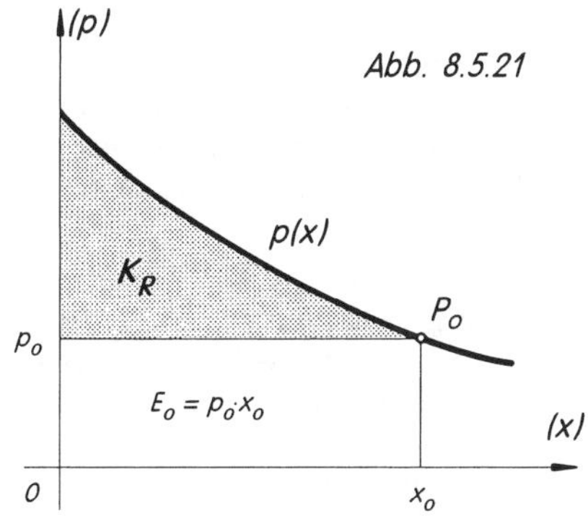

Zieht man von diesem Betrag E* die tatsächlich von den Konsumenten insgesamt gezahlte Summe $p_0 \cdot x_0 = E_0$ ab, so erhält man mit dem Inhalt der schraffierten Fläche in Abb. 8.5.21 diejenige Summe K_R, die die Konsumenten insgesamt „eingespart" haben dadurch, dass jeder Konsument nur den Preis p_0 gezahlt hat. Diese **Differenz** $K_R = E^* - E_0$ zwischen *theoretisch möglichen und tatsächlichen Ausgaben* wird **Konsumentenrente** genannt, ihre Höhe ist ein Maß für die „Vorteilhaftigkeit" des Güterkaufs. Der Wert K_R der Konsumentenrente beträgt (vgl. Abb. 8.5.21)

(8.5.21)
$$K_R = \int_0^{x_0} p(x)\,dx - p_0 x_0$$
(Konsumentenrente)

Beispiel 8.5.23: Gegeben seien die Nachfragefunktion $p(x) = 10 \cdot e^{-0,5x}$ sowie die Gleichgewichtsmenge $x_0 = 2$ ME. Dann beträgt die Konsumentenrente:

$$K_R = \int_0^2 10 \cdot e^{-0,5x}\,dx - 2 \cdot 10 \cdot e^{-1} = -20e^{-0,5x}\Big|_0^2 - 7,3576 = -20e^{-1} + 20 - 7,3576 \approx 5,2848 \text{ GE},$$

beträgt also ca. 72% des tatsächlichen Umsatzes von 7,3576 GE.

Aufgabe 8.5.24: Gegeben seien die Nachfragefunktion $p_N(x) = -ax + b$ und die Angebotsfunktion $p_A(x) = cx + d$ mit a, b, c, d > 0 sowie b > d.

i) Man ermittle die Konsumentenrente im Marktgleichgewicht.

ii) Welchen Wert muss der (absolute) Steigungsfaktor a der Nachfragefunktion aufweisen, damit die Konsumentenrente maximal wird?

Aufgabe 8.5.25: Für die Nachfragefunktion $p_N(x) = 18 - 0,1x^2$ und die Angebotsfunktion $p_A(x) = 0,5x + 3$ ermittle man die Konsumentenrente im Marktgleichgewicht.

Aufgabe 8.5.26: Eine Ein-Produkt-Unternehmung operiere mit der Gesamtkostenfunktion $K(x) = 5x + 80$ und sehe sich der Preis-Absatz-Funktion $p(x) = \sqrt{125 - x}$; $x \le 125$ ME, gegenüber. Man ermittle die Konsumentenrente im Gewinnmaximum. (Hinweis: Für die Lösungen von Wurzelgleichungen ist stets die Probe zu machen!)

8.5.3 Die Produzentenrente

Es sei für ein Gut eine monoton steigende **Angebotsfunktion** vorgegeben. Diese Angebotsfunktion sei durch Aggregation in der Weise zustande gekommen, dass **jeder Produzent** seine **gesamte Warenmenge** von einer bestimmten **Preisuntergrenze** an anbietet: Steigt der Marktpreis, treten neue Anbieter hinzu, die bisherigen Anbieter halten ihr **unverändertes** Angebot aufrecht.

Es stellt sich nun aufgrund der Nachfragefunktion ein **Marktgleichgewicht** $P_0(x_0, p_0)$ ein (vgl. Abb. 8.5.27). Dadurch, dass im Gleichgewicht alle Anbieter zum Preis p_0 verkaufen, erhalten diejenigen Anbieter, die ihren gesamten Warenbestand bereits zu einem geringeren Preis verkauft hätten, einen **zusätzlichen Gewinn**. Die Summe P_R aller dieser **Zusatzgewinne** nennt man **Produzentenrente**. Analoge Überlegungen wie bei der Ermittlung der Konsumentenrente führen zum Ergebnis, dass der gesamte Flächeninhalt unter der Angebotsfunktion zwischen 0 und x_0 dem gesamten Minimalumsatz entspricht, wenn jeder Produzent seine gesamte Ware zum kleinsten akzeptablen Preis verkauft. Der aufgrund des Marktmechanismus tatsächlich erzielte Umsatz $E_0 = x_0 p_0$ ($\hat{=}$ Flächeninhalt des Rechtecks 0, x_0, P_0, p_0 (Abb. 8.5.27) übertrifft den Minimalumsatz, so dass sich die **Produzentenrente** P_R **als Differenz aus erzieltem und mindestens erwartetem Umsatz** ergibt zu

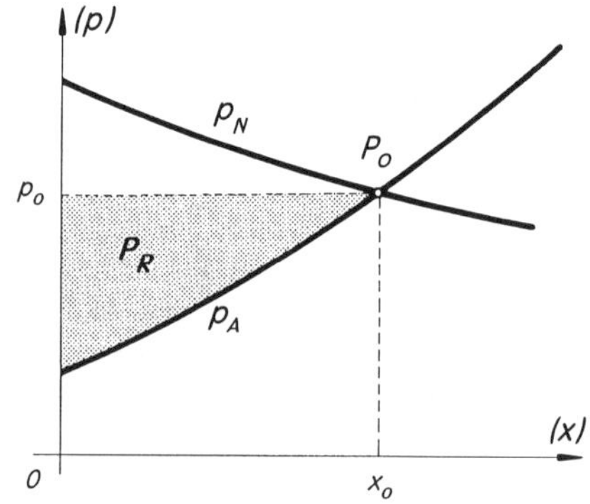

Abb. 8.5.27

(8.5.28) $$P_R = p_0 x_0 - \int_0^{x_0} p_A(x)\,dx$$ (vgl. das getönte Flächenstück in Abb. 8.5.27).

Beispiel 8.5.29: Für die Angebotsfunktion $p_A(x) = 0{,}25(x+2)^2$ und die Gleichgewichtsmenge $x_0 = 3$ ME lautet die Produzentenrente (wegen $p_0 = 6{,}25$ GE/ME):

$$P_R = 6{,}25 \cdot 3 - \int_0^3 0{,}25(x+2)^2\,dx = 18{,}75 - \frac{1}{12}(x+2)^3 \Big|_0^3 = 9 \text{ GE},$$

entspricht also 48% des tatsächlichen Umsatzes.

Bemerkung 8.5.30: *Wird die aggregierte Angebotsfunktion $p_A(x)$ durch Überlagerung individueller Angebotsfunktionen erzeugt, so existiert **keine Produzentenrente**, da jeder Anbieter gemäß seiner individuellen Angebotsfunktion zu unterschiedlichen Preisen auch unterschiedliche Mengen anbietet.*

Aufgabe 8.5.31: Gegeben seien die Angebotsfunktion $p_A(x) = 0{,}5x^2 + 9$ und die Nachfragefunktion $p_N(x) = 36 - 0{,}25x^2$.

Man ermittle im Marktgleichgewicht **i)** die Konsumentenrente; **ii)** die Produzentenrente.

Aufgabe 8.5.32: Gegeben seien die Nachfrage- und Angebotsfunktion wie in Aufgabe 8.5.24.

i) Man ermittle die Produzentenrente im Marktgleichgewicht.

ii) Bei welchem Steigungswert c der Angebotsfunktion ist die Produzentenrente maximal?

8.5.4 Kontinuierliche Zahlungsströme

Die Integralrechnung ermöglicht eine einfache und elegante Darstellung ökonomischer Modelle, in denen es auf die **Bewertung von zeitverschiedenen Zahlungen und Zahlungsströmen** ankommt (wie etwa in der Investitionstheorie oder Wachstumstheorie). Nach dem Äquivalenzprinzip der Finanzmathematik[3] ist ein **Vergleich** oder eine **Aufrechnung** zeitverschiedener Zahlungen nur zulässig, wenn zuvor sämtliche Zahlungen auf einen **gemeinsamen Bezugstermin diskontiert** wurden. Statt der in der Praxis üblichen (diskreten) Zinseszinsmethode werden aus Gründen der mathematisch einfacheren Handhabung im folgenden stets die zum diskreten Fall **äquivalenten stetigen Auf-/Abzinsungsvorgänge** betrachtet.

Beispiel 8.5.33: Ein heutiges Kapital $K_0 = 100$ € hat bei diskreter jährlicher Verzinsung zu $i = 8\%$ p.a. in 20 Jahren den Endwert $K_{20} = K_0(1+i)^{20} = 100 \cdot 1{,}08^{20} = 466{,}10$ €. Benutzt man stattdessen den äquivalenten stetigen Zinsvorgang, so folgt mit dem *äquivalenten stetigen*[4] *Zinssatz* $r = \ln(1+i) = \ln 1{,}08 = 0{,}076961$ für den Endwert: $K_{20} = K_0 \cdot e^{r \cdot 20} = 100 \cdot e^{20 \cdot 0{,}076961} = 466{,}10$ €, also dasselbe Resultat wie bei diskreter Aufzinsung.

Es werde nun angenommen, dass die mit einem ökonomischen Prozess verbundenen Zahlungen in Form eines **kontinuierlich fließenden Zahlungsstroms** R(t) erfolgen. Dabei gibt der Wert der **Stromgröße** R(t) im Zeitpunkt t nicht die Höhe einer einzelnen Zahlung an, sondern die **Geschwindigkeit** oder **Breite des Zahlungsstroms** im Zeitpunkt t (gemessen in Geldeinheiten pro Zeiteinheit, z.B. €/Monat oder T€ /Jahr). Die **Summe** K der in der Zeitspanne zwischen t und t + dt (also während dt Zeiteinheiten) **geflossenen Zahlungen** ist näherungsweise durch das **Produkt** aus momentaner **Zahlungsgeschwindigkeit** R(t) und **Zeitdauer** dt des Flusses gegeben:

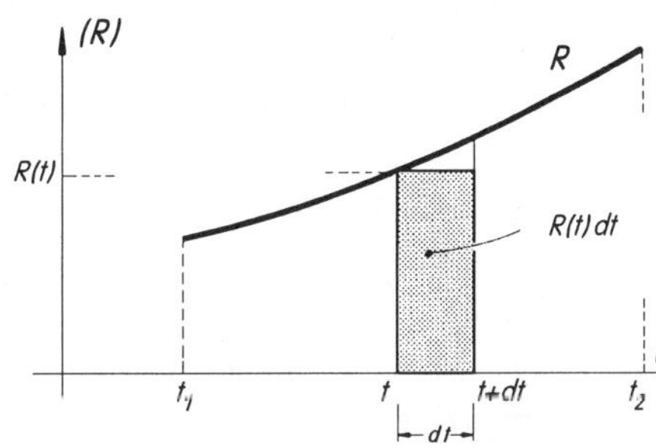

Abb. 8.5.34

(8.5.35) $$K = R(t) \cdot dt \quad .$$

Dieser Wert entspricht dem Inhalt des schraffierten Flächenstreifens *(Abb. 8.5.34)*. Zerlegt man das gesamte Intervall $[t_1;t_2]$ in derartige „Zahlungsstreifen" und verfeinert dann diese Zerlegung immer weiter, so nähert sich die **Summe K aller** zwischen t_1 und t_2 geflossenen **Zahlungen** immer mehr dem Flächeninhalt unter R(t), d.h. dem **bestimmten Integral** von R(t) zwischen t_1 und t_2 *(Abb. 8.5.36)*. Im Grenzfall gilt:

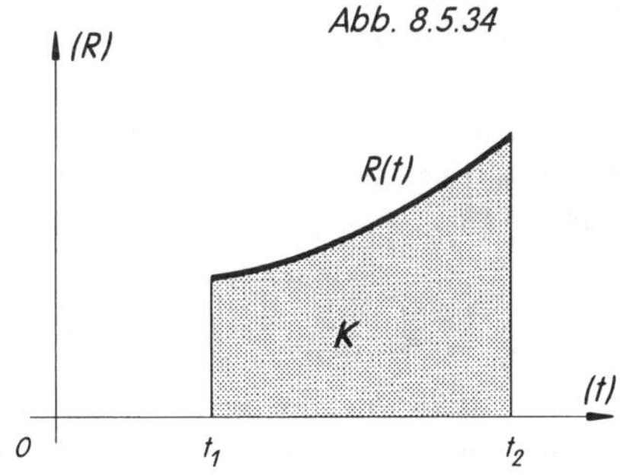

Abb. 8.5.36

Satz 8.5.37: Wird ein **kontinuierlicher Zahlungsstrom** beschrieben durch die (stückweise stetige) Geschwindigkeitsfunktion R(t) in GE/ZE , so fließt im Zeitintervall $[t_1, t_2]$ insgesamt das (nominelle) **Kapital** K mit

(8.5.38) $$K = \int_{t_1}^{t_2} R(t)\,dt \quad .$$

[3] Vgl. etwa [66], Kap. 2.2.

[4] Vgl. z.B. [66], Kap. 2.3.4.

Beispiel 8.5.39: i) Es sei ein konstanter Zahlungsstrom mit R(t) 36.000 [€/Jahr] = const. vorgegeben (z.B. Rückflüsse aus einer Investition). Dann fließen in den Jahren $t_1 = 0$ bis $t_2 = 45$

nominell insgesamt $K = \int_0^{45} 36.000 \, dt = 36.000t \Big|_0^{45} = 1.620.000$ €.

ii) Es werde unterstellt, dass der Zahlungsstrom von i) stetig um r = 3% p.a. steige, so dass im Zeitpunkt t die Zahlungsgeschwindigkeit $R(t) = 36.000 \cdot e^{0,03t}$ beträgt. Dann fließen zwischen $t_1 = 0$ und $t_2 = 45$ nominell insgesamt:

$$K = \int_0^{45} 36.000 \cdot e^{0,03t} \, dt = \frac{36.000}{0,03} \, e^{0,03t} \Big|_0^{45} = 1.200.000 \, (e^{1,35} - 1) = 3.428.910,64 \text{ €}.$$

Um die **zeitverschiedenen Zahlungen vergleichbar** zu machen, werden sie (zunächst) auf den Zeitpunkt t = 0 **diskontiert:**

(i) Jede *diskrete Zahlung* R, die im Zeitpunkt t fällig ist, hat im Zeitpunkt 0 den *Gegenwartswert* R_0 mit $R_0 = R \cdot e^{-rt}$.

Beispiel: Es seien gegeben: R = 1000 €, r = 5% p.a.

a) Fälligkeit in 8 Jahren: $t = 8 \Rightarrow R_0 = 1000 \cdot e^{-0,05 \cdot 8} = 670,32$ € (heute);

b) Fälligkeit vor 4 Jahren: $t = -4 \Rightarrow R_0 = 1000 \cdot e^{-0,05 \cdot (-4)} = 1000 \cdot e^{0,2} = 1221,40$ € (heute).

(ii) Den *Gegenwartswert kontinuierlicher Zahlungsströme* erhält man dadurch, dass man bei der Intervallzerlegung jede Teilzahlung R(t) dt, die im Intervall [t; t+dt] fließt, mit dem entsprechenden Barwertfaktor e^{-rt} multipliziert ($\rightarrow R(t) \cdot e^{-rt}$ dt, *Abb. 8.5.40*) und dann erst sämtliche so abgezinsten Teilbeträge per Grenzübergang zum gesamten Gegenwartswert K_0 addiert, d.h. **integriert.** Damit erhält man als **Gegenwartswert K_0** (im Zeitpunkt 0) eines **zwischen t_1 und t_2 kontinuierlich fließenden Zahlungsstromes R(t):**

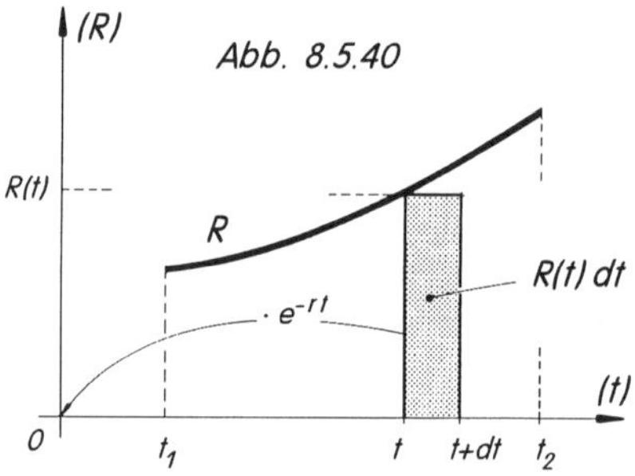

Abb. 8.5.40

(8.5.41) $$K_0 = \int_{t_1}^{t_2} R(t) \, e^{-rt} \, dt$$ *(Abb. 8.5.41).*

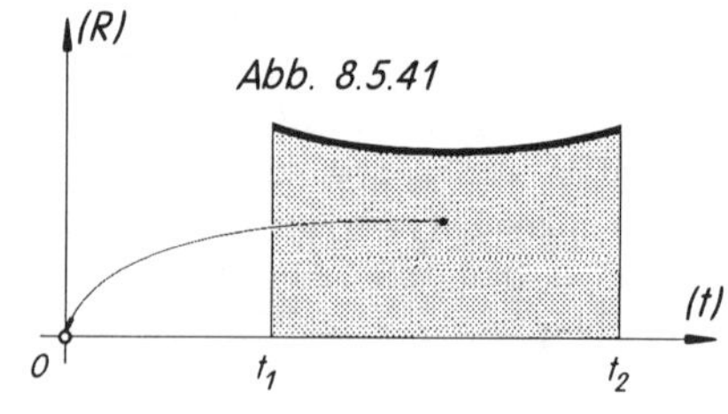

Abb. 8.5.41

Für den **Spezialfall** $t_1 = 0$, $t_2 = T$ lautet der Gegenwartswert eines von 0 bis T kontinuierlich fließenden Zahlungsstroms

(8.5.42) $$K_0 = \int_0^T R(t) \cdot e^{-rt} \, dt$$ *(Abb. 8.5.42).*

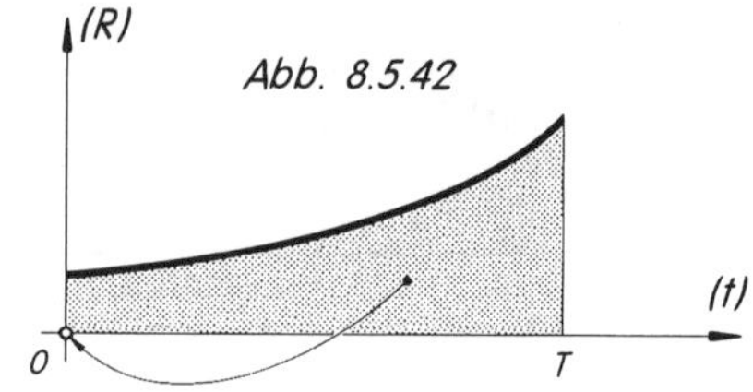

Abb. 8.5.42

Kennt man den Gegenwartswert K_0, so kann man den **Zeitwert** K_τ des Zahlungsstroms zu jedem **beliebigen** Zeitpunkt τ durch entsprechendes Auf-/Abzinsen mit $e^{r\tau}$ ermitteln:

(8.5.44) $$K_\tau = K_0 \cdot e^{r\tau} = e^{r\tau} \cdot \int_{t_1}^{t_2} R(t)\, e^{-rt}\, dt$$.

Für den Fall eines **konstanten Zahlungsstroms** kann die Integration allgemein durchgeführt werden: Mit R(t) = R = const. folgt aus (8.5.41):

(8.5.45) $$K_0 = \int_{t_1}^{t_2} R \cdot e^{-rt}\, dt = -\frac{R}{r} \cdot e^{-rt} \Big|_{t_1}^{t_2} = \frac{R}{r}(e^{-rt_1} - e^{-rt_2})$$

und daraus im Fall $t_1 = 0;\ t_2 = T$:

(8.5.46) $$K_0 = \int_0^T R \cdot e^{-rt}\, dt = R \cdot \frac{1 - e^{-rT}}{r}.$$

Beispiel 8.5.47: i) Es sei R = 36.000 [€/Jahr] = const., r = 8% p.a. Dann lautet der Gegenwartswert des von $t_1 = 0$ bis $t_2 = 45$ fließenden Zahlungsstroms:

$$K_0 = \int_0^{45} 36.000 \cdot e^{-0,08t}\, dt = 36.000 \cdot \frac{1 - e^{-3,6}}{0,08} = 437.704,32\ €,$$ *vgl. dagegen Beispiel 8.5.39 i).*

ii) Für $R(t) = 36.000 \cdot e^{0,03t}$ *(vgl. Bsp. 8.5.39 ii))* lautet der entsprechende Gegenwartswert K_0:

$$K_0 = \int_0^{45} 36.000 \cdot e^{0,03t} \cdot e^{-0,08t}\, dt = \int_0^{45} 36.000 \cdot e^{-0,05t}\, dt = 36.000 \cdot \frac{1 - e^{-2,25}}{0,05} = 644.112,56\ €.$$

Ein Vergleich mit dem entsprechenden nominellen Wert von Beispiel 8.5.39 ii) zeigt die starke gegenwartswertmindernde Wirkung der Abzinsung.

iii) Die entsprechenden Gegenwartswerte der im letzten (= 45.) Jahr geflossenen Zahlungen lauten:

a) $$K_0 = \int_{44}^{45} 36.000 \cdot e^{-0,08t}\, dt = \frac{36.000}{0,08}(e^{-0,08 \cdot 44} - e^{-0,08 \cdot 45}) = 1.024,07\ €\ ;$$

b) $$K_0 = \int_{44}^{45} 36.000 \cdot e^{0,03t} \cdot e^{-0,08t} = \frac{36.000}{0,05}(e^{-0,05 \cdot 44} - e^{-0,05 \cdot 45}) = 3.890,83\ €\ .$$

Lässt man in (8.5.46) die obere Integrationsgrenze T immer weiter wachsen ($T \to \infty$), so ist der **Gegenwartswert** K_0^∞ des in t = 0 beginnenden **„unendlichen" Zahlungsstroms** der konstanten Breite R gleichwohl **endlich**. Aus (8.5.46) folgt nämlich:

(8.5.48) $$K_0^\infty = \lim_{T\to\infty} \int_0^T R \cdot e^{-rt}\, dt = \lim_{T\to\infty} R \cdot \frac{1 - e^{-rT}}{r} = \frac{R}{r}$$,

in vollständiger Analogie zum diskreten Fall des Barwerts einer „ewigen Rente", vgl. z.B. [66], Kap. 3.6.

Beispiel 8.5.49: Lässt man den konstanten Zahlungsstrom R = 36.000 [€/Jahr] „ewig" fließen, so lautet (bei r = 0,08) der Gegenwartswert:

$$K_0^{\infty} = \lim_{T \to \infty} \int_0^T 36.000 \cdot e^{-0,08t}\, dt = \frac{36.000}{0,08} = 450.000\,€.$$

Dieser Wert unterscheidet sich nicht wesentlich vom (in Beispiel 8.5.47 i) ermittelten) Gegenwartswert bei 45 Jahren Laufzeit.

Bemerkung 8.5.50: *Für den im letzten Beispiel auftretenden Grenzwert* $\lim_{T \to \infty} \int_0^T Re^{-rt}\, dt$ *schreibt man kurz:* $\int_0^{\infty} Re^{-rt}\, dt$ *und nennt diesen Grenzwert (sofern er existiert)* ***uneigentliches Integral.*** *Folgende Fälle uneigentlicher Integrale über unendlichen Intervallen können unterschieden werden:*

i) $$\int_a^{\infty} f(x)\, dx := \lim_{b \to \infty} \int_a^b f(x)\, dx \;;$$

ii) $$\int_{-\infty}^{b} f(x)\, dx := \lim_{a \to -\infty} \int_a^b f(x)\, dx \;;$$

iii) $$\int_{-\infty}^{\infty} f(x)\, dx := \lim_{\substack{a \to -\infty \\ b \to \infty}} \int_a^b f(x)\, dx \;.$$

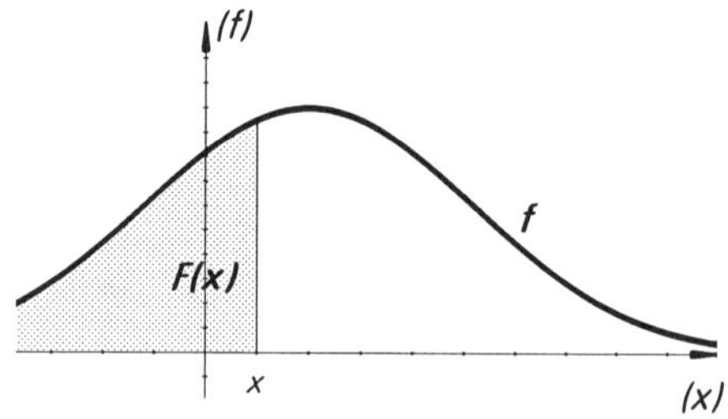

Abb. 8.5.51

Beispiel: *Die Fläche von* $-\infty$ *bis x unter der* ***Dichtefunktion*** *f einer stetigen Wahrscheinlichkeitsverteilung ist ein Maß für die* ***Wahrscheinlichkeit*** *P(X ≤ x), dass die betreffende Zufallsvariable einen Wert kleiner oder gleich x annimmt (Abb. 8.5.51):*

$$P(X \le x) = \int_{-\infty}^{x} f(t)\, dt = F(x) \;.$$

Für die gesamte unter einer Dichtefunktion liegende Fläche muss gelten:

$$\int_{-\infty}^{\infty} f(t)\, dt = 1$$ *(denn die Wahrscheinlichkeit des sicheren Ereignisses ist Eins).*

Aufgabe 8.5.52: Ein Ertragsstrom der konstanten Breite R = 98.000 €/Jahr fließe vom Zeitpunkt $t_1 = 2$ an für 20 Jahre (d.h. bis $t_2 = 22$). Stetiger Zinssatz: r = 7% p.a.. Man ermittle

i) den Wert aller Erträge im End- sowie Anfangszeitpunkt des Zahlungsstroms;
ii) den Gegenwartswert (t = 0) aller Erträge;
iii) den Gegenwartswert (t = 0) aller Erträge, wenn der Ertragsstrom von unbegrenzter Dauer ist;
iv) den Gegenwartswert (t = 0) des Ertragsstroms, wenn seine Breite R(t) (2 ≤ t ≤ 22) gegeben ist durch **a)** $R(t) = 98.000 \cdot e^{0,02(t-2)}$; **b)** $R(t) = 98.000\,(1 + 0,02(t-2))$.

Aufgabe 8.5.53: Gegeben ist die Dichtefunktion f einer stetigen Zufallsvariablen X durch

$$f(x) = \begin{cases} 3 \cdot e^{-3x} & \text{für } 0 \le x < \infty \\ 0 & \text{für } x < 0 \end{cases} .$$

Man ermittle die Wahrscheinlichkeit dafür, dass gilt:
i) X ≤ 0 ; **ii)** X > 0 ; **iii)** X ≤ 3 ; **iv)** X >1 ; **v)** 2 < X ≤ 3.

8.5.5 Kapitalstock und Investitionen einer Volkswirtschaft

Die Stromfunktion I(t) [= **Nettoinvestitionen** im Zeitpunkt t] gibt an, wie hoch die **Netto-Investitionsgeschwindigkeit** (gemessen z.B. in Mrd.€/Jahr) einer Volkswirtschaft zum Zeitpunkt t ist. Bezeichnet man den in t vorhandenen Kapitalstock der Volkswirtschaft mit K(t), so gilt definitionsgemäß: Die **zeitliche Änderung K'(t) des Kapitalstocks** ist gleich den **Nettoinvestitionen:**

(8.5.54) $$\boxed{K'(t) = I(t)} \ .$$

Die Differenz K(T) - K(0) gibt die **Änderung** (Zuwachs oder Abnahme) **des Kapitalstocks** in der gesamten Zeitspanne zwischen t = 0 und t = T an, kann also als **Summe** (= Integral !) aller zwischen 0 und T getätigten **Nettoinvestitionen** aufgefasst werden. In der Tat ergibt aus (8.5.54), vgl. auch Abb. 8.5.56:

(8.5.55) $$\int_0^T I(t)\,dt = \int_0^T K'(t)\,dt = K(t)\Big|_0^T = K(T) - K(0) \ .$$

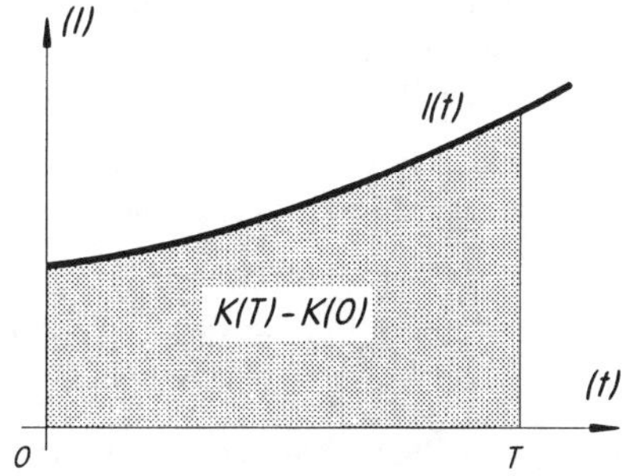

Abb. 8.5.56

Der **Bestand K(T) des Kapitalstocks** im Zeitpunkt T beträgt daher:

(8.5.57) $$\boxed{K(T) = \int_0^T I(t)\,dt + K(0)} \ .$$

Beispiel 8.5.58: Die jährliche Rate der Nettoinvestitionen betrage $I(t) = 7 \cdot t^{0,4}$ (in Mrd. €/Jahr). Der Kapitalstock in t = 0 betrage K(0) = 800 (Mrd. €).

i) Im Zeitpunkt T (> 0) beträgt der Kapitalstock allgemein

$$K(T) = \int_0^T 7 \cdot t^{0,4}\,dt + K(0) = 5 \cdot t^{1,4}\Big|_0^T + 800 = 5 \cdot T^{1,4} + 800 \ .$$

ii) Die Kapitalakkumulation beträgt

a) im ersten Jahr: K(1) - K(0) = 5 Mrd. € ;

b) im 10. Jahr: $K(10) - K(9) = 5(10^{1,4} - 9^{1,4}) \approx 17{,}22$ Mrd. €.

iii) Der Kapitalstock nach dem 10. Jahr beträgt $K(10) = 5 \cdot 10^{1,4} + 800 = 925{,}59$ Mrd. €.

Aufgabe 8.5.59: Der Nettoinvestitionsfluss I(0) im Zeitpunkt t = 0 betrage 1.000 Mrd. €/Jahr. Der sich aus „Urzeiten" ($t \to -\infty$) bis heute (t = 0) gebildete Kapitalstock habe sich aufgebaut durch jährlich mit 10% (stetige Zunahmerate) steigende Nettoinvestitionen. Man ermittle

i) die Nettoinvestitionsfunktion I(t) (Hinweis: Es muss gelten: $I(t) = c \cdot e^{0,1t}$);

ii) den Kapitalstock in t = 0;

iii) den Kapitalstock in t = T;

iv) die Kapitalakkumulation zwischen **a)** t = 9 und t = 11 **b)** t = -100 und t = 0.

8.5.6 Optimale Nutzungsdauer von Investitionen

Unter dem **Kapitalwert C_0 einer Investition** versteht man die Summe aller auf den Planungszeitpunkt t=0 (i.a. Investitionsbeginn) diskontierten (abgezinsten) Zahlungen, die mit der Investition verbunden sind :

(8.5.60) $$C_0 = -A + \sum_{t=1}^{T} (e_t - a_t)\cdot q^{-t} + L(T)\cdot q^{-T} \quad .$$

Dabei bedeuten: A: Investitionsauszahlung in t = 0; e_t, a_t: Einzahlung bzw. Auszahlung der Periode t (nachschüssig); T: wirtschaftliche Laufzeit des Investitionsprojektes; L(T): Liquidationserlös der Anlage (Ende Periode T); q = 1 + i: (diskreter) Zinsfaktor (pro Periode).

Fasst man die Ein- und Auszahlungen als **stetige Zahlungsströme** e(t), a(t) auf (vgl. Kap. 8.5.4), so lautet der **Kapitalwert** (8.5.60) analog zu (8.5.42):

(8.5.61) $$C_0(T) = -A + \int_0^T \big(e(t) - a(t)\big)\cdot e^{-rt}\,dt + L(T)\cdot e^{-rT}$$

(dabei ist $r = \ln(1+i)$ die zu i äquivalente stetige Zinsrate pro Periode, vgl. Beispiel 8.5.33).

i) Unter der **optimalen wirtschaftlichen Nutzungsdauer** der **Einzelinvestition** versteht man diejenige Laufzeit T, für die der **Kapitalwert** $C_0(T)$ **maximal** wird. Notwendig für ein relatives Maximum von C_0 ist die Bedingung $C_0'(T) = 0$. Mit Satz 8.3.12 sowie der Produkt- und Kettenregel folgt aus (8.5.61):

(8.5.62) $$0 = C_0'(T) = (e(T) - a(T))\cdot e^{-rT} + L'(T)\cdot e^{-rT} - r\cdot L(T)\cdot e^{-rT} \quad .$$

Nach Division durch e^{-rT} ($\neq 0$) folgt als **notwendige Optimalbedingung** für die Nutzungsdauer T:

(8.5.63) $$e(T) + L'(T) = a(T) + r\cdot L(T) \quad \text{oder} \quad e(T) = a(T) + r\cdot L(T) - L'(T) \quad .$$

Man kann e(T), a(T) als **zusätzliche** Ein-, Auszahlungen auffassen, wenn die Anlage **über T hinaus eine weitere Periode genutzt** wird. Entsprechend bedeuten $r\cdot L(T)$ die **entgangenen Periodenzinsen** auf den bei Weiternutzung nicht realisierten Liquidationserlös und L'(T) die **Änderung des Liquidationserlöses** bei Weiternutzung um eine Periode *(i.a. gilt: $L'(T) < 0$)*. Die Optimalbedingung (8.5.63) entspricht also der bekannten Gewinnmaximierungsbedingung **„Grenzerlös = Grenzkosten"**, vgl. (6.3.35).

Beispiel 8.5.64: Eine Investition erfordere 2.000 GE in t = 0. Einzahlungsstrom: e(t) = 1.000 + 50t (GE/ Jahr); Auszahlungsstrom: a(t) = 500 + 90t (GE/ Jahr); Liquidationserlös: L(t) = 1.600 − 100t ($0 \le t \le 16$); stetiger Kalkulationszinssatz: r = 10% p.a.

$\Rightarrow$ Kapitalwert: $$C_0(T) = -2.000 + \int_0^T (500 - 40t)e^{-0,1t}\,dt + (1.600 - 100T)\,e^{-0,1T} .$$

Notwendig dafür, dass T die optimale Nutzungsdauer darstellt, ist:

$$0 = C_0'(T) = (500 - 40T)e^{-0,1T} - 100\cdot e^{-0,1T} - 0,1(1.600 - 100T)e^{-0,1T}, \quad \text{d.h.}$$

$$0 = 500 - 40T - 100 - 160 + 10T, \quad \text{d.h.} \quad T = 8.$$

Die optimale Nutzungsdauer beträgt somit 8 Jahre.

ii) Man kann den **Kapitalwert** C_0 (vgl.8.5.61) in einen **äquivalenten konstanten Gewinnstrom** R **umwandeln**, der während der Laufzeit von 0 bis T fließt („ äquivalente Annuität“). Nach (8.5.46) ist der auf t = 0 bezogene Gegenwartswert K_0 des konstanten Stroms R zwischen 0 und T gegeben durch

$$(8.5.65) \qquad K_0 = \int_0^T R \cdot e^{-rt}\, dt = R \cdot \frac{1 - e^{-rT}}{r} .$$

Da der Gegenwartswert K_0 genau dem Kapitalwert C_0 der Investition entspricht, folgt aus (8.5.65) die **äquivalente Strombreite** R zu

(8.5.66) $$\boxed{R = \frac{r \cdot C_0(T)}{1 - e^{-rT}}}$$ mit $C_0(T)$ gemäß (8.5.61).

Wird die Investition von **„unendlich“ vielen identischen Nachfolgern** abgelöst, so besitzt jede Einzelinvestition denselben Kapitalwert und somit dieselbe Gewinnstrombreite R. Interessant ist daher die Frage nach derjenigen individuellen Anlagen-Nutzungsdauer T, die den (konstanten) **Gewinnstrom** R (für alle Zeiten) zu einem **Maximum** macht (in diesem Fall ist T die **Nutzungsdauer** einer **einzelnen Anlage innerhalb der unendlichen Investitionskette**). Aus (8.5.66) ergibt sich als notwendige Optimalbedingung (Quotientenregel !)

$$0 = R'(T) = \frac{r \cdot C_0'(T) \cdot (1 - e^{-rT}) - r^2 \cdot C_0(T) \cdot e^{-rT}}{(1 - e^{-rT})^2}, \text{ d.h.}$$

$$(8.5.67) \qquad C_0'(T) \cdot \frac{1 - e^{-rT}}{r} = e^{-rT} \cdot C_0(T) \quad , \quad (T>0).$$

Mit (8.5.61) und (8.5.62) ergibt sich schließlich für die gesuchte optimale **Nutzungsdauer T** die Bedingung:

(8.5.68) $$\boxed{\big(e(T) - a(T) + L'(T) - r \cdot L(T)\big) \frac{1 - e^{-rT}}{r} = -A + \int_0^T \big(e(t) - a(t)\big)\, e^{-rt}\, dt + L(T)\, e^{-rT}} .$$

In (8.5.68) können - je nach Sachlage - **Vereinfachungen** eingearbeitet werden, z.B.:

a) Es seien *nur* die *Ausgaben* a(t) [z.B. Reparaturkostenstrom] *relevant*, zu keiner Zeit falle ein Liquidationserlös an (d.h. $L(T) \equiv 0$): Dann folgt aus (8.5.68) die vereinfachte Bedingung:

$$-a(T) \cdot \frac{1 - e^{-rT}}{r} = \int_0^T -a(t)\, e^{-rt}\, dt - A \quad \text{bzw.}$$

(8.5.69) $$\boxed{\int_0^T a(t)\, e^{-rt}\, dt + A = a(T) \cdot \frac{1 - e^{-rT}}{r}} .$$

Für die so ermittelte optimale Nutzungsdauer T ist der äquivalente **Kostenstrom** auf „ewig“ **minimal**.

b) Über die Vereinfachungen von a) hinaus möge der *Zinseszinseffekt vernachlässigt* ($r \to 0$) werden (statische Betrachtung). Wegen $\lim\limits_{r \to 0} \frac{1 - e^{-rT}}{r} = T$ folgt aus (8.5.69)

(8.5.70) $$\boxed{\int_0^T a(t)\,dt + A = a(T)\cdot T}\quad .$$

Für die so ermittelte optimale Nutzungsdauer T sind die **nominellen Gesamtkosten pro Zeiteinheit minimal** (auf „ewig“).

Beispiel 8.5.71: Es werde die Investition von Beispiel 8.5.64 betrachtet, wobei nunmehr unterstellt wird, dass sie *beliebig viele identische Nachfolger* besitzt. Dann ergibt sich die *optimale Nutzungsdauer* T einer jeden *Einzelinvestition* aus (8.5.67) bzw. (8.5.68):

Der Kapitalwert C_0 lautet nach (8.5.61):

$$C_0(T) = -2.000 + \int_0^T (500 - 40t)\cdot e^{-0,1t}\,dt + (1.600 - 100T)\cdot e^{-0,1T} \quad .$$

Das auftretende Integral muss mit Hilfe der partiellen Integration (vgl. 8.4.6)) gelöst werden. Nach Aufgabe 8.4.8 vi) ergibt sich:

$$\int_0^T (500 - 40t)\cdot e^{-0,1t}\,dt = e^{-0,1T}(400T - 1.000) + 1.000 \;,$$

so dass der Kapitalwert C_0 der Investition lautet:

(8.5.72) $\quad C_0(T) = -1.000 + e^{-0,1T}(300T + 600) \quad$ mit

(8.5.73) $\quad C_0'(T) = e^{-0,1T}(240 - 30T).$

Bemerkung: *Aus (8.5.73) folgt unmittelbar, dass die optimale Nutzungsdauer der isoliert betrachteten Investition 8 Jahre beträgt:* $C'(8) = 0$, *vgl. Beispiel 8.5.64.*

Setzt man (8.5.72), (8.5.73) in die Optimalbedingung (8.5.67) ein, so folgt nach etwas Umformung: $34 - 3T - 30\cdot e^{-0,1T} = 0$. Mit Hilfe der Regula falsi ergibt sich die optimale Nutzungsdauer jeder Teilinvestition zu $T \approx 5{,}6494 \approx 5\,^2/_3$ Jahre .

Der Kapitalwert jeder Teilinvestition beträgt nach (8.5.72) $C_0(5{,}65) \approx 304{,}4$ GE (zum Vergleich: Für dieselbe, aber isoliert betrachtete Investition ist der maximale Kapitalwert durch $C_0(8) \approx 347{,}99$ GE gegeben.) Für den *äquivalenten konstanten Gewinnstrom* R ergibt sich nach (8.5.66):

$$R = \frac{r\cdot C_0}{1 - e^{-rT}} \approx 70{,}52 \text{ GE/ Jahr} \quad \text{(auf „ewige“ Zeiten)} \;.$$

Dies entspricht einem Gesamtkapitalwert C_0^{∞} der unendlichen Investitionskette von (vgl.(8.5.48))

$C_0^{\infty} = \frac{R}{r} = 705{,}19$ GE. (Zum Vergleich: Würde man die isolierte Einzelinvestition von Beispiel 8.5.64 als Glied einer unendlichen Investitionskette verwenden (mit $T = 8$, $C_0(T) = 347{,}99$), so ergibt sich - trotz höheren Einzelkapitalwertes - nur ein ewiger Gewinnstrom von $R \approx 63{,}19$ GE/ Jahr, was einem Gesamtkapitalwert der unendlichen Kette von 631,93 GE entspricht - also deutlich weniger als im Optimum.)

Werden Einzahlungsstrom sowie Liquidationserlöse vernachlässigt, d.h. wenn nur die mit der Investition verbundenen Auszahlungen entscheidungsrelevant sind, so folgt über (8.5.69) für die optimale Nutzungsdauer jeder Teilinvestition:

(8.5.74) $$\int_0^T (500 + 90t)e^{-0,1t}dt + 2.000 = (500 + 90T)\frac{1 - e^{-0,1T}}{0,1} \quad .$$

Nach etwas Rechnung (partielle Integration) und Umformung folgt daraus die Optimalbedingung $9T - 110 + 90e^{-0,1T} = 0$ mit der Lösung (Regula falsi) $T = 7{,}50$ Jahre . Der entsprechende minimale ewige Auszahlungsstrom ergibt sich - da der Kapitalwert C_0 aller Auszahlungen durch die linke Seite von (8.5.74) und somit im Optimum auch durch die rechte Seite von (8.5.74) dargestellt wird - aus (8.5.66) zu $R = 500 + 90T = 1.175$ GE/ Jahr .

Verzichtet man bei statischer Betrachtung auch auf die Verzinsung im Zeitablauf ($r = 0$), so erhält über (8.5.70) wegen $\int_0^T (500 + 90t)\,dt + 2.000 = (500 + 90T)\,T$ die optimale Nutzungsdauer jeder Teilinvestition zu $T = 20/3 = 6\,^2/_3$ Jahre. Daraus resultieren durchschnittliche nominelle Auszahlungen pro Zeiteinheit in Höhe von $\frac{1}{T} \cdot \left(\int_0^T a(t)\,dt + A\right) = 1.100$ GE/ Jahr.

Aufgabe 8.5.75: Es seien $\int_0^T a(t)\,dt + A$ die gesamten während der Nutzungsdauer T einer Investition geleisteten nominellen Auszahlungen ($a(t)$: stetiger Auszahlungsstrom; A: Anschaffungsauszahlung). Gesucht ist diejenige *Nutzungsdauer* T, für die die *pro Zeiteinheit* anfallenden durchschnittlichen *Auszahlungen* ein *Minimum* annehmen.

i) Man zeige, dass für T die Beziehung (8.5.70) gelten muss.

ii) Man ermittle die optimale Nutzungsdauer T, wenn die Investition Anschaffungsausgaben von 40.500 € verursacht und von einem stetigen Reparaturkostenstrom $a(t) = 2.000 + 1.000t$ (€/Jahr) begleitet wird.

Aufgabe 8.5.76: Ein isoliertes Investitionsprojekt erfordert eine Anschaffungsauszahlung von 200.000 €. Der Rückflussstrom $R(t)$ ist gegeben durch $R(t) = 50.000\,(1 - 0{,}08t)$, der Liquidationserlös im Zeitpunkt t (≥ 0) beträgt $L(t) = 200.000\,(1 - 0{,}1t)$. Der stetige Kalkulationszinssatz lautet $r = 10\%$ p.a. Man ermittle die optimale Nutzungsdauer der Investition sowie den entsprechenden maximalen Kapitalwert.

Aufgabe 8.5.77: Ein Instrumentenhändler besitzt eine wertvolle italienische Meistergeige, die er heute ($t = 0$) zum Preis p_0 verkaufen könnte. Der Preis $p(t)$ im Zeitpunkt t (>0) sei aufgrund von Vergangenheitsdaten zuverlässig schätzbar (*p(t) sei monoton wachsend*). Wird die Geige (um einen höheren Verkaufspreis zu erzielen) zu einem späteren Zeitpunkt verkauft, so entstehen bis dahin für Lagerung, Pflege, Versicherung usw. Lagerkosten (als stetiger konstanter Auszahlungsstrom) in Höhe von s €/ Jahr, der stetige Kalkulationszinssatz sei r.

i) Man ermittle und interpretiere in allgemeiner Weise die Bedingungsgleichung für den optimalen Verkaufszeitpunkt T.

ii) Der Preis der Geige steige von $p_0 = 200.000$€ jährlich linear um 20%, d.h. es gelte $p(t) = 200.000\,(1 + 0{,}2t)$; der Lagerkostenstrom betrage $s = 4.800$ €/ Jahr, stetiger Kalkulationszins: $r = 8\%$ p.a.. Wann und zu welchem Preis sollte der Händler die Geige verkaufen? Welchem Kapitalwert entspricht der optimale Verkaufszeitpunkt?

***iii)** Man beantworte die Fragen zu ii), wenn die Wertsteigerung des Instrumentes mit der stetigen Zuwachsrate von 9% p.a. geschieht, d.h. $p(t) = 200.000 \cdot e^{0,09t}$.

(Hinweis: Der maximale Planungshorizont des Händlers betrage 15 Jahre.)

8.6 Elementare Differentialgleichungen

8.6.1 Einleitung

Bei der Untersuchung ökonomischer Modelle treten häufig **Gleichungen** auf, in denen eine oder mehrere **Ableitungen einer gesuchten Funktion** enthalten sind. Derartige Gleichungen heißen **Differentialgleichungen**.

Beispiel 8.6.1: Folgende Gleichungen sind Differentialgleichungen:

i) $f'(x) = f(x) + 2x$; **ii)** $\left(\frac{df}{dx}\right)^3 = x^2 \cdot f(x)$;

iii) $\ddot{y}^2 + \dot{y}^3 + y = e^t \quad \left(\text{mit } y = y(t); \dot{y} := \frac{dy}{dt}\right)$;

iv) $f_{xxy} + f_{yy} = f(x,y) + 1 \quad \left(\text{mit } f_x := \frac{\partial f}{\partial x} \text{ usw.}\right)$.

Die **Ordnung einer Differentialgleichung** ist die **höchste** vorkommende **Ableitungsordnung** (in Bsp. 8.6.1: i) 1. Ordnung; ii) 1. Ordnung; iii) 2. Ordnung; iv) 3. Ordnung). Der **Grad einer Differentialgleichung** ist der **größte Exponent**, in dem die **höchste** vorkommende **Ableitung** erscheint (in Bsp. 8.6.1: i) 1. Grad (lineare Differentialgleichung); ii) 3. Grad; iii) 2. Grad; iv) 1. Grad (lineare Differentialgleichung)). Eine Differentialgleichung heißt **gewöhnlich**, wenn die gesuchte Funktion und ihre Ableitung nur von **einer** Variablen abhängen, andernfalls **partiell** (in Bsp. 8.6.1: i), ii), iii) gewöhnliche Differentialgleichungen; iv) partielle Differentialgleichung).

Bemerkung 8.6.2: *Die Vielzahl der verwendeten Unterscheidungsmerkmale für Differentialgleichungen lässt auf eine entsprechend vielfältige, differenzierte und **komplexe Lösungstechnik**[5] für Differentialgleichungen schließen. Im Rahmen dieser Einführung sollen lediglich einige **spezielle gewöhnliche lineare Differentialgleichungen** behandelt werden.*

Unter einer **Lösung** einer (gewöhnlichen) Differentialgleichung versteht man eine **Funktion** f mit $y = f(x)$, die - zusammen mit ihren Ableitungen $y', y'', \ldots$ - der gegebenen Differentialgleichung $G(x, y, y', y'', \ldots, y^{(n)}) = 0$ genügt.

Bemerkung 8.6.3: *Um die Übersicht zu erhöhen, soll im folgenden statt $y = f(x)$ vereinfachend $y = y(x)$ geschrieben werden.*

Beispiel 8.6.4: Gegeben sei die Differentialgleichung $G(x, y, y') = y'(x) - y(x) = 0$. *Eine* Lösung ist z.B. die Funktion $y = e^x$, denn wegen $y' = e^x$ ist stets $y' - y = e^x - e^x = 0$ erfüllt. Weiter sieht man, dass jede Funktion des Typs $y = c \cdot e^x$ ebenfalls eine Lösung der Differentialgleichung $y' - y = 0$ ist.

Differentialgleichungen treten im **ökonomischen Bereich** häufig dann auf, wenn die **Zeit t** als unabhängige stetige Variable auftritt. In diesem Fall nämlich stellt die **erste Ableitung** $y'(t)$ $(=: \dot{y})$ einer ökonomischen Funktion $y = y(t)$ näherungsweise die **Änderung von y pro Zeiteinheit** dar, d.h. die **Momentangeschwindigkeit** des durch $y = y(t)$ beschriebenen **ökonomischen Prozesses**.

Jede definierte (beobachtete, postulierte) Beziehung zwischen den „Bestands" -Werten y(t) und ihren zeitlichen Änderungen $\dot{y}(t)$ kann durch eine Differentialgleichung beschrieben werden.

[5] vgl. z.B. Kamke [35]

Beispiel 8.6.5: Der zeitabhängige Bestand einer Bevölkerung werde durch die Funktion B(t) beschrieben. Die Bevölkerungsänderung pro Zeiteinheit wird dann im Zeitpunkt t durch die erste Ableitung $\dot{B}(t)$ beschrieben. Unterstellt man, dass die zeitliche Änderung $\dot{B}$ der Bevölkerung in jedem Zeitpunkt t proportional zum gerade vorhandenen Bevölkerungsbestand B(t) ist (konstanter Proportionalitätsfaktor b), so gilt die Beziehung

(8.6.6) $\dot{B}(t) = b \cdot B(t)$.

Dies ist eine *gewöhnliche lineare Differentialgleichung erster Ordnung* für die gesuchte zeitabhängige Bevölkerungsbestandsfunktion B(t). Man überzeugt sich (durch Ableiten und Einsetzen in (8.6.6)) davon, dass z.B. die Exponentialfunktion $B(t) = 100 \cdot e^{bt}$ eine Lösung von (8.6.6) ist. Auf welchem Wege man diese Lösung ermittelt, ist Gegenstand des folgenden Abschnitts.

8.6.2 Lösung von Differentialgleichungen durch Trennung der Variablen

Wie in Bemerkung 8.6.2 bereits angedeutet, ist die Lösungstechnik für Differentialgleichungen im allgemeinen recht verwickelt. Einfach dagegen (und für eine beträchtliche Zahl ökonomischer Probleme ausreichend) ist die *Lösungsmethode für gewöhnliche lineare Differentialgleichungen 1. Ordnung vom Typ*

(8.6.7) $$\boxed{g(y) \cdot y' = h(x)} \qquad \text{mit } y = y(x) \ .$$

Jede Differentialgleichung, die sich auf diese Form bringen lässt, heißt **separabel**.

Beispiel 8.6.8: Folgende Differentialgleichungen sind separabel:

i) $y' = 6x^2 + 1$ mit $g(y) \equiv 1$; $h(x) = 6x^2 + 1$;

ii) $x \cdot y' = (y-1)(x+1)$ mit $g(y) = \frac{1}{y-1}$; $h(x) = 1 + \frac{1}{x}$;

iii) $(x^2+1) \cdot y' = 2x \cdot y^2$ mit $g(y) = \frac{1}{y^2}$; $h(x) = \frac{2x}{x^2+1}$;

iv) $y' = y + x$. Diese Differentialgleichung ist zunächst nicht vom Typ (8.6.7). Setzt man aber $z(x) := y(x) + x$, so folgt wegen $z' = y' + 1$ d.h. $y' = z' - 1$ aus der gegebenen Differentialgleichung: $y' = z' - 1 = y + x = z$, also $z' = z + 1$, was auf die Form (8.6.7) führt: $\frac{z'}{z+1} = 1$, $(z(x) \neq -1)$.

Um eine separable Differentialgleichung des Typs (8.6.7) zu lösen, integriert man beide Seiten von (8.6.7) bzgl. x:

(8.6.9) $\int g(y(x)) \cdot y'(x)\,dx = \int h(x)\,dx + C$.

Nach der Substitutionsregel (Satz 8.4.9) folgt daraus (wegen $dy = y'(x)\,dx$)

(8.6.10) $$\boxed{\int g(y)\,dy = \int h(x)\,dx + C} \qquad \text{mit } y = y(x) \ .$$

Damit ist die Lösung der separablen Differentialgleichung (8.6.7) zurückgeführt auf die Bestimmung der Stammfunktionen G(y) zu g(y) und H(x) zu h(x): Gelingen die beiden unbestimmten Integrationen in (8.6.10), so kann die Lösungsfunktion $y = y(x)$ ermittelt werden.

Bemerkung 8.6.11: ***Formal*** *erhält man (8.6.10), indem man die separable Differentialgleichung (8.6.7) in der Form* $g(y) \cdot \frac{dy}{dx} = h(x)$ *schreibt und mit dem* ***Differential dx multipliziert:***

(8.6.12) $g(y)\,dy = h(x)\,dx$.

Integriert man jetzt ***links*** *nach y und* ***rechts*** *nach x, so folgt (8.6.10). Man beachte aber, dass diese formale „Lösung“ kein Beweis für die Richtigkeit der Methode ist, sondern lediglich zeigt, dass die formalen Symbole und Operationen sinnvoll gewählt wurden: Sie führen sozusagen „automatisch“ zum richtigen Resultat - eine Tatsache, die für die* ***praktische Durchführung*** *des Lösungsverfahrens* ***angenehm*** *ist.*

Es sollen nun die Differentialgleichungen von Bsp. 8.6.8 gelöst werden:

Beispiel 8.6.13: **i)** Aus $y' = 6x^2 + 1$ folgt unmittelbar durch gewöhnliche unbestimmte Integration: $y = \int(6x^2 + 1)\,dx + C = 2x^3 + x + C$, d.h. die Trennung der Variablen gemäß (8.6.12) ist für diesen einfachen Fall entbehrlich, hätte aber gleichwohl wegen $\int dy = \int(6x^2 + 1)\,dx + C$ zum selben Ergebnis geführt.

Die Integrationskonstante C lässt sich determinieren, wenn man eine Anfangsbedingung vorgibt, etwa $y(1) = 5$: Eingesetzt in die Lösungsfunktion erhält man: $5 = 2 + 1 + C$, d.h. $C = 2$, so dass die *spezielle Lösung des Anfangswertproblems* lautet: $y = 2x^3 + x + 2$.

Bemerkung 8.6.14: *Wie aus dem letzten Beispiel ersichtlich, treten bei der Lösung von Differentialgleichungen stets eine oder mehrere* ***Integrationskonstanten*** *auf, so dass die Lösung aus einer* ***Menge von Funktionen*** *besteht, die sich in der Integrationskonstanten unterscheiden:*

i) Die Menge der Lösungsfunktionen einer Differentialgleichung heißt ***allgemeine Lösung*** *der Differentialgleichung.*

ii) Jede - etwa durch Vorgabe von Anfangswerten gewonnene - Einzellösungsfunktion heißt ***spezielle*** *oder* ***partikuläre Lösung*** *der Differentialgleichung.*

Fortsetzung von Beispiel 8.6.13:

ii) $x \cdot y' = (y - 1)(x + 1)$. Trennung der Variablen liefert:

(8.6.15) $\frac{dy}{y-1} = \left(1 + \frac{1}{x}\right) dx$.

Unterstellt man $y - 1 > 0$, $x > 0$, so liefert Integration:

$\ln(y - 1) = x + \ln x + C \Rightarrow y - 1 = e^{x + \ln x + C} = e^x \cdot e^{\ln x} \cdot e^C = k \cdot x \cdot e^x$ mit $e^C = k > 0$. Daraus erhält man die allgemeine Lösung $y = k \cdot x \cdot e^x + 1$ $(x > 0;\ y > 1)$. Mit der Anfangsbedingung $y(1) = e + 1 \approx 3{,}71828...$ folgt als spezielle Lösung (wegen $k = 1$): $y = x \cdot e^x + 1$.

(Unterstellt man $y - 1 < 0$, $x > 0$, so liefert die Integration von (8.6.15): $\ln(1 - y) = x + \ln x + C$ mit der allgemeinen Lösung: $y = 1 - k \cdot x \cdot e^x$. Vorgabe etwa der Anfangsbedingung $y(1) = 0$ liefert $k = e^{-1}$ und somit die spezielle Lösung $y = 1 - e^{-1} \cdot x \cdot e^x = 1 - x \cdot e^{x-1}$.)

iii) $(x^2 + 1) \cdot y' = 2x \cdot y^2$. Trennung der Variablen liefert:

$\int \frac{dy}{y^2} = \int \frac{2x\,dx}{x^2+1} + C$, d.h. $-y^{-1} = \ln(x^2+1) + C$ und somit die allgemeine Lösung:

$y = \frac{-1}{\ln(x^2+1)+C}$. Aus der Anfangsbedingung $y(0) = 0{,}5$ folgt $0{,}5 = \frac{-1}{C}$, d.h. $C = -2$ und somit die spezielle Lösung $y = \frac{1}{2 - \ln(x^2+1)}$.

iv) $y' = x + y$. Substitution $z = x + y$ liefert $z' = z + 1$.

Trennung der Variablen: $\frac{dz}{z+1} = dx$. Die Integration liefert (für $z + 1 > 0$):

$\ln(z + 1) = x + C$ und daher $z = ke^x - 1$ ($k = e^C > 0$).

Wegen $z = x + y$ lautet die allgemeine Lösung $y = ke^x - x - 1$. Mit der Anfangsbedingung $y(0) = 4$ erhält man die spezielle Lösung: $y = 5e^x - x - 1$.

Bemerkung 8.6.16: *Auch die Differentialgleichungen* ***höherer Ordnung*** *lassen sich durch elementare Integrationsprozesse lösen, wenn sie vom* ***Typ:*** $y^{(n)}(x) = f(x)$ *sind.*

Beispiel: *Die lineare Differentialgleichung 3. Ordnung* $y''' = 60x^2 + 12$ *wird durch 3 hintereinandergeschaltete unbestimmte Integrationen gelöst, für die jeweils eine neue Integrationskonstante benötigt wird. Man erhält sukzessive:*

$y'' = 20x^3 + 12x + C \Rightarrow y' = 5x^4 + 6x^2 + Cx + C_2 \Rightarrow y = x^5 + 2x^3 + C_1x^2 + C_2x + C_3$ (mit $C_1 = 0{,}5\,C$).

An diesem Beispiel wird deutlich, dass die ***Anzahl*** *der in der allgemeinen Lösung vorkommenden* ***Integrationskonstanten*** *mit der* ***Ordnung der Differentialgleichung übereinstimmt****. Im vorliegenden Fall könnte eine spezielle Lösung durch Vorgabe dreier* ***Anfangsbedingungen*** *gewonnen werden, z.B.* $y(0) = 7$; $y'(0) = 0$; $y''(0) = 1$. *Durch Einsetzen dieser Anfangswerte in y, y', y'' erhält man nacheinander:* $C_3 = 7$; $C_2 = 0$; $C = 1$, *d.h.* $C_1 = 0{,}5$ *und somit die spezielle Lösung:* $y = x^5 + 2x^3 + 0{,}5x^2 + 7$.

Aufgabe 8.6.17: Für die folgenden Differentialgleichungen gebe man **a)** die allgemeine **b)** die spezielle Lösung (unter Berücksichtigung der vorgegebenen Anfangsbedingungen) an:

i) $y' = 8x^2 + \sqrt{2x} - 1$; $y(0) = 4$;

ii) $K'(t) = i \cdot K(t)$; $K(0) = K_0\ (> 0)$;

iii) $f'(x) = \frac{1}{x} \cdot f(x)$; $f(1) = 100$;

iv) $f'(x) = \frac{f(x)}{x} \cdot (0{,}5x - 2)$; $f(1) = 1$;

v) $G'(x) = 50 - 2G(x)$; $G(0) = 0$;

vi) $y' + y = 1$; $y(0) = 0$;

vii) $x^2y' = 1 + y$; $y(1) = 2$;

viii) $y''' + 3x^2 = 4$; mit $y''(1) = 9$; $y'(0) = 1$; $y(0) = 8$

ix) $y' = \frac{x}{y}$; $y(2) = 4$;

***x)** $\dot{x} = 100 \cdot \sqrt{x} - 0{,}01x$; $(x = x(t))$ $x > 0$; $x(0) = 250.000$;
(Hinweis: Man substituiere $z = \sqrt{x}$).

Aufgabe 8.6.18: Man ermittle die allgemeine Lösung der Differentialgleichung $\dot{k} = k^n$ (mit $k = k(t)$ sowie $k(t) > 0$) für die folgenden Werte von n und skizziere (außer für vii)) jeweils eine spezielle Lösungsfunktion:

i) $n = -1$; **ii)** $n = 0$; **iii)** $n = \frac{1}{2}$; **iv)** $n = 1$; **v)** $n = 2$; **vi)** $n = 3$; **vii)** $n = a\ (\neq 1)$.

8.6.3 Ökonomische Anwendungen separabler Differentialgleichungen

8.6.3.1 Exponentielles Wachstum

Das Wachstumsmodell von Bsp. 8.6.5 geht von der realistischen Annahme aus, dass die zeitliche Änderung $\dot{B}(t)$ $\left(:= \frac{dB}{dt}\right)$ des Bevölkerungsbestandes zu jedem Zeitpunkt t proportional zum gerade vorhandenen Bestand B(t) ist (Proportionalitätsfaktor: b = const.). Für die zeitliche Entwicklung des Bestandes gilt also die Differentialgleichung

(8.6.19) $\dot{B}(t) = b \cdot B(t)$ mit $B(t)>0$; $b>0$.

Trennung der Variablen liefert $\frac{dB}{B} = b \cdot dt$ und daher $\int\frac{dB}{B} = b \cdot \int dt + C$, d.h. $\ln B = b \cdot t + C$. Daraus ergibt sich die gesuchte Bestandsfunktion B(t) durch

(8.6.20) $\boxed{B(t) = k \cdot e^{bt}}$ mit $k = e^C > 0$.

Der Bestand ändert sich **exponentiell** mit der stetigen Änderungsrate b (pro Zeiteinheit). Die Integrationskonstante k kann durch eine Anfangsbedingung determiniert werden. Beträgt der Bestand im Zeitpunkt t = 0 z.B. 60 (d.h. $60 = B(0) = k \cdot e^0 = k$), so lautet die spezielle Bestandsfunktion

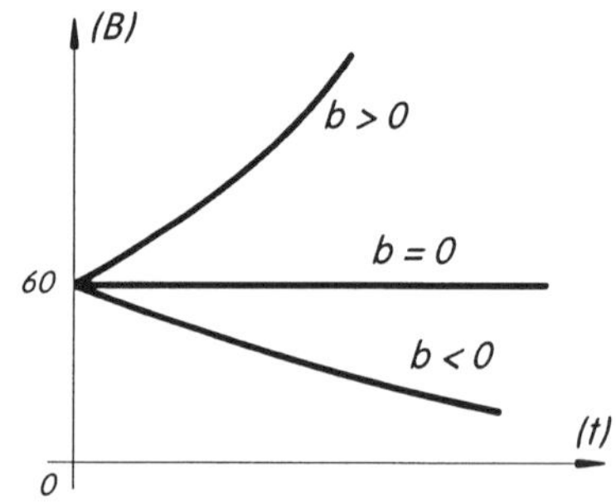

Abb. 8.6.21

(8.6.22) $B(t) = 60 \cdot e^{bt}$.

Ist b positiv *(bzw. negativ)*, so wächst *(bzw. fällt)* der Bestand im Zeitablauf. Für b = 0 gilt $B(t) = 60 \cdot e^0 \equiv 60$, der Bestand bleibt unverändert, vgl. Abb. 8.6.21 .

8.6.3.2 Funktionen mit vorgegebener Elastizität

Die **Definitionsgleichungen** (6.3.81) bzw. (6.3.87) für die **Elastizität** $\varepsilon_{f,x}$ einer differenzierbaren Funktion sind von ihrer Natur her eine **Differentialgleichung** für die Funktion f:

(8.6.23) $$\boxed{\varepsilon_{f,x} = \frac{f'(x)}{f(x)} \cdot x} \qquad (x,f \neq 0) .$$

Wird die Elastizitätsfunktion $\varepsilon_{f,x}(x)$ vorgegeben, so kann man versuchen, über die Lösung der Differentialgleichung (8.6.23) diejenigen **Funktionen ausfindig zu machen**, die das **vorgegebene Elastizitätsverhalten besitzen**. Zwei Beispiele sollen das Vorgehen demonstrieren:

1) $\boxed{\varepsilon_{f,x} = ax + b}$ (a,b = const. ; x,f >0):

Zu lösen ist die Differentialgleichung $\frac{f'(x)}{f(x)} x = ax + b$. Trennung der Variablen führt auf $\int \frac{df}{f} = \int\left(a + \frac{b}{x}\right)dx + C$. Integration liefert $\ln f = ax + b \cdot \ln x + C$ und somit

(8.6.24) $f(x) = e^{ax+b\ln x+C} = k \cdot x^b \cdot e^{ax}$ mit $k = e^C > 0;\ x > 0$.

Jede **multiplikative Kombination** aus **Potenzfunktion** x^b und **Exponentialfunktion** e^{ax} besitzt eine **lineare Elastizitätsfunktion** $\varepsilon_{f,x} = ax + b$.

Beispiel: $a = 2;\ b = -1 \Rightarrow \varepsilon_{f,x} = 2x - 1 \Rightarrow f(x) = k \cdot x^{-1} \cdot e^{2x} = k \cdot \frac{e^{2x}}{x}$.

Sonderfälle ergeben sich, wenn a oder b Null werden:

i) $\mathbf{a = 0} \Rightarrow$ $\varepsilon_{f,x} = b = \text{const.}$, d.h. f ist **isoelastisch**. Nach (8.6.24) folgt wegen $e^0 = 1$:

(8.6.25) $f(x) = k \cdot x^b$,

d.h. die elementaren **Potenzfunktionen** sind die **einzigen isoelastischen Funktionen.**

ii) $\mathbf{b = 0} \Rightarrow$ $\varepsilon_{f,x} = ax$. Nach (8.6.24) folgt wegen $x^0 = 1$:

(8.6.26) $f(x) = k \cdot e^{ax}$,

d.h. die elementaren **Exponentialfunktionen** sind die **einzigen** Funktionen, deren Elastizitätsfunktionen **Ursprungsgeraden** sind.

2) $\varepsilon_{f,x} = f(x)$,

d.h. es sind alle **Funktionen gesucht**, die mit ihrer **Elastizitätsfunktion übereinstimmen**:

$\frac{f'(x)}{f(x)} \cdot x = f(x)$. Trennung der Variablen führt auf

$\int \frac{df}{f^2} = \int \frac{dx}{x} + C$, d.h. $-\frac{1}{f} = \ln x + C$.

Die allgemeine Lösung lautet daher

(8.6.27) $f(x) = \frac{-1}{\ln x + C}$ $(x > 0;\ x \neq e^{-C})$.

Mit der Anfangsbedingung $f(1) = 1$ etwa erhält man als spezielle Lösung wegen $1 = \frac{-1}{C}$, d.h. $C = -1$:

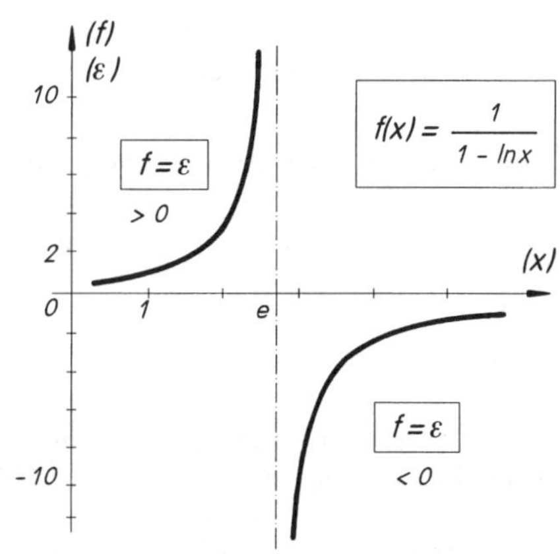

Abb. 8.6.28

(8.6.29) $f(x) = \frac{1}{1 - \ln x}$ (vgl. Abb. 8.6.28)

An jeder Stelle stimmt der Funktionswert mit der Elastizität von f überein. An der Stelle $x = e$ besitzt f einen Pol.

8.6.3.3 Neoklassisches Wachstumsmodell nach Solow [6]

Das Nettosozialprodukt Y einer Volkswirtschaft werde mit den Produktionsfaktoren Kapital (Einsatzmenge: K) und Arbeit (Einsatzmenge: A) gemäß einer *neoklassischen linear-homogenen Cobb-Douglas - Produktionsfunktion* produziert:

(8.6.30) $Y = Y(A,K) = K^a \cdot A^{1-a}\,; \quad 0<a<1\,.$

Input- und Outputgrößen werden als zeitabhängige Variable aufgefasst, so dass (8.6.30) lautet:

(8.6.31) $Y(t) = K(t)^a \cdot A(t)^{1-a}\,.$

Folgende **Prämissen** werden unterstellt:

i) Die Bevölkerung und damit das Arbeitsangebot A(t) wachse mit der konstanten, stetigen Rate b (>0), es gelte daher (vgl. Kap. 8.6.3.1):

(8.6.32) $A(t) = A_0 \cdot e^{bt} \qquad (A_0, b > 0)\,.$

Dabei seien A_0, b exogen vorgegebene Konstanten.

ii) Die zeitliche Änderung $\dot{K}(t)$ des Kapitalstockes K(t) ist gleich den Nettoinvestitionen I(t) (vgl. Kap. 8.5.5), d.h.

(8.6.33) $\dot{K}(t) = I(t)\,.$

iii) Die Nettoinvestitionen I(t) sind zu jedem Zeitpunkt proportional zum jeweiligen Nettosozialprodukt Y(t) (konstanter Proportionalitätsfaktor s mit 0<s<1), d.h.

(8.6.34) $I(t) = s \cdot Y(t)\,.$

(*s* ist somit die (konstant vorausgesetzte) *durchschnittliche Investitions - bzw. Sparquote* - der Rest des Sozialproduktes wird konsumiert.)

Zusammengefasst besteht das **Solow-Wachstumsmodell** aus den Relationen

(8.6.35)	$Y(t) = K(t)^a \cdot A(t)^{1-a}$	mit $0<a<1$;
(8.6.36)	$A(t) = A_0 \cdot e^{bt}$	$b>0$; $A_0>0$;
(8.6.37)	$\dot{K}(t) = I(t) = s \cdot Y(t)$	$0<s<1$.

A(t) ist dabei exogen vorgegeben. **Gesucht** wird - bei bekannten Werten b, A_0, s - die zeitabhängige **Funktion K(t) des Kapitalstocks**, mit deren Hilfe die übrigen Modellfunktionen Y(t), I(t) leicht über (8.6.35), (8.6.37) abgeleitet werden können. Das Modell vereinfacht sich, wenn man Sozialprodukt und Kapitalstock als pro-Kopf-Größen auf die Bevölkerung A(t) bezieht.

Dividiert man (8.6.35) durch A(t), so folgt:

(8.6.38) $\frac{Y(t)}{A(t)} = K(t)^a \cdot \frac{A(t)^{1-a}}{A(t)} = \frac{K(t)^a}{A(t)^a} = \left(\frac{K(t)}{A(t)}\right)^a\,.$

---

[6] vgl. Solow [61]

Definiert man $\mathbf{y(t)} := \frac{Y(t)}{A(t)}$ als **Nettosozialprodukt pro Kopf** und $\mathbf{k(t)} := \frac{K(t)}{A(t)}$ als **Kapitalausstattung pro Kopf**, so kann man (8.6.38) bzw. (8.6.35) schreiben als

(8.6.39) $y(t) = k(t)^a$.

Um die letzte Modellgleichung (8.6.37) einbeziehen zu können, leitet man $k(t) := \frac{K(t)}{A(t)}$ nach t ab:

(8.6.40) $\dot{k}(t) = \frac{\dot{K} \cdot A - K \cdot \dot{A}}{A^2} = \frac{\dot{K}}{A} - \frac{K}{A} \cdot \frac{\dot{A}}{A}$.

Der erste Term von (8.6.40) wird wegen (8.6.37) zu

i) $\frac{\dot{K}}{A} = \frac{s \cdot Y(t)}{A(t)} = s \cdot y(t) = s \cdot k(t)^a$ (wegen (8.6.39)).

Der zweite Term von (8.6.40) wird wegen (8.6.36) zu

ii) $\frac{K}{A} \cdot \frac{\dot{A}}{A} = k(t) \cdot \frac{A_0 \cdot b \cdot e^{bt}}{A_0 \cdot e^{bt}} = b \cdot k(t)$,

so dass aus (8.6.40) insgesamt die **Differentialgleichung für die Pro-Kopf-Kapitalausstattung k(t)** resultiert:

(8.6.41) $\boxed{\dot{k}(t) = s \cdot k(t)^a - b \cdot k(t)}$ mit $k(t) = \frac{K(t)}{A(t)}$.

Die Lösung k(t) dieser Differentialgleichung determiniert über (8.6.39) sämtliche Modellfunktionen im Zeitablauf (s, a, b sind vorgegebene Konstanten). Die Differentialgleichung (8.6.41) ist separabel. Trennung der Variablen liefert:

(8.6.42) $\int \frac{dk}{s \cdot k^a - bk} = \int dt + C_1$.

Die Integration der linken Seite von (8.6.42) erfordert etwas Rechenarbeit.

Wegen: $\frac{dk}{s \cdot k^a - b \cdot k} = \frac{dk}{k^a(s - b \cdot k^{1-a})} = \frac{k^{-a} \cdot dk}{s - b \cdot k^{1-a}}$ (*)

substituiert man: $k^{1-a} = x$. Es folgt $(1-a)k^{-a} \cdot dk = dx \Rightarrow k^{-a} \cdot dk = \frac{dx}{1-a}$.

Setzt man dies in (*) ein, so folgt aus (8.6.42) $\int \frac{dx}{(1-a)(s-bx)} = \int dt + C_1$ und daraus $(s - bx > 0)$:

$\frac{\ln(s-bx)}{-b(1-a)} = t + C_1$, d.h. $\ln(s - bx) = -b(1-a)t + C_2$. Mit Umformung und Resubstitution ergibt sich nacheinander:

$s - bx = C \cdot e^{-b(1-a)t} \Rightarrow x = k^{1-a} = \frac{s}{b} - \frac{C}{b} e^{-b(1-a)t}$ und schließlich die **allgemeine Lösungsfunktion**

(8.6.43) $\boxed{k(t) = \left(\frac{s}{b} - \frac{C}{b} \cdot e^{-b(1-a)t}\right)^{\frac{1}{1-a}}}$ (mit $C = e^{C_2} = e^{-b(1-a) \cdot C_1}$).

Sind etwa die durchschnittliche Sparquote mit s = 0,2, das (stetige) Arbeitswachstum mit b = 0,01, die Produktionselastizität mit a = 0,5 sowie die Pro-Kopf-Kapitalausstattung in t = 0 mit k(0) = 1 vorgegeben, so lautet die **spezielle Lösung** für die zeitabhängige Pro-Kopf-Kapitalausstattung nach (8.6.43)

(8.6.44) $k(t) = (20 - 19 \cdot e^{-0{,}005t})^2$,

(vgl. Abb. 8.6.45). Man erkennt, dass die *Pro-Kopf-Kapitalausstattung* im Laufe der Zeit einem **Gleichgewichtswert** in Höhe von 400 GE pro Kopf zustrebt (denn $\lim\limits_{t \to \infty} e^{-0{,}005t} = 0$) .

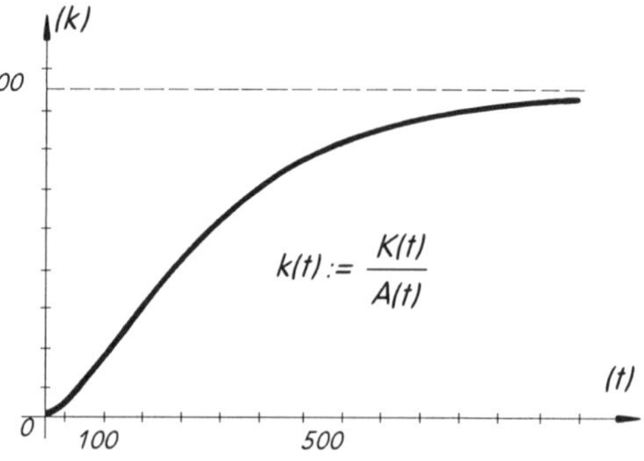

Abb. 8.6.45

Bemerkung 8.6.46: *Auch* ***ohne*** *die* ***explizite Lösung*** *der Differentialgleichung (8.6.41) hätte man erkennen können, dass die Solow-Modellwirtschaft einem* ***stabilen Gleichgewicht*** *hinsichtlich der Pro-Kopf-Kapitalausstattung k(t) zustrebt. Mit den speziellen Daten s = 0,2 ; a = 0,5 ; b = 0,01 (vgl. Abb. 8.6.45) lautet die Differentialgleichung (8.6.41)*

(8.6.47) $\dot{k} = 0{,}2 \cdot k^{0{,}5} - 0{,}01k = 0{,}2\sqrt{k} - 0{,}01k$ $(k > 0)$.

*Betrachtet man (8.6.47) als Funktionsgleichung $\dot{k} = f(k)$, so ergibt sich als graphische Darstellung („**Phasendiagramm**") in einem $(k, \dot{k})$ - Koordinatensystem der in Abb. 8.6.48 dargestellte Zusammenhang zwischen $\dot{k}$ und k. Für den Teil der Kurve $\dot{k}(k)$, der **oberhalb** der Abszisse liegt gilt $\boldsymbol{\dot{k} > 0}$, daher muss **k** im Zeitablauf **zunehmen**: die Modellwirtschaft bewegt sich nach **rechts** in Richtung **zunehmender k-Werte**. Auf dem **unterhalb** der Abszisse liegenden Kurventeil gilt $\boldsymbol{\dot{k} < 0}$, daher muss **k** im Zeitablauf **sinken**, die Modellwirtschaft bewegt sich nach **links** in Richtung **abnehmender k-Werte**. Im Punkt $k = k^* = 400$ gilt: $\dot{k} = 0$, d.h. k ändert sich nicht mehr. **Jede Abweichung** der Pro-Kopf-Kapitalausstattung vom Wert $k^* = 400$ bewirkt nach dem geschilderten Mechanismus „automatisch" die **erneute Annäherung** von k an diesen „Gleichgewichtswert" k^*: Der **Gleichgewichtszustand** $k^* = 400$ ist **stabil**.*

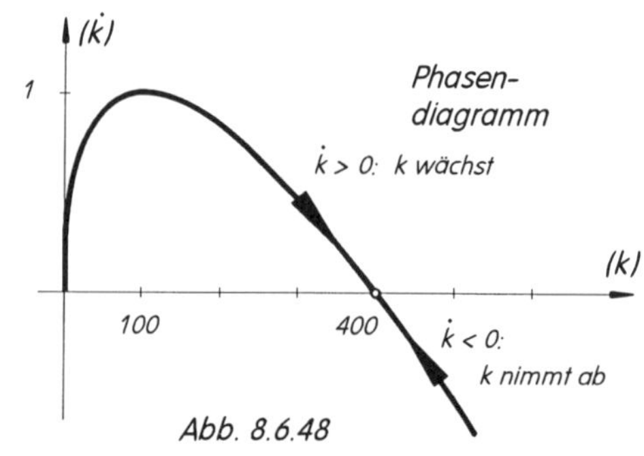

Abb. 8.6.48

*Es wird sich zeigen (s. Aufg. 8.6.54), dass im Fall **stagnierender** (b = 0) oder **abnehmender** (b < 0) Bevölkerung **kein stabiler Gleichgewichtswert** der Pro-Kopf-Kapitalausstattung k im Solow-Modell existiert.*

Aufgabe 8.6.49: Die zeitliche Änderung $\dot{Y}(t)$ des Bruttosozialproduktes Y(t) sei proportional zum jeweiligen Wert Y(t) des Bruttosozialproduktes. Der konstante Proportionalitätsfaktor k sei vorgegeben: **i)** k = 0,03; **ii)** k = -0,02. Im Zeitpunkt t = 0 betrage das Bruttosozialprodukt 1.500 GE.

Man prognostiziere über die Lösungen der entsprechenden Differentialgleichungen den Wert des Bruttosozialproduktes im Zeitpunkt t = 10.

Aufgabe 8.6.50: Es seien K^* die Höhe des von einer Volkswirtschaft angestrebten Kapitalstocks und $K(t)$ der im Zeitpunkt t tatsächlich erreichte Kapitalstock, $K(t) \leq K^*$. Durch Vornahme von Nettoinvestitionen wird beabsichtigt, den (bekannten) Wert $K^* = \text{const.}$ zu erreichen. Dabei werde unterstellt, dass die zeitliche Änderung $\dot{K}(t)$ des Kapitalstocks proportional zur Differenz $K^* - K(t)$ zwischen angestrebtem und vorhandenem Kapitalstock sei (Proportionalitätsfaktor sei a (>0)).

i) Man stelle die Differentialgleichung für K(t) auf und ermittle **a)** die allgemeine Lösung, **b)** die spezielle Lösung, wenn der Kapitalstock in $t = 0$ den Wert K_0 besitzt.

ii) Man ermittle und skizziere die spezielle Lösung für $K^* = 100$ GE, $K_0 = 10$ GE, $a = 0{,}5$.

iii) Nach welcher Zeit hat sich die ursprüngliche Differenz $K^* - K_0$ um die Hälfte verringert?

Aufgabe 8.6.51: Gegeben ist die Elastizitätsfunktion $\varepsilon_{f,x}$ einer Funktion f. Man ermittle f(x) unter Berücksichtigung der gegebenen Anfangsbedingungen:

i) $\varepsilon_{f,x} = \frac{1}{x}$; $f(1) = 1$; $x > 0$; **ii)** $\varepsilon_{f,x} = 2x^2 - 3x + 4$; $f(3) = 162$; $x > 0$;

iii) $\varepsilon_{f,x} = \sqrt{x}$; $f(0{,}25) = e$; $x > 0$.

Aufgabe 8.6.52: Man ermittle jeweils die zutreffende Nachfragefunktion $x = x(p)$ für ein Gut, wenn folgende Informationen vorliegen:

i) Die Preiselastizität der Nachfrage hat den stets konstanten Wert -2. Bei einem Preis von 10 GE/ME werden 100 ME nachgefragt.

ii) Die Preiselastizität der Nachfrage hat nur an der Stelle $p = 1$ GE/ME ; $x = 1$ ME den Wert -2, ist aber allgemein von der Form $\varepsilon_{x,p} = ap$ (a = const.).

iii) Die Preiselastizität der Nachfrage hat die Gestalt $\varepsilon_{x,p} = \frac{-2p^2}{72 - p^2}$. Für den Preis 4 GE/ME werden 28 ME nachgefragt.

iv) Die Preiselastizität der Nachfrage lautet $\varepsilon_{x,p} = \frac{-p}{625 - p}$, für $p = 50$ GE/ME ist $x = 115$ ME.

Aufgabe 8.6.53: Für ein Gut seien Angebots- und Nachfragefunktion gegeben:

$$x_A(p) = p - 20; \qquad x_N(p) = 100 - 2p.$$

Dabei werde der Preis p als zeitabhängige Variable p(t) aufgefasst. Für den Nicht-Gleichgewichtsfall werde unterstellt, dass die zeitliche Änderung $\dot{p}(t)$ des Marktpreises proportional zum Nachfrageüberhang $x_N(t) - x_A(t)$ ist, Proportionalitätsfaktor sei a (>0).

i) Man stelle die Differentialgleichung für p(t) auf und ermittle für den Ausgangspreis $p_0 = p(0)$ die spezielle Lösung. Man ermittle - sofern existent - den für $t \to \infty$ sich einstellenden Gleichgewichtspreis.

ii) Man löse i) unter Berücksichtigung folgender Daten: $a = 0{,}04$; $p_0 = 25$ GE/ME.

Aufgabe 8.6.54: Man löse jeweils das Solow-Modell (8.6.41) für den Fall, dass

i) keine Bevölkerungsveränderung stattfindet ($b \equiv 0$);

ii) die Bevölkerung im Zeitablauf abnehme ($b < 0$, z.B. $b = -0{,}01$).

Dabei benutze man speziell die Daten $s = 0{,}2$; $a = 0{,}5$; $k(0) = 1$. Man ermittle - sofern existent - in beiden Fällen den *(stabilen)* Gleichgewichtswert der Pro-Kopf-Kapitalausstattung für $t \to \infty$.

Aufgabe 8.6.55: Auf einem *(abgegrenzten)* Markt werde ein High-Tech-Haushaltsgerät erstmalig angeboten *(zum Zeitpunkt t = 0)*. Die theoretisch mögliche Absatz-Obergrenze *(Sättigungsmenge)* betrage in diesem Markt x_S *(= 100.000 ME)*.

Die bis zum Zeitpunkt t *(≥0)* insgesamt verkaufte Menge werde mit x(t) bezeichnet.

Gesucht ist die Funktionsgleichung *(sowie der Graph)* der Absatz-Zeit-Funktion x(t), wenn gilt:

- In jedem Zeitpunkt t *(> 0)* ist die Zahl der in der nächsten Zeiteinheit verkauften Stücke (d.h. die zeitliche Änderung $\dot{x}(t)$ des Absatzes) proportional zum Abstand $x_S - x(t)$ zwischen Sättigungsmenge x_S und kumulierter Absatzmenge x(t). *(Dies bedeutet: Je näher der (kumulierte) Absatz x(t) an die Sättigungsmenge x_S stößt, desto schwieriger (und somit kostspieliger) wird es, weitere Stücke abzusetzen.)*
- Im Zeitpunkt t = 12 *(d.h. nach 12 Zeiteinheiten)* seien bereits 20.000 ME verkauft.

i) Wie lautet die Absatz-Zeit-Funktion x(t) ? *(Skizze !)*

ii) Nach welcher Zeit sind 80% der höchstens absetzbaren Stücke verkauft ?

iii) Angenommen, der Deckungsbeitrag für jedes Gerät betrage 10 GE *(ohne Berücksichtigung der mit dem Absatz verbundenen Kosten)*. Die mit dem Absatz der Geräte verbundenen Kosten betragen pro Zeiteinheit einheitlich 1.000 GE.

Man ermittle diejenige kumulierte Absatzmenge x, für die gilt: Das nächste verkaufte Stück verursacht genauso hohe Absatz-Kosten, wie es Deckungsbeitrag erwirtschaftet.

9 Einführung in die Lineare Algebra

Mit den **Grundbegriffen** (Matrizen,Vektoren, lineare Gleichungssysteme) und **Methoden** der **Linearen Algebra** lassen sich auf prägnante und kompakte Weise **beliebig große verflochtene volks- oder betriebswirtschaftliche Systeme beschreiben** und **analysieren** (z.B. im Zusammenhang mit Input-Output-Analysen, mehrstufigen Produktionsprozessen, innerbetrieblicher Leistungsverrechnung u.a.). Zugleich liefert die Lineare Algebra die notwendigen **Grundlagen** für eines der wichtigsten Verfahren des **Operations Research**, die in Kap. 10 behandelte **Lineare Optimierung**.

9.1 Matrizen und Vektoren

9.1.1 Grundbegriffe der Matrizenrechnung

Rechteckige Zahlentabellen sind ein wichtiges Hilfsmittel zur Beschreibung ökonomischer Sachverhalte:

Beispiel 9.1.1:

i) Tabelle von Produktionskoeffizienten

	Produkt 1	*Produkt 2*	*Produkt 3*
Maschine 1	2 (h/ME)	4 (h/ME)	0,5 (h/ME)
Maschine 2	1 (h/ME)	3 (h/ME)	1,5 (h/ME)

Dabei bedeutet etwa die Zahl 4 *(erste Zeile, zweite Spalte)*, dass zur Bearbeitung von einer ME des Produktes 2 eine Maschinenbearbeitungszeit von 4h auf Maschine 1 erforderlich ist.

ii) Volkswirtschaftliche Verflechtungstabelle

		empfangende Sektoren			
		Bergbau	Energie	Stahl	Endverbraucher
liefernde Sektoren	Bergbau	0	1.000	2.000	400
	Energie	500	100	800	2.500
	Stahl	50	200	0	7.000

Dabei bedeutet etwa die Zahl 800 (zweite Zeile, dritte Spalte), dass der Energiesektor im betrachteten Zeitraum 800 Leistungseinheiten an den Sektor Stahl geliefert hat (die dieser zu seiner Produktion benötigt).

Die Liste derartiger Beispiele lässt sich beliebig fortsetzen. In der Linearen Algebra fasst man derartige **Rechteckschemata** als **selbständige Rechenobjekte** („Matrizen“) auf und versucht, auf möglichst kompakte und übersichtliche Weise eine „Mathematik“ mit derartigen Objekten zu ermöglichen, die den Anwendungsbedürfnissen genügt.

Def. 9.1.2: Unter einer **m × n - Matrix A** *(auch: m-mal-n-Matrix, auch: (m, n) - Matrix)* versteht man ein **rechteckiges Zahlenschema** aus **m Zeilen** und **n Spalten**:

$$A = \begin{pmatrix} a_{11} & a_{12} & \cdots & a_{1k} & \cdots & a_{1n} \\ a_{21} & a_{22} & \cdots & a_{2k} & \cdots & a_{2n} \\ \vdots & \vdots & & \vdots & & \vdots \\ a_{i1} & a_{i2} & \cdots & a_{ik} & \cdots & a_{in} \\ \vdots & \vdots & & \vdots & & \vdots \\ a_{m1} & a_{m2} & \cdots & a_{mk} & \cdots & a_{mn} \end{pmatrix} \quad \leftarrow \text{i-te Zeile}$$

↑ k-te Spalte

Die $a_{ik} \in \mathbb{R}$ heißen **Elemente** der Matrix **A**, der erste Index i (i=1, ..., m) gibt dabei die lfd. Nummer der Zeile, der zweite Index k (k=1, ..., n) die lfd. Nummer der Spalte an.

Bemerkung 9.1.3: *i) Im folgenden werden Matrizen mit **fettgedruckten** Großbuchstaben **A**, **B**, **C**, ... bezeichnet.*

*ii) In a_{ik} nennt man i den **Zeilenindex** und k den **Spaltenindex**.*

*iii) Die Anzahl m der Zeilen bzw. n der Spalten charakterisieren die **Ordnung** oder den **Typ** der Matrix **A**.*

*iv) Folgende **Schreibweisen** für eine m × n - Matrix **A** sind außerdem gebräuchlich:*
$A_{(m,n)}$; $(a_{ik})_{(m,n)}$; (a_{ik}) mit $i = 1, ..., m$; $k = 1, ..., n$.

*v) Gilt m = n, so heißt die Matrix $A_{(n,n)}$ **quadratisch**.*

*vi) Die Elemente $a_{11}, a_{22}, ..., a_{nn}$ einer quadratischen Matrix heißen **Diagonalelemente**, sie bilden die **Diagonale** der Matrix $A_{(n,n)}$.*

$$\begin{pmatrix} \boldsymbol{a_{11}} & a_{12} & \cdots & a_{1n} \\ a_{21} & \boldsymbol{a_{22}} & \cdots & a_{2n} \\ \cdots & \cdots & & \cdots \\ a_{n1} & a_{n2} & \cdots & \boldsymbol{a_{nn}} \end{pmatrix}$$

Beispiel 9.1.4: Bei den Zahlenschemata von Beispiel 9.1.1 handelt es sich um die Matrizen

i) $A_{(2,3)} = \begin{pmatrix} 2 & 4 & 0{,}5 \\ 1 & 3 & 1{,}5 \end{pmatrix}$ **ii)** $B_{(3,4)} = \begin{pmatrix} 0 & 1000 & 2.000 & 400 \\ 500 & 100 & 800 & 2.500 \\ 50 & 200 & 0 & 7.000 \end{pmatrix}$.

Die Matrix $\mathbf{C}_{(3,3)} = \begin{pmatrix} \mathbf{5} & 3 & 7 \\ 8 & \mathbf{4} & 1 \\ 0 & 2 & \mathbf{6} \end{pmatrix}$ ist quadratisch, ihre Diagonalelemente sind $a_{11} = 5$; $a_{22} = 4$; $a_{33} = 6$.

Die für reelle Zahlen bekannten Relationen **Gleichheit** und **Ungleichheit** lassen sich in naheliegender Weise auf Matrizen übertragen:

Def. 9.1.5: (Gleichheit, Ungleichheit von Matrizen)

i) **Zwei Matrizen** $\mathbf{A} = (a_{ik})_{(m,n)}$ und $\mathbf{B} = (b_{ik})_{(m,n)}$ gleichen Typs heißen genau dann **gleich**, wenn **sämtliche entsprechenden Elemente** von **A** und **B** **übereinstimmen**:

(9.1.6) $$\mathbf{A} = \mathbf{B} \Leftrightarrow a_{ik} = b_{ik} \quad \text{für alle } i, k \ .$$

ii) Analog zu i) definiert man:

(9.1.7) $$\mathbf{A} < \mathbf{B} \Leftrightarrow a_{ik} < b_{ik} \quad \text{für alle } i, k \ .$$

(9.1.8) $$\mathbf{A} \leq \mathbf{B} \Leftrightarrow a_{ik} \leq b_{ik} \quad \text{für alle } i, k \ .$$

Beispiel 9.1.9: i) Aus der Matrizengleichung $\begin{pmatrix} x_1 & x_2 \\ x_3 & x_4 \end{pmatrix} = \begin{pmatrix} 2 & 5 \\ 1 & -7 \end{pmatrix}$ folgt nach (9.1.6): $x_1 = 2$; $x_2 = 5$; $x_3 = 1$; $x_4 = -7$.

ii) Gegeben seien die Matrizen **A, B, C, D** mit

$$\mathbf{A} = \begin{pmatrix} 5 & 7 \\ 9 & 10 \end{pmatrix} ; \quad \mathbf{B} = \begin{pmatrix} 6 & 7 \\ 9 & 10 \end{pmatrix} ; \quad \mathbf{C} = \begin{pmatrix} 4 & 6 & 0 \\ 8 & 9 & 0 \end{pmatrix} ; \quad \mathbf{D} = \begin{pmatrix} 5 & 7 & 1 \\ 9 & 10 & 8 \end{pmatrix} .$$

Dann gelten folgende Relationen: $\mathbf{A} \leq \mathbf{B}$; $\mathbf{D} > \mathbf{C}$; $\mathbf{A} \neq \mathbf{C}$; $\mathbf{B} \neq \mathbf{C}$; $\mathbf{A} \neq \mathbf{D}$; $\mathbf{B} \neq \mathbf{D}$.

Vertauscht man **Zeilen** und **Spalten** einer m x n - Matrix **A**, so erhält man eine (i.a. von **A** verschiedene) $n \times m$ - Matrix, die zu **A** **transponierte** Matrix $\mathbf{A}^T$:

Def. 9.1.10: (transponierte Matrix)

Es sei $\mathbf{A} = (a_{ik})_{(m,n)}$ eine $m \times n$ - Matrix. Dann nennt man die durch **Vertauschen von Zeilen und Spalten** entstehende $n \times m$ - Matrix $\mathbf{A}^T := (a_{ki})_{(n,m)}$ die **transponierte Matrix** $\mathbf{A}^T$ zu **A**.

Beispiel 9.1.11: (vgl. Bsp. 9.1.1 / Bsp. 9.1.4)

i) $$\mathbf{A}_{(2,3)} = \begin{pmatrix} 2 & 4 & 0{,}5 \\ 1 & 3 & 1{,}5 \end{pmatrix} \Leftrightarrow \mathbf{A}^T_{(3,2)} = \begin{pmatrix} 2 & 1 \\ 4 & 3 \\ 0{,}5 & 1{,}5 \end{pmatrix} .$$

ii) $$\mathbf{B}_{(3,4)} = \begin{pmatrix} 0 & 1.000 & 2.000 & 400 \\ 500 & 100 & 800 & 2.500 \\ 50 & 200 & 0 & 7.000 \end{pmatrix} \Leftrightarrow \mathbf{B}^T_{(4,3)} = \begin{pmatrix} 0 & 500 & 50 \\ 1.000 & 100 & 200 \\ 2.000 & 800 & 0 \\ 400 & 2.500 & 7.000 \end{pmatrix}$$

Man beachte bei der ökonomischen Interpretation der Transponierten, dass auch Kopfspalte und Kopfzeile miteinander vertauscht werden *(etwa in Bsp. 9.1.1)* .

Bemerkung 9.1.12: *i) Offenbar führt zweimaliges Transponieren wieder auf die ursprüngliche Matrix zurück, d.h. es gilt stets*

(9.1.13) $$\boxed{(A^T)^T = A}\ .$$

*ii) Eine (notwendig quadratische) Matrix A, die mit ihrer **Transponierten** A^T **übereinstimmt**, heißt **symmetrisch**.*

Beispiel: $A = \begin{pmatrix} 5 & 2 & 0 \\ 2 & -3 & 1 \\ 0 & 1 & 7 \end{pmatrix} \quad \Leftrightarrow \quad A^T = \begin{pmatrix} 5 & 2 & 0 \\ 2 & -3 & 1 \\ 0 & 1 & 7 \end{pmatrix} = A \quad \Leftrightarrow \quad A$ *ist symmetrisch.*

Def. 9.1.14: (Vektoren)

Eine $m \times 1$ - Matrix heißt **Spaltenvektor**, eine $1 \times n$ - Matrix heißt **Zeilenvektor**. Ihre Elemente heißen die **Komponenten** des Vektors.

Beispiel 9.1.15: Ein Spaltenvektor ist eine Matrix mit genau einer Spalte, z.B. $\begin{pmatrix} 5 \\ -1 \\ 0 \end{pmatrix}$, ein Zeilenvektor ist eine Matrix mit genau einer Zeile, z.B. $(x_1 \ \ x_2 \ \ x_3 \ \ x_4 \ \ x_5)$.

Im folgenden werden **Spaltenvektoren** durch kleine Buchstaben mit darüberstehendem Pfeil $\vec{a}, \vec{b}, ..., \vec{x}, \vec{y}, ...$ gekennzeichnet.

Beispiel: $\vec{x} = \begin{pmatrix} 5 \\ 7 \\ 3 \end{pmatrix}$; $\vec{z} = \begin{pmatrix} z_1 \\ z_2 \end{pmatrix}$.

Nach Def. 9.1.10 kann man **Zeilenvektoren** als **transponierte Spaltenvektoren** auffassen.

Beispiel 9.1.16: **i)** Aus $\vec{a} = \begin{pmatrix} 5 \\ 7 \\ 3 \end{pmatrix}$ folgt $\vec{a}^T = (5 \ \ 7 \ \ 3)$. **ii)** $(x_1 \ \ x_2 \ \ x_3 \ \ x_4)^T = \begin{pmatrix} x_1 \\ x_2 \\ x_3 \\ x_4 \end{pmatrix} = \vec{x}$.

Vektoren treten überall dort auf, wo Sachverhalte mit einer **geordneten Zahlenkolonne** beschrieben werden können, z.B.

i) im **Produktionsbereich**: Die Mengen (in ME) der monatlich hergestellten Produkte (4 Typen) können als **Produktionsvektor** $\vec{x}$ geschrieben werden

$$\vec{x} = (x_1 \ \ x_2 \ \ x_3 \ \ x_4)^T = \begin{pmatrix} x_1 \\ x_2 \\ x_3 \\ x_4 \end{pmatrix} = \begin{pmatrix} 100 \\ 200 \\ 400 \\ 300 \end{pmatrix} \quad ;$$

ii) im **Absatzbereich**: Die Güterverkaufpreise (in DM/ ME) von vier Produkten können in einem **Preisvektor** $\vec{p}$ zusammengefasst werden:

$$\vec{p} = (p_1 \ \ p_2 \ \ p_3 \ \ p_4)^T = \begin{pmatrix} p_1 \\ p_2 \\ p_3 \\ p_4 \end{pmatrix} = \begin{pmatrix} 15 \\ 12 \\ 10 \\ 8 \end{pmatrix} \quad ;$$

iii) in der **Geometrie**: Jeder Punkt P des n-dimensionalen Raumes $\mathbb{R}^n$ kann durch seine n Koordinaten $x_1, x_2, ..., x_n$ beschrieben werden, die man im Vektor

$$\vec{x} = (x_1 \;\; x_2 \;\; ... \;\; x_n)^T = \begin{pmatrix} x_1 \\ x_2 \\ \vdots \\ x_n \end{pmatrix} \quad \text{zusammenfasst.}$$

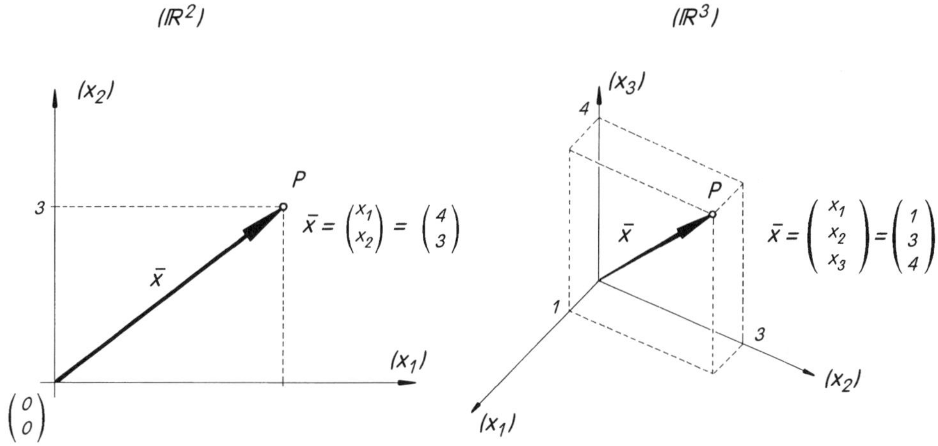

Abb. 9.1.17

Man charakterisiert den so definierten Vektor $\vec{x}$ auch durch die gerichtete Verbindungsstrecke (**Ortsvektor**, Ortspfeil) vom Koordinatenursprung zu P (vgl. Abb. 9.1.17).

Bemerkung 9.1.18:

i) Jede Matrix $A_{(m,n)}$ besteht aus genau m Zeilenvektoren und n Spaltenvektoren.

Beispiel: $A = \begin{pmatrix} 1 & 5 & 9 \\ 2 & 7 & -4 \end{pmatrix}$ *besteht aus den beiden Zeilenvektoren* $(1 \;\; 5 \;\; 9)$ *und* $(2 \;\; 7 \;\; -4)$ *bzw.*

den drei Spaltenvektoren $\begin{pmatrix} 1 \\ 2 \end{pmatrix}, \begin{pmatrix} 5 \\ 7 \end{pmatrix}, \begin{pmatrix} 9 \\ -4 \end{pmatrix}$.

*ii) Jede 1 x 1 - Matrix, die aus nur je einer Spalte und Zeile besteht, heißt **Skalar**. **Skalare** werden als **reelle Zahlen** aufgefasst.*

Beispiel: $(4) := 4$; $(x) := x \quad (\in \mathbb{R})$.

9.1.2 Spezielle Matrizen und Vektoren

Im folgenden sind einige wichtige Spezialfälle von Matrizen und Vektoren aufgeführt:

Def. 9.1.19:

i) Eine Matrix, deren **Elemente** sämtlich **Null** sind, heißt **Nullmatrix**, geschrieben **0**. (Es gibt zu jedem Typ m × n genau eine entsprechende Nullmatrix $\mathbf{0}_{(m,n)}$.)

$$\begin{pmatrix} 0 & 0 & \dots & 0 \\ 0 & 0 & \dots & 0 \\ \vdots & \vdots & & \vdots \\ 0 & 0 & \dots & 0 \end{pmatrix} =: \mathbf{0}$$

ii) Vektoren, deren **Komponenten** sämtlich **Null** sind, heißen **Nullvektoren**. Schreibweise:

$$\vec{a} = (0 \ \ 0 \ \dots \ 0)^T = \begin{pmatrix} 0 \\ 0 \\ \vdots \\ 0 \end{pmatrix} .$$

iii) Eine **quadratische** Matrix $\mathbf{A} = (a_{ik})_{(n,n)}$, deren sämtliche **Nicht-Diagonalelemente** gleich **Null** sind, heißt **Diagonalmatrix**.

Beispiel: $\begin{pmatrix} a_{11} & 0 & 0 \\ 0 & a_{22} & 0 \\ 0 & 0 & a_{33} \end{pmatrix}$; $\begin{pmatrix} 0 & 0 \\ 0 & 0 \end{pmatrix}$.

iv) Eine **quadratische** Matrix $\mathbf{A} = (a_{ik})$, bei der sämtliche Elemente **unterhalb** (oberhalb) der Diagonalen gleich Null sind, heißt **obere** (untere) **Dreiecksmatrix**.

Beispiel: $\begin{pmatrix} 5 & -1 & -2 & 3 \\ 0 & 3 & -4 & 1 \\ 0 & 0 & 2 & 2 \\ 0 & 0 & 0 & 1 \end{pmatrix}$; $\begin{pmatrix} 1 & 0 & 0 \\ 0 & 2 & 0 \\ 1 & 0 & 4 \end{pmatrix}$.

obere Dreiecksmatrix — untere Dreiecksmatrix

v) Eine Diagonalmatrix, deren **Diagonalelemente** sämtlich gleich **Eins** sind, heißt **Einheitsmatrix**.
(Es gibt zu jedem quadratischen Typ n × n genau eine entsprechende Einheitsmatrix $\mathbf{E}_{(n,n)}$.)

Schreibweise:

$$\mathbf{E} := \begin{pmatrix} 1 & 0 & 0 & \dots & 0 \\ 0 & 1 & 0 & \dots & 0 \\ 0 & 0 & 1 & & \\ \vdots & & & \ddots & \\ 0 & 0 & 0 & \dots & 1 \end{pmatrix}$$

vi) Vektoren, die aus genau **einer Eins** und **sonst lauter Nullen** bestehen, heißen **Einheitsvektoren**. Schreibweise:

$$\vec{e}_1 = \begin{pmatrix} 1 \\ 0 \\ \vdots \\ 0 \end{pmatrix} ; \quad \vec{e}_2 = \begin{pmatrix} 0 \\ 1 \\ \vdots \\ 0 \end{pmatrix} ; \ \dots ; \ \vec{e}_n = \begin{pmatrix} 0 \\ 0 \\ \vdots \\ 1 \end{pmatrix}$$

. ($\vec{e}_k$ besitzt also die Eins in der k-ten Zeile.)

(Die n × n - Einheitsmatrix $\mathbf{E}_{(n,n)}$ besteht also genau aus n verschiedenen Einheitsvektoren mit je n Komponenten $\vec{e}_1, \vec{e}_2, \dots, \vec{e}_n$.)

vii) Vektoren, deren **sämtliche** Komponenten gleich **Eins** sind, heißen **summierende** Vektoren.

Schreibweise: $\vec{s} := \begin{pmatrix} 1 \\ 1 \\ \vdots \\ 1 \end{pmatrix}$, vgl. Bsp. 9.1.42 .

Beispiel 9.1.20: Abb. 9.1.21 zeigt die geometrische Deutung der Einheitsvektoren als Ortsvektoren der Länge „1" im $\mathbb{R}^2$, $\mathbb{R}^3$:

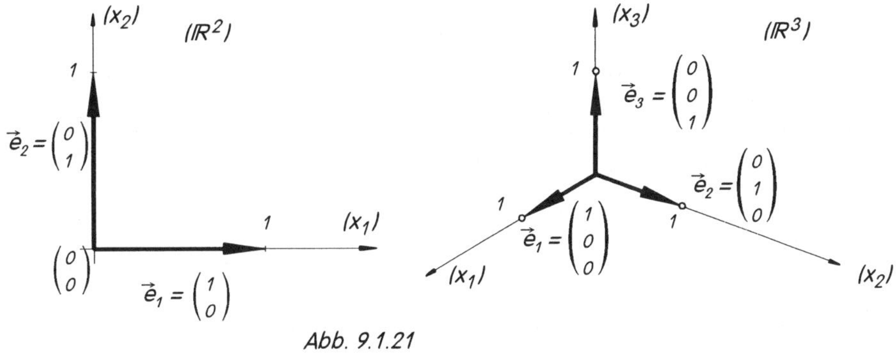

Abb. 9.1.21

9.1.3 Operationen mit Matrizen

Für Matrizen als selbständige mathematische Objekte sind **Operationen** definiert, wie z.B. **Addition** (Subtraktion) zweier Matrizen, **Multiplikation** einer Matrix mit einem **Skalar, Multiplikation zweier Matrizen** . Es wird sich zeigen, dass die so vereinbarten Operationen

i) zwar den Operationen mit reellen Zahlen nachgebildet sind, teilweise jedoch erheblich abweichen;

ii) sich hervorragend für die Beschreibung und Beantwortung ökonomischer Fragestellungen eignen (wie etwa Input-Output-Analyse, lineare Gleichungssysteme, lineare Optimierung).

9.1.3.1 Addition von Matrizen

Def. 9.1.22: Unter der **Summe** *(Differenz)* $\mathbf{A} + \mathbf{B}$ $(\boldsymbol{A} - \boldsymbol{B})$ zweier (m, n)-Matrizen $\mathbf{A} = (a_{ik})$ und $\mathbf{B} = (b_{ik})$ gleichen Typs versteht man die (m, n)-Matrix $\mathbf{C} = (c_{ik})$ mit $c_{ik} = a_{ik} + b_{ik}$ $\quad (= a_{ik} - b_{ik})$.

(d.h.: Zwei Matrizen gleichen Typs werden addiert *(subtrahiert)*, indem man entsprechende Elemente addiert *(subtrahiert)*.)

Beispiel 9.1.23:

i) Seien $\mathbf{A} = \begin{pmatrix} 2 & 3 & 5 \\ 1 & 4 & 7 \end{pmatrix}$; $\mathbf{B} = \begin{pmatrix} -1 & 2 & 0 \\ 0 & -7 & 1 \end{pmatrix}$ gegeben . Dann folgt:

$$\mathbf{A} + \mathbf{B} = \begin{pmatrix} 1 & 5 & 5 \\ 1 & -3 & 8 \end{pmatrix} ; \quad \mathbf{A} - \mathbf{B} = \begin{pmatrix} 3 & 1 & 5 \\ 1 & 11 & 6 \end{pmatrix} .$$

ii) Die Produktionsmengen von drei Produkten seien im 1. Halbjahr bzw. im 2. Halbjahr gegeben durch die Produktionsvektoren

$\vec{x}_1 = \begin{pmatrix} 20.000 \\ 10.000 \\ 15.000 \end{pmatrix}$; $\vec{x}_2 = \begin{pmatrix} 18.000 \\ 25.000 \\ 17.000 \end{pmatrix}$. Dann lautet der Jahresproduktionsvektor $\vec{x}$:

$$\vec{x} = \vec{x}_1 + \vec{x}_2 = \begin{pmatrix} 38.000 \\ 35.000 \\ 32.000 \end{pmatrix} .$$

iii) Eine **innerbetriebliche Leistungsverflechtung** *(vgl. auch Kap. 9.2.6.2)* sei beschrieben durch die folgenden Verflechtungsmatrizen $\mathbf{A}_i$ $(i = 1, 2, 3, 4)$ für die vier Quartale eines Geschäftsjahres:

empfangende Kostenstellen

		1. Quartal			2. Quartal			3.Quartal			4.Quartal		
		K_1	K_2	K_3	K_1	K_2	K_3	K_1	K_2	K_3	K_1	K_2	K_3
liefernde	K_1	0	10	20	0	15	25	0	15	10	0	30	10
Kosten-	K_2	30	0	25	25	0	25	30	0	20	40	0	20
stellen	K_3	20	20	0	25	25	0	20	25	0	10	25	0
		$(= \mathbf{A}_1)$			$(= \mathbf{A}_2)$			$(= \mathbf{A}_3)$			$(= \mathbf{A}_4)$		

a) Für die innerbetrieblichen Gesamtlieferungen des Geschäftsjahres ergibt sich die Matrix $\mathbf{A}$ mit

$$\mathbf{A} = \mathbf{A}_1 + \mathbf{A}_2 + \mathbf{A}_3 + \mathbf{A}_4 = \begin{pmatrix} 0 & 70 & 65 \\ 125 & 0 & 90 \\ 75 & 95 & 0 \end{pmatrix} .$$

b) Die Differenzmatrix $\mathbf{D}$ mit $\mathbf{D} := \mathbf{A}_4 - \mathbf{A}_1 = \begin{pmatrix} 0 & 20 & -10 \\ 10 & 0 & -5 \\ -10 & 5 & 0 \end{pmatrix}$ gibt die Mehr - bzw. Minder-lieferungen des 4. Quartals bezogen auf das 1. Quartal an.

iv) Die **Addition zweier Vektoren** im $\mathbb{R}^2$ kann **graphisch veranschaulicht** werden (vgl. Abb.9.1.24):

Der Summenvektor $\vec{a} + \vec{b}$ (mit $\vec{a} = \binom{5}{6}$; $\vec{b} = \binom{11}{2}$; $\vec{a} + \vec{b} = \binom{16}{8}$) ist graphisch durch den von Null ausgehenden **Diagonalenvektor** des durch a und b aufgespannten Parallelogramms gekennzeichnet. (Demselben Gesetz der Vektoraddition genügen in der Mechanik Kräfte und ihre Überlagerung bzw. Zerlegung.)

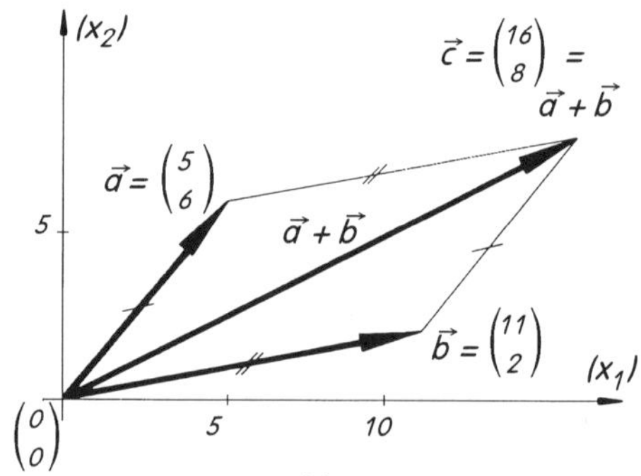

Abb. 9.1.24

Nach Def. 9.1.22 gelten für die Matrizenaddition analoge Gesetze wie für die Addition reeller Zahlen:

Satz 9.1.25: (Gesetze der Matrizenaddition)

Für Matrizen gleichen Typs gilt:

i)	$\mathbf{A} + \mathbf{B} = \mathbf{B} + \mathbf{A}$	(Kommutativgesetz)
ii)	$\mathbf{A} + (\mathbf{B} + \mathbf{C}) = (\mathbf{A} + \mathbf{B}) + \mathbf{C}$	(Assoziativgesetz)
iii)	$\mathbf{A} + \mathbf{0} = \mathbf{A}$	(Existenz eines Nullelementes (Nullmatrix))
iv)	Aus $\mathbf{A} + \mathbf{B} = \mathbf{0}$ folgt $\mathbf{B} = -\mathbf{A}$ (mit $-\mathbf{A} := (-a_{ik})_{(m,n)}$)	(Existenz des inversen Elements bzgl. der Addition)
v)	$(\mathbf{A} + \mathbf{B})^T = \mathbf{A}^T + \mathbf{B}^T$	(Summandenweises Transponieren erlaubt) .

9.1.3.2 Multiplikation einer Matrix mit einem Skalarfaktor

Betrachtet man die beiden Matrizen $\mathbf{A} = \begin{pmatrix} 2 & 4 \\ 6 & 8 \end{pmatrix}$ und $\mathbf{B} = \begin{pmatrix} 6 & 12 \\ 18 & 24 \end{pmatrix}$, so stellt man fest, dass jedes Element von **B** genau dreimal so groß ist wie das entsprechende Element von **A**: $b_{ik} = 3 \cdot a_{ik}$. Andererseits ergibt sich **B** offenbar durch die Summe $\mathbf{A} + \mathbf{A} + \mathbf{A} = \begin{pmatrix} 2+2+2 & 4+4+4 \\ 6+6+6 & 8+8+8 \end{pmatrix}$. Schreibt man wie für reelle Zahlen statt **A** + **A** + **A** den Ausdruck $3 \cdot \mathbf{A}$, so wird man sinnvollerweise definieren:

Def. 9.1.26: (Multiplikation einer Matrix mit einem Skalar)

Wird **jedes Element** a_{ik} einer Matrix **A** mit demselben **skalaren Faktor** $k \in \mathbb{R}$ **multipliziert**, so spricht man von der **Multiplikation der Matrix A mit dem Skalar k**. Für die so entstandene Matrix schreibt man:

(9.1.27) $$k \cdot \mathbf{A} := (k \cdot a_{ik})_{(m,n)} = \mathbf{A} \cdot k$$

bzw. $$k \cdot \begin{pmatrix} a_{11} & \cdots & a_{1n} \\ \vdots & & \\ a_{m1} & \cdots & a_{mn} \end{pmatrix} = \begin{pmatrix} k \cdot a_{11} & \cdots & k \cdot a_{1n} \\ \vdots & & \\ k \cdot a_{m1} & \cdots & k \cdot a_{mn} \end{pmatrix} .$$

Beispiel 9.1.28: **i)** $2 \cdot (5, 4, 6)^T = \begin{pmatrix} 10 \\ 8 \\ 12 \end{pmatrix}$. **ii)** $77 \cdot E_{(3,3)} = \begin{pmatrix} 77 & 0 & 0 \\ 0 & 77 & 0 \\ 0 & 0 & 77 \end{pmatrix}$.

iii) $\begin{pmatrix} -\frac{9}{11} & \frac{7}{11} & \frac{3}{11} \\ \frac{1}{11} & -\frac{8}{11} & \frac{5}{11} \end{pmatrix}$ lässt sich vereinfacht schreiben als $\frac{1}{11} \cdot \begin{pmatrix} -9 & 7 & 3 \\ 1 & -8 & 5 \end{pmatrix}$.

iv) In 4 Betrieben werden jeweils dieselben 3 Produkte gefertigt. Die monatliche Produktion werde durch die folgende Produktionsmatrix beschrieben:

$$P_m = \begin{pmatrix} 10 & 12 & 30 & 15 \\ 12 & 14 & 25 & 20 \\ 8 & 8 & 10 & 9 \end{pmatrix} .$$

Bei unverändertem monatlichen Output lautet die Jahresproduktionsmatrix **P**

$$\mathbf{P} = 12 \cdot \mathbf{P}_m = \begin{pmatrix} 120 & 144 & 360 & 180 \\ 144 & 168 & 300 & 240 \\ 96 & 96 & 120 & 108 \end{pmatrix} .$$

Dabei bedeutet etwa die Zahl 300, dass im Betrieb 3 jährlich 300 Einheiten von Produkt 2 hergestellt werden.

v) Aus $\vec{a} = (a_1\, a_2 \ldots a_n)^T$ folgt:
$-\vec{a} = (-a_1\, -a_2 \ldots -a_n)^T = (-1) \cdot \vec{a}$.

vi) **Geometrische Veranschaulichung** der Multiplikation eines Vektors $\vec{a}$ mit einem Skalar k ($\in \mathbb{R}$) (vgl. Abb. 9.1.29): Der Vektor $k \cdot \vec{a}$ geht aus dem Vektor $\vec{a}$ durch **Streckung** ($|k| > 1$) oder **Stauchung** ($|k| < 1$) hervor. Falls k negativ, zeigen $\vec{a}$ und $k \cdot \vec{a}$ in entgegengesetzte Richtungen.

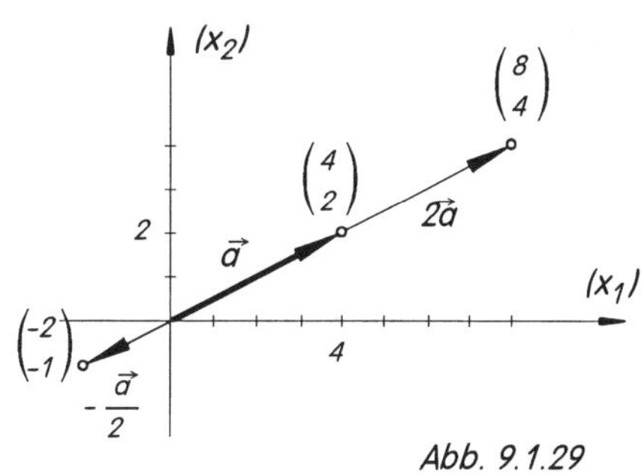

Abb. 9.1.29

Für die Multiplikation von **A** mit einem Skalar gelten die folgenden einfach verifizierbaren **Gesetze**:

Satz 9.1.30: Es seien **A, B** zwei Matrizen gleichen Typs und k, r zwei reelle Konstanten. Dann gilt:

i) $k \cdot (r \cdot \mathbf{A}) = (k \cdot r) \cdot \mathbf{A}$ (Assoziativgesetz)

ii) $k \cdot (\mathbf{A} + \mathbf{B}) = k \cdot \mathbf{A} + k \cdot \mathbf{B}$

iii) $(k + r) \cdot \mathbf{A} = k \cdot \mathbf{A} + r \cdot \mathbf{A}$ (Distributivgesetze)

Wendet man Matrizenaddition und Multiplikation einer Matrix mit einem Skalar kombiniert auf Vektoren an, so spricht man von einer **Linearkombination von Vektoren**.

Beispiel 9.1.31: Gegeben seien die Vektoren $\vec{a} = \begin{pmatrix}3\\1\end{pmatrix}$, $\vec{b} = \begin{pmatrix}2\\6\end{pmatrix}$ des $\mathbb{R}^2$ sowie die Skalare k = 2, r = 0,5. Dann gilt: der Vektor $\vec{x}$ mit $\vec{x} = k \cdot \vec{a} + r \cdot \vec{b} = 2 \cdot \begin{pmatrix}3\\1\end{pmatrix} + 0{,}5 \cdot \begin{pmatrix}2\\6\end{pmatrix} = \begin{pmatrix}6\\2\end{pmatrix} + \begin{pmatrix}1\\3\end{pmatrix} = \begin{pmatrix}7\\5\end{pmatrix}$ ist wiederum ein Vektor des $\mathbb{R}^2$, eine sog. „Linearkombination" der Vektoren $\vec{a}$ und $\vec{b}$, vgl. Abb. 9.1.32 .

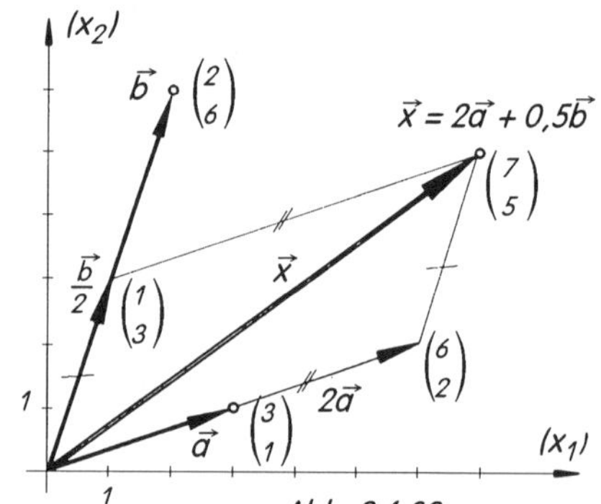

Abb. 9.1.32

Allgemein definiert man:

Def. 9.1.33: (Linearkombination von Vektoren)

Es seien $\vec{a}_1, \vec{a}_2, \ldots, \vec{a}_n$ n Vektoren gleichen Typs und $c_1, c_2, \ldots, c_n$ n Skalare ($\in \mathbb{R}$). Dann nennt man den Vektor $\vec{x}$ mit

(9.1.34) $$\vec{x} = c_1\vec{a}_1 + c_2\vec{a}_2 + \ldots + c_n\vec{a}_n = \sum_{i=1}^{n} c_i\vec{a}_i$$

eine **Linearkombination der n Vektoren** $\vec{a}_i$ (i = 1, ..., n).

Bemerkung 9.1.35: *Im Fall **nichtnegativer Skalarfaktoren** c_i, deren **Summe genau Eins** ergibt (d.h. für $c_1 + c_2 + \ldots + c_n = 1$ und $c_i \geq 0$) spricht man von einer **konvexen Linearkombination** der $\vec{a}_i$.*

Beispiel 9.1.36: Gegeben seien die folgenden Vektoren des $\mathbb{R}^3$:

$$\vec{a}_1 = \begin{pmatrix}1\\2\\3\end{pmatrix}; \quad \vec{a}_2 = \begin{pmatrix}-1\\0\\4\end{pmatrix}; \quad \vec{a}_3 = \begin{pmatrix}5\\2\\1\end{pmatrix}.$$

i) $c_1 = 4$; $c_2 = -2$; $c_3 = 0{,}2 \Rightarrow \vec{x} = 4\begin{pmatrix}1\\2\\3\end{pmatrix} - 2\begin{pmatrix}-1\\0\\4\end{pmatrix} + 0{,}2\begin{pmatrix}5\\2\\1\end{pmatrix} = \begin{pmatrix}7\\8{,}4\\4{,}2\end{pmatrix}$ ist eine **nicht** konvexe Linearkombination der $\vec{a}_i$.

ii) $c_1 = 0{,}5$; $c_2 = 0{,}2$; $c_3 = 0{,}3 \Rightarrow \vec{x} = 0{,}5\begin{pmatrix}1\\2\\3\end{pmatrix} + 0{,}2\begin{pmatrix}-1\\0\\4\end{pmatrix} + 0{,}3\begin{pmatrix}5\\2\\1\end{pmatrix} = \begin{pmatrix}1{,}8\\1{,}6\\2{,}6\end{pmatrix}$ ist eine **konvexe Linearkombination** der $\vec{a}_i$.

Beispiel 9.1.37: Es seien im $\mathbb{R}^2$ die beiden Vektoren $\vec{x}_1 = \binom{5}{10}$, $\vec{x}_2 = \binom{15}{5}$ gegeben. Bildet man $\vec{x}_1$, $\vec{x}_2$ sowie einige konvexe Linearkombinationen graphisch ab

z.B. $\vec{x}_3 = 0{,}5\,\vec{x}_1 + 0{,}5\,\vec{x}_2 = \binom{10{,}0}{7{,}5}$

$\vec{x}_4 = 0{,}2\,\vec{x}_1 + 0{,}8\,\vec{x}_2 = \binom{13}{6}$

$\vec{x}_5 = 0{,}6\,\vec{x}_1 + 0{,}4\,\vec{x}_2 = \binom{9}{8}$ usw.

(vgl. Abb. 9.1.38), so erkennt man: Sämtliche **konvexen Linearkombinationen** zweier (richtungsverschiedener) Vektoren des $\mathbb{R}^2$ liegen auf der **Verbindungsgeraden** der durch die beiden Vektoren gekennzeichneten Punkte.

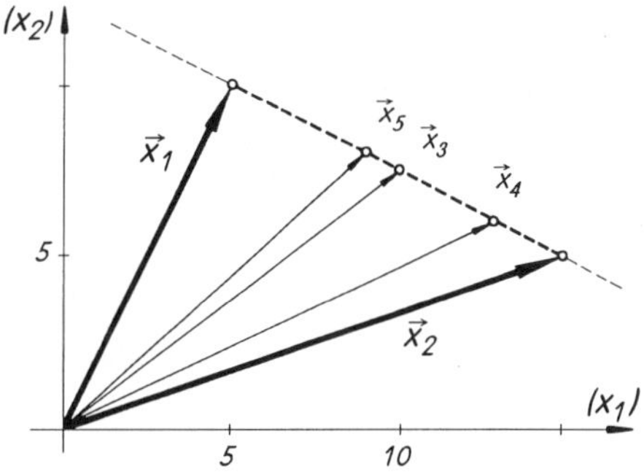

Abb. 9.1.38

9.1.3.3 Die skalare Multiplikation zweier Vektoren (Skalarprodukt)

Eine Unternehmung produziere 5 verschiedene Güter. Die wöchentlichen Produktionsmengen x_1, x_2, ..., x_5 (in ME) werden beschrieben durch den **Produktionsvektor** $\vec{x}$= (10 15 7 4 3). Die entsprechenden Verkaufspreise p_1, ..., p_5 (in €/ME) bilden den Preisvektor $\vec{p}$:= (5,50 8,00 10,00 12,50 50,00)^T. Damit ergibt sich (unter der Annahme, dass die Produkte unmittelbar nach ihrer Produktion verkauft werden) der wöchentliche **Umsatz** der Unternehmung, indem **entsprechende** Komponenten von $\vec{x}$ und $\vec{p}$ erst **multipliziert** und die entstandenen Produkte sodann **addiert** werden:

$$U = x_1p_1 + x_2p_2 + x_3p_3 + x_4p_4 + x_5p_5 = 10 \cdot 5{,}5 + 15 \cdot 8 + 7 \cdot 10 + 4 \cdot 12{,}5 + 3 \cdot 50 = 445 \text{ €/Woche.}$$

Man sagt, der Umsatz sei das **skalare Produkt** [1] aus Mengenvektor $\vec{x}$ und Preisvektor $\vec{p}$.

Um formale Widersprüchlichkeiten mit der im nachfolgenden Kapitel dargestellten allgemeinen Matrizenmultiplikation zu vermeiden, ist es zweckmäßig zu verlangen, dass der **linke Faktor** stets ein **Zeilenvektor**, der **rechte Faktor** stets ein **Spaltenvektor** ist.

Def. 9.1.39: (Skalarprodukt zweier Vektoren)

Gegeben seien ein Zeilenvektor $\vec{a}^T = (a_1\ a_2\ \dots\ a_n)$ und ein Spaltenvektor $\vec{b} = \begin{pmatrix} b_1 \\ b_2 \\ \vdots \\ b_n \end{pmatrix}$

Unter dem **Skalarprodukt** von $\vec{a}^T$ und $\vec{b}$ versteht man die reelle Zahl (Skalar)

(9.1.40) $$\vec{a}^T \cdot \vec{b} = (a_1\ a_2 \dots a_n) \cdot \begin{pmatrix} b_1 \\ b_2 \\ \vdots \\ b_n \end{pmatrix} = a_1b_1 + a_2b_2 + \dots + a_nb_n = \sum_{i=1}^{n} a_ib_i\,.$$

1 „Skalares“ Produkt, weil das Resultat der Operation eine reelle Zahl („Skalar“) ist.

Die formal korrekte Schreibweise des zuvor errechneten Umsatzes lautet nunmehr:

$$U = \vec{x}^T \cdot \vec{p} = (x_1 \dots x_5)\begin{pmatrix} p_1 \\ \vdots \\ p_5 \end{pmatrix} = x_1 p_1 + \dots + x_5 p_5 = 445 \qquad [€/\text{Woche}] .$$

$$(\text{oder } U = \vec{p}^T \cdot \vec{x} = (p_1 \dots p_5)\begin{pmatrix} x_1 \\ \vdots \\ x_5 \end{pmatrix} = p_1 x_1 + \dots + p_5 x_5 = 445) .$$

Bemerkung 9.1.41: *i) Die Produkte $\vec{a}^T \vec{b}^T$ zweier Zeilenvektoren bzw. $\vec{a}\,\vec{b}$ zweier Spaltenvektoren sind formal nicht definiert. Das Produkt $\vec{a}\,\vec{b}^T$ eines Spalten- mit einem Zeilenvektor ergibt definitionsgemäß als Resultat eine $n \times n$ - Matrix (also keinen Skalar!), siehe das folgende Kapitel 9.1.3.4.*

ii) Es gilt stets $\vec{a}^T \cdot \vec{b} = \vec{b}^T \cdot \vec{a}$

Beispiel 9.1.42:

i) $(5 \;\; 7 \;\; 10) \cdot \begin{pmatrix} 2 \\ -1 \\ -2 \end{pmatrix} = 5 \cdot 2 - 7 \cdot 1 - 10 \cdot 2 = -17 = (2 \;\; -1 \;\; -2) \cdot \begin{pmatrix} 5 \\ 7 \\ 10 \end{pmatrix}$ *(vgl. Bem. 9.1.41 ii))*

ii) $(-2 \;\; 1 \;\; 3) \cdot \begin{pmatrix} 2 \\ 1 \\ 1 \end{pmatrix} = -2 \cdot 2 + 1 \cdot 1 + 3 \cdot 1 = 0$

(Man sieht: Das Skalarprodukt kann Null werden, ohne dass einer der Faktoren Nullvektor ist!)

iii) Ein Vektor $\vec{s}$ mit lauter Einsen heißt „summierender" Vektor *(vgl. Def. 9.1.19 vii))* wegen:

$$(5 \;\; 7 \;\; 11) \cdot \begin{pmatrix} 1 \\ 1 \\ 1 \end{pmatrix} = 5 + 7 + 11 = 23$$

Allgemein: Wenn $\vec{a}^T = (a_1 \;\; a_2 \dots a_n)$, so gilt:

$\vec{a}^T \cdot \vec{s} = \vec{s}^T \cdot \vec{a} = (a_1 \;\; a_2 \dots a_n) \cdot (1 \;\; 1 \dots 1)^T = a_1 + a_2 + \dots + a_n$,

d.h. das Skalarprodukt von $\vec{a}$ und dem passenden summierenden Vektor $\vec{s}$ liefert die Summe der Komponenten von $\vec{a}$.

iv) Die lineare Gleichung $5x + 7y - 4z = 17$ lässt sich mit Hilfe der Vektoren $\vec{a}^T = (5 \;\; 7 \;\; -4)$ und $\vec{x} = (x \;\; y \;\; z)^T$ als Skalarprodukt schreiben: $\vec{a}^T \cdot \vec{x} = 17$.

Allgemein: Die lineare Gleichung $a_1 x_1 + a_2 x_2 + \dots + a_n x_n = b$ lässt sich kompakt schreiben als
$\vec{a}^T \cdot \vec{x} = b$ mit $\vec{a}^T = (a_1 \;\; a_2 \dots a_n)$; $\vec{x} = (x_1 \;\; x_2 \dots x_n)^T$.

9.1.3.4 Multiplikation von Matrizen

Auch für zwei geeignete **Matrizen** ist eine **Multiplikation** erklärt, die allerdings *nicht* (wie bei der Addition) komponentenweise geschieht. Es sei dazu ein **ökonomisches Beispiel** betrachtet:

Beispiel 9.1.43: In einer Unternehmung werden zwei Typen von Endprodukten E_1, E_2 aus drei verschiedenen Typen von Zwischenprodukten Z_1, Z_2, Z_3 gefertigt, die jeweils wiederum aus vier verschiedenen Rohstofftypen R_1, R_2, R_3, R_4 hergestellt werden. Abb. 9.1.44 zeigt graphisch die Zusammenhänge dieser zweistufigen Fertigung. Für jede Einheit der Zwischenprodukte werden bestimmte Mengen der verschiedenen Rohstoffe, für jede Endprodukteinheit werden bestimmte Mengen der verschiedenen Zwischenprodukte benötigt. Die notwendigen Mengenangaben *(„Produktionskoeffizienten")* finden sich in folgenden Verbrauchsmatrizen **A, B** (Tab. 9.1.45):

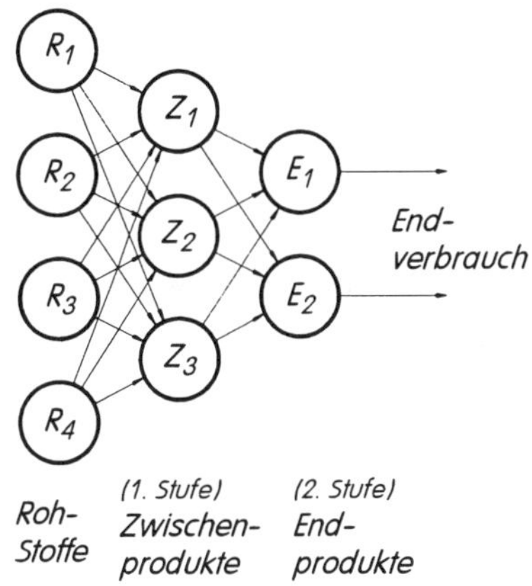

Abb. 9.1.44

Tab. 9.1.45 (a)

Rohstoffe	Zwischenprodukte Z_1	Z_2	Z_3
R_1	4	3	3
R_2	2	4	6
R_3	1	7	4
R_4	3	3	0

A

(Es bedeutet etwa die Zahl „7", dass pro Einheit von Zwischenprodukt Z_2 7 Einheiten des Rohstoffs R_3 erforderlich sind, usw.)

Tab. 9.1.45 (b)

Zwischen-produkte	Endprodukte E_1	E_2
Z_1	6	5
Z_2	4	3
Z_3	1	2

B

(Die Zahl „3" bedeutet, dass pro Endprodukteinheit des Typs E_2 3 Einheiten des Zwischenproduktes Z_2 benötigt werden, usw.)

Gesucht sei nun für jede Endprodukteinheit von E_1, E_2 die zugehörige Anzahl der verschiedenen Rohstoffe R_1, ..., R_4, d.h. eine Tabelle (Matrix C) des Typs von Tab. 9.1.46:

Rohstoffe	Endprodukte E_1	E_2
R_1	C_{11}	C_{12}
R_2	C_{21}	C_{22}
R_3	C_{31}	C_{32}
R_4	C_{41}	C_{42}

C

Tab. 9.1.46

Um etwa das Element C_{32} zu ermitteln, dessen Wert angibt, wieviel Rohstoffeinheiten des Typs R_3 pro Endprodukteinheit E_2 erforderlich sind, benötigt man die Anzahl der für 1 ME von E_2 erforderlichen Zwischenprodukteinheiten (= zweite Spalte von **B**) sowie die in jeder Zwischenprodukteinheit enthaltenen Rohstoffmengen von R_3 (= dritte Zeile von **A**):

$$\begin{matrix} & (Z_1) & (Z_2) & (Z_3) & & (E_2) & \\ (R_3) & (1 & 7 & 4) & \cdot & \begin{pmatrix}5\\3\\2\end{pmatrix} & \begin{matrix}(Z_1)\\(Z_2)\\(Z_3)\end{matrix} \end{matrix}$$

3. Zeile von **A** *mal* 2. Spalte von **B**

Die pro Einheit von E_2 enthaltenen

5 Einheiten Z_1 erford. je 1 Einheit R_3
3 Einheiten Z_2 erford. je 7 Einheiten R_3
2 Einheiten Z_3 erford. je 4 Einheiten R_3

insgesamt erfordert eine Einheit von E_2 daher $C_{32} = 1 \cdot 5 + 7 \cdot 3 + 4 \cdot 2 = 34$ Einheiten R_3.

Diese Resultatbildung ist offenbar identisch mit der Bildung eines Skalarproduktes: C_{32} hat sich ergeben als Skalarprodukt der dritten Zeile von **A** mit der zweiten Spalte von **B**. Ganz analog errechnet man die übrigen Elemente von C_{ik} als Skalarprodukte der i-ten Zeile von **A** und der k-ten Spalte von **B**. Als Endergebnis erhält man die gesuchte Rohstoff-Endprodukt-Verbrauchsmatrix **C** mit:

$$\mathbf{C} = \begin{pmatrix} C_{11} & C_{12} \\ C_{21} & C_{22} \\ C_{31} & C_{32} \\ C_{41} & C_{42} \end{pmatrix} = \begin{pmatrix} 39 & 35 \\ 34 & 34 \\ 38 & 34 \\ 30 & 24 \end{pmatrix}$$

Man sagt, die Matrix **C** sei durch **Multiplikation** der **Matrix A mit der Matrix B** entstanden:

C = A · B.

Allgemein stellt man fest:

Def. 9.1.47: (Multiplikation zweier Matrizen)

Gegeben seien die Matrizen $\mathbf{A} = (a_{ij})_{(m,p)}$ und $\mathbf{B} = (b_{jk})_{(p,n)}$. *(Die Spaltenzahl p von* ***A*** *muss also mit der Zeilenzahl p von* ***B*** *übereinstimmen!)* Dann versteht man unter dem **Produkt** $\mathbf{A} \cdot \mathbf{B}$ der Matrizen **A** und **B** die Matrix $\mathbf{C} = (c_{ik})_{(m,n)}$, deren Element $\mathbf{c_{ik}}$ das **Skalarprodukt** aus **i-ter Zeile** von **A** und **k-ter Spalte** von **B** ist:

$$c_{ik} = \sum_{j=1}^{p} a_{ij} \cdot b_{jk} = (a_{i1} \dots a_{ip}) \cdot \begin{pmatrix} b_{1k} \\ \vdots \\ b_{pk} \end{pmatrix} \qquad (i = 1, \dots, m \; ; \; k = 1, \dots, n) \; .$$

Bemerkung 9.1.48: *Die Zeilenzahl von* ***AB*** *stimmt mit der Zeilenzahl von A, die Spaltenzahl von* ***AB*** *mit der Spaltenzahl von* ***B*** *überein.*

Beispiel 9.1.49: $\mathbf{A} = \begin{pmatrix} 1 & 2 \\ 3 & 4 \\ 5 & 6 \end{pmatrix}$; $\mathbf{B} = \begin{pmatrix} 1 & -2 & 5 & -7 \\ -3 & 4 & -6 & 8 \end{pmatrix}$ $\Rightarrow$ $\mathbf{C} = \mathbf{A} \cdot \mathbf{B} =$

$$\begin{pmatrix} 1 & 2 \\ 3 & 4 \\ 5 & 6 \end{pmatrix} \cdot \begin{pmatrix} 1 & -2 & 5 & -7 \\ -3 & 4 & -6 & 8 \end{pmatrix} = \begin{pmatrix} 1\cdot1-2\cdot3 & -1\cdot2+2\cdot4 & 1\cdot5-2\cdot6 & -1\cdot7+2\cdot8 \\ 3\cdot1-4\cdot3 & -3\cdot2+4\cdot4 & 3\cdot5-4\cdot6 & -3\cdot7+4\cdot8 \\ 5\cdot1-6\cdot3 & -5\cdot2+6\cdot4 & 5\cdot5-6\cdot6 & -5\cdot7+6\cdot8 \end{pmatrix}$$

$$= \begin{pmatrix} -5 & 6 & -7 & 9 \\ -9 & 10 & -9 & 11 \\ -13 & 14 & -11 & 20 \end{pmatrix} \; .$$

Besonders übersichtlich gestaltet sich die Matrizenmultiplikation **A·B** durch Verwendung des **Falk'schen Schemas**. Dabei ordnet man die Faktoren nicht nebeneinander an, sondern den linken Faktor **A** links unten, den rechten Faktor **B** rechts oben an (Abb. 9.1.50).

Im Kreuzungspunkt der i- ten Zeile $\vec{a}_i^T$ von **A** und der k-ten Spalte $\vec{b}_k$ von **B** steht dann deren Skalarprodukt $\vec{a}^T \vec{b}_k$ als entsprechendes Element c_{ik} der Produktmatrix **A·B** = **C**.

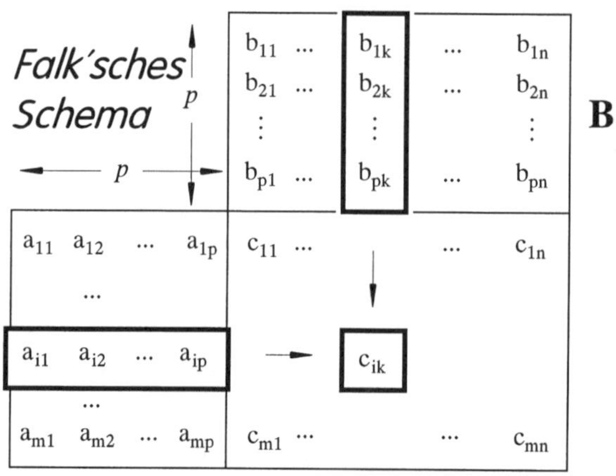

Abb. 9.1.50

Beispiel 9.1.51: $\mathbf{A} = \begin{pmatrix} 5 & -2 & 0 \\ 1 & 3 & 2 \\ 2 & 5 & 1 \end{pmatrix}$; $\mathbf{B} = \begin{pmatrix} 3 & 7 \\ 2 & -1 \\ 5 & 3 \end{pmatrix}$.

Falk'sches Schema:

				3	7	(B)
				2	-1	
				5	3	
(A)	5	-2	0	11	37	C = AB
	1	3	2	19	10	
	2	5	1	21	12	

Die für die Matrizenmultiplikation geltenden Gesetze unterscheiden sich durch einige **Besonderheiten von den üblichen Multiplikationsregeln reeller Zahlen**:

Beispiel 9.1.52:

i) Seien $\vec{a}^T = (2 \ \ -1 \ \ 3)$; $\vec{b} = (5 \ \ 1 \ \ -2)^T$ gegeben. Dann ist nach Def. 9.1.47 sowohl das Produkt $\vec{a}^T \cdot \vec{b}$ als auch das Produkt mit vertauschten Faktoren $\vec{b} \cdot \vec{a}^T$ definiert, und es gilt:

a) $\vec{a}^T \cdot \vec{b} = (2 \ \ -1 \ \ 3) \cdot \begin{pmatrix} 5 \\ 1 \\ -2 \end{pmatrix} = 10 - 1 - 6 = 3$;

b) $\vec{b} \cdot \vec{a}^T = \begin{pmatrix} 5 \\ 1 \\ -2 \end{pmatrix} \cdot (2 \ \ -1 \ \ 3) = \begin{pmatrix} 10 & -5 & 15 \\ 2 & -1 & 3 \\ -4 & 2 & -6 \end{pmatrix}$.

Während $\vec{a}^T \cdot \vec{b}$ (als Skalarprodukt) den Wert 3 hat, stellt $\vec{b} \cdot \vec{a}^T$ eine (3x3)-Matrix dar.

ii) Seien $\mathbf{A} = \begin{pmatrix} 1 & 3 \\ -1 & 0 \end{pmatrix}$; $\mathbf{B} = \begin{pmatrix} 5 & 0 & 4 \\ 1 & 2 & 6 \end{pmatrix}$ gegeben. Nach Def. 9.1.47 ist zwar das Produkt **AB** definiert, nicht jedoch das Produkt **BA** (da die Spaltenzahl von **B** nicht mit der Zeilenzahl von **A** übereinstimmt).

iii) Seien $\mathbf{A} = \begin{pmatrix} 5 & 2 \\ -1 & 3 \end{pmatrix}$; $\mathbf{B} = \begin{pmatrix} 1 & -1 \\ 3 & 4 \end{pmatrix}$ gegeben. Nach Def. 9.1.47 sind sowohl **AB** als auch **BA** definiert, das Ergebnis beider Multiplikationen ist jeweils eine 2×2 - Matrix:

(a)
$$\begin{array}{cc|cc} & & 1 & -1 \\ & & 3 & 4 \\ \hline 5 & 2 & 11 & 3 \\ -1 & 3 & 8 & 13 \end{array} \ \mathbf{(B)} \quad = \mathbf{AB}$$
(A)

(b)
$$\begin{array}{cc|cc} & & 5 & 2 \\ & & -1 & 3 \\ \hline 1 & -1 & 6 & -1 \\ 3 & 4 & 11 & 18 \end{array} \ \mathbf{(A)} \quad = \mathbf{B} \cdot \mathbf{A} \neq \mathbf{A} \cdot \mathbf{B}$$
(B)

Aus Beispiel 9.1.52 ist erkennbar, dass das **Kommutativgesetz für Matrizenmultiplikation nicht gilt**:

Satz 9.1.53: Für das Produkt zweier Matrizen gilt i.a.: $\mathbf{AB} \neq \mathbf{BA}$

Bemerkung 9.1.54: *Es soll im folgenden in Matrizenprodukten stets stillschweigend vorausgesetzt werden, dass die Faktormatrizen der in Def. 9.1.47 angeführten **Verträglichkeitsbedingung** genügen.*

Eine weitere Besonderheit der Matrizenmultiplikation zeigt das nebenstehende Beispiel *(vgl. auch Bsp. 9.1.42 ii))*, so dass man folgern kann:

$$\mathbf{(A)} \quad \begin{array}{cc|cc} & & 2 & -3 \\ & & -4 & 6 \\ \hline 8 & 4 & 0 & 0 \\ 4 & 2 & 0 & 0 \end{array} \ \mathbf{(B)}$$

Es gilt hier: $\mathbf{AB} = \mathbf{0}$,
aber: $\mathbf{A} \neq \mathbf{0}$; $\mathbf{B} \neq \mathbf{0}$

Satz 9.1.55: Das Produkt zweier Matrizen kann eine Nullmatrix sein, ohne dass einer der Faktoren Nullmatrix ist.

(Für *reelle* Zahlen gilt dagegen bekanntlich: $a \cdot b = 0 \Leftrightarrow a = 0 \vee b = 0$, vgl. Kap. 1.2.1.2, R13c.)

Im folgenden sind die leicht verifizierbaren **Rechenregeln für die Matrizenmultiplikation** zusammengestellt. Man beachte, dass die Nullmatrizen **0** bzw. die Einheitsmatrizen **E** dabei eine ähnliche Rolle spielen, wie die Null und die Eins für die Multiplikation reeller Zahlen: Unter der *Voraussetzung*, dass alle vorkommenden Summen und Produkte *definiert* sind, gilt:

Satz 9.1.56: (Rechenregeln für die Matrizenmultiplikation)

i) a) $(\mathbf{AB})\mathbf{C} = \mathbf{A}(\mathbf{BC}) = \mathbf{ABC}$
b) $k(\mathbf{AB}) = (k\mathbf{A})\mathbf{B} = \mathbf{A}(k\mathbf{B})$ (Assoziativgesetze ($k \in \mathbb{R}$))

ii) a) $\mathbf{A}(\mathbf{B} + \mathbf{C}) = \mathbf{AB} + \mathbf{AC}$
b) $(\mathbf{A} + \mathbf{B})\mathbf{C} = \mathbf{AC} + \mathbf{BC}$ (Distributivgesetze)

iii) $\mathbf{AE} = \mathbf{EA} = \mathbf{A}$ (Multiplikation mit den Einheitsmatrizen)

iv) $\mathbf{A0} = \mathbf{0A} = \mathbf{0}$ (Multiplikation mit den Nullmatrizen)

v) $(\mathbf{AB})^T = \mathbf{B}^T\mathbf{A}^T$

Bemerkung 9.1.57: *Wenn A quadratisch ist, so sind auch* ***mehrfache Produkte*** $A \cdot A$, $A \cdot A \cdot A$, *...erklärt, für die man die Schreibweise* $A^2, A^3, \ldots$ *vereinbart hat.*

Beispiel: *Sei* $A = \begin{pmatrix} 0 & 1 \\ 1 & 2 \end{pmatrix}$. *Mit Hilfe des Falk'schen Schemas erhält man sukzessive:*

	$\begin{matrix}0&1\\1&2\end{matrix}$	$\begin{matrix}0&1\\1&2\end{matrix}$	$\begin{matrix}0&1\\1&2\end{matrix}$	$\begin{matrix}0&1\\1&2\end{matrix}$
$\begin{matrix}0&1\\1&2\end{matrix}$	$\begin{matrix}1&2\\2&5\end{matrix}$	$\begin{matrix}2&5\\5&12\end{matrix}$	$\begin{matrix}5&12\\12&29\end{matrix}$	$\begin{matrix}12&29\\29&70\end{matrix}$
A	A^2	A^3	A^4	A^5

. . .

Eine wichtige **Anwendung der Matrizenmultiplikation** besteht in der Möglichkeit, mit ihrer Hilfe ein **lineares Gleichungssystem** in **kompakter Weise** darstellen zu können. Sei etwa das lineare Gleichungssystem

$$\begin{aligned} 2x + 3y - z &= -2 \\ x \quad\; + 4z &= 14 \\ 5x - y - 3z &= 2 \end{aligned} \tag{9.1.58}$$

gegeben. Fasst man im Spaltenvektor $\vec{x} = \begin{pmatrix} x \\ y \\ z \end{pmatrix}$ die Lösungsvariablen, die Koeffzienten der linken Seite in der 3×3 - Koeffizientenmatrix $\mathbf{A} = \begin{pmatrix} 2 & 3 & -1 \\ 1 & 0 & 4 \\ 5 & -1 & -3 \end{pmatrix}$ und die rechte Seite im Vektor $\vec{b} = \begin{pmatrix} -2 \\ 14 \\ 2 \end{pmatrix}$ zusammen, so lässt sich das System (9.1.58) in der Form

$$\begin{pmatrix} 2 & 3 & -1 \\ 1 & 0 & 4 \\ 5 & -1 & -3 \end{pmatrix} \cdot \begin{pmatrix} x \\ y \\ z \end{pmatrix} = \begin{pmatrix} -2 \\ 14 \\ 2 \end{pmatrix} \tag{9.1.59}$$

oder noch kompakter in der Form $\mathbf{A}\vec{\mathbf{x}} = \vec{\mathbf{b}}$ schreiben. (Dabei ergibt sich durch Matrizenmultiplikation auf der linken Seite ein 3 × 1 - Vektor, der komponentenweise mit $\vec{b}$ übereinstimmt, also wiederum zu den drei Gleichungen des Systems (9.1.58) führt. Man bestätigt durch Ausführen der Matrizenmultiplikation (9.1.59), dass der Vektor $\vec{x} = (2\ \ -1\ \ 3)^T$ eine Lösung des Gleichungssystems (9.1.58) ist. In analoger Weise gilt allgemein:

Das **lineare Gleichungssystem**

(9.1.60)
$$\begin{array}{ccccc} a_{11}x_1 + a_{12}x_2 + \dots + a_{1n}x_n = b_1 \\ a_{21}x_1 + a_{22}x_2 + \dots + a_{2n}x_n = b_2 \\ \vdots \quad \vdots \quad \dots \quad \vdots \quad \vdots \\ a_{m1}x_1 + a_{m2}x_2 + \dots + a_{mn}x_n = b_m \end{array}$$

lässt sich als **Matrizengleichung** in der Form

(9.1.61) $\boxed{A\vec{x} = \vec{b}}$ schreiben, wenn man vereinbart:

$$A = \begin{pmatrix} a_{11} \cdots a_{1n} \\ a_{21} \cdots a_{2n} \\ \vdots \ \cdots \ \vdots \\ a_{m1} \cdots a_{mn} \end{pmatrix} \quad ; \quad \vec{x} = \begin{pmatrix} x_1 \\ x_2 \\ \vdots \\ x_n \end{pmatrix} \quad ; \quad \vec{b} = \begin{pmatrix} b_1 \\ b_2 \\ \vdots \\ b_m \end{pmatrix} .$$

Koeffizienten-matrix — *Variablen-vektor* — *Vektor der rechten Seite*

*(Zur **Lösung** linearer Gleichungssysteme vgl. Kap. 9.2.)*

Aufgabe 9.1.62: Welche Relationen bestehen zwischen den folgenden Matrizen?

$$\mathbf{A} = \begin{pmatrix} 1 & 2 & 7 \\ 2 & 0 & 3 \\ 3 & 7 & 1 \end{pmatrix} \; ; \quad \mathbf{B} = \begin{pmatrix} 1 & 2 & 3 \\ 2 & 0 & 7 \\ 7 & 3 & 1 \end{pmatrix} \; ; \quad \mathbf{C} = \begin{pmatrix} 1 & 2 & 7 \\ 2 & 1 & 8 \\ 13 & 7 & 1 \end{pmatrix} .$$

Aufgabe 9.1.63: Gegeben sind die Matrizen

$$\mathbf{A} = \begin{pmatrix} 2 & 0 & 1 \\ 3 & -1 & 1 \\ 2 & 1 & 0 \end{pmatrix} \; ; \quad \mathbf{B} = \begin{pmatrix} -1 & 3 & 2 \\ 4 & 1 & 5 \end{pmatrix} \; ; \quad \mathbf{C} = \begin{pmatrix} 0 & 1 \\ 1 & 0 \\ 2 & 2 \end{pmatrix} \; ; \quad \mathbf{D} = \begin{pmatrix} 2 & -1 \\ 1 & 0 \end{pmatrix} .$$

Man ermittle folgende Matrizen (sofern sie existieren):

i) $\mathbf{AB}$ **ii)** $\mathbf{A^TB}$ **iii)** $\mathbf{BA}$ **iv)** $3\mathbf{BC} + 2\mathbf{D}^2$ **v)** $\mathbf{DC}$

vi) $\mathbf{CD}$ **vii)** $6(\mathbf{CB})^T - 2\mathbf{B}^T \cdot 3\mathbf{C}^T$ **viii)** $\mathbf{CBA}$ **ix)** $(\mathbf{B} + \mathbf{C}^T)\cdot(\mathbf{B}^T + \mathbf{C})$

x) $(\mathbf{CB} + \mathbf{A})^2$ **xi)** $(\mathbf{CB})^2 + 2\mathbf{CBA} + \mathbf{A}^2$.

Aufgabe 9.1.64: Man bilde die angegebenen Produkte und überprüfe, inwieweit die Ergebnisse mit den bekannten Rechenregeln für reelle Zahlen vereinbar sind:

$$\mathbf{A}=\begin{pmatrix}1&0&0\\0&1&0\\4&0&0\end{pmatrix};\quad \mathbf{B}=\begin{pmatrix}2&6\\-1&-3\end{pmatrix};\quad \mathbf{C}=\begin{pmatrix}3&6\\-1&-2\end{pmatrix};\quad \mathbf{D}=\begin{pmatrix}7&3\\-16&-7\end{pmatrix};$$

$$\mathbf{F}=\begin{pmatrix}2&1\\-4&-2\end{pmatrix};\quad \mathbf{G}=\begin{pmatrix}3&3\\3&3\end{pmatrix};\quad \mathbf{H}=\begin{pmatrix}2&4\\0&8\end{pmatrix};\quad \mathbf{K}=\begin{pmatrix}0&6\\2&6\end{pmatrix}:$$

i) $\mathbf{BC}$ **ii)** $\mathbf{A}^2$ **iii)** $\mathbf{D}^2$ **iv)** $\mathbf{F}^2$ **v)** $\mathbf{GH}$ und $\mathbf{GK}$.

Aufgabe 9.1.65: Gegeben sei das lineare Gleichungssystem $A\vec{x} = \vec{b}$ mit

$$A = \begin{pmatrix}2&3&-5&1&4\\0&-1&3&-4&2\\-5&0&1&2&1\end{pmatrix};\quad \vec{b} = \begin{pmatrix}b_1\\b_2\\b_3\end{pmatrix}.$$

Wie lautet der Vektor $\vec{b}$ der rechten Seite, wenn ein Lösungsvektor $\vec{x} = (x_1 \quad x_2 \quad x_3 \quad x_4 \quad x_5)^T = (1 \quad 0 \quad -2 \quad 1 \quad 3)^T$ vorgegeben ist?

Aufgabe 9.1.66: Eine 3-Produkt-Unternehmung kann pro Woche maximal 100 ME des Produktes P_1 oder aber 250 ME des Produktes P_2 oder aber 400 ME des Produktes P_3 herstellen (entsprechende Produktionsvektoren: $(100 \quad 0 \quad 0)^T$; $(0 \quad 250 \quad 0)^T$; $(0 \quad 0 \quad 400)^T$). Daneben lassen sich auch beliebige konvexe Linearkombinationen der genannten Produktionsvektoren herstellen.

i) Man gebe einen allgemeinen mathematischen Ausdruck für sämtliche Produktionskombinationen an, die die wöchentliche Kapazität der Unternehmung voll auslasten.

ii) Man gebe drei mögliche Produktkombinationen mit je drei Produkten an.

Aufgabe 9.1.67: Ein Betrieb montiert aus Einzelteilen $T_1, ..., T_5$ Baugruppen $B_1, ..., B_4$ und fertigt aus den Baugruppen Enderzeugnisse E_1, E_2, E_3. Die beiden folgenden Tabellen zeigen, wieviel Einzelteile für die Montage einer Baugruppe und wieviel Baugruppen für die Fertigung eines Endproduktes benötigt werden:

	B_1	B_2	B_3	B_4
T_1	2	1	3	4
T_2	2	0	5	3
T_3	6	3	4	2
T_4	3	4	0	1
T_5	1	1	1	9

	E_1	E_2	E_3
B_1	3	6	2
B_2	4	1	6
B_3	0	4	5
B_4	8	0	0

i) Der Betrieb soll vom ersten Endprodukt (E_1) 400, von E_2 500 und von E_3 300 Stück liefern. Fassen Sie diese Mengen im Produktionsvektor $\vec{p}$ zusammen. Wie lässt sich mit Hilfe der Matrizenrechnung der Vektor $\vec{b} = (b_1 \quad b_2 \quad b_3 \quad b_4)^T$ bestimmen, der angibt, wie hoch der Gesamtbedarf der einzelnen Baugruppen im vorliegenden Fall ist?

ii) Gesucht ist der Bedarfsvektor $\vec{x} = (x_1 \quad x_2 \quad x_3 \quad x_4 \quad x_5)^T$, der für den vorgegebenen Produktionsvektor $\vec{p}$ den Gesamtbedarf an Einzelteilen angibt. Man bestimme $\vec{x}$

a) mit Hilfe des zuvor ermittelten Baugruppenvektors $\vec{b}$

b) direkt mit Hilfe einer noch zu ermittelnden Matrix C, deren Elemente c_{ik} angeben, wieviel Einzelteile der Art T_i in eine Einheit des Enderzeugnisses E_k eingehen.

***iii)** Man ermittle den Produktionsvektor $\vec{p}$, wenn der Bedarfsvektor $\vec{x}$ (≙ Vorrat an Einzelteilen) wie folgt gegeben ist: $\vec{x} = (20.100 \quad 18.000 \quad 29.300 \quad 18.100 \quad 27.400)^T$.

9.1.4 Die inverse Matrix

Für Matrizen ist eine Division nicht erklärt. Eine Matrizengleichung des Typs $\mathbf{A} \cdot \mathbf{X} = \mathbf{B}$ lässt sich also nicht (wie im Bereich der reellen Zahlen etwa die Gleichung $ax = b$) ohne weiteres nach **X** „auflösen“. Nun kann man allerdings auch beim gewöhnlichen Rechnen mit reellen Zahlen die Division umgehen, indem man etwa die Gleichung $ax = b$ mit dem zu $a\ (\neq 0)$ inversen Element a^{-1} $(:= \frac{1}{a})$ **multipliziert**. Es folgt dann unmittelbar wegen $a^{-1} \cdot a = 1$: $x = a^{-1} \cdot b = \frac{b}{a}$. Ganz analog führt man für Matrizen eine „**inverse Matrix**“ bzgl. der Multiplikation ein:

Def. 9.1.68: (inverse Matrix)
Es sei **A** eine quadratische Matrix. Gibt es dann eine (ebenfalls quadratische) Matrix **B**, für die gilt: $\mathbf{AB} = \mathbf{BA} = \mathbf{E}$, so nennt man **B** die **inverse Matrix** zu **A** (kurz: **Inverse**) und schreibt dafür $\mathbf{A}^{-1}$. Wenn zu **A** die Inverse $\mathbf{A}^{-1}$ existiert, so heißt **A regulär**, andernfalls **singulär**. Für eine reguläre Matrix **A** gilt also:

$$\mathbf{A} \cdot \mathbf{A}^{-1} = \mathbf{A}^{-1} \cdot \mathbf{A} = \mathbf{E}$$

Für nichtquadratische Matrizen ist keine Inverse erklärt.

Beispiel 9.1.69: Die Matrix $\begin{pmatrix} -2 & 1 \\ 1{,}5 & -0{,}5 \end{pmatrix}$ ist invers zur Matrix $\begin{pmatrix} 1 & 2 \\ 3 & 4 \end{pmatrix}$, wie aus den Falk'schen Schemata hervorgeht:

$$\begin{array}{rr|rr} & & 1 & 2 \\ & & 3 & 4 \\ \hline -2 & 1 & 1 & 0 \\ 1{,}5 & -0{,}5 & 0 & 1 \end{array} = \mathbf{E} \qquad \begin{array}{rr|rr} & & -2 & 1 \\ & & 1{,}5 & -0{,}5 \\ \hline 1 & 2 & 1 & 0 \\ 3 & 4 & 0 & 1 \end{array} = \mathbf{E}$$

Beispiel 9.1.70: Nicht jede quadratische Matrix besitzt eine Inverse. Sei etwa $\mathbf{A} = \begin{pmatrix} 1 & 0 \\ 1 & 0 \end{pmatrix}$. Dann ergibt sich aus dem Falk'schen Schema, dass die Elemente der gesuchten Inversen $\mathbf{A}^{-1} = \begin{pmatrix} a & c \\ b & d \end{pmatrix}$ folgenden Bedingungen genügen müssen:

$$\begin{array}{ll} a + 0 = 1 & \text{d.h. } a = 1 \\ a + 0 = 0 & \wedge\ a = 0 \\ c + 0 = 0 & \text{d.h. } c = 0 \\ c + 0 = 1 & \wedge\ c = 1 \end{array}$$

Widerspruch ! Also existiert $\mathbf{A}^{-1}$ nicht, **A** ist singulär.

$$\begin{array}{r rr|rr l} & & & a & c & \\ & & & b & d & (\mathbf{A}^{-1}) \\ \hline (\mathbf{A}) & 1 & 0 & 1 & 0 & \\ & 1 & 0 & 0 & 1 & (\mathbf{E}) \end{array}$$

Bemerkung 9.1.71: *Besitzt A eine Inverse A^{-1}, so ist diese **Inverse eindeutig bestimmt**. Denn sei etwa A^{*-1} eine zweite Inverse von A (d.h. $A^{*-1}A = AA^{*-1} = E$), so folgt: $A^{*-1} = A^{*-1} \cdot E = A^{*-1}(A \cdot A^{-1}) = (A^{*-1} \cdot A) \cdot A^{-1} = E \cdot A^{-1} = A^{-1}$. Es gibt daher - wenn überhaupt - **genau eine Inverse** A^{-1} zu A.*

Für das Rechnen mit der Inversen gelten folgende Rechenregeln:

Satz 9.1.72: Seien **A, B** reguläre Matrizen gleichen Typs. Dann gilt:

i) $(\mathbf{A}^{-1})^{-1} = \mathbf{A}$ („Die Inverse der Inversen ist wieder die Ausgangsmatrix")

ii) $(\mathbf{A}^{-1})^{T} = (\mathbf{A}^{T})^{-1}$ („Transponieren und Invertieren sind vertauschbare Operationen")

iii) $(\mathbf{AB})^{-1} = \mathbf{B}^{-1}\,\mathbf{A}^{-1}$ („Die Inverse eines Produktes ist gleich dem Produkt der Inversen , aber mit vertauschten Faktoren")

iv) $(c\,\mathbf{A})^{-1} = \frac{1}{c}\cdot\mathbf{A}^{-1}$ $(c \in \mathbb{R}\setminus\{0\})$

Bemerkung 9.1.73: *Zur Demonstration des formalen Rechnens mit Matrizen seien die Regeln i) und iii) bewiesen:*

zu i): *Sei* $(A^{-1})^{-1} = X \Rightarrow A^{-1}(A^{-1})^{-1} = A^{-1}\cdot X$
d.h. $\boldsymbol{E} = A^{-1}\cdot X \Rightarrow AE = A\,A^{-1}\cdot X$ *d.h.* $X = A$.

zu iii) *Es gilt (Assoziativgesetz):*
$(A\,B)\,(B^{-1}A^{-1}) = A\,(BB^{-1})A^{-1} = A\cdot E\cdot A^{-1} = A\,A^{-1} = E,$
also sind $\boldsymbol{A\,B}$ *und* $\boldsymbol{B^{-1}A^{-1}}$ *invers, m.a.W.* $(A\,B)^{-1} = B^{-1}A^{-1}$.

Die Kenntnis der Inversen gestattet die formale Umformung bzw. Auflösung von Matrizengleichungen bzw. linearen Gleichungssystemen.

Beispiel 9.1.74: Gegeben sei die Matrizengleichung $\mathbf{A\,X} - \mathbf{B} = c\,\mathbf{X}$, $c \in \mathbb{R}$. Unter der Voraussetzung, dass Produkte und Inverse existieren, kann man die Gleichung nach **X** umstellen:

$$\mathbf{A\,X} - c\,\mathbf{X} = \mathbf{B} \;\Rightarrow\; \mathbf{A\,X} - c\cdot\mathbf{E\,X} = \mathbf{B} \;\Rightarrow\; (\mathbf{A} - c\,\mathbf{E})\,\mathbf{X} = \mathbf{B} \;\Rightarrow \mathbf{X} = (\mathbf{A} - c\,\mathbf{E})^{-1}\cdot\,\mathbf{B}\;.$$

Vorteilhaft ist die Kenntnis der **Inversen der Koeffizientenmatrix** A eines linearen n × n - **Gleichungssystems** $\mathbf{A}\,\vec{x} = \vec{b}$. Multiplikation der Gleichung von links mit $\mathbf{A}^{-1}$ liefert den gesuchten **Lösungsvektor** $\vec{x}$ (die „Lösung" des linearen Gleichungssystems $\mathbf{A}\vec{x} = \vec{b}$): $\mathbf{A}^{-1}\cdot\mathbf{A}\cdot\vec{x} = \mathbf{A}^{-1}\cdot\vec{b}$, d.h.

(9.1.75) $$\boxed{\vec{x} = \mathbf{A}^{-1}\cdot\vec{b}}\;.$$

Kennt man daher die Inverse $\mathbf{A}^{-1}$ der Koeffizientenmatrix **A**, so benötigt man zur Lösung des zugehörigen linearen Gleichungssystems $\mathbf{A}\,\vec{x} = \vec{b}$ lediglich noch die Multiplikation von $\mathbf{A}^{-1}$ mit dem Vektor $\vec{b}$ der rechten Seite.

Beispiel 9.1.76: Aus Beispiel 9.1.69 ist erkennbar, dass die Matrizen

$$\mathbf{A} = \begin{pmatrix} -2 & 1 \\ 1{,}5 & -0{,}5 \end{pmatrix} \quad\text{und}\quad \mathbf{A}^{-1} = \begin{pmatrix} 1 & 2 \\ 3 & 4 \end{pmatrix}$$

zueinander invers sind. Daher erhält man wegen (9.1.75) als Lösung etwa des Gleichungssystems

$$\begin{aligned} -2\,x_1 + \;\; x_2 &= 5 \\ 1{,}5\,x_1 - 0{,}5x_2 &= -7 \end{aligned} \qquad \text{den Lösungsvektor: } \vec{x} = \mathbf{A}^{-1}\cdot\vec{b} = \begin{pmatrix} 1 & 2 \\ 3 & 4 \end{pmatrix}\begin{pmatrix} 5 \\ -7 \end{pmatrix} = \begin{pmatrix} -9 \\ -13 \end{pmatrix}.$$

Das Hauptproblem bei der Lösung linearer Gleichungssysteme $A\vec{x} = \vec{b}$ scheint darin zu liegen, die Inverse A^{-1} der zugehörigen Koeffizientenmatrix **A** zu ermitteln. Nun – abgesehen davon, dass es auch nicht-quadratische Gleichungssysteme gibt (deren Koeffizientenmatrix definitionsgemäß nicht invertierbar ist), führt die genannte „matrizentechnische" Lösungsmethode allein schon deshalb nicht in einfacher Weise zum Ziel, weil der Rechenaufwand zur Ermittlung der Inversen A^{-1} i.a. höher ist, als die Ermittlung des gesuchten Lösungsvektors mit einer direkten Methode *(vgl. Kap. 9.2)*. Ein Beispiel soll diesen Sachverhalt verdeutlichen:

Beispiel 9.1.77: (Ermittlung der Inversen)

Zur regulären Matrix $A = \begin{pmatrix} 2 & -1 & 1 \\ 8 & -5 & 2 \\ -11 & 7 & -3 \end{pmatrix}$ ist die Inverse $A^{-1} := \begin{pmatrix} x_1 & y_1 & z_1 \\ x_2 & y_2 & z_2 \\ x_3 & y_3 & z_3 \end{pmatrix}$ gesucht.

Wegen $A\,A^{-1} = E$ folgt aus dem Falk'schen Schema (Abb. 9.1.78), dass die Koeffizienten der gesuchten Inversen den folgenden drei linearen Gleichungssystemen genügen müssen:

$$\begin{aligned} 2x_1 - x_2 + x_3 &= 1 \\ 8x_1 - 5x_2 + 2x_3 &= 0 \\ -11x_1 + 7x_2 - 3x_3 &= 0 \end{aligned}$$

$$\begin{aligned} 2y_1 - y_2 + y_3 &= 0 \\ 8y_1 - 5y_2 + 2y_3 &= 1 \\ -11y_1 + 7y_2 - 3y_3 &= 0 \end{aligned}$$

$$\begin{aligned} 2z_1 - z_2 + z_3 &= 0 \\ 8z_1 - 5z_2 + 2z_3 &= 0 \\ -11z_1 + 7z_2 - 3z_3 &= 1 \end{aligned}$$

				x_1	y_1	z_1	
				x_2	y_2	z_2	A^{-1}
				x_3	y_3	z_3	
	2	-1	1	1	0	0	
A	8	-5	2	0	1	0	**E**
	-11	7	-3	0	0	1	

Abb. 9.1.78

Die Lösungen dieser drei Systeme liefern schließlich: $A^{-1} = \begin{pmatrix} 1 & 4 & 3 \\ 2 & 5 & 4 \\ 1 & -3 & -2 \end{pmatrix}$.

Beispiel 9.1.77 zeigt: Um ein lineares 3 x 3 - Gleichungssystem $A\vec{x} = \vec{b}$ über die „Lösungsformel" $\vec{x} = A^{-1} \cdot \vec{b}$ lösen zu können, muss man zuvor drei vergleichbare lineare Gleichungssysteme lösen. Daher ist es **zweckmäßig**, zur **Lösung linearer Gleichungssysteme wirksamere Methoden** zu verwenden (vgl. Kap. 9.2), es sei denn, man kann die einmal ermittelte Inverse A^{-1} für unterschiedliche rechte Seiten mehrfach benutzen. *(Die Ermittlung der Inversen wird nach Behandlung der linearen Gleichungssysteme noch einmal aufgegriffen.)*

9.1.5 Ökonomisches Anwendungsbeispiel (Input-Output-Analyse)

Eine **sektoral verflochtene Unternehmung** (z.B. eine Volkswirtschaft) bestehe aus **n verschiedenen** produzierenden **Abteilungen (Sektoren)**. Die Produktionsmenge x_i (i = 1, 2, ..., n) des i-ten Sektors wird zum Teil für die eigene Produktion selbst verbraucht, zum Teil an die übrigen Sektoren geliefert („endogener Input"), der verbleibende Rest steht der Endnachfrage (z.B.Verkauf) zur Verfügung. Zusätzlich werden - unabhängig vom endogenen Input - m verschiedene Rohstoffe (Inputmengen pro Einheit des i-ten Produktes: r_{1i}, r_{2i}, ..., r_{mi}) für die Produktion benötigt („exogener Input"). Die folgenden Tabellen (Matrizen) geben die jeweils benötigten Inputmengen pro produzierter Outputeinheit an „Produktionskoeffizienten") .

a) Endogener Input (Abb. 9.1.79)

Der **Produktionskoeffizient** a_{ik} gibt an, wieviel Einheiten des i-ten Produktes an den Sektor k zur Produktion **einer** Einheit des k-ten Produktes geliefert werden müssen. Der **i-te Sektor liefert** daher die **folgenden endogenen Inputmengen:**

$a_{i1} \cdot x_1$ an Sektor 1 ; $a_{i2} \cdot x_2$ an Sektor 2 ; ...; $a_{in} \cdot x_n$ an Sektor n, d.h. **insgesamt**

(9.1.80) $$a_{i1}x_1 + a_{i2}x_2 + ... + a_{in}x_n = \sum_{k=1}^{n} a_{ik}x_k = \vec{a}_i^{\,T}\, \vec{x}_i$$

($\vec{a}_i^{\,T}$ = i-te Zeile von **A**, $\vec{x}$: Produktionsvektor)

Abb. 9.1.79		empfangender Sektor 1	...	k	...	n
lie-	1	a_{11}	...	a_{1k}	...	a_{1n}
fern-	⋮	...		...		...
der	i	a_{i1}	...	$\boxed{a_{ik}}$	...	a_{in}
Sek-	⋮	...		...		...
tor	n	a_{n1}	...	a_{nk}	...	a_{nn}

Matrix A der Produktionskoeffizienten: ***Produktionsmatrix***

b) Exogener Input (Abb. 9.1.81)

Der **Rohstoffverbrauchskoeffizient** r_{jk} gibt an, wieviel Einheiten des j-ten Rohstoffs für **eine** Outputeinheit des k-ten Produktes benötigt werden. Vom **j-ten Rohstoff** werden somit **insgesamt** benötigt (j = 1, 2, ..., m):

(9.1.82) $$r_j = r_{j1}x_1 + r_{j2}x_2 + ... + r_{jn}x_n = \sum_{k=1}^{n} r_{jk}\, x_k \;.$$

Abb. 9.1.81		empfangender Sektor 1	...	k	...	n
	1	r_{11}	...	r_{1k}	...	r_{1n}
Roh-	⋮	...		...		...
stoff-	j	r_{j1}	...	$\boxed{r_{jk}}$	...	r_{jn}
typ	⋮	...		...		...
	m	r_{m1}	...	r_{mk}	...	r_{mn}

Matrix R der Rohstoffverbrauchskoeffizienten: ***Rohstoffmatrix***

Bezeichnet man die periodenbezogene tatsächliche **Gesamtproduktion aller Abteilungen** mit dem **Produktionsvektor**

(9.1.83) $$\vec{x} := (x_1 \;\; x_2 \;\; ... \;\; x_n)^T ,$$

die **Endnachfrage** nach den n Gütern mit dem **Nachfragevektor**

(9.1.84) $$\vec{y} := (y_1 \;\; y_2 \;\; ... \;\; y_n)^T$$

und den exogenen **Gesamtrohstoffverbrauch** mit dem **Rohstoffvektor** (vgl. (9.1.82))

(9.1.85) $$\vec{r} := (r_1 \;\; r_2 \;\; ... \;\; r_m)^T ,$$

so lassen sich die beiden folgenden **Beziehungen** konstruieren:

1) Die **Gesamtproduktion** x_i des **i-ten Sektors** setzt sich zusammen aus den **abgelieferten endogenen Inputs** (9.1.80) und der **Endnachfrage** y_i, d.h.

$$x_i = \sum_{k=1}^{n} a_{ik}\, x_k + y_i \;; \qquad i = 1, 2, ..., n \quad ,$$

in Matrizenschreibweise simultan für alle Sektoren:

(9.1.86) $$\boxed{\vec{x} = \mathbf{A}\vec{x} + \vec{y}} \;.$$

2) Aus (9.1.82) folgt für den **Gesamtrohstoffverbrauch** aller Sektoren

(9.1.87) $$\boxed{\vec{r} = \mathbf{R}\vec{x}} \;.$$

Sowohl **A** als auch **R** seien im Zeitraum konstant. Dann lassen sich die folgenden Problemstellungen untersuchen:

i) Die **Produktion** $\vec{x}$ sei fest **vorgegeben**. Dann ergibt sich aus (9.1.86) als **Endverbrauch** $\vec{y}$:

(9.1.88) $$\boxed{\vec{y} = \vec{x} - \mathbf{A}\vec{x} = \mathbf{E}\vec{x} - \mathbf{A}\vec{x} = (\mathbf{E} - \mathbf{A})\vec{x}} \ .$$

Der entsprechende Rohstoffverbrauch ergibt sich direkt aus (9.1.87): $\vec{r} = \mathbf{R}\vec{x}$.

ii) Eine **vorgegebene Endnachfrage** $\vec{y}$ (z.B. Konsum) soll befriedigt werden. Aus (9.1.88) folgt durch Multiplikation von links mit der Inversen zu **E - A** für die **erforderliche Gesamtproduktion** $\vec{x}$:

(9.1.89) $$\boxed{\vec{x} = (\mathbf{E} - \mathbf{A})^{-1} \cdot \vec{y}} \ .$$

Man erkennt: Nur dann ist jede vorgegebene Nachfrage $\vec{y}$ zu befriedigen, wenn die Matrix **E - A** („**Technologiematrix**") regulär (d.h. invertierbar) ist und die Inverse [2] $(\mathbf{E} - \mathbf{A})^{-1}$ nicht negativ ist, d.h. $(\mathbf{E} - \mathbf{A})^{-1} \geq \mathbf{0}$. Für den entsprechenden Rohstoffverbrauch folgt durch Einsetzen in (9.1.87)

(9.1.90) $$\vec{r} = \mathbf{R}(\mathbf{E} - \mathbf{A})^{-1} \cdot \vec{y} \ .$$

iii) Sind die vorhandenen Rohstoffmengen $\vec{r}$ vorgegeben, so lässt sich die mögliche Produktion $\vec{x}$ und daraus der resultierende Endverbrauch $\vec{y}$ ermitteln, sofern die Rohstoffmatrix regulär ist. Aus (9.1.87) folgt

(9.1.91) $$\boxed{\vec{x} = \mathbf{R}^{-1} \cdot \vec{r}}$$ und daraus mit (9.1.88)

(9.1.92) $$\boxed{\vec{y} = (\mathbf{E} - \mathbf{A}) \cdot \mathbf{R}^{-1} \cdot \vec{r}} \ .$$

Beispiel 9.1.93: Eine Unternehmung bestehe aus drei produzierenden Abteilungen. Die gesamten innerbetrieblichen Lieferungen, Lieferungen an den Endverbrauch sowie die tatsächlichen Rohstoffverbrauchszahlen sind - bezogen auf einen Berichtszeitraum - folgender Übersicht zu entnehmen (Angaben jeweils in ME):

	empfangende Abteilung			Endnachfrage
Abt.	1	2	3	
1	2	4	12	2
2	6	8	6	20
3	8	4	18	30
Rohstoff	1	2	3	
1	20	15	30	
2	20	20	60	
3	50	40	30	

Daraus ergibt sich der Gesamtproduktionsvektor $\vec{x} = (20 \quad 40 \quad 60)^T$.

Bezieht man jeden Input auf den zugehörigen Output, so erhält man die Matrix **A** der Produktionskoeffizienten sowie die Matrix **R** der Rohstoffverbrauchskoeffizienten:

$$\mathbf{A} = \begin{pmatrix} 0{,}1 & 0{,}1 & 0{,}2 \\ 0{,}3 & 0{,}2 & 0{,}1 \\ 0{,}4 & 0{,}1 & 0{,}3 \end{pmatrix} \ ; \ \mathbf{R} = \begin{pmatrix} 1 & 0{,}375 & 0{,}5 \\ 1 & 0{,}5 & 1 \\ 2{,}5 & 1 & 0{,}5 \end{pmatrix}.$$

[2] $(\mathbf{E} - \mathbf{A})^{-1}$ heißt auch „Leontief - Inverse" (nach W.Leontief, *1906, Nobelpreisträger für Wirtschaft, Begründer der Input-Output-Analyse)

i) Der neue **Produktionsplan** wird **vorgegeben** mit $\vec{x} = (160 \quad 100 \quad 200)^T$. Dann lautet der mögliche **Endverbrauch** $\vec{y}$ nach (9.1.88)

$$\vec{y} = (\mathbf{E} - \mathbf{A}) \cdot \vec{x} = \begin{pmatrix} 0{,}9 & -0{,}1 & -0{,}2 \\ -0{,}3 & 0{,}8 & -0{,}1 \\ -0{,}4 & -0{,}1 & 0{,}7 \end{pmatrix} \cdot \begin{pmatrix} 160 \\ 100 \\ 200 \end{pmatrix} = \begin{pmatrix} 94 \\ 12 \\ 66 \end{pmatrix} .$$

Der exogene Rohstoffverbrauch $\vec{r}$ ergibt sich zu

$$\vec{r} = \mathbf{R} \cdot \vec{x} = \begin{pmatrix} 1 & 0{,}375 & 0{,}5 \\ 1 & 0{,}5 & 1 \\ 2{,}5 & 1 & 0{,}5 \end{pmatrix} \cdot \begin{pmatrix} 160 \\ 100 \\ 200 \end{pmatrix} = \begin{pmatrix} 297{,}5 \\ 410 \\ 600 \end{pmatrix} .$$

ii) Abweichend von i) soll der **Endverbrauch** $\vec{y}$ für die drei Güter das **Niveau** $\vec{y} = (200 \quad 300 \quad 500)^T$ aufweisen. Die dazu notwendige Produktion $\vec{x}$ lautet nach (9.1.89) $\vec{x} = (\mathbf{E} - \mathbf{A})^{-1} \cdot \vec{y}$.

*(**Bemerkung:** Im Vorgriff auf die Ergebnisse des Kap. 9.2.5 sind die benötigten Inversen bereits ermittelt worden.)*

$$\text{Es folgt: } \vec{x} = \begin{pmatrix} 1{,}375 & 0{,}225 & 0{,}425 \\ 0{,}625 & 1{,}375 & 0{,}375 \\ 0{,}875 & 0{,}325 & 1{,}725 \end{pmatrix} \cdot \begin{pmatrix} 200 \\ 300 \\ 500 \end{pmatrix} = \begin{pmatrix} 555 \\ 725 \\ 1135 \end{pmatrix} .$$

Der dazu erforderliche exogene **Rohstoffinput** $\vec{r}$ ergibt sich nach (9.1.87) zu

$$\vec{r} = \mathbf{R} \cdot \vec{x} = \begin{pmatrix} 1 & 0{,}375 & 0{,}5 \\ 1 & 0{,}5 & 1 \\ 2{,}5 & 1 & 0{,}5 \end{pmatrix} \cdot \begin{pmatrix} 555 \\ 725 \\ 1135 \end{pmatrix} = \begin{pmatrix} 1394{,}375 \\ 2052{,}500 \\ 2680{,}000 \end{pmatrix} .$$

iii) Abweichend von i), ii) seien die einsetzbaren **Rohstoffinputs** mit $\vec{r} = (10.000 \quad 15.000 \quad 19.000)^T$ **vorgegeben.** Dann lässt sich nach (9.1.91) folgende **Produktion** $\vec{x}$ realisieren:

$$\vec{x} = \mathbf{R}^{-1} \cdot \vec{r} = \begin{pmatrix} 6 & -2{,}5 & -1 \\ -16 & 6 & 4 \\ 2 & 0{,}5 & -1 \end{pmatrix} \cdot \begin{pmatrix} 10.000 \\ 15.000 \\ 19.000 \end{pmatrix} = \begin{pmatrix} 3.500 \\ 6.000 \\ 8.500 \end{pmatrix} .$$

Damit ist folgender **Endverbrauch** $\vec{y}$ möglich (vgl. (9.1.88))

$$\vec{y} = (\mathbf{E} - \mathbf{A}) \cdot \vec{x} = \begin{pmatrix} 0{,}9 & -0{,}1 & -0{,}2 \\ -0{,}3 & 0{,}8 & -0{,}1 \\ -0{,}4 & -0{,}1 & 0{,}7 \end{pmatrix} \cdot \begin{pmatrix} 3.500 \\ 6.000 \\ 8.500 \end{pmatrix} = \begin{pmatrix} 850 \\ 2.900 \\ 3.950 \end{pmatrix} .$$

Bemerkung 9.1.94: *Man überzeugt sich durch Variation der Vorgabedaten von Bsp. 9.1.93 davon, dass*

a) auch bei unbegrenzten Rohstoffvorräten nicht jede Produktion möglich ist. So führt beispielsweise die Planproduktion $\vec{x} = (4.500 \quad 2.000 \quad 9.500)^T$ *auf den Endverbrauch* $\vec{y} = (1.950 \quad -700 \quad 4.650)^T$*: Die Endverbrauchsmenge* y_2 *des zweiten Gutes ist negativ, was darauf schließen lässt, dass Abteilung 2 mehr endogene Inputs liefern muss, als sie insgesamt selbst produziert.*

b) nicht zu jeder Rohstoffverbrauchsvorgabe eine Produktion möglich ist. So führt z.B. die Rohstoffvorgabe $\vec{r} = (1.000 \quad 2.000 \quad 3.000)^T$ *auf den Produktionsvektor* $\vec{x} = (-2.000 \quad 8.000 \quad 0)^T$ *und daher auf ein ökonomisch unsinniges Ergebnis.*

In der Theorie über die Input-Output-Analyse werden Bedingungen diskutiert, bei deren Vorliegen eine verflochtene Unternehmung (insbesondere eine sektoral gegliederte Volkswirtschaft) i) jede Nachfrage befriedigen kann ii) jede beliebige Produktion realisieren kann iii) zu jeder Rohstoffvorgabe zulässige Produktionen realisieren kann (vgl. z.B. [59]).

Aufgabe 9.1.95: i) Man ermittle (sofern sie existieren) die Inversen folgender Matrizen (vgl. Bsp. 9.1.77):

$$\mathbf{A} = \begin{pmatrix} 2 & 0 \\ 3 & 1 \end{pmatrix} ; \quad \mathbf{B} = \begin{pmatrix} 1 & -3 \\ -2 & 6 \end{pmatrix} ; \quad \mathbf{C} = \begin{pmatrix} 2 & 1 & 0 \\ 1 & 1 & 0 \\ 0 & 0 & 1 \end{pmatrix} ; \quad \mathbf{D} = \begin{pmatrix} 1 & 2 & -1 \\ 0 & 1 & 3 \\ 0 & 0 & 2 \end{pmatrix} ; \quad \mathbf{F} = \begin{pmatrix} 2 & 0 & 0 \\ -1 & 1 & 0 \\ 3 & 2 & 1 \end{pmatrix}$$

ii) Man löse die Matrizengleichung $\mathbf{AX} + \mathbf{X} = \mathbf{BX} + \mathbf{C}$ nach $\mathbf{X}$ auf. (Sämtliche vorkommenden Matrizen seien regulär und vom gleichen Typ.)

Aufgabe 9.1.96: Ein zweistufiger Produktionsprozess werde durch die folgenden Tabellen der Produktionskoeffizienten beschrieben:

		Zwischenprodukte		
		Z_1	Z_2	Z_3
Roh-	R_1	2	1	2
stoffe	R_2	1	3	1

		Endprodukte	
		E_1	E_2
Zwischen-	Z_1	2	1
produkte	Z_2	1	2
	Z_3	0	2

Man ermittle die Endproduktmengen (Produktionsvektor $\vec{x} = (x_1 \; x_2)^T$), wenn die zur Verfügung stehenden Rohstoffmengen r_1, r_2 durch den Vektor $\vec{r}^T = (r_1 \; r_2) = (3.000 \; 3.200)$ gegeben sind und voll für die Produktion eingesetzt werden

Aufgabe 9.1.97: Eine Volkswirtschaft bestehe aus zwei Sektoren, jeder Sektor stellt nur ein Produkt her. Die Lieferungen der Sektoren untereinander und an die (exogene) Endnachfrage gehen aus der nebenstehenden Tabelle hervor:

	Lieferung an Sektor		Endverbrauch
Sektor	1	2	
1	20	15	5
2	8	12	40

i) Man ermittle die Produktionskoeffizientenmatrix.

ii) Welche Gütermengen müssen die Sektoren produzieren, um eine Endnachfrage $\vec{y} = (140 \quad 84)^T$ befriedigen zu können?

iii) Welcher Endverbrauch ist möglich, wenn Sektor 1 100 Einheiten und Sektor 2 120 Einheiten produziert?

9.2. Lineare Gleichungssysteme (LGS)

9.2.1 Grundbegriffe

Bereits im Zusammenhang mit der Inversion einer quadratischen Matrix **A** (vgl. Bsp. 9.1.77) waren lineare Gleichungssysteme aufgetreten, deren Lösungen die Inverse $\mathbf{A}^{-1}$ lieferten. Neben ihrer fundamentalen Rolle für die **Lineare Optimierung** (vgl. Kap. 10) sind lineare Gleichungssysteme auch für **unmittelbare ökonomische Problemlösungen** von Bedeutung, so z.B. für Fragen der Materialverflechtung, der innerbetrieblichen Leistungsverrechnung, Input - Output - Analyse, Break - Even - Analyse u.v.a.m. Elementare Typen von Linearen Gleichungssystemen hatten wir - im Vorgriff auf dieses Kapitel - bereits in Kap. 1.2.4.4 behandelt.

Unter einer **linearen Gleichung** in den n Variablen $x_1, ..., x_n$ versteht man eine Gleichung des Typs (mit $a_{ik} \in \mathbb{R}$)

$$a_{11}x_1 + a_{12}x_2 + ... + a_{1n}x_n = b_1 \qquad \textit{(z.B. } 3x_1 - 4x_2 + ... + 8x_n = 47) \; .$$

Wie wir bereits in Def. 1.2.132 festgestellt haben, bezeichnet man ein System von m derartigen Gleichungen, die untereinander mit „und" ($\wedge$) verknüpft sind, als **lineares Gleichungssystem** (LGS):

Def. 9.2.1: (Lineares Gleichungssystem (LGS))

Die Gesamtheit von m *(mit $\wedge$ verknüpften)* linearen Gleichungen

(9.2.2)
$$\begin{array}{cccccccc} & a_{11}x_1 & + & a_{12}x_2 & + ... + & a_{1n}x_n & = & b_1 \\ \wedge & a_{21}x_1 & + & a_{22}x_2 & + ... + & a_{2n}x_n & = & b_2 \\ \vdots & \vdots & & \vdots & & \vdots & & \vdots \\ \wedge & a_{m1}x_1 & + & a_{m2}x_2 & + ... + & a_{mn}x_n & = & b_m \end{array}$$

heißt **lineares Gleichungssystem** mit m Gleichungen und n Variablen $x_1, ..., x_n$. Die $m \cdot n$ Koeffizienten a_{ik} der linken Seite sowie die m Werte b_i der rechten Seite sind konstante reelle Zahlen. Sind **alle** rechten Seiten Null (d.h. $b_i = 0$), so heißt das System **homogen**, andernfalls **inhomogen.**

Bemerkung 9.2.3: *i) Da keine Missverständnisse zu befürchten sind, lässt man das logische „und" ($\wedge$) stillschweigend weg.*

*ii) Fasst man die Koeffizienten a_{ik} der linken Seite in der **Koeffizientenmatrix***

$$A = \begin{pmatrix} a_{11} & a_{12} & \cdots & a_{1n} \\ a_{21} & a_{22} & \cdots & a_{2n} \\ \vdots & \vdots & & \vdots \\ a_{m1} & a_{m2} & \cdots & a_{mn} \end{pmatrix}, \quad \textit{im Vektor } \vec{b} = (b_1 \;\; b_2 \;...\; b_m)^T = \begin{pmatrix} b_1 \\ b_2 \\ \vdots \\ b_m \end{pmatrix} \textit{ die Koeffizienten } b_i$$

*der **rechten Seite** und im **Variablenvektor*** $\vec{x} = \begin{pmatrix} x_1 \\ x_2 \\ \vdots \\ x_n \end{pmatrix}$ *die Variablen x_k zusammen, so lässt sich das **allgemeine lineare Gleichungssystem** (9.2.2) in der **kompakten Form** schreiben (vgl. (9.1.60)):*

(9.2.4)
$$\boxed{A\vec{x} = \vec{b}} \; .$$

Beispiel 9.2.5: Beispiele linearer Gleichungssysteme

i) $\begin{aligned} 2x_1 - 3x_2 &= 3 \\ x_1 + x_2 &= -1 \end{aligned}$

ii) $\begin{aligned} 2x_1 - 4x_2 &= 6 \\ 3x_1 + 2x_2 &= 1 \\ 7x_1 - 6x_2 &= 13 \end{aligned}$

iii) $\begin{aligned} x_1 \qquad + 2x_3 + 8x_4 &= 12 \\ x_2 - 3x_3 - 4x_4 &= 16 \end{aligned}$

iv) $\begin{aligned} x_1 - 2x_2 &= 4 \\ x_1 - 2x_2 &= 3 \end{aligned}$

v) $\begin{aligned} 5x_1 - x_2 - 2x_3 + 3x_4 &= 29 \\ 3x_2 - 4x_3 + x_4 &= -7 \\ 2x_3 + 2x_4 &= 30 \\ x_4 &= 10 \end{aligned}$

vi) $\begin{aligned} x_1 \qquad\qquad &= -3 \\ x_2 \qquad &= 4 \\ x_3 &= 5 \end{aligned}$

Ein LGS **„lösen"** heißt, für die n Variablen $x_1, x_2, ..., x_n$ Zahlenwerte derart zu finden, dass **sämtliche m Gleichungen zugleich wahr** werden. Jeder derartige „Satz" von Werten $(x_1, ..., x_n)$ heißt **Lösung des LGS**:

Def. 9.2.6: (Lösung eines linearen Gleichungssystems)

Unter einer **Lösung** des LGS $\mathbf{A}\vec{x} = \vec{b}$ versteht man einen **Vektor** $\vec{x}_0$ **(Lösungsvektor)**, der das System $\mathbf{A}\vec{x}_0 = \vec{b}$ zu einer **wahren Aussage** macht.

Besitzt ein LGS Lösungen, so heißt es **konsistent**, andernfalls **inkonsistent**.

*Bemerkung 9.2.7: Jede Lösung eines LGS besteht somit aus n Zahlenwerten (den Komponenten des Lösungsvektors), die sämtliche m Gleichungen **zugleich** erfüllen müssen.*

Beispiel 9.2.8: Wie man durch Einsetzen überprüft, sind folgende Vektoren Lösungen der LGS von Beispiel 9.2.5:

i) $\begin{pmatrix} 0 \\ -1 \end{pmatrix}$ **ii)** $\begin{pmatrix} 1 \\ -1 \end{pmatrix}$ **iii)** $\begin{pmatrix} 12 \\ 16 \\ 0 \\ 0 \end{pmatrix}, \begin{pmatrix} 18 \\ 15 \\ 1 \\ -1 \end{pmatrix}, \begin{pmatrix} 0 \\ 26 \\ 2 \\ 1 \end{pmatrix}$ **v)** $\begin{pmatrix} 2 \\ 1 \\ 5 \\ 10 \end{pmatrix}$ **vi)** $\begin{pmatrix} -3 \\ 4 \\ 5 \end{pmatrix}$

iv) Das System hat offenbar keine Lösung, denn für jede Einsetzung stimmen zwar die linken Seiten überein, nicht aber die rechten Seiten.

Es soll im folgenden versucht werden, die zwei im Zusammenhang mit der Lösung von LGS auftretenden **Hauptprobleme** zu lösen:

1) Wie kann man entscheiden, ob bzw. wie viele Lösungen ein LGS besitzt? **(Existenz** und **Eindeutigkeit** der Lösungen)

2) Wie kann man die Lösungen eines LGS rechnerisch ermitteln? **(Lösungsverfahren)**

Die zweite Frage soll an den Anfang der Überlegungen gestellt werden, da sich im Verlauf des Lösungsverfahrens Frage 1) gleichsam von selbst beantworten wird.

9.2.2 Lösungsverfahren für lineare Gleichungssysteme – Gaußscher Algorithmus

Bereits an Beispiel 9.2.8 kann man erkennen, dass ein LGS **i) genau eine** Lösung **ii) mehrere** Lösungen **iii) keine** Lösung besitzen kann. Der zugrundeliegende Sachverhalt soll am **Beispiel** von LGS mit **2 Variablen veranschaulicht** werden. Bekanntlich stellt **jede lineare Gleichung**

$$ax_1 + bx_2 = c \qquad (z.B.\ x_1 - 2x_2 = -4)$$

eine **Gerade** in der (x_1, x_2) - Koordinatenebene dar (Abb. 9.2.9). (Genauer: Jedes Paar (x_1, x_2), das die lineare Gleichung $ax_1 + bx_2 = c$ erfüllt, liegt auf einer Geraden.) Daher kann man ein System von **m linearen Gleichungen** mit 2 Variablen auffassen als ein **System** von **m Geraden** in der Koordinatenebene.

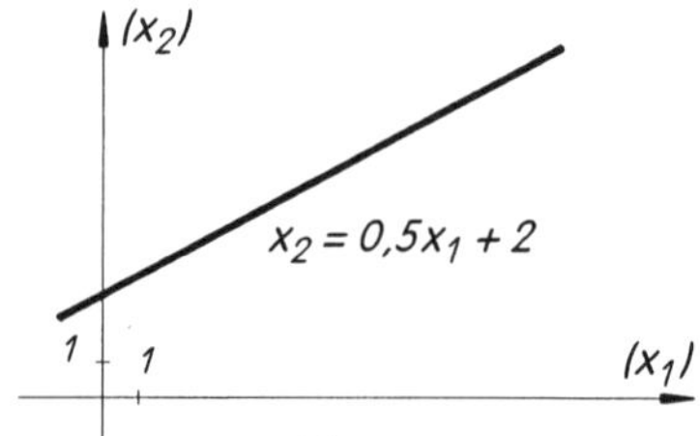

Abb. 9.2.9

Einer **Lösung** $\vec{x} = \begin{pmatrix} x_1 \\ x_2 \end{pmatrix}$ eines derartigen Systems entspricht somit ein **Punkt** (x_1; x_2)der Koordinatenebene, der auf **sämtlichen m Geraden zugleich liegt**. Folgende Fälle sind zu unterscheiden:

a) **m = 1** (d.h. 1 lineare Gleichung mit 2 Variablen):

Sämtliche Punkte $\begin{pmatrix} x_1 \\ x_2 \end{pmatrix}$ auf der Geraden sind Lösungen, es gibt daher **unendlich viele Lösungen** (Abb. 9.2.10):

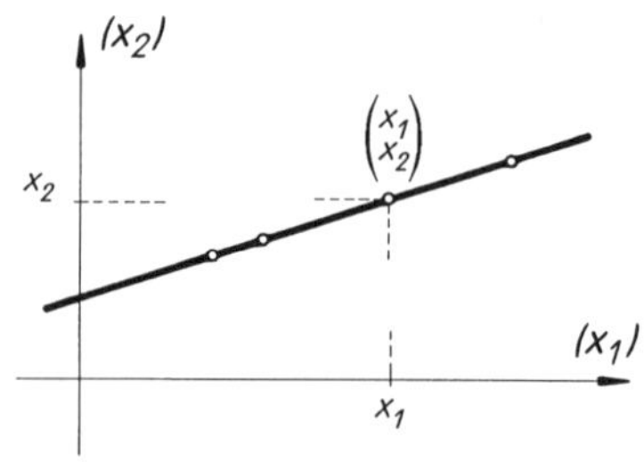

Abb. 9.2.10

b) **m = 2** (d.h. 2 lineare Gleichungen in 2 Variablen):

Folgende Unterfälle können auftreten (Abb. 9.2.11):

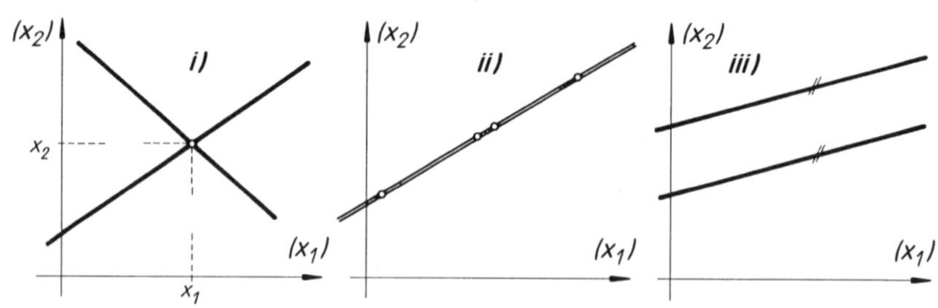

Abb. 9.2.11

Die Geraden haben genau einen Schnittpunkt ⇒
Das LGS hat **genau eine Lösung**.

Die beiden Geraden fallen zusammen: Jeder Punkt der Geraden ist Lösung ⇒
Das LGS hat **unendlich viele Lösungen**.

Die Geraden haben keinen gemeinsamen Schnittpunkt (sondern sind parallel und verschieden) ⇒
Das LGS hat **keine Lösung.**

c) **m > 2** (d.h. 3, 4, 5, ... lineare Gleichungen mit 2 Variablen):

Wie bei b) können Unterfälle auftreten (Abb. 9.2.12):

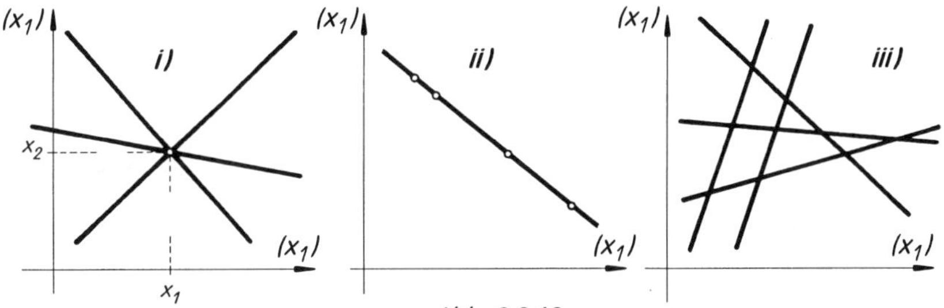

Abb. 9.2.12

Das LGS **hat genau eine Lösung** .

Das LGS hat **unendlich viele Lösungen**.

Das LGS hat **keine Lösung**.

Entsprechendes lässt sich für LGS mit mehr als zwei Variablen zeigen, man kann allgemein feststellen:

Satz 9.2.13: Ein lineares Gleichungssystem hat entweder

i)	**genau eine** Lösung	oder
ii)	**unendlich viele** Lösungen	oder
iii)	**keine** Lösung .	

Bemerkung 9.2.14: *Ein LGS $A\vec{x} = \vec{b}$ kann* ***nicht genau*** *2, 3, ..., n verschiedene Lösungen haben. Wir können nämlich zeigen, dass aus der Existenz von bereits zwei Lösungen $\vec{x}_1, \vec{x}_2$ folgt, dass das LGS $A\vec{x} = \vec{b}$ dann auch beliebig viele verschiedene Lösungen besitzen muss: Seien etwa $\vec{x}_1, \vec{x}_2$ zwei verschiedene Lösungen von $A\vec{x} = \vec{b}$. Dann muss gelten:*

(*) $\qquad A\vec{x}_1 = \vec{b} \quad$ *sowie* $\quad A\vec{x}_2 = \vec{b}$.

Betrachtet man nun den Vektor $\vec{x}_k$ mit

(**) $\qquad \vec{x}_k = k\vec{x}_1 + (1-k)\vec{x}_2 \quad ; \; k \in \mathbb{R}$

($\vec{x}_k$ ist also eine Linearkombination von $\vec{x}_1$ und $\vec{x}_2$) ,

so gilt wegen (*), (**) sowie den Rechenregeln für Matrizen Satz 9.1.56:

$$A\vec{x}_k \quad = A(k\vec{x}_1 + (1-k)\vec{x}_2) = k \cdot A\vec{x}_1 + (1-k)A\vec{x}_2 = k \cdot \vec{b} + (1-k)\vec{b} \quad = \quad \vec{b} \; ,$$

d.h. auch $\vec{x}_k$ ist Lösung des LGS. Da man $k \in \mathbb{R}$ beliebig wählen kann, gibt es auch beliebig viele verschiedene Lösungsvektoren $\vec{x}_k$.

Zur Demonstration des nun folgenden **Lösungsverfahrens** wird zunächst vorausgesetzt, dass das betrachtete Gleichungssystem $\mathbf{A}\vec{x} = \vec{b}$ aus n Gleichungen mit n Variablen besteht und genau eine Lösung besitzt. Die **Grundidee** des Lösungsverfahrens besteht darin, das gegebene LGS derart **äquivalent umzuformen** (d.h. umzuformen ohne Änderung der Lösungsmenge), dass die **Lösung** schließlich **unmittelbar ablesbar** ist. Wenn es beispielsweise gelingt, ein LGS umzuformen auf die Gestalt von Beispiel 9.2.5 v) (d.h. auf **obere Dreiecksform**, vgl. Def. 9.1.19 iv))

(9.2.15)
$$\begin{aligned} 5x_1 - x_2 - 2x_3 + 3x_4 &= 29 \\ 3x_2 - 4x_3 + x_4 &= -7 \\ 2x_3 + 2x_4 &= 30 \\ x_4 &= 10 \end{aligned} \quad ,$$

so lässt sich die Lösung verhältnismäßig rasch ermitteln:

Setzt man den aus der letzten Zeile resultierenden Wert $x_4 = 10$ in die vorletzte Zeile ein, so folgt unmittelbar $x_3 = 5$, Einsetzen beider Werte in die zweite Zeile liefert $x_2 = 1$ und analog folgt damit aus der ersten Zeile $x_1 = 2$, so dass die Lösung von (9.2.15) lautet:

$$\vec{x} = \begin{pmatrix} 2 \\ 1 \\ 5 \\ 10 \end{pmatrix} .$$

Noch einfacher lässt sich die Lösung eines LGS angeben, das auf **Diagonalform umgeformt wurde** (vgl. Beispiel 9.2.5 vi))

(9.2.16)
$$\begin{aligned} x_1 \quad\quad\quad &= -3 \\ x_2 \quad\quad &= 4 \\ x_3 &= 5 \end{aligned} .$$

Hier liest man **ohne Rechnung** den Lösungsvektor ab: $\vec{x} = \begin{pmatrix} -3 \\ 4 \\ 5 \end{pmatrix}$.

Es stellt sich daher die Frage, mit welchen **Umformungen** ein LGS ohne Änderung seiner Lösungsmenge **äquivalent** umgeformt werden kann (etwa in eine Diagonalform wie (9.2.16)). Dafür gilt der grundlegende

Satz 9.2.17: Die **Lösungsmenge** eines LGS $\mathbf{A}\vec{x} = \vec{b}$ **ändert sich nicht**, wenn man das System in folgender Weise umformt **(zulässige Zeilenoperationen)**:

i) Vertauschen zweier Zeilen;

ii) Multiplikation einer Zeile mit einer reellen Zahl k_1 $(\neq 0)$;

iii) Ersetzen einer Zeile durch die **Summe** aus **dieser** und dem k_2-fachen einer **anderen** Zeile (d.h. Addition des k_2-fachen einer Zeile zu einer anderen).

Bemerkung 9.2.18: *Zusätzlich zu den in Satz 9.2.17 erwähnten Umformungen darf man*

- *Variable umbenennen und dann das LGS neu ordnen (entspricht einem **Spaltentausch**)*
- ***Nullzeilen*** $0x_1 + 0x_2 + \ldots + 0x_n = 0$ ***ersatzlos streichen,*** *da diese für jeden beliebigen Vektor* $\vec{x}$ *wahr sind .*

Beispiel 9.2.19: Gegeben sei das LGS $\begin{array}{ll} \textbf{(1)} & 3x + y = 7 \\ \textbf{(2)} & 2x - 3y = -10 \end{array}$ mit der einzigen Lösung $\vec{x} = \binom{x}{y} = \binom{1}{4}$. Nacheinander werden die drei zulässigen Zeilenumformungen von Satz 9.2.17 vorgenommen:

i) Offenbar ändert sich die Lösung nicht, wenn man beide Gleichungen vertauscht:

$$\begin{array}{lr} \textbf{(1')} := (2) & 2x - 3y = -10 \\ \textbf{(2')} := (1) & 3x + y = 7 \end{array}$$

ii) Wenn z.B. die erste Gleichung mit 2 und die zweite Gleichung mit -3 multipliziert wird, ändert sich die Lösung nicht:

$$\begin{array}{lr} \textbf{(1'')} := 2 \cdot (1) & 6x + 2y = 14 \\ \textbf{(2'')} := -3 \cdot (2) & -6x + 9y = 30 \end{array}$$ hat ebenfalls die Lösung $\binom{1}{4}$.

iii) Ersetzt man im letzten System die zweite Gleichung durch die Summe aus zweiter und erster Gleichung (d.h. addiert man die erste Gleichung zur zweiten Gleichung und lässt die erste Gleichung stehen), so folgt:

$$\begin{array}{lr} \textbf{(1''')} := (1'') & 6x + 2y = 14 \\ \textbf{(2''')} := (2'') + (1'') & 11y = 44 \end{array}$$

Wie man durch Einsetzen von $\binom{1}{4}$ überprüft, hat sich auch jetzt die Lösungsmenge nicht verändert.

Man kann die Umformungen ii) und iii) von Satz 9.2.17 zusammenfassen zu einer **einzigen zulässigen Zeilenumformung**:

(9.2.20) Ersetzen einer Zeile durch die Summe aus dem k_1-fachen dieser Zeile und dem k_2-fachen einer beliebigen anderen Zeile ($k_1, k_2 \in \mathbb{R}$ mit $k_1 \neq 0$) ist eine erlaubte Äquivalenzumformung.

Beispiel 9.2.21: Das Gleichungssystem $\begin{array}{ll} (1) & 3x - 2y = -4 \\ (2) & 4x + 3y = 23 \end{array}$ (einzige Lösung: $\vec{x} = \binom{2}{5}$)

kann man äquivalent umformen, indem man das 3-fache der ersten Zeile zum 2-fachen der zweiten Zeile addiert und die erste Gleichung unverändert lässt:

$$\begin{array}{lr} (1') := (1) & 3x - 2y = -4 \\ (2') = 3 \cdot (1) + 2 \cdot (2) & 17x \quad = 34 \end{array}$$

Auch dieses System hat die einzige Lösung $\binom{2}{5}$.

Mit Hilfe von **zulässigen Zeilenoperationen** (vgl. Satz 9.2.17) versucht man, ein vorgegebenes LGS in **obere Dreiecksform** [3] (vgl. Beispiel 9.2.5 v)) oder in **Diagonalform** [4] (vgl. Beispiel 9.2.5 vi)) äquivalent umzuformen, um daraus auf einfache Weise oder unmittelbar die Lösungen ablesen zu können.

[3] Gaußscher Algorithmus (teilweise Elimination)

[4] Gaußscher Algorithmus (vollständige Elimination)

Beispiel 9.2.22: (**Gaußscher Algorithmus** mit **teilweiser Elimination** der Variablen, Überführung des LGS in **obere Dreiecksform**). Gegeben sei das LGS:

$$\begin{array}{ll} (1) & x_1 + 3x_2 + 4x_3 = 8 \\ (2) & 2x_1 + 9x_2 + 14x_3 = 25 \\ (3) & 5x_1 + 12x_2 + 18x_3 = 39\ . \end{array}$$

Die erste Zeile kann unverändert bleiben. Um in der zweiten *(bzw. dritten)* Zeile an erster Stelle eine Null zu erzeugen, addiert man das (-2)-fache *(bzw. (-5)-fache)* der ersten Zeile zur 2. Zeile *(bzw. 3. Zeile)*:

$$\begin{array}{lll} (1') := (1) & & x_1 + 3x_2 + 4x_3 = 8 \\ (2') := (2) - 2\cdot(1) & & 3x_2 + 6x_3 = 9 \\ (3') := (3) - 5\cdot(1) & & -3x_2 - 2x_3 = -1\ . \end{array}$$

Die beiden ersten Gleichungen können nun unverändert bleiben. Gleichung (3′) wird (um bei x_2 eine Null zu erzeugen) ersetzt durch die Summe aus 2. und 3. Zeile:

$$\begin{array}{lll} (1'') := (1') & & x_1 + 3x_2 + 4x_3 = 8 \\ (2'') := (2') & & 3x_2 + 6x_3 = 9 \\ (3'') := (3') + (2') & & 4x_3 = 8\ . \end{array}$$

Damit hat das umgeformte LGS - bei unveränderter Lösungsmenge - obere Dreicksform. Durch Auflösen und Einsetzen von unten nach oben folgt („Rückwärtseinsetzen"):

$$x_3 = 2 \ \Rightarrow\ x_2 = -1 \ \Rightarrow\ x_1 = 3\ ,$$

d.h. die Lösung des ursprünglichen LGS lautet: $\vec{x} = \begin{pmatrix} x_1 \\ x_2 \\ x_3 \end{pmatrix} = \begin{pmatrix} 3 \\ -1 \\ 2 \end{pmatrix}$.

Beispiel 9.2.23: (**Gaußscher Algorithmus** mit **vollständiger Elimination** der Variablen, Überführen des LGS in **Diagonalform**). Gegeben sei das LGS von Beispiel 9.2.22:

$$\begin{array}{ll} (1) & x_1 + 3x_2 + 4x_3 = 8 \\ (2) & 2x_1 + 9x_2 + 14x_3 = 25 \\ (3) & 5x_1 + 12x_2 + 18x_3 = 39\ . \end{array}$$

Zunächst werden in der 2. und 3. Zeile an erster Stelle Nullen erzeugt, d.h. der erste Schritt verläuft wie in Beispiel 9.2.22:

$$\begin{array}{lll} (1') := (1) & & x_1 + 3x_2 + 4x_3 = 8 \\ (2') := (2) - 2\cdot(1) & & 3x_2 + 6x_3 = 9 \\ (3') := (3) - 5\cdot(1) & & -3x_2 - 2x_3 = -1\ . \end{array}$$

Jetzt werden in der 1. und 3. Zeile bei x_2 Nullen erzeugt. Dies erreicht man mit Hilfe der 2. Zeile, die (ggf. nach vorheriger Multiplikation mit einem geeigneten Faktor) zur 1. und 3. Zeile addiert wird. Anschließend teilt man die zweite Zeile durch 3, um eine 1 bei x_2 zu erzeugen:

$$\begin{array}{lll} (1'') := (1') - (2') & & x_1 - 2x_3 = -1 \\ (2'') := (2') : 3 & & x_2 + 2x_3 = 3 \\ (3'') := (3') + (2') & & 4x_3 = 8\ . \end{array}$$

Es müssen noch Nullen bei x_3 in der 1. und 2. Zeile erzeugt werden. Dazu benutzt man die 3. Zeile, die – nach vorheriger passender Multiplikation – zur 1. und 2. Zeile addiert wird. Zum Schluss wird die 3. Zeile noch durch 4 dividiert:

$$\begin{array}{lll} (1''') := (1'') + 0{,}5\cdot(3'') & & x_1 = 3 \\ (2''') := (2'') - 0{,}5\cdot(3'') & & x_2 = -1 \\ (3''') := (3'') : 4 & & x_3 = 2 \end{array} \qquad \text{d.h. } \vec{x} = \begin{pmatrix} 3 \\ -1 \\ 2 \end{pmatrix}\ .$$

Bemerkung 9.2.24: *Man hätte in Beispiel 9.2.23 das LGS auch auf eine „diagonalähnliche" Form bringen können, ohne dass der Vorteil der direkten Ablesbarkeit verloren gegangen wäre, z.B. auf*

$$\begin{aligned} x_2 \quad\quad &= -1 \\ x_3 &= 2 \\ x_1 \quad\quad\quad &= 3 \end{aligned} \quad .$$

Wie die beiden letzten Beispiele zeigen, benötigt man zur Lösung eines LGS mit nur teilweiser Variablenelimination (Beispiel 9.2.22) i.a. etwas weniger Rechenaufwand [5] als bei vollständiger Elimination. Gleichwohl wird im folgenden nahezu ausschließlich die Methode der **vollständigen Elimination** benutzt werden, da sie **universeller einsetzbar** ist **i)** für nicht eindeutig lösbare LGS (vgl. Kap 9.2.4); **ii)** für die Matrizeninversion (Kap. 9.2.5); **iii)** für das Simplexverfahren der Linearen Optimierung (Kap.10.2).

Aufgabe 9.2.25: Man löse die folgenden Gleichungssysteme mit Hilfe des Gaußschen Verfahrens der vollständigen Elimination:

i)
$$\begin{aligned} x_1 + 4x_2 + 3x_3 &= 1 \\ 2x_1 + 5x_2 + 4x_3 &= 4 \\ x_1 - 3x_2 - 2x_3 &= 5 \end{aligned}$$

ii)
$$\begin{aligned} x_1 + 2x_2 - 3x_3 &= 6 \\ 2x_1 + x_2 + x_3 &= 1 \\ 3x_1 - 2x_2 - 2x_3 &= 12 \end{aligned}$$

iii)
$$\begin{aligned} x_1 \quad\quad + x_3 + x_4 &= 1 \\ x_1 + x_2 \quad\quad + x_4 &= 2 \\ x_1 + x_2 + x_3 \quad\quad &= 3 \\ x_2 + x_3 + x_4 &= 4 \end{aligned}$$

Die folgenden **Beispiele** zeigen die Anwendbarkeit der vollständigen Elimination bei LGS, die **nicht eindeutig lösbar** sind, d.h. die entweder **unendlich viele** Lösungen (Beispiel 9.2.26) oder **keine** Lösung (Beispiel 9.2.29) besitzen.

Beispiel 9.2.26: (unendlich viele Lösungen)

Das gegebene LGS wird nach den in Beispiel 9.2.23 demonstrierten Eliminationsschritten umgeformt:

(1)	$x_1 + x_2 - x_3 + 3x_4 = -3$
(2)	$2x_1 + x_2 + x_3 + 4x_4 = -1$
(3)	$2x_1 + 3x_2 - 5x_3 + 8x_4 = -11$
(4)	$-x_1 + x_2 - 5x_3 + x_4 = -7$
(1′) := (1)	$x_1 + x_2 - x_3 + 3x_4 = -3$
(2′) := (2) - 2(1)	$-x_2 + 3x_3 - 2x_4 = 5$
(3′) := (3) - 2(1)	$x_2 - 3x_3 + 2x_4 = -5$
(4′) := (4) + (1)	$2x_2 - 6x_3 + 4x_4 = -10$
(1″) := (1′) + (2′)	$x_1 \quad + 2x_3 + x_4 = 2$
(2″) := -(2′)	$x_2 - 3x_3 + 2x_4 = -5$
(3″) := (3′) + (2′)	$0x_2 + 0x_3 + 0x_4 = 0$
(4″) := (4′) + 2(2′)	$0x_2 + 0x_3 + 0x_4 = 0$.

Die letzten beiden **(Null-) Zeilen** werden für **jeden** Vektor $\vec{x} = (x_1\ x_2\ x_3\ x_4)^T$ **wahr** (⇒ 0 = 0) und können daher **ersatzlos gestrichen** werden, vgl. Bemerkung 9.2.18. Damit reduziert sich das LGS auf zwei Gleichungen mit vier Variablen (unterbestimmtes LGS):

[5] Zur allgemeinen Abschätzung des Rechenaufwandes bei der Lösung von LGS vgl. z.B. [48], Band II, 103 ff.

$$\begin{array}{llcl} (1'') & x_1 \quad + 2x_3 + x_4 & = & 2 \\ (2'') & \quad x_2 - 3x_3 + 2x_4 & = & -5 \end{array} \quad .$$

Löst man die 1. Gleichung nach x_1 und die 2. Gleichung nach x_2 auf:

(9.2.27) $$\boxed{\begin{array}{l} x_1 = 2 - 2x_3 - x_4 \\ x_2 = -5 + 3x_3 + 2x_4 \end{array}} \quad ,$$

so erkennt man, dass die Lösungswerte x_1, x_2 von der vorherigen Wahl für x_3 und x_4 abhängen. Da man x_3, x_4 auf beliebige Weise vorwählen kann, hat das LGS (9.2.27) **unendlich viele Lösungen**: Wählt man etwa $x_3 = 0$, $x_4 = 0$ vor, so folgt aus (9.2.27): $x_1 = 2$, $x_2 = -5$, d.h. der Vektor $\vec{x}_1 = (2 \quad -5 \quad 0 \quad 0)^T$ ist eine (spezielle) Lösung des LGS (9.2.27). Eine andere spezielle Lösung etwa resultiert aus der Vorgabe $x_3 = -7$; $x_4 = 2$ mit $\vec{x}_2 = (14 \quad -30 \quad -7 \quad 2)^T$ usw..

Für den **allgemeinen Lösungsvektor** (**allgemeine Lösung**) des LGS (9.2.27) erhält man

(9.2.28) $$\vec{x} = \begin{pmatrix} 2 - 2x_3 - x_4 \\ -5 + 3x_3 - 2x_4 \\ x_3 \\ x_4 \end{pmatrix} \qquad \text{mit } x_3, x_4 \in \mathbb{R} \text{ (beliebig)} \quad .$$

Bemerkung: *Löst man das unterbestimmte LGS nicht nach x_1, x_2, sondern nach zwei anderen Variablen auf, so ergibt sich zwar eine formal andere Darstellung der allgemeinen Lösung, aber dieselbe Lösungsmenge.*

Beispiel 9.2.29: (keine Lösung)

Das gegebene LGS wird nach den in Beispiel 9.2.23 demonstrierten Eliminationsschritten umgeformt:

$$\begin{array}{ll} (1) & x_1 + x_2 - x_3 = -3 \\ (2) & 2x_1 + x_2 + x_3 = -1 \\ (3) & 2x_1 + 3x_2 - 5x_3 = -10 \\ \hline (1') := (1) & x_1 + x_2 - x_3 = -3 \\ (2') := (2) - 2(1) & -x_2 + 3x_3 = 5 \\ (3') := (3) - 2(1) & x_2 - 3x_3 = -4 \\ \hline (1'') := (1') + (2') & x_1 \quad + 2x_3 = 2 \\ (2'') := -(2') & x_2 - 3x_3 = -5 \\ (3'') := (3') + (2') & 0x_2 + 0x_3 = 1 \\ \hline \end{array}$$

Die letzte Zeile ergibt für **jeden** Vektor $\vec{x} = (x_1 \quad x_2 \quad x_3)^T$ stets die **falsche Aussage** $0 = 1$, daher hat das LGS **keine Lösung**, es ist **inkonsistent**.

Aus den beiden Beispielen folgt:

i) Nullzeilen $0x_1 + 0x_2 + ... + 0x_n = 0$ können ersatzlos gestrichen werden;

ii) Nullzeilen mit nichtverschwindender rechter Seite (d.h. $0x_1 + 0x_2 + ... + 0x_n = b$ und $b \neq 0$) führen zu einem Widerspruch innerhalb des Systems: Das LGS besitzt keine Lösung;

iii) Der Gaußsche Algorithmus liefert neben den Lösungen des LGS gleichzeitig Informationen über die Lösbarkeit des LGS *(siehe auch Kap. 9.2.4)*.

Aufgabe 9.2.30: Man ermittele mit Hilfe der vollständigen Elimination die Lösungen der folgenden Lineraen Gleichungssysteme:

i)
$$\begin{aligned} x_1 \quad\quad + x_3 + x_4 &= 2 \\ x_2 + x_3 \quad\quad &= 1 \\ 2x_1 + x_2 \quad\quad + x_4 &= 2 \\ 3x_1 + 2x_2 + 2x_3 + 2x_4 &= 5 \end{aligned}$$

ii)
$$\begin{aligned} 2x_1 - x_2 + 3x_3 &= 2 \\ 3x_1 + 2x_2 - x_3 &= 1 \\ x_1 - 4x_2 + 7x_3 &= 6 \end{aligned}$$
.

9.2.3 Pivotisieren

Das Rechenverfahren des **Gaußschen Algorithmus** lässt sich in einfacher Weise **schematisieren** und somit direkt zur EDV-mäßigen Anwendung formulieren. Zunächst erkennt man, dass bei konsequentem Einhalten der Variablenreihenfolge in allen linearen Gleichungen

(9.2.31) $$a_{i1}x_1 + a_{i2}x_2 + ... + a_{in}x_n - b_i \;; \qquad i - 1, ..., m$$

auf die Angabe der **Variablennamen**, der **Operationszeichen** und des **Gleichheitszeichens verzichtet** werden kann. Gleichung (9.2.31) lässt sich dann folgendermaßen symbolisch schreiben:

$$a_{i1} \;\; a_{i2} \; ... \; a_{in} \;\Big|\; b_i .$$

Beispiel 9.2.32: Die Gleichung $5x_1 - x_3 + 4x_4 = -8$ lautet in abgekürzter Schreibweise $5 \;\; 0 \;\; -1 \;\; 4 \;\Big|\; -8$. Analog lässt sich jedes Gleichungssystem formal als Tableau schreiben. Das LGS aus Beispiel 9.2.23 hat demnach die Form:

1	3	4	8
2	9	14	25
5	12	18	39

.

Bemerkung: *Bei Umbenennung der Variablen bzw. Spaltentausch sollte man – um spätere Verwechslungen zu vermeiden – die zugehörigen Variablennamen in einer Kopfzeile aufführen: Die beiden LGS*

x_1	x_2	x_3	
1	*3*	*4*	*8*
2	*9*	*14*	*25*
5	*12*	*18*	*39*

und

x_2	x_3	x_1	
3	*4*	*1*	*8*
9	*14*	*2*	*25*
12	*18*	*5*	*39*

stellen daher dasselbe Gleichungssystem dar.

Im Verlauf des vollständigen Gaußschen Eliminationsverfahrens kommt es darauf an, durch elementare Zeilenoperationen auf der linken Seite des LGS $\mathbf{A}\vec{x} = \vec{b}$ (Spalten-) **Einheitsvektoren** zu erzeugen, wie das auf Diagonalform gebrachte LGS von Beispiel 9.2.23 zeigt:

x_1	x_2	x_3	
1	0	0	3
0	1	0	-1
0	0	1	2

Um nicht bei jeder Zeilenumformung individuelle Überlegungen neu anstellen zu müssen, versucht man, die **Umformungen zur Erzeugung von Einheitsvektoren** zu **schematisieren**.

Ein m x n - Gleichungssystem $\mathbf{A}\vec{x} = \vec{b}$ sei gegeben. Es soll in der **k-ten Spalte** ein **Einheitsvektor** $\vec{e}_i$ erzeugt werden, der die **Eins in der i-ten Zeile** erhalten soll. Man bezeichnet im entsprechenden Tableau (Abb. 9.2.34) das an dieser Stelle stehende Element a_{ik} ($\neq 0$) als **Pivotelement** [6], die zugehörige k-te Spalte als **Pivotspalte**, die zugehörige i-te Zeile als **Pivotzeile** und markiert das Tableau entsprechend (Abb 9.2.34).

(Das Pivotelement a_{ik} steht also im Kreuzungspunkt von Pivotspalte und Pivotzeile.)

Mit Hilfe der Pivotzeile erzeugt man nun für das neue, umgeformte Tableau an **sämtlichen Stellen der Pivotspalte** (außer an der Stelle des Pivotelementes a_{ik} selbst) **Nullen**, indem man die (alte) Pivotzeile mehrfach mit einem geeigneten Faktor multipliziert und anschließend zu jeweils einer der umzuformenden Zeilen addiert (elementare Zeilenoperation - Lösung des LGS ändert sich dadurch nicht, vgl. Satz 9.2.17). Abschließend dividiert man die Pivotzeile durch das Pivotelement a_{ik} ($\neq 0$), um an dieser Stelle die **Eins** des neuen Einheitsvektors zu erzeugen.

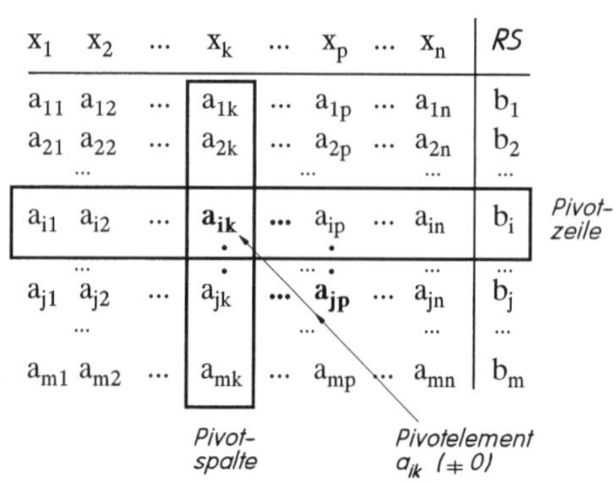

Abb. 9.2.34

Beispiel: Um etwa in der ersten Zeile an der Stelle a_{1k} eine Null zu erzeugen (Abb. 9.2.34), multipliziert man die Pivotzeile mit $-a_{1k}/a_{ik}$ und addiert sie zur ersten Zeile:

Dabei geht a_{1k} über in $a_{1k} + \left(-\frac{a_{1k}}{a_{ik}}\right) \cdot a_{ik} = a_{1k} - a_{1k} = 0$ wie beabsichtigt.

Die übrigen Zeilen (außer der Pivotzeile selbst) werden auf analoge Weise umgeformt.

Das Vorgehen soll in **allgemeiner Weise** beschrieben werden:

Um etwa eine **Null** in der j-ten Zeile der Pivotspalte zu erzeugen (dort, wo das Element a_{jk} steht, Abb. 9.2.34), multipliziert man die Pivotzeile mit $-a_{jk}/a_{ik}$ und addiert sie dann zur j-ten Zeile:

Dabei geht a_{jk} über in $a_{jk} + \left(-\frac{a_{jk}}{a_{ik}}\right) \cdot a_{ik} = a_{jk} - a_{jk} = 0$ (wie beabsichtigt).

Die **übrigen Elemente** der **j-ten Zeile** verändern sich notwendigerweise bei dieser **zulässigen Zeilenoperation** wie folgt:

Zum ersten Element a_{j1} muss das $\left(-\frac{a_{jk}}{a_{ik}}\right)$-fache des ersten Elements a_{i1} der Pivotzeile addiert werden:

[6] pivot (frz): Drehpunkt, Zapfen

Damit steht im neuen Tableau anstelle der Zahl a_{j1} die Zahl $a_{j1} + \left(-\frac{a_{jk}}{a_{ik}}\right) \cdot a_{i1} = a_{j1} - \frac{a_{jk}a_{i1}}{a_{ik}}$.

Allgemein: Das Element a_{jp} der j-ten Zeile und p-ten Spalte (Abb. 9.2.34) verändert sich wie folgt:

Zu a_{jp} muss das $\left(-\frac{a_{jk}}{a_{ik}}\right)$ - fache des p-ten Elements a_{ip} der Pivotzeile addiert werden:

Aus a_{jp} wird daher $a_{jp} + \left(-\frac{a_{jk}}{a_{ik}}\right) \cdot a_{ip} = a_{jp} - \frac{a_{jk} \cdot a_{ip}}{a_{ik}}$ $(j \neq i\,;\, p \neq k)$.

Man erkennt, dass an dieser Operation die vier im „Rechteck" zueinander stehenden Elemente a_{jp}, a_{jk}, a_{ip} sowie das Pivotelement a_{ik} beteiligt sind (Abb. 9.2.34/ 9.2.36).

Bemerkung: *Man nennt die senkrecht über/ waagerecht neben a_{jp} stehenden Elemente a_{ip} und a_{jk} die zu a_{jp} gehörenden Elemente der Pivotzeile/ Pivotspalte.*

Verbal formuliert lautet die **Umformungsregel** für sämtliche Elemente **außerhalb** von Pivotspalte und Pivotzeile:

Satz 9.2.35: (Rechteckregel, Kreisregel)

Das „neue" Element a_{jp}^{neu} ergibt sich, indem man vom „alten" Element a_{jp} das durch das Pivotelement a_{ik} dividierte Produkt aus zugehörigem Pivotzeilen - und Pivotspaltenelement subtrahiert:

$$a_{jp}^{neu} = a_{jp} - \frac{a_{jk} \cdot a_{ip}}{a_{ik}} .$$

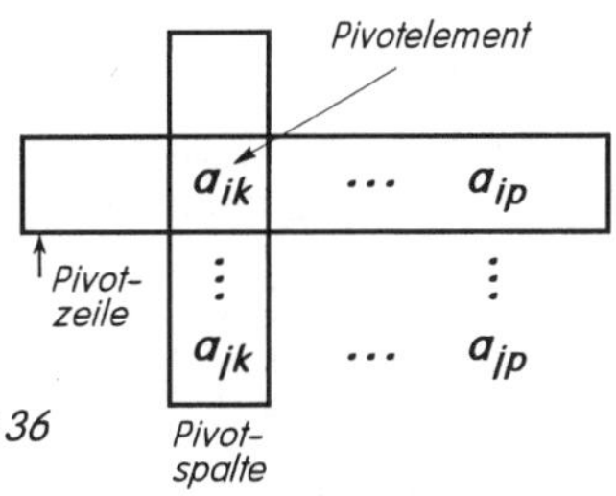

Abb. 9.2.36

Zusammenfassend lautet daher die **Schrittfolge zur Erzeugung eines Einheitsvektors** $\vec{e}_i$ in der Pivotspalte k (bei nichtverschwindendem Pivotelement: $a_{ik} \neq 0$):

i) Für alle Elemente a_{jp}, b_j **außerhalb von Pivotspalte und Pivotzeile** gilt die Umformungsregel (vgl. Satz 9.2.35):

(9.2.37) $$a_{jp}^{neu} = a_{jp} - \frac{a_{jk} \cdot a_{ip}}{a_{ik}}$$

(9.2.38) $$b_j^{neu} = b_j - \frac{a_{jk} \cdot b_i}{a_{ik}}$$

$j = 1, ..., m$
$p = 1, ..., n$
$j \neq i$
$p \neq k$

ii) Alle Elemente der **Pivotzeile** werden **durch das Pivotelement dividiert**:

(9.2.39) $$a_{ip}^{neu} = \frac{a_{ip}}{a_{ik}}$$

(9.2.40) $$b_i^{neu} = \frac{b_i}{a_{ik}}$$

$p = 1, ..., n$.

iii) Die **Pivotspalte** wird zum **Einheitsvektor** $\vec{e}_i$ (mit der Eins an der Stelle des alten Pivotelements a_{ik}).

Bemerkung 9.2.41: *Die Gesamtheit der beschriebenen erlaubten Zeilenoperationen zur Erzeugung eines Einheitsvektors heißt **Pivotschritt**, das äquivalente Umformen eines LGS mit Pivotschritten heißt **Pivotisieren**.*

Nach dem ersten Pivotschritt ergibt sich somit aus dem Tableau Abb. 9.2.34 das äquivalente LGS Abb. 9.2.42.

Auf analoge Weise erzeugt man nun in den nächsten Schritten weitere Einheitsvektoren in den übrigen Spalten, um das LGS auf die gewünschte Diagonalform zu bringen bzw. auf eine Form, in der möglichst viele Spalten - Einheitsvektoren vorhanden sind. Dabei sollten Zeilen, die bereits als Pivotzeilen benutzt wurden, möglichst nicht noch einmal gewählt werden.

	...	x_k	... x_p ...	RS
	⋯	0	⋯ $a_{1p} - \frac{a_{1k}\,a_{ip}}{a_{ik}}$ ⋯	$b_1 - \frac{a_{1k}\,b_i}{a_{ik}}$
	⋮	⋮ 0	⋯	⋮
(i-te Zeile)	$\frac{a_{i1}}{a_{ik}}$ ⋯	1	⋯ $\frac{a_{ip}}{a_{ik}}$ ⋯	$\frac{b_i}{a_{ik}}$
		0 ⋮	⋯	⋮
(j-te Zeile)	⋮	0	$a_{jp} - \frac{a_{jk}\,a_{ip}}{a_{ik}}$ ⋯	$b_j - \frac{a_{jk}\,b_i}{a_{ik}}$
		⋮	⋯	⋮

Abb. 9.2.42

Ein Zahlenbeispiel soll das Verfahren erläutern. Dazu verwenden wir das bereits bekannte Beispiel 9.2.23. Die benutzten Pivotelemente sind jeweils markiert:

x_1	x_2	x_3	b
[1]	3	4	8
2	9	14	25
5	12	18	39

Gegebenes LGS

1. Pivotschritt ⟶

x_1	x_2	x_3	b
1	3	4	8
0	3	6	9
0	[-3]	-2	-1

LGS nach dem 1. Pivotschritt

2. Pivotschritt ⟶

x_1	x_2	x_3	b
1	0	2	7
0	0	[4]	8
0	1	2/3	1/3

LGS nach dem 2. Pivotschritt

3. Pivotschritt ⟶

x_1	x_2	x_3	b
1	0	0	3
0	0	1	2
0	1	0	-1

LGS nach dem 3. Pivotschritt [7]

Aus dem letzten Tableau folgt unmittelbar der bereits bekannte Lösungsvektor:

$$\vec{x} = \begin{pmatrix} x_1 \\ x_2 \\ x_3 \end{pmatrix} = \begin{pmatrix} 3 \\ -1 \\ 2 \end{pmatrix}$$

Bemerkung 9.2.43: *Auch jede andere Wahl von Pivotelementen ($\neq 0$) führt zur angegebenen Lösung.*

[7] Rechenbeispiel: Die „3" im letzten Tableau ergibt sich aus der „7" im vorletzten Tableau durch:

$$7 \rightarrow 7 - \frac{2 \cdot 8}{4} = 7 - 4 = 3 \ .$$

Aufgabe 9.2.44: Man löse die angegebenen LGS durch Pivotisieren:

i) $\begin{pmatrix} 1 & 2 & -1 \\ 2 & -1 & 3 \\ -1 & 1 & 2 \end{pmatrix} \cdot \begin{pmatrix} x_1 \\ x_2 \\ x_3 \end{pmatrix} = \begin{pmatrix} -9 \\ 17 \\ 0 \end{pmatrix}$

ii) $\begin{pmatrix} 1 & 4 & -2 & -2 \\ -2 & 1 & 3 & 1 \\ 1 & 2 & 2 & -1 \\ 2 & -2 & -1 & -1 \end{pmatrix} \cdot \begin{pmatrix} x_1 \\ x_2 \\ x_3 \\ x_4 \end{pmatrix} = \begin{pmatrix} -7 \\ 14 \\ 5 \\ -9 \end{pmatrix}$

iii) $\begin{pmatrix} 2 & -4 & 1 & -1 \\ 3 & 2 & -1 & 2 \\ 1 & -1 & 2 & -2 \\ 4 & -2 & -3 & 1 \end{pmatrix} \cdot \begin{pmatrix} x_1 \\ x_2 \\ x_3 \\ x_4 \end{pmatrix} = \begin{pmatrix} -8 \\ 12 \\ -5 \\ 0 \end{pmatrix}$

iv) $\begin{pmatrix} 1 & -10 & 2 & -9 \\ -8 & 4 & -7 & 5 \\ 6 & -5 & 7 & -4 \\ -3 & 9 & -2 & 10 \end{pmatrix} \cdot \begin{pmatrix} x_1 \\ x_2 \\ x_3 \\ x_4 \end{pmatrix} = \begin{pmatrix} 3 \\ -6 \\ 8 \\ -1 \end{pmatrix}.$

Die folgenden Beispiele demonstrieren die Methode des Pivotisierens für die Fälle „mehrdeutige Lösung" (Beispiel 9.2.45) und „keine Lösung" (Beispiel 9.2.50). Eine ausführliche Behandlung dieser Fälle erfolgt im anschließenden Kapitel 9.2.4.

Beispiel 9.2.45: (mehrdeutige Lösung)

x_1	x_2	x_3	x_4	b	
1	1	-1	3	-3	
2	1	1	4	-1	(9.2.46)
2	3	-5	8	-11	
-1	1	-5	1	-7	
1	0	2	1	2	
0	1	-3	2	-5	(9.2.47)
0	0	0	0	0	
0	0	0	0	0	
1	0	2	1	2	(9.2.48)
0	1	-3	2	-5	

Das aus Beispiel 9.2.26 bekannte LGS (9.2.46) führt nach zwei Pivotschritten auf das System (9.2.47) und nach Streichen der beiden Nullzeilen schließlich auf das System (9.2.48), woraus unmittelbar die allgemeine Lösung

$$\vec{x}_1 = \begin{pmatrix} x_1 \\ x_2 \\ x_3 \\ x_4 \end{pmatrix} = \begin{pmatrix} 2 - 2x_3 - x_4 \\ -5 + 3x_3 - 2x_4 \\ x_3 \\ x_4 \end{pmatrix}$$

mit beliebigem $x_3, x_4 \in \mathbb{R}$ ablesbar ist.

Erzeugt man nun im LGS (9.2.48) einen neuen Einheitsvektor, z.B. in der 3. Spalte (Pivotelement 2), so erhält man nach dem Pivotschritt das System (9.2.49) mit der allgemeinen Lösung

$$\vec{x}_2 = \begin{pmatrix} x_1 \\ x_2 \\ x_3 \\ x_4 \end{pmatrix} = \begin{pmatrix} x_1 \\ -2 - 1{,}5x_1 - 3{,}5x_4 \\ 1 - 0{,}5x_1 - 0{,}5x_4 \\ x_4 \end{pmatrix}$$

x_1	x_2	x_3	x_4	b	
0,5	0	1	0,5	1	(9.2.49)
1,5	1	0	3,5	-2	

mit beliebigem $x_1, x_4 \in \mathbb{R}$.

Sowohl durch $\vec{x}_1$ als auch durch $\vec{x}_2$ wird dieselbe (unendliche) Lösungsmenge dargestellt, wovon man sich leicht überzeugt, wenn man etwa die aus $\vec{x}_2$ folgende Beziehung $x_3 = 1 - 0{,}5x_1 - 0{,}5x_4$ in den ersten Lösungsvektor $\vec{x}_1$ einsetzt.

Beispiel 9.2.50: (keine Lösung)

Das aus Beispiel 9.2.29 bekannte LGS (9.2.51) führt nach zwei Pivotschritten auf das System (9.2.52). An der widersprüchlichen letzten Zeile 0 0 0 | 1 erkennt man die Inkonsistenz des LGS. Ein Einheitsvektor mit der Eins in der 3. Zeile und 3. Spalte ist nicht erzeugbar, da der als Pivotelement zu wählende Koeffizient a_{33} den Wert Null aufweist. Das LGS (9.2.51) besitzt keine Lösung.

x_1	x_2	x_3	b	
1	1	-1	-3	
2	1	1	-1	(9.2.51)
2	3	-5	-10	
1	0	2	2	
0	1	-3	-5	(9.2.52)
0	0	0	1	

Man erkennt auch hier, dass die schematische Eliminationsmethode des Gaußschen Algorithmus Informationen über die Lösbarkeit des LGS liefert.

9.2.4 Lösbarkeit linearer Gleichungssysteme

Im letzten Abschnitt wurde im Gaußschen Algorithmus (vollständige Elimination durch Pivotisieren) ein Lösungsverfahren für LGS geliefert, das neben der Lösungsfindung und -ablesung auch Aussagen über die Lösbarkeit (genau eine, keine, beliebig viele Lösungen) gestattete. Diese Überlegungen sollen verallgemeinert werden.

Betrachtet sei das LGS (9.2.53). Man erkennt: Auf der linken Seite sind bereits drei Einheitsvektoren erzeugt worden (1., 3.und 5. Spalte). Ein **weiterer** (vierter) **Einheitsvektor** kann auf der linken Seite **nicht** mehr erzeugt werden, da bei jeder Wahl eines Pivotelementes ($\neq 0$!) ein bereits vorhandener Einheitsvektor zerstört würde: In diesem Fall bleibt die **Gesamtzahl unterschiedlicher Einheitsvektoren unverändert** (nämlich gleich 3).

x_1	x_2	x_3	x_4	x_5	b
1	2	0	0	0	10
0	3	0	-3	1	20
0	-4	1	-2	0	30
0	0	0	0	0	u
0	0	0	0	0	v

(9.2.53)

Def. 9.2.54: (Rang einer Matrix)

Gegeben sei das LGS $A\vec{x} = \vec{b}$. Dann nennt man die **Höchstzahl** r der auf der linken Seite erzeugbaren unterschiedlichen **Einheitsvektoren** den **Rang der Matrix A**, geschrieben $\text{rg}\,\mathbf{A} = r$.

Bemerkung 9.2.55:

i) Für die Koeffizientenmatrix A des LGS (9.2.53) gilt: $\text{rg}\,A = 3$.

ii) Im allgemeinen wird der Rang einer Matrix A mit Hilfe des äquivalenten Begriffs der Maximalzahl „linear unabhängiger Vektoren“[8] *definiert. Im Rahmen der Zielsetzung dieses Buches soll auf die Ausweitung des Begriffsapparates verzichtet werden.*

iii) Der ***Rang*** *von A kann* ***nicht größer*** *sein als das* ***Minimum*** *aus* ***Spaltenzahl*** *und* ***Zeilenzahl****. (Beispiel: Ein LGS aus 3 (bzw. 7) Gleichungen mit 6 (bzw. 4) Variablen gestattet maximal 3 (bzw. 4) unterschiedliche Einheitsvektoren.)*

8 vgl.etwa [48], II, 15 ff sowie 71 ff.

Für lineare Gleichungssysteme $A\vec{x} = \vec{b}$, die *(etwa durch erlaubte Pivotoperationen)* bereits möglichst viele verschiedene Einheitsvektoren aufweisen, existiert ein nützlicher Begriff:

Def. 9.2.56: (kanonisches Gleichungssystem)
Ein auf die **Höchstzahl** verschiedener Einheitsvektoren umgeformtes LGS heißt **kanonisch**.

Beispiel 9.2.57:

i) Die Systeme $\begin{array}{ccc|c} 0 & 0 & 1 & a \\ 1 & 0 & 0 & b \\ 0 & 1 & 0 & c \\ 0 & 0 & 0 & d \end{array}$; $\begin{array}{ccccc|c} 1 & 2 & 3 & 0 & 1 & u \\ 0 & 4 & -1 & 1 & 1 & v \end{array}$ sind kanonisches LGS .

ii) Das System $\begin{array}{cccc|c} 1 & 0 & 1 & 1 & x \\ 4 & 1 & 0 & 5 & y \\ 3 & 0 & 0 & 7 & z \end{array}$ ist *nicht* kanonisch, da in der ersten bzw. vierten Spalte noch ein neuer Einheitsvektor erzeugt werden kann. (Pivotelemente 3 bzw. 7)

Der Gaußsche Algorithmus formt ein gegebenes LGS mit Hilfe elementarer Zeilenoperationen in ein kanonisches System um. Je nach Positionierung der Einheitsvektoren gestattet ein vorgegebenes LGS **verschiedene kanonische Darstellungen**.

Jedes kanonische System lässt sich *(ggf. durch Zeilenvertauschungen oder Umbenennungen von Variablen)* auf die folgende Form bringen:

(9.2.58)

$$\begin{array}{cccc:ccc|c} x_1 & x_2 & \cdots & x_k & x_{k+1} & \cdots & x_n & b \\ \hline 1 & 0 & \cdots & 0 & & & & b_1 \\ 0 & 1 & & 0 & & \mathbf{R} & & b_2 \\ \vdots & \vdots & \ddots & \vdots & & & & \vdots \\ 0 & 0 & \cdots & 1 & & & & b_k \\ \hdashline 0 & 0 & \cdots & 0 & 0 & \cdots & 0 & b_{k+1} \\ \vdots & \vdots & & \vdots & \vdots & & \vdots & \vdots \\ 0 & 0 & \cdots & 0 & 0 & \cdots & 0 & b_m \\ \hline \end{array}$$

$\underbrace{\qquad\qquad\qquad}$
k Einheitsvektoren
$\Rightarrow \operatorname{rg} \mathbf{A} = k$.

Dabei bedeutet **R** eine „**Restmatrix**" (k Zeilen, n-k Spalten) aus beliebigen Elementen.

Beispiel 9.2.59: Das nebenstehende LGS (1) kann durch Änderung der Variablenreihenfolge auf das System (2) gebracht werden. Setzt man dann $x_3 =: x_1^*$; $x_1 =: x_2^*$; $x_2 =: x_3^*$; $x_4 =: x_4^*$, so hat man das kanonische System (3) gemäß (9.2.58):

x_1	x_2	x_3	x_4	b
0	0	1	2	4
1	4	0	7	3
0	0	0	0	a

(1)

x_3	x_1	x_2	x_4	b
1	0	0	2	4
0	1	4	7	3
0	0	0	0	a

(2)

x_1^*	x_2^*	x_3^*	x_4^*	b
1	0	0	2	4
0	1	4	7	3
0	0	0	0	a

(3)

mit $\mathbf{R} = \begin{pmatrix} 0 & 2 \\ 4 & 7 \end{pmatrix}$.

Man erkennt: **Unterhalb** von **R** müssen in einem **kanonischen System** lauter **Nullen** stehen, da andernfalls ein weiterer (k+1)-ter Einheitsvektor erzeugbar wäre, mithin die Maximalzahl von Einheitsvektoren noch nicht erreicht wäre und somit kein kanonisches System vorläge.

Die **Lösbarkeit** des in ein **kanonisches System** (9.2.58) umgeformten LGS hängt offenbar ab von den gegebenen konkreten **Zahlenwerten** b_{k+1} , ..., b_m der **rechten Seite**. Zwei mögliche Fälle sind dabei zu unterscheiden:

Fall 1: Mindestens **einer** der Werte b_{k+1} , ..., b_m ist von **Null verschieden**. Damit existiert zwangsläufig eine **widersprüchliche Zeile** (z.B. 0 0 ... 0 | 7): das LGS besitzt **keine Lösung**.

Fall 2: **Sämtliche** Werte b_{k+1} , ..., b_m verschwinden: $b_{k+1} = b_{k+2} = ... = b_m = 0$. Dann sind die letzten m-k Zeilen von (9.2.58) **Nullzeilen** und können **ersatzlos gestrichen** werden (vgl. Bemerkung 9.2.18). Das System (9.2.58) reduziert sich auf die folgenden k Gleichungen mit n Variablen ($n \geq k$):

(9.2.60)

x_1	x_2 ...	x_k	x_{k+1} ... x_n	b
1	0	0		b_1
0	1	0	**R**	b_2
⋮	⋮ ⋱	⋮		⋮
0	0	1		b_k

z.B. *(vgl. (9.2.53))*

x_1	x_5	x_3	x_2	x_4	b
1	0	0	2	0	10
0	1	0	3	-3	20
0	0	1	-4	-2	30

Aus (9.2.60) lässt sich die Lösungsmenge des LGS leicht angeben:

i) Ist **n>k** (d.h. gibt es mehr Variable als Gleichungen), so hat das LGS **unendlich viele Lösungen**. Die **allgemeine Lösung** $\vec{x}$ erhält man nach beliebiger Wahl der $x_{k+1}, \dots, x_n$ aus (9.2.60) zu:

(9.2.61)
$$\vec{x} = \begin{pmatrix} \vec{b}_r - \mathbf{R} \cdot \vec{x}_r \\ \dots\dots\dots \\ \vec{x}_r \end{pmatrix} \quad \text{mit } \vec{b}_r := \begin{pmatrix} b_1 \\ b_2 \\ \vdots \\ b_k \end{pmatrix} \quad , \vec{x}_r := \begin{pmatrix} x_{k+1} \\ x_{k+2} \\ \vdots \\ x_n \end{pmatrix} .$$

Beispiel:

Aus

x_1	x_2	x_3	x_4	x_5	b
1	0	0	2	-4	9
0	1	0	-3	7	6
0	0	1	1	5	8

folgt $\vec{b}_r = \begin{pmatrix} 9 \\ 6 \\ 8 \end{pmatrix}$; $\vec{x}_r = \begin{pmatrix} x_4 \\ x_5 \end{pmatrix}$ und daher

$$\vec{x} = \begin{pmatrix} \begin{pmatrix} 9 \\ 6 \\ 8 \end{pmatrix} - \begin{pmatrix} 2 & -4 \\ -3 & 7 \\ 1 & 5 \end{pmatrix} \cdot \begin{pmatrix} x_4 \\ x_5 \end{pmatrix} \\ \cdots\cdots \\ x_4 \\ x_5 \end{pmatrix} = \begin{pmatrix} 9 - 2x_4 + 4x_5 \\ 6 + 3x_4 - 7x_5 \\ 8 - x_4 - 5x_5 \\ x_4 \\ x_5 \end{pmatrix}$$

mit beliebigen $x_4, x_5 \in \mathbb{R}$.

ii) Ist $\mathbf{n} = \mathbf{k}$ *(d.h. gibt es im kanonischen System genauso viele Gleichungen wie Variable)*, so reduziert sich (9.2.60) auf:

(9.2.62)

x_1	x_2	...	x_n	b
1	0	...	0	b_1
0	1	...	0	b_2
⋮	⋮	⋱	⋮	⋮
0	0		1	b_n

mit der **eindeutigen Lösung** $\vec{x} = \begin{pmatrix} b_1 \\ b_2 \\ \vdots \\ b_n \end{pmatrix}$.

Beispiel: Das nebenstehende kanonische LGS hat die eindeutige Lösung (Variablennumerierung beachten !):

$$\vec{x} = \begin{pmatrix} x_1 \\ x_2 \\ x_3 \end{pmatrix} = \begin{pmatrix} -2 \\ 3 \\ 7 \end{pmatrix} .$$

x_1	x_3	x_2	b
1	0	0	-2
0	1	0	7
0	0	1	3

Zusammenfassend kann man feststellen:

Satz 9.2.63: (Lösbarkeit linearer Gleichungssysteme)

Das LGS $\mathbf{A}\vec{x} = \vec{b}$, bestehend aus m Gleichungen mit n Variablen, ist

i) **eindeutig lösbar**, wenn nach Streichen aller im Verlauf des Lösungsverfahrens (→ Gaußscher Algorithmus) auftretenden Nullzeilen schließlich ein widerspruchsfreies kanonisches System aus **n Gleichungen** mit **n Variablen** (9.2.62) erzeugt werden kann;

ii) **mehrdeutig lösbar** (mit unendlich vielen Lösungen), wenn (nach Streichen aller Nullzeilen) schließlich ein **widerspruchsfreies kanonisches System** mit **weniger Gleichungen als Variablen** übrigbleibt, vgl. (9.2.60);

iii) **nicht lösbar**, wenn im Verlauf der elementaren Zeilenoperationen eine **Nullzeile** mit **nichtverschwindender rechter Seite** auftritt.

Bemerkung 9.2.64: *Aus Satz 9.2.63 lassen sich mit Hilfe des* ***Rangbegriffes*** *(Def. 9.2.54)* ***äquivalente Lösbarkeitskriterien*** *ableiten:*

Sei A eine (m, n)-Matrix:

- *Das LGS* $A\vec{x} = \vec{b}$ *ist* ***konsistent*** *(d.h. lösbar), wenn gilt:* $rg\,A = rg(A \mid \vec{b})$. *(Dabei ist* $A \mid \vec{b}$ *die um die rechte Seite* $\vec{b}$ *erweiterte Koeffizientenmatrix A.)*

Das ***konsistente*** *LGS* $A\vec{x} = \vec{b}$ *ist*

i) ***eindeutig*** *lösbar, wenn gilt:* $rg\,A = n$;
ii) ***mehrdeutig*** *lösbar, wenn gilt:* $rg\,A < n$.

- *Das LGS* $A\vec{x} = \vec{b}$ *ist* ***inkonsistent*** *(d.h. nicht lösbar), wenn gilt*

iii) $rg\,A < rg\,(A \mid \vec{b})$ *(vgl. Aufgabe 9.1.85).*

Besonders nützlich im Hinblick auf die Anwendung beim Simplexverfahren der Linearen Optimierung (Kap. 10.2) sind die folgenden **Begriffe** im Zusammenhang mit **mehrdeutig lösbaren** LGS:

Def. 9.2.65: In einem kanonischen System (9.2.60) nennt man die **zu** den k unterschiedlichen **Einheitsvektoren** gehörenden Variablen **Basisvariable** (BV), alle übrigen Variablen **Nichtbasisvariable** (NBV).

Beispiel 9.2.66:

i) Im nebenstehenden LGS sind x_2, x_3, x_5 Basisvariable und x_1, x_4 Nichtbasisvariable.

ii) Im LGS (9.2.60) sind $x_1, x_2, ..., x_k$ BV und $x_{k+1}, x_{k+2}, ..., x_n$ NBV.

x_1	x_2	x_3	x_4	x_5	b
2	0	1	-2	0	8
1	0	0	7	1	4
0	1	0	3	0	5

Bemerkung 9.2.67: *Erzeugt man (mit Pivotschritt) in einem LGS in der Spalte der Variablen* x_j *einen Einheitsvektor, so sagt man auch,* x_j *werde „in die Basis gebracht".*

Def. 9.2.68: Wählt man in einem mehrdeutig lösbaren kanonischen System (9.2.60) für sämtliche **Nichtbasisvariablen** den Wert **Null**, so nennt man die sich aus (9.2.61) ergebende **spezielle Lösung** eine **Basislösung** $\vec{x}_B$ des LGS.

Beispiel 9.2.69:

i) Wählt man in (9.2.60) für alle NBV den Wert Null vor, d.h. $x_{k+1} = x_{k+2} = ... = x_n = 0$, so lautet die resultierende Basislösung:

$x_1 = b_1, x_2 = b_2, ..., x_k = b_k, x_{k+1} = 0, ..., x_n = 0$, d.h. $\vec{x}_B = (b_1 \quad b_2 \, ... \, b_k \quad 0 \quad 0 \, ... \, 0)^T$ (vgl. auch (9.2.61) mit $\vec{x}_r = \vec{0}$).

ii) Die aus Beispiel 9.2.66 i) resultierende Basislösung lautet:

$\vec{x}_B = (x_1 \quad x_2 \quad x_3 \quad x_4 \quad x_5)^T = (0 \quad 5 \quad 8 \quad 0 \quad 4)^T$.

Bemerkung 9.2.70: *Da jedes mehrdeutig lösbare LGS verschiedene kanonische Darstellungen gestattet (je nach Pivotisierung der Einheitsvektoren, vgl. etwa Beispiel 9.2.45: (9.2.48) und (9.2.49)), gibt es zu* ***jedem mehrdeutig lösbaren LGS*** *auch* ***mehrere Basislösungen****.*

Beispiel: Aus (9.2.48) ergibt sich die Basislösung $\vec{x}_{B1} = (2, -5, 0, 0)^T$ *und aus (9.2.49) die Basislösung* $\vec{x}_{B2} = (0, -2, 1, 0)^T$.

Aufgabe 9.2.71: Man untersuche die folgenden LGS auf ihre Lösbarkeit und gebe im Fall eindeutiger Lösbarkeit den Lösungsvektor, im Fall mehrdeutiger Lösung die allgemeine Lösung, zwei spezielle Nichtbasislösungen sowie zwei verschiedene Basislösungen an:

i)
$$\begin{aligned} -x_2 + x_3 &= 38 \\ 4x_1 + 2x_2 + 3x_3 &= -19 \\ 3x_1 - x_3 &= 19 \end{aligned}$$

ii)
$$\begin{aligned} 2x_1 - 4x_2 + x_3 - x_4 &= x_5 + 1 \\ 6x_1 - 3x_2 - x_3 + 2x_4 &= x_6 - 1 \end{aligned}$$

iii)
$$\begin{aligned} y_1 - 4y_2 + 3y_3 &= 16 \\ -2y_1 + y_2 - 5y_3 &= -12 \\ 4y_1 + 5y_2 + 9y_3 &= 4 \\ 7y_2 - y_3 &= -20 \end{aligned}$$

iv)
$$\begin{pmatrix} 1 & 0 & 0 & -2 & 0 \\ 1 & 3 & 0 & 0 & 0 \\ 0 & 0 & 1 & 0 & -3 \\ 0 & 1 & 2 & 0 & 0 \\ 0 & 1 & 0 & -2 & -1 \\ 0 & -3 & 2 & 6 & -3 \end{pmatrix} \cdot \begin{pmatrix} x_1 \\ x_2 \\ x_3 \\ x_4 \\ x_5 \end{pmatrix} = \begin{pmatrix} 0 \\ 30 \\ 0 \\ 20 \\ 0 \\ 0 \end{pmatrix}$$

v)
$$\begin{aligned} -u_1 - 2u_2 + u_3 &= 8 \\ 2u_1 + 3u_2 - u_3 &= -10 \\ -u_1 - 4u_2 + 3u_3 &= 10 \end{aligned} \quad .$$

Aufgabe 9.2.72: Man bestimme den Rang sämtlicher Koeffizientenmatrizen **A** sowie sämtlicher erweiterten Koeffizientenmatrizen $\mathbf{A}\vdots\vec{b}$ der LGS aus Aufgabe 9.2.71.

Aufgabe 9.2.73: i) Wieviele verschiedene Basislösungen kann ein unterbestimmtes LGS, bestehend aus m Gleichungen mit n Variablen (m<n) höchstens besitzen ?

ii) Man beantworte Frage i) für die mehrdeutig lösbaren LGS von Aufgabe 9.2.71.

Aufgabe 9.2.74: Man gebe sämtliche Basislösungen des LGS $\begin{aligned} 2x_1 - 3x_2 - x_3 &= 4 \\ x_1 + 2x_2 - x_3 &= -1 \end{aligned}$ an.

Aufgabe 9.2.75: Weshalb ist ein LGS $\mathbf{A}\vec{x} = \vec{b}$ nicht lösbar, wenn gilt: $\text{rg}\,\mathbf{A} < \text{rg}\,(\mathbf{A}\vdots\vec{b})$? *(vgl. Bemerkung 9.2.64)*

9.2.5 Berechnung der Inversen einer Matrix

In Beispiel 9.1.77 wurde bereits exemplarisch festgestellt, dass die Ermittlung der Inversen $\mathbf{A}^{-1}$ einer regulären 3 × 3-Matrix **A** äquivalent ist zur Ermittlung der Lösungen von drei LGS des Typs $\mathbf{A}\vec{x} = \vec{e}$. Das Beispiel kann verallgemeinert werden:

Für eine reguläre (n, m)-Matrix $\mathbf{A} = (a_{ik})$ und ihre Inverse $\mathbf{A}^{-1} = (x_{ki})$ muss definitionsgemäß gelten: $\mathbf{A} \cdot \mathbf{A}^{-1} = \mathbf{E}$. Die Darstellung dieses Sachverhaltes liefert das Falk'sche Schema (9.2.76):

$$
(9.2.76)\qquad
\begin{array}{cccc|ccccc}
 & & & & x_{11} \;\cdots & x_{1i} \;\cdots & x_{1n} & & \\
 & & & & x_{21} & x_{2i} & x_{2n} & & \\
 & & & & \vdots & \vdots & \vdots & = & A^{-1} \\
= A & & & & x_{n1} \;\cdots & x_{ni} \;\cdots & x_{nn} & & \\
\hline
a_{11} & a_{12} & \cdots & a_{1n} & 1 \;\cdots & 0 \;\cdots & 0 & & \\
\vdots & \vdots & & & \vdots \;\ddots & \vdots & \vdots & & \\
a_{i1} & a_{i2} & \cdots & a_{in} & 0 \;\cdots & 1 \;\cdots & 0 & = & E \\
\vdots & \vdots & & & \vdots & \vdots \;\ddots & \vdots & & \\
a_{n1} & a_{n2} & \cdots & a_{nn} & 0 \;\cdots & 0 \;\cdots & 1 & &
\end{array}
$$

Bezeichnet man die erste Spalte von A^{-1} mit $\vec{x}_1$, die i-te Spalte von A^{-1} mit $\vec{x}_i$ usw., so erkennt man, dass zur Ermittlung aller Koeffizienten x_{ji} von A^{-1} die folgenden n linearen Gleichungssysteme gelöst werden müssen:

(9.2.77) $\quad A\vec{x}_1 = \vec{e}_1\,;\; A\vec{x}_2 = \vec{e}_2\,;\; \ldots\,;\; A\vec{x}_i = \vec{e}_i\,;\; \ldots\,;\; A\vec{x}_n = \vec{e}_n\,.$

(dabei ist $\vec{e}_i$ der Einheitsvektor mit der Eins in der i-ten Zeile.)

Gemeinsam ist allen n LGS (9.2.77) die linke Seite, d.h. die Koeffizientenmatrix **A**. Daher löst man zweckmäßigerweise sämtliche Systeme (9.2.77) **simultan** in einem **einzigen Pivot-Tableau** mit der linken Seite **A** und den n rechten Seiten $\vec{e}_1, \vec{e}_2, \ldots, \vec{e}_n$, vgl. (9.2.78).

$$
\begin{array}{cccc|cccc}
 & (= A) & & & & (= E) & & \\
a_{11} & a_{12} & \cdots & a_{1n} & 1 & 0 & \cdots & 0 \\
a_{21} & a_{22} & \cdots & a_{2n} & 0 & 1 & \cdots & 0 \\
\vdots & \vdots & & \vdots & \vdots & \vdots & \ddots & \vdots \\
a_{n1} & a_{n2} & \cdots & a_{nn} & 0 & 0 & \cdots & 1
\end{array}
\quad
\xrightarrow{\text{Gauß-Algorithmus}}
\quad
\begin{array}{cccc|cccc}
 & (= E) & & & & (= A^{-1}) & & \\
1 & 0 & \cdots & 0 & x_{11} & x_{12} & \cdots & x_{1n} \\
0 & 1 & \cdots & 0 & x_{21} & x_{22} & \cdots & x_{2n} \\
\vdots & \vdots & \ddots & \vdots & \vdots & \vdots & & \vdots \\
0 & 0 & \cdots & 1 & x_{n1} & x_{n2} & \cdots & x_{nn}
\end{array}
$$

(9.2.78)

Gelingt es, die linke Seite auf **kanonische Diagonalform** zu bringen, so stehen rechts die n gesuchten Lösungsvektoren in der Reihenfolge $\vec{x}_1, \vec{x}_2, \ldots, \vec{x}_n$, mithin genau die gesuchte **Inverse** A^{-1}.

Beispiel 9.2.79: Gesucht ist die Inverse von

$A = \begin{pmatrix} 1 & 4 & 3 \\ 2 & 5 & 4 \\ 1 & -3 & -2 \end{pmatrix}$. Durch Pivotisieren ergeben sich nacheinander die nebenstehenden Systeme. Die rechts unten stehende Matrix ist die Inverse:

$$A^{-1} = \begin{pmatrix} 2 & -1 & 1 \\ 8 & -5 & 2 \\ -11 & 7 & -3 \end{pmatrix}.$$

	[1]	4	3	1	0	0	
A =	2	5	4	0	1	0	= E
	1	-3	-2	0	0	1	
	1	4	3	1	0	0	
	0	-3	-2	-2	1	0	
	0	-7	[-5]	-1	0	1	
	1	-0,2	0	0,4	0	0,6	
	0	[-0,2]	0	-1,6	1	-0,4	
	0	1,4	1	0,2	0	-0,2	
	1	0	0	2	-1	1	
E =	0	1	0	8	-5	2	$= A^{-1}$
	0	0	1	-11	7	-3	

Zur Lösung linearer Gleichungssysteme (mit regulärer Koeffizientenmatrix) eignet sich die Inverse (wegen des erhöhten Rechenaufwandes für ihre Ermittlung) nur, wenn man mehrere LGS mit verschiedenen rechten Seiten, aber übereinstimmender Koeffizientenmatrix zu lösen hat.

Beispiel 9.2.80: Gesucht sind die Lösungen der linearen Gleichungssysteme $\mathbf{A}\vec{x} = \vec{b}_i$ (i = 1, 2, 3) mit

$\mathbf{A} = \begin{pmatrix} 1 & 4 & 3 \\ 2 & 5 & 4 \\ 1 & -3 & -2 \end{pmatrix}$ und den rechten Seiten

a) $\vec{b}_1 = (1 \quad 2 \quad 3)^T$

b) $\vec{b}_2 = (-2 \quad 5 \quad 0)^T$

c) $\vec{b}_3 = (-0{,}7 \quad 1.3 \quad 5{,}2)^T$

Mit Hilfe der in Beispiel 9.2.79 ermittelten Inversen $\mathbf{A}^{-1} = \begin{pmatrix} 2 & -1 & 1 \\ 8 & -5 & 2 \\ -11 & 7 & -3 \end{pmatrix}$

erhält man durch Matrizenmultiplikation nacheinander die Lösungsvektoren:

a) $\vec{x}_1 = \mathbf{A}^{-1} \cdot \vec{b}_1 = (3 \quad 4 \quad -6)^T$;

b) $\vec{x}_2 = \mathbf{A}^{-1} \cdot \vec{b}_2 = (-9 \quad -41 \quad 57)^T$;

c) $\vec{x}_3 = \mathbf{A}^{-1} \cdot \vec{b}_3 = (2{,}5 \quad -1{,}7 \quad 1{,}2)^T$.

Aufgabe 9.2.81: Man ermittle jeweils die Inverse zu **A**:

i) $\mathbf{A} = \begin{pmatrix} 2 & 2 & -5 \\ -2 & -1 & 4 \\ 1 & 0 & -1 \end{pmatrix}$ **ii)** $\mathbf{A} = \begin{pmatrix} 1 & 2 & -1 \\ 2 & -1 & 3 \\ -1 & 1 & 2 \end{pmatrix}$

iii) $\mathbf{A} = \begin{pmatrix} 1 & 4 & -2 & -2 \\ -2 & 1 & 3 & 1 \\ 1 & 2 & 2 & -1 \\ 2 & -2 & -1 & -1 \end{pmatrix}$ **iv)** $\mathbf{A} = \begin{pmatrix} -1 & -2 & 1 \\ 2 & 3 & -1 \\ -1 & -4 & 3 \end{pmatrix}$.

Aufgabe 9.2.82: Man löse die LGS $\mathbf{A}\vec{x} = \vec{b}$ mit Hilfe der Inversen $\mathbf{A}^{-1}$.

i) $\mathbf{A} = \begin{pmatrix} 1 & 2 & -1 \\ 2 & 4 & 2 \\ 1 & 1 & 1 \end{pmatrix}$; $\vec{b}_1 = \begin{pmatrix} 5 \\ 2 \\ -1 \end{pmatrix}$; $\vec{b}_2 = \begin{pmatrix} -2 \\ 1 \\ 10 \end{pmatrix}$; $\vec{b}_3 = \begin{pmatrix} 9{,}8 \\ 4{,}2 \\ -3{,}5 \end{pmatrix}$

ii) $\mathbf{A} = \begin{pmatrix} 2 & -2 & -1 \\ 1 & -1 & 2 \\ 1 & 1 & 3 \end{pmatrix}$; $\vec{b}_1 = \begin{pmatrix} 8 \\ 7 \\ -3 \end{pmatrix}$; $\vec{b}_2 = \begin{pmatrix} 100 \\ -200 \\ 500 \end{pmatrix}$; $\vec{b}_3 = \begin{pmatrix} 21{,}7 \\ -1{,}6 \\ 3{,}7 \end{pmatrix}$.

9.2.6 Ökonomische Anwendungsbeispiele für lineare Gleichungssysteme

9.2.6.1 Teilbedarfsrechnung, Stücklistenauflösung

In Unternehmen z.B. des Fahrzeugbaus, Gerätebaus oder der chemischen Industrie hat man es mit mehrstufigen Fertigungsabläufen zu tun, bei denen feste Mengenbeziehungen zwischen Rohstoffen, Zwischenprodukten, Halbfertigbauteilen, Funktionsgruppen, Baugruppen usw. sowie den Endprodukten bestehen. Um derartige Mengenstrukturen quantitativ abbilden zu können, kann man einen sogenannten **Gozintographen**[9] (vgl. Abb 9.2.83) verwenden. Dabei bedeutet etwa die Zahl „7" am Pfeil von R_2 nach Z_2, dass pro Mengeneinheit von Zwischenprodukt Z_2 7 ME des Rohstoffs R_2 erforderlich sind. Während aus dem Gozintographen somit nur der **direkte Bedarf** an vorgeschalteten Roh- bzw. Zwischenprodukten entnommen werden kann, interessiert man sich vor allem dafür, wieviele **Vor - und Zwischenprodukte insgesamt** zur Verfügung stehen müssen, damit ein **vorgegebenes Produktionsprogramm** durchgeführt werden kann.

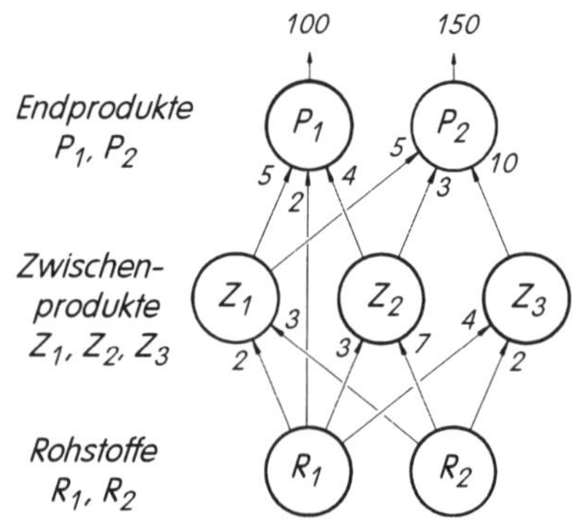

Abb. 9.2.83

Die **Lösung** dieses Problems kann mit Hilfe von **linearen Gleichungssystemen** gefunden werden. Am **Beispiel** von Abb. 9.2.83 soll das Vorgehen demonstriert werden. Dazu bezeichnet man die notwendigen Stückzahlen (in ME) der einzelnen Produkte mit Variablen, z.B.

x_1, x_2: Mengen der Rohstoffe R_1, R_2 ;

x_3, x_4, x_5: Mengen der Zwischenprodukte Z_1, Z_2, Z_3 ;

x_6, x_7: Mengen der Endprodukte P_1, P_2 .

Das Produktionsprogramm sieht vor, vom Endprodukt P_1 100 ME und vom Endprodukt P_2 150 ME zu erzeugen, d.h. es gilt: $x_6 = 100$; $x_7 = 150$. Zwischen den einzelnen Variablen bestehen lineare Beziehungen, wie am Beispiel des Rohstoffs R_1 gezeigt werden soll (Abb. 9.2.83):

R_1 geht direkt ein in die drei Zwischenprodukte Z_1, Z_2, Z_3 (mit 2, 3, bzw. 4 Rohstoffeinheiten pro Zwischenprodukteinheit) sowie in das Endprodukt P_1 (mit 2 Rohstoffeinheiten pro Endprodukteinheit). Werden von den drei Zwischenprodukten x_3, x_4, bzw. x_5 Einheiten und vom Endprodukt P_1 x_6 Einheiten benötigt, so beträgt der **Gesamtbedarf** x_1 **des Rohstoffs** R_1: $x_1 = 2x_3 + 3x_4 + 4x_5 + 2x_6$. Auf völlig analoge Weise leitet man die weiteren Mengenbeziehungen aus Abb. 9.2.83 her und erhält:

$$\begin{aligned}
x_1 &= 2x_3 + 3x_4 + 4x_5 + 2x_6 \\
x_2 &= 3x_3 + 7x_4 + 2x_5 \\
x_3 &= 5x_6 + 5x_7 \\
x_4 &= 4x_6 + 3x_7 \\
x_5 &= 10x_7 \\
x_6 &= 100 \\
x_7 &= 150
\end{aligned} \tag{9.2.84}$$

[9] nach dem Mathematiker A. Vazsonyi, der diesen Begriff dem selbsterfundenen „ital. Mathematiker Zepartzat Gozinto" zuschrieb. Spricht man diesen Namen aus wie "the part that goes into", so erkennt man den beabsichtigten Zusammenhang.

d.h.

$$(9.2.85)\quad \begin{array}{rrrrrrrl} x_1 & & -2x_3 & -3x_4 & -4x_5 & -2x_6 & & = 0 \\ & x_2 & -3x_3 & -7x_4 & -2x_5 & & & = 0 \\ & & x_3 & & & -5x_6 & -5x_7 & = 0 \\ & & & x_4 & & -4x_6 & -3x_7 & = 0 \\ & & & & x_5 & & -10x_7 & = 0 \\ & & & & & x_6 & & = 100 \\ & & & & & & x_7 & = 150 \end{array}$$

Formt man das oben stehende LGS auf die übliche Gestalt um, so erkennt man, dass (9.2.84) **obere Dreiecksform** besitzt (vgl.(9.2.85)) und die **Lösung** daher durch sukzessives Einsetzen von unten nach oben gewonnen werden kann, vgl. (9.2.86).

x_1 = 11.250 ME von Rohstoff R_1
x_2 = 12.700 ME von Rohstoff R_2
x_3 = 1.250 ME von Zwischenprodukt Z_1
x_4 = 850 ME von Zwischenprodukt Z_2
x_5 = 1.500 ME von Zwischenprodukt Z_3
x_6 = 100 ME von Endprodukt P_1
x_7 = 150 ME von Endprodukt P_2

(9.2.86)

Beispiel 9.2.87: Die Fertigungsstruktur in einer chemischen Unternehmung sei durch einen Gozintographen abgebildet (vgl. Abb. 9.2.88). In Fällen wie diesem, in denen höherwertige Produkte ihrerseits zur Produktion von Produkten vorgelagerter Fertigungsstufen verwendet werden, weist der Gozintograph **Schleifen** auf (in Abb. 9.2.88 existieren Schleifen von P_5 nach P_1 und P_4 nach P_1). Das entsprechende LGS weist in diesem Fall **keine Dreiecksform** auf, so dass die besonders einfache Lösbarkeit durch Einsetzen nicht mehr gegeben ist. Bezeichnet man die benötigte Menge des Produktes P_i mit x_i, so folgt aus Abb. 9.2.88 das LGS:

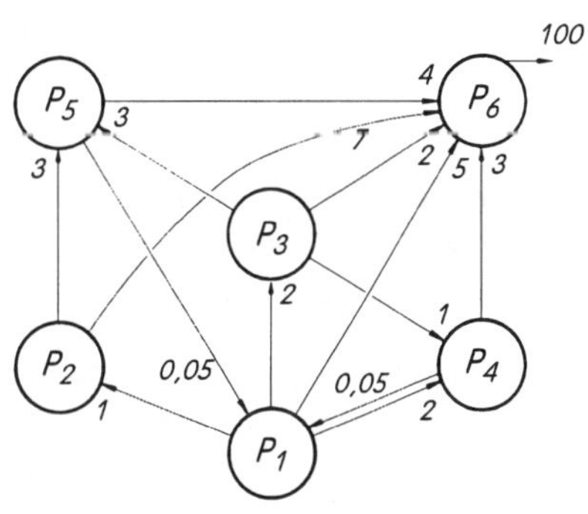

Abb. 9.2.88

$$\begin{array}{l} x_1 = x_2 + 2x_3 + 2x_4 + 5x_6 \\ x_2 = 3x_5 + 7x_6 \\ x_3 = x_4 + 3x_5 + 2x_6 \\ x_4 = 0{,}05x_1 + 3x_6 \\ x_5 = 0{,}05x_1 + 4x_6 \\ x_6 = 100 \end{array}$$

bzw.

$$\boxed{\begin{array}{rrrrrrl} x_1 & -x_2 & -2x_3 & -2x_4 & & -5x_6 & = 0 \\ & x_2 & & & -3x_5 & -7x_6 & = 0 \\ & & x_3 & -x_4 & -3x_5 & -2x_6 & = 0 \\ 0{,}05x_1 & & & -x_4 & & +3x_6 & = 0 \\ 0{,}05x_1 & & & & -x_5 & +4x_6 & = 0 \\ & & & & & x_6 & = 100 \end{array}}$$

mit der Lösung: x_1 = 18.285,71 ME ; x_2 = 4.642,86 ME ; x_3 = 5.357,14 ME ;
x_4 = 1.214,29 ME ; x_5 = 1.314,29 ME ; x_6 = 100 ME .

9.2.6.2 Innerbetriebliche Leistungsverrechnung

In vielen Unternehmensbereichen ist es üblich, dass zwischen zwei oder mehr betriebsinternen Abteilungen (Hilfsbetrieben, Kostenstellen) ein **wechselseitiger Leistungsaustausch** stattfindet, sich die verschiedenen Abteilungen somit gegenseitig beliefern (etwa mit selbsterzeugtem Strom, Dampf, Gas, selbst durchgeführten Reparaturen, Transport- und Überwachungsleistungen). Die **exakte kostenmäßige Erfassung** dieser innerbetrieblichen Leistungen ist einerseits notwendige Grundlage zur **Selbstkostenermittlung** und **Preiskalkulation** der für den Markt bestimmten Güter und dient andererseits dazu, einen **Kostenvergleich** zwischen **Eigenerstellung** und **Fremdbezug** derartiger innerbetrieblicher Leistungen zu ermöglichen.

Als einfaches **Beispiel** soll eine Unternehmung mit einem Hauptbetrieb und den drei Hilfsbetrieben „Strom", „Heizung", „Werkstatt" betrachtet werden. Die Hilfsbetriebe sollen in erster Linie ihre Leistungen an den Hauptbetrieb abgeben, verbrauchen aber einen Teil ihrer produzierten Leistung auch selbst oder wechselseitig. Die folgende Tabelle (9.2.89) gibt Aufschluss über die Leistungsbeziehungen einer Abrechnungsperiode:

(9.2.89)

		Empfänger					
	Hilfsbetrieb	Heizung	Strom	Werkstatt	Hauptbetrieb	Gesamtleistung	primäre Kosten (€)
	Heizung (kWh)	-	400	2.000	50.000	52.400	4.140
Lieferant	Strom (kWh)	500	1.000	5.000	20.000	26.500	3.060
	Werkstatt	20	40	10	200	270	11.800
							Σ: 19.000

Die Kosten, die den Hilfsbetrieben bei der Erstellung ihrer Gesamtleistung unmittelbar entstehen, nennt man **primäre Kosten** (z.B. Löhne, Gehälter, Material, Abschreibungen ...).

Die an den **Hauptbetrieb abgegebenen Leistungen** sollen nun mit den „richtigen" **Verrechnungskosten** bewertet werden. Dazu genügt es nicht, die jedem Hilfsbereich direkt entstandenen primären Kosten einfach durch die Zahl der an den Hauptbetrieb abgegebenen Leistungseinheiten zu dividieren: Die umlagebedürftigen Gesamtkosten eines Hilfsbetriebes umfassen nämlich außer den primären Kosten noch die Kosten der innerbetrieblichen Leistungen, die von den übrigen Hilfsbetrieben geleistet wurden. Die Kosten dieser „Vorlieferung" heißen **sekundäre Kosten**. So entsteht das Problem, dass man die umlagefähigen Gesamtkosten eines jeden Hilfsbetriebes erst dann ermitteln kann, wenn man die korrekten Verrechnungspreise der bezogenen innerbetrieblichen Leistungen kennt und umgekehrt.

Die **Lösung** dieses Problems ergibt sich, wenn man die **gesuchten Verrechnungspreise** der innerbetrieblichen Leistungen **simultan** mit Hilfe eines **linearen Gleichungssystems** berechnet: Seien p_1, p_2, p_3 die noch unbekannten Verrechnungspreise (d.h. Kosten je Leistungseinheit) für Heizung (in €/kWh), Strom (in €/kWh) und Werkstatt (in €/h). Dann muss für **jeden Hilfsbetrieb** die **grundlegende Beziehung** (9.2.90) gelten:

(9.2.90)

Primäre Kosten	+	sekundäre Kosten	=	Wert der produzierten Leistung
		(= empfangene Leistung mal Verrechnungspreis)		*(= Gesamtleistung mal Verrechnungspreis)*

Angewendet auf die Daten von Tabelle (9.2.89) ergeben sich so die folgenden linearen Gleichungen:

$$\begin{aligned} 4.140 + 500p_2 + 20p_3 &= 52.400p_1 \\ 3.060 + 400p_1 + 1.000p_2 + 40p_3 &= 26.500p_2 \\ 11.800 + 2.000p_1 + 5.000p_2 + 10p_3 &= 270p_3 \end{aligned}$$

Daraus erhält man das LGS

(9.2.91)

$$\begin{aligned} 52.400p_1 - 500p_2 - 20p_3 &= 4.140 \\ -400p_1 + 25.500p_2 - 40p_3 &= 3.060 \\ -2.000p_1 - 5.000p_2 + 260p_3 &= 11.800 \end{aligned}$$

mit der Lösung $p_1 = 0{,}10$ €/kWh ; $p_2 = 0{,}20$ €/kWh ; $p_3 = 50$ €/h .

Bewertet man die an den Hauptbetrieb abgegebenen Leistungen mit diesen internen Verrechnungspreisen, so ergibt sich als insgesamt verrechnete Kostensumme K:

$$K = 50.000\text{ kWh}\cdot 0{,}10\,\frac{€}{\text{kWh}} + 20.000\text{ kWh}\cdot 0{,}20\,\frac{€}{\text{kWh}} + 200\text{ h}\cdot 50\,\frac{€}{\text{h}}$$

$$= 5.000 + 4.000 + 10.000 = 19.000\ €\,,$$

also genau die Summe aller primären Kosten . Außerdem decken die Verrechnungspreise für jeden Hilfsbetrieb genau die individuellen primären Kosten, wie aus (9.2.90) hervorgeht: Wert der produzierten Leistung minus Wert der empfangenen Leistung gleich primäre Kosten.

Im **allgemeinen Fall** lässt sich die Struktur bei innerbetrieblicher Leistungsverrechnung aus Tabelle 9.2.92 ablesen:

Tab. 9.2.92	Kostenstelle	**Empfänger** 1	2	...	j	...	n	Gesamtleistung (LE)	Primäre Kosten (€)	Verrechnungspreise (€/LE)
	1	a_{11}	a_{12}	...	a_{1j}	...	a_{1n}	m_1	k_1	p_1
	2	a_{21}	a_{22}	...	a_{2j}	...	a_{2n}	m_2	k_2	p_2
Lieferant	⋮	⋮	⋮		⋮		⋮	⋮	⋮	⋮
	i	a_{i1}	a_{i2}	...	a_{ij}	...	a_{in}	m_i	k_i	p_i
	⋮	⋮	⋮		⋮		⋮	⋮	⋮	⋮
	n	a_{n1}	a_{n2}	...	a_{nj}	...	a_{nn}	m_n	k_n	p_n

Dabei bedeutet a_{ij} die von Kostenstelle i an Kostenstelle j abgegebene Leistung *(a_{ii} = selbstverbrauchte Eigenleistung)*. Die **j-te Spalte** der **Verflechtungsmatrix** enthält die von der Kostenstelle j insgesamt **bezogenen Leistungen**. Ihr **Wert**

$$S_j := a_{1j}\cdot p_1 + a_{2j}\cdot p_2 + \ldots + a_{ij}\cdot p_i + \ldots + a_{nj}\cdot p_n$$

entspricht genau den **sekundären Kosten** der Kostenstelle j. Somit erhält man über (9.2.90) aus (9.2.92) das lineare Gleichungssystem (9.2.93) zur Ermittlung der gesuchten Verrechnungspreise p_i:

(9.2.93)

$$\begin{aligned} k_1 + a_{11}p_1 + a_{21}p_2 + \ldots + a_{n1}p_n &= m_1p_1 \\ k_2 + a_{12}p_1 + a_{22}p_2 + \ldots + a_{n2}p_n &= m_2p_2 \\ \vdots \quad\quad & \quad \vdots \\ k_j + a_{1j}p_1 + a_{2j}p_2 + \ldots + a_{nj}p_n &= m_jp_j \\ \vdots \quad\quad & \quad \vdots \\ k_n + a_{1n}p_1 + a_{2n}p_2 + \ldots + a_{nn}p_n &= m_np_n \end{aligned}$$

Die Lösung $\vec{p} = (p_1\ p_2\ \ldots\ p_n)^T$ von (9.2.93) liefert die gesuchten Verrechnungspreise.

Aufgabe 9.2.94: Eine Unternehmung besitzt die beiden Hilfsbetriebe „Stromerzeugung" und „Reparaturwerkstatt", die einerseits ihre Leistungen an die beiden Hauptbetriebe „Dreherei" und „Endmontage" abgeben, daneben aber auch gegenseitig Leistungen liefern und verbrauchen. Die entsprechenden Daten sind in folgender Tabelle zusammengestellt:

	Strom	Reparaturwerkstatt	Dreherei	Endmontage
primäre Kosten (€)	30.540	60.000	240.000	300.000
abgegebene Leistungen	200.000 (kWh)	1.600 (h)		
empfangene Leistungen	400 h	8.000 kWh	92.000 kWh 400 h	100.000 kWh 800 h

Man führe eine innerbetriebliche Leistungsverrechnung durch:

i) Man ermittle die Verrechnungspreise für Strom und Reparatur.

ii) Mit Hilfe der unter i) ermittelten Verrechnungspreise führe man eine Kostenumlage durch und bestimme die Gesamtkosten der beiden Fertigungshauptstellen.

Aufgabe 9.2.95: Eine Unternehmung weist vier Hilfskostenstellen auf, die 3 Hauptkostenstellen sowie sich selbst untereinander wechselseitig beliefern:

Hilfskostenstelle	Empfänger (in LE)				Abgabe an Hauptkostenstelle (LE)			primäre Kosten (GE)
	K_1	K_2	K_3	K_4	H_1	H_2	H_3	
K_1	10	30	40	50	80	90	100	2.020
K_2	40	10	50	100	100	150	150	3.700
K_3	100	80	-	40	180	70	30	1.960
K_4	80	20	20	30	250	200	200	7.700

Man ermittle

i) die Verrechnungspreise (in GE/LE) für die Leistungen der vier Hilfskostenstellen;

ii) die Kostenumlage der Primärkosten auf die drei Hauptkostenstellen.

Aufgabe 9.2.96: In einer Unternehmung der chemischen Industrie werden zwei Endprodukte P_6, P_7 über verschiedene Zwischenprodukte erstellt. Die Materialverflechtung ist durch einen Gozintographen (Abb. 9.2.97) vorgegeben. Man ermittle den Gesamtbedarf der Produkte P_1 bis P_6, wenn vom Endprodukt P_6 82 ME und vom Endprodukt P_7 100 ME an den Markt geliefert werden sollen.

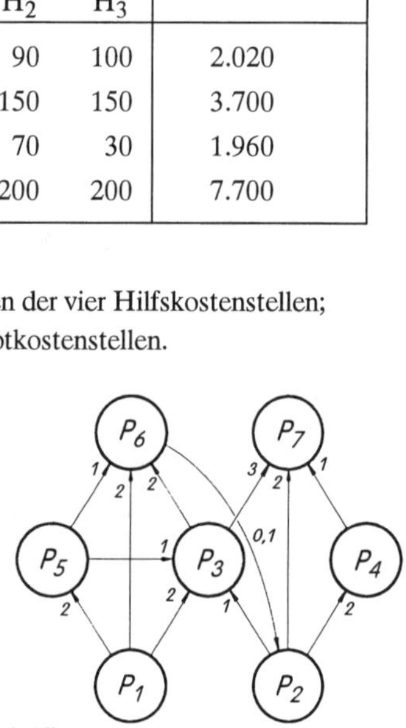

Abb. 9.2.97

10 Lineare Optimierung (LO)

10.1 Grundlagen und graphische Lösungsmethode

Die **bisher** behandelten **Optimierungsprobleme** unter Berücksichtigung von **Nebenbedingungen** waren dadurch gekennzeichnet, dass die Restriktionen ausschließlich in **Gleichungsform** vorlagen (vgl. Lagrange - Methode, Kap. 7.2.2.3).

Eine **Verbesserung der Realitätsnähe** mathematischer Optimierungsmodelle wird erreicht, wenn man statt exakter Einhaltung von Nebenbedingungen lediglich fordert, dass bestimmte **Restriktionsgrenzen nicht über-** oder **unterschritten** werden (im Fall der Nutzenmaximierung etwa würde man nicht mehr verlangen, dass das verfügbare Einkommen (z.B. 3.000 €) genau für Konsumzwecke verbraucht wird - vielmehr können 3.000 € oder aber auch weniger ausgegeben werden). Mathematisch bedeutet diese Erweiterung die Einbeziehung von **Ungleichungen** in das mathematische Modell und damit gleichzeitig (wie noch zu zeigen sein wird, vgl. Bem. 10.1.9) den **Verzicht** auf die Anwendung der klassischen **Differentialrechnung**. Es war daher erforderlich, für Optimierungsmodelle mit Ungleichungen als Nebenbedingungen neue mathematische Lösungswege zu suchen. Während die Theorie für beliebige Zielfunktionen mit beliebigen Restriktionen noch keineswegs abgeschlossen ist, gelang es, für eine einfache, aber ökonomisch wichtige Klasse dieser Probleme **vollständige Lösungsverfahren** zu entwickeln: Diese als **Lineare Optimierungsprobleme** [1] (LO-Probleme) bekannten Modellansätze werden im folgenden behandelt. Sie lassen sich dadurch kennzeichnen, dass sowohl die **Zielfunktion** als auch sämtliche **Nebenbedingungen linear** sind.

Die **Grundidee** der **Linearen Optimierung** lässt sich an einfachen Beispielen besonders gut erkennen. Daher werden im folgenden zunächst **exemplarisch** ein Maximum- und ein Minimumproblem ausführlich behandelt.

10.1.1 Ein Problem der Produktionsplanung

Zwei verschiedene Kunststoffprodukte I, II werden aus (in beliebiger Menge verfügbarem) Rohgranulat hergestellt. Drei Vorgänge bestimmen die Produktion: Warmpressen, Spritzguss und Verpackung. Produkt I entsteht durch Warmpressen des Granulates, Produkt II entsteht durch Spritzguss des Granulates. Beide Produkte werden anschließend für den Versand verpackt.

Die Fertigungsstelle „Pressen“ steht pro Tag für höchstens 10 h zur Verfügung, pro t des Produktes I wird 1 h benötigt. Die entsprechenden Daten für die Fertigungsstelle „Spritzguss“ lauten: 6 h/Tag und 1 h/t. In der Verpackungsabteilung stehen vier Arbeitskräfte mit jeweils täglich maximal 8 Arbeitsstunden zur Verfügung. Pro t von Produkt I werden 2 h, pro t von Produkt II werden 4 h in der Verpackungsabteilung benötigt. Durch den (gesicherten) Absatz aller produzierten Kunststoffprodukte erzielt die Unternehmung die folgenden Stückdeckungsbeiträge: 30 €/t für Produkt I, 20 €/t für Produkt II.

[1] Statt *Lineare Optimierung* sind auch die Bezeichnungen *Lineare Planungsrechnung* oder *Lineare Programmierung* gebräuchlich.

In welcher Mengenkombination soll die Unternehmung die beiden Produkte herstellen, damit sie den gesamten Deckungsbeitrag (pro Tag) maximiert ?

Tabelle 10.1.1 gibt eine Übersicht über die Modellbedingungen (Produktionskoeffizienten, Kapazitäten, Deckungsbeiträge (DB)).

Tab. 10.1.1	Prod. I	Prod. II	max. Tageskapazität
Pressen	1 h/t	-	10 h
Spritzen	-	1 h/t	6 h
Packen	2 h/t	4 h/t	32 h
DB	30 €/t	20 €/t	

Bezeichnet man die zu produzierenden Mengen (in t/Tag) von Produkt I mit x_1 und von Produkt II mit x_2 (x_1, x_2 heißen **Entscheidungsvariable**), so lässt sich das LO-Problem mathematisch wie folgt beschreiben:

Beispiel 10.1.2: Man **maximiere** den Deckungsbeitrag Z mit

(10.1.3) $Z = 30x_1 + 20x_2$

unter Berücksichtigung der **Nebenbedingungen** (Restriktionen)

(10.1.4) $x_1 \leq 10$ (Pressen)

$x_2 \leq 6$ (Spritzen)

$2x_1 + 4x_2 \leq 32$ (Verpacken) sowie

(10.1.5) $x_1, x_2 \geq 0$.

Die zu maximierende Gewinnfunktion (10.1.3) heißt **Zielfunktion** des LO-Problems. Die drei Ungleichungen (10.1.4) stellen **Restriktionen** dar, die durch begrenzte Kapazität der drei Fertigungsstellen notwendig werden. Wegen der „$\leq$" -Bedingungen können die angegebenen Kapazitätsgrenzen **erreicht** oder aber **beliebig unterschritten** werden. Die beiden letzten Ungleichungen (10.1.5) $x_1 \geq 0$, $x_2 \geq 0$ heißen **Nichtnegativitätsbedingungen (NNB)** und bringen die ökonomisch sinnvolle Forderung nach nichtnegativen Produktionsmengen zum Ausdruck. Das einfache Beispiel 10.1.2 enthält somit bereits sämtliche „Zutaten" eines linearen Optimierungsproblems: **1)** lineare Zielfunktion **2)** lineare Restriktionen **3)** Nichtnegativitätsbedingungen.

10.1.2 Graphische Lösung des Produktionsplanungsproblems

Da das Problem Bsp. 10.1.2 nur zwei Entscheidungsvariablen besitzt, lässt es sich mit graphischen Methoden lösen. Dazu bezeichnet man die Koordinatenachsen mit den im Problem gewählten Entscheidungsvariablen x_1, x_2, wobei man sich wegen der Nichtnegativitätsbedingungen (NNB) (10.1.5) ausschließlich auf den 1. Quadranten beschränken kann. Jeder **Punkt** (x_1,x_2) des ersten Quadranten stellt somit eine (theoretisch) mögliche **Produktmengenkombination** dar, siehe Abb. 10.1.6:

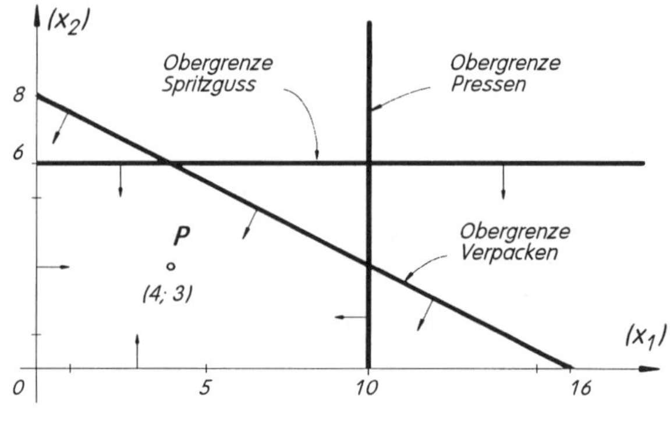

Abb. 10.1.6

Um die **graphische Darstellung der Restriktionen** (10.1.4) zu verdeutlichen, wird zunächst unterstellt, dass in allen drei Restriktionen das Gleichheitszeichen gilt. Damit erhält man zunächst drei Geraden (die Obergrenzen Pressen, Spritzen, Verpacken), vgl. Abb. 10.1.6. Die entsprechenden Geradengleichungen lauten (in der üblichen Form): $x_1 = 10$; $x_2 = 6$; $x_2 = -0{,}5x_1 + 8$.

Nimmt man nun die „≤"-Bedingungen hinzu, so ergibt sich: Wegen $x_1 \leq 10$ erfüllen alle im 1. Quadranten auf und links von der Pressen-Obergrenze gelegenen Punktepaare die erste Restriktion. Entsprechend erfüllen (wegen $x_2 \leq 6$) alle Punkte auf und unterhalb der Spritzen-Obergrenze die zweite Restriktion und schließlich (wegen $x_2 \leq -0{,}5x_1 + 8$) alle Punkte auf und unterhalb der Verpackungsobergrenze die dritte Restriktion. (In Abb. 10.1.6 wird dies durch entsprechend gerichtete Pfeile verdeutlicht.) Beispielsweise genügt der in Abb. 10.1.6 markierte Punkt P(4; 3) sämtlichen drei Restriktionen sowie den NNB. Ökonomische Bedeutung: Eine Kombination von $x_1 = 4$t/Tag von Produkt I und $x_2 = 3$ t/Tag von Produkt II kann mit den vorhandenen Kapazitäten produziert und verpackt werden. Der dabei erzielte Deckungsbeitrag beträgt nach (10.1.3) 180 €.

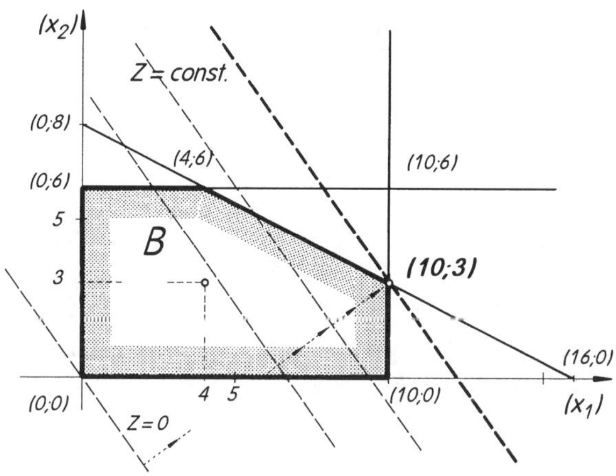

Abb. 10.1.7

Das Restriktionssystem (10.1.4) und die NNB (10.1.5) fordern, dass **sämtliche Ungleichungen zugleich erfüllt** werden müssen. Daher kommen als mögliche Punktmengenkombinationen (x_1, x_2) nur solche Punkte in Frage, die im schraffierten Bereich B (einschließlich seines Randes) liegen, Abb. 10.1.7. Man nennt B den **zulässigen Bereich**, alle in B gelegenen Punkte (x_1, x_2) heißen **zulässige Lösungen** des LO-Problems.

Beispiel: Zulässige Lösungen sind z.B. (0; 0), (4; 3) oder (10; 3). Nicht zulässig ist z.B. die Produktionsmengenkombination (10; 6), da die Verpackungsrestriktion verletzt wird.

Ist für eine **zulässige Lösung** der **Zielfunktionswert** Z **maximal** (oder minimal), so spricht man von einer **optimalen zulässigen Lösung**.

Die **Schnittpunkte je zweier Restriktionsgrenzen** (wozu auch die Koordinatenachsen gezählt werden, vgl. die NNB (10.1.5)) bezeichnet man als **Eckpunkte** des Restriktionssystems. Für das vorliegende Beispiel gilt (Abb. 10.1.7):

zulässige Eckpunkte: (0; 0), (10; 0) , (10; 3) , (4; 6) , (0; 6) ;
nicht zulässige Eckpunkte: (16; 0) , (10; 6) , (0; 8) .

Nachdem geklärt ist, welche Punktmenge überhaupt als mögliche Lösungen des LO-Problems in Frage kommen, interessiert nun, für welche der zulässigen Lösungen die **Zielfunktion** ($\hat{=}$ Deckungsbeitrag) einen **maximalen Wert** annimmt. Dazu formt man die Zielfunktion (10.1.3) um: $Z = 30x_1 + 20x_2 \Rightarrow$ $20x_2 = -30x_1 + Z$, d.h.

(10.1.8) $$\boxed{x_2 = -1{,}5x_1 + 0{,}05Z} \quad .$$

Für jeden Deckungsbeitragswert, d.h. für jeden fest vorgewählten Wert $Z = \text{const.}$ der Zielfunktion stellt (10.1.8) eine Gerade mit der Steigung -1,5 und dem Ordinatenabschnitt 0,05Z dar, so dass bei der Variation des Parameters Z graphisch eine **Schar paralleler Geraden („Zielfunktionsgeraden")** entsteht (von denen vier in Abb. 10.1.7 gestrichelt eingezeichnet sind). Jeder Punkt (d.h. jede Produktionsmengenkombination) (x_1, x_2) einer gegebenen Zielfunktionsgeraden führt zum gleichen Deckungsbeitrag Z. Je größer Z gewählt wird, desto größer ist der Ordinatenabschnitt 0,05Z der entsprechenden Zielfunktionsgeraden (10.1.8) und desto höher bzw. weiter „rechts oben" liegt die Zielfunktionsgerade. Um das zulässige **Maximum** von Z zu erhalten, wird daher die **„höchste" Zielfunktionsgerade** ausgewählt, die **gerade noch im zulässigen Bereich** B liegt. Diese Parallelverschiebung von (10.1.8) führt schließlich (vgl. Abb. 10.1.7) zum Eckpunkt (10; 3) des zulässigen Bereiches. Bei jeder weiteren Parallelverschiebung der Zielfunktionsgeraden nach oben wird der zulässige Bereich verlassender **Eckpunkt (10; 3)** bezeichnet daher die **optimale zulässige Lösung** des LO-Problems Beispiel 10.1.2. Die Unternehmung erzielt also einen maximalen Deckungsbeitrag, wenn sie pro Tag 10 ($= x_1$) t von Produkt I und 3 ($= x_2$) t von Produkt II herstellt. Der maximale Deckungsbeitrag beträgt nach (10.1.3): $Z_{max} = 30x_1 + 20x_2 = 360$ €/Tag. Durch Interpretation von Abb. 10.1.7 oder durch Einsetzen in (10.1.4) stellt man weiterhin fest, dass im Optimalpunkt (10; 3) die maximalen Kapazitäten der Fertigungsstellen „Pressen" und „Verpacken" genau ausgenutzt sind **(Engpassfertigungsstellen)**, während die Fertigungsstelle „Spritzguss" nur zur Hälfte ausgelastet ist.

Bemerkung 10.1.9: *Wie schon erwähnt, befindet sich die* ***optimale Lösung*** *des LO-Problems in einer* ***Ecke des zulässigen Bereiches****. Da in den Ecken einer Funktion kein Differentialquotient existiert, versagen für LO-Probleme die Methoden der Differentialrechnung.*

10.1.3 Ein Diät-Problem

Um seine Gesundheit und Leistungsfähigkeit aufrecht erhalten zu können , benötigt der Mensch täglich ein Minimum unterschiedlicher Nährstoffe. Aus Vereinfachungsgründen sei unterstellt, dass ausschließlich folgende Nahrungsmittelbestandteile erforderlich sind: Eiweiß, Fett und Energie. Weiterhin wird angenommen, dass lediglich zwei verschiedene Nahrungsmittelsorten I, II zur Verfügung stehen, deren Preise und Nährstoffzusammensetzung ebenso wie die täglichen Nährstoffmindestmengen aus Tab. 10.1.10 ersichtlich sind.

Tab. 10.1.10	Nahrungsmitteltyp I	Nahrungsmitteltyp II	täglicher Mindestbedarf
Eiweiß (ME/100g)	3	1	15 ME
Fett (ME/100g)	1	1	11 ME
Energie (ME/100g)	2	8	40 ME
Preis (€/100g)	1,-	2,-	

(Die Mengeneinheiten (ME) wurden so gewählt, dass sich einfache Zahlenwerte ergeben)

Problem: Wie muss der fiktive Verbraucher sein tägliches Menü zusammenstellen, damit er einerseits **genügend Nährstoffe** erhält und andererseits die dafür aufzuwendenden **Geldbeträge möglichst gering** sind? Bezeichnet man die zu wählenden Nahrungsmittelmengen mit x_1 (in 100g/Tag von Sorte I) und x_2 (in 100g/Tag von Sorte II), so lässt sich mit Hilfe von (10.1.10) das Problem mathematisch formulieren:

Beispiel 10.1.11: Man **minimiere** die Kosten Z mit

(10.1.12) $Z = x_1 + 2x_2$

unter Berücksichtigung der **Restriktionen**

(10.1.13) $3x_1 + x_2 \geq 15$ (Eiweiß-Restriktion)
$x_1 + x_2 \geq 11$ (Fett-Restriktion)
$2x_1 + 8x_2 \geq 40$ (Energie-Restriktion) sowie

(10.1.14) $x_1, x_2 \geq 0$.

Analog zu Beispiel 10.1.2 enthält das LO-Problem **1)** eine lineare Zielfunktion (die hier allerdings minimiert werden soll) **2)** lineare Restriktionen (hier allerdings vom „≥"-Typ) und **3)** Nichtnegativitätsbedingungen.

10.1.4 Graphische Lösung des Diät-Problems

Analog zum Maximum-Problem (Beispiel 10.1.2) lässt sich der zulässige Bereich des Diät-Problems graphisch veranschaulichen. Wegen der NNB (10.1.14) kann man sich wie zuvor auf den ersten Quadranten ($x_1 \geq 0$, $x_2 \geq 0$) beschränken. Jedem Punkt (x_1, x_2) des ersten Quadranten entspricht im Beispiel genau ein Menüvorschlag, bestehend aus $x_1 \cdot 100$g der Sorte I und $x_2 \cdot 100$g der Sorte II. Die **Nährstoffuntergrenzen**, die sich aus (10.1.13) unter Verwendung des Gleichheitszeichens ergeben, sind Abb. 10.1.15 zu entnehmen.

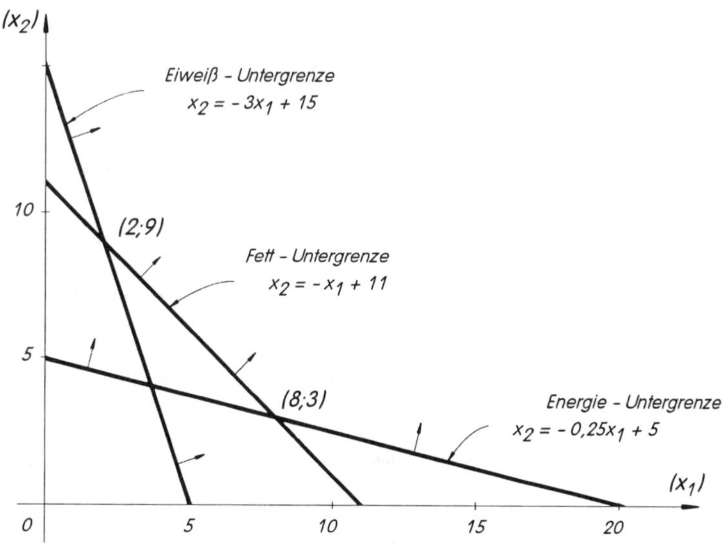

Abb. 10.1.15

Da sämtliche Restriktionen von Typ „ $x_2 \geq$ ...“ sind, kommen als **zulässige Nahrungsmittelkombinationen** (x_1, x_2) nur solche Punkte in Frage, die auf oder oberhalb der eingezeichneten Nährstoffuntergrenzen liegen (vgl. die entsprechend gerichteten Pfeile in Abb. 10.1.15). Zulässig für das Diät-Problem sind daher alle Punkte des in Abb. 10.1.17 schraffierten **zulässigen Bereiches B** (einschließlich seines Randes).

Um das **kostenminimale zulässige Menü** ausfindig zu machen, schreibt man die Zielfunktion (= Kostenfunktion) (10.1.12) in der Form

(10.1.16) $$x_2 = -0{,}5x_1 + 0{,}5Z$$

Fasst man den Gesamtkostenwert Z wieder als variierbaren Parameter auf, so ergibt sich aus (10.1.16) eine **Schar paralleler Zielfunktionsgeraden** (mit der gemeinsamen Steigung -0,5 und dem veränderlichen Ordinatenabschnitt 0,5Z), von denen drei in Abb. 10.1.17 gestrichelt dargestellt sind. Zu jeder Zielfunktionsgeraden gehört genau ein fester Kostenwert Z (**Isokostengerade**). Je geringer die Kosten Z, desto weiter unten liegt die entsprechende Isokostengerade (bedingt durch den ebenfalls abnehmenden Ordinatenabschnitt 0,5Z). **Parallelverschiebung** der Isokostenlinien nach **unten** führt schließlich zum **kostenminimalen zulässigen Eckpunkt** (8; 3), vgl. Abb. 10.1.17. Damit lautet die optimale Lösung des Diät-Problems: $x_1 = 8$; $x_2 = 3$; $Z_{min} = 14$.

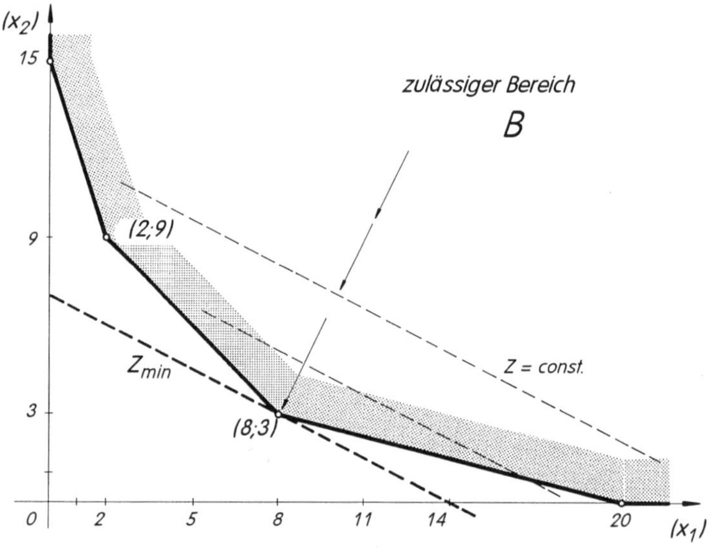

Abb. 10.1.17

Der fiktive Diät-Optimierer minimiert daher seine täglichen Nahrungsmittelkosten (= 14 €/Tag), wenn er pro Tag 800g der Sorte I und 300g der Sorte II konsumiert. Aus Abb. 10.1.17 bzw. durch Einsetzen der optimalen Lösung in die Restriktionen (10.1.13) erkennt man weiterhin, dass bei kostenminimaler Diät die Fett- und Energiemindestmengen exakt eingehalten werden, während 12 ME mehr Eiweiß als erforderlich im Menü enthalten sind.

Bemerkung 10.1.18: *Die beiden dargestellten Beispiele 10.1.2/10.1.11 demonstrieren den auch für beliebig große LO-Probleme geltenden Sachverhalt, demzufolge die* ***optimale Lösung*** *(sofern sie existiert) in (mindestens) einem* ***Eckpunkt*** *des zulässigen Bereiches angenommen wird. Daher genügt es, sich bei der Suche nach dem Zielfunktionsoptimum auf die* ***endlich vielen Eckpunkte*** *des zulässigen Bereiches zu beschränken.*

10.1.5 Sonderfälle bei graphischer Lösung

Für das später behandelte Simplexverfahren ist es nützlich, auf einige Besonderheiten hinzuweisen, die am graphischen Beispiel recht deutlich werden.

i) **Ändern** sich im Diät-Beispiel die **Zielfunktionskoeffizienten**, d.h. die Nahrungsmittelpreise p_1 (Sorte I) und p_2 (Sorte II), so kann sich die Steigung m der Zielfunktion (10.1.12) ändern. Wegen

(10.1.19) $$Z = p_1x_1 + p_2x_2 \quad \Rightarrow \quad \boxed{x_2 = -\frac{p_1}{p_2}x_1 + \frac{Z}{p_2}}$$

ist die Steigung m jeder Isokostenlinie gegeben durch das negative Preisverhältnis $-\frac{p_1}{p_2}$.

a) Ändern sich die **Preise** um **denselben Faktor** (etwa bei Inflation), so bleiben das Preisverhältnis und damit die Steigung der Zielfunktion konstant, so dass das optimale Menü unverändert bleibt, wenn auch mit veränderten Minimalkosten.

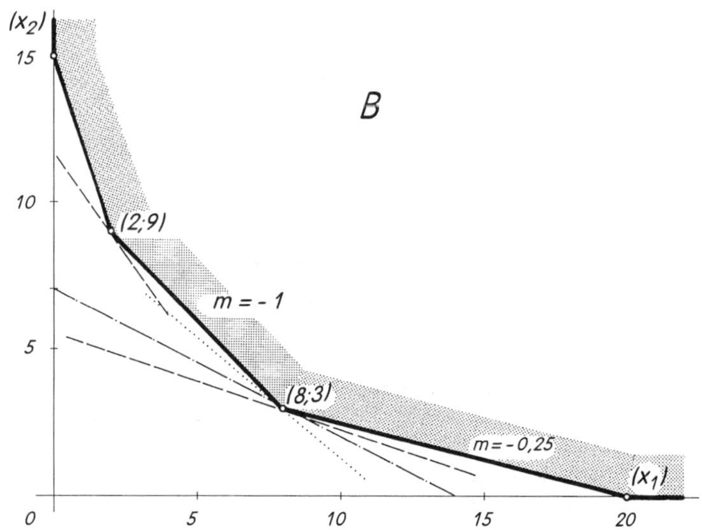

Abb. 10.1.20

b) Ändert sich das **Preisverhältnis**, so dreht sich zunächst die optimale Zielfunktionsgerade um den optimalen Eckpunkt (8; 3), Abb. 10.1.20. Da die benachbarten Restriktionsuntergrenzen die Steigung -1 (Fett-Untergrenze) bzw. -0,25 (Energie-Untergrenze) besitzen, erkennt man an Abb. 10.1.20, dass das optimale Menü solange unverändert bleibt, wie die Steigung der Zielfunktion zwischen -1 und -0,25 liegt. Wird die Steigung der Isokostenlinie dagegen z.B. kleiner als -1 (z.B. für $p_1 = 3$; $p_2 = 2$), so bildet der Eckpunkt (2; 9) die neue optimale Lösung.

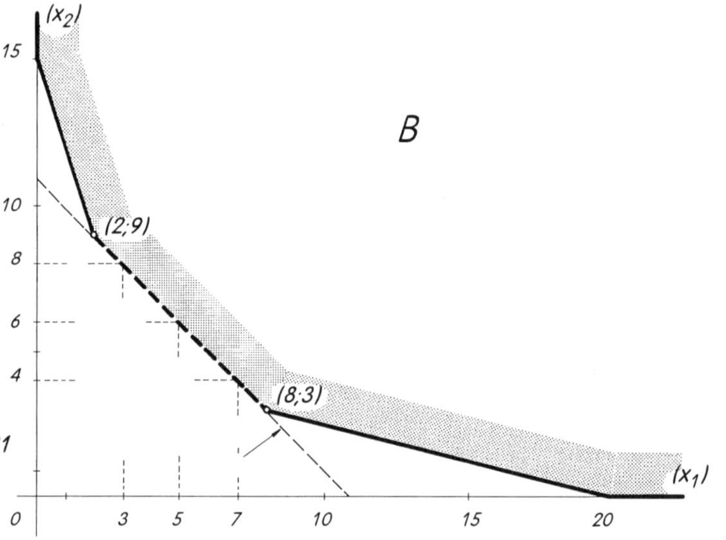

Abb. 10.1.21

c) Sind die Nahrungsmittelpreise gleich, z.B. $p_1 = p_2 = 2$, so hat die Zielfunktionsgeradenschar die Steigung -1 und liegt somit **parallel** zur Fett-Untergrenze. Die Isokostenlinie mit dem niedrigsten Kostenwert Z **berührt** nunmehr den zulässigen Bereich B **entlang einer Seite** von B (Abb. 10.1.21). Jeder Punkt auf der Fett-Restriktionsgeraden zwischen den Eckpunkten (8; 3) und (2; 9) stellt daher eine kostenminimale Nahrungsmittelkombination dar, z.B. (3; 8), (5; 6), (7; 4), es handelt sich um eine **mehrdeutige optimale Lösung** des LO-Problems (Bem. 10.1.18 bleibt gültig !).

ii) In den beiden diskutierten Beispielen 10.1.2/10.1.11 waren die Restriktionen entweder nur vom „≤"-Typ (Maximumproblem) oder vom „≥"-Typ (Minimumproblem). Dies muss keineswegs immer so sein. So wäre es beispielsweise möglich und sinnvoll, im Diätproblem zusätzlich Nährstoffobergrenzen (also „≤"-Bedingungen) einzuführen, etwa um Gesundheitsschäden vorzubeugen oder das Körpergewicht zu regulieren. So könnte z.B. die zusätzliche Energierestriktion $2x_1 + 8x_2 \leq 184$ die Energieaufnahme nach oben begrenzen. Ebenso wäre es etwa möglich, die Gesamtmenge der konsumierten Nahrungsmittel nach oben zu begrenzen, etwa durch $x_1 \leq 25$; $x_2 \leq 20$. Der entsprechende zulässige Bereich B ist nunmehr allseitig begrenzt (vgl. Abb. 10.1.22). Man erkennt, dass bei unveränderter Zielfunktion (10.1.12) das kostenminimale Menü unverändert bei (8; 3) bleibt.

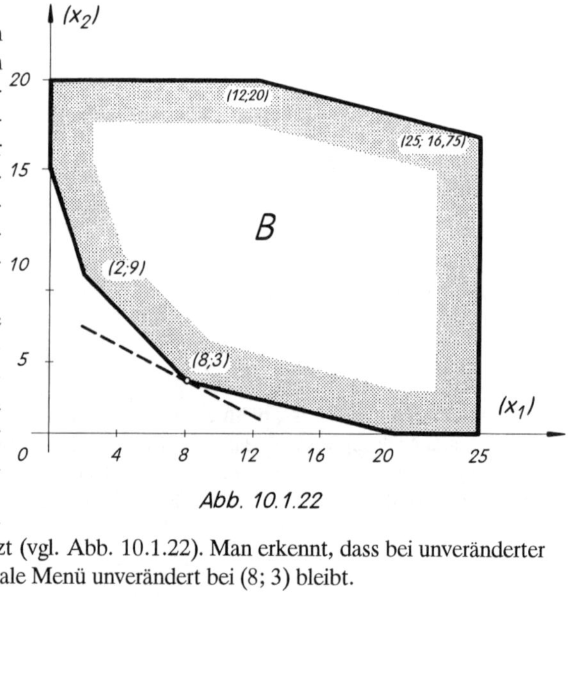

Abb. 10.1.22

Durch gleichzeitiges Einbeziehen von „ ≥“- und „ ≤“-Restriktionen kann es vorkommen, dass der **zulässige Bereich B leer** ist, also kein Punkt allen Restriktionen zugleich genügt. Beispiel: Als Restriktionsungleichungen seien vorgegeben:

$5x_2 + 4x_1 \geq 40$;

$2x_2 + \ \ x_1 \leq \ 8$;

$x_1, x_2 \geq 0,$ *(vgl. Abb. 10.1.23).*

Ein LO-Problem mit derartigen inkonsistenten Restriktionen hat daher **keine zulässige**, also erst recht keine optimale zulässige **Lösung**.

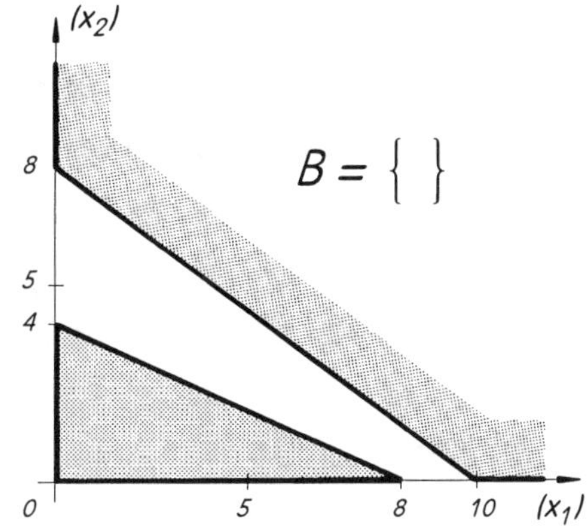

Abb. 10.1.23

iii) Die Existenz eines nicht-leeren zulässigen Bereiches B garantiert **nicht** schon zwangsläufig die Existenz einer optimalen zulässigen Lösung.

Das Beispiel

$Z = x_1 + x_2 \rightarrow$ Max.

unter Einhaltung der Nebenbedingungen:

$-x_1 + \ x_2 \leq 3$;

$-x_1 + 2x_2 \leq 9$; $\quad x_1, x_2 \geq 0$ *(Abb. 10.1.24)*

führt zu einem zulässigen Bereich B, in dem die Zielfunktion Z beliebig große Werte annehmen kann, da B nach „rechts oben“ unbegrenzt ist und die Zielfunktion somit beliebig weit in Richtung wachsender Z-Werte verschoben werden kann. Man spricht von einer **unbeschränkten Lösung** des LO-Problems.

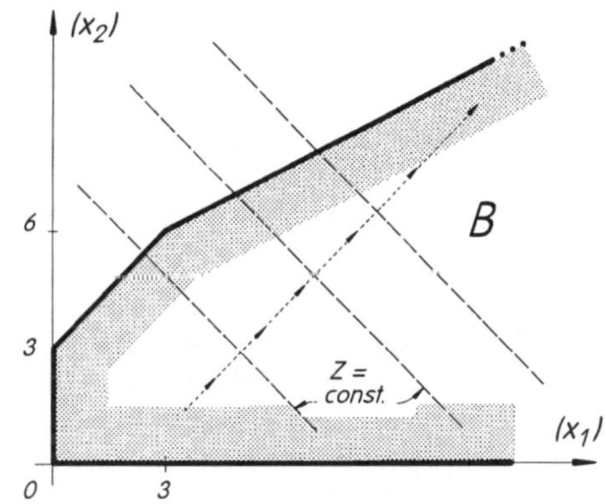

Abb. 10.1.24

iv) Auch **Gleichungen** sind als Restriktionen eines LO-Problems zugelassen. Fügt man etwa einem zweidimensionalen Restriktionsbereich B eine Restriktions**gleichung** hinzu, so schrumpft der zulässige Bereich (z.B. auf das in Abb. 10.1.25 gepunktete Geradenstück) zusammen. Die sich anschließende Zielfunktionsoptimierung bleibt unverändert.

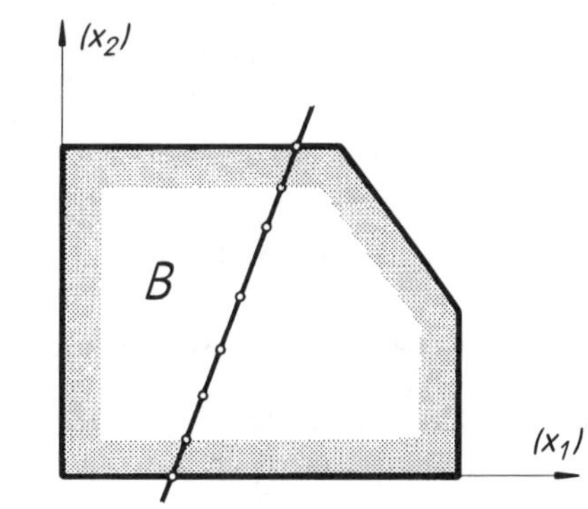

Abb. 10.1.25

10.1.6 Graphische Lösung von LO-Problemen - Zusammenfassung

Das **allgemeine Vorgehen** bei der **graphischen Lösung** von **LO-Problemen** mit zwei Entscheidungsvariablen lässt sich in folgenden Schritten **zusammenfassen**:

1) Aufstellen des **mathematischen Modells**:

i) Zielfunktion: $Z = c_1x_1 + c_2x_2 \quad \to$ Max./Min.

ii) Restriktionen:

$$\begin{aligned} a_{11}x_1 + a_{12}x_2 &\lesseqgtr b_1 \\ a_{21}x_1 + a_{22}x_2 &\lesseqgtr b_2 \\ \vdots \quad \cdots \quad & \quad \vdots \\ a_{m1}x_1 + a_{m2}x_2 &\lesseqgtr b_m \end{aligned}$$

iii) Nichtnegativitätsbedingungen: $x_1, x_2 \geq 0$.

2) Graphische Darstellung des **zulässigen Lösungsbereiches B** als Menge aller Paare (x_1, x_2), die **gleichzeitig** allen **Restriktionen** und den **NNB** genügen. Ist B **leer**, so besitzt das LO-Problem **keine Lösung.**

3) Graphische Darstellung einer **beliebigen Zielfunktionsgeraden** $x_2 = -\frac{c_1}{c_2} \cdot x_1 + \frac{Z}{c_2}$ (Z beliebig).

Parallelverschiebung dieser Zielfunktionsgeraden in Richtung wachsender Z-Werte (bei Maximumproblemen) bzw. sinkender Z-Werte (bei Minimumproblemen), bis das zulässige Maximum bzw. Minimum in (mindestens) einem **Eckpunkt des zulässigen Bereiches B** erreicht ist.

i) Hat die Zielfunktionsgerade schließlich **genau einen Eckpunkt** mit B gemeinsam, so liefern die Koordinaten (x_1, x_2) dieses Eckpunktes die **eindeutige optimale Lösung** des LO-Problems.

ii) Fällt die optimale Zielfunktionsgerade mit einer **Restriktionsgrenze zusammen**, so besitzt das LO-Problem **unendlich viele optimale Lösungen**, nämlich alle zwischen den beiden Eckpunkten der Restriktionsgeraden liegenden Paare (x_1, x_2).

iii) Lässt sich die Zielfunktionsgerade **beliebig weit** innerhalb des zulässigen Bereiches **in Richtung „besserer" Zielfunktionswerte** verschieben, so besitzt das LO-Problem **keine endliche optimale Lösung** („unbeschränkte Lösung").

Aufgabe 10.1.26: Gegeben sei das folgende Restriktionensystem:

$-x_1 + 4x_2 \leq 24; \quad x_1 + 2x_2 \leq 30; \quad 2x_1 - x_2 \leq 30; \quad x_1 + 2x_2 \geq 12; \quad x_1 \geq 4; \quad x_2 \geq 2$.

i) Man ermittle graphisch die optimalen Lösungen, wenn folgende Zielfunktionen gegeben sind:

a) $Z = 3x_1 + 3x_2 \to$ Max. ; **b)** $Z = 3x_1 + 3x_2 \to$ Min.

c) $Z = 7x_1 + 14x_2 \to$ Max ; **d)** $Z = 7x_1 + 14x_2 \to$ Min.

ii) Man ermittle für die Fälle a) bis d) jeweils die optimalen Lösungen, wenn das gegebene Restriktionssystem um die Restriktionsgleichung $3x_1 + 4x_2 = 56$ erweitert wird.

Aufgabe 10.1.27: Man ermittle graphisch das Maximum von $Z = 2x_1 + 3x_2$ unter Einhaltung der Nebenbedingungen $2x_1 + x_2 \leq 12$; $x_1 + x_2 \leq 7$; $x_1 + 3x_2 \leq 15$; $x_1 + 4x_2 \geq 24$ mit $x_1, x_2 \geq 0$.

Aufgabe 10.1.28: Man ermittle graphisch die optimale Lösung von $Z = x_1 + 2x_2 \to$ Max. unter Berücksichtigung der Restriktionen $-2x_1 + x_2 \leq 4$; $-x_1 + 10x_2 \leq 135$ und $x_1, x_2 \geq 0$.

Aufgabe 10.1.29: In einem Fertigungsbetrieb werden die Produkte I und II jeweils in drei Fertigungsstellen bearbeitet. Aus der nachfolgenden Tabelle gehen die Produktdeckungsbeiträge, Fertigungskapazitäten (pro Periode), Bearbeitungszeiten sowie Absatzhöchstmengen hervor:

Produktart	I	II	Kapazitäten
Deckungsbeiträge	3 T€/Stck.	4 T€/Stck.	
Fertigungsstelle 1	6 h/Stck.	2 h/Stck.	480 h
Fertigungsstelle 2	4 h/Stck.	4 h/Stck.	400 h
Fertigungsstelle 3	3 h/Stck.	6 h/Stck.	480 h
Absatzhöchstmengen (pro Periode)	75 Stck.	70 Stck.	

Man ermittle graphisch das Produktions- und Absatzprogramm mit maximalem Deckungsbeitrag.

Aufgabe 10.1.30: Studentin Susanne hat zwei Freunde, Daniel und Peter, mit denen sie gerne ausgeht. Sie weiß aus Erfahrung:

a) Daniel besucht gerne exklusive Lokalitäten, pro Abend (3 Std.) gibt Susanne dafür 12 € aus.

b) Peter dagegen ist mit etwas anspruchsloserer Unterhaltung zufrieden, das Zusammensein mit ihm (3 Stunden) kostet Susanne 8 €.

c) Susanne gibt sich eine monatliche Ausgabenobergrenze von 68 € für ihre Treffen mit Daniel und Peter vor. Ihr Studium lässt außerdem pro Monat höchstens 18 h sowie 4.000 emotionale Energieeinheiten für derartige soziale Aktivitäten zu.

d) Für jedes Treffen (3 h) mit Daniel verbraucht sie 500 Energieeinheiten, Peter beansprucht doppelt soviel von Susannes emotionalem Energievorrat.

i) Wenn sie mit 6 „Vergnügungseinheiten" pro Treffen mit Daniel und 5 „Vergnügungseinheiten" pro Treffen mit Peter rechnet: Wie sollte Susanne das Ausmaß ihrer sozialen Aktivitäten planen, damit sie dabei - unter Beachtung der angeführten Einschränkungen - maximales Vergnügen erreicht?

ii) Wie sollte sie sich entscheiden, wenn ihr das Zusammensein mit Peter doppelt soviel Vergnügen bereitet wie mit Daniel ?

Aufgabe 10.1.31: Der Betreiber zweier Kiesgruben hat als einzigen Abnehmer seiner Produkte eine große Baustofffabrik. Laut Liefervertrag müssen wöchentlich mindestens geliefert werden: 120 Tonnen Kies, 240 Tonnen mittelfeiner (m.f.) Sand, 80 Tonnen Quarz(sand). Die täglichen Förderleistungen in den beiden Kiesgruben lauten:

Kiesgrube 1: 60 t Kies, 40 t m.f. Sand, 20 t Quarz
Kiesgrube 2: 20 t Kies, 120 t m.f. Sand, 20 t Quarz.

Pro Fördertag entstehen folgende Betriebskosten: Kiesgrube 1: 2.000 €/Tag ;
Kiesgrube 2: 1.600 €/Tag.

Gesucht ist die Anzahl der wöchentlichen Fördertage in jeder der beiden Gruben, die zu minimalen Förderkosten *(pro Woche)* führt.

Aufgabe 10.1.32:

Eine Unternehmung stellt 2 Produkte auf 2 Fertigungsstellen her. Die Produktionskoeffizienten (in Stunden pro Mengeneinheit) sind aus der nebenstehenden Tabelle ersichtlich. Fertigungsstelle A steht für höchstens 6.000 h, Fertigungsstelle B für höchstens 4.000 h zur Verfügung. Vom Produkt II müssen aufgrund fester Lieferverpflichtungen mindestens 100 ME produziert werden. Folgende Deckungsbeiträge werden erzielt: Produkt I: 40 €/ME ; Produkt II: 50 €/ME. Ziel der Unternehmung ist die Maximierung des Deckungsbeitrages. Man ermittele das optimale Produktionsprogramm, wenn

	Fertigungs-stelle A	Fertigungs-stelle B
Produkt I	4	3
Produkt II	6	2

i) insgesamt genau 1.100 Produkteinheiten ;
ii) insgesamt mindestens 1.100 Produkteinheiten hergestellt werden sollen.

Aufgabe 10.1.33: Eine Großbäckerei unterhält zwei Backbetriebe. Aus Rationalisierungsgründen stellt jeder Betrieb jeweils nur drei Einheitsprodukte in festgelegten Mengen her:
Die tägliche Backleistung im Backbetrieb A beträgt: 6 t Weißbrot ; 4 t Schwarzbrot ; 2 t Kuchen.
Die tägliche Backleistung im Backbetrieb B beträgt: 2 t Weißbrot ; 12 t Schwarzbrot ; 2 t Kuchen.

Die Bäckerei muss aufgrund fester Lieferverträge wöchentlich folgende Mindestlieferungen erbringen: 24 t Weißbrot ; 48 t Schwarzbrot ; 16 t Kuchen. Infolge der determinierten Backleistungen entstehen pro Backtag konstante Betriebskosten:
Backbetrieb A: 4.000 €/Tag ; Backbetrieb B: 6.000 €/Tag.

An wieviel Tagen pro Woche muss in den Backbetrieben A und B gearbeitet werden, damit die Bäckerei im Rahmen ihrer Lieferverpflichtungen die Betriebskosten minimieren kann ?

10.2 Simplexverfahren

10.2.1 Mathematisches Modell des allgemeinen LO-Problems

Die beiden im letzten Kapitel ausführlich beschriebenen LO-Probleme sind jeweils ein Beispiel für den Fall zweier Entscheidungsvariabler und dreier Restriktionen. Auch im **allgemeinen Fall** mit **n Entscheidungsvariablen** und **m Restriktionen** behalten die LO-Probleme **dieselbe** prinzipielle **Struktur**: lineare **Zielfunktion**, lineares **Restriktionssystem**, **Nichtnegativitätsbedingungen**. Ein **allgemeines LO-Problem** mit n Variablen und m Restriktionen lautet in **ausführlicher Form**:

Zielfunktion: $Z = c_1x_1 + c_2x_2 + \dots + c_nx_n \to$ Max./ Min.

Restriktionen:

(10.2.1)

$$\begin{aligned} a_{11}x_1 + a_{12}x_2 + \dots + a_{1n}x_n &\lesseqgtr b_1 \\ a_{21}x_1 + a_{22}x_2 + \dots + a_{2n}x_n &\lesseqgtr b_2 \\ \vdots \qquad \vdots \qquad & \qquad \vdots \\ a_{m1}x_1 + a_{m2}x_2 + \dots + a_{mn}x_n &\lesseqgtr b_m \end{aligned}$$

Nichtnegativitätsbedingungen: $x_1, x_2, \dots, x_n \geq 0$.

Dabei bedeuten: x_k: Entscheidungs- oder Problemvariable ; c_k: Zielfunktionskoeffizient ; Z: Zielfunktion(swert) ; a_{ik}: Koeffizienten der Entscheidungsvariablen im Restriktionssystem (i-te Zeile, k-te Spalte) ; b_i: rechte Seite der Restriktionen (i = 1, ..., m ; k = 1, ..., n).

Die a_{ik} bilden eine $m \times n$ - Matrix **A**, die **Matrix der Restriktionskoeffizienten**.

Def. 10.2.2: Das LO-Problem (10.2.1) heißt **Standard-Maximum-Problem**, wenn gilt:

i) $Z \rightarrow$ Max.;

ii) Alle Restriktionen sind vom „ $\leq$ “- Typ;

iii) Alle rechten Seiten sind nichtnegativ: $b_i \geq 0$.

Eine besonders **kompakte Schreibweise** für das Standard-Maximum-Problem ergibt sich, wenn man folgende Bezeichnungen einführt (vgl. Kap. 9.1.3.4, (9.1.59)):

$$\vec{x} := \begin{pmatrix} x_1 \\ x_2 \\ \vdots \\ x_n \end{pmatrix} \; ; \; \vec{c} := \begin{pmatrix} c_1 \\ c_2 \\ \vdots \\ c_n \end{pmatrix} \; ; \; \mathbf{A} := (a_{ik}) \; ; \; \vec{b} := \begin{pmatrix} b_1 \\ b_2 \\ \vdots \\ b_m \end{pmatrix} .$$

Damit lautet das **Standard-Maximum-Problem:**

(10.2.3) Man maximiere $Z = \vec{c}^{\,T} \cdot \vec{x}$ unter Einhaltung der Restriktionen $\mathbf{A}\vec{x} \leq \vec{b}$ (mit $\vec{b} \geq \vec{0}$) und den NNB $\vec{x} \geq \vec{0}$.

Jeder Vektor $\vec{x} \in \mathbb{R}^n$, der zugleich allen Restriktionen und NNB genügt, heißt **zulässige Lösung** des LO-Problems. Nimmt außerdem die Zielfunktion Z für $\vec{x}$ ihr Maximum an, so heißt $\vec{x}$ **optimale zulässige Lösung** von (10.2.3).

Bemerkung 10.2.4: *i) Analog zu (10.2.3) definiert man das* ***Standard-Minimum-Problem:***

(10.2.5) *Man minimiere $Z = \vec{c}^{\,T} \cdot \vec{x}$ unter Einhaltung der Restriktionen $A\vec{x} \geq \vec{b}$ (mit $\vec{b} \geq \vec{0}$) und den NNB $\vec{x} \geq \vec{0}$.*

ii) Bei Beispiel 10.1.2 handelt es sich um ein Standard-Maximum-Problem, bei Beispiel 10.1.11 um ein Standard-Minimum-Problem.

Im Fall zweier Problemvariabler (n = 2) lässt sich – wie zuvor demonstriert – die optimale Lösung eines LO-Problems graphisch ohne Schwierigkeiten ermitteln. Dies gilt im Prinzip selbst für eine beliebige Anzahl m von Restriktionen, wobei Grenzen allein durch die Zeichengenauigkeit gesetzt werden. Etwas anderes gilt jedoch, wenn sich die Zahl n der Problemvariablen erhöht: Für n = 3 wird die graphische Methode unhandlich (dreidimensionale Darstellung !), für **n ≥ 4 versagt die graphische Methode vollends.** Es ist daher notwendig, für allgemeine LO-Probleme nach einer **rechnerischen,** anschauungsunabhängigen **Lösungsmethode** zu suchen. Eine solche Methode liefert das im folgenden behandelte **Simplexverfahren** [2].

[2] Das Simplexverfahren wurde um 1947 von G. B. Dantzig entwickelt, vgl. [15] .

10.2.2 Grundidee des Simplexverfahrens

Wie schon in Bemerkung 10.1.18 erwähnt, wird das **Optimum** eines LO-Problems (sofern es überhaupt existiert) in (mindestens) einem **Eckpunkt des zulässigen Bereiches** angenommen.

Bemerkung 10.2.6: *Allgemein ist ein Eckpunkt im n-dimensionalen Raum* $\mathbb{R}^n$ *gekennzeichnet als Schnittpunkt von n „Hyperebenen" (linearen Unterräumen) der Dimension n - 1.*

Beispiel: *Im* $\mathbb{R}^2$ *stellt die lineare Gleichung* $5x_1 - 2x_2 = 7$ *eine 1-dimensionale Hyperebene (= Gerade) des* $\mathbb{R}^2$ *dar. Im* $\mathbb{R}^3$ *stellt die lineare Gleichung* $3x_1 - 6x_2 + 2x_3 = 4$ *eine 2-dimensionale Hyperebene (=Ebene) des* $\mathbb{R}^3$ *dar usw. Im* $\mathbb{R}^n$ *stellt die lineare Gleichung* $2x_1 - x_2 + ... + 3x_n = 5$ *eine (n - 1)- dimensionale Hyperebene des* $\mathbb{R}^n$ *dar.*

Das Simplexverfahren berechnet daher ausschließlich **Eckpunktkoordinaten** des zulässigen Bereiches, und zwar **sukzessive** derart, dass

i) stets **nur zulässige** Eckpunkte berechnet werden,
ii) ein **neu berechneter Eckpunkt** stets auch einen **besseren** (schließlich den optimalen) **Zielfunktionswert** besitzt.

10.2.3 Einführung von Schlupfvariablen

Das Simplexverfahren benutzt wesentliche Ergebnisse aus der Theorie **linearer Gleichungssysteme** (Kap. 9.2). Das Restriktions-**Ungleichungssystem** $A\vec{x} \leq \vec{b}$ wird daher (durch Einfügen sog. **„Schlupfvariabler"** zunächst in ein **äquivalentes Gleichungssystem** überführt.

Als **Beispiel** soll das Standard-Maximum-Problem (Beispiel 10.1.2 - Produktionsplanung) dienen:

(10.2.7) $Z = 30x_1 + 20x_2 \rightarrow \text{Max.}$

mit
$$\begin{aligned} x_1 \quad\quad & \leq 10 \\ x_2 & \leq 6 \\ 2x_1 + 4x_2 & \leq 32 \\ x_1, x_2 & \geq 0 \; . \end{aligned}$$

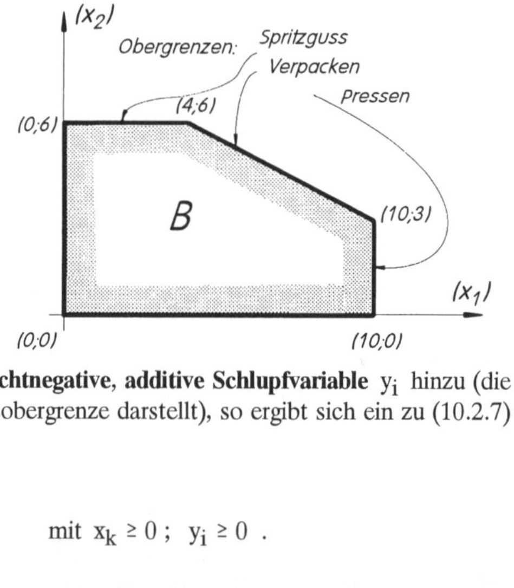

Abb. 10.2.8

Fügt man zu **jeder** Restriktionsungleichung eine **nichtnegative, additive Schlupfvariable** y_i hinzu (die genau die Differenz zur entsprechenden Kapazitätsobergrenze darstellt), so ergibt sich ein zu (10.2.7) äquivalentes Restriktionsgleichungssystem:

(10.2.9)
$$\begin{aligned} x_1 \quad\quad + y_1 \quad\quad\quad & = 10 \\ x_2 \quad\quad + y_2 \quad\quad & = 6 \\ 2x_1 + 4x_2 \quad\quad\quad + y_3 & = 32 \end{aligned} \qquad \text{mit } x_k \geq 0 \, ; \;\; y_i \geq 0 \; .$$

Die **Werte** y_i der **Schlupfvariablen** bedeuten ökonomisch **nicht ausgenutzte Kapazitäten** der drei Fertigungsstellen. Auch für die Schlupfvariablen müssen Nichtnegativitätsbedingungen gelten, da es sich in (10.2.7) um „≤" -Restriktionen handelt. („≥" -Restriktionen erfordern folglich subtraktive, nichtnegative Schlupfvariable:

Beispiel: $3x_1 + x_2 \geq 15 \iff 3x_1 + x_2 - y_1 = 15$ und $y_1 \geq 0$.)

Aus dem linearen Restriktionssystem (10.2.7) ist mit (10.2.9) ein äquivalentes (unterbestimmtes) lineares Gleichungssystem aus drei Gleichungen mit fünf Variablen entstanden. Das **LO-Problem** lautet nunmehr:

(10.2.10) Man ermittele diejenige zulässige (d.h. sämtlichen Restriktionsgleichungen und Nichtnegativitätsbedingungen genügende) Lösung $\vec{x} = (x_1, x_2, y_1, y_2, y_3)^T$ des linearen Gleichungssystems (10.2.9), für das die Zielfunktion in (10.2.7) ihr Maximum annimmt.

Bemerkung 10.2.11: *Allgemein lautet die* ***Problemstellung*** *für ein* ***Standard-Maximum-Problem nach Einführung von Schlupfvariablen:***

(10.2.12)
$$Z = \vec{c}^{\,T} \cdot \vec{x} \rightarrow Max.$$
$$\text{mit} \quad A\vec{x} = \vec{b} \quad \text{und} \quad \vec{x} \geq \vec{0};\ \vec{b} \geq \vec{0},$$

wobei die Vektoren und Matrizen folgende Bedeutung haben:

$$\vec{c} := \begin{pmatrix} c_1 \\ c_2 \\ \vdots \\ c_n \\ 0 \\ \vdots \\ 0 \end{pmatrix}, \quad \vec{x} := \begin{pmatrix} x_1 \\ x_2 \\ \vdots \\ x_n \\ y_1 \\ \vdots \\ y_m \end{pmatrix}, \quad \vec{b} := \begin{pmatrix} b_1 \\ b_2 \\ \vdots \\ b_m \end{pmatrix}, \quad A := \begin{pmatrix} a_{11} & \cdots & a_{1n} & 1 & 0 & \cdots & 0 \\ a_{21} & \cdots & a_{2n} & 0 & 1 & & 0 \\ \vdots & & & \vdots & & \ddots & \vdots \\ a_{m1} & \cdots & a_{mn} & 0 & 0 & \cdots & 1 \end{pmatrix}.$$

Das Restriktionssystem besteht aus m Gleichungen mit $n+m$ *Variablen.* ***Ausführliche Schreibweise:***

(10.2.13) *Man maximiere* $Z = c_1x_1 + c_2x_2 + \ldots + c_nx_n$ *unter Einhaltung der Restriktionen*

$$\begin{array}{llllll} a_{11}x_1 + a_{12}x_2 + \ldots + a_{1n}x_n & + y_1 & & & & = b_1 \\ a_{21}x_1 + a_{22}x_2 + \ldots + a_{2n}x_n & & + y_2 & & & = b_2 \\ \vdots \quad \cdots \quad \vdots & & & \ddots & & \vdots \\ a_{m1}x_1 + a_{m2}x_2 + \ldots + a_{mn}x_n & & & & + y_m & = b_m \end{array}$$

sowie der Nichtnegativitätsbedingungen $x_1, \ldots, x_n \geq 0$; $y_1, \ldots y_m \geq 0.$

Man erkennt, dass nach Einführung der Schlupfvariablen das ***Gleichungssystem*** $A\vec{x} = \vec{b}$ *((10.2.9) bzw. (10.2.13)) in* ***kanonischer Form*** *(vgl. Def. 9.2.56) vorliegt.*

10.2.4 Eckpunkte und Basislösungen

Da es nur auf die Eckpunkte des zulässigen Bereiches ankommt (vgl. Bem. 10.1.18), stellt sich die **Frage**, welche der (unendlich vielen) **Lösungen** des LGS (10.1.18) die **Eckpunkte** repräsentieren. Im 2-dimensionalen Fall (Abb. 10.2.8) ergeben sich die **Eckpunkte** als **Schnittpunkte** je zweier **Restriktionsgeraden** bzw. **Koordinatenachsen**.

i) Kennzeichnend für eine **Restriktionsgerade** ist das **Verschwinden** der entsprechenden **Schlupfvariablen** (in der entsprechenden Restriktionsungleichung gilt das Gleichheitszeichen, die Kapazität ist voll ausgelastet, der „Schlupf" ist Null).

ii) Kennzeichnend für eine **Koordinatenachse** ist das **Verschwinden** einer **Problemvariablen** ($x_1 = 0$: x_2-Achse ; $x_2 = 0$: x_1-Achse).

Daher wird **jede Begrenzungsgerade** des zulässigen Bereiches durch das **Verschwinden einer Variablen** gekennzeichnet. Da jeder Schnittpunkt **zweier** Restriktionsgeraden eine **Ecke** definiert, müssen **in jedem Eckpunkt zwei Variable** (Problem- und/oder Schlupfvariable) den Wert **Null** annehmen.

Beispiel 10.2.14: Wie man durch Einsetzen überprüft, entsprechen den Eckpunkten des zulässigen Bereiches (vgl. Abb. 10.2.8/ 10.2.15) folgende Variablenwerte $\vec{x} = (x_1, x_2, y_1, y_2, y_3)^T$:

$(0; 0)$: $\vec{x} = (\mathbf{0};\ \mathbf{0};\ 10;\ 6;\ 32)^T$
$(10; 0)$: $\vec{x} = (10;\ \mathbf{0};\ \mathbf{0};\ 6;\ 12)^T$
$(10; 3)$: $\vec{x} = (10;\ 3;\ \mathbf{0};\ 3;\ \mathbf{0})^T$
$(4; 6)$: $\vec{x} = (4;\ 6;\ 6;\ \mathbf{0};\ \mathbf{0})^T$
$(0; 6)$: $\vec{x} = (\mathbf{0};\ 6;\ 10;\ \mathbf{0};\ 8)^T$.

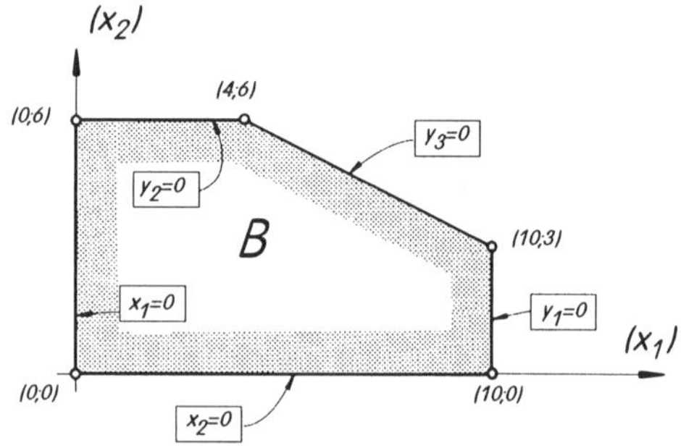

Abb. 10.2.15

Jeder Eckpunkt ist charakterisiert durch das Verschwinden von 2 (= n) Variablenwerten, während die übrigen 3 (= m) Variablenwerte von Null verschieden sind.

Analoge Überlegungen gelten für den **n-dimensionalen Fall** (auch wenn eine Veranschaulichung unmöglich ist):

Eine lineare Gleichung in n Variablen repräsentiert eine (n - 1) -dimensionale Hyperebene im $\mathbb{R}^n$ (vgl. Bemerkung 10.2.6). Jede **Restriktionsgleichung** stellt daher eine solche Hyperebene dar, die entsprechende **Schlupfvariable** muss **Null** sein. Ebenso werden die **Koordinatenhyperebenen** durch den Ursprung gekennzeichnet durch das **Verschwinden** je einer **Problemvariablen.** Da eine **Ecke** im $\mathbb{R}^n$ als **Schnittpunkt** von **n Hyperebenen** entsteht, müssen **in jeder Ecke** des zulässigen Bereiches auch **n Variable** (von insgesamt n + m Variablen) **verschwinden.**

Aus der Theorie der linearen Gleichungssysteme ist andererseits bekannt (Definition 9.2.68):
Werden in einem konsistenten, kanonischen linearen Gleichungssystem (bestehend aus m Gleichungen mit n + m Variablen) **n Variable** mit dem Wert **Null vorgewählt,** so bleibt ein eindeutig lösbares System von m Gleichungen mit m Variablen übrig. Die so gewonnene spezielle Lösung ist eine **Basislösung** des LGS. Da das Verschwinden von n Variablen gleichzeitig einen Eckpunkt determiniert, erhält man zusammenfassend:

Satz 10.2.16: Jeder **Eckpunkt** $\vec{x}$ des zulässigen Bereiches eines LO-Problems (9.2.13) ist zugleich **zulässige Basislösung** des Restriktions-Gleichungssystems von (9.2.13) und umgekehrt.

Als mögliche **optimale Lösungen** eines LO-Problems kommen daher nur **zulässige Basislösungen** des Restriktionsgleichungssystems in Frage (dabei ist eine **Basislösung** genau dann **zulässig,** wenn sie **sämtliche Nichtnegativitätsbedingungen** erfüllt).

Im vorliegenden Beispiel (10.2.9) wie auch im allgemeinen Fall des Standard-Maximum-Problems (9.2.13) ist das **Restriktionssystem kanonisch,** es lässt sich unmittelbar eine **zulässige Basislösung** gewinnen, indem man sämtliche **nicht zu Einheitsvektoren** gehörende Variable (hier genau die Problemvariablen (NBV) $x_1, ..., x_n$) **Null** setzt. Die entsprechende Basislösung lautet:

(10.2.17) $$\vec{x} = (x_1, x_2, y_1, y_2, y_3)^T = (0; 0; 10; 6; 32)^T$$

(bzw. im allgemeinen Fall: $\vec{x} = (0; ...; 0; b_1; b_2; ...; b_m)^T$) .

(Da die rechten Seiten b_i voraussetzungsgemäß nichtnegativ sind, sind auch sämtliche Variablenwerte nichtnegativ, d.h. die Basislösung (10.2.17) ist zulässig.)

In dieser **ersten Basislösung** (10.2.17) - sie entspricht dem Eckpunkt $(x_1, x_2) = (0; 0)$ in Abb. 10.2.15 - werden keine Produkte gefertigt *(Nullaktivität)*, die nicht genutzten sind gleich den zur Verfügung stehenden Kapazitäten der drei Fertigungsstellen (nämlich $y_1 = 10$ h; $y_2 = 6$ h; $y_3 = 32$ h). Der Zielfunktionswert Z(0; 0) ist wegen $Z = 30x_1 + 20x_2$ Null - die Basislösung (10.2.17) ist sicher noch **nicht optimal**.

10.2.5 Optimalitätskriterium

Das **Simplexverfahren** besteht darin, ausgehend von der ersten zulässigen Basislösung mit Hilfe von Pivotoperationen (vgl. Kap. 9.2.3) weitere Basislösungen (= Ecken) zu erzeugen, die

i) den Zielfunktionswert **verbessern** ,
ii) stets **zulässig** sind, d.h. den NNB genügen.

Das Verfahren wird am Produktionsplanungsproblem (10.2.7) demonstriert. Dazu schreibt man (10.2.9) sowie die Zielfunktion in Tabellenform (**1. Simplex-Tableau**):

(10.2.18)

	x_1	x_2	y_1	y_2	y_3	Z	b
y_1	1	0	1	0	0	0	10
y_2	0	1	0	1	0	0	6
y_3	2	4	0	0	1	0	32
Z	-30	-20	0	0	0	1	0

Im Ausgangstableau (10.2.18) sind die Schlupfvariablen y_i (da zu Einheitsvektoren gehörend) **Basisvariable** (BV), die Problemvariablen x_i (gleich Null gesetzt) **Nichtbasisvariable** (NBV), vgl. Def. 9.2.65. Die Zielfunktion $Z = 30x_1 + 20x_2$ wurde umgeformt zu $-30x_1 - 20x_2 + Z = 0$ und in das Tableau aufgenommen. *(Allgemein:* $-c_1x_1 - c_2x_2 - \ldots -c_nx_n + Z = 0$*)*

Im Simplextableau ist Z daher eine Basisvariable. Bei weiteren Umformungen des LGS (10.2.18) wird die **Zielfunktionsgleichung** stets entsprechend **einbezogen**. Die links vor dem Tableau stehende Variablenspalte enthält den Namen der Basisvariablen (hier: y_1, y_2, y_3, Z). Dadurch kann die entsprechende Basislösung aus (10.2.18) besonders leicht abgelesen werden:

$x_1 = 0$ (NBV); $x_2 = 0$ (NBV); $y_1 = 10$ (BV); $y_2 = 6$ (BV); $y_3 = 32$ (BV); $Z = 0$ (BV)

Die beiden **negativen Koeffizienten der Zielfunktionszeile** (-30 bzw. -20) deuten darauf hin, dass **Z noch vergrößert** werden kann, indem man eine der beiden NBV x_1 oder x_2 zu BV (und damit in der entsprechenden zulässigen Basislösung positiv) werden lässt. Die Zunahme von Z entspräche dann entweder $30x_1$ (falls x_1 BV) oder $20x_2$ (falls x_2 BV).

Lautete etwa - abweichend vom vorliegenden Beispiel - die Zielfunktionszeile eines Simplextableaus (Max.-Problem):

(10.2.19)

	x_1	x_2	y_1	y_2	y_3	Z	b
⋮	·	·	·	·	·	·	·
Z	10	15	0	0	0	1	80

,

so entspräche dies der Zielfunktionsgleichung $Z = 80 - 10x_1 - 15x_2$. Machte man nun eine der NBV x_1 oder x_2 zu BV (d.h. $x_1 > 0$ oder $x_2 > 0$), so nähme Z um $10x_1$ bzw. $15x_2$ **ab**, im Widerspruch zum Maximierungsziel. Daher stellt die **aus (10.2.19) ablesbare Basislösung bereits die Optimallösung** dar (mit $Z_{max} = 80$).

Dieser Sachverhalt lässt sich für Maximumprobleme **verallgemeinern**:

Satz 10.2.20: (Optimalitätskriterium)

i) Enthält die **Zielfunktionszeile** eines zulässigen Simplextableaus noch **negative Koeffizienten**, so kann der **Zielfunktionswert vergrößert** werden, indem man eine (zu einem negativen Zielfunktionskoeffizienten gehörende) Nichtbasisvariable durch einen Pivotschritt zur Basisvariablen macht (**Basistausch**).

ii) Enthält die **Zielfunktion** nur **nichtnegative** Elemente, so kann Z **nicht mehr vergrößert** werden, für die aus dem Tableau ablesbare zulässige Basislösung wird die **Zielfunktion maximal.**

Beispiel 10.2.21: Es seien zwei Simplextableaus i) und ii) eines Maximum-Problems gegeben:

i)

	x_1	x_2	y_1	y_2	y_3	Z	b
y_1	0	2	1	8	0	0	10
x_1	1	2	0	-1	0	0	17
y_3	0	4	0	0	1	0	30
Z	0	-6	0	4	0	1	100

In Tableau i) ist der **Zielfunktionskoeffizient** der 2. Spalte **negativ** (= -6), daher ist Z noch **nicht optimal**, sondern könnte vergrößert werden, wenn x_2 (in der Basislösung zu i) Null) zu einer BV gemacht würde (2. Spalte = Pivotspalte). Die Frage, in welcher Zeile das Pivotelement zu wählen ist, wird im Anschluss (Kap. 10.2.6) beantwortet.

ii)

	x_1	x_2	y_1	y_2	y_3	Z	b
x_2	0	1	0,5	4	0	0	5
x_1	1	0	-1	-9	0	0	7
y_3	0	0	-2	-16	1	0	10
Z	0	0	3	28	0	1	130

In Tableau ii) sind sämtliche **Zielfunktionskoeffizienten nichtnegativ,** wegen $Z = 130 - 3y_1 - 28y_2$ nimmt Z bei Basistausch ab, d.h. die aus dem Tableau ii) ablesbare Basislösung

$$\vec{x} = (x_1; x_2; y_1; y_2; y_3; Z)^T = (7; 5; 0; 0; 10; 130)^T$$

ist bereits die **optimale Basislösung** des zugrundeliegenden Maximumproblems

Im exemplarischen Ausgangstableau (10.2.18) führt die Erzeugung eines Einheitsvektors in der ersten oder zweiten Spalte zu einer neuen, verbesserten Basislösung. Häufig **wählt** man diejenige Spalte als **Pivotspalte,** die den **betragsgrößten negativen Zielfunktionskoeffizienten** aufweist, im Beispiel also die erste Spalte [3].

[3] Diese Pivotspalten-Auswahlregel liefert zwar *pro Einheit* der neuen Basisvariablen den höchsten Zielfunktionszuwachs, muss aber nicht notwendig besonders schnell zum Optimum führen. Prinzipiell kann jede Spalte mit negativem Zielfunktionskoeffizienten als Pivotspalte gewählt werden.

10.2.6 Engpassbedingung

Nachdem die Pivotspalte über das Optimalitätskriterium (10.2.20) bestimmt ist, fragt es sich, welche Zeile als **Pivotzeile** gewählt werden soll. Die Beantwortung dieser Frage soll wieder am Beispiel des Produktionsplanungsproblems (10.2.7) erfolgen. Dazu schreibt man noch einmal das kanonische Restriktionssystem aus dem Simplextableau ausführlich hin:

(10.2.22)
$$\begin{array}{|c|lllll} 1\cdot x_1 & + 0\cdot x_2 & + y_1 & & & = 10 \\ 0\cdot x_1 & + 1\cdot x_2 & & + y_2 & & = \ \ 6 \\ 2\cdot x_1 & + 4\cdot x_2 & & & + y_3 & = 32 \end{array} \quad .$$

Da x_1, x_2 Nichtbasisvariable (NBV) sind, gilt in der entsprechenden Basislösung: $x_1 = 0$; $x_2 = 0$. Wählt man zur Erzeugung einer neuen Basislösung die **1. Spalte** als **Pivotspalte,** so wird x_1 zur Basisvariablen (BV), während x_2 weiterhin NBV bleibt, also auch in der neuen Basislösung den Wert Null annimmt. Daher kann die zweite Spalte für die folgenden Überlegungen vernachlässigt werden.

Zunächst erkennt man, dass die *zweite Zeile nicht als Pivotzeile* in Frage kommt, da dann das Pivotelement Null wird, ein Pivotschritt somit nicht durchführbar ist.

Betrachtet sei nun die *dritte Zeile als mögliche Pivotzeile.* Da x_1 zur BV wird, muss y_3 NBV werden, und es folgt dann aus der dritten Zeile (wegen $y_3 = 0$; $x_2 = 0$): $2x_1 = 32$, d.h. $x_1 = 16$. Setzt man diesen Wert in die erste Gleichung von (10.2.22) ein, so folgt $16 + y_1 = 10$ ($x_2 = 0$!), d.h. $y_1 = -6$ (<0). Damit ist die neue Basislösung nicht mehr zulässig, da eine Nichtnegativitätsbedingung (NNB) verletzt ist. Das ist auch ökonomisch einsehbar: Sollen 16 ME/Tag des ersten Produktes gefertigt werden ($x_1 = 16$), so ergibt sich ein Widerspruch zur Pressen-Kapazität, denn die Fertigungsstelle „Warmpressen“ kann nur maximal 10 ME/Tag von Produkt I herstellen, vgl. (10.2.7). Bezüglich Produkt I bildet also die **erste Restriktion** (Fertigungsstelle Pressen) einen **Engpass,** x_1 darf höchstens 10 ME/Tag betragen. Daher muss man diese **erste Zeile** (**=Engpasszeile**) als **Pivotzeile** wählen. Setzt man die daraus resultierende Beziehung $x_1 = 10$ (wegen $y_1 = 0$ (NBV) in die dritte Zeile ein, so ergibt sich: $2\cdot 10 + y_3 = 32$, d.h. $y_3 = 12$ (> 0), d.h. alle NNB sind erfüllt, die **neue Basislösung ist zulässig.**

Das exemplarisch geschilderte **Verfahren gewährleistet allgemein** die notwendige **Zulässigkeit der neuen Basislösung**:

Satz 10.2.23: (Engpassbedingung, Zulässigkeitsbedingung)

Eine **Basislösung** die (mit einem Pivotschritt) aus einer vorgegebenen zulässigen Basislösung durch Erzeugung eines Einheitsvektors in der k-ten Spalte entsteht, ist wiederum **zulässig,** wenn das Pivotelement a_{ik} (>0) in derjenigen **Zeile** gewählt wird, für die sich der **kleinste, nichtnegative Wert** b_i/a_{ik} der **neuen Basisvariablen** x_k ergibt ($i = 1, ..., m$).

Man **ermittelt** die **Pivotzeile** („Engpasszeile“), indem man die Elemente b_i (≥ 0) der **rechten Seite** jeweils durch die entsprechenden **positiven Koeffizienten** a_{ik} der neuen (k-ten) Pivotspalte **dividiert**: Die resultierenden Quotienten $q_i := b_i/a_{ik}$ ($i = 1, ..., m$) entsprechen den möglichen Werten der neuen Basisvariablen x_k. Als **Pivotzeile** wählt man dann diejenige Zeile i, für die b_i/a_{ik} **minimal** wird.

Beispiel 10.2.24: Gegeben seien Pivotspalte und rechte Seite eines nichtoptimalen Simplextableaus (mit zulässiger Basislösung):

(10.2.25)

	... x_k ...	b	$q_i := b_i / a_{ik}$
·	2	10	$10/2 = 5$
·	0	10	kein Engpass, da $0 \cdot x_k \le 10$
·	... -1 ...	15	kein Engpass, da $-1 \cdot x_k \le 15$
·	3	18	$18/3 = 6$
·	[7]	28	$28/7 = 4 = \min q_i$: *Pivotzeile !* ←
Z	... -3 ...	...	

Die letzte Zeile bildet den Engpass, der minimale Wert der neuen Basisvariablen beträgt:

$$x_k = 28 : 7 = 4 = \min q_i \text{ , siehe (10.2.25).}$$

Daher wird die letzte Zeile als Pivotzeile gewählt und sichert der neuen Basislösung die Zulässigkeit: keine Restriktion wird verletzt. (Zur Engpassermittlung führt man zweckmäßigerweise am rechten Rand des Tableaus eine Quotientenspalte ein, die die $q_i := b_i/a_{ik}$ (mit $a_{ik} > 0$) aufnimmt, vgl. (10.2.25).)

Bemerkung 10.2.26:* i)** *Man beachte, dass die 2. und 3. Zeile von (10.2.25)* ***nicht *als Pivotzeile in Frage kommen, da für sie $a_{ik} \le 0$ gilt, sie mithin keinen Engpass darstellen.*

ii) *Kommt auf der* ***rechten*** *Seite eine* ***Null*** *vor, so bildet die entsprechende Zeile (falls $a_{ik} > 0$) wegen $b_i/a_{ik} = 0 = \min q_i$ einen Engpass und kann als Pivotzeile gewählt werden.*

iii) *Gibt es* ***mehrere*** *Engpässe mit* ***gleichem*** *minimalem q_i, so kann* ***irgendeine*** *der entsprechenden Zeilen als Pivotzeile gewählt werden. In den nichtgewählten zulässigen Pivotzeilen entsteht nach dem Pivotschritt rechts eine Null.*

10.2.7 Simplexverfahren im Standard-Maximum-Fall – Zusammenfassung

Nachdem Pivotspalte und Pivotzeile festgelegt sind, erfolgt die Umformung des linearen Gleichungssystems (einschließlich der Zielfunktionszeile) mit einem **Pivotschritt** und somit die **Erzeugung der nächsten Basislösung** (≙ benachbarter Eckpunkt des zulässigen Bereiches), der erste **Simplexschritt** ist beendet. Nun schließen sich die gleichen Operationen erneut an:

i) Untersuchung der **Optimalität** der neuen Basislösung (Satz 10.2.20). Falls Z noch nicht optimal ist (erkennbar an negativen Zielfunktionskoeffizienten), erfolgen die Wahl der **Pivotspalte** sowie die Schritte ii) und iii) (andernfalls stellt die letzte Basislösung die Optimallösung dar).

ii) Wahl der **Pivotzeile** mit Hilfe der Engpassbedingung (Satz 10.2.23).

iii) Durchführung eines **Pivotschritts,** Ablesen der neuen Basislösung, weiter bei i) usw.

Dies Verfahren führt (bei Existenz der optimalen Lösung[4] zwangsläufig nach endlich vielen Schritten zum gesuchten Optimum (da jeder zulässige Bereich nur endlich viele Ecken besitzt). Abb. 10.2.27 fasst das geschilderte Iterationsverfahren in Form eines Ablaufdiagramms zusammen:

Abb. 10.2.27

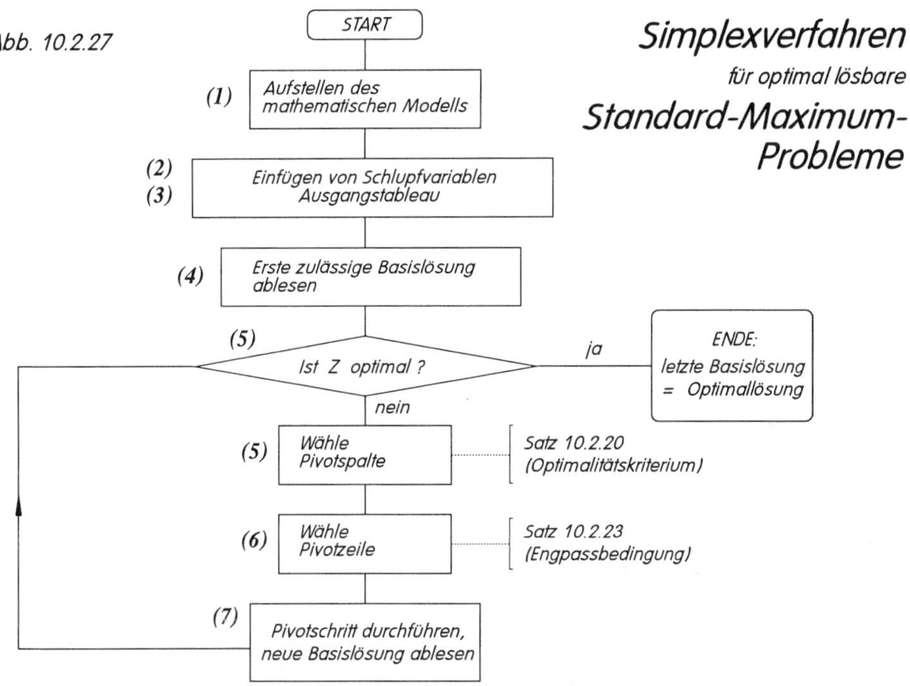

10.2.8 Beispiel zum Simplexverfahren (Standard-Maximum-Problem)

Das Simplexverfahren soll nun vollständig am Beispiel des Produktionsplanungproblems (10.2.7) durchgeführt werden.

(1) Mathematisches Modell (vgl. (10.2.7)):

(10.2.28)
$$\begin{array}{rcl} Z = 30x_1 + 20x_2 & \rightarrow & \text{Max.} \qquad \text{mit} \\ x_1 & \le & 10 \\ x_2 & \le & 6 \\ 2x_1 + 4x_2 & \le & 32 \qquad \text{und } x_1, x_2 \ge 0. \end{array}$$

(2) Mathematisches Modell nach Einfügen von Schlupfvariablen (vgl. (10.2.9)):

(10.2.29)
$$\begin{array}{rrrrrcl} x_1 & & + y_1 & & & = & 10 \\ & x_2 & & + y_2 & & = & 6 \\ 2x_1 + & 4x_2 & & & + y_3 & = & 32 \\ -30x_1 - & 20x_2 & & & + Z & = & 0 \end{array} \qquad \text{und } x_1, x_2 \ge 0;\ y_1, y_2, y_3 \ge 0.$$

---

[4] Alle Sonderfälle sowie nicht (optimal) lösbare Probleme werden in Kapitel 10.3 bzw. 10.4 behandelt.

(3) 1. Simplextableau (Ausgangstableau) (vgl. (10.2.18)):

(10.2.30)

	x_1	x_2	y_1	y_2	y_3	Z	b	q_i	
y_1	[1]	0	1	0	0	0	10	10	←
y_2	0	1	0	1	0	0	6	-	
y_3	2	4	0	0	1	0	32	16	
Z	-30	-20	0	0	0	1	0		
	↑								

(4) 1. Zulässige Basislösung (ablesbar aus (10.2.30)):

(10.2.31) $$\vec{x}_1 = \begin{pmatrix} x_1 \\ x_2 \\ y_1 \\ y_2 \\ y_3 \\ Z \end{pmatrix} = \begin{pmatrix} 0 \\ 0 \\ 10 \\ 6 \\ 32 \\ 0 \end{pmatrix}$$

(Diese Basislösung entspricht der Ecke (0; 0) des zulässigen Bereiches in Abb. 10.2.8.)

(5) Optimalitätskriterium (Satz 10.2.20):

Da die Zielfunktionskoeffizienten der ersten und zweiten Spalte von (10.2.30) negativ sind, kann Z vergrößert werden, indem x_1 oder x_2 zur Basisvariablen werden. Als Pivotspalte wird (z.B.) die erste Spalte (↑) gewählt.

(6) Engpassermittlung, Zulässigkeitsbedingung (Satz 10.2.23):

Der minimale Quotient q_i aus rechter Seite und entsprechendem Pivotspaltenelement tritt in der 1. Zeile auf, die somit zur Pivotzeile (←) wird. Das Pivotelement $a_{11} = 1$ ist umrahmt, vgl. (10.2.30).

(7) Durchführung eines **Pivotschritts**, vgl. Kap. 9.2.3:

i) Die Pivotzeile wird durch das Pivotelement (= 1) dividiert;

ii) Die Pivotspalte wird zum Einheitsvektor;

iii) Alle übrigen Elemente a_{jp}^{neu} des neuen Tableaus ergeben sich aus den Elementen des alten Tableaus nach der „Kreisregel" (vgl. (9.2.37) bzw. (9.2.38) bzw. Satz 9.2.35):

$$a_{jp}^{neu} = a_{jp} - \frac{a_{jk} \cdot a_{ip}}{a_{ik}}$$

Bem.: *Die Schritte (5), (6) und (7) nennt man zusammenfassend **Simplexschritt** oder **Simplexiteration**.*

Damit lautet das **2. Simplextableau**:

(10.2.32)

	x_1	x_2	y_1	y_2	y_3	Z	b	q_i	
x_1	1	0	1	0	0	0	10	-	
y_2	0	1	0	1	0	0	6	6	
y_3	0	[4]	-2	0	1	0	12	3	←
Z	0	-20	30	0	0	1	300		
		↑							

2. Zulässige Basislösung, ablesbar aus (10.2.32):

(10.2.33) $$\vec{x}_2 = \begin{pmatrix} x_1 \\ x_2 \\ y_1 \\ y_2 \\ y_3 \\ Z \end{pmatrix} = \begin{pmatrix} 10 \\ 0 \\ 0 \\ 6 \\ 12 \\ 300 \end{pmatrix}.$$ (Diese Basislösung entspricht der Ecke (10; 0) des zulässigen Bereiches in Abb. 10.2.8.)

Es schließt sich wieder Schritt **(5)** an:

(5) Optimalitätskriterium (Satz 10.2.20):

Da der Zielfunktionskoeffizient der 2. Spalte in (10.2.32) noch negativ ist, kann man Z vergrößern, indem man x_2 zur Basisvariablen (und somit positiv) macht: Die 2. Spalte wird zur Pivotspalte (↑).

(6) Engpassermittlung (Satz 10.2.23):

Der minimale „Durchsatz" ergibt sich für die 3. Zeile mit $q_3 = 12 : 4 = 3$: Die 3. Zeile wird Pivotzeile (←).

(7) Durchführung des **Pivotschritts** liefert das **3. Simplextableau:**

(10.2.34)

	x_1	x_2	y_1	y_2	y_3	Z	b
x_1	1	0	1	0	0	0	10
y_2	0	0	0,5	1	-0,25	0	3
x_2	0	1	-0,5	0	0,25	0	3
Z	0	0	20	0	5	1	360

3. Zulässige Basislösung ablesbar aus (10.2.34):

(10.2.35) $$\vec{x}_3 = \begin{pmatrix} x_1 \\ x_2 \\ y_1 \\ y_2 \\ y_3 \\ Z \end{pmatrix} = \begin{pmatrix} 10 \\ 3 \\ 0 \\ 3 \\ 0 \\ 360 \end{pmatrix}.$$ (Diese Basislösung entspricht der Ecke (10; 3) des zulässigen Bereiches in Abb. 10.2.8.)

Es schließt sich wieder Schritt **(5)** an:

(5) Optimalitätkriterium (Satz 10.2.20):

In der Zielfunktionszeile stehen nur noch nichtnegative Koeffizienten: Die Basislösung (10.2.35) ist daher bereits die **optimale zulässige Lösung** des LO-Problems. Um einen maximalen Deckungsbeitrag von 360 €/Tag ($Z = 360$) zu erreichen, müssen 10 ME/Tag ($x_1 = 10$) von Produkt I und 3 ME/ Tag ($x_2 = 3$) von Produkt II produziert werden. Dabei ist die Fertigungsstelle „Warmpressen" voll ausgelastet ($y_1 = 0$), in der Abteilung „Spritzguss" ist eine Leerzeit von 3 h/Tag ($y_2 = 3$) vorhanden, die Verpackungsabteilung ist voll ausgelastet ($y_3 = 0$).

Bemerkung 10.2.36: *Auch die übrigen Koeffizienten des optimalen Simplex-Tableaus (10.2.34) lassen sich ökonomisch interpretieren, vgl. Kap. 10.5.*

Aufgabe 10.2.37: Man ermittle mit Hilfe des Simplexverfahrens die optimalen Lösungen folgender Standard-Maximum-Probleme:

i) $Z = 30x_1 + 40x_2 \rightarrow \text{Max.}$

mit
$$\begin{aligned} x_1 &\le 8 \\ x_2 &\le 16 \\ 2x_1 + x_2 &\le 24 \end{aligned}$$

sowie $x_1, x_2 \ge 0$.

ii) $Z = 2x_1 + 3x_2 \rightarrow \text{Max.}$

mit
$$\begin{aligned} 2x_1 + x_2 &\le 12 \\ x_1 + x_2 &\le 7 \\ x_1 + 3x_2 &\le 15 \end{aligned}$$

sowie $x_1, x_2 \ge 0$.

iii) $Z = 20x_1 + 20x_2 + 12x_3 \rightarrow \text{Max.}$

mit
$$\begin{aligned} 10x_1 + 5x_2 + 2x_3 &\le 0{,}6 \\ 4x_1 + 5x_2 + 6x_3 &\le 1 \end{aligned}$$

sowie $x_1, x_2, x_3 \ge 0$.

iv) $Z = 2u_1 + 5u_2 + u_3 + 2u_4 + u_5 \rightarrow \text{Max.}$

mit
$$\begin{aligned} 3u_1 + u_2 + u_5 &\le 10 \\ u_1 + u_2 + u_3 &\le 4 \\ u_2 + u_3 + 2u_4 + u_5 &\le 8 \\ 2u_1 + u_2 + 3u_3 + u_4 + 2u_5 &\le 12 \end{aligned}$$

sowie $u_1, u_2, u_3, u_4, u_5 \ge 0$.

Aufgabe 10.2.38: Man ermittle mit Hilfe des Simplexverfahrens die optimalen Lösungen von
i) Aufgabe 10.1.29 **ii)** Aufgabe 10.1.30 i) .

Aufgabe 10.2.39: Eine Unternehmung produziert aus zwei verschiedenen Zwischenprodukten (Z_1, Z_2) insgesamt 4 Produkttypen P_1, ..., P_4. Materialbedarf, Produktivität, Kapazitäten und Deckungsbeiträge sind folgender Tabelle zu entnehmen:

	Produkttypen				Kapazität
	P_1	P_2	P_3	P_4	(pro Tag)
Materialbedarf Z_1 (kg/ME)	4	5	4	3	475 kg/Tag
Materialbedarf Z_2 (kg/ME)	8	8	6	10	720 kg/Tag
Produktivität (ME/h)	15	30	10	15	14 h/Tag
Deckungsbeitrag (€/ME)	10	13	10	11	

Man ermittle das deckungsbeitrags-maximale tägliche Produktionsprogramm der Unternehmung.

10.3 Zweiphasenmethode zur Lösung beliebiger LO-Probleme

Für **Standard-Maximum-Probleme** bereitet es keine Schwierigkeiten, eine (für die Anwendung der Simplex-Methode notwendige) **erste zulässige Basislösung** zu erhalten: Die **Nullaktivität** $x_1 = x_2 = \ldots = x_n = 0$ liefert stets eine erste zulässige Basislösung des Standard-Maximum-Problems. Etwas anderes ergibt sich, wenn es sich um LO-Probleme mit „=“- oder „≥“-Restriktionen handelt, wie z.B.

das einführende Diät-Minimum-Problem (Beispiel 10.1.11). Aus Abb. 10.1.17 ist ersichtlich, dass der Nullpunkt **nicht** zum zulässigen Bereich gehört, die **Nullaktivität** somit **keine** zulässige Basislösung liefert. Die Restriktionen (10.1.13) des Diät-Beispiels 10.1.11 lassen sich nach Einführung von nichtnegativen **Schlupfvariablen** y_i (≥ 0) wie folgt schreiben:

(10.3.1)
$$\begin{aligned} 3x_1 + x_2 - y_1 \qquad\qquad &= 15 \quad \text{(Eiweiß-Restriktion)} \\ x_1 + x_2 \quad - y_2 \qquad &= 11 \quad \text{(Fett-Restriktion)} \\ 2x_1 + 8x_2 \qquad\quad - y_3 &= 40 \quad \text{(Energie-Restriktion)} \\ x_1, x_2, y_1, y_2, y_3 &\geq 0. \end{aligned}$$

Man beachte, dass die Schlupfvariablen $y_i \geq 0$ auf der linken Seite *(wegen der „≥"-Restriktionen)* subtrahiert werden müssen! Der *(nichtnegative)* Zahlenwert einer Schlupfvariablen gibt hier demzufolge an, um wieviel Einheiten die entsprechende Restriktion übererfüllt ist. Ein Lösungswert von $y_1 = 5$ etwa bedeutet, dass im Menü 5 Einheiten Eiweiß über die Mindestmenge von 15 Einheiten hinaus enthalten sind (insg. also 20 Eiweiß-Einheiten). Versuchte man, in (10.3.1) zu setzen: $x_1 = x_2 = 0$, so folgte unmittelbar $y_1 = -15$; $y_2 = -11$; $y_3 = -40$. Diese Basislösung aber ist **nicht zulässig**, da die NNB *(Nichtnegativitätsbedingungen)* verletzt sind. Das **Problem** besteht also zunächst darin, für das Gleichungssystem (10.3.1) eine **erste zulässige Basislösung** zu finden. Ist diese gefunden, so kann auf übliche Weise mit dem Simplex-Verfahren fortgefahren werden.

Bemerkung 10.3.2: *Die Tatsache, dass Z minimiert werden soll – statt wie bisher maximiert – bereitet keine Schwierigkeiten, da man **jedes Minimum-Problem** in ein **äquivalentes Maximum-Problem** transformieren kann. Dazu multipliziert man die zu minimierende Zielfunktion:* $Z = c_1x_2 + \ldots + c_nx_n$ *($\to$ Min) mit –1 und maximiert anschließend die entstehende Funktion Z' mit*

$$Z' := -Z = -c_1x_1 - c_2x_2 - \ldots - c_nx_n \quad (\to Max).$$

*Dann wird das **Maximum von Z'** an **derselben Stelle** $\vec{x}$ angenommen wie das **Minimum von Z**, und es gilt:* $Z_{min} = -Z'_{max}$.

Für das Auffinden einer ersten zulässigen Basislösung bei „="- oder „≥"-Bedingungen eignet sich die sogenannte **Zweiphasenmethode**: In einer **1. Phase** wird zunächst eine **beliebige zulässige BL** *(Basislösung)* ermittelt, die dann in der sich anschließenden **2. Phase** mit Hilfe des **gewöhnlichen Simplex-Verfahrens optimiert** wird. Die Zweiphasenmethode soll am Diät-Beispiel 10.1.11 demonstriert werden, dessen Restriktionssystem (10.1.13) bereits in Gleichungsform (10.3.1) vorliegt.

Der **erste Schritt von Phase 1** besteht immer darin, in sämtlichen „≥"-Restriktionen außer den (subtraktiven) Schlupfvariablen y_i (≥ 0) zusätzliche sogenannte **Hilfsschlupfvariablen** (oder **künstliche Schlupfvariable**) y_{Hi} (≥ 0) einzuführen. Das System (10.3.1) sieht dann wie folgt aus:

(10.3.3)
$$\begin{aligned} \underbrace{\begin{matrix} 3x_1 + x_2 \\ x_1 + x_2 \\ 2x_1 + 8x_2 \end{matrix}}_{\text{Problem-variable}} \; \underbrace{\begin{matrix} -y_1 \qquad\quad \\ \quad -y_2 \quad \\ \qquad\quad -y_3 \end{matrix}}_{\text{Schlupf-variable}} \; \underbrace{\begin{matrix} +y_{H1} \qquad\qquad\quad \\ \qquad +y_{H2} \qquad \\ \qquad\qquad\quad +y_{H3} \end{matrix}}_{\text{Hilfsschlupf-variable}} \begin{matrix} = 15 \\ = 11 \\ = 40 \end{matrix} \quad \text{mit } x_k, y_i\ y_{Hi} \geq 0\ . \end{aligned}$$

Eine **erste zulässige Basislösung** dieses kanonischen Systems (10.3.3) kann durch diesen Kunstgriff sofort angegeben werden:

(10.3.4) $x_1 = 0;\quad x_2 = 0;\quad y_1 = 0;\quad y_2 = 0;\quad y_3 = 0;\quad y_{H1} = 15;\quad y_{H2} = 11;\quad y_{H3} = 40.$

Nachteil: Die so erhaltene Lösung (10.3.4) ist zwar bzgl. (10.3.3), nicht aber bzgl. des Ausgangsproblems (10.3.1) zulässig! Die **Hilfsschlupfvariablen** y_{H1}, y_{H2}, y_{H3} müssten, um auch dem Ausgangssystem (10.3.1) zu genügen, sämtlich den Wert **Null** annehmen (denn in (10.3.1) gilt das *Gleichheitszeichen* !).

Daher muss es das **Ziel** der weiteren Umformungen des Systems (10.3.3) sein, die **Hilfsschlupfvariablen zu Null** zu machen. Dies erreicht man, indem man durch Simplexschritte nach und nach **sämtliche Hilfsschlupfvariable** y_{Hi} (die in (10.3.4) BV sind) zu **NBV** (und damit zu Null) macht, ohne dass sich an der Zulässigkeit der zwischenzeitlich erhaltenen Basislösungen etwas ändert. Nun erreicht man das Ziel $y_{H1} = y_{H2} = y_{H3} = 0$ auch dadurch, dass man das **Minimum** der Summe $y_{H1}+y_{H2}+y_{H3}$ bildet. Wegen $y_{Hi} \geq 0$ ist der **Wert dieses Minimums Null** und wird **nur dann erreicht**, wenn **alle Hilfsschlupfvariablen** $\mathbf{y_{Hi}}$ **Null** sind, d.h. NBV geworden sind. Aus (10.3.3) ergibt sich durch Auflösen nach y_{Hi}:

$$y_{H1} = 15 - 3x_1 - x_2 + y_1$$
$$y_{H2} = 11 - x_1 - x_2 + y_2$$
$$y_{H3} = 40 - 2x_1 - 8x_2 + y_3$$

und daher die Forderung

(10.3.5) $$y_{H1} + y_{H2} + y_{H3} = 66 - 6x_1 - 10x_2 + y_1 + y_2 + y_3 \overset{\text{Min!}}{\rightarrow} 0.$$

Da nach Bemerkung 10.3.2 ebensogut die **negative Summe** $-y_{H1} - y_{H2} - y_{H3}$ **zu Null maximiert** werden kann, führt man in das Simplextableau zusätzlich eine sogenannte **sekundäre Zielfunktion** $Z^* := -y_{H1} - y_{H2} - y_{H3}$ ein und versucht, mit Hilfe des Simplex-Verfahrens Z^* in der **1. Phase zu Null zu maximieren** (gelingt dies **nicht**, so hat das LO-Problem **keine Lösung**). Aus (10.3.5) erhält man als sekundäre Zielfunktion:

$$Z^* := -y_{H1} - y_{H2} - y_{H3} = -66 + 6x_1 + 10x_2 - y_1 - y_2 - y_3 \rightarrow \text{Max.} \quad \text{bzw.}$$
$$-6x_1 - 10x_2 + y_1 + y_2 + y_3 + Z^* = -66 \ .$$

Daraus resultiert das erste Simplextableau (die *primäre* Zielfunktion (10.1.12) lautet:

$$Z = x_1 + 2x_2 \rightarrow \text{Min.} \qquad \text{bzw.} \qquad Z' := -Z = -x_1 - 2x_2 \rightarrow \text{Max.}):$$

(10.3.6)

	x_1	x_2	y_1	y_2	y_3	y_{H1}	y_{H2}	y_{H3}	Z^*	Z'	b
y_{H1}	3	1	-1	0	0	1	0	0	0	0	15
y_{H2}	1	1	0	-1	0	0	1	0	0	0	11
y_{H3}	2	8	0	0	-1	0	0	1	0	0	40
Z^*	-6	-10	1	1	1	0	0	0	1	0	-66
Z'	1	2	0	0	0	0	0	0	0	1	0

Bemerkung 10.3.7: *Wie aus Tableau (10.3.6) ablesbar, erhält man die Koeffizienten der sekundären Zielfunktion einfach dadurch, dass man in jeder Spalte diejenigen Elemente, die in Zeilen mit Hilfsschlupfvariablen stehen, addiert und mit umgekehrtem Vorzeichen versieht (außer in* y_{Hi} *- Spalten !).*

Kann nun - ausgehend von der ersten zulässigen Basislösung von (10.3.6) - die **sekundäre Zielfunktion** mit Hilfe von Simplexiterationen **zu Null maximiert** werden, so gilt damit zwangsläufig $y_{H1} = y_{H2} = y_{H3} = 0$, eine **erste zulässige Basislösung** des **ursprünglichen Systems** (10.3.3) ist gewonnen (Ende der 1. Phase). In der sich anschließenden 2.Phase wird die primäre Zielfunktion auf herkömmliche Weise optimiert.

Bemerkung 10.3.8: *Ist eine Hilfsschlupfvariable y_{Hi} zur NBV und damit Null geworden, kann die entsprechende* ***Spalte ersatzlos gestrichen*** *werden. Auf diese Weise kann y_{Hi} nicht versehentlich wieder zur BV werden. Ebenso wird nach Abschluss der 1. Phase die* ***Zeile der sekundären Zielfunktion*** *Z^* ersatzlos* ***gestrichen,*** *da sie ihre formale Aufgabe (Erzeugung einer ersten zulässigen Basislösung) erfüllt hat und nun nicht mehr benötigt wird.*

Die folgenden Tableaus (10.3.9) demonstrieren die 2-Phasen-Methode am Beispiel 10.1.11, ausgehend vom Tableau (10.3.6):

(10.3.9)

		x_1	x_2	y_1	y_2	y_3	y_{H1}	y_{H2}	y_{H3}	Z^*	Z'	b	
I	y_{H1}	3	1	-1	0	0	1	0	0	0	0	15	Phase 1
	y_{H2}	1	1	0	-1	0	0	1	0	0	0	11	
	y_{H3}	2	[8]	0	0	-1	0	0	1	0	0	40	
	Z^*	-6	-10	1	1	1	0	0	0	1	0	-66	
	Z'	1	2	0	0	0	0	0	0	0	1	0	
II	y_{H1}	2,75	0	-1	0	0,125	1	0		0	0	10	
	y_{H2}	0,75	0	0	-1	[0,125]	0	1		0	0	6	
	x_2	0,25	1	0	0	-0,125	0	0		0	0	5	
	Z^*	-3,5	0	1	1	-0,25	0	0		1	0	-16	
	Z'	0,5	0	0	0	0,25	0	0		0	1	-10	
III	y_{H1}	[2]	0	-1	1	0	1			0	0	4	
	y_3	6	0	0	-8	1	0			0	0	48	
	x_2	1	1	0	-1	0	0			0	0	11	
	Z^*	-2	0	1	-1	0	0			1	0	-4	
	Z'	-1	0	0	2	0	0			0	1	-22	
IV	x_1	1	0	-0,5	0,5	0				0	0	2	
	y_3	0	0	[3]	-11	1				0	0	36	
	x_2	0	1	0,5	-1,5	0				0	0	9	
	~~Z^*~~	~~0~~	~~0~~	~~0~~	~~0~~	~~0~~				~~1~~	~~0~~	~~0~~	←
	Z'	0	0	-0,5	2,5	0				0	1	-20	
V	x_1	1	0	0	-4/3	1/6					0	8	Phase 2
	y_1	0	0	1	-11/3	1/3					0	12	
	x_2	0	1	0	1/3	-1/6					0	3	
	Z'	0	0	0	2/3	1/6					1	-14	

Nach dem 3. Simplexschritt (Tableau IV) ist Phase 1 abgeschlossen: Z^* ist Null und daher ebenfalls sämtliche Hilfsschlupfvariablen. Die aus Tableau IV ablesbare Basislösung ist zulässig hinsichtlich des ursprünglichen Restriktionssystems (10.3.1). Die Z^*-Zeile kann nun gestrichen werden und die primäre Zielfunktion Z' in Phase 2 weiter maximiert werden. Tableau V liefert die bereits auf graphischem Wege ermittelte optimale Lösung (Abb. 10.1.17):

$x_1 = 8$ (d.h. 800g/Tag von Nahrungsmittelsorte I)

$x_2 = 3$ (d.h. 300g/Tag von Nahrungsmittelsorte II)

$y_1 = 12$ (d.h. 12 ME Eiweiß über Mindestbedarf in Tagesration vorhanden)

$y_2 = y_3 = 0$ (Weder Fett- noch Energieüberschuss in Tagesration)

$Z'_{max} = -14$, d.h. $Z_{min} = -Z'_{max} = 14$ €/Tag

(minimale Nahrungsmittelgesamtkosten pro Tag).

Bemerkung 10.3.10: *i) Es kann vorkommen, dass nach Abschluß von Phase 1 bereits das Optimum der primären Zielfunktion erreicht ist. In diesem Fall entfällt Phase 2.*

*ii) Auch bei Vorliegen von **Restriktionsgleichungen** müssen **Hilfsschlupfvariablen** eingeführt werden, die in Phase 1 zu NBV gemacht werden müssen.*

Das folgende **Beispiel** demonstriert das **Simplexverfahren (2-Phasen-Methode)**, wenn **alle Typen von Restriktionen** vorliegen.

Beispiel 10.3.11: Eine Unternehmung stellt drei Produkte in zwei Fertigungsstellen her. Produktionskoeffizienten, Kapazitäten und Stück-Deckungsbeiträge gehen aus folgender Tabelle hervor:

	Produkte			Kapazitäten (h)
	I	II	III	
Fertigungsstelle A (h/ME)	4	6	8	5.000
Fertigungsstelle B (h/ME)	3	2	4	2.000
Deckungsbeitrag (€/ME)	40	50	60	

Von Produkt III müssen aufgrund fester Lieferverpflichtungen mindestens 100 ME produziert werden. Aus Lagerhaltungsgründen müssen von Produkt I und II zusammen genau 400 Einheiten produziert werden. Ziel der Unternehmung ist die Maximierung des Deckungsbeitrags. Wenn x_1, x_2, x_3 die zu produzierenden Stückzahlen (in ME) der Proukte I, II, III bedeuten, so lautet das mathematische Optimierungsmodell:

(10.3.12) Zielfunktion: $40x_1 + 50x_2 + 60x_3 \rightarrow$ Max.

Restriktionen:
$$\begin{aligned} 4x_1 + 6x_2 + 8x_3 &\le 5.000 \\ 3x_1 + 2x_2 + 4x_3 &\le 2.000 \\ x_3 &\ge 100 \\ x_1 + x_2 &= 400 \end{aligned}$$

NNB: $x_1, x_2, x_3 \ge 0$.

Nach Einfügen nichtnegativer Schlupf- bzw. Hilfsschlupfvariablen lautet das äquivalente Gleichungssystem

(10.3.13) $Z = 40x_1 + 50x_2 + 60x_3 \rightarrow$ Max.

mit
$$\begin{aligned} 4x_1 + 6x_2 + 8x_3 + y_1 &= 5.000 \\ 3x_1 + 2x_2 + 4x_3 + y_2 &= 2.000 \\ x_3 - y_3 + y_{H1} &= 100 \\ x_1 + x_2 + y_{H2} &= 400 \end{aligned}$$

und $x_k, y_i, y_{Hi} \ge 0$.

Mit der sekundären Zielfunktion $Z^* = -y_{H1} - y_{H2} = -500 + x_1 + x_2 + x_3 - y_3$ erhält man nacheinander folgende Simplex-Tableaus:

(10.3.14)

		x_1	x_2	x_3	y_1	y_2	y_3	y_{H1}	y_{H2}	Z^*	Z	b	
I	y_1	4	6	8	1	0	0	0	0	0	0	5.000	
	y_2	3	2	4	0	1	0	0	0	0	0	2.000	
	y_{H1}	0	0	[1]	0	0	-1	1	0	0	0	100	
	y_{H2}	1	1	0	0	0	0	0	1	0	0	400	
	Z^*	-1	-1	-1	0	0	1	0	0	1	0	-500	
	Z	-40	-50	-60	0	0	0	0	0	0	1	0	
II	y_1	4	6	0	1	0	8		0	0	0	4.200	
	y_2	3	2	0	0	1	4		0	0	0	1.600	
	x_3	0	0	1	0	0	-1		0	0	0	100	Phase 1
	y_{H2}	1	[1]	0	0	0	0		1	0	0	400	
	Z^*	-1	-1	0	0	0	0		0	1	0	-400	
	Z	-40	-50	0	0	0	-60		0	0	1	6.000	
III	y_1	-2	0	0	1	0	8			0	0	1.800	
	y_2	1	0	0	0	1	[4]			0	0	800	
	x_3	0	0	1	0	0	-1			0	0	100	
	x_2	1	1	0	0	0	0			0	0	400	
	~~Z^*~~	~~0~~	~~0~~	~~0~~	~~0~~	~~0~~	~~0~~			~~1~~	~~0~~	~~0~~	
	Z	10	0	0	0	0	-60			0	1	26.000	
IV	y_1	-4	0	0	1	-2	0				0	200	
	y_3	0,25	0	0	0	0,25	1				0	200	
	x_3	0,25	0	1	0	0,25	0				0	300	Phase 2
	x_2	1	1	0	0	0	0				0	400	
	Z	25	0	0	0	15	0				1	38.000	

Nach 2 Simplexschritten (Tableau III) ist Phase I abgeschlossen, da $Z^* = 0$. Nach einem weiteren Simplexschritt (Tableau IV) ist die optimale Lösung erreicht:

$x_1 = 0$ (d.h. Produkt I wird nicht produziert)

$x_2 = 400$ (d.h. von Produkt II werden 400 ME produziert)

$x_3 = 300$ (d.h. von Produkt III werden 300 ME produziert)

$y_1 = 200$ (d.h. in Fertigungsstelle A sind 200 h nicht genutzt)

$y_2 = 0$ (d.h. Fertigungsstelle B ist voll ausgelastet)

$y_3 = 200$ (d.h. von Produkt III werden 200 ME über die Mindestmenge von 100 ME hinaus produziert)

$Z_{Max} = 38.000$ € (Deckungsbeitragsmaximum)

Aufgabe 10.3.15: Man ermittle die Lösung der folgenden LO-Probleme mit Hilfe der 2-Phasen-Methode:

i) $Z = 3x_1 + 3x_2 \rightarrow$ Max.

mit
$$\begin{aligned} -x_1 + 4x_2 &\leq 24 \\ x_1 + 2x_2 &\leq 30 \\ 2x_1 - x_2 &\leq 30 \\ x_1 &\geq 4 \\ x_2 &\geq 2 \\ x_1 + 2x_2 &\geq 12 \end{aligned}$$

und $x_1, x_2 \geq 0$.

ii) Man löse i), wenn Z minimiert werden soll.

Aufgabe 10.3.16: Eine Unternehmung produziert 4 Produkte I, ..., IV. Dazu stehen zwei Fertigungsstellen A, B sowie zwei Rohstoffe R_1, R_2 zur Verfügung. Da die Rohstoffe nur begrenzt lagerfähig sind, müssen sie bei der Produktion vollständig verbraucht werden. Produktionskoeffizienten, Kapazitäten und Deckungsbeiträge sind aus der folgenden Tabelle ersichtlich:

	Produkte				vorhandene Kapazität
	I	II	III	IV	
Fertigungsstelle A (h/ME)	2	4	1	0	150 (h)
Fertigungsstelle B (h/ME)	1	0	5	1	250 (h)
Rohstoff R_1 (kg/ME)	0	1	4	2	200 (kg)
Rohstoff R_2 (kg/ME)	1	1	0	1	150 (kg)
Deckungsbeiträge (T€/ME)	2	-2	-1	1	

(Bemerkung: Die Produkte II, III erzielen einen negativen Deckungsbeitrag !)

Bei welcher Produktkombination erzielt die Unternehmung maximalen Deckungsbeitrag?

Aufgabe 10.3.17: Eine Bergwerksunternehmung fördert zwei verschiedene Erzsorten E_1, E_2. Aus jedem dieser Erze können sowohl Aluminium (Al) als auch Zink (Zn) gewonnen werden: Aus einer t E_1 kann man 0,1 t Al und 0,6 t Zn, aus einer t E_2 0,5 t Al und 0,5 t Zn gewinnen.

Pro Monat müssen aufgrund fester Lieferverträge genau 100 t Al und mindestens 200 t Zn produziert werden. Die monatliche Verarbeitungskapazität beträgt für die Erzsorte E_1 höchstens 400 t, für E_2 höchstens 180 t. An Produktions- und Verarbeitungskosten fallen an: für E_1: 10 T€/t; für E_2: 100 T€/t.

Man ermittle mit Hilfe der Simplex-Methode das kostenminimale monatliche Produktionsprogramm.

10.4 Sonderfälle bei LO-Problemen

Bereits bei der graphischen Lösung einfacher LO-Probleme waren **Sonderfälle** wie **Mehrdeutigkeit** (Abb. 10.1.21), **keine zulässige Lösung** (Abb. 10.1.23) und **unbeschränkte Lösung** (Abb. 10.1.24) aufgetreten. Im folgenden soll untersucht werden, wie sich diese (und andere) Sonderfälle im Verlauf des Simplexalgorithmus bemerkbar machen.

10.4.1 Keine zulässige Lösung

Betrachtet sei das Restriktionssystem (Abb. 10.4.2):

(10.4.1)
$$\begin{aligned} x_1 + 2x_2 &\leq 8 \\ 4x_1 + 5x_2 &\geq 40 \\ x_1, x_2 &\geq 0 \,. \end{aligned}$$

Zur Ermittlung einer ersten zulässigen Basislösung muss in die zweite Restriktion neben einer Schlupfvariablen auch eine Hilfsschlupfvariable y_H eingeführt und dann die 2-Phasen-Methode angewendet werden. Das Ausgangstableau lautet (Z^*: sekundäre Zielfunktion):

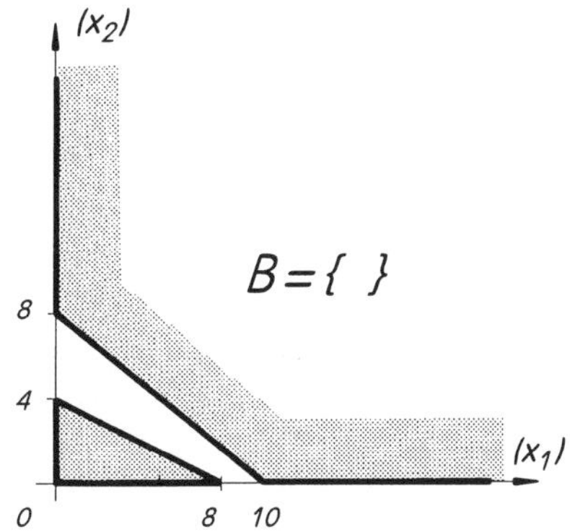

Abb. 10.4.2

(10.4.3)

	x_1	x_2	y_1	y_2	y_H	Z^*	b
y_1	[1]	2	1	0	0	0	8
y_H	4	5	0	-1	1	0	40
Z^*	-4	-5	0	1	0	1	-40

Ziel der 1. Phase ist es, Z^* zu Null zu maximieren und damit $y_H = 0$ zu erreichen. Ein Simplexschritt (Pivotelement eingerahmt) liefert

(10.4.4)

	x_1	x_2	y_1	y_2	y_H	Z^*	b
x_1	1	2	1	0	0	0	8
y_H	0	-3	-4	-1	1	0	8
Z^*	0	3	4	1	0	1	-8

Da die Zeile der sekundären Zielfunktion nur noch nichtnegative Elemente enthält, liefert Tableau (10.4.4) bereits das Maximum der sekundären Zielfunktion Z^*. Gleichzeitig erkennt man (wegen $Z^*_{max} = -8$; $y_H = 8$), dass y_H wiederum Basisvariable und daher von Null verschieden ist: Das System (10.4.1) kann nicht erfüllt werden (dazu müsste $y_H = 0$ erreicht werden !), es existiert **keine zulässige Basislösung.**

Bemerkung 10.4.5: *Da jedes Standard-Maximum-Problem die zulässige Basislösung $x_1 = x_2 = \ldots = x_n = 0$ besitzt, kann der Fall der Nichtexistenz zulässiger Lösungen nur bei Problemen auftreten, in denen die 2-Phasen-Methode angewendet werden muss.*

Zusammenfassend gilt:

(10.4.6)	Ein LO-Problem besitzt **keine zulässige Lösung**, wenn das Maximum der sekundären Zielfunktion $Z^* := -\sum_i y_{Hi}$ **ungleich** Null wird, d.h. noch mindestens **eine Hilfsschlupfvariable von Null verschieden** ist.

10.4.2 Keine endliche optimale Lösung (unbeschränkte Lösung)

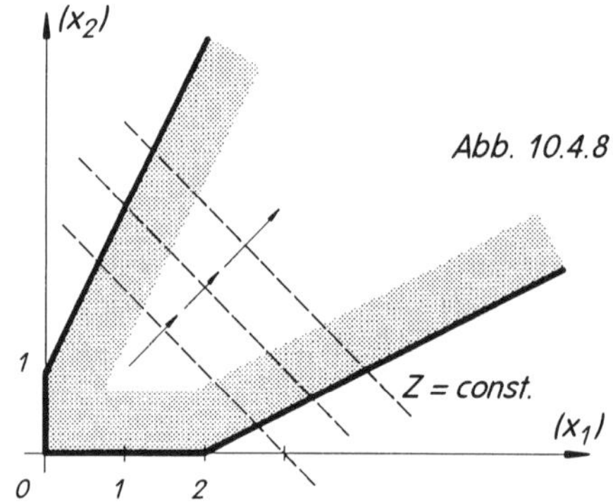

Betrachtet sei das Standard-Maximum-Problem:

$$Z = x_1 + x_2 \rightarrow \text{Max.}$$
$$\text{mit } -2x_1 + x_2 \le 1 \qquad (10.4.7)$$
$$x_1 - 2x_2 \le 2$$
$$\text{sowie } x_1, x_2 \ge 0 \; .$$

Die beiden ersten Tableaus lauten:

(10.4.9)

i)	x_1	x_2	y_1	y_2	Z	b
y_1	-2	1	1	0	0	1
y_2	[1]	-2	0	1	0	2
Z	-1	-1	0	0	1	0

ii)	x_1	x_2	y_1	y_2	Z	b
y_1	0	**-3**	1	2	0	5
x_1	1	**-2**	0	1	0	2
Z	0	**-3**	0	1	1	2
		↑				

Z kann noch vergrößert werden, indem x_2 zur Basisvariablen gemacht wird. Da aber **sämtliche Elemente der neuen Pivotspalte (↑) negativ** sind, existiert keine obere Schranke (also kein Engpass) für den zu wählenden Wert von x_2. Jeder **beliebig große Wert** für x_2 **verletzt keine der Restriktionen, vergrößert** aber **Z beliebig**: Es gibt **keine endliche optimale Lösung**. Formal erkennt man diesen Sachverhalt stets daran, dass sich **kein positives Pivotelement** über einem negativen Zielfunktionskoeffizienten finden lässt.

Zusammenfassend gilt:

(10.4.10)	Ein LO-Problem besitzt **keine endliche optimale Lösung** (sondern eine „unbeschränkte optimale Lösung"), wenn die **Zielfunktion** zwar weiter **verbessert** werden kann, aber **kein positives Pivotelement** existiert.

10.4.3 Degeneration (Entartung)

Schneiden sich in einem Eckpunkt P des zulässigen Bereiches **mehr** als 2 Restriktionsgeraden ($\mathbb{R}^2$) bzw. **mehr** als 3 Restriktionsebenen ($\mathbb{R}^3$) bzw. **mehr** als n Restriktionshyperebenen ($\mathbb{R}^n$), so spricht man von **Degeneration** oder **Entartung** des LO-Problems (bzw. der entsprechenden Basislösung). Man erkennt diesen Fall im Simplextableau daran, dass der Wert einer **Basisvariablen Null** ist, die Null also auf der rechten Seite erscheint. Dies tritt immer dann ein, wenn es im Simplextableau zuvor **mehrere gleichwertige Engpässe** gibt, d.h. mehrere Zeilen als Pivotzeilen gewählt werden können *(wie etwa im Punkt P der nebenstehenden Abb. 10.4.11)*.

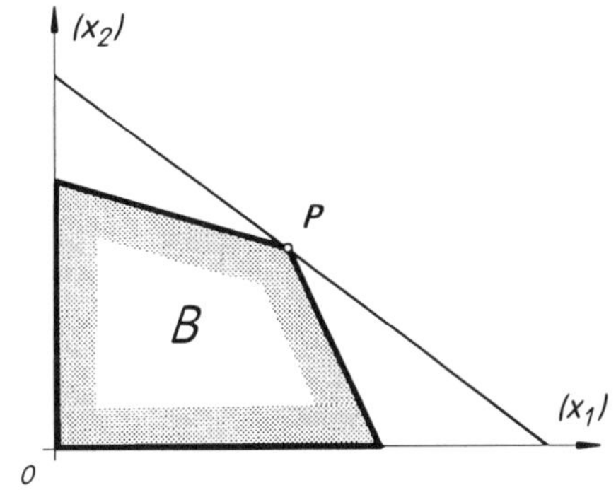

Abb. 10.4.11

Beispiel 10.4.12: Gegeben sei das LO-Problem $Z = 3x_1 + 4x_2 \rightarrow \text{Max.}$

mit $x_1 + x_2 \leq 4$
$x_1 + 2x_2 \leq 6$
$2x_1 + x_2 \leq 6$ sowie $x_1, x_2 \geq 0$.

Die beiden ersten Tableaus lauten:

i)	x_1	x_2	y_1	y_2	y_3	Z	b
y_1	1	1	1	0	0	0	4
y_2	1	[2]	0	1	0	0	6
y_3	2	1	0	0	1	0	6
Z	-3	-4	0	0	0	1	0

ii)	x_1	x_2	y_1	y_2	y_3	Z	b	
y_1	[0,5]	0	1	-0,5	0	0	1	← (q=2)
x_2	0,5	1	0	0,5	0	0	3	
y_3	[1,5]	0	0	-0,5	1	0	3	← (q=2)
Z	-1	0	0	2	0	1	12	

Z kann noch verbessert werden, indem x_1 zur BV wird. Es ergeben sich zwei äquivalente Kandidaten für die neue Pivotzeile: Das Problem ist **degeneriert**. Um eine bei Degenerationsfällen mögliche „Engpassschleife" des Simplexalgorithmus auf Dauer zu vermeiden, wählt man bei mehreren möglichen Pivotzeilen z.B. nach dem Zufallsprinzip aus. Wird etwa im vorliegenden Beispiel die erste Zeile als Pivotzeile gewählt, so lautet das neue Simplextableau:

iii)	x_1	x_2	y_1	y_2	y_3	Z	b
x_1	1	0	2	-1	0	0	2
x_2	0	1	-1	1	0	0	2
y_3	0	0	-3	1	1	0	**0**
Z	0	0	2	1	0	1	14

← Die resultierende Basislösung ist optimal. Charakteristisch für die Degeneration dieser Basislösung ist die Tatsache, dass die **Basisvariable** y_3 **Null** ist.

Bemerkung 10.4.13: *Degenerierte Probleme bereiten rechentechnisch kaum Probleme.* ***Ökonomisch*** *bedeutet eine degenerierte optimale Basislösung das* ***gleichzeitige Erfülltsein*** *von* ***mehr als n Restriktionen****, d.h. eine besonders gute Abstimmung der Kapazitäten.*

Zusammenfassend gilt:

(10.4.14) Ein LO-Problem ist **degeneriert** (oder **ausgeartet**), wenn im Verlauf eines Simplexschrittes mehrere äquivalente Pivotzeilen gewählt werden können. Dies führt dazu, dass eine **Basisvariable** den Wert **Null** erhält.

10.4.4 Mehrdeutige optimale Lösungen

Ein zweidimensionales LO-Problem besitzt - wie bereits aus Abb. 10.1.21 deutlich wurde - unendlich viele optimale Lösungen, wenn die Zielfunktionsgeraden parallel zu einer Restriktionsgeraden liegen. Die Auswirkungen der Mehrdeutigkeit auf das optimale Simplextableau werden an folgendem **Beispiel** deutlich:

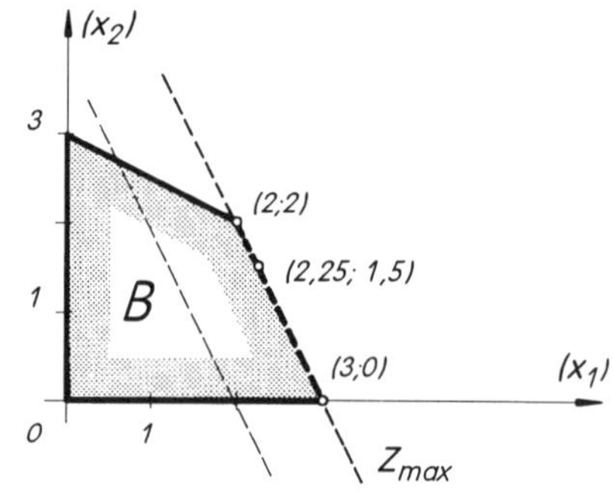

Abb. 10.4.16

(10.4.15) $Z = 6x_1 + 3x_2 \rightarrow \text{Max.}$

mit $x_1 + 2x_2 \leq 6$
$2x_1 + x_2 \leq 6$

sowie $x_1, x_2 \geq 0$.

Die beiden ersten Simplextableaus lauten:

(10.4.17)	x_1	x_2	y_1	y_2	Z	b
y_1	1	2	1	0	0	6
y_2	[2]	1	0	1	0	6
Z	-6	-3	0	0	1	0
y_1	0	1,5	1	-0,5	0	3
x_1	1	0,5	0	0,5	0	3
Z	0	**0**	0	3	1	18
		↑				

Aus dem letzten Simplextableau ergibt sich eine optimale Lösung $\vec{x}_1$ mit

$$\vec{x}_1 = \begin{pmatrix} x_1 \\ x_2 \\ y_1 \\ y_2 \\ Z \end{pmatrix} = \begin{pmatrix} 3 \\ 0 \\ 3 \\ 0 \\ 18 \end{pmatrix}$$

(entspricht der Ecke (3; 0) in Abb. 10.1.16).

Da der **Zielfunktionskoeffizient** der NBV x_2 **Null** ist, kann man noch einen weiteren Basistausch vornehmen (Pivotspalte (↑)), ohne dass sich der maximale Zielfunktionswert Z_{max} (=18) ändert. Mit dem Pivotelement 1,5 ergibt sich das nächste Simplextableau:

(10.4.18)	x_1	x_2	y_1	y_2	Z	b
x_2	0	1	2/3	-1/3	0	2
x_1	1	0	-1/3	2/3	0	2
Z	0	0	**0**	3	1	18
			↑			

$$\vec{x}_2 = \begin{pmatrix} x_1 \\ x_2 \\ y_1 \\ y_2 \\ Z \end{pmatrix} = \begin{pmatrix} 2 \\ 2 \\ 0 \\ 0 \\ 18 \end{pmatrix} .$$

Die resultierende Basislösung $\vec{x}_2$ ist ebenfalls optimal (und entspricht der Ecke (2; 2) in Abb. 10.4.16). Man erkennt, dass – ohne Änderung des optimalen Zielfunktionswertes – erneut ein Basistausch (mit y_1 als BV) durchgeführt werden könnte, der das schon bekannte Tableau (10.4.17) liefert usw.. Mit den beiden optimalen Ecken $\vec{x}_1$, $\vec{x}_2$ ist auch **jeder Punkt $\vec{x}$ der Verbindungsstrecke** der beiden Ecken **optimal**, vgl. Abb. 10.4.16. Nach Beispiel 9.1.37/ Bemerkung 9.1.35 lassen sich sämtliche Punkte x dieser Verbindungsgeraden als **konvexe Linearkombinationen** der beiden optimalen Basislösungen $\vec{x}_1, \vec{x}_2$ darstellen:

(10.4.19) $$\boxed{\vec{x} = \lambda \vec{x}_1 + (1-\lambda)\vec{x}_2} \qquad (0 \le \lambda \le 1).$$

Beispiel: Wählt man etwa $\lambda = 1/4$, so erhält man mit (10.4.19) die weitere optimale Lösung:

$$\vec{x} = \frac{1}{4}\vec{x}_1 + \frac{3}{4}\vec{x}_2 = \frac{1}{4}\cdot\begin{pmatrix}3\\0\\3\\0\\18\end{pmatrix} + \frac{3}{4}\cdot\begin{pmatrix}2\\2\\0\\0\\18\end{pmatrix} = \begin{pmatrix}2{,}25\\1{,}50\\0{,}75\\0\\18\end{pmatrix}, \quad \text{vgl. Abb. 10.4.16.}$$

Für jede Wahl von $\lambda \in [0; 1]$ ergibt sich mit (10.4.19) eine andere optimale Lösung, allen optimalen Lösungen gemeinsam ist der einheitliche optimale Zielfunktionswert $Z_{max} = 18$.

Bei höherdimensionalen Problemen kann es vorkommen, dass **mehr als zwei Basislösungen optimal** sind (erkennbar daran, dass die Zielfunktionskoeffizienten von zwei oder mehr NBV Null sind). Auch dann sind alle **konvexen Linearkombinationen** $\vec{x}$ der optimalen Basislösungen $\vec{x}_1, ..., \vec{x}_k$ zulässig und optimal:

Satz 10.4.20: Es seien $\vec{x}_1, \vec{x}_2, ..., \vec{x}_k$ **optimale zulässige Basislösungen** eines LO-Problems. Dann sind auch alle **konvexen Linearkombinationen**

(10.4.21) $$\boxed{\vec{x} = \lambda_1\vec{x}_1 + \lambda_2\vec{x}_2 + ... + \lambda_k\vec{x}_k} \quad \text{mit } 0 \le \lambda_i \le 1 \text{ und } \lambda_1 + \lambda_2 + ... + \lambda_k = 1$$

ebenfalls **zulässige optimale Lösungen** des LO-Problems *(i.a. aber keine Basislösungen).*

Der **Beweis** lässt sich mit Hilfe der Matrizenrechnung leicht führen, wenn man das LO-Problem in kompakter Form (vgl. Bemerkung 10.2.11) schreibt: $Z = \vec{c}^{\,T} \cdot \vec{x} \to$ Max. unter Berücksichtigung der Nebenbedingungen $\mathbf{A}\vec{x} = \vec{b}$ sowie $\vec{x} \ge \vec{0}$. Laut Voraussetzung von Satz 10.4.20 sind $\vec{x}_1, ..., \vec{x}_k$ optimale zulässige Basislösungen, d.h. es muss gelten:

(10.4.22) $$\vec{c}^{\,T}\cdot\vec{x}_1 = \vec{c}^{\,T}\cdot\vec{x}_2 = ... = \vec{c}^{\,T}\cdot\vec{x}_k = Z_{opt.} \qquad \text{sowie}$$

(10.4.23) $$\mathbf{A}\vec{x}_1 = \mathbf{A}\vec{x}_2 = ... = \mathbf{A}\vec{x}_k = \vec{b}\ .$$

Dann gilt **für jede konvexe Linearkombination** $\vec{x}$ mit $\vec{x} := \lambda_1\vec{x}_1+\lambda_2\vec{x}_2+...+\lambda_k\vec{x}_k$ (wobei $0 \le \lambda_i \le 1$; $\lambda_1 + \lambda_2 + ... + \lambda_k = 1$ gilt):

i) $$\mathbf{A}\vec{x} = \mathbf{A}(\lambda_1\vec{x}_1 + ... + \lambda_k\vec{x}_k) = \lambda_1\mathbf{A}\vec{x}_1 + ... + \lambda_k\mathbf{A}\vec{x}_k = \textit{(wegen (10.4.23))}$$
$$= \lambda_1\vec{b} + ... + \lambda_k\vec{b} = \underbrace{(\lambda_1 + \lambda_2 + \ ... \ + \lambda_k)}_{=1}\vec{b} = \vec{b}, \qquad \text{d.h. } \vec{x} \textbf{ ist zulässig.}$$

ii) $Z(\vec{x}) = \vec{c}^T \cdot \vec{x} = \vec{c}^T(\lambda_1\vec{x}_1 + ... + \lambda_k\vec{x}_k) = \lambda_1\vec{c}^T\vec{x}_1 + ... + \lambda_k\vec{c}^T\vec{x}_k =$ *(wegen (10.4.22)*

$= \underbrace{(\lambda_1 + \lambda_2 + \ ... \ + \lambda_k)}_{=1} Z_{opt} = Z_{opt.}$, d.h. $\vec{x}$ **ist optimal.**

Genau das sollte gezeigt werden.

Zusammenfassend gilt:

(10.4.24) Ein LO-Problem ist **mehrdeutig lösbar**, wenn der **Zielfunktionskoeffizient** mindestens **einer Nichtbasisvariablen** im optimalen Tableau den Wert **Null** aufweist. Durch entsprechende Simplexschritte können die weiteren optimalen Basislösungen erzeugt werden, deren optimale Zielfunktionswerte übereinstimmen.

Sind $\vec{x}_1, \vec{x}_2, ..., \vec{x}_k$ die so gewonnenen optimalen Basislösungen, so sind auch alle **konvexen Linearkombinationen**

$$\boxed{\vec{x} = \lambda_1\vec{x}_1 + \lambda_2\vec{x}_2 + ... + \lambda_k\vec{x}_k} \qquad (\text{mit } 0 \le \lambda_i \le 1; \quad \lambda_1 + \lambda_2 + ... + \lambda_k = 1)$$

optimale zulässige Lösungen. $\vec{x}$ heißt **allgemeine optimale Lösung** des LO-Problems.

10.4.5 Fehlen von Nichtnegativitätsbedingungen

Eine wesentliche **Voraussetzung** bei der Anwendung des **Simplexverfahrens** besteht darin, dass mit Hilfe der Zulässigkeitsbedingung (Engpasskriterium, Satz 10.2.23) stets **zulässige** Lösungen erzeugt werden, Lösungen also, die in allen Variablenwerten den **Nichtnegativitätsbedingungen** genügen. Nun kann es vorkommen, dass gewisse Problemvariablen x_i

i) **stets nichtpositiv** ($x_i \le 0$) sei müssen;

ii) **beliebige reelle Werte** annehmen dürfen (x_i ist vorzeichenunbeschränkt: $x_i \lesseqgtr 0$).

Beide Fälle lassen sich durch **Einführung von neuen Variablen**, die den **Nichtnegativitätsbedingungen** genügen, **äquivalent** umformen:

i) x_i (mit $x_i \le 0$) wird ersetzt durch $-x_i^*$ (mit $x_i^* \ge 0$);

ii) x_i (mit $x_i \lesseqgtr 0$) wird ersetzt durch $x_i' - x_i''$ mit $x_i', x_i'' \ge 0$
(gilt dann $x_i' \lesseqgtr x_i''$, so ist $x_i \lesseqgtr 0$).

Beispiel 10.4.25: Gegeben sei das LO-Problem

(10.4.26) $Z = 5x_1 + 2x_2 + 4x_3 \rightarrow \text{Max}$

mit
$$\begin{aligned} x_1 - 2x_2 + 3x_3 &\le 5 \\ 2x_1 + x_2 - x_3 &\ge 4 \\ x_1 - x_2 + 2x_3 &= 8 \end{aligned}$$

sowie $x_1 \le 0 ; x_2 \ge 0 ; x_3 \lesseqgtr 0$.

Das Problem (10.4.26) lässt sich in ein äquivalentes LO-Problem umformen, dessen sämtliche Variablen den Nichtnegativitätsbedingungen genügen. Dazu setzt man:

i) $x_1 = -x_1^*$ (mit $x_1^* \ge 0$);

ii) $x_3 = x_3' - x_3''$ (mit $x_3', x_3'' \ge 0$).

Damit folgt durch Einsetzen aus (10.4.26):

(10.4.27) $Z = -5x_1^* + 2x_2 + 4x_3' - 4x_3'' \rightarrow \text{Max.}$

mit
$$\begin{aligned} -x_1^* - 2x_2 + 3x_3' - 3x_3'' &\le 5 \\ -2x_1^* + x_2 - x_3' + x_3'' &\ge 4 \\ -x_1^* - x_2 + 2x_3' - 2x_3'' &= 8 \end{aligned}$$

sowie $x_1^*, x_2, x_3', x_3'' \ge 0$.

Das LO-Problem (10.4.27) kann nun wie üblich mit dem Simplexverfahren gelöst werden.

Zusammenfassend gilt:

(10.4.28) Jedes LO-Problem mit Variablen x_i, für die **keine Nichtnegativitätsbedingungen** (NNB) gefordert werden, lässt sich in ein **äquivalentes** LO-Problem transformieren, dessen **sämtliche Variablen den NNB genügen**:

i) Falls $x_i \leq 0$, so setzt man $x_i = -x_i^*$ (mit $x_i^* \geq 0$);

ii) Falls $x_i \lesseqgtr 0$, so setzt man $x_i = x_i' - x_i''$ (mit $x_i', x_i'' \geq 0$).

Die in den Kap. 10.2 bis 10.4 nunmehr **vollständig dargestellte Simplexmethode** für beliebige LO-Probleme unter Berücksichtigung aller Sonderfälle soll abschließend in Form eines **Ablaufdiagramms** (vgl. Abb. 10.4.29) zusammengefasst werden:

10.4.6 Ablaufdiagramm Simplexverfahren *(allgemeiner Fall)*

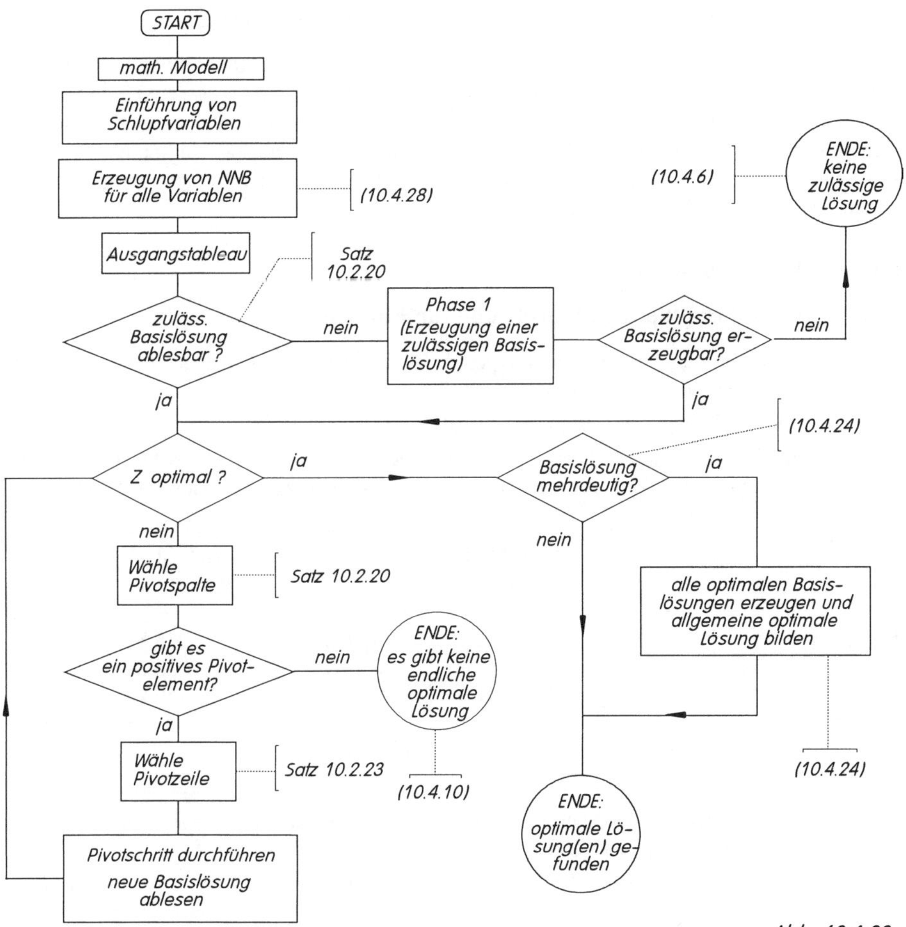

Abb. 10.4.29

Aufgabe 10.4.30: Man ermittele die optimale Lösung folgender LO-Probleme mit Hilfe des Simplexverfahrens (bei mehrdeutigen optimalen Lösungen gebe man sämtliche optimalen Basislösungen, die allgemeine optimale Lösung sowie zwei spezielle Nichtbasislösungen an):

i) $Z = x_1 + x_2 + x_3 \rightarrow \text{Max}$

mit
$$3x_1 + 6x_2 + 2x_3 \leq 6$$
$$4x_1 + 3x_2 + 3x_3 \geq 12$$
sowie $x_1, x_2, x_3 \geq 0$.

ii) $Z = 5x_1 + 4x_2 - 32x_3 - 24x_4 \rightarrow \text{Max}$

mit
$$x_1 + 3x_2 - 7x_3 - 5x_4 \leq 5$$
$$-x_1 + x_2 + 6x_3 + 5x_4 \leq 3$$
sowie $x_1, x_2, x_3, x_4 \geq 0$.

iii) $Z = 6x_1 + 12x_2 + 4x_3 \rightarrow \text{Max}$

mit
$$3x_1 + 6x_2 + 2x_3 \leq 6$$
$$-x_1 + 2x_2 \leq 2$$
sowie $x_1, x_2, x_3 \geq 0$.

iv) $Z = -2x_1 + x_2 \rightarrow \text{Max}$

mit
$$-2x_1 - x_2 \leq 16$$
$$x_1 - 3x_2 \leq 27$$
$$-x_1 - 2x_2 \geq 8$$
$$x_1 - x_2 \geq 1$$
sowie $x_1 \lesseqgtr 0$; $x_2 \leq 0$.

10.5 Die ökonomische Interpretation des optimalen Simplextableaus

Neben der optimalen Basislösung weist das optimale Simplextableau eine Reihe weiterer Koeffizienten auf, deren ökonomische Interpretation einen vertieften Einblick in die Problemsituation ermöglicht und die es gestattet, Konsequenzen aufzuzeigen, die sich durch Abweichen von der optimalen Lösung ergeben. Am Beispiel je eines Standard-Maximum-Problems (Produktionsplanungsproblem) und eines Standard-Minimum-Problems (Diätproblem) sollen die ökonomischen Interpretationsmöglichkeiten des optimalen[5] Simplextableaus demonstriert werden.

10.5.1 Produktionsplanungsproblem

10.5.1.1 Problemformulierung, Einführung von Einheiten

Eine Unternehmung produziere drei Produkttypen I, II, III. Die entsprechenden Entscheidungsvariablen x_i bezeichnen die Produktmengen:

x_1, x_2, x_3: produzierte Menge von I (in ME_1)[6]; II (in ME_2); III (in ME_3) .

Zur Produktion wird ein Rohstoff verwendet, jedes Produkt muss 2 Fertigungsstellen durchlaufen. Produktionskoeffizienten, verfügbare Kapazitäten und Deckungsbeiträge gehen aus (10.5.1) hervor:

(10.5.1)

	Produkttyp I	Produkttyp II	Produkttyp III	maximal verfügbare Kapazitäten
Fertigungsstelle 1	5 h_1/ME_1	25 h_1/ME_2	8 h_1/ME_3	215 h_1
Fertigungsstelle 2	1 h_2/ME_1	4 h_2/ME_2	1 h_2/ME_3	30 h_2
Rohstoff	1 kg/ME_1	5 kg/ME_2	2 kg/ME_3	50 kg
Deckungsbeiträge	8 €/ME_1	35 €/ME_2	13 €M/ME_3	

[5] Eine völlig analoge Interpretationsmöglichkeit ergibt sich für die Koeffizienten eines jeden im Verlauf des Simplexverfahrens auftretenden Simplextableaus.

[6] Die Mengeneinheiten (ME) werden entsprechend dem Produkttyp indiziert, damit aus der Angabe einer Einheit sofort ersichtlich ist, um welches Produkt es sich handelt. Analog sind die übrigen Einheiten-Indizes zu verstehen (z.B. 8 h_1 = 8 Stunden in der Fertigungsstelle 1 usw.).

Gesucht ist das Produktionsprogramm mit maximalem Deckungsbeitrag. Nach Einfügen von Schlupfvariablen lautet das **mathematische Modell**:

(10.5.2) $$Z = 8x_1 + 35x_2 + 13x_3 \quad \rightarrow \text{Max.}$$

$$\begin{aligned} 5x_1 + 25x_2 + 8x_3 + y_1 \quad &= 215 \\ x_1 + 4x_2 + x_3 + y_2 \quad &= 30 \\ x_1 + 5x_2 + 2x_3 + y_3 &= 50 \end{aligned}$$

$$x_1, x_2, x_3, y_1, y_2, y_3 \geq 0 \quad .$$

Daraus erhält man das **Ausgangstableau** (10.5.3) für das Simplexverfahren. In eckigen Klammern hinzugefügt wurden die jeweiligen **Einheiten** von Variablen und Koeffizienten:

(10.5.3)	x_1 [ME_1]	x_2 [ME_2]	x_3 [ME_3]	y_1 [h_1]	y_2 [h_2]	y_3 [kg]	Z [€]	b
y_1 [h_1]	5 [h_1/ME_1]	25 [h_1/ME_2]	8 [h_1/ME_3]	1	0	0	0	215 [h_1]
y_2 [h_2]	1 [h_2/ME_1]	4 [h_2/ME_2]	1 [h_2/ME_3]	0	1	0	0	30 [h_2]
y_3 [kg]	1 [kg/ME_1]	5 [kg/ME_2]	2 [kg/ME_3]	0	0	1	0	50 [kg]
Z [€]	-8 [€/ME_1]	-35 [€/ME_2]	-13 [€/ME_3]	0	0	0	1	0 [€]

Bemerkung 10.5.4: *i) Mit ihren Einheiten lautet z.B. die erste Zeile von 10.5.3:*

$$5x_1 \left[\frac{h_1}{ME_1} \cdot ME_1\right] + 25x_2 \left[\frac{h_1}{ME_2} \cdot ME_2\right] + 8x_3 \left[\frac{h_1}{ME_3} \cdot ME_3\right] + 1\, y_1\, [h_1] = 215\, [h_1] \ .$$

Durch Kürzen entsprechender Mengeneinheiten erkennt man, dass alle Summanden sowie die rechte Seite dieselbe Einheit besitzen.

*ii) Es ist bei allen ökonomisch interpretierbaren mathematischen Beziehungen stets darauf zu achten, dass nur solche dimensionsgleichen Größen summiert werden, deren **Einheiten übereinstimmen**. (Eine Summe wie etwa $x = 10[€] + 8[km]$ ist nicht definiert und offenbar auch unsinnig.) Man überzeugt sich analog zu i) leicht davon, dass in (10.5.3) alle Gleichungen dieser Forderung genügen.*

Bereits im Ausgangstableau (10.5.3) erkennt man eine wichtige (und **für jedes Simplextableau gültige**) **Eigenschaft der Koeffizienteneinheiten**:

Satz 10.5.5: In einem Simplextableau ergibt sich die **Einheit** irgendeines beliebigen Elements a_{ik} wie folgt:

(10.5.6) $$\text{Einheit von } a_{ik} = \frac{\text{Einheit von } x_i}{\text{Einheit von } x_k} \quad ,$$

wobei x_i diejenige Basisvariable bedeutet, deren Einheitsvektor die Eins in der Zeile von a_{ik} besitzt und

x_k diejenige Variable bedeutet, die zur Spalte von a_{ik} gehört.

Bezeichnet man die Einheiten von x_i mit $[ME_i]$ und x_k mit $[ME_k]$, so sichert (10.5.6) im Simplextableau folgenden Einheiten-Zusammenhang:

(10.5.7)	...	x_i $[ME_i]$	...	x_k $[\mathbf{ME_k}]$	...
		0			
⋮		⋮		⋮	
		0			
x_i $[\mathbf{ME_i}]$	...	1	...	$a_{ik}\left[\frac{\mathbf{ME_i}}{\mathbf{ME_k}}\right]$	...
		0			
⋮		⋮		⋮	
⋮		0			

Dass die Eigenschaft (10.5.6) auch bei einem Pivotschritt unverändert bleibt, kann man leicht durch explizites Nachrechnen feststellen. Mit Hilfe von (10.5.6) kann **jeder Koeffizient** in **jedem Simplextableau** sofort mit seiner **korrekten Einheit** versehen werden und so unmittelbar einer **ökonomischen Interpretation** zugänglich gemacht werden.

10.5.1.2 Optimaltableau und optimale Basislösung

Nach einigen Simplex-Schritten erhält man aus (10.5.3) das **optimale Simplextableau** (10.5.8):

(10.5.8)	$x_1[ME_1]$	x_2 $[ME_2]$	x_3 $[ME_3]$	$y_1[h_1]$	y_2 $[h_2]$	y_3 [kg]	Z [€]	b
y_1 $[h_1]$	0	2 $[h_1/ME_2]$	0	1	-2 $[h_1/h_2]$	-3 $[h_1/kg]$	0	5 $[h_1]$
x_1 $[ME_1]$	1	3 $[ME_1/ME_2]$	0	0	2 $[ME_1/h_2]$	-1 $[ME_1/kg]$	0	10 $[ME_1]$
x_3 $[ME_3]$	0	1 $[ME_3/ME_2]$	1	0	-1 $[ME_3/h_2]$	1 $[ME_3/kg]$	0	20 $[ME_3]$
Z [€]	0	2 $[€/ME_2]$	0	0	3 $[€/h_2]$	5 [€/kg]	1	340 [€]

Zunächst ist anhand der **rechten Seite** von (10.5.8) die **optimale Basislösung** erkennbar:

$$(10.5.9) \qquad \vec{x}_{opt.} = \begin{pmatrix} x_1 \\ x_2 \\ x_3 \\ y_1 \\ y_2 \\ y_3 \\ Z \end{pmatrix} = \begin{pmatrix} 10\ [ME_1] \\ 0\ [ME_2] \\ 20\ [ME_3] \\ 5\ [h_1] \\ 0\ [h_2] \\ 0\ [kg] \\ 340\ [€] \end{pmatrix}$$

Durch Verwendung der Einheiten ist die ökonomische Deutung unmittelbar erkennbar: Von Produkt I müssen 10 ME_1, von Produkt II darf nichts, von Produkt III müssen 20 ME_3 produziert werden, um einen maximalen Deckungsbeitrag in Höhe von 340 € zu erwirtschaften. Dabei sind von Fertigungsstelle 1 noch 5 h_1 ungenutzt, während Fertigungsstelle 2 voll ausgelastet ist ($y_2 = 0$) und der gesamte Rohstoff verbraucht worden ist ($y_3 = 0$).

10.5.1.3 Deutung der Zielfunktionskoeffizienten

Um die **Koeffizienten der Zielfunktionszeile** zu deuten, schreibt man die **letzte Zeile** von (10.5.8) als **Gleichung**: $2x_2 + 3y_2 + 5y_3 + Z = 340$, bzw.

(10.5.10) $$\boxed{Z = 340 - 2x_2 - 3y_2 - 5y_3} \quad .$$

In der optimalen Basislösung (10.5.9) gilt: $x_2 = y_2 = y_3 = 0$ (Nichtbasisvariable !), so dass aus (10.5.10) folgt: $Z = 340$ €.

> **Erhöht** man nun - c.p. - in (10.5.10) irgendeine der **NBV um eine Einheit** (d.h. von Null auf Eins), so **vermindert** sich der Deckungsbeitrag Z genau in Höhe des entsprechenden **Zielfunktionskoeffizienten**.

Beispiel 10.5.11: i) Erhöht man x_2 von Null auf Eins (d.h. produziert man eine Einheit von Produkt II), so folgt aus (10.5.10):

$$Z = 340 - 2x_2 = 340\,[€] - 2 \cdot 1\,[\frac{€}{ME_2} \cdot ME_2] = 338\,[€]\,.$$

Der Deckungsbeitrag Z hat sich genau um 2 [€/ME_2] ($\triangleq$ Zielfunktionskoeffizient von x_2 in (10.5.10) vermindert.

ii) Erhöht man - c.p. - y_2 von Null auf Eins (d.h. lässt man eine Stunde der bisher voll genutzten Kapazität „leer", produziert also in Fertigungsstelle 2 eine Stunde weniger), so sinkt Z um 3 [€/h_2], wie aus (10.5.10) sofort ablesbar ist. Entsprechendes gilt für den Rohstoff: Setzt man 1 kg weniger ein ($y_3 = 1$), so sinkt der Deckungsbeitrag um 5 [€/kg].

Daraus folgt ganz allgemein:

(10.5.12) Die **Zielfunktionskoeffizienten** *(der Nichtbasisvariablen (NBV) x_i, y_k)* im optimalen Simplextableau geben an, um wieviele Einheiten sich der **Zielfunktionswert vermindert,** wenn

i) **eine** Einheit eines bisher nicht produzierten Erzeugnisses produziert wird *(x_i =NBV)* ;

ii) eine bisher **vollausgelastete** Kapazität (Fertigung, Rohstoffe, etc.) um **eine** Einheit **weniger** ausgelastet wird *(y_k = NBV)*.

***Bemerkung 10.5.13:* i)** *Aus diesem Grunde heißen die Zielfunktionskoeffizienten im optimalen Tableau auch **Schattenpreise** oder **Opportunitätskosten** der Produkte bzw. der Engpasskapazitäten. Ökonomisch betrachtet handelt es sich um **Grenzgewinne** bzw. **Grenzkosten**.*

*ii) Aus (10.5.10) / (10.5.12) lässt sich analog ablesen, dass bei **Erhöhung** der **Kapazitäten** von **Engpassfertigungsstellen** um eine Einheit (d.h. $y_2 = -1$; $y_3 = -1$) die Werte Z der **Zielfunktion** in Höhe der Opportunitätskosten **zunehmen.***

*iii) Am optimalen Tableau (10.5.8) erkennt man, dass der **nicht ausgelasteten** Fertigungsstelle 1 ein **Schattenpreis** von **Null** zugeordnet ist: Eine zusätzliche Kapazitätserhöhung um eine Stunde würde **keinen** zusätzlichen Deckungsbeitrag erwirtschaften, da ohnehin schon eine nicht genutzte Kapazität von 5 h_1 vorhanden ist.*

*iv) Bei sehr **hohen Opportunitätskosten** für eine Engpassfertigungsstelle sollte eine Unternehmung **Kostenvergleiche** anstellen und erwägen, die entsprechende Kapazität zu erweitern. Dabei müssen allerdings die beschränkten Kapazitäten der übrigen Fertigungsstellen mitberücksichtigt werden, um nicht unzulässige Lösungen zu erhalten.*

10.5.1.4 Deutung der inneren Koeffizienten

Die Deutung der **inneren Koeffizienten** $\mathbf{a_{ik}}$ des optimalen Simplextableaus erschließt sich besonders einfach, wenn man aus (10.5.8) zunächst die **allgemeine Lösung** des Restriktionsgleichungssystems angibt (vgl. 9.2.61)):

$$\text{(10.5.14)} \qquad \vec{x}_{opt.} = \begin{pmatrix} x_1 \\ x_2 \\ x_3 \\ y_1 \\ y_2 \\ y_3 \end{pmatrix} = \begin{pmatrix} 10 - 3x_2 - 2y_2 + y_3 \\ x_2 \ (\geq 0) \\ 20 - x_2 + y_2 - y_3 \\ 5 - 2x_2 + 2y_2 + 3y_3 \\ y_2 \ (\geq 0) \\ y_3 \ (\geq 0) \end{pmatrix} .$$

(In dieser allgemeinen Lösung dürfen die NBV x_2, y_2, y_3 (≥ 0) beliebig vorgewählt werden und determinieren dann die übrigen Variablenwerte. Die entsprechende zulässige *optimale Basislösung* ergibt sich für die spezielle Wahl $x_2 = y_2 = y_3 = 0$.)

Die **Bedeutung** der in (10.5.14) vorkommenden **(inneren) Koeffizienten** a_{ik} ergibt sich, indem man (wie schon bei der Deutung der Zielfunktionskoeffizienten) den Wert einer der **Nichtbasisvariablen** in der optimalen Basislösung c.p. von **Null auf Eins anhebt** *(suboptimale Nichtbasislösungen):*

i) Koeffizienten in der x_2- Spalte von (10.5.8):

Erhöht man die NBV x_2 von Null auf Eins (d.h. produziert man eine Einheit des Produktes II), so folgt aus (10.5.14) (da weiterhin $y_2 = y_3 = 0$):

$$\text{(10.5.15)} \qquad \begin{pmatrix} x_1 \\ x_2 \\ x_3 \\ y_1 \\ y_2 \\ y_3 \end{pmatrix} = \begin{pmatrix} 10 - \mathbf{3} \\ 1 \\ 20 - \mathbf{1} \\ 5 - \mathbf{2} \\ 0 \\ 0 \end{pmatrix} = \begin{pmatrix} 7 \\ 1 \\ 19 \\ 3 \\ 0 \\ 0 \end{pmatrix} \begin{matrix} [ME_1] \\ [ME_2] \\ [ME_3] \\ [h_1] \\ [h_2] \\ [kg] \end{matrix} .$$

Man erkennt, dass sich die Werte der **Basisvariablen** um die entsprechenden **Koeffizienten** $\mathbf{a_{ik}}$ der x_2-Spalte **vermindert haben**:

x_1 sinkt von 10 um **3** auf 7 ME_1 ;
x_3 sinkt von 20 um **1** auf 19 ME_3 ;
y_1 sinkt von 5 um **2** auf 3 h_1 .

Die Koeffizienten 3, 1, 2 der x_2-Spalte des optimalen Tableaus (10.5.8) geben also an, wieviele Produkteinheiten bzw. Leerkapazitätseinheiten durch die erstmalige Produktion von einer ME_2 des Produktes II **verdrängt** (oder **substituiert**) werden. Aus diesem Grunde nennt man die $\mathbf{a_{ik}}$ häufig auch **Verdrängungskoeffizienten, Anpassungskoeffizienten** oder **Substitutionskoeffizienten.** Die im optimalen Tableau (10.5.8) zusätzlich aufgeführten Einheiten unterstützen die erläuterte ökonomische Interpretation. (So bedeutet etwa die Angabe 2 $[h_1/ME_2]$, dass in Fertigungsstelle 1 pro neu aufgenommener Einheit von Produkt II 2 Stunden *weniger* Leerkapazität anfallen.)

Bemerkung 10.5.16: *Setzt man die durch $x_2 = 1$ definierte* ***suboptimale Nichtbasislösung*** *(10.5.15) $x_1 = 7$; $x_2 = 1$; $x_3 = 19$ in die* ***ursprüngliche Zielfunktion*** *bzw. die* ***ursprünglichen Restriktionen*** *(10.5.2) ein, so erhält man - auf umständlichem Wege -* ***dieselben Ergebnisse****, wie sie* ***direkt*** *aus dem* ***optimalen Tableau (10.5.8) ablesbar*** *sind:*

- ***Zielfunktion:*** *$Z = 8x_1 + 35x_2 + 13x_3 = 56 + 35 + 247 = 338$ €, d.h. es ergibt sich gegenüber dem optimalen Deckungsbeitrag 340 € eine Verminderung von 2 € (vgl. Zielfunktionskoeffizient der x_2-Spalte des optimalen Tableaus (10.5.8)).*

- ***Kapazitätsauslastung Fertigungsstelle 1:***
  $5x_1 + 25x_2 + 8x_3 = 35 + 25 + 152 = 212\ h_1$, d.h. die Leerzeit y_1 beträgt $3\ h_1$, sie hat sich von $5\ h_1$ um $2\ h_1/ME_2$ vermindert (vgl. 1. Koeffizient 2. Spalte von (10.5.8)).

- ***Kapazitätsauslastung Fertigungsstelle 2:***
  $x_1 + 4x_2 + x_3 = 7 + 4 + 19 = 32\ h_2$, d.h. Vollauslastung ($y_2 = 0$, vgl. (10.5.8) bzw. (10.5.15)).

- ***Rohstoffverbrauch*** *: $x_1 + 5x_2 + 2x_3 = 7 + 5 + 38 = 50$ kg, d.h. vollständiger Rohstoffverbrauch ($y_3 = 0$, vgl. (10.5.8) bzw. (10.5.15)).*

Man erkennt, dass derartige ***Kontrollrechnungen entbehrlich*** *sind, da das* ***optimale Simplextableau*** *bereits* ***sämtliche Informationen*** *enthält.*

Die **übrigen inneren Koeffizienten** a_{ik} des optimalen Simplextableaus (10.5.8) lassen sich mit Hilfe von (10.5.14) auf **analoge Weise** deuten:

ii) Koeffizienten in der y_2-Spalte von (10.5.8):

Erhöht man c.p. y_2 von Null auf Eins, d.h. produziert man in Fertigungsstelle 2 $1h_2$ weniger als im Optimum (nunmehr $29\ h_2$ statt $30\ h_2$), so folgt aus (10.5.14):

$$(10.5.17)\qquad \begin{pmatrix} x_1 \\ x_2 \\ x_3 \\ y_1 \\ y_2 \\ y_3 \end{pmatrix} = \begin{pmatrix} 10 - \mathbf{2} \\ 0 \\ 20 + \mathbf{1} \\ 5 + \mathbf{2} \\ \mathbf{1} \\ 0 \end{pmatrix} = \begin{pmatrix} 8 \\ 0 \\ 21 \\ 7 \\ 1 \\ 0 \end{pmatrix} \begin{matrix} [ME_1] \\ [ME_2] \\ [ME_3] \\ [h_1] \\ [h_2] \\ [kg] \end{matrix} .$$

Die Produktion von I vermindert sich um 2 ME_1 auf 8 ME_1, die Produktion von III erhöht sich um 1 ME_3 auf 21 ME_3, die nicht ausgenutzte Kapazität in Fertigungsstelle 1 erhöht sich um 2 h_1 auf 7 h_1. Auch hier liefern die Koeffizienten der y_2-Spalte von (10.5.8) die resultierenden Änderungen direkt:

Der Deckungsbeitrag vermindert sich dabei einerseits um 2 $ME_1 \cdot 8$ €/ME_1 = 16 € (Produkt I) und erhöht sich andererseits um 1 $ME_3 \cdot 13$ €/ME_3 = 13 € (Produkt III), also tritt insgesamt eine Verminderung des Deckungsbeitrages um 3 € ein: Dasselbe Ergebnis wird durch den Zielfunktionskoeffizienten 3 €/h_2 in der y_2-Spalte des optimalen Tableaus (10.5.8) unmittelbar signalisiert.

iii) Koeffizienten in der y_3-Spalte von (10.5.8):

Erhöht man c.p. y_3 von Null auf Eins, d.h. setzt man 1 kg Rohstoff weniger ein als im Optimum (49 kg statt 50 kg), so folgt aus (10.5.14):

$$(10.5.18)\qquad \begin{pmatrix} x_1 \\ x_2 \\ x_3 \\ y_1 \\ y_2 \\ y_3 \end{pmatrix} = \begin{pmatrix} 10 + \mathbf{1} \\ 0 \\ 20 - \mathbf{1} \\ 5 + \mathbf{3} \\ 0 \\ 1 \end{pmatrix} = \begin{pmatrix} 11 \\ 0 \\ 19 \\ 8 \\ 0 \\ 1 \end{pmatrix} \quad \begin{matrix} [ME_1] \\ [ME_2] \\ [ME_3] \\ [h_1] \\ [h_2] \\ [kg] \end{matrix} .$$

Die Produktion von I erhöht sich um **1** ME_1 auf 11 ME_1 ; die Produktion von III vermindert sich um **1** ME_3 auf 19 ME_3 ; die Leerzeit in Fertigungsstelle 1 erhöht sich um **3** h_1 auf 8 h_1 - die entsprechenden inneren Koeffizienten signalisieren unmittelbar diese resultierenden Änderungen.

10.5.1.5 Zusammenfassung

Im optimalen Simplextableau eines Standard-Maximum-Problems *(z.B. Produktionsplanungsproblem)* haben die Koeffizienten folgende ökonomische Bedeutung:

i) Koeffizienten der rechten Seite: optimales Produktionsprogramm ;

ii) Koeffizienten der Zielfunktionszeile: Opportunitätskosten bzw. Schattenpreise oder Grenzgewinne nicht produzierter Produkte oder Engpassfertigungsstellen. Die positiven Zielfunktionskoeffizienten geben an, um wieviel Einheiten der optimale Zielfunktionswert sinkt *(bzw. steigt)*, wenn die betreffende Nichtbasisvariable von Null auf Eins angehoben *(bzw. von Null auf minus Eins abgesenkt)* wird.

iii) Übrige Koeffizienten a_{ik} im **Inneren des Tableaus:** Verdrängungskoeffizienten, Anpassungskoeffizienten, Grenzraten der Substitution. Sie geben an, um wieviele Einheiten die zu a_{ik} gehörende Basisvariable abnimmt (falls $a_{ik} > 0$) oder zunimmt (falls $a_{ik} < 0$), wenn die zu a_{ik} gehörende Nichtbasisvariable von Null auf Eins angehoben wird. (Umgekehrte Veränderungsrichtung, falls die NBV von Null auf minus Eins abgesenkt wird, z.B. zur Simulation von Kapazitätserhöhungen.)

10.5.2 Diätproblem

Auf analoge Weise wie zuvor lässt sich das Optimaltableau eines Minimumproblems (mit ≥-Restriktionen) ökonomisch interpretieren.

Beispiel: Aus zwei Nahrungsmittelsorten I, II soll ein Menü auf Mindestvitaminmengen gemischt werden. Tabelle 10.5.19 dokumentiert die Situation:

Tab. 10.5.19	vorhanden in Sorte I	vorhanden in Sorte II	in Mischung mindestens erforderlich
Vitamin A	1 [ME_A/ ME_1]	2 [ME_A/ ME_2]	40 [ME_A]
Vitamin B	2 [ME_B/ ME_1]	1 [ME_B/ ME_2]	100 [ME_B]
Vitamin C	2 [ME_C/ ME_1]	4 [ME_C/ ME_2]	130 [ME_C]
Kosten	10 [€/ ME_1]	8 [€/ ME_2]	

Gesucht ist die kostenminimale Mischung. Bezeichnet man mit x_1, x_2 die notwendigen Mengen der beiden Sorten und mit y_1, y_2, y_3 die über die Mindestmengen hinausgehenden Mengen der Vitamine A, B, C, so lautet das mathematische Modell:

(10.5.20)
$$\begin{aligned} Z &= 10x_1 + 8x_2 \rightarrow \text{Min.} \\ x_1 + 2x_2 &\geq 40 \\ 2x_1 + x_2 &\geq 100 \\ 2x_1 + 4x_2 &\geq 130 \end{aligned}$$

bzw. nach Einfügen von Schlupfvariablen:

$$\begin{aligned} Z &= 10x_1 + 8x_2 \rightarrow \text{Min.} \\ \text{d.h.} \quad Z' = -Z &= -10x_1 - 8x_2 \rightarrow \text{Max.} \\ x_1 + 2x_2 - y_1 &= 40 \\ 2x_1 + x_2 - y_2 &= 100 \\ 2x_1 + 4x_2 - y_3 &= 130 \end{aligned}$$

mit $x_1, x_2, y_1, y_2, y_3 \geq 0$.

Nach Einfügen von Hilfsschlupfvariablen erhält man nach drei Simplexschritten das optimale Tableau (10.5.21), das gemäß (10.5.6) mit den entsprechenden Einheiten versehen wurde:

(10.5.21)	x_1 [ME_1]	x_2 [ME_2]	y_1 [ME_A]	y_2 [ME_B]	y_3 [ME_C]	Z' [€]	b
x_1 [ME_1]	1	0	0	$-\frac{2}{3}\left[\frac{ME_1}{ME_B}\right]$	$\frac{1}{6}\left[\frac{ME_1}{ME_C}\right]$	0	45 [ME_1]
y_1 [ME_A]	0	0	1	0	$-\frac{1}{2}\left[\frac{ME_A}{ME_C}\right]$	0	25 [ME_A]
x_2 [ME_2]	0	1	0	$\frac{1}{3}\left[\frac{ME_2}{ME_B}\right]$	$-\frac{1}{3}\left[\frac{ME_2}{ME_C}\right]$	0	10 [ME_2]
Z' [€]	0	0	0	$4\left[\frac{€}{ME_B}\right]$	$1\left[\frac{€}{ME_C}\right]$	1	-530 [€]

i) Rechte Seite: Die **kostenminimale Mischung** besteht aus 45 ME_1 ($= x_1$) der Sorte I und 10 ME_2 ($= x_2$) der Sorte II. In der Mischung sind 25 ME_A ($=y_1$) zuviel Vitamin A enthalten, die Mindestmengen von Vitamin B und C sind genau eingehalten ($y_2 = y_3 = 0$). Die dafür erforderlichen minimalen Kosten Z ergeben sich zu $Z = -Z' = 530$ €.

ii) Zielfunktionskoeffizienten: Wegen $Z' = -Z$ lautet die letzte Zeile ausführlich

$4y_2 + y_3 - Z = -530$, d.h.

(10.5.22)
$$\boxed{Z = 530 + 4y_2 + y_3} \ .$$

Jede Erhöhung einer der beiden NBV y_2, y_3 von Null auf Eins (d.h. die Erzeugung eines Vitaminüberschusses von 1 ME_B oder 1 ME_C) vergrößert die Kosten in Höhe des entsprechenden Koeffizienten 4 €/ME_B bzw. 1 €/ME_C. Umgekehrt senkt eine Reduzierung der Vitaminmindestmengen um je eine Einheit (d.h. $y_2 = -1$ oder $y_3 = -1$) die Gesamtkosten um einen entsprechenden Betrag. Die **Zielfunktionskoeffizienten** haben daher die ökonomische Bedeutung von **Grenzkosten**.

iii) Übrige innere Koeffizienten in der y_2-, y_3-Spalte (NBV): Auch hier erkennt man durch ausführliche Schreibweise der Restriktionsgleichungen, wie sich die Basisvariablen bei Änderung der NBV y_2 bzw. y_3 um eine Einheit verändern: So bedeutet etwa der Koeffizient $-\frac{2}{3}\, ME_1/ME_B$, dass die entsprechende Basisvariable x_1 um $\frac{2}{3}\, ME_1$ zunimmt, wenn y_2 (d.h. der Vitamin-B-Überschuss) auf eine Einheit angehoben wird. Gleichzeitig vermindert sich die Basisvariable x_2 wegen $a_{34} = \frac{1}{3}\, ME_2/\, ME_B$ um $\frac{1}{3}\, ME_2$. Analoge Überlegungen gelten für die **übrigen inneren Koeffizienten** von (10.5.21), die somit gleichfalls als **Verdrängungs**- oder **Anpassungskoeffizienten** bzw. **Substitutionsraten** gedeutet werden können.

Aufgabe 10.5.23: Man gebe eine ökonomische Interpretation sämtlicher Koeffizienten der optimalen Simplextableaus von

i) Aufgabe 10.1.29 **ii)** Aufgabe 10.1.30 **iii)** Aufgabe 10.1.31 **iv)** Aufgabe 10.1.32
v) Aufgabe 10.1.33 **vi)** Aufgabe 10.2.39 **vii)** Beispiel 10.3.11 **viii)** Aufgabe 10.3.16
xi) Aufgabe 10.3.17 .

10.6 Dualität

10.6.1 Das duale LO-Problem

Bisher wurden lineare Maximierungs- und Minimierungsprobleme als unterschiedliche LO-Modelle (vgl. 2-Phasen-Methode) behandelt. Tatsächlich aber besteht ein **enger Zusammenhang zwischen beiden LO-Typen**. Es zeigt sich, dass es

> **zu jedem** linearen **Maximierungsproblem ein korrespondierendes** lineares **Minimierungsproblem** (und umgekehrt) gibt, deren Eigenschaften aufs engste miteinander verknüpft sind.

Das zugrundeliegende Originalproblem nennt man **primales LO-Problem** (kurz: **Primal**), das korrespondierende Problem heißt **duales LO-Problem** (kurz: **Dual**). Zunächst soll die rein **formale Bildung des Dualproblems** aus einem gegebenen Primalproblem an folgenden **Beispielen** demonstriert werden:

Beispiel 10.6.1: Es seien x_1, x_2 ... die Problemvariablen des Primal, u_1, u_2 ... die Problemvariablen des Dual:

i) Primal $\longleftrightarrow$ **Dual**

$$\begin{aligned} 5x_1 - 2x_2 &\le 4 \\ x_1 + x_2 &\le 10 \\ 2x_1 + x_2 &\le 15 \\ Z = 3x_1 + 7x_2 &\to \text{Max.} \\ (x_1, x_2 &\ge 0) \end{aligned} \qquad\qquad \begin{aligned} 5u_1 + u_2 + 2u_3 &\ge 3 \\ -2u_1 + u_2 + u_3 &\ge 7 \\ Z' = 4u_1 + 10u_2 + 15u_3 &\to \text{Min.} \\ (u_1, u_2, u_3 &\ge 0) \end{aligned}$$

ii) Primal $\longleftrightarrow$ **Dual**

$$\begin{aligned} 6x_1 + 2x_2 &\ge 5 \\ 3x_1 - x_2 &\ge 4 \\ 4x_1 + 5x_2 &\ge 9 \\ -x_1 + 7x_2 &\ge 1 \\ Z = 8x_1 + 10x_2 &\to \text{Min.} \\ (x_1, x_2 &\ge 0) \end{aligned} \qquad\qquad \begin{aligned} 6u_1 + 3u_2 + 4u_3 - u_4 &\le 8 \\ 2u_1 - u_2 + 5u_3 + 7u_4 &\le 10 \\ Z' = 5u_1 + 4u_2 + 9u_3 + u_4 &\to \text{Max.} \\ (u_1, u_2, u_3, u_4 &\ge 0) \end{aligned}$$

An den beiden Beispielen erkennt man die **formalen Regeln**, nach denen aus einem primalen das duale Problem konstruiert wird:

Def. 10.6.2:

i) Ist das **Primal** ein **Maximum-Problem** mit lauter „$\le$"-Bedingungen, so ist das **Dual** ein **Minimum-Problem** mit lauter „$\ge$"-Bedingungen (und umgekehrt).

ii) Die Restriktionsmatrix des Dual ist die **transponierte** Restriktionsmatrix des Primal. (Im Dual sind also **Spalten** und **Zeilen** gegenüber dem Primal **vertauscht**.)

iii) Jeder **Nebenbedingung** des Primal (d.h. jeder **Schlupfvariablen** y_i des Primal) entspricht eine **Problemvariable** u_i des Dual (und umgekehrt).

iv) Jeder **Problemvariablen** x_k des Primal entspricht eine **Nebenbedingung** (d.h. **Schlupfvariable** v_k) des Dual (und umgekehrt).

v) Die **Zielfunktionskoeffizienten** des Primal bilden die **rechte Seite** des Dual, die **rechte Seite** des Primal wird zur **Zielfunktionszeile** des Dual.

vi) Für Primal- und Dualvariablen gelten die **Nichtnegativitätsbedingungen**.

Aus den Regeln von Def. 10.6.2 folgt sofort:

i) Bildet man zum dualen Problem erneut das Dual, so erhält man wiederum das Primal: Das **Dual zum Dual** ist das **Primal**.

ii) Besitzt das Primal n Problemvariablen und m Restriktionen (d.h. m Schlupfvariablen), so besitzt das Dual n Restriktionen (d.h. n Schlupfvariablen) und m Problemvariablen.

Mit Hilfe der Matrizenschreibweise (vgl. (10.2.3)/ (10.2.5)) lässt sich die Bildung des Dual auf kompakte Weise beschreiben:

Def. 10.6.3:

	Primal		**Dual**
i)	$Z = \vec{c}^T \cdot \vec{x} \to \text{Max.}$ mit $A\vec{x} \le \vec{b}$ und $\vec{x} \ge \vec{0}$	$\longleftrightarrow$	$Z' = \vec{b}^T \cdot \vec{u} \to \text{Min.}$ mit $A^T\vec{u} \ge \vec{c}$ und $\vec{u} \ge \vec{0}$
ii)	$Z = \vec{c}^T \cdot \vec{x} \to \text{Min.}$ mit $A\vec{x} \ge \vec{b}$ und $\vec{x} \ge \vec{0}$	$\longleftrightarrow$	$Z' = \vec{b}^T \cdot \vec{u} \to \text{Max.}$ mit $A^T\vec{u} \le \vec{c}$ und $\vec{u} \ge \vec{0}$

Bei der formalen Bildung des Dual wurde bisher vorausgesetzt, dass das Primal ein Maximumproblem mit lauter $\le$-Bedingungen (bzw. ein Minimumproblem mit lauter $\ge$-Bedingungen) ist, wobei sämtliche Variablen den Nichtnegativitätsbedingungen genügen. Für die Fälle, in denen $\le$, $\ge$ und $=$ -Bedingungen **zugleich** auftreten bzw. in denen die **NNB aufgehoben** sind, verfährt man wie folgt (Ziel: Erzeugung eines Maximumproblems mit lauter $\le$-Bedingungen und NNB):

i) Jede $\geq$-Bedingung wird mit (-1) multipliziert und ergibt eine $\leq$- Bedingung:
Beispiel: $5x_1 + 8x_2 \geq 7 \Rightarrow -5x_1 - 8x_2 \leq -7$.
(Man beachte, dass für die formale Bildung des Dual die rechte Seite durchaus negativ werden darf!)

ii) Eine Gleichung wird in zwei äquivalente Ungleichungen umgeformt:

Beispiel: $3x_1 + 4x_2 = 10 \iff \begin{matrix} 3x_1 + 4x_2 \leq 10 \\ 3x_1 + 4x_2 \geq 10 \end{matrix} \iff \begin{matrix} 3x_1 + 4x_2 \leq 10 \\ -3x_1 - 4x_2 \leq -10 \end{matrix}$.

iii) Für den Fall, dass die NNB nicht gelten, werden neue Variablen eingeführt, für die die NNB gelten (vgl. (10.4.28)):

a) Wenn $x_k \leq 0$, so setzt man $x_k = -x_k^*$ mit $x_k^* \geq 0$.

b) Wenn $x_k \lesseqgtr 0$, so setzt man $x_k = x_k' - x_k''$ mit $x_k' \geq 0$; $x_k'' \geq 0$.

Beispiel 10.6.4: Gegeben sei das Primal

$$(10.6.5) \quad \begin{aligned} -3x_1 + 5x_2 &\leq 8 \\ -2x_1 + 8x_2 &= 7 \\ 4x_1 - x_2 &\geq 4 \\ 10x_1 + 12x_2 &= Z \rightarrow \text{Max.} \end{aligned} \qquad \text{sowie } x_1 \leq 0 ; x_2 \lesseqgtr 0.$$

Um das entsprechende Dual zu finden, geht man folgendermaßen vor:

i) Multiplikation der 3. Zeile mit (-1).
ii) Die 2. Zeile wird durch 2 Ungleichungen (... ≤ 7 ; ... ≥ 7) ersetzt, danach wird die „≥ 7"-Zeile mit (-1) multipliziert.
iii) Man setzt $x_1 = -x_1^*$ mit $x_1^* \geq 0$.
iv) Man setzt $x_2 = x_2' - x_2''$ mit $x_2', x_2'' \geq 0$.

Damit lautet das äquivalent umgeformte System (10.6.5):

$$(10.6.6) \quad \begin{aligned} 3x_1^* + 5x_2' - 5x_2'' &\leq 8 \\ 2x_1^* + 8x_2' - 8x_2'' &\leq 7 \\ -2x_1^* - 8x_2' + 8x_2'' &\leq -7 \\ 4x_1^* + x_2' - x_2'' &\leq -4 \\ -10x_1^* + 12x_2' - 12x_2'' &= Z \rightarrow \text{Max.} \end{aligned} \qquad \text{und } x_1^*, x_2', x_2'' \geq 0.$$

Das zu (10.6.6) duale Problem lässt sich nun nach Def. 10.6.2 leicht angeben:

$$(10.6.7) \quad \begin{aligned} 3u_1 + 2u_2 - 2u_3 + 4u_4 &\geq -10 \\ 5u_1 + 8u_2 - 8u_3 + u_4 &\geq 12 \\ -5u_1 - 8u_2 + 8u_3 - u_4 &\geq -12 \\ 8u_1 + 7u_2 - 7u_3 - 4u_4 &= Z' \rightarrow \text{Min.} \end{aligned} \qquad \text{und } u_1, u_2, u_3, u_4 \geq 0.$$

Aufgabe 10.6.8: Man zeige, dass sich das System (10.6.7) vereinfachen lässt auf 2 Restriktionen (davon eine Gleichung) mit 3 Variablen, von denen eine beliebige reelle Werte annehmen kann.

10.6.2 Dualitätssätze

Löst man ein (primales) LO-Problem mit dem Simplexverfahren, so liefert das **primale optimale Simplextableau** zugleich die **optimale Lösung** des korrespondierenden **dualen Problems**. Praktisch bedeutet dies, dass es für die optimale Lösung eines LO-Problems unerheblich ist, welches der beiden Probleme (Primal oder Dual) mit Hilfe des Simplex-Algorithmus gelöst wird. Die Zusammenhänge werden im folgenden (ohne Beweis) angeführt:

Satz 10.6.9: (Dualitätssätze)

i) Besitzen Primal und Dual **jeweils zulässige** Lösungen, so auch **optimale zulässige** Lösungen.

ii) Sofern sie existieren, sind die **optimalen Zielfunktionswerte** von Primal und Dual **identisch**, d.h. $Z_{max} = Z'_{min}$ (bzw. $Z_{min} = Z'_{max}$).

iii) Ist das **Primal nicht optimal** lösbar, so auch **nicht das Dual.**

(a) Ist das Primal unbeschränkt, so ist das Dual nicht zulässig.

(b) Ist das Primal nicht zulässig, so ist das Dual unbeschränkt oder nicht zulässig.

iv) Besitzt das Primal **mehrere optimale Lösungen**, so ist das Dual **degeneriert** (und umgekehrt).

v) Das optimale Simplextableau des Primal liefert **zugleich** die optimale Lösung des Dual:

(10.6.10)

	Problemvariablen des Primal	Schlupfvariablen des Primal		
	$x_1 \quad x_2 \quad \ldots \quad x_n$	$y_1 \quad y_2 \quad \ldots \quad y_m$	Z	b
	optimales Primaltableau			
Z	$c_1^* \quad c_2^* \quad \ldots \quad c_n^*$	$c_{n+1}^* \quad c_{n+2}^* \quad \ldots \quad c_{n+m}^*$	1	Z_{opt}
	$v_1 \quad v_2 \quad \ldots \quad v_n$	$u_1 \quad u_2 \quad \ldots \quad u_m$		
	Schlupfvariablen des Dual	Problemvariablen des Dual		

Die **Zielfunktionszeile** $c_1^*, c_2^*, \ldots$ im optimalen Primaltableau liefert die optimalen **Lösungswerte des Dual** gemäß (10.6.10):

$$\left.\begin{array}{l} u_1 = c_{n+1}^* \\ u_2 = c_{n+2}^* \\ \vdots \\ u_m = c_{n+m}^* \end{array}\right\} \text{Problemvariablen des Dual} \qquad \left.\begin{array}{l} v_1 = c_1^* \\ v_2 = c_2^* \\ \vdots \\ v_n = c_n^* \end{array}\right\} \text{Schlupfvariablen des Dual}$$

sowie $\boxed{Z'_{opt} = Z_{opt}}$.

vi) Ist in der optimalen Lösung die **Problemvariable** x_k des **Primal Basisvariable** *(bzw. Nichtbasisvariable)*, so ist die korrespondierende **Schlupfvariable** v_k des **Dualproblems Nichtbasisvariable** *(bzw. Basisvariable)* und umgekehrt. Es gelten daher die sogenannten **Complementary-slackness-Beziehungen**:

(10.6.11) $$\boxed{x_k \cdot v_k = 0} \quad \text{sowie} \quad \boxed{y_i \cdot u_i = 0}$$
$(k = 1, \ldots, n)$ $\qquad$ $(i = 1, \ldots, m)$.

Beispiel 10.6.12: Das optimale Simplex-Tableau eines Maximum-Problems habe die Form:

	x_1	x_2	x_3	x_4	y_1	y_2	y_3	Z	b
x_2	2	1	-2	0	0	6	0	0	80
y_1	5	0	1	0	1	-1	2	0	10
x_4	0	0	5	1	0	5	-2	0	70
Z	3	0	4	0	0	2	7	1	540

Die optimale Lösung des Primal lautet:

Problem-variablen: $x_1 = 0$ (NBV), $x_2 = 80$ (BV), $x_3 = 0$ (NBV), $x_4 = 70$ (BV)

Schlupf-variablen: $y_1 = 10$ (BV), $y_2 = 0$ (NBV), $y_3 = 0$ (NBV)

$Z_{max} = 540$

Die optimale Lösung des Dual lautet:

Problem-variablen: $u_1 = 0$ (NBV), $u_2 = 2$ (BV), $u_3 = 7$ (BV)

Schlupf-variablen: $v_1 = 3$ (BV), $v_2 = 0$ (NBV), $v_3 = 4$ (BV), $v_4 = 0$ (NBV)

$Z'_{min} = 540$

Man erkennt, dass das Produkt der Problemvariablen mit den „komplementären" Schlupfvariablen stets Null ist, vgl. (10.6.11).

Eine wichtige **praktische Anwendung der Dualitätssätze** besteht darin, **statt** eines **Standard-Minimum-Problems** das **duale Standard-Maximum-Problem** zu lösen, da auf diese Weise die Anwendung der 2-Phasen-Methode vermieden werden kann. Dies soll am **Beispiel** des einführenden Diät-Problems (Beispiel 10.1.11) demonstriert werden (2-Phasen-Methode und optimale Lösung vgl. (10.3.9)).

Das mathematische Modell des Problems Beispiel 10.1.11 lautet:

(10.6.13)
$$\begin{aligned} 3x_1 + x_2 &\geq 15 \\ x_1 + x_2 &\geq 11 \\ 2x_1 + 8x_2 &\geq 40 \end{aligned}$$
$$x_1 + 2x_2 = Z \rightarrow \text{Min.}\ ;\ x_1, x_2 \geq 0.$$

Damit folgt das entsprechende Dualproblem:

(10.6.14)
$$\begin{aligned} 3u_1 + u_2 + 2u_3 &\leq 1 \\ u_1 + u_2 + 8u_3 &\leq 2 \end{aligned}$$
$$15u_1 + 11u_2 + 40u_3 = Z' \rightarrow \text{Max.}\ ;\ u_1, u_2, u_3 \geq 0.$$

Das Simplexverfahren liefert sukzessive:

(10.6.15)	u_1	u_2	u_3	v_1	v_2	Z'	b
v_1	3	1	2	1	0	0	1
v_2	1	1	8	0	1	0	2
Z'	-15	-11	-40	0	0	1	0
u_2	3	1	2	1	0	0	1
v_2	-2	0	6	-1	1	0	1
Z'	18	0	-18	11	0	1	11
u_2	11/3	1	0	4/3	-1/3	0	2/3
u_3	-1/3	0	1	-1/6	1/6	0	1/6
Z'	**12**	**0**	**0**	**8**	**3**	**1**	**14**
	$=y_1$	$=y_2$	$=y_3$	$=x_1$	$=x_2$		$=Z_{min}$

(duales Optimaltableau)

Die optimale Lösung des Primal (vgl. (10.3.9)) ergibt sich aus den Werten der Zielfunktionszeile des dualen Optimaltableaus: $x_1 = 8$; $x_2 = 3$; $y_1 = 12$; $y_2 = 0$; $y_3 = 0$; $Z_{min} = 14$. Im Vergleich zu (10.3.9) ergibt sich eine erhebliche Reduzierung des Rechenaufwandes.

Bemerkung 10.6.16: *Da die Anzahl der notwendigen Simplexschritte bis zur Optimallösung von der Anzahl der Restriktionen abhängt (Faustregel: ungefähr das 1- bis 1,5-fache), empfiehlt sich die Lösung des Dual anstelle des Primal weiterhin dann, wenn dadurch die Anzahl der Restriktionen merklich vermindert werden kann.*

Aufgabe 10.6.17: Man löse die dualen Probleme von

i) Aufgabe 10.1.29 **ii)** Aufgabe 10.1.30 **iii)** Aufgabe 10.1.31 **iv)** Aufgabe 10.1.32
v) Aufgabe 10.1.33 **vi)** Aufgabe 10.2.39 **vii)** Beispiel 10.3.11 **viii)** Aufgabe 10.3.15
ix) Aufgabe 10.3.16 **x)** Aufgabe 10.3.17 **xi)** Aufgabe 10.4.30 .

10.7 Ökonomische Interpretation des Dualproblems

Im Gegensatz zur naheliegenden ökonomischen Bedeutung eines primalen LO-Problems ist die entsprechende **ökonomische Interpretation** des **dualen LO-Problems nicht unmittelbar ersichtlich** und in jedem Einzelfall gesondert zu untersuchen. Im folgenden soll daher die ökonomische Interpretation des Dual lediglich an zwei Standard-Beispielen *(Beispiel 10.1.2/(10.5.19))* erfolgen.

10.7.1 Dual eines Produktionsplanungsproblems [7]

Das Standard-Maximum-Problem (Beispiel 10.1.2) und sein Dual lauten in Modellschreibweise:

(10.7.1)

Primal	$\longleftrightarrow$	Dual
$x_1 \le 10$		
$x_2 \le 6$		$u_1 + 2u_3 \ge 30$
$2x_1 + 4x_2 \le 32$		$u_2 + 4u_3 \ge 20$
$30x_1 + 20x_2 = Z \to \text{Max.}$		$10u_1 + 6u_2 + 32u_3 = Z' \to \text{Min.}$
$(x_1, x_2 \ge 0)$		$(u_1, u_2, u_3 \ge 0)$

Es soll zunächst geklärt werden, welche **ökonomische Bedeutung** die **dualen Problemvariablen** u_1, u_2, u_3 besitzen. Dazu betrachtet man die erste Restriktion des Dual:

(10.7.2) $$1 \cdot u_1 + 2 \cdot u_3 \ge 30 \ .$$

Die Koeffizienten 1 bzw. 2 der Variablen u_1 bzw. u_3 sind die Produktionskoeffizienten (in h_1/t_1 bzw. h_3/t_1 [8]), die Zahl 30 auf der rechten Seite gibt den Deckungsbeitrag von Produkt I an (in €/t_1). Mit diesen Einheiten versehen schreibt sich (10.7.2):

(10.7.3) $$1\,[h_1/t_1] \cdot u_1 + 2\,[h_3/t_1] \cdot u_3 \ge 30\,[€/t_1] \,.$$

Damit in (10.7.3) links wie rechts dieselben Einheiten stehen, müssen u_1 in €/$h_1$und u_3 in €/h_3 gemessen werden. u_1 und u_3 sind also Preis- oder **Wertgrößen**, die den Kapazitäten zugeordnet sind (häufig bezeichnet als **Schattenpreise** oder **Opportunitätskostenwerte** der jeweiligen Fertigungsstelle). Analoge Überlegungen mit der zweiten Zeile des Dual führen zu dem Ergebnis:

(10.7.4) Die **dualen Problemvariablen** u_1, u_2, ..., u_m eines **Produktionsplanungsproblems** lassen sich interpretieren als **Preise** oder **Kostenwerte**, die den **Fertigungsstellen** oder **Ressourcen** zugeordnet werden können.

Damit lässt sich das **Dualproblem** folgendermaßen **deuten**: Man nimmt an, die Unternehmung P (mit dem ursprünglichen primalen Produktionsproblem) vermiete ihre 3 Anlagen an eine andere Unternehmung D derart, dass für die vorhandenen Kapazitäten jeweils ein fester Stundenpreis u_1 (€/h_1), u_2 (€/h_2), u_3 (€/h_3) vereinbart wird. Nun wird Unternehmung P nur dann vermieten wollen, wenn die Mieteinnahmen für die überlassenen Kapazitäten einen bestimmten Mindestwert erreichen oder übersteigen. So würde Unternehmung P etwa bei Eigenproduktion pro Tonne von Produkt I (= 1t_1) einen Deckungsbeitrag von 30 €/t_1 erzielen. Um diesen Deckungsbeitrag erzielen zu können, müssen 1 h der Abteilung Pressen (= 1 h_1/t_1) und 2 h der Abteilung Packen (= 2 h_3/t_1) eingesetzt werden. Werden genau diese Zeiten vermietet, so müssen die Mieteinnahmen dafür

$$1\,[h_1/t_1] \cdot u_1\,[€/h_1] + 2\,[h_3/t_1] \cdot u_3\,[€/h_3]$$

mindestens den anderweitig damit erzielbaren Deckungsbeitrag 30 €/t_1 erreichen:

$$u_1 + 2u_3 \ge 30\,[€/t_1] \ .$$

---

[7] vgl. auch [68]

[8] vgl. Fußnote 6 auf S. 10-38

Wäre das nicht der Fall *(würden also die Mietzahlungen für die Produktion von 1* t_1 *des Produktes I geringer sein als der mit 1* t_1 *direkt erzielbare Deckungsbeitrag)*, so würde Unternehmung P lieber selber produzieren und absetzen als an D vermieten. Ganz analog interpretiert man die zweite Zeile ($u_2 + 4u_3 \geq 20$) der Dualrestriktionen als die Forderung von P, über die Mietzahlungen pro produzierter t_2 von Produkt II mindestens den Deckungsbeitrag 20 € pro t_2 zu erzielen. Andererseits wird die Unternehmung D zwar bereit sein, die Mindestforderungen von P zu erfüllen, ist aber selbst daran interessiert, die Mietpreise u_1, u_2, u_3 für die zur Verfügung stehenden Kapazitäten/ Ressourcen soweit zu „drücken", dass die Summe Z' aller Mietzahlungen *(Mietkosten)* möglichst gering wird, d.h. D strebt an:

(10.7.5) $$Z' = 10u_1 + 6u_2 + 32u_3 \rightarrow \text{Min.}$$

(wobei 10, 6, 32 die zur Verfügung stehenden Kapazitäten der 3 Fertigungsstellen sind). Damit ist die Interpretation des Dualproblems vollständig.

Der im **Dualitätssatz** 10.6.9 zum Ausdruck kommende Zusammenhang zwischen Primal und Dual führt nun dazu, dass die **Deckungsbeitragsmaximierung** über das optimale Produktionsprogramm *(primales Problem der Unternehmung P)* **identisch** ist mit der **Minimierung der Opportunitätskosten** *(„Miete")* über die optimalen Bewertungspreise *(duales Problem der Unternehmung D)*, wobei das Deckungsbeitragsmaximum Z_{max} mit dem Opportunitätskostenminimum Z'_{min} übereinstimmt. Aus dem primalen optimalen Tableau *(vgl. (10.2.34))* liest man die optimale Lösung des Dual ab:

(10.7.6)	x_1	x_2	y_1	y_2	y_3	Z	b
x_1	1	0	1	0	0	0	10
y_2	0	0	0,5	1	-0,25	0	3
x_2	0	1	-0,5	0	0,25	0	3
Z	0	0	20	0	5	1	360
	(v_1)	(v_2)	(u_1)	(u_2)	(u_3)		

Die optimalen Mietpreise betragen:

$u_1 = 20$ €/h_1; $u_2 = 0$; $u_3 = 5$ €/h_3

($v_1 = v_2 = 0$ bedeutet: über die Mietpreise werden die geforderten Deckungsbeiträge genau erreicht.) Die minimalen Gesamtmietkosten betragen 360 €.

Es zeigt sich erneut, dass nur **vollausgelasteten Engpass-Fertigungsstellen** ein **von Null verschiedener Schattenpreis** (Opportunitätskostenwert) zugeordnet wird, während **nicht voll** genutzte Ressourcen (hier Fertigungsstelle 2 (Spritzguss)) mit **0** bewertet werden.

10.7.2 Dual eines Diätproblems

Das Standard-Minimum-Problem (10.5.19) und sein Dual lauten:

(10.7.7) **Primal** ⟷ **Dual**

Primal:

$$\begin{aligned} x_1 + 2x_2 &\geq 40 \quad \text{(Vit. A)} \\ 2x_1 + x_2 &\geq 100 \quad \text{(Vit. B)} \\ 2x_1 + 4x_2 &\geq 130 \quad \text{(Vit. C)} \end{aligned}$$

$$Z = 10x_1 + 8x_2 \rightarrow \text{Min. (Kosten)}$$
$(x_1, x_2 \geq 0)$

Dual:

$$\begin{aligned} u_1 + 2u_2 + 2u_3 &\leq 10 \\ 2u_1 + u_2 + 4u_3 &\leq 8 \end{aligned}$$

$$Z' = 40u_1 + 100u_2 + 130u_3 \rightarrow \text{Max.}$$
$(u_1, u_2, u_3 \geq 0)$

Die **Bedeutung der Dualvariablen** u_i wird z.B. aus der ersten Restriktionszeile des Dual deutlich: Die Ungleichung $u_1 + 2u_2 + 2u_3 \leq 10$ lautet - versehen mit den aus (10.5.19) ersichtlichen Einheiten der verwendeten Koeffizienten - :

$$1\,[ME_A/ME_1]\cdot u_1 + 2\,[ME_B/ME_1]\cdot u_2 + 2\,[ME_C/ME_1]\cdot u_3 \leq 10\,[€/ME_1]\,.$$

Da die Einheit eines jeden Summanden der linken Seite identisch sein muss mit der Einheit $[€/ME_1]$ der rechten Seite, kommen für die u_i nur folgende Einheiten in Frage: u_1: $[€/ME_A]$; u_2: $[€/ME_B]$; u_3: $[€/ME_C]$.

Auch hier stellen somit die **Dualvariablen Bewertungsgrößen** oder **Preise** dar, und zwar – wie aus den Einheiten $[€/ ME_A]$, ... ersichtlich – Preise für die in den beiden Nahrungsmitteln enthaltenen Vitamine A, B und C:

(10.7.8) Die dualen **Problemvariablen** $u_1, u_2, ..., u_m$ eines **Diät-** oder **Mischungsproblems** lassen sich interpretieren als **Preise** (oder **Kostenwerte**), die den in den Mischungskomponenten (z.B. Nahrungsmittelsorten, Erzen etc.) enthaltenen **reinen Bedarfsstoffen** (z.B. Vitamine, Nährstoffe, reine Metalle etc.) zugeordnet werden können.

Damit lässt sich folgende ökonomische **Interpretation des Dual** ableiten:

Statt das (geforderte) „Vitamin-Menü" aus den beiden – mit den bekannten Vitaminanteilen (vgl. 10.5.19) versehenen – Nahrungsmittelsorten zu mischen, könnte die primale Unternehmung die benötigten Vitamine A, B, C in reiner Form von einem Händler beziehen und verabreichen.

Die Preise u_1, u_2, u_3 dieses Händlers seien:

u_1 $€/ME_A$ für eine Einheit Vitamin A; u_2 $€/ME_B$ für eine Einheit Vitamin B; u_3 $€/ME_C$ für eine Einheit Vitamin C.

Insgesamt werden benötigt *(siehe (10.5.19))*:

$40\ ME_A$, $100\ ME_B$, $130\ ME_C$,

so dass sich als Gesamterlös des Händlers gerade die duale Zielfunktion Z' *(siehe (10.7.7))* ergibt:

$$Z' = 40u_1 + 100u_2 + 130u_3 \rightarrow \text{Max.}\,.$$

(Dabei wurde unterstellt, dass der Händler die Preise u_i für die Vitamine so festlegen möchte, dass sein Gesamterlös Z' maximal wird.)

Die (primale) Misch-Unternehmung ist ihrerseits nur dann bereit, ihre bisher verwendeten Nahrungsmittelsorten (oder Rohstoffe) durch die reinen Vitamine (oder reinen Stoffe) zu ersetzen, wenn die Vitaminpreise u_i so beschaffen sind, dass die durch die Verdrängung einer Rohstoffeinheit nunmehr zu beziehenden (reinen) Vitaminmengen insgesamt beim Händler nicht mehr kosten als der entsprechende Rohstoff selber gekostet hätte (andernfalls würde die Unternehmung besser selber mischen, anstatt die teureren Vitamine direkt zu beziehen). So kostete etwa eine ME_1 der ersten Nahrungsmittelsorte $10\ €/ ME_1$, darin enthalten waren $1\ ME_A$ Vitamin A, $2\ ME_B$ Vitamin B und $2\ ME_C$ Vitamin C. Die gleichen Mengen der Vitamine A, B und C dürfen also in reiner Form ebenfalls höchstens 10€ kosten, so dass die Ungleichung

$$1\cdot u_1 + 2\cdot u_2 + 2\cdot u_3 \leq 10$$

erfüllt sein muss, d.h. die erste Zeile des Dualproblems (10.7.7). Ganz analog ergibt sich die zweite Zeile des dualen Restriktionssystems als Forderung, dass die in einer ME_2 des zweiten Nahrungsmittels enthaltenen Vitamine beim Händler nicht mehr kosten dürfen als eine ME_2 des verdrängten Nahrungsmittels.

Wenn das Maximum des Händlererlöses erreicht ist, hat die primale Unternehmung gleichzeitig ihr Problem der Menükostenminimierung gelöst (vgl. das optimale Tableau (10.5.21)): Die optimalen Händlerpreise sind: $u_1 = 0$ €/ME_A ; $u_2 = 4$ €/ME_B ; $u_3 = 1$ €/ME_C ; der maximale Händlererlös lautet demnach

$$Z' = 40u_1 + 100u_2 + 130u_3 = 530 \text{ €},$$

übereinstimmend mit den minimalen Menükosten der mischenden (primalen) Unternehmung.

Interessant ist die Tatsache, dass der Händler sein Vitamin A verschenken wird ($u_1 = 0$). Der Grund dafür liegt in der Tatsache, dass im Optimum die zu verdrängenden Nahrungsmittelsorten des primalen Unternehmers das Vitamin A im Überschuss enthalten und Vitamin A somit nicht restriktiv wirkt. Auch hier zeigt sich, dass **nur Engpassressourcen** mit **positiven (Schatten-)Preisen** bewertet werden.

Aufgabe 10.7.9: Man interpretiere das duale Problem zu

i) Beispiel 10.1.11 **ii)** Aufgabe 10.1.29 **iii)** Aufgabe 10.1.30 **iv)** Aufgabe 10.1.31
v) Aufgabe 10.1.33 **vi)** Aufgabe 10.2.39 .

11 Literaturverzeichnis

[01] Allen, R.G.D.: Mathematik für Volks- und Betriebswirte, Berlin 1972

[02] Archibald, G.C., Lipsey, R.G.: An Introduction to Mathematical Economics, New York 1976

[03] Baumol, W.J.: Economic Theory and Operations Analysis, Englewood Cliffs 1977

[04] Beckmann, M.J., Künzi, H.P.: Mathematik für Ökonomen I, II, III, Berlin, Heidelberg, New York 1973, 1973, 1984

[05] Benker, H. Wirtschaftsmathematik mit dem Computer, Braunschweig, Wiesbaden 1997

[06] Berg, C.C., Korb, U.G.: Mathematik für Wirtschaftswissenschaftler I,II, Wiesbaden 1985

[07] Bestmann, U. *(Hrsg.)*: Kompendium der Betriebswirtschaftslehre, München 1997

[08] Black, J., Bradley, J.F.: Essential Mathematics for Economists, Chicester, New York, Brisbane, Toronto 1984

[08a] Böhme, G.: Fuzzy-Logik, Berlin, Heidelberg, New York 1994

[09] Bosch, K.: Mathematik für Wirtschaftswissenschaftler, München 1999

[10] Breitung, K.W., Filip, P.: Einführung in die Mathematik für Ökonomen, München 1994

[11] Bronstein, I.N., Semendjajew, K.A.: Taschenbuch der Mathematik, Stuttgart, Leipzig 1991

[12] Bücker, R.: Mathematik für Wirtschaftswissenschaftler, München 1998

[13] Chiang, A.C.: Fundamental Methods of Mathematical Economics, New York 1974

[14] Clausen, M., Kerber, A.: Mathematische Grundlagen für Wirtschaftswissenschaftler, Mannheim, Wien, Zürich 1991

[15] Dantzig, G.B.: Lineare Programmierung und Erweiterungen, Berlin, Heidelberg, New York 1981

[16] Dinwiddy, C.: Elementary Methods for Economists, New York, Oxford 1985

[17] Dowling, E.T.: Mathematics for Economists, New York 1980

[18] Dürr, W., Kleibohm, K.: Operations Research, München Wien 1992

[19] Eichholz, W., Vilkner, E.: Taschenbuch der Wirtschaftsmathematik, Leipzig 2000

[20] Engeln-Müllges, G., Reutter, F.: Formelsammlung zur Numerischen Mathematik mit FORTRAN 77-Programmen, Mannheim, Wien, Zürich 1993

[21] Fetzer, A., Fränkel, H.: Mathematik I, II, III, Düsseldorf 1986, 1986, 1985

[22] Gal, T., Gal, J.: Mathematik für Wirtschaftswissenschaftler, Berlin, Heidelberg, New York 1991

[23] Garus, G., Westerheide, P.: Differential- und Integralrechnung, München, Wien 1985

[24] Gröbner, W., Hofreiter, N.: Integraltafeln, erster und zweiter Teil, Wien 1961

[25] Grosser, R. u.a.: Wirtschaftsmathematik für Fachhochschulen, Thun 1983

[26] Gutenberg, E.: Grundlagen der Betriebswirtschaftslehre, Band 2, Berlin, Heidelberg, New York 1976

[27] Hackl, P., Katzenbeisser, W.: Mathematik für Sozial- und Wirtschaftswissenschaften, München 2000

[28] Haupt, P., Lohse, D.: Grundlagen und Anwendung der Linearen Optimierung, Essen 1975

[29] Henn, R., Künzi, H.P.: Einführung in die Unternehmensforschung I, II, Berlin, Heidelberg, New York 1968

[30] Hettich, G., Jüttler, H., Luderer, B.: Mathematik für Wirtschaftswissenschaftler und Finanzmathematik, München 1999

[31] Hoffmann, D.: Analysis für Wirtschaftswissenschaftler und Ingenieure, Berlin, Heidelberg, New York 1995

[32] Horst, R.: Mathematik für Ökonomen, München, Wien 1989

[33] Huang, D.S., Schulz, W.: Mathematik für Wirtschaftswissenschaftler, München, Wien 1998

[34] Kall, P.: Analysis für Ökonomen, Stuttgart 1982

[35] Kamke, E. Differentialgleichungen - Lösungsmethoden und Lösungen I, II, Stuttgart 1983, 1979

[36] Karmann, A.: Mathematik für Wirtschaftswissenschaftler, München 2000

[36a] Kemnitz, A.: Mathematik zum Studienbeginn, Braunschweig, Wiesbaden 1998

[37] Körth, H. u.a.: Lehrbuch der Mathematik für Wirtschaftswissenschaften, Opladen 1975

[38] Krelle, W. Produktionstheorie, Tübingen 1969

[39] Lewis, J.P.: An Introduction to Mathematics for Students of Economics, London, Basingstoke 1977

[39a] Luderer, B., Nollau, V., Vetters, K.: Mathematik für Wirtschaftswissenschaftler, München, Wien 1998

[40] Luh, W., Stadtmüller, K.: Mathematik für Wirtschaftswissenschaftler, München, Wien 1997

[41] v.Mangoldt, H., Knopp, K.: Einführung in die Höhere Mathematik I, II, III, Stuttgart 1989

[42] Marinell, G.: Mathematik für Sozial- und Wirtschaftswissenschaftler, München 1996

[43] McNeill, D., Freiberger P.: Fuzzy Logic, München 1994

[44] Müller-Merbach, H.: Mathematik für Wirtschaftswissenschaftler I, München 1974

[45] Müller-Merbach, H.: Operations Research, München 1973

[46] Nollau, V.: Mathematik für Wirtschaftswissenschaftler, Stuttgart, Leipzig 1993

[47] Ohse, D.: Elementare Algebra und Funktionen, München 1992

[48] Ohse, D.: Mathematik für Wirtschaftswissenschaftler I, II, München 1993, 1990

[49] Opitz, O.: Mathematik - Lehrbuch für Ökonomen, München 1999

[50] Ott, A.E.: Grundzüge der Preistheorie, Göttingen 1992

[51] Pfuff, F.: Mathematik für Wirtschaftswissenschaftler I, II, III, Braunschweig 1983, 1982, 1984

[52] Purkert, W.: Brückenkurs Mathematik für Wirtschaftswissenschaftler, Stuttgart, Leipzig 1997

[53] Rödder, W., Piehler,G., Kruse, H.-J., Zörnig, P.: Wirtschaftsmathematik für Studium und Praxis 1, 2, 3, Berlin, Heidelberg, New York 1997

[54] Schick, K.: Lineares Optimieren, Frankfurt/M. 1972

[55] Schick, K.: Mathematik und Wirtschaftswissenschaft, Probleme aus der Preistheorie, Frankfurt/M. 1980

[56] Schick, K.: Wirtschaftsmathematik im Grundstudium I, II, Paderborn, München, Wien, Zürich 1982

[57] Schierenbeck, H. Grundzüge der Betriebswirtschaftslehre, München 2000

[58] Schüffler, K.: Mathematik in der Wirtschaftswissenschaft, München, Wien 1991

[59] Schumann, J.: Input-Output-Analyse, Berlin, Heidelberg, New York 1968

[60] Schwarze, J.: Mathematik für Wirtschaftswissenschaftler I, II, III, Herne, Berlin 2000

[61] Solow, R.M.: Wachstumstheorie, Göttingen 1971

[62] Sommer, F.: Einführung in die Mathematik für Studenten der Wirtschaftswissenschaften, Berlin, Heidelberg, New York 1967

[63] Stobbe, A. Volkswirtschaftslehre II - Mikroökonomik, Berlin, Heidelberg, New York, Tokyo 1991

[64] Stöppler, S.: Mathematik für Wirtschaftswissenschaftler, Opladen 1982

[65] Stöwe, H., Härtter, E.: Lehrbuch der Mathematik für Volks- und Betriebswirte , Göttingen 1990

[66] Tietze, J.: Einführung in die Finanzmathematik, Braunschweig, Wiesbaden 2002

[67] Tietze, J.: Monotonie und Krümmung – Wechselbeziehungen bei Gesamtkosten- und Stückkostenfunktionen, Aachen 1993

[68] Tietze, J.: Ökonomische Interpretation optimaler Simplex-Tableaus, Aachen 1992

[69a] Tietze, J.: Übungsbuch zur Finanzmathematik, Braunschweig, Wiesbaden 2002

[69b] Tietze, J.: Übungsbuch zur angewandten Wirtschaftsmathematik, Braunschweig, Wiesbaden 2001

[70] Vogt, H.: Einführung in die Wirtschaftsmathematik, Würzburg, Wien 1988

[70a] Walter, W.: Analysis I, II, Berlin, Heidelberg, New York 1992, 1995

[71] Weber, J.E.: Mathematical Analysis, New York 1976

[72] Witte, T., Deppe, J.F., Born, A.: Lineare Programmierung, Wiesbaden 1975

[73] Wöhe, G.: Einführung in die Allgemeine Betriebswirtschaftslehre, München 1993

[74] Woll, A.: Allgemeine Volkswirtschaftslehre, München 1993

[75] Yamane, T.: Mathematics for Economists, Englewood Cliffs 1968

12 Sachwortverzeichnis